AF557195

Zahlungsverkehr mit SAP S/4HANA®

SAP PRESS ist eine gemeinschaftliche Initiative von SAP SE und der Rheinwerk Verlag GmbH. Unser Ziel ist es, Ihnen als Anwendern qualifiziertes SAP-Wissen zur Verfügung zu stellen. SAP PRESS vereint das Know-how der SAP und die verlegerische Kompetenz von Rheinwerk. Die Bücher bieten Ihnen Expertenwissen zu technischen wie auch zu betriebswirtschaftlichen SAP-Themen.

Damit Sie nach weiteren Titeln Ihres Interessengebiets nicht lange suchen müssen, haben wir eine kleine Auswahl zusammengestellt.

Martin Peto
Cash Management mit SAP S/4HANA
598 Seiten, 2021, gebunden
ISBN 978-3-8362-7509-5
www.sap-press.de/5063

Antje Diekhoff, Mathias Cararo
SAP-Geschäftspartner und Customer-Vendor-Integration
568 Seiten, 2022, gebunden
ISBN 978-3-8362-8958-0
www.sap-press.de/5515

Thomas Kunze, Christian Kurzke, Kathrin Schmalzing
SAP S/4HANA Finance – Customizing
986 Seiten, 3., aktualisierte und erweiterte Auflage 2022, gebunden
ISBN 978-3-8362-8715-9
www.sap-press.de/5423

Sabine Maisel
IDoc-Entwicklung für SAP
372 Seiten, 3., aktualisierte und erweiterte Auflage 2016, gebunden
ISBN 978-3-8362-3988-2
www.sap-press.de/4031

Daria Kersten

Zahlungsverkehr mit SAP S/4HANA®

Liebe Leserin, lieber Leser,

Ein reibungsloser Zahlungsverkehr spart nicht nur Zeit, sondern auch Kosten. Darüber hinaus können Sie in Ihrem Unternehmen die Liquidität besser steuern und Compliance sicherstellen. Daria Kersten zeigt Ihnen in diesem Buch, wie Sie Kontenstrukturen und Prozesse verschlanken und einen durchgängigen Prozess in SAP S/4HANA etablieren. Sie gibt Projektteams, IT-Verantwortlichen, Consultants und Treasury-Mitarbeitenden Tipps und Hinweise, um Prozessentscheidungen zu treffen und ihr Einführungs- und Optimierungsprojekt zu planen.

Wir freuen uns stets über Lob, aber auch über kritische Anmerkungen, die uns helfen, unsere Bücher zu verbessern. Scheuen Sie sich nicht, sich bei mir zu melden; Ihr Feedback ist jederzeit willkommen.

Ihre Eva Tripp
Lektorat SAP PRESS

eva.tripp@rheinwerk-verlag.de
www.rheinwerk-verlag.de
Rheinwerk Verlag · Rheinwerkallee 4 · 53227 Bonn

Auf einen Blick

Wir hoffen, dass Sie Freude an diesem Buch haben und sich Ihre Erwartungen erfüllen. Ihre Anregungen und Kommentare sind uns jederzeit willkommen. Bitte bewerten Sie doch das Buch auf unserer Website unter **www.rheinwerk-verlag.de/feedback**.

An diesem Buch haben viele mitgewirkt, insbesondere:

Lektorat Eva Tripp
Korrektorat Monika Klarl, Annika Holtmannspötter
Herstellung Nadine Preyl
Typografie und Layout Vera Brauner
Einbandgestaltung Silke Braun
Coverbild Shutterstock: 183621140 © nikkytok
Satz Typographie & Computer, Krefeld
Druck Beltz Grafische Betriebe, Bad Langensalza

Dieses Buch wurde gesetzt aus der TheAntiquaB (9,35/13,7 pt) in FrameMaker.

Gedruckt wurde es mit mineralölfreien Farben auf chlorfrei gebleichtem, FSC®-zertifiziertem Offsetpapier (90 g/m²).

Hergestellt in Deutschland.

Bibliografische Information der Deutschen Nationalbibliothek:
Die Deutsche Nationalbibliothek verzeichnet diese Publikation in der Deutschen Nationalbibliografie; detaillierte bibliografische Daten sind im Internet über *http://dnb.dnb.de* abrufbar.

ISBN 978-3-8362-9404-1

1. Auflage 2023

Informationen zu unserem Verlag und Kontaktmöglichkeiten finden Sie auf unserer Verlagswebsite **www.rheinwerk-verlag.de**. Dort können Sie sich auch umfassend über unser aktuelles Programm informieren und unsere Bücher und E-Books bestellen.

Inhalt

12 SAP Multi-Bank Connectivity 605

13 Migration und Umstellung der Stamm- und Bewegungsdaten 637

Einleitung

Die heutige Welt ist geprägt von Veränderungen, Neuerungen und Entwicklungen. Die Geschwindigkeit des technischen Fortschritts ist enorm und beeinflusst viele Bereiche unseres Lebens. Nicht nur das Leben von Individuen, sondern auch die Unternehmen verändern sich durch verschiedene technische Entwicklungen. Globalisierung und Digitalisierung haben die Unternehmenswelt massiv verändert und werden noch viele weitere Veränderungen mit sich bringen.

Um zu überleben und sich weiterzuentwickeln, sind für alle Unternehmen ausreichende Finanzmittel und Liquidität essenziell. Unternehmen müssen zum einen stets in der Lage sein, existierende Verbindlichkeiten gegenüber Geschäftspartnern begleichen zu können. Zum anderen sind sie darauf angewiesen, dass die Geschäftspartner offene Forderungen gegenüber dem Unternehmen ebenfalls rechtzeitig begleichen können.

Die Automatisierung des Zahlungsverkehrs spielt in modernen Unternehmen eine wachsende Rolle. Die Anzahl der Zahlungstransaktionen kann je nach Branche und Ausrichtung des Unternehmens extrem hoch sein und nur mit enormem Aufwand manuell bewältigt werden. Hinzu kommt, dass Unternehmenszahlungen besonderer Absicherung bedürfen, um Missbrauch zu vermeiden, der sowohl für die Finanzergebnisse als auch für die Reputation des Unternehmens schädlich wäre.

Ein zuverlässiger und reibungslos funktionierender Zahlungsverkehr zwischen Unternehmen und ihren Geschäftspartnern ist eine der wichtigsten Voraussetzungen für das Fortbestehen und den Erfolg der Unternehmen. Diese Aussage gilt ohne Ausnahmen. Unabhängig von Standort, Größe sowie von den produzierten Waren oder Dienstleistungen des Unternehmens muss der Zahlungsverkehr problemlos und fehlerfrei funktionieren.

Darum ist dieses Buch entstanden

Genauso wie sich einzelne Unternehmen im Inneren wandeln, ändert sich auch die Außenwelt. Seit einigen Jahren sind klare Tendenzen zur Optimierung, Regulierung und Standardisierung im globalen Zahlungsverkehr zu erkennen. Ziel ist, eine möglichst schnelle und unproblematische Abwicklung von Zahlungen zwischen den Unternehmen, deren Geschäftspartnern und verschiedenen Finanzinstituten zu gewährleisten. Es werden globale Standards für ausgehende und eingehende Zahlungen geschaffen, neue Kommunikationstechnologien entwickelt, die es den Unternehmen weltweit möglich machen sollen, Zahlungen jeder Art grenzübergreifend mit einem Klick innerhalb von wenigen Minuten durchführen zu können.

Diese globalen Veränderungen haben einen großen Einfluss auf die ERP-Software, die solche neu entstehenden Anforderungen erfüllen muss. Der Softwarekonzern SAP SE hat in seinem neuen Softwareprodukt SAP S/4HANA die größten Herausforderungen und Neuerungen in dem Bereich des Zahlungsverkehrs berücksichtigt und abgedeckt. Einige schon in SAP ERP existierende Komponenten wurden gründlich optimiert, andere komplett neu entwickelt. Inzwischen steht eine ganze Palette an SAP-Lösungen zur Verfügung, mit denen verschiedenste Szenarien für die Zahlungsverkehrsprozesse umgesetzt werden können.

Die Geschäftsprozesse rund um den Zahlungsverkehr sind komplex und die organisatorischen Anforderungen bei der Durchführung der Zahlungen sind hoch. Gleichzeitig sind die technischen Möglichkeiten in SAP S/4HANA sehr mächtig, aber auch zahlreich und richten sich auf einzelne Teilprozesse des gesamten Zahlungsverkehrs. Alle diese Faktoren in Kombination erschweren den Einstieg und die Weiterentwicklung von Unternehmen in die moderne Welt des Zahlungsverkehrs mit SAP.

Selbst für diejenigen, die sich in den letzten Jahren aktiv und kontinuierlich mit dem Unternehmenszahlungsverkehr beschäftigt haben, kann es schwierig sein, das Gesamtbild aller Änderungen sowie alle neuen Anforderungen im Blick zu behalten. Es ist eine Herausforderung zu erkennen, welches Optimierungspotenzial die Geschäftsprozesse rund um die Zahlungen noch haben, welche Lösungen für das jeweilige Prozessszenario am besten passen und wie das Ganze effizient umgesetzt werden kann.

Diejenigen, die vorher mit dem Zahlungsverkehr wenig zu tun hatten und nun die Aufgabe haben, die existierenden Geschäftsprozesse zu verändern oder komplett neu aufzubauen, werden mit einer großen Anzahl technischer Lösungen, organisatorischer Prozessanforderungen und gesetzlicher Regelungen konfrontiert. Sie versuchen dabei, oft vergeblich, sich einen Gesamtüberblick zu verschaffen und die Besonderheiten einzelner zahlungsverkehrsrelevanter Teilprozesse und SAP-Komponenten zu verstehen.

Ziel dieses Buches über den Zahlungsverkehr mit SAP ist, die komplexe Zahlungswelt mit verständlichen Worten und vielen Abbildungen allen, die daran aus verschiedenen Gründen interessiert sind, klar und anwendungsnah zu zeigen. Es will das notwendige Wissen vermitteln und damit ein Verständnis schaffen, wie die Geschäftsprozesse rund um den Zahlungsverkehr mithilfe von SAP S/4HANA abgebildet werden können.

Wie das Buch aufgebaut ist

Das Buch besteht aus zwei großen Teilen, und jeder Teil besteht wiederum aus mehreren Kapiteln. Alle Screenshots und Beschreibungen der in SAP zur Verfügung stehenden Funktionen basieren auf der SAP-Version S/4HANA 2022.

In Teil I steht die betriebswirtschaftliche Sicht auf die relevanten Geschäftsprozesse im Vordergrund. **Kapitel 1**, »Einführung in die Zahlungsverkehrsprozesse im Unternehmen«, bietet einen ersten Einblick in das komplexe Thema des Zahlungsverkehrs. In diesem Kapitel erklären wir, welche Prozesse aus welchen Gründen bestimmte Rollen bei der Ausführung von Zahlungen spielen.

In **Kapitel 2**, »Purchase-to-Pay«, widmen wir uns im Detail einem sehr wichtigen Geschäftsprozess im Bereich der Zahlungen – dem Prozess ausgehender Zahlungen vom Unternehmen an seine Lieferanten. Dabei werden Zulieferungen, Rohstoffe und gegebenenfalls einzelne Komponenten bei anderen Unternehmen bestellt, um eigene Ware zu produzieren oder Dienstleistungen zum Verkauf anzubieten.

Kapitel 3, »Treasury-Zahlungen«, nimmt Sie in die Welt der sogenannten Treasury-Zahlungen mit. Darunter ist vor allem der Zahlungsverkehr zwischen dem Unternehmen und den Finanzinstituten gemeint. Solche Zahlungen haben nicht die vom Unternehmen produzierenden Waren und Dienstleistungen als Grundlage, sondern sind mit dem Unternehmensbedarf an der Finanzierung und Liquiditätsoptimierung verbunden.

In **Kapitel 4**, »Order-to-Cash«, geht es um die eingehenden Zahlungen von Kunden, die Waren und Dienstleistungen des Unternehmens beziehen. Diese eingehenden Kundenzahlungen sind in der Regel die Hauptquelle für Geldeingänge des Unternehmens.

In **Kapitel 5**, »Interne und externe Kommunikation im Zahlungsverkehr«, erklären wir, wie die Innenwelt eines Unternehmens mit der Außenwelt verknüpft werden kann. Wir zeigen, mit welchen Mitteln und auf welche Art und Weise das SAP-System des Unternehmens mit den Systemen der Geschäftspartner, sprich den Systemen der Kunden, der Lieferanten und der Finanzinstitute kommunizieren kann.

Während wir uns in Teil I hauptsächlich mit der Prozessseite des Zahlungsverkehrs beschäftigen, betrachten wir in Teil II die SAP-Komponenten, die für die Abbildung der Zahlungsverkehrsprozesse verwendet werden können. Wir erklären Ihnen ausführlich sämtliche Aspekte der technischen Umsetzung der Zahlungsprozesse.

In **Kapitel 6**, »Implementierungsansätze«, geht es darum, welche Möglichkeiten es bei der Neuimplementierung oder Optimierung der Zahlungsprozesse gibt und welche Szenarien für welche Unternehmensziele am besten geeignet sind.

In **Kapitel 7**, »Einstellungen in der Bankkonten- und Zahlungsverwaltung«, beschreiben wir die in der Finanzbuchhaltung eines SAP-Systems vorzunehmende Konfiguration, die notwendig ist, um überhaupt Zahlungsbelege in SAP erstellen zu können.

In **Kapitel 8**, »Einstellungen in SAP In-House Cash«, zeigen wir Ihnen, was Sie machen müssen, um das Konzept der In-House-Bank und der eigenen Payment Factory im Unternehmen technisch umsetzen zu können. Das Kapitel widmet sich dabei der zentralen Sicht und zeigt, wie die In-House-Bank selbst konfiguriert werden muss.

Kapitel 9, »Einstellungen in den SAP-Systemen der Tochtergesellschaften«, baut auf Kapitel 8 auf. Es zeigt, was die Tochtergesellschaften in ihren lokalen Systemen einstellen müssen, um mit der In-House-Bank kommunizieren zu können.

In **Kapitel 10**, »Einstellungen in SAP Bank Communication Management«, sind die technischen Einstellungen in SAP Bank Communication Management zusammengefasst. Das SAP Bank Communication Management ist notwendig, um die Ergebnisse der Kommunikation zwischen dem Unternehmen und seinen Hausbanken im SAP-System des Unternehmens darstellen zu können. Darüber hinaus wird sichergestellt, dass die Zahlungen ordnungsgemäß ausgeführt werden.

Kapitel 11, »Einstellungen in der erweiterten Zahlungsverwaltung«, beschreibt die Optimierungsmöglichkeiten und Verbesserungsoptionen, die mit der jüngsten und sehr mächtigen SAP-Komponente Advanced Payment Management im Bereich der Zahlungen zur Verfügung stehen.

In **Kapitel 12**, »SAP Multi-Bank Connectivity«, erläutern wir, wie der letzte Schritt der Zahlungsprozesse aussehen muss. Dabei geht es darum, wie die Übergabe der Zahlungsinformationen an die Hausbanken des Unternehmens mithilfe von SAP Multi-Bank Connectivity und dem dazugehörigen MBC-Konnektor für eingerichtet werden kann.

In **Kapitel 13**, »Migration und Umstellung der Stamm- und Bewegungsdaten«, beschreiben wir die häufigsten Herausforderungen bei der Umstellung der Zahlungsprozesse von Altsystemen auf SAP S/4HANA.

An wen richtet sich dieses Buch

Dieses Buch kann für mehrere Zielgruppen, die auf verschiedene Art und Weise mit dem Zahlungsverkehr zu tun haben, hilfreich sein.

Das Buch richtet sich vor allem an komplette Projektteams, die damit beschäftigt sind, die Zahlungsverkehrsprozesse im Unternehmen zu optimieren beziehungsweise neu einzurichten. In solchen Projektteams sind Teamglieder aus mehreren Unternehmensabteilungen vertreten, und je nach Projektrolle hat jedes Teammitglied seinen bestimmten Fokus auf das Projekt.

Falls Sie in der IT-Abteilung arbeiten oder ein IT-Consultant sind, ist dieses Buch das richtige für Sie. Es hilft Ihnen, die betriebswirtschaftlichen Grundlagen der zentralen Zahlungsprozesse zu verstehen, damit Sie das in den einzelnen SAP-Komponenten steckende technische Potenzial in jedem konkreten Fall vollständig nutzen und das optimale Umsetzungsszenario festlegen können.

Falls Sie im Fachbereich Treasury oder Nebenbuchhaltung tätig und in einem Optimierungsprojekt beteiligt sind, ist dieses Buch ebenfalls für Sie geeignet. Die einzelnen Geschäftsprozesse, die Sie von innen bestimmt sehr gut kennen, sind in diesem Buch in Bezug auf die SAP-Welt erklärt. Das hilft Ihnen dabei, ein besseres technisches Verständnis zusätzlich zu Ihrem Fachwissen aufzubauen, was wiederum eine ausschlaggebende Rolle beim Treffen von kompetenten Prozessentscheidungen in den laufenden Projekten spielt.

Den Leiterinnen und Leitern der IT- und Treasury-Abteilungen sowie der SAP-Einführungs- und Optimierungsprojekte wird dieses Buch helfen, zu bestimmen, welche SAP-Komponenten bei welchen Projektszenarien notwendig sind und auf welche gegebenenfalls verzichtet werden kann.

Unabhängig davon, in welcher Rolle Sie dieses Buch zur Hand nehmen, wünschen wir Ihnen viel Spaß beim Lesen und hoffen, dass wir das Hauptziel des Buches – Ihnen die komplexe Zahlungswelt mit einfachen Erklärungen näherzubringen – tatsächlich erreicht haben.

Kapitel 1
Einführung in die Zahlungsverkehrsprozesse im Unternehmen

Dieses Kapitel erläutert, wie Zahlungsströme in Unternehmen ablaufen. Es zeigt die Bedeutung der Zahlungsprozesse unter Compliance-Gesichtspunkten und angesichts hoher Liquiditätsanforderungen sowie der Notwendigkeit zur Kostenoptimierung auf. Darüber hinaus werden die SAP-Werkzeuge vorgestellt, mit denen Sie die Zahlungsprozesse technisch abbilden und die Anforderungen umsetzen können.

Dieses Buch widmet sich einem essenziellen Vorgang in jedem Unternehmen – dem Zahlungsverkehr. Wir möchten Ihnen ein tiefes Verständnis für die grundlegenden betriebswirtschaftlichen Prozesse im Bereich des Zahlungsverkehrs vermitteln und Ihnen zeigen, wie diese Prozesse im SAP-System optimal abgebildet werden können. SAP bietet seit Längerem eine Palette an Möglichkeiten für den gesamten Zahlungsverkehr. In SAP S/4HANA stehen Ihnen noch mehr Funktionen zur Verfügung als in SAP ERP.

Nur schlanke und effiziente Betriebsprozesse können auch technisch effizient funktionieren. In diesem Kapitel führen wir Sie in die Welt des Zahlungsverkehrs eines Unternehmens ein. Wir beschreiben typische Prozesse des Zahlungsverkehrs und erklären ihre wichtigsten Bestandteile und Besonderheiten. Dabei gehen wir stets davon aus, dass diese Prozesse schon in einem SAP-System abgebildet sind oder dort abgebildet werden sollen. Aus diesem Grund verwenden wir von Anfang an typische, für den jeweiligen Prozess relevante SAP-Fachbegriffe. Des Weiteren geben wir in Abschnitt 1.5, »Unterstützung durch SAP-Lösungen«, einen Überblick darüber, welche SAP-Lösungen für den beschriebenen Prozess relevant sind und wie diese Lösungen zur Optimierung der Prozessketten beitragen können.

Folgende und ähnliche Frage beantworten wir in diesem Kapitel:

- Was genau steht hinter dem Begriff *Zahlungsverkehr*?
- Warum sollte man sich mit der Thematik des Zahlungsverkehrs beschäftigen?

- Warum ist der Zahlungsverkehr wichtig für das Unternehmen?
- Welche Auswirkung hat die Optimierung der Zahlungsprozesse im SAP-System auf die Effizienz des Unternehmens insgesamt?

1.1 Was verstehen wir unter Zahlungsverkehr?

Vereinfacht ausgedrückt bedeutet das Wort *Zahlungsverkehr* einen Austausch von Zahlungsmitteln zwischen Personen, Unternehmen oder sogar Staaten. Diesem Austausch liegt in der Regel eine Verkaufs- oder Kauftransaktion zugrunde, und das Objekt dieser Transaktion ist eine Ware oder Dienstleistung. Die eingesetzten Zahlungsmittel können unterschiedliche Formen annehmen. So können z. B. Bargeld, bargeldlose Überweisungen, Papierschecks oder Verrechnungen als Zahlungsmittel verwendet werden.

[»]

Definition des Begriffs »Zahlungsverkehr«

Der Zahlungsverkehr ist die Gesamtheit aller Zahlungsvorgänge, die zwischen mehreren Wirtschaftssubjekten entstehen. Bezogen auf ein Unternehmen handelt es sich dabei also um sämtliche ausgehende sowie eingehende Geldflüsse des Unternehmens.

1.1.1 Kunden und Lieferanten

Alle Unternehmen, unabhängig von ihrer Größe, ihrer Branche oder ihren Standorten, müssen mit anderen Unternehmen und/oder Privatpersonen kommunizieren. Kein Unternehmen ist in der Lage, auf dem Wirtschaftsmarkt zu funktionieren, ohne unterschiedliche Geschäftsbeziehungen zur Außenwelt zu führen. Diese Beziehungen sind vielfältig und oftmals auch langfristig.

Zum einen steht das Unternehmen in unterschiedlichen Kundenbeziehungen: Der Kern der Unternehmenstätigkeit ist es, Produkte (Waren oder Dienstleistungen) auf den Markt zu bringen, die dort konsumiert werden. Die Kunden stets zufriedenzustellen und damit langfristige Kundenbeziehungen zu führen, ist damit ein wichtiges Merkmal eines erfolgreichen Unternehmens. Als Kunden werden andere Unternehmen oder Privatpersonen betrachtet, die Produkte des Unternehmens kaufen oder dessen Dienstleistungen in Anspruch nehmen.

Zum anderen sind die Lieferantenbeziehungen zu nennen: Um den Kunden ein fertiges Produkt anzubieten, benötigt das Unternehmen Materialien, Rohstoffe sowie Zusatzteile. Aber auch Gegenstände des täglichen Gebrauchs wie Bürobedarf oder Büromöbel für Mitarbeitende müssen erworben oder gemietet werden. Unter Lieferanten sind also andere Unternehmen oder Personen zu verstehen, die benötigte Waren oder Dienstleistungen für das Unternehmen bereitstellen.

In Abbildung 1.1 können Sie in der linken Hälfte die Beziehung zwischen Unternehmen und Kunden sehen. Ein Unternehmen stellt seinen Kunden Waren oder Dienstleistungen zur Verfügung und erhält dafür Geld. In der rechten Hälfte sehen Sie die Beziehung zwischen Unternehmen und Lieferanten. Hier sind die Rollen vertauscht: Lieferanten stellen dem Unternehmen Waren oder Dienstleistungen zur Verfügung; dafür zahlt das Unternehmen Geld an die Lieferanten.

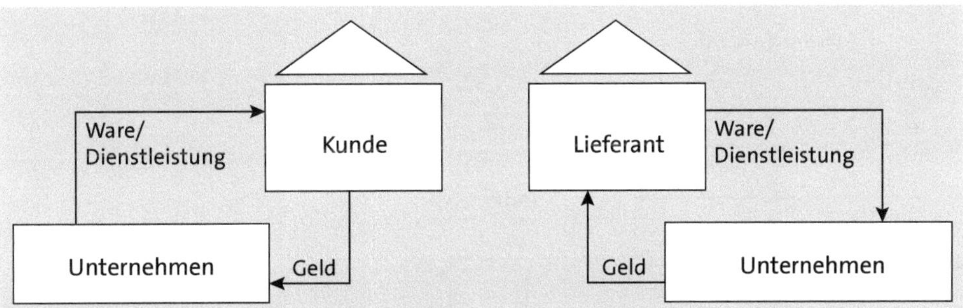

Abbildung 1.1 Beziehung des Unternehmens zu Kunden und Lieferanten

Aus dieser Abbildung geht klar hervor, dass das Geld in zwei Richtungen fließt:

- *Eingehende Geldflüsse*, also Geld, das von den Kunden zum Unternehmen fließt.
- *Ausgehende Geldflüsse*, also Geld, das an die Lieferanten fließt.

Basierend auf dieser Logik wird der gesamte Zahlungsverkehr in zwei große Blöcke unterteilt: in den eingehenden und in den ausgehenden Zahlungsverkehr.

[«]

Definition der Begriffe »Geldeingänge« und »Geldausgänge«

Ihnen begegnen in diesem Buch die Begriffe *Geldeingänge* und *Geldausgänge*. Unter Geldeingängen wird der eingehende Zahlungsverkehr verstanden, und mit Geldausgängen ist der ausgehende Zahlungsverkehr gemeint.

1.1.2 Eingehender Zahlungsverkehr

Wir haben bereits erwähnt, dass jedes Unternehmen ein bestimmtes Produkt (oder Produkte) auf den Markt bringt. Dort greifen Kunden nach diesem Produkt und zahlen für dessen Erwerb. Das Geld fließt vom Kunden an das Unternehmen. Kunden sind damit eine der wichtigsten Quellen für Geldeingänge im Unternehmen.

Der komplette betriebswirtschaftliche Prozess, der alle Schritte der Interaktion zwischen Unternehmen und Kunden beinhaltet, vom Produktangebot zum Kundenauftrag bis zu dessen Bezahlung, wird als *O2C-Prozess* bezeichnet. O2C steht dabei für *Order-to-Cash*, eine Abkürzung aus dem Englischen die für »vom Auftrag zum (Bar)-geld« steht.

In Abbildung 1.2 sehen Sie die Hauptschritte in einem O2C-Prozess. Das Unternehmen erhält einen Auftrag ❶ von einem Kunden. Nach der Annahme des Kundenauftrags liefert das Unternehmen seine Ware oder Dienstleistung ❷ und erzeugt eine Rechnung ❸ (dieser Schritt wird auch *Fakturierung* genannt), die er dem Kunden übermittelt. Der Kunde bezahlt die Rechnung ❹, und damit ist der Kreis geschlossen.

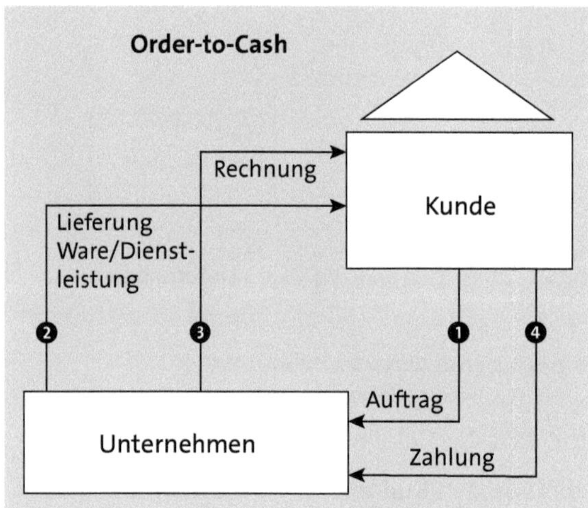

Abbildung 1.2 Order-to-Cash-Prozess: Übersicht

Die Reihenfolge der Schritte kann abweichend von dieser Abbildung sein. So ist es z. B. möglich, dass der Kunde die Rechnung vor dem Erhalt der Lieferung erhält und möglicherweise sogar im Voraus begleichen muss. Dies ist von der Produkt- und Branchenspezifik des Unternehmens abhängig. Da wir in diesem Buch das Thema Zahlungsverkehr schwerpunktmäßig behandeln, können wir die Reihenfolge der Schritte vernachlässigen und uns auf Rechnungsstellung und Zahlung konzentrieren.

1.1.3 Exkurs: B2B- und B2C-Marktsegmente

Im Zusammenhang mit dem O2C-Prozess begegnen Ihnen die Abkürzungen *B2B* und *B2C*. B2B steht für *Business-to-Business*, also »von Unternehmen zu Unternehmen« und beschreibt Geschäftsbeziehungen, bei denen die Kunden des Unternehmens ebenfalls Unternehmen sind. Die Abkürzung B2C bedeutet *Business-to-Customer*, was als »vom Unternehmen zum Kunden« übersetzt werden kann. B2C beschreibt die Geschäftsbeziehungen, bei denen die Kunden des Unternehmens Privatpersonen sind.

In Abbildung 1.3 werden die B2B- und B2C-Modelle veranschaulicht. Sowohl in B2B als auch in B2C stellt das Unternehmen Waren oder Dienstleistungen zur Verfügung, für die es im Gegenzug eine Geldleistung erhält. Der Unterschied besteht lediglich in den Produktabnehmern. Im B2B-Segment handelt es sich um Unternehmen und in B2C um Privatpersonen.

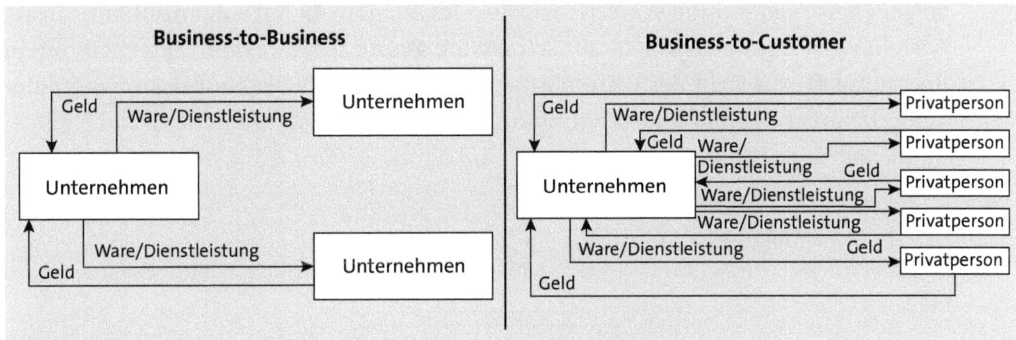

Abbildung 1.3 Business-to-Business und Business-to-Customer

Für das Unternehmen ist die Auswahl zwischen B2B- und den B2C-Segmenten vor allem durch die Produkt- und Branchenspezifik bedingt. Wenn z. B. der Schwerpunkt des Unternehmens in der Produktion von Halbleitern für Autos besteht, ist dieses Unternehmen im B2B-Marktsegment aktiv, weil diese Halbleiter von den Automobilherstellern gekauft werden, bei denen es sich ebenfalls um Unternehmen handelt.

Wenn aber das Unternehmen beispielsweise ein Verlag ist, ist es höchstwahrscheinlich im B2C-Segment aktiv, weil die veröffentlichten Bücher und Zeitschriften von Privatpersonen gekauft werden. Das eine schließt das andere also nicht aus. Der Verlag aus unserem vorangehenden Beispiel kann im B2B-Segment ebenfalls aktiv sein, weil nicht nur Privatpersonen, sondern auch andere Unternehmen Fachliteratur bestellen.

1.1.4 Ausgehender Zahlungsverkehr

Bevor das Unternehmen seine Produkte dem Kunden anbieten kann, muss es diese Produkte entwickeln, produzieren oder selbst einkaufen, um sie weiterzuverkaufen. Für die Produktion sowie für die Bereitstellung fertiger Waren oder Dienstleistungen muss das Unternehmen die erforderlichen Komponenten, Materialen oder Zusatzteile beschaffen. Auch im Alltag, unabhängig von der Produktproduktion, benötigt das Unternehmen ein Büro für seine Angestellten, Büromöbel, Computer, Stifte und Papier und vieles mehr. All das muss irgendwo gekauft oder gemietet werden. Durch die Notwendigkeit, diesen Bedarf zu decken, entsteht die Interaktion des Unternehmens mit seinen Lieferanten.

Der komplette betriebswirtschaftliche Prozess, der alle Schritte in der Interaktion zwischen Unternehmen und Lieferanten beinhaltet, von der Bestellung beim Lieferanten bis hin zu deren Bezahlung, wird als *P2P-Prozess* bezeichnet. P2P steht dabei für *Purchase-to-Pay*, was so viel bedeutet wie »vom Kauf bis zur Zahlung«.

In Abbildung 1.4 sehen Sie die Hauptschritte in einem P2P-Prozess. Das Unternehmen bestellt beim Lieferanten Ware, Rohstoffe oder Zuarbeit ❶. Nach der Annahme dieser Bestellung versendet der Lieferant seine Ware ❷ und stellt sie dem Unternehmen in Rechnung ❸. Aus Sicht des Unternehmens handelt es sich also um einen Wareneingang mit anschließendem Rechnungsausgang. Das Unternehmen bezahlt die eingehende Rechnung ❹ an den Lieferanten, und damit ist der Kreis geschlossen.

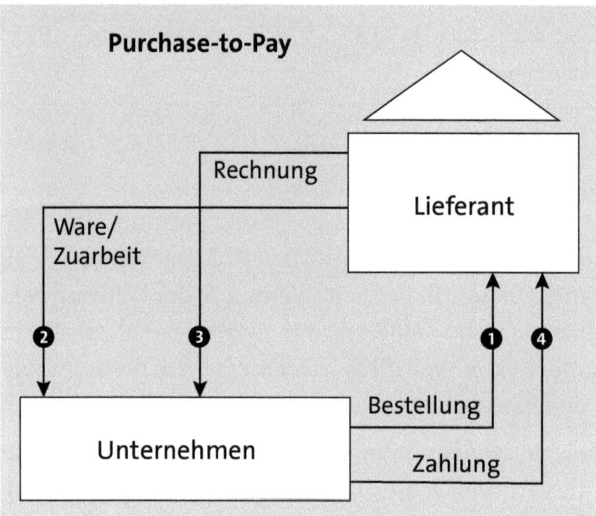

Abbildung 1.4 Purchase-to-Pay-Prozess: Übersicht

Auch im P2P-Prozess kann die Reihenfolge der Schritte von dieser Abbildung abweichen. So können z. B. Wareneingang und Rechnungseingang gleichzeitig stattfinden, oder der Wareneingang kann erst nach der Zahlung erfolgen.

Genauso wie im O2C-Prozess, können wir auch im P2P-Prozess die exakte Reihenfolge der einzelnen Prozessschritte vernachlässigen und uns auf den Rechnungseingang und die Zahlung dieser Rechnung konzentrieren.

1.1.5 Banken als Vermittler

Am Anfang dieses Kapitels haben wir den Zahlungsverkehr als Austausch von Zahlungsmitteln definiert. In Abbildung 1.2 und Abbildung 1.4 haben wir gesehen, dass ein Unternehmen viele Kontakte nach außen unterhält – zu Kunden und Lieferanten. Entweder zahlt das Unternehmen Geld an die Lieferanten, oder das Unternehmen erhält Geld von den Kunden.

Im Bereich des Zahlungsverkehrs gibt es eine Besonderheit in der Kommunikation zwischen dem Unternehmen und seinen Partnern, die wir bisher an keiner Stelle erwähnt haben: Die zahlungsverkehrsbezogene Kommunikation mit den Partnern findet praktisch nie direkt statt, sondern stattdessen läuft sie über bestimmte Arten von Vermittlern.

Selbst im privaten Bereich erledigen wir inzwischen viele unserer finanziellen Angelegenheiten online ohne Bargeld. Im Unternehmensumfeld, in dem es in der Regel um viel höhere Beträge geht, läuft fast der komplette Zahlungsverkehr bargeldlos. Und immer, wenn es um Geld geht, kommt ein »zusätzlicher Spieler ins Feld«: eine *Bank*, genauer gesagt, handelt es in der Regel um mindestens zwei Banken.

Sowohl das Unternehmen als auch seine Kunden und Lieferanten müssen jeweils mindestens ein *Bankkonto* bei einer Bank eröffnen, damit die zu zahlenden Beträge vom Bankkonto des Zahlungssenders auf das Bankkonto des Zahlungsempfängers überwiesen werden können. Die Bank des Absenders und die Bank des Empfängers sind zusätzliche Teilnehmer in allen Zahlungsverkehrsprozessen.

In Abbildung 1.5 sehen Sie den angepassten Fluss im O2C-Prozess. Die Schritte ❶ bis ❸ sind in Abbildung 1.2 beschrieben. Im letzten Schritt ❹ »Zahlung des Kunden an das Unternehmen« sind nun zwei zusätzliche Prozessteilnehmer zu sehen: die Bank des Kunden in Schritt 4a und die Bank des Unternehmens in Schritt 4b. Das heißt, dass der Kunde seine Zahlung nicht direkt an das Unternehmen sendet, sondern stattdessen wird die Information über die notwendige Zahlung in Schritt 4a zur Bank des Kunden geschickt. Diese Bank schickt die Informationen weiter an die Bank des Unternehmens, und anschließend teilt die Unternehmensbank in Schritt 4b dem Unternehmen mit, dass es die Zahlung erhalten hat.

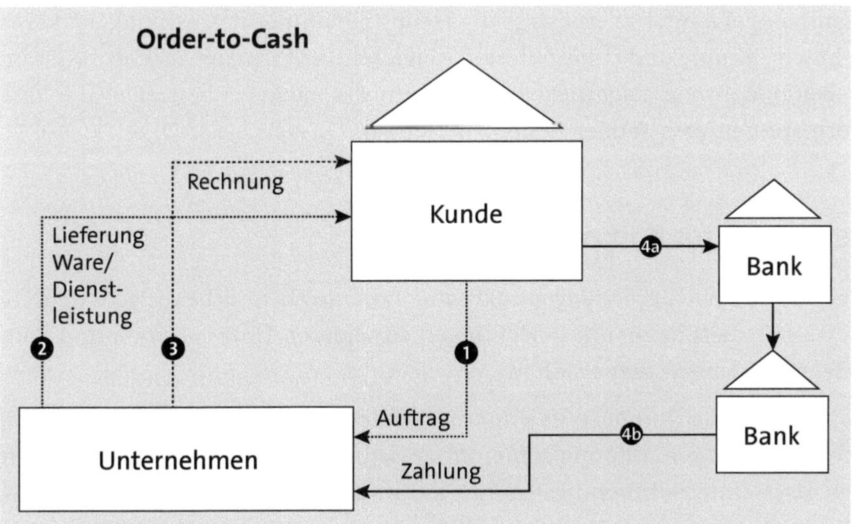

Abbildung 1.5 Order-to-Cash-Prozess inklusive Banken: Übersicht

In Abbildung 1.6 sehen Sie den angepassten Zahlungsfluss im P2P-Prozess. Die Schritte ❶ bis ❸ sind in Abbildung 1.4 beschrieben. Bei der Zahlung des Unternehmens an den Lieferanten sind nun zwei zusätzliche Prozessteilnehmer zu sehen: die Bank des Unternehmens in Schritt 4a und die Bank des Lieferanten in Schritt 4b. Hier schickt das Unternehmen seine Zahlung nicht direkt an den Lieferanten, stattdessen wird die Information über die notwendige Zahlung zu der Bank des Unternehmens in Schritt 4a gesendet. Diese Bank gibt die Informationen an die Bank des Lieferanten weiter. Zum Schluss teilt die Lieferantenbank in Schritt 4b dem Lieferanten mit, dass die Zahlung angekommen ist.

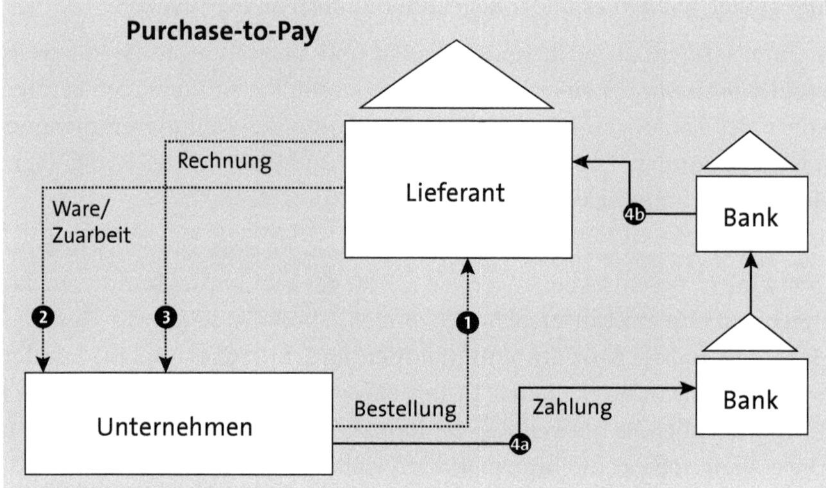

Abbildung 1.6 Purchase-to-Pay-Prozess inklusive Banken: Übersicht

Kurz zusammengefasst heißt das, dass die Hauptteilnehmer des Zahlungsverkehrs (Unternehmen – Kunde und Unternehmen – Lieferant) auf Banken als Vermittler im Kommunikationsprozess angewiesen sind. Denn die Banken übertragen die Zahlungsinformationen vom Sender an den Empfänger.

1.2 Der Kernfaktor Kommunikation

Das Unternehmen hat Berührungspunkte zur Außenwelt und benötigt etablierte Kommunikationsmethoden, um Beziehungen zu anderen Unternehmen und Banken zu pflegen und aufrechtzuerhalten.

Heutzutage nutzt jedes (mindestens jedes mittelständische oder Großunternehmen) ein ERP-System für die Abbildung seiner Prozesse und zur Buchführung. Wenn wir also sagen, dass Unternehmen bestimmte Kommunikationsmethoden benötigen, bedeutet es in der ersten Linie, dass deren ERP-Systeme miteinander kommunizieren sollen.

Solche Transferpunkte, die die Verbindung des Unternehmens zu anderen Marktteilnehmern gewährleisten und der Übergabe von Informationen zwischen verschiedenen Partnern und deren Softwaresystemen dienen, nennt man *Schnittstellen*. Über die Schnittstellen wird der technische Datenaustausch zwischen zwei IT-Systemen und die Datenverarbeitung in dem jeweiligen ERP-System durchgeführt.

[«]

Ausgangsschnittstellen und Eingangsschnittstellen

Schnittstellen sind Dreh- und Angelpunkte im gesamten Buch, da der Zahlungsverkehr die reibungslose Kommunikation mit der Außenwelt voraussetzt. Bei der Durchführung des Zahlungsverkehrs zwischen Unternehmen und Kunden (mit Banken als Zwischenstopps) findet eine eingehende Kommunikation statt; hier ist also eine Eingangsschnittstelle erforderlich. Beim Zahlungsverkehr zwischen dem Unternehmen und seinen Lieferanten (mit Banken als Zwischenstopps) ist die ausgehende Kommunikation entscheidend, es wird also eine Ausgangsschnittstelle benötigt.

1.2.1 Kontoauszug als Kommunikationsmittel im O2C-Prozess

In Abbildung 1.5 haben wir gesehen, wie die Zahlung vom Kunden zur Kundenbank, dann zur Unternehmensbank und anschließend zum Unternehmen weitergereicht wird. Auch haben wir festgestellt, dass im O2C-Prozess eine eingehende Schnittstelle erforderlich ist, über die die Informationen zur Kundenzahlung in das ERP-System des Unternehmens (in diesem Buch gehen wir stets von einem SAP-System aus) eingehen.

Für diese Art von Kommunikation werden sogenannte *Kontoauszüge* als Kommunikationsmittel verwendet.

[«]

Definition des Begriffs »Kontoauszug«

Unter einem *Kontoauszug* wird ein Bericht verstanden, in dem alle einzelnen Transaktionen auf dem Bankkonto für einen bestimmten Zeitraum aufgelistet sind. Zusätzlich zu den einzelnen Kontobewegungen umfasst der Kontoauszug auch den Anfangssaldo und den Endsaldo für den gewählten Zeitraum.

In Tabelle 1.1 finden Sie ein Beispiel für einen Kontoauszug, der alle Bewegungen auf dem Bankkonto des Unternehmens am 01.10.2022 auflistet.

Kontoauszüge als Mitteilung über alle Geldbewegungen auf dem Bankkonto sind das Hauptmittel der Kommunikation von der Bank zum Unternehmen. Sie werden in der Regel täglich von der Bank des Unternehmens an das Unternehmen geschickt und müssen im SAP-System des Unternehmens eingelesen werden, damit sich die erfolgten Kontobewegungen auch im SAP-System widerspiegeln.

Art der Transaktion	Betrag EUR	Erläuterung
Anfangssaldo	(+) **100.000**	
Geldausgang 1	*(-) 10.000*	*Zahlung an Lieferant 1*
Geldeingang 1	*(+) 5.000*	*Zahlung des Kunden 1*
Geldausgang 2	*(-) 2.000*	*Zahlung an Lieferant 2*
Geldausgang 3	*(-) 1.000*	*Zahlung an Lieferant 3*
Geldeingang 2	*(+) 3.000*	*Zahlung des Kunden 2*
Endsaldo	(+) **95.000**	

Tabelle 1.1 Kontoauszug für den 01.10.2022

Jedes Unternehmen hat an einem Tag in der Regel sehr viele Einzelbewegungen auf dem Bankkonto zu verzeichnen. Wenn der Kontoauszug täglich in Papierform kommen würde, wäre viel manuelle Arbeit erforderlich, um diese Geldbewegungen an das SAP-System zu übertragen. Aus diesem Grunde werden die täglichen Kontoauszüge in elektronischer Form von der Bank an das Unternehmen übermittelt.

Allerdings ist die Anzahl der Banken auf dem Markt sehr hoch. Wenn jede Bank ein eigenes elektronisches Format nutzen würde, müsste jedes Unternehmen sein ERP-System an all diese Banken anpassen, damit es in der Lage wäre, ihre elektronischen Kontoauszüge einzulesen. Die Lösung dafür ist die Vereinheitlichung der elektronischen Kontoauszüge.

Kontoauszugsformate: Begriff und Beispiele

Die anerkannten elektronischen Formen für Kontoauszüge mit festem Aufbau und vordefinierter Struktur nennt man *Kontoauszugsformate*.

Die gängigen Formate für Kontoauszüge sind zurzeit das camt.053-Format nach dem internationalen Standard ISO 20022, das SWIFT-MT940-Format und zum Teil noch das europäische Multi-Cash-Format und das amerikanische BAI-Format.

1.2.2 Zahldateien als Kommunikationsmittel im P2P-Prozess

In Abbildung 1.6 haben wir den Zahlungsfluss vom Unternehmen zur Unternehmensbank, zur Lieferantenbank und anschließend zum Lieferanten gesehen. Auch haben wir im vorangehenden Abschnitt 1.1.5, »Banken als Vermittler«, festgestellt, dass im P2P-Prozess eine ausgehende Schnittstelle erforderlich ist, über die die Informationen zur Lieferantenzahlung vom SAP-System des Unternehmens an die Bank weitergegeben werden.

Für diese Art von Kommunikation werden sogenannte *Zahldateien* als Kommunikationsmittel verwendet.

Definition des Begriffs »Zahldatei«

Unter einer *Zahldatei* (oder auch Zahlungsdatei), wird ein Bericht verstanden, in dem alle einzelnen auszuführenden Zahlungen des Unternehmens aufgelistet sind. Diese Zahldatei wird als Anweisung an die Bank übergeben, damit die Bank die eigentlichen Zahlungen (also Geldausgänge) vom Bankkonto durchführt.

In Tabelle 1.2 finden Sie ein Beispiel für eine Zahldatei, die alle auszuführenden Geldausgänge vom Bankkonto des Unternehmens am 01.10.2022 auflistet.

Struktur	Details	Erläuterung
Gesamtsumme der Zahlungen	(-) 20.000 EUR	
Absender	Unternehmen XYZ	
Absenderbankkonto	123456789	
Empfänger 1	*Lieferant 1*	
Empfängerbankkonto	*1122334455*	
Zahlung	*(-) 10.000 EUR*	*Zahlung für Rechnung 123*
Empfänger 2	*Lieferant 2*	
Empfängerbankkonto	*2244668800*	
Zahlung	*(-) 5.000 EUR*	*Zahlung für Rechnung 456*
Empfänger 3	*Lieferant 3*	
Empfängerbankkonto	*1133557799*	
Zahlung	*(-) 5.000 EUR*	*Zahlung für Rechnung 789*
Gesamtsumme der Zahlungen	(-) 20.000 EUR	

Tabelle 1.2 Zahldatei vom 01.10.2022

Jede Zahldatei enthält die Informationen über den Absender und seine Bankdaten, den Empfänger und seine Bankdaten (oder mehrere Empfänger), Zahlbeträge, Zahlwährung und Zusatzinformationen, die dem Empfänger helfen zu erkennen, für welche Rechnung die jeweilige Zahlung erfolgt.

Zahldateien als Mitteilung über alle auszuführenden Zahlungen sind das wichtigste Mittel der ausgehenden Kommunikation vom Unternehmen zu seiner Bank. Die Frequenz, mit der die Zahldateien im SAP-System des Unternehmens erzeugt werden, unterscheidet sich von Unternehmen zu Unternehmen. Die Übermittlungsfrequenz kann täglich, wöchentlich, zweimal wöchentlich oder auch einmal monatlich sein. In der Regel sollen mehrere Zahlungen auf einmal erfolgen, sodass die Bank Details zu vielen Zahlungsanweisungen in einer Zahldatei erhält. Aus diesem Grunde ist es wichtig, die Übergabe der Informationen vom Unternehmen an die Bank im Bereich des ausgehenden Zahlungsverkehrs zu vereinheitlichen.

Mittlerweile haben sich bestimmte Regeln und Formen für Aufbau, Struktur und Inhalt der Zahldateien etabliert, denen die meisten Banken und Unternehmen weltweit folgen.

[»]

Zahlungsformate: Begriff und Beispiele

Die anerkannten elektronischen Formen für Zahldateien mit festem Aufbau und vordefinierter Struktur nennt man *Zahlungsformate*.

Das gängigste Format für Zahlungen ist zurzeit das XML-CGI-Format nach dem internationalen Standard ISO 20022. Aber auch weitere Formate wie z. B. das MT101-Format von SWIFT, das amerikanische NACHA-ACH-Format, und auch andere länderspezifische Formate sind noch im Einsatz.

1.3 Kontenstrukturen in Unternehmen

In den vorangehenden Abschnitten dieses Kapitels haben wir uns auf die Verbindungen des Unternehmens zur Außenwelt konzentriert. Das Unternehmen selbst ist in unserem bisherigen Prozessmodell als organisatorische Einheit dargestellt, die Beziehungen zu Banken unterhält.

In der modernen Welt mit immer steigenden Tendenzen zur Globalisierung ist jedoch ein solches Unternehmen kaum zu finden, zumindest nicht, wenn es sich um mittelständische und Großunternehmen handelt, die SAP-Software verwenden. Die organisatorische Struktur der mittelständischen und insbesondere der Großunternehmen ist viel komplizierter als in unserem Modell.

Hinter dem Begriff *Unternehmen* steht aus diesem Grunde nicht nur eine einzige rechtliche Einheit. Besonders bei *Großunternehmen* versteht man unter dem Begriff

Unternehmen eine Ansammlung von legalen Einheiten und gegebenenfalls eine oder mehrere Holdings. Im SAP-System werden solche Einheiten typischerweise als separate *Buchungskreise* abgebildet.

In Abbildung 1.7 sehen Sie eine mögliche organisatorische Struktur in einem Großunternehmen. Das Unternehmen ist in mehreren Teilen der Welt tätig; aus diesem Grund hat es sich für eine Spartenorganisation nach geografischem Prinzip entschieden: mit der Region Europa (EMEA), der Region Asien (APAC) und der Region Nordamerika (NORAM). In diesen Regionen unterhält das Unternehmen mehrere Tochtergesellschaften; zwei Tochtergesellschaften in der Region EMEA (Tochtergesellschaft 1 und Tochtergesellschaft 2), 2 Tochtergesellschaften in der Region APAC (Tochtergesellschaft 3 und Tochtergesellschaft 4) und eine Tochtergesellschaft in der Region NORAM (Tochtergesellschaft 5). Zusätzlich hat dieses Unternehmen eine Verwaltungseinheit in Form einer Holding. Im SAP-System des Unternehmens existiert für jede Tochtergesellschaft und für die Holding ein separater Buchungskreis.

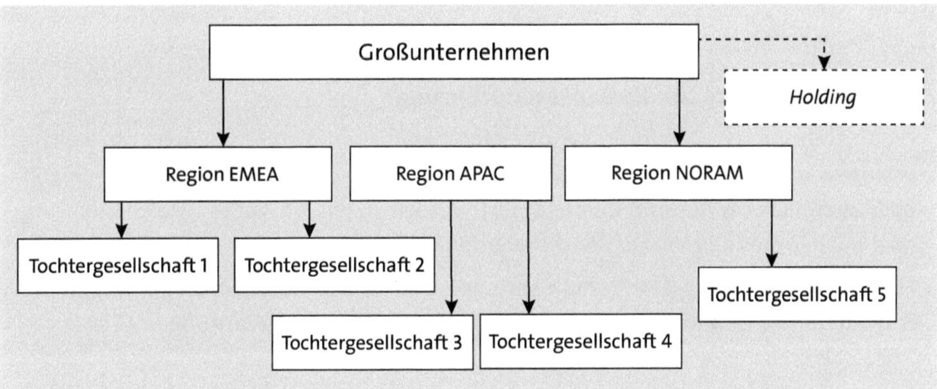

Abbildung 1.7 Vereinfachte organisatorische Struktur eines Großunternehmens

[«]

Definition der Begriffe »Muttergesellschaft« und »Tochtergesellschaft«

Die Begriffe *Muttergesellschaft* und *Tochtergesellschaft*, oder einfach Mutter und Tochter, sind grundlegende Begriffe im Zusammenhang mit dem Zahlungsverkehr.

Unter der Muttergesellschaft ist ein rechtlich selbständiges Unternehmen mit entscheidendem Einfluss auf eine oder mehrere abhängige Gesellschaften gemeint. Eine Tochtergesellschaft ist ebenfalls ein rechtlich eigenständiges Unternehmen, das sich jedoch unter der wirtschaftlichen Kontrolle der Muttergesellschaft befindet, weil deren Kapital zu einem überwiegenden Teil (oder sogar komplett) im Besitz der Muttergesellschaft ist.

Bleiben wir bei dem Unternehmen in Abbildung 1.7, um die Zahlungsprozesse auf der gesamten Unternehmensebene besser zu verstehen: In einem Großunternehmen mit mehreren weltweiten Niederlassungen gibt es in der Regel eine Muttergesellschaft und mehrere Tochtergesellschaften. Die Töchter unterhalten Geschäftsbeziehungen zu Lieferanten und Kunden außerhalb des Unternehmens, aber auch untereinander können sie Waren und Zuarbeiten kaufen oder verkaufen.

Sehr wahrscheinlich arbeiten die Unternehmen nicht weltweit mit den gleichen Lieferanten zusammen. Tochtergesellschaft 1 kooperiert z. B. mit einem Lieferanten in Deutschland, während Tochtergesellschaft 5 bei Lieferanten in den USA einkauft.

Wie wir es bereits betont haben, ist die wichtigste Voraussetzung für die Ausführung der Zahlungen mindestens das Unterhalten eines Bankkontos bei einer Bank. Eine nahliegende Möglichkeit ist es, dass jede Tochtergesellschaft eine passende Bank auf dem lokalen Finanzmarkt findet, einen Vertrag abschließt und ein Bankkonto bei dieser Bank eröffnet. Dieses Bankkonto kann die Tochtergesellschaft dazu nutzen, ihre Lieferanten zu bezahlen. Für die Verwaltung und Benutzung des Bankkontos fallen gemäß des Vertrags mit der Bank Gebühren an, die diese Tochter selbständig ausgleicht.

[»]

Gebührenregelung für die Bankkontoführung

Die Gestaltung der Gebühren bei der Bank hängt normalerweise davon ab, welche Volumen durch das geöffnete Bankkonto laufen, ob die Zahlungen nur im Inland oder aber auch im Ausland durchgeführt werden sollen, ob nur in lokaler Währung oder auch in Fremdwährung bezahlt werden soll usw.

Für die Durchführung der Fremdwährungs- und Auslandszahlungen verlangen die Banken höhere Gebühren als für Inlandszahlungen in lokaler Währung.

Wenn wir die Ebene des gesamten Unternehmens in diesem Szenario betrachten, sehen wir schnell, dass jede Tochtergesellschaft und auch die Muttergesellschaft selbst Bankkonten bei unterschiedlichen lokalen Banken (also Banken, die im Land des Sitzes dieser Tochtergesellschaft agieren) führen und selbständig über diese Konten entscheiden.

Dabei handelt es sich um eine *dezentralisierte Bankkontenstruktur*, bei der es keine zentrale Einheit gibt, der die Bankkonten gehören. Es gibt damit auch keine zentrale Einheit, die über die Entscheidungsbefugnis für sämtliche Bankkonten des Unternehmens verfügt.

In Abbildung 1.8 können Sie die Verstreuung der Hausbanken und Hausbankkonten im Großunternehmen mit einer dezentralisierten Bankkontenstruktur sehen.

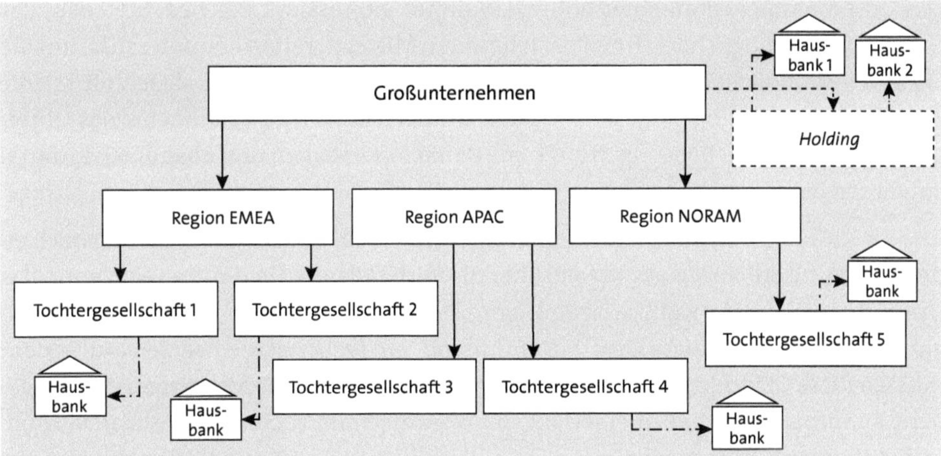

Abbildung 1.8 Dezentralisierte Bankkontenstruktur in einem Großunternehmen

[«]

Definition der Begriffe »Hausbank« und »Empfängerbank«

In der SAP-Sprache heißt eine Bank, bei der das Unternehmen ein oder mehrere Bankkonten unterhält, *Hausbank*. Die Bankkonten, die dem Unternehmen bei der Hausbank gehören, heißen *Hausbankkonten*.

Die Bank, bei der der Lieferant sein Bankkonto unterhält, wird *Empfängerbank* genannt.

1.4 Unternehmensziele in Verbindung mit dem Zahlungsverkehr

In den vorherigen Abschnitten haben wir festgestellt, dass der Zahlungsverkehr eines Unternehmens in zwei Richtungen läuft. Zum einen gibt es die Geldeingänge, die von den Kunden über Eingangsschnittstellen mit den Banken im SAP-System des Unternehmens landen, und zum anderen gibt es die Geldausgänge, die vom Unternehmen über Ausgangsschnittstellen mit den Banken das SAP-System des Unternehmens verlassen. Diese Geldflüsse haben eine entscheidende Wirkung auf die Zahlungsfähigkeit des Unternehmens, also auf seine Liquidität.

[«]

Definition des Begriffs »Liquidität«

Unter *Liquidität* wird die Fähigkeit eines Unternehmens verstanden, innerhalb von vereinbarten Fristen seinen Zahlungsverpflichtungen nachzukommen. Zu solchen Verpflichtungen gehören Mitarbeitergehälter, offene Lieferantenrechnungen, Mieten usw. Wenn das Unternehmen nicht in der Lage ist, diese Verbindlichkeiten pünktlich zu begleichen, droht ihm schlimmstenfalls die *Insolvenz*.

Das Unternehmen ist an einer hohen Liquidität interessiert. Das bedeutet, dass das Unternehmen möglichst schnell nach liquiden Mitteln greifen können muss, um die fälligen Verbindlichkeiten begleichen zu können. *Liquide Mittel* sind Geldmittel, die zur sofortigen Zahlung eingesetzt werden können. Einfach gesagt, möchte das Unternehmen einen schnellen Zugriff auf seine Bankkonten haben und über die Geldmittel auf diesen Bankkonten verfügen.

Aus der Anforderung nach einer hohen Liquidität resultiert die Anforderung nach einer guten und effizienten Kontrolle über die vorhandenen Geldmittel. Nur wenn das Unternehmen genau weiß, welche Geldmittel auf welchen Bankkonten zur Verfügung stehen, kann es diese Geldmittel sinnvoll und rechtzeitig einsetzen. Außerdem müssen diese Geldmittel schnell greifbar sein. Selbst wenn die Muttergesellschaft genaue Kenntnis davon hat, über welche Geldvolumen ihre Tochtergesellschaft verfügt, bringt ihr dieses Wissen wenig, wenn das Geld nicht schnell auf die Bankkonten der Muttergesellschaft transferiert werden kann, um von dort weiterüberwiesen zu werden.

Zusätzlich zur guten Übersicht der vorhandenen Geldmittel muss das Unternehmen versuchen, einen möglichen Missbrauch dieser Geldmittel zu unterbinden. Es muss transparent sein, wer Zugriff auf die Bankkonten hat, wer die Möglichkeit hat, Zahlungen von diesem Bankkonto vorzunehmen, und die Zahlungen selbst müssen am besten von mindestens zwei Personen bestätigt werden.

Um diese Ziele zu erreichen, definiert das Unternehmen klare Regeln im Umgang mit den Unternehmensbankkonten; die Haltung an diese Regeln muss kontinuierlich kontrolliert werden. Diese Regeln und die Kontrolle über deren Einhaltung bezeichnet man als *Compliance Policy* des Unternehmens.

Definition des Begriffs »Compliance«

Compliance versteht sich als klar definierte Regelungen und Maßnahmen im Unternehmen, die möglichen Missbrauch der dem Unternehmen zur Verfügung stehenden Mittel oder Verstöße gegen diese Regelungen aufdeckt und bestenfalls komplett verhindert.

Der Druck zur Erfüllung der Compliance-Anforderungen kommt mittlerweile nicht nur aus dem Inneren des Unternehmens, sondern auch aus der Außenwelt. Im Kampf gegen Geldwäsche, Korruption und andere Formen der Finanzkriminalität werden immer strengere Gesetzesregelungen für Unternehmen verabschiedet. Verschiedene Regularien sollen es erschweren, gegen definierte Regeln zu verstoßen. Die Implementierung, Umsetzung und Kontrolle der Compliance-Richtlinien kann zu einem kostenintensiven Faktor im Unternehmen werden.

Auch aus den Beziehungen mit den Banken entstehen Kosten: für die Haltung und Benutzung der Bankkonten bei den Banken, für die Kontrolle über diese Bankkonten und für deren Verwendung im Inneren des Unternehmens. Natürlich liegt es im Interesse des Unternehmens, seine Kosten zu senken und sie generell möglichst gering zu halten.

[+]

Für den Zahlungsverkehr wichtige Unternehmensziele

Zu den wichtigsten Unternehmenszielen, die im Zusammenhang mit dem Zahlungsverkehr besonders aktuell sind, gehören eine hohe Liquidität, niedrige Verwaltungskosten sowie die Einhaltung von Compliance-Richtlinien.

1.4.1 Herausforderungen und Schwierigkeiten

Es ist natürlich nicht ausreichend, die in Abschnitt 1.4, »Unternehmensziele in Verbindung mit dem Zahlungsverkehr«, genannten Ziele – hohe Liquidität, niedrige Verwaltungskosten, Einhaltung von Compliance-Richtlinien – nur zu definieren. Das Unternehmen muss daran arbeiten, diese Ziele zu erreichen. Im vorangehenden Abschnitt 1.4 haben wir gesehen, aus welchen Anforderungen oder Umständen die wichtigsten Ziele für das Unternehmen im Zahlungsverkehr resultieren. Basierend darauf können wir mögliche Maßnahmen zur Umsetzung dieser Ziele ableiten.

In Abbildung 1.9 sehen Sie einige übergreifende Ziele: niedrige Kosten, hohe Liquidität und Einhaltung der Compliance-Anforderungen. Die daraus resultierenden Maßnahmen überschneiden sich teilweise. Für eine hohe Liquidität ist es z. B. erforderlich, schnell Zugang zu den Geldmitteln zu erlangen. Dafür sind ein umfassender Überblick über die Bankkonten und über die genauen Fälligkeiten der Forderungen und Verbindlichkeiten erforderlich. Auch ist es für die Einhaltung der Compliance Policy notwendig, die Zahlungen zu überwachen und die Prozesse transparenter zu machen. Die transparenten Prozesse können wiederum helfen, die Kosten niedrig zu halten.

Bei der Umsetzung dieser Maßnahmen steht das Unternehmen vor vielen Herausforderungen und Schwierigkeiten. Sehr oft sind eine tiefgehende Restrukturierung und eine Optimierung mehrerer Unternehmensprozesse gleichzeitig erforderlich.

Versuchen wir nun herauszufinden, welche Herausforderungen das Unternehmen auf dem Weg zum Erreichen seiner Ziele hat und welche Möglichkeiten es gibt, die Schwierigkeiten zu beseitigen. Dafür kehren wir zur Bankkontenstruktur des Unternehmens zurück.

Die Bankkontenstruktur eines Großunternehmens ist in Abbildung 1.8 vereinfacht dargestellt; dennoch ist sie eine gute Grundlage, um die Besonderheiten und Problematiken im Zahlungsverkehrsbereich zu erkennen, die wir nun gemeinsam herleiten.

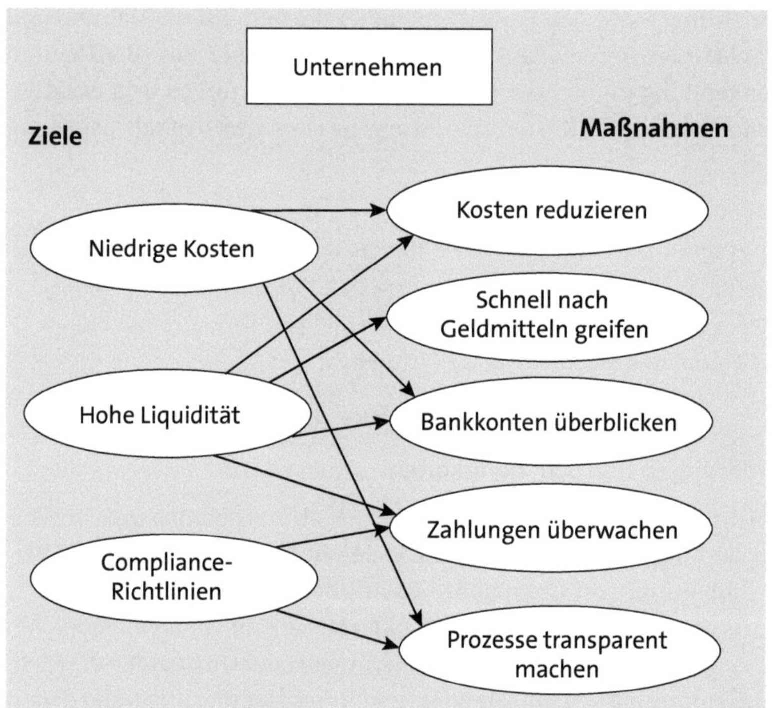

Abbildung 1.9 Unternehmensziele und mögliche Maßnahmen zur Zielerreichung

Selbst wenn jede Tochter in einem Konzern über nur ein Bankkonto bei einer lokalen Bank verfügt, wird es auf der Konzernebene sehr schnell unübersichtlich. Durch die hohe Anzahl der Tochtergesellschaften und eine in der Regel noch höheren Anzahl an lokalen Bankkonten fehlt dem Konzern ein Überblick darüber, ob all diese Bankkonten wirklich erforderlich sind, ob die Verträge mit den Banken optimal ausgehandelt wurden, ob einige Töchter zu viele Gebühren zahlen müssen usw.

Je nach Komplexität der Geschäftsbeziehungen kommt es vor, dass für eine Tochtergesellschaft ein Bankkonto bei einer Bank nicht ausreichend ist. Für ein Unternehmen, das regelmäßige Zahlungen ins Ausland oder in Fremdwährung ausführt, lohnt es sich, mehrere Bankkonten zu eröffnen, um z. B. die Gebühren für die Ausführung der Auslandszahlungen zu reduzieren.

Bei der dezentralisierten Bankkontenstruktur, wie wir sie in Abbildung 1.8 gesehen haben, gestaltet sich die Möglichkeit, die Liquidität des ganzen Konzerns zu optimieren, als schwierig. Die liquiden Mittel des Konzerns sind auf diversen Bankkonten in diversen Banken verstreut, und es ist nahezu unmöglich, diese Geldmittel effizient und schnell einzusetzen. Auch für die Compliance des Unternehmens wird diese Verstreuung zu einer Schwachstelle, die leicht außer Kontrolle gerät und missbraucht werden kann.

Wie wir schon wissen, setzt der Zahlungsverkehr viel Kommunikation mit der Außenwelt voraus. Das Unternehmen muss Eingangs- und Ausgangsschnittstellen aufbauen, um mit den Banken zu kommunizieren. Die technischen Formate, die für diese Kommunikation erforderlich sind, müssen ebenfalls im SAP-System aufgesetzt werden. Die technischen Anforderungen zu den Formaten ändern sich im Laufe der Zeit: Es kommen neue Formate als Folgen diverser Veränderungen dazu (z. B. die Einführung des SEPA-Zahlungsverkehrs in der Europäischen Union (EU) im Jahr 2014). Teilweise sind neue Formate obligatorisch, um weiterhin mit den Banken kommunizieren zu können.

[«]

Exkurs: SEPA-Zahlungsverkehr

Mit *SEPA* wird das Ziel verfolgt, im europäischen Wirtschaftsraum einen einheitlichen Zahlungsverkehrsraum für EUR-Zahlungen zu schaffen. In diesem Zahlungsverkehrsraum soll nicht mehr zwischen inländischen und grenzüberschreitenden Zahlungen unterschieden werden.

Mit der europäischen SEPA-Verordnung werden die bestehenden Unterschiede in den Mitgliedstaaten der EU überwunden. Der bargeldlose EUR-Zahlungsverkehr kann dadurch grenzüberschreitend einfacher, schneller und kostengünstiger durchgeführt werden.

Die einheitlichen SEPA-Zahlungsverfahren sind für EUR-Zahlungen in allen Mitgliedsstaaten der EU sowie in Island, Liechtenstein, Norwegen, Monaco, der Schweiz, San Marino, Andorra, dem Staat Vatikanstadt und dem Vereinigten Königreich nutzbar.

Quelle: *https://www.bundesfinanzministerium.de/Content/DE/Glossareintraege/S/035_SEPA.html?view=renderHelp*

Selbst bei dem einheitlichen XML-CGI-Zahlungsformat, das sich im internationalen Zahlungsverkehr inzwischen durchgesetzt hat, können sich die Anforderungen zu den Informationen und dem Dateiaufbau je Bank oder Land unterscheiden. Dies alles bedeutet den Aufwand von Zeit- und Ressourcen für die Umsetzung, Pflege und Aktualisierung der technischen Lösungen im SAP-System (oder in den SAP-Systemen) des Unternehmens.

Die Art der Innenkommunikation im Unternehmen kann auch unnötige Aufwände verbergen. Wenn eine Tochtergesellschaft in Kunden- und Lieferantenbeziehungen mit einer anderen Tochtergesellschaft desselben Konzerns steht, bedeutet dies, dass sie Überweisungen an die andere Tochter des Konzerns tätigt, dabei ihre lokalen Bankkonten verwendet und Bankgebühren für die Zahlung an die zweite Tochter anfallen. Das Geld verlässt damit den Konzern, durchläuft externe Banken und kommt wieder im Konzern an. Dies geschieht zulasten der Liquidität und führt zu unnötigen Kosten im Unternehmen.

[!]

Probleme und Herausforderungen im Zahlungsverkehr

Die häufigsten Probleme, Schwierigkeiten und Fehler im Bereich des Zahlungsverkehrs:

- unübersichtliche Bankkontenstruktur mit zu hohem Kostenanteil
- fehlender Überblick, welche Zahlungen zu welchem Zeitpunkt und an wen laufen
- niedrige Liquidität wegen Verstreuung der Geldmittel auf zu vielen lokalen Bankkonten
- mögliche, im Konzern nicht genutzte Synergien
- hoher Umsetzungs- und Pflegeaufwand technischer Lösungen
- fehlende Automatisierung wegen zu hoher Anzahl von Banken und damit zu aufwendig, die Schnittstellen aufzubauen

1.4.2 Optimierungspotenzial im Zahlungsverkehr

Die Herausforderungen und Probleme, die wir im vorangehenden Abschnitt ausformuliert haben, nutzen wir nun als Grundlage, um den letzten Schritt zu durchlaufen und das Optimierungspotenzial des Unternehmens aufzudecken und erfolgreich auszuschöpfen.

Die Großunternehmen streben nach mehr Kontrolle über die Bankbeziehungen, nach einer höheren und schnelleren Verfügbarkeit liquider Mittel und nach einer Nachhaltigkeit der Beziehungen zu den Banken, die öfter als Folge dessen u. a. bessere Konditionen einräumen. Dazu muss der gesamte Unternehmenszahlungsverkehr den Compliance-Anforderungen entsprechen. Der Zahlungsverkehr im Konzern kann auf unterschiedliche Art und Weise optimiert werden. Aus den genannten Gründen entscheiden sich immer mehr, und vor allem größere Unternehmen für ein zentralisiertes Modell des gesamten Zahlungsverkehrs – als Erstes führen sie eine zentralisierte Bankkontenstruktur ein.

[»]

Keine unüberlegten Entscheidungen

Vor jeglicher Prozess- oder Strukturänderung ist es notwendig, alle bestehenden Zahlungsprozesse (sowohl für Geldausgänge als auch für Geldeingänge) für jede Tochter des Konzerns zu analysieren.

Die Hausbanken, die Typen der Hausbankkonten sowie die Währungen und Gebühren müssen aufgelistet werden. Die Bewegungen auf diesen Bankkonten müssen ebenfalls analysiert werden. Hier geht es in der ersten Linie darum, einen Überblick zu erhalten, was in welchen Volumen und wohin durch jedes Bankkonto läuft. Wichtig ist zu wissen, in welchen Währungen gezahlt wurde sowie die Länder der Zahlungsempfänger sowie die Volumen für solche Zahlungen zu kennen.

Nachdem diese Informationen für alle Töchter und auch für die Mutter selbst gesammelt worden sind, ist gut zu erkennen, ob es überflüssige Bankkonten gibt und ob die sich im Unternehmen wiederholenden Zahlungen besser gesteuert werden können.

Die Verantwortung für die Ausführung der Zahlungen wird dabei auf die Mutter übertragen. Das Konstrukt sieht dann so aus, dass die Tochtergesellschaften ihre Zahlungen nicht mehr direkt an deren Hausbank(en) schicken. Stattdessen gehen diese Zahlungen an die Mutter, die sich um deren weitere Abwicklung kümmert. Dabei nutzt sie ihre eigenen Hausbankkonten, um die entgegengenommen Zahlungen auszuführen. Es geht in diesem Fall um die sogenannten *On-Behalf Zahlungen* (Zahlungen im Auftrag von), also Zahlungen, die von der Mutter im Auftrag der Gesellschaft getätigt werden. Damit kann ein großer Synergieeffekt erzielt werden. Denn durch die zentrale Abwicklung der Zahlungen für alle Tochtergesellschaften kann die Mutter die Bankkonten im Konzern einsetzen. Für die Töchter gibt es also keinen Grund mehr, ein eigenes Bankkonto zu unterhalten.

Theoretisch könnte das bedeuten, dass alle Bankkonten der Töchter abgelöst würden. Das hieße, dass sämtliche Geldausgänge im Konzern von den Bankkonten der Mutter sowie sämtliche Geldeingänge auf die Bankkonten der Mutter erfolgen. Praktisch ist dieses Modell doch schwer umzusetzen: In einigen Ländern wie China, Brasilien oder Indien ist dieses Modell nur sehr eingeschränkt möglich und in der Praxis kaum umsetzbar; in einigen anderen Ländern ist es erforderlich, dass sich der Sitz des Unternehmens in demselben Land wie das Bankenland befindet.

[zB]

Zentralisierung von Zahlungen in Fremdwährung

Eins der typischen Beispiele für die Zentralisierung von Zahlungen sind *Fremdwährungszahlungen*. Wenn die Lokalwährung einer Gesellschaft z. B. EUR ist, sie jedoch ab und zu in PLN zahlen muss, wird die Gesellschaft für diesen Zweck kaum ein separates Bankkonto eröffnen. Stattdessen nutzt sie das in der EUR-Währung geführte Bankkonto für die Zahlungen in EUR, bei Bedarf aber auch für Zahlungen in PLN. Dafür werden höhere Gebühren für die Transaktionen in Fremdwährung fällig.

Bei einem zentralisierten Prozess überweist die lokale Gesellschaft ihre PLN-Zahlung nicht direkt an den Lieferanten, sondern an die Muttergesellschaft. Dafür verwendet die lokale Gesellschaft ihr virtuelles internes Bankkonto. Die Muttergesellschaft führt dann diese Zahlung von ihrem externen PLN-Bankkonto aus.

Immer mehr Unternehmen entscheiden sich nach der ausführlichen Analyse ihrer Ist-Situation für die Zentralisierung des Zahlungsverkehrs. Allerdings existiert keine universelle *zentralisierte Bankkontenstruktur*, die von jedem Unternehmen übernommen werden könnte.

Es gibt viele mögliche Varianten, um eine solche Zentralisierung im Zahlungsverkehr zu erreichen, von denen in Abbildung 1.10 und Abbildung 1.11 zwei dargestellt sind.

In Abbildung 1.10 führt das Unternehmen Beziehungen nur mit zwei Banken – Hausbank 1 und Hausbank 2. Die Bankkonten bei diesen Hausbanken gehören nur der Holding. Wenn die Tochtergesellschaften eine Zahlung ausführen möchte, kommunizieren sie mit der Holding, die die Zahlungen für die Töchter ausführt.

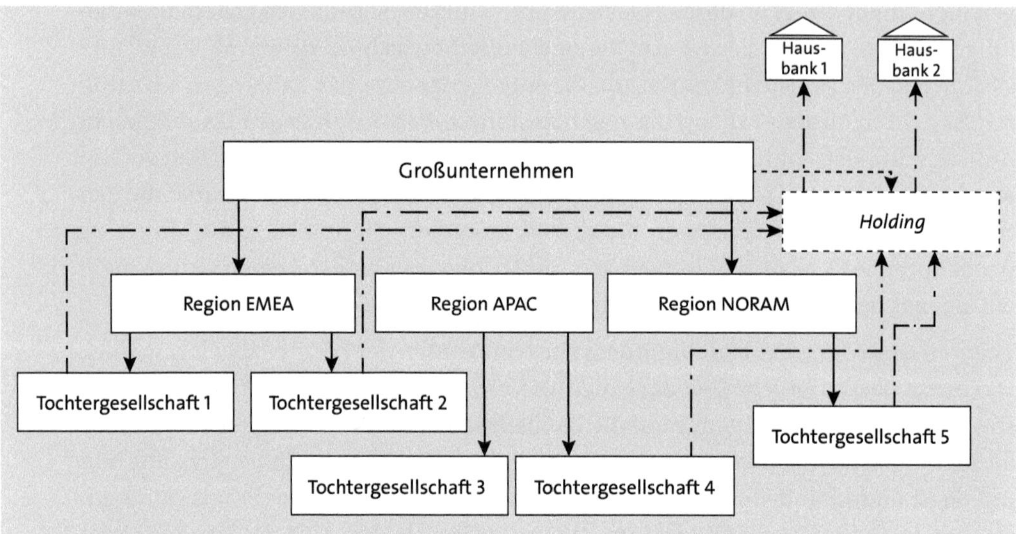

Abbildung 1.10 Mögliche Variante der zentralisierten Bankkontenstruktur

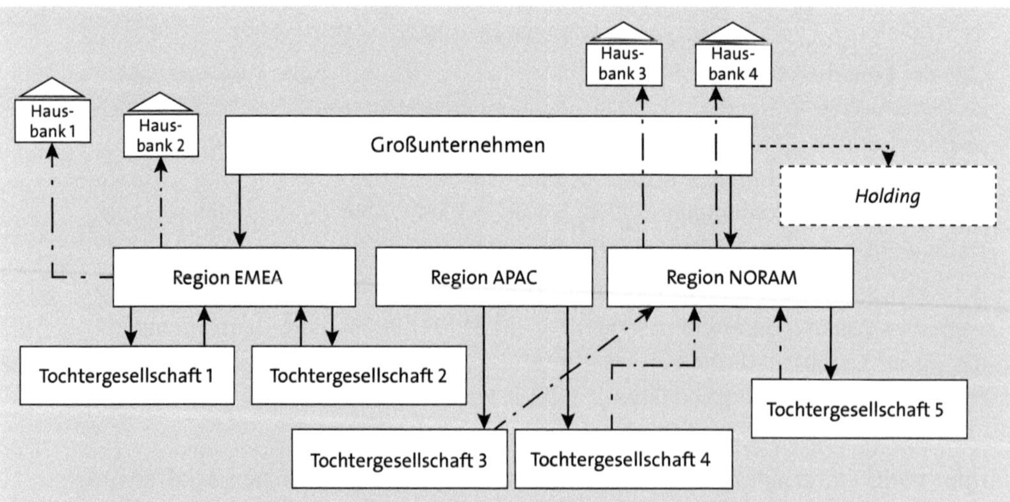

Abbildung 1.11 Weitere mögliche Variante der zentralisierten Bankkontenstruktur

In Abbildung 1.11 führt das Unternehmen Beziehungen zu vier Banken. Dabei gehören die Bankkonten bei Hausbank 1 und Hausbank 2 der Haupteinheit in der Region EMEA. Die Bankkonten bei Hausbank 3 und Hausbank 4 gehören der Haupteinheit in der Region NORAM. Tochtergesellschaft 1 und Tochtergesellschaft 2 kommunizieren mit der Region EMEA bezüglich der Ausführung von deren Zahlungen. Die restlichen Tochtergesellschaften kommunizieren mit der Region NORAM, die anschließend in deren Auftrag zahlt.

Dies sind nur zwei von vielen möglichen Beispielen. Sie alle haben dasselbe Ziel: Die Anzahl der Hausbanken wird deutlich reduziert, und die Befugnis, Entscheidungen über die Bankkontenführung zu treffen, wird auf einige wenige Einheiten (oder sogar nur auf eine Einheit, nämlich die Muttergesellschaft) konzentriert.

[«]

Definition der Begriffe »zentralisierter Zahlungsverkehr« und »Zahlungen im Auftrag von«

Unter der *Zentralisierung des Zahlungsverkehrs* wird eine Änderung in den Prozessen und der organisatorischer Struktur verstanden, bei der die Zahlungen der Tochtergesellschaft nicht mehr direkt zu dem Lieferanten über die lokale Bank der Tochter geschickt werden. Stattdessen gehen sie zur Mutter, damit diese entscheidet, über welche Bankkonten und zu welchem Zeitpunkt die Ausführung dieser Zahlung für den Konzern am sinnvollsten ist.

Unter den *On-Behalf-Zahlungen* werden Zahlungen an externe Lieferanten verstanden, die von der Muttergesellschaft im Auftrag der Tochtergesellschaft mit der Nutzung der externen Bankkonten der Muttergesellschaft ausgeführt werden.

1.5 Unterstützung durch SAP-Lösungen

Die in diesem Kapitel geschilderten Rahmenbedingungen sind keine Besonderheit weniger Unternehmen. Vielmehr sind die Prozessabläufe, Ziele, Herausforderungen, und mögliche Maßnahmen in fast jedem Großunternehmen zu finden. Der Zahlungsverkehr ist inzwischen stark reglementiert und basiert auf standardisierten Normen und einheitlichen technischen Formaten.

Dies alles führt dazu, dass die Lösungen, die SAP für den Zahlungsverkehr anbietet, flächendeckend in beinahe allen Unternehmen ohne gravierende Modifikationen eingesetzt werden können.

Alle gängigen (und zusätzlich länderspezifischen) Formate für Zahlungen und Kontoauszüge stehen im SAP-System zur Verfügung. Deren Definition und Pflege sind in der Finanzbuchhaltung angesiedelt, weil die Formate den Kern jedes Zahlungsverkehrs darstellen. Auch die Zahlläufe für Kreditoren und Debitoren gehören zur *Finanzbuchhaltung* (Kreditoren- Debitorennebenbuch).

In SAP ERP war die Pflege der Hausbankkonten direkt im SAP-Finanzwesen angesiedelt. Die Möglichkeiten rund um die Pflege und Führung der Hausbankkonten wurden in SAP S/4HANA gründlich überarbeitet und erweitert. Die neue Bankkontenlösung ist nun viel effizienter und näher an den Praxisanforderungen als in früheren Releases (siehe Abschnitt »Angaben im Hausbankkontenstamm« in Abschnitt 2.4.1, »Wichtige Stammdaten für Zahlungen an externe Banken«). Die Bankkonten sind nicht mehr Teil des SAP-Finanzwesens, sondern sie sind jetzt *SAP Cash and Liquidity Management* zugeordnet und haben dort eine eigene Komponente namens SAP Bank Relationship Management.

Für die Kommunikation mit den Banken nach außen wurde die Lösung *SAP Multi-Bank Connectivity* entwickelt. Diese Lösung befindet sich in der Private Cloud von SAP und hilft Unternehmen, eine schnelle, sichere und einfache Verbindung zu ihren Banken aufzubauen. Aus dem SAP-System des Unternehmens gibt es nur eine Schnittstelle zu SAP Multi-Bank Connectivity in der Private Cloud. SAP Multi-Bank Connectivity kommuniziert dann selbst mit den Banken. Der Support liegt bei SAP, da es sich um eine Cloud-Lösung handelt.

SAP Bank Communication Management hilft insbesondere bei der Einhaltung von Compliance-Anforderungen. SAP Bank Communication Management ist inzwischen auch Teil von SAP Cash and Liquidity Management. Die Lösung bietet eine zentrale Monitoring-Möglichkeit über alle Konzernzahlungen, die Einführung eines 4- oder 6-Augen-Prinizps für die Zahlungsfreigaben und Anwendungsprotokolle zu jeder Zahlung. Mit SAP Bank Communication Management ist es möglich, Zahlungen im Unternehmen nach unterschiedlichen Kriterien zu bündeln und damit Optimierungen zu erzielen.

SAP Bank Relationship Management und SAP Bank Communication Management

Auch wenn die Namen dieser beiden SAP-Lösungen sehr ähnlich klingen, unterstützen sie komplett unterschiedliche Geschäftsprozesse.

- *SAP Bank Relationship Management* unterstützt bei der effizienten Verwaltung der Hausbankkonten und hilft, eine bessere Kontrolle über die Bankenbeziehungen zu erzielen. Hier können Sie sich alle Hausbankkonten, Hausbanken und allgemeinen Bankdaten anschauen, analysieren und pflegen. Sie können die Lebenszyklen der Bankkonten mit zusätzlichen Freigaben bei der Eröffnung und Schließung der Konten aufbauen.
- *SAP Bank Communication Management* ist hingegen notwendig, um eine bessere Kontrolle über die Zahlungen des Unternehmens zu haben, um Zahlungsfreigaben auszuführen und um zu sehen, ob die Zahlungen bei der externen Bank abgewiesen oder akzeptiert wurden.

SAP In-House Cash ist ein gutes Tool für die Zentralisierung des Zahlungsverkehrs. Mit dessen Hilfe können die Zahlungen im Auftrag von Gesellschaften zentral ausgeführt, das Konzept zentraler Geldeingänge realisiert sowie die internen Verrechnungen optimiert werden. Auch mehrere SAP-Systeme im Konzern können mit SAP In-House Cash problemlos miteinander kommunizieren, und die Zahlungsprozesse können weitgehend automatisiert werden.

SAP S/4HANA Finance for Advanced Payment Management (erweiterte Zahlungsverwaltung) ist das jüngste SAP-Produkt im Zahlungsbereich. Advanced Payment Management hilft, die Kommunikation innerhalb des Konzerns, aber auch nach außen hin zu verbessern. Die Zahlungen können in Advanced Payment Management zusätzlich validiert und mit zusätzlichen notwendigen, in der ursprünglichen Zahldatei aber fehlenden Informationen angereichert werden. Das Tool kann anschließend anhand eines vordefinierten Regelwerks entscheiden, wo die Zahlung hingehen soll und z. B. das optimale Hausbankkonto für diese Zahlung finden.

In Abbildung 1.12 sehen Sie die wichtigsten SAP-Lösungen für die technische Umsetzung der Zahlungsprozesse.

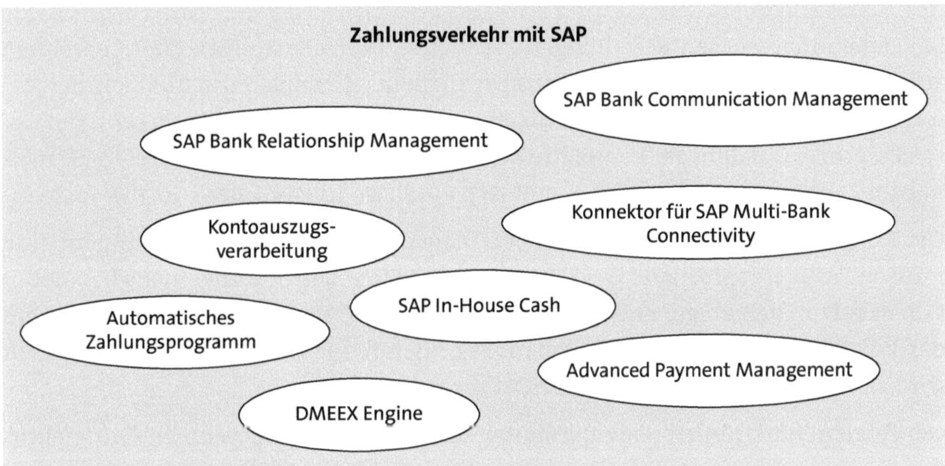

Abbildung 1.12 SAP-Teilbereiche im Zahlungsverkehr

Alle SAP-Lösungen im Zahlungsverkehr ersetzen einander nicht, sondern ergänzen sich perfekt, weil jede Lösung ihren eigenen Schwerpunkt hat. Zusammen decken sie alle Aspekte des Zahlungsverkehrs und tragen damit zu einem optimalen, möglichst automatisierten und reibungslos laufenden Zahlungsprozessfluss bei.

In den nachfolgenden Kapiteln lernen wir die Prozessabläufe und sämtliche technischen Vorbereitungen und Voraussetzungen detailliert kennen. Anschließend gehen wir auf unterschiedliche Implementierungsansätze im SAP-System ein und lernen, wie Sie entscheiden können, welche Bankkontenstrukturen, welche Funktionen der

SAP-Komponente und welche Zahlungsprozesse Ihrem Unternehmen den größten Nutzen bringen.

Entscheidung vor der Implementierung!

Grundsätzlich muss bei der Implementierung der Zahlungsverkehrsprozesse in SAP S/4HANA die Entscheidung bezüglich der Bankkontenstruktur als Erstes getroffen werden. Nur basierend auf dieser Entscheidung ist es möglich, die technischen Möglichkeiten des SAP-Systems optimal zu nutzen, um das ausgewählte Prozessmodell möglichst effizient aufzusetzen.

1.6 Fazit

In diesem ersten Kapitel haben Sie die Welt des Zahlungsverkehrs kennengelernt. Sie wissen nun, dass Unternehmen ständig im Rahmen ihrer Geschäftsbeziehungen mit anderen Unternehmen kommunizieren und kooperieren. Sie haben gelernt, dass die Geschäftspartner des Unternehmens Lieferanten und Kunden sein können.

Bei Lieferanten werden Bestellungen für Waren, Dienstleistungen oder Zuarbeiten aufgegeben, für die das Unternehmen anschließend bezahlen muss. Aus Sicht des Unternehmens handelt es sich dabei um einen ausgehenden Zahlungsverkehr. Der Geschäftsprozess, in dem der komplette Zyklus von der Bestellung beim Lieferanten bis hin zur Zahlung behandelt wird, nennt sich Purchase-to-Pay- oder kurz P2P-Prozess.

Die Kunden kaufen fertige Waren oder Dienstleistungen des Unternehmens und müssen dafür entsprechend Geld bezahlen. Aus Sicht des Unternehmens handelt es sich dabei um den eingehendenden Zahlungsverkehr. Der Geschäftsprozess, in dem der komplette Zyklus vom Kundenauftrag bis hin zur Kundenzahlung behandelt wird, nennt sich Order-to-Cash- kurz O2C-Prozess.

Der effizient funktionierende Zahlungsverkehr ist für das Unternehmen sehr wichtig, um die Unternehmensziele zu erreichen. Großen Einfluss auf die Effizienz des Zahlungsverkehrs hat die Bankkontenstruktur des Unternehmens. Durch die Optimierung der Bankkontenstruktur können die Zahlungsprozesse mit niedrigeren Kosten und höherem Nutzen funktionieren.

Es existieren mehrere SAP-Produkte, die bei der Optimierung der Zahlungsprozesse in einem SAP-System eingesetzt werden sollen.

Kapitel 2
Purchase-to-Pay

In diesem Kapitel wird die betriebswirtschaftliche Sicht des Purchase-to-Pay-Prozesses erklärt. Wir machen Sie mit den unterschiedlichen Zahlungsprozessarten in diesem Bereich bekannt und zeigen die Analysemöglichkeiten mit unterschiedlichen SAP-Fiori-Apps und Reporting-Tools. Außerdem erfahren Sie, welches Optimierungspotenzial es in der Abbildung der Prozesse mit dem SAP-System gibt.

In Kapitel 1, »Einführung in die Zahlungsverkehrsprozesse im Unternehmen«, haben wir schon den ersten Einblick in den *Purchase-to-Pay-Prozess* (P2P-Prozess) gegeben. Kurz zusammengefasst, stellt der P2P-Prozess eine Interaktion des Unternehmens mit seinen Lieferanten von der Bestellung (Purchase) bis hin zur Bezahlung der Rechnung (Pay) dar. Für das Unternehmen ist der P2P-Prozess also ein Beschaffungsprozess, in dem es Waren oder Dienstleistungen von einem anderen Unternehmen erhält. Des Weiteren ist er Teil des Zahlungsprozesses, da die beschaffenen Waren oder Dienstleistungen bezahlt werden müssen.

Es ist wichtig, ein gutes Verständnis für die gesamten Prozessketten und die Reihenfolge einzelner Prozessschritte zu entwickeln, um die Möglichkeiten, die das SAP-System bietet, möglichst vollständig und effizient zu nutzen. Jedoch liegt der Schwerpunkt dieses Buches auf dem Zahlungsverkehr im SAP-System. Aus diesem Grunde verzichten wir hier auf die detaillierte Beschreibung jedes einzelnen Prozessschrittes – vor allem der Abläufe in der Materialwirtschaft – und konzentrieren uns auf die für die Abwicklung des Zahlungsverkehrs entscheidenden Prozessschritte.

In Abschnitt 2.1, »Einführung in P2P im SAP-System«, geben wir Ihnen einen Einblick in die Abbildung des Purchase-to-Pay-Prozesses in einem SAP-System. Wir beschreiben zuerst den kompletten P2P-Prozessfluss und gehen anschließend auf die Besonderheiten der im Laufe des P2P-Prozesses entstehenden Kommunikation ein. Wir erläutern den Unterschied zweier wichtiger Begriffe im Zahlungsverkehr – *interne Zahlungen* und *externe Zahlungen*. Außerdem erklären wir, welche Arten von Geschäftspartnern im Zahlungsverkehr existieren.

In Abschnitt 2.2, »Zahlungen an externe Lieferanten«, beschäftigen wir uns detailliert mit dem Thema der externen Zahlungen. Zum einen betrachten wir sogenannte *lokale Zahlungen* und wie sie in einem SAP-System typischerweise abgewickelt sind.

Zum anderen erklären wir, was unter dem Begriff *On-Behalf-Zahlungen* gemeint ist, wie solche Zahlungen in einem SAP-System dargestellt werden können und was In-House-Bank und Payment Factory bedeuten.

In Abschnitt 2.3, »Zahlungen an interne Lieferanten«, schauen wir uns die internen Zahlungen näher an, wodurch sie sich genau von externen Zahlungen unterscheiden, welche Aspekte bei der Thematik der internen Zahlungen berücksichtigt werden müssen und wie die Abbildung interner Zahlungen in einem SAP-System aussehen wird.

In Abschnitt 2.4, »Stammdatenpflege und andere Voraussetzungen«, beschäftigen wir uns mit den für die Abbildung der externen und internen Zahlungen notwendigen Voraussetzungen, zu denen u. a. die korrekt aufbereiteten SAP-Stammdaten gehören.

Zum Schluss dieses Kapitels, in Abschnitt 2.5, »Wichtige Transaktionen und SAP-Fiori-Apps«, zählen wir die wichtigsten SAP-Transaktionen, SAP-Fiori-Apps und Reporting-Möglichkeiten auf, die im P2P-Prozess in jedem Fall verwendet werden.

2.1 Einführung in P2P im SAP-System

Als Erstes schauen wir uns genau an, wie der P2P-Prozess in der Regel in einem SAP-System abgebildet ist. Wir konzentrieren uns dabei auf die letzten Schritte in diesem Prozess, weil diese Schritte entscheidend für die Abwicklung der Zahlungen sind und das wiederum der Schwerpunkt dieses Buches ist. Wir erläutern, warum die Kommunikation im P2P-Zahlungsprozessschritt so wichtig ist, wer genau an dieser Kommunikation beteiligt ist und mit welchen Mitteln sie geführt wird.

Wir erklären die wichtigsten Unterschiede zwischen internen und externen Zahlungen und zeigen, welche Arten von Geschäftspartnern es bei diesen Zahlungen gibt und wodurch sie sich unterscheiden.

2.1.1 P2P-Prozessfluss im SAP-System

In Abbildung 2.1 sehen Sie den vereinfachten P2P-Prozessfluss im SAP-System. Das Unternehmen stellt fest, dass ihm bestimmte Waren, Rohstoffe, Zusatzteile, Dienstleistungen usw. fehlen, die beschafft werden müssen. Im SAP-System wird dafür in der Regel eine *Bestellanforderung* (in der SAP-Komponente *Materialwirtschaft*, kurz MM) angelegt, in der festlegt ist, wer im Unternehmen was genau in welchem Umfang benötigt.

Nachdem alle Einzelheiten zu dem Bedarf geklärt und der passende Lieferant gefunden worden ist, der diesen Bedarf decken kann, wird, basierend auf der Bestellanforderung, eine *Bestellung* angelegt (in MM).

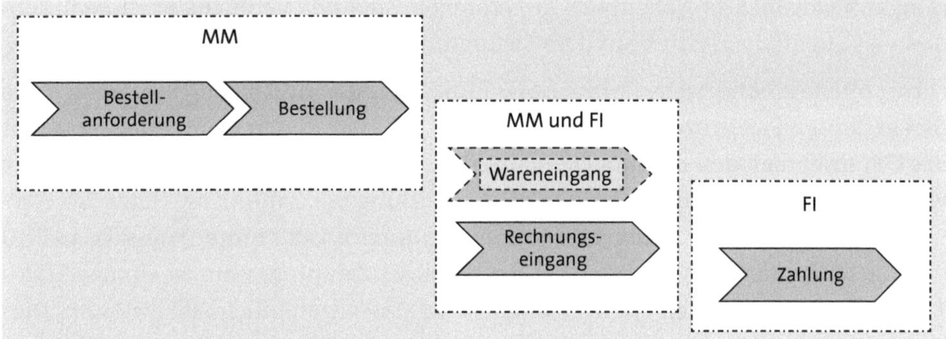

Abbildung 2.1 Vereinfachter SAP-Prozessfluss im P2P-Prozess

In der Bestellung findet man alle wichtigen Details zur Beschaffung: den Lieferanten, die mit ihm ausgehandelten Konditionen, die Bezeichnung der Ware/Dienstleistung, das Bestelldatum und das Lieferdatum, die Liefermenge und natürlich den Bestellpreis.

Die nächsten Schritte in diesem Prozess sind üblicherweise der *Wareneingang* und der *Rechnungseingang*. Die entsprechenden Belege werden sowohl in MM als auch in FI (SAP-Finanzbuchhaltung) erfasst.

Je nach der Branche des Unternehmens, aufgesetzter Beschaffungsprozesse und Besonderheiten des gekauften Produkts kann es sein, dass es keine Ware gibt, die physisch geliefert werden kann. Der Prozessschritt »Wareneingang« wird übersprungen, und zu der Bestellung wird direkt ein Rechnungseingang erfasst. Der Schritt »Wareneingang« in Abbildung 2.1 ist mit gestrichelten Linien eingezeichnet, um zu verdeutlichen, dass er nicht immer vorhanden ist.

Auch wenn beide Schritte **Wareneingang** und **Rechnungseingang** relevant sind, kann die zeitliche Reihenfolge dieser Schritte unterschiedlich aussehen. Es kann vorkommen, dass erst die Ware geliefert (Wareneingang) und danach die Rechnung verschickt (Rechnungseingang) wird. Der Wareneingang und der Rechnungseingang können aber auch gleichzeitig erfolgen oder umgekehrt – zuerst findet der Rechnungseingang statt und erst danach der Wareneingang. Aus diesem Grund werden diese beiden Schritte in Abbildung 2.1 nicht nacheinander, sondern untereinander dargestellt.

Bevor der Rechnungseingang im SAP-System verbucht wird, läuft normalerweise eine *Rechnungsprüfung* durch, bei der die Vollständigkeit und Qualität der Waren, der korrekte Preis usw. geprüft und bestätigt werden. Der Rechnungseingang (und der Wareneingang, falls vorhanden) sind die ersten Belege, die auch in FI zu sehen sind.

Die eingehende Rechnung stellt eine offene Verbindlichkeit des Unternehmens gegenüber dem Lieferanten, der die Ware/Leistung geliefert hat, dar. In FI wird der Rechnungseingang im SAP-Nebenbuch *Kreditorenbuchhaltung* verbucht; er ist nichts anderes als ein offener Posten auf dem Lieferantenkonto.

Dieser offene kreditorische Posten ist Grundlage für die Ausführung der *Zahlung*, die den gesamten P2P-Prozess abschließt. Bei der Zahlung an den Lieferanten begleicht das Unternehmen den offenen Lieferantenposten und verbucht einen Geldausgang vom Unternehmensbankkonto. Für die Abwicklung der Zahlungen bietet das SAP-System das sogenannte *automatische Zahlprogramm* an, das hinter Transaktion F110 (Parameter für maschinelle Zahlung) steckt. Dieses Zahlprogramm ist ein mächtiges Tool von SAP, mit dessen Hilfe es möglich ist, Massenzahlungen abzuwickeln. Dies bedeutet, dass viele Lieferanten gleichzeitig in einem Lauf bezahlt werden können. Dabei selektiert SAP automatisch relevante zu regulierende Posten, entscheidet über die optimale Zahlungsmethode, gleicht die offenen Posten mit den im Zahllauf erzeugten Zahlungsbelegen aus und erzeugt mehrere Zahldateien, also Zahlungsträger, die alle für die Hausbank notwendigen Informationen enthalten, um die Zahlungen durchführen zu können. Schließlich schickt das Zahlprogramm diese Zahldateien direkt an die Hausbanken – und das alles in nur einer Transaktion! In Abschnitt 2.2.2, »Lokale Ausgangszahlungen«, finden Sie eine detaillierte Beschreibung der Funktionalitäten, die Ihnen mit Transaktion F110 (Parameter für maschinelle Zahlung) zur Verfügung stehen.

Anschließend werden die Informationen über die im SAP-System ausgeführte Zahlung an die Bank des Unternehmens (im SAP-System als *Hausbank* bezeichnet) geschickt, damit diese Hausbank das Geld an die Bank des Lieferanten (im SAP-System als *Empfängerbank* bezeichnet) transferieren kann. Sobald das Geld das Bankkonto des Unternehmens verlassen hat und auf dem Bankkonto des Lieferanten eingegangen ist, ist der P2P-Prozess für dieses Unternehmen abgeschlossen.

Das automatische Zahlprogramm

Die eingehende kreditorische Rechnung (automatisch oder manuell erfasst) ist die Basis für die Zahlung. In der Regel wird die Zahlung mithilfe das automatischen Zahlprogramms, Transaktion F110, durchgeführt. Mit Transaktion F110 können Sie mehrere kreditorischen Rechnungen für einen oder viele Lieferanten gleichzeitig ausgleichen und Zahldateien erzeugen.

2.1.2 Kommunikationssicht des P2P-Prozesses

Im Zahlungsverkehr werden an mehreren Prozessstellen Dateien zwischen Unternehmen und Bank ausgetauscht. In diesem Zusammenhang gilt es zu verstehen, welche Dateien zu welchen Zwecken im Zahlungsprozess genutzt werden und zu welchen Zeitpunkten in das SAP-System exportiert oder importiert werden. Damit sind

Sie in der Lage, die technischen SAP-Möglichkeiten im Bereich der Zahlungen viel besser nutzen zu können.

In Abbildung 2.2 sehen Sie die Dateien und entsprechende Dateiformate, die im P2P-Prozess vom Unternehmen zur Bank und von der Bank zum Unternehmen gesendet werden.

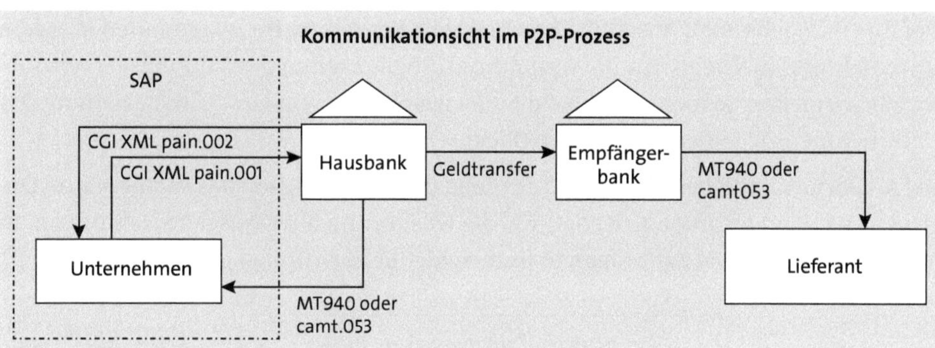

Abbildung 2.2 Kommunikationssicht des P2P-Prozesses

Der erste Kommunikationsschritt im P2P-Prozess ist die Übergabe der Zahlungsinformationen vom Unternehmen an die Hausbank. Dafür wird die Zahldatei im SAP-System erzeugt und mithilfe der Ausgangsschnittstelle an die Bank übergeben. Die Zahldatei ist in den meisten Fällen eine sogenannte *CGI-XML-pain.001-Nachricht*. Die Bank nimmt die pain.001-Datei entgegen und liest sie in ihrer Banking-Software ein.

Wenn der Inhalt der Zahldatei bei der Bank korrekt verarbeitet werden konnte, wird im zweiten Kommunikationsschritt die Zahlungsinformation an die Bank des Empfängers weitergegeben. Die Hausbank schickt zwei Nachrichten an das Unternehmen zurück: Dies ist zum einen die Rückmeldungsdatei (eine sogenannte *CGI-XML-pain.002-Nachricht*), in der bestätigt wird, dass die Zahlung entgegengenommen und bei der Bank verbucht wurde. Zum anderen handelt es sich um eine Kontoauszugsdatei, die am Ende jedes Tages von der Bank erzeugt wird. Die Kontoauszugsdatei enthält alle am Tag durchgeführten Transaktionen. Dazu gehören auch die Position zur ausgeführten Zahlung, die im Kontoauszug als Geldausgang auf dem Bankkonto des Unternehmens gekennzeichnet ist.

[«]

Für P2P-relevante Dateien und deren Formate

Im P2P-Prozess wird als Erstes eine Zahldatei im CGI-XML-Format erzeugt (CGI-XML-pain.001-Format). Sie geht an die Bank und wird dort eingelesen. Als Bestätigung über den Import und die Verbuchung schickt die Bank eine Statusdatei zurück (CGI-XML-pain.002-Format). Zusätzlich schickt die Bank täglich einen Kontoauszug (z. B. camt.053- oder MT940-Format), der den Geldausgang ebenfalls bestätigt.

Die Empfängerbank verbucht im Gegenzug einen Geldeingang auf dem Bankkonto des Lieferanten. Der P2P-Kommunikationsprozess ist damit für das Unternehmen sowie für den Lieferanten abgeschlossen.

2.1.3 Externe und interne Zahlungen

Der im vorangehenden Abschnitt beschriebene Prozess ist im Allgemeinen in jedem Unternehmen zu finden. Für die Gestaltungsmöglichkeiten der Zahlungsverkehrsabwicklung spielt es jedoch eine große Rolle, welche Art von Geschäftsbeziehung das Unternehmen zu seinen Lieferanten pflegt.

Die Art der Geschäftsbeziehung und der Grad der Zugehörigkeit des Partners zum Unternehmen sind wichtige Kriterien für die Gliederung aller Ausgangszahlungen. In Abbildung 2.3 sind die Zahlungen in unterschiedliche Gruppen gegliedert.

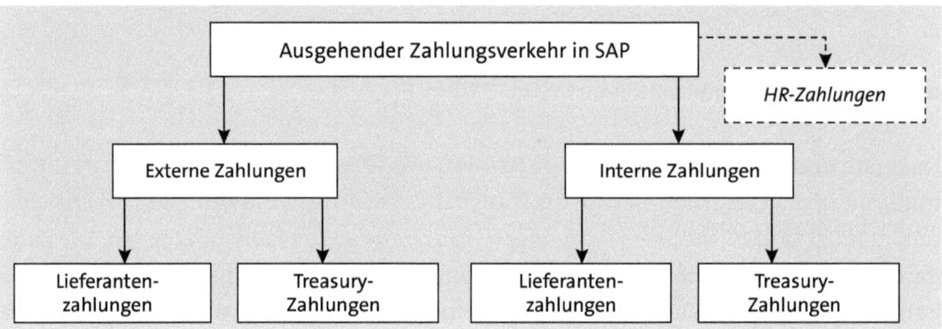

Abbildung 2.3 Unterteilung der Zahlungen im ausgehenden Zahlungsverkehr des SAP-Systems

Die *HR-Zahlungen* haben wir bisher an keiner Stelle erwähnt. Diese Zahlungen werden in der Regel in einem separaten Prozess abgewickelt. Aus Datenschutzgründen werden die HR-Zahlungen in einem separaten HR-System verbucht und ausgeführt. Vollständigkeitshalber finden Sie die Gruppe mit den HR-Zahlungen in Abbildung 2.3, jedoch gehen wir auf diese Art der Zahlungen in diesem Buch nicht weiter ein.

Eine wichtige Trennung der Zahlungen in unterschiedliche Gruppen findet nach dem Kriterium der Unternehmenszugehörigkeit statt. Der Zahlungsprozess an einen externen Lieferanten kann sich stark vom Zahlungsprozess an einen Lieferanten unterscheiden, der eine Tochtergesellschaft dieses Unternehmens ist. Damit identifizieren wir die beiden großen Gruppen im Zahlungsverkehr mit SAP: interne Zahlungen und externe Zahlungen.

Zu den *externen Zahlungen* gehören Zahlungen an die Geschäftspartner, die dem Unternehmen in keiner Weise gehören und deswegen als dritte Fremde angesehen werden.

Interne Zahlungen sind hingegen Zahlungen gegenüber Geschäftspartnern, die mit dem Unternehmen verbunden sind. In einem Konzern mit mehreren Niederlassungen stehen die Tochtergesellschaften je nach Geschäftsmodell im Waren- oder Dienstleistungsverkehr mit anderen Tochtergesellschaften und/oder mit der Muttergesellschaft. Im Rahmen dieses Verkehrs entstehen Forderungen und Verbindlichkeiten innerhalb des Unternehmens.

[«]

Definition der Begriffe »Externe Zahlungen« und »Interne Zahlungen«

Externe Zahlungen sind Zahlungen an Geschäftspartner, die nicht zum Konzern gehören. Dies setzt eine externe Kommunikation mit der Hausbank und wiederum der Hausbank mit der Empfängerbank voraus. Mehr dazu finden Sie in Abschnitt 2.2, »Zahlungen an externe Lieferanten«.

Interne Zahlungen sind Zahlungen an zum Unternehmen gehörige Geschäftspartner. Diese Geschäftspartner sind entweder andere Tochtergesellschaften oder die Muttergesellschaft. Für diese Zahlungen sind Alternativen in der Kommunikation möglich. Dieses wird ausführlich in Abschnitt 2.3, »Zahlungen an interne Lieferanten«, erläutert.

2.1.4 Geschäftspartner: Lieferanten und Treasury-Partner

Lieferantenzahlungen basieren auf dem Bestellprozess und dem anschließenden Kauf von Waren, Dienstleistungen, Ersatzteilen usw. Der Bestellprozess und der anschließende Kauf von Waren, Dienstleistungen oder Zusatzteilen sind die Kernteile der Lieferantenzahlungsprozesse. Zusätzlich zu den Lieferantenbeziehungen muss jedes Unternehmen Beziehungen zu verschiedenen Finanzdienstleistern, in der ersten Linie zu Banken, führen. Die Beziehungen zu den Finanzdienstleistern sind je nach Unternehmensprofil unterschiedlich intensiv; unabhängig von der Intensivität gibt es in all diesen Beziehungen Geldflüsse, vor allem Geldausgänge vom Unternehmen zur Bank.

Solche Zahlungen nehmen ihren Ursprung nicht in MM, sondern sind das Ergebnis der Geschäftsbeziehungen zwischen Unternehmen und Finanzinstitut. Die Zahlungen an einen Finanzdienstleister können aus unterschiedlichen Gründen entstehen. Ein Beispiel sind Währungsgeschäfte, bei denen das Unternehmen eine bestimmte Fremdwährung besorgt. Ein anderes Beispiel sind Zinszahlungen für aufgenommene Darlehen oder Bankkontoübertrage, bei denen das Unternehmen Geld zwischen eigenen Bankkonten umdisponiert. Dies alles gehört zu den sogenannten *Treasury-Zahlungen*.

Auch in internen Beziehungen spielen Treasury-Zahlungen eine Rolle. Die Muttergesellschaft versorgt ihre Tochtergesellschaften mit liquiden Finanzmitteln. So nimmt sie Darlehen bei einer Bank auf oder stellt bestimmte Fremdwährungen bereit.

[»]

Definition der Begriffe »Lieferantenzahlungen« und »Treasury-Zahlungen«

Lieferantenzahlungen haben ihren Ursprung in MM. Den Lieferantenzahlungen liegt der zu deckende Bedarf an Waren oder Dienstleistungen zugrunde.

Treasury-Zahlungen finden aufgrund der finanziellen Bedürfnisse des Unternehmens statt. Es kann sich dabei um Zahlungen für aufgenommene Darlehen, Fremdwährungskäufe oder -verkäufe oder einfach um Bankkontenüberträge handeln.

Sowohl externe als auch interne Zahlungen können Lieferantenzahlungen oder Treasury-Zahlungen sein.

Es ist wichtig, die Trennung in externe und interne Zahlungen und in Lieferanten- und Treasury-Zahlungen genau nachzuvollziehen. Diese Unterscheidung spielt eine wichtige Rolle bei der Art und Weise, wie der Zahlungsprozess im SAP-System umgesetzt wird. Darüber hinaus können Sie unterschiedliche Gestaltungsmöglichkeiten nutzen, um den jeweiligen Zahlungsprozess zu optimieren.

In jedem Abschnitt dieses Kapitels erklären wir die wichtigsten Eigenschaften und Besonderheiten der jeweiligen Zahlungsgruppe.

2.2 Zahlungen an externe Lieferanten

Unter *externen Lieferanten* sind Geschäftspartner gemeint, an denen das Unternehmen keine Beteiligungen hält; rechtlich gesehen sind externe Lieferanten fremde Dritte für das Unternehmen. Die Verbindlichkeiten gegenüber diesen Lieferanten werden im SAP-System als offene Posten im kreditorischen Nebenbuch erfasst. Zur Fälligkeit werden diese Posten selektiert und im SAP-System ausgeglichen. Damit aber der Lieferant tatsächlich die ihm zustehende Zahlung erhält, benötigt das Unternehmen eine Möglichkeit, um den fälligen Zahlbetrag auf das Bankkonto des Lieferanten zu transferieren. Das Unternehmen benötigt zur Durchführung von Geldüberweisungen, ebenso wie der Lieferant, ein Bankkonto.

In Abbildung 2.4 ist der typische Prozessfluss für eine externe Zahlung abgebildet. In diesem Prozess muss das Unternehmen den fälligen Zahlbetrag an seinen Lieferanten überweisen. Das Unternehmen führt in seinem SAP-System die Zahlung durch (aus seiner Sicht ist es ein Geldausgang) und schickt eine Zahldatei zu seiner Hausbank. Die Hausbank gibt diese Zahlung an die Bank des Lieferanten weiter.

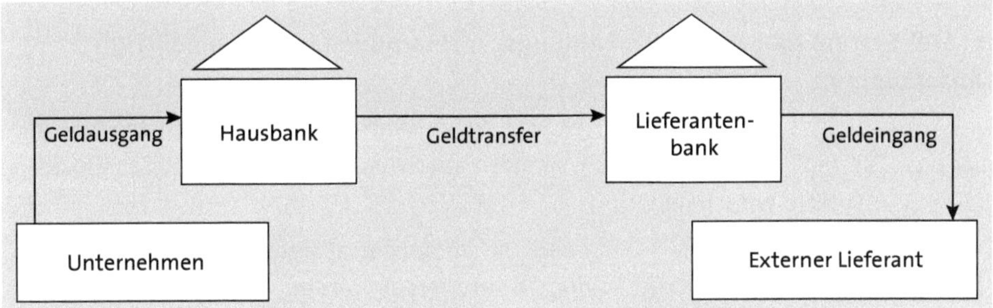

Abbildung 2.4 Zahlungsfluss vom Unternehmen zum Lieferanten

Die Lieferantenbank nimmt die Zahlung entgegen und informiert mithilfe eines Kontoauszugs den Lieferanten über die eingegangene Zahlung. Für den Lieferanten handelt es sich um einen Geldeingang, der in seinem ERP-System entsprechend verbucht wird. Mit dem erfolgten Geldausgang hat das Unternehmen keine offene Verbindlichkeit mehr gegenüber dem Lieferanten, und mit dem erfolgten Geldeingang hat der Lieferant keine offene Forderung mehr gegenüber dem Unternehmen. Damit ist der gesamte P2P-Prozess abgeschlossen.

[«]

Definition der Begriffe »Zahlungsabsender« und »Zahlungsempfänger«

Im Kontext der ausgehenden Lieferantenzahlungen bezeichnet man das Unternehmen als *Zahlungsabsender* und spricht von seinem Absenderkonto. Der Lieferant, an den das Geld überwiesen wird, nennt sich *Zahlungsempfänger*, und sein Bankkonto ist für das Unternehmen ein *Empfängerkonto*.

2.2.1 Lokale Zahlungen und On-Behalf-Zahlungen: Prozesssicht

In Kapitel 1, »Einführung in die Zahlungsverkehrsprozesse im Unternehmen«, haben wir festgestellt, dass es im Wesentlichen zwei Richtungen gibt, um eine Bankkonten struktur im Unternehmen zu gestalten. Es handelt sich entweder um eine *dezentralisierte Bankkontenstruktur* oder um eine *zentralisierte Bankenstruktur*. Beim Vorliegen einer dezentralisierten Bankenstruktur unterhält jede Tochtergesellschaft ein eigenes Bankkonto bei einer lokalen Bank. Die Tochtergesellschaft nutzt dieses Konto (oder sogar mehrere Konten) für den eingehenden und ausgehenden Zahlungsverkehr. Bei einer zentralisierten Bankenstruktur sind die Bankkonten nur in einigen wenigen (oder sogar nur in einer) Unternehmenseinheit(en) konzentriert. Die Tochtergesellschaften müssen sich für die Zahlungsausführung an diese Einheiten wenden.

Externe Lieferantenzahlungen im Unternehmen mit der dezentralisierten Bankkontenstruktur nennen wir *lokale Zahlungen*, weil sie im SAP-System lokal von den Buchungskreisen ausgeführt werden und aus dem SAP-System direkt zu den lokalen Hausbanken der Buchungskreise zur Ausführung geschickt werden.

Im SAP-System gibt es je nach Zahlungsprozessmodell unterschiedliche Umsetzungen!

Die Auswahl zwischen zentralisierter und dezentralisierter Bankkontenstruktur ist nicht nur für den Prozess als solchen, sondern auch für die Umsetzung dieses Prozesses im SAP-System entscheidend.

Die SAP-Komponenten und -Funktionen, die im dezentralisierten Modell im Einsatz sind, und auch die Reihenfolge, in der sie verwendet werden, sind nicht kongruent mit den SAP-Komponenten und -Funktionen im zentralisierten Modell!

Aus diesem Grunde muss erst das Prozessmodell des Zahlungsverkehrs für das gesamte Unternehmen sauber definiert werden. Erst danach sollten die Lizenzen für entsprechende zahlungsrelevante SAP-Komponenten erworben werden – aber nicht umgekehrt!

Externe Lieferantenzahlungen im Unternehmen mit der zentralisierten Bankkontenstruktur nennen wir *On-Behalf-Zahlungen*. Dieser Begriff stammt aus dem Englischen und bedeutet »Zahlungen im Auftrag von...«. In der zentralisierten Bankkontenstruktur sind die vordefinierten Einheiten für die Ausführung aller Zahlungen verantwortlich. Dies bedeutet also, dass die lokalen Buchungskreise eine Zahlung in ihrem SAP-System ausführen, diese dann aber nicht zur Hausbank, sondern zur zentralen Einheit schicken. Diese Unternehmenseinheit nimmt die Zahlung entgegen und schickt sie im Auftrag des jeweiligen lokalen Buchungskreis zur Hausbank.

Definition der Begriffe »lokale Zahlungen« und »On-Behalf-Zahlungen«

Unter *lokalen Zahlungen* werden Zahlungen verstanden, die eine Gesellschaft von ihrem lokalen Bankkonto ausführt und direkt zu ihrer Hausbank schickt.

Mit *On-Behalf-Zahlungen* sind Zahlungen gemeint, die eine Gesellschaft zwar lokal in ihrem SAP-System ausführt, aber an eine vordefinierte zentrale Unternehmenseinheit schickt. Diese Einheit nimmt die Zahlung entgegen und schickt sie zu ihrer Hausbank.

2.2.2 Lokale Ausgangszahlungen

Wie wir es im vorangehenden Abschnitt gelernt haben, unterhält jede Tochtergesellschaft im Fall der dezentralisierten Bankkontenstruktur ihr eigenes Bankkonto (oder mehrere Bankkonten) bei einer externen Bank, die sie verwendet, um ihre Rechnungen der externen Lieferanten zu bezahlen.

Die typischen Schritte im SAP-System bei der Ausführung von lokalen externen Lieferantenzahlung sind in Abbildung 2.5 dargestellt. Ein offener kreditorischer Posten wird mit dem automatischen Zahllauf mit Transaktion F110 im SAP-System ausgeglichen. Danach läuft der ausgeführte Zahllauf in SAP Bank Communication Management. Dort wird dieser Zahllauf gemäß den Einstellungen mit anderen Zahlläufen in sogenannte *Zahlmappen* gruppiert. Die zu diesem Zahllauf erzeugte Zahlmappe wird in SAP Bank Communication Management von einer oder mehreren Personen freigegeben. Nach der finalen Freigabe werden eine oder mehrere Zahldateien erzeugt (z. B. im CGI-XML-pain.001-Format).

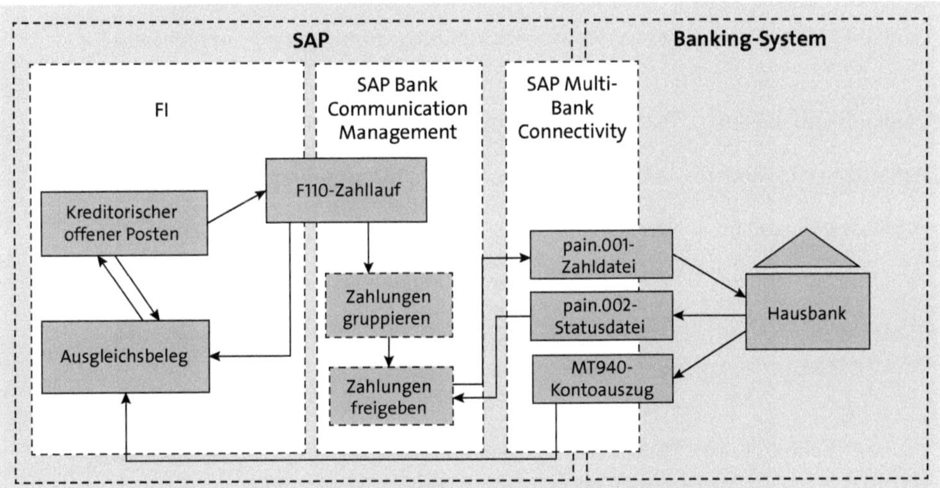

Abbildung 2.5 Zahlungsprozess im SAP-System bei einer lokalen externen Lieferantenzahlung

Diese Zahldatei wird mithilfe von SAP Multi-Bank Connectivity an die Hausbank übergeben. Die Hausbank liest die Datei in ihr Banking-System ein und schickt eine Statusdatei im CGI-XML-pain.002-Format mit der Rückmeldung **Akzeptiert** oder **Abgewiesen** zurück an das Unternehmen. Die Statusdatei wird von SAP Multi-Bank Connectivity entgegengenommen und weiter an SAP Bank Communication Management übergeben, damit der Status der Zahlung im zentralen BCM Monitor aktualisiert werden kann.

Zusätzlich schickt die Bank am Ende jedes Arbeitstages eine Kontoauszugsdatei an das Unternehmen. In dieser Abbildung kommt der Kontoauszug im Format MT940 zurück. Es kann sich aber genauso gut um ein CGI-XML-camt.053-Format handeln. Der Kontoauszug enthält alle Aktivitäten des Vortages auf dem Hausbankkonto, u. a. auch den Geldausgang für die Zahlung aus unserem Beispiel. Der Kontoauszug wird von SAP Multi-Bank Connectivity entgegengenommen. Dort wird das entsprechende Einleseprogramm automatisch gestartet, damit dieser Kontoauszug in FI importiert und verbucht werden kann.

In Tabelle 2.1 sind die Prozessschritte bei einer lokalen Zahlung den entsprechenden SAP-Komponenten zugeordnet. An einigen Schritten führt kein Weg vorbei; diese sind als obligatorisch gekennzeichnet. Bei anderen Schritten ist es wiederum möglich, sie je nach Prozessdesign auszulassen; solche Schritte sind als optional gekennzeichnet.

Prozessschritt im SAP-System	SAP-Funktion	Obligatorischer oder optionaler Schritt
Zahllauf F110 ausführen	FI, automatisches Zahlprogramm	obligatorisch
Zahlläufe gruppieren	SAP Bank Communication Management	optional
Zahlmappen freigeben	SAP Bank Communication Management	optional
Zahldateien erstellen	Zahlungsformate, z. B. CGI-XML-Formate	obligatorisch
Zahldateien validieren	Advanced Payment Management	optional
Zahldateien verschicken	SAP Multi-Bank Connectivity (oder eine kundenspezifische Schnittstelle zur Bank)	obligatorisch
Externen Kontoauszug erhalten	Schnittstelle von der Bank zu SAP	obligatorisch
Externen Kontoauszug verbuchen	FI, Kontoauszugsverarbeitung	obligatorisch

Tabelle 2.1 Aktivitäten im SAP-System bei der Ausführung von lokalen Zahlungen

Zahllauf mit Transaktion F110 ausführen

Der Zahllauf in Transaktion F110 ist in der Finanzbuchhaltung (FI) im Kreditorennebenbuch angesiedelt. In den meisten Unternehmen ist die Kreditorenbuchhaltung für die Ausführung der lokalen Zahlläufe zuständig. In regelmäßigen Abständen startet die Fachabteilung das automatische Zahlprogramm mit Transaktion F110.

Die Zahlläufe werden fast nie für einen einzigen Lieferanten ausgeführt, sondern sie umfassen in der Regel gleichzeitig mehrere Lieferanten und deren offenen Posten. Es ist frei wählbar, nach welcher Logik die Zahlläufe organisiert werden. Es kann jeweils einen Zahllauf pro Buchungskreis, pro Zahlweg, pro Empfängerland oder pro Währung, aber auch nur einen Sammellauf geben, in dem mehrere Buchungskreise, mehrere Währungen und mehrere Zahlwege miteinander kombiniert sind. Dies entscheidet die zuständige Fachabteilung, basierend auf dem Geschäftsmodell, der Anzahl der Zahlungen im Unternehmen und anderen Faktoren.

In Abbildung 2.6 sehen Sie ein Beispiel eines F110-Zahllaufs. Der Zahllauf ist mit dem Ausführungsdatum im Feld **Tag der Ausführung** (hier 01.05.2022) und der Identifikation UK01 im Feld **Identifikation** gelaufen. Auf der Registerkarte **Status** sehen Sie drei grüne Markierungen: Bei diesem Zahllauf wurden erst die Parameter erfasst (Status **Parameter wurden erfasst**). Danach wurde ein Zahlungsvorschlag erstellt (**Zahlungsvorschlag wurde erstellt**).

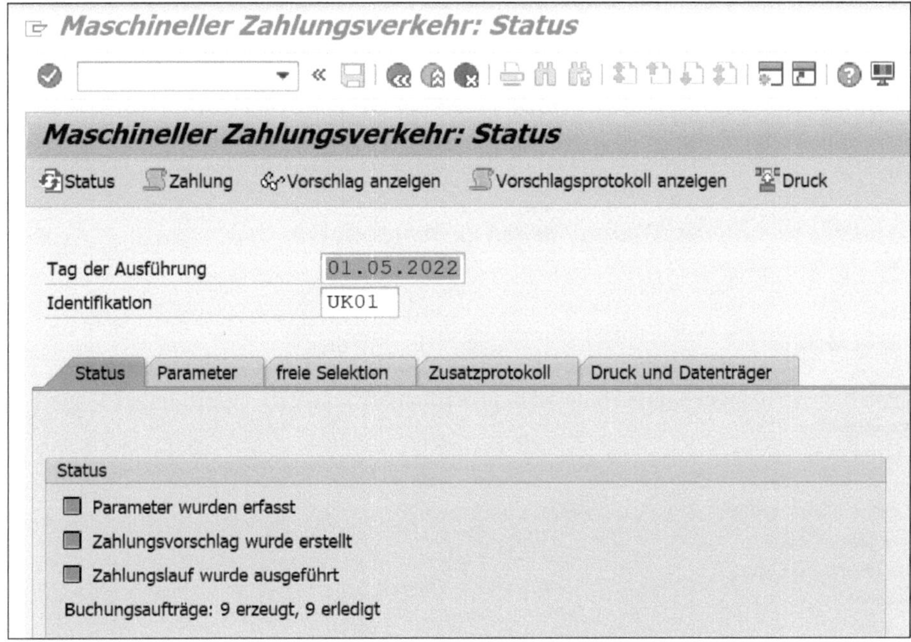

Abbildung 2.6 Transaktion F110: Übersichtsbild eines ausgeführten Zahllaufs

Der Zahlungsvorschlag war offensichtlich in Ordnung, da es keine Änderungen zu diesem Vorschlag gab. Wäre dies nicht der Fall, wäre der Status **Zahlungsvorschlag wurde bearbeitet** erschienen. Zum Schluss wurde der echte Zahllauf ausgeführt (Status **Zahlungslauf wurde ausgeführt**). Wie Sie sehen, wurden infolgedessen neun Ausgleichsbelege gebucht.

In Abschnitt 2.5.1, »Transaktion F110: automatischer Zahllauf«, sind alle Einzelheiten zur Nutzung von Transaktion F110 erläutert.

Zahlläufe in SAP Bank Communication Management gruppieren

Mit SAP Bank Communication Management werden ausgeführte F110-Zahlläufe zu einer sogenannten *Zahlmappe* gruppiert. Sie können die Erzeugung der Zahldateien optimieren, indem Sie mehrere F110-Zahlläufe in SAP Bank Communication Management zusammenfassen. Damit reduzieren Sie die Anzahl der erzeugten Zahldateien und gegebenenfalls auch Bankkontogebühren.

Falls Sie SAP Bank Communication Management im Einsatz haben, müssen Sie in regelmäßigen Abständen Transaktion FBPM1 (Erstellung von zahllaufübergreifenden Zahlungsträgern) ausführen. Dies gilt auch, wenn Sie keine von den F110-Zahlläufen abweichende Gruppierung brauchen. Das machen Sie, um die F110-Zahlläufe an SAP Bank Communication Management zu übergeben und aus den Zahlläufen eine oder mehrere Zahlmappen zu erzeugen. In der Regel ist Transaktion FBPM1 als Hintergrundjob eingeplant, der mehrmals am Tag läuft.

In Abbildung 2.7 sehen Sie das Übersichtsbild von Transaktion FBPM1. Hier sollen alle Zahlläufe zusammengefasst werden, deren Ausführungsdatum der 01.05.2022 ist.

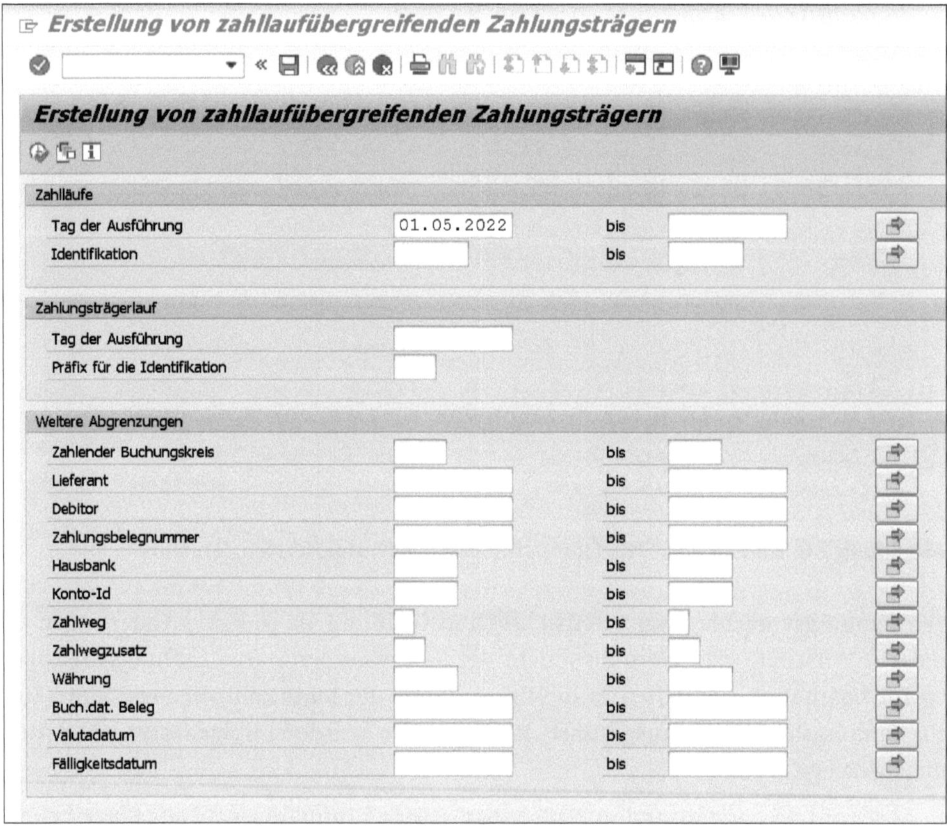

Abbildung 2.7 Übersichtsbild von Transaktion FBPM1: Erstellung von zahllaufübergreifenden Zahlungsträgern

In Transaktion FBPM1 stehen viele weitere Felder zur Verfügung, anhand derer gruppiert werden kann. Die Gruppierung in SAP Bank Communication Management hängt auch davon ab, welche Gruppierungskriterien im Customizing definiert sind. Zusätzlich spielt es eine Rolle, wie die Zahlungsformate konfiguriert sind (siehe Abschnitt 10.1, »Zahlungsgruppierung und Erzeugung von Batches«).

[«]

Definition der Begriffe »Zahlmappen« oder »Batches«

In einer *Zahlmappe* (auch *Batch* genannt) sind mehrere Zahlungen aus einem oder mehreren F110-Zahlläufen zusammengefasst. Die Zahlmappen haben fortlaufende Nummern und können im zentralen Monitor von SAP Bank Communication Management mit Transaktion BCM_MONI (Mappen- und Zahlungsmonitor) eingesehen werden. Sie können von einer oder mehreren Personen mit Transaktion BNK_APP (Zahlungen genehmigen) freigegeben werden. Zu jeder Zahlmappe wird nach der finalen Freigabe eine Zahldatei erzeugt. Alternativ können Zahlmappen ohne Freigabe durchlaufen werden. Die Zahldatei wird dann direkt nach der Gruppierung erzeugt. Der Status, mit dem die Bank über die Ausführung oder Abweisung der Zahldatei informiert, ist der Zahlmappe zugeordnet und ebenfalls in Transaktion BNK_MONI (Mappen- und Zahlungsmonitor) zu finden.

Zahlmappen in SAP Bank Communication Management erstellen und freigeben

In vielen Unternehmen müssen Zahlungen z. B. aus Compliance-Gründen freigegeben werden, bevor sie an die Bank verschickt werden. So wird ein möglicher Missbrauch des Zuganges zum Zahlungsverkehr von einzelnen Mitarbeitenden verhindert.

Die Flexibilität der Freigabeverfahren ist eine der Stärken von SAP Bank Communication Management. Im Customizing haben Sie die Möglichkeit, den Freigabeprozess flexibel einzustellen. Sie können mehrere Freigaberegeln anlegen und dadurch steuern, was mit den Zahlmappen passieren soll.

So können Sie z. B. festlegen, dass alle Zahlmappen mit dem Gesamtbetrag bis zu 10.000 EUR keine Freigabe benötigen, für alle Zahlmappen mit dem Gesamtbetrag zwischen 10.000 EUR und 50.000 EUR nur eine Freigabe erforderlich ist und alle Zahlmappen mit einem Betrag über 50.000 EUR von zwei Personen freigegeben werden sollen.

Alternativ können Sie das Empfängerland als Kriterium nehmen und definieren, dass alle Zahlungen ins Ausland mehr Freigaben brauchen als Zahlungen innerhalb des Banklandes des Buchungskreises.

Sie können beliebig viele Kriterien in SAP Bank Communication Management kombinieren, um Ihre unternehmensspezifischen Bedürfnisse bei den Zahlungsfreigaben abzudecken (siehe Abschnitt 10.1, »Zahlungsgruppierung und Erzeugung von Batches«).

Nachdem die Zahlläufe zu einer Zahlmappe gruppiert worden sind, steht die Zahlmappe zur Freigabe bereit. Die Mitarbeiter, die mithilfe der entsprechenden Freigaberegel gefunden wurden, sehen die Zahlmappe in Transaktion BNK_APP (Zahlungen genehmigen). Dort können sie die Einzelzahlungen in der Zahlmappe überprüfen und, wenn alles passt, die Zahlmappe freigeben.

Wenn alle Freigaben abgeschlossen sind, wird automatisch die Zahldatei zu der Zahlmappe generiert. Damit eine Zahldatei überhaupt erstellt werden kann, muss das SAP-System die Information haben, welches Zahlungsformat das richtige ist. Das wird in den Einstellungen zum Zahlweg definiert. Wie dies genau funktioniert, erläutern wir in Abschnitt 7.1.3, »Zahlwege im Land«.

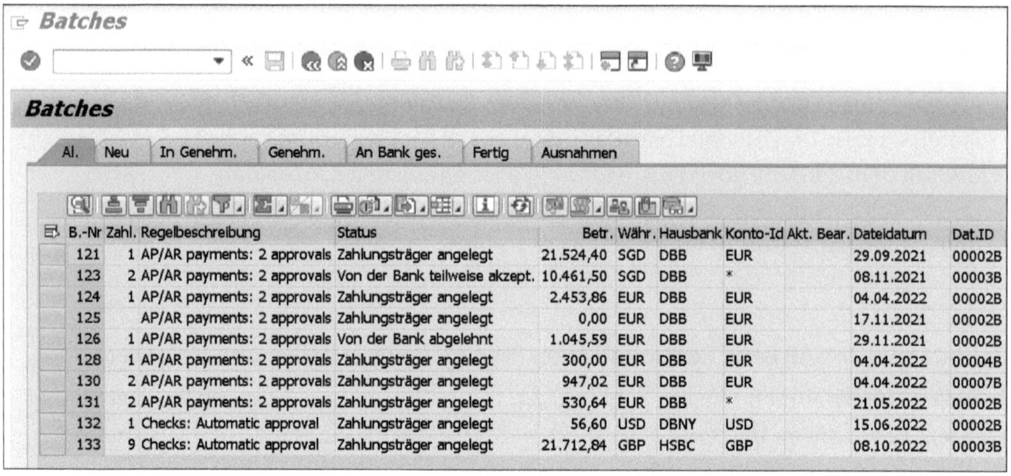

Batches

Batches

Al. | Neu | In Genehm. | Genehm. | An Bank ges. | Fertig | Ausnahmen

B.-Nr	Zahl.	Regelbeschreibung	Status	Betr.	Währ.	Hausbank	Konto-Id	Akt. Bear.	Dateidatum	Dat.ID
121	1	AP/AR payments: 2 approvals	Zahlungsträger angelegt	21.524,40	SGD	DBB	EUR		29.09.2021	00002B
123	2	AP/AR payments: 2 approvals	Von der Bank teilweise akzept.	10.461,50	SGD	DBB	*		08.11.2021	00003B
124	1	AP/AR payments: 2 approvals	Zahlungsträger angelegt	2.453,86	EUR	DBB	EUR		04.04.2022	00002B
125		AP/AR payments: 2 approvals	Zahlungsträger angelegt	0,00	EUR	DBB	EUR		17.11.2021	00002B
126	1	AP/AR payments: 2 approvals	Von der Bank abgelehnt	1.045,59	EUR	DBB	EUR		29.11.2021	00002B
128	1	AP/AR payments: 2 approvals	Zahlungsträger angelegt	300,00	EUR	DBB	EUR		04.04.2022	00004B
130	2	AP/AR payments: 2 approvals	Zahlungsträger angelegt	947,02	EUR	DBB	EUR		04.04.2022	00007B
131	2	AP/AR payments: 2 approvals	Zahlungsträger angelegt	530,64	EUR	DBB	*		21.05.2022	00002B
132	1	Checks: Automatic approval	Zahlungsträger angelegt	56,60	USD	DBNY	USD		15.06.2022	00002B
133	9	Checks: Automatic approval	Zahlungsträger angelegt	21.712,84	GBP	HSBC	GBP		08.10.2022	00003B

Abbildung 2.8 Transaktion BNK_MONI: Übersichtsbild mit Zahlmappen

In Abbildung 2.8 sehen Sie den zentralen Monitor in SAP Bank Communication Management: Transaktion BNK_MONI (Mappen- und Zahlungsmonitor). Sie sehen die Nummern der Zahlmappen oder Batches in der ersten Spalte **B.-Nr.** Die zweite Spalte **Zahl.** zeigt, wie viele Zahlungen in dem jeweiligen Batch enthalten sind. Sie sehen den Status der Zahlmappen in der Spalte **Status** (**Zahlungsträger angelegt**, **Von der Bank teilweise akzeptiert**, **Von der Bank abgelehnt**) – und auch Details wie der Gesamtbetrag in der Spalte **Betr.**, die Hausbank in der Spalte **Hausbank** sowie die Zahlwährung in der Spalte **Währ.** sind hier zu finden.

Zahldateien validieren

Mit Advanced Payment Management haben Sie die Möglichkeit, den Inhalt der Zahldateien zu validieren, bevor sie an die Bank geschickt werden. Anhand unterschiedlicher, im Customizing definierter Prüfregeln können Sie für eine bessere Qualität der Zahldateien sorgen. Damit erhöhen Sie wiederum die Chance, dass beinahe alle Zahlungen von der Hausbank akzeptiert werden und nicht aufgrund von Syntaxfehlern oder inhaltlichen Fehlern (z. B. fehlenden oder fehlerhaften Bankdaten des Empfängers) zurückgewiesen werden.

Zusätzlich zur Validierung können die Zahldateien mit Daten, die in einer Zahldatei obligatorisch sind, aber in der Ursprungsdatei aus irgendeinem Grund gefehlt haben, angereichert werden. Wenn in Advanced Payment Management festgestellt worden ist, dass das Valutadatum in der Zahldatei zu weit in der Zukunft (oder Vergangenheit) liegt, können Sie in Advanced Payment Management das Datum korrigieren. Alternativ können Sie die Empfängerbankdaten um den SWIFT-Code ergänzen, wenn das SAP-System »merkt«, dass dieser fehlt, obwohl er für die gewählte Zahlungsart obligatorisch ist.

[+]

Die Rolle von Advanced Payment Management in den Zahlungsprozessen

Advanced Payment Management bietet sehr viele Funktionen und kann im Zusammenspiel mit anderen SAP-Komponenten im Zahlungsverkehr wesentlich zur Verbesserung der Datenqualität, der Optimierung der Datenflüsse und der höheren Automatisierung der Zahlungsprozesse beitragen.

Advanced Payment Management kann vielseitig und in unterschiedlichen Szenarien eingesetzt werden. Dies setzt allerdings das vorhandene Grundverständnis für typische Zahlungsprozesse voraus.

Aus dieser Überlegung heraus haben wir uns dazu entschieden, Ihnen als Erstes die grundlegenden Zahlungsflüsse mit den herkömmlichen SAP-Komponenten zu zeigen. Und erst nachdem Sie ein gutes Prozessverständnis entwickelt haben und erkennen können, welche SAP-Komponenten wann einzusetzen sind, widmen wir uns in Kapitel 11, »Einstellungen in der erweiterten Zahlungsverwaltung«, ausführlich dem Thema Advanced Payment Management.

Zahldateien verschicken

Die Zahldatei wird in den meisten Fällen in elektronischer Form automatisch der Hausbank zugestellt, bei der sie eingelesen und verarbeitet wird. In einigen inzwischen seltenen Fällen, z. B. wenn die Gesellschaft sehr klein ist und nur sehr wenige Zahlungen im Monat ausführt, verzichtet das Unternehmen auf das Aufsetzen einer automatischen technischen Verbindung zur Bank. Dann wird die Zahldatei zwar im SAP-System erzeugt, aber nicht weiter an die Bank versendet. Stattdessen wird die Datei von einer dafür zuständigen Person aus dem SAP-System auf ein lokales Laufwerk heruntergeladen. Anschließend wird diese Datei manuell bei der Bank in einem dafür zur Verfügung gestellten Online-Banking-Tool hochgeladen.

Die meisten Unternehmen haben eine Schnittstelle zu den Banken, die für einen komplett automatisierten und sofortigen Versand der Zahldateien verwendet wird. Alternativ nutzen sie *SAP Multi-Bank Connectivity*. Falls SAP Multi-Bank Connectivity im Einsatz ist, landet die Zahlmappe aus SAP Bank Communication Management im Monitor von SAP Multi-Bank Connectivity (MBC Monitor), Transaktion /BSNAGT/MONITOR (Konnektor-Monitor). Die Zahlmappe wird von dort über SAP S/4HANA, Private Cloud, an die Bank weitergeleitet.

In Abbildung 2.9 sehen Sie im MBC Monitor auf der ersten Registerkarte **Ausgang** eine Übersicht mit ausgehenden Zahldateien im CGI-XML-pain.001-Format, die am 11.10.2022 über SAP Multi-Bank Connectivity an die Banken geschickt wurden.

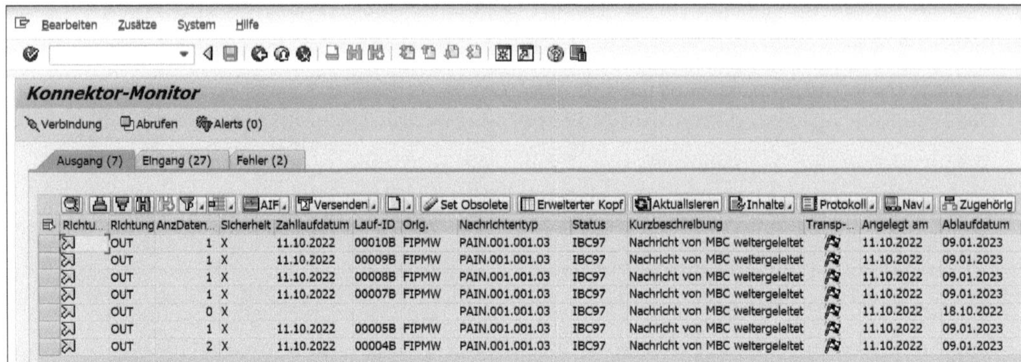

Richtu...	Richtung	AnzDaten...	Sicherheit	Zahllaufdatum	Lauf-ID	Orig.	Nachrichtentyp	Status	Kurzbeschreibung	Transp-...	Angelegt am	Ablaufdatum
	OUT	1	X	11.10.2022	00010B	FIPMW	PAIN.001.001.03	IBC97	Nachricht von MBC weitergeleitet		11.10.2022	09.01.2023
	OUT	1	X	11.10.2022	00009B	FIPMW	PAIN.001.001.03	IBC97	Nachricht von MBC weitergeleitet		11.10.2022	09.01.2023
	OUT	1	X	11.10.2022	00008B	FIPMW	PAIN.001.001.03	IBC97	Nachricht von MBC weitergeleitet		11.10.2022	09.01.2023
	OUT	1	X	11.10.2022	00007B	FIPMW	PAIN.001.001.03	IBC97	Nachricht von MBC weitergeleitet		11.10.2022	09.01.2023
	OUT	0	X				PAIN.001.001.03	IBC97	Nachricht von MBC weitergeleitet		11.10.2022	18.10.2022
	OUT	1	X	11.10.2022	00005B	FIPMW	PAIN.001.001.03	IBC97	Nachricht von MBC weitergeleitet		11.10.2022	09.01.2023
	OUT	2	X	11.10.2022	00004B	FIPMW	PAIN.001.001.03	IBC97	Nachricht von MBC weitergeleitet		11.10.2022	09.01.2023

Abbildung 2.9 Transaktion /BSNAGT/MONITOR: Übersichtsbild mit Zahlmappen

Externen Kontoauszug erhalten und verbuchen

Am ersten Werktag nach der Zahlung wird der tägliche Kontoauszug von der Bank geliefert. Er wird über SAP Multi-Bank Connectivity an die Finanzbuchhaltung übergeben. Dies geschieht, indem SAP Multi-Bank Connectivity automatisch Transaktion FF_5 (FF.5) – Kontoauszug einlesen – mit der im Customizing zugeordneten Variante startet.

Falls SAP Multi-Bank Connectivity nicht im Einsatz ist, wird der Kontoauszug mit Transaktion FEB_FILE_HANDLING (Kontoauszugsverarbeitung: Einlesen und Weiterleiten) in der Finanzbuchhaltung verarbeitet.

In Abbildung 2.10 sehen Sie das Selektionsbild von Transaktion FEB_FILE_HANDLING. Hier wurde der Quellpfad **MT940_IMPORT** zum Einlesen von MT940-Kontoauszügen ausgewählt.

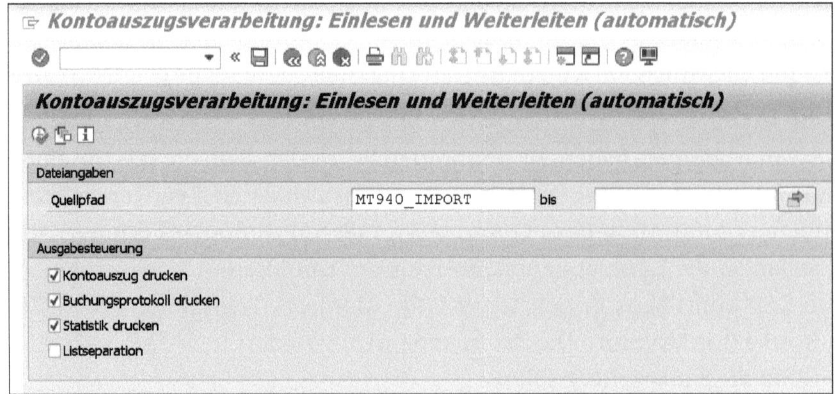

Abbildung 2.10 Übersichtsbild von Transaktion FEB_FILE_HANDLING

Nach dem Ausführen der Transaktion werden die folgenden Spool-Listen ausgegeben: **Kontoauszug**, **Buchungsprotokoll** und **Statistik**.

Mehr zum Einleseprozess der Kontoauszüge und zum notwendigen Customizing finden Sie in Abschnitt 7.6, »Konfiguration der Kontoauszugsverarbeitung«.

Übersicht der FI-Buchungen bei lokalen Zahlungen

Die Buchungen im externen lokalen Zahlungsverkehr sind übersichtlich und leicht verständlich.

In Abbildung 2.11 sehen Sie die Buchungssätze der drei Hauptschritte im lokalen externen Zahlungsverkehr. Beim Erfassen der eingehenden Rechnung ❶ werden das Lieferantenkonto im Haben und das Aufwandskonto im Soll bebucht. Danach läuft der F110-Zahllauf und gleicht den kreditorischen Posten aus. Es wird ein Ausgleichsbeleg ❷ gebucht, in dem das Lieferantenkonto im Soll und das Bankverrechnungskonto im Haben bebucht werden. Zum Schluss folgt der Kontoauszug ❸, bei dem das Bankverrechnungskonto im Soll und das Bankkonto im Haben bebucht wird.

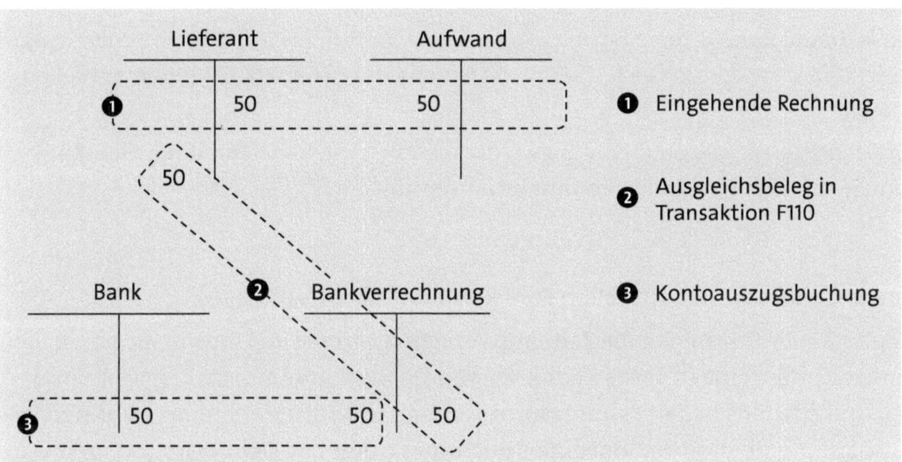

Abbildung 2.11 Buchungsschema bei lokalen externen Zahlungen

Damit sind das Lieferantenkonto und das Bankverrechnungskonto ausgeglichen. Das Aufwandskonto beinhaltet eine Buchung im Soll und das Bankkonto eine Buchung im Haben.

2.2.3 On-Behalf-Zahlungen (Payment Factory mit SAP In-House Cash)

Wenn die Bankkontenstruktur zentralisiert ist, z. B. wie es in Abbildung 1.10 und Abbildung 1.11 gezeigt wurde, werden die Zahlungen von einem Buchungskreis nicht direkt zur Hausbank geschickt. Stattdessen gehen die Zahldateien zur designierten zentralen Einheit des Unternehmens. Diese Einheit hält mehrere Bankkonten bei einer Bank und verwendet sie, um Zahlungen aller Buchungskreise im Konzern abzuwickeln. Mit anderen Worten heißt das, dass die zentrale Einheit die *Zahlungen im Auftrag von* anderen Buchungskreisen ausführt. Solche Zahlungen werden nicht mehr lokal, sondern zentral ausgeführt; sie werden auch *On-Behalf-Zahlungen* genannt.

Zu Buchhaltungs-, Compliance- und Kontrollzwecken schreibt die zentrale Einheit alle ausgeführten Zahlungen für andere Tochtergesellschaften. Um den Prozess transparent zu halten und überhaupt eine Möglichkeit zu haben, Salden und Bewegungen einzelner Töchter zu führen, legt die zentrale Einheit virtuelle Konten für jede Tochtergesellschaft an. Damit übernimmt diese zentrale Einheit (es können aber auch zwei oder sogar drei Einheiten sein) eine Rolle im Unternehmen, die normalerweise die externe Bank innehat. Sie fungiert also selbst als Bank. Aus diesem Grunde wird diese für Zahlungen verantwortliche Einheit *In-House-Bank* genannt; sie ist gewissermaßen eine Bank innerhalb des Unternehmens.

Definition der Begriffe »On-Behalf-Zahlungen« und »In-House-Bank«

Die *In-House-Bank* ist eine Einheit, die wie eine Bank innerhalb des Unternehmens agiert. Sie verwaltet virtuelle Salden einzelner Gesellschaften auf deren virtuellen Konten.

On-Behalf-Zahlungen sind Zahlungen, die die In-House-Bank von ihren Hausbankkonten im Auftrag von anderen Gesellschaften ausführt.

Virtuelle Geldflüsse auf virtuellen Bankkonten

In Kapitel 1, »Einführung in die Zahlungsverkehrsprozesse im Unternehmen«, haben wir erkannt, dass eine In-House-Bank verwendet werden kann, um Ersparnisse zu erzielen und Effizienz in den Zahlungsprozess eines Großunternehmens zu bringen. Es ist nicht sinnvoll, dass die einzelnen Buchungskreise das Geld physisch an die In-House-Bank überweisen, damit diese wiederum das Geld an den Lieferanten überweist. Ziel der Zentralisierung des Zahlungsverkehrs ist es, die Anzahl der Bankkonten zu reduzieren und damit die Beziehungen zu den Banken transparenter zu gestalten. Geldbewegungen innerhalb des Konzerns sollen nur in Form von virtuellen Verrechnungen stattfinden, und echte Geldbewegungen (in der Regel bargeldlos) finden nur außerhalb des Konzerns statt.

Für die Verwaltung all dieser Beziehungen der Tochtergesellschaften mit der In-House-Bank und den Tochtergesellschaften untereinander verwendet die In-House-Bank dieselbe Logik wie eine externe Bank. Die In-House-Bank legt in ihrem zentralen SAP-System Konten für Gesellschaften des Unternehmens an. Für die Gesellschaften spielen diese Konten dieselbe Rolle wie Bankkonten bei einer externen Bank. Der

Hauptunterschied besteht darin, dass es sich um virtuelle Bankkonten bei einer virtuellen In-House-Bank handelt und über sie kein Geld fließt.

Im SAP-System erfolgt die komplette Abwicklung der Transaktionen, an denen die In-House-Bank beteiligt ist in *SAP In-House Cash*. Abbildung 2.12 zeigt eine der Möglichkeiten, wie virtuelle Konten in der In-House-Bank strukturiert werden können. Hier führt die In-House-Bank je ein Konto pro Währung und Gesellschaft. Jede Tochter hat damit 1 bis n Konten, je nachdem, wie viele Währungen für sie relevant sind.

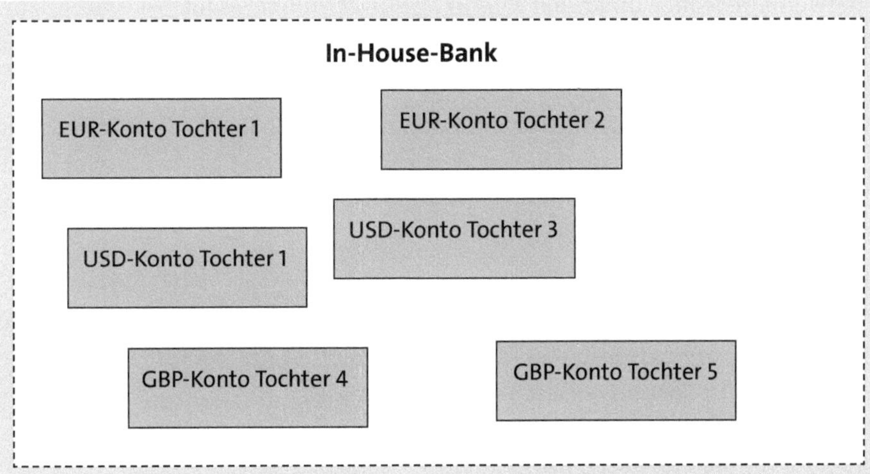

Abbildung 2.12 Mögliche Abbildung für die virtuellen Bankkonten in der In-House-Bank

In der Regel werden bei der Zentralisierung des Zahlungsverkehrs im Unternehmen mehrere besonders häufig verwendete Währungen identifiziert. Für solche Währungen unterhält die Muttergesellschaft Bankkonten bei externen Banken und verwendet diese für die Abwicklung des On-Behalf-Zahlungsverkehrs. Die Gesellschaften unterhalten ihre virtuellen Bankkonten bei der In-House-Bank in den Währungen, die für sie eine Rolle spielen

In Abbildung 2.12 unterhält Tochter 1 zwei Konten: ein Konto wird in EUR und ein Konto in USD geführt, weil sie Lieferantenzahlungen regelmäßig sowohl in EUR als auch in USD abwickeln muss. Tochtergesellschaft 2 verfügt hingegen über ein EUR-Konto bei der In-House-Bank, weil sie ihre Lieferanten üblicherweise nur in EUR bezahlt.

Verschiedene Strukturierungen virtueller Konten möglich

Die Gliederung der Konten nach Währungen ist nur eine der möglichen Alternativen. Es gibt Unternehmen, bei denen jede Gesellschaft ein einziges virtuelles Konto unterhält und alle On-Behalf-Zahlungen über dieses Konto abgewickelt werden. Alternativ können Sie die Konten nach Produkten strukturieren und z. B. für jede Gesellschaft separate Konten für die Abwicklung von On-Behalf-Zahlungen und Intercompany-Darlehen einrichten. Dies gestaltet sich sehr flexibel und wird in Projekten nach der Analyse des Zahlungsverkehrs im Unternehmen und der Identifikation der Optimierungspotenziale festgelegt.

Unterschiedliche Bezeichnungen für denselben Zahlungsprozess

Möglicherweise begegnet Ihnen der Begriff *POBO-Verfahren*. POBO ist eine Abkürzung aus dem Englischen für Payments on Behalf of, ins Deutsche übersetzt also »Zahlungen im Auftrag von«.

Diese Begriffe (POBO-Verfahren, On-Behalf-Zahlungen und »Zahlungen im Auftrag von«) werden synonym verwendet, um den Zahlungsprozess zu beschreiben, bei dem die Abwicklung externer Zahlungen im Auftrag von anderen Gesellschaften von einer zentralen Einheit ausgeführt wird.

Auch der Begriff *Payment Factory* ist geläufig. Die Payment Factory (Zahlungsfabrik) entspricht der Vorgehensweise, die wir in diesem Abschnitt untersucht haben. In einer Payment Factory existiert also eine zentrale Einheit (In-House-Bank), die On-Behalf-Zahlungen für Tochtergesellschaften ausführt.

On-Behalf-Zahlungen: Prozessschritte in SAP

In der technischen Kommunikation bei der Durchführung von On-Behalf-Zahlungen sind drei Partner beteiligt: die lokale Gesellschaft, die zentrale zahlende Einheit (In-House-Bank) und die externe Bank. Die lokale Gesellschaft kommuniziert nur mit der In-House-Bank. Die In-House-Bank kommuniziert sowohl mit der externen Bank als auch mit der lokalen Gesellschaft.

Die Kommunikation mit der externen Bank haben wir schon in Abschnitt 1.2, »Der Kernfaktor Kommunikation«, erläutert. Es werden hauptsächlich CGI-XML-Nachrichten ausgetauscht.

Die Tochter und die In-House-Bank können grundsätzlich sowohl in demselben SAP-System als auch in unterschiedlichen SAP-Systemen angesiedelt sein. Dies hat keine Auswirkung auf den Kommunikationsprozess. Die Kommunikation zwischen der lokalen Gesellschaft und der In-House-Bank findet in der Regel über *Intermediate Documents* (IDocs) statt. In Abbildung 2.13 werden die wichtigsten Schritte im SAP-System bei einer On-Behalf-Zahlung gezeigt.

Ein offener kreditorischer Posten wird mit dem automatischen Zahllauf in Transaktion F110 ausgeglichen. Während des Zahllaufs wird eine Zahldatei im IDoc-Format PAYEXT erzeugt und an die In-House-Bank geschickt.

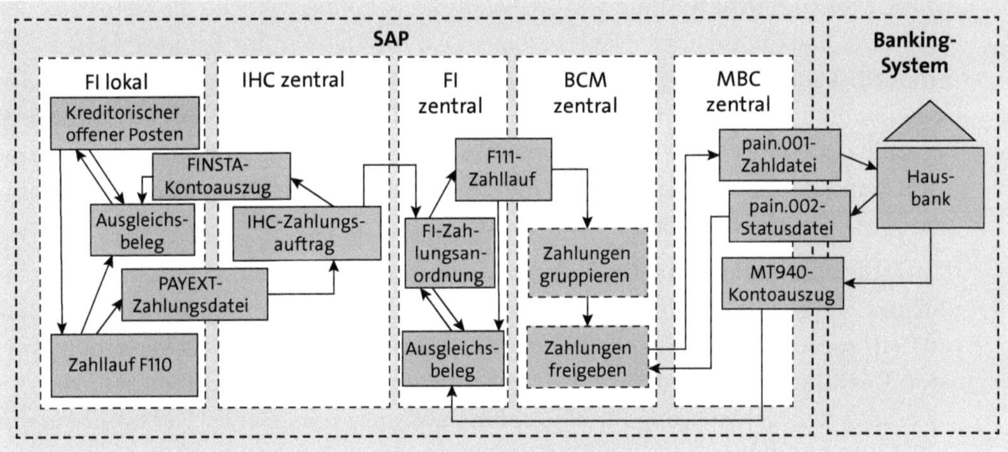

Abbildung 2.13 Zahlungsprozess im SAP-System bei einer On-Behalf-Lieferantenzahlung

Die In-House-Bank empfängt die Zahlungsinformationen und verbucht sie in SAP In-House Cash. Der Verbuchung bedeutet eine Erzeugung eines *Zahlungsauftrags* in SAP In-House Cash.

Wenn die Verbuchung erfolgreich war und ein Auftrag in SAP In-House Cash für diese Zahlung angelegt worden ist, schickt die In-House-Bank am Ende des Tages einen internen Kontoauszug im IDoc-Format `FINSTA` an die lokale Gesellschaft. Der Kontoauszug enthält alle Aktivitäten des Vortages auf dem virtuellen In-House-Bankkonto, u. a. auch den Geldausgang für die Zahlung aus unserem Beispiel.

Der `FINSTA`-Kontoauszug wird entgegengenommen, und das entsprechende Einleseprogramm wird automatisch gestartet, damit dieser Kontoauszug in FI importiert und verbucht werden kann. Für die Tochtergesellschaft ist der Vorgang damit abgeschlossen.

Die In-House-Bank muss aber die Zahlung an den Lieferanten schicken. Dafür wird aus dem Zahlungsauftrag in SAP In-House Cash eine *FI-Zahlungsanordnung* generiert. Sie enthält alle Informationen über die Zahlung und dient als Basis, um die Zahlung komplett ausführen zu können. Von der In-House-Bank wird der F111-Zahllauf gestartet, der die Zahlungsanordnung ausgleicht.

Anschließend läuft der ausgeführte Zahllauf in SAP Bank Communication Management, in dem er gemäß den Einstellungen mit anderen Zahlläufen in Zahlmappen gruppiert wird. Die zu diesem Zahllauf erzeugte Zahlmappe wird in SAP Bank Communication Management von einer oder mehreren Personen freigegeben, und nach der finalen Freigabe werden eine oder mehrere Zahldateien erzeugt (z. B. im CGI-XML-pain.001-Format).

Diese Zahldatei wird mithilfe von *SAP Multi-Bank Connectivity* an die Hausbank der In-House-Bank übergeben. Die Hausbank liest die Datei in ihr Banking System ein und schickt eine Statusdatei im CGI-XML-pain.002-Format mit der Rückmeldung **Akzeptiert** oder **Abgewiesen** zurück an das Unternehmen. Die Statusdatei wird von SAP Multi-Bank Connectivity entgegengenommen und weiter an SAP Bank Communication Management übergeben, damit der Status der Zahlung im zentralen BCM Monitor aktualisiert werden kann.

Zusätzlich dazu schickt die Bank am Ende jedes Arbeitstages eine Kontoauszugsdatei an das Unternehmen. In dieser Abbildung kommt der Kontoauszug im Format MT940 zurück. Es kann aber genauso ein CGI-XML-camt.053-Format verwendet werden. Der Kontoauszug enthält alle Aktivitäten des Vortages auf dem Hausbankkonto, u. a. auch den Geldausgang für die Zahlung aus unserem Beispiel. Der Kontoauszug wird von SAP Multi-Bank Connectivity entgegengenommen, in dem das entsprechende Einleseprogramm für die zentrale Einheit automatisch gestartet wird, damit der Kontoauszug in FI der In-House-Bank importiert und verbucht werden kann.

[»]

Definition der Begriffe »IHC-Zahlungsauftrag und FI-Zahlungsanordnung«

Der *IHC-Zahlungsauftrag* ist der Hauptbeleg in SAP In-House Cash. Er zeigt den Zahlungsabsender (Tochtergesellschaft) und den finalen Zahlungsempfänger (Lieferanten). Darüber hinaus enthält er auch Hauptbuchinformationen, die am Ende des Tages verwendet werden, um die Bewegung ins Hauptbuch der zentralen Einheit zu übertragen.

Die *FI-Zahlungsanordnung* ist die Basis für die in Transaktion F111 (Automatischer Zahllauf für Zahlungsanordnungen) ausgeführten Zahlläufe. Bei den lokalen Gesellschaften ist der kreditorische offene Posten die Basis für F110-Zahlläufe. In der In-House-Bank gibt es keine kreditorischen Posten. Um dennoch externe Zahlungen auszuführen, benötigt die In-House-Bank Ersatz. Es handelt sich dabei um Zahlungsanordnungen, die Informationen über die Zahlung an den Lieferanten enthalten.

On-Behalf-Zahlungen: Prozessschritte im SAP-System der Tochtergesellschaft

Zur Durchführung von On-Behalf-Zahlungen müssen im SAP-System eine Reihe von Funktionen für die lokalen Buchungskreise eingesetzt und entsprechend konfiguriert werden. In Tabelle 2.2 sind alle für die lokale Gesellschaft relevanten Schritte aufgelistet. Im Prinzip unterscheiden sich diese Schritte kaum von den Schritten, die wir in Tabelle 2.1 gesehen haben.

Die lokale Gesellschaft führt einen F110-Zahllauf aus. Dabei werden Zahldateien generiert, allerdings keine Dateien im XML-Format wie bei den lokalen Zahlungen, sondern IDocs (Basistyp PEXR2003, logische Nachricht PAYEXT).

Prozessschritt im SAP-System	SAP-Funktion	Obligatorischer oder optionaler Schritt
Zahllauf F110 ausführen	FI, automatisches Zahlprogramm	obligatorisch
Zahldateien erstellen	IDocs	obligatorisch
Zahldateien verschicken	ALE-Schnittstelle zwischen zentraler Einheit und SAP-System	obligatorisch
internen Kontoauszug erhalten	ALE-Schnittstelle zwischen zentraler Einheit und SAP	obligatorisch
internen Kontoauszug verbuchen	FI, Kontoauszugsverarbeitung	obligatorisch

Tabelle 2.2 Aktivitäten im SAP-System bei der Ausführung von On-Behalf-Zahlungen: lokaler Teil

In Abbildung 2.14 sehen Sie einen F110-Zahllauf für eine interne Zahlung. Auf der Registerkarte **Druck und Datenträger** ist der Report RFFOEDI1 (Zahlungsträger international-Zahlungsaufträge per EDI) sichtbar, dem die Variante SAP In-House Cash zugeordnet ist. Dadurch werden IDocs im Format PAYEXT zu diesem Zahllauf erzeugt, die an die In-House-Bank über die ALE-Schnittstelle (Application Link Enabling) geschickt und dort verbucht werden.

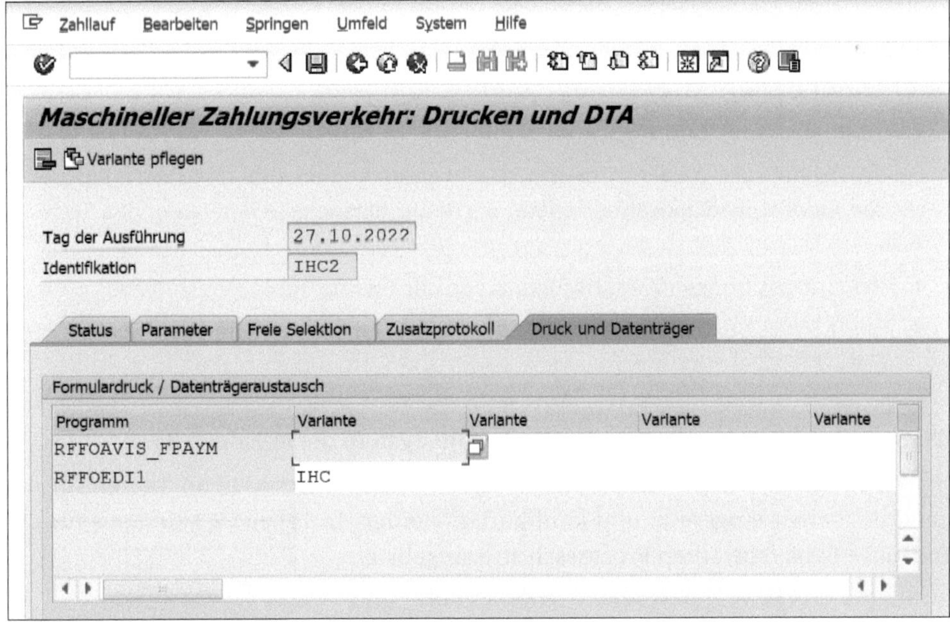

Abbildung 2.14 F110-Zahllauf mit IDoc statt Zahldatei

Als Ergebnis dieser Verbuchung geht am Ende des Tages ein Kontoauszug von der In-House-Bank ein. Der Kontoauszug wird dabei als IDoc (Basistyp `FINSTA01`, logische Nachricht `FINSTA`) und nicht wie bei lokalen Zahlungen im camt.053- oder MT940-Format übermittelt.

In Abbildung 2.15 sehen Sie die eingehenden IDocs im Format `FINSTA`, die interne tägliche Kontoauszüge darstellen. Mit der IDoc-Verbuchung im lokalen System wird der interne Kontoauszug eingelesen und in denselben Datenbanktabellen wie die externen Kontoauszüge abgelegt.

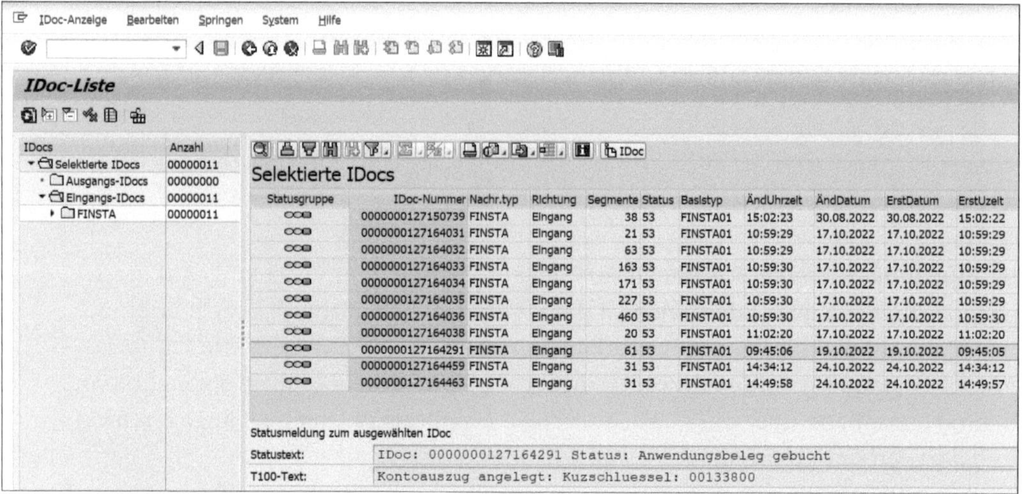

Abbildung 2.15 Interne Kontoauszüge im IDoc-Format FINSTA

[!]

Wichtige IDocs im Zahlungsprozess mit einer In-House-Bank

Ein Verständnis der verwendeten IDoc-Nachrichten und die Prozessschritte, die hinter den IDocs stehen, hilft Ihnen später bei der Fehlersuche in den laufenden Systemen:

- `PAYEXT`-IDocs bringen Zahlungsdetails von der Tochter zur In-House-Bank.
- `FINSTA`-IDocs bringen Kontoauszugsdetails von der In-House-Bank zur Tochter.

On-Behalf-Zahlungen: Prozessschritte im SAP-System der In-House-Bank

Bei On-Behalf-Zahlungen muss im SAP-System eine Reihe von Funktionen für die zentrale Einheit eingesetzt und konfiguriert werden. In Tabelle 2.3 sind alle für die In-House-Bank relevanten Prozessschritte aufgelistet.

Prozessschritt im SAP-System	SAP-Funktion	Obligatorischer oder optionaler Schritt
IDocs mit Zahlungen validieren	Advanced Payment Management	optional
IDocs mit Zahlungen entgegennehmen	SAP In-House Cash	obligatorisch
IDoc Zahlungen verbuchen	SAP In-House Cash	obligatorisch
Zahlungsanordnungen erstellen	SAP In-House Cash und FI	obligatorisch
Zahllauf F111 ausführen	FI, Zahlprogramm für Zahlungsanordnungen	obligatorisch
Zahldateien freigeben	SAP Bank Communication Management	optional
Zahldateien gruppieren	SAP Bank Communication Management	optional
Zahldateien erstellen	Zahlungsformate, z. B. CGI-XML-Formate	obligatorisch
Zahldateien validieren	Advanced Payment Management	optional
Zahldateien verschicken	SAP Multi-Bank Connectivity (oder eine kundenspezifische Schnittstelle zur Bank)	obligatorisch
internen Kontoauszug versenden	ALE-Schnittstelle zwischen zentraler Einheit und SAP-System	obligatorisch
externen Kontoauszug erhalten	Schnittstelle von der Bank zum SAP-System	obligatorisch
externen Kontoauszug verbuchen	FI, Kontoauszugsverarbeitung	obligatorisch

Tabelle 2.3 Aktivitäten im SAP-System bei der Ausführung von On-Behalf-Zahlungen: zentraler Teil

Zahlungen von der Tochtergesellschaft entgegennehmen und verarbeiten

Der On-Behalf-Prozess beginnt für die In-House-Bank mit dem Empfang des PAYEXT-IDocs, das von der Tochtergesellschaft verschickt wurde.

Bevor das PAYEXT-IDoc in der In-House-Bank verbucht wird, kann es durch den Einsatz von Advanced Payment Management validiert und gegebenenfalls angereichert werden. Dieser Schritt ist optional und wird erst in Kapitel 11, »Einstellungen in der erweiterten Zahlungsverwaltung«, im Detail erläutert.

Danach wird das PAYEXT-IDoc in SAP In-House Cash verbucht. Dabei wird ein Zahlungsauftrag in SAP In-House Cash erzeugt. In der Regel ist ein Freigabeprozess in SAP In-House Cash im Einsatz, der dafür sorgt, dass die erfassten IHC-Aufträge von einer oder mehreren Personen im zentralen IHC-Browser (Transaktion IHCO) freigegeben werden, bevor sie als final gebucht gelten. In Abbildung 2.16 sehen Sie das Übersichtsbild und die Anzeige einzelner IHC-Aufträge in Transaktion IHCO.

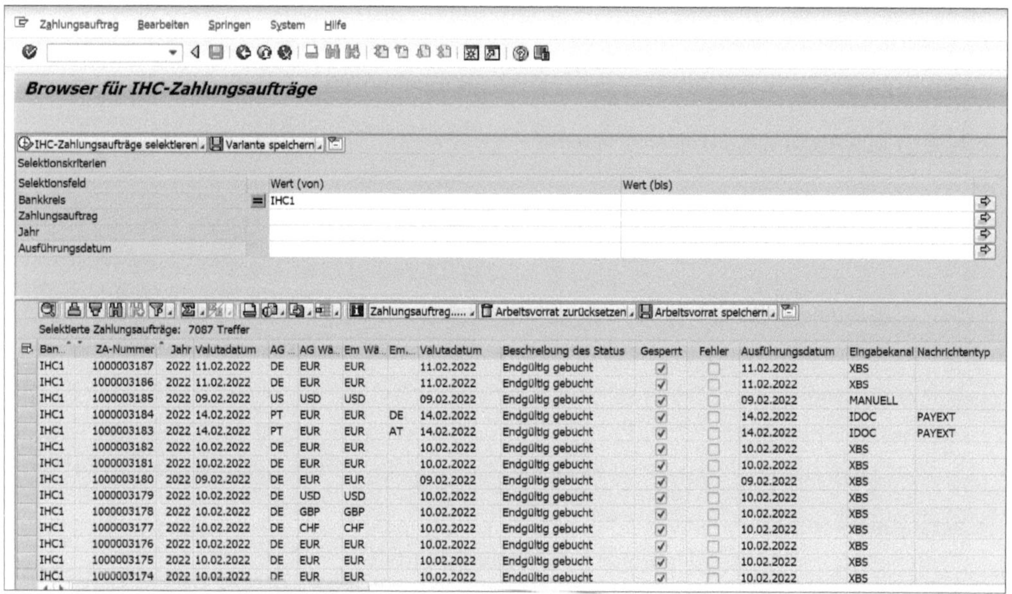

Ban...	ZA-Nummer	Jahr	Valutadatum	AG ...	AG Wä...	Em Wä...	Em...	Valutadatum	Beschreibung des Status	Gesperrt	Fehler	Ausführungsdatum	Eingabekanal	Nachrichtentyp
IHC1	1000003187	2022	11.02.2022	DE	EUR	EUR		11.02.2022	Endgültig gebucht	✓		11.02.2022	XBS	
IHC1	1000003186	2022	11.02.2022	DE	EUR	EUR		11.02.2022	Endgültig gebucht	✓		11.02.2022	XBS	
IHC1	1000003185	2022	09.02.2022	US	USD	USD		09.02.2022	Endgültig gebucht	✓		09.02.2022	MANUELL	
IHC1	1000003184	2022	14.02.2022	PT	EUR	EUR	DE	14.02.2022	Endgültig gebucht	✓		14.02.2022	IDOC	PAYEXT
IHC1	1000003183	2022	14.02.2022	PT	EUR	EUR	AT	14.02.2022	Endgültig gebucht	✓		14.02.2022	IDOC	PAYEXT
IHC1	1000003182	2022	10.02.2022	DE	EUR	EUR		10.02.2022	Endgültig gebucht	✓		10.02.2022	XBS	
IHC1	1000003181	2022	10.02.2022	DE	EUR	EUR		10.02.2022	Endgültig gebucht	✓		10.02.2022	XBS	
IHC1	1000003180	2022	09.02.2022	DE	EUR	EUR		09.02.2022	Endgültig gebucht	✓		09.02.2022	XBS	
IHC1	1000003179	2022	10.02.2022	DE	USD	USD		10.02.2022	Endgültig gebucht	✓		10.02.2022	XBS	
IHC1	1000003178	2022	10.02.2022	DE	GBP	GBP		10.02.2022	Endgültig gebucht	✓		10.02.2022	XBS	
IHC1	1000003177	2022	10.02.2022	DE	CHF	CHF		10.02.2022	Endgültig gebucht	✓		10.02.2022	XBS	
IHC1	1000003176	2022	10.02.2022	DE	EUR	EUR		10.02.2022	Endgültig gebucht	✓		10.02.2022	XBS	
IHC1	1000003175	2022	10.02.2022	DE	EUR	EUR		10.02.2022	Endgültig gebucht	✓		10.02.2022	XBS	
IHC1	1000003174	2022	10.02.2022	DE	EUR	EUR		10.02.2022	Endgültig gebucht	✓		10.02.2022	XBS	

Abbildung 2.16 IHC-Browser: Übersichtsbild

Sobald der IHC-Auftrag in Transaktion IHCO final gebucht worden ist, wird ein PAYEXT-IDoc an das FI-System der In-House-Bank geschickt, damit daraus eine FI-Zahlungsanordnung generiert werden kann. Mit dem FI-System ist der FI-Buchungskreis gemeint, der der In-House-Bank zugeordnet ist. Theoretisch kann die In-House-Cash-Abwicklung in einem SAP-System stattfinden und die entsprechende Hauptbuchführung in einem anderen SAP-System. Sehr häufig werden sowohl die Funktionen von SAP In-House Cash als auch die FI-Hauptbuchfunktionen der In-House-Bank in demselben SAP-System geführt. Unabhängig davon, wie viele Systeme im Einsatz sind, werden die Zahlungsanordnungen aus den PAYEXT-IDocs erzeugt.

Die Zahlungsanordnungen stellen offene Zahlungen dar und enthalten alle für eine Zahlung erforderlichen Zahlungsdetails. Die zentrale Einheit startet einen Zahllauf für Zahlungsanordnungen in Transaktion F111. Dabei werden die Zahlungsanordnungen ausgeglichen, und der F111-Zahllauf wird an SAP Bank Communication Management übergeben.

In SAP Bank Communication Management finden das Batching und die Freigaben statt. Die entsprechende Vorgehensweise ist identisch zur Vorgehensweise, die wir aus dem lokalen Zahlungsprozess kennen (diese Vorgehensweise ist im Abschnitt »Zahlläufe in SAP Bank Communication Management gruppieren« und im Abschnitt »Zahlmappen in SAP Bank Communication Management erstellen und freigeben« beschrieben).

Auch alle weiteren Schritte sind identisch mit den Schritten im lokalen Zahlungsprozess aus Abschnitt 2.2.2, »Lokale Ausgangszahlungen«: Zahldateien validieren, Zahldateien verschicken, Externen Kontoauszug erhalten und verbuchen.

Die einzigen zusätzlichen Schritt sind das Generieren und Versenden des internen FINSTA-Kontoauszugs an die lokale Gesellschaft; diese Aktionen werden in der In-House-Bank im Laufe der sogenannten *Tagesendverarbeitung* vorgenommen. Dabei werden die Kontoauszüge an die Tochtergesellschaften geschickt und die Bewegungen aus dem IHC-Nebenbuch in das FI-Hauptbuch der In-House-Bank übertragen. Details dazu finden Sie in Abschnitt 8.3, »Übertragung in das Hauptbuch«.

Übersicht der FI-Buchungen bei On-Behalf-Zahlungen

Die Buchungen bei On-Behalf-Zahlungen sind umfangreicher als beim lokalen Zahlungsverkehr, weil sowohl die lokale als auch die zentrale Finanzbuchhaltung daran beteiligt ist. In Abbildung 2.17 sehen Sie die Buchungssätze für die drei Hauptschritte auf der Seite der lokalen Gesellschaft und die drei Hauptschritte auf der Seite der In-House-Bank beim On-Behalf-Zahlungsprozess.

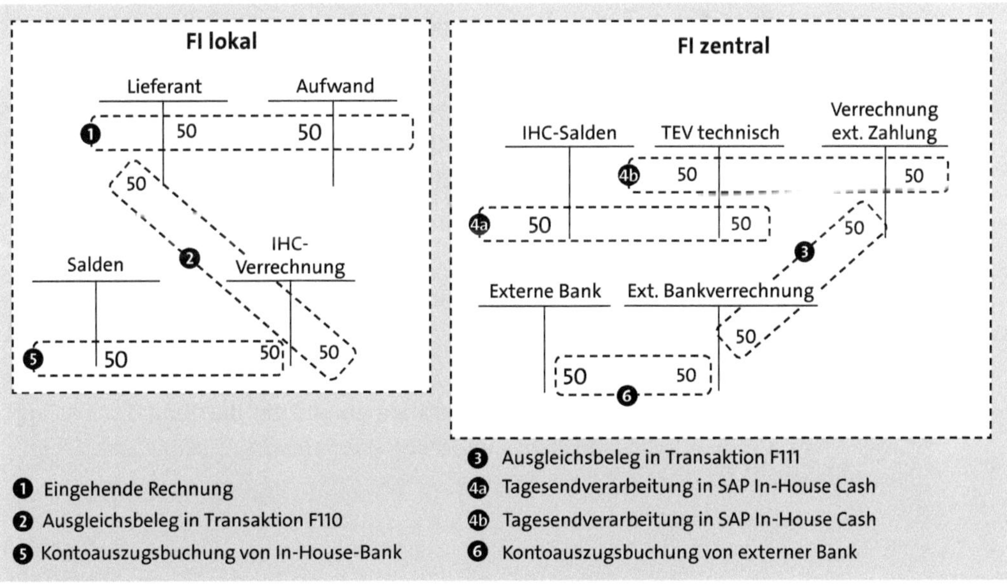

Abbildung 2.17 Buchungsschema bei On-Behalf-Zahlungen

Beim Erfassen der eingehenden Rechnung ❶ werden das Lieferantenkonto im Haben und das Aufwandskonto im Soll bebucht. Danach beginnt der F110-Zahllauf und gleicht den kreditorischen Posten aus. Es wird ein Ausgleichsbeleg ❷ gebucht, in dem das Lieferantenkonto im Soll und das IHC-Verrechnungskonto im Haben bebucht werden.

Basierend auf den Zahlungsinformationen von der lokalen Seite wird auf der zentralen Seite eine Zahlungsanordnung erzeugt. Danach läuft der F111-Zahllauf und gleich diese Zahlungsanordnung aus. Es wird ein Ausgleichsbeleg ❸ gebucht, in dem das Verrechnungskonto für externe Zahlungen im Soll und das Bankverrechnungskonto für externe Bank im Haben bebucht werden.

Am Ende jedes Tages läuft in SAP In-House Cash die Tagesendverarbeitung, bei der mit den entsprechenden Buchungssätzen aus ❹a und ❹b das IHC-Saldenkonto im Soll und das Verrechnungskonto für externe Zahlungen im Haben bebucht werden. Das technische Konto TEV wird, wie es der Name schon sagt, aus technischen Gründen bebucht und nur als Zwischenschritt in ❹a und ❹b verwendet.

In der Tagesendverarbeitung von SAP In-House Cash wird der `FINSTA`-Kontoauszug ❺ an die lokale Gesellschaft verschickt, bei dem das IHC-Verrechnungskonto im Soll und das IHC-Saldenkonto im Haben bebucht werden.

Am nächsten Tag wird der externe Kontoauszug ❻ (z. B. MT940) an die In-House-Bank verschickt, auf dem das Bankverrechnungskonto im Soll und das Bankkonto für die externe Bank im Haben verbucht worden sind.

Auf der lokalen Seite sind damit das Lieferantenkonto und das IHC-Verrechnungskonto ausgeglichen. Das Aufwandskonto weist eine Buchung im Soll und das IHC-Saldenkonto eine Buchung im Haben auf.

Auf der zentralen Seite sind damit das technische Konto TEV, das Verrechnungskonto für externe Zahlungen und das Bankverrechnungskonto für die externe Bank ausgeglichen. Das IHC-Saldenkonto weist eine Buchung im Soll und das Bankkonto für die externe Bank eine Buchung im Haben auf.

Eliminierung konzerninterner Forderungen und Verbindlichkeiten

Auf der gesamten Konzernebene saldiert sich auch das IHC-Saldenkonto zu null, resultierend aus der Buchung der In-House-Bank auf dem IHC-Saldenkonto im Soll (*Forderung gegenüber der Tochter*) und zum anderen aus der Buchung der lokalen Gesellschaft auf dem IHC-Saldenkonto im Haben (*Verbindlichkeit gegenüber der In-House-Bank*).

2.3 Zahlungen an interne Lieferanten

Innerhalb eines Großunternehmens kommt es sehr oft vor, dass die Tochtergesellschaften nicht nur bei externen Lieferanten, sondern auch unter sich bestellen und einkaufen. Eine Tochtergesellschaft kann Waren oder Dienstleistungen bei einer anderen Tochtergesellschaft des Unternehmens bestellen, wenn sich die beiden Töchter z. B. auf unterschiedlichen Stufen der Produktionskette befinden oder wenn eine Einheit Servicedienstleister für die anderen Servicedienstleister ist. Solche Lieferanten, die zu derselben Muttergesellschaft gehören, wie die bestellende Tochtergesellschaft, werden *interne Lieferanten* genannt.

Für interne Lieferanten existieren, ebenso wie für externe Lieferanten, im SAP-System Geschäftspartnerstammdaten, und die P2P-Prozessschritte entsprechen weiterhin den Schritten aus Abbildung 2.1. Es gibt in der Regel eine Bestellung sowie Waren- und Rechnungseingang. Beim Rechnungseingang wird ein offener Posten auf dem entsprechenden kreditorischen Konto erfasst, der anschließend beglichen werden muss. Der gesamte Prozess endet mit einer Zahlung der Tochtergesellschaft an den internen Lieferanten.

2.3.1 Herausforderungen im internen Zahlungsverkehr

Im externen P2P-Prozess läuft die Zahlung über ein externes Bankkonto des Zahlungsabsenders und landet auf einem externen Bankkonto des Zahlungsempfängers. Doch wie sinnvoll ist es, den gleichen Prozess für interne Zahlungen aufzusetzen?

In Abbildung 2.18 sehen Sie, dass der mit den Fragezeichen gekennzeichnete Block, der aus der Hausbank und der Lieferantenbank besteht, außerhalb des Unternehmens liegt, obwohl sowohl der Ursprung des Geldausgangs als auch des Geldeingangs innerhalb des Unternehmens liegen. Damit können wir leicht erkennen, dass die Zahlungsabwicklung über externe Bankkonten für interne Zahlungen nicht effizient ist.

Es ist nicht zielführend, die Zahlung an den internen Lieferanten über ein externes Bankkonto zu leisten. Dies bedeutet, dass das Geld erst die Bankkonten des Unternehmens verlässt (*Geldausgang auf dem Absenderbankkonto*) um dann wieder in demselben Unternehmen anzukommen (*Geldeingang auf dem Empfängerbankkonto*). Es verschlechtert unnötig, auch wenn nur kurzfristig, die Liquidität des Gesamtunternehmens. Liquide Mittel werden zu Zahlungen zwischen eigenen Tochtergesellschaften eingesetzt, anstatt anderweitig verwendet zu werden. Zusätzlich werden Bankgebühren für die Kontoführung und Kontobewegungen bezahlt.

Unabhängig davon, wie das Geld beim internen Zahlungsverkehr fließt, ist das Unternehmen dazu verpflichtet, im Konzernabschluss interne Transaktionen zu eliminieren, um nur die Transaktionen mit Dritten zu zeigen. Dies setzt voraus, dass die internen Transaktionen extra gekennzeichnet und im Abschluss leicht zu erkennen sind.

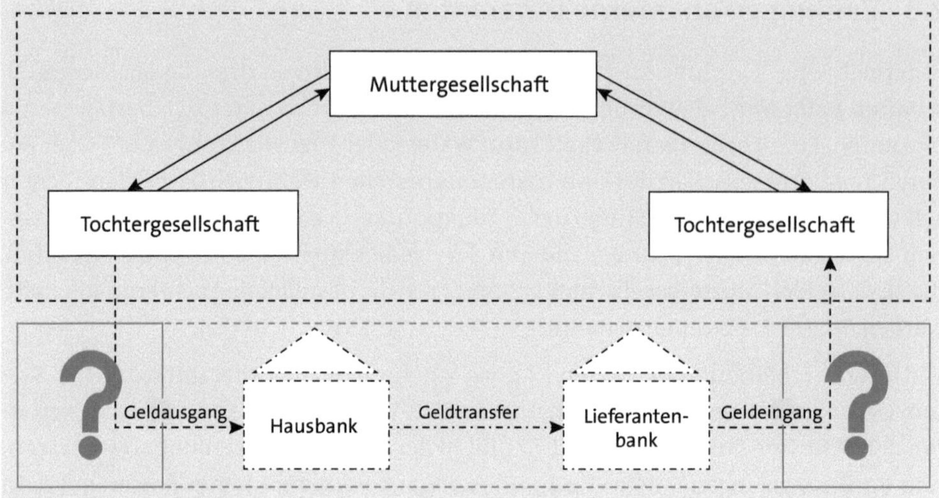

Abbildung 2.18 Interne Zahlungen über externe Banken: Ineffizienzen

2.3.2 Mögliche Lösungen im internen Zahlungsverkehr

Aus allen genannten Gründen ist es sinnvoll, den internen Zahlungsverkehrsprozess anders als den Prozess der externen Zahlungen zu gestalten. Alle Geldflüsse sollen nach Möglichkeit innerhalb des Unternehmens liegen; es sollen separate Sachkonten für Forderungen und Verbindlichkeiten im Konzern verwendet werden, und der Prozess soll möglichst transparent für alle Teilnehmer sein.

Viele Großunternehmen haben ihren internen Zahlungsverkehr mittlerweile entweder schon umgestellt oder sind dabei, ihn zu optimieren. Sie verzichten auf physische Geldflüsse bei den internen Zahlungen und gehen zu *virtuellen Zahlungen* über.

Bei virtuellen internen Zahlungen werden weiterhin offene Posten auf den Konten der internen Kreditoren im SAP-System des Zahlungssenders zur Fälligkeit ausgeglichen. Die Information darüber wird weiterhin zum SAP-System des internen Lieferanten geschickt, damit dort die Geldeingänge verbucht werden und die entsprechenden debitorischen Posten ebenfalls ausgeglichen werden. Allerdings werden keine externen Bankkonten dazu genutzt, und kein Geld verlässt die Bankkonten. Denn die Zahlung findet nur auf dem Papier statt; es wird also nur verrechnet und nicht physisch gezahlt.

Wie das genau funktioniert, erklären wir in den nachfolgenden Abschnitten.

[!]

Viele Begriffe für den virtuellen internen Zahlungsverkehr

Ihnen können Begriffe wie *Intercompany-Verrechnung, Intercompany Netting, Intercompany Clearing* oder sogar einfach nur *ICC* begegnen. Alle diese Bezeichnungen haben dieselbe Bedeutung: Darunter ist ein interner Zahlungsverkehr ohne die Beteiligung externer Bankkonten und physischen Geldes gemeint. In diesem Buch verwenden wir den Begriff *Intercompany Clearing* und die Abkürzung ICC.

2.3.3 Optimierung des internen Zahlungsverkehrs mit SAP In-House Cash

Die In-House-Bank, die wir in Abschnitt 2.2.3, »On-Behalf-Zahlungen (Payment Factory mit SAP In-House Cash)«, eingeführt haben, wird auch im ICC-Prozess genutzt. In Abbildung 2.19 sehen Sie, dass es keine direkten Zahlungen zwischen Tochtergesellschaft 1 und Tochtergesellschaft 2 gibt. Mit der In-House-Bank im Unternehmen fließen interne Zahlungen nicht bilateral zwischen einzelnen Gesellschaften, sondern zwischen der jeweiligen Gesellschaft und der In-House-Bank.

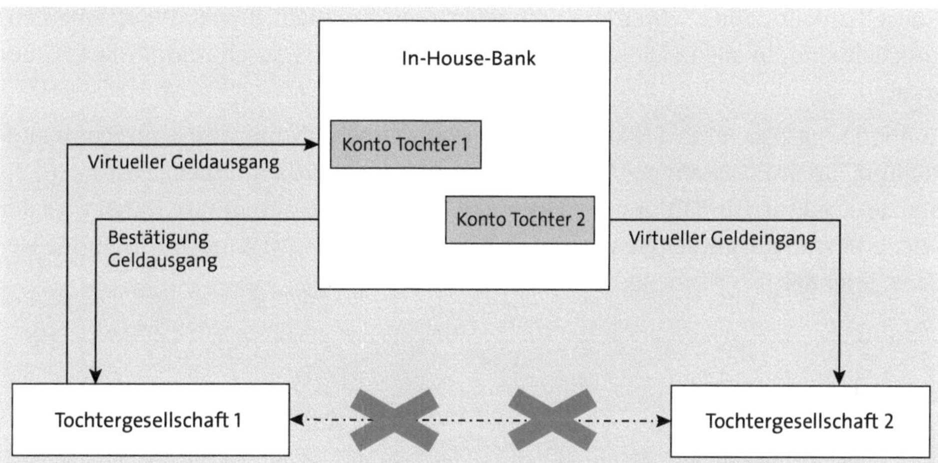

Abbildung 2.19 Intercompany-Zahlungsverkehr mit der In-House-Bank

Wenn Tochtergesellschaft 1 eine offene Rechnung bei Tochtergesellschaft 2 begleichen muss, wird die Zahlung nicht direkt an Tochter 2 geschickt, sondern stattdessen sendet Tochtergesellschaft 1 die Zahlungsinformationen an die In-House-Bank (virtueller Geldausgang bei Tochter 1). Die In-House-Bank bestätigt das Entgegennehmen der Zahlung an Tochtergesellschaft 1 und leitet die Zahlung an Tochtergesellschaft 2 weiter (virtueller Geldeingang bei Tochter 2). Die In-House-Bank verwaltet alle Informationen in SAP In-House Cash durch die Anlage virtueller Konten für jede Tochter und die Verbuchung einzelner Transaktionen auf diesen Konten.

[!]

Der virtuelle interne Zahlungsverkehr ist nicht immer möglich!

In einigen Ländern wie z. B. China, Indien oder Brasilien ist es aus gesetzlichen Gründen nur sehr eingeschränkt möglich, einen virtuellen Zahlungsverkehr einzuführen.

Denn in solchen Ländern muss z. B. immer ein physischer Geldeingang stattfinden. Alternativ müssen zusätzliche Formulare bei jeder Zahlung ausgefüllt werden.

Falls das Großunternehmen seine Tochtergesellschaften in solchen Ländern betreibt, nehmen sie nicht am ICC-Prozess mit der In-House-Bank teil, sondern stattdessen werden Zahlungen an und von solchen Töchtern als externe Zahlungen über externe Banken ausgeführt.

2.3.4 Intercompany Clearing im Überblick: Abbildung im SAP-System

An der ICC-Kommunikation sind drei Partner beteiligt: Tochtergesellschaft 1 (Zahlungsabsender), die In-House-Bank und Tochtergesellschaft 2 (Zahlungsempfänger).

Bei ICC-Zahlungen wie bei den On-Behalf-Zahlungen spielt es keine Rolle, ob die In-House-Bank und die Töchter in einem oder in unterschiedlichen SAP-Systemen angesiedelt sind. In allen Fällen findet der Informationsaustausch mithilfe von IDocs statt.

In Abbildung 2.20 sehen Sie alle Schritte bei der Durchführung einer Intercompany-Zahlung. Im SAP-System des Zahlungsabsenders existiert ein offener Posten auf einem IC-Kreditor. Die Zahlung wird mit dem F110-Zahllauf ausgeführt. Dabei wird der offene Posten ausgeglichen, und zusätzlich wird ein PAYEXT-IDoc an die In-House-Bank gesendet.

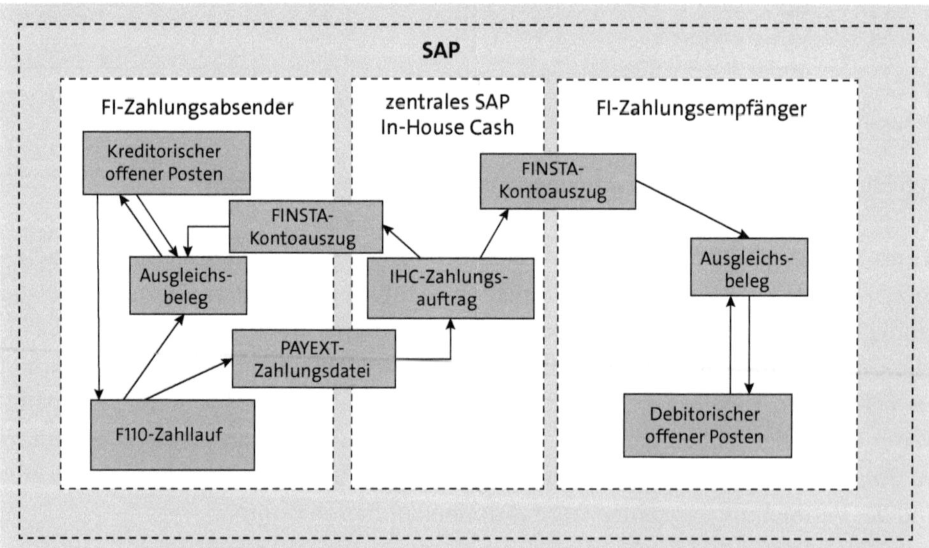

Abbildung 2.20 Zahlungsprozess im SAP-System bei einer internen Lieferantenzahlung

Die In-House-Bank empfängt die Zahlungsinformationen und verbucht sie in SAP In-House Cash. Die Verbuchung bedeutet eine Erzeugung des IHC-Zahlungsauftrags.

Wenn die Verbuchung erfolgreich war und ein IHC-Auftrag für diese Zahlung angelegt worden ist, schickt die In-House-Bank am Ende des Tages einen internen Kontoauszug im IDoc-Format FINSTA an die Absendertochtergesellschaft. Der Kontoauszug enthält zusammen mit anderen Transaktionen des Tages den Geldausgang für diese Zahlung.

Gleichzeitig schickt die In-House-Bank ein FINSTA-IDoc an die Empfängertochtergesellschaft. Der Kontoauszug enthält zusammen mit den anderen Transaktionen des Tages den Geldeingang für die Zahlung.

Der FINSTA-Kontoauszug wird auf beiden lokalen Seiten entgegengenommen. Das Einleseprogramm wird automatisch gestartet, damit dieser Kontoauszug in FI importiert und verbucht werden kann. Mit der Verbuchung der FINSTA-Kontoauszüge ist der Zahlungsvorgang für beide Töchter abgeschlossen.

[!]

Keine Zahlungsanordnung bei internen Zahlungen

Der Zahlungsauftrag in SAP In-House Cash wird sowohl bei externen On-Behalf-Zahlungen als auch bei ICC-Zahlungen erzeugt.

Die FI-Zahlungsanordnung wird hingegen nur bei On-Behalf-Zahlungen erzeugt. Bei den ICC-Zahlungen ist keine Kommunikation nach außen erforderlich, und damit gibt es keinen Grund für eine Zahlungsanordnung.

2.3.5 ICC-Zahlungen: Prozessschritte im SAP-System der Absendertochtergesellschaft

Bei ICC-Zahlungen müssen im SAP-System einige Funktionen für die lokalen Buchungskreise eingesetzt werden, wenn sich die Gesellschaft in der Rolle des Zahlungsabsenders befindet. Wie Sie in Tabelle 2.4 sehen können, unterscheidet sich der ICC-Prozess auf der Seite der zahlenden Gesellschaft nicht von dem On-Behalf-Prozess aus Tabelle 2.2. Wir verzichten auf eine ausführliche Beschreibung dieser Schritte. Alle Details können Sie dem Abschnitt »On-Behalf-Zahlungen: Prozessschritte im SAP-System der Tochtergesellschaft« entnehmen.

Prozessschritt im SAP-System	SAP-Funktion	Obligatorischer oder optionaler Schritt
Zahllauf F110 ausführen	FI, automatisches Zahlprogramm	obligatorisch
Zahldateien erstellen	IDocs	obligatorisch

Tabelle 2.4 Aktivitäten im SAP-System bei der Ausführung von ICC-Zahlungen: Zahlungsabsender

Prozessschritt im SAP-System	SAP-Funktion	Obligatorischer oder optionaler Schritt
Zahldateien verschicken	ALE-Schnittstelle zwischen zentraler Einheit und SAP-System	obligatorisch
internen Kontoauszug erhalten	ALE-Schnittstelle zwischen zentraler Einheit und SAP-System	obligatorisch
internen Kontoauszug verbuchen	FI, Kontoauszugsverarbeitung	obligatorisch

Tabelle 2.4 Aktivitäten im SAP-System bei der Ausführung von ICC-Zahlungen: Zahlungsabsender (Forts.)

2.3.6 ICC-Zahlungen: Prozessschritte im SAP-System der Empfängertochtergesellschaft

Bei ICC-Zahlungen müssen im SAP-System die in der Tabelle aufgeführten Funktionen für die lokalen Buchungskreise eingesetzt werden, wenn die Tochtergesellschaft die Rolle des Zahlungsempfängers angenommen hat.

In Tabelle 2.5 können Sie erkennen, dass für die Tochtergesellschaft, die die Zahlung empfängt, nur die letzten zwei Schritte aus Tabelle 2.4 relevant sind. Diese Tochter muss nur die internen FINSTA-Kontoauszüge von der In-House-Bank verbuchen.

Prozessschritt im SAP-System	SAP-Funktion	Obligatorischer oder optionaler Schritt
internen Kontoauszug erhalten	ALE-Schnittstelle zwischen zentraler Einheit und SAP-System	obligatorisch
internen Kontoauszug verbuchen	FI, Kontoauszugsverarbeitung	obligatorisch

Tabelle 2.5 Aktivitäten im SAP-System bei der Ausführung von ICC-Zahlungen: Zahlungsempfänger

2.3.7 ICC-Zahlungen: Prozessschritte im SAP-System der In-House-Bank

Bei der Durchführung von ICC-Zahlungen muss im SAP-System eine Reihe von Funktionen für die zentrale Einheit eingesetzt und entsprechend konfiguriert werden. In Tabelle 2.6 sind alle Prozessschritte aufgelistet, die für die In-House-Bank im Falle einer ICC-Zahlung relevant sind. Der ICC-Prozess ist damit für die In-House-Bank deutlich kürzer und übersichtlicher als der Prozess der On-Behalf-Zahlungen.

Prozessschritt im SAP-System	SAP-Funktion	Obligatorischer oder optionaler Schritt
IDocs mit Zahlungen validieren	Advanced Payment Management	optional
IDocs mit Zahlungen entgegennehmen	SAP In-House Cash	obligatorisch
IDoc Zahlungen verbuchen	SAP In-House Cash	obligatorisch
internen Kontoauszug versenden	ALE-Schnittstelle zwischen zentraler Einheit und SAP-System	obligatorisch

Tabelle 2.6 Aktivitäten im SAP-System bei der Ausführung von ICC-Zahlungen: zentraler Teil

Die Kommunikation mit der externen Bank entfällt bei ICC komplett. Die verbliebenen Schritte unterscheiden sich in ihrem Ablauf nicht von den in den On-Behalf-Zahlungen aufgelisteten Schritten im Abschnitt »On-Behalf-Zahlungen: Prozessschritte im SAP-System der Tochtergesellschaft«.

2.3.8 Übersicht der FI-Buchungen bei ICC-Zahlungen

Die Buchungen im ICC-Zahlungsverkehr sind übersichtlich. In Abbildung 2.21 sehen Sie die Buchungssätze auf der Seite der beiden lokalen Gesellschaften und auf der Seite der In-House-Bank bei der Durchführung des ICC-Zahlungsprozesses.

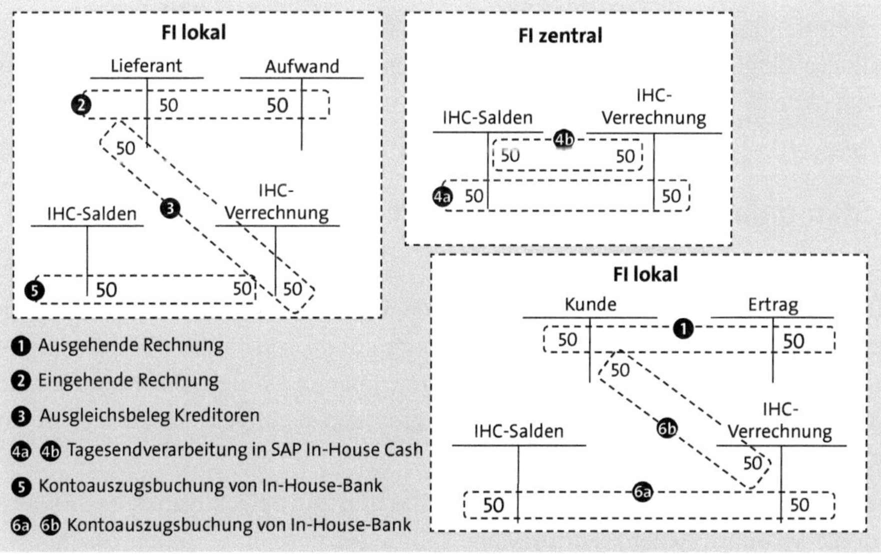

Abbildung 2.21 Buchungsschema bei den ICC-Zahlungen

Beim ❶ Erfassen der ausgehenden Rechnung werden das Kundenkonto im Soll und das Ertragskonto im Haben bebucht.

Beim Erfassen ❷ der eingehenden Rechnung werden das Lieferantenkonto im Haben und das Aufwandskonto im Soll bebucht. Danach startet der F110-Zahllauf und gleicht den kreditorischen Posten aus. Es wird ein Ausgleichsbeleg gebucht ❸, in dem das Lieferantenkonto im Soll und das IHC-Verrechnungskonto im Haben bebucht werden.

In SAP In-House Cash läuft am Ende jedes Tages die Tagesendverarbeitung, bei der mit den entsprechenden Buchungssätzen aus 4a und 4b das IHC-Saldenkonto im Soll und das IHC-Verrechnungskonto im Haben bebucht werden.

In der IHC-Tagesendverarbeitung wird der `FINSTA`-Kontoauszug an den Zahlungsabsender verschickt ❺, bei dem das IHC-Verrechnungskonto im Soll und das IHC-Saldenkonto im Haben bebucht werden.

Gleichzeitig wird in der IHC-Tagesendverarbeitung ❻ der `FINSTA`-Kontoauszug an den Zahlungsempfänger verschickt, bei dem zwei Buchungen entstehen: die Buchung im ersten Buchungsbereich der Kontoauszugsverarbeitung 6a, bei der das IHC-Verrechnungskonto im Haben und das IHC-Saldenkonto im Soll bebucht werden, und die Buchung im zweiten Buchungsbereich 6b, bei der das IHC-Verrechnungskonto im Soll und der Kunde im Haben bebucht werden.

Auf der lokalen Absenderseite sind damit das Lieferantenkonto und das IHC-Verrechnungskonto ausgeglichen. Das Aufwandskonto hat eine Buchung im Soll, und das IHC-Saldenkonto eine Buchung im Haben.

Auf der zentralen Seite sind damit das IHC-Verrechnungskonto und das IHC-Saldenkonto ausgeglichen.

Auf der lokalen Empfängerseite sind damit das Kundenkonto und das IHC-Verrechnungskonto ausgeglichen. Das Ertragskonto weist eine Buchung im Haben und das IHC-Saldenkonto eine Buchung im Soll auf.

2.4 Stammdatenpflege und andere Voraussetzungen

Für den funktionierenden Zahlungsverkehr in SAP S/4HANA sind Einstellungen, gepflegte Stammdaten und einige Angaben in den offenen Posten erforderlich. Grundsätzlich sind solche Vorbereitungen prozessübergreifend und bei allen P2P-Szenarien notwendig: bei den externen lokalen Zahlungen, bei den On-Behalf-Zahlungen und bei ICC-Zahlungen mit SAP In-House Cash. Es gibt jedoch einige Unterschiede in der Pflege der Informationen für jeden Prozess.

In diesem Abschnitt erklären wir, welche Stammdaten und Belegangaben im SAP-System für die Ausführung der kreditorischen Zahlungen vorhanden sein müssen:

- In Abschnitt 2.4.1 geht es rund um lokale externe Zahlungen, d. h. ohne den Einsatz von SAP In-House Cash.
- In Abschnitt 2.4.2 zeigen wir die Besonderheiten für die Zahlungen mit der In-House-Bank, sowohl für On-Behalf- als auch für ICC-Zahlungen.
- In Abschnitt 2.4.3 erläutern wir die Vorbereitungen im SAP-System der In-House-Bank.

Mit Checklisten erzielen Sie ein effizienteres Einrichten des Zahlungsverkehrs!

Sie können Checklisten mit den Voraussetzungen für die Vorbereitung unterschiedlicher Zahlungsprozesse zusammenstellen und sie insbesondere beim Einführen neuer Zahlarten oder beim Produktivsetzen neuer Buchungskreise verwenden.

Am Ende jedes Abschnitts haben wir die für den jeweiligen Zahlungsprozess relevanten Punkte zusammengestellt. Diese können Sie als Basis für Ihre eigenen Checklisten nehmen.

2.4.1 Wichtige Stammdaten für Zahlungen an externe Banken

Bei den lokalen externen Zahlungen müssen einerseits alle Informationen rund um den Kreditor und seine Rechnung und andererseits die Informationen darüber, wie die Zahlung ausgeführt wird, vorhanden sein. Es sind Angaben zu den Hausbanken und zu den Zahlungsarten erforderlich.

In Abbildung 2.22 sehen Sie eine schematische Darstellung einer externen Zahlung im SAP-System.

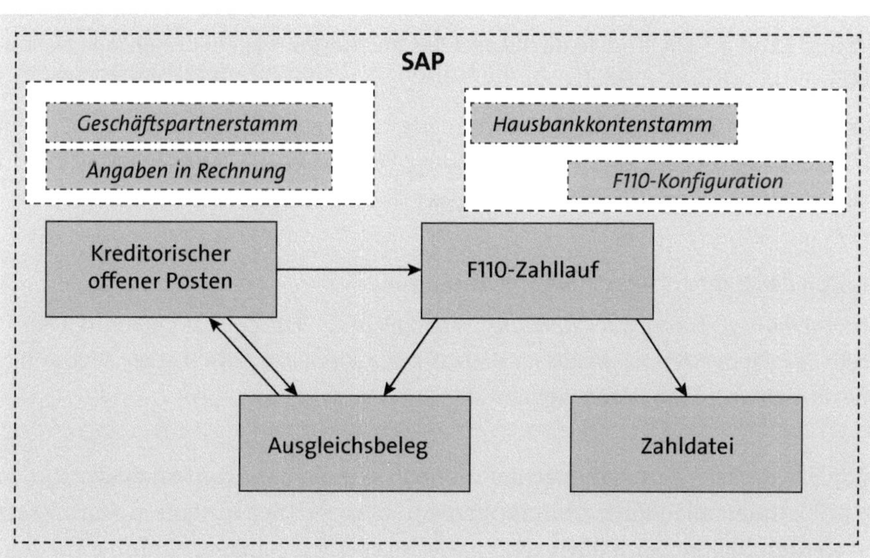

Abbildung 2.22 Erforderliche Stammdaten für die Ausführung lokaler Zahlungen

Die Ausgangsbasis für den Zahlungsprozess ist der kreditorische offene Posten; dies ist nichts anderes als eine eingehende Rechnung, die vom Lieferanten gekommen ist und im SAP-Nebenbuch auf dem entsprechenden Kreditor erfasst wurde. Dieser offene Posten wird vom automatischen Zahllauf (Transaktion F110) selektiert und ausgeglichen, und die Informationen darüber werden in eine Zahldatei geschrieben.

Mit den gestrichelten Linien sind in Abbildung 2.22 Faktoren abgebildet, die Einfluss auf das Ergebnis des automatischen Zahllaufs nehmen.

Wir werden uns nun jeden Faktor vornehmen, um zu verstehen, was und an welcher Stelle im SAP-System gepflegt werden muss, damit die Zahlungen korrekt ausgeführt werden können.

Angaben im Geschäftspartnerstammsatz

In SAP S/4HANA existiert in der Regel ein *Geschäftspartnerstammsatz* (Transaktion BP) für den Lieferanten. Diesem Geschäftspartner ist u. a. die Rolle **Lieferant FI** zugeordnet. Schon in dem Geschäftspartnerstammsatz sind die wichtigsten Vereinbarungen mit diesem Partner, die für eine Zahlung notwendig sind, festgehalten.

Dies sind vor allem:

- sein vollständiger Firmenname und die Anschrift
- seine Bankverbindungen
- die mit ihm vereinbarten Zahlungsbedingungen
- der gewünschte und geeignete Zahlweg

In Abbildung 2.23 sehen Sie Informationen zur Anschrift, die bei der Zahlung benötigt werden. Stellen Sie sicher, dass die Felder **Name**, **Straße** und **Hausnummer**, **Postleitzahl**, **Ort** und **Land** gefüllt sind. Je nach Land des Partners sind gegebenenfalls zusätzliche Informationen erforderlich.

Die Anschrift benötigen Sie unbedingt, wenn die Zahlung als Scheckzahlung erfolgen soll. Sie wird für die Scheckausstellung benötigt. Bei allen Arten von Überweisungen ist die Bankverbindung des Partners ein Muss.

Definition des Begriffs »Partnerbankverbindung«

Die *Partnerbankverbindungen* sind die Angaben über das Empfängerkonto oder mehrere Empfängerkonten, die dieser Partner bei seiner Bank oder Banken hält und auf die die Zahlung überwiesen werden soll.

Es ist möglich, dass der Geschäftspartner mehr als nur ein Bankkonto genannt hat. In diesem Fall können alle Bankverbindungen von dem Partner in seinem Stammsatz gepflegt werden. Später werden wir sehen, wie die korrekte Bankverbindung mit dem offenen Posten verlinkt werden kann.

Abbildung 2.23 Name und Adresse im Geschäftspartnerstamm

In Abbildung 2.24 sind zwei Bankkonten des Geschäftspartners in Transaktion BP (Geschäftspartner pflegen) auf der Registerkarte **Zahlungsverkehr** hinterlegt. Das erste Konto wird bei einer Bank in Deutschland geführt und das zweite Konto bei einer Bank in den USA.

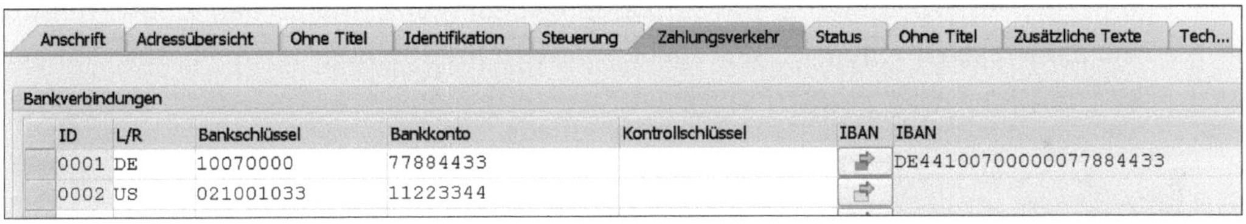

Anschrift | Adressübersicht | Ohne Titel | Identifikation | Steuerung | Zahlungsverkehr | Status | Ohne Titel | Zusätzliche Texte | Tech...

Bankverbindungen

ID	L/R	Bankschlüssel	Bankkonto	Kontrollschlüssel	IBAN	IBAN
0001	DE	10070000	77884433			DE44100700000077884433
0002	US	021001033	11223344			

Abbildung 2.24 Bankverbindungen im Geschäftspartnerstamm

Je nach Bankland werden unterschiedliche Angaben benötigt. Sie können der Abbildung entnehmen, dass für ein DE-Konto eine IBAN erforderlich ist. Bei dem US-Konto ist es nicht der Fall, weil in den USA keine IBAN verwendet wird. Diese länderabhängigen Einstellungen werden über Transaktion OY17 (Länder Feldprüfungen) gesteuert, wie Sie im Abschnitt »Bankenverzeichnis«. sehen können.

Vorsicht bei buchungskreisübergreifenden Daten!

Beachten Sie, dass die Adresse und die Bankverbindungen im Geschäftspartnerstamm auf der buchungskreisübergreifenden Ebene gepflegt werden und damit für alle Buchungskreise einheitlich sind. Eine Änderung z. B. bei den Bankverbindungen hat damit Auswirkungen auf alle Buchungskreise, die mit diesem Partner arbeiten.

Auf der Ebene einzelner Buchungskreise werden die sogenannten *Zahlungsbedingungen* gepflegt.

Zahlungsbedingungen sind die zusammengefassten Konditionen zur Durchführung der Zahlungen. Unter jeder Zahlungsbedingung verbergen sich mehrere Informationen – sie zeigt an wann bzw. zu welchem Datum diese Rechnung bezahlt werden muss (z. B. sofort, in 30 Tagen, in 2 Wochen usw.), ob Skonto angewendet werden kann, und wenn ja, wie viel Prozent und mit welchen Fristen (z. B. fällig in 30 Tagen ohne Skonto, in 15 Tagen mit 5% Skonto, in 10 Tagen mit 10 % Skonto usw.).

Der *Zahlweg* beschreibt, auf welche Art die Zahlung zum Empfänger gelangen soll. In der Regel spielen das Land des Buchungskreises und des Lieferanten eine Rolle bei der Auswahl des richtigen Zahlwegs.

Oft verwendete Zahlwege

Folgende Zahlarten/Zahlmethoden können z. B. in SAP S/4HANA als Zahlwege definiert werden: SEPA-Überweisung, SEPA-Lastschrift, Scheckzahlung, Auslandszahlung, ACH-Zahlung (üblich in den USA), BACS-Zahlung (üblich in Großbritannien) usw.

In Abbildung 2.25 auf der Registerkarte **Lieferant: Zahlungsverkehr** sind die Angaben zu der Zahlungsbedingung im Feld **Zahlungsbedingung** und zu den Zahlwegen im Feld **Zahlwege** zu sehen. Diese Angaben werden im Geschäftspartnerstamm auf der Buchungskreisebene vorgenommen.

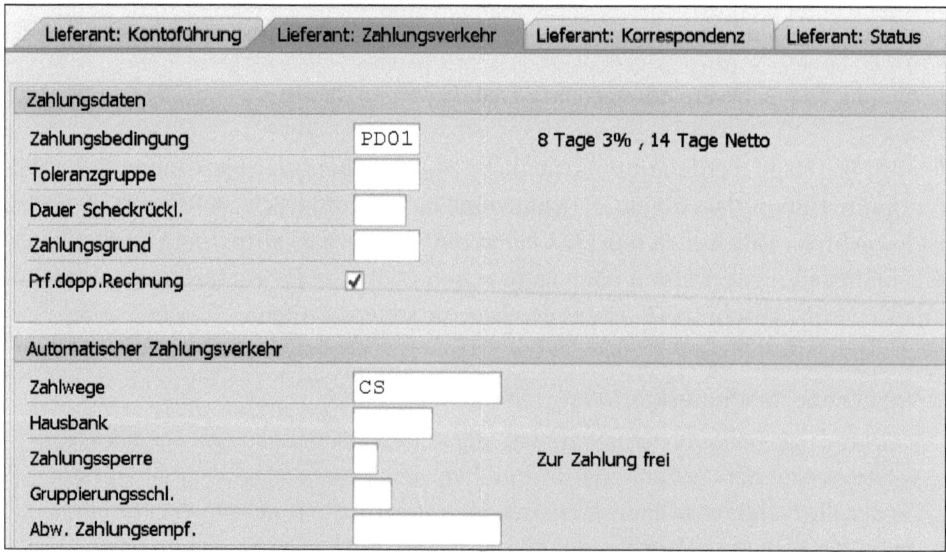

Abbildung 2.25 Zahlungsbedingungen und Zahlwege im Geschäftspartnerstamm

Die Zahlungsbedingung PD01 aus Abbildung 2.25 bedeutet, dass die Zahlung spätestens 14 Tage nach der Rechnungsausstellung in voller Höhe erfolgen muss. Wenn die Zahlung allerdings innerhalb von 8 Tagen nach der Rechnungserstellung erfolgt, wird Skonto in Höhe von 3 % gewährt.

Im Feld **Zahlwege** sehen Sie den Wert »CS«. Damit sind zwei einzelne Zahlwege gemeint: Zahlweg C und Zahlweg S. Auch können Sie nur einen oder mehr als zwei Zahlwege eintragen. Bei mehreren Zahlwegen im Partnerstamm entscheidet das System während des automatischen Zahllaufs, welcher Zahlweg am passendsten ist.

In Abschnitt 7.1, »Konfiguration der automatischen Zahlungen mit dem F110-Zahlprogramm«, beschreiben wir im Detail, welche Eigenschaften und Validierungsmöglichkeiten hinter einem Zahlweg stecken und mit welcher Logik das SAP-System den passenden Zahlweg selektiert.

[«]

Zusätzliche Angaben im Geschäftspartner

Natürlich benötigen Sie noch mehr Informationen im Geschäftspartnerstamm, um diesen für die Erfassung von offenen Posten im Buchungskreis zu nutzen (z. B. ein Abstimmkonto). In diesem Buch erwähnen wir nur solche Angaben, die im direkten Zusammenhang mit dem Zahlungsprozess stehen.

Angaben in der Rechnung

Weitere Steuerungsmöglichkeiten haben Sie direkt im offenen Posten im kreditorischen Nebenbuch. In jedem offenen Posten sind mehrere wichtige Details enthalten, die für eine korrekte Zahlungsabbildung notwendig sind.

In Abbildung 2.26 sehen Sie die Details zu den Zahlungsbedingungen. Es werden die Zahlungsbedingungen aus dem Lieferantenstamm als Vorschlag übernommen, es ist aber möglich, sie bei der Rechnungserfassung zu ändern.

In diesem offenen Posten ist im Feld **Zahlungsbedingung** ❶ der Wert »PD01« eingetragen worden. Diese Zahlungsbedingung bedeutet, dass diese Rechnung in 14 Tagen bezahlt werden muss. Sie sehen die einzelnen Konditionen zu der Zahlungsbedingung rechts von dem Feld **Zahlungsbedingung** in dem Feld ❸ **Tage/Proz.** Wird die Rechnung innerhalb von 8 Tagen bezahlt, werden 3 % Skonto gewährt. Wird die Rechnung innerhalb von 14 Tagen beglichen, wird kein Skonto gewährt. Die Berechnung der Fälligkeit beginnt am 09.06.2020, wie es im Feld **Basisdatum** ❷ zu sehen ist.

Das *Basisdatum* wird als Startpunkt für die Berechnung der Fälligkeit verwendet. Die *Fälligkeit* der Rechnung sieht man aber nicht sofort in dem offenen Posten, sondern stattdessen sieht man dort nur die Zahlungsbedingung und das Basisdatum. Über das Feld **Zahlsperre** ❹ können Sie eine Zahlsperre einrichten.

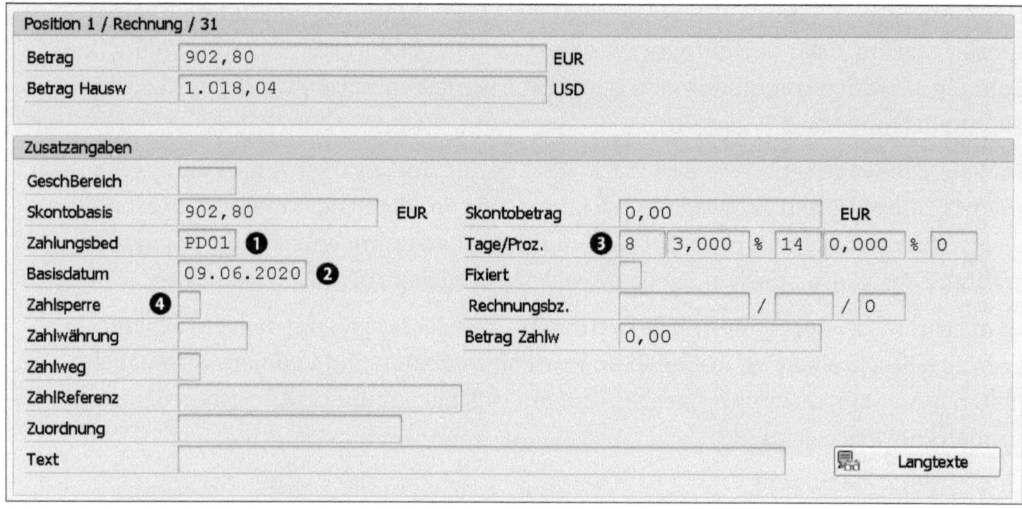

Abbildung 2.26 Kreditorischer offener Posten: Detailsicht

Berechnung der Fälligkeit

Wenn das Basisdatum in einem offenen Posten der 01.01.2023 ist und die Zahlungsbedingung besagt, dass diese Rechnung in 30 Tagen bezahlt werden muss, bedeutet dies, dass die Nettofälligkeit dieser Rechnung der 31.01.2023 ist.

Es ist wichtig, das Prinzip der Fälligkeitsberechnung im SAP-System zu verstehen, da nur fällige Posten in einem Zahllauf tatsächlich selektiert werden.

Kreditoren-Einzelpostenliste für eine bessere Übersicht

Transaktion FBL1N (Kreditoren-Einzelpostenliste) im SAP GUI oder die SAP-Fiori-App **Kreditorenposten bearbeiten** bieten Ihnen eine Übersicht über die offenen Posten und deren Details. Dies ist besonders hilfreich, wenn Sie z. B. wissen möchten, warum nicht alle offenen Posten von dem automatischen Zahllauf selektiert wurden.

In Abbildung 2.27 sehen Sie eine Übersicht aller offenen Posten für einen Kreditor. In dem abgebildeten ALV-Layout sind vor allem die Felder eingeblendet worden, die Auskunft über die Zahlungsbedingungen geben.

Hilfreiche ALV-Layouts definieren

Erstellen Sie ein ALV-Layout in Transaktion FBL3N, in dem Sie alle für den Zahlungsprozess relevanten Felder zusammenstellen. Dies hilft Ihnen später, schnell einen Überblick über die Fälligkeiten zu bekommen.

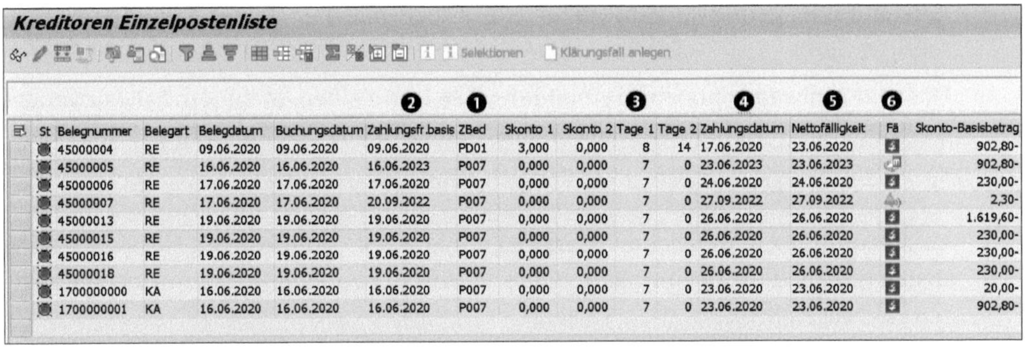

Kreditoren Einzelpostenliste

Selektionen Klärungsfall anlegen

St	Belegnummer	Belegart	Belegdatum	Buchungsdatum	Zahlungsfr.basis ❷	ZBed ❶	Skonto 1	Skonto 2	Tage 1 ❸	Tage 2	Zahlungsdatum ❹	Nettofälligkeit ❺	Fä ❻	Skonto-Basisbetrag
	45000004	RE	09.06.2020	09.06.2020	09.06.2020	PD01	3,000	0,000	8	14	17.06.2020	23.06.2020		902,80-
	45000005	RE	16.06.2020	16.06.2020	16.06.2023	P007	0,000	0,000	7	0	23.06.2023	23.06.2023		902,80-
	45000006	RE	17.06.2020	17.06.2020	17.06.2020	P007	0,000	0,000	7	0	24.06.2020	24.06.2020		230,00-
	45000007	RE	17.06.2020	17.06.2020	20.09.2022	P007	0,000	0,000	7	0	27.09.2022	27.09.2022		2,30-
	45000013	RE	19.06.2020	19.06.2020	19.06.2020	P007	0,000	0,000	7	0	26.06.2020	26.06.2020		1.619,60-
	45000015	RE	19.06.2020	19.06.2020	19.06.2020	P007	0,000	0,000	7	0	26.06.2020	26.06.2020		230,00-
	45000016	RE	19.06.2020	19.06.2020	19.06.2020	P007	0,000	0,000	7	0	26.06.2020	26.06.2020		230,00-
	45000018	RE	19.06.2020	19.06.2020	19.06.2020	P007	0,000	0,000	7	0	26.06.2020	26.06.2020		230,00-
	1700000000	KA	16.06.2020	16.06.2020	16.06.2020	P007	0,000	0,000	7	0	23.06.2020	23.06.2020		20,00-
	1700000001	KA	16.06.2020	16.06.2020	16.06.2020	P007	0,000	0,000	7	0	23.06.2020	23.06.2020		902,80-

Abbildung 2.27 Zahlungsbedingungen in der Kreditoreneinzelpostenliste

Nun stehen Ihnen deutlich mehr Informationen zur Verfügung. Sie sehen wieder das Feld **Zahlungsbedingung** ❶, das Basisdatum im Feld **Zahlungsfr.basis** ❷ und das Feld **Skontoinformation** ❸, wie in der Detailsicht eines offenen Posten. Zusätzlich stehen Ihnen andere nützliche Felder zur Auswahl wie **Zahlungsdatum** ❹, **Nettofälligkeit** ❺ und das Feld **Nettofälligkeit** ❻, in dem mit dem entsprechenden Symbol gezeigt wird, ob der Posten noch nicht fällig, fällig zur Zahlung oder schon überfällig ist.

Das Datum, zu dem die Rechnung bezahlt werden muss, nennt sich *Fälligkeitsdatum* oder *Nettofälligkeit*. Damit ist der allerspäteste Zeitpunkt für die Zahlung gemeint, bei dem keine Skontofristen mehr gelten und die Rechnung vollständig bezahlt werden muss. Das *Zahlungsdatum* zeigt hingegen den Zeitpunkt der Zahlung, bei dem Skonto berücksichtigt wird.

Den Unterschied zwischen dem Fälligkeits- und Zahlungsdatum können Sie in Abbildung 2.27 gut sehen. Wenn es bei der Zahlungsbedingung keine Skontokonditionen gibt, sind das Fälligkeitsdatum und Zahlungsdatum identisch.

Wenn aber Skonto für eine schnellere Zahlung gewährleistet wird, liegen das Zahlungsdatum und das Fälligkeitsdatum auseinander. Das Zahlungsdatum berücksichtigt die Skontofrist und die Nettofälligkeit nicht.

[+]

Feld »Symbol Nettofälligkeit«

Im Feld **Symbol Nettofälligkeit** wird mithilfe der Symbole gezeigt, welche Posten überfällig (also immer noch offen sind, obwohl deren Fälligkeitsdatum in der Vergangenheit liegt), fällig oder noch nicht fällig (deren Fälligkeitsdatum liegt also in der Zukunft) sind. Dieses Feld basiert auf der Nettofälligkeit und nicht auf dem Zahlungsdatum!

Ähnlich wie beim Feld **Zahlungsbedingungen** haben Sie beim Feld **Zahlweg** auch die Möglichkeit, diesen entweder generell im Geschäftspartnerstammsatz oder aber direkt in den offenen Posten einzutragen. Wenn der Zahlweg im Geschäftspartnerstammsatz gefüllt ist, müssen Sie grundsätzlich keinen Zahlweg im offenen Posten speichern.

Das Feld **Zahlweg** kann wie in Abbildung 2.26 leer bleiben. In diesem Fall verwendet das SAP-System während des automatischen Zahllaufs den Zahlweg aus dem Lieferantenstammsatz (beziehungsweise man findet den optimalen Zahlweg, falls mehrere Werte im Stammsatz mitgegeben sind). Manchmal ist es aber erforderlich, einen vom Stammsatz abweichenden Zahlweg mitzugeben. Dann können Sie den Zahlweg in den offenen Posten eintragen, sodass er Vorrang vor den im Stammsatz definierten Zahlwegen hat.

Gruppierung der Posten nach Zahlweg

Es spielt eine Rolle bei der *Gruppierung der Posten* im Zahllauf, ob der Zahlweg im Stammsatz oder im Posten definiert worden ist. Rechnungen mit einem Zahlweg explizit im offenen Posten und Rechnungen ohne Zahlweg im offenen Posten werden getrennt reguliert!

Sie können den offenen Posten mit einer *Zahlsperre* versehen, damit er im Zahllauf nicht mitgenommen wird, obwohl er fällig oder überfällig ist. Diese Zahlsperre können Sie im offenen Posten in das Feld **Zahlsperre**, das in Abbildung 2.26 zu sehen ist, eintragen. Dies ist sinnvoll, wenn sich dieser Posten in Klärung befindet und vorübergehend nicht bezahlt werden soll.

Die *Belegwährung* spielt eine Rolle bei der Auswahl der Zahlungsmethode (also mit welchem Zahlweg und über welches Hausbankkonto dieser Posten reguliert wird). Dies ist relevant, wenn das Unternehmen mehrere Bankkonten in unterschiedlichen Währungen unterhält. Bei der Zahlung wird das passende Hausbankkonto anhand der Kombination »Zahlweg + Belegwährung« gefunden. Dies ist im Customizing des automatischen Zahlprogramms definiert worden; mehr dazu finden Sie in Abschnitt 7.1.5, »Bankenfindung«.

In der Regel sind die Belegwährung und die *Zahlwährung* identisch, es ist aber auch möglich, in dem offenen Posten eine abweichende Zahlwährung zu hinterlegen. Die Rechnung wurde z. B. in USD erfasst, muss aber anschließend in EUR bezahlt werden. Die Zahlwährung hat Vorrang gegenüber der Belegwährung und wird bei der Auswahl des Hausbankkontos verwendet.

Angaben im Hausbankkontenstamm

Die Angaben, die im bisherigen Abschnitt »Angaben im Geschäftspartnerstamm« beschrieben wurden, geben Auskunft über den Geschäftspartner, also über den Zahlungsempfänger und die mit ihm ausgehandelten Konditionen.

Das Unternehmen ist in diesem Prozess der Zahlungsabsender, der die Zahlung ausführen muss. Aus Sicht des Unternehmens als Zahlungssender muss vor allem entschieden werden, von welchem Bankkonto die Zahlung ausgeführt werden soll.

Wie wir im Abschnitt 1.3, »Kontenstrukturen in Unternehmen«, erklärt haben, nennen sich die Bankkonten des Unternehmens im SAP-System *Hausbankkonten*. Die Banken, bei denen diese Konten geführt werden, heißen im SAP-System *Hausbanken*. Hausbankkonten und Hausbanken sind die Stammdaten, die in dem einzelnen Buchungskreis gepflegt und beim Zahllauf verwendet werden.

Sie können die Hausbanken wie in früheren SAP-Releases mit Transaktion FI12_HBANK (Hausbanken ändern) direkt im SAP GUI anlegen. In Abbildung 2.28 sehen Sie die Definition der Hausbank DBB, da der Wert »DBB« im Feld **Hausbank** eingetragen ist. Der Name dieser Hausbank lautet »Deutsche Bank AG«, was Sie dem Feld **Geldinstitut** entnehmen können. Diese Hausbank DBB befindet sich im Bankland Deutschland, da Sie das Kürzel DE im Feld **Bankland/Reg** sehen. Diese Hausbank verwendet den Bankschlüssel 10070000, da dieser Wert im Feld **Bankschlüssel** eingetragen ist. Die Hausbank-ID können Sie frei definieren. Sie sollte allerdings am besten sprechend sein, damit Sie später auf einen Blick erkennen können, um welche Bank es geht.

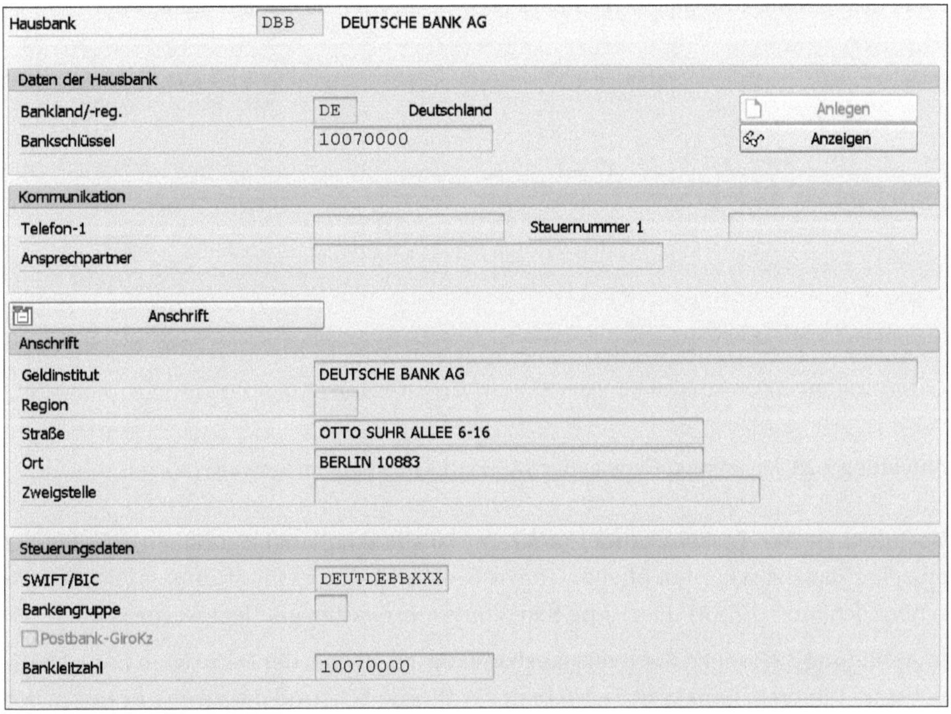

Abbildung 2.28 Hausbankpflege im SAP GUI (Transaktion FI12_HBANK)

Zunächst definieren Sie für eine Hausbank im Feld **Bankland** das Land, in dem sich diese Bank befindet. Im Feld **Bankschlüssel** geben Sie den Schlüssel an, der diese Bank eindeutig identifiziert. Die Felder **Anschrift**, **SWIFT/BIC** und **Bankleitzahl** werden automatisch aus dem Stammsatz zum Bankschlüssel abgeleitet und können an dieser Stelle nicht geändert werden.

Die Qualität der Bankdaten ist wichtig!

Achten Sie unbedingt darauf, dass Sie den korrekten Bankschlüssel Ihrer Hausbank zuordnen. Andernfalls kann es zu Problemen bei der Zahlung führen. Das SAP-Konzept der Bankschlüssel und allgemeinen Bankdaten, wie sie zustande kommen, angelegt und verwendet werden, erläutern wir im nächsten Abschnitt dieses Kapitels »Bankenverzeichnis«.

Auch können Sie die SAP-Fiori-App **Banken verwalten** benutzen und hier die Hausbanken anlegen oder bearbeiten.

In Abbildung 2.29 können Sie ebenfalls den Namen »Deutsche Bank« mit dem Bankschlüssel 10070000 im Feld **Bankschlüssel** und weitere Details wie das Bankland DE im Feld **Bankland** und die Bankleitzahl 10070000 im Feld **Bankleitzahl** sehen.

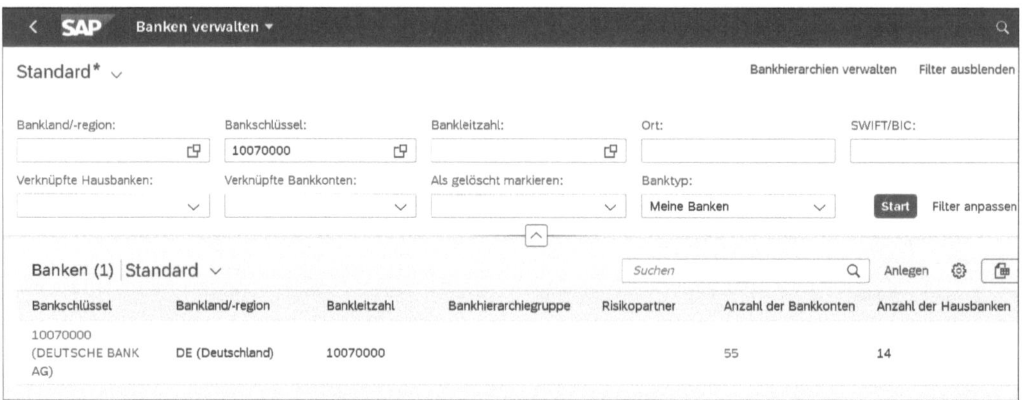

Abbildung 2.29 Hausbankpflege in der SAP-Fiori-App »Banken verwalten«

Nachdem Sie die Hausbank (oder mehrere Hausbanken) angelegt haben, können Sie einzelne Hausbankkonten pflegen. In SAP S/4HANA sind es die Stammdaten, die ausschließlich über die SAP-Fiori-App **Bankkonten verwalten** gepflegt werden.

In Abbildung 2.30 sehen Sie zwei Hausbankkonten, die bei der Deutschen Bank geöffnet sind. Das erste Bankkonto wird in der Währung EUR und das zweite Konto in der Währung USD geführt.

SAP Bankkonten verwalten

Standard*
Gefiltert nach (1): Angelegt am

Bankkonten importieren und exportieren

Bankkonten (2) Standard* Review-Prozess initiieren Kontoauszüge verwalten Cashflow-Analyse Entwurfswerte ausblenden Anlegen Löschen Details anzeigen

Kontobeschreibung	Kontowähru...	Kontonummer	Kontostatus	Bankschlüssel	Bankland/-region
EUR DBB Konto	EUR	11223344	02 (Aktiv)	10070000 (DEUTSCHE BANK AG)	DE (Deutschland)
USD DBB Konto	USD	22334455	02 (Aktiv)	10070000 (DEUTSCHE BANK AG)	DE (Deutschland)

Abbildung 2.30 Hausbankkontenpflege in der SAP-Fiori-App »Bankkonten verwalten«

Literaturempfehlung für die Stammdatenpflege für Hausbanken

Mehr über die Pflege der Hausbanken und Hausbankkonten in SAP S/4HANA können Sie im Buch »Cash Management mit SAP S/4HANA« von Martin Peto nachlesen, siehe Kapitel 7, »Stammdaten für Banken und Bankkonten pflegen«. Das Buch ist ebenfalls im Rheinwerk Verlag erschienen.

Bankenverzeichnis

Die Bankdaten und insbesondere deren Qualität beeinflussen die Akzeptanzquote externer Zahlungen bei der Hausbank. Aus diesem Grunde möchten wir Ihnen das Konzept der Bankdatenpflege und die Schlüsselbegriffe rund um die Bankdaten genauer erklären.

Im SAP-System wird ein sogenanntes *Bankenverzeichnis* geführt. Dort sollen nach Möglichkeit alle weltweit gültigen Banken aufgelistet und mit Detailinformationen gespeichert werden. Zu den Detailinformationen gehören das Land des Sitzes der Bank (im SAP-System als *Bankland* bezeichnet), Bankname, Bankadresse, SWIFT bzw. BIC und Bankleitzahl falls vorhanden. Alle Informationen zur jeweiligen Bank können Sie sich mithilfe von Transaktion FI03 anschauen.

In Abbildung 2.31 sehen Sie Details zu einer Filiale der Deutschen Bank mit Sitz in Berlin. Zu jedem Eintrag wird ein Schlüssel vergeben, der in Kombination mit dem Wert im Feld **Bankland** ❶ die Bank eindeutig identifiziert. Diesen Schlüssel finden Sie im Feld **Bankschlüssel** ❷. Genau diesen Schlüssel haben Sie bei der Pflege der Bankverbindungen im Geschäftspartnerstammsatz in Abbildung 2.24 und bei der Pflege der Hausbankkonten in Abbildung 2.28 schon gesehen. Sie können in Abbildung 2.31 den vollständigen Namen der Bank im Feld **Geldinstitut** ❸, die Adresse der Bank ❹ in den Feldern **Straße** und **Ort**, deren BIC im Feld **SWIFT/BIC** ❺ und die Bankleitzahl im Feld **Bankleitzahl** ❻ finden.

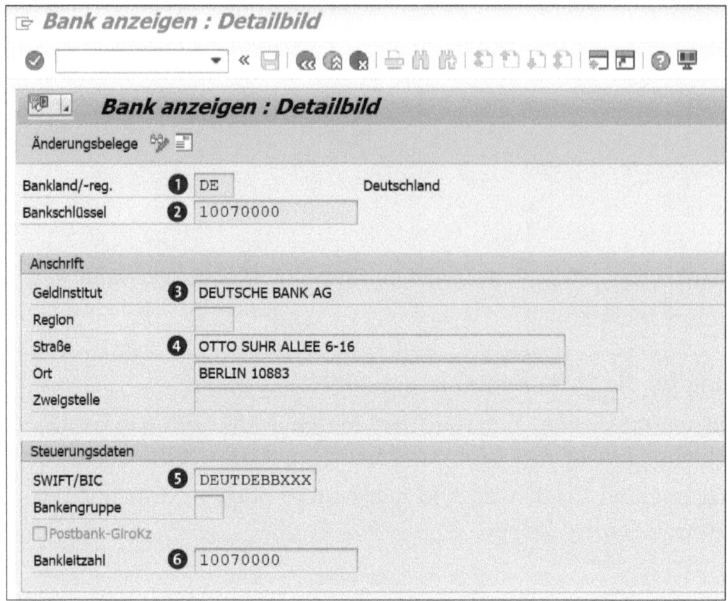

Abbildung 2.31 Bankstammsatz: Übersichtsbild in Transaktion FI03

[!]

Der Bankschlüssel ist nur für den internen Gebrauch im SAP-System gedacht!

In den meisten Fällen entspricht der Bankschlüssel entweder der SWIFT-Nummer oder der Bankleitzahl, was zu Verwirrungen führen kann. Es ist entscheidend zu verstehen, dass der Bankschlüssel ein SAP-interner Begriff ist und nicht an die Bank weitergegeben wird. In den Zahldateien werden nur die zum Bankschlüssel gehörende SWIFT bzw. BIC und/oder die Bankleitzahl, aber niemals der Bankschlüssel selbst angegeben.

Grundsätzlich können Sie neue oder fehlende Banken manuell im SAP-System pflegen. Angesichts der enormen Anzahl der Banken weltweit und ständiger Änderungen (einige Bankfilialen werden geschlossen, neue Filialen werden eröffnet usw.) wird das Bankenverzeichnis jedoch in der Regel automatisch in das SAP-System hochgeladen.

Es gibt mehrere Anbieter auf dem Markt, die die Bankdaten weltweit in ihrer Datenbank auf dem aktuellen Stand halten und den Unternehmen in regelmäßigen Abständen die Daten in einer Datei mit einem vordefinierten Format zur Verfügung stellen. Zu den bekanntesten Anbietern der Bankenverzeichnisse gehören z. B. SWIFT und Accuity. Diese bieten sowohl Dateien mit der kompletten Datenbank als auch sogenannte Delta-Dateien, die nur Änderungen seit dem letzten Abzug enthalten. Die Datei kann entweder manuell vom Anbieterportal heruntergeladen werden, um danach in das SAP-System hochgeladen zu werden, oder aber es kann eine Schnittstelle für die automatische Übernahme der Dateien im SAP-System aufgesetzt werden. Im SAP-System wird die Datei mit Transaktion BIC2 (Übernahme der BIC-Daten) eingelesen.

In Abbildung 2.32 sehen Sie das Übersichtsbild für die Übernahme der Bankdaten mit Transaktion BIC2. Ihnen stehen mehrere Dateiformate im Feld **Dateistruktur** ❶ zur Auswahl. Unter anderem können Sie mithilfe des Feldes **Dateistruktur** auch länderspezifische Versionen in lokaler Schrift hochladen. Dies kann sehr hilfreich sein, weil gemäß Anforderungen in einigen Ländern die Bankdaten nur in lokaler Schrift erlaubt sind. In diesem Fall müssen Sie erst die allgemeingültige Version der Bankdaten in lateinischen Zeichen hochladen. Danach können Sie zusätzlich die Datei mit den Bankdaten in jeweiliger lokaler Schrift einlesen. Als Ergebnis werden Sie einen Bankeintrag in Transaktion FI03 (Anzeigen Bank) sehen können, der in lateinischen Zeichen erfasst ist und bei dem zusätzlich eine länderspezifische Version für den Banknamen und deren Anschrift in z. B. in japanischen Zeichen hinterlegt ist.

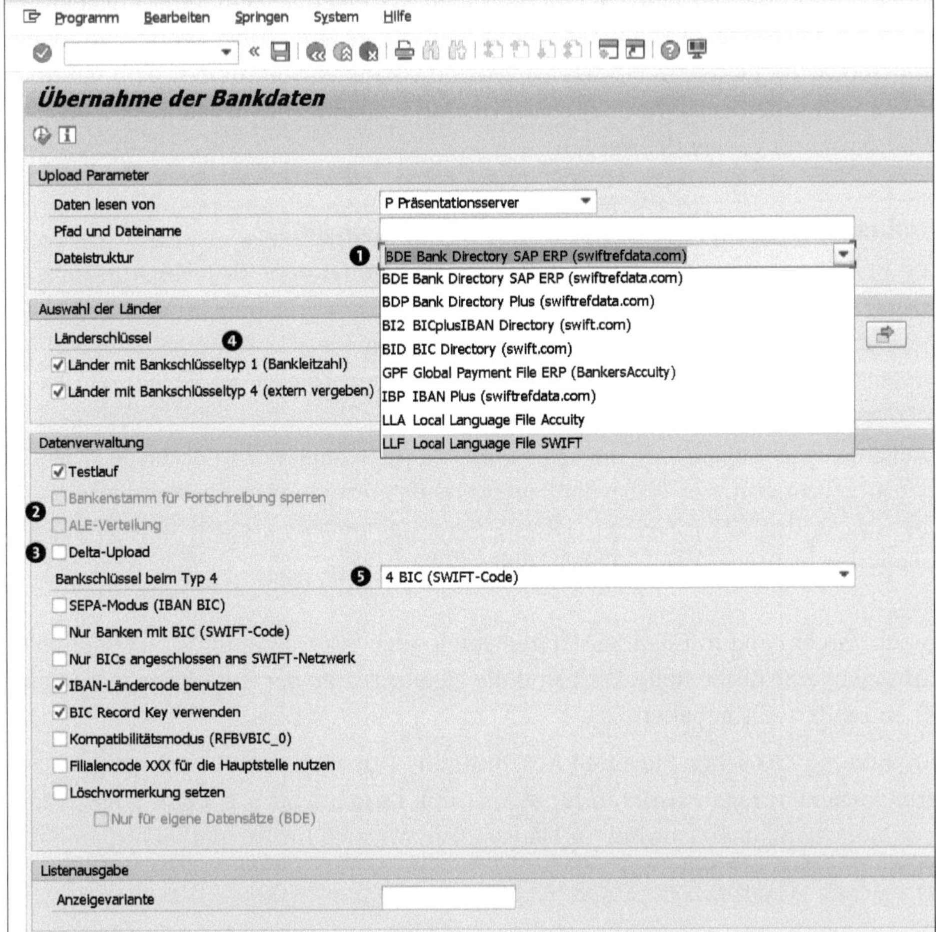

Abbildung 2.32 Übernahme der Bankdaten mit Transaktion BIC2

In Transaktion BIC2 können Sie zwischen Testlauf und Echtlauf unterscheiden. Um den Echtlauf zu starten, müssen Sie den Haken im Feld **Testlauf** herausnehmen. Dann sind die Kennzeichen **Bankenstamm für Fortschreibung sperren** und **ALE-Verteilung** ❷ eingabebereit. Es ist sinnvoll, den Haken im Feld **Bankenstamm für Fortschreibung sperren** zu setzen, damit keine manuellen Änderungen in den Bankdaten während des Dateiimports möglich sind. Sie können das Kennzeichen **ALE-Verteilung** aktivieren, und wenn Sie in einem zentralen SAP-System Stammdaten pflegen und von dort diese Stammdaten per IDoc an andere angebundene SAP-Systeme verteilen.

Wenn Sie keine vollständige Datei, sondern nur eine Delta-Datei einspielen, müssen Sie den Haken im Feld **Delta-Upload** ❸ setzen.

Die Angaben im Bereich **Auswahl der Länder** ❹ und im Feld **Bankschlüssel beim Typ 4** ❺ sind entscheidend für den Aufbau des Bankschlüssels, den wir in Abbildung 2.31 im Feld **Bankschlüssel** gesehen haben. In den meisten Fällen entspricht der Bankschlüssel entweder der Bankleitzahl oder dem SWIFT-Code. Durch die Angaben im Feld **Bankschlüssel beim Typ 4** ist es möglich, auch die alternative Vergabe des Bankschlüssels zu definieren, z. B., dass als Erstes die Bankleitzahl für den Bankschlüssel verwendet werden soll. Wenn allerdings keine Bankleitzahl vorhanden ist, soll die SWIFT-Nummer verwendet werden.

Hilfreiche Programmdokumentation in Transaktion BIC2

Bevor Sie Transaktion BIC2 zum ersten Mal ausführen, lesen Sie die Erläuterungen zu dieser Transaktion. Diese Erläuterungen können Sie direkt in Transaktion BIC2 über den Button [i] (**Programmdokumentation**) aufrufen. Diese Dokumentation ist sehr detailliert und hilft Ihnen, Besonderheiten bei unterschiedlichen Feldern zu verstehen.

Außerdem steht Ihnen auch das sogenannte Bankenstammdaten-Cockpit als mächtiges Tool zur zentralen Pflege der Bankstammdaten zur Verfügung. Mehr dazu finden Sie in den SAP-Hinweisen 2161975 (Bankstammdaten-Cockpit) und 3016986 (Bankstammdaten-Cockpit – Erweiterungen).

Im Zusammenhang mit den Bankdaten spielt auch Transaktion OY17 (Länder Feldprüfungen) eine große Rolle. Dort sind die Eigenschaften der Bankdaten in den einzelnen Ländern festgehalten.

In Abbildung 2.33 sehen Sie einen Abschnitt aus Transaktion OY17 mit einigen Ländern. Solche Einträge existieren für jedes Land. Darauf wird u. a. dann zugegriffen, wenn neue Bankdaten (sowohl für Hausbanken als auch für Partnerbarken) im SAP-System angelegt werden.

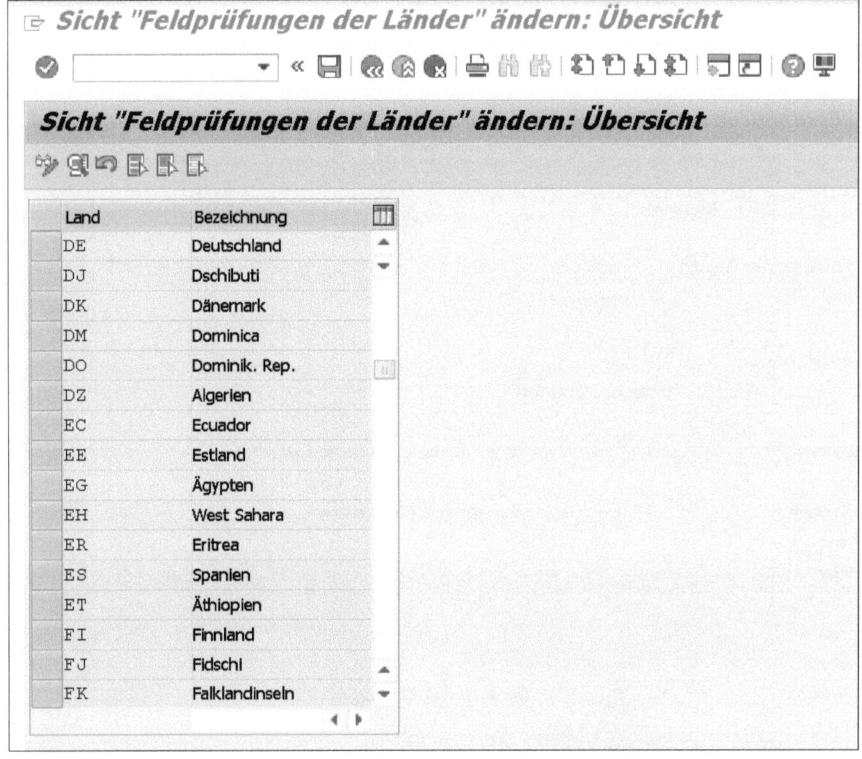

Land	Bezeichnung
DE	Deutschland
DJ	Dschibuti
DK	Dänemark
DM	Dominica
DO	Dominik. Rep.
DZ	Algerien
EC	Ecuador
EE	Estland
EG	Ägypten
EH	West Sahara
ER	Eritrea
ES	Spanien
ET	Äthiopien
FI	Finnland
FJ	Fidschi
FK	Falklandinseln

Abbildung 2.33 Feldprüfungen der Länder in Transaktion OY17

In Abbildung 2.34 sehen Sie die Regeln für das Land DE (Deutschland). Hier ist mit dem Wert »1« im Feld **Bankschlüssel** definiert, dass der Bankschlüssel aus der Bankleitzahl abgeleitet wird. Es sind die Länge für die Nummern der Bankkonten im Feld **Bankkontonummer** und die Länge der Bankleitzahlwerte im Feld **Bankleitzahl** und auch die Prüfregeln angegeben. Bei der Pflege der Bankverbindungen im SAP-System erhalten Sie einen Fehler, wenn Sie z. B. ein 16-stelliges Bankkonto im Bankland DE eingetragen haben.

[!]

Aktuelles und einheitliches Bankenvezeichnis

Halten Sie die Bankdaten im SAP-System ständig aktuell. Veraltete Bankdaten, die in Zahldateien an die Hausbank weitergegeben werden, können zu Abweisungen der Zahlungen führen. Das Bankenverzeichnis soll nach Möglichkeit in allen Systemen einheitlich sein, wenn Sie eine heterogene SAP-Landschaft haben. Unterschiedlich gepflegte Bankdaten und Abweichungen in der Qualität der Bankdaten können Probleme verursachen, vor allem, wenn On-Behalf-Zahlungen ausgeführt werden.

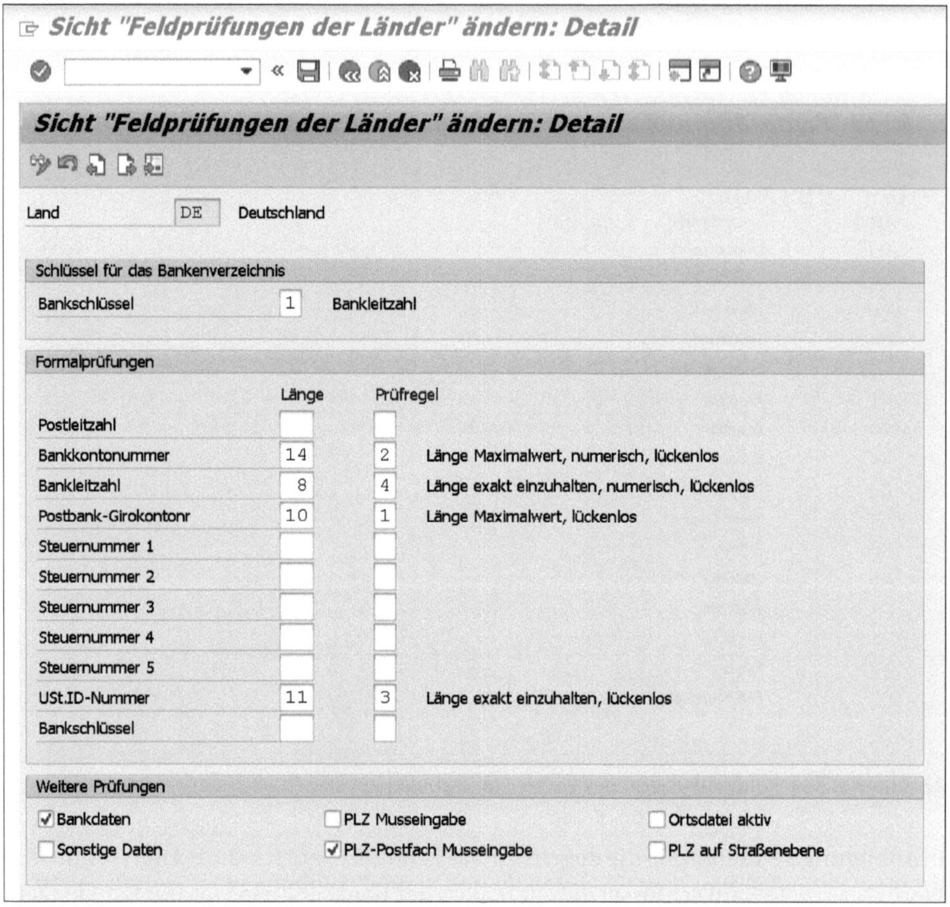

Sicht "Feldprüfungen der Länder" ändern: Detail

Land DE Deutschland

Schlüssel für das Bankenverzeichnis

Bankschlüssel 1 Bankleitzahl

Formalprüfungen

	Länge	Prüfregel	
Postleitzahl			
Bankkontonummer	14	2	Länge Maximalwert, numerisch, lückenlos
Bankleitzahl	8	4	Länge exakt einzuhalten, numerisch, lückenlos
Postbank-Girokontonr	10	1	Länge Maximalwert, lückenlos
Steuernummer 1			
Steuernummer 2			
Steuernummer 3			
Steuernummer 4			
Steuernummer 5			
USt.ID-Nummer	11	3	Länge exakt einzuhalten, lückenlos
Bankschlüssel			

Weitere Prüfungen

☑ Bankdaten ☐ PLZ Musseingabe ☐ Ortsdatei aktiv

☐ Sonstige Daten ☑ PLZ-Postfach Musseingabe ☐ PLZ auf Straßenebene

Abbildung 2.34 Feldprüfungen der Länder in Transaktion OY17: Detailsicht

Konfiguration von Transaktion F110

Natürlich spielt auch das Customizing des Zahlprogramms (Transaktion F110) eine große Rolle bei der Ausführung von Zahlungen. Alle Erklärungen dazu finden Sie in Abschnitt 7.1, »Konfiguration der automatischen Zahlungen mit dem F110-Zahlprogramm«.

Relevante Punkte für den lokalen externen Zahlungsverkehr

Hier sind alle wichtigen Punkte aufgelistet, die bei der Ausführung der Zahlungen eine Rolle spielen. Besonders bei unerwarteten Ergebnissen im F110-Zahllauf empfiehlt es sich, die Punkte unten auf Richtigkeit hin zu überprüfen.

- **Geschäftspartnerstammdaten**
  vollständiger Name, vollständige Anschrift, Bankverbindung, Zahlungsbedingungen, Zahlwege

- **Offene Posten**
  Zahlungsbedingungen, Zahlweg oder Zahlsperre (falls eingetragen), Partnerbanktyp (falls mehrere Bankverbindungen im Partnerstamm vorhanden sind), Basisdatum, Nettofälligkeit (Basisdatum + Zahlungsbedingung), Skonto
- **Hausbanken**
  Hausbank mit korrektem Bankschlüssel und dazugehörige Hausbankkonten, mit IBAN, falls relevant
- **F110-Customizing**
  Einstellungen für den Buchungskreis, für den Zahlweg im Land, für den Zahlweg im Buchungskreis, Zuordnung der Hausbankkonten zu den Zahlwegen, Einstellungen in Zahlungsformaten

2.4.2 Stammdaten für On-Behalf-Zahlungen im SAP-System der Tochtergesellschaften

Die Vorbereitungen für den Zahlungsverkehr mit SAP In-House Cash müssen sowohl auf der lokalen Seite der Tochtergesellschaften als auch auf der zentralen Seite der In-House-Bank vorgenommen werden.

Auf der lokalen Seite handelt es sich um dieselben Stellen wie bei den externen lokalen Zahlungen; die eingetragenen Werte unterscheiden sich allerdings.

Für die On-Behalf-Zahlungen sind alle Punkte relevant, die Sie in Abbildung 2.22 gesehen haben. Aus diesem Grunde erläutern wir die Einstellungen im SAP-System der Töchter in Anlehnung an Abschnitt 2.4.1, »Wichtige Stammdaten für Zahlungen an externe Banken«.

Angaben im Geschäftspartnerstammsatz

Im Geschäftspartnerstamm müssen der Name, die vollständige Anschrift, die Partnerbankverbindungen und die Zahlungsbedingungen hinterlegt werden. In diesen Punkten gibt es keine Abweichung im Vergleich zu den lokalen Zahlungen.

Es bleibt nur noch der Zahlweg. Bei den lokalen Zahlungen entspricht der Zahlweg der Zahlart, der Zahlweg besagt also, ob die Zahlung als SEPA-Zahlung, Auslandszahlung, oder andere länderspezifische Zahlart (ACH für die USA oder BACS für Großbritannien) ausgeführt wird. Für die Durchführung von On-Behalf-Zahlungen benötigen Sie in jedem Fall einen separaten Zahlweg, da sie nicht über eine externe Hausbank, sondern über die In-House-Bank abgewickelt werden. Beim Aufsetzen des IHC-Zahlwegs sind zwei Ansätze denkbar.

Im ersten Ansatz werden Zahlwege für alle Töchter zentral vorgegeben; dabei wird im System der Tochtergesellschaft über die Zahlart an den jeweiligen Geschäftspartner entschieden.

Ansatz mit mehreren Zahlwegen für On-Behalf-Zahlungen

Angenommen, es ist im Konzern vorgegeben, dass der Zahlweg S für SEPA-Zahlungen über die In-House-Bank zu verwenden ist. Dann wird im System der Tochter der Zahlweg S in den Geschäftspartnerstammdaten gepflegt, der im Customizing der In-House-Bank zugeordnet ist.

Die F110-Zahlung geht an die In-House-Bank mit dem Zahlweg S. In der In-House-Bank wird diese Zahlung ebenfalls mit dem Zahlweg S als SEPA-Zahlung an die externe Hausbank der Zentrale geschickt.

Dieser Ansatz ist allerdings eher starr und bedeutet, dass sich die In-House-Bank auf die richtige Auswahl der Zahlart im lokalen System verlassen und dabei gegebenenfalls auf eine mögliche Optimierung bei der Bankenwahl verzichten muss. Es sind außerdem mehrere separate Zahlwege für die Zahlungen mit SAP In-House Cash auf der lokalen Seite erforderlich, was zur Unübersichtlichkeit führt.

Der zweite Ansatz besteht darin, nur einen Zahlweg für On-Behalf-Zahlungen zu definieren und in allen Geschäftspartnern zu pflegen, deren offenen Posten über die In-House-Bank ausgeführt werden sollen. Wie genau die Zahlung ausgeführt wird (SEPA, Auslandszahlung usw.), wird erst im System der In-House-Bank anhand von Währung, Empfängerbankland und anderen Kriterien entschieden. Dies macht den Prozess flexibler und einfacher für die lokalen Systeme.

Ansatz mit nur einem Zahlweg für alle On-Behalf-Zahlungen

Für alle On-Behalf-Zahlungen im lokalen System ist der Zahlweg I definiert. Der Zahlweg I wird in den Geschäftspartnerstammdaten gepflegt und ist der In-House-Bank zugeordnet.

Die F110-Zahlung geht an die In-House-Bank mit dem Zahlweg I.

In der In-House-Bank wird anhand diverser Kriterien entschieden, dass die Zahlung mit dem Zahlweg S als SEPA-Zahlung ausgeführt werden soll.

Angaben in der Rechnung

Bei der Durchführung von On-Behalf-Zahlungen gibt es keine Besonderheiten oder Abweichungen bei den Rechnungsangaben. Alles, was in Abschnitt 2.4.1, »Wichtige Stammdaten für Zahlungen an externe Banken«, im Unterabschnitt »Angaben in der Rechnung« für lokale Zahlungen erwähnt wurde, gilt auch für On-Behalf-Zahlungen.

Angaben im Hausbankkontenstamm

Auch zur Durchführung von On-Behalf-Zahlungen müssen Sie sowohl die Hausbank als auch die Hausbankkonten pflegen. Der Unterschied zu den lokalen Zahlungen besteht nur darin, dass Sie für On-Behalf-Zahlungen eine In-House-Bank als Hausbank definieren und virtuelle Bankkonten (oder vielleicht nur ein virtuelles Bankkonto), die Sie von der In-House-Bank bekommen haben, als Hausbankkonten pflegen.

Bei der Einführung des In-House-Bank-Konzepts wird in der Regel zentral entschieden, wie die neue In-House-Bank in lokalen Systemen heißen soll und wie die Hausbankkontonummern aufgebaut werden sollen.

In Abbildung 2.35 sehen Sie die Hausbank mit der Abkürzung IHC1 im Feld **Hausbank**, die die zentrale In-House-Bank darstellt. In den Systemen der Tochtergesellschaften wird die Hausbank IHC1 genauso wie eine externe Hausbank geführt. Mehr zum Aufbau der virtuellen In-House-Bankkonten finden Sie im nächsten Abschnitt 2.4.3, »Stammdaten und Voraussetzungen im SAP-System der In-House-Bank«.

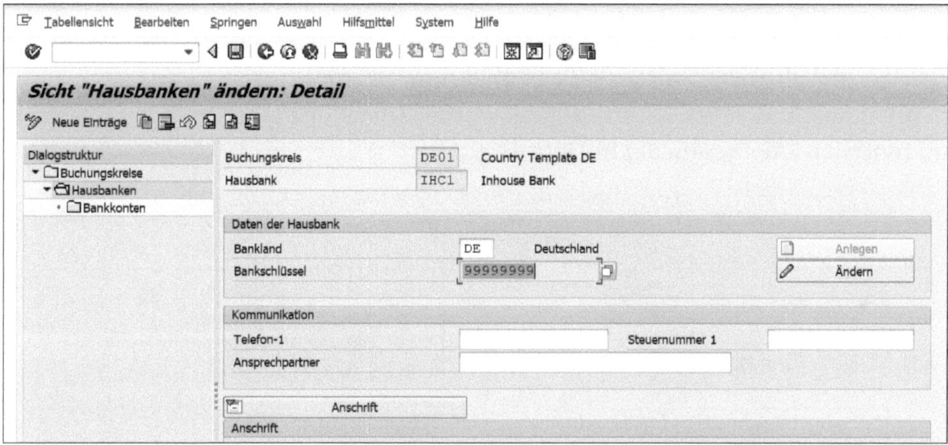

Abbildung 2.35 Pflege der In-House-Bank als Hausbank in Transaktion FI12

Als Bankschlüssel für die In-House-Bank wird ein Dummy-Bankschlüssel im Feld **Bankschlüssel** hinterlegt, der von zentraler Seite aus vorgegeben ist und von allen Tochtergesellschaften einheitlich verwendet wird.

In den Customizing-Einstellungen des F110-Zahlprogramms müssen Sie den für On-Behalf-Zahlungen hinterlegten Zahlweg (oder mehrere Zahlwege) dem virtuellen In-House-Bankkonto zuordnen.

Bankenverzeichnis

Die vollständigen und aktuellen Bankdaten spielen bei On-Behalf-Zahlungen genauso eine wichtige Rolle wie bei den lokalen Zahlungen. Die Partnerbankinformationen werden in der Zahlung an die In-House-Bank mitgegeben, dort verifiziert und im IHC-Auftrag gespeichert, um an die externe Hausbank weitergegeben zu werden. Alle Informationen dazu finden Sie in Abschnitt 2.4.1, »Wichtige Stammdaten für Zahlungen an externe Banken«, im Unterabschnitt »Bankenverzeichnis«.

Achten Sie auf die Vollständigkeit und Einheitlichkeit des Bankenverzeichnisses im lokalen und im zentralen SAP-System!

Veraltete oder unvollständige Angaben zur Partnerbank (z. B. fehlende oder falsche Bankleitzahl, unvollständiger Name) können dazu führen, dass in SAP In-House Cash die Partnerbank nicht richtig erkannt werden kann und gegebenenfalls falsch an die externe Bank geschickt wird, was wiederum in einer Zahlungsabweisung enden kann.

2.4.3 Stammdaten und Voraussetzungen im SAP-System der In-House-Bank

Im zentralen System, in dem die In-House-Bank mit SAP In-House Cash aktiv ist, müssen Sie auch unterschiedliche Stammdaten vorbereiten.

In Abbildung 2.36 sehen Sie eine schematische Darstellung einer On-Behalf-Zahlung im zentralen SAP-System der In-House-Bank.

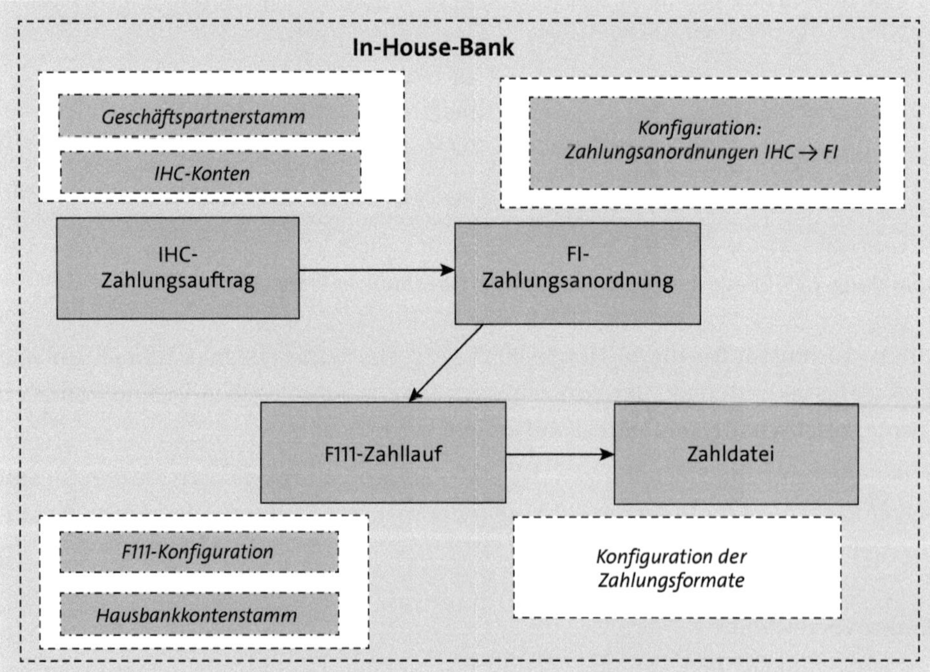

Abbildung 2.36 Stammdaten im zentralen System der In-House-Bank

Die Ausgangsbasis für den On-Behalf-Zahlungsprozess ist der IHC-Zahlungsauftrag, der auf Basis des Zahlungs-IDocs von der Tochtergesellschaft erzeugt wurde. Mit der Verbuchung des IHC-Zahlungsauftrags wird wieder ein IDoc generiert, aus dem wiederum eine Zahlungsanordnung generiert wird. Diese Zahlungsanordnung ist die Basis für einen F111-Zahllauf, der im zentralen System der In-House-Bank ausgeführt wird. Die Zahlungsanordnung wird vom automatischen Zahllauf (Transaktion F111) selektiert, ausgeglichen, und die Informationen darüber werden in eine Zahldatei geschrieben.

Mit den gestrichelten Linien sind in Abbildung 2.36 Faktoren abgebildet, die Einfluss auf das Ergebnis dieses gesamten Prozesses im zentralen System haben. Wir betrachten nun jeden Faktor im Detail und fangen mit dem IHC-Zahlungsauftrag an.

Für die Anlage eines IHC-Zahlungsauftrags muss ein IHC-Bankkonto für die jeweilige Tochtergesellschaft existieren, und für die Anlage eines IHC-Bankkontos muss wiederum der Geschäftspartnerstammsatz für diese Tochter vorhanden sein, weil jedes IHC-Bankkonto eindeutig einem Geschäftspartner zugeordnet wird.

Angaben im Geschäftspartnerstammsatz

Im System der In-House-Bank müssen Geschäftspartner verfügbar sein. Die Geschäftspartner der In-House-Bank sind allerdings keine externen Lieferanten, sondern die Tochtergesellschaften selbst. Für jede Gesellschaft, die ein oder mehrere virtuelle Bankkonten bei der In-House-Bank unterhält, wird ein Geschäftspartner im zentralen System angelegt; dies wird mit Transaktion BP (Geschäftspartner bearbeiten) vorgenommen.

In Abbildung 2.37 sehen Sie das Einstiegsbild von Transaktion BP, mit der Sie alle Geschäftspartnerstammdaten pflegen. Sie vergeben eine Geschäftspartnernummer im Feld **Geschäftspartner** ❷.

Nummernvergabe für die IHC-Geschäftspartner

Grundsätzlich können Sie die Nummern dieser Geschäftspartner frei vergeben. Es kann sich dabei einfach um fortlaufende nummerische Nummernkreisintervalle handeln (z. B. 2000001).

Wir empfehlen, sprechende Nummern zu definieren, damit Sie im Betrieb sofort erkennen können, um welche Tochtergesellschaft es geht.

So können Sie jede Geschäftspartnernummer mit IC (für Intercompany) beginnen und danach den Gesellschaftsschlüssel, Buchungskreisschlüssel oder eine andere ID, die eindeutig die Gesellschaft innerhalb des Konzerns identifiziert, verwenden (z. B. IC1515).

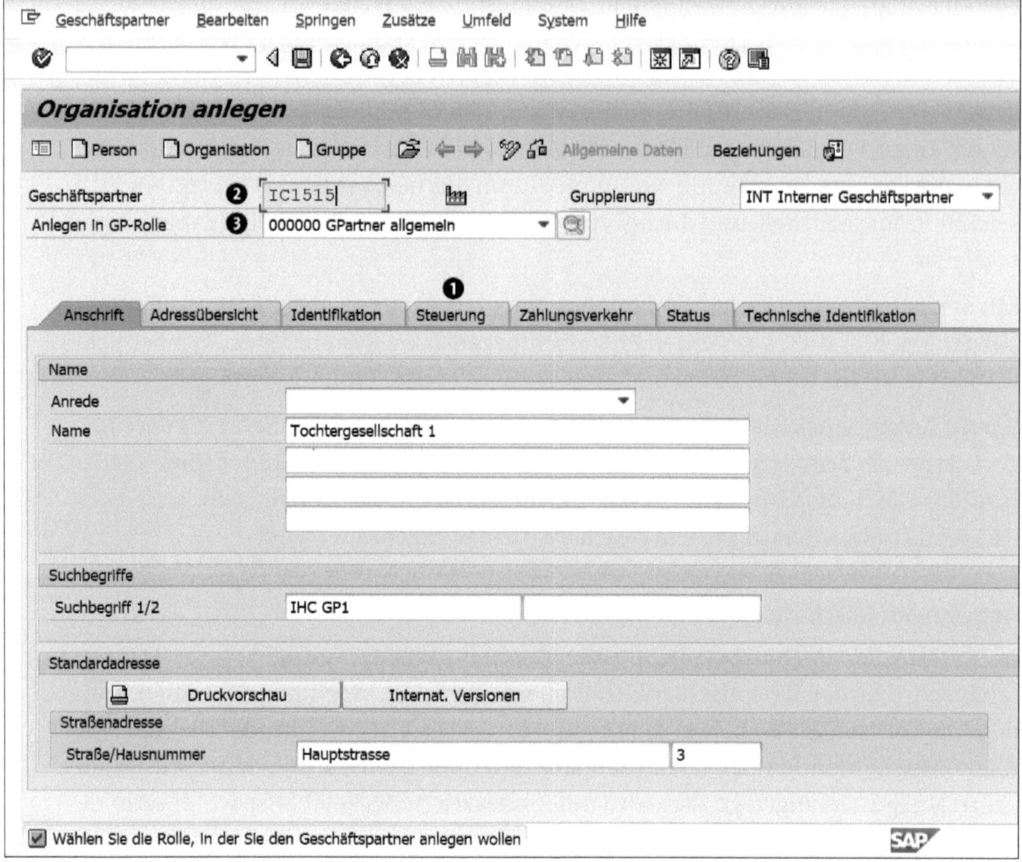

Abbildung 2.37 Geschäftspartner für SAP In-House Cash mit Transaktion BP anlegen

Wie bei jedem anderen Partner tragen Sie den vollständigen Namen, die Anschrift und möglicherweise einen sprechenden Suchbegriff ein. Außerdem tragen Sie die Partnergesellschaftsnummer auf der Registerkarte **Steuerung** ein ❶. Die Angabe der Partnergesellschaft ist sehr wichtig, weil sie in die Hauptbuchbuchungen aus SAP In-House Cash in FI übertragen wird und für einen korrekten Konzernabschluss vom Rechnungswesen benötigt wird.

In Abbildung 2.38 sehen Sie die Eingabe der Partnergesellschaft 1515 ❷, der Tochtergesellschaft 1 im Konzern. Jedem Geschäftspartner müssen drei IHC-Rollen zugeordnet werden. Diese Zuordnung nehmen Sie im Feld **Anlegen in GP-Rolle** vor, das Sie in Abbildung 2.37 unter ❸ sehen.

Dies sind die Rolle BKK010 für den Geschäftspartner als Kontoinhaber, die Rolle BKK020 für den Geschäftspartner als Verfügungsberechtigter und die Rolle BKK030 für den Geschäftspartner als Kontoauszugsempfänger.

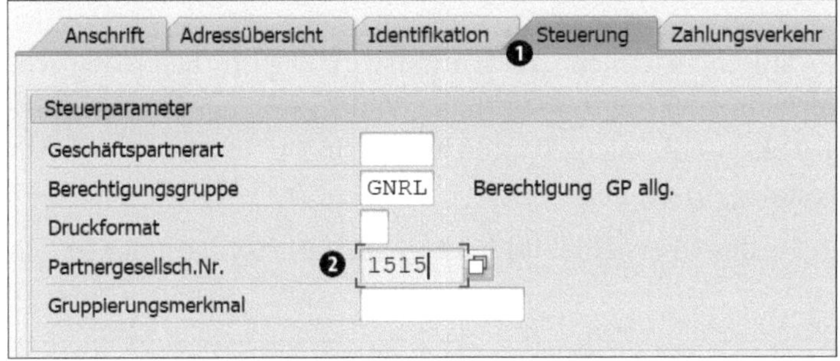

Abbildung 2.38 Eingabe der Partnergesellschaftsnummer in Transaktion BP

In Abbildung 2.39 sehen Sie die GP-Rollen, die dem Geschäftspartner zugeordnet werden müssen. Diese Rollen können Sie einem existierenden Geschäftspartner auch nachträglich zuordnen. Dafür müssen Sie Transaktion BP im Änderungsmodus ausführen, den jeweiligen Geschäftspartner auswählen, die Rollen zuordnen und Ihre Änderungen speichern.

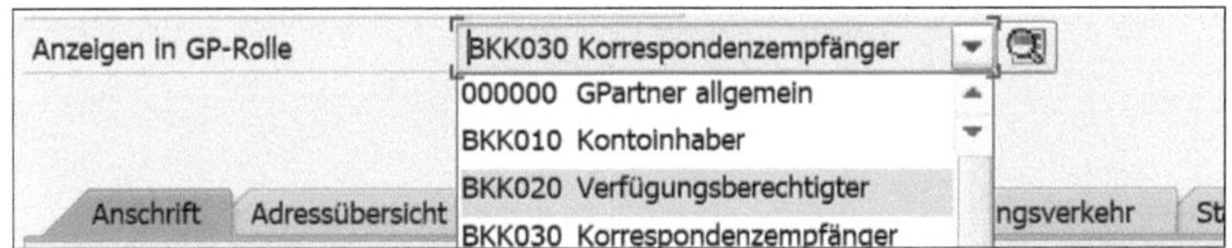

Abbildung 2.39 Zuordnung der IHC-Rollen zum Geschäftspartner mit Transaktion BP

Gültigkeitsintervalle der Geschäftspartnerrollen beachten!

Jede Geschäftspartnerrolle hat einen Gültigkeitsraum, der automatisch vom SAP-System beim Zuordnen der Rolle definiert und gespeichert wird. Als Startdatum wird dabei das aktuelle Tagesdatum und als Enddatum der Tag 31.12.9999 genommen.

Die Gültigkeitsintervalle für den Geschäftspartner können Sie, wie in Abbildung 2.39 gezeigt, mithilfe des Buttons (**Rollendetail**) rechts von dem Feld **Anzeigen in GP-Rolle** sehen.

Besonders bei der nachträglichen Zuordnung der Rollen oder in der Testphase Ihres Projekts können die Gültigkeitsräume der Geschäftspartnerrollen zu Problemen und Fehlermeldungen führen, weil z. B. bei den Tests Zeitintervalle in den zurückliegenden Perioden verwendet werden, die Geschäftspartnerrolle aber mit dem aktuellen Datum angelegt wurde. Sie können dieses Problem lösen, indem Sie das Startdatum der jeweiligen Rolle hinter dem Button **Rollendetail** zurücksetzen (z. B. auf 01.01.2000).

IHC-Konten

Abhängig von der ausgewählten virtuellen Bankkontenstruktur unterhält jede Tochtergesellschaft im Konzern ein oder mehrere virtuelle Bankkonten bei der In-House-Bank, also *IHC-Konten* (IHC-Konten). Solche Konten werden in SAP In-House Cash mit Transaktion F9K1 (Konto anlegen) gepflegt.

In Abbildung 2.40 sehen Sie das Übersichtsbild für Transaktion F9K1, mit der Sie ein neues Konto anlegen.

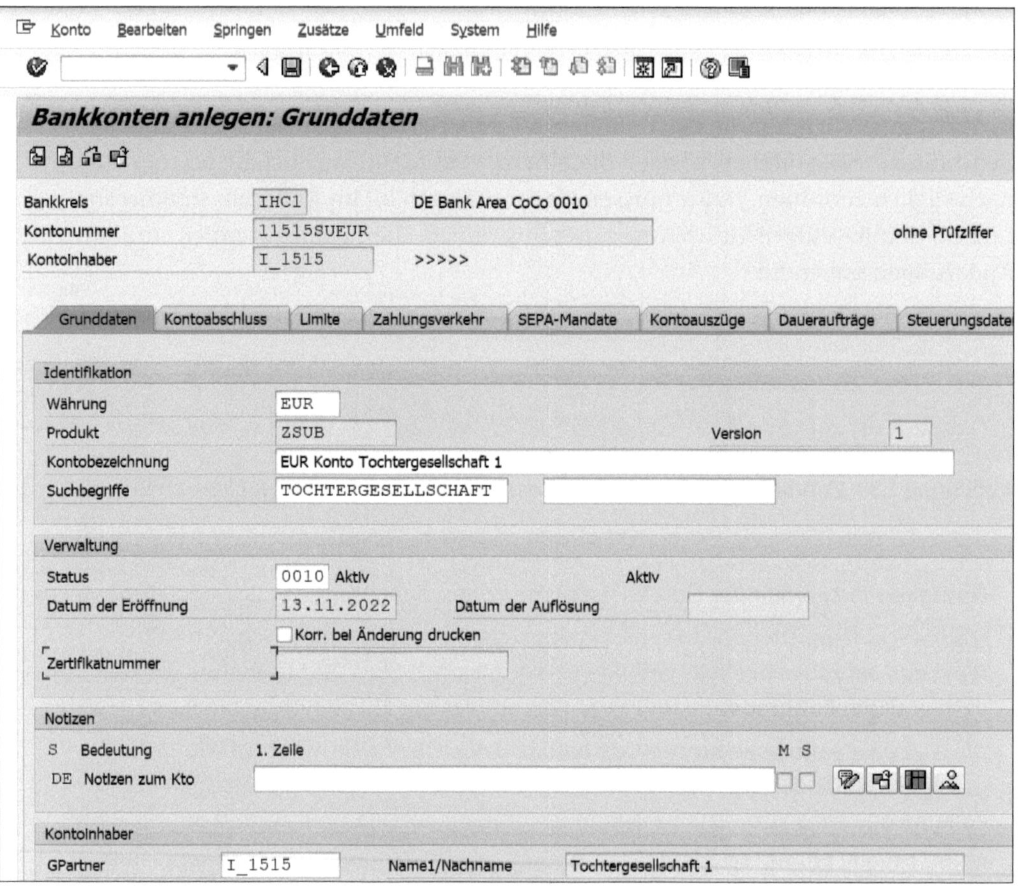

Abbildung 2.40 IHC-Konto mit Transaktion F9K1 anlegen

Jedes Konto wird innerhalb eines Bankkreises angelegt. Der *Bankkreis* ist eine zentrale organisatorische Einheit in SAP In-House Cash, die eine In-House-Bank repräsentiert. Außerdem wird jedes Konto einem *IHC-Produkt* zugeordnet, das alle typischen Eigenschaften dieser Kontoart zusammenfasst.

Jedes IHC-Konto wird eindeutig einem Geschäftspartner zugeordnet, vorausgesetzt, dass dieser Geschäftspartner entsprechende IHC-Geschäftspartnerrollen verwendet.

Die IHC-Konten werden aus Sicht der In-House-Bank angelegt; daher sind in jedem IHC-Kontostamm die für die In-House-Bank wichtigen Informationen enthalten. Zu solchen Informationen gehören der Status des Kontos (**aktiv/geschlossen**), die mit der Tochtergesellschaft vereinbarten Konditionen bezüglich der Bankkontoführung, Zinsen und Gebühren, der Rhythmus für den Kontoabschluss (**monatlich/jährlich**) und dessen nächster Termin, der Kontoauszugsversand (**täglich/wöchentlich**), die Art des Kontoauszugs und der Kontoauszugsempfänger.

Sie finden detaillierte Erläuterungen zu allen IHC-spezifischen Feldern und Begriffen in Kapitel 8, »Einstellungen in SAP In-House Cash«.

[«]

Nummernvergabe für die IHC-Konten

Auch bei der Nummernvergabe für die IHC-Konten sollten Sie, ebenso wie bei den Geschäftspartnernummern, nach Möglichkeit sprechende Nummern vergeben. Die Nummern können z. B. eine Kombination aus solchen Werten wie Bankkreis, Gesellschaftsnummer, Produkt und Währung darstellen.

Die IHC-Kontonummer IHC11515KTBEUR bedeutet, dass dieses Konto im Bankkreis IHC1 für die Gesellschaft 1515 als Konto für eine Konzerntochtergesellschaft in der Währung EUR angelegt wurde.

Die Kombination der benutzten Werte kann je nach Bedürfnissen Ihres Unternehmens angepasst werden, und grundsätzlich ist es kein Muss, die IHC-Kontonummern auf sprechende Art und Weise zu definieren.

Die Erfahrung zeigt allerdings, dass die Fehlersuche leichter fällt, wenn auf den ersten Blick sichtbar ist, zu welchen Zwecken und für welchen Partner das IHC-Konto angelegt wurde.

Konfiguration: Zahlungsanordnungen von SAP In-House Cash zu FI

Wie genau die Zahlungsanordnungen aus den IHC-Zahlungsaufträgen angelegt werden und wie dabei die Zahlwege und die Hausbankkonten für die Zahlungsanordnungen ermittelt werden, hängt vom Customizing von SAP In-House Cash und vom Customizing für die Übergabe von IHC-Daten an FI ab. Details dazu finden Sie in Abschnitt 8.2, »Kontoführung in SAP In-House Cash einstellen«, und in Abschnitt 8.3, »Übertragung in das Hauptbuch«.

Konfiguration von Transaktion F111

Bei der Ausführung der Zahlungen von der In-House-Bank ist das Customizing des F111-Zahlprogramms relevant. Die meisten Punkte im F111-Customizing überschneiden sich mit dem Customizing von F110, jedoch gibt es einige zu beachtende Besonderheiten. Details dazu finden Sie in Abschnitt 7.2, »Konfiguration der automatischen Zahlungen mit dem F111-Zahlprogramm«.

Hausbankkontenstamm

Die Hausbankkonten der In-House-Bank selbst, die bei den On-Behalf-Zahlungen verwendet werden, müssen natürlich vorhanden sein.

Alles, was in Abschnitt 2.4.1, »Wichtige Stammdaten für Zahlungen an externe Banken«, unter »Angaben im Hausbankkontenstamm« und »Bankenverzeichnis« erläutert worden ist, ist auch für die Hausbankkonten und das Bankenverzeichnis der In-House-Bank selbst relevant.

Konfiguration der Zahlungsformate

Einer der letzten Schritte bei einer On-Behalf-Zahlung ist die Erzeugung der Zahldatei zur ausgeführten Zahlung. Der Zahldateiaufbau, die an die Bank weitergegebenen Informationen sowie die Art und Weise, wie die Batches angelegt werden, hängen mit dem Customizing der Zahlungsformate zusammen. Erläuterungen dazu finden Sie in Abschnitt 5.2.2, »Dateierzeugung mit der Payment Medium Workbench«.

Relevante Punkte für den externen Zahlungsverkehr mit SAP In-House Cash

Im Folgenden sind alle wichtigen Punkte aufgezählt, die bei der Ausführung der Zahlungen eine Rolle spielen.

- **Geschäftspartnerstammdaten**
  IHC-Rollen BKK010/BKK020/BKK030, Partnergesellschaft, Gültigkeitsbeginn
- **IHC-Konten**
  Bankkreis, Produkt, Währung, Geschäftspartner, Konditionen, Gebühren, Kontoabschlussinformationen, Kontoauszugsempfänger, Format für den Kontoauszugsversand
- **Übergabe von SAP In-House Cash nach FI**
  Zahlwege, Zahlwegzusätze, Hausbankkonten
- **Hausbanken**
  Hausbank mit korrektem Bankschlüssel und dazugehörige Hausbankkonten, mit IBAN-Nummer, falls relevant
- **F111-Customizing**
  Einstellungen für den Buchungskreis für den Zahlweg im Land und für den Zahlweg im Buchungskreis, Zuordnung der Hausbankkonten zu den Zahlwegen, Einstellungen in den Zahlungsformaten

2.5 Wichtige Transaktionen und SAP-Fiori-Apps

Im Zusammenhang mit dem gesamten kreditorischen Zahlungsverkehr gibt es mehrere Kerntransaktionen und auch SAP-Fiori-Apps, die im regelmäßigen Gebrauch sind. Zusätzlich dazu gibt es auch andere Transaktionen, die im Zahlungsverkehr ebenfalls verwendet werden. In diesem Abschnitt haben wir nur die wichtigsten Transaktionen und Apps aufgezählt und erläutert, auf welche Details in diesen Transaktionen Sie achten müssen.

2.5.1 Transaktion F110: automatischer Zahllauf

Transaktion F110 (Parameter für maschinelle Zahlung) ist eine der wichtigsten Transaktionen im Zahlungsverkehr. Aus diesem Grunde möchten wir Ihnen einen möglichst vollständigen Überblick für die Anwendung dieser Transaktion geben.

Beim Starten von Transaktion F110 im SAP GUI sehen Sie als Erstes das Einstiegsbild. In Abbildung 2.41 sehen Sie die Meldung **Noch keine Parameter erfasst** ❶. Tragen Sie ein Datum in das Feld **Tag der Ausführung** ❷ und in das Feld **Identifikation** ❸ eine frei definierbare Identifikation ein. Als Tag der Ausführung nehmen Sie normalerweise das laufende Datum. Allerdings können Sie auch ein Datum der Vergangenheit oder der Zukunft wählen. Dieses Datum wird später bei der Zahldateierstellung verwendet; seien Sie aus diesem Grund vorsichtig bei der Datumsauswahl.

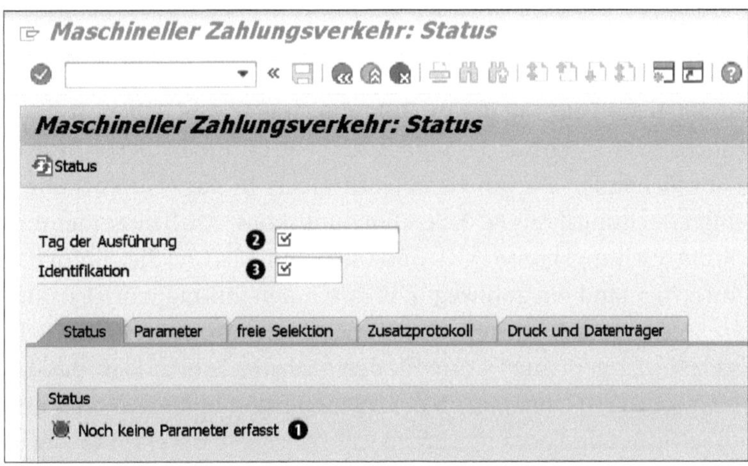

Abbildung 2.41 Transaktion F110: Einstiegsbild

Für die Identifikation empfehlen wir, sprechende Namen zu vergeben. Ihnen stehen bis zu fünf Zeichen zur Verfügung, z. B. die Abkürzung für Länder in diesem Zahllauf (DE01), die Buchungskreisnummer (0001), Kürzel der Sachbearbeiter (DK01) und andere Merkmale, die Ihnen später helfen können, sich einen schnellen Überblick bei den ausgeführten Zahlläufen zu verschaffen. Aber auch Identifikationen ohne jeglichen dahinterliegenden Sinn sind möglich (z. B. 0001).

In Abbildung 2.42 sind die Felder **Tag der Ausführung** und **Identifikation** schon befüllt. Der **Status** verbleibt allerdings bei **Noch keine Parameter erfasst** ❶. Um die Parameter zu pflegen, wählen Sie einfach die Registerkarte **Parameter** ❷.

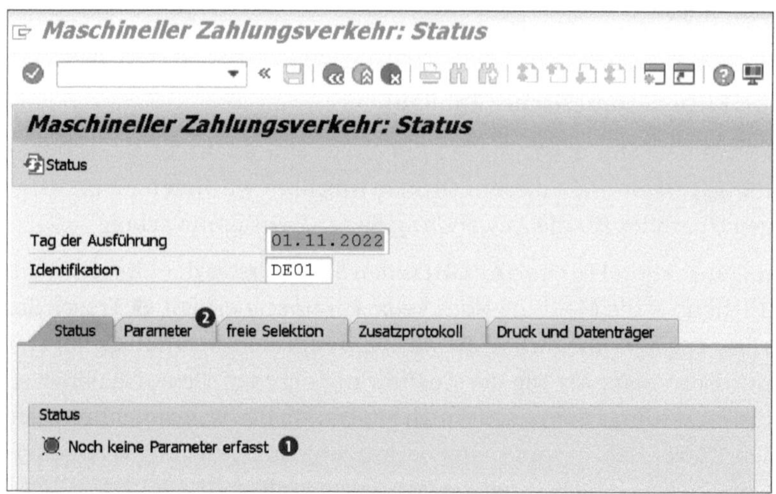

Abbildung 2.42 Transaktion F110: Tag der Ausführung und Identifikation

In Abbildung 2.43 sind das Feld **Buchungsdatum** ❶ und das Feld **Belege erfasst bis** ❷ mit dem Datum, das Sie in das Feld **Tag der Ausführung** eingetragen haben, vorausgefüllt. Sie haben jedoch die Möglichkeit das vorgeschlagene Datum in diesen beiden Feldern mit einem abweichenden Datum zu überschreiben. In das Feld **Buchungskreis** ❸ tragen Sie einen Buchungskreis (z. B. den Buchungskreis 0001) oder mehrere Buchungskreise (z. B. die Buchungskreise 0001 und 0003) ein. Das Gleiche gilt für das Feld **Zahlwege** ❹. Auch hier sind ein Zahlweg, z. B. durch den Eintrag von »F«, oder mehrere Zahlwege, z. B. durch den Eintrag von »FS Zahlweg« möglich. In das Feld **Nächst.Budat** ❺ tragen Sie das geplante Datum für den nächsten Zahllauf ein, das das SAP-System dazu benötigt zu entscheiden, ob der offene Posten in diesem oder erst im nächsten Zahllauf selektiert und bezahlt werden soll. In das Feld **Lieferant** ❻ tragen Sie ein entsprechendes Nummernkreisintervall oder einzelne Lieferanten ein.

Technisch gesehen gibt es nur wenige Einschränkungen bei der Kombination der Selektionsparameter in F110. So dürfen nur dann mehrere Buchungskreise in einem Zahllauf vorkommen, wenn diese Buchungskreise ihren Sitz in ein und demselben Land haben und wenn sie dieselben Einstellungen zur Quellensteuer haben. Zusätzlich ist es verboten die BCM-relevanten und die nicht BCM-relevanten Zahlwege in einem Zahllauf zu verwenden.

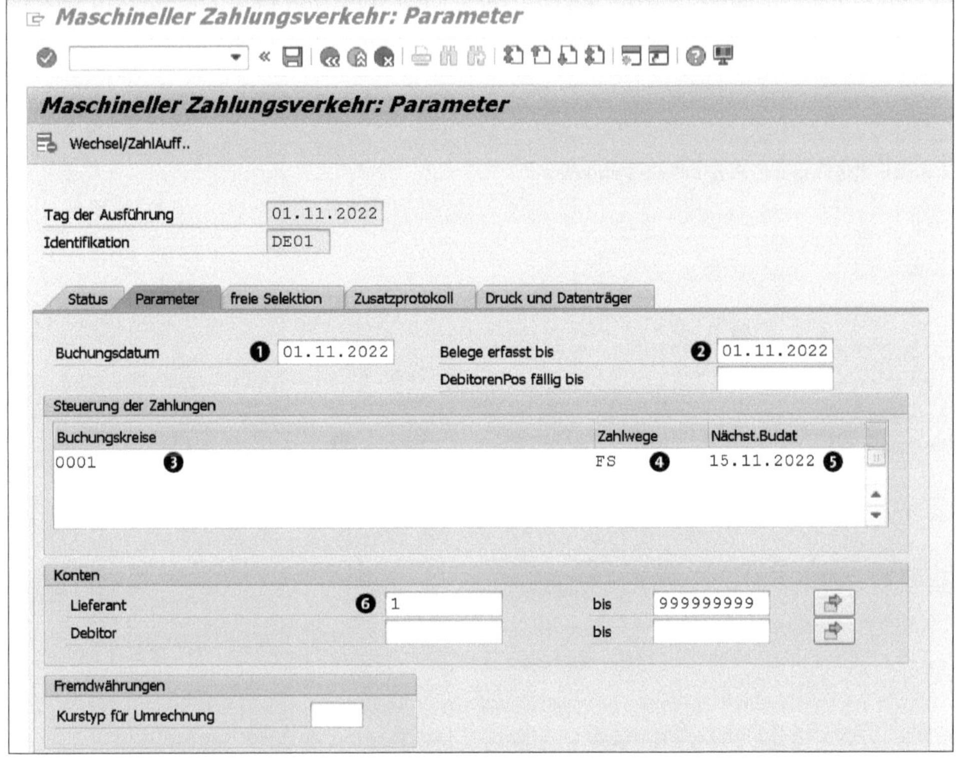

Abbildung 2.43 Transaktion F110: Parameterpflege

[«]

Zweck und Besonderheiten einzelner Felder bei der Parameterpflege

Seien Sie vorsichtig bei Ihren Eingaben auf der Registerkarte **Parameter**. Denn sie spielen eine wichtige Rolle bei der späteren Postenselektion und dem Postenausgleich. Falls Sie später suchen, warum ein offener Posten trotz Ihrer Erwartung nicht in F110 selektiert wurde, überprüfen Sie als Erstes, ob der nicht bezahlte FI-Beleg allen Eingaben auf der Parameterregisterkarte entspricht.

Besonders wenn Sie ein Datum aus der Vergangenheit wählen, kommt es häufig vor, dass die offenen Posten nicht selektiert werden, weil deren Erfassungsdatum größer als das Datum im Feld **Belege erfasst bis** ist.

Achten Sie außerdem darauf, dass mehrere Buchungskreise mit einem Komma und ohne Leertaste eingegeben werden (z. B. »0001,0003«).

Die Zahlwege werden hingegen ohne Komma und ohne Leertaste eingetragen (z. B. »FS«).

In Abbildung 2.44 sehen Sie die Registerkarte **freie Selektion** ❶, auf der Sie einige Einschränkungen zu den erfassten Parametern hinzufügen können.

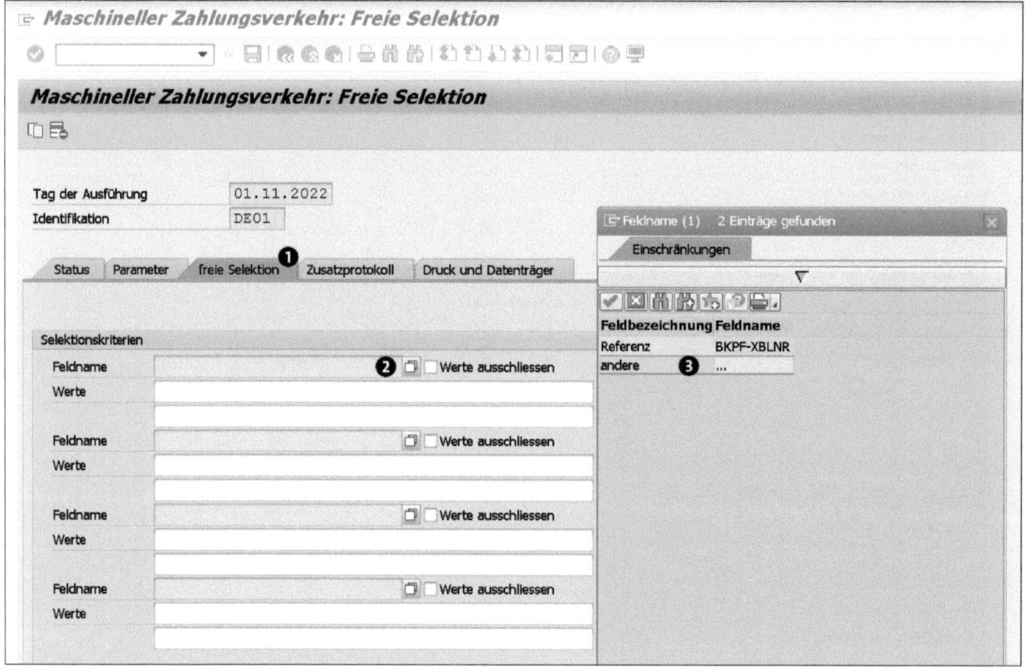

Abbildung 2.44 Transaktion F110: freie Selektion

In das Feld **Feldname** geben Sie den technischen Namen für das gewünschte Feld ein, oder Sie können das richtige Feld aus der Werteliste auswählen, die sich durch das Anklicken des Buttons (**Wertehilfe**) ❷ öffnet. Falls das gesuchte Feld nicht in der Liste ist, gehen Sie auf den Eintrag **andere** ❸ und führen einen Doppelklick darauf aus. Sie erhalten ein Pop-up-Fenster, um zu entscheiden, ob sich Ihr Feld im Beleg, im Kreditorenstammsatz oder im Debitorenstammsatz befindet.

In Abbildung 2.45 sehen Sie, wie solch eine Eingabe aussehen kann. In diesem Zahllauf sollen nur die Posten selektiert werden, die die Belegarten ❶ »KR« oder »KG« ❷ verwenden. Wenn Sie den Haken im Feld ❸ **Werte ausschließen** setzen, werden umgekehrt alle Posten selektiert, die den Werten auf der Registerkarte **Parameter** entsprechen, aber nicht die Posten, die mit der Belegart KR oder KG erfasst wurden.

Achtung bei der Werteingabe!

Mehrere Werte müssen Sie auf der Registerkarte **freie Selektion** mit einem Komma und ohne Leertaste eingeben (z. B. »KR,KG«).

Falls Sie konkrete Belegnummern eingeben, müssen Sie daran denken, dass das Feld **Belegnummer** 10-stellig ist. Bei den Belegnummern mit weniger als 10 Stellen müssen Sie führende Nullen eintragen (z. B. 0045003568 und *nicht* 45003568).

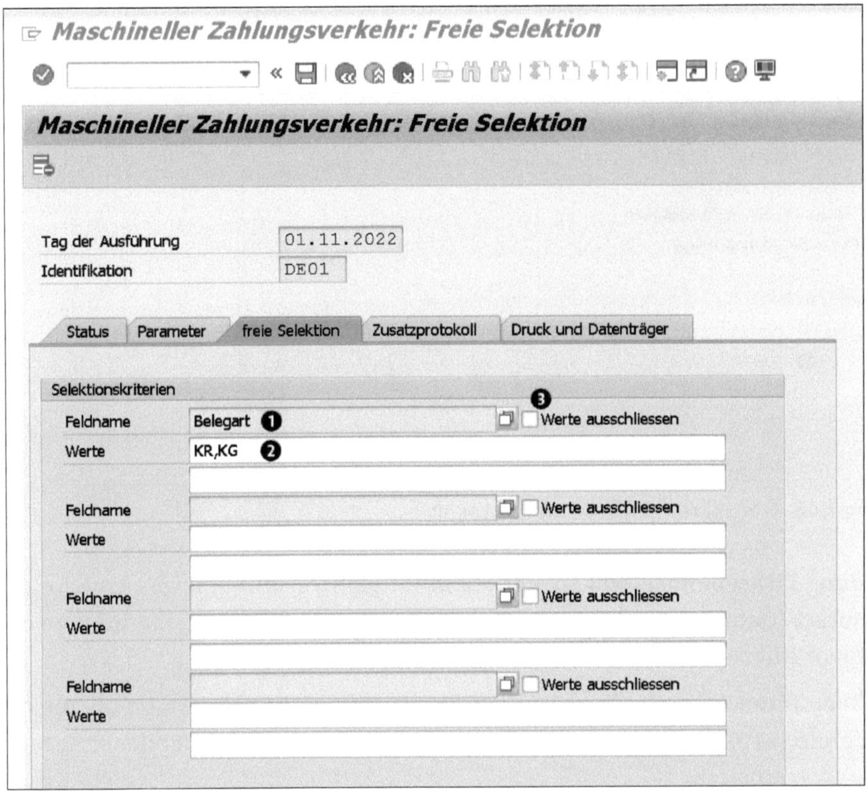

Abbildung 2.45 Transaktion F110: freie Selektion, Eingabe von Werten

In Abbildung 2.46 sehen Sie, welche Informationen im Protokoll gespeichert werden, wenn der F110-Zahllauf gestartet worden ist. Wir empfehlen Ihnen, nach Möglichkeit alle drei Kennzeichen zu aktivieren: ❶ **Prüfung der Fälligkeit**, ❷ **Zahlwegauswahl in allen Fällen** und ❸ **Positionen der Zahlungsbelege**. In das Feld ❹ **Kreditoren von/bis** tragen Sie dasselbe Intervall ein, das Sie zuvor auf der Registerkarte **Parameter** eingegeben haben.

Durch das Aktivieren der Kennzeichen **Prüfung der Fälligkeit**, **Zahlwegauswahl in allen Fällen** und **Positionen der Zahlungsbelege** haben Sie nach dem Zahllauf die Möglichkeit genau zu analysieren, warum bestimmte Posten nicht ausgeglichen wurden.

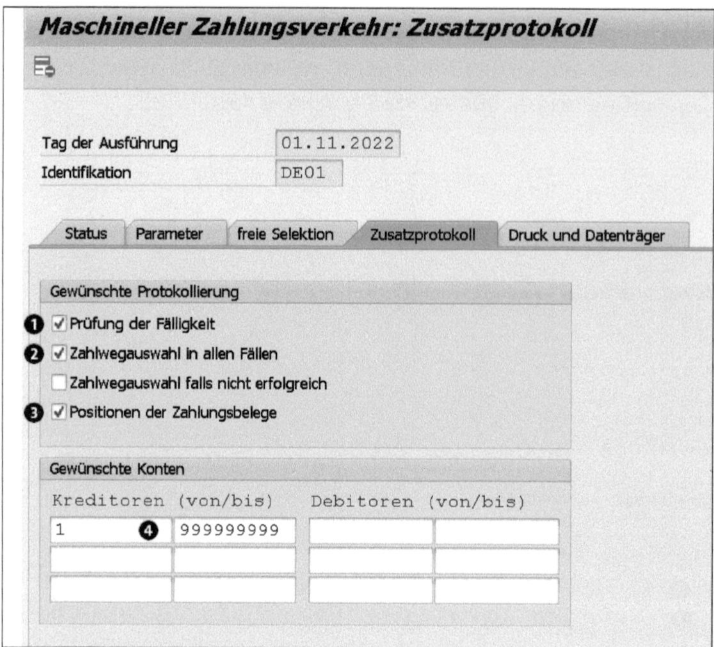

Abbildung 2.46 Transaktion F110: Zusatzprotokoll

In Abbildung 2.47 sehen Sie, wie Sie Varianten für die Druckprogramme im Bereich **Formulardruck/Datenträgeraustausch** ❶ oder die zu erstellenden Listen im Bereich **Listen** ❷ zuordnen können.

Die Angaben unter **Formulardruck/Datenträgeraustausch** hängen davon ab, ob Sie mit oder ohne SAP Bank Communication Management und ob Sie mit oder ohne SAP In-House Cash arbeiten.

Falls Sie SAP Bank Communication Management im Einsatz haben, nehmen Sie hier keine Angaben vor, weil der Druck (Erzeugung der Zahldatei) erst im SAP Bank Communication Management nach dem Batching stattfindet).

Falls Sie mit SAP In-House Cash arbeiten und die Zahlungen nicht an die externe Bank, sondern an die In-House-Bank schicken, tragen Sie hier die entsprechende Variante ein, damit die Zahlungs-IDocs erzeugt werden können. Weitere Erläuterungen dazu finden Sie in Abschnitt 5.1, »Interne Kommunikation zwischen der In-House-Bank und den Tochtergesellschaften«.

Im Bereich **Listen** können Sie vordefinierte Varianten für die Zahlliste und Ausnahmeliste zuordnen. Auch wenn Sie in diesem Bereich nichts eintragen, werden während des Zahllaufs Listen für die Zahlungen und Ausnahmen geschrieben und stehen Ihnen nach dem Zahllauf zur Verfügung. Durch die Eingaben hier haben Sie die Möglichkeit, das Layout dieser Listen zu steuern.

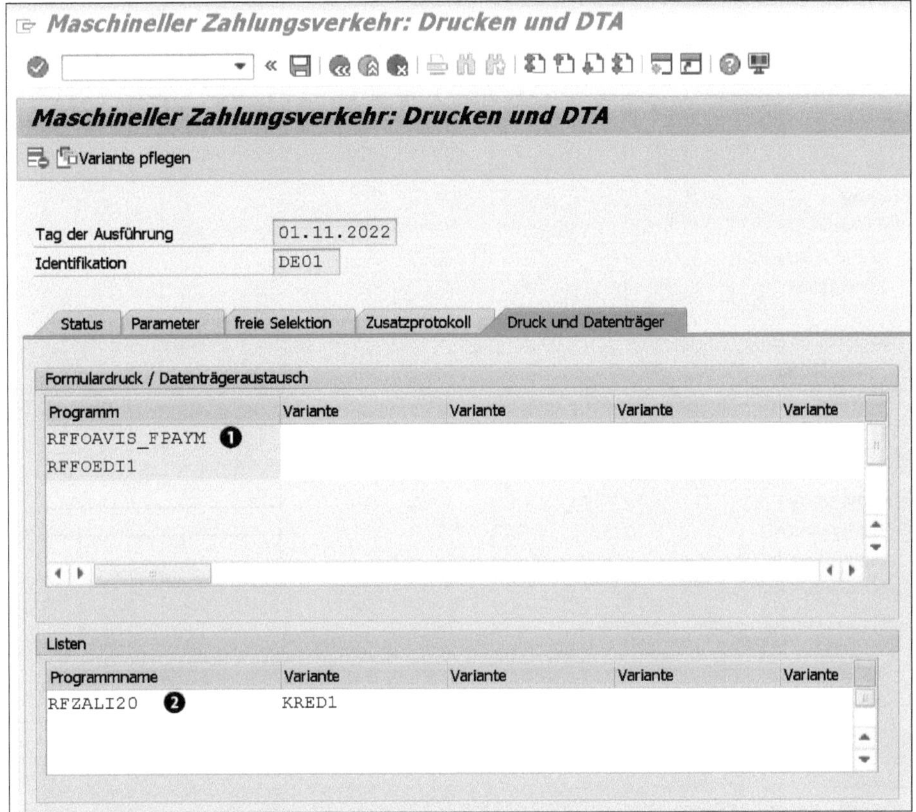

Abbildung 2.47 Transaktion F110: Druck und Datenträger

2.5.2 Transaktion F110S: automatisches Einplanen des Zahlprogramms

Die im vorangehenden Abschnitt beschriebene Transaktion F110 erfordert einen User-Dialog und muss manuell gestartet werden. Sie haben aber auch die Möglichkeit, F110-Zahlläufe als Hintergrundjobs einzuplanen, um die Zahlläufe mit festgelegten Parametern regelmäßig und ohne manuelle Ausführung laufen zu lassen. Hierzu nutzen Sie Transaktion F110S (Automatisches Einplanen des Zahlprogramms).

In Abbildung 2.48 sehen Sie dieselben Informationen, die Sie in Transaktion F110 eingeben.

Mit Transaktion F110S können Sie beliebig viele Varianten definieren und speichern. Ebenso wie bei allen anderen SAP-Reports können Sie bei der Variantenpflege das Datum als dynamische Variable definieren.

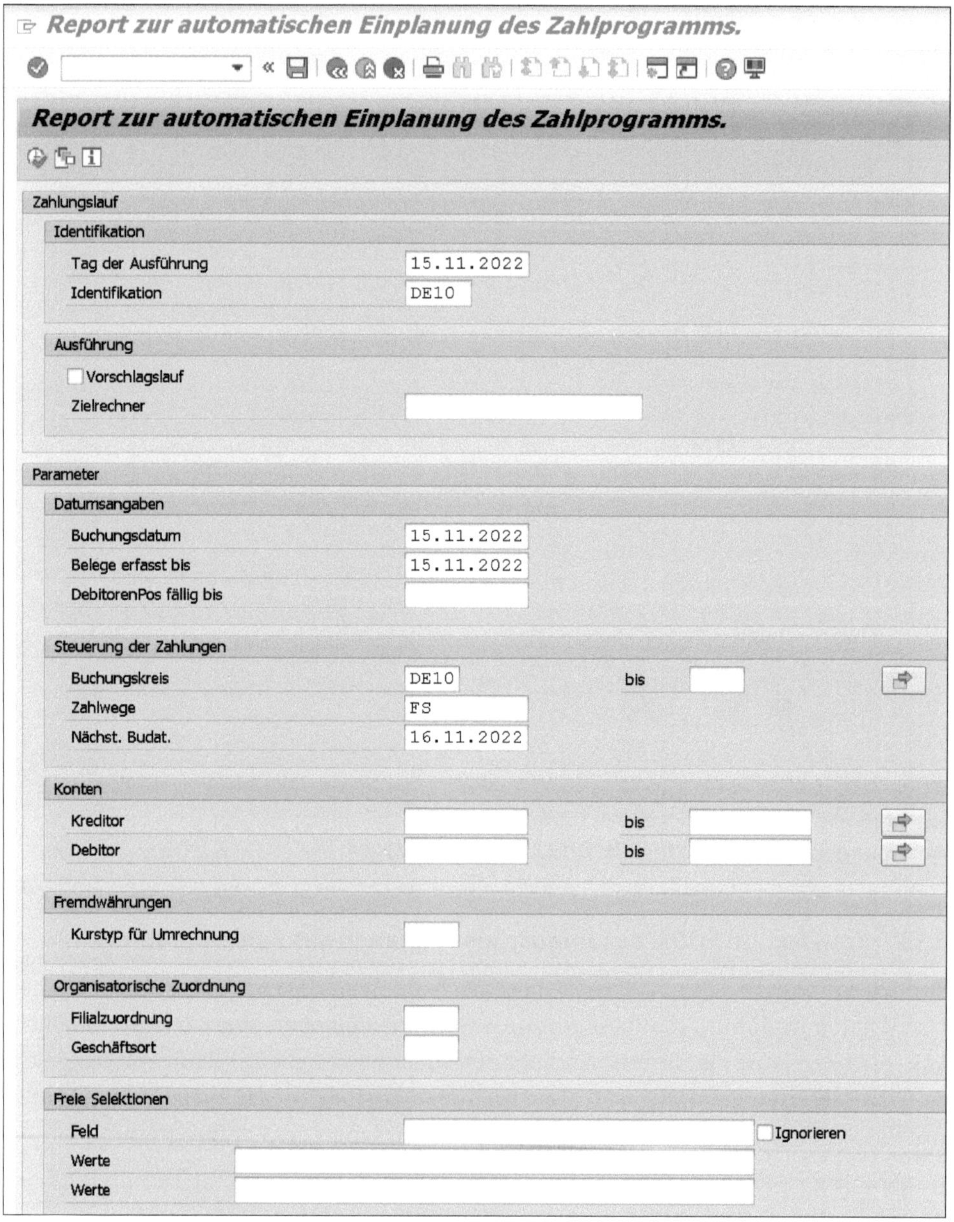

Report zur automatischen Einplanung des Zahlprogramms.

Report zur automatischen Einplanung des Zahlprogramms.

Zahlungslauf

Identifikation

Tag der Ausführung	15.11.2022
Identifikation	DE10

Ausführung

- [ ] Vorschlagslauf

Zielrechner	

Parameter

Datumsangaben

Buchungsdatum	15.11.2022
Belege erfasst bis	15.11.2022
DebitorenPos fällig bis	

Steuerung der Zahlungen

Buchungskreis	DE10	bis	
Zahlwege	FS		
Nächst. Budat.	16.11.2022		

Konten

Kreditor		bis	
Debitor		bis	

Fremdwährungen

Kurstyp für Umrechnung	

Organisatorische Zuordnung

Filialzuordnung	
Geschäftsort	

Freie Selektionen

Feld		Ignorieren
Werte		
Werte		

Abbildung 2.48 Transaktion F110S: Übersichtsbild

In Abbildung 2.49 sehen Sie, dass in den Attributen der Variante »F110 TÄGLICH« die Datumsangaben variabel berechnet werden. Die Felder **Tag der Ausführung**, **Buchungsdatum**, **Belege erfasst bis** und **DebitorenPos fällig bis** werden während des Zahllaufs mit dem jeweiligen Tagesdatum befüllt. Das Feld **Nächst. Budat.** entspricht dem Tagesdatum plus weiteren 5 Arbeitstagen.

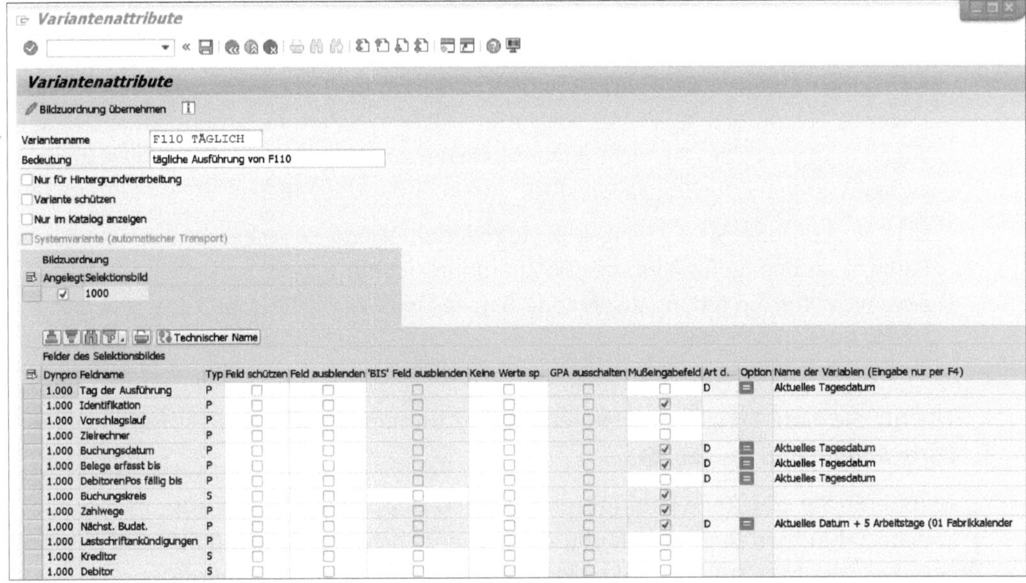

Abbildung 2.49 Transaktion F110S: variable Datumsberechnung

[«]

Jobeinplanung für die Transaktion F110S

Sie können den Hintergrundjob mit Transaktion SM36 (Job definieren) oder mit anderen Tools einplanen, die Sie für die Jobeinplanung möglicherweise im Einsatz haben. Verwenden Sie dazu den Report RFF110S und die Variante, die Sie über F110S angelegt haben.

2.5.3 Transaktion BNK_APP: Zahlungen genehmigen

In Transaktion BNK_APP geben Sie die erzeugten Zahlmappen (auch Batches genannt) frei, falls Sie ein Freigaben-Workflow für Ihre Zahlungen aktiviert haben.

In Abbildung 2.50 sehen Sie mehrere Zahlmappen in Transaktion BNK_APP, die genehmigt werden sollen.

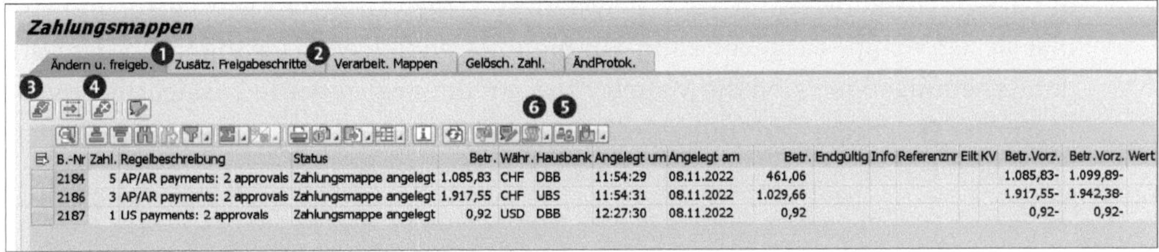

Abbildung 2.50 Transaktion BNK_APP: Zahlungen genehmigen

Einträge nur für Genehmiger sichtbar!

Sie werden nur dann in Transaktion BNK_APP Einträge finden, wenn Sie als genehmigende Person den jeweiligen Regeln in SAP Bank Communication Management zugeordnet sind. Falls Sie nicht auf der Liste der zur Freigabe berechtigten Personen stehen, werden Sie in Transaktion BNK_APP keine Einträge finden.

Es ist wichtig, dass Sie der Freigeberliste zugeordnet sind, bevor ein Zahllauf in einem Batch zusammengefasst wurde. Die Zuordnung ist nur für alle zukünftigen Batches, aber nicht für die schon existierende Batches wirksam, auch wenn sie noch nicht freigebegeben wurden.

Die für die erste Freigabe bereitstehenden Zahlmappen sehen Sie auf der Registerkarte **Ändern und freigeb.** ❶.

Markieren Sie eine Zeile, und führen Sie einen Doppelklick darauf aus, um zu sehen, welche Zahlungen in dieser Mappe zusammengefasst worden sind. Wenn die Detailinformation Ihren Erwartungen entspricht, kehren Sie mithilfe des grünen Pfeils zurück.

Über den Button (**Genehmigen**) ❸ können Sie eine oder gleichzeitig mehrere Zahlmappen freigeben, und über den Button (**Ablehnen**) ❹ verweigern Sie die Freigabe.

Es gibt zahlreiche weitere Funktionen in dieser Transaktion, die wir nicht einzeln erläutern können. Erwähnenswert sind die Buttons (**Liste der Genehmigenden**) ❺ und (**Historie**) ❻. Über den Button **Liste der Genehmigenden** können Sie sich ansehen, welche Personen diese Mappe freigeben können, und über den Button **Historie** sehen Sie sowohl die Freigabehistorie als auch die Statushistorie, in denen alle Änderungen festgehalten sind.

Nachdem Sie die erste Freigabe über den Button **Genehmigen** getätigt haben, klicken Sie auf den Button **Speichern**, damit Ihre Freigabe nicht verloren geht.

Nach dem Speichern der Änderungen verschwinden die Zahlmappen aus der Registerkarte **Ändern und Freigeben**.

Für Sie als freigebende Person sind diese Zahlmappen nicht mehr sichtbar. Wie in anderen SAP-Workflows sorgt das SAP-System auch hier dafür, dass jede Person nur einmal die Zahlmappe freigeben kann. Für die anderen freigeben Personen aus der Liste der Genehmigenden sind die Mappen nun auf der Registerkarte **Zusätzliche Freigabeschritte** ❷ sichtbar. Dort müssen die Zahlmappen analog zur gerade beschriebenen Erstfreigabe ebenfalls genehmigt oder abgelehnt werden.

[«]

SAP-Fiori-Apps zur Genehmigung von Zahlmappen

Sie können zwei SAP-Fiori-Apps zur Genehmigung von Zahlmappen verwenden: zum einen die SAP-Fiori-App **Bankzahlungen genehmigen** mit der technischen ID BNK_APP, die identisch zur GUI-Version ist, und zum anderen handelt es sich um die SAP-Fiori-App **Bankzahlungen genehmigen** mit der technischen ID F0673A. Die SAP-Fiori-App F0673A hat keine Entsprechung im SAP GUI.

2.5.4 SAP-Fiori-Apps zur Bankkontenverwaltung

In SAP S/4HANA ist die Lösung SAP Bank Account Management für die erweiterte Verwaltung der Bankkonten und Bankstammdaten enthalten. In diesem Buch verzichten wir auf eine detaillierte Beschreibung aller dazugehörigen Apps und Transaktionen. Sie sind sehr gut im Buch von Martin Peto beschrieben.

[+]

Literaturempfehlung zur Stammdatenpflege für Hausbanken

Mehr über die Pflege der Hausbanken und Hausbankkonten in SAP S/4HANA können Sie im Buch »Cash Management mit SAP S/4HANA« von Martin Peto nachlesen, siehe Kapitel 7, »Stammdaten für Banken und Bankkonten pflegen«.

Da aber der gesamte Zahlungsverkehrsprozess in wesentlicher Form auf den korrekt und vollständig gepflegten Bankdaten basiert, wollen wir zumindest die wichtigsten Apps in diesem Buch erwähnen.

- SAP-Fiori-App F1366A: Bankkonten verwalten
- SAP-Fiori-App F1574: Banken verwalten – einfach
- SAP-Fiori-App F1758: Hausbanken anzeigen
- SAP-Fiori-App F1759: Hausbankkonto (S/4HANA)
- SAP-Fiori-App F1760: Bank (S/4HANA)
- Transaktion FI13_HBANK: Hausbanken anzeigen
- Transaktion FI03: Anzeigen Bank

2.5.5 Transaktion IHC1EP: Externen Zahlungsauftrag anlegen

In Transaktion IHC1EP (Externen Zahlungsauftrag anlegen) können Sie einen manuellen IHC-Zahlungsauftrag für die Durchführung einer externen Zahlung direkt im zentralen System der In-House-Bank anlegen.

Dies kann hilfreich sein, wenn Sie z. B. sehr kleine Tochtergesellschaften mit seltenen Zahlungen haben, die kein SAP-System im Einsatz haben und für die auf eine automatische Schnittstelle zwischen Tochtergesellschaft und In-House-Bank verzichtet wurde. Solche Tochtergesellschaften können ihre Aufträge direkt in SAP In-House Cash manuell anlegen und dort freigeben.

In Abbildung 2.51 sehen Sie das Übersichtsbild von Transaktion IHC1EP. Im Bereich **Auftraggeber/Begünstigter** ❶ tragen Sie den Bankkreis, der Ihrer In-House-Bank entspricht, und das virtuelle Konto des Absenders bei der In-House-Bank ein. Im Bereich **Empfänger/Zahlungspflichtiger** ❷ tragen Sie den Bankschlüssel und das Bankkonto Ihres Geschäftspartners bei seiner externen Bank ein. Sie brauchen auch die Transaktionsart im Feld **Transaktionsart** ❸, die gemäß dem Customizing in Ihrem System für externe Zahlungen eingerichtet worden ist.

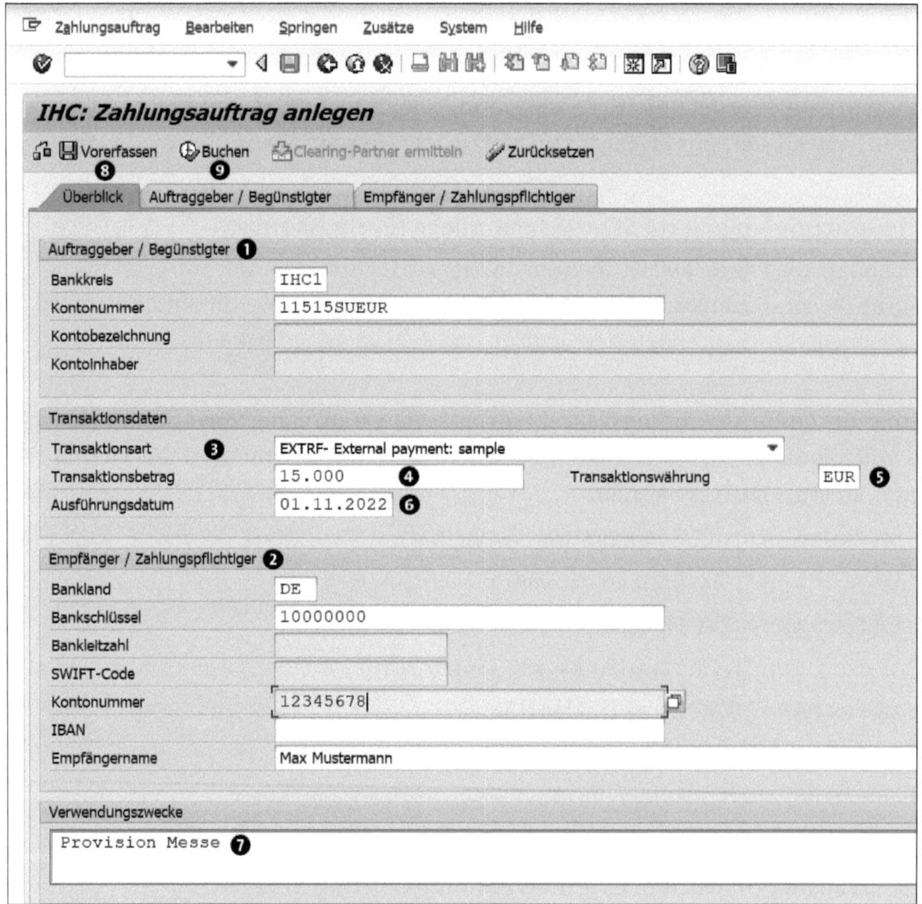

Abbildung 2.51 Transaktion IHC1EP: Übersichtsbild

In das Feld **Transaktionsbetrag** ❹ tragen Sie den Zahlungsbetrag und in das Feld **Transaktionswährung** ❺ die Zahlwährung ein. Außerdem müssen Sie ein Datum in das Feld **Ausführungsdatum** ❻ eingeben. Normalerweise handelt es sich dabei um das aktuelle Tagesdatum. Im Bereich **Verwendungszwecke** ❼ haben Sie noch Platz für Informationen, die dem Zahlungsempfänger helfen können, die Zahlung eindeutig zu identifizieren. Dies ist ein Freitextfeld und wird bei der endgültigen Zahlung durch die In-House-Bank an die externe Bank weitergegeben.

Nachdem Sie alle Felder ausgefüllt haben, können Sie den IHC-Zahlungsauftrag entweder als Entwurf mit einem Klick auf den Button **Vorerfassen** ❽ speichern oder mit einem Klick auf den Button **Buchen** ❾ diesen Zahlungsauftrag verbuchen bzw. ihn zur Freigabe stellen, falls Sie in SAP In-House Cash ein 4-Augen-Prinzip eingerichtet haben.

2.5.6 Transaktion IHC1IP: Internen Zahlungsauftrag anlegen

Auch Intercompany-Zahlungen, die innerhalb einer In-House-Bank von Tochtergesellschaft 1 zu Tochtergesellschaft 2 fließen, können Sie manuell in SAP In-House Cash erfassen. Hierzu verwenden Sie Transaktion IHC1IP (Internen Zahlungsauftrag anlegen).

In Abbildung 2.52 sehen Sie das Übersichtsbild von Transaktion IHC1IP, die sehr ähnlich der im vorherigen Abschnitt beschriebenen Transaktion IHC1EP aussieht.

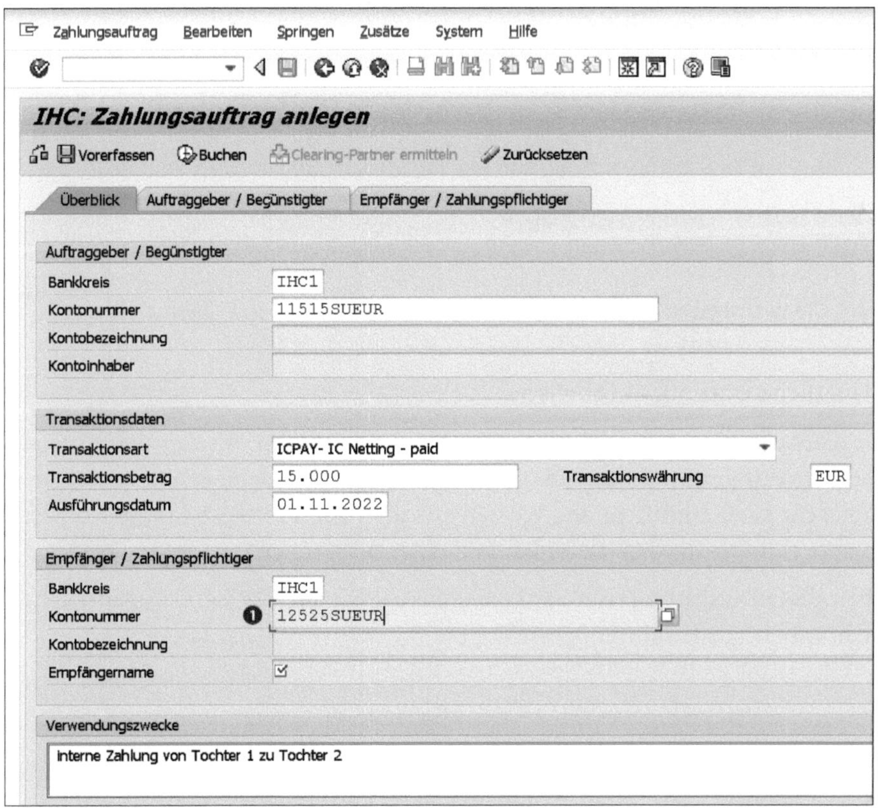

Abbildung 2.52 Transaktion IHC1IP: Übersichtsbild

Der wesentliche Unterschied liegt im Bereich **Empfänger/Zahlungspflichtiger** ❶, in dem Sie nicht das externe Bankkonto des Partners wie in Transaktion IHC1EP, sondern ebenfalls das virtuelle Bankkonto von Tochtergesellschaft 2 bei Ihrer In-House-Bank eintragen.

Auch hier können Sie den IHC-Zahlungsauftrag entweder als Entwurf vorerfassen oder aber verbuchen bzw. zur Freigabe stellen.

2.5.7 Weitere nützliche Transaktionen und SAP-Fiori-Apps

Ihnen stehen auch einige weitere Transaktionen und SAP-Fiori Apps zur Verfügung, die im Bereich des ausgehenden Zahlungsverkehrs hilfreich sein können. Wir stellen nun die wichtigsten Transaktionen mit einer kurzen Erläuterung dazu in Tabelle 2.7 zusammen. Rufen Sie diese Transaktionen am besten selbst auf, um zu überprüfen, welche davon für Sie von besonderem Interesse sind.

Transaktionscode/ SAP-Fiori-App	Transaktionsname	Funktionsbeschreibung
F1734	Kontoauszugsmonitor – Tagesabschluss	Monitoring von täglichen Kontoauszügen
BNK_MONI	Mappen- und Zahlungsmonitor	Monitoring von ausgehenden Zahlungen
IHC0	Zahlungsauftragsbrowser	Anzeige von IHC-Zahlungsaufträgen
S_ALR_87012078	OP-Fälligkeitsanalyse	Auswertung der fälligen und überfälligen kreditorischen Posten

Tabelle 2.7 Die wichtigsten Transaktionen und SAP-Fiori-Apps im P2P-Zahlungsbereich

2.5.8 Nützliche Datenbanktabellen

Falls Sie die Auswertungen von größeren Datenmengen im Bereich des P2P-Zahlungsverkehrs durchführen müssen oder aber auch entstandene Fehler analysieren und einen schnellen Zugriff zu den Werten aus dem P2P-Prozess benötigen, sollten Sie die Daten mithilfe der SAP-Datenbanktabellen aufbereiten und analysieren.

Wir haben die wichtigsten Datenbanktabellen, die Sie im P2P-Bereich gebrauchen können, in Tabelle 2.8 zusammengestellt.

Tabellenname	Tabellenbezeichnung	Erklärung
REGUH	Regulierungsdaten aus dem Zahlprogramm	Kopfdaten aus dem F110-Zahllauf (auf der Lieferantenebene)
REGUP	Bearbeitete Positionen aus dem Zahlprogramm	Positionsdaten aus dem F110-Zahllauf (auf der Rechnungsebene)
FEBKO	Kopfsätze des elektronischen Kontoauszugs	Kopfdaten der importierten Kontoauszüge
FEBEP	Einzelposten des elektronischen Kontoauszugs	Positionsdaten der importierten Kontoauszüge
FEBRE	Referenzsatz zu einem Einzelposten des elektronischen Kontoauszugs	Referenzangaben der importierten Kontoauszüge
BNKA	Bankenstamm	Stammdaten aller Banken
LFB1	Lieferantenstamm (Buchungskreis)	Lieferantenstammdaten auf der Buchungskreisebene
LFBK	Lieferantenstamm (Bankverbindungen)	Bankverbindungen der Lieferanten
TIBAN	IBAN	IBAN-Nummern

Tabelle 2.8 Die wichtigsten Datenbanktabellen im P2P-Zahlungsbereich

[«]

Die Datenbanktabellen LFB1 und LFBK

Wir haben bewusst die beiden Datenbanktabellen LFB1 und LFBK angegeben, die in SAP ECC verwendet worden sind. Zwar wurden die Lieferanten in SAP S/4 HANA mit den Geschäftspartnern ersetzt, aber der F110-Zahllauf arbeitet weiterhin mit den Datenbanktabellen LFB1 und LFBK. Durch die sogenannte CVI-Integration der Geschäftspartner werden diese Datenbanktabellen automatisch im Hintergrund mit den Daten aus den Geschäftspartnerstammdaten gefüllt. Sollte aber ein Fehler in der CVI-Integration entstehen, durch den die Übertragung der Geschäftspartnerdaten nicht vollständig war, würde es zu einem Fehler in dem F110-Zahllauf kommen, selbst wenn die Geschäftspartnerstammdaten korrekt aussehen. Bei den Fehlern im F110-Zahllauf, die sich auf die fehlenden und unvollständigen Bankverbindungen oder die Zahlwege der Geschäftspartner beziehen, überprüfen Sie die Tabelle LFB1 und die LFBK-Tabellen und gleichen diese mit den Daten aus dem Geschäftspartnerstamm ab.

2.6 Fazit

In diesem Kapitel haben Sie den Prozessfluss im Purchase-to-Pay-Prozess mit den einzelnen Prozessschritten kennengelernt. Auch haben Sie erfahren, dass die P2P-Zahlungen in externe und interne Zahlungen aufgeteilt werden können und dass die Geschäftspartner bei ausgehenden Zahlungen sowohl Lieferanten als auch verschiedene Finanzdienstleister, auch Treasury-Partner genannt, sein können.

Es ist möglich, die Ausführung der externen Lieferantenzahlungen auf unterschiedliche Art und Weise abzuwickeln. Externe Zahlungen können als lokale Zahlungen ausgeführt werden. Dies bedeutet, dass einzelne Buchungskreise in Ihrem SAP-System ihre externen Bankkonten bei den lokalen Hausbanken verwenden. Wir haben alle in einem SAP auszuführenden Schritte in diesem Kapitel erläutert.

Auch haben wir festgestellt, dass die externen Lieferantenzahlungen als On-Behalf-Zahlungen ausgeführt werden können. In diesem Fall ist die sogenannte In-House-Bank beteiligt. Die In-House-Bank ist eine zentrale Einheit, die im Auftrag von allen Tochtergesellschaften Zahlungen an externe Lieferanten ausführt und dabei die externen Bankkonten, die dieser zentralen Einheit bei den Hausbanken gehören, verwendet. Auch bei den On-Behalf-Zahlungen haben wir alle Schritte in einem SAP-System gezeigt.

Danach haben wir die Besonderheiten in der Abwicklung der internen Zahlungen angesprochen und die Möglichkeiten zur Abwicklung der ICC-Zahlungen in einem SAP-System gezeigt.

Wir sind auf die Voraussetzungen für die Prozesse der internen und externen Zahlungen eingegangen und haben ausführlich erklärt, welche Stammdaten für diese Prozesse relevant und wie sie zu pflegen sind.

Anschließend haben wir die wichtigsten SAP-Transaktionen und SAP-Fiori-Apps aufgezählt, die Sie für die Analysen und die Ausführung einzelner Schritte im P2P-Prozess benötigen werden.

Kapitel 3
Treasury-Zahlungen

In diesem Kapitel erklären wir, welche Zahlungen zu den Treasury-Zahlungen gehören. Wir machen Sie mit den unterschiedlichen Zahlungsprozessarten im Bereich Treasury bekannt, geben Ihnen Anwendungsbeispiele und zeigen Ihnen die Analysemöglichkeiten mit unterschiedlichen SAP-Fiori-Apps und Reporting-Tools.

In Kapitel 1, »Einführung in die Zahlungsverkehrsprozesse im Unternehmen«, haben wir besprochen, dass einige Geschäftspartnerzahlungen nicht aus Lieferungen und Leistungen resultieren, sondern aus finanziellen Beziehungen unterschiedlicher Art. Die Basis für solche Beziehungen kann vielfältig sein. So kann es sich z. B. um vom Unternehmen bei der Bank aufgenommene und regelmäßig zu tilgende Darlehen oder um vom Unternehmen an eine Tochtergesellschaft verliehene Kredite handeln. Manchmal geht es auch um Kontoüberträge, weil das Unternehmen bei Bedarf Gelder zwischen seinen eigenen externen Bankkonten übertragen muss. In diesem Fall reden wir über sogenannte *Treasury-Zahlungen*.

In diesem Kapitel beschäftigen wir uns damit, wie die Treasury-Zahlungen typischerweise ausgeführt und abgewickelt werden.

In Abschnitt 3.1, »Einführung«, erklären wir ausführlich, was genau unter Treasury-Zahlungen gemeint ist und welche Herkunft diese Zahlungen haben.

In Abschnitt 3.2, »Cash-Management-Zahlungen«, betrachten wir im Detail eine bestimmte Art der Treasury-Zahlungen, und zwar Zahlungen, die ihre Herkunft im Cash Management haben, bzw. aus den im Cash Management entstehenden Bedürfnissen. Zusätzlich erklären wir das Konzept des sogenannten Cash Pooling.

In Abschnitt 3.3, »Zahlungen in SAP Treasury and Risk Management«, geht es um die Abwicklung und Besonderheiten der Zahlungen, die ihren Ursprung in SAP Treasury and Risk Management haben.

In Abschnitt 3.4, »Free-Form-Zahlungen«, erläutern wir, was die Free-Form-Zahlungen sind, in welchen Fällen sie verwendet und wie sie erfasst werden können.

In Abschnitt 3.5, »Stammdaten und andere Voraussetzungen«, gehen wir auf die relevanten Stammdaten und Anforderungen zum Inhalt dieser Stammdaten im Zusammenhang mit den Treasury-Zahlungen ein.

In Abschnitt 3.6, »Nützliche Transaktionen und SAP-Fiori-Apps«, und Abschnitt 3.7, »Reporting- und Analysemöglichkeiten«, zählen wir noch die wichtigsten Transaktionen, SAP-Fiori-Apps und Reporting-Möglichkeiten auf, die bei der Analyse der Treasury-Zahlungen hilfreich sein können.

3.1 Einführung

In diesem Buch verstehen wir unter *Treasury-Zahlungen* alle Zahlungen, die nicht aus Lieferungen und Leistungen, sondern aus den Beziehungen zu unterschiedlichen finanziellen Instituten oder Partnern entstehen, wenn Kapital/Geld das Hauptobjekt dieser Beziehung ist.

Treasury-Zahlungen sind nicht gleich Treasury-Zahlungen!

Von Unternehmen zu Unternehmen wird der Begriff *Treasury-Zahlungen* unterschiedlich verwendet. Einige Unternehmen zählen alle Zahlungen ohne Bezug zu den Lieferungen und Leistungen zu den Treasury-Zahlungen. Nach diesem Verständnis, das auch wir diesem Buch zugrunde legen, stammen Treasury-Zahlungen:

- aus *SAP Treasury and Risk Management* (Geldhandel, Währungsgeschäfte, Wertpapierhandel)
- aus *SAP Cash and Liquidity Management* (Bankkontoüberträge und Cash Pooling)

Andere Unternehmen verstehen unter Treasury-Zahlungen nur Zahlungen aus SAP Treasury and Risk Management. Die Cash-Management-Zahlungen werden separat betrachtet und zählen nicht zu den SAP-Treasury-Zahlungen.

Besonders beim Start eines neuen Projekts empfehlen wir im Detail und vor allem gemeinsam im Projektteam zu definieren, was genau unter jedem im Unternehmen verwendeten Begriff gemeint ist. Das klare gemeinsame Verständnis hilft dabei, unangenehme Überraschungen bei der weiteren Projektarbeit deutlich zu reduzieren oder gar zu vermeiden.

Die Geschäftspartner in den oben erwähnten Betriebsvorgängen sind keine klassischen Lieferanten oder Kunden. Diese Geschäftspartner im SAP-System sind nicht in der Rolle der Kreditoren oder Debitoren enthalten, und es gibt keine offenen Posten, die ausgeglichen werden können. Damit ist es nicht möglich, einen F110-Zahllauf (Transaktion F110 = Maschineller Zahlungsverkehr) für Zahlungen solcher Art zu verwenden.

Es muss etwas anderes geben, das im SAP-System als Basis für Auszahlungen genutzt werden kann. Bei Treasury-Zahlungen jeder Art sind *Zahlungsanordnungen*, die wir in Kapitel 2, »Purchase-to-Pay«, schon gesehen haben, solch eine Basis.

[«]

Zur Erinnerung: Zahlungsanordnung aus dem P2P-Prozess in SAP In-House Cash

In Kapitel 2, »Purchase-to-Pay«, haben wir gesehen, dass Zahlungsanordnungen bei der Durchführung von On-Behalf-Zahlungen als Zwischenglied eingesetzt werden, um die Zahlungsanweisungen aus SAP In-House Cash an das Finanzwesen der In-House-Bank zu übergeben und, basierend darauf, einen F111-Zahllauf zu starten, der wiederum erforderlich ist, um die Zahlungen an die externe Bank zu übermitteln.

Treasury-Zahlungen nehmen ihren Ursprung in SAP Treasury and Risk Management oder in SAP Cash Management. Wenn Sie das Konzept der Zahlungsanordnungen bei der Durchführung von externen Zahlungen mit SAP In-House Cash aus Kapitel 2, »Purchase-to-Pay«, begriffen haben, können Sie nun Ihr Verständnis 1:1 auf Treasury-Zahlungen übertragen.

Auch bei Treasury-Zahlungen wird aus dem ursprünglichen Geschäftsvorgang aus SAP Treasury and Risk Management oder SAP Cash Management heraus eine FI-Zahlungsanordnung generiert, die anschließend mit Transaktion F111 ausgeglichen und bei Bedarf an die Bank geschickt wird.

[«]

Manchmal keine Zahldateien bei Treasury-Zahlungen

Im letzten Satz über diesem Hinweiskasten haben wir bewusst die Phrase »bei Bedarf« verwendet. Besonders bei Zahlungen in SAP Treasury and Risk Management kommt es nicht selten vor, dass das Unternehmen eine Vereinbarung mit der Bank hat, dass die fälligen Beträge direkt von der Bank verrechnet und zur Fälligkeit von den Konten direkt abgezogen werden. Der F111-Zahllauf ist in diesem Fall nur für den Ausgleich der offenen Posten im SAP-System und zum Erzeugen von entsprechenden FI-Buchungen erforderlich. Es wird dabei keine Zahldatei erzeugt, und an die Bank wird nichts geschickt.

In Abbildung 3.1 sehen Sie, dass die Vorgehensweise bei Treasury-Zahlungen identisch mit dem Weg der IHC-Zahlungen ist.

Die folgenden SAP-Komponenten nehmen eine zentrale Rolle ein:

- SAP In-House Cash für On-Behalf-Zahlungen
- SAP Treasury and Risk Management für Treasury-Geschäfte (Geldhandel, Fremdwährungshandel, Wertpapiere)
- SAP Cash and Liquidity Management für Bankkontoüberträge oder Cash-Management-Avis

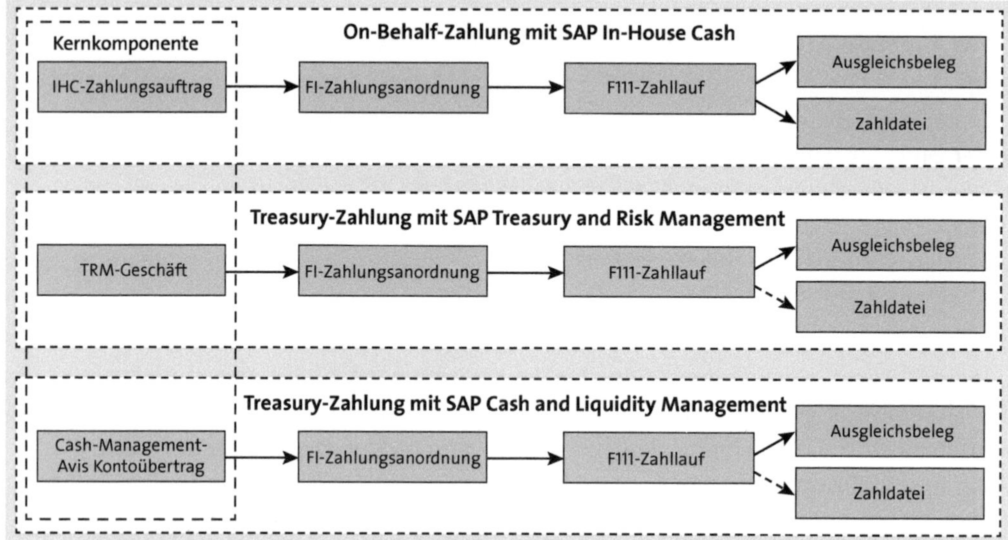

Abbildung 3.1 Konzept der Zahlungsanordnungen bei Treasury-Zahlungen

Aus der Kernkomponente heraus wird eine FI-Zahlungsanordnung generiert, die vom F111-Zahllauf ausgeglichen wird. Als Ergebnis des Zahllaufs wird zum einen ein Ausgleichsbeleg gebucht und zum anderen eine Zahldatei erzeugt.

Bei Zahlungen in SAP Treasury and Risk Management ist der Pfeil zur Zahldatei gestrichelt, um zu verdeutlichen, dass SAP Treasury and Risk Management die Zahlungen nicht zwangsläufig an die Bank schickt.

In einigen Fällen kommt es allerdings vor, dass der zugrundeliegende Vorgang nicht direkt im SAP-System abgebildet und damit nicht eindeutig einer SAP-Kernkomponente zugeordnet werden kann. Bei einigen Unternehmen sind z. B. SAP Treasury and Risk Management und SAP Cash Management nicht oder nur sehr rudimentär im Einsatz. Die Zahlungen an Finanzpartner oder eigene Kontoüberträge müssen aber dennoch vorgenommen werden, oder es handelt sich um einen einmaligen Vorgang, für den nicht die komplette Prozesskette in das SAP-System implementiert wurde; die Zahlung zu diesem Vorgang muss jedoch ebenfalls trotzdem herausgehen.

In solchen Fällen kann die sogenannte *Free-Form-Zahlung*, oder auch *Online-Zahlung* genannt, im SAP-System angelegt werden. Diese wird mit Transaktion FIBLFGP (Free-Form-Zahlung) oder mit der SAP-Fiori-App **Free-Form-Zahlungen** verarbeiten (App-ID F2564) erzeugt. Direkt in der Transaktion werden die Angaben sowohl für den Absender der Zahlung als auch für den Empfänger der Zahlung vorgenommen. Dabei können die Daten auch ohne jeglichen Partnerstammsatz dahinter eingetragen werden. Das direkte Ergebnis solch einer Free-Form-Zahlung ist, wie Sie wahrscheinlich schon vermuten, die FI-Zahlungsanordnung, die vom F111-Zahllauf ausgeglichen und an die Bank übermittelt wird.

[«]

Free Form ähnelt dem privaten Online-Banking!

Die Free-Form-Zahlung findet, ähnlich dem Online-Banking, auch in unserem privaten Umfeld Verwendung, in dem wir keine Stammdaten benötigen, um an einen Dritten einen Geldbetrag zu überweisen. Ebenso wie Sie in Ihrem Online-Banking höchstwahrscheinlich die Möglichkeit haben, die Auftragsvorlagen anzulegen, können Sie das auch in der Free-Form-Transaktion tun. Mit gespeicherten Varianten in Transaktion FIBLFFP lässt sich jede Zahlung minutenschnell ausführen und an die Bank weitergeben. Zur zusätzlichen Kontrolle ist es möglich, bei dem Free-Form-Prozess ein Vier-Augen-Prinzip einzurichten.

Beachten Sie, dass wir in unseren bisherigen Erläuterungen annehmen, dass nach dem F111-Zahllauf eine Zahldatei erzeugt wird. Dies dient der vereinfachten Erläuterung des Zahlungsprozesses. In der Regel unterscheidet sich die Abwicklung der Treasury-Zahlungen nach dem F111-Zahllauf nicht von der Abwicklung der On-Behalf-Zahlungen.

Selbstverständlich können auch die Treasury-Zahlungen an SAP Bank Communication Management und auch an SAP Multi-Bank Connectivity übergeben werden. Es gibt keinen technischen Unterschied oder Einschränkungen im Vergleich zu den On-Behalf-Zahlungen in SAP In-House Cash.

Alle Zahlungen, die mit dem F111-Zahllauf ausgeführt werden, können über SAP Bank Communication Management und SAP Multi-Bank Connectivity vorgenommen werden. Weitere Informationen finden Sie in Kapitel 2, »Purchase-to-Pay«. Da es keine Besonderheiten bei der Übergabe der Treasury-Zahlungen an SAP Bank Communication Management und SAP Multibank Connectivity gibt, verzichten wir an dieser Stelle auf weitere Erläuterungen.

3.2 Cash-Management-Zahlungen

In Kapitel 1, »Einführung in die Zahlungsverkehrsprozesse im Unternehmen«, haben wir festgestellt, dass eins der wichtigen Ziele des Unternehmens die Verbesserung der Liquidität im Konzern ist. Um effizienter liquide Mittel zu verwalten und einen schnelleren Zugriff auf diese Mittel zu erhalten, ändern viele Großunternehmen die gesamte Bankkontenstruktur und zentralisieren ihren Zahlungsverkehr. Doch in der Regel ist es nicht möglich, ausschließlich die Bankkonten der Muttergesellschaft für alle Zwecke zu verwenden. Selbst wenn eine *Payment Factory*, also On-Behalf-Zahlungen und Intercompany Clearing mit SAP In-House Cash, im Konzern im Einsatz ist, behalten die Tochtergesellschaften zum Teil ihre eigenen Bankkonten. Dies kann aus steuerlichen Gründen oder aufgrund von Einschränkungen in der lokalen Gesetzgebung erforderlich sein. Die Bankkonten können bestehen bleiben, damit die Kunden der Tochtergesellschaften weiterhin die Möglichkeit haben, ihre Überweisungen über Bankkonten innerhalb ihres Landes zu tätigen.

Zum einen haben die Töchter also ihre lokalen Bankkonten, auf denen sich z. B. Geldeingänge sammeln. Zum anderen ist mit einer Payment Factory die In-House-Bank dafür verantwortlich, Zahlungen im Auftrag der jeweiligen Gesellschaft auszuführen. Auf den zentralen Konten der Muttergesellschaften erfolgen damit regelmäßige Geldausgänge. Die zentralen Bankkonten müssen über ausreichende Deckung verfügen, damit sie für Zahlungsausgänge verwendet werden können. Geldeingänge der lokalen Gesellschaften müssten auf die zentralen Konten der Mutter transferiert werden, damit dieses Geld u. a. für den Zahlungsverkehr mit der Payment Factory eingesetzt wird.

Auch die umgekehrte Richtung der Geldflüsse ist denkbar: Das lokale Bankkonto der Tochtergesellschaft 1 ist im Minus und muss daher erhöhte Gebühren für die Kontoführung zahlen. Ein anderes Beispiel ist die Tochtergesellschaft 2, die eine Finanzierung benötigt. Das Kapital kann zwar auch auf einem externen Markt erworben werden, allerdings unter schlechteren Bedingungen, wenn die Finanzierung innerhalb des Konzerns erfolgen würde.

3.2.1 Konzept des Cash Pooling

Es ist eine Lösung erforderlich, um Geld auf den Bankkonten innerhalb des Konzerns schnell und unkompliziert bewegen zu können. Diese Lösung heißt *Cash Pooling* und wird sehr oft besonders in Großunternehmen eingesetzt.

Definition des Begriffs »Cash Pooling«

Mit Cash Pooling wird ein konzerninterner Liquiditätsausgleich bezeichnet. Damit werden die Liquiditätsüberschüsse von den lokalen Bankkonten gesammelt und auf dem dafür definierten *Hauptkonto* (auch *Masterkonto* genannt) konzentriert. Die Liquiditätsunterdeckungen auf den lokalen Bankkonten werden ebenfalls vom Masterkonto kompensiert. So lassen sich die externen Finanzierungskosten für den Konzern minimieren.

Die Muttergesellschaft, auf deren Hauptkonto das Geld konzentriert wird, wird auch *Cash Pool Leader* genannt.

Automatisches Cash Pooling

Bei der Definition der Bankkontenstruktur hat jedes Unternehmen in der Regel eine oder mehrere Hauptbanken, bei denen die meisten Bankkonten gehalten werden. Solche Banken bieten in der Regel ein *automatisches Cash Pooling* als Dienstleistung an. Dabei stimmt das Unternehmen mit der Bank eine *Cash-Pooling-Struktur* ab. Gemäß dieser Struktur werden in regelmäßigen Abständen, z. B. täglich, die Salden der lokalen Bankkonten automatisch von der Bank auf das Hauptbankkonto transferiert. Dies geschieht, ohne dass das Unternehmen dafür explizit Anweisungen geben müsste.

In Abbildung 3.2 sehen Sie, wie eine Cash-Pooling-Struktur innerhalb eines Konzerns aussehen könnte. Alle Bankkonten in Abbildung 3.2 befinden sich bei der Deutschen Bank. Die Salden der Konten von Tochter 1, Tochter 2 und Tochter 3 werden regelmäßig auf das der Muttergesellschaft gehörende Masterkonto übertragen.

Mit den gestrichelten Linien wird ein zusätzlicher Übertrag angezeigt, bei dem die Salden der Konten von Tochter 4 und Tochter 5 auf das Bankkonto von Tochter 2 transferiert werden. Der Gesamtsaldo auf dem Bankkonto von Tochter 2 wird danach auf das Masterkonto übertragen. Dieses kompliziertere Szenario ist möglich, aber natürlich nicht erforderlich.

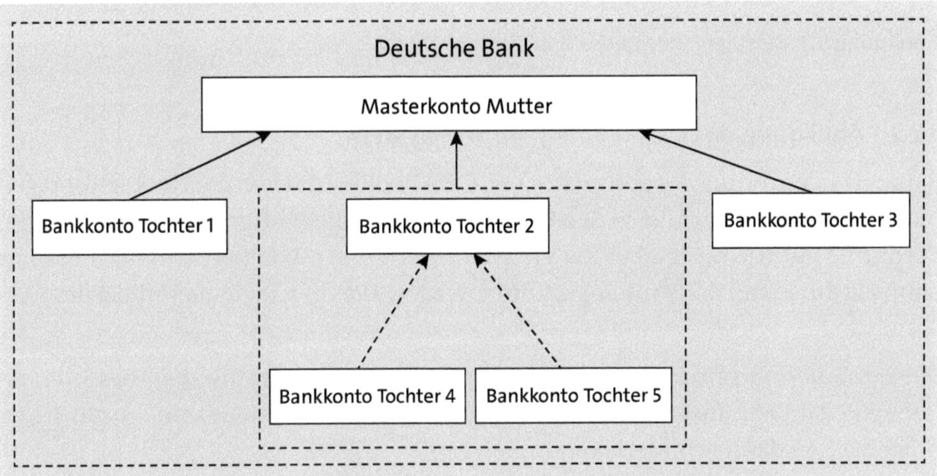

Abbildung 3.2 Beispiel eines Cash-Pooling-Modells bei der Deutschen Bank

Zero Cash Pooling

Ein sehr verbreitetes Modell eines automatischen Cash Pooling ist das sogenannte *Zero Cash Pooling*. In diesem Fall werden die lokalen Bankkonten täglich zum Ende des Banktags auf null gestellt, und die Salden werden auf das Masterkonto verschoben.

In Abbildung 3.3 sehen Sie ein Beispiel für ein Zero Cash Pooling. Dabei werden am Endes jedes Tages die Salden auf den lokalen Konten auf null gestellt und auf das Masterkonto übertragen. Damit sind die Salden auf allen Bankkonten der Töchter nach der Durchführung des Cash Pooling gleich null, und das Masterkonto weist einen Saldo in Höhe von 270 Geldeinheiten auf.

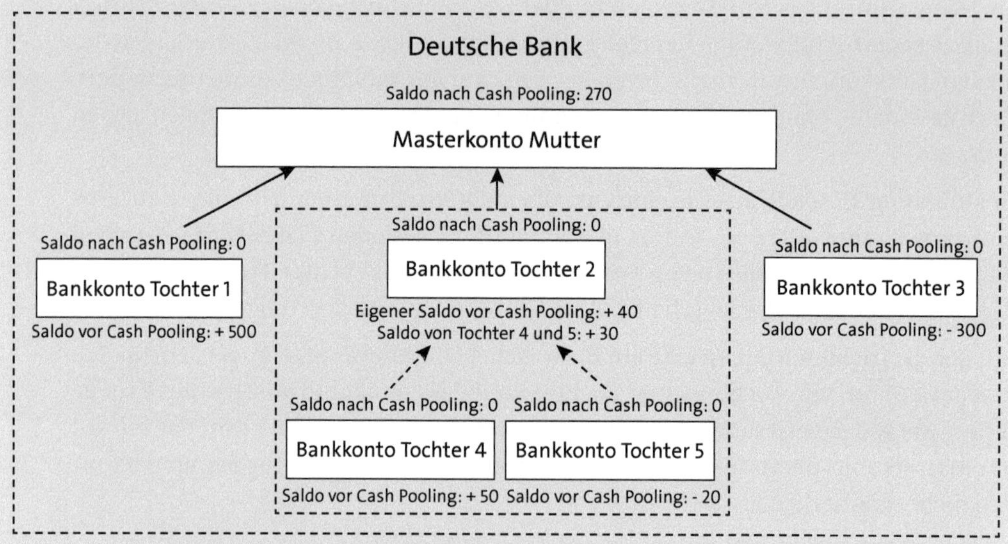

Abbildung 3.3 Beispiel eines Zero-Cash-Pooling-Modells

3.2.2 Abbildung des Cash Pooling im SAP-System

Bei der Durchführung des automatischen Cash Pooling, das von der Bank selbst regelmäßig angestoßen wird, ist in den SAP-Systemen für die Muttergesellschaft und ihre Töchter so gut wie keine Aktivität erforderlich. Die Cash-Pooling-Struktur muss nur einmalig direkt mit der Bank abgestimmt werden. Dies geschieht außerhalb des SAP-Systems.

Das *Zero Balancing* am Ende jedes Arbeitstages wird ebenfalls außerhalb des SAP-Systems von der Bank ausgeführt. Es sind seitens des Unternehmens keine zusätzlichen Anweisungen dafür erforderlich.

Externe Kontoauszüge

Damit der Stand auf den Bankkonten im SAP-System des Unternehmens richtig dargestellt wird, müssen bei der Durchführung des automatischen Cash Pooling externe Kontoauszüge verbucht werden.

In Kapitel 1, »Einführung in die Zahlungsverkehrsprozesse im Unternehmen«, haben wir gelernt, dass die Kontoauszüge Informationen über jede einzelne Position auf dem Bankkonto enthalten. Dazu gehören sowohl Bestätigungen für die erfolgreich verbuchten Geldausgänge als auch erfolgte Geldeingänge sowie *Cash-Pooling-Transfers*.

Sowohl die Mutter als auch die Töchter erhalten für ihre jeweiligen externen Bankkonten einen täglichen Kontoauszug, in dem der Kontoübertrag im Rahmen des automatischen Cash Pooling als separate Position ausgewiesen wird. Die Cash-Pooling-Positionen haben einen eigenen *Geschäftsvorfallcode* (z. B. GVC 833 bei der Verwendung des MT940-Formats). Dieser Code ist notwendig, um die jeweilige Position als Cash-Pooling-Position zu erkennen und korrekt zu verbuchen.

[«]

Cash-Pooling-Positionen auf externen Bankkonten

Je nach Saldo auf dem Bankkonto zeigt die Kontoauszugsposition entweder einen Geldausgang oder einen Geldeingang.

Wenn beispielsweise am Ende des Tages auf dem Bankkonto von Tochter 1 2.000 EUR als Saldo verblieben sind, wird die Cash-Pooling-Position des Tochterkontos einen Geldausgang in Höhe von 2.000 EUR anzeigen. Die Cash-Pooling-Position für das Masterkonto der Mutter wird dabei den Geldeingang in Höhe von 3.000 EUR ausweisen.

Ebenso ist die umgekehrte Richtung möglich: Bei einem negativen Saldo in Höhe von 3.000 EUR auf dem Bankkonto von Tochter 2 zeigt die Cash-Pooling-Position von Tochter 2 den Geldeingang in Höhe von 3.000 EUR. Auf dem Masterkonto der Muttergesellschaft wird dafür ein Geldausgang in Höhe von 3.000 EUR festgehalten.

Cash Pooling und SAP In-House Cash

Bei dem bisher beschriebenen Modell gäbe es für Gesellschaften mit Liquiditätsunterdeckungen keinen Anreiz, etwas zu verändern. Ihr Bankkonto wäre am Ende jedes Tages auf null gesetzt, unabhängig davon, wie hoch der negative Saldo des Kontos wäre.

Bei der Einführung des Cash Pooling schließt die Muttergesellschaft Verträge mit den Töchtern ab, in denen alle Bedingungen festgehalten werden. Unter anderem wird dort definiert, welche Zinsbeträge die Gesellschaften monatlich an die Muttergesellschaft zahlen müssen. Normalerweise wird dabei zwischen Habenzins und Sollzins unterschieden, jeweils für den positiven oder negativen Tagessaldo auf dem Bankkonto der Tochtergesellschaft.

Mit dem Cash-Pooling-Modell verwandeln sich die Forderungen und Verbindlichkeiten der Tochtergesellschaft gegenüber der externen Bank in Forderungen und Verbindlichkeiten gegenüber der Mutter, oder genauer gesagt, gegenüber dem Cash Pool Leader.

Zusätzlich zur Verbuchung der Cash-Pooling-Positionen auf den Sachkonten, die externe Bankkonten darstellen, muss die Mutter das finanzielle Verhältnis gegenüber der Tochter und die Tochter ihr Verhältnis gegenüber der Mutter in der Finanzbuchhaltung führen. Für diesen Zweck eignen sich hervorragend die IHC-Konten der Töchter bei der In-House-Bank.

[»]

Cash-Pooling-Positionen auf internen Bankkonten

Wir kommen zurück zum vorangehenden Beispiel, bei dem Tochter 2 einen negativen Saldo in Höhe von 3.000 EUR auf ihrem externen Bankkonto aufweist. Die Muttergesellschaft hatte das Konto von Tochter 2 zum Tagesende hin aufgestockt und weist daher einen Geldausgang auf dem Masterkonto in Höhe von 3.000 EUR auf. Tochter 2 hat hingegen einen Geldeingang in Höhe von 3.000 EUR auf ihrem Bankkonto.

Dieser Vorgang wird auch auf den IHC-Konten verbucht, und zwar in der umgekehrten Richtung! Da die Mutter 3.000 EUR für Tochter 2 ausgegeben hat, hat sie nun eine Forderung gegenüber Tochter 2. Tochter 2 hat damit eine Verbindlichkeit gegenüber der Mutter. Das heißt, dass auf dem IHC-Konto von Tochter 2 eine Cash-Pooling-Transaktion erfasst wird, die einen Geldausgang in Höhe von 3.000 EUR darstellt.

Wenn aber Tochter 1 einen positiven Saldo in Höhe von 2.000 EUR aufweist, der als Geldausgang auf dem externen Konto dargestellt wird, hat sie damit eine Forderung gegenüber der Mutter in Höhe von 2.000 EUR, und dementsprechend wird auf dem IHC-Konto von Tochter 1 eine Cash-Pooling-Transaktion erfasst, die einen Geldeingang in Höhe von 2.000 EUR darstellt.

Wir betrachten nun genauer, wie diese doppelte gleichzeitige Verbuchung auf den externen Bankkonten und auf den IHC-Konten im SAP-System der Mutter und in den SAP-Systemen der Töchter erfolgt.

Verbuchung der Cash-Pooling-Vorgänge im SAP-System der Muttergesellschaft

Die Muttergesellschaft muss einmalig mit der Bank bestimmte Referenzen, d. h. Textfragmente mit zusätzlichen Informationen, vereinbaren. Diese Referenzen werden für jede, am Cash-Pooling-Prozess teilnehmende Tochtergesellschaft definiert. Mit diesen Informationen, die bei jeder Cash-Pooling-Position von der Bank mitgeliefert werden, lässt sich die jeweilige Tochter, für deren Bankkonto der Cash-Pooling-Vorgang durchgeführt worden ist, eindeutig identifizieren.

Damit ist die Mutter in der Lage, in ihrem SAP-System Buchungen nicht nur auf dem externen Bankkonto, sondern auch auf den IHC-Konten der Töchter vorzunehmen. Im Customizing von SAP In-House Cash werden die Vereinbarungen mit der Bank in Bezug auf die Cash-Pooling-Referenzen festgehalten. Die Referenzen werden jeweils den IHC-Konten der Töchter zugeordnet.

Es sind also nur zwei Schritte im SAP-System der Mutter erforderlich, um den Cash-Pooling-Vorgang abzuwickeln. Beide Schritte laufen an einem Tag im Normalfall völlig automatisch ab.

Der erste Schritt ist das automatische Einlesen des externen Kontoauszugs. Währenddessen findet die korrekte Erkennung des Cash-Pooling-Vorgangs statt.

[zB]

3

Cash-Pooling-Referenzen

Die Muttergesellschaft hat mit der Bank Folgendes vereinbart:

- Für alle Cash-Pooling-Vorgänge von dem Bankkonto von Tochter 1 soll die Bank die Referenz mit dem Text-String »Konto 112233 Tochter1« schicken.
- Für alle Cash-Pooling-Vorgänge vom Bankkonto von Tochter 2 soll die Bank die Referenz mit dem Text-String »Konto 223344 Tochter2« schicken.

Die Mutter hat in ihrem SAP-System die folgende Zuordnung in SAP In-House Cash vorgenommen:

- Referenz »Konto 112233 Tochter1« = IHC-Konto 11515SUEUR
- Referenz »Konto 223344 Tochter2« = IHC-Konto 12020SUEUR

Wenn nun der Kontoauszug von der externen Bank eingeht, in dem eine Cash-Pooling-Position mit der Referenz »Konto 112233 Tochter1« und eine andere Cash-Pooling-Position mit der Referenz »Konto 223344 Tochter2« enthalten ist, werden zusätzlich zu den FI-Buchungen zwei IHC-Zahlungsaufträge erzeugt: der erste IHC-Zahlungsauftrag auf dem IHC-Konto 11515SUEUR und der zweite IHC-Zahlungsauftrag auf dem IHC-Konto 12020SUEUR.

Der zweite und letzte Schritt ist die Tagesendverarbeitung in SAP In-House Cash, mit der die Informationen an die Tochter und an die Finanzbuchhaltung der Mutter weitergegeben werden.

In Tabelle 3.1 sehen Sie alle Zwischenschritte, die im SAP-System durchlaufen werden, um die Cash-Pooling-Position vollständig zu verbuchen. Nachdem die Bank einen externen Kontoauszug (z. B. im MT940-Format) geschickt hat, wird dieser automatisch in das SAP-System der Mutter eingelesen.

SAP-Prozess	Prozessschritt	Erläuterung
Import des Kontoauszugs	externen Kontoauszug einlesen	Der externe Kontoauszug kommt von der Bank für das externe Bankkonto der Mutter (Masterkonto).
Import des Kontoauszugs	Cash-Pooling-Position erkennen	Im externen Kontoauszug ist u. a. eine Cash-Pooling-Position enthalten, die die Bewegung zwischen Tochterkonto und Mutterkonto darstellt. Diese Position hat einen besonderen Geschäftsvorfallcode, der von der Bank als Aufschlüsselung mitgeliefert wird (z. B. 833 im MT940-Format).

Tabelle 3.1 Cash-Pooling-Vorgang im SAP-System der Muttergesellschaft

SAP-Prozess	Prozessschritt	Erläuterung
Import des Kontoauszugs	in der Referenz nach dem relevanten Text-String suchen	Die Cash-Pooling-Position hat eine Textreferenz, in der Informationen geliefert werden, um die Position eindeutig identifizieren zu können.
Import des Kontoauszugs	IHC-Konto der Tochter identifizieren	In der Referenz zur Cash-Pooling-Position ist ein Text-String vorhanden, der die Tochter eindeutig definiert. Dieser Text-String ist im Customizing von SAP In-House Cash dem IHC-Konto der Tochter zugeordnet.
Import des Kontoauszugs	Cash-Pooling-Position mit umgekehrtem Vorzeichen als IHC-Auftrag erfassen	Auf dem IHC-Konto der Tochter wird automatisch ein IHC-Zahlungsauftrag mit demselben Betrag wie in der externen Cash-Pooling-Position, aber mit umgekehrtem Vorzeichen erstellt.
IHC-Tagesendverarbeitung	Tagesendverarbeitung durchführen	In der IHC-Tagesendverarbeitung landet die Buchung aus dem IHC-Auftrag auf dem Sachkonto der Mutter für Forderungen/Verbindlichkeiten gegenüber der Töchter.
IHC-Tagesendverarbeitung	internen Kontoauszug an die Tochter schicken	In der IHC-Tagesendverarbeitung wird ein interner FINSTA-Kontoauszug generiert, der an die Tochter geschickt wird und die Cash Pooling Bewegung auf dem IHC-Konto enthält.

Tabelle 3.1 Cash-Pooling-Vorgang im SAP-System der Muttergesellschaft (Forts.)

Beim Einlesen des externen Kontoauszugs wird die Referenz in der Cash-Pooling-Position auf Relevanz hin gescannt. Wenn basierend auf der Referenz in der Cash-Pooling-Position ein IHC-Konto eindeutig abgeleitet werden kann, wird ein IHC-Zahlauftrag in SAP In-House Cash auf dem IHC-Konto der jeweiligen Tochter erfasst und verbucht.

Zum Ende des Tages läuft in SAP In-House Cash die Tagesendverarbeitung, die alle Buchungen an das Hauptbuch der Muttergesellschaft überträgt. Während der Tagesendverarbeitung werden für diese Cash-Pooling-Positionen FI-Buchungen vorgenommen, um die Forderungen oder Verbindlichkeiten der Mutter gegenüber den Töchtern darzustellen. Damit auch die Töchter ihre Forderungen und Verbindlichkeiten gegenüber der Muttergesellschaft in ihrem SAP-System abbilden können, wird die Cash-Pooling-Position im internen FINSTA-Kontoauszug zum SAP-System der Tochter für die anschließende Verbuchung geschickt.

Verbuchung der Cash-Pooling-Vorgänge im SAP-System der Tochtergesellschaft

Auch die Tochter muss in ihrem SAP-System die Cash-Pooling-Positionen verbuchen. Bei der Tochter sind ebenfalls zwei Schritte für eine vollständige Buchung erforderlich: zum einen die Buchung der Cash-Pooling-Position aus dem externen Kontoauszug der Bank und zum anderen die Buchung der Cash-Pooling-Position aus dem internen Kontoauszug der In-House-Bank.

In Tabelle 3.2 sehen Sie, dass der Cash-Pooling-Vorgang in zwei Schritte unterteilt ist. Zum einen wird der externe Kontoauszug eingelesen, der die Cash-Pooling-Bewegung auf dem externen Bankkonto der Tochter darstellt, und zum anderen wird auch der interne Kontoauszug eingelesen, der die Cash-Pooling-Bewegung auf dem IHC-Konto darstellt. Mit der Buchung des internen Kontoauszugs wird der Saldo auf dem Konto für Forderungen und Verbindlichkeiten gegenüber der Konzernmutter fortgeschrieben.

SAP-Prozess	Prozessschritt	Erläuterung
Import des externen Kontoauszugs	externen Kontoauszug einlesen	Der externe Kontoauszug stammt von der Bank für das externe Bankkonto der Tochter.
Import des externen Kontoauszugs	Cash-Pooling-Position erkennen	Im externen Kontoauszug ist u. a. eine Cash-Pooling-Position enthalten, die die Bewegung zwischen Tochterkonto und Mutterkonto darstellt. Diese Position ist mit einem besonderen Geschäftsvorfallcode versehen worden, der von der Bank als Aufschlüsselung mitgeliefert wird (z. B. 833 im MT940-Format).
Import des externen Kontoauszugs	Cash-Pooling-Position verbuchen	Die Cash-Position wird in der Finanzbuchhaltung verbucht.
Import des internen Kontoauszugs	internen Kontoauszug einlesen	Der interner Kontoauszug kommt von der In-House-Bank für das IHC-Konto der Tochter.
Import des internen Kontoauszugs	Cash-Pooling-Position erkennen	Im internen Kontoauszug ist u. a. eine Cash-Pooling-Position enthalten, die die Bewegung auf dem IHC-Konto darstellt. Diese Position ist mit einem besonderen Geschäftsvorfallcode versehen worden, der von der In-House-Bank als Aufschlüsselung mitgeliefert wird.

Tabelle 3.2 Cash-Pooling-Vorgang im SAP-System der Tochtergesellschaft

SAP-Prozess	Prozessschritt	Erläuterung
Import des internen Kontoauszugs	Cash-Pooling-Position verbuchen	Die Cash-Pooling-Position wird in der Finanzbuchhaltung verbucht.

Tabelle 3.2 Cash-Pooling-Vorgang im SAP-System der Tochtergesellschaft (Forts.)

Übersicht der FI-Buchungen beim Cash Pooling

Die Buchungen in Cash-Pooling-Vorgängen schreiben den Saldo sowohl bei externen Bankkonten als auch bei IHC-Forderungen und Verbindlichkeiten fort.

Wir müssen zwei Fälle betrachten, die spiegelbildlich gebucht werden:

- Der erste Buchungsfall entsteht bei einem positiven Saldo auf dem Bankkonto der Tochter, wenn das Geld auf das Konto der Mutter transferiert wird.
- Der zweite Buchungsfall entsteht bei einem negativen Saldo auf dem Bankkonto der Tochter, wenn das fehlende Geld vom Konto der Mutter ausgeglichen wird.

Wir beginnen mit dem ersten Buchungsfall, der in Abbildung 3.4 dargestellt ist. Dort sehen Sie die Buchungssätze für zwei Hauptschritte auf der Seite der lokalen Gesellschaft und für zwei Hauptschritte auf der Seite der In-House-Bank beim Cash-Pooling-Prozess. Dabei weist das externe Bankkonto der Tochter einen positiven Saldo in Höhe von 50 Geldeinheiten auf, die mit dem Cash Pooling auf das Masterkonto transferiert werden.

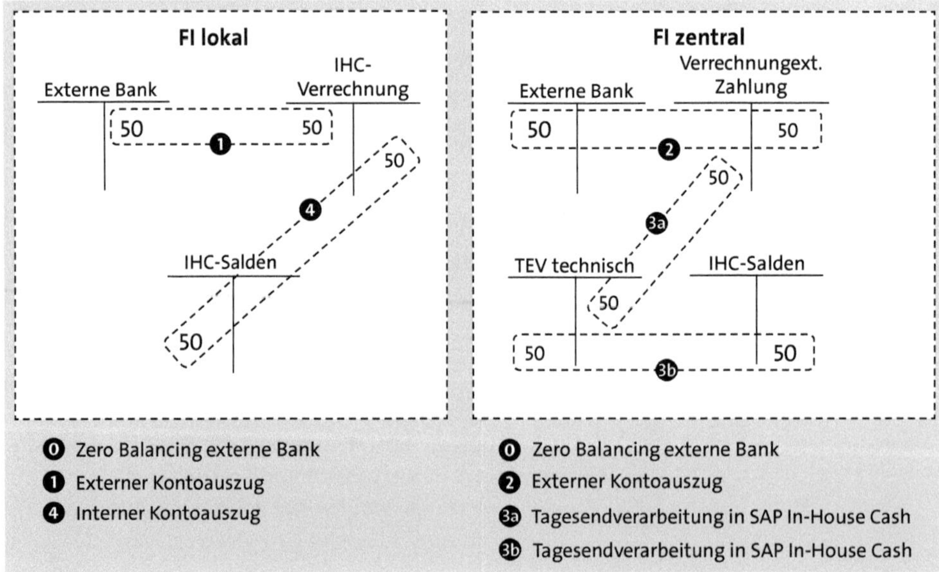

Abbildung 3.4 Buchungsschema bei Cash-Pooling-Vorgängen: externer Geldausgang bei der Tochter

Als initialer Schritt wird das Zero Balancing seitens der externen Bank angestoßen. Dies geschieht außerhalb des SAP-Systems und ist daher in Abbildung 3.4 als Schritt ⓿ dargestellt. Mit der Durchführung von Zero Balancing entsteht eine Cash-Pooling-Position auf dem Bankkonto der Tochter. Diese Information gelangt mit dem externen Kontoauszug ❶ in das SAP-System der Tochter. Dabei werden das Konto der externen Bank im Haben und das IHC-Verrechnungskonto im Soll bebucht.

Gleichzeitig entsteht eine Cash-Position auf dem Bankkonto der Mutter. Diese Information gelangt mit dem externen Kontoauszug ❷ in das SAP-System der Mutter. Dabei werden das Konto der externen Bank im Soll und das Verrechnungskonto für externe Zahlungen im Haben bebucht.

Am Ende jedes Tages läuft in SAP In-House Cash die Tagesendverarbeitung, bei der mit den entsprechenden Buchungssätzen aus 3a und 3b das IHC-Saldenkonto im Haben und das Verrechnungskonto für externe Zahlungen im Soll bebucht werden. Das TEV-technische Konto wird, wie es der Name schon sagt, aus technischen Gründen bebucht und nur als Zwischenschritt bei 3a und 3b verwendet.

In der IHC-Tagesendverarbeitung wird ❹ der FINSTA-Kontoauszug an die Tochter verschickt, bei dem das IHC-Verrechnungskonto im Haben und das IHC-Saldenkonto im Soll bebucht werden.

Auf der lokalen Seite ist das IHC-Verrechnungskonto ausgeglichen. Das IHC-Saldenkonto weist eine Buchung im Soll (Forderung gegenüber der Mutter) und das externe Bankkonto eine Buchung im Haben (Geldausgang) auf.

Auf der zentralen Seite sind damit das TEV-technische Konto und das Verrechnungskonto für die externen Zahlungen ausgeglichen. Das Bankkonto für die externe Bank weist eine Buchung im Soll (Geldeingang) und das IHC-Saldenkonto eine Buchung im Haben (Verbindlichkeit gegenüber der Tochter) auf.

Im zweiten Fall läuft der Prozess genauso, nur dass Soll und Haben von IHC-Konto und externem Bankkonto vertauscht sind.

In Abbildung 3.5 ist der Cash-Pooling-Vorgang im Falle eines negativen Saldos auf dem Bankkonto der Tochter dargestellt.

Wir verzichten auf die detaillierte Beschreibung aller Schritte, weil sie identisch zu Buchungsfall 1 sind, und zeigen nur das finale Ergebnis dieser Buchungen.

Auf der lokalen Seite ist das IHC-Verrechnungskonto ausgeglichen. Das externe Bankkonto weist eine Buchung im Soll (Geldeingang) und das IHC-Saldenkonto eine Buchung im Haben (Verbindlichkeit gegenüber der Mutter) auf.

Auf der zentralen Seite sind das TEV-technische Konto und das Verrechnungskonto für externe Zahlungen ausgeglichen. Das Bankkonto für die externe Bank weist eine Buchung im Haben (Geldausgang) und das IHC-Saldenkonto eine Buchung im Soll (Forderung gegenüber der Tochter) auf.

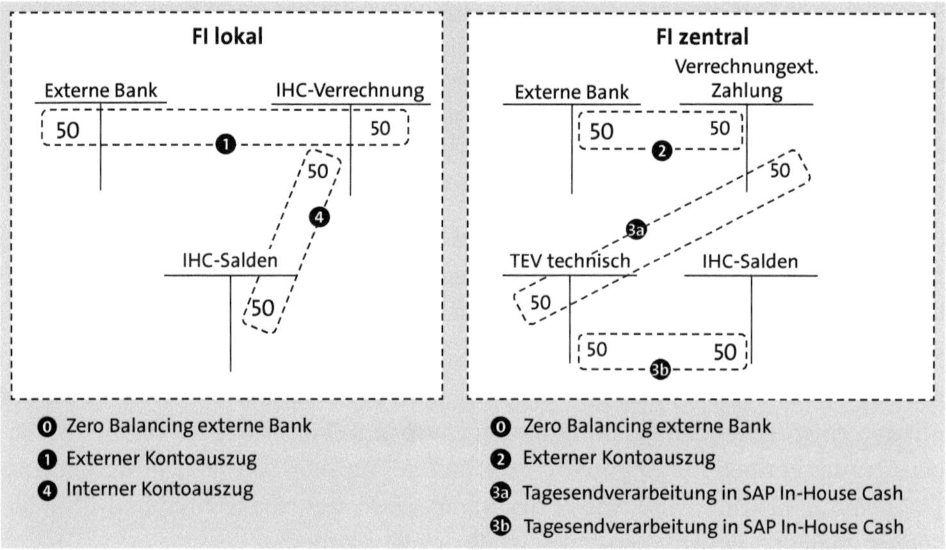

Abbildung 3.5 Buchungsschema bei Cash-Pooling-Vorgängen: externer Geldeingang bei der Tochter

Überträge in SAP Cash Management

Zusätzlich zu den Cash-Pooling-Vorgängen gibt es in SAP Cash Management auch manuelle Bankkontoüberträge. Dabei werden Geldbeträge von einem Bankkonto auf ein anderes Bankkonto derselben Gesellschaft transferiert.

So hat z. B. die Muttergesellschaft ein Bankkonto bei der Deutschen Bank und ein anderes Bankkonto bei Unicredit Bank. Einmal im Monat überträgt die Mutter den aktuellen Saldo vom Bankkonto der Unicredit Bank auf das Bankkonto der Deutschen Bank.

Dieser Vorgang kann nicht auf offenen Posten auf den Geschäftspartnerkonten basieren, weil es bei diesem Vorgang keine Partner gibt. Für solche Zwecke kann entweder Transaktion FIBLFFP (Free-Form-Zahlung) verwendet werden, oder aber der Übertrag kann mithilfe der SAP-Fiori-App **Überweisungen tätigen** (App-ID F3760) durchgeführt werden.

Wir verzichten in diesem Buch auf weitere Erläuterungen bezüglich der Kontoüberträge.

[+]

Literaturempfehlung zu Kontoüberträgen

Mehr über die Kontoüberträge in SAP S/4HANA können Sie im Buch »Cash Management mit SAP S/4HANA« (Rheinwerk Verlag) von Martin Peto nachlesen, siehe Kapitel 6, »Kurzfristige Liquidität steuern und disponieren«.

3.3 Zahlungen in SAP Treasury and Risk Management

Zahlungen, die ihren Ursprung in SAP Treasury and Risk Management haben, stellen einen weiteren Treasury-bezogenen Bereich des Zahlungsverkehrs dar. Solche Zahlungen entstehen aus Finanzgeschäften mit Banken und anderen Finanzpartnern. Die *Geschäfte* werden in SAP Treasury and Risk Management entsprechend ihrer Herkunft erfasst. Dies umfasst z. B. Geldhandels-, Fremdwährungs-, oder Wertpapiergeschäfte. In den *Geschäften* in SAP Treasury and Risk Management werden die mit dem Finanzpartner vereinbarten Konditionen zusammengefasst. Basierend auf den Informationen zu Fälligkeit, Zinssatz und Rhythmus werden in diesen Geschäften sogenannte *Finanzströme* generiert, die alle geplanten Geldausgänge und Geldeingänge in Bezug auf das Geschäft fixieren.

3.3.1 Geschäftserfassung

Alle Details zu einer konkreten Vereinbarung zwischen dem Unternehmen und dessen Finanzpartner werden im SAP-System des Unternehmens in SAP Treasury and Risk Management in Form von sogenannten *Geschäften* erfasst. Ihnen kann auch der englische Begriff *Deal* begegnen, der auch im Deutschen Fachlexikon inzwischen Gebrauch findet und anstelle des Begriffs Geschäft verwendet werden kann.

In Abbildung 3.6 sehen Sie ein sogenanntes Festgeldgeschäft, bei dem die Muttergesellschaft beim Geschäftspartner TREASURY einen Betrag in Höhe von 1.000.000 EUR am 15.11.2022 angelegt hat, um am 16.11.2023 dieses Geld und zusätzlich den einmaligen Zinsertrag in Höhe von 1 % von dem Gesamtbetrag zurückzuerhalten.

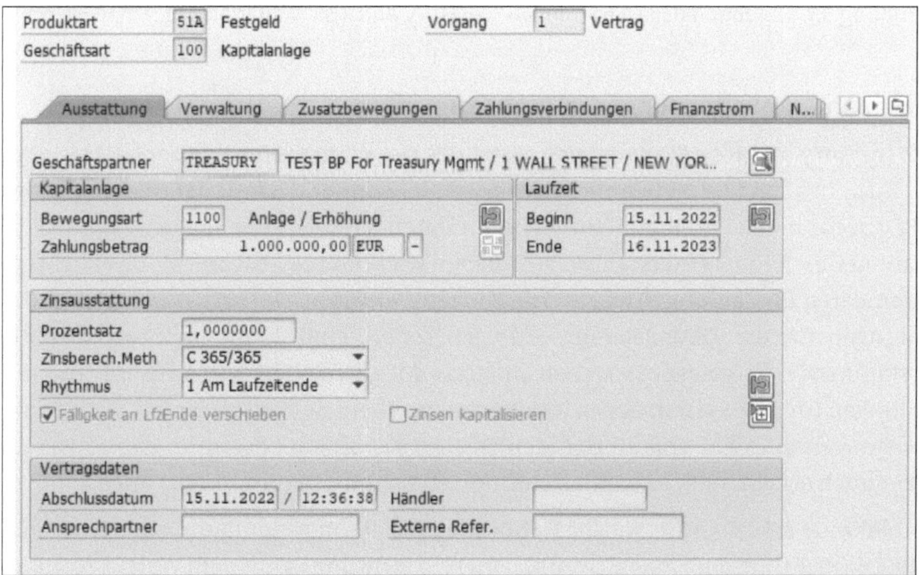

Abbildung 3.6 Geldhandelsgeschäft in SAP Treasury and Risk Management: Übersichtsbild

3.3.2 Finanzströme in TRM-Geschäften

Nachdem die Konditionen und die Details einer konkreten Vereinbarung in Form eines Geschäfts in SAP Treasury and Risk Management festgehalten worden sind, wird in diesem Geschäft automatisch ein sogenannter *Finanzstrom* generiert, der alle einzelnen, bei diesem Geschäft entstehenden Geldbewegungen aufschreibt.

In Abbildung 3.7 sehen Sie den von SAP generierten Finanzstrom für das Geschäft aus Abbildung 3.6. Am 15.11.2022 muss die Muttergesellschaft den Betrag 1.000.000 EUR an den Partner TREASURY überweisen; es handelt sich hier also um einen Geldausgang. Am 16.11.2023 erhält die Muttergesellschaft diesen Betrag in Höhe von 1.000.000 EUR und zusätzlich den Betrag in Höhe von 10.027,40 EUR als Zinsertrag von dem Partner TREASURY zurück. Es handelt sich hier also um einen Geldeingang.

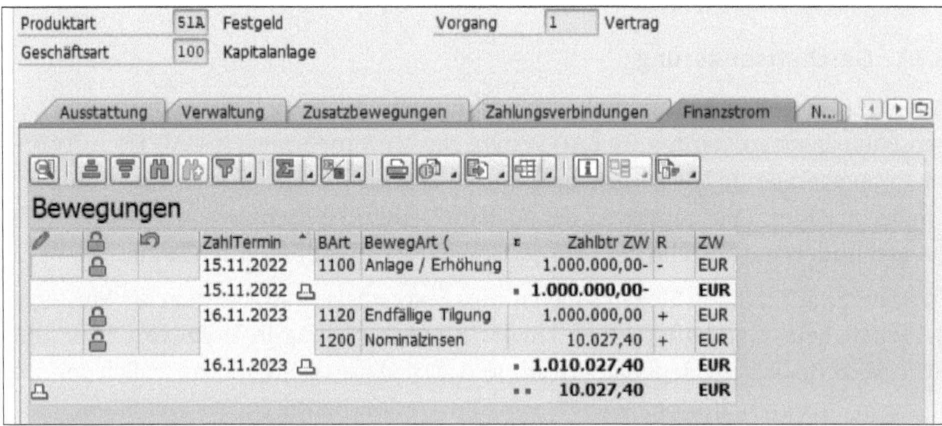

Abbildung 3.7 Geldhandelsgeschäft in SAP Treasury and Risk Management: Finanzstrom

3.3.3 Zahlungsverbindungen in TRM-Geschäften

SAP Treasury and Risk Management nutzt das Geschäftspartnerkonzept, das in SAP S/4HANA in allen SAP-Nebenbüchern verwendet wird und damit der Nachfolger der in ECC separat existierenden Partnerstammdaten ist. Die Erfassung der zahlungsrelevanten Geschäftspartnerstammdaten haben wir schon in Abschnitt 2.4.1, »Wichtige Stammdaten für Zahlungen an externe Banken«, erwähnt. Die Art und Weise, wie die Zahlungen für die TRM-Geschäfte erfolgen sollen, sind damit im Geschäftspartnerstammsatz festgelegt. Es stehen mehrere Möglichkeiten zur Auswahl, wie die Zahlungen im SAP-System abgewickelt werden sollen: Entweder werden die Finanzbewegungen auf dem entsprechenden Debitor als offene Posten im debitorischen Nebenbuch erfasst, oder es werden stattdessen Zahlungsanordnungen angelegt.

In Abbildung 3.8 sehen Sie, wie die Definition der Zahlungsregulierung im Detail aussieht. Die Richtung der Finanzströme ist im Feld **Richtung** ❶ mit dem Wert »+Zufluss« definiert. Der Geldeingang erfolgt in EUR, was im Feld **Währung** ❷ festgelegt ist. Der

Zahlungsregulierer für dieses Geschäft ist der Geschäftspartner TREASURY, da dieser Wert im Feld **Zahlungsregul.** ❸ eingetragen ist.

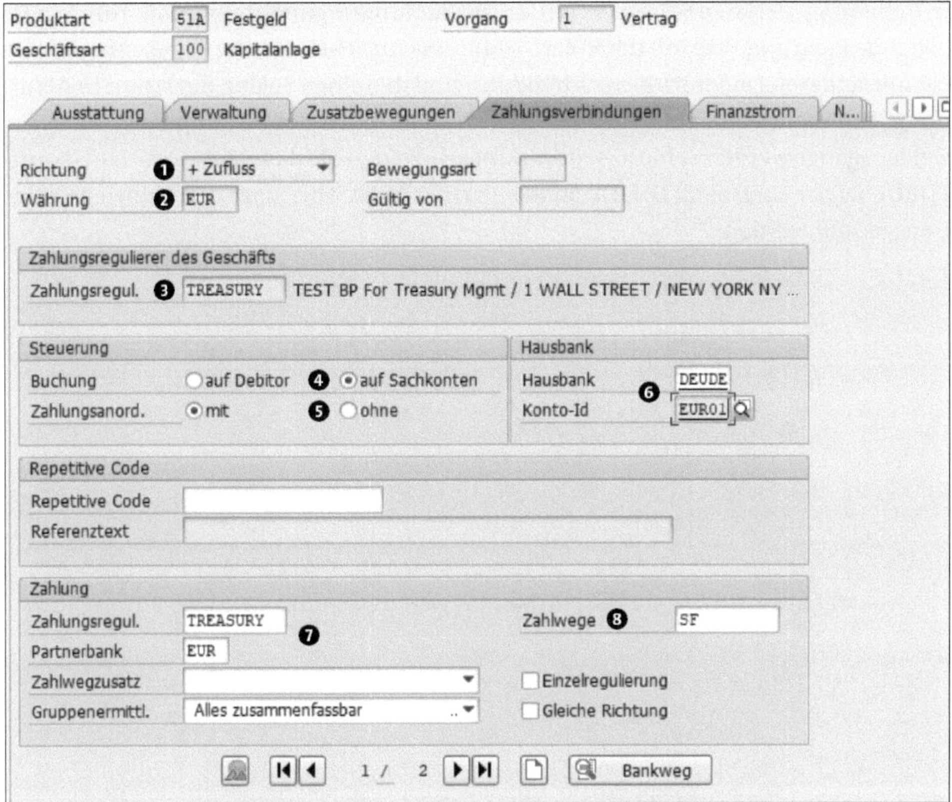

Abbildung 3.8 Geldhandelsgeschäft in SAP Treasury and Risk Management: Zahlungsverbindungen für Geldeingänge

Es werden keine debitorischen offenen Posten, sondern Sachkontenbuchungen erzeugt, was mit dem Radiobutton **Buchung auf Sachkonten** ❹ definiert ist. Der Radiobutton **Zahlungsanord. mit** ❺ zeigt, dass Zahlungsanordnungen angelegt werden. Der Geldeingang erfolgt auf das Hausbankkonto EUR01 der Gesellschaft bei der Hausbank DEUDE, das in den Feldern **Hausbank** und **Konto-ID** ❻ hinterlegt ist. Die Zahlung wird von demselben Zahlungsregulierer TREASURY aus dem **Feld Zahlungsregul.** ❼ vorgenommen, und zwar von seinem Bankkonto aus, das in den Geschäftspartnerbankverbindungen der Partnerbank EUR zugeordnet ist. Auch Geldeingänge aus SAP Treasury and Risk Management werden im SAP-System in der Regel als Zahlung verbucht. Aus diesem Grunde müssen auch beim Zufluss konkrete Zahlwege wie SF im Feld **Zahlwege** ❽ angegeben werden (oder auch nur ein Zahlweg wie nur S oder nur F). Zu dieser Zuflussbewegung wird aber keine Zahldatei angelegt; der Geldeingang selbst wird vom Partner durchgeführt. Mit dem Eingang des Kontoauszugs wird der Geldeingang im SAP-System gebucht.

In Abbildung 3.9 sehen Sie die Definition der Zahlungsregulierungsdetails für die ausgehende Richtung, was mit dem Wert »-Abfluss« im Feld **Richtung** ❶ gekennzeichnet ist. Alle anderen Felder in dieser Abbildung sind dieselben Felder, die schon in Abbildung 3.8 beschrieben sind, und auf die wir nicht noch einmal eingehen. Auch für Geldausgänge werden Zahlungsanordnungen erzeugt, die dann vom Hausbankkonto EURO1 bei der Hausbank DEUDE an den Partner TREASURY über den Zahlweg S oder F ausgezahlt werden.

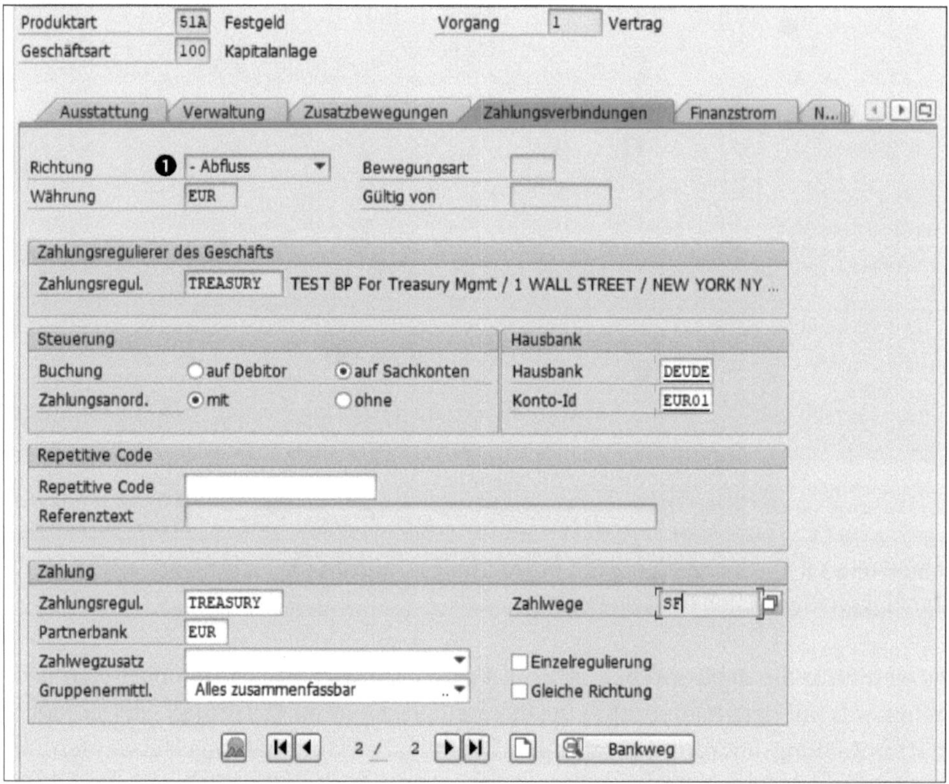

Abbildung 3.9 Geldhandelsgeschäft in SAP Treasury and Risk Management: Zahlungsverbindungen für Geldausgänge

Auch bei den Geldausgängen kommt es vor, dass keine Zahldatei erzeugt werden soll, weil der Geldbetrag direkt von der Bank eingezogen wird und die Bestätigung im Kontoauszug erfolgt. Aber auch in diesem Fall werden die Zahlungsanordnungen erzeugt und im SAP-System ausgezahlt, damit die ausgehende Zahlung im SAP-System ordentlich abgewickelt wird.

[«]

Auch interne Geschäfte sind möglich!

TRM-Geschäfte werden sowohl mit externen Partnern als auch mit internen Partnern abgewickelt. Zu den internen Partnern gehören Tochtergesellschaften, die eine Finanzbeziehung mit der Muttergesellschaft haben. Beispielsweise hat Tochtergesellschaft 1 ein Darlehen von der Mutter aufgenommen oder einen Betrag in Fremdwährung gekauft.

Diese Beziehungen werden ebenfalls in SAP Treasury and Risk Management abgewickelt. Für die Tochtergesellschaften werden die relevanten Rollen zu ihren Geschäftspartnerstammsätzen zugeordnet, damit diese Partner auch in SAP Treasury and Risk Management verwendet werden können.

3.3.4 Anbindung von SAP Treasury and Risk Management an SAP In-House Cash

Wenn der Zahlungsverkehr im Konzern zentralisiert und SAP In-House Cash im Einsatz ist, gelten in der Regel spezielle Anforderungen an die Zahlungen aus SAP Treasury and Risk Management.

In dieser Konstellation werden die Zahlungen aus den internen TRM-Geschäften zusätzlich in SAP In-House Cash auf den IHC-Konten der jeweiligen Tochtergesellschaft verbucht. Dahinter steht der Wunsch, den tatsächlichen Transaktionssaldo, der die Verhältnisse zwischen der zentralen Einheit und der Tochtergesellschaft widerspiegelt, auf den entsprechenden IHC-Konten zu sehen.

Um dieser Anforderung nachzukommen ist es möglich, das BAdI (Business Add-In) `IHC_CFM_ADAPTOR` zu aktivieren, das SAP Treasury and Risk Management mit SAP In-House Cash verbindet. Im Geschäft selbst wird die Funktion *Zahlungsanordnungen* aktiviert.

Diese sehen Sie in Abbildung 3.8 im Feld **Zahlungsanord**. Bei dem aktivierten BAdI werden die Finanzbewegungen allerdings nicht sofort als Zahlungsanordnung angelegt. Stattdessen werden sie erst in SAP In-House Cash als IHC-Zahlungsaufträge auf den IHC-Konten der Tochtergesellschaften erfasst. Erst mit der finalen Freigabe der IHC-Aufträge werden daraus Zahlungsanordnungen generiert, die anschließend für die Zahlungsabwicklung mit oder ohne Zahldatei verwendet werden.

[«]

Das BAdI IHC_CFM_ADAPTOR für die Integration von SAP Treasury and Risk Management und SAP In-House Cash

Sie können den folgenden IMG-Pfad nutzen, um zum BAdI `IHC_CFM_ADAPTOR` zu gelangen: **Financial Supply Chain Management • Treasury and Risk Management • Allgemeine Einstellungen • Zahlungsverwaltung • Zahlungsanordnungen • Kundeneigene**

Zahlprogramme. In der Dokumentation zu dieser IMG-Aktivität finden Sie weitere hilfreiche Erläuterungen und Tipps zum Ausprägen der Methoden von diesem BAdI.

3.4 Free-Form-Zahlungen

Bei den Geschäftspartnerzahlungen gibt es offene Posten im Nebenbuch, die als Ausgangsbasis für die Zahlung dienen. Bei TRM-Zahlungen gibt es Finanzgeschäfte, aus denen die Zahlungsanordnungen generiert und für die Zahlung verwendet werden. Mit den Free-Form-Zahlungen können Sie Zahlungen ohne Bezug auf vorgelagerte Prozesse im SAP-System ausführen. Dies kann z. B. bei einer einmaligen Zahlung notwendig sein, wenn Sie in Ihrem System keinen entsprechenden Kreditor und auch keinen offenen Posten haben, oder es kann sich um Kontoüberträge zwischen eigenen Hausbankkonten handeln, falls Sie SAP Cash Management nicht im Einsatz haben. Transaktion FIBLFFP (Free-Form-Zahlung) ist flexibel und lässt schnell Zahlungen erfassen und an die Hausbank schicken.

3.4.1 Übersicht der FI-Buchungen bei einer Free-Form-Zahlung

Das Buchungsschema bei einer Free-Form-Zahlung ist sehr übersichtlich (siehe Abbildung 3.10). Bei der Erfassung der Zahlungsanordnung wird ein Buchhaltungsbeleg ❶ erzeugt, in dem das technische Verrechnungskonto für Zahlungsanordnungen im Haben und das jeweilige Zielkonto, das Sie in der Free-Form-Zahlung angeben, im Soll gebucht werden.

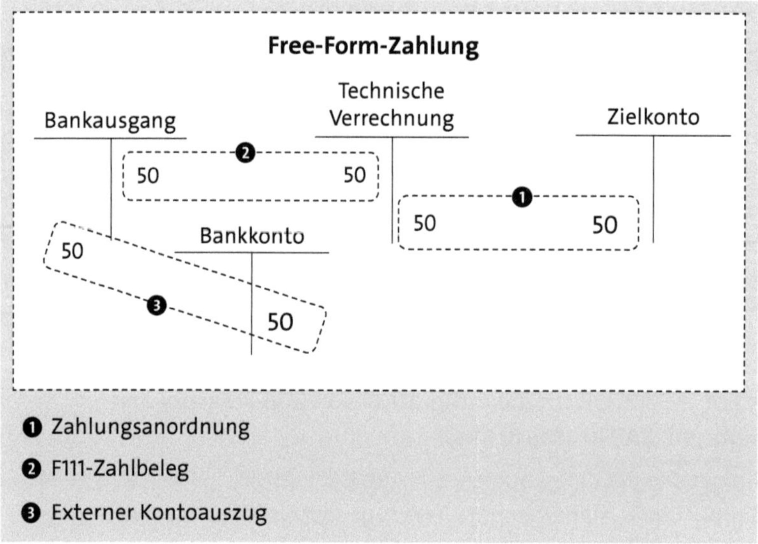

Abbildung 3.10 Buchungsschema bei einer Free-Form-Zahlung

Anschließend wird die Zahlungsanordnung mit einem F111-Zahllauf ausgeglichen. Dabei wird der Zahlungsbeleg ❷ erfasst, in dem das technische Verrechnungskonto für Zahlungsanordnungen im Soll und das Bankausgangskonto im Haben bebucht werden. Am Tag nach der Buchung der Free-Form-Zahlung geht ein externer Kontoauszug für das in der Free-Form-Zahlung beteiligte Hausbankkonto ein. Damit wird der Buchhaltungsbeleg ❸ erfasst, bei dem das Bankausgangskonto im Soll und das Bankkonto im Haben gebucht wird. Mit dem Kontoauszug ist der gesamte Prozess abgeschlossen.

3.4.2 Erfassung einer Free-Form-Zahlung

In Abbildung 3.11 sehen Sie das Übersichtsbild von Transaktion FIBLFFP (Free-Form-Zahlung). In den Bereich **Zahlungsempfänger** tragen Sie die Informationen zu Ihrem Zahlungsempfänger ein.

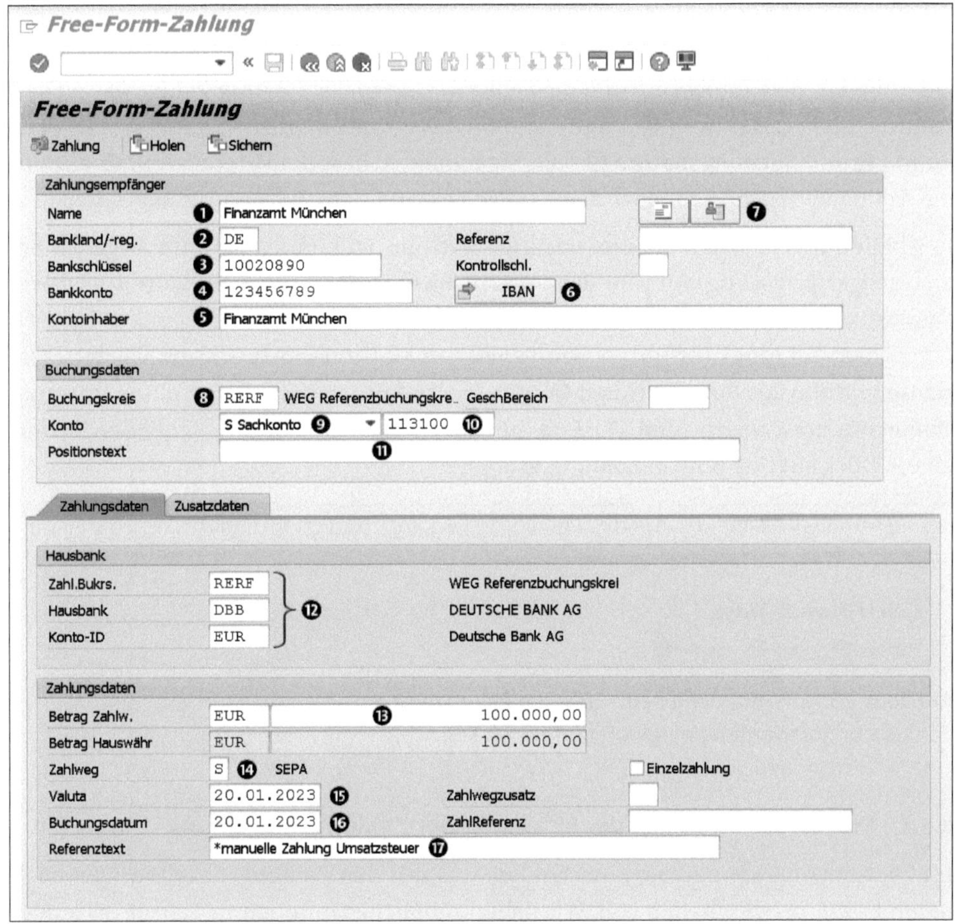

Abbildung 3.11 Free-Form-Zahlung: Übersichtsbild (Transaktion FIBLFFP)

Sie tragen den Namen des Zahlungsempfängers in das Feld **Name** ❶ und seine Bankverbindung in die Felder **Bankland/-reg.** ❷, **Bankschlüssel** ❸ und **Bankkonto** ❹ ein. Die IBAN können Sie, wenn erforderlich, mithilfe des Buttons **IBAN** ❻ erfassen. Bei Bedarf geben Sie auch den Namen des Kontoinhabers in das Feld **Kontoinhaber** ❺ ein. Dies ist insbesondere dann sinnvoll, wenn der Name des Kontoinhabers von dem Namen des Zahlungsempfängers abweicht. Falls Sie für diesen Zahlungsempfänger Stammdaten in Ihrem SAP-System erfasst haben, können Sie diese mit einem Klick auf den Button (**Stammdaten holen**) ❼ übernehmen.

Im Bereich **Buchungsdaten** geben Sie den Buchungskreis in das Feld **Buchungskreis** ❽ und die Kontoart »S Sachkonto« in das Feld **Konto** ❾ ein. Die Zielsachkontonummer tragen Sie in das Feld **Sachkonto** ❿ ein. Das dort angegebene Sachkonto wird im späteren Zahllauf für die Erstellung des Zahlbelegs verwendet. Falls Sie einen Text in der Buchungszeile des Zahlbelegs benötigen, tragen Sie diesen Text in das Feld **Positionstext** ⓫ ein. Auf der Registerkarte **Zahlungsdaten** tragen Sie die Informationen zu Ihrem Hausbankkonto, von dem die Zahlung ausgeführt wird, in die Felder **Zahlender Buchungskreis, Hausbank, Konto-ID** ⓬ ein. Auch geben Sie weitere Informationen zur Zahlung mit: den Zahlbetrag und die Zahlwährung im Feld **Betrag Zahlw.** ⓭ und den Zahlweg im Feld **Zahlweg** ⓮. Valuta und Buchungsdatum pflegen Sie in den Feldern **Valuta** ⓯ und **Buchungsdatum** ⓰. Falls Sie möchten, dass der **Referenztext** ⓱, auch in die Zahldatei übernommen wird, muss der Text mit dem Zeichen »*« beginnen.

In Abbildung 3.12 sehen Sie drei wichtige Buttons. So können Sie Ihre Angaben bei erstmaliger Erfassung mithilfe des Buttons **Sichern** ❶ in einer Variante speichern. Dies ist sinnvoll, wenn Sie wiederkehrende Zahlungen über Transaktion FIBLFFP (Free-Form-Zahlung) ausführen. Beim nächsten Mal können Sie die gespeicherte Variante mithilfe des Buttons **Holen** ❷ aufrufen und müssen die ausgefüllten Informationen nur noch überprüfen. Die Erfassung der Free-Form-Zahlung schließen Sie mit einem Klick auf den Button **Zahlung** ❸ ab.

Abbildung 3.12 Funktionen beim Erfassen einer Free-Form-Zahlung: Zahlung und Varianten anlegen (Transaktion FIBLFFP)

3.4.3 Prozessschritte nach der Erfassung der Zahlungsanordnung

Im Customizing können Sie entscheiden, was mit den Zahlungsanordnungen nach deren Erfassung geschehen soll. Wir haben mögliche Optionen in Tabelle 3.3 aufgelistet.

Status der Zahlungsanordnung direkt nach der Erfassung	Nächster Prozessschritt	Darauffolgende Prozessschritte
Zahlungsanordnung erfasst	Freigabe durch eine andere Person vornehmen (4-Augenprinzip)	F111-Zahllauf ausführen Zahlungsträger (Zahldatei) erzeugen
Zahlungsanordnung erfasst und freigegeben	F111-Zahllauf ausführen	Zahlungsträger (Zahldatei) erzeugen
Zahlungsanordnung erfasst und freigegeben F111-Zahllauf angestoßen	Zahlungsträger (Zahldatei) erzeugen	keine weiteren Schritte
Zahlungsanordnung erfasst und freigegeben F111-Zahllauf angestoßen Zahldatei angestoßen	keine weiteren Schritte	

Tabelle 3.3 Prozessschritte nach der Erfassung der Zahlungsanordnungen

In der Tabelle sehen Sie in der ersten Spalte die Aktion, die durchgeführt wird, sobald Sie auf den Button **Zahlung** in Abbildung 3.12 klicken. In der mittleren Spalte sehen Sie den nächsten aktiv auszuführenden Schritt. In der dritten Spalte sehen Sie alle Schritte, die nach dem Schritt in der mittleren Spalte, vorgenommen werden müssen.

[«]

Eine Prozessanalyse ist zum Treffen der optimalen Entscheidungen erforderlich!

Welche Option Sie wählen, hängt davon ab, wie Ihre Prozesse organisiert sind und wie viele zusätzliche Kontrollen über die Free-Form-Zahlungen Sie aufbauen wollen. Falls Sie z. B. SAP Bank Communication Management im Einsatz haben, benötigen Sie nicht zwingend eine Freigabe der Zahlungsanordnung aus der Free-Form-Zahlung. In SAP Bank Communication Management haben Sie in der Regel generell eine oder zwei Zahlungsfreigaben, durch die Free-Form-Zahlungen in SAP Bank Communication Management kontrolliert werden.

In Abbildung 3.13 sehen Sie ein Protokoll, das Sie nach der Erfassung der Free-Form-Zahlung bei der Option **Zahlungsanordnung erfasst und freigegeben; F111-Zahllauf angestoßen** erhalten.

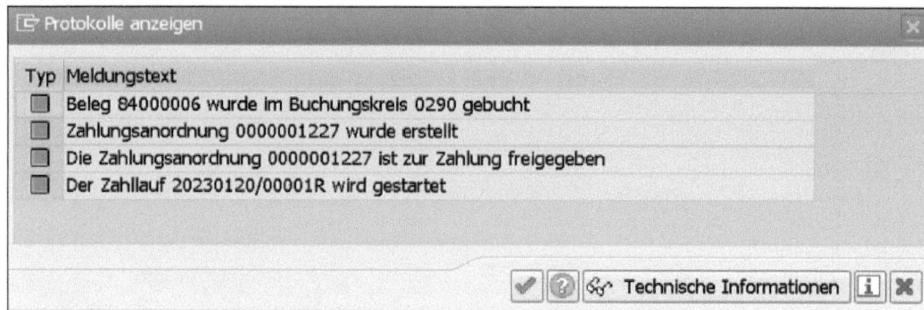

Abbildung 3.13 Protokoll nach der Erfassung der Free-Form-Zahlung bei der Option »F111-Zahllauf angestoßen« (Transaktion FIBLFFP)

In Abbildung 3.13 sehen Sie eine Bestätigung für alle Schritte, die automatisch nach einem Klick auf den Button **Zahlung** (in Abbildung 3.12) ausgeführt wurden. Der Finanzbuchhaltungsbeleg wurde gebucht, die Nummer des Buchhaltungsbelegs und der dazugehörige Buchungskreis sind in dieser Bestätigung angegeben worden, und die Zahlungsanordnung wurde generiert und gleichzeitig zur Zahlung freigegeben. Der F111-Zahllauf für die erzeugte Zahlungsanordnung wurde ebenfalls sofort angestoßen und ausgeführt. Es fehlt damit nur noch ein Schritt zur Erzeugung einer Zahldatei für die Hausbank.

BAdI FIBL_OPAY_POST für zusätzliche Felder in Free Form

Falls Sie zusätzliche Felder (z. B. **Kostenstelle** oder **Profit-Center**) bei der Erfassung der Free-Form-Zahlung eingeben müssen, müssen Sie das BAdI `FIBL_OPAY_POST` implementieren. Weitere Erläuterungen und eine Beispielimplementierung finden Sie in SAP-Hinweis 2280130 (RVND Schnittstellenerweiterung von BAdI `FIBL_OPAY_POST`).

3.5 Stammdaten und andere Voraussetzungen

Auch wenn die Treasury-Zahlungen einen anderen Ursprung als die Zahlungen aus dem Purchase-to-Pay-Prozess haben, sind die Voraussetzungen für einen reibungslos funktionierenden Zahlungsverkehr für beide Zahlungsarten ähnlich. Wir zählen nun die wichtigsten Punkte für Treasury-Zahlungen auf und verweisen gegebenenfalls auf die jeweiligen Abschnitte aus Kapitel 2, »Purchase-to-Pay«.

3.5.1 Angaben im Geschäftspartnerstammsatz

Die Geschäftspartner sind bei den Zahlungen aus SAP Treasury and Risk Management relevant. Solche Geschäftspartner sind wie alle anderen Geschäftspartner in Transaktion BP (Geschäftspartner bearbeiten) zu pflegen.

Die Erläuterungen und Hinweise zu den allgemeinen Angaben im Geschäftspartner, die für den Zahlungsverkehr eine Rolle spielen, finden Sie in Abschnitt 2.4.1, »Wichtige Stammdaten für Zahlungen an externe Banken«, und dort im Unterabschnitt »Angaben im Geschäftspartnerstammsatz«. In diesem Abschnitt erläutern wir die Angaben in Transaktion BP, die bei den TRM-Zahlungen spezifisch sind.

In Abbildung 3.14 sehen Sie den Geschäftspartner GPBANK1, der als TRM-Kontrahent angelegt wurde. Im Feld **Ändern in GP-Rolle** ❶ wurde die Rolle TR0151 (Kontrahent) zugeordnet. Ohne diese Rollenzuordnung kann der Geschäftspartner nicht in den TRM-Geschäften verwendet werden. Auf der Registerkarte **Zahlungsverkehr** ❷ pflegen Sie die Bankverbindungen Ihres Geschäftspartners. Jede Bankverbindung wird durch einen frei definierbaren vierstelligen Schlüssel im Feld **ID** ❸ identifiziert. Die Bankdaten, die den Schlüsseln 0001 bis 0003 im Feld **ID** zugeordnet sind, erhalten Sie von Ihrem Geschäftspartner (siehe Abbildung 3.14). Es können eine oder mehrere Bankverbindungen gepflegt werden.

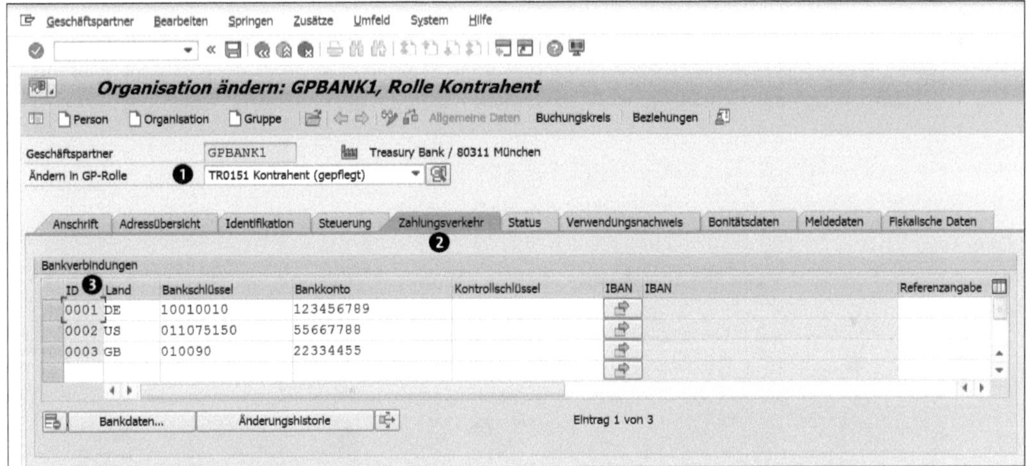

Abbildung 3.14 Geschäftspartner für SAP Treasury and Risk Management anlegen: Zahlungsverkehr (Transaktion BP)

Zusätzlich zu den allgemeinen Zahlungsverkehrsangaben haben die TRM-Geschäftspartner sogenannte *Standing Instructions*.

Definition des Begriffs »Standing Instructions«

Mit dem Begriff *Standing Instructions* meinen wir wiederkehrende Informationen zu einem Geschäftspartner, die bei der TRM-Geschäftsanlage automatisch übernommen werden. Es handelt sich dabei um Rahmenvereinbarungen für die Abwicklung der Geschäfte gleicher Art zwischen Geschäftspartner und Unternehmen. Standing Instructions sind Bestandsteil der TRM-Geschäftspartnerstammdaten und werden auf der Buchungskreisebene gepflegt.

Standing Instructions bestehen aus den folgenden Teilen:

- Zahlungsverbindung
- Korrespondenz
- Geschäftsberechtigungen
- abgeleitete Bewegungen

Für den Zahlungsverkehr sind nur die Angaben im Teil »Zahlungsverbindung« relevant, weshalb wir diese Angaben ausführlich betrachten.

In Abbildung 3.15 sehen Sie das Übersichtsbild für die Pflege der Standing Instructions des Geschäftspartners GPBANK1. Auf der Registerkarte **Zahlungsverbindungen (SI)** ❶ wird definiert, welche Hausbankkonten bei den TRM-Zahlungen verwendet werden sollen. Im Feld **Währung** ❷ pflegen Sie die Währung, die der Transaktionswährung in den TRM-Geschäften entspricht. Im Feld **Zahlver-ID** ❸ tragen Sie einen frei definierbaren Schlüssel ein, der diese Bankverbindung identifiziert.

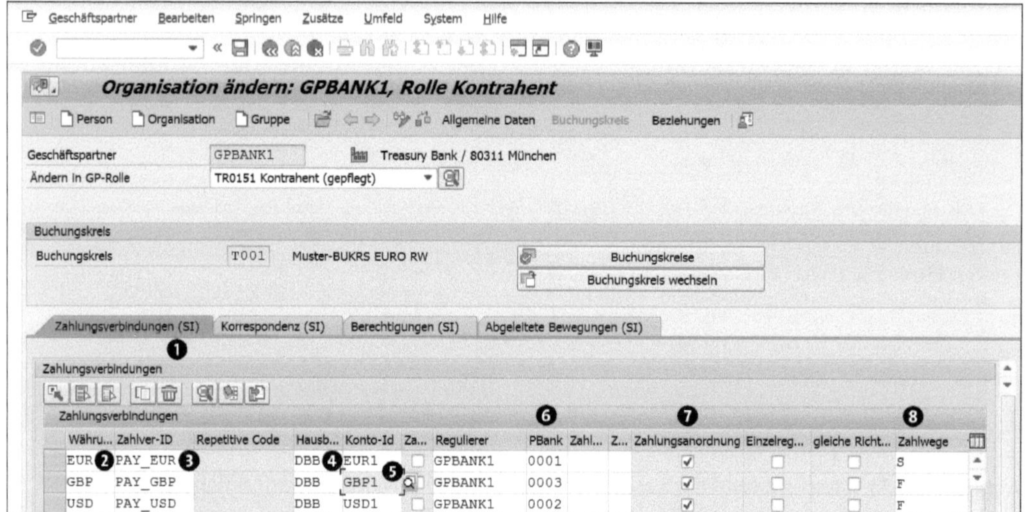

Abbildung 3.15 Geschäftspartner für SAP Treasury and Risk Management anlegen: Zahlungsverbindungen im Buchungskreis (Transaktion BP)

Sprechenden Schlüssel im Feld »Zahlver-ID« wählen

Wählen Sie einen sprechenden Schlüssel im Feld **Zahlver-ID**. Diese Schlüssel werden im nächsten Schritt den unterschiedlichen Gruppen der TRM-Geschäfte zugeordnet. Sprechende Schlüssel, wie z. B. PAY_USD, helfen Ihnen sofort zu erkennen, um welche Art der Bankverbindung es geht und diese den entsprechenden Geschäften zuzuordnen.

Im Feld **Hausbank** ❹ und **Konto-ID** ❺ machen Sie Angaben zum Hausbankkonto, von dem die Zahlung zur Transaktionswährung aus dem Feld **Währung** durchgeführt werden soll. Im Feld **PBank** ❻ ordnen Sie die ID zu, die das richtige Bankkonto Ihres Geschäftspartners darstellt. Im Feld **Zahlungsanordnung** ❼ setzen Sie einen Haken, damit die Zahlungen aus den TRM-Geschäften mithilfe von Zahlungsanordnungen durchgeführt werden. Im Feld **Zahlwege** ❽ definieren Sie schließlich einen oder mehrere Zahlwege, die für die Zahlungen im F111-Zahllauf verwendet werden sollen.

Die in Abbildung 3.15 angelegten Zahlungsverbindungen werden anschließend den einzelnen TRM-Produktarten oder zu ganzen TRM-Produktgruppen zugeordnet. Entsprechend dieser Zuordnung werden die Standing Instructions aus dem Geschäftspartnerstamm bei der Anlage der TRM-Geschäfte automatisch übernommen.

In Abbildung 3.16 sehen Sie durch das Markieren der gewünschten Zahlungsverbindung und den anschließenden Klick auf den Button ❷, dass die Zahlverhalten-ID PAY_USD ❶, die zuvor in Abbildung 3.15 angelegt wurde, der Produktgruppe **Geldhandel** ❸ zugeordnet ist, damit die Zahlungsverbindung hinter der ID PAY_USD in alle Geldhandelsgeschäfte mit diesem Geschäftspartner übernommen wird.

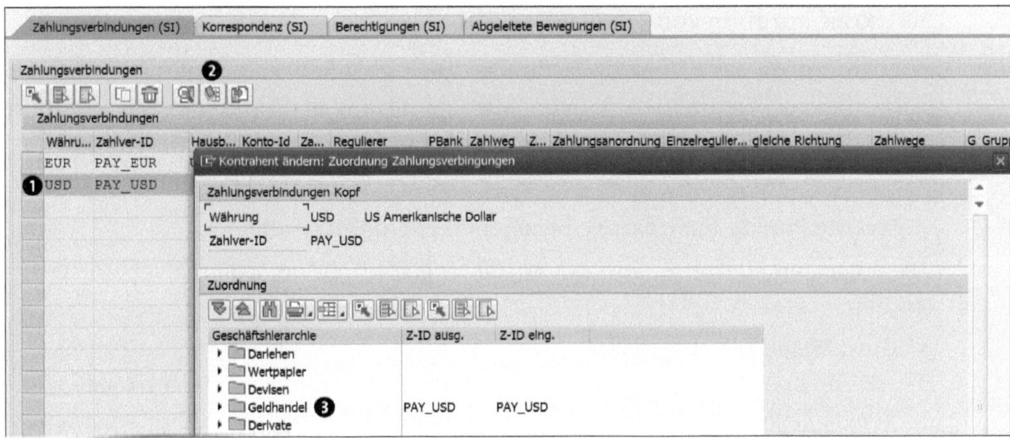

Abbildung 3.16 Geschäftspartner für SAP Treasury and Risk Management anlegen: Zahlungsverbindungen im Buchungskreis zuordnen (Transaktion BP)

[«]

Die Registerkarten »Zahlungsverkehr« und »Zahlungsverbindungen (SI)«

Des Öfteren kommt es zu Verwirrungen, welche Bankverbindungen genau auf der Registerkarte **Zahlungsverkehr** in Abbildung 3.14 und auf der Registerkarte **Zahlungsverbindungen (SI)** in Abbildung 3.15 gepflegt werden. Das liegt daran, dass in den TRM-Geschäftspartnern sowohl die Bankverbindungen des Geschäftspartners als auch die Hausbankkonten des eigenen Unternehmens gepflegt werden.

Auf der Registerkarte **Zahlungsverkehr** in Abbildung 3.14 pflegen Sie die Bankverbindungen des Geschäftspartner, also die Bankverbindung des Zahlungsempfängers.

Auf der Registerkarte **Zahlungsverbindungen (SI)** in Abbildung 3.15 definieren Sie, von welchem Hausbankkonto die TRM-Zahlungen an diesen Geschäftspartner fließen sollen. Es handelt sich dabei um die Bankverbindung des Zahlungsabsenders, d .h. des Unternehmens. Zusätzlich verbinden Sie das Hausbankkonto, von dem die Zahlung durchgeführt werden soll, mit dem Partnerbankkonto, auf dem die Zahlung ankommen soll.

3.5.2 Angaben im Hausbankkontostamm und Bankenverzeichnis

Korrekt gepflegte Hausbankkontostammdaten und ein aktuelles Bankenverzeichnis sind für die Treasury-Zahlungen genauso wichtig wie für Zahlungen aus dem Purchase-to-Pay-Prozess. Die Anforderungen im Hinblick auf Qualität und Pflege der Treasury-Zahlungen sind identisch. Die Informationen aus Abschnitt 2.4.1, »Wichtige Stammdaten für Zahlungen an externe Banken«, gelten in vollem Umfang für die Treasury-Zahlungen.

3.5.3 Konfiguration von Transaktion F111

Das Customizing des F111-Zahlprogramms spielt ebenfalls eine große Rolle bei der Ausführung von Treasury-Zahlungen. Alle Erläuterungen dazu finden Sie Abschnitt 7.2, »Konfiguration der automatischen Zahlungen mit dem F111-Zahlprogramm«.

Relevante Punkte für Treasury-bezogenen Zahlungsverkehr

Die folgenden Punkte sind bei der Ausführung von Treasury-Zahlungen besonders wichtig:

- **Geschäftspartnerstammdaten**
  vollständiger Name, vollständige Anschrift, Bankverbindung des Partners, gepflegte Zahlungsverbindungen in den Standing Instructions
- **Hausbanken**
  Hausbank mit korrektem Bankschlüssel und zugehörige Hausbankkonten, mit IBAN, falls relevant
- **F111-Customizing**
  Einstellungen für den Buchungskreis, für den Zahlweg im Land, für den Zahlweg im Buchungskreis, Zuordnung der Hausbankkonten zu den Zahlwegen, Einstellungen in den Zahlungsformaten
- **Customizing für die Bankkontoüberträge**
  Zuordnung der Sachkonten für die Erstellung der Buchungen auf den Empfängerbankkonten
- **Customizing für die Kontoauszugsverarbeitung**
  Korrektes und vollständiges Buchungsschema für Cash-Pooling-Vorgänge

3.6 Nützliche Transaktionen und SAP-Fiori-Apps

Es gibt einige Transaktionen und auch nützliche SAP-Fiori-Apps, die Sie kennen und verstehen sollen, wenn Sie mit den Treasury-Zahlungen arbeiten oder einzelne Prozessschritte aus dem Treasury-Zahlungsverkehr analysieren müssen. Die wichtigsten Transaktionen und SAP-Fiori-Apps haben wir in diesem Abschnitt aufgezählt und erläutert.

3.6.1 Transaktion F111: automatischer Zahllauf für Zahlungsanordnungen

Für die Durchführung der Treasury-Zahlungen wird Transaktion F111 (Maschineller Zahlungsverkehr für Zahlungsanordnungen) verwendet. Diese Transaktion ähnelt Transaktion F110 (Maschineller Zahlungsverkehr).

In Abbildung 3.17 sehen Sie das Übersichtsbild von Transaktion F111 (Maschineller Zahlungsverkehr für Zahlungsanordnungen). Sie geben Ihrem Zahllauf eine eindeutige Identifikation mit, indem Sie ein Datum in das Feld **Tag der Ausführung** ❶ und eine frei definierbare ID in das Feld **Identifikation** ❷ eintragen. Anschließend klicken Sie auf den Button **Parameter** ❸, um zur Parameterpflege zu gelangen.

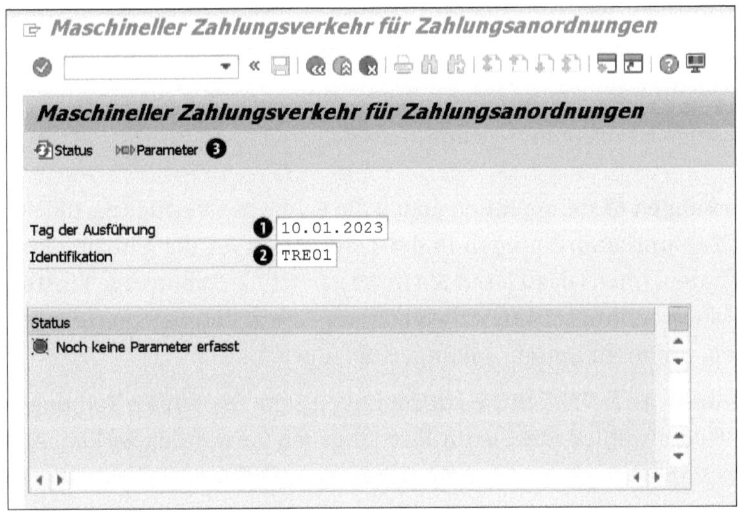

Abbildung 3.17 Transaktion F111: Einstiegsbild

In Abbildung 3.18 sehen Sie, wie die Parameter zum F111-Zahllauf gepflegt werden. Im Feld **nächster Zahllauf am** ❶ tragen Sie das voraussichtliche Ausführungsdatum Ihres nächsten Zahllaufs ein. Dieses Datum wird dann während des Zahllaufs für die Entscheidung, ob eine Zahlungsanordnung schon beim laufenden oder erst beim nächsten Zahllauf bezahlt werden muss, verwendet. Im Feld **Buchungskreis** ❷ pflegen Sie einen oder mehrere Buchungskreise. Danach tragen Sie einen oder mehrere Zahlwege in das Feld **Zahlwege** ❸ ein.

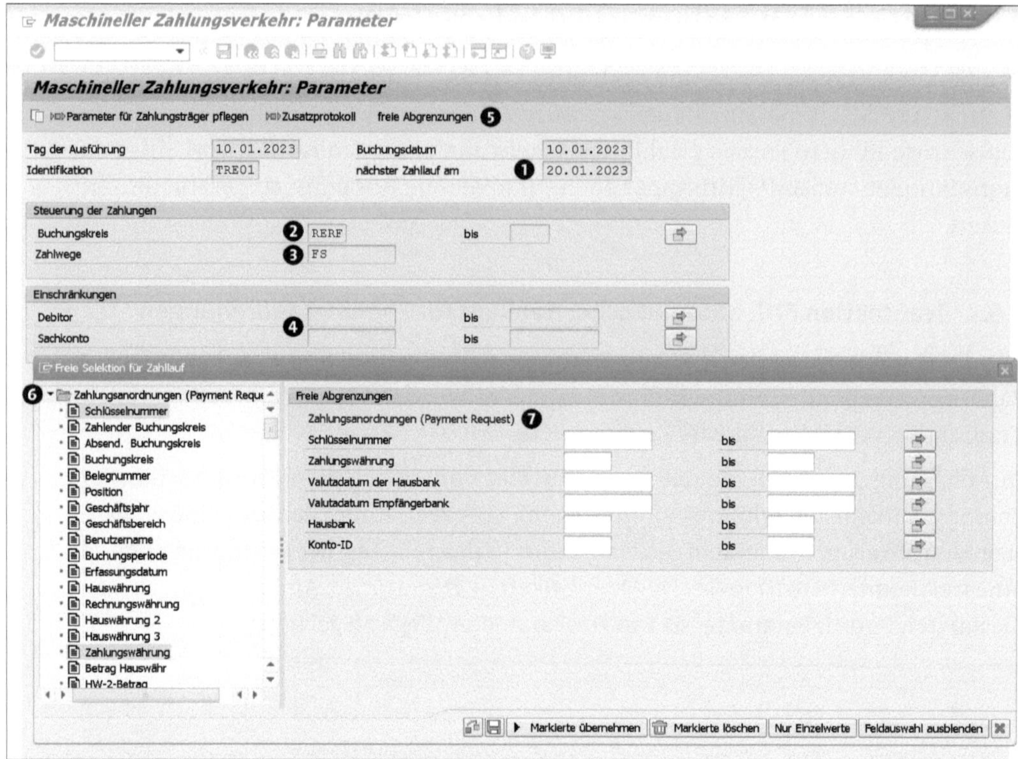

Abbildung 3.18 Transaktion F111: Parameterpflege

Im Bereich **Einschränkungen** ❹ stehen Ihnen genau die Felder zur Verfügung, die Sie im Customizing für Zahlungsanordnungen in der Transaktion für die globalen Einstellungen aktiviert haben (mehr dazu lesen Sie in Abschnitt 7.2.3, »Sonstige Einstellungen für das F111-Zahlprogramm«). Zusätzlich können Sie auf den Button **freie Abgrenzungen** ❺ klicken, um mehr Einschränkungen einzugeben.

Es erscheint ein Pop-up-Fenster, in dem Sie auf der linken Seite im Bereich **Zahlungsanordnungen** ❻ die Felder wählen, die Sie für Ihre Eingaben verwenden wollen. Auf der rechten Seite des Pop-up-Fensters **Freie Abgrenzungen** ❼ können Sie die Werte eintragen.

In Abbildung 3.19 aktivieren Sie, wenn nötig, ein Zusatzprotokoll mit einem Klick auf den Button **Zusatzprotokoll** ❶. Es öffnet sich ein Pop-up-Fenster, in dem Sie die Option **Zahlwegauswahl in allen Fällen** ❷ auswählen. Setzen Sie den Haken bei **Positionen der Zahlungsbelege** ❸ und den Haken bei **Prüfung der Fälligkeit** ❹, um später im Protokoll zum Zahllauf alle Einzelheiten zum Entscheidungsprozess zu sehen und leichter verstehen zu können, warum bestimmte Zahlungsanordnungen nicht bezahlt wurden.

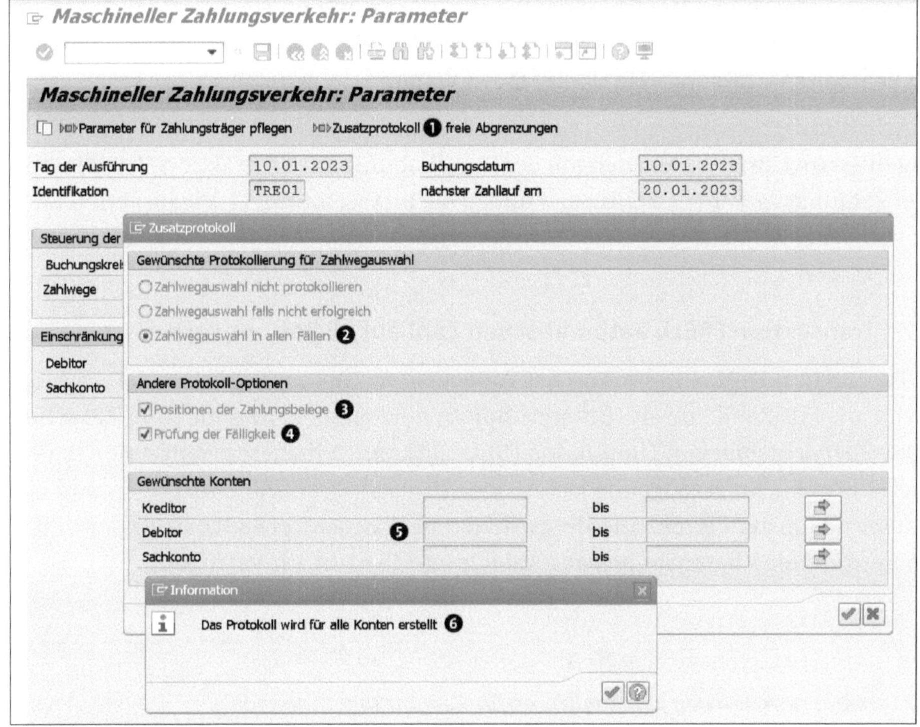

Abbildung 3.19 Transaktion F111: Aktivierung des Zusatzprotokolls

Im Bereich **Gewünschte Konten** ❺ können Sie die Erstellung des Zusatzprotokolls z. B. auf bestimmte, in offenen Zahlungsanordnungen angegebene Sachkonten einschränken. Sie können diesen Bereich aber auch leer lassen; dann wird das Zusatzprotokoll für alle Konten geführt, was mit der Infomeldung »Das Protokoll wird für alle Konten erstellt.« ❻ bestätigt wird. Speichern Sie Ihre Angaben.

In Abbildung 3.20 sehen Sie wieder das Übersichtsbild. Nun sind die Parameter gepflegt, und der Zahllauf kann eingeplant werden.

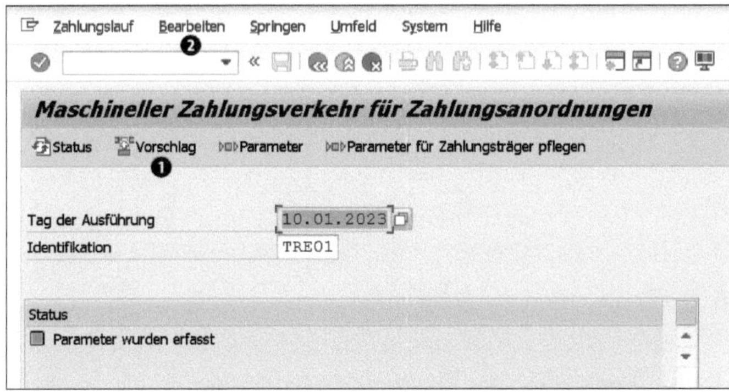

Abbildung 3.20 Transaktion F111: Zahllauf einplanen

Sie sollten zuerst einen Vorschlagslauf laufen lassen, indem Sie auf den Button **Vorschlag** ❶ klicken. Alternativ können Sie direkt den echten Zahllauf über den Menüpfad **Bearbeiten • Zahlung • Einplanen** ❷ einplanen.

Die Arbeit mit Transaktion F111 (Maschineller Zahlungsverkehr für Zahlungsanordnungen) ist im Übrigen identisch mit der Handhabung von Transaktion F110 (Maschineller Zahlungsverkehr). Details dazu finden Sie in Abschnitt 2.5.1, »Transaktion F110: automatischer Zahllauf«.

3.6.2 Transaktion F8BU: automatischen Zahllauf als Job einplanen

Mit Transaktion F8BU (Automatisches Anlegen von Zahlläufen) haben Sie die Möglichkeit, die F111-Zahlläufe als Hintergrundjobs einzuplanen. In Abbildung 3.21 sehen Sie das Übersichtsbild von Transaktion F8BU. Sie können in dieser Transaktion die Parameter pflegen, zu erzeugende Listen oder Druckprogramme hinzufügen und das Zusatzprotokoll aktivieren. Allerdings stehen in Transaktion F8BU die Felder hinter dem Button **freie Abgrenzungen** aus Abbildung 3.18 nicht zur Verfügung.

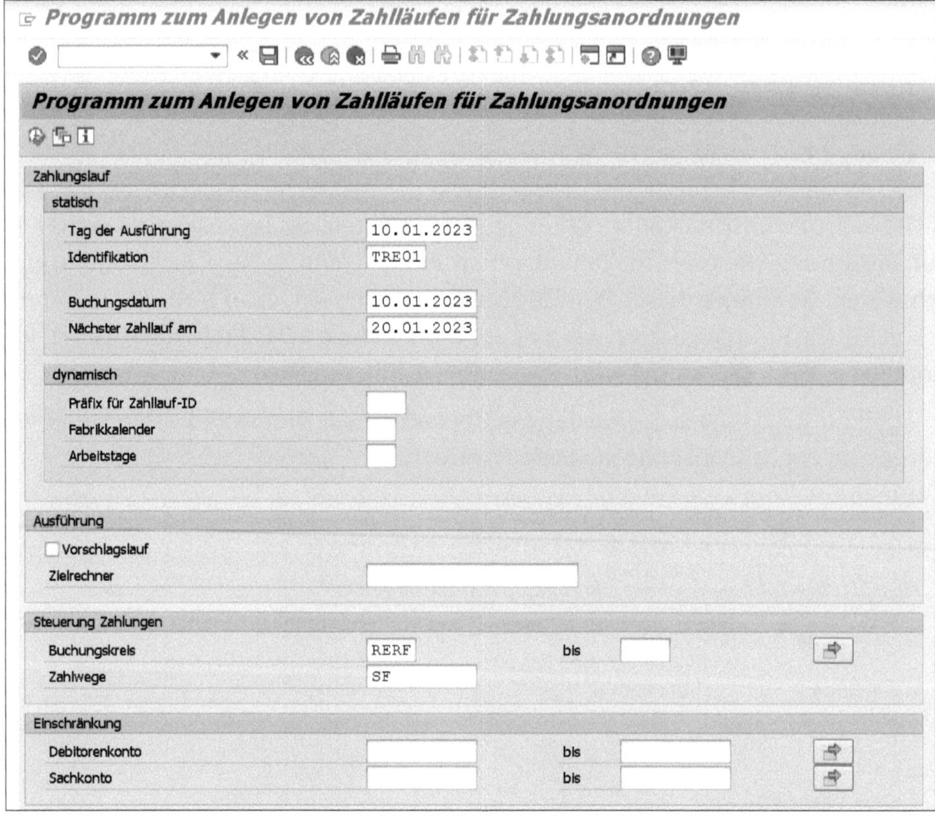

Abbildung 3.21 Transaktion F8BU: Programm zum Anlegen von Zahlläufen für Zahlungsanordnungen

Varianten speichern und Jobs für F111-Zahlläufe einplanen

Sie können mehrere Varianten speichern und diese später bei der Jobeinplanung über SM36 oder ein anderes Tool, das Sie für die Jobeinplanung im Einsatz haben, wiederverwenden. Der Reportname hinter Transaktion F8BU (Automatisches Anlegen von Zahlläufen), den Sie bei der Jobeinplanung mitgeben müssen, ist RFPRQZLP.

3.6.3 Transaktion F8BT: Anzeige von Zahlungsanordnungen

Mit Transaktion F8BT (Anzeige Zahlungsanordnung) können Sie die erfassten Zahlungsanordnungen anzeigen. In Abbildung 3.22 sehen Sie das Übersichtsbild von Transaktion F8BT zur Anzeige der Zahlungsanordnungen. Im Feld **Buchungskreis** ❶ geben Sie einen oder mehrere Buchungskreise ein, und im Bereich **Auswahl der Zahlungsanordnungen** ❷ markieren Sie, ob Sie noch offene oder schon ausgeglichene oder offene und ausgeglichene Zahlungsanordnungen selektieren möchten.

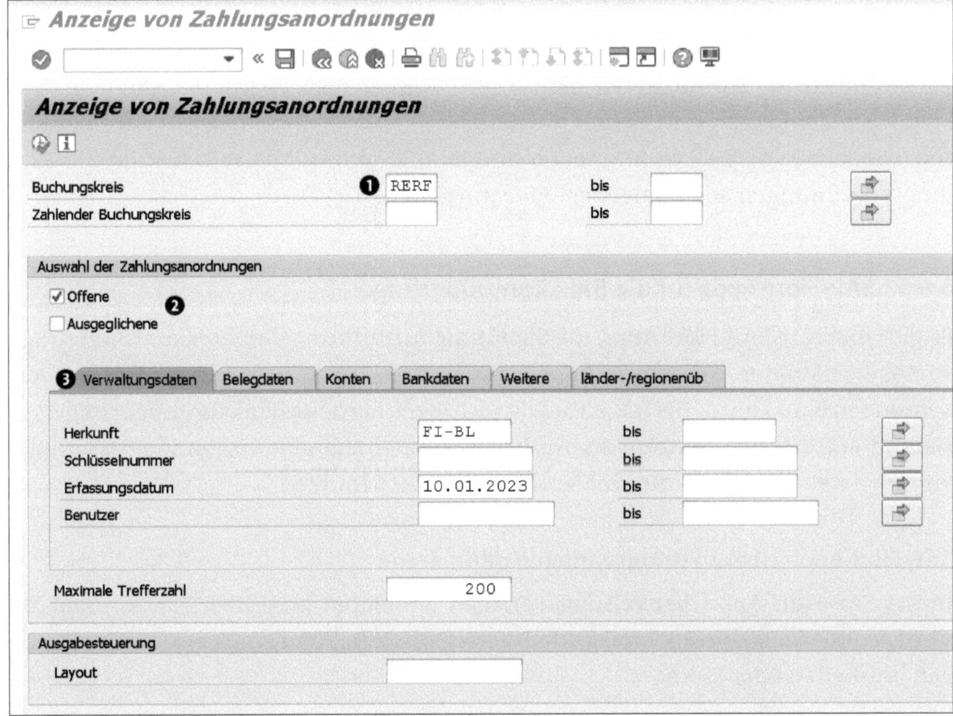

Abbildung 3.22 Transaktion F8BT: Zahlungsanordnungen anzeigen

Auf der Registerkarte **Verwaltungsdaten** ❸ können Sie die Auswahl einschränken. In Abbildung 3.22 werden z. B. nur offene Zahlungsanordnungen selektiert, die am 10.01.2023 erfasst wurden und die Herkunft FI-BL (Free-Form-Zahlung) haben.

3.6.4 SAP-Fiori-App »Free-Form-Zahlungen verarbeiten«

Mit der SAP-Fiori-App **Free-Form-Zahlungen verarbeiten** (App-ID F2564) haben Sie eine Alternative zu SAP-GUI-Transaktion F8BT (Anzeige Zahlungsanordnung). In Abbildung 3.23 sehen Sie die Selektionskriterien der SAP-Fiori-App **Free-Form-Zahlungen verarbeiten**. Sie können verschiedene Felder nutzen, um Ihre Suche nach den Zahlungsanordnungen einzuschränken.

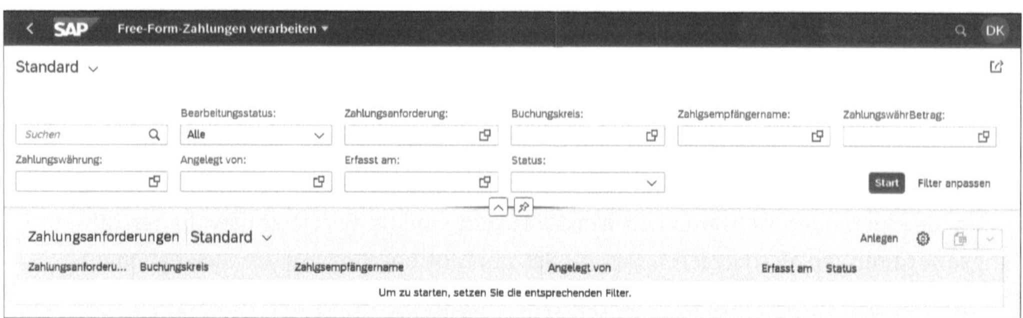

Abbildung 3.23 SAP-Fiori-App »Free-Form-Zahlungen verarbeiten«

Im Gegensatz zur SAP-GUI-Transaktion F8BT können Sie sich mit der SAP-Fiori-App **Free-Form-Zahlungen verarbeiten** nicht nur die Zahlungsanordnungen anzeigen lassen, sondern je nach Berechtigungen und konfigurierten Prozessschritten die Zahlungsanordnungen auch freigeben oder stornieren.

3.6.5 SAP-Fiori-Apps für die Bankkontoüberträge

Es gibt mehrere SAP-Fiori-Apps, die Sie für die Ausführung der Bankkontoüberträge verwenden können. Mit diesen Apps definieren Sie zuerst Vorlagen für Ihre wiederkehrenden Bankkontoüberträge, und danach legen Sie neue Bankkontoüberträge, basierend auf diesen Vorlagen, an. Natürlich können Sie einen Kontoübertrag auch komplett neu anlegen, ohne eine Vorlage dafür zu benutzen.

SAP-Fiori-App »Überweisungsvorlagen definieren«

In der SAP-Fiori-App **Überweisungsvorlagen definieren** (App-ID F3759) können Sie Vorlagen für Bankkontoüberträge definieren. Anschließend können Sie diese Vorlagen bearbeiten oder löschen.

In Abbildung 3.24 sehen Sie das Detailbild der SAP-Fiori-App **Überweisungsvorlagen definieren**. Hier können Sie alle Angaben zum Zahlungsabsenderkonto, zum Zahlungsempfängerkonto, zum Zahlweg, zum Betrag und zum Referenztext machen. Diesen Angaben muss ein frei definierbarer *Repetitive Code* zugeordnet werden, der diese Vorlage später eindeutig identifiziert.

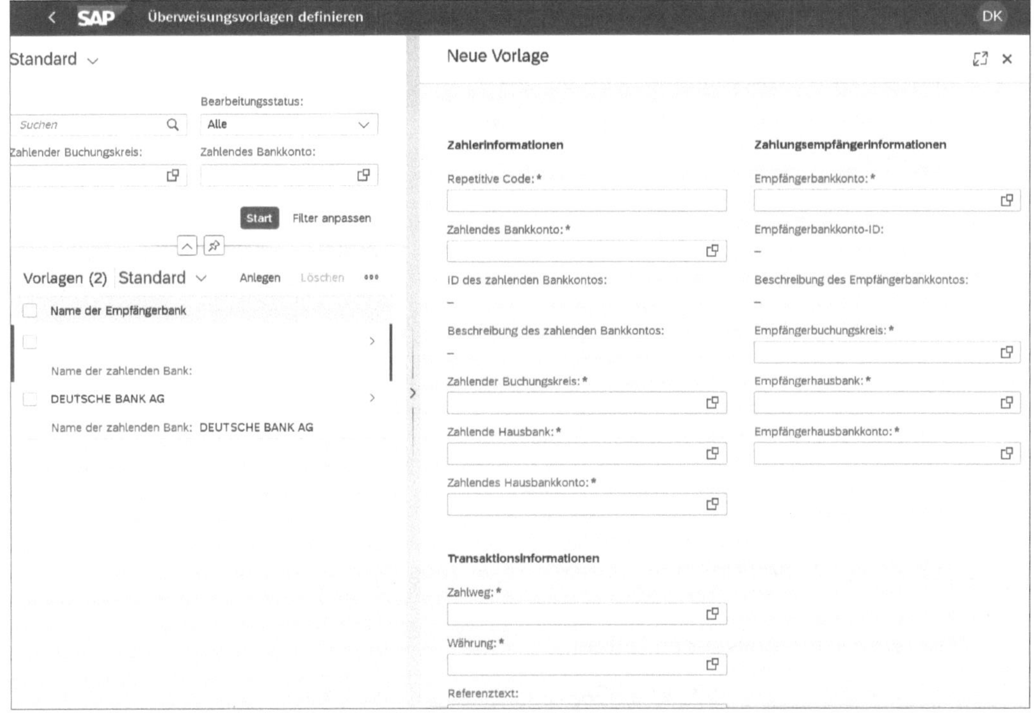

Abbildung 3.24 SAP-Fiori-App »Überweisungsvorlagen definieren«

Vorlagen für wiederkehrende Bankkontoüberträge

Wenn Sie wöchentlich von dem Hausbankkonto GIRO1 bei der Hausbank BANK1 einen Kontoübertrag auf das Hausbankkonto GIRO1 bei der Hausbank BANK2 vornehmen, können Sie eine Vorlage mit dem Repetitive Code BANK1_TO_BANK2 anlegen. Jede Woche können Sie dann auf diese Vorlage zugreifen und diese wiederverwenden.

SAP-Fiori-App »Überweisungen tätigen – Mit Vorlagen anlegen«

In der SAP-Fiori-App **Überweisungen tätigen – Mit Vorlagen anlegen** (App-ID F3760) können Sie auf die zuvor in der SAP-Fiori-App **Überweisungsvorlagen definieren** angelegten Vorlagen zugreifen und daraus mit minimalem Aufwand neue Überweisungen generieren und ausführen.

In Abbildung 3.25 sehen Sie das Übersichtsbild der SAP-Fiori-App **Überweisungen tätigen – Mit Vorlagen anlegen**. Die Vorlage mit dem Repetitive Code BANK1_TO_BANK2, die zuvor mit der SAP-Fiori-App **Überweisungsvorlagen definieren** angelegt worden ist, steht Ihnen hier zur Verfügung. Angaben wie z. B. das Überweisungsdatum, der Betrag, die Währung und der Referenztext, können direkt in der SAP-Fiori-App **Über-**

weisungen tätigen – Mit Vorlagen anlegen angepasst werden. Mit der Anlage einer neuen Überweisung wird eine Zahlungsanordnung mit dem Status **Angelegt** generiert. Sie muss anschließend mit der SAP-Fiori-App **Überweisungen tätigen** (App-ID F0691) freigegeben und ausgezahlt werden.

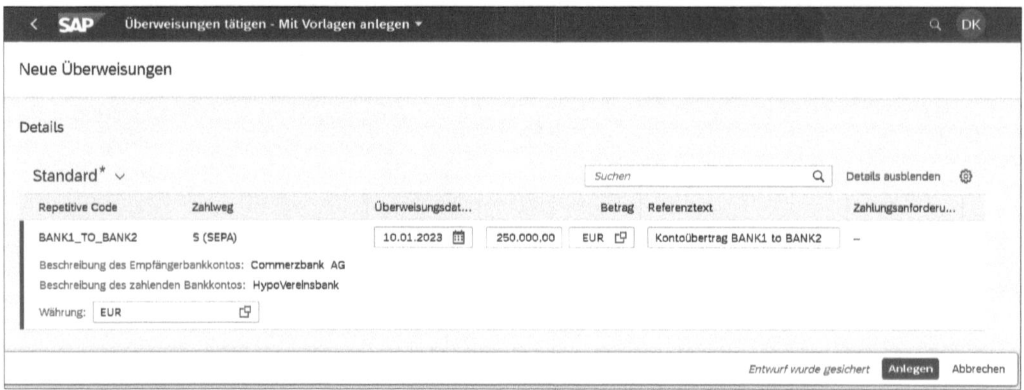

Abbildung 3.25 SAP-Fiori-App »Überweisungen tätigen – Mit Vorlagen anlegen«

Fiori-App »Überweisungen tätigen«

In der SAP-Fiori-App **Überweisungen tätigen** (App-ID F0691) können Sie neue Überweisungen anlegen, freigeben und ausgleichen. Ob alles in einem Schritt geschieht oder ob die Anlage, die Freigabe und das Zahlen der Überweisungen getrennt sind, hängt davon ab, wie Sie Ihre Prozesse organisieren. Details zu den Einstellungsmöglichkeiten der Prozessschritte finden Sie in Abschnitt 7.3.1, »Prozessschritte festlegen«.

In Abbildung 3.26 sehen Sie das Übersichtsbild der SAP-Fiori-App **Überweisungen tätigen**. Sie sehen die Liste mit den schon generierten Zahlungsanordnungen, die Sie sortieren können.

SAP Überweisungen tätigen

Standard

Suchen | Bearbeitungsstatus: Alle | Überweisungsdatum: | Zahlender Bukrs: | Zahlendes Bankkonto: | Zahlweg:

Status: | Angelegt am: | Start | Filter anpassen

Überweisungen (10) Standard* | ❷ Mit Vorlagen anlegen | ❶ Anlegen | ❸ Details anzeigen

Gefiltert nach: Beschreibung des Empfängerbankkontos

Zahlungsanforderu...	Betrag		Überweisun...	Beschreibung des Empfängerbankkontos	Beschreibung des zahlenden Bankkontos	Buchung freigegeben
42	1.500,00	EUR	15.07.2020	Commerzbank AG	Deutsche Bank AG	Ja
43	235,00	EUR	16.07.2020	Commerzbank AG	Deutsche Bank AG	Ja
45	140,00	EUR	16.07.2020	Commerzbank AG	Deutsche Bank AG	Ja
46	89,00	EUR	16.07.2020	Commerzbank AG	Deutsche Bank AG	Ja
52	1.000,00	USD	29.07.2020	Commerzbank AG	Deutsche Bank AG	Ja

Abbildung 3.26 SAP-Fiori-App »Überweisungen tätigen«

Sie können die Ausgabe in dieser Liste durch das Verwenden unterschiedlicher Filter einschränken. Mit einem Klick auf den Button **Anlegen** ❶ gelangen Sie auf das Detailbild mit den auszufüllenden Details Ihrer neuen Überweisung.

Mit einem Klick auf den Button **Mit Vorlage anlegen** ❷ haben Sie die Möglichkeit, direkt zur SAP-Fiori-App **Überweisungen tätigen – Mit Vorlagen anlegen** zu wechseln, um dort Überweisungen, basierend auf vorhandenen Vorlagen, anzulegen. Mit dem Button **Details anzeigen** ❸ können Sie Überweisungsdetails und Anwendungsprotokolle zu den vorhandenen Zahlungsanordnungen prüfen und dadurch die Historie der Überweisungen nachverfolgen.

3.6.6 Transaktion OT81: Repetitive Codes

Transaktion OT81 (Repetitive Codes) ist eine GUI-Alternative zur SAP-Fiori-App **Überweisungsvorlagen definieren** (App-ID F3759). In dieser Transaktion können Sie ebenfalls Vorlagen für Ihre wiederkehrende Bankkontoüberträge definieren und sie später verwenden.

Die Vorlagen, die Sie mit der SAP-Fiori-App **Überweisungsvorlagen definieren** angelegt haben, sind auch in der GUI-Transaktion OT81 sichtbar. Die Vorlagen, die Sie mit der GUI-Transaktion OT81 angelegt haben, sind ebenfalls in der SAP-Fiori-App **Überweisungsvorlagen definieren** zu finden.

In Abbildung 3.27 sehen Sie das Übersichtsbild von Transaktion OT81. Hier definieren Sie neue Vorlagen, indem Sie Angaben zum zahlenden Hausbankkonto vornehmen. Beachten Sie, dass sich die Kombination ❶ aus den Feldern **Zahlender Buchungskreis**, **Hausbank** und **Konto-ID** auf das Zahlungsabsenderbankkonto bezieht.

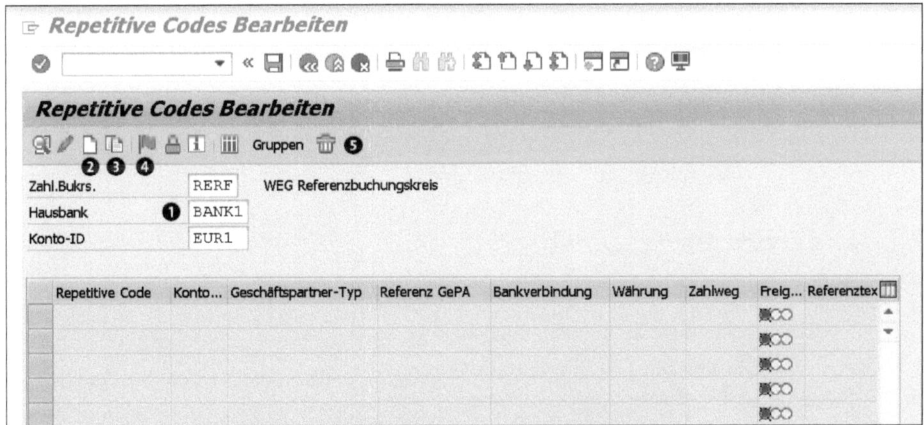

Abbildung 3.27 Transaktion OT81: Repetitive Codes bearbeiten

Sie können neue Vorlagen über den Button (**Anlegen**) ❷ erzeugen oder die vorhandenen Vorlagen mit dem Button (**Kopieren**) ❸ in neue Vorlagen kopieren. Nachdem Sie die neue Vorlage angelegt haben, müssen Sie diese über einen Klick auf den Button (**Freigeben**) ❹ freigeben, um sie verwenden zu können. Nicht mehr benötigte Vorlagen können Sie über den Button (**Löschen**) ❺ löschen.

3.6.7 Transaktion FRFT_B: Schnellerfassung mit Repetitive Codes

Transaktion FRFT_B (Schnellerfassung mit Repetitive Codes) ist eine GUI-Alternative zur SAP-Fiori-App **Überweisungen tätigen – Mit Vorlagen anlegen** (App-ID F3760). In dieser Transaktion können Sie auf die vorhandenen Vorlagen für Ihre wiederkehrende Bankkontoüberträge zugreifen und sie für neue Überweisungen verwenden.

In Abbildung 3.28 sehen Sie das Übersichtsbild von Transaktion FRFT_B. Im Feld **Repetitive Code** ❶ sehen Sie die zuvor mit Transaktion OT81 angelegten Vorlagen. Sie müssen einen Betrag in das Feld **Regulierter Betrag** ❷ eingeben, und, wenn nötig, den Referenztext im Feld **Referenztext** ❸ anpassen. Sie tragen das entsprechende Valutadatum in das Feld **Valutadatum für neue Zahlungsanordnungen** ❹ und das Buchungsdatum für den F111-Zahllauf in das Feld **Buchungsdatum für den Zahllauf** ❺ ein.

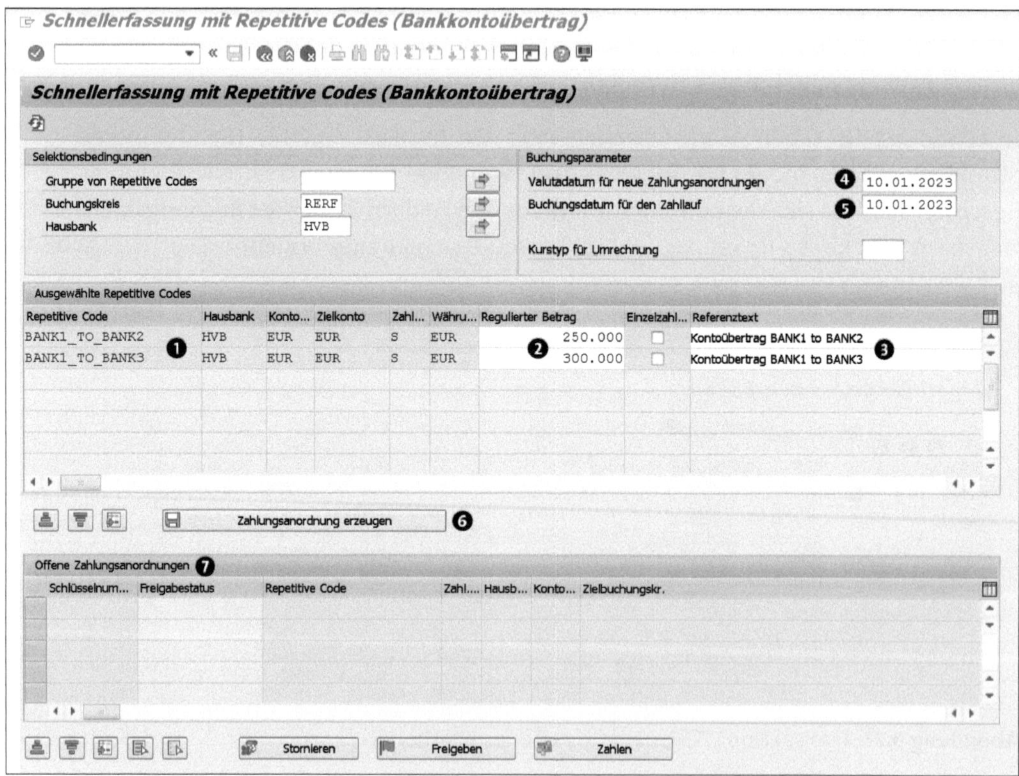

Abbildung 3.28 Transaktion FRFT_B: Schnellerfassung mit Repetitive Codes

Mit einem Klick auf den Button **Zahlungsanordnung erzeugen** ❻ generieren Sie die Zahlungsanordnungen. Danach können Sie offene Zahlungsanordnungen, die Ihnen im Bereich **Offene Zahlungsanordnungen** ❼ angezeigt werden, freigeben und zahlen.

3.7 Reporting- und Analysemöglichkeiten

In diesem Abschnitt erläutern wir einige hilfreiche Möglichkeiten, um die F111-Zahlläufe zu analysieren.

3.7.1 Zusatzprotokoll in F111-Zahlläufen

Beim Ausführen der F111-Zahlläufe empfehlen wir Ihnen das zusätzliche Protokoll bei der Parameterpflege in Transaktion F111 (Maschineller Zahlungsverkehr für Zahlungsanordnungen) zu aktivieren. Damit wird die Nachverfolgung möglicher Ausnahmen oder die Fehleranalyse einfacher.

In Abbildung 3.29 sehen Sie, wie Sie das Zusatzprotokoll aufrufen können: entweder direkt über den Button **Zahlung** ❶, oder Sie gelangen zum Protokoll über den Menüpfad **Bearbeiten • Zahlung • Protokoll anzeigen** ❷. Allerdings verschwinden die Jobprotokolle nach einer bestimmten Zeit (je nach Systemeinstellungen), sodass die Protokollanzeige zu älteren Zahlläufen nicht mehr möglich ist.

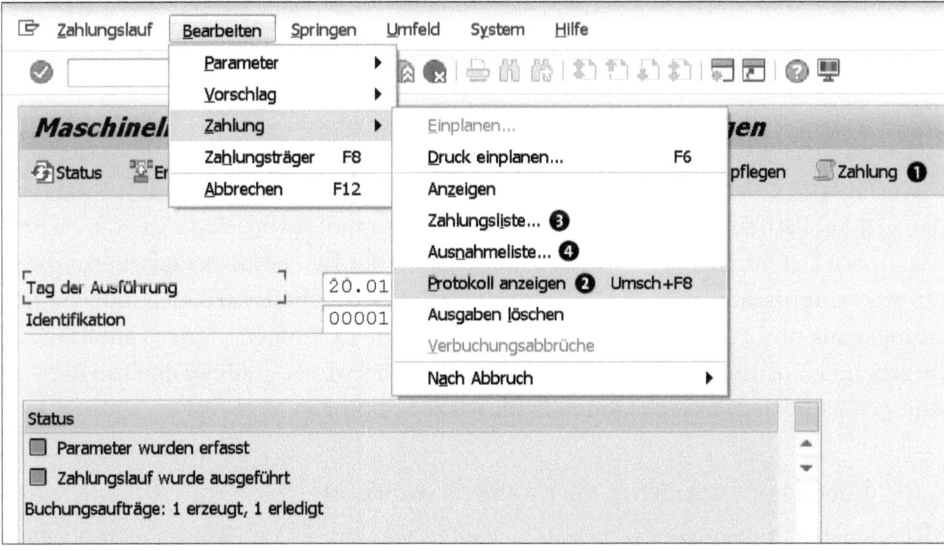

Abbildung 3.29 Transaktion F111: Reporting-Möglichkeiten

Die Protokollanzeige ist auch über Transaktion SM37 möglich!

Sie können auf diese Protokolle entweder direkt über Transaktion F111 zugreifen, oder aber Sie können den dazugehörigen Hintergrundjob in Transaktion SM37 (Übersicht über Jobauswahl) finden und das Protokoll dort anschauen.

Zur Erinnerung: In Kapitel 2, »Purchase-to-Pay«, haben wir schon erwähnt, dass beim Ausführen von jedem F110- und F111-Vorschlagslauf ein Hintergrundjob angelegt wird, den Sie über Transaktion SM37 (Übersicht über Jobauswahl) finden können.

3.7.2 Ausnahmelisten und Zahlungslisten

Sie können die bezahlten Positionen und die auf Fehler gelaufenen Positionen über den Menüpfad **Bearbeiten • Zahlung • Zahlungsliste** ❸ und über den Menüpfad **Bearbeiten • Zahlung • Ausnahmeliste** ❹ ansehen (siehe Abbildung 3.29). Dort finden Sie alle Details zum Zahlungsempfänger, zu den ausgeglichenen Posten und auch die zusammengefassten Informationen pro Land, pro Bankkonto und pro Zahlweg. Im Falle von Ausnahmen werden auch die Fehler mit den entsprechenden Fehlercodes und den Fehlerbeschreibungen zu den fehlerhaften Positionen aufgezählt.

Report RFZALI20 für Zahlungslisten und Ausnahmelisten

Sie können die Ausnahmeliste und die Zahlungsliste auch direkt mit dem Report RFZALI20 anschauen.

3.7.3 Tabellenanalyse

Die wichtigsten Datenbanktabellen für die Analyse und Auswertung der Daten aus den F111-Zahlläufen sind vor allem die Ihnen aus Kapitel 2, »Purchase-to-Pay«, schon bekannten Datenbanktabellen REGUH und REGUP. In der Tabelle REGUH (Regulierungsdaten aus Zahlprogramm) finden Sie Informationen zu Geschäftspartner, Zahlbeleg, Buchungskreis und zu vielen anderen Details der F111-Zahlungen. In der Tabelle REGUP (Bearbeitete Positionen aus Zahlprogramm) finden Sie die Details zu den mit dem jeweiligen Zahlbeleg ausgeglichenen Zahlungsanordnungen.

Nicht über den zusätzlichen Buchstaben R wundern!

Die Identifikationen von allen F111-Zahlläufen werden in den Tabellen REGUH und REGUP mit dem Buchstaben R gespeichert. Wenn Sie z. B. den F111-Zahllauf mit dem Datum 10.01.2023 und der Identifikation TRE01 ausgeführt haben, werden Sie diesen in der Tabelle REGUH folgendermaßen vorfinden: das Datum 10.01.2023 und die Identifikation TRE01R.

Die andere wichtige Datenbanktabelle ist die Tabelle PAYRQ (Zahlungsanordnungen (Payment Request)), die alle Zahlungsanordnungen enthält. Die Tabelle PAYRQ können Sie nutzen, um alle Details zu den Zahlungsanordnungen zu selektieren und um die Ausgleichsinformationen zu finden sowie für weitere Analysen des Zahlungsanordnungsbestands.

Natürlich gibt es auch weitere Datenbanktabellen und auch Transaktionen, die für die Analyse der Informationen rund um die Treasury-Zahlungen hilfreich sein können. Aus Platzgründen können wir nicht alle Reporting- und Analysemöglichkeiten beschreiben.

3.8 Fazit

In diesem Kapitel haben wir genauer erläutert, welche Zahlungen unter dem Begriff Treasury-Zahlungen verstanden werden. Wir haben festgestellt, dass zu den Treasury-Zahlungen die Cash-Management-Zahlungen und die Zahlungen aus SAP Treasury and Risk Management gehören.

Die Cash-Management-Zahlungen sind hauptsächlich Kontoüberträge zwischen den eigenen Bankkonten des Unternehmens, um die kurzfristige Liquidität gemäß Unternehmenszielen zu optimieren. Im Zusammenhang mit den Cash-Management-Zahlungen haben wir das Instrument Cash Pooling kennengelernt. Bei dem automatischen Cash Pooling geht es nämlich darum, dass die Hausbank des Unternehmens am Ende jedes Banktages die Salden auf den Bankkonten einzelner Gesellschaften auf das vordefinierte Bankkonto der zentralen Einheit überträgt. In einem SAP-System werden diese Kontobewegungen beim automatischen Cash Pooling mithilfe von täglichen Kontoauszügen verbucht.

Zusätzlich zu den Cash-Management-Zahlungen gibt es Zahlungen, die ihren Ursprung in SAP Treasury and Risk Management haben. Diese Zahlungen entstehen in den Geschäften, die wiederum die Vereinbarungen zwischen dem Unternehmen und seinen Finanzpartnern in einem SAP-System widerspiegeln. Die Zahlungen zu den Geschäften werden sehr oft in Form von Zahlungsanordnungen erfasst und anschließend mit Transaktion F111 (Maschineller Zahlungsverkehr für Zahlungsanordnungen) tatsächlich ausgeführt.

In einem SAP-System gibt es die Möglichkeit, auch Free-Form-Zahlungen zu erfassen. Dies sind Zahlungen, die aus irgendeinem Grund keinen Ursprungsbeleg in einem SAP-System haben. Ihnen liegen keine Lieferantenrechnung, kein Geschäft und keine Cash-Management-Bewegung zugrunde. Bei der Erfassung von Free-Form-Zahlungen werden Zahlungsanordnungen angelegt, die mit Transaktion F111 ausgeführt werden.

In diesem Kapitel haben wir die Anforderungen an die Pflege der zahlungsrelevanten Stammdaten beschrieben, und wir haben die wichtigsten Transaktionen, SAP-Fiori-Apps und Analysemöglichkeiten aufgezählt.

Kapitel 4
Order-to-Cash

In diesem Kapitel wird die betriebswirtschaftliche Sicht des Order-to-Cash-Prozesses erläutert. Wir machen Sie mit den unterschiedlichen Zahlungsprozessarten im Bereich Order-to-Cash bekannt, zeigen die Analysemöglichkeiten mit unterschiedlichen SAP-Fiori-Apps und Reporting-Tools und erläutern, wie Sie diese Prozesse mit dem SAP-System abbilden.

Wir haben den *Order-to-Cash-Prozess* (O2C-Prozess) in Kapitel 1, »Einführung in die Zahlungsverkehrsprozesse im Unternehmen«, bereits vereinfacht erläutert. Wenn Sie das Gesamtbild vor Augen haben, hilft es Ihnen, den Prozess technisch umzusetzen und im späterem Betrieb mögliche Probleme schneller zu beheben. Aus diesem Grund betrachten wir in diesem Kapitel den gesamten Prozess vom Kundenauftrag bis hin zur Bezahlung der Kundenrechnung im Detail. Dabei konzentrieren wir uns insbesondere auf den zahlungsverkehrsrelevanten letzten Teil des Prozesses.

Wir erklären die Unterschiede in den Prozessen externer und interner Kundenzahlungen, weisen Sie darauf hin, auf welche Besonderheiten Sie beim O2C-Prozess achten sollen, und untersuchen, wie die externen und internen O2C-Prozessschritte in einem SAP-System abgebildet werden können.

In Abschnitt 4.4, »Nützliche Transaktionen und SAP-Fiori-Apps«, zeigen wir Ihnen die wichtigsten SAP-Transaktionen sowie hilfreiche Auswertungs- und Analysemöglichkeiten.

4.1 O2C-Prozess und seine Abbildung im SAP-System

Der Begriff *Order-to-Cash* (O2C) kommt aus dem Englischen und bezeichnet den gesamten Geschäftsprozess, der mit der Anfrage des Kunden für ein Produkt eines Unternehmens beginnt und mit der Bezahlung dieses Produkts endet. In der Regel wird im O2C-Prozess der Umsatz des Unternehmens erzeugt, der wesentlichen Einfluss auf die Liquidität des Unternehmens hat.

In Abbildung 4.1 sehen Sie den vereinfachten O2C-Prozessfluss in einem Unternehmen, das seine Geschäftsprozesse mit dem SAP-System abbildet. Jedes Unternehmen bietet eine bestimmte Palette an Waren oder Dienstleistungen an, die entweder von anderen Unternehmen oder von einzelnen Personen gekauft und bezahlt werden.

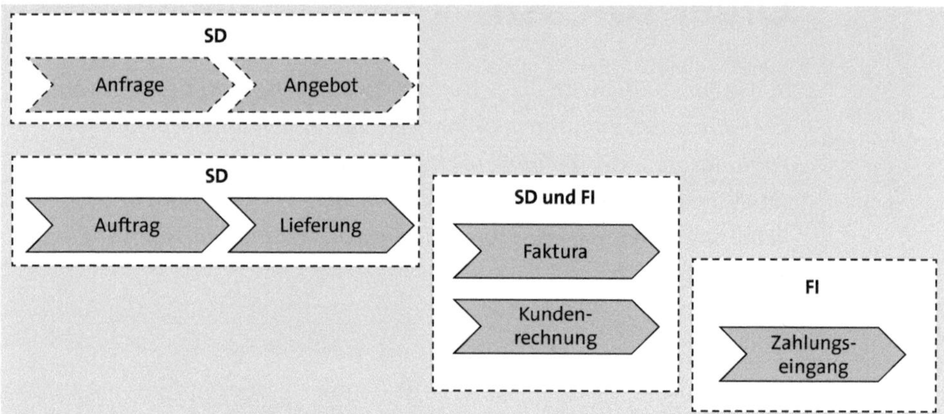

Abbildung 4.1 Vereinfachter SAP-Prozessfluss im Order-to-Cash-Prozess

Der Prozess beginnt damit, dass sich der potenzielle Kunde mit einer Anfrage an das Unternehmen wendet. Das Unternehmen erstellt ein passendes Angebot, das dem Kunden überreicht wird. Je nach Branche des Unternehmens und je nach Prozessabbildung werden im SAP-System des Unternehmens gegebenenfalls eine Anfrage und danach ein Angebot in der SAP-S/4HANA-Komponente *Sales and Distribution* (Verkauf und Vertrieb, kurz SD) angelegt. Die beiden Schritte Anfrage und Angebot sind in Abbildung 4.1 mit gestrichelten Linien markiert, weil sie in einigen Unternehmen nicht verwendet werden.

Der Kunde analysiert das Angebot und entscheidet sich dafür, die angefragte Ware oder die Dienstleistung zu erwerben. Dazu bestätigt er die Annahme des Angebots. Das Unternehmen legt im SAP-System einen Kundenauftrag in SD an, aus dem ersichtlich ist, wer Warenempfänger und Rechnungsempfänger sind sowie welche Waren oder Dienstleistungen unter welchen Bedingungen und in welchen Mengen zu liefern sind.

Im nächsten Schritt wird die Ware an den Kunden geliefert bzw. die Dienstleistung erbracht. Im SAP-System des Unternehmens wird dieser Schritt als Auslieferung zu dem schon angelegten Kundenauftrag in SD abgebildet.

Der Kunde muss für die gelieferte Ware oder die erbrachte Dienstleistung Geld bezahlen. Dafür fakturiert das Unternehmen den Kundenauftrag, was mit anderen Worten bedeutet, dass das Unternehmen eine *Kundenrechnung* erstellt und den Kunden damit auffordert, innerhalb einer bestimmten Frist die Ware oder Dienstleistung zu bezahlen.

Im SAP-System legt das Unternehmen eine Faktura zum Kundenauftrag in SD an. Diese Faktura wird an die Finanzbuchhaltung übermittelt. Als Ergebnis dieser Übermittlung entsteht ein offener Posten im debitorischen Nebenbuch. Dies ist eine Forderung gegenüber dem Kunden, zu der eine Kundenzahlung erwartet wird. Mit dem erfolgten Zahlungseingang von dem Kunden wird der offene debitorische Posten beglichen, und die offene Forderung des Unternehmens gegenüber dem Kunden erlischt. Damit ist der O2C-Prozess abgeschlossen.

Natürlich kann sich die Abbildung des O2C-Prozesses von Unternehmen zu Unternehmen unterscheiden. So könnte es z. B. sein, dass dem Kunden als Erstes eine Rechnung ausgestellt wird, die vom Kunden entweder vollständig oder als Anzahlung oder Teilzahlung beglichen werden muss, bevor die Ware geliefert und die Dienstleistung erbracht werden kann.

Der Zahlungseingang kann auch auf unterschiedliche Art und Weise erfolgen, was ebenfalls von den Unternehmensspezifika und den Vereinbarungen mit dem jeweiligen Kunden abhängt; es können unterschiedliche Zahlungsbedingungen zwischen Unternehmen und Kunden ausgehandelt werden, laut denen die Rechnung in einer Summe oder in mehreren Raten bezahlt werden soll. Einige Kunden überweisen den fälligen Betrag aktiv von ihrem Bankkonto an das Bankkonto des Unternehmens, die anderen erteilen stattdessen eine sogenannte *Einzugsermächtigung* und erlauben damit dem Unternehmen, den Zahlungsbetrag zur Fälligkeit von ihrem Bankkonto einzuziehen.

Solche zahlungsrelevanten Prozessbesonderheiten, die Einfluss auf die Abwicklung des Zahlungsverkehrs mit dem Kunden nehmen, beschreiben wir detailliert in diesem Kapitel.

4.1.1 Kommunikationssicht des O2C-Prozesses

Im vorangehenden Abschnitt haben wir schon erwähnt, dass es zwei Wege gibt, wie das Geld für die erbrachten Leistungen vom Kunden zum Unternehmen gelangen kann: entweder durch eine Zahlung, bei der der Kunde aktiv von seinem Bankkonto den Betrag auf das Bankkonto des Unternehmens überweist, oder per Lastschrifteinzug, bei dem das Unternehmen den Betrag vom Kundenbankkonto einzieht. Wie in jedem zahlungsrelevanten Prozess setzen beide Wege im O2C-Prozess die Kommunikation des Unternehmens mit der Hausbank voraus. Die Kommunikation unterscheidet sich jedoch in Abhängigkeit des gewählten Zahlungseingangswegs.

Kommunikationssicht im O2C-Prozess: Kundenzahlung

In den meisten Fällen tätigt der Kunde die fällige Zahlung selbst. Die Aufgabe des Unternehmens besteht in diesem Fall nur darin, die auf das Hausbankkonto eingegangene Kundenzahlung in seinem SAP-System zu verbuchen und dabei den offenen Posten auf dem Kundenkonto zu begleichen.

In Abbildung 4.2 sehen Sie, wie die Kommunikation verläuft, wenn der Kunde die Rechnung selbständig bezahlt. Die Abbildung ist von rechts nach links zu lesen, da der Kunde aktiv werden muss und der erste Kommunikationsschritt darin besteht, dass der Kunde seiner Hausbank die Anweisung über den auszuführenden Zahlungsausgang gibt.

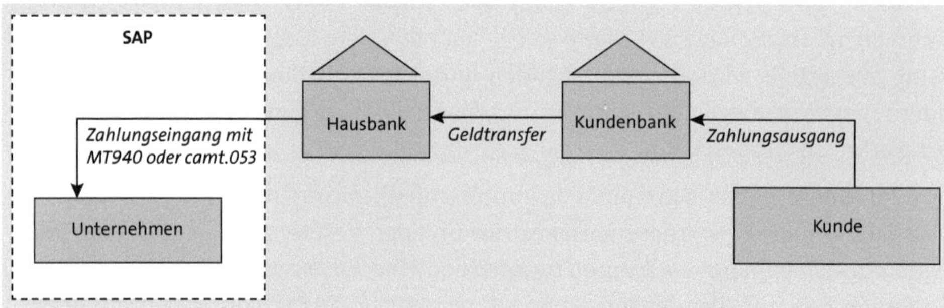

Abbildung 4.2 Kommunikationssicht im O2C-Prozess: Kundenzahlung

Die Kundenbank nimmt diese Anweisung an und überweist den zu zahlenden Betrag vom Kundenbankkonto auf das Bankkonto des Unternehmens. Selbstverständlich muss das Unternehmen dem Kunden seine vollständigen Bankdaten rechtzeitig zur Verfügung stellen. Dies geschieht im Rahmen der Fakturierung des Kundenauftrags und damit bei der Erstellung der ausgehenden Rechnung.

Die Hausbank des Unternehmens informiert dieses über den erfolgten Zahlungseingang des Kunden, in dem sie einen Kontoauszug im MT940- oder im CGI-camt.053-Format schickt. In diesem Kontoauszug befindet sich u. a. die Position, die den Zahlungseingang des Kunden mit allen notwendigen Details enthält. Dazu gehören der Kundenname und seine Bankdaten, der Zahlbetrag sowie die vom Kunden mitgegebene Referenzinformation, die dem Unternehmen helfen sollte, die Zahlung eindeutig zu identifizieren.

Kommunikationssicht im O2C-Prozess: Lastschriftverfahren

Im europäischen Raum kommt das sogenannte *Lastschriftverfahren* als Alternative zu den aktiven Kundenzahlungen oft vor. Darunter wird ein Prozess verstanden, bei dem der Kunde den fälligen Zahlungsbetrag für die entgegengenommen Waren und Leistungen nicht selbst von seinem Bankkonto auf das Bankkonto des Unternehmens überweist. Stattdessen erlaubt der Kunde dem Unternehmen, den fälligen Betrag vom Kundenbankkonto einzuziehen.

[«]

Definition des Begriffs »Lastschrift«

Unter *Lastschrift* wird ein infolge einer Abbuchung entstehender Geldausgang auf dem Bankkonto verstanden – anders als bei der Überweisung, bei der der Kunde den Geldausgang anstößt. Der Prozess dieser Abbuchung wird als *Lastschrifteinzug* bezeichnet.

Die Kommunikation im Lastschriftverfahren unterscheidet sich von den aktiven Kundenzahlungen aus Abbildung 4.2. In Abbildung 4.3 sehen Sie, wie die Kommunikation zwischen Unternehmen und Kunden im Falle eines Lastschriftverfahrens erfolgt.

Das Unternehmen macht den ersten Schritt, indem es einen Lastschriftlauf in seinem SAP-System startet. Dabei werden die offenen debitorischen Posten ausgeglichen, und als Ergebnis dieses Lastschriftlaufs wird eine Zahldatei im CGI-XML-pain.008-Format generiert. Diese Zahldatei ist eine Anweisung für die Hausbank des Unternehmens, den fälligen Zahlungsbetrag vom Bankkonto des Kunden einzuziehen.

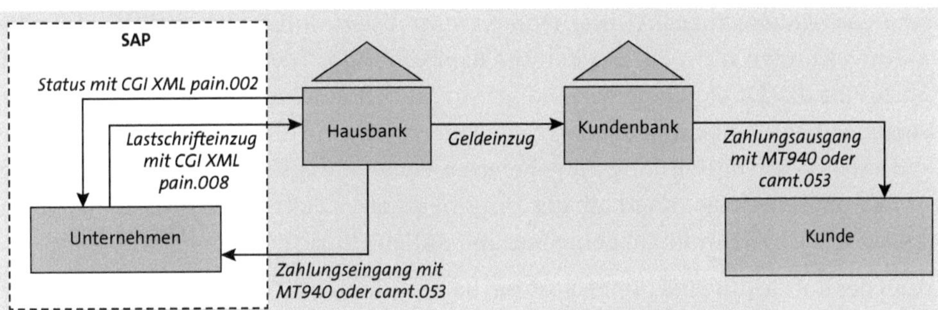

Abbildung 4.3 Kommunikationssicht im O2C-Prozess: Lastschriftverfahren

Die Hausbank führt den Geldeinzug vom Bankkonto des Kunden bei der Kundenbank durch und schickt dem Unternehmen eine Statusrückmeldungsdatei im CGI-XML-pain.002-Format als Bestätigung über den erfolgten Einzug zurück. Am nächsten Tag erhält das Unternehmen auch einen Kontoauszug im MT940- oder CGI-XML-camt053-Format, in dem die Kontoauszugsposition mit dem erfolgten Geldeinzug zu finden ist. Der Kunde wird von seiner Kundenbank ebenfalls per Kontoauszug darüber informiert, dass der Zahlungsausgang im Zuge einer Lastschrift erfolgt ist.

4.1.2 Externe und interne Kunden und Kundenzahlungen

Die Kunden im O2C-Prozess können in externe und interne Geschäftspartner unterteilt werden (siehe Abschnitt 2.1.3, »Externe und interne Zahlungen«). Sowohl im P2P- als auch im O2C-Prozess können sich die Prozessschritte unterscheiden, je nachdem, ob es sich beim beteiligten Kunden um einen externen oder internen Kunden handelt.

Bei *internen Kundenzahlungen* sollten nach Möglichkeit keine externen Bankkonten verwendet werden. Stattdessen sollte das Konzept der In-House-Bank bei Zahlungen von internen Kunden aufgesetzt werden. Mit der In-House-Bank werden die Zahlungen innerhalb des Unternehmens zu virtuellen Verrechnungen. Die jeweilige Tochtergesellschaft wird über den Eingang einer Zahlung von einem internen Kunden durch das Zusenden des FINSTA-IDocs von der zentralen Einheit zur Tochtergesellschaft informiert. Weitere Informationen zu den internen Kundenzahlungen finden Sie in Abschnitt 4.3, »Intercompany-Kundenzahlungen«.

Bei den externen Kunden werden immer externe Bankkonten des Unternehmens genutzt. Entweder zahlt der Kunde auf das Unternehmensbankkonto ein, oder das Unternehmen hat die Möglichkeit, das Geld selbständig vom Kundenbankkonto einzuziehen. Solche externen Kundenzahlungen sind detailliert in Abschnitt 4.2, »Externe Kundenzahlungen«, beschrieben.

Auch bei den *externen Kundenzahlungen* kann die In-House-Bank aktiv werden, falls sämtliche Geldeingänge im Unternehmen zentralisiert sind. In diesem Fall zahlen die externen Kunden nicht auf das externe Bankkonto der Tochtergesellschaft ein, mit der sie eine direkte Geschäftsbeziehung unterhalten, sondern stattdessen zahlen die Kunden auf das Bankkonto der zentralen Einheit ein, und diese kümmert sich, basierend auf dem mit der Zahlung mitgelieferten Verwendungszweck, um die Verteilung der Zahlungseingänge innerhalb des Unternehmens. Dies erklären wir detailliert in Abschnitt 4.2.3, »Zentrale Geldeingänge mit SAP In-House Cash«.

Wenn der Kunde nur eine offene Position hat und damit nur eine Rechnung bezahlen muss, ist die korrekte Interpretation des Geldeingangs im SAP-System des Unternehmens unproblematisch. Auch bei zwei oder sogar drei Rechnungen funktioniert die Zuordnung der eingehenden Zahlung im SAP-System des Unternehmens in der Regel reibungslos, wenn der Kunde im Verwendungszweck zu seiner Zahlung die Rechnungsnummern oder die Referenznummern zu den Rechnungen mitgibt.

Abhängig von der Branche des Unternehmens und den Besonderheiten der Waren oder Dienstleistungen, die vom Kunden in Anspruch genommen werden, kommt es oft vor, dass der Kunde regelmäßig mehrere Rechnungen in einer Zahlung begleicht. In diesem Fall ist es deutlich aufwendiger zu erkennen, welche Rechnungen von diesem Kunden bezahlt wurden und welche noch nicht. Der Platz im Verwendungszweck zu einer Zahlung ist für den Kunden nicht ausreichend, um viele Rechnungsnummern nacheinander aufzuführen.

Es kann im O2C-Prozess durchaus passieren, dass der Zahlungseingang durch den täglichen Kontoauszug im SAP-System des Unternehmens ankommt, und dass der Kunde, basierend auf den Partnerbankdaten, korrekt identifiziert wird, aber offene

Kundenrechnungen nicht ausgeglichen werden können, weil es nicht klar ist, welche Rechnungen der Kunde bezahlt hat. In diesem Fall wird eine sogenannte *Akontobuchung* im debitorischen Nebenbuch gebucht.

Akontobuchung bedeutet, dass der Zahlungseingang für diesen Kunden als Geschäftspartner im System verbucht wird, durch diesen Zahlungseingang aber keine Rechnung ausgeglichen wird, weil die passende Rechnung nicht gefunden werden konnte. In solch einem Fall muss Kontakt zum Kunden aufgenommen werden. Es ist direkt mit dem Kunden zu klären, auf Basis welcher Rechnungen er seine Zahlung getätigt hat. Sobald die offenen Posten auf dem Kundenkonto eindeutig identifiziert worden sind, müssen sie mit dem erfolgten Zahlungseingang manuell verrechnet werden.

Diese Vorgehensweise ist aufwendig und erfordert ein zusätzliches Nachfragen beim Kunden, ein manuelles Selektieren der relevanten Kundenrechnungen und anschließend die Durchführung von manuellen Umbuchungen. Um nachträgliche Klärungen möglichst komplett zu vermeiden, wird ein sogenanntes *Zahlungsavis* zusätzlich zur Zahlung direkt an das Unternehmen gesendet. Dieses Zahlungsavis enthält die Aufschlüsselung aller Positionen, die einer Zahlung zugrunde liegen. Mithilfe solcher Zahlungsavis ist die Zahlungsempfängerseite in der Lage, alle zu einer Zahlung gehörigen offenen Posten zu identifizieren und sie sofort mit dem Zahlungseingang abzugleichen. In Abschnitt 4.2.1, »Vom Kunden veranlasste Zahlungen«, erläutern wir detailliert, wie genau die Zahlungsavis im O2C-Prozess eingesetzt werden.

In den USA und in einigen anderen Ländern zahlen die Kunden nicht nur durch direkte Überweisungen auf das Unternehmensbankkonto ein, sondern auch durch *Scheckzahlungen*. Bei Scheckzahlungen ist in den USA und teilweise in Kanada ein sogenanntes *Lockbox-Verfahren* gängig. Dieses Verfahren wird immer noch recht oft verwendet und auch im SAP-System abgebildet. Im Falle einer *Lockbox* erhält der Kunde eine Lockboxnummer und schickt seinen Scheck zu dieser Lockbox, anstatt den Scheck direkt an das Unternehmen zu senden. Hinter der Lockbox steht ein Service der US-Banken, die Kundenschecks entgegennehmen und abwickeln. Als Bestätigung über den Geldeingang wird zum einen täglich ein Kontoauszug mit dem Gesamtbetrag von den Banken an das Unternehmen übermittelt, und zum anderen wird zusätzlich auch eine Lockbox-Datei generiert und ebenfalls an das Unternehmen gesendet.

Im SAP-System des Unternehmens werden sowohl die Kontoauszugsdatei als auch die Lockbox-Datei eingelesen und gebucht. Durch die Buchung von beiden Dateien werden die dazugehörigen offenen Kundenpositionen ausgeglichen. Da das Lockbox-Verfahren eine länderspezifische Lösung ist, verzichten wir auf weitere detaillierte betriebswirtschaftliche und technische Beschreibungen dazu.

4.2 Externe Kundenzahlungen

Mit *externen Kunden* sind Geschäftspartner gemeint, an denen das Unternehmen keine Beteiligungen hält. Rechtlich gesehen sind externe Kunden Dritte für das Unternehmen. Die Forderungen gegenüber diesen Kunden werden im SAP-System als offene Posten im debitorischen Nebenbuch erfasst, und für den Kunden werden Rechnungen ausgestellt. Zur Fälligkeit sollen diese Rechnungen vom Kunden durch die Überweisung des fälligen Zahlbetrags vom Kundenbankkonto auf das externe Bankkonto des Unternehmens beglichen werden.

Für externe Zahlungseingänge benötigt das Unternehmen also mindestens ein externes Bankkonto, das den Kunden rechtzeitig mitgeteilt werden muss. Die Anzahl der Bankkonten für Geldeingänge in einem Unternehmen hängt vom Zentralisierungsgrad der Bankkontenstruktur ab. Diesen Umstand betrachten wir genauer in diesem Abschnitt. Außerdem erläutern wir, wie der Prozessfluss der Kundenzahlungen im SAP-System abgebildet ist und welche Voraussetzungen für die erfolgreiche und vollständige Verarbeitung der Kundenzahlungen geschaffen werden müssen.

4.2.1 Vom Kunden veranlasste Zahlungen

Bei den externen Kundenzahlungen durch Kundenüberweisungen besteht der zahlungsrelevante Teil des O2C-Prozesses im SAP-System des Unternehmens nur aus einem einzigen Schritt. Mit der Ankunft externer Kontoauszüge in SAP S/4HANA sind idealerweise alle Informationen für das Auffinden und Begleichen offener Kundenrechnungen vorhanden. Wir sehen uns nun die einzelnen Prozessschritte bei der Verarbeitung der Zahlungseingänge im SAP-System an.

In Abbildung 4.4 sehen Sie die Übersicht einzelner Prozessschritte bei einer externen Kundenzahlung. Die Abbildung ist aus Sicht des Unternehmens dargestellt, da aber der Prozess von dem Kunden in einem externen System angestoßen wird, muss diese Abbildung von rechts nach links gelesen werden.

Der Kundenzahlungsprozess beginnt im ERP-System des Kunden. Dort wird eine Zahlung generiert und an die Kundenbank übermittelt. Gleichzeitig wird ein Zahlungsavis im System des Kunden generiert, das auf eine zuvor abgestimmte Art und Weise an das Unternehmen geschickt wird. Das Avis ist nichts anderes als eine Auflistung der einzelnen Positionen, die der Kunde mit der Zahlung beglichen hat. Die Kundenbank führt die Zahlung des Kunden aus und überweist den fälligen Gesamtzahlbetrag an das externe Bankkonto des Unternehmens.

Die Hausbank informiert das Unternehmen über die eingegangene Zahlung mittels eines Kontoauszugs, der Details zu Zahlung und Zahlungsabsender enthält. Damit hat das Unternehmen im SAP-System zwei Arten von Informationen, die zusammen ein komplettes Bild ergeben.

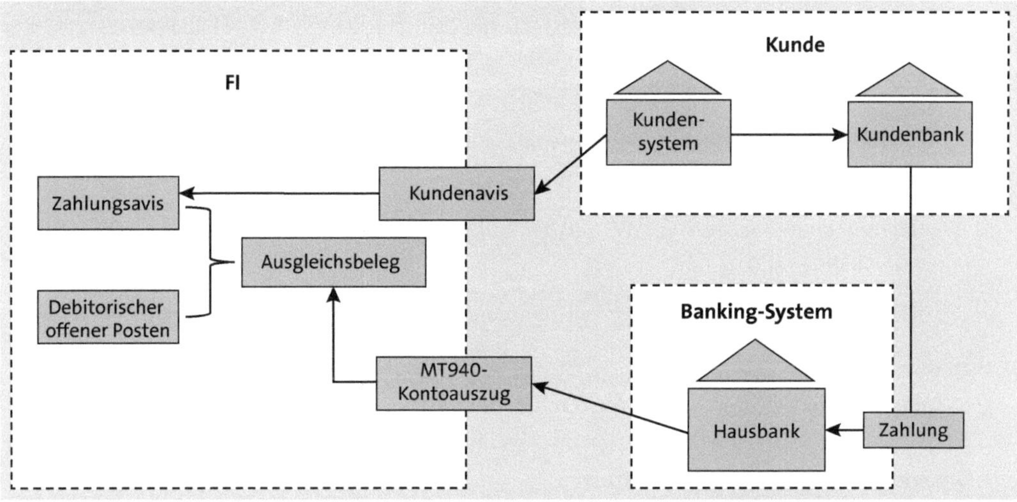

Abbildung 4.4 Zahlungseingangsprozess im SAP-System bei externer Kundenzahlung

Auf der einen Seite liefert das Zahlungsavis, das basierend auf dem *Zahlungsavis* des Kunden im SAP-System angelegt wurde, alle Details zu den einzelnen Rechnungen mit Rechnungsnummern oder Referenznummern und Rechnungsbeträgen, und zum anderen liefert der Kontoauszug Informationen wie den Gesamtzahlbetrag und die Nummer zur Identifizierung des dazugehörigen Zahlungsavis.

Bei dem Einlesen des Kontoauszugs in das SAP-System wird das erwähnte Avis gefunden, und basierend auf dem Avis, werden auch die dazugehörigen debitorischen offenen Posten selektiert. Nun kann die Kontoauszugsposition vollständig verbucht werden, und alle offenen Posten auf dem Debitorenkonto werden mit dieser Buchung ausgeglichen.

Das Versenden und Einlesen der Zahlungsavis ist ein optionaler Schritt und hängt von mehreren Faktoren ab, zu denen die Spezifik des Unternehmens bei den dem Kunden verkauften Waren und Dienstleistungen, die Intensivität und die Frequenz der Zahlungen bei einem konkreten Kunden und die durchschnittliche Anzahl der Rechnungen pro Zahlung gehören.

In Tabelle 4.1 sind die Prozessschritte aus Abbildung 4.4 dargestellt. Einige dieser Prozessschritte sind obligatorisch und müssen von jedem Unternehmen ausgeführt werden, andere Prozessschritte sind optional und können gegebenenfalls ausgelassen oder ersetzt werden.

Prozessschritt in SAP	SAP-Funktion	Obligatorischer oder optionaler Schritt
externen Kontoauszug erhalten	Schnittstelle von der Bank zum SAP-System oder zu SAP Multi-Bank Connectivity	obligatorisch
externes Zahlungsavis vom Kunden erhalten	Schnittstelle vom Kunden zum SAP-System	optional
externen Kontoauszug verbuchen	FI, Kontoauszugsverarbeitung	obligatorisch
offene Posten manuell ausgleichen	FI, Kontoauszugsnachverarbeitung	optional

Tabelle 4.1 Aktivitäten im SAP-System bei der Verarbeitung von Kundenzahlungen

Externen Kontoauszug erhalten

In Abschnitt 2.2.2, »Lokale Ausgangszahlungen«, haben wir bereits die Kontoauszugsverarbeitung im Zusammenhang mit den ausgehenden lokalen Zahlungen erwähnt. Sowohl die ausgehenden P2P-Zahlungen oder Treasury-Zahlungen als auch die O2C-Zahlungseingänge werden durch das Verbuchen des Kontoauszugs bestätigt. Der Kontoauszug enthält alle Positionen des abgeschlossenen Banktags, unabhängig von der Zahlungsflussrichtung. Grundsätzlich ist der Kontoauszugsimport für die Darstellung aller Zahlungsprozesse im Unternehmen notwendig; der Kontoauszug wird prozessübergreifend eingelesen.

[»]

Die Kontoauszugsverarbeitung ist zahlungsprozessübergreifend!

In diesem Abschnitt zu den externen Kundenzahlungen beschreiben wir detailliert den Importprozess sowie die Verbuchung der Kontoauszüge und zeigen die Maske der Transaktionen für die Kontoauszugsnachverarbeitung. Beachten Sie, dass diese Informationen nicht nur für die O2C-Kundenzahlungen, sondern für alle zahlungsrelevanten Prozesse mit der Verwendung der Kontoauszüge angewendet werden können.

Der externe Kontoauszug wird in der Bankensoftware generiert und in der Regel täglich an das Unternehmen versendet. Das für den Kontoauszug verwendete Format ist zwischen Bank und Unternehmen abgestimmt und wird dauerhaft verwendet. Damit der Kontoauszug im System des Unternehmens ankommt, muss eine Schnittstelle zwischen Bank und Unternehmen existieren. Es kann sich dabei um eine direkte Schnittstelle zwischen Bankensystem und Unternehmenslandschaft handeln, aber die Umsetzung kann auch mittels Vermittlungssystemen umgesetzt werden, z. B. von SAP Multi-Bank Connectivity oder Systemen von Drittanbietern. Sogar ist es möglich, dass eine automatische Schnittstelle nicht existiert und die Kontoauszüge im Bankenportal manuell heruntergeladen werden und ebenfalls manuell in das SAP-System des Unternehmens hochgeladen werden. Das letzte Szenario ist heutzutage bei einem hohen Automatisierungsgrad verschiedener Unternehmensprozesse unwahrscheinlich, jedoch trotzdem möglich, und wird manchmal besonders bei kleineren Unternehmen mit kleineren Banken verwendet.

Die Kontoauszüge werden in jedem dieser Szenarien im SAP-System verarbeitet. Dies geschieht in zwei Schritten: zum einen beim *Einlesen der Kontoauszugsdatei* und zum anderen beim *Verbuchen der Kontoauszugspositionen*. In den meisten Fällen laufen beide Teilschritte unmittelbar nacheinander ab, d. h., sobald der Kontoauszug eingelesen worden ist, wird direkt verbucht. Dabei werden die Buchhaltungsbelege in FI für einzelne Kontoauszugspositionen erzeugt.

Je nach Ausprägung des Prozesses können diese beiden Teilschritte getrennt werden: Zuerst wird die Kontoauszugsdatei eingelesen, und zu einem späteren Zeitpunkt wird das Verbuchen der Kontoauszüge angestoßen. Diese zeitliche Trennung kann sowohl bewusst im Rahmen des Kontoauszugsprozessdesigns stattfinden als auch bedingt durch technische Einschränkungen im SAP-System, z. B. durch geschlossene FI-Buchungsperioden im betroffenen Buchungskreis. Sobald die Kontoauszüge eingelesen worden sind, sind sie im SAP-System sichtbar. Es ist möglich, auf die Kontoauszüge zuzugreifen, auch wenn noch keine FI-Buchungen durchgeführt werden konnten. Wenn nötig, kann der Verbuchungsschritt sogar komplett gestrichen werden. In diesem Fall werden die Kontoauszüge stets nur eingelesen, ohne dass dabei gleichzeitig mit dem Import oder zu einem anderen Zeitpunkt Buchhaltungsbelege erzeugt werden.

Beim Einsatz von SAP Multi-Bank Connectivity kommen die Kontoauszugsnachrichten von SAP Multi-Bank Connectivity in SAP S/4HANA an. Für diese Dateien werden sofort die Verarbeitungsschritte und Verarbeitungsvarianten angestoßen, die im Konnektor für SAP Multi-Bank Connectivity (MBC-Konnektor) für das jeweilige Kontoauszugsformat definiert wurden. Wenn alle Einstellungen im MBC-Konnektor vorgenommen worden sind, startet die Kontoauszugsverarbeitung bei der Ankunft jeder neuen Kontoauszugsdatei komplett automatisch.

Ohne den Einsatz von SAP Multi-Bank Connectivity müssen die Kontoauszüge auf den dafür definierten Verzeichnissen, die im SAP-System als logische Pfade definiert worden sind, abgelegt werden. Von diesen logischen Pfaden werden die Kontoauszüge entweder von einem regelmäßigen Hintergrundjob oder manuell im SAP-System eingelesen. Dafür wird Transaktion FEB_FILE_HANDLING (Automatisch einlesen) verwendet, mit der beliebig viele Kontoauszugsdateien von einem logischen Pfad eingelesen werden können. Das Übersichtsbild für diese Transaktion finden Sie in Abbildung 2.10 in Abschnitt 2.2.2, »Lokale Ausgangszahlungen«.

Die aus SAP R/3 bzw. SAP ERP bekannte Transaktion FF_5 (Einlesen Elektronischer Kontoauszug) ist weiterhin verfügbar und kann bei Bedarf ebenfalls genutzt werden. Diese Transaktion kann allerdings pro Lauf nur eine konkret angegebene Datei einlesen. Mit Transaktion FF_5 ist es möglich, Kontoauszugsdateien von dem lokalen Verzeichnis hochzuladen, was besonders für Testzwecke hilfreich sein kann.

In Abbildung 4.5 sehen Sie das Übersichtsbild von Transaktion FF_5, mit deren Hilfe die Kontoauszüge importiert werden können. Es muss das relevante Format für den Kontoauszug im Feld **Format elektr. Kontoauszug** ❶ gewählt werden. Bei dem gesetzten Haken zu **Workstation-Upload** ❷ werden die Kontoauszüge von dem lokalen Verzeichnis, bei dem nicht gesetzten Haken von dem Anwendungsserver eingelesen. Außerdem muss angegeben werden, wie genau der Kontoauszug verarbeitet wird. Ist das Kennzeichen **Sofort buchen** aktiviert ❸ wird der Kontoauszug importiert und sofort gebucht.

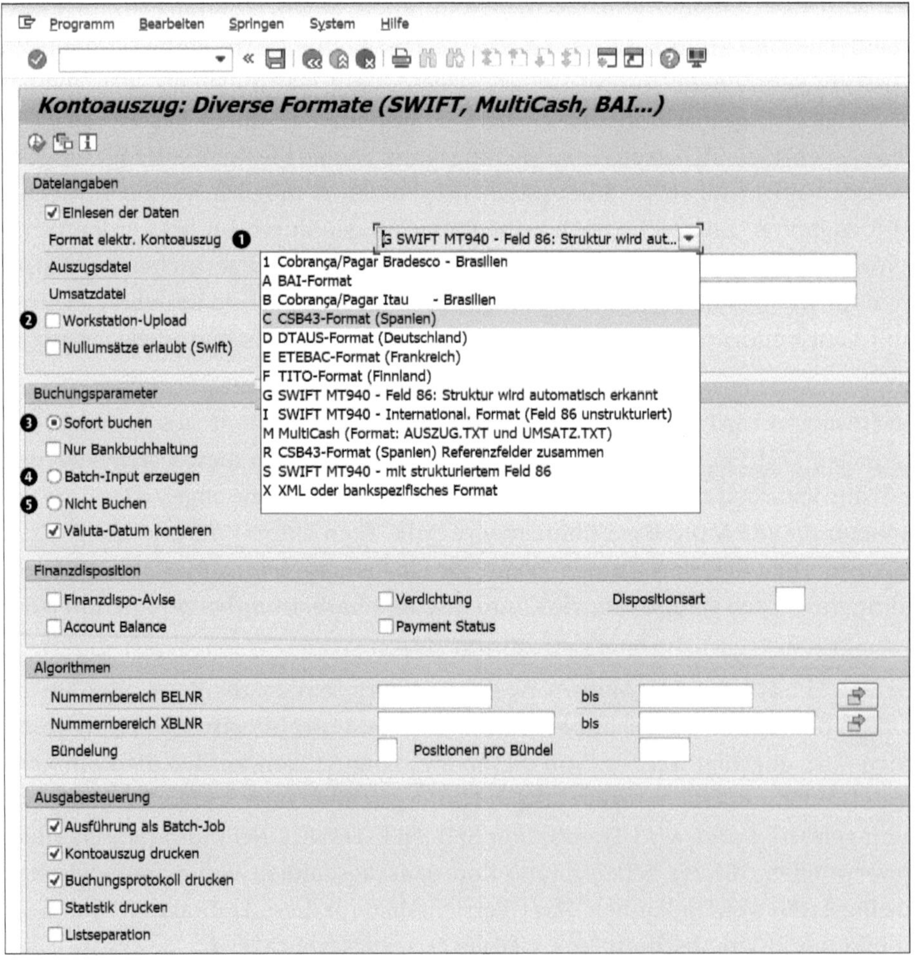

Abbildung 4.5 Übersichtsbild für das Einlesen der Kontoauszüge (Transaktion FF_5)

Ist das Kennzeichen **Batch-Input erzeugen** ❹ aktiviert, wird der Kontoauszug importiert und eine Batch-Input-Mappe mit den Buchungssätzen für einzelne Kontoauszugspositionen wird erzeugt, die zu einem späteren Zeitpunkt abgespielt werden muss. Ist das Kennzeichen **Nicht Buchen** ❺ aktiviert, wird der Kontoauszug nur eingelesen, es werden aber keine Buchhaltungsbelege zu einzelnen Kontoauszugspositionen erzeugt.

Sobald der Kontoauszug mit einer der beschriebenen Optionen eingelesen worden ist, können alle Kontoauszugspositionen aus diesem Kontoauszug mit Transaktion FEBAN (Nachbearbeitung Kontoauszüge) oder Transaktion FEB_BSRPOC (Kontoauszug Nachbearbeitung) angezeigt werden, auch wenn aus irgendeinem Grund noch keine FI-Buchungen zu diesen Kontoauszugspositionen stattgefunden haben.

[«]

Transaktion FEBAN und FEB_BSPROC

Einen genauen Unterschied zwischen den Transaktionen FEBAN und FEB_BSPROC, die Einstellungsmöglichkeiten und viele weitere Erklärungen zum Thema Kontoauszugsverarbeitung finden Sie in SAP-Hinweis 3271555 (Übersicht über die Kontoauszugsverarbeitung).

Die Druckversion des Kontoauszugs und der Kontoauszugspositionen mit den Details können Sie mit Transaktion FF_6 (Anzeigen Elektronischer Kontoauszug) aufrufen.

Externes Zahlungsavis vom Kunden erhalten

Beim Eingang einer Kundenzahlung muss das Unternehmen erkennen können, von welchem Kunden die Zahlung vorgenommen wurde und welche Rechnungen dieser Kunde mit dieser Zahlung beglichen hat.

Die Hausbank liefert in den meisten Fällen die Bankdaten des Kunden als zusätzliche Information zur Zahlungseingangsposition im Kontoauszug. Falls diese Bankdaten im SAP-System des Unternehmens im Geschäftspartnerstamm für diesen Kunden gespeichert sind, ist das SAP-System in der Lage, beim Einlesen der Kontoauszüge anhand der Bankdaten den richtigen Kunden zu finden.

Die Suche der zur Zahlung gehörenden Kundenrechnungen wird, basierend auf den in der Kontoauszugsposition enthaltenen Referenzinformationen, durchgeführt. Wenn in dem *Referenzfeld* (auch Verwendungszweck genannt) der Kontoauszugsposition genug eindeutige Informationen, z. B. Rechnungsnummer oder Referenznummer, verfügbar sind, kann die offene Position auf dem Kundenkonto im debitorischen Nebenbuch gefunden und automatisch ausgeglichen werden. Falls aber die Referenzdaten nicht eindeutig interpretiert werden konnten, oder wenn diese Daten gar nicht vorhanden waren, ist es nicht möglich, eine passende Position zu identifizieren und auszugleichen. Ein manueller Eingriff in den Prozess der Kontoauszugsverarbeitung wäre erforderlich, und die Sachbearbeiterin oder der Sachbearbeiter müsste die Position manuell finden und der Kontoauszugsposition zuordnen.

Besonders in Unternehmen, die anhand ihrer Ausrichtung eine große Anzahl einzelner Rechnungen pro Kunde haben, kann das Problem des fehlenden automatischen Ausgleichs bei Zahlungseingängen besonders gravierend sein. Aus diesem Grund einigen sich viele Unternehmen mit ihren Kunden – oder zumindest mit Stammkunden, die regelmäßig Waren oder Dienstleistungen beziehen und bezahlen – auf das Senden zusätzlicher Zahlungsavis. Ziel dieser Zahlungsavis ist es, alle mit der Zahlung beglichenen Rechnungen so aufzulisten, dass das SAP-System des Unternehmens in der Lage ist, alle Positionen automatisch zu finden und beim Zahlungseingang sofort auszugleichen.

Es handelt sich dabei um bilaterale Vereinbarungen zwischen dem Unternehmen und den einzelnen Kunden. Aus diesem Grund kann sich die technische Lösung und die Form, in der Kunden die Zahlungsavis schicken, von Fall zu Fall unterscheiden.

Beim Versand von Zahlungsavis sind u. a. die folgenden Alternativen möglich:

- E-Mails an die zuständigen Sachbearbeiter mit den angehängten Zahlungsavis im PDF-Format senden.
- Dateien im Excel- oder CSV-Format mit einem bestimmten Spaltenaufbau.
- Falls der Kunde ebenfalls ein SAP-System hat, kann eine EDI-Verbindung aufgebaut werden, und die Zahlungsavis können in diesem Fall als IDocs mit der logischen Nachricht REMADV generiert und versendet werden.
- Softwareeinsatz von Drittanbietern, die den Empfang und die Konvertierung beliebiger Avisformate anbieten.

Idealerweise können diese Zahlungsavis vom Kunden im SAP-System automatisch eingelesen und als eingehende Zahlungsavis mit allen Details gespeichert werden. Beim Einsatz der Zahlungsavis geben die Kunden die Avisnummer bei der Zahlung an. Wenn dann der Kontoauszug im SAP-System eingelesen wird, ist die Avisnummer im Verwendungszweck der Kontoauszugsposition mit der eingehenden Zahlung enthalten. Das SAP-System kann die Kontoauszugsposition mit dem dazugehörigen vorher gebuchten Zahlungsavis verknüpfen und damit die offenen Rechnungen eindeutig und vollständig identifizieren. Sobald dies geschehen ist und der Ausgleich der offenen Posten stattfinden kann, werden die Zahlungsavis aus der Datenbank automatisch gelöscht.

Beim Einsatz von REMADV-Zahlungsavis müssen mehrere Einstellungen in der allgemeinen Zahlungsaviskonfiguration und auch in der EDI-Konfiguration einzelner Partnervereinbarungen vorgenommen werden. Nachdem die Einrichtung der relevanten Customizing-Einstellungen beendet worden ist, werden beim Eingang von

REMADV-IDocs einzelne Zahlungsavis erfasst und können mit Transaktion FBE3 (Avis anzeigen) eingesehen werden.

In Abbildung 4.6 sehen Sie das Übersichtsbild von Transaktion FBE3. Wenn Sie die Transaktion aufrufen, können Sie sich einzelne Zahlungsavis ansehen. Ein Zahlungsavis besteht aus den Kopfdaten mit Avisnummer, Gesamtbetrag und Kundenummer und aus den Positionsdaten im Bereich **Avispositionen** mit Details zu den bezahlten Rechnungen mit den Referenznummern (Spalte **Referenz**), Rechnungsbeträgen (Spalte **Zahlbetrag**), Skontobeträgen (Spalte **Skonto**), falls relevant, und anderen Informationen.

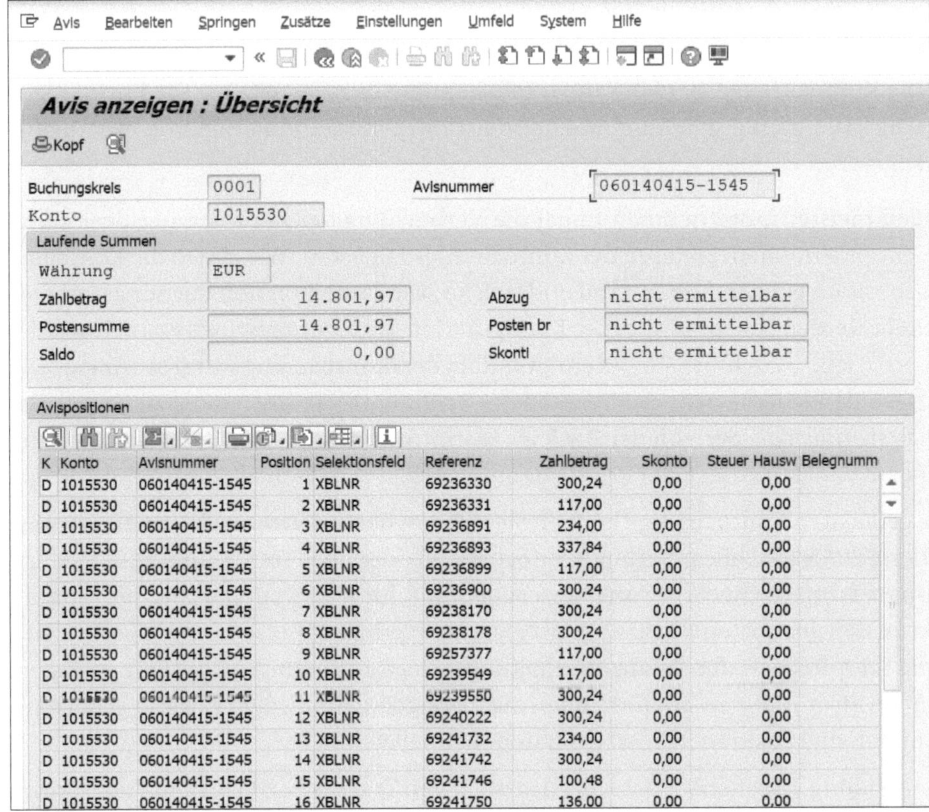

K	Konto	Avisnummer	Position	Selektionsfeld	Referenz	Zahlbetrag	Skonto	Steuer Hausw	Belegnumm
D	1015530	060140415-1545	1	XBLNR	69236330	300,24	0,00	0,00	
D	1015530	060140415-1545	2	XBLNR	69236331	117,00	0,00	0,00	
D	1015530	060140415-1545	3	XBLNR	69236891	234,00	0,00	0,00	
D	1015530	060140415-1545	4	XBLNR	69236893	337,84	0,00	0,00	
D	1015530	060140415-1545	5	XBLNR	69236899	117,00	0,00	0,00	
D	1015530	060140415-1545	6	XBLNR	69236900	300,24	0,00	0,00	
D	1015530	060140415-1545	7	XBLNR	69238170	300,24	0,00	0,00	
D	1015530	060140415-1545	8	XBLNR	69238178	300,24	0,00	0,00	
D	1015530	060140415-1545	9	XBLNR	69257377	117,00	0,00	0,00	
D	1015530	060140415-1545	10	XBLNR	69239549	117,00	0,00	0,00	
D	1015530	060140415-1545	11	XBLNR	69239550	300,24	0,00	0,00	
D	1015530	060140415-1545	12	XBLNR	69240222	300,24	0,00	0,00	
D	1015530	060140415-1545	13	XBLNR	69241732	234,00	0,00	0,00	
D	1015530	060140415-1545	14	XBLNR	69241742	300,24	0,00	0,00	
D	1015530	060140415-1545	15	XBLNR	69241746	100,48	0,00	0,00	
D	1015530	060140415-1545	16	XBLNR	69241750	136,00	0,00	0,00	

Abbildung 4.6 Übersichtsbild für das Anzeigen der eingehenden Zahlungsavis (Transaktion FBE3)

Die zeitliche Reihenfolge ist bei der Zahlungsaviserfassung wichtig!

Die Zahlungsavis sollten vor dem Eingang des externen Kontoauszugs mit der dazugehörigen Zahlung erfasst werden, damit das SAP-System bei der Verbuchung des Kontoauszugs auf das vorhandene Zahlungsavis zugreifen und die einzelnen Rechnungspositionen identifizieren kann.

Externen Kontoauszug verbuchen

Bei der Kontoauszugsverarbeitung können Sie grundsätzlich zwischen den folgenden Buchungsoptionen wählen:

- **Sofort Buchen**
  In diesem Fall wird die Erzeugung der Buchhaltungsbelege zu jeder Kontoauszugsposition sofort nach dem Einlesen angestoßen.
- **Batch-Input-Mappe erzeugen**
  Die Buchungssätze zu jeder Kontoauszugsposition werden in eine Batch-Input-Mappe geschrieben, die zu einem späteren Zeitpunkt von den zuständigen Sachbearbeitern abgespielt werden kann.
- **Nicht buchen**
  Die Kontoauszüge werden nur zu Informationszwecken erfasst. Die buchhalterische Darstellung der Kontoauszugspositionen findet außerhalb des Kontoauszugsverarbeitungsprozesses statt.

In den meisten Unternehmen findet die Verbuchung der Kontoauszugspositionen gleichzeitig mit dem Einlesen der Kontoauszugsdatei statt. Wie genau die Kontoauszugsposition gebucht werden soll und welche Sachkonten für den Buchungssatz verwendet werden sollen, wird in der Konfiguration der Kontoauszugsverarbeitung definiert (siehe Abschnitt 7.6, »Konfiguration der Kontoauszugsverarbeitung«). Die entscheidende Rolle beim Aufbereiten der Buchungssätze spielt der sogenannte *Geschäftsvorfallcode*, der von der Bank als Identifikator für die Art der Geldbewegung auf dem Bankkonto zu jeder Kontoauszugsposition mitgesendet wird.

Die gebuchten Kontoauszüge können Sie sich mit der Ihnen schon bekannten Transaktion FEBAN (Nachbearbeitung Kontoauszüge) oder über Transaktion FEB_BSRPOC (Kontoauszug Nachbearbeitung) anschauen und für jede Kontoauszugsposition direkt zu den gebuchten Buchhaltungsbelegen abspringen. Falls Sie über die Berechtigung zum Buchen der Finanzbuchhaltungsbelege in Ihrem SAP-System verfügen, können Sie mit diesen Transaktionen die nicht gebuchten oder teilweise gebuchten Kontoauszugspositionen bearbeiten und manuell verbuchen.

In Abbildung 4.7 sehen Sie das Übersichtsbild von Transaktion FEBAN mit den einzelnen Kontoauszugspositionen. Mit einem Doppelklick auf jede beliebige Position sehen Sie Einzeldetails, die entweder schon in der Kontoauszugsdatei geliefert oder beim Einlesen im SAP-System ermittelt und gespeichert wurden. In dieser Transaktion wird mit dem Ampelsystem gearbeitet, damit auf einen Blick erkennbar ist, welche Positionen vollständig gebucht wurden und welche steckengeblieben sind.

Im Feld **Bankbuch** ❶ wird der Status für die erste Buchung auf dem Bankkonto angezeigt. Im Feld **Nebenbuch** ❷ wird der Status für die zweite Buchung im debitorischen oder kreditorischen Nebenbuch angezeigt. Der oben erwähnte Verwendungszweck, auch Referenz genannt, ist im Bereich **Verwendungszweck (geändert)** ❸ zu sehen. Im Feld **GVC** ❹ ist der Geschäftsvorfallcode angegeben. Im Bereich **Avis suchen** ❺ kann das passende Zahlungsavis manuell hinzugefügt werden, falls es nicht automatisch zugeordnet werden konnte.

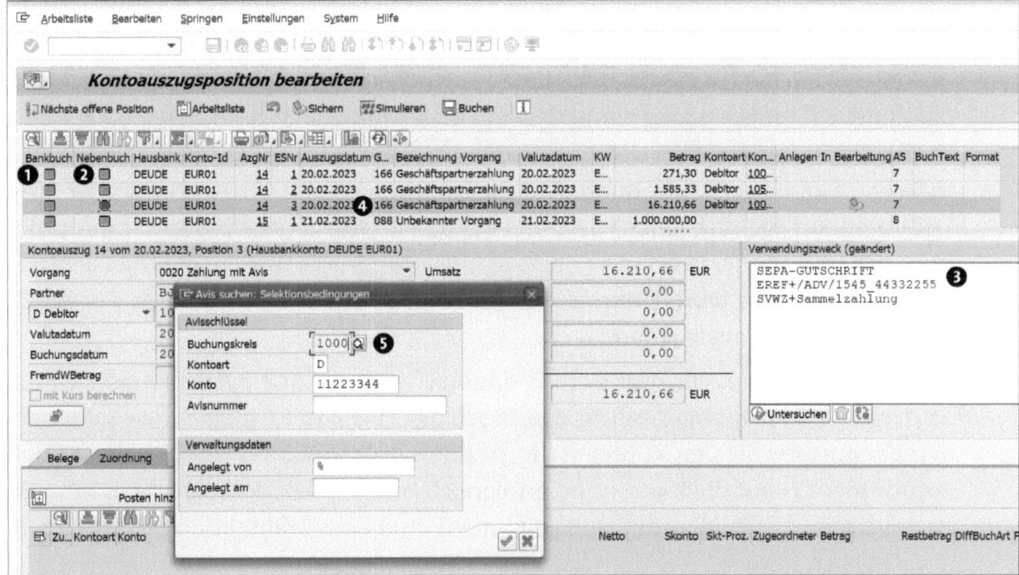

Abbildung 4.7 Übersichtsbild für das Nachbearbeiten der eingehenden Zahlungsavis (Transaktion FEBAN)

Ampelsystem in Transaktion FEBAN

Das in Transaktion FEBAN verwendete Ampelsystem hat die folgende Bedeutung:

- Grün: Die Buchung wurde vollständig gemäß den Vorgaben in der Buchungsregel durchgeführt.
- Gelb: Die Buchung wurde als Akontobuchung erfasst, was bedeutet, dass der gemäß der Buchungsregel vorzunehmende Postenausgleich nicht automatisch stattfinden konnte.
- Rot: Die Buchung konnte nicht durchgeführt werden.
- Grau: Die Position ist nicht buchungsrelevant.

Offene Posten manuell ausgleichen

Wenn die Kontoauszüge ausreichende Details im Verwendungszweck enthalten und die Zahlungsavis von den Kunden zuverlässig gesendet und im SAP-System erfasst werden, sollen die meisten Kontoauszugspositionen komplett automatisch verbucht werden. Dies bedeutet, dass die relevanten offenen Kundenrechnungen rechtzeitig ausgeglichen werden. Je nach Bank, Kontoauszugsformat, Tätigkeit des Unternehmens und Einzelvereinbarungen mit den Kunden kann die Datenqualität jedoch unterschiedlich gut sein.

In vielen Fällen, besonders bei dem Massengeschäft mit vielen, häufig wechselnden Kunden, können wichtige Informationen in den Referenzdaten fehlen oder unvollständig mitgegeben werden. Falls beim Zahlungseingang zumindest der Kunde selbst im SAP-System identifiziert werden konnte, wird eine Akontobuchung durchgeführt, damit der Zahlungseingang zumindest auf dem Kundenkonto im Nebenbuch sichtbar ist. Die Posten auf dem Debitorenkonto im Nebenbuch sind weiterhin offen und müssen manuell selektiert und mit dem Zahlungseingang verrechnet werden. Die Debitorenbuchhaltung muss, basierend auf den öfters unvollständigen Informationen, im Verwendungszweck der Kontoauszugspositionen sowie auf der Übersicht der offenen Posten auf dem debitorischen Konto versuchen, die relevanten Posten zu identifizieren und auszuziffern.

Manchmal kommt es vor, dass das Zahlungsavis später im SAP-System erfasst wurde, als der Kontoauszug eingelesen wurde. In solchen Fällen ist es möglich, das Zahlungsavis der entsprechenden Kontoauszugsposition in Transaktion FEBAN nachträglich zuzuordnen. Wenn die Zuordnung erfolgreich war, werden die relevanten offenen Posten automatisch identifiziert und können direkt aus Transaktion FEBAN heraus ausgeglichen werden.

[»]

Nachbearbeitung der Positionen mit Transaktion FEBAN

Transaktion FEBAN verfügt über viele Funktionalitäten, die bei der Nachbearbeitung von Kontoauszugspositionen sehr hilfreich sein können. Welche Optionen Ihnen dabei zur Verfügung stehen und wie Sie diese effizient nutzen, können Sie SAP-Hinweis 3271555 (Übersicht über die Kontoauszugsverarbeitung) entnehmen, in dem die wichtigsten SAP-OSS-Hinweise zur Nutzung und Fehlerbehebung in der FEBAN-Transaktion aufgelistet sind.

Wenn die manuelle Nachbearbeitung einzelner Kontoauszugstransaktionen notwendig ist, sollten alle Aktivitäten direkt in Transaktion FEBAN durchgeführt werden, damit das SAP-System die erzeugten Buchhaltungsbelege mit dem Kontoauszug verknüpfen und den Verarbeitungsstatus für den ganzen Kontoauszug aktualisieren kann.

Übersicht der FI-Buchungen bei externen Kundenzahlungen

Typischerweise werden zu einer Kontoauszugsposition, die eine externe Kundenzahlung darstellt, zwei Buchhaltungsbelege in der Finanzbuchhaltung gebucht. Der erste Buchhaltungsbeleg spiegelt die Bewegung auf dem Bankkonto, und der zweite Buchhaltungsbeleg wird für den Ausgleich der offenen debitorischen Posten benötigt.

In Abbildung 4.8 sehen Sie, wie der Prozess der externen Kundenzahlungen in der Finanzbuchhaltung abgebildet ist. Beim Erfassen der ausgehenden Rechnung ❶ werden das Kundenkonto im Soll und das Ertragskonto im Haben bebucht. Wenn der Zahlungseingang vom Kunden auf dem externen Hausbankkonto eintrifft, wird dazu ein Kontoauszug mit der entsprechenden Zahlungseingangsposition an das Unternehmen gesendet. Die Buchung dieser Kontoauszugsposition erfolgt in zwei Schritten. Es wird zuerst eine Sachkontenbuchung erfasst ❷, in der das Bankkonto im Soll und das Bankverrechnungskonto im Haben bebucht werden. Anschließend wird ein Ausgleich auf dem Kundenkonto durchgeführt. Dafür wird ein Ausgleichsbeleg ❸ mit dem Bankverrechnungskonto im Soll und dem Kundenkonto im Haben gebucht.

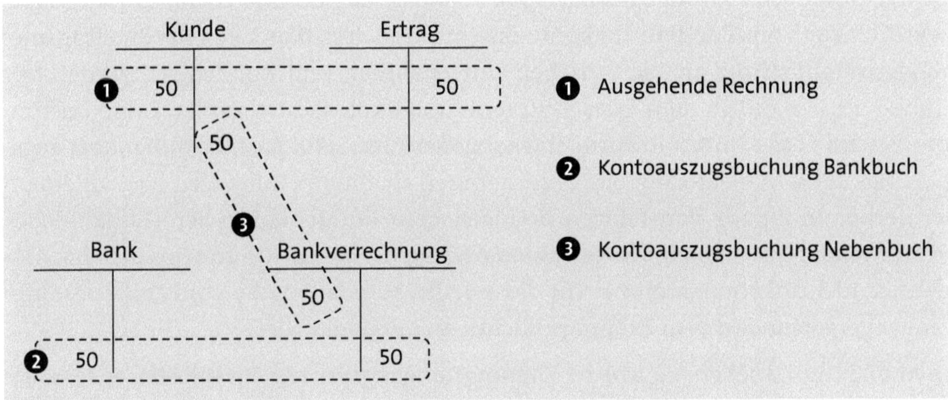

Abbildung 4.8 Buchungsschema bei externen Kundenzahlungen

4.2.2 Lastschrifteinzüge

Im SEPA-Raum sind sogenannte *SEPA-Lastschrifteinzüge* üblich. Ein *SEPA-Lastschrifteinzug* bedeutet, dass das Unternehmen nicht auf die Zahlung des Kunden wartet, sondern selbständig den zur Zahlung anstehenden Betrag zur Fälligkeit vom Kundenbankkonto einzieht. Aus Sicht des Unternehmens hat das Lastschriftverfahren viele Vorteile, verglichen mit den vom Kunden erfolgten Kundenzahlungen. Mit dem Lastschriftverfahren hat das Unternehmen ein gutes Mittel, um dafür zu sorgen, dass die Zahlungseingänge rechtzeitig erfolgen.

Abhängig davon, ob der Zahlungspflichtige eine Person oder eine Organisation ist, gibt es zwei Arten von SEPA-Lastschriften. Für das Lastschriftverfahren bezüglich Einzelpersonen werden die *SEPA-Basislastschriften*, auch *SEPA-Core-Lastschriften* genannt, verwendet. Für das Lastschriftverfahren bezüglich Unternehmen werden die *SEPA-Firmenlastschriften*, auch SEPA-Business-to-Business-Lastschriften, *B2B-Lastschriften*, genannt, verwendet. Für Firmenlastschriften gelten andere Regelungen bezüglich der Fristen und der Rückgabemöglichkeiten von Zahlungen als bei Basislastschriften.

[»]

Feste Begriffe für Lastschriftteilnehmer

Im Zusammenhang mit dem Lastschriftverfahren begegnen Ihnen die Begriffe *Zahlungspflichtiger*, der für den am Lastschriftverfahren teilnehmenden Kunden steht, und *Zahlungsempfänger*, auch *Gläubiger* genannt, der für das am Lastschriftverfahren teilnehmende Unternehmen steht. Jeder Zahlungsempfänger oder Gläubiger hat eine eindeutige *Gläubigeridentifikationsnummer*, auch *Gläubiger-ID* genannt, die von der jeweiligen Nationalbank im Land des Unternehmensstandortes vergeben wird.

Ob ein Kunde selbst die fälligen Beträge überweist oder das Unternehmen einen Lastschrifteinzug vom Kundenbankkonto durchführen darf, hängt von der Zahlungsmethodenvereinbarung ab, die zwischen Unternehmen und Kunden stattfindet. Der Kunde muss nämlich dem Lastschriftverfahren explizit zustimmen. Diese Zustimmung wird vom Kunden in Form eines sogenannten *SEPA-Lastschriftmandats* gegeben. Das SEPA-Mandat kann das Unternehmen zu einem einmaligen oder zu einem wiederholten Einzug von fälligen Beträgen vom Kundenkonto berechtigen. Jedes SEPA-Mandat hat eine eindeutige *Mandatsreferenz*, die nichts anderes als eine eindeutige Identifikationsnummer für das erteilte Mandat ist, die vom Zahlungsempfänger vergeben und dem Zahlungspflichtigen mitgeteilt wird.

In Abbildung 4.9 sehen Sie, wie der Zahlungseingangsprozess im Falle des SEPA-Lastschriftverfahrens im SAP-System aussieht. Zunächst müssen die Kundenstammdaten im SAP-System des Unternehmens richtig vorbereitet werden. Die Voraussetzung für die Lastschrifteinzüge vom Bankkonto des Kunden ist ein gültiges SEPA-Mandat. Das SEPA-Mandat wird in den Bankdaten des Geschäftspartners vorerfasst, ausgedruckt und an den Kunden zur Bestätigung gesendet.

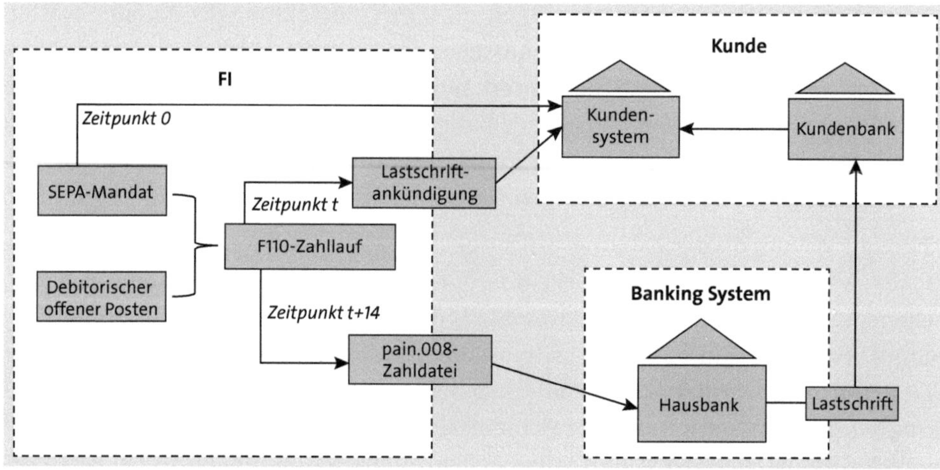

Abbildung 4.9 Zahlungseingangsprozess im SAP-System mit dem SEPA-Lastschriftverfahren

Der Kunde unterschreibt das Mandat und schickt es an das Unternehmen zurück. Im SAP-System des Unternehmens werden die Mandatsstammdaten finalisiert, das Mandat erhält den Status **Aktiv** und kann damit für Lastschrifteinzüge verwendet werden. Die Forderung gegenüber dem Kunden wird als debitorischer offener Posten im Nebenbuch erfasst. Die per Lastschrift zu begleichenden Forderungen müssen dem Kunden rechtzeitig vor dem Einzug avisiert werden.

Im SAP-System findet dafür der sogenannte *Lastschriftankündigungslauf* statt. Der Lastschriftankündigungslauf wird mithilfe von Transaktion F110 (Parameter für maschinelle Zahlung) ausgeführt. Der Ankündigungszeitpunkt beträgt dabei in der Regel 14 Tage vor dem Ausführungszeitpunkt des eigentlichen Lastschrifteinzugs. Die im Ankündigungslauf enthaltenen debitorischen offenen Posten werden bis zum Ausführen des eigentlichen Lastschrifteinzugslauf für andere Anwendungen gesperrt. Die Ankündigung über die bevorstehende Lastschrift wird dem Kunden per Post, E-Mail oder Fax zugesendet.

Nach 14 Tagen findet der eigentliche *Lastschrifteinzugslauf* statt, der ebenfalls mit Transaktion F110 zu starten ist. Als Ergebnis wird eine Zahldatei im ISO20022-pain.008-Format erzeugt und an die Hausbank des Unternehmens geschickt. Diese pain.008-Datei enthält die Details zur Zahlung wie Bankdaten des Zahlungsempfängers und des Gläubigers und zusätzlich auch die Angaben zum SEPA-Mandat. Die Hausbank nimmt die Anweisung an und zieht das Geld in Form einer Lastschrift vom Bankkonto des Kunden ein.

In Tabelle 4.2 sind die Prozessschritte aus Abbildung 4.9 in tabellarischer Form dargestellt.

Prozessschritt in SAP	SAP-Funktion	Obligatorischer oder optionaler Schritt
SEPA-Bankdaten pflegen	SAP-Geschäftspartner	obligatorisch
Lastschriftankündigungslauf ausführen	F110-Zahllauf	obligatorisch
Lastschriftlauf ausführen	F110-Zahllauf	obligatorisch
externen Kontoauszug verbuchen	FI, Kontoauszugsverarbeitung	obligatorisch

Tabelle 4.2 Aktivitäten im SAP-System beim Einsatz von SEPA-Lastschrifteinzügen

Geschäftspartnerstammdaten für SEPA-Lastschrifteinzüge pflegen

Im SAP-System wird für die SEPA-Lastschrifteinzüge ein separater Zahlweg verwendet. Bevor die Zahlungen mit diesem Zahlweg ausgeführt werden können, wird geprüft, ob in den Geschäftspartnerstammdaten alle notwendigen Angaben vorhanden sind.

In Abbildung 4.10 sehen Sie das Übersichtsbild für die Pflege der Bankverbindungen des Kunden, die für SEPA-Lastschrifteinzüge notwendig sind, im Geschäftspartnerstamm. In Transaktion BP (Geschäftspartner bearbeiten) muss auf der Registerkarte **Zahlungsverkehr** mindestens eine gültige Bankverbindung des Kunden gepflegt werden.

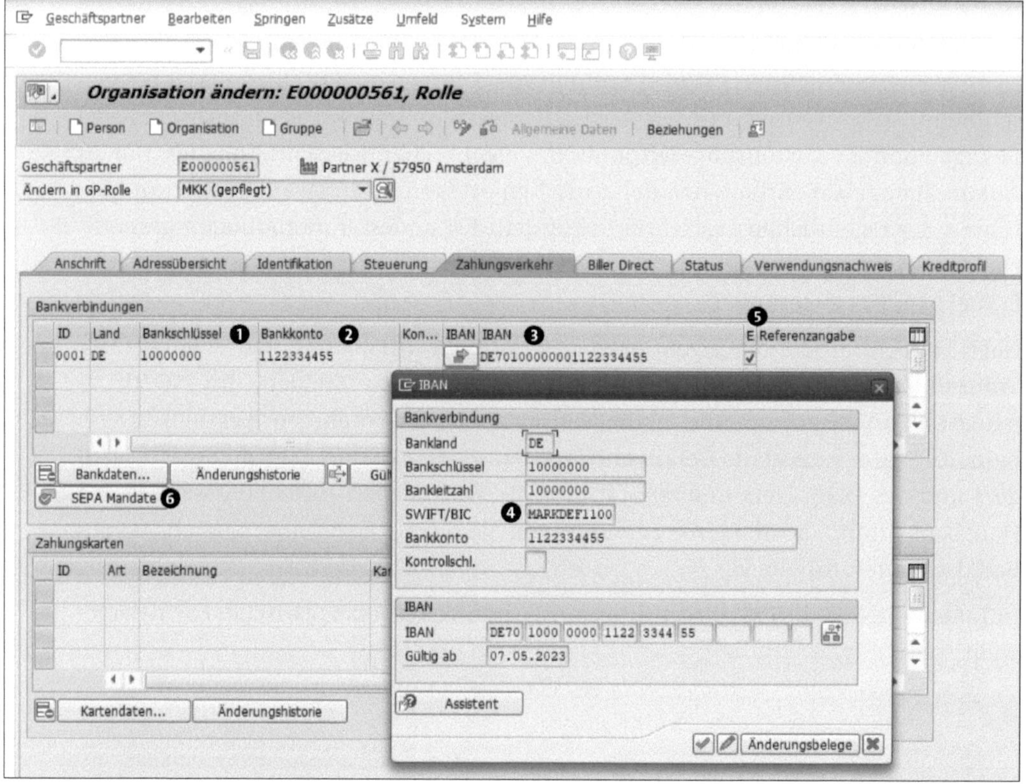

Abbildung 4.10 Bankverbindungsangaben im Geschäftspartnerstamm für Lastschrifteinzüge (Transaktion BP)

Die Bankverbindung besteht aus dem Feld **Bankschlüssel** ❶, das die interne Identifizierungs-ID für die jeweilige Bank enthält, und aus dem Feld **Bankkonto** ❷. Dieser Bankverbindung muss im Feld **IBAN** ❸ eine IBAN zugeordnet werden. Hinter dem Bankschlüssel muss die Bank mit einer gültigen BIC ❹ hinterlegt sein. Der Haken in der Spalte **E** (Einzugsermächtigung) ❺ muss gesetzt werden. Jedes SEPA-Mandat wird einer konkreten Bankverbindung zugeordnet. Sie können den Button **SEPA Mandate** ❻ verwenden, um die SEPA Mandate anzulegen, zu ändern oder anzuzeigen.

Falls Sie einen Klick auf den Button **SEPA Mandate** ❻ aus Abbildung 4.10 tätigen, gelangen Sie zum Detailbild für die Pflege der SEPA-Mandate, das Sie in Abbildung 4.11 sehen. In Abbildung 4.11 sehen Sie das Einstiegsbild für die Anlage eines neuen SEPA-

Mandats. Jedem Mandat wird eine eindeutige ID im Feld **Mandatsreferenz** ❶ zugeordnet. Die Mandate verfügen über die Statusverwaltung, und nur die Mandate mit dem Status **Aktiv** im Feld **Status** ❷ können bei der Durchführung von Lastschrifteinzügen genutzt werden. Jedes Mandat wird für einen bestimmten Gültigkeitsraum, der in den Feldern **Gültig von** ❸ und **Gültig bis** ❹ definiert ist, angelegt. Im Feld **Zahlungsart** ❺ muss festgelegt werden, ob es sich um ein einmaliges oder um ein mehrfach verwendbares Mandat handelt.

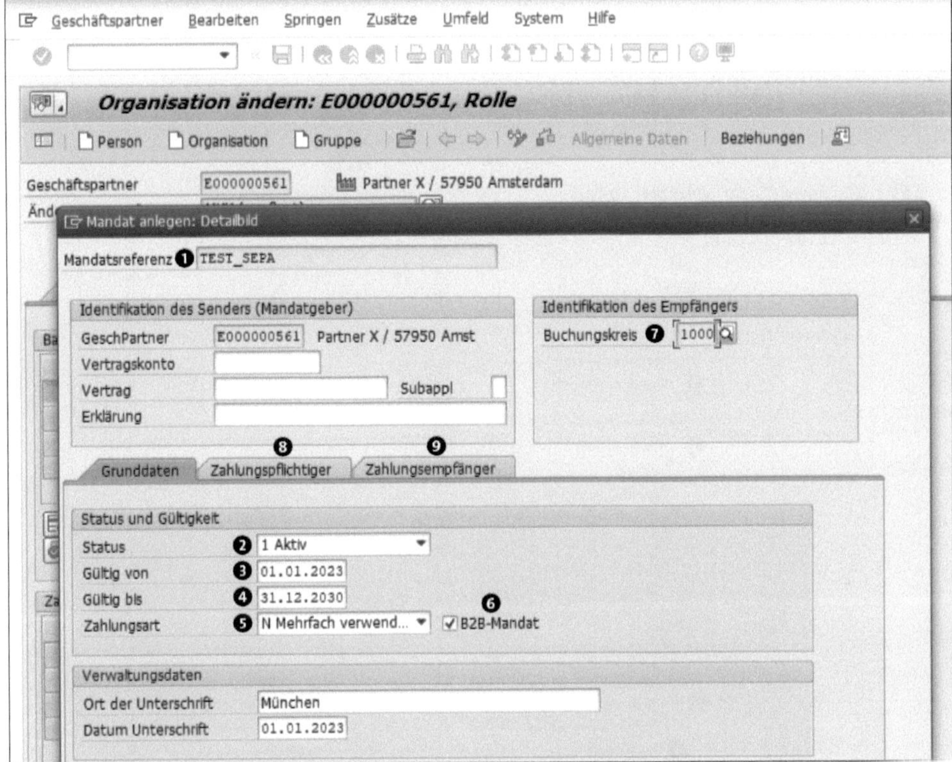

Abbildung 4.11 SEPA-Mandat für Lastschrifteinzüge im Geschäftspartnerstamm anlegen (Transaktion BP)

Der Haken bei **B2B-Mandat** ❻ zeigt, ob es sich um eine Basislastschrift oder um eine Firmenlastschrift handelt. Jedes Mandat wird pro Buchungskreis im Feld **Buchungskreis** ❼ angelegt. Falls mehrere Buchungskreise mit demselben Kunden arbeiten, muss jeder Buchungskreis ein separates Mandat vom Kunden einholen. Weitere Details zu dem Zahlungspflichtigen wie Adresse oder abweichender Zahlungspflichtiger werden auf der Registerkarte **Zahlungspflichtiger** ❽ definiert. Die Adresse des Unternehmens und, was ganz wichtig ist, seine Gläubiger-ID werden auf der Registerkarte **Zahlungsempfänger** ❾ gespeichert.

In Abbildung 4.12 sehen Sie, dass im Zahlweg, der für SEPA-Lastschrifteinzüge verwendet wird, zusätzliche Prüfungen in den Geschäftspartnerstammdaten aktiviert sind. Wenn der Zahlweg als Zahlweg für eingehende Lastschrifteinzüge eingestellt ist, was mit dem gesetzten Button **Eingangszahlungen** ❶ im Bereich **Zahlweg für** und mit dem ebenfalls gesetzten Button im Feld **Lastschrift** ❷ im Bereich **Klassifizierung des Zahlwegs** eingestellt ist, sind die Angaben der Bankdaten im Geschäftspartnerstammsatz erforderlich. Hierzu werden der Haken zu **Bankverbindung** ❸, der Haken zu **IBAN erforderlich** ❹ und der Haken zu **SWIFT-Code erforderlich** ❺ gesetzt. Zusätzlich müssen die Kennzeichen **Einzugsermächtigung** ❻ und **SEPA Mandat erforderlich** ❼ aktiviert werden.

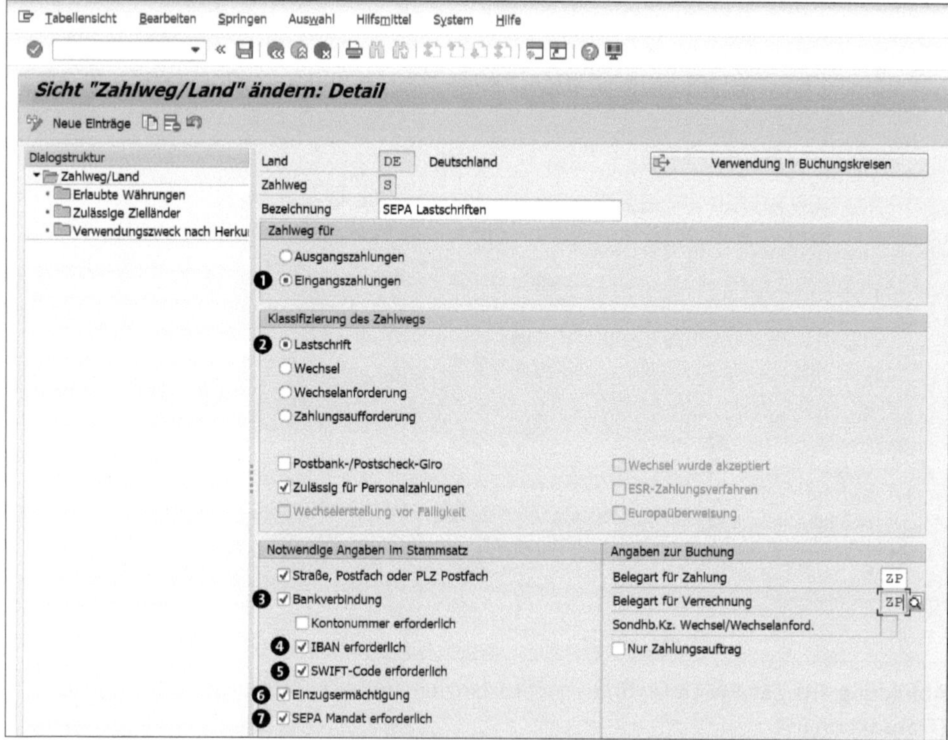

Abbildung 4.12 Bankdatenprüfungen im Zahlweg für SEPA-Lastschriften (Transaktion FBZP)

Lastschriftankündigungslauf ausführen

Die Lastschriftankündigungen für bevorstehende Lastschrifteinzüge werden mit Transaktion F110, die Ihnen aus dem P2P-Prozess bekannt ist, ausgeführt.

In Abbildung 4.13 sehen Sie die Registerkarte **Parameter** für die Parameterpflege in Transaktion F110. Sobald Sie einen Zahlweg, der für die SEPA-Lastschriften vorgesehen ist und bei dem ein gültiges SEPA-Mandat als Voraussetzung definiert ist, im Feld

Zahlwege ❶ eingegeben haben, erscheint ein zusätzliches Kennzeichen **Lastschriftankündigungen** ❷, das Sie beim Ankündigungslauf aktivieren müssen. Das Datum im Feld **Buchungsdatum** ❸ und das Datum **DebitorenPos fällig bis** ❹ müssen in der Zukunft liegen und dem Buchungsdatum des eigentlichen Lastschriftlaufs entsprechen. Nachdem Sie die Parameter gespeichert haben, können Sie den Ankündigungslauf mit einem Klick auf den Button **Lastschriftankündigungen** im Einstiegsbild von Transaktion F110 starten.

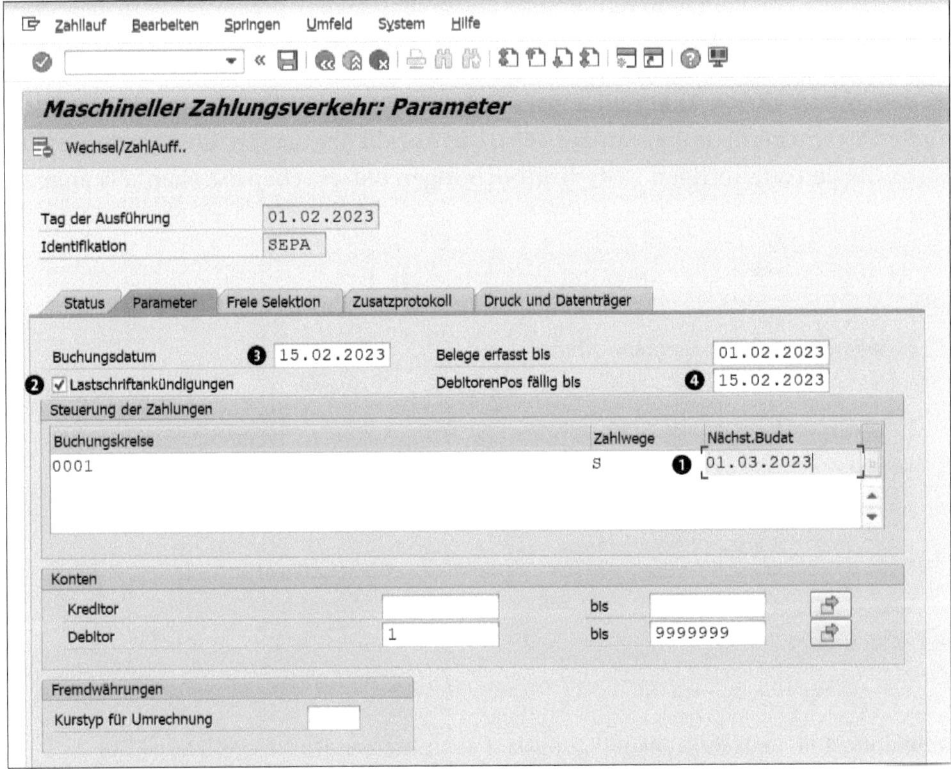

Abbildung 4.13 Lastschriftankündigungslauf ausführen: Parameterpflege (Transaktion F110)

Formulare für Lastschriftankündigungen

Die Lastschriftankündigungen sind Benachrichtigungen an die Kunden mit der Auflistung der mit dem nächsten Lastschriftlauf einzuziehenden offenen Positionen.

Sie benötigen ein passendes Formular, das während des F110-Ankündigungslaufs mit konkreten Informationen gefüllt wird. Das Formular müssen Sie einmalig als SAPscript- oder als PDF-Formular in Ihrem SAP-System hinterlegen. Sie können z. B. als Vorlage das in der Standardauslieferung vorhandene PDF-Formular F110_DD_PRENOTIF verwenden.

Anschließend definieren Sie die entsprechende Selektionsvariante im Report RFFO-AVIS_DD_PRENOTIF und ordnen die Variante diesem Report in Transaktion F110 auf der Registerkarte **Druck und Datenträger** zu.

Der Report RFFOAVIS_DD_PRENOTIF wird während der F110-Läufe für die Aufbereitung und den Druck der Lastschriftankündigungen aufgerufen.

Nach dem Ausführen des Ankündigungslaufs sind die darin enthaltenen Positionen für die Bearbeitung oder den Ausgleich durch andere Anwendungen gesperrt.

Wie Sie in Abbildung 4.14 sehen, wird in der Statusanzeige auf der Registerkarte **Status** zu dem ausgeführten Ankündigungslauf angezeigt, dass es bei diesem F110-Lauf um einen Lastschriftankündigungslauf geht. Die Anzahl der bearbeiteten Buchungsaufträge, die den zukünftigen Lastschriftbuchungen entsprechen, ist ebenfalls angegeben.

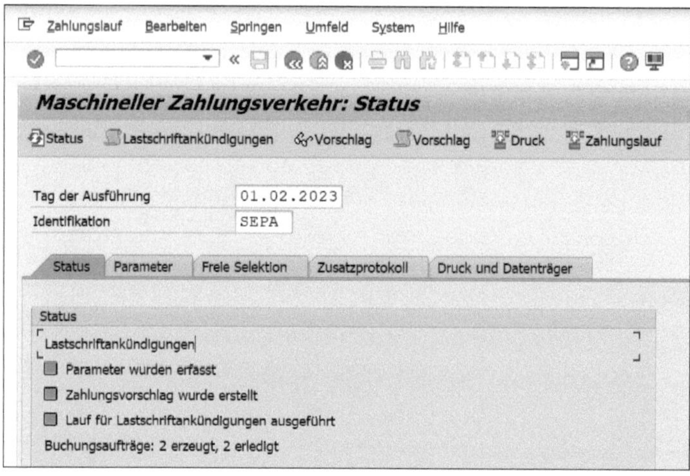

Abbildung 4.14 Lastschriftankündigungslauf ausführen: Status (Transaktion F110)

Lastschriftlauf ausführen

Nach dem Erhalt der Lastschriftankündigungen haben die Kunden die Möglichkeit, dem bevorstehenden Einzug zu widersprechen. In diesem Fall müssen die dazugehörigen Positionen aus dem Ankündigungslauf entfernt werden. Ansonsten wird der eigentliche Lastschriftlauf zur Fälligkeit vollzogen. Dafür wird der schon existierende Ankündigungslauf in Transaktion F110 verwendet.

In Abbildung 4.15 sehen Sie die Einplanung des Lastschriftlaufs in Transaktion F110. Bei Fälligkeit wird der eigentliche Lastschriftlauf zu dem ausgeführten Ankündigungslauf durch einen Klick auf den Button **Zahlungslauf** ❶ und durch die Angabe der Zahllaufidentifikation im Pop-up-Fenster **Zahlung einplanen** ❷ gestartet.

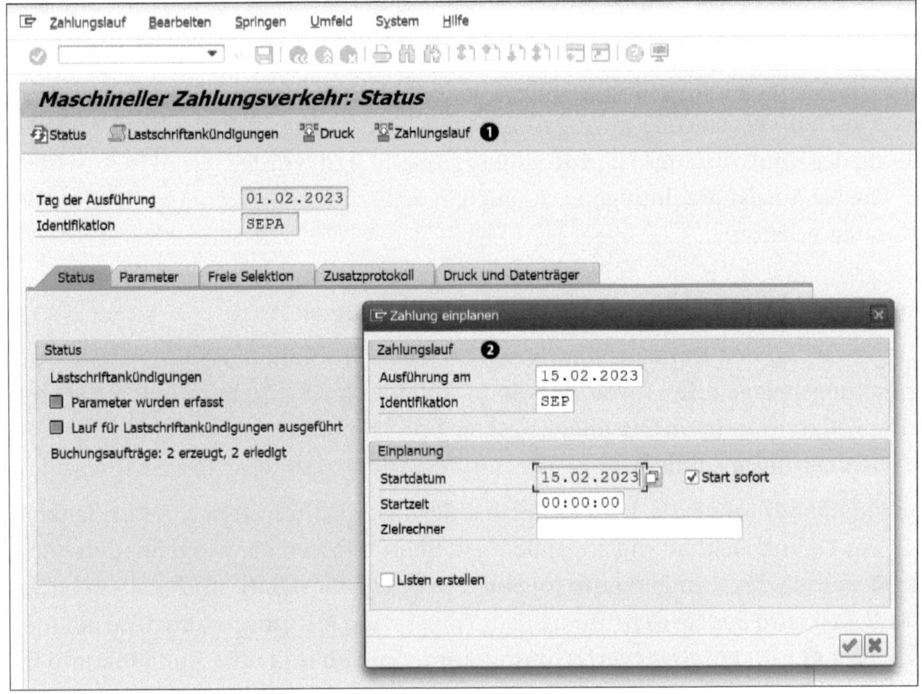

Abbildung 4.15 Lastschriftlauf nach dem Lastschriftankündigungslauf ausführen: Einplanung (Transaktion F110)

In Abbildung 4.16 sehen Sie, dass nach dem Einplanen des Zahllaufs die Statusanzeige zu dem ursprünglichen Ankündigungslauf mit der Zeile **Ausgeführt mit Zahlungslauf** ❶ ergänzt wurde.

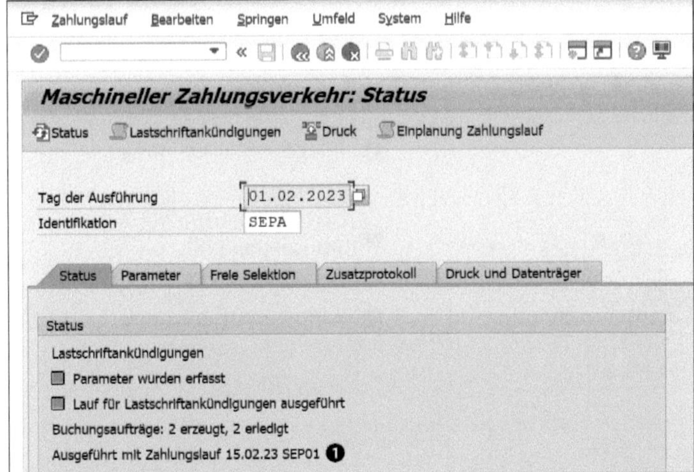

Abbildung 4.16 Lastschriftlauf nach dem Lastschriftankündigungslauf ausführen: Status (Transaktion F110)

Externen Kontoauszug verbuchen

Die externe Hausbank informiert anschließend über die erfolgten Lastschrifteinzüge, die als einzelne Kontoauszugspositionen mit dem von der Bank extra dafür vorgesehenen Geschäftsvorfallcode im zugesendeten Kontoauszug enthalten sind. Die Verbuchung des Kontoauszugs ist prozessübergreifend und wurde sowohl in Abschnitt 2.2.2, »Lokale Ausgangszahlungen«, als auch in den vorangehenden Abschnitten dieses Kapitels erläutert.

Übersicht der FI-Buchungen bei SEPA-Lastschrifteinzügen

Im Gegensatz zu den Kundenzahlungen, bei denen pro Kontoauszugsposition zwei Buchhaltungsbelege erfasst werden, wie in Abbildung 4.8 gezeigt, werden die Lastschrifteinzüge mit einem Buchhaltungsbeleg pro Kontoauszugsposition in der Finanzbuchhaltung abgebildet.

In Abbildung 4.17 sehen Sie, wie der Prozess der Lastschrifteinzüge von Kundenkonten in der Finanzbuchhaltung abgebildet ist. Beim Erfassen der ausgehenden Rechnung ❶ werden das Kundenkonto im Soll und das Ertragskonto im Haben bebucht. Zur Fälligkeit wird der Lastschrifteinzug in Transaktion F110 ausgeführt, und ein Ausgleichbeleg ❷ mit dem Bankverrechnungskonto im Soll und dem Kundenkonto im Haben wird gebucht. Damit ist das Kundenkonto ausgeglichen.

Nachdem die externe Hausbank den Einzug durchgeführt hat, schickt sie zur Bestätigung einen Kontoauszug mit der entsprechenden Kontoauszugsposition, die mit einem für SEPA-Lastschrifteinzüge vorgesehen Geschäftsvorfallcode versehen ist. Die Buchung dieser Kontoauszugsposition erfolgt nur in einem Schritt, da das Debitorenkonto schon während des F110-Zahllaufs ausgeglichen wurde. Es wird eine Sachkontenbuchung ❸ erfasst, in der das Bankkonto im Soll und das Bankverrechnungskonto im Haben bebucht werden.

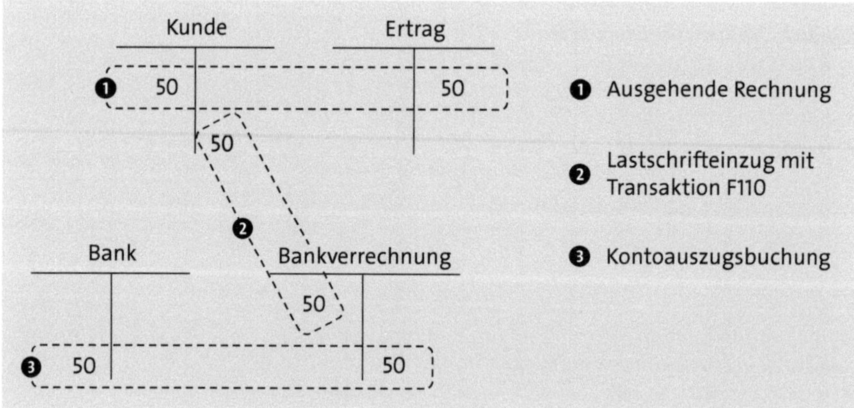

Abbildung 4.17 Übersicht der FI-Buchungen bei SEPA-Lastschrifteinzügen

4.2.3 Zentrale Geldeingänge mit SAP In-House Cash

Die Geldeingänge im Unternehmen können, wenn gewünscht, zentralisiert werden. Dadurch kann die Gesamtanzahl der externen Bankkonten deutlich reduziert werden. Die liquiden Geldmittel werden auf wenige Bankkonten konzentriert, die in der Regel der zentralen Einheit gehören. Die zentrale Einheit agiert dabei als In-House-Bank und verteilt die Eingänge an die jeweiligen Tochtergesellschaften.

[«]

Ähnlichkeiten zur Cash-Pooling-Lösung

Diese Lösung ist ähnlich der Lösung der *Cash-Pooling-Lösung*, die in Abschnitt 3.2, »Cash-Management-Zahlungen«, erläutert wurde. Der Unterschied ist allerdings, dass bei der Cash-Pooling-Lösung die lokalen Gesellschaften zumindest teilweise ihre lokalen Bankkonten behalten. Die Salden auf diesen Konten werden täglich von der Bank abgeräumt und auf das Hauptbankkonto in der Cash-Pooling-Struktur übertragen.

Bei den *zentralen Geldeingängen* verfügen die lokalen Gesellschaften nicht mehr über eigene lokalen Bankkonten, sondern die Kunden zahlen stattdessen direkt auf das Bankkonto der zentralen Einheit ein, die anschließend die Information über die eingegangene Zahlung an die Tochtergesellschaft übermittelt, in deren System sich die offene Forderung dazu befindet.

In Abbildung 4.18 sehen Sie die relevanten Einzelschritte im Prozess mit den zentralen Zahlungseingängen. Bei der zentralisierten Bankkontenstruktur erhält die zentrale Einheit die Zahlungseingänge durch die Verbuchung externer Kontoauszüge, z. B. im MT940-Format. Bei der Verbuchung dieser externen Kontoauszüge erkennt das zentrale SAP-System, basierend auf den vordefinierten Referenzinformationen, die im Verwendungszweck einzelner Kontoauszugspositionen enthalten sind, dass es um die zentralen Zahlungseingänge geht, und erzeugt parallel zur Kontoauszugsbuchung in der Finanzbuchhaltung der zentralen Einheit auch einen IHC-Zahlungsauftrag in SAP In-House Cash, das die zentrale Einheit für die Abbildung der Transaktionen mit den Tochtergesellschaften verwendet.

Im IHC-Zahlungsauftrag wird das interne Bankkonto der lokalen Gesellschaft, an die die eingehende Zahlung adressiert war, angesprochen. Dieses interne Bankkonto wurde anhand der Referenzen in der Kontoauszugsposition ermittelt. Für den Abschluss des Banktages in der In-House-Bank wird die Tagesendverarbeitung durchgeführt, in der u. a. die internen `FINSTA`-Kontoauszüge an die Tochtergesellschaften generiert und versendet werden. In diesen internen Kontoauszügen ist auch die Position zur erfolgten Eingangszahlung des Kunden dieser lokalen Gesellschaft enthalten. Auf diese Art und Weise wird die Gesellschaft über den entsprechenden Zahlungseingang informiert. Im Zuge der Verbuchung des internen Kontoauszugs wird ein Ausgleichsbeleg erzeugt, und die der Zahlung zugrundeliegenden debitorischen offenen Posten werden ausgeglichen.

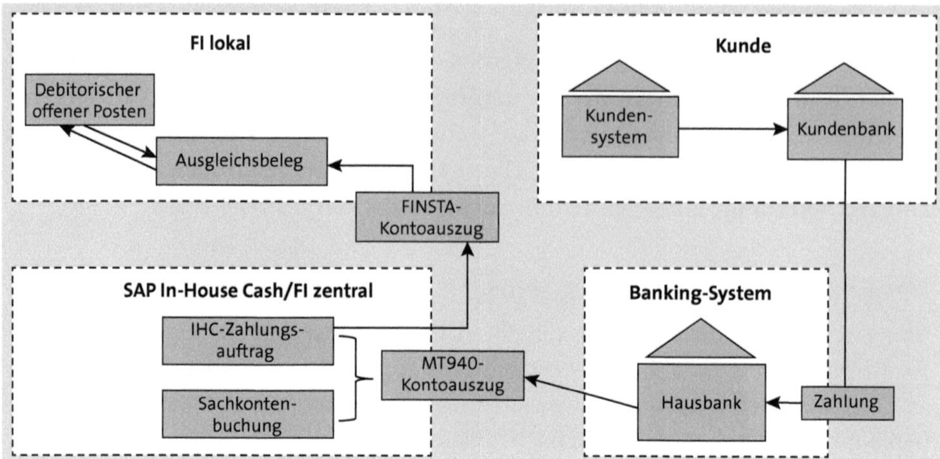

Abbildung 4.18 Zahlungseingangsprozess im SAP-System bei zentralen Zahlungseingängen

Die Nutzung von zentralen Geldeingängen hat klare Vorteile, z. B. die Reduzierung der Gesamtanzahl an Bankkonten im Konzern und eine bessere Liquiditätssteuerung. Sie bringt jedoch auch potenzielle Probleme mit sich. Bei der Umstellung auf die zentralen Geldeingänge müssen alle aktiven Kunden über die neuen Bankverbindungen informiert werden. Das kann je nach Unternehmensspezifik einen größeren organisatorischen Aufwand bedeuten. Die Kunden werden sehr wahrscheinlich weiterhin ihre Kundenbetreuer in den lokalen Gesellschaften haben; die Geldeingänge müssen aber vor allem mit der In-House-Bank geklärt werden, sofern Klärungsbedarf besteht, bei der die betreffende Zahlung möglicherweise eingegangen, aber nicht richtig zugeordnet worden ist. Dies erfordert besonders in der Anfangszeit eine organisatorische Umstellung, was ebenfalls mit größerem Aufwand verbunden ist.

Des Weiteren muss sichergestellt werden, dass die eingehende Zahlung der jeweiligen Tochtergesellschaft, in deren Finanzbuchhaltung sich der offene Posten zu der Zahlung befindet, eindeutig zugeordnet werden kann. Eine Möglichkeit dazu ist die Nutzung fester Zeichenketten im Referenzfeld des Kontoauszugs. Dies kann funktionieren, wenn z. B. die Gesellschaft bei der Rechnungsausstellung eine für diese Gesellschaft sprechende Referenznummer vergibt, und diese Referenz dann vom Kunden bei der Zahlung verwendet wird. Allerdings ist damit die Verantwortung für die korrekten Referenzen auf den Kunden verlagert worden, was nicht zulässig ist.

Alternativ führen einige externe Hausbanken zusätzliche Bankkonten pro Gesellschaft mit einer virtuellen IBAN. In diesem Fall erhält der Kunde als Bankverbindung diese virtuelle IBAN, und wenn die Zahlung mit dieser IBAN bei der externen Bank eingeht, weiß die Bank dadurch, dass die Zahlung an die dieser virtuellen IBAN zugeordneten Tochtergesellschaft des Unternehmens adressiert ist. Im externen Kontoauszug gibt die Bank diese Information der zentralen Einheit mit, die dann in ihrem System die Zahlung eindeutig einer Gesellschaft zuordnen kann.

Je nach Anzahl der gezahlten Rechnungen kann es vorkommen, dass nicht alle Informationen im Verwendungszweck des ursprünglichen externen Kontoauszugs und damit nicht im Verwendungszweck des internen Folgekontoauszugs verfügbar sind. Es muss also beim Ansatz der zentralen Eingänge eine Lösung zur Aufschlüsselung der den Zahlungen zugrundeliegenden offenen Posten gefunden werden. Die Kunden könnten weiterhin Zahlungsavis direkt an die lokalen Gesellschaften schicken. Es gibt aber auch externe Drittanbieter, unter denen teilweise auch die Banken selbst vertreten sind, die einen Service für den Empfang, die Konvertierung und die Weiterverteilung der Zahlungsavis der Kunden anbieten.

In Tabelle 4.3 sind die Prozessschritte aus Abbildung 4.18 aufgelistet.

Prozessschritt im SAP-System	SAP-Funktion	Obligatorischer oder optionaler Schritt
externen Kontoauszug erhalten	Schnittstelle von der Bank zum SAP-System oder zu SAP Multi-Bank Connectivity	obligatorisch
externen Kontoauszug verbuchen	FI, Kontoauszugsverarbeitung	obligatorisch
IHC-Zahlungsauftrag anlegen	SAP In-House Cash	obligatorisch
internen Kontoauszug versenden	SAP In-House Cash	obligatorisch
internen Kontoauszug erhalten	EDI-Schnittstelle	obligatorisch
externes Zahlungsavis vom Kunden erhalten	Schnittstelle vom Kunden zum SAP-System	optional
Internen Kontoauszug verbuchen	FI, Kontoauszugsverarbeitung	obligatorisch
offene Posten manuell ausgleichen	FI, Kontoauszugsnachverarbeitung	optional

Tabelle 4.3 Aktivitäten im SAP-System bei der Verarbeitung von zentralen Geldeingängen

Externen Kontoauszug erhalten

Der Kontoauszug mit den Kontoauszugspositionen zu den eingegangenen Zahlungen kommt im zentralen SAP-System der In-House-Bank an. Es handelt sich dabei um eine prozessübergreifende Aktivität, die schon in einigen vorangehenden Abschnitten erläutert wurde, siehe z. B. Abschnitt 2.2.2, »Lokale Ausgangszahlungen«, und Abschnitt 4.2.1, »Vom Kunden veranlasste Zahlungen«.

Externen Kontoauszug verbuchen

Auch bei der Verbuchung des externen Kontoauszugs gibt es keine Abweichung in der Vorgehensweise für den Prozess der zentralen Eingänge. Der Kontoauszug wird entweder mit dem Konnektor für SAP Multi-Bank Connectivity mit Transaktion FEB_FILE_HANDLING (Automatisch einlesen) oder mit Transaktion FF_5 (Einlesen Elektronischer Kontoauszug) in SAP S/4HANA eingelesen und gemäß den vordefinierten Buchungsregeln in der Finanzbuchhaltung der zentralen Einheit gebucht. Alle Positionen zu diesem Kontoauszug sind sofort nach dem Einlesen in Transaktion FEBAN (Nachbearbeitung Kontoauszüge) zu finden.

IHC-Zahlungsauftrag anlegen

Basierend auf den festen Zeichenketten im Verwendungszweck der relevanten Kontoauszugsposition oder basierend auf den zusätzlich gelieferten virtuellen Bankkontonummern, die pro Gesellschaft bei der Hausbank angelegt wurden, erkennt das zentrale SAP-System direkt beim Einlesen des externen Kontoauszugs, dass die Position zentrale Geldeingänge darstellt. In diesem Fall wird diese Position als IHC-relevant gekennzeichnet, und zusätzlich zur Buchung in der Finanzbuchhaltung wird automatisch ein *IHC-Zahlungsauftrag*, in dem das entsprechende interne Bankkonto der Gesellschaft angesprochen wird, angelegt. Der IHC-Zahlungsauftrag übernimmt alle in der Kontoauszugsposition enthaltenen Referenzinformationen.

Der IHC-Zahlungsauftrag erhält eine dafür in der Konfiguration festgelegte Transaktionsart und kann im IHC-Browser mit Transaktion IHC0 (Zahlungsauftragsbrowser) angesehen werden. In Abbildung 4.19 sehen Sie die Übersicht der IHC-Zahlungsaufträge, die die stattgefundenen zentralen Geldeingänge in SAP In-House Cash widerspiegeln.

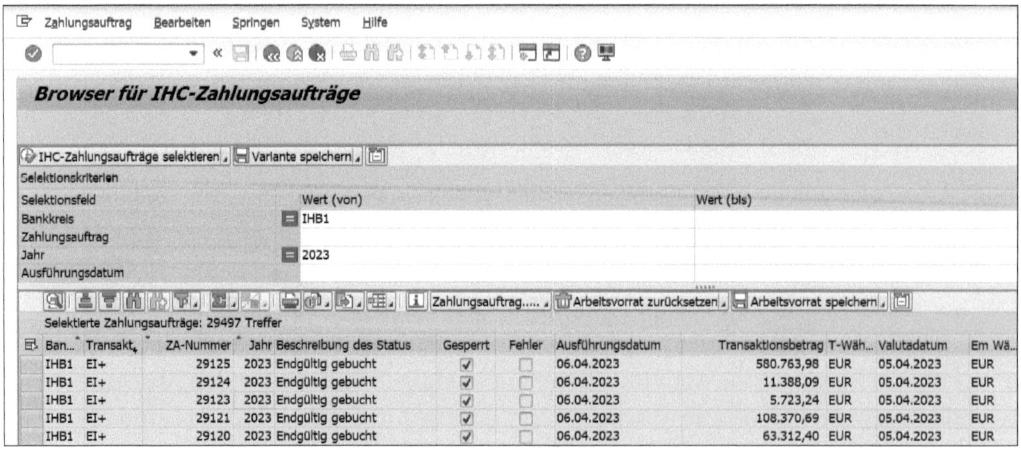

Zahlungsauftrag Bearbeiten Springen System Hilfe

Browser für IHC-Zahlungsaufträge

IHC-Zahlungsaufträge selektieren | Variante speichern

Selektionskriterien

Selektionsfeld	Wert (von)	Wert (bis)
Bankkreis	IHB1	
Zahlungsauftrag		
Jahr	2023	
Ausführungsdatum		

Zahlungsauftrag..... | Arbeitsvorrat zurücksetzen | Arbeitsvorrat speichern

Selektierte Zahlungsaufträge: 29497 Treffer

Ban...	Transakt.	ZA-Nummer	Jahr	Beschreibung des Status	Gesperrt	Fehler	Ausführungsdatum	Transaktionsbetrag	T-Wäh...	Valutadatum	Em Wä...
IHB1	EI+	29125	2023	Endgültig gebucht	✓		06.04.2023	580.763,98	EUR	05.04.2023	EUR
IHB1	EI+	29124	2023	Endgültig gebucht	✓		06.04.2023	11.388,09	EUR	05.04.2023	EUR
IHB1	EI+	29123	2023	Endgültig gebucht	✓		06.04.2023	5.723,24	EUR	05.04.2023	EUR
IHB1	EI+	29121	2023	Endgültig gebucht	✓		06.04.2023	108.370,69	EUR	05.04.2023	EUR
IHB1	EI+	29120	2023	Endgültig gebucht	✓		06.04.2023	63.312,40	EUR	05.04.2023	EUR

Abbildung 4.19 Übersicht der zentralen Geldeingänge im Zahlungsauftragsbrowser (Transaktion IHC0)

Internen Kontoauszug versenden

Am Ende jedes Banktages wird in SAP In-House Cash die Tagesendverarbeitung durchgeführt, bei der u. a. die internen FINSTA-Kontoauszüge mit allen Umsätzen dieses vergangenen Banktages an die einzelnen Tochtergesellschaften und auch an die Finanzbuchhaltung der zentralen Einheit selbst generiert und versendet werden. In diesen internen Kontoauszügen sind auch Positionen zu den zentralen Zahlungseingängen enthalten. Der Prozess der Generierung und des Versendens interner Kontoauszüge wird detailliert in Abschnitt 5.1.2, »Eingehende Kommunikation beim Intercompany Clearing«, und in Abschnitt 8.1.4, »ALE-Customizing für die In-House-Bank«, beschrieben.

Internen Kontoauszug erhalten

Die von der In-House-Bank gesendeten internen Kontoauszüge werden per EDI-Schnittstelle an die Systeme der lokalen Gesellschaften und zurück an das zentrale System übermittelt. Eingelesen werden die internen Kontoauszüge sofort beim IDoc-Eingang. Danach können sie mit Transaktion FEBAN eingesehen werden. In Abbildung 4.20 sehen Sie die einzelnen Kontoauszugspositionen, die zentrale Geldeingänge darstellen, die beim Einlesen des internen Kontoauszugs im lokalen Buchungskreis verbucht worden sind.

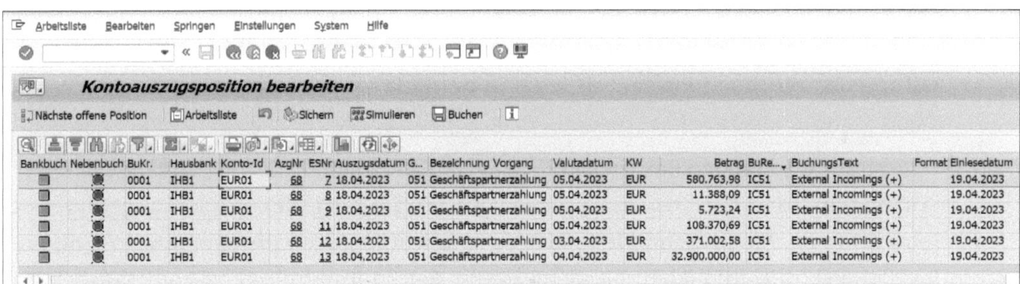

Bankbuch	Nebenbuch	BuKr.	Hausbank	Konto-Id	AzgNr	ESNr	Auszugsdatum	G...	Bezeichnung Vorgang	Valutadatum	KW	Betrag	BuRe...	BuchungsText	Format	Einlesedatum
		0001	IHB1	EUR01	68	7	18.04.2023	051	Geschäftspartnerzahlung	05.04.2023	EUR	580.763,98	IC51	External Incomings (+)		19.04.2023
		0001	IHB1	EUR01	68	8	18.04.2023	051	Geschäftspartnerzahlung	05.04.2023	EUR	11.388,09	IC51	External Incomings (+)		19.04.2023
		0001	IHB1	EUR01	68	9	18.04.2023	051	Geschäftspartnerzahlung	05.04.2023	EUR	5.723,24	IC51	External Incomings (+)		19.04.2023
		0001	IHB1	EUR01	68	11	18.04.2023	051	Geschäftspartnerzahlung	05.04.2023	EUR	108.370,69	IC51	External Incomings (+)		19.04.2023
		0001	IHB1	EUR01	68	12	18.04.2023	051	Geschäftspartnerzahlung	03.04.2023	EUR	371.002,58	IC51	External Incomings (+)		19.04.2023
		0001	IHB1	EUR01	68	13	18.04.2023	051	Geschäftspartnerzahlung	04.04.2023	EUR	32.900.000,00	IC51	External Incomings (+)		19.04.2023

Abbildung 4.20 Übersicht der Kontoauszugspositionen für zentrale Geldeingänge aus dem internen Kontoauszug (Transaktion FEBAN)

Externes Zahlungsavis vom Kunden erhalten

Optional kann es im Prozess der externen Zahlungseingänge notwendig sein, sich die Zahlungsavis von den Kunden weiterhin übermitteln zu lassen und sie im lokalen System als Zahlungsavis zu erfassen. Dies hängt vom gesamten Prozessdesign, der Unternehmensspezifika und den Vereinbarungen mit den einzelnen Kunden ab.

Internen Kontoauszug verbuchen

Der interne Kontoauszug kann mit Transaktion FEBP (Buchen Elektron. Kontoauszug), die in der Regel als Hintergrundjob eingeplant ist, verbucht werden. Damit werden zu den Kontoauszugspositionen Buchhaltungsbelege in der Finanzbuchhaltung der lokalen Gesellschaft und auch der zentralen Einheit erfasst. Basierend auf den Details in der Kontoauszugsposition mit dem zentralen Geldeingang wird der dazugehörige debitorische Posten im lokalen System gefunden, der mit der Kontoauszugsbuchung ausgeglichen wird. Alle Kontoauszugsbuchungen und die erfolgten Buchungen sind in Transaktion FEBAN sichtbar. Im Idealfall ist der Prozess der zentralen Zahlungseingänge damit abgeschlossen.

Offene Posten manuell ausgleichen

Abhängig davon, welche Informationen in der Kontoauszugsposition mit dem zentralen Eingang zur Verfügung stehen, kann es vorkommen, dass die debitorischen offenen Posten zu einer Zahlung nicht automatisch identifiziert werden konnten. In diesem Fall findet keine Ausgleichsbuchung im Nebenbuch statt, und die Position hat einen roten Ampelstatus in der FEBAN-Anzeige. Solche Positionen müssen von den zuständigen Sachbearbeitern und Sachbearbeiterinnen in der Nebenbuchhaltung manuell nachbearbeitet werden. Die Ausgleichsbuchungen können direkt in Transaktion FEBAN durch die manuelle Zuordnung des entsprechenden debitorischen Kontos und der offenen Posten nachvollzogen werden.

Übersicht der FI-Buchungen bei zentralen Geldeingängen

Bei den zentralen Geldeingängen finden die Buchungen sowohl in der Finanzbuchhaltung der zentralen Einheit als auch in der Finanzbuchhaltung der Tochtergesellschaft statt.

In Abbildung 4.21 sehen Sie, wie der Prozess der zentralen Zahlungseingänge in der Finanzbuchhaltung der lokalen Gesellschaft und der zentralen Einheit abgebildet ist. Beim Erfassen der ausgehenden Rechnung ❶ werden das Kundenkonto im Soll und das Ertragskonto im Haben bebucht. Wenn der Zahlungseingang vom Kunden auf dem externen Hausbankkonto der zentralen Einheit eintrifft, wird dazu ein Kontoauszug mit der entsprechenden Zahlungseingangsposition an die Zentrale gesendet.

Bei der Buchung dieser Kontoauszugsposition wird eine Sachkontenbuchung ❷ erfasst, in der das Bankkonto im Soll und das Bankverrechnungskonto im Haben bebucht werden. Im Laufe der Tagesendverarbeitung findet die Hauptbuchübergabe aus SAP In-House Cash statt. Dabei werden zwei Buchungen generiert. Bei der Hauptbuchübergabebuchung ❸a werden das technische Konto für die Tagesendverarbeitung im Soll und das Sachkonto für IHC-Salden im Haben bebucht. Bei der Hauptbuchübergabebuchung ❸b werden das IHC-Verrechnungskonto im Soll und das technische Konto für die Tagesendverarbeitung im Haben bebucht.

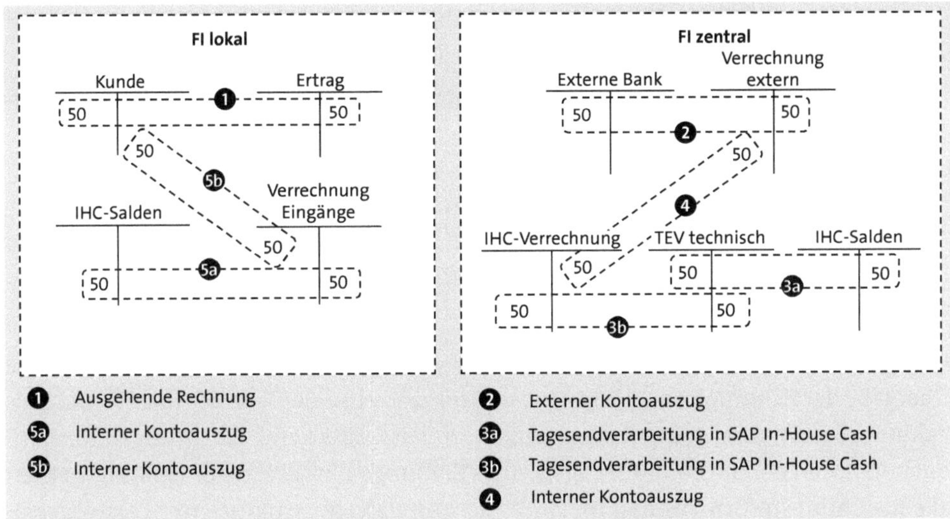

Abbildung 4.21 Buchungsschema bei zentralen Geldeingängen

Danach wird ein interner Kontoauszug für das IHC-Bankkonto der Zentrale erstellt, der wiederum eine Sachkontenbuchung ❹ mit dem Verrechnungskonto für die externe Bank im Soll und mit dem IHC-Verrechnungskonto im Haben erzeugt. Anschließend erfolgt die Verbuchung des internen Kontoauszugs im lokalen System. Im ersten Schritt wird eine Sachkontenbuchung 5a mit dem Konto für IHC-Salden im Soll und dem Verrechnungskonto für Geldeingänge im Haben vorgenommen, und im zweiten Schritt wird ein Ausgleichsbeleg 5b mit dem Verrechnungskonto für Geldeingänge im Soll und dem Kundenkonto im Haben gebucht.

4.3 Intercompany-Kundenzahlungen

Intercompany-Zahlungen haben wir Abschnitt 2.3, »Zahlungen an interne Lieferanten«, im Rahmen des P2P-Prozesses detailliert erläutert. Aus diesem Grunde verzichten wir auf eine weitere Erläuterung des Intercompany-Zahlungsprozesses an sich und gehen in diesem Abschnitt nur auf Besonderheiten im Zusammenhang mit den internen Kundenzahlungen ein.

4.3.1 Zu berücksichtigende Aspekte im Intercompany-Zahlungsprozess

Für die Verarbeitung der Kundenzahlungen im Intercompany-Prozess ist nur das Empfangen und Verbuchen der internen Kontoauszüge im lokalen System, in dem sich der debitorische offene Posten befindet, erforderlich. Bei externen Zahlungen werden in der Regel mehrere Rechnungen mit einer Zahlung beglichen, da die Banken häufig eine Gebühr pro Transaktion berechnen und Einzelzahlungen die Kosten für die Kontoführung unnötig steigern würden.

Im Intercompany-Prozess handelt es sich um virtuelle Verrechnungen, die die Unternehmensumgebung nicht verlassen. So gesehen ist es denkbar, auch Einzelzahlungen im Intercompany-Prozess einzuführen, um einzelne Vorgänge von der Rechnung bis hin zur Zahlung besser verfolgen zu können. In den meisten Fällen sind die Einzelzahlungen allerdings nicht erforderlich, und mehrere Intercompany-Rechnungen werden wie im externen Zahlungsverkehr bei Fälligkeit zu einer Zahlung zusammengefasst.

Im Intercompany-Zahlungsprozess werden Zahlungs-IDocs PAYEXT oder DIRDEB für die Übergabe der Zahlungen an die In-House-Bank und anschließend die FINSTA-IDocs als Zahlungsbestätigung genutzt. Der große Vorteil ist, dass keine Rechnungsinformationen verloren gehen. Beim Erzeugen eines Zahlungs-IDocs zu einer Zahlung werden alle Rechnungsinformationen im PAYEXT/DIRDEB-IDoc in strukturierter Form gespeichert; dazu gehören die Referenznummer, die Belegnummer, das Rechnungsdatum und die Beträge.

Wenn die Zahlungs-IDocs von der kreditorischen Seite in der In-House-Bank verbucht werden, werden die Referenzinformationen als Zeichenkette im Verwendungszweck des IHC-Zahlungsauftrags übernommen. Bei einer großen Anzahl an Rechnungen zu einer Zahlung sind nicht alle Referenzen im Verwendungszweck sichtbar. Allerdings besteht hier kein Grund zur Sorge oder zum Ausführen zusätzlicher Aktionen. Wenn am Ende des Tages die FINSTA-Kontoauszüge für die debitorische Seite generiert werden, ermittelt das SAP-System alle Rechnungsdetails aus dem ursprünglichen PAYEXT-IDoc, schreibt sie in das FINSTA-IDoc und übermittelt damit alle Details an die Tochtergesellschaft auf der debitorischen Seite.

Dies bedeutet, dass bei Intercompany-Zahlungen mit dem Einsatz einer In-House-Bank und SAP In-House Cash keine zusätzlichen Zahlungsavis erforderlich sind. Damit der Intercompany-Zahlungsprozess reibungslos funktioniert, sollten Sie jedoch dafür sorgen, dass bei jedem Zahlungsvorgang die zueinander gehörenden debitorischen und kreditorischen Posten eindeutig zu erkennen sind. Das heißt, dass sie dieselbe Fälligkeit haben und dass sie rechtzeitig auf beiden Seiten verbucht werden. Bei abweichenden Referenzen oder einer verspäteten Verbuchung kann es vorkommen, dass die eingehende Zahlung für die debitorische Seite nicht automatisch ausgeglichen werden kann, weil die passende Gegenrechnung nicht eindeutig identifiziert werden konnte. In diesem Fall erzeugt das SAP-System automatisch eine Akontobuchung auf dem Partnerkonto, da der Debitor, basierend auf den IHC-Bankkonten, gefunden werden kann.

4.3.2 Intercompany-Zahlungsprozess auf Lastschriftbasis

Im Falle von Forderungen gegenüber externen Kunden ist es zumindest im europäischen Raum möglich, SEPA-Lastschrifteinzüge als Zahlungsmethode zu vereinbaren. Beim Intercompany-Zahlungsprozess ist diese Option ebenfalls möglich. Dabei handelt es sich natürlich per Definition nicht mehr um SEPA-Einzüge, weil die Zahlungen im Unternehmenssystem verbleiben. Es handelt sich also lediglich um Einzüge von den virtuellen Bankkonten der lokalen Gesellschaft mit dem kreditorischen Posten.

Das heißt, dass der gesamte Intercompany-Zahlungsprozess umorganisiert werden kann, sodass die Zahlung nicht mit einem kreditorischen Zahllauf, sondern stattdessen mit einem debitorischen Lastschrifteinzug zustande kommt. Zum Lastschrifteinzugslauf werden DIRDEB-IDocs erzeugt, die an die In-House-Bank geschickt und von dort aus als interne Lastschriften auf den virtuellen IHC-Konten gebucht werden. Bei der Tagesendverarbeitung erhalten die Gesellschaften mit den kreditorischen Positionen die Benachrichtigung von der In-House-Bank in Form eines FINSTA-IDocs über den erfolgten Lastschrifteinzug.

Sowohl der interne kreditorische Zahllauf als auch der interne debitorische Lastschrifteinzugslauf sind valide Optionen und können, je nach Unternehmenspräferenzen oder Spezifika der Intercompany-Vorgänge, entsprechend eingesetzt werden.

4.4 Nützliche Transaktionen und SAP-Fiori-Apps

Im Bereich des Kundenzahlungsprozesses gibt es eine Reihe von hilfreichen SAP-Transaktionen. Einige dieser Transaktionen haben wir im Verlauf dieses Kapitels bereits erwähnt und erläutert.

In Tabelle 4.4 stellen wir die wichtigsten Transaktionen mit einer kurzen Erläuterung zusammen. Rufen Sie diese Transaktionen am besten selbst auf, um zu überprüfen, welche davon für Sie von besonderem Interesse sind.

Transaktionscode	Transaktionsname	Funktionsbeschreibung
F110	Parameter für maschinelle Zahlung	automatischen kreditorischen und debitorischen Zahllauf manuell einplanen
F110S	Automat. Einplanen d. Zahlprogramms	F110-Zahllauf als Hintergrundjob einplanen
FEBAN	Nachbearbeitung Kontoauszüge	Kontoauszüge buchen und nachbearbeiten

Tabelle 4.4 Die wichtigsten Transaktionen und SAP-Fiori-Apps im O2C-Zahlungsbereich

Transaktionscode	Transaktionsname	Funktionsbeschreibung
FEB_BSRPOC	Kontoauszug Nachbearbeitung	Kontoauszüge buchen und nachbearbeiten
FEB_FILE_HANDLING	Automatisch einlesen	Kontoauszüge gesammelt einlesen
FF_5	Einlesen Elektronischer Kontoauszug	einzelne Kontoauszüge einlesen
FF_6	Anzeigen Elektronischer Kontoauszug	eingelesene oder gebuchte Kontoauszüge anzeigen
FEBP	Buchen Elektron. Kontoauszug	eingelesene Kontoauszüge buchen
FBE3	Avis anzeigen	Zahlungsavis anzeigen
F110S_DD_PRENOTIF	Zahlungsläufe nach LastschrAnkünd.	F110-Lastschriftlauf einplanen
FI_APAR_SEPA_CONV	SEPA-Mandate anlegen im Massenlauf	SEPA-Mandate gesammelt einlesen
FEBA_LOCKBOX	Anzeige Kontostand	Lockbox-Dateien buchen und nachbearbeiten
FLB2	Einlesen Lockbox-Datei	Lockbox-Dateien einlesen
IHC0	Zahlungsauftragsbrowser	IHC-Zahlungsaufträge anzeigen
F_DD_PRENOTIF_LIST	Liste der Lastschrift-ankündigungen	ausgeführte Lastschrift-ankündigungen anzeigen

Tabelle 4.4 Die wichtigsten Transaktionen und SAP-Fiori-Apps im O2C-Zahlungsbereich (Forts.)

4.5 Fazit

In diesem Kapitel haben wir uns im Detail mit dem O2C-Prozess im Allgemeinen und insbesondere mit den zahlungsrelevanten Prozessschritten des O2C-Prozesses beschäftigt. Wir haben erläutert, wie die Kommunikation im Zahlungsverkehrsteil des O2C-Prozesses zwischen dem Unternehmen und den Kunden verläuft und welche Besonderheiten dabei berücksichtigt werden müssen.

In diesem Kapitel haben wir beschrieben, welche Kundenzahlungen als externe Zahlungen und welche als interne Kundenzahlungen bezeichnet werden.

Bei den externen Zahlungen haben wir die wichtigen Verarbeitungsschritte, die in einem SAP-System erforderlich sind, beschrieben. Außerdem haben wir den Begriff der SEPA-Lastschrifteinzüge kennengelernt und die Unterschiede zwischen den Kundenzahlungen und den Lastschrifteinzügen identifiziert.

Wir haben erläutert, welches Optimierungspotenzial im Bereich der externen Kundenzahlungen beim Einsatz des Konzepts der zentralen Zahlungseingänge mit SAP In-House Cash besteht und welche Herausforderungen dabei zu berücksichtigen sind.

Zusätzlich sind wir auf das Thema der internen Kundenzahlungen, auch Intercompany Zahlungen genannt, eingegangen und haben deren Besonderheiten erläutert.

Zum Schluss haben wir die wichtigsten und am häufigsten verwendeten SAP-Transaktionen und SAP-Fiori-Apps mit einer kurzen Erläuterung aufgelistet.

Kapitel 5

Interne und externe Kommunikation im Zahlungsverkehr

5

Zahlungsprozesse können nicht isoliert im SAP-System ablaufen. Vielmehr müssen Informationen, die im Zahlungsprozess entstehen, mit anderen Systemen ausgetauscht werden. In diesem Kapitel werden die internen und externen Beteiligten im Kommunikationszyklus genannt, und es wird erläutert, zu welchem Zweck und mit welchen Mitteln die beteiligten Systeme Informationen austauschen.

In diesem Kapitel beschäftigen wir uns ausführlich mit der internen und externen Kommunikation im Zahlungsverkehr. Damit ist zum einen die Kommunikation der Gesellschaften mit der In-House-Bank und zum anderen die Kommunikation des Unternehmens mit externen Banken gemeint. Es werden sowohl die ausgehende als auch die eingehende Kommunikation genau betrachtet. Ziel ist es, Ihnen Hintergrundinformationen, Praxistipps und mögliche Ursachen für häufig vorkommende Fehler an einer Stelle gebündelt zur Verfügung zu stellen.

Der Begriff »Kommunikation« im Zahlungsprozess

Der Begriff *Kommunikation*, der in diesem Kapitel als Sammelbegriff für die Interaktionen einer Einheit mit anderen externen oder internen Einheiten verwendet wird, hat folgende Facetten:

- Schnittstellen zwischen Ihrem SAP-System und anderen Systemen
- Ziel des Nachrichtenaustausches
- Sender und Empfänger der Nachrichten
- Nachrichten, die durch diese Schnittstellen ausgetauscht werden
- Informationen, die in diesen Nachrichten enthalten sind
- Bestätigung des Nachrichtenempfangs

Bei der Beschreibung des P2P-Prozesses und des O2C-Prozesses in Kapitel 2, »Purchase-to-Pay«, und Kapitel 4, »Order-to-Cash«, haben wir schon die erste Einführung in die Kernaspekte der Kommunikation zwischen dem Unternehmen und seinen Geschäftspartnern gegeben. In diesem Kapitel steigen wir detaillierter und mit zusätzlichen technischen Erklärungen in das Thema der Kommunikation ein.

Wir zeigen Ihnen, an welchen Stellen der Zahlungsprozesse und aus welchen Gründen der Kommunikationsbedarf entsteht. Darüber hinaus erläutern wir die Rolle des Senders und Empfängers der Informationen im Zahlungsprozess. Außerdem betrachten wir die Kommunikationsmittel, deren Struktur und die übergebenen Informationen. Wir zeigen Ihnen SAP-Transaktionen, die in diesem Zusammenhang hilfreich sein können und welche Analysemöglichkeiten Sie mit diesen Transaktionen haben.

In Abschnitt 5.1 konzentrieren wir uns auf die Kommunikation innerhalb eines Unternehmens. Diese interne Kommunikation ist in den Zahlungsprozessen erforderlich, bei denen die In-House-Bank aktiv ist. Dazu gehören das Intercompany Clearing und die On-Behalf-Zahlung.

In Abschnitt 5.2 beschäftigen wir uns mit der ausgehenden externen Kommunikation vom Unternehmen zur externen Bank. Dies kommt bei externen Zahlungen zum Tragen, die von den lokalen Einheiten ohne Beteiligung der In-House-Bank ausgeführt werden. Dabei handelt es sich um On-Behalf-Zahlungen in ihrem letzten Ausführungsschritt, bei dem die In-House-Bank die Zahlungen an die externe Bank schickt.

In Abschnitt 5.3 geht es um die Kommunikation von der externen Bank zum Unternehmen. Dies ist zum einen für externe Zahlungen mit oder ohne In-House-Bank relevant. Außerdem werden bei der Kommunikation der Bank mit dem Unternehmen die aktuellen Bewegungen auf den Bankkonten des Unternehmens im SAP-System widergespiegelt.

5.1 Interne Kommunikation zwischen der In-House-Bank und den Tochtergesellschaften

In diesem Abschnitt erläutern wir, zu welchen Zwecken und mit welchen Mitteln die Kommunikation in den Zahlungsprozessen innerhalb des Unternehmens erfolgt. Diese interne Kommunikation kommt im Rahmen des Intercompany-Clearing-Prozesses und der On-Behalf-Zahlung vor. Diese in Abschnitt 2.2.3, »On-Behalf-Zahlungen (Payment Factory mit SAP In-House Cash)«, und Abschnitt 2.3, »Zahlungen an interne Lieferanten«, schon erläuterten Prozesse betrachten wir nun unter dem Gesichtspunkt der Kommunikation.

5.1.1 Ausgehende Kommunikation beim Intercompany Clearing

Mit dem Intercompany Clearing sind die virtuellen Verrechnungen zwischen Tochtergesellschaften gemeint.

[«]

5

Zur Erinnerung: Ablauf im Intercompany-Clearing-Prozess

Bevor Sie sich den Erklärungen zu den Kommunikationsaspekten im Bereich des Intercompany Clearings widmen, rufen Sie das gesamte Konzept des Intercompany-Clearing-Prozesses in Erinnerung. Schlagen Sie dazu in Abschnitt 2.3, »Zahlungen an interne Lieferanten«, nach.

Im Intercompany-Clearing-Prozess gibt es zwei Hauptkommunikationspartner:

- Tochtergesellschaft 1, die eine interne Zahlung durchführt, also den *Zahlungsabsender*
- Tochtergesellschaft 2, die diese interne Zahlung empfängt, also den *Zahlungsempfänger*

Zwischen Zahlungsabsender und Zahlungsempfänger liegt die zentrale In-House-Bank, die in diesem Prozess als Vermittler agiert und die Informationen weitergibt. In Abbildung 5.1 sehen Sie alle drei Teilnehmer im Intercompany Clearing: Zahlungsabsender, In-House-Bank und Zahlungsempfänger. Des Weiteren erkennen Sie die Ausgangspunkte im Prozess, die eine weitere Kommunikation erfordern. Das wichtigste Kommunikationsmittel in diesem Prozess ist das Zahlungs-IDoc PAYEXT. Wir erklären nun alle Teile dieses Kommunikationsprozesses ausführlich.

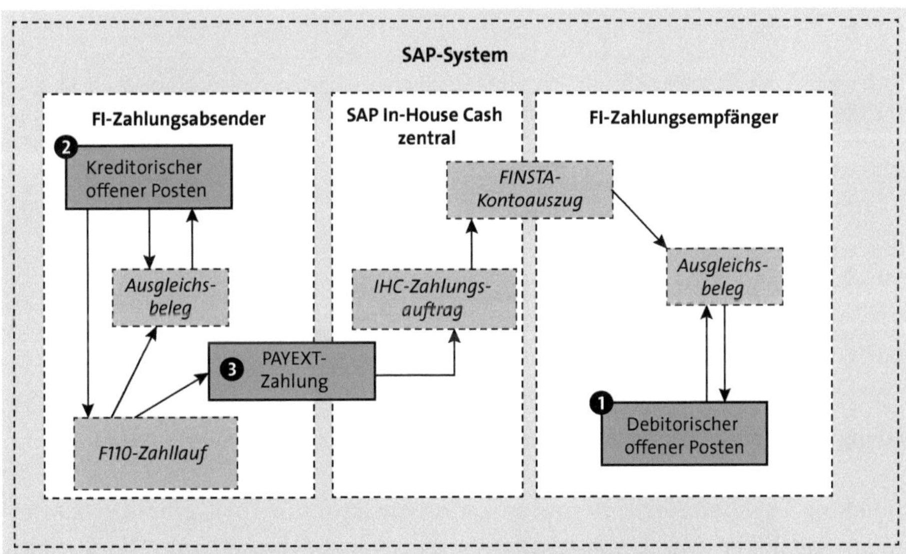

Abbildung 5.1 Intercompany Clearing: Rolle von Zahlungs-IDocs

Sender und Empfänger im Intercompany-Clearing-Prozess

Im Intercompany Clearing entsteht zunächst eine Forderung aufseiten des zukünftigen Zahlungsempfängers. Diese Forderung wird im SAP-System als *debitorischer offener Posten* (❶ in Abbildung 5.1) abgebildet. Als Ergebnis dieser Forderung entsteht eine Verbindlichkeit aufseiten des zukünftigen Zahlungsabsenders, der im SAP-System als *kreditorischer offener Posten* ❷ abgebildet ist. Nun muss eine Interaktion zwischen Zahlungsempfänger und Zahlungsabsender stattfinden, damit der Zahlungsempfänger erfährt, wann der kreditorische offene Posten ausgeglichen wurde (damit erlischt die offene Verbindlichkeit), und den debitorischen offener Posten ebenfalls ausgleichen kann (damit erlöscht die offene Forderung).

Vermittler in der Intercompany-Clearing-Kommunikation

Wenn jede Tochtergesellschaft Verbindungen zu allen anderen Tochtergesellschaften, mit denen sie Geschäftsbeziehungen führt, direkt aufbauen müsste, wären viele einzelne Kommunikationskanäle erforderlich.

In Abbildung 5.2 sehen Sie, wie die Kommunikationsstruktur innerhalb eines Großunternehmens ohne zentrale In-House-Bank aussehen würde. Es wären massenweise Einzelverbindungen vorhanden, die bei jeder neuen Geschäftsbeziehung wieder erweitert werden müssten. Offensichtlich ist das nicht die optimale Struktur, um die interne Kommunikation dauerhaft zu führen.

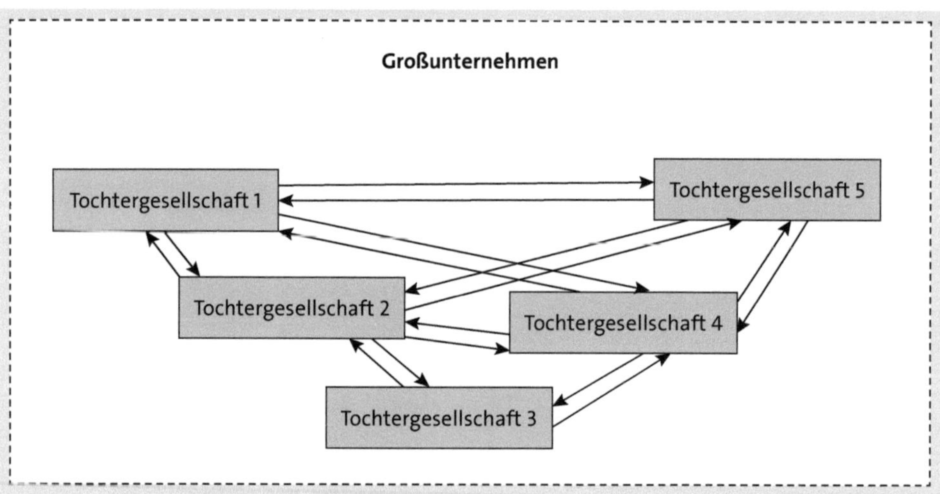

Abbildung 5.2 Interne Unternehmenskommunikationsstruktur ohne In-House-Bank

In Abbildung 5.3 sehen Sie die Kommunikationsstruktur innerhalb eines Großunternehmens mit einer zwischengeschalteten zentralen In-House-Bank. Die Struktur sieht viel schlanker und übersichtlicher aus.

Die In-House-Bank übernimmt im Intercompany Clearing die Rolle des Vermittlers bei der Übergabe der Informationen vom Zahlungsabsender zum Zahlungsempfänger. Die Beteiligung der In-House-Bank hilft, die Verbindungen für jeden Teilnehmer zu reduzieren.

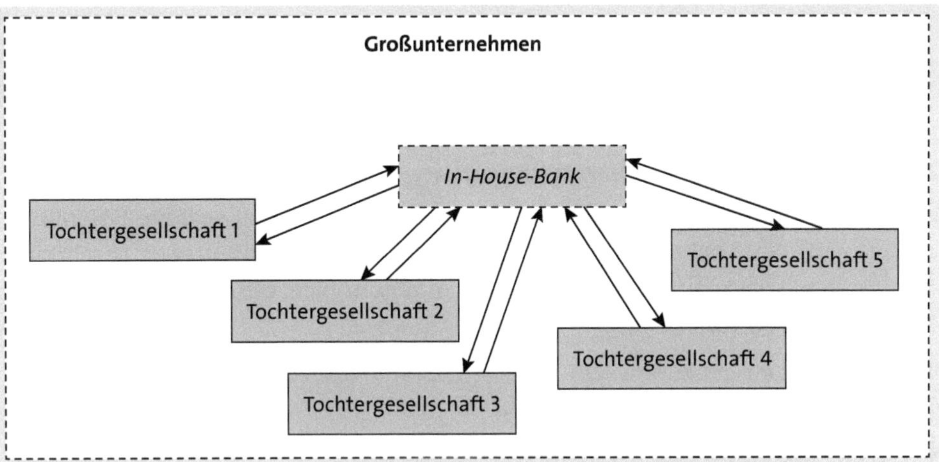

Abbildung 5.3 Interne Unternehmenskommunikationsstruktur mit der In-House-Bank

Jede Tochtergesellschaft als Zahlungsabsender nutzt damit ein und denselben Verbindungskanal – die Verbindung zur In-House-Bank – unabhängig davon, welche Tochtergesellschaft als Zahlungsempfänger die Zahlungsmitteilung erhalten soll.

Kommunikationsmittel im Intercompany Clearing: Aufbau

Der Zahlungsabsender muss dem Zahlungsempfänger mitteilen, dass die Zahlung seitens des Zahlungsabsenders ausgeführt und damit die offene Verbindlichkeit beglichen wurde. Diese Benachrichtigung ist für den Zahlungsempfänger erforderlich, um den Zahlungseingang in seinem System zu verbuchen und die offene Forderung damit zu begleichen.

Als Mittel für die Benachrichtigung über diese erfolgte Zahlung verwendet der Zahlungsabsender im SAP-System ein *Intermediate Document* (IDoc) ❸ mit dem Nachrichtentyp PAYEXT (siehe Abbildung 5.1). Das IDoc PAYEXT ist ein belegloses Dokument, das alle Informationen enthält, die der Zahlungsempfänger anschließend braucht, um die Zahlung eindeutig zu identifizieren.

IDocs sind beleglose Nachrichten in einem speziellen SAP-internen Format, die für den Austausch von Daten zwischen unterschiedlichen Systemen geeignet sind. In diesem Buch konzentrieren wir uns auf die IDoc-Besonderheiten, die Sie im Zusammenhang mit dem Zahlungsverkehr kennenlernen sollten. Grundsätzlich werden IDocs in vielen anderen Geschäftsprozessen eingesetzt.

Kenntnisse zu den Zahlungs-IDocs hilfreich

Ein Verständnis des Aufbaus der Zahlungs-IDocs und deren Inhalt hilft Ihnen bei der Umsetzung und der Begleitung der Zahlungsprozesse im SAP-System Ihres Unternehmens. Viele Fehlerursachen und Ansätze zu den Korrekturen können mit dem Wissen über die Zahlungs-IDocs schnell gefunden werden.

Zahlungs-IDocs im SAP-System: Nachrichtentypen oder logische Nachrichten

Für die meisten Standardgeschäftsprozesse im Unternehmen stellt das SAP-System vordefinierte Nachrichtentypen zur Verfügung. Die Nachrichtentypen beschreiben Art und den Zweck der Nachricht. Die Nachrichtentypen werden auch als *logische Nachrichten* bezeichnet.

Im Bereich des ausgehenden Zahlungsverkehrs sind die folgenden Nachrichtentypen bzw. die logischen Nachrichten relevant:

- PAYEXT (Extended Payment Order)
- DIRDEB (Direct Debit)

Transaktion der IDoc-Entwicklung

Die Nachrichtentypen PAYEXT und DIRDEB sind in jedem SAP-System verfügbar und müssen nicht neu definiert oder konfiguriert werden. Trotzdem ist es sinnvoll, die auf die IDoc-Entwicklung bezogenen Transaktionen aufzurufen. Dies hilft Ihnen dabei, ein Verständnis für die IDoc-Logik aufzubauen und zu verstehen, wie die IDocs generiert und gefüllt werden.

In Abbildung 5.4 sehen Sie die Definition der logischen Nachrichten PAYEXT und DIRDEB in Transaktion WE81 (Logische Nachrichten). Der Name der logischen Nachricht ist in der Spalte **Nachrichtentyp** ❶ hinterlegt. In der Spalte **Kurzbeschreibung** ❷ ist die Bezeichnung der logischen Nachricht angegeben.

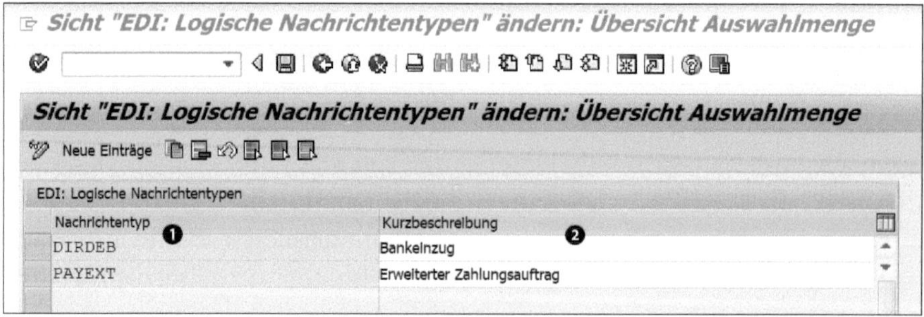

Abbildung 5.4 Definition der logischen Nachrichten PAYEXT und DIRDEB (Transaktion WE81)

Zahlungs-IDocs im SAP-System: Basistypen

Alle Zahlungs-IDocs haben etwa den gleichen Umfang an Informationen, die sie für eine ausreichende Beschreibung der Zahlung enthalten müssen. Solche Informationen, wie der Zahlungsabsender und seine Bankkontoverbindung, der Zahlungsempfänger und seine Bankkontoverbindung, der Zahlbetrag, das Zahldatum und die Rechnungsnummern der bezahlten Rechnungen, müssen auf jeden Fall dabei.

Im SAP-System sind alle möglichen Felder, die im Zusammenhang mit einer Zahlung notwendig sein können, aufgelistet; diese Felder sind zu Gruppen, in der IDoc-Sprache *Segmente* genannt, zusammengefasst und das ganze Konstrukt als sogenannte *IDoc-Basistypen* im System hinterlegt. Sie können es sich als eine Art Behälter mit Fächern vorstellen. Jedes Fach eines solchen Behälters ist dabei für einen bestimmten Inhalt geeignet und kann mit diesem Inhalt immer wieder gefüllt werden.

Für die Zahlungs-IDocs wird der Basistyp PEXR2003 verwendet.

[«]

Ältere Versionen der Basistypen sind für Zahlungen auch verfügbar!

Die Basistypen PEXR2001 und PEXR2002 sind ältere Versionen, die in früheren SAP-Versionen für die Zahlungen verwendet wurden. Sie sollten den Basistyp PEXR2003 nutzen, weil er im Vergleich zu früheren Versionen einige zusätzliche Felder enthält, die im Laufe der Zeit im Bereich des Zahlungsverkehrs notwendig geworden sind.

Die Definition der Basistypen können Sie sich im SAP-System mit Transaktion WE30 (IDoc Typen) anschauen. In Abbildung 5.5 sehen Sie, wie der Basistyp PEXR2003 ❶ aufgebaut ist. Er besteht aus vielen Segmenten, von denen eins das Segment E1EDK03 ❷ ist Einige Segmente bestehen wieder aus Untersegmenten, wie z. B. das Segment ❸ E1IDKU5, das zwei Untersegmente beinhaltet.

Auch können Sie sehen, aus welchen Feldern dieses Segment besteht. In Abbildung 5.6 wird gezeigt, wie mit dem Doppelklick auf das Segment E1IDKU3 ❶ ein Pop-up-Fenster für dieses Segment erscheint. Klicken Sie auf den Button **Segmenteditor** ❷, um zu einzelnen Feldern zu springen. Sie landen damit automatisch in Transaktion WE31 (Segmente).

[«]

Der Basistyp enthält die maximale Ausprägung!

Es ist wichtig zu verstehen, dass nicht alle Segmente und Felder, die Sie in Abbildung 5.5 und Abbildung 5.7 sehen, in jedem IDoc vorkommen müssen. Der Basistyp enthält die maximale mögliche Ausprägung solcher Felder und deckt damit alle möglichen Szenarien ab. Es ist durchaus möglich, dass in einem konkreten IDoc im Segment, das z. B. im Basistyp mit zehn Feldern beschrieben ist, nur zwei Felder tatsächlich gefüllt sind.

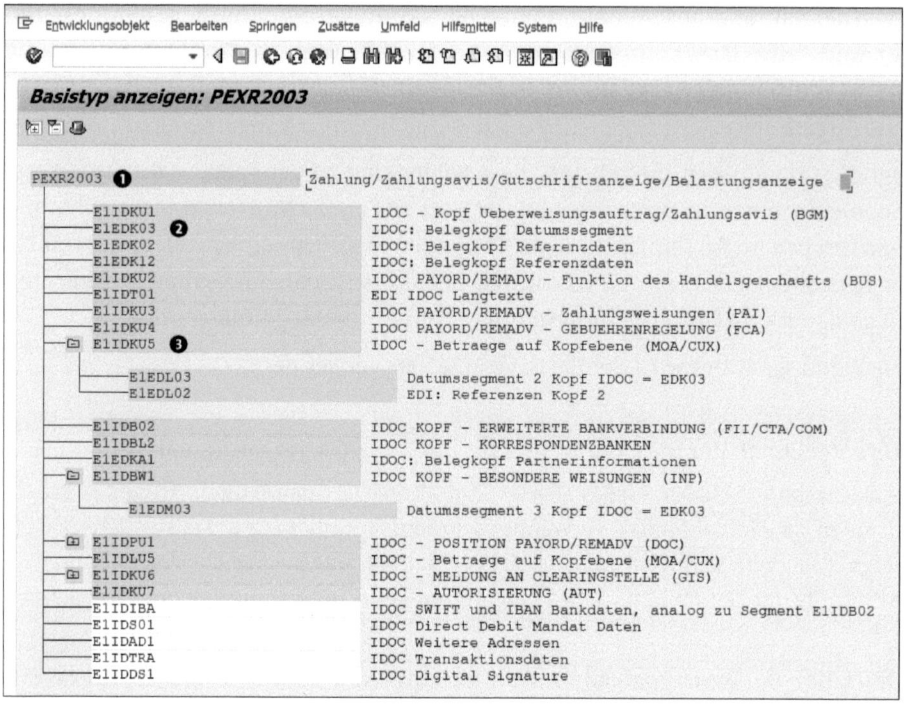

```
Entwicklungsobjekt  Bearbeiten  Springen  Zusätze  Umfeld  Hilfsmittel  System  Hilfe

Basistyp anzeigen: PEXR2003

PEXR2003 ❶              Zahlung/Zahlungsavis/Gutschriftsanzeige/Belastungsanzeige
  E1IDKU1               IDOC - Kopf Ueberweisungsauftrag/Zahlungsavis (BGM)
  E1EDK03 ❷             IDOC: Belegkopf Datumssegment
  E1EDK02               IDOC: Belegkopf Referenzdaten
  E1EDK12               IDOC: Belegkopf Referenzdaten
  E1IDKU2               IDOC PAYORD/REMADV - Funktion des Handelsgeschaefts (BUS)
  E1IDT01               EDI IDOC Langtexte
  E1IDKU3               IDOC PAYORD/REMADV - Zahlungsweisungen (PAI)
  E1IDKU4               IDOC PAYORD/REMADV - GEBUEHRENREGELUNG (FCA)
  E1IDKU5 ❸             IDOC - Betraege auf Kopfebene (MOA/CUX)
    E1EDL03             Datumssegment 2 Kopf IDOC = EDK03
    E1EDL02             EDI: Referenzen Kopf 2
  E1IDB02               IDOC KOPF - ERWEITERTE BANKVERBINDUNG (FII/CTA/COM)
  E1IDBL2               IDOC KOPF - KORRESPONDENZBANKEN
  E1EDKA1               IDOC: Belegkopf Partnerinformationen
  E1IDBW1               IDOC KOPF - BESONDERE WEISUNGEN (INP)
    E1EDM03             Datumssegment 3 Kopf IDOC = EDK03
  E1IDPU1               IDOC - POSITION PAYORD/REMADV (DOC)
  E1IDLU5               IDOC - Betraege auf Kopfebene (MOA/CUX)
  E1IDKU6               IDOC - MELDUNG AN CLEARINGSTELLE (GIS)
  E1IDKU7               IDOC - AUTORISIERUNG (AUT)
  E1IDIBA               IDOC SWIFT und IBAN Bankdaten, analog zu Segment E1IDB02
  E1IDS01               IDOC Direct Debit Mandat Daten
  E1IDAD1               IDOC Weitere Adressen
  E1IDTRA               IDOC Transaktionsdaten
  E1IDDS1               IDOC Digital Signature
```

Abbildung 5.5 Basistyp PEXR2003 (Transaktion WE30) definieren

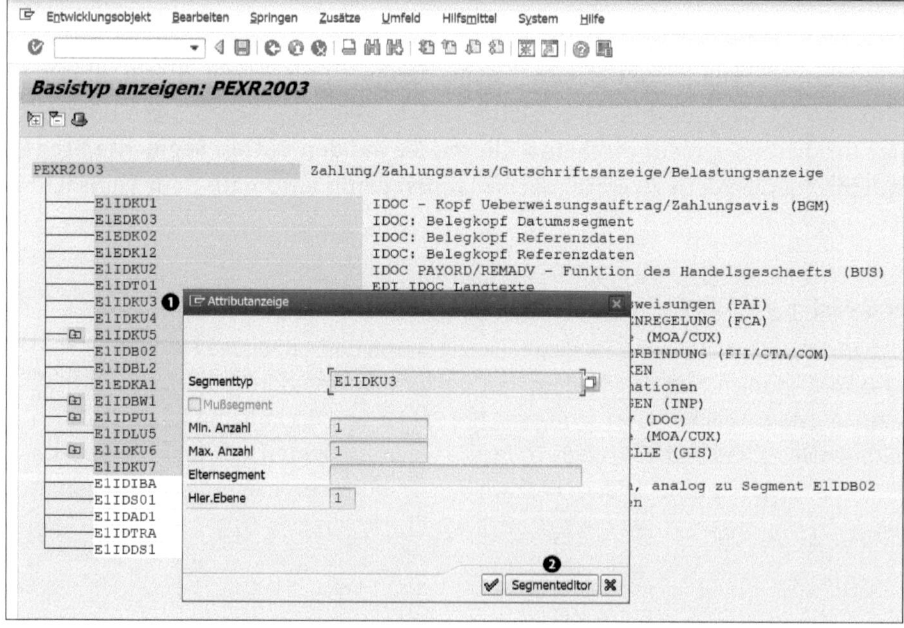

Abbildung 5.6 Basistyp PEXR2003 definieren: Übergang zum Segmenteditor (Transaktion WE30)

In Abbildung 5.7 sehen Sie die Auflistung der Felder, die im Segment E1IDKU3 enthalten sind. Leider ist aus dieser Übersicht nicht ersichtlich, für was genau die Felder verwendet werden. Erst mit einem Doppelklick auf das entsprechende Datenelement erhalten Sie zusätzliche Informationen, inklusive Feldbezeichnung.

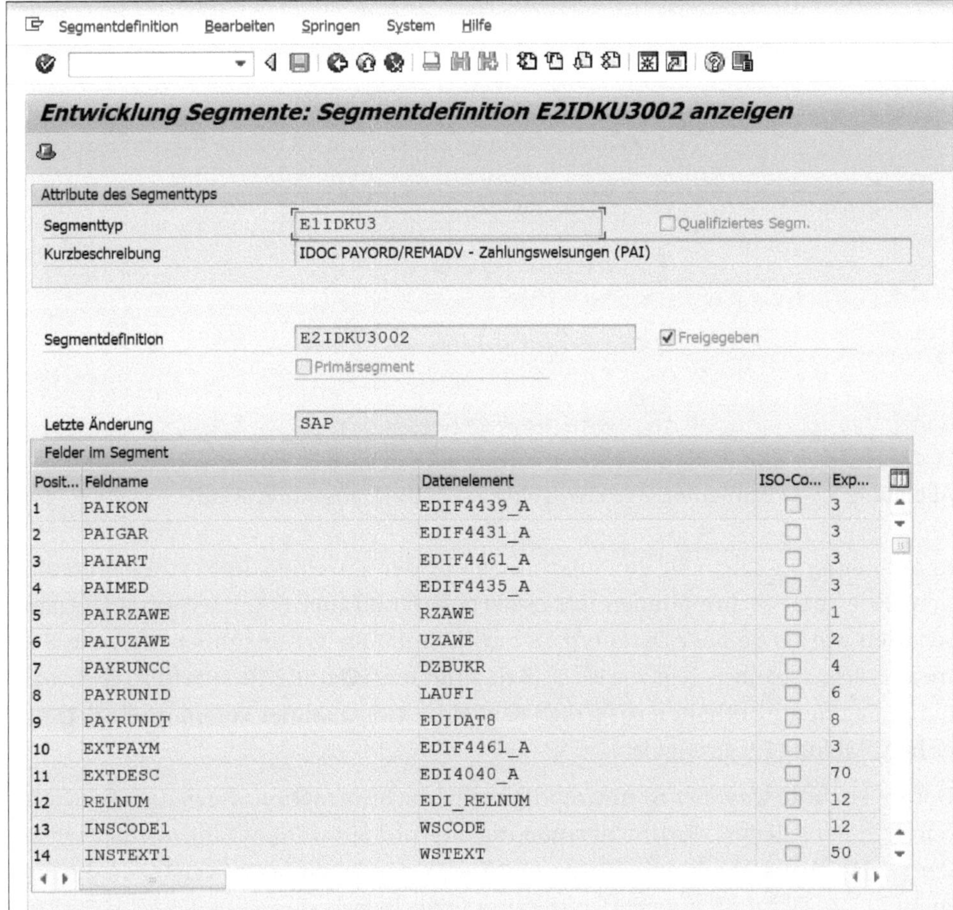

Posit...	Feldname	Datenelement	ISO-Co...	Exp...
1	PAIKON	EDIF4439_A		3
2	PAIGAR	EDIF4431_A		3
3	PAIART	EDIF4461_A		3
4	PAIMED	EDIF4435_A		3
5	PAIRZAWE	RZAWE		1
6	PAIUZAWE	UZAWE		2
7	PAYRUNCC	DZBUKR		4
8	PAYRUNID	LAUFI		6
9	PAYRUNDT	EDIDAT8		8
10	EXTPAYM	EDIF4461_A		3
11	EXTDESC	EDI4040_A		70
12	RELNUM	EDI_RELNUM		12
13	INSCODE1	WSCODE		12
14	INSTEXT1	WSTEXT		50

Abbildung 5.7 Basistyp PEXR2003 definieren: Detailansicht im Segmenteditor (Transaktion WE31)

Zahlungs-IDocs im SAP-System: Dokumentation zu den Basistypen

Alternativ können Sie mit Transaktion WE60 (Dokumentation für IDoc-Typen) die Dokumentation zum Basistyp PEXR2003 aufrufen und eine Auflistung der in diesem Basistyp enthaltenen Segmente und Felder erhalten.

In Abbildung 5.8 sehen Sie die Aufzählung der Segmente im Basistyp PEXR2003 mit einer Kurzbeschreibung dazu. So können Sie z. B. aus der Beschreibung »IDoc: Belegkopf Referenzdaten« zum Segment E1EDK02 ❶ erkennen, dass dieses Segment die Referenznummer für die gesamte Zahlung enthält. Klicken Sie auf das Wort **Struktur** ❷ nach der Segmentbeschreibung, um die Beschreibungen zu den einzelnen Feldern des Segmentes zu sehen.

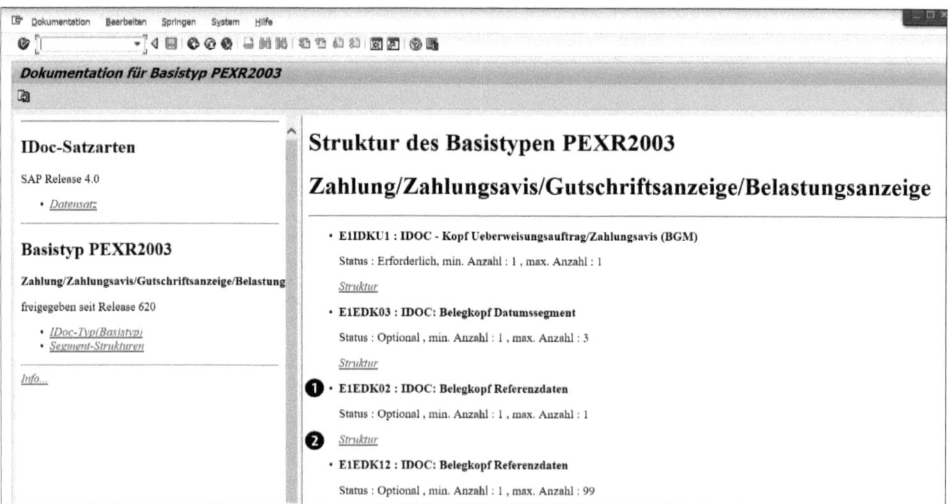

Abbildung 5.8 Dokumentation zu Basistyp PEXR2003 (Transaktion WE60)

In Abbildung 5.9 sehen Sie die Aufschlüsselung der einzelnen, im Segment enthaltenen Felder, die Beschreibungen zu diesen Feldern und auch deren technischen Eigenschaften wie Länge oder Datentyp. Daraus können Sie z. B. erkennen, dass das Segment E1EDK02 solche Felder wie BELNR (**Belegnummer**) ❶ und DATUM (**Datum**) ❷ enthält. Einige Segmente enthalten zusätzlich das Feld QUALF (**Qualifier Referenzbeleg**) ❸, wie es in Abbildung 5.9 gezeigt ist.

Der sogenannte *Qualifier* ist notwendig, wenn die Information, die in dem bestimmten Segment geliefert wird, nicht eindeutig interpretiert werden kann. Bleiben wir bei dem Beispiel aus Abbildung 5.9, um den Zweck der Qualifiers zu verstehen. Im Segment E1EDK02 wird für eine konkrete Zahlung die Belegnummer in das Feld BELNR geschrieben. Allerdings ist daraus nicht ersichtlich, um welche Belegnummer es sich dabei handelt. Es kann sich dabei um die Zahlungsbelegnummer, die Rechnungsnummer und die externe Belegnummer, also um die Referenznummer handeln. Um die Belegnummer eindeutig zu identifizieren, wird zusätzlich zur Belegnummer der Qualifier mitgegeben, der die Art der Belegnummer genau beschreibt. Die Qualifiers sind vom SAP-System vordefiniert und werden automatisch während der IDoc-Erzeugung mit den passenden Werten gefüllt.

In Abbildung 5.10 sehen Sie einige Beispiele für IDoc-Qualifiers, die in bestimmten Segmenten die Art der mitgeschriebenen Informationen zusätzlich beschreiben.

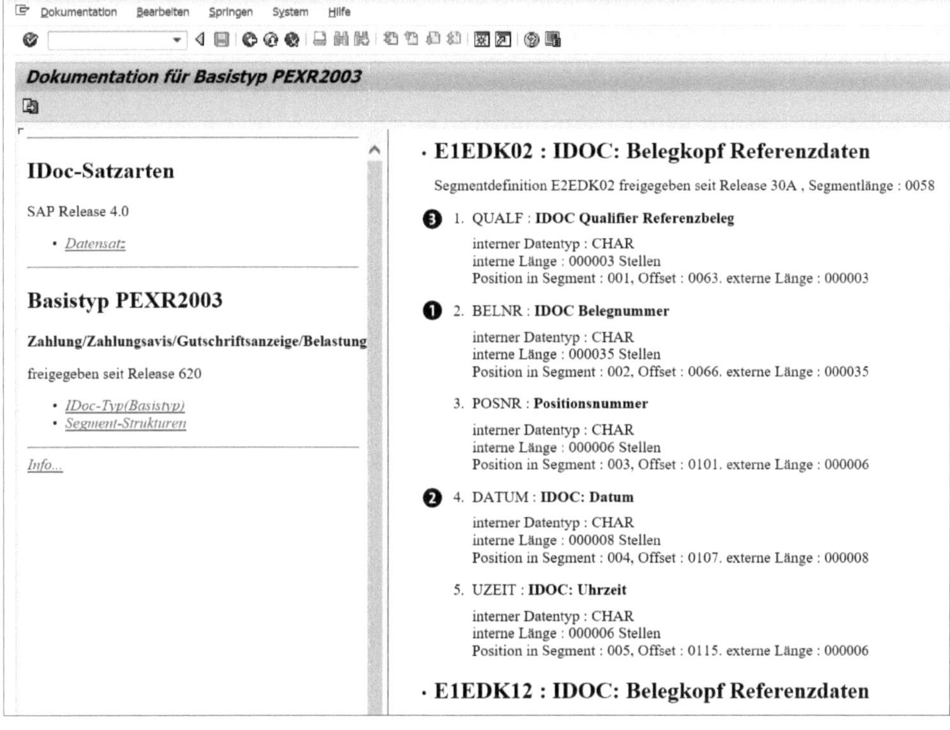

Abbildung 5.9 Dokumentation zum Basistyp PEXR2003: Detailansicht mit den einzelnen Feldern (Transaktion WE60)

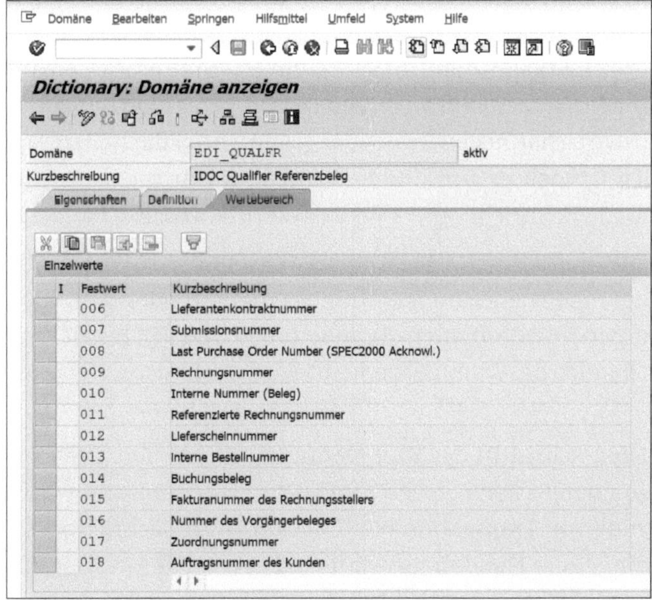

Abbildung 5.10 Auflistung der Qualifiers für die Verwendung in IDocs (Transaktion WE31)

Schauen Sie sich nun die Ausprägung des Segments E1EDK02 in einem konkreten IDoc an.

In Abbildung 5.11 sehen Sie zum einen, dass beim Erzeugen eines IDocs bei Weitem nicht alle Felder gefüllt wurden. Zum anderen sehen Sie das Zusammenspiel des Qualifiers mit einem anderen Feld. Im Segment E1EDK02 ❶ wird das Feld BELNR ❷ mit dem konkreten Wert im Feld **Feldinhalt** ❸ gefüllt. Damit klar ist, welche Belegnummer gemeint ist, wird das Feld QUALF ❹ mit dem Feldinhalt »022: Zahlungsbelegnummer« ❺ gefüllt. Nun ist die in diesem Segment des IDocs weitergegebene Information eindeutig.

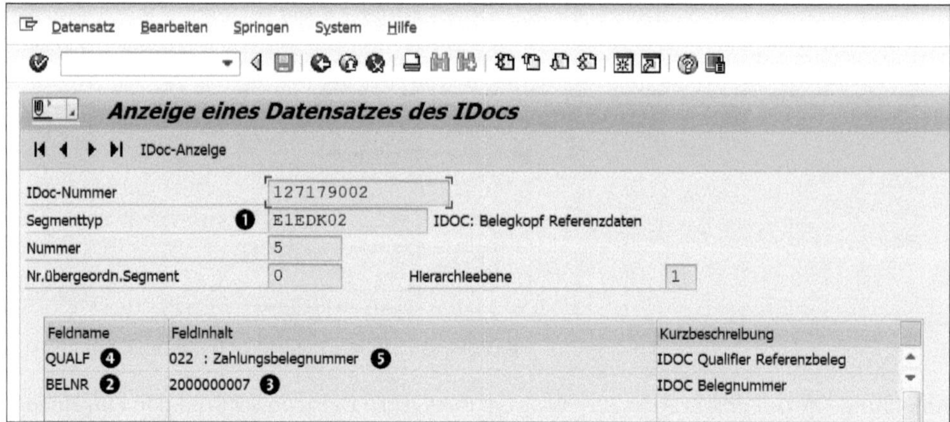

Abbildung 5.11 Mit Informationen befülltes Segment E1EDK02 (Transaktion WE02)

Verlinkung von logischen Nachrichten und Basistypen

Wir fassen nun unsere bisherigen Erkenntnisse im IDoc-Bereich kurz zusammen. Im SAP-System sind verschiedene *logische Nachrichten*, auch *Nachrichtentypen* genannt, vordefiniert, die den betriebswirtschaftlichen Zweck der Nachrichten darstellen. Für den Zahlungsverkehrsbereich handelt es sich um die logische Nachricht PAYEXT für Überweisungen und die logische Nachricht DIRDEB für Lastschrifteinzüge.

Zusätzlich existieren ebenfalls vordefinierte Basistypen. Dies sind Strukturen, die mehrere Segmente beinhalten, die wiederum aus Untersegmenten oder einzelnen Feldern bestehen. Die Basistypen sind Container, die den Aufbau und den Inhalt konkreter IDocs bestimmen. Im Bereich des Zahlungsverkehrs wird der Basistyp PEXR2003 verwendet.

Nun können wir zum nächsten Schritt in der IDoc-Definition übergehen. Die logischen Nachrichten werden mit den Basistypen verknüpft. Diese Verknüpfung, wie in Tabelle 5.1 gezeigt, wird mithilfe von Transaktion WE82 (IDoc-Typ zu Nachricht) festgelegt. Für Sie besteht allerdings kein Handlungsbedarf an dieser Stelle, da diese Zuordnung in der SAP-Standardauslieferung vorhanden ist.

Logische Nachricht	Basistyp	Bezeichnung der logischen Nachricht
PAYEXT	PEXR2003	Erweiterter Zahlungsauftrag
DIRDEB	PEXR2003	Bankeinzug

Tabelle 5.1 Verknüpfung der logischen Nachrichten PAYEXT und DIRDEB mit dem Basistyp PEXR2003

In Abbildung 5.12 sehen Sie, dass die Ihnen schon bekannten Nachrichtentypen DIRDEB und PAYEXT ❶ dem Basistyp PEXR2003 ❷ zugeordnet sind. In der IDoc-Entwicklung besteht auch die Möglichkeit, eine eigene Erweiterung ❸ zu definieren und sie ebenfalls dem relevanten Nachrichtentyp zuzuordnen.

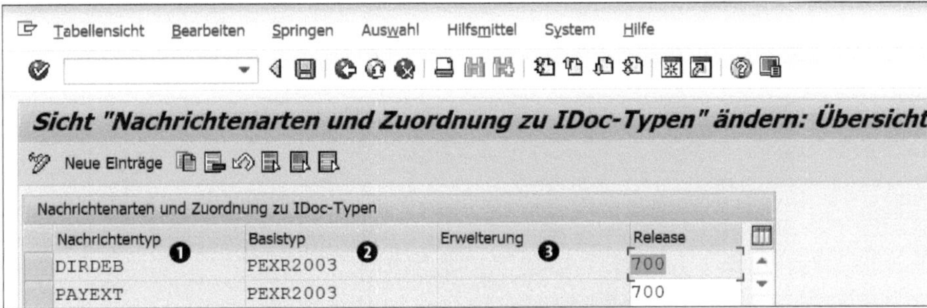

Abbildung 5.12 Logischen Nachrichten zum Basistyp zuordnen (Transaktion WE82)

Begriff: Erweiterung in der IDoc-Entwicklung

In der *Erweiterung* können weitere Segmente oder Felder definiert werden, die im Basistyp nicht vorkommen, für Ihre betriebswirtschaftlichen Prozesse aber notwendig sind. Der Basistyp PEXR2003 enthält alle Felder, die für einen typischen Zahlungsprozess ausreichend sind. Sehr wahrscheinloch werden Sie keine Erweiterung der IDoc-Struktur im Bereich des Zahlungsverkehrs brauchen.

Zuordnung des IDoc-Formats in den Zahlwegen

Es muss allerdings noch definiert werden, in welchen Fällen die PAYEXT- und DIRDEB-IDocs erzeugt werden sollen. Diese Entscheidung treffen Sie auf der Ebene der einzelnen Zahlwege und müssen dementsprechend solche Zahlwege in Ihrem SAP-System kennzeichnen. Dies machen Sie mithilfe von Transaktion FBZP, die ausführlich in Abschnitt 7.1, »Konfiguration der automatischen Zahlungen mit dem F110-Zahlprogramm«, beschrieben ist. In diesem Abschnitt erläutern wir nur den Teil der Einstellungen, die Sie für die IDoc-Kommunikation benötigen.

In Transaktion FBZP steht Ihnen im Übersichtsbild der Bereich **Zahlwege im Land** zur Verfügung. Für die Zahlwege, die Sie für die Kommunikation mit der In-House-Bank definiert haben, muss das IDoc als Zahlungsträger definiert werden.

In Abbildung 5.13 sehen Sie die Definition des Zahlwegs im Land. Bei diesem Zahlweg ist als **Format** ❶ das in der Standardauslieferung vorhandene Payment-Medium-Workbench-Format-IDoc zugeordnet worden. Dies bedeutet, dass bei der Ausführung der F110-Zahlläufe mit diesem Zahlweg zu den ausgeführten Zahlungen IDocs als Zahlungsträger erstellt werden. Falls Sie im lokalen System der Tochtergesellschaft das BCM-Modul für alle Zahlungen, inklusive IHC-Zahlungen, aktiviert haben, müssen Sie das Payment-Medium-Workbench-Format IDOC in das Feld **Format** eintragen. Ansonsten können Sie alternativ auch die zweite Option verwenden und das Feld **Zahlungsträgerformat** ❷ befüllen.

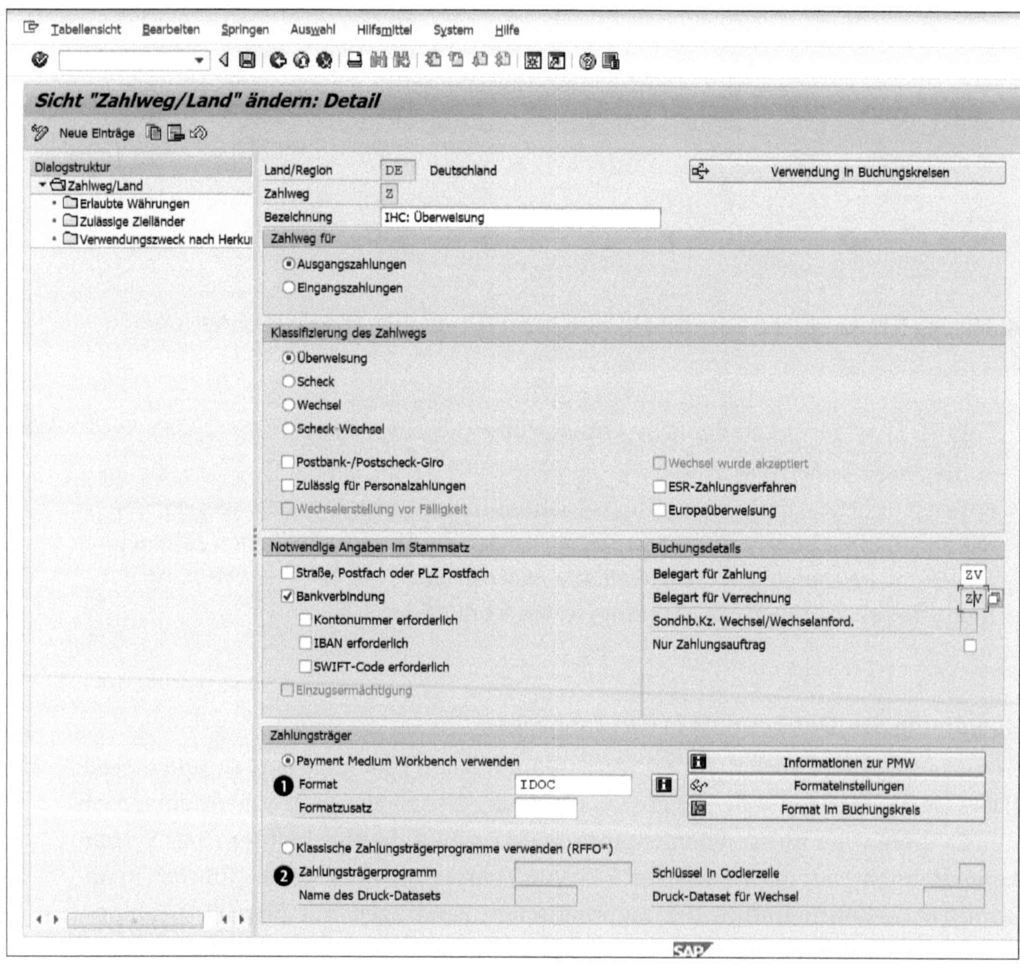

Abbildung 5.13 Zahlweg im Land: IDoc-Format zuordnen (Transaktion FBZP)

In Abbildung 5.14 sehen Sie, wie die Verwendung der zweiten Option aussieht. Das Feld **Format** ❶ bleibt leer. Stattdessen wird in das Feld **Zahlungsträgerprogramm** ❷ der Report RFFOEDI1 eingetragen.

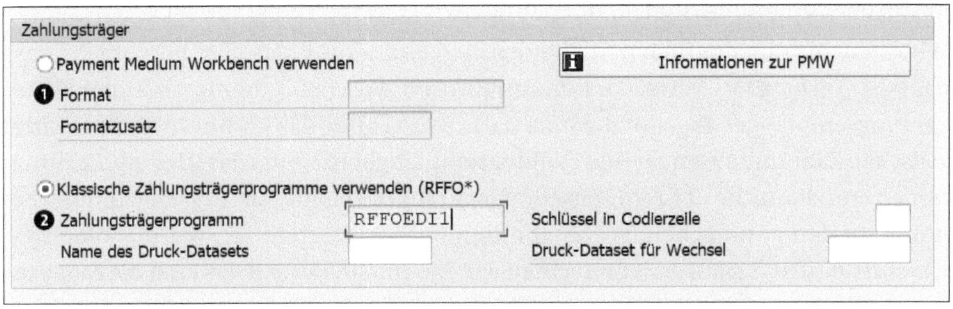

Abbildung 5.14 Zahlweg im Land: RFFOEDI1-Programm zuordnen (Transaktion FBZP)

Beide Optionen sind für die IDoc-Erstellung möglich!

Mit beiden Optionen aus Abbildung 5.13 erreichen Sie das gleiche Ergebnis: die Zahlungsträger zu den F110-Zahlläufen werden für solche Zahlwege in Form von IDocs erzeugt.

Erzeugen von Zahlungs-IDocs

Die Voraussetzungen für die Nutzung der IDoc-Funktionalität im Zahlungsverkehr sind mit den in den vorangehenden Abschnitten dieses Kapitels beschriebenen Einstellungen erfüllt. Die IDocs selbst werden nun als letzter Schritt im F110-Zahllauf generiert, wenn in diesem Zahllauf Zahlwege mit dem IDoc als Zahlungsträger vorkommen.

Varianten für die IDoc-Erzeugung pflegen und zuordnen

Damit die IDocs in den F110-Zahlläufen erzeugt werden können, müssen Sie zuvor einmalig dem Payment-Medium-Workbench-Format IDOC die passende Variante in Transaktion OBPM4 zuordnen, falls Sie in das Feld **Format** »IDOC« eingetragen haben (siehe Abbildung 5.13).

Haben Sie in das Feld **Zahlungsträgerprogramm** »RFFOEDI1« eingegeben (Abbildung 5.14), müssen Sie die passende Variante in Transaktion SE38 für den Report RFFOEDI1 anlegen und diese Variante bei der Pflege der Parameter und Zahlungsträger in Transaktion F110 eintragen.

Während des F110-Zahllaufs werden die PAYEXT- und DIRDEB-IDocs erzeugt, und die Informationen aus den ausgeführten Zahlungen werden in die IDocs übertragen. Dabei wird für jedes IDoc die Struktur aus dem Basistyp PEXR2003 verwendet, die nun mit konkretem Inhalt gefüllt wird.

Mittel der Kommunikation im Intercompany-Clearing-Prozess: Inhalt

Wir rufen uns nun das Bild in Abbildung 5.1 in Erinnerung, aus dem hervorgeht, dass das PAYEXT-IDoc ❸ als Mittel der Kommunikation zwischen Zahlungsabsender ❶ und Zahlungsempfänger ❷ genutzt wird. Da das PAYEXT-IDoc das Kommunikationsmittel zwischen Zahlungsabsender und Zahlungsempfänger ist, muss das IDoc alle Informationen enthalten, die der Zahlungsempfänger für die Identifizierung der Zahlung benötigt. In den vorangehenden Abschnitten haben wir erläutert, wie die Zahlungs-IDocs strukturiert sind. Jetzt betrachten wir den Inhalt dieser IDocs und die Möglichkeiten, die Ihnen für die Analyse der IDoc-Inhalte zur Verfügung stehen.

Die Zahlungs-IDocs werden, wie schon mehrmals erwähnt, während der F110-Zahlläufe generiert und mit Daten befüllt. Es wird immer ein IDoc pro Lieferantenzahlung geschrieben.

IDocs im F110-Zahllauf mit mehreren internen Lieferanten

Sie haben beispielsweise einen F110-Zahllauf mit 3 internen Lieferanten. Für Lieferant 2 und Lieferant 3 werden mehrere Rechnungen gleichzeitig ausgeglichen. Dabei wird pro Lieferanten jeweils ein Ausgleichsbeleg mit dem Gesamtzahlbetrag erzeugt.

Als Ergebnis dieses Zahllaufs werden 3 PAYEXT-IDocs erzeugt. Dabei werden in jedes IDoc u. a. die Rechnungsinformationen geschrieben. Die Anzahl der Segmente mit den Rechnungsinformationen in jedem IDoc entspricht der Anzahl der bezahlten Rechnungen pro Lieferantenzahlung (siehe Tabelle 5.2).

Lieferantennummer	Anzahl der Rechnungen	Anzahl der IDocs
Lieferant 1	1 Rechnung	1 IDoc 1 Segment mit Rechnungsinformationen
Lieferant 2	3 Rechnungen	1 IDoc 3 Segmente mit Rechnungsinformationen
Lieferant 3	2 Rechnungen	1 IDoc 2 Segmente mit Rechnungsinformationen

Tabelle 5.2 Beispiel eines F110-Zahllaufs mit mehreren Lieferanten

Sie können die Nummern der zu einem Zahllauf erzeugten IDocs direkt in Transaktion F110 finden.

In Abbildung 5.15 sehen Sie, wie Sie zur Anzeige von IDocs springen können. Rufen Sie dazu den von Ihnen ausgeführten Zahllauf in Transaktion F110 auf, indem Sie das entsprechende Datum in das Feld **Tag der Ausführung** ❶ und die Identifikation in das Feld **Identifikation** ❷ eintragen. Drücken Sie die Taste [↵] auf Ihrer Tastatur, und Sie sehen die Angaben zum Zahllauf auf der Registerkarte **Status** ❸. Danach wählen Sie den Pfad **Umfeld • Zahlungsträger • DTA-Verwaltung** ❹.

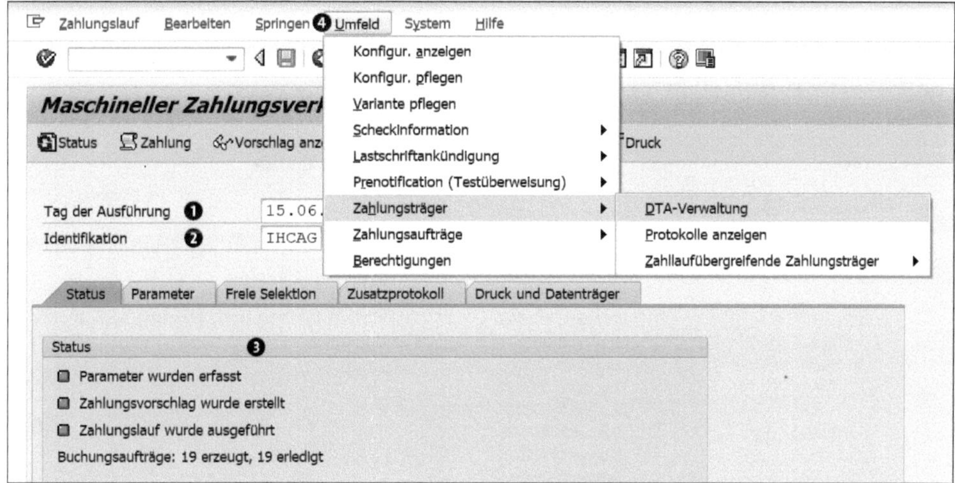

Abbildung 5.15 F110 Zahllauf: DTA-Verwaltung zur Anzeige von IDocs (Transaktion F110)

In Abbildung 5.16 sehen Sie das Detailbild der DTA-Verwaltung in Transaktion F110. Die Zeile ❶ enthält die Details über den gesamten Zahllauf. Markieren Sie die angezeigte Zeile, und klicken Sie auf den Button **DTA-Inhalt anzeigen** ❷.

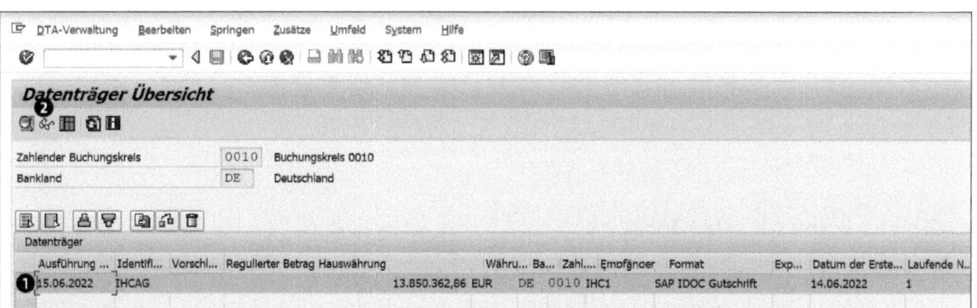

Abbildung 5.16 F110-Zahllauf: DTA-Verwaltung zur Anzeige von IDocs: Detailbild (Transaktion F110)

Aufbau der IDoc-Anzeige

Der Aufbau jedes IDocs folgt bestimmten Regeln und hat eine feste Logik. Wenn Sie diese Logik einmal verstanden haben, wird es Ihnen das Entschlüsseln jedes beliebigen IDocs leicht fallen. Diese Logik sehen wir uns im Folgenden genau an.

In Abbildung 5.17 stellen Sie mit Erstaunen fest, dass nur ein IDoc mit dem bisher unbekannten Nachrichtentyp EUPEXR angezeigt wird, statt den mehreren erwarteten PAYEXT-IDocs. Bevor wir dieses Rätsel auflösen, erklären wir, wie die IDoc-Anzeige grundsätzlich aufgebaut ist und welche Informationen Sie in der IDoc-Anzeige ablesen können.

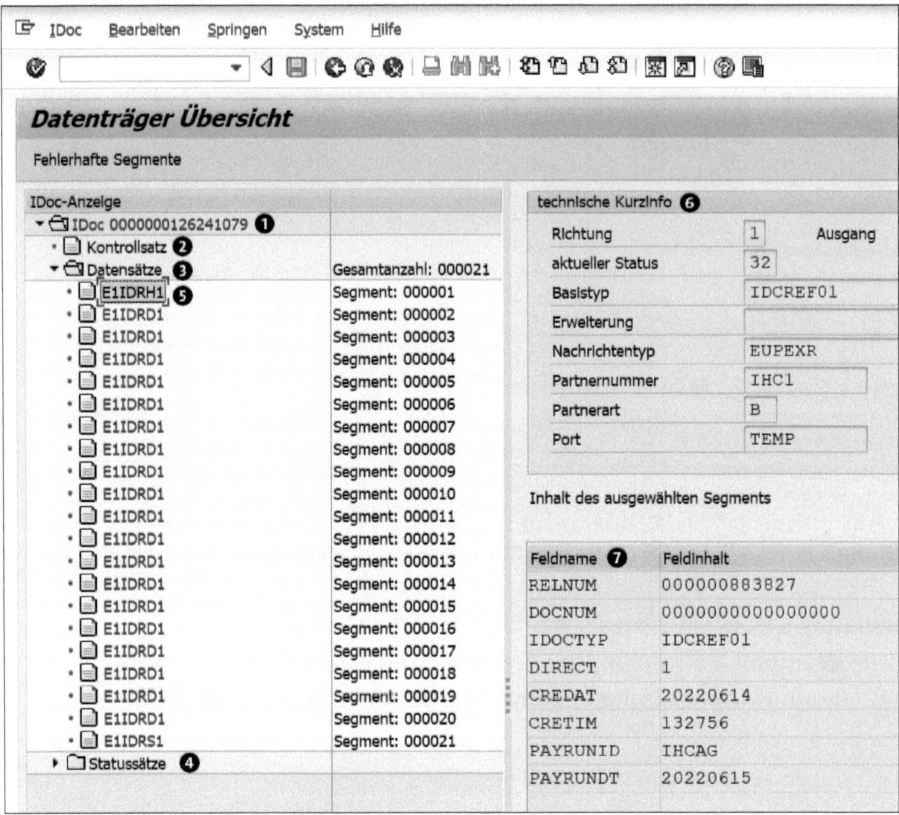

Abbildung 5.17 EUPEXR-IDoc-Anzeige in der DTA-Verwaltung

[»]

Gleiche Logik für alle IDocs

Der Aufbau der Anzeigesicht ist identisch für jedes beliebige IDoc, weshalb es sich lohnt, diesen Aufbau einmal genau zu verstehen. Danach können Sie sich in jedem angezeigten IDoc schnell orientieren.

Auf der linken Seite der Anzeige in Abbildung 5.17 sehen Sie die IDoc-Nummer, mit der Sie dieses IDoc jederzeit wiederfinden können, im Bereich **IDoc** ❶. Es handelt sich dabei um eine fortlaufende interne Nummer. Jedes IDoc hat einen **Kontrollsatz** ❷, in dem grundsätzliche Details zu diesem IDoc gespeichert sind. Zu solchen Details gehören die Sendernummer und die Empfängernummer, der Senderport und der Empfängerport, die logische Nachricht und der Basistyp, das Erfassungsdatum und die Erfassungszeit, die Erfasserkennung und ähnliche administrative Daten. Bei jedem IDoc kann es immer nur einen Kontrollsatz geben. Sie sehen den Ordner **Datensätze** ❸, der einzelne Segmente gemäß der in dem dazugehörenden Basistyp deklarierten Struktur enthält. Im Ordner **Datensätze** werden die Namen und die fortlaufende Nummerierung der **Segmente** ❺ aufgezählt. Im Ordner **Statussätze** ❹ sehen Sie die Statushistorie, in der protokolliert ist, wann das IDoc erzeugt und versendet wurde. Bei den eingehenden IDocs finden Sie hier die Informationen, ob das IDoc erfolgreich verarbeitet werden konnte, und die Belegnummer, die zu dem IDoc angelegt wurde. Im Bereich **technische Kurzinfo** ❻ sehen Sie die wichtigsten Details zu diesem IDoc, wie seinen Nachrichten- und Basistyp, den Empfänger dieses IDocs, den aktuellen Status und die Richtung der Kommunikation. Im Bereich **Inhalt des ausgewählten Segments** ❼ sehen Sie den Inhalt des auf der linken Seite markierten Segments. Wählen Sie auf der linken Seite ein anderes Segment zur Anzeige, und die Daten im Bereich **Inhalt des ausgewählten Segments** ändern sich auch.

Übung macht den Meister

Es bedarf Zeit und Übung im Umgang mit den Zahlungs-IDocs. Je öfter Sie mit den IDocs zu tun haben, desto schneller erkennen Sie relevante Segmente und wissen mit der Zeit auch, welche Informationen in welchen Segmenten zu finden sind.

EUPEXR-IDocs im F110-Zahllauf

Kehren wir nun zum IDoc mit dem Nachrichtentyp EUPEXR aus Abbildung 5.17 zurück und versuchen zu verstehen, was es damit auf sich hat. In der Regel werden in einem F110-Zahllauf mehrere Geschäftspartner reguliert. Wie wir schon wissen, wird im SAP-System ein separates PAYEXT-IDoc pro Geschäftspartnerzahlung erzeugt. Bei mehreren Geschäftspartnern werden also mehrere PAYEXT-IDocs erzeugt. Die Informationen über die einzelnen generierten PAYEXT-IDocs werden in einem EUPEXR-IDoc zusammengefasst. Dieses können Sie sich als eine Art Umschlag mit einem Zettel darauf vorstellen, auf dem alle Zahlungs-IDocs zu dem gegebenen Zahllauf aufgelistet sind. In Abbildung 5.17 sehen Sie im Bereich **Datensätze**, dass es drei Arten von **Segmenten** gibt: E1IDRH1, E1IDRD1 und E1IDRS1. Das Segment E1IDRH1 enthält die Kopfinformationen (Sie sehen im Namen dieses Segments den Buchstaben »H«, was für das englische Wort *Header* steht und damit die Kopfinformationen andeutet). Zu solchen Informationen gehören der Tag der Ausführung, die Identifikation des F110-Zahllaufs, das Erzeugungsdatum und die Erzeugungszeit des IDocs. Das letzte Segment E1IDRS1 enthält die Gesamtbeträge des Zahllaufs (Sie sehen im Namen dieses Segments den Buchstaben »S«, der für das englische Wort *Sum* steht und damit die Summenbeträge andeutet). Die restlichen Segmente E1IDRD1 enthalten die Details über die einzelnen, in diesem Zahllauf erzeugten PAYEXT-IDocs (Sie sehen im Namen dieses Segments den

Buchstaben »D«, der für das englische Wort *Detail* steht und damit die Details zu den einzelnen IDocs andeutet).

Kleine Mathematikübung

Im F110-Zahllauf aus Abbildung 5.15 wurden, wie Sie sehen können, 19 Buchungsaufträge erzeugt. Damit erwarten wir genau 19 zu erstellende PAYEXT-IDocs. In Abbildung 5.17 sehen Sie das EUPEXR-IDoc als Umschlag zum Zahllauf aus Abbildung 5.15, das 21 Segmente enthält. Sie müssen von der Zahl 21 die Zahl 2 abziehen (einmal das erste Kopfsegment und einmal das letzte Summensegment), und als Ergebnis erhalten Sie genau 19 einzelne Detailsegmente, von denen in jedes eine weitere IDoc-Nummer geschrieben ist.

Dies ist eine kleine Mathematikübung, die Sie bei jedem Zahllauf anwenden können. Wenn Ihnen ein EUPEXR-IDoc zu einem Zahllauf vorliegt, können Sie sofort erkennen, wie viele Zahlungs-IDocs in diesem Zahllauf erzeugt worden sind.

Die Formel lautet damit:

Gesamtanzahl der Segmente - 2 = Anzahl der erzeugten PAYEXT-IDocs

Anzeige von PAYEXT-IDocs

Jetzt betrachten wir ausführlich ein PAYEXT-IDoc und den Inhalt der Segmente eines PAYEXT-IDocs. Hierzu suchen wir ein passendes IDoc heraus.

In Abbildung 5.18 sehen Sie, dass das erste Segment E1IDRD1 ❶ markiert ist, und die Detailanzeige dieses Segments im Bereich **Inhalt des ausgewählten Segmentes** ❷ angezeigt wird. Die Nummer des ersten zum Zahllauf aus Abbildung 5.15 erzeugten PAYEXT-IDocs ist im Feld **DOCNUM** ❸ zu finden.

Wir können vom EUPEXR-IDoc zum PAYEXT-IDoc übergehen, indem wir die Nummer des PAYEXT-IDocs aus einem der E1IDRD1-Segmente kopieren und, basierend auf dieser Nummer, das PAYEXT-IDoc in Transaktion WE02 (IDoc-Liste) anschauen, einer der Haupttransaktionen für die Suche und Anzeige von verschiedenen IDocs.

In Abbildung 5.19 sehen Sie das Übersichtsbild von Transaktion WE02, in dem mehrere Selektionsfelder zur Auswahl stehen. Sie können das IDoc mit der Nummer suchen. Dafür tragen Sie die IDoc-Nummer in das Feld **IDOC-Nummer** ❶ ein und lassen alle anderen Felder leer. Falls Sie keine konkrete Nummer haben, können Sie mehrere Selektionsfelder im Übersichtsbild kombinieren, um das gesuchte Ergebnis zu erzielen.

Verwenden Sie das Feld **Richtung** ❷, um nach ausgehenden oder eingehenden IDocs einzuschränken. Für die Anzeige der ausgehenden IDocs tragen Sie den Wert »1«, und für die Anzeige der ausgehenden IDocs tragen Sie den Wert »2« in dieses Feld ein. Auch können Sie mit dem Feld **Aktueller Status** ❸ arbeiten und z. B. alle fehlerhaften oder alle erfolgreich gebuchten IDocs selektieren.

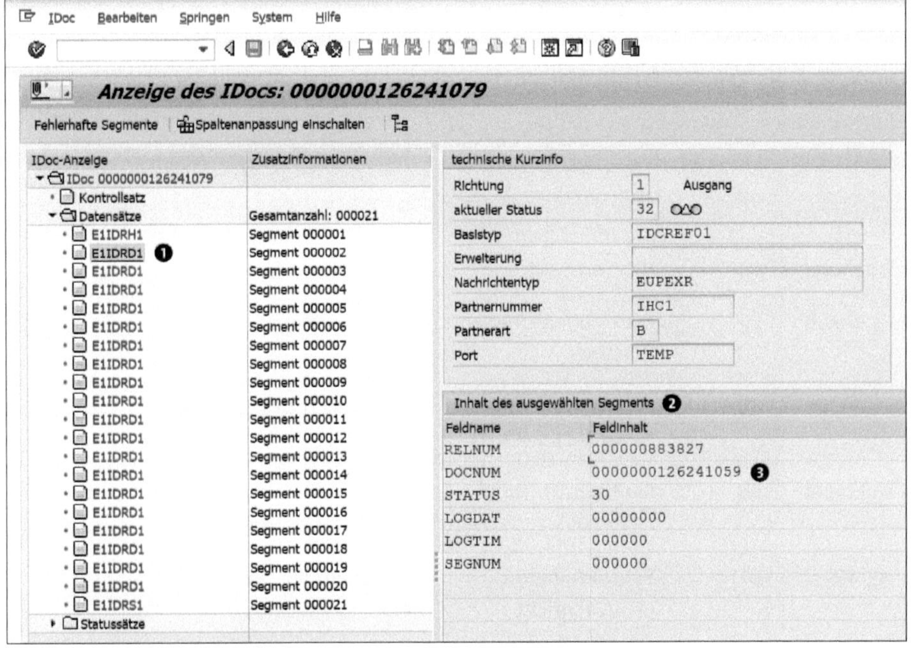

Abbildung 5.18 EUPEXR-IDoc-Anzeige: Detailsegment E1IDRD1

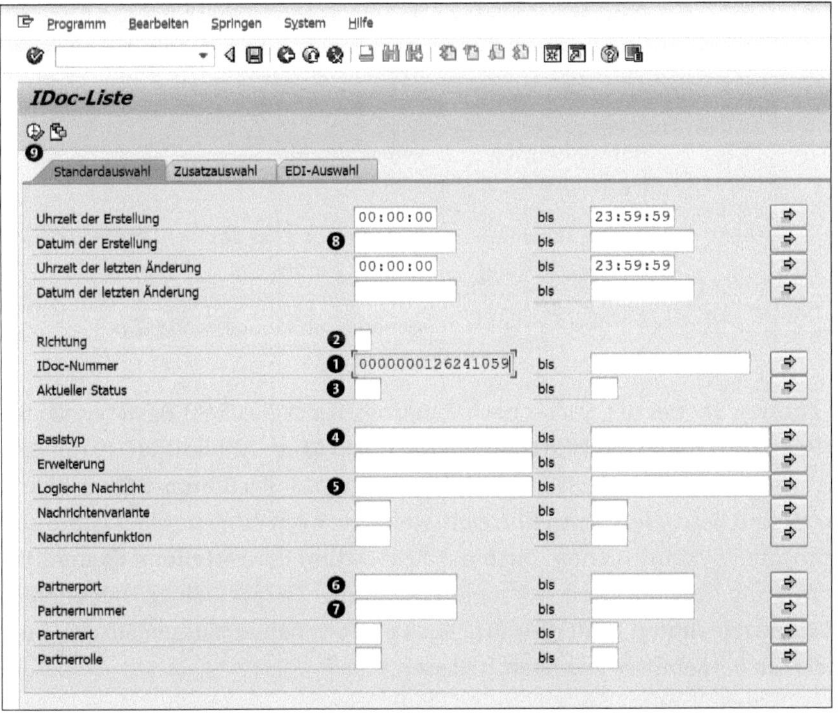

Abbildung 5.19 IDoc-Suche und Anzeige mit der IDoc-Liste (Transaktion WE02)

Typische Statuswerte merken!

Die IDoc-Statussätze unterscheiden sich nach der Richtung der IDocs (siehe Tabelle 5.3). In der folgenden Tabelle haben wir die am häufigsten vorkommenden Werte für das Feld **Aktueller Status** ❸ aufgelistet.

Richtung	Status	Bezeichnung	Erklärung
ausgehend	01	IDoc erzeugt	IDoc im Absendersystem angelegt
ausgehend	03	Datenübergabe an Port OK	IDoc versendet
ausgehend	30	IDoc ist versandfertig (ALE-Dienst)	IDoc bereit zum Versenden
ausgehend	08	Syntaxprüfung OK	IDoc versendet, vom Empfangssystem mit der Statusrückmeldung bestätigt
ausgehend	07	Syntaxfehler in EDI-Nachricht	IDoc versendet; das Empfangssystem meldet einen Fehler.
ausgehend	31	Fehler, keine weitere Bearbeitung	Fehlerhaftes IDoc, das nicht mehr verwendet werden soll
eingehend	50	IDoc hinzugefügt	im Empfängersystem angelegtes IDoc
eingehend	51	Anwendungsbeleg nicht gebucht	Das IDoc kann nicht verbucht werden.
eingehend	53	Anwendungsbeleg gebucht	verbuchtes IDoc
eingehend	68	Fehler, keine weitere Bearbeitung	fehlerhaftes IDoc, das nicht mehr verwendet werden soll

Tabelle 5.3 Die wichtigsten Statuswerte für ausgehende und eingehende IDocs

Außerdem können Sie bei der Suche nach Zahlungs-IDocs das Feld **Basistyp** ❹ mit dem Wert »PEXR2003« oder das Feld **Logische Nachricht** ❺ aus Abbildung 5.19 mit den Werten »PAYEXT« und/oder »DIRDEB« befüllen. Die Felder **Partnerport** ❻ und **Partnernummer** ❼ sind besonders dann hilfreich, wenn Sie nach eingehenden IDocs aus einem bestimmten System suchen. Auch das Feld **Datum der Erstellung** ❽ steht Ihnen zur Verfügung, um die IDocs für eine bestimmte Zeitperiode zu selektieren. Nachdem Sie alle relevanten Felder für Ihre Suche gefüllt haben, tätigen Sie den Button ❾, um die Suchergebnisse anzeigen zu lassen.

In Abbildung 5.20 sehen Sie das Ergebnis der IDoc-Suche mit den Selektionskriterien aus Abbildung 5.19. Es handelt sich dabei um eins der 19 PAYEXT-IDocs, die für den F110-Zahllauf aus Abbildung 5.15 erzeugt worden sind. Im Bereich **Datensätze** ❶ sind die im Basistyp PEXR2003 hinterlegten Segmente mit unterschiedlichen Informationen enthalten.

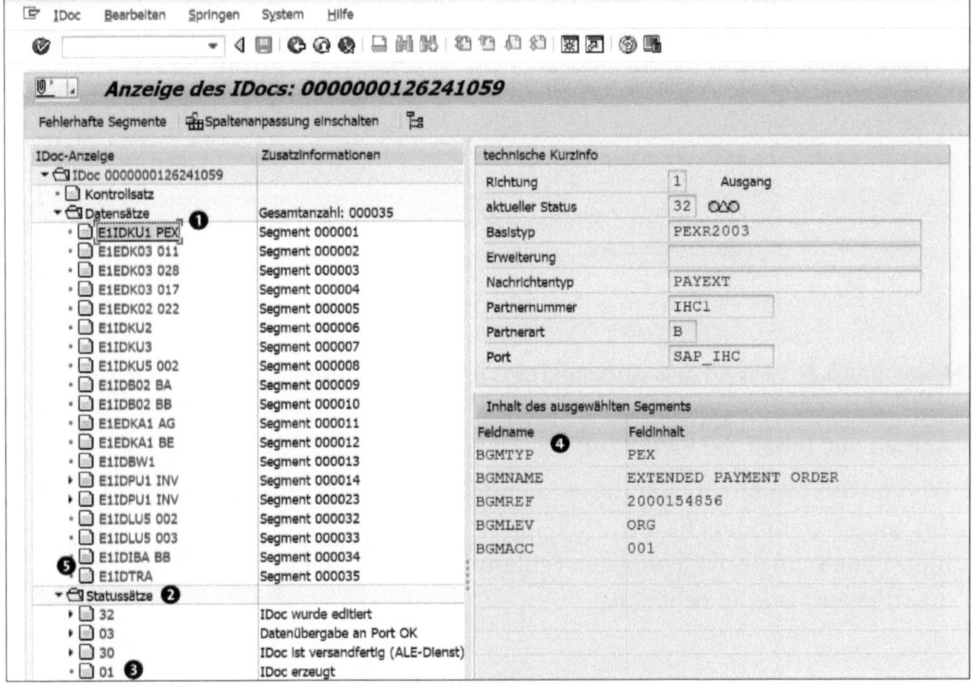

Abbildung 5.20 PAYEXT-IDoc-Anzeige (Transaktion WE02)

Wenn Sie die Segmente eines konkreten PAYEXT-IDocs mit den Segmenten im Basistyp PEXR2003 vergleichen, stellen Sie vermutlich fest, dass einige Segmente in dem konkreten IDoc fehlen. Das liegt daran, dass der Basistyp alle möglichen Fälle abdecken muss und daher Segmente und Felder enthält, die nicht für jeden Zahllauf relevant sind. Im Ordner **Statussätze** ❷ sind alle IDoc-Status aufgezählt.

Die Reihenfolge der Statusänderungen ist von unten nach oben zu lesen. So ist der Status **01 IDoc erzeugt** ❸ die erste Protokollierung für dieses IDoc. Im Bereich **Inhalt des ausgewählten Segments** ❹ sehen Sie die einzelnen Felder aus dem ersten Segment E1IDKU1 im Bereich **Datensätze**. Per Doppelklick direkt auf das Symbol ❺ eines Segments können Sie alle Inhalte dieses Segments mit der Beschreibung zu jedem Segment sehen.

In Abbildung 5.21 sehen Sie das Detailbild für das Segment E1IDKU1. Die Felder und die Inhalte dieser Felder sind in Abbildung 5.21 und in Abbildung 5.20 im Bereich **Inhalt des ausgewählten Segments** identisch. In der Detailanzeige stehen Ihnen zusätzliche

Beschreibungen zu den Feldern und Feldinhalten zur Verfügung. Diese Detailanzeige ist für jedes einzelne IDoc-Segment verfügbar.

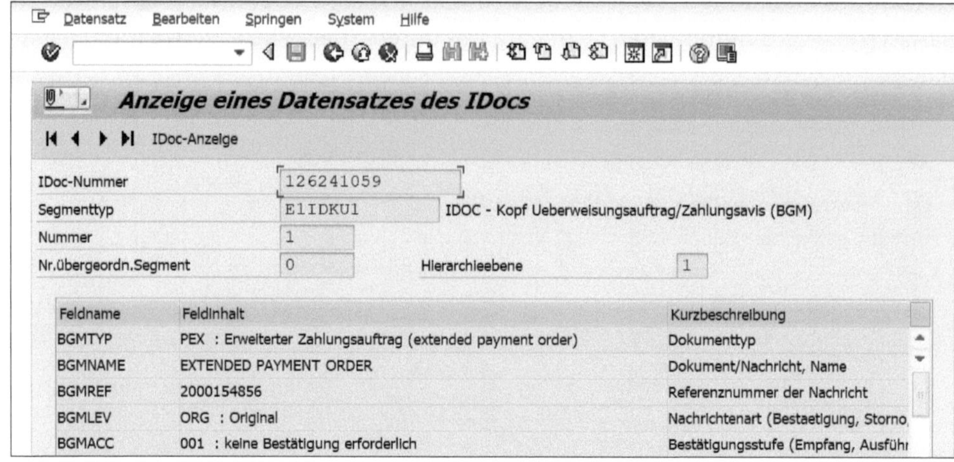

Abbildung 5.21 PAYEXT-IDoc-Anzeige: Transaktion WE02 (Detailanzeige Segment)

Aufbau und Inhalt der PAYEXT-IDocs

Wir beschreiben nun ausführlicher die wichtigsten Segmente in einem PAYEXT-IDoc. Ein gutes Verständnis für den IDoc-Aufbau und die Strukturen der Zahlungs-IDocs hilft Ihnen schnell, die häufigsten Fehlerursachen im Zahlungsprozess mit IDocs zu identifizieren und zu beheben.

Rolle der Qualifier in IDocs

Bevor Sie weiterlesen, kehren Sie einmal zum Abschnitt »Zahlungs-IDocs im SAP-System: Dokumentation zu den Basistypen« zurück. In diesem Abschnitt haben wir u. a. erklärt, welche Rolle die Qualifiers im IDoc-Aufbau spielen. Frischen Sie diese Informationen auf, da Ihnen der Begriff *Qualifier* im nächsten Abschnitt wiederbegegnen wird.

Wir haben die Segmente der Zahlungs-IDocs mit den wichtigsten Feldern in einer Tabelle zusammengefasst, damit Sie auf einen Blick erkennen können, in welchem Segment Sie die gesuchten Details tatsächlich finden können.

Wir nehmen die zweite Zeile der Tabelle 5.4 mit dem Segment E1EDK03 als Beispiel, um zu erklären, wie die Tabelle zu lesen ist. In der zweiten Zeile sehen Sie den Segmentnamen E1EDK03 dreimal mit unterschiedlichen Werten in Klammern. Die Werte in Klammern sind zulässige Qualifiers für dieses Segment, die auf eine bestimmte Information in diesem Segment deuten. Das Segment E1EDK03 enthält das Feld DATUM, in dem ein konkretes Datum wie z. B. 20221231 enthalten ist.

Allerdings können Sie allein aus diesem Datumswert nicht erkennen, welches Datum dabei gemeint ist. Um es zu verstehen, müssen Sie auf den dazugehörigen Qualifier achten. Das Datum in dem Segment E1EDK03 mit dem Qualifier 011 ist das Datum der IDoc-Erstellung. Falls Sie hingegen das Segment E1EDK03 mit dem Qualifier 028 sehen, ist in diesem Segment im Feld DATUM das Fälligkeitsdatum enthalten. Und beim Segment E1EDK03 mit dem Qualifier 017 geht es um das Zahlungsdatum.

Segmentname	Feldname	Enthaltene Informationen
Kopfinformationen – Ebene des Zahlungsbelegs		
E1IDKU1 (PEX)	BGMREF	Referenznummer (i. d. R. Zahlungsbeleg)
E1EDK03 (011) E1EDK03 (028) E1EDK03 (017)	DATUM	Datum der IDoc-Erstellung Fälligkeitsdatum Datum der Zahlung
E1EDK02 (022)	BELNR	Zahlungsbelegnummer
E1IDKU2	BUSGEO »DO« BUSGEO »IN«	lokale Zahlung Auslandsüberweisung
E1IDKU3	PAIRZAWE PAYRUNCC PAYRUNID PAYRUNDT	Zahlweg Buchungskreis F110-Zahllauf-ID F110-Zahllaufdatum
E1IDKU5 (002)	MOABETR CUXWAERZ	Gesamtbetrag Währung
E1IDB02 (BA) E1IDB02 (BB)	 FIIBKENN FIBKCDE (001) FIBKCDE (002) FIIBKNAM FIIBLAND FIIKONTO FIIKNAME FIIKWAER	Bankdaten Auftraggeber Bankdaten Empfänger Bankkennung(Bankleitzahl/SWIFT) Art der Bankkennung: Bankleitzahl Art der Bankkennung: SWIFT Bankname Bankland Kontonummer Kontoinhaber Kontowährung

Tabelle 5.4 Die wichtigsten Segmente und Felder in PAYEXT- und DIRDEB-IDocs

Segmentname	Feldname	Enthaltene Informationen
E1EDKA1 (AG)		Partnerinformationen Auftraggeber
E1EDKA1 (BE)		Partnerinformationen Empfänger
	NAME1	Name
	STRAS	Straße und Hausnummer
	ORT01	Ort
	PSTLZ	Postleitzahl
	LAND1	Land
E1IDBW1	INPWTXT1	IBAN oder Kontonummer
E1IDLU5 (002)		Gesamtsumme
E1IDLU5 (003)		Skonto
	MOABETR	Betrag
	CUXWAERZ	Währung
E1IDIBA (BA)		IBAN-Nummer Auftraggeber
E1IDIBA (BB)		IBAN-Nummer Empfänger
	IBAN	IBAN-Nummer
E1IDS01 (ACT)		Lastschriftmandat
	MANDATE_ID	Mandatsnummer
	CREDITOR_ID	Gläubiger-ID
Positionsinformationen – Ebene der bezahlten Rechnungen		
E1IDPU1 (INV)		Rechnung
E1IDPU1 (CRM)		Gutschrift
	DOCNUMMR	Rechnungsnummer
	DOCDATUM	Rechnungsdatum
E1IDPU5 (004)		Rechnungsbetrag
E1IDPU5 (003)		Skontobetrag
E1IDPU5 (005)		Steuerbetrag
E1IDPU5 (006)		Nettobetrag
	MOABETR	Betrag
	CUXWAERZ	Währung
E1EDP03 (016)		Rechnungsdatum
E1EDP03 (015)		Buchungsdatum
	DATUM	Datum

Tabelle 5.4 Die wichtigsten Segmente und Felder in PAYEXT- und DIRDEB-IDocs (Forts.)

Segmentname	Feldname	Enthaltene Informationen
E1EDP02 (009)		Rechnungsnummer (Referenz)
E1EDP02 (010)		interne SAP-Belegnummer
E1EDP02 (071)		KIDNO-Nummer
	BELNR	Belegnummer

Tabelle 5.4 Die wichtigsten Segmente und Felder in PAYEXT- und DIRDEB-IDocs (Forts.)

Nach diesem Prinzip werden auch viele weitere Segmente verwendet. Der Aufbau und der Name des Segments sind gleich, dank des zusätzlichen Qualifiers sehen Sie sofort, um welche Information es sich in diesem Segment handelt.

Die Segmente, die im Bereich **Kopfinformationen – Ebene des Zahlungsbelegs** in Tabelle 5.4 aufgelistet sind, enthalten die Informationen zur ganzen Zahlung und können daher jeweils nur einmal (einmal pro Qualifier, falls relevant) in einem IDoc vorkommen, da wie wir schon wissen, ein IDoc immer pro Zahlungsbeleg erzeugt wird. Die Segmente, die hingegen im Bereich **Positionsinformationen – Ebene der bezahlten Rechnungen** aufgelistet sind, können sich mehrmals in einem IDoc wiederholen. Dabei handelt es sich um die Segmente mit den Informationen zu den bezahlten Rechnungen. Die Anzahl dieser Segmente in einem IDoc ist gleich der Anzahl der Rechnungen, die mit einer Zahlung beglichen wurde.

[zB]

Rechnungen zum Zahlbeleg in den IDocs

Falls mit einem Zahlungsbeleg 2 Rechnungen bezahlt worden sind, wird das entsprechende PAYEXT-IDoc 2 E1IDPU1-Segmente mit den Untersegmenten E1IDPU5, E1EDP03 und E1EDP02 in jedem von den beiden Segmenten enthalten.

Falls mit einem Zahlungsbeleg 20 Rechnungen bezahlt worden sind, wird das entsprechende PAYEXT-IDoc 20 E1IDPU1-Segmente mit den entsprechenden Untersegmenten dazu haben.

Richtiges IDoc zum Zahlungsbeleg finden

Die Informationen zur Zahlung werden, basierend auf den entsprechenden Einträgen, in den Datenbanktabellen REGUH für die Kopfdaten und REGUP für die Rechnungsinformationen beim Ausführen des Reports RFFOEDI1 zu einem Zahllauf in die IDocs geschrieben. Aus dem Abschnitt »EUPEXR-IDocs im F110-Zahllauf« wissen wir, dass die Nummern der PAYEX-IDocs in einem EUPEXR-IDoc wie in einem Briefumschlag aufgelistet sind. Falls Sie aber bei einem F110-Zahllauf mit mehreren gebuchten Zahlungen das entsprechende IDoc zu einem konkreten Zahlungsbeleg suchen, wäre es sehr umständlich und zeitaufwendig ein EUPEXR-IDoc aufzurufen und alle PAYEXT-IDoc-Nummern einzeln anzuschauen, um das richtige IDoc zu finden.

Auch existiert eine direkte Verknüpfung zwischen dem Zahlungsbeleg und dem dazugehörigen Zahlungs-IDoc. Wir lernen nun zwei Möglichkeiten kennen, um diese Verknüpfung aufzufinden.

Zum einen steht Ihnen die technische Möglichkeit zur Verfügung: Mit einer der Transaktionen zur Datenbanktabellenanzeige wie SE16 oder SE16N können Sie die Tabelle REGUH aufrufen, um den richtigen Eintrag zum relevanten Zahlungsbeleg zu finden.

In Abbildung 5.22 sehen Sie, wie die Suche nach einem passenden IDoc aussehen kann. Tragen Sie dazu die Details, über die Sie verfügen, wie z. B. das Zahllaufdatum in das Feld **Ausführung am** ❶ und die Identifikation des F110-Zahllaufs in das Feld **Identifikation** ❷, den Buchungskreis in das Feld **Zahl.Buchungskreis** ❹, die Geschäftspartnernummer in das Feld **Lieferant** ❺ oder **Debitor** ❻ sowie die Zahlungsbelegnummer in das Feld **Zahlungsbelegnr** ❼ in den Selektionskriterien der Tabelle REGUH ein.

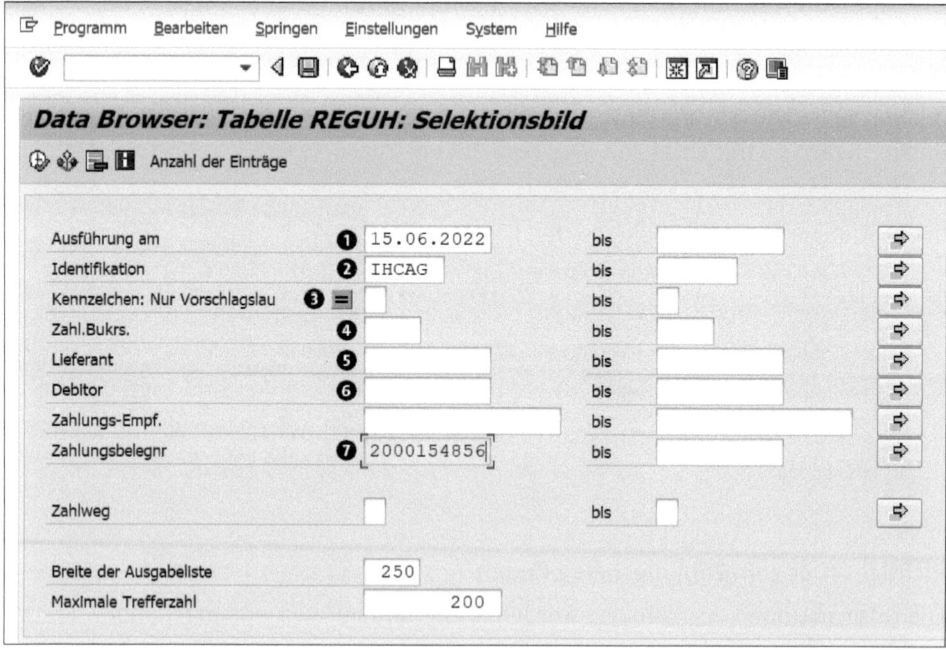

Abbildung 5.22 Suche nach dem PAYEXT-IDoc in der Tabellenanzeige (Transaktion SE16)

Das Feld ❸ **Kennzeichen: Nur Vorschlagslau** wird verwendet, um die Einträge aus dem Vorschlagslauf von den Einträgen des endgültigen Zahllaufs zu trennen. Lassen Sie sich nur die Einträge, bei denen das Feld **Kennzeichen: Nur Vorschlagslau** leer ist, anzeigen, um ausschließlich die Einträge aus dem endgültigen Zahllauf zu sehen.

Das Ergebnis der Suche in Abbildung 5.22 sehen Sie in Abbildung 5.23. Die Nummer des erzeugten PAYEXT-IDocs befindet sich im Feld mit dem technischen Namen IDOC NUM ❶. Das Feld mit dem technischen Namen EDIBN ❷ enthält wichtige Informationen über den Zustand des erzeigten PAYEXT-IDocs. Der Wert »V« im Feld EDIBN bedeutet, dass das IDoc erzeugt und erfolgreich versendet worden ist.

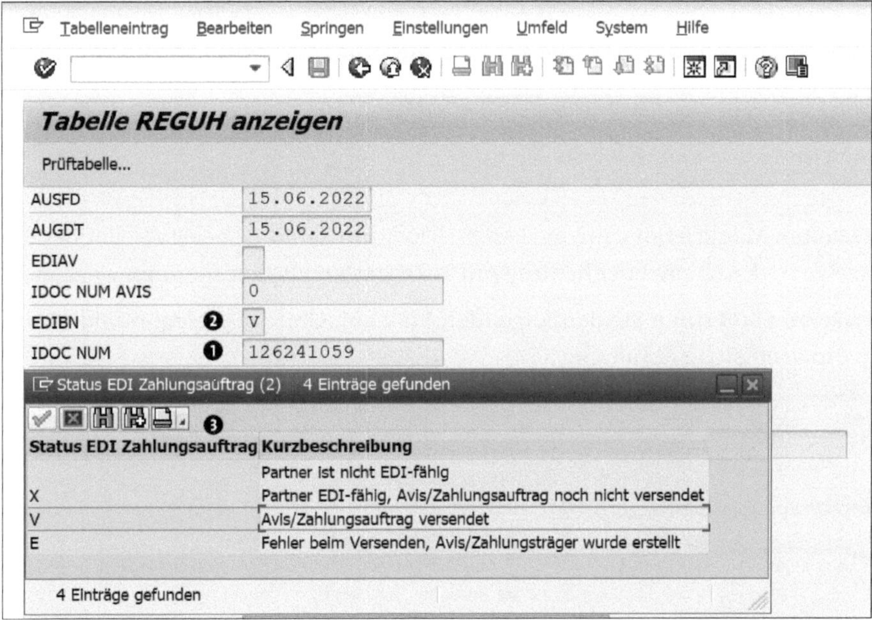

Abbildung 5.23 Ergebnis der Suche nach dem PAYEXT-IDoc in der Tabellenanzeige (Transaktion SE16)

Mögliche Fehlerursachen beim Verwenden von Zahlungs-IDocs

Falls das Zahlungs-IDoc zwar erwartet wurde, aber nicht beim Empfänger angekommen ist, sollen Sie als Erstes prüfen, ob ein IDoc zum Zahlungsbeleg jemals erzeugt wurde. Klicken Sie den jeweiligen Eintrag in der Tabelle REGUH, und prüfen Sie den Wert im Feld EDIBN. Dieses Feld kann bei der Fehlersuche hilfreich sein. Sehen Sie sich dafür die F1-Hilfe ❸ zu diesem Feld genau an.

Falls das Feld EDIBN leer ist, obwohl ein IDoc erwartet wurde, stimmt wahrscheinlich etwas in den Hausbankeinstellungen in Transaktion FI12 nicht. Für die Hausbank ist z. B. kein EDI-Partner hinterlegt, oder der benutzte Zahlweg ist nicht als EDI-fähiger Zahlweg gekennzeichnet. In diesem Fall muss der Zahlbeleg storniert werden. Nach der erfolgten Korrektur in Transaktion FI12 muss ein neuer F110-Zahllauf ausgeführt werden.

Falls das Feld EDIBN den Wert »X« enthält und das Feld IDOC NUM leer ist, bedeutet es, dass zu diesem Zahlungsbeleg noch kein IDoc erzeugt wurde. Prüfen Sie in diesem Fall in Transaktion F110, ob dem Report RFFOEDI1 eine Variante zugeordnet ist. Anschließend prüfen Sie in dem Log zum Zahllauf, ob der Drucklauf stattgefunden hat. Sehr wahrscheinlich wurde vergessen, beim Zahllauf den Drucklauf ebenfalls anzustoßen. In solchen Fällen reicht es, den Drucklauf zum erfolgten Zahllauf einzuplanen; kein Storno der Zahlungsbelege ist dabei erforderlich.

Falls das Feld EDIBN den Wert »E« enthält, bedeutet es, dass das IDoc zwar erzeugt wurde, aber nicht versendet werden konnte. Prüfen Sie in diesem Fall die technische Verbindung zusammen mit Ihrem Basisteam. Nachdem die technische Ursache gefunden und korrigiert worden ist, können Sie den Report RFFOEDI2 nutzen, um die fehlerhaften IDocs nochmals zu versenden.

Mit der zweiten Möglichkeit kann ein PAYEXT-IDoc zum Zahlungsbeleg direkt über die Beleganzeige in der Finanzbuchhaltung mit Transaktion FB03 aufgerufen werden.

In Transaktion FB03 rufen Sie den folgenden Pfad auf: **Umfeld • Belegumfeld • Relationship Browser** (siehe Abbildung 5.24).

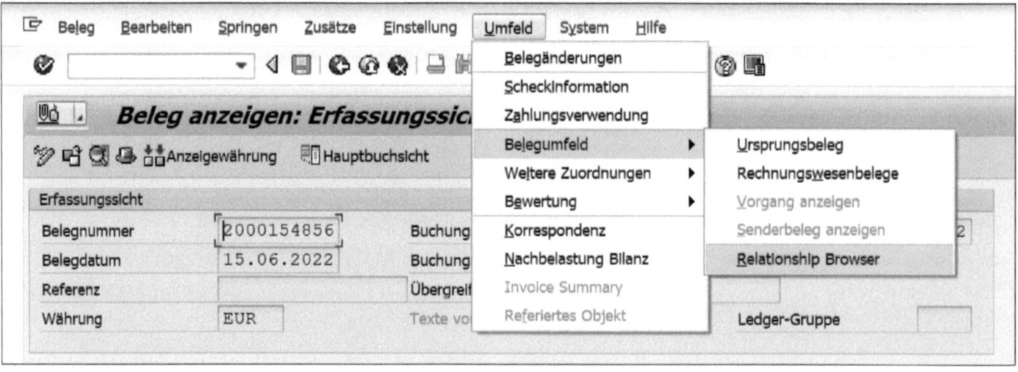

Abbildung 5.24 Suche nach dem PAYEXT-IDoc in der Beleganzeige (Transaktion FB03)

In Abbildung 5.25 sehen Sie den Relationship-Browser zum Zahlungsbeleg aus Abbildung 5.24. In der Zeile **Buchhaltungsbeleg** ❶ sehen Sie den Buchungskreis, die Belegnummer und das Geschäftsjahr dazu. In der nächsten Zeile **IDOC** ❷ sehen Sie das gesuchte PAYEXT-IDoc und können mit einem Doppelklick direkt zur IDoc-Anzeige gelangen. In der Zeile **IDOC** ❸ sehen Sie das EUPEXR-IDoc zu dem gesamten Zahllauf, aus dem der Zahlungsbeleg stammt. Und zusätzlich dazu sehen Sie in den weiteren **IDOC**-Zeilen ❹ alle anderen PAYEXT-IDocs, die im F110-Zahllauf erzeugt worden sind. Zu jedem PAYEXT-IDoc können Sie den jeweiligen **Buchhaltungsbeleg** ❺ sehen und mit einem Doppelklick zum anderen Buchhaltungsbeleg navigieren.

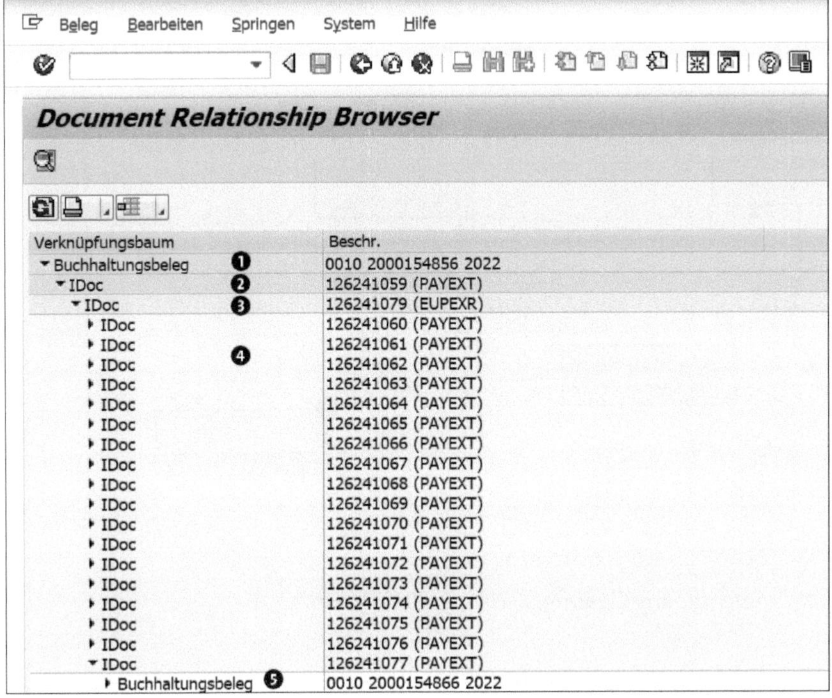

Abbildung 5.25 Ergebnis der Suche nach dem PAYEXT-IDoc in der Beleganzeige (Transaktion FB03)

5.1.2 Eingehende Kommunikation beim Intercompany Clearing

Im vorangehenden Abschnitt haben wir erklärt, dass ein PAYEXT-IDoc ein Kommunikationsmittel ist, um die Informationen zum erfolgten Ausgleich des kreditorischen offenen Postens an den Zahlungsempfänger weiterzugeben, damit der debitorische offene Posten auf der Empfängerseite ebenfalls ausgeglichen werden kann. Außerdem haben wir erläutert, dass die In-House-Bank ein Vermittler im Kommunikationsprozess zwischen dem internen Zahlungsabsender und dem internen Zahlungsempfänger ist. Daher werden die PAYEXT-IDocs vom Zahlungsabsender an die In-House-Bank geschickt. Die In-House-Bank speichert in dem IHC-System die Informationen aus dem PAYEXT-IDoc in Form eines IHC-Zahlungsauftrags mit zwei IHC-Konten: dem IHC-Konto des Zahlungsabsenders und dem IHC-Konto des Zahlungsempfängers. Und nun kann der letzte Kommunikationsschritt stattfinden: die Weitergabe der Informationen von der In-House-Bank zum Zahlungsempfänger.

In Abbildung 5.26 sehen Sie den kompletten Kommunikationszyklus beim Intercompany-Clearing-Prozess. Die ersten drei Schritte sind in der Erklärung zu Abbildung 5.1 enthalten. Mit dem letzten bisher fehlenden Schritt **FINSTA-Kontoauszug** ❹ beschäftigen wir uns in diesem Abschnitt.

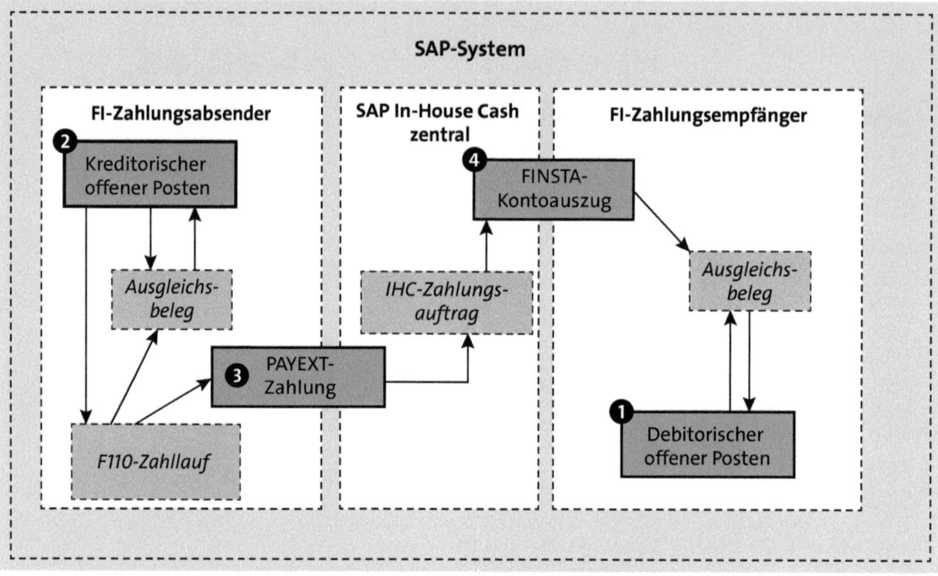

Abbildung 5.26 Intercompany Clearing: Rolle von FINSTA-IDocs

In-House-Bank als Kommunikationsabsender

Die In-House-Bank verarbeitet das PAYEXT-IDoc vom Zahlungsabsender und gibt die Zahlungsinformationen in der angepassten Form an den Zahlungsempfänger weiter. Die Anzahl der Transaktionen in dem Intercompany-Clearing-Prozess kann sehr hoch sein. Die In-House-Bank ist die zentrale Stelle für das Empfangen der Zahlungs-IDocs und verarbeitet damit sehr viele Zahlungs-IDocs, die ganz unterschiedliche Zahlungsabsender und Zahlungsempfänger haben. Außerdem soll die In-House-Bank die Benachrichtigung über die Zahlung nicht nur dem Zahlungsempfänger schicken. Die Bestätigung über Empfang und Verarbeitung der Zahlung ist auch für den Zahlungsabsender notwendig. Die unmittelbare Weitergabe der Daten an die Zahlungsempfänger und die Bestätigungen für die Zahlungsabsender würde dazu führen, dass die In-House-Bank ständig damit beschäftigt wäre. Daher findet die Weitergabe der jeweiligen Zahlungsinformationen von der In-House-Bank nicht sofort nach dem Verarbeiten des Zahlungs-IDocs, sondern gesammelt in regelmäßigen Abständen statt.

Die zu sendenden Informationen werden im Laufe der IHC-Tagesendverarbeitung bei der In-House-Bank aufbereitet. Mehr Informationen dazu finden Sie in Abschnitt 8.3, »Übertragung in das Hauptbuch«. Als Ergebnis dieser Aufbereitung werden die IDocs mit dem Nachrichtentyp FINSTA generiert und an alle Gesellschaften versendet. Dabei enthalten die FINSTA-IDocs alle Transaktionen, die sich seit der letzten Tagesendverarbeitung auf den IHC-Konten gesammelt haben. Es kann sich dabei also um die Benachrichtigungen über die erfolgte Zahlung handeln, wenn der Empfänger des

FINSTA-IDocs gleichzeitig ein Zahlungsempfänger ist. Damit sind es für diese Gesellschaft die ICC-Zahlungseingänge. Es kann sich aber auch um die Mitteilungen über die erfolgte Zahlung handeln, wenn der Empfänger des FINSTA-IDocs gleichzeitig ein Zahlungsabsender ist; damit sind es für diese Gesellschaft die ICC-Zahlungsausgänge.

[«] 5

IDocs als Kommunikationsmittel für In-House-Bank und Töchter

Auch wenn sich die In-House-Bank und die Tochtergesellschaften in ein und demselben SAP-System befinden, findet die ganze Kommunikation im Intercompany-Prozess trotzdem mithilfe von IDocs statt.

FINSTA-IDoc als Kommunikationsmittel im Intercompany-Prozess

Die FINSTA-IDocs sind das Hauptkommunikationsmittel der In-House-Bank, deren Inhalte für die Tochtergesellschaften ausreichend sein müssen, um entweder den ICC-Zahlungseingang oder den ICC-Zahlungsausgang verbuchen zu können. Wir betrachten nun ausführlich den Aufbau und die Inhalte der FINSTA-IDocs. Zu deren Anzeige stehen Ihnen dieselben Mittel zur Verfügung, die schon in Abschnitt 5.1.1, »Ausgehende Kommunikation beim Intercompany Clearing«, beschrieben worden sind, vor allem Transaktion WE02. Das IDoc-Konzept, bei dem logische Nachrichten definiert werden und mit dem jeweiligen Basistyp verknüpft werden, bleibt unverändert. Die logische Nachricht für diese IDocs heißt FINSTA; der entsprechende Basistyp ist FINSTA01.

Wie Sie es in Abbildung 5.27 sehen können, ist die Anzeige eines FINSTA-IDocs grundsätzlich genauso aufgebaut, wie die Anzeige eines EUPEXR- oder PAYEXT-IDocs, die wir im vorangehenden Abschnitt genau erläutert haben. Sie sehen die IDoc-Nummer in der Zeile **IDOC** ❶. Es folgt der **Kontrollsatz** ❷ des IDocs mit den administrativen Details über Absender und Empfänger, logische Ports und Details zur IDoc-Erzeugung.

Im Bereich **Datensätze** ❸ sind einzelne Segmente aufgelistet, und im Bereich **Statussätze** ❹ finden Sie alle Statusänderungen dieses IDocs in absteigender Reihenfolge. Auf der rechten Seite von Abbildung 5.27 im Bereich **technische Kurzinfo** ❺ sehen Sie die wichtigsten administrativen Details zum IDoc, und der Bereich **Inhalt des ausgewählten Segments** ❻ dient zur Anzeige der Werte einzelner IDoc-Segmente.

Wir haben die wichtigsten FINSTA-Segmente und die in diesen Segmenten vorkommenden Felder für eine bessere Übersicht aufgelistet.

Viele Segmente eines FINSTA-IDocs aus Tabelle 5.5 sind den Segmenten eines PAYEXT-IDocs aus Tabelle 5.4 ähnlich. Damit können Sie sehen, dass die In-House-Bank alle relevanten Informationen aus dem Zahlungs-IDoc ohne Änderungen an den Zahlungsempfänger weitergibt.

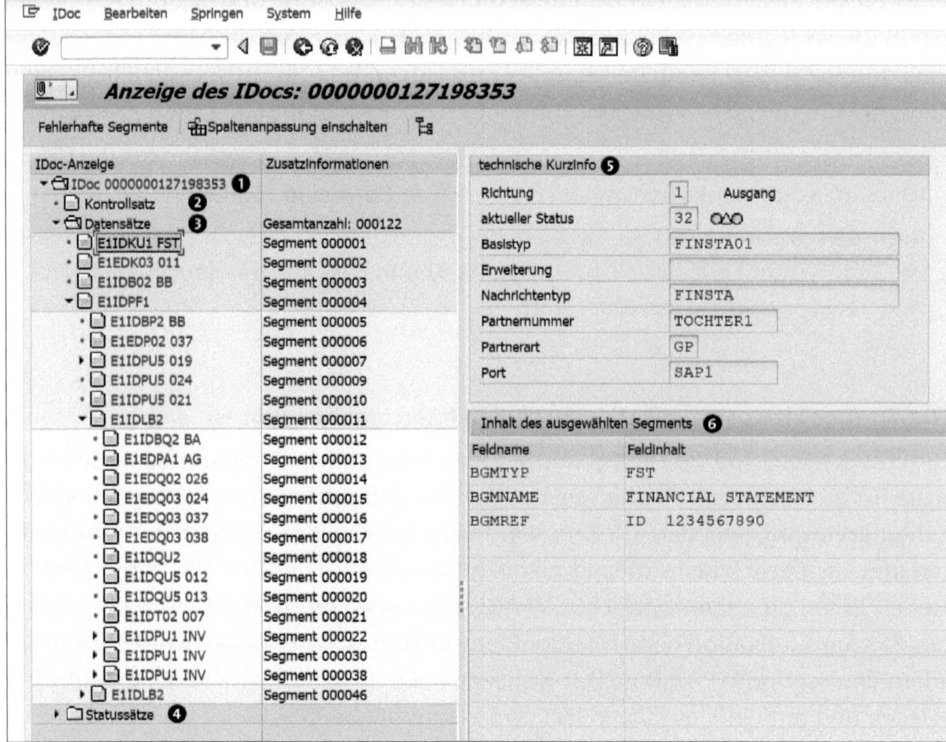

Abbildung 5.27 FINSTA-IDoc-Anzeige (Transaktion WE02)

Segmentname	Feldname	Enthaltene Informationen
Kopfinformationen des internen Kontoauszugs		
E1IDKU1 (FST)	BGMREF	Referenznummer
E1EDK03 (011)	DATUM	Datum IDoc-Erstellung
E1IDB02 (BB)		IHC-Bankdatenempfänger
	FIIBKENN	Bankkennung(Bankleitzahl)
	FIBKUKN (001)	Art der Bankkennung: Bankleitzahl
	FIIBKNAM	Bankname
	FIIBLAND	Bankland
	FIIKONTO	Kontonummer
	FIIKNAME	Kontoinhaber
	FIIKWAER	Kontowährung

Tabelle 5.5 Wichtigste Segmente und Felder in FINSTA-IDocs

Segmentname	Feldname	Enthaltene Informationen
Positionsinformationen des internen Kontoauszuges		
E1IDBP2 (BB)		IHC-Bankdatenempfänger
	FIIBKUKN	Bankkennung(Bankleitzahl)
	FIBKUCD (001)	Art der Bankkennung: Bankleitzahl
	FIIBKNAM	Bankname
	FIIBLAND	Bankland
	FIIKONTO	Kontonummer
	FIIKNAME	Kontoinhaber
	FIIKWAER	Kontowährung
E1EDP02 (037)		Auszugsnummer
	BELNR	Kontoauszugsnummer
	DATUM	Kontoauszugsdatum
E1IDPU5 (019)		Startsaldo des Kontoauszugs
E1IDPU5 (024)		Summe Haben
E1IDPU5 (023)		Summe Soll
E1IDPU5 (021)		Endsaldo des Kontoauszugs
	MOABETR	Betrag
	CUXWAERZ	Währung
Unterpositionsinformationen des internen Kontoauszugs		
E1IDLB2	BATBATNO	Fortlaufende Nummer der Position
E1IDBQ2 (BA)		IHC-Bankdaten Auftraggeber
	FIIBKENN	Bankkennung(Bankleitzahl)
	FIBKCDE (001)	Art der Bankkennung: Bankleitzahl
	FIIBKNAM	Bankname
	FIIBLAND	Bankland
	FIIKONTO	Kontonummer
	FIIKNAME	Kontoinhaber
	FIIKWAER	Kontowährung

Tabelle 5.5 Wichtigste Segmente und Felder in FINSTA-IDocs (Forts.)

Segmentname	Feldname	Enthaltene Informationen
E1EDPA1 (AG)		Partnerinformationen Auftraggeber
	NAME1	Name
	STRAS	Straße und Hausnummer
	ORT01	Ort
	PSTLZ	Postleitzahl
	LAND1	Land
E1EDQ03 (024)		Valutadatum
E1EDQ03 (037)		Verrechnungsdatum Bank
E1EDQ03 (038)		Buchungsdatum Bank
	DATUM	Datum
E1IDQU2	BUSZBE	Geschäftsvorfallcode Beschreibung
	BUSZFO	Geschäftsvorfallcode
E1IDQU5 (012)		gebuchter Betrag
E1IDQU5 (013)		Originalbetrag
	MOABETR	Betrag
	CUXWAERZ	Währung
E1IDPU1 (INV)		Rechnung
E1IDPU1 (CRM)		Gutschrift
	DOCNUMMR	Rechnungsnummer
	DOCDATUM	Rechnungsdatum
E1IDRU5 (004)		Rechnungsbetrag
E1IDRU5 (003)		Skontobetrag
E1IDRU5 (005)		Steuerbetrag
E1IDRU5 (006)		Nettobetrag
	MOABETR	Betrag
	CUXWAERZ	Währung
E1EDR03 (016)		Rechnungsdatum
E1EDR03 (015)		Buchungsdatum
E1EDR03 (028)		Fälligkeitsdatum
	DATUM	Datum

Tabelle 5.5 Wichtigste Segmente und Felder in FINSTA-IDocs (Forts.)

Segmentname	Feldname	Enthaltene Informationen
E1EDR02 (009)		Rechnungsnummer (Referenz)
E1EDR02 (010)		interne SAP-Belegnummer
E1EDR02 (071)		KIDNO-Nummer
	BELNR	Belegnummer

Tabelle 5.5 Wichtigste Segmente und Felder in FINSTA-IDocs (Forts.)

Das für das FINSTA-IDoc spezifische Segment ist das Segment E1IDQU2, das den internen Geschäftsvorfallcode im Feld BUSZFO enthält.

[«]

Geschäftsvorfallcode in der Kontoauszugsverarbeitung

Der *Geschäftsvorfallcode*, oder auch als *GVC* abgekürzt, beschreibt die Art der Transaktion auf dem IHC-Konto wie z. B. Zahlungseingang, Zahlungsausgang, Zinsen und Cash Pooling. Die In-House-Bank definiert die Geschäftsvorfallcodes und teilt diese den Tochtergesellschaften mit. Der GVC ist damit der Link zur korrekten Buchungsregel der Transaktion im lokalen System. Wenn der Kontoauszug übermittelt worden ist, wird die Buchungsregel, basierend auf dem gelieferten Geschäftsvorfallcode, abgeleitet.

Wenn die Kontoauszugsverarbeitung der FINSTA-IDocs in dem lokalen System auf Fehler läuft, ist eine der häufigen Ursachen der Geschäftsvorfallcode, der im lokalen System nicht bekannt ist und damit keiner Buchungsregel zugeordnet ist. Überprüfen Sie in solchen Fällen, ob die Kontoauszugsverarbeitung für die im FINSTA-IDoc enthaltenen GVCs in dem lokalen System vollständig eingerichtet sind.

Weitergabe von einzelnen Rechnungsdetails in den FINSTA-IDocs

Es gibt eine Besonderheit beim Speichern und Weitergeben der Zahlungsinformationen bei der In-House-Bank. Wir wissen schon, dass zu jedem Zahlungs-IDoc ein IHC-Zahlungsauftrag in SAP In-House Cash der In-House-Bank angelegt wird. Die PAYEXT-IDocs enthalten detaillierte Informationen über die einzelnen bezahlten Rechnungen in den E1IDPU1-Segmenten und den dazugehörigen Untersegmenten. Im IHC-Zahlungsauftrag sind allerdings nicht alle Rechnungsdetails im Verwendungszweck dieses IHC-Auftrags sichtbar, besonders wenn sehr viele Rechnungen mit einem Zahlungsbeleg ausgeglichen wurden. Die Rechnungsdetails sind notwendig für den Zahlungsempfänger zur Identifizierung der entsprechenden offenen Posten. Diese Details gehen in der In-House-Bank nicht verloren. Wenn ein FINSTA-IDoc, das einen Zahlungseingang enthält, generiert wird, werden alle Rechnungsdetails aus dem ursprünglichen PAYEXT-IDoc wieder herausgeholt und in dem FINSTA-IDoc in der strukturierten Form in die E1IDPU1-Segmente und die dazugehörigen Untersegmente geschrieben. Damit hat der Zahlungsempfänger alle notwendigen Informationen, um den Zahlungseingang zu verbuchen und die offenen debitorischen Posten komplett automatisch auszugleichen.

Keine Zahlungsavis im ICC-Prozess nötig

Die Schlussfolgerung von diesem Verfahren ist, dass keine Zahlungsavis im Intercompany-Clearing-Prozess vom Zahlungsabsender zum Zahlungsempfänger generiert und versendet werden müssen. Alle notwendigen Daten werden von der In-House-Bank zum ICC-Zahlungsempfänger mit dem FINSTA-IDoc geliefert.

5.1.3 Ausgehende und eingehende Kommunikation der In-House-Bank und der Tochtergesellschaften bei der On-Behalf-Zahlung

Bisher haben wir uns auf den verschiedenen Kommunikationssichten im Intercompany-Clearing-Prozess konzentriert. Auch bei den On-Behalf-Zahlungen kommunizieren die lokalen Gesellschaften mit der In-House-Bank. Aus Sicht der Tochtergesellschaften bestehen keine Unterschiede zwischen der ICC-Kommunikationssicht und der On-Behalf-Kommunikationssicht. Die Tochtergesellschaft schickt die PAYEXT-IDocs für alle erfolgten Zahlungen auf dieselbe Art und Weise wie beim ICC-Prozess. Die In-House-Bank empfängt die Zahlungs-IDocs und erzeugt IHC-Zahlungsaufträge wie im ICC-Prozess. In regelmäßigen Abständen schickt die In-House-Bank die FINSTA-IDocs an den Zahlungsabsender zurück, um die Zahlungsausgänge zu bestätigen. Da wir den Sinn, den Aufbau und die Inhalte der PAYEXT- und FINSTA-IDocs beschrieben haben, verzichten wir in diesem Abschnitt auf weitere Wiederholungen.

Bei den On-Behalf-Zahlung gibt es für die In-House-Bank allerdings sehr wohl Änderungen im Kommunikationsprozess. Die In-House-Bank erkennt, basierend auf den im PAYEXT-IDoc gelieferten Bankdetails, dass es sich dieses Mal um eine externe On-Behalf-Zahlung handelt; daher markiert die In-House-Bank diesen Vorgang als externe Transaktion und weiß damit, dass Folgeaktionen in die Wege geleitet werden müssen, damit die externe Hausbank der Unternehmenszentrale notwendige Informationen bekommen, die Zahlung annehmen und zum externen Zahlungsempfänger weiterleiten kann.

Wie genau diese Folgekommunikation der In-House-Bank mit der Außenwelt geschieht, sehen wir gleich im kommenden Abschnitt.

5.2 Ausgehende Kommunikation vom Unternehmen zur externen Bank

Bei den On-Behalf-Zahlungen ist die Kommunikation der In-House-Bank mit der Außenwelt erforderlich. In den lokalen externen Zahlungsverkehr ist die In-House-Bank nicht involviert; in diesem Fall müssen die Tochtergesellschaften direkt mit den externen Hausbanken kommunizieren. Sowohl bei den On-Behalf-Zahlungen als auch beim lokalen externen Zahlungsverkehr müssen die Zahlungsinformationen an die jeweilige externe Hausbank zur Ausführung übergeben werden. Hierzu sind zum einen Kommunikationskanäle vom Unternehmen zu den Banken erforderlich, und zum anderen müssen passende Kommunikationsmittel vereinbart werden.

In diesem Abschnitt klären wir:

- welche Kommunikationskanäle für die Kommunikation mit den Banken geeignet sind
- welche Kommunikationsmittel denkbar sind
- wovon die Auswahl der passenden Kommunikationsmittel abhängt
- welche Möglichkeiten Ihnen dabei im SAP-System zur Verfügung stehen
- wie die ausgewählten Kommunikationskanäle und die Kommunikationsmittel in Ihrem SAP-System abgebildet werden können

[«]

Prozesssicht externer Zahlungen auffrischen

Bevor wir uns auf die technischen Details und Besonderheiten der ausgehenden Kommunikation vom Unternehmen zu den Banken konzentrieren, rufen Sie kurz den Gesamtprozess der externen Zahlungen aus Abschnitt 2.2, »Zahlungen an externe Lieferanten«, in Erinnerung.

In Abbildung 5.28 sehen Sie den Prozess einer ausgehenden externen Zahlung, der mit einem kreditorischen offenen Posten in der Finanzbuchhaltung anfängt und der Einreichung dieser Zahlung bei der externen Bank endet. Der offene kreditorische Posten erlischt im SAP-System, nachdem dieser Posten mit einem Zahlungsbeleg beim F110-Zahllauf ausgeglichen worden ist.

Die Informationen darüber müssen der externen Bank mitgeteilt werden, damit die externe Bank, basierend auf diesen Informationen, das Bankkonto des Unternehmens belasten und die Zahlbeträge an den Zahlungsempfänger weiterreichen kann. Dies geschieht, indem eine Zahldatei in einem der Bank bekannten Dateiformat im SAP-System generiert wird und das SAP-System des Unternehmens über einen vordefinierten Kommunikationskanal Richtung externe Bank verlässt.

Diese Prozessübersicht ist bewusst vereinfacht worden. Falls die On-Behalf-Zahlung im Einsatz ist, nutzen Sie weitere Prozessschritte, die innerhalb des SAP-Systems der In-House-Bank stattfinden. Nichtsdestotrotz spiegelt diese Abbildung das Hauptziel der ausgehenden Bankenkommunikation sowohl bei den lokalen Zahlungen ohne In-House-Bank als auch bei den On-Behalf-Zahlungen mit der In-House-Bank genau wider.

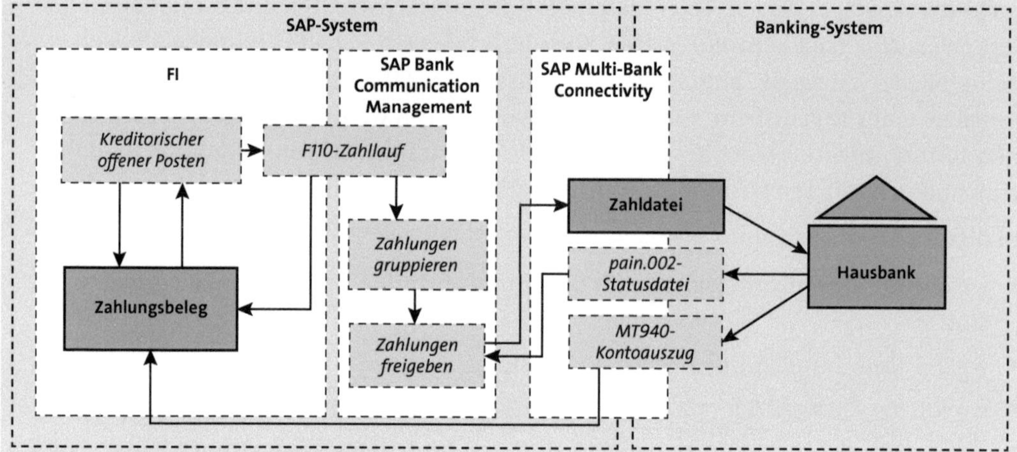

Abbildung 5.28 Übersicht und Ziele der ausgehenden Bankenkommunikation

Das Ziel der ausgehenden Kommunikation besteht in der Übergabe der Zahlungsinformationen vom Unternehmen an die externe Bank, die für die endgültige Durchführung der Zahlung bis hin zum finalen Zahlungsempfänger verantwortlich ist.

5.2.1 Zahldateien als Kommunikationsmittel

Wir widmen uns in diesem Abschnitt den vielfältigen möglichen Kommunikationsmitteln. Dabei erklären wir, welche Herausforderungen im Kommunikationsprozess mit den Banken entstehen und welche Lösungen es dafür geben kann. Im Mittelpunkt steht dabei die Frage, welche Kommunikationsmittel sowohl für den Absender als auch für den Empfänger verständlich sind.

Herausforderungen in der Zahlungskommunikation

Die Anzahl der Teilnehmer im Zahlungsverkehrsbereich ist hoch: Jedes Unternehmen muss in der Regel mit mehreren Hausbanken kommunizieren. Zusätzlich kommt es oft vor, dass ein Unternehmen bei einer Hausbank mehrere Bankkonten in verschiedenen Ländern unterhält, sodass dieses Unternehmen mit unterschiedlichen Filialen einer Bank in Kontakt stehen muss.

Für die Kommunikation müssen sich die Kommunikationsteilnehmer auf eine gemeinsame »Sprache« einigen: Im Zahlungsverkehr ist das Zahlungsformat eine solche Sprache, sprich ein Kommunikationsmittel, das von Absender- und Empfängerseite einheitlich interpretiert wird.

Seitdem der Zahlungsverkehrsbereich digitalisiert abläuft, wurde nach passenden Kommunikationsmitteln zwischen Banken und einzelnen Unternehmen gesucht. Zum Teil haben Banken eigene Zahlungsformate entwickelt, um Zahlungsinformationen vom Unternehmen an die Bank zu übertragen. Daneben wurden länderspezifische Formate genutzt, um Anforderungen bezüglich der Zahlungen in einem konkreten Land zu erfüllen. Außerdem kam es immer wieder zu Zentralisierungsversuchen im Bereich des Zahlungsverkehrs, z. B. mit der Entwicklung der MT-SWIFT-Formate.

Etablieren eines einheitlichen Formats

Bis vor einigen Jahren gab es dennoch kein einheitliches Kommunikationsmittel in der Zahlungskommunikation. Die Anforderungen an Struktur und Inhalt der Zahldateien als Kommunikationsmittel waren nicht einheitlich und unterschieden sich von Bank zu Bank und von Land zu Land. Der Wechsel der Hausbank sowie das Eröffnen von Bankkonten in neuen Ländern waren große Herausforderungen, weil es häufig eine Umstellung auf ein anderes Zahlungsformat als Kommunikationsmittel nach sich zog. Mit der wachsenden Globalisierung nahm der Standardisierungsbedarf in der Zahlungsverkehrskommunikation zu.

Die Suche nach einer gemeinsamen Sprache von Banken und Unternehmen in der Zahlungswelt hat zum neuen internationalen ISO20022-Standard geführt, der erstmalig im Jahr 2008 eingeführt wurde und sich im Laufe der Zeit erfolgreich durchgesetzt hat.

[«]

ISO20022 wird zum neuen Weltstandard

Der ISO20022-Standard basiert auf der einheitlichen XML-Kommunikationssprache, die jeder Zahlungsverkehrsteilnehmer sprechen soll. Inzwischen ist dieses Format zum Standardkommunikationsmittel bei den meisten Banken, insbesondere bei den Großbanken geworden. In den nächsten Jahren soll der ISO20022-Standard zum Weltstandard werden. Das bedeutet, dass alle Banken der Welt die Zahlungen in diesem Format annehmen werden.

Es gibt mehrere unterschiedliche Bezeichnungen für dieses Format: pain.001-Format, XML-CGI Format, ISO20022-Standard oder CGI-Format. Mit allen diesen Begriffen wird die XML-Struktur bezeichnet, die mit der Einführung von ISO20022 für die Übermittlung der Zahlungsinformationen entwickelt wurde.

Idealerweise können Unternehmen nun ein und dasselbe Format für jede beliebige Hausbank mit den Filialen in jedem beliebigen Land verwenden. Damit können die Aufwände bei der technischen Einführung von neuen Bankkonten minimiert werden.

XML-Struktur des ISO20022-Standards

Unter dem *ISO20022-Standard* wird eine feste Struktur verstanden, die alle möglichen Zahlungsarten abdeckt. Ähnlich wie bei den IDocs (siehe Abschnitt 5.1.1) gibt es auch für den XML-ISO20022-Standard eine Definition mit einer Auflistung aller zur Verfügung stehenden Felder. Diese Felder enthalten eine Beschreibung der weitergegebenen Informationen mit der festgelegten Länge und den Prüfregeln zu deren Inhalt. Auch Informationen zur Reihenfolge, in der diese Felder in einer Zahldatei erscheinen dürfen, sind enthalten.

Idealerweise muss also nur einmal die XML-Struktur nach dem ISO20022-Standard definiert werden. Anschließend kann sie im Zahlungsverkehr mit jeder beliebigen Bank eingesetzt werden. Die Realität weicht allerdings von dieser idealen Vorstellung ab. Auch wenn tatsächlich nur eine Struktur für die Kommunikation mit unterschiedlichen Banken notwendig ist, gibt es momentan mehrere Ausprägungen in Abhängigkeit des Landes und teilweise von der Bank. Diese unterscheiden sich darin, welche Inhalte in diese Struktur hineingehören.

Unterschiedliche Anforderungen bei den Banken

Die XML-ISO20022-Struktur enthält u. a. das Feld für den Banknamen des Zahlungsempfängers.

- BANK1 definiert, dass der Bankname des Zahlungsempfängers in der Zahldatei vorhanden sein muss.
- BANK2 definiert stattdessen, dass der Bankname des Zahlungsempfängers nicht in der Zahldatei vorhanden sein darf, weil dieser Name in der Bankensoftware automatisch, basierend auf dem SWIFT-Code und/oder der Bankleitzahl der Empfängerbank, abgeleitet wird.

Auch wenn mit der Einführung und Verbreitung des ISO20022-Standards ein großer Schritt zur Vereinfachung und Globalisierung der Kommunikation im Zahlungsverkehrsbereich gemacht worden ist, ist es noch zu früh zu sagen, dass die Aufwände für die Neueinführungen oder die Umstellungen im Zahlungsverkehr minimal geworden sind.

Formatdefinitionen der Banken

Die folgenden Punkte sollten Sie bei der Anbindung eines neuen Bankkontos bezüglich der Auswahl des Kommunikationsmittels berücksichtigen:

- Beim Aufsetzen einer neuen Verbindung mit Ihrer Hausbank müssen Sie sich u. a. über das passende Zahlungsformat einigen, in dem Sie die Zahldateien zur Hausbank schicken. In den meisten Fällen handelt es sich um das ISO20022-Format.
- Die Bank stellt Ihnen ihre Formatdefinition zur Verfügung. In der Regel hat jede Bank eine eigene Formatdefinition pro Land.
- Stellen Sie sich vor, dass Sie die Formatbeschreibung für jedes Land erhalten haben, in dem Sie ein Bankkonto bei dieser Hausbank geöffnet haben.

- Durch das einheitliche ISO20022-Format ist die Auflistung der Felder für jede Bank und jedes Land identisch. Die Anweisungen, ob und wie diese Felder zu befüllen sind, unterscheiden sich hingegen. Achten Sie aus diesem Grunde auf alle Bemerkungen in den Formatdefinitionen, die Ihnen vorliegen.
- Falls Sie mehrere Bankkonten in unterschiedlichen Länderfilialen dieser Bank eröffnen, vergleichen Sie, ob die Länderspezifikationen gravierende Unterschiede zeigen.
- Bei nur wenigen unbedeutenden Unterschieden reicht es Ihnen vermutlich, nur ein Zahlungsformat im SAP-System zu definieren. Sie werden in diesem Zahlungsformat Konditionen hinterlegen, die Ihnen dabei helfen, unterschiedliche Anforderungen pro Land abzubilden.
- Bei größeren Unterschieden in den Formatspezifikationen der Bank kann es allerdings hilfreich sein, mehrere Zahlungsformate im SAP-System anzulegen, um die Ableitungsregeln nicht zu kompliziert gestalten zu müssen.
- Überprüfen Sie, welche Felder in diesen Spezifikationen als obligatorisch definiert sind. Diese Felder müssen in jeder Zahldatei vorhanden sein, denn sonst wird die Datei ohne weitere Prüfungen abgewiesen.
- Bei den optionalen Feldern lesen Sie aufmerksam die Bemerkungen Ihrer Bank. Es kann sein, dass das ein oder andere Feld überhaupt nicht geliefert werden soll, weil sein Wert nicht benötigt oder von der Bank automatisch abgeleitet wird.
- Des Weiteren gibt es Felder in der Formatstruktur, die nur bestimmte Werte zulassen. Bei solchen Feldern werden in der Bankenformatdefinition die Wertebereiche zusammengestellt. Sie müssen von Ihrer Seite aus sicherstellen, dass Sie genau diese Werte in diesen Feldern weitergeben, denn sonst wird es sehr wahrscheinlich ebenfalls zu einer Abweisung der gesamten Zahldatei kommen.
- Falls Sie mit einigen Banken schon kommunizieren und eine neue Bank anbinden, überprüfen Sie ebenfalls, wie unterschiedlich die Formatdefinitionen dieser Banken sind, damit Sie abwägen können, ob Sie für die neue Bank ein eigenes Zahlungsformat im SAP-System anlegen sollen oder ob Sie mit einem einheitlichen Zahlungsformat für alle Banken auskommen.

ISO 20022: Formatdefinitionen im Internet verfügbar

Auf der offiziellen Homepage von ISO 20022 *https://www.iso20022.org/* finden Sie alle Formatbeschreibungen mit allen notwendigen Informationen zum Formataufbau, Angaben zu einzelnen Feldern und Erklärungen sowie für welche Informationen die Felder genutzt werden sollen.

Allerdings müssen Sie die Formatspezifikationen Ihrer Hausbanken überprüfen, da die Anforderungen einzelner Banken von den Angaben in der offiziellen ISO-20022-Formatbeschreibung abweichen können.

Aufbau der XML-Struktur des ISO-20022-Standards verstehen

In diesem Abschnitt betrachten wir einen Ausschnitt einer XML-Datei und zeigen Ihnen, wie solche Dateien zu lesen sind. Dies hilft Ihnen dabei, dieselbe Struktur im SAP-Kontext leichter und schneller zu erkennen.

In Abbildung 5.29 sehen Sie ein Beispiel für die Zahldatei im pain.001-XML-ISO-20022-Format. Die Zahldatei in diesem Format besteht aus mehreren Blöcken. Die Zeile <Document> ❶ liefert die Informationen zur XML-Version, die für die Erstellung dieser Datei verwendet wurde. Diese Angaben bleiben von Datei zu Datei konstant.

```
❶ ▾<Document xmlns="urn:iso:std:iso:20022:tech:xsd:pain.001.001.03" xmlns:xsi="http://www.w3.org/2001/XMLSchema-instance">
   ▾<CstmrCdtTrfInitn>
  ❷ ▾<GrpHdr>
        <MsgId>1000082213</MsgId>
      ❹ <CreDtTm>2022-04-04T17:10:50</CreDtTm>
        <NbOfTxs>1</NbOfTxs>
        <CtrlSum>300.00</CtrlSum>
     ❺ ▾<InitgPty>
          <Nm>Musterunternehmen GMBH</Nm>
      ❻ </InitgPty>
    ❸ </GrpHdr>
     ▾<PmtInf>
        <PmtInfId>1000082314</PmtInfId>
        <PmtMtd>TRF</PmtMtd>
        <NbOfTxs>1</NbOfTxs>
        <CtrlSum>300.00</CtrlSum>
       ▾<PmtTpInf>
          <InstrPrty>NORM</InstrPrty>
        </PmtTpInf>
        <ReqdExctnDt>2022-04-04</ReqdExctnDt>
       ▾<Dbtr>
          <Nm>Musterunternehmen GMBH</Nm>
         ▾<PstlAdr>
            <StrtNm>Hauptstrasse</StrtNm>
            <BldgNb>3</BldgNb>
            <PstCd>80331</PstCd>
            <TwnNm>Muenchen</TwnNm>
            <Ctry>DE</Ctry>
            <AdrLine>Hauptstrasse 3</AdrLine>
            <AdrLine>80331 Muenchen</AdrLine>
          </PstlAdr>
          <CtryOfRes>DE</CtryOfRes>
        </Dbtr>
       ▾<DbtrAcct>
         ▾<Id>
            <IBAN>DE99102000000011223344</IBAN>
          </Id>
          <Ccy>EUR</Ccy>
        </DbtrAcct>
```

Abbildung 5.29 Beispieldatei im pain.001-ISO20022-Format anzeigen

Die Angaben in allen weiteren Zeilen der Datei beziehen sich auf eine oder mehrere Zahlungen, die im System ausgeführt wurden und an die Hausbank übermittelt werden müssen. Jede pain.001-XML-Datei besteht aus den sogenannten *Knoten*, die einzelne Felder beziehungsweise weitere Knoten enthalten.

So sehen Sie z. B. den Knoten <GrpHdr>, der mit <GrpHdr> ❷ geöffnet und mit </GrpHdr> ❸ geschlossen wird. Innerhalb dieses Knoten <GrpHdr> befinden sich sowohl einzelne Felder wie <MsgId> und <CtrlSum> ❹ als auch weitere Knoten. Dazu gehört der Knoten <InitgPty>, der mit <InitgPty> ❺ geöffnet und mit </InitgPty> ❻ geschlossen wird. Der Anfang jedes Feldes und jeder Knoten wird mit den Zeichen < > abgebildet. Das Ende jedes Knoten und Feldes wird mit den Zeichen </ > dargestellt.

Die Namen der Felder und Knoten und die Reihenfolge, in der sie in der Datei erscheinen, bleiben von Datei zu Datei unverändert. Es handelt sich dabei um die eigentliche pain.001-XML-Struktur, die Sie in den Formatbeschreibungen der Banken wiedererkennen werden. Die Felder und Knoten werden während der Dateigenerierung im SAP-System mit Inhalten zu konkreten Zahlungen geführt, die Sie zwischen dem Anfang des Feldes (< >) und dem Ende (</ >) jedes Feldes sehen können.

Die Felder, für die kein Inhalt ermittelt werden konnte, sollen in der fertigen Datei nicht erscheinen. Die Knoten, die nur leere Felder enthalten würden, sollen ebenfalls in der fertigen Datei nicht erscheinen. Aus diesem Grunde finden Sie in einer Datei in der Regel weniger Felder und Knoten wieder, als sie tatsächlich in einer pain.001-XML-Struktur zur Auswahl stehen.

Einige Knoten und Felder kommen in der Datei nur einmal vor, und andere Knoten und Felder können sich mehrmals wiederholen. Die Aufbaulogik bleibt aber unverändert für die gesamte Datei: Einzelne Felder werden zu logischen Knoten zusammengefasst, die wiederum in weiteren, noch größere logische Knoten gebündelt werden.

[«]

Hauptknoten bei der Informationssuche identifizieren

Wenn Sie nach konkreten Informationen in der Datei suchen, identifizieren Sie als Erstes, zu welchem logischen Block, sprich Knoten, diese Information gehört. Klappen Sie alle übrigen Knoten zu, um eine bessere Übersicht zu erhalten und sich auf die gesuchten Informationen konzentrieren zu können.

Wir stellen nun die wichtigsten Knoten in einer Tabelle zusammen, die Sie für das Lesen und Bearbeiten der XML-CGI-Zahlungsformate im SAP-System verwenden können. Zusätzlich fügen wir die vollständige englische Bezeichnung der Knoten und Felder hinzu. Diese Bezeichnung wurde gekürzt und für die Namen der Felder verwendet. Aus diesem Grunde helfen die englischen Bezeichnungen, den Sinn hinter den Feldern und Knoten zu verstehen.

Knoten-reihenfolge	Knotenname	Bezeichnung Englisch	Erklärung
1	<CstmrCdtTrfInitn>	Customer Credit Transfer Initiation	Zahlungsart: Überweisung
1.1	<GrpHdr>	Group Header	Kopfdetails: Erstellungsdatum, Gesamtbetrag, Anzahl der Transaktionen
1.1.1	<InitgPty>	Initiating Party	Zahlungsabsender: Name
1.2	<PmtInf>	Payment Information	Zahlungsdetails

Tabelle 5.6 Die wichtigsten Knoten in der pain.001-XML-Datei

Knoten-reihenfolge	Knotenname	Bezeichnung Englisch	Erklärung
1.2.1	<PmtTpInf>	Payment Type Information	Zahlungsart: Priorität, Eiligkeit
1.2.2	<Dbtr>	Debtor	Zahlungsabsenderangaben
1.2.2.1	<PstlAdr>	Postal Address	Adresse des Absenders
1.2.3	<DbtrAcct>	Debtor Account	Bankkonto des Absenders
1.2.3.1	<Id>	Identification	IBAN oder Kontonummer
1.2.4	<DbtrAgt>	Debtor Agent	Bankdaten des Absenders
1.2.4.1	<FinInstnId>	Financial Institution Identification	BIC und/oder Bankleitzahl
1.2.5	<CdtTrfTxInf>	Credit Transfer Transaction Information	Details zu der Zahlung
1.2.5.1	<PmtId>	Payment Identification	Referenznummer der Zahlung
1.2.5.2	<PmtTpInf>	Payment Type Information	Zahlungsart: Priorität, Eiligkeit
1.2.5.3	<Amt>	Amount	Zahlbetrag
1.2.5.4	<CdtrAgt>	Creditor Agent	Bankdaten des Empfängers
1.2.5.4.1	<FinInstnId>	Financial Institution Identification	BIC und/oder Bankleitzahl
1.2.5.5	<Cdtr>	Creditor	Zahlungsempfängerangaben
1.2.5.5.1	<PstlAdr>	Postal Address	Adresse des Empfängers
1.2.5.6	<CdtrAcct>	Creditor Account	Bankkonto des Empfängers
1.2.5.6.1	<Id>	Identification	IBAN oder Kontonummer
1.2.5.7	<RmtInf>	Remittance Information	Informationen zu bezahlten Rechnungen

Tabelle 5.6 Die wichtigsten Knoten in der pain.001-XML-Datei (Forts.)

In Tabelle 5.6 können Sie den Aufbau einer pain.001-Datei sehen. Hier sind nur die Hauptknoten dargestellt, hinter denen sich die einzelnen Felder verbergen:

- Der erste Knoten `<CstmrCdtTrfInitn>` zeigt nur, dass es um eine Überweisung (und nicht z. B. um einen Lastschrifteinzug) geht.
- Die Knoten 1.1 bis 1.2.1 stellen die Kopfinformationen dar, die sich auf die gesamte Datei beziehen.
- Die Knoten 1.2.2 bis 1.2.4.1 beschreiben den Zahlungsabsender mit den folgenden Informationen: Name, Adresse, Bank, Bankdaten und Bankkonto.
- Alle anderen Knoten ab dem Knoten 1.2.5 beschreiben eine konkrete Zahlung: den Zahlungsempfänger mit Namen, Adresse, Bankdaten, Referenznummer, anhand derer der Zahlungsabsender die Zahlung identifizieren kann, sowie Zahlbetrag und Angaben zu den einzelnen Rechnungen, die mit dieser Zahlung ausgeglichen wurden.

Normalerweise enthält eine pain.001-Zahldatei mehrere Knoten `<CdtTrfTxInf>`. Die Knotenanzahl entspricht der Anzahl der Transaktionen zum dazugehörigen BCM-Batch.

Pain.008-XML-ISO20022-Struktur verstehen

Die Dateien im pain.008-XML-Format werden für die Lastschrifteinzüge von den Bankkonten der Debitoren verwendet. Der Aufbau einer pain.008-Datei ist dem Aufbau einer pain.001-Datei sehr ähnlich. Aus diesem Grund verzichten wir auf die ausführliche Erklärung des pain.008-Strukturaufbaus. In der pain.008-Datei werden zuerst die Daten des Unternehmens, das den Einzug angestoßen hat, angegeben. Danach werden die Daten der Debitoren, von deren Bankkonten die Einzüge stattfinden sollen, und die Detailinformationen mit der Begründung der Einzüge, also Einzelrechnungen, angegeben. Zusätzlich werden, wenn notwendig, die Details zum Lastschriftmandat, mit dem die Einzugsermächtigung vom Kunden erteilt wurde, übermittelt.

5.2.2 Dateierzeugung mit der Payment Medium Workbench

Wie im vorangehenden Abschnitt erläutert, basiert die Zahldatei als Kommunikationsmittel vom Unternehmen zur Bank auf dem ISO-20022-Standard (pain.001-Format für Überweisungen und pain.008-Format für Lastschrifteinzüge). Dies bedeutet, dass Sie in Ihrem SAP-System Zahldateien, die der CGI-XML-Struktur entsprechen, generieren und dabei länderspezifische Regelungen oder abweichende Anforderungen Ihrer Hausbanken berücksichtigen müssen. Mit welchen Mitteln und Transaktionen Sie dieses Ziel im SAP-System erreichen können, beschreiben wir in diesem Abschnitt.

Payment Medium Workbench für Zahlungsträger im SAP-System

Im SAP-System steht Ihnen die sogenannte *Payment Medium Workbench* als zentrales Tool rund um die Einrichtung, Pflege und Verwendung unterschiedlicher Zahlungsformate zur Verfügung. Mit der Payment Medium Workbench nutzen Sie das generische Zahlungsträgerprogramm SAPFPAYM für alle Zahlungsformate, die Sie zuvor in Ihrem SAP-System definiert und mit entsprechenden Ausführungsvarianten versorgt haben.

In Abbildung 5.30 sehen Sie alle Schritte, die Sie in Ihrem SAP-System vornehmen müssen, um die Zahldatei im gewünschten Format zu erzeugen. In der Spalte **Was** sind die eigentlichen Schritte in der richtigen Reihenfolge angegeben. Die Spalte **Wie** zeigt, um welche Einstellungen es konkret bei den **Was**-Schritten geht und wie Sie den jeweiligen **Was**-Schritt ausprägen können. In der Spalte **Wo** sind die einzelnen Transaktionen, die Sie für den jeweiligen **Was**-Schritt benötigen, aufgezählt.

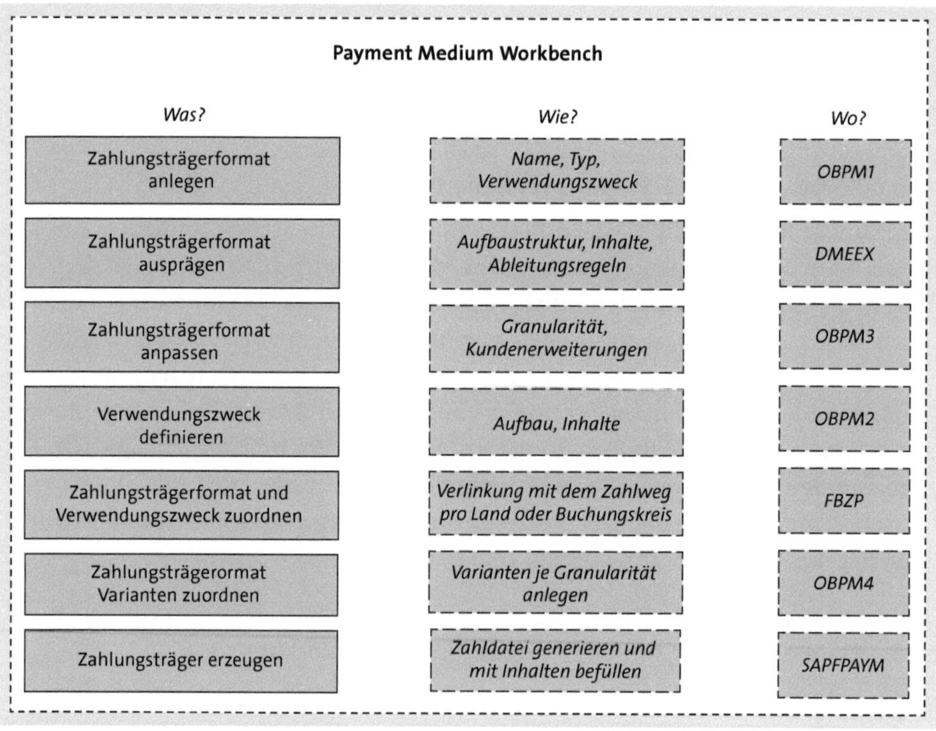

Abbildung 5.30 Übersicht der Schritte in der Payment Medium Workbench

Dieses Schema können Sie bei der Einführung jedes neuen Zahlungsträgerformats verwenden. Auch bei der Einführung neuer Buchungskreise oder Zahlwege können Sie mithilfe dieser Abbildung überprüfen, welche Voraussetzungen in Ihrem System schon vorhanden sind und welche Schritte Sie noch vornehmen müssen, um die

Zahlungen im neuen Buchungskreis oder mit dem neuen Zahlweg durchführen zu können.

Wir beschreiben nun alle Aktivitäten aus Abbildung 5.30 ausführlich und zeigen Ihnen, welche Entscheidungen Sie bei jedem Schritt treffen müssen.

Mehrere wichtige Faktoren für die Pflege der Zahlungsträgerformate

Die definierten Strukturen mit festem Aufbau, die als Grundlage für die Erzeugung der Zahldateien verwendet werden, werden im SAP-System *Zahlungsträgerformate* oder einfach *Zahlungsformate* genannt. Sie können beliebig viele eigene Zahlungsformate anlegen oder die vom SAP-System vordefinierten Formate nutzen.

Das SAP-System liefert fertige CGI-XML-Zahlungsformate pro Land aus, in denen alle länderspezifischen Regelungen berücksichtigt und ausgeprägt sind. Der große Vorteil, der für die Benutzung dieser Formate spricht, ist, dass diese Zahlungsformate in regelmäßigen Abständen und insbesondere bei neuen Regelungen in den einzelnen Ländern von SAP angepasst werden. Über die Einspielung der relevanten SAP-Hinweise können die Formate in Ihrem SAP-System aktualisiert werden. Bei der Benutzung der vordefinierten Zahlungsformate ist es allerdings problematisch, die bankenspezifische Anforderungen einzubauen. Zwar können Sie die Zahlungsformate, wie von den Banken verlangt, anpassen, diese Anpassungen müssen aber bei der nächsten Aktualisierung der Zahlungsformate sehr genau überwacht werden, damit sie nicht verloren gehen.

Alternativ können Sie die vom SAP-System ausgelieferten Zahlungsformate kopieren und an Ihre Bedürfnisse anpassen. Dabei können Sie sich überlegen, ob Sie ein Zahlungsformat für alle Hausbanken verwenden, um darin alle Anforderungen abzubilden. Alternativ können Sie mehrere Zahlungsformate anlegen, um die spezifischen Anforderungen unterschiedlicher Banken besser auseinanderhalten zu können.

Analysieren Sie die Anzahl der Hausbanken, mit denen Sie kommunizieren, und überprüfen Sie die Formatbeschreibungen dieser Banken inklusive länderspezifischer Beschreibungen, die jede Großbank in der Regel zur Verfügung stellt. Treffen Sie auf dieser Basis die Entscheidung, wie viele Zahlungsformate Sie in Ihrem SAP-System benötigen und ob Sie mit den Standardformaten arbeiten oder lieber die Standardformate kopieren und selbst anpassen möchten.

Zahlungsträgerformat anlegen

Da Sie sich nun über Ihre Strategie bezüglich der SAP-Zahlungsformate im Klaren sind, müssen Sie in Transaktion OBPM1 (Pflege der Zahlungsträgerformate) entweder die SAP-Standardformate, die Sie verwenden werden, identifizieren, oder Ihre eigenen Formate durch das Kopieren der SAP-Zahlungsformate anlegen.

In Abbildung 5.31 sehen Sie das Übersichtsbild von Transaktion OBPM1, in der alle Formate in der Payment Medium Workbench zu definieren sind. Der Formatname wird in der Spalte **Zahlungsträgerformat** ❶ angegeben. Das Zahlungsformat wird auf der Ebene des Landes definiert, das in der Spalte **Land/Region** ❷ eingetragen wird. Dieses Land spielt eine Rolle bei den länderspezifischen Prüfungen (z. B. der Bankdaten).

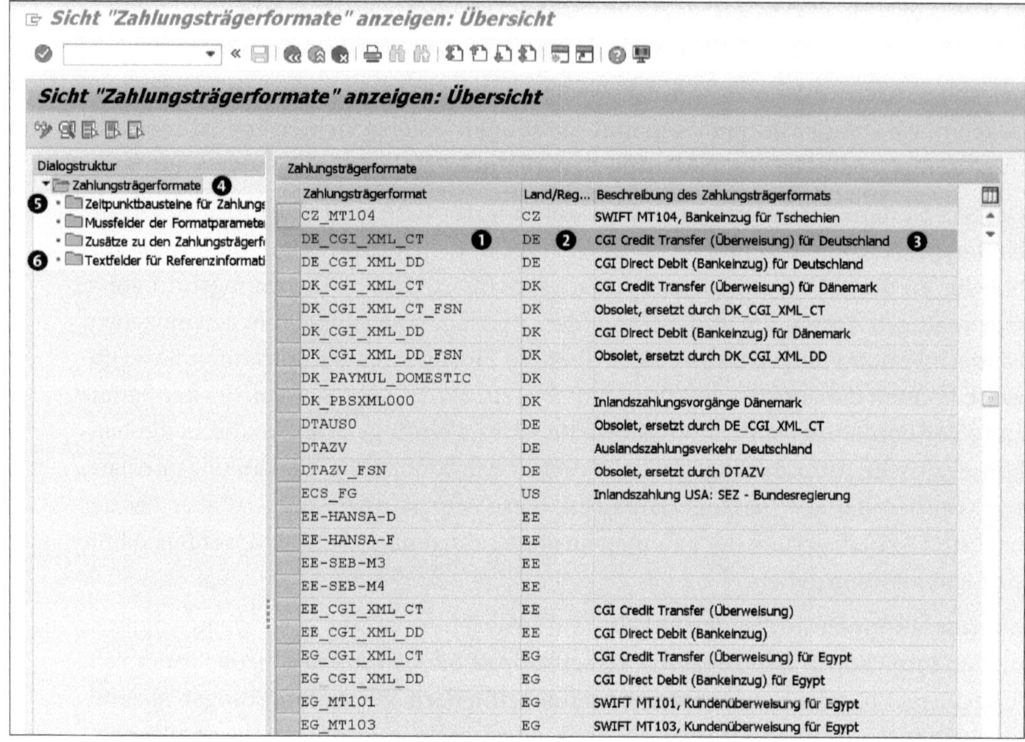

Zahlungsträgerformat	Land/Reg...	Beschreibung des Zahlungsträgerformats
CZ_MT104	CZ	SWIFT MT104, Bankeinzug für Tschechien
DE_CGI_XML_CT ❶	DE ❷	CGI Credit Transfer (Überweisung) für Deutschland ❸
DE_CGI_XML_DD	DE	CGI Direct Debit (Bankeinzug) für Deutschland
DK_CGI_XML_CT	DK	CGI Credit Transfer (Überweisung) für Dänemark
DK_CGI_XML_CT_FSN	DK	Obsolet, ersetzt durch DK_CGI_XML_CT
DK_CGI_XML_DD	DK	CGI Direct Debit (Bankeinzug) für Dänemark
DK_CGI_XML_DD_FSN	DK	Obsolet, ersetzt durch DK_CGI_XML_DD
DK_PAYMUL_DOMESTIC	DK	
DK_PBSXML000	DK	Inlandszahlungsvorgänge Dänemark
DTAUSO	DE	Obsolet, ersetzt durch DE_CGI_XML_CT
DTAZV	DE	Auslandszahlungsverkehr Deutschland
DTAZV_FSN	DE	Obsolet, ersetzt durch DTAZV
ECS_FG	US	Inlandszahlung USA: SEZ - Bundesregierung
EE-HANSA-D	EE	
EE-HANSA-F	EE	
EE-SEB-M3	EE	
EE-SEB-M4	EE	
EE_CGI_XML_CT	EE	CGI Credit Transfer (Überweisung)
EE_CGI_XML_DD	EE	CGI Direct Debit (Bankeinzug)
EG_CGI_XML_CT	EG	CGI Credit Transfer (Überweisung) für Egypt
EG_CGI_XML_DD	EG	CGI Direct Debit (Bankeinzug) für Egypt
EG_MT101	EG	SWIFT MT101, Kundenüberweisung für Egypt
EG_MT103	EG	SWIFT MT103, Kundenüberweisung für Egypt

Abbildung 5.31 Zahlungsträgerformate anlegen (Transaktion OBPM1)

Die Beschreibung zum Zahlungsträgerformat sehen Sie in der Spalte **Beschreibung des Zahlungsträgerformats** ❸. Alle CGI-XML-vordefinierten Formate sind vom SAP-System entsprechend gekennzeichnet worden und haben das gleiche Muster beim Namensaufbau. Markieren Sie zuerst das gewünschte Zahlungsträgerformat auf der rechten Seite des Übersichtsbildes und danach den Ordner **Zahlungsträgerformate** ❹ auf der linken Seite.

Danach können Sie die Unterordner im Ordner **Zahlungsträgerformate** auswählen. Mit einem Doppelklick auf den Ordner **Zeitpunktbausteine für Zahlungsträgerformate** ❺ sehen Sie die Zuordnung der Funktionsbausteine zu mehreren Zeitpunkten in der Dateierzeugung. Um sich den Aufbau des Verwendungszwecks für das jeweilige Format anzusehen, klicken Sie doppelt auf den Ordner **Textfelder für Referenzinformationen** ❻.

In Abbildung 5.32 sehen Sie das Detailbild, zu dem Sie mit einem Doppelklick auf dem Ordner **Zeitpunktbausteine für Zahlungsträgerformate** aus Abbildung 5.31 gelangen. Die Werte in der Spalte **Zeitpunkt** ❶ sind vordefiniert und spiegeln unterschiedliche Zeitmomente bei der Generierung der Zahldatei wider. In der Dropdown-Liste **Zeitpunkte bei der Erstellung** ❸ sehen Sie alle Zeitpunkte, die eine Datei durchläuft. Diesen Zeitpunkten sind die SAP-Standardfunktionsbausteine ❷ zugeordnet, und Sie können diese Zuordnung an dieser Stelle nur für den Zeitpunkt 05 (Füllen zusätzlicher Referenzfelder) mit Ihrem eigenen **Funktionsbaustein** ❹ ersetzen.

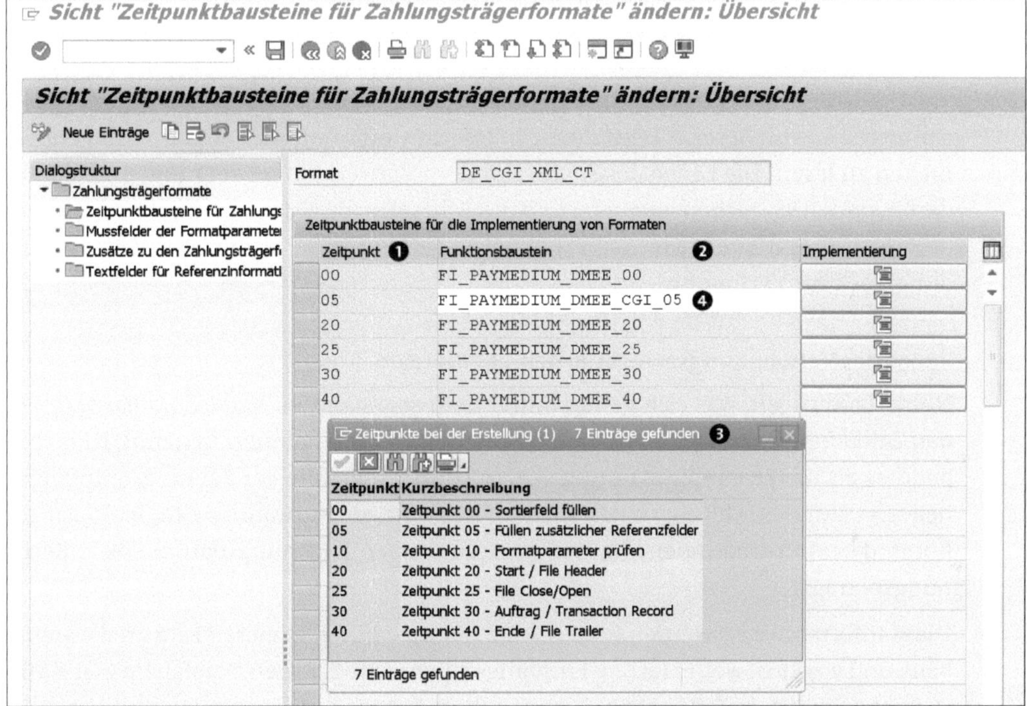

Abbildung 5.32 Detailbild der Zeitpunktbausteine für Zahlungsträgerformate (Transaktion OBPM1)

In Abbildung 5.33 sehen Sie das Detailbild, zu dem Sie per Doppelklick auf den Ordner **Textfelder für Referenzinformationen** aus Abbildung 5.31 gelangen. In der Spalte **Typ** ❶ wählen Sie den passenden Typ aus. Es stehen die folgenden Typen zur Auswahl:

- 1 Verwendungszweck
- 2 Kurzangabe intern
- 3 Kurzangabe extern

Für jeden Typ definieren Sie die maximal zulässige Länge in der Spalte **Feldlänge** ❷ und die maximale Anzahl der zu verwendeten Zeilen in der Spalte **Feldanzahl** ❸.

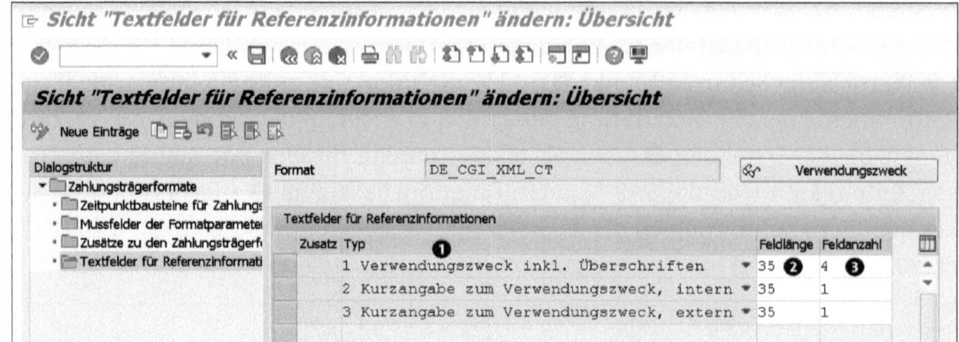

Abbildung 5.33 Detailbild: Textfelder für Referenzinformationen (Transaktion OBPM1)

Die erste Zeile im Bereich **Textfelder für Referenzinformationen** ist damit folgendermaßen zu lesen: Die Länge des Feldes mit dem Verwendungszweck in der Zahldatei darf maximal 35 Zeichen lang sein, und das Feld selbst darf sich maximal viermal wiederholen. Damit stehen in der Zahldatei insgesamt 140 Zeichen für den Verwendungszeck zur Verfügung.

Rolles des Verwendungszwecks in den Zahldateien

Nun erläutern wir, was sich genau hinter dem sogenannten *Verwendungszweck* bei den Zahldateien verbirgt. Der Verwendungszweck, auch Referenz genannt, ist nichts anderes als die Zusammenfassung von Informationen, die der Zahlungsempfänger benötigt, um die Zahlung zu den offenen Rechnungen zuzuordnen. In der Regel gehören dazu Informationen wie Rechnungsnummer, Rechnungsdatum sowie Rechnungsbetrag.

Diese Informationen werden in der Zahldatei im dafür geeigneten Feld an die Hausbank und von dort weiter an den Empfänger übermittelt. In den Dateien im CGI-XML-Format ist dafür das Feld `<RmtInf>` vorgesehen. Je nach Anforderungen und Möglichkeiten der Bank kann dieses Feld strukturiert oder unstrukturiert sein:

- Der *strukturierte Verwendungszweck* bedeutet, dass für jeden Wert in der Referenz ein eigenes, extra dafür definiertes Feld unter dem Knoten `<Strd>` gefüllt wird, wie z. B. ein eigenes Feld mit der Rechnungsnummer oder ein eigenes Feld mit dem Rechnungsdatum.
- Bei dem *unstrukturierten Verwendungszweck*, der viel öfter vorkommt, wird die gesamte Referenz in einem einzelnen Feld `<Ustrd>` als Text-String weitergegeben.

[zB]

Unstrukturierter Verwendungszweck

Ein unstrukturierter Verwendungszweck für eine Rechnung sieht typischerweise folgendermaßen aus:

`<Ustrd>11223344 22.01.2022 150,05 EUR</Ustrd>`

Ein unstrukturierter Verwendungszweck für zwei Rechnungen könnte so aussehen:

`<Ustrd>11223344 22.01.2022 150,05 EUR 11223345 23.01.2022 160,04 EUR</Ustrd>`

Wenn die zulässige Länge für das Feld `<Ustrd>` erreicht wurde, werden die restlichen Informationen abgeschnitten. So würde der Verwendungszweck für drei Rechnungen z. B. so aussehen:

`<Ustrd>11223344 22.01.2022 150,05 EUR 11223345 23.01.2022 160,04 EUR 11223346 2</Ustrd>`

Je nach Land und Bank kann sich die zulässige Länge für den Verwendungszweck in der Zahldatei unterscheiden, Aber auch im besten Fall darf dieses Feld in der Regel insgesamt maximal 140 Zeichen enthalten. Falls mit der Zahlung nur eine oder zwei Rechnungen bezahlt wurden, ist das Befüllen des unstrukturierten Verwendungszwecks kein Problem, weil er nicht zu viel Platz benötigt. Bei vielen bezahlten Rechnungen können allerdings nicht alle notwendigen Informationen übermittelt werden. Für solche Fälle wird zusätzlich zur Zahldatei ein *Zahlungsavis* generiert und direkt an den Zahlungsempfänger geschickt.

Das Zahlungsavis enthält die Aufschlüsselung aller bezahlten Positionen. Ob ein Zahlungsavis zu einer Zahlung erzeugt werden soll, wird im Zahlweg auf der Buchungskreisebene festgelegt (siehe Abschnitt 7.1.4, »Zahlwege im Buchungskreis«). Die Einstellungen zum Aufbau der Zahlungsavis hängen von den Einstellungen im Zahlungsformat in Abbildung 5.33 ab. Die Entscheidung, ob ein Zahlungsavis angelegt werden soll, wie es aufgebaut werden soll und wie viele Zeichen ein Zahlungsavis beinhalten darf, wird also aus der Kombination der Angaben in Abbildung 5.33 und der Angaben zum Zahlweg, die in Abschnitt 7.1.4, »Zahlwege im Buchungskreis«, erläutert sind, getroffen.

[«]

Verwendungszweck und Zahlungsavis

Häufiger kommt es zu Missverständnissen im Zahlungsprozess, bei denen Zahlungsavis erwartet, aber nicht erzeugt werden. In solchen Fällen sollten Sie als Erstes überprüfen, was für das jeweilige Zahlungsformat in Transaktion OBPM1 eingestellt ist. Die Avis werden nämlich erst erzeugt, nachdem die in Transaktion OBPM1 angegebene maximale Länge des Verwendungszwecks in der Zahldatei erreicht worden ist. Während der Dateigenerierung wird der Verwendungszweck gefüllt und erst, wenn noch Referenzdetails existieren, der Platz für diese im Verwendungszweck aber nicht mehr ausreicht, wird die Zahlung als für die Erzeugung der Zahlungsavis relevant gekennzeichnet. Falls Sie in den Zahlwegeinstellungen definieren, dass ein Avis stets erzeugt werden soll, wird ein Zahlungsavis auch dann generiert, wenn der Platz im Verwendungszweck ausreichend ist.

Zahlungsträgerformat ausprägen

In Transaktion OBPM1 (Pflege der Zahlungsträgerformate) werden der Name und die Grundeigenschaften für die Zahlungsträgerformate definiert. Es müssen aber noch einzelne Knoten und Felder, die Reihenfolge dieser Knoten und Felder und die Ableitungsregeln für die Inhalte festgelegt werden, damit die Zahldatei generiert werden kann (siehe Abbildung 5.29). Das heißt, dass das in Transaktion OBPM1 definierte Zahlungsträgerformat ausgeprägt werden muss. Hierzu steht Transaktion DMEEX (DMEEX: Tool für Formatbaumpflege) in SAP S/4HANA zur Verfügung. Transaktion DMEEX (DMEEX: Tool für Formatbaumpflege) ersetzt die Ihnen aus früheren SAP-Releases möglicherweise bekannte Transaktion DMEE (DMEE: Formatbaum Pflegetool).

In Transaktion DMEEX können Sie sich die vom SAP-System ausgelieferten Payment-Medium-Workbench-Zahlungsformate anschauen sowie eigene Zahlungsformate anlegen und ausprägen.

In Abbildung 5.34 sehen Sie das Einstiegsbild für Transaktion DMEEX, mit der Sie alle Zahlungsformate sowohl anschauen als auch anlegen, ändern oder löschen können. Im Feld **Baumtyp** ❶ wird immer der Wert »PAYM« für die Zahlungsträgerformate eingetragen. In das Feld **Formatbaum** ❷ tragen Sie den Namen des Formats ein, das Sie anschauen oder anlegen möchten. Für ein schon vorhandenes Format klicken Sie auf den Button **Anzeig.** ❸.

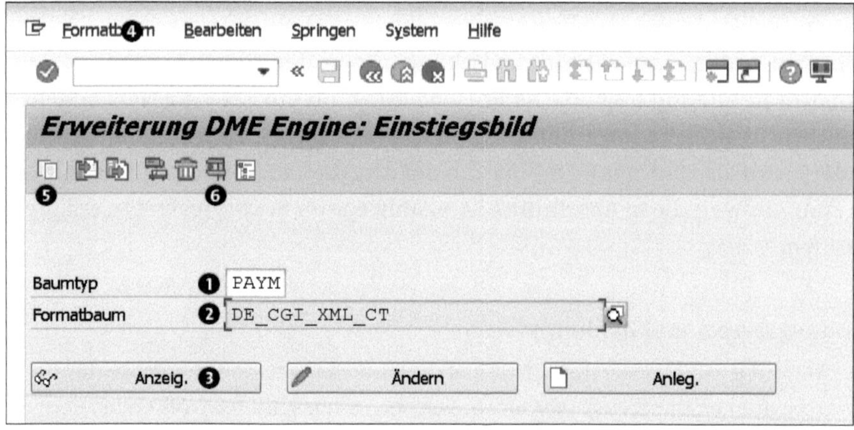

Abbildung 5.34 Zahlungsformat ausprägen in der DME Engine: Einstiegsbild (Transaktion DMEEX)

Mit einem Klick auf den Button (**Kopieren**) ❺ haben Sie die Möglichkeit, ein neues Format durch die Kopie von einem existierenden Format anzulegen. Außerdem haben Sie in Transaktion DMEEX ein Testtool, in dem Sie Dateien aus den eingegebenen Testdaten generieren können, das Sie über den Button (**Testen aktive Version**) ❻ aufrufen können. In der Menüleiste oben hinter dem Menüpunkt **Formatbaum** ❹ verbergen sich weitere Funktionen, mit denen Sie mehrere Formatbäume miteinander vergleichen können. Darüber hinaus können Sie eine XML-Datei mit allen Daten zum Formatbaum in einem SAP-System herunterladen und diese Datei danach in einem anderen SAP-System wieder hochladen.

An dieser Stelle wird von *Formatbäumen* statt von Zahlungsträgerformaten gesprochen, weil in Transaktion DMEEX die Struktur zum Zahlungsformat definiert wird, die tatsächlich einen Baum mit Ästen, Zweigen und Blättern ähnelt.

[«]

Eigene Formatbäume durch Kopieren anlegen

Falls Sie sich dazu entscheiden, eigene Zahlungsformate anzulegen, prägen Sie diese Formate in Transaktion DMEEX als Kopie von den in der SAP-Standardauslieferung vorhandenen Zahlungsformaten. In diesem Fall müssen Sie nur noch die vorhandenen Knoten und Felder überprüfen und sie gegebenenfalls deaktivieren oder anpassen. Dies ist viel einfacher, als einen Formatbaum von null aufzubauen. Wenn Sie bestimmte Knoten oder Felder in dem Formatbaum nicht benötigen, sollen Sie diese nur deaktivieren und nicht komplett löschen. So behalten Sie die Möglichkeit, diese Knoten und Felder jederzeit wieder ins Leben zu rufen, wenn es doch erforderlich wird.

Wir schauen uns nun den SAP-Standardformatbaum `DE_CGI_XML_CT` genauer an. In Abbildung 5.35 sehen Sie das Detailbild von Transaktion DMEEX für den Formatbaum `DE_CGI_XML_CT`. Der Bildaufbau ist für alle Formatbäume identisch. Auf der linken Seite sehen Sie die Struktur des Formatbaums im Bereich **DMEE-Formatbaum** ❶. Wenn Sie in diesem Bereich auf ein Feld oder einen Knoten doppelklicken, sehen Sie die Detailinformationen dazu auf der Registerkarte **Verwaltungsdaten** ❷ auf der rechten Seite des Bildes.

Im Bereich **Hierarchie abhängiger Bäume** ❸ sehen Sie alle von SAP ausgelieferten CGI-XML-Bäume. Sie können erkennen, dass dem Baum `DE_CGI_XML_CT` ❹ ein kundenspezifischer Formatbaum `Z_DE_CGI_XML_CT` ❺ zugeordnet ist. Beim Anlegen eines neuen Formatbaums durch die Kopie von einem anderen Formatbaum haben Sie die Möglichkeit anzugeben, ob es ein abhängiger Formatbaum sein soll.

Diese Möglichkeit können Sie nutzen, um später die Änderungen im Hauptbaum in die abhängigen Formatbäume automatisch zu verteilen. Im Bereich **Quellfelder für Anwendung** ❻ sehen Sie die Namen und Bezeichnungen der Felder, die während der Zahlläufe mit konkreten Inhalten gefüllt werden. In diesem Bereich können Sie bequem die notwendigen Felder aussuchen und diese Felder dann den einzelnen Feldern im Bereich **DMEE-Formatbaum** zuordnen.

In Abbildung 5.36 sehen Sie, dass die Struktur, die im Formatbaum abgebildet ist, der Struktur entspricht, die in Abbildung 5.29 und Tabelle 5.6 gezeigt ist. Als Beispiel nehmen wir das Detailbild für das Feld `Ctry` ❹. Sie gelangen in das Feld `Ctry`, indem Sie die Knoten `PmtInf` ❶, `Dbtr` ❷ und `PstlAdr` ❸ aufklappen. Führen Sie einen Doppelklick auf dem Feld Ctry aus, und seine Eigenschaften erscheinen auf der rechten Seite des Detailbildes.

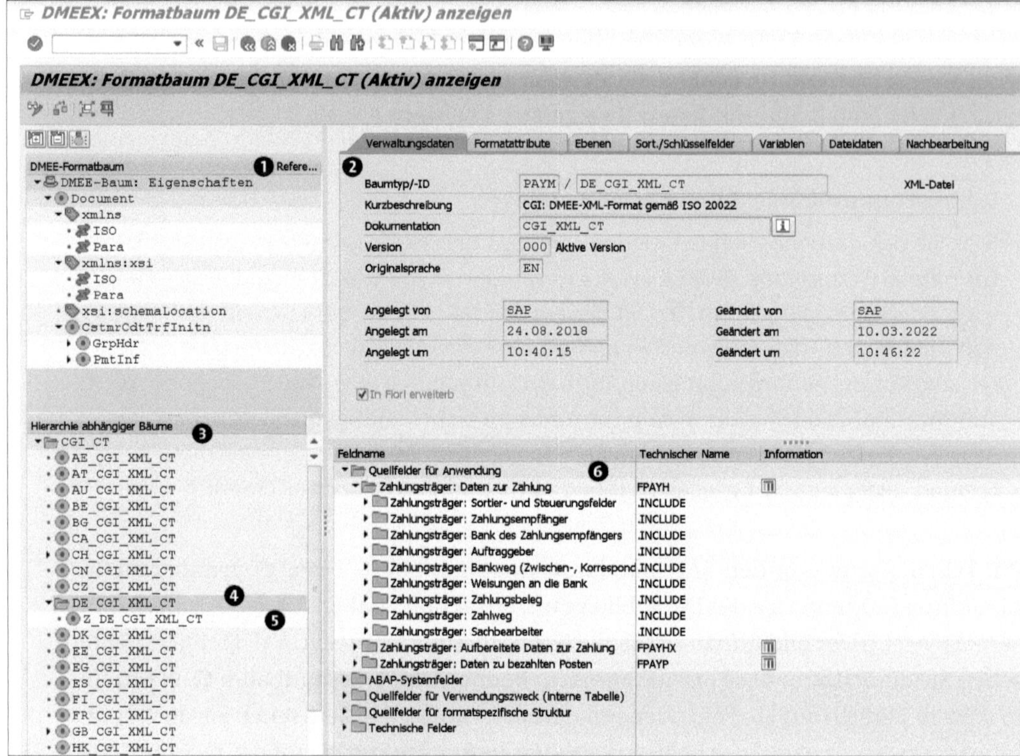

Abbildung 5.35 Zahlungsformat DE_CGI_XML_CT in der DME Engine anzeigen: Detailbild (Transaktion DMEEX)

Auf der Registerkarte **Attribute** ❺ sind die wichtigsten Definitionen des Feldes zusammengefasst. Das Feld hat einen **Namen** ❻ und einen **Status** ❼. Mit dem Feld **Status** wird festgelegt, ob das Feld obligatorisch oder optional ist, und ob es übersprungen werden soll, falls kein Inhalt abgeleitet wurde. Im unteren Bereich **Mapping-Verfahren** werden die Ableitungsregeln für dieses Feld definiert. Dies kann durch das Anklicken des Radiobuttons **Konstante** ❽ eine Konstante sein, die sich von Datei zu Datei nicht ändert.

In den meisten Feldern wird ein Formatbaumfeld als Strukturfeld ❾ definiert. Dies bedeutet, dass es zur Laufzeit während der Dateigenerierung mit einem Wert aus dem Zahllauf gefüllt wird. Auch stehen andere Optionen zur Verfügung, u. a. **Exit-Baustein** ❿. Diese Option können Sie verwenden, wenn die Ableitungslogik so komplex ist, dass es nicht möglich ist, diese Logik mit Regeln im Formatbaum abzuleiten, oder aber, wenn das Quellfeld, aus dem Sie den Wert ableiten müssen, während des Zahllaufs nicht in den Quellstrukturen verfügbar ist.

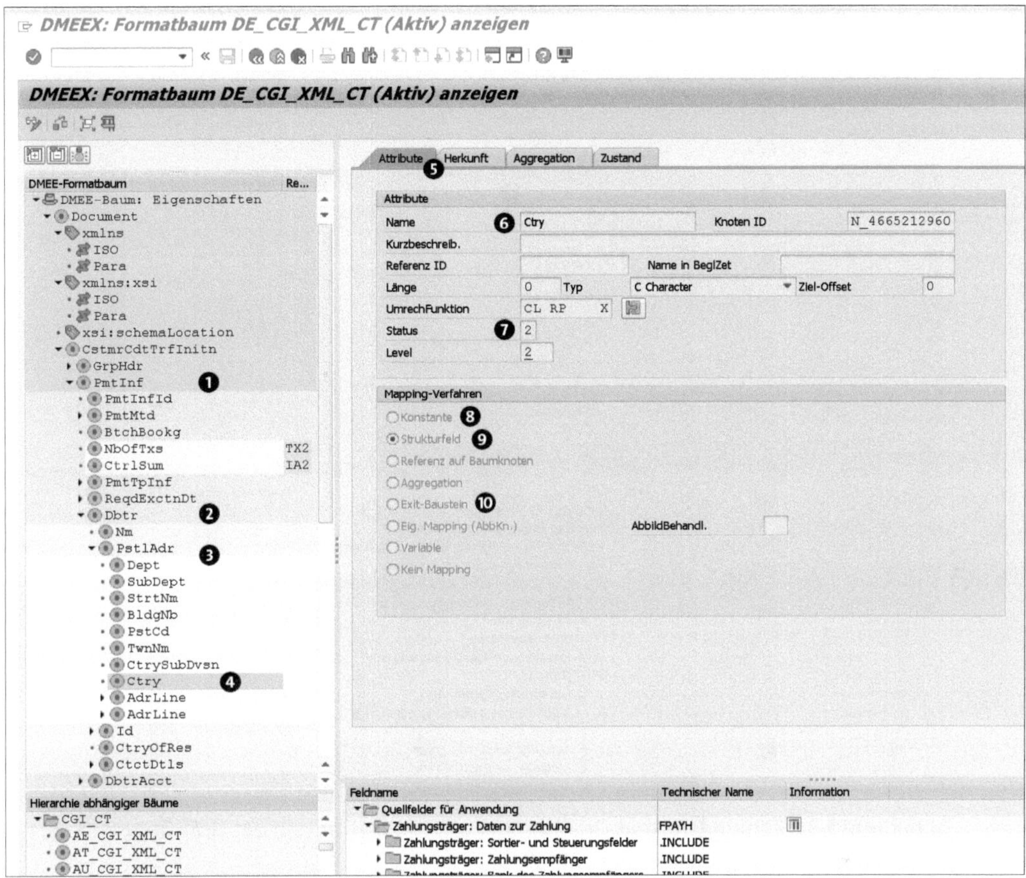

Abbildung 5.36 Zahlungsformat DE_CGI_XML_CT, Feld »Ctry« in der DME Engine anzeigen: Attribute (Transaktion DMEEX)

In Abbildung 5.37 sehen Sie, aus welchem Strukturfeld der Wert für das Feld Ctry ❶ während der Dateigenerierung ermittelt wird. Dieses wird auf der Registerkarte **Herkunft** ❷, im Bereich **Mapping aus Strukturfeld** ❸ zugeordnet. Für Ctry wird der Wert aus der Struktur FPAYHX ❹ und dem Feld mit dem Feldnamen LDISO ❺ abgeleitet. Die Beschreibung des Feldes mit dem Feldnamen LDISO sehen Sie im Knoten **Quellfelder für Anwendung** ❻. Es handelt sich dabei um das Feld **ISO-Code des Landes/der Region** ❼.

In Transaktion DMEEX können Sie u. a. Bedingungen für einzelne Felder oder Knoten einfügen, damit sie nur in bestimmten Fällen erscheinen oder, je nach Bedingung, mit unterschiedlichen Werten gefüllt werden. In diesem Buch können wir leider nicht alle Funktionen dieser Transaktion ausführlich beschreiben. Grundsätzlich gilt aber, dass Sie damit fast alle Anforderungen ohne Programmierkenntnisse abdecken können.

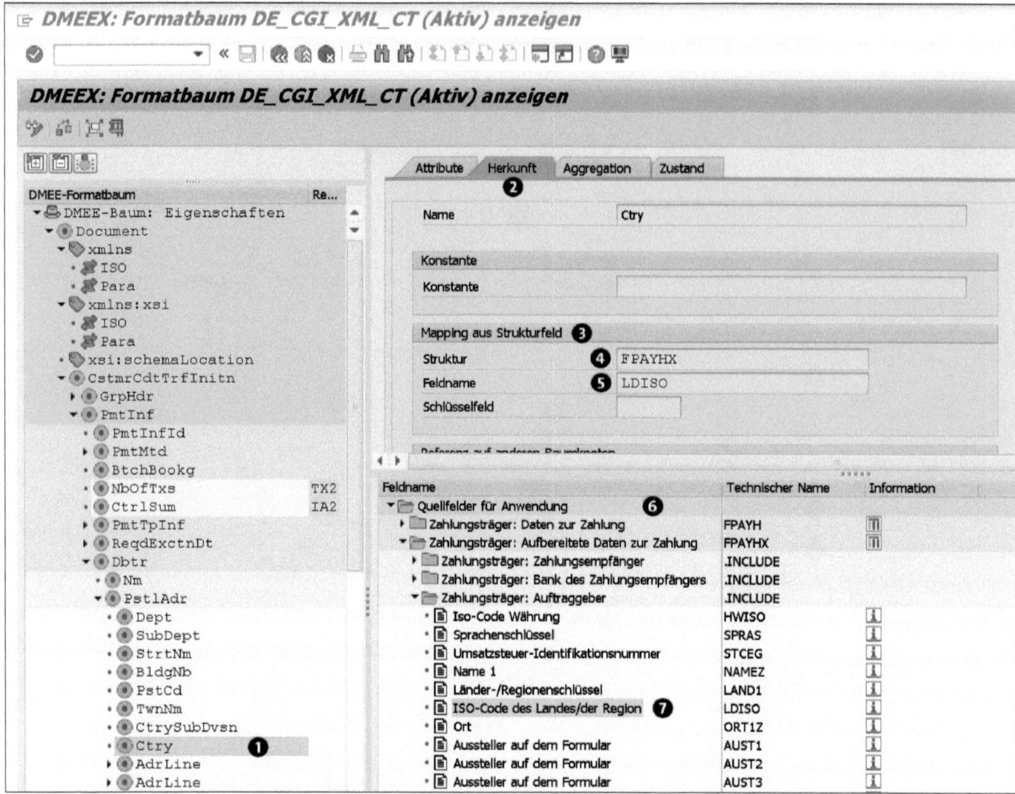

Abbildung 5.37 Zahlungsformat DE_CGI_XML_CT, Feld »Ctry«, in der DME Engine anzeigen: Herkunft (Transaktion DMEEX)

[»]

Quellstrukturen FPAYH, FPAYHX und FPAYP

Die Quellstrukturen FPAYH, FPAYHX und FPAYP werden während des Zahllaufs mit Daten gefüllt. Zu einem großen Teil entsprechen die Werte in diesen Strukturen den Werten in den Datenbanktabellen REGUH und REGUP. Zu einem anderen Teil werden die Werte allerdings für einige Strukturfelder nach bestimmter SAP-Logik intern ermittelt. Sie finden sehr ausführliche Informationen zum Befüllen der FPAYH*-Strukturen im OSS-Hinweis 2820775 (Informationsquellen für Felder in Strukturen FPAYH-FPAYHX-FPAYP).

Zahlungsträgerformat anpassen

Nach der Definition des Zahlungsformats in Transaktion OBPM1 und dem Einrichten der Struktur des Formats und der Ableitungsregeln in Transaktion DMEEX können Sie mit Transaktion OBPM3 (Zahlungsträgerformate (Customer)) zusätzlich die Granularitätskriterien hinterlegen oder eigene Anpassungen zu verschiedenen Zeitpunkten der Dateierzeugung einfügen.

Abbildung 5.38 zeigt das Detailbild von Transaktion OBPM3. Im Bereich **Zahlungsträger getrennt nach (Granularität)** ❶ definieren Sie, wie die Zahlungsträger erzeugt werden sollen.

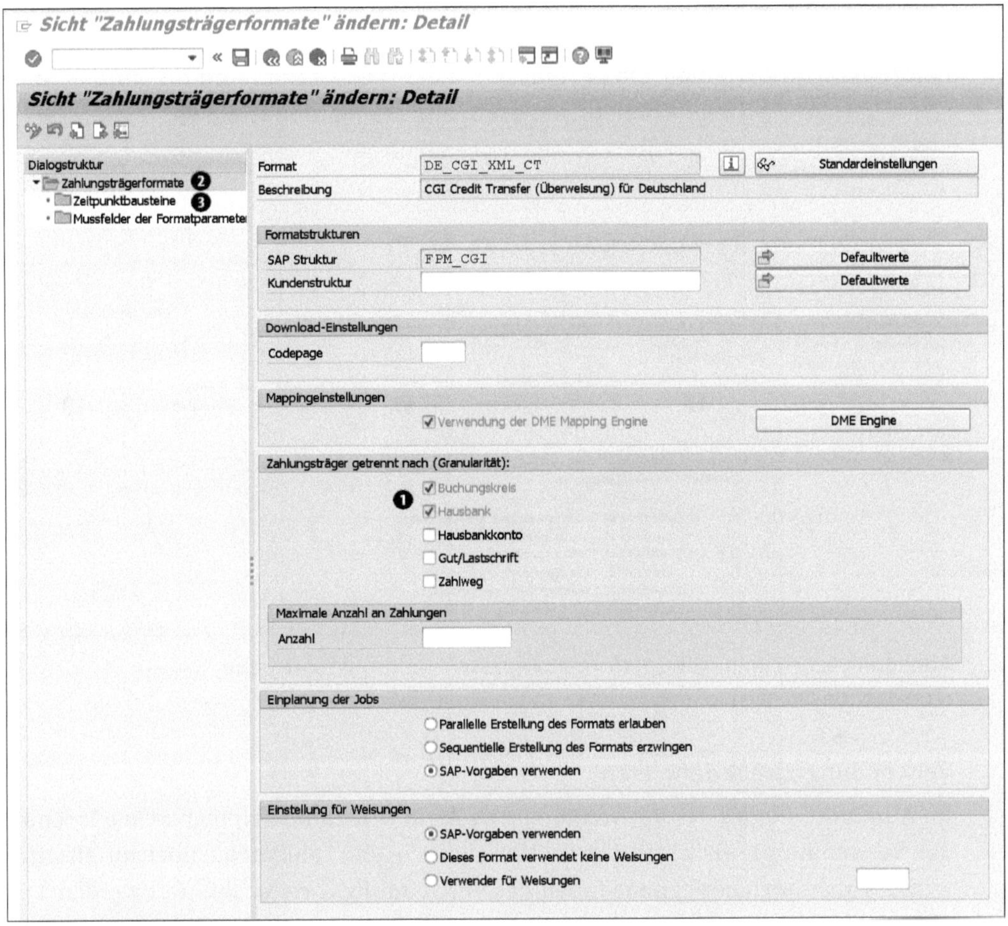

Abbildung 5.38 Zahlungsträgerformat anpassen (Transaktion OBPM3)

In Abbildung 5.38 sind Kennzeichen **Buchungskreis** und **Hausbank** aktiviert worden. Dies bedeutet, dass in einem Zahllauf mit mehreren Buchungskreisen oder mehreren Hausbanken ein separater Zahlungsträger pro Buchungskreis und Hausbank erzeugt wird. Wenn aber in diesem Zahllauf auch mehrere Zahlwege genutzt werden, die dasselbe Zahlungsformat teilen, kommen sie in einem Zahlungsträger zusammen und werden in einer Datei an die Bank geschickt. Durch diese Einstellungen können Sie steuern, wie viele Zahlungsträger zu einem Zahllauf erzeugt werden sollen.

Außerdem können Sie eigene Funktionsbausteine im Unterordner **Zeitpunktbausteine** ❸ des Ordners **Zahlungsträgerformate** ❷ einfügen, um den Prozess der Dateierzeugung zu beeinflussen.

In Abbildung 5.39 sehen Sie das Detailbild für die Definition der Zeitpunktbausteine. Die Zeitpunkte können Sie in der Spalte **Zeitpunkt** ❶ mithilfe der [F1]-Hilfe **Zahlungsträger: Kundenzeitpunkte des Controllers** ❷ eingeben. In der Spalte **Name des Funktionsbausteins** ❸ ordnen Sie dem Zeitpunkt Ihren kundenspezifischen Funktionsbaustein zu. Diese Kundenfunktionsbausteine werden direkt nach den SAP-Standardfunktionsbausteinen, die in Transaktion OBPM1 zu sehen sind, aufgerufen. Dies sehen Sie auch in dieser Abbildung in der Spalte **Standardbaustein** ❹.

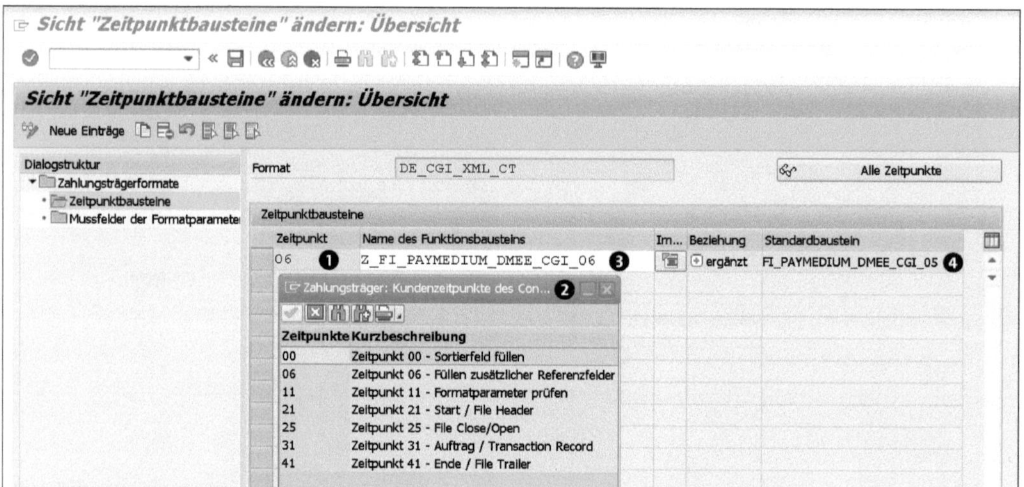

Abbildung 5.39 Zahlungsträgerformat anpassen: Zeitpunktbausteine (Transaktion OBPM3)

Verwendungszweck definieren

Im Abschnitt »Rolles des Verwendungszwecks in den Zahldateien« haben wir schon den Verwendungszweck erläutert und wie dieser in den Zahldateien übermittelt wird. Es muss aber noch der genaue Inhalt des Verwendungszwecks definiert werden. Die Definition nehmen Sie in Transaktion OBPM2 (Pflege des Verwendungszwecks) vor. Es stehen Ihnen mehrere, in der SAP-Standardauslieferung enthaltene Verwendungszwecke zur Verfügung, und wenn der Aufbau Ihren Anforderungen entspricht, können Sie den Verwendungszweck ohne Änderungen nutzen. Sie können aber auch beliebig viele eigene Verwendungszwecke definieren.

In Abbildung 5.40 sehen Sie die Übersicht unterschiedlicher Verwendungszwecke. Markieren Sie einen Eintrag, und führen Sie darauf einen Doppelklick aus, um sich die Eigenschaften des Verwendungszwecks anzusehen.

In Abbildung 5.41 sehen Sie das Detailbild für den Verwendungszweck SAP_CGI. Setzen Sie den Haken im Feld **Verwendungszweckaufbau durch Customizing** ❶, wenn Sie wollen, dass seine Inhalte mit den Werten aus dem Belegkopf oder den Belegpositionen gefüllt werden.

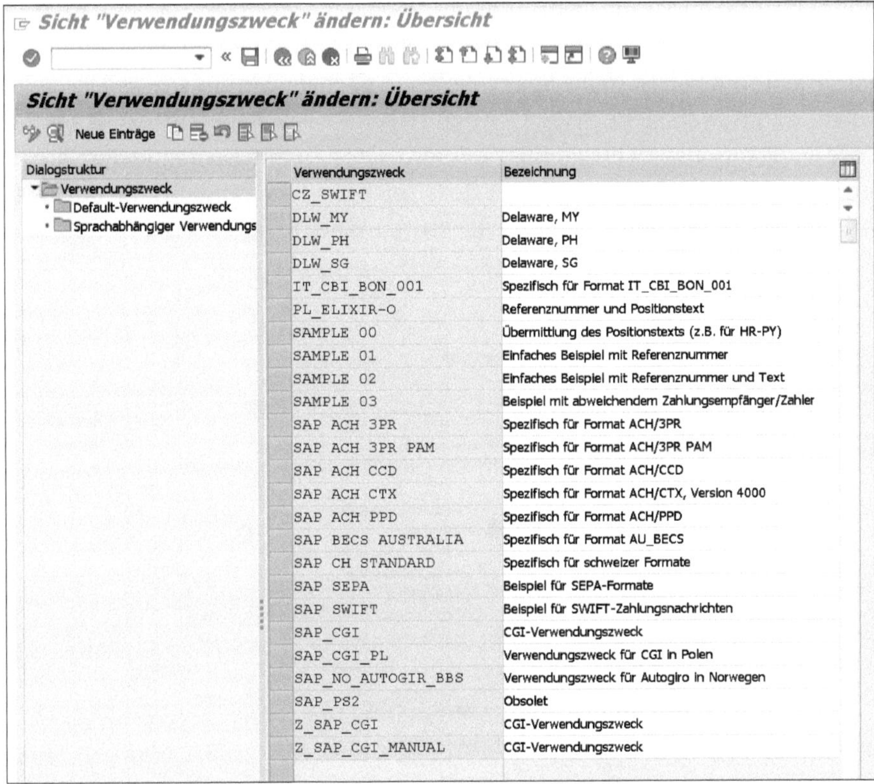

Abbildung 5.40 Verwendungszweck definieren: Übersichtsbild (Transaktion OBPM2)

Setzen Sie den Haken im Feld **Verwendungszweckaufbau durch FI-Baustein ❷**, wenn Sie eine komplexe Ermittlungslogik einbauen wollen, die in einem eigenen Funktionsbaustein definiert wird. Im Bereich **Verwendungszweck ❸** markieren Sie den Ordner **Default-Verwendungszweck ❹** und klicken darauf doppelt.

Abbildung 5.41 Verwendungszweck definieren: Detailbild (Transaktion OBPM2)

In Abbildung 5.42 sehen Sie die Definition des Verwendungszwecks SAP_CGI. Im Feld **Typ** ❶ und in der [F1]-Hilfe **Typ der Mitteilung** ❷ sehen Sie die Ihnen aus Abbildung 5.33 schon bekannten Werte. In die Spalte **Zeilennr.** ❸ geben Sie ein, um welche Zeile es im Verwendungszweck geht. Setzen Sie den Haken im Feld **Segmenttext** ❹, falls in dieser Zeile der Positionstext erscheinen soll, also der Segmenttext, der in dem kreditorischen oder debitorischen Posten mit dem Zeichen »*« anfängt. In die Spalte ❺ **Text des Verwendungszwecks** tragen Sie die Strukturfelder ein.

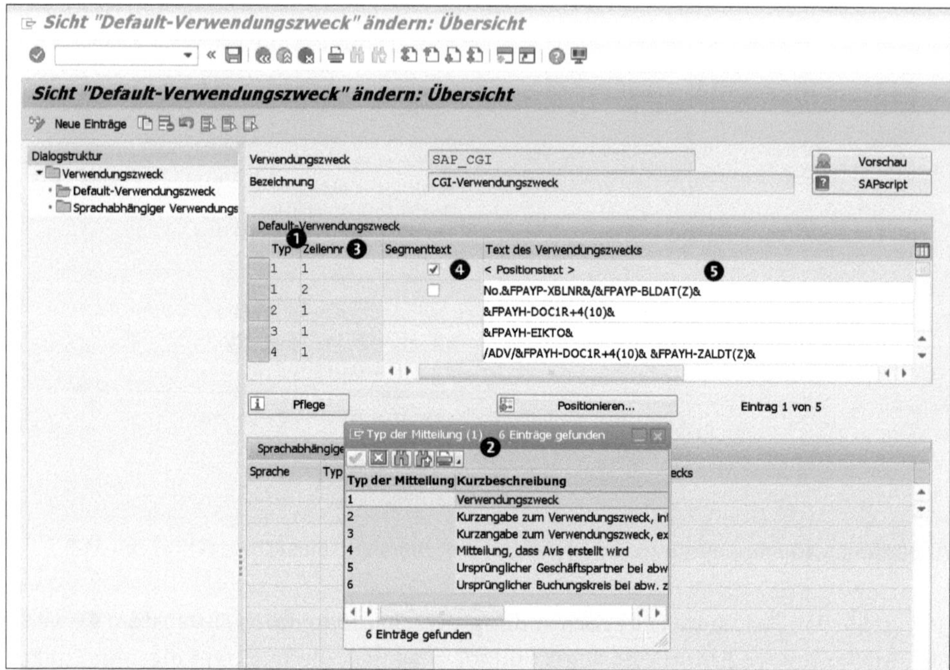

Abbildung 5.42 Verwendungszweck definieren: Default-Verwendungszweck (Transaktion OBPM2)

[zB]

Verwendungszweck SAP_CGI

Die Definition des Verwendungszwecks SAP_CGI in Abbildung 5.42 bedeutet, dass erst der Positionstext und danach die Referenznummer mit dem Rechnungsdatum ausgegeben werden.

Der übermittelte Verwendungszweck könnte so aussehen:

<Ustrd>Miete No.11223344/25.01.2022</Ustrd>.

Dabei ist Miete der Positionstext, 11223344 die Referenznummer der bezahlten Rechnung und 25.01.2022 das Rechnungsdatum.

Ohne vorhandenen Positionstext würde der Verwendungszweck lauten:

<Ustrd>No.11223344/25.01.2022</Ustrd>.

Zahlungsträgerformat und Verwendungszweck zuordnen

Jetzt müssen Sie nur noch das ausgeprägte Zahlungsformat und den definierten Verwendungszweck mit den relevanten Zahlwegen verlinken. Durch diese Verlinkung wird während des Zahllaufs ermittelt, welches Zahlungsträgerformat und welcher Verwendungszweck für den im Zahllauf genutzte Zahlweg gezogen werden sollen. Die Zuordnung des Formats und des Verwendungszwecks zum Zahlweg nehmen Sie in Transaktion FBZP im Bereich **Zahlweg im Land** vor. Wie dies genau vonstattengeht, wird in Abschnitt 7.1.3, »Zahlwege im Land«, genau beschrieben.

Zahlungsträgerformatvarianten zuordnen und Zahlungsträger erzeugen

Die Erzeugung der Zahldateien erfolgt für alle Formate der Payment Medium Workbench mit dem Programm SAPFPAYM, das im Hintergrund aufgerufen wird. Damit die Selektionskriterien des Programms SAPFPAYM korrekt befüllt werden, müssen Sie einmalig die Selektionsvarianten pro Zahlungsträgerformat in Transaktion OBPM4 zuordnen. Die Ebene, auf der Sie diese Zuordnung vornehmen, unterscheidet sich von Format zu Format und hängt davon ab, welche Granularitätskriterien Sie in den Transaktionen OBPM1 und OBPM3 definiert haben. Sie ordnen die Selektionsvarianten der Kombination der Granularitätskriterien innerhalb eines Zahlungsformats zu. Falls Sie das Zahlungsformat keinem Zahlweg zugeordnet haben, können Sie diesem Format auch keine Varianten in Transaktion OBPM4 (Zahlungsträgerselektionsvarianten) zuordnen.

In Abbildung 5.43 sehen Sie die Zuordnung der Varianten für das Zahlungsträgerformat DE_CGI_XML_CT ❶. Die Varianten werden für die Kombination der Felder **Bukrs** ❷ und **Hausbank** ❸ zugeordnet, weil diese beiden Felder als Granularitätskriterien in Transaktion OBPM3 festgelegt sind. Die Selektionsvarianten, die in die Spalte **Sel.-Variante** ❹ eingetragen werden, müssen existieren. Falls Sie mehr als eine Selektionsvariante gleichzeitig zuordnen wollen, nutzen Sie den Button **Weitere Selektionen** ❺. Diese Varianten können Sie entweder vorher direkt im Programm SAPFPAYM anlegen und speichern, oder Sie können direkt aus Transaktion OBPM4 zur Pflege der Varianten in das Programm SAPFPAYM abspringen.

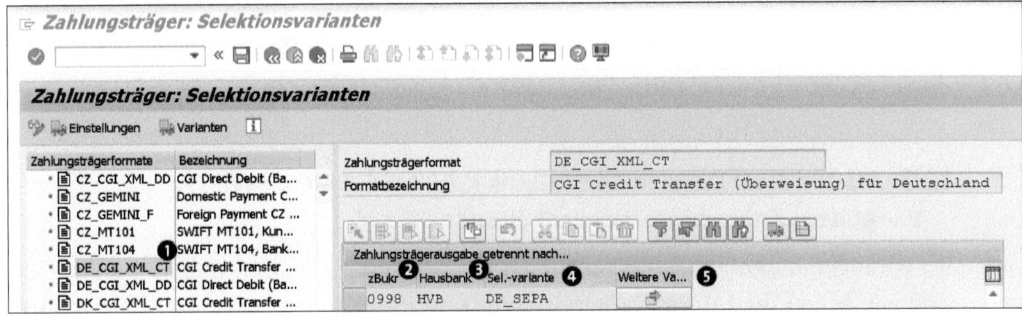

Abbildung 5.43 Selektionsvarianten zuordnen (Transaktion OBPM4)

In Abbildung 5.44 sehen Sie, wie die Selektionsvariante DE_SEPA aussieht, die in Transaktion OBPM4 in Abbildung 5.43 zugeordnet wurde. Die Felder **Tag der Ausführung** ❶ und **Identifikation** ❷ bleiben leer und werden während der Dateierzeugung dynamisch mit den Daten aus dem konkreten Zahllauf gefüllt. In das Feld **Zahlungsträgerformat** ❸ geben Sie das gewünschte Format ein und pflegen die Formatparameter dazu. Wenn Sie auf den Button **Formatparameter** ❹ klicken, erscheint ein Pop-up-Fenster **Weitere Angaben zum Zahlungsträgerformat** ❺, in dem Sie zusätzliche Informationen, die für jede Zahldatei gelten sollen, eintragen.

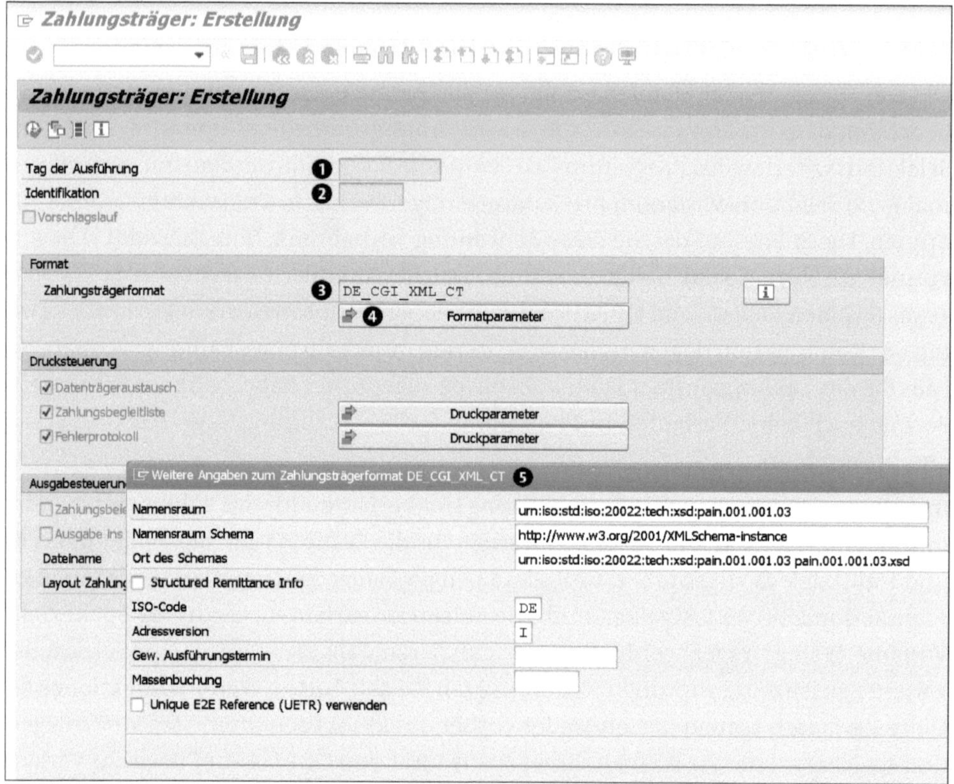

Abbildung 5.44 Selektionsvarianten anlegen (Programm SAPFPAYM)

Mit dieser Einstellung ist alles vorbereitet, um die Zahldateien als Kommunikationsmittel zwischen Unternehmen und Bank erzeugen zu können.

5.2.3 Versand der Dateien an die Bank (SAP MBC, EBICS, SWIFT, andere Anbindungsmöglichkeiten)

Im vorangehenden Abschnitt haben wir geklärt, was ein Kommunikationsmittel ist und wie genau die Informationen in dem Kommunikationsmittel strukturiert und aufbereitet werden. In diesem Abschnitt kommen wir zur nächsten Komponente im

Kommunikationsprozess, und zwar zur Übergabe des Kommunikationsmittels vom Unternehmen zur Bank, also zum *Kommunikationskanal*.

Es muss ein optimaler Kommunikationskanal eingerichtet werden, durch den die Zahldateien zuverlässig mit minimalem Aufwand und möglichst hoher Sicherheit übermittelt werden können.

Die manuelle Übertragung der Zahldateien vom Unternehmen zur Bank mit einer *E-Banking-Lösung* ist anfällig für Manipulationen und Verstöße gegen Compliance-Anforderungen und auch sehr zeitaufwendig. Diese Lösung kann nur als Ausnahme für kleine Gesellschaften mit sehr niedrigen Transaktionsvolumen verwendet werden. In den meisten Fällen findet die Übertragung der Kommunikationsmittel, also der Zahldateien im Zahlungsprozess automatisch statt. Dafür stehen mehrere Möglichkeiten zur Auswahl, die bei der gesamten Einführung des Zahlungsverkehrs oder bei der nachträglichen Erweiterung der Zahlungsprozesse auf eine weitere Hausbank, sorgfältig evaluiert und dann entsprechend umgesetzt werden müssen.

Es kann eine *Host-to-Host-Anbindung* zwischen Unternehmen und Bank aufgebaut werden. Diese Art der Anbindung bedeutet allerdings, dass für jede neue Bank eine separate Anbindung notwendig ist. Das ist ein langer, mit hohen Koordinationsaufwänden aufseiten des Unternehmens und der Bank verbundene Prozess, der in der Regel mindestens bei der Bank ein separates Projekt voraussetzt. Gemäß den Sicherheitsanforderungen in den meisten Unternehmen wird die Anbindung nicht direkt zwischen SAP-System und Bankensoftware eingerichtet, sondern der Weg vom Unternehmen zur Bank führt über eine Middleware-Lösung, die entweder die SAP-Lösung SAP Process Orchestration oder eine Software von einem Drittanbieter sein kann.

[«]

SAP Process Orchestration als eigene SAP-Lösung

SAP Process Orchestration ist eine eigenständige SAP-Lösung für die Integration der SAP-Systeme mit der Außenwelt. Eine ausführliche Beschreibung der Funktionalitäten dieser Lösung finden Sie im Buch »SAP Process Orchestration und SAP Cloud Platform Integration« von SAP PRESS, ISBN 978-3-8362-4481-7.

Es kann eine auf dem *EBICS-Protokoll* basierende Anbindung eingerichtet werden. Die Abkürzung EBICS kommt aus dem Englischen und steht für *Electronic Banking Internet Communication Standard*. Dies verringert deutlich die mit der Einrichtung verbundenen Aufwände, weil dadurch potenziell nur ein Kommunikationskanal für alle Hausbanken genutzt werden kann. Damit setzen Sie einmalig die Kommunikationsschnittstelle auf, die ohne große zusätzliche Aufwände skalierbar ist. Allerdings kommt die EBICS-Lösung hauptsächlich für europäische Banken infrage. Falls Sie einen intensiven Zahlungsverkehr außerhalb Europas haben und dafür Hausbanken weltweit verwenden, werden Sie nicht allein mit der EBICS-Lösung auskommen können. Die Herstellung der EBICS-Anbindung im SAP-System lief mithilfe eines EBICS-

Adapters in SAP Process Integration/SAP Process Orchestration. Dieser Adapter wird allerdings von SAP nicht weiterentwickelt und betreut. Hier können verschiedene Lösungen von Drittanbietern, die an das SAP-System oder als Add-ons im SAP-System eingerichtet werden müssen, genutzt werden.

Eine ähnliche Lösung erreichen Sie mit der *SWIFT-Anbindung*, die ebenfalls als Multibankenlösung gilt und skalierbar ist. SAP bietet das sogenannte *SAP Integration Package for SWIFT* an, das im Zusammenspiel mit SAP Process Integration/SAP Process Orchestration zu verwenden ist. Mit der SWIFT-Lösung können Sie deutlich mehr Banken erreichen als mit der EBICS-Anbindung, insbesondere im außereuropäischen Raum.

Details zu SWIFT- und EBICS-Lösungen in OSS-Hinweisen

Sie finden weitere Informationen zu Aufbau und Besonderheiten der SWIFT- und EBICS-Anbindungen in den folgenden SAP-Hinweisen:

- 1064419 (SAP Integration Package for SWIFT: Hinweise zur Installation)
- 2343032 (Support of EBICS Adapter in SAP PI/PO)

Alternativ können Sie die Anbindung zu den Banken komplett auslagern und eine Lösung wählen, bei der ein Drittanbieter nicht nur für den Aufbau der Verbindung mit der jeweiligen Bank, sondern auch für die Erzeugung der Zahldateien in dem von der Bank gewünschten Format verantwortlich ist. Es gibt mehrere Anbieter solcher Dienstleistungen im Bereich des Zahlungsverkehrs. Die Auslagerung der Kommunikationsprozesse zu den Banken findet in der Regel statt, falls das Unternehmen keine fachlichen und technischen Ressourcen für den Aufbau und die Pflege der Schnittstelle und auch einzelner Zahlungsformate hat oder bereitstellen möchte, und damit der Nutzen der Auslagerung höher als die Servicegebühr ist, die mit der Leistungserbringung seitens des Drittanbieters verbunden ist.

Zum Schluss kommen wir zur letzten Anbindungsoption, die von SAP selbst angeboten wird, und zwar zu *SAP Multi-Bank Connectivity*.

Die Lösung ist gut skalierbar, erfordert eher geringe Aufwände von Ihrer Seite, und wie immer profitieren Sie bei der Verwendung einer Lösung von SAP selbst von den Verbesserungen und Optimierungen, die im Laufe der Zeit für SAP-Produkte eingeführt werden. Mit dieser Lösung lagern Sie den technischen Aufbau der Kommunikationskanäle zu den Banken auf das *Onboarding-Team von SAP Multi-Bank Connectivity* aus. Mit dem Einsatz von SAP Multi-Bank Connectivity liegt die Entscheidung über den Kommunikationskanal zur Bank und die organisatorische Verantwortung für die Herstellung der Anbindung weiterhin bei Ihnen. Sie müssen in Ihrem SAP-System die Zahlungsträger im gewünschten Zahlungsträgerformat generieren und mithilfe des SAP-Multi-Bank-Connectivity-Konnektors (MBC-Konnektor) diese Zahlungsträger an SAP Multi-Bank Connectivity übergeben. Die Übergabe der Zahldateien an die Bank erfolgt in SAP Multi-Bank Connectivity, das sich in der Private Cloud befindet. In Kapitel 12, »SAP Multi-Bank Connectivity«, erzählen wir ausführlich, welche Anbindungsmöglichkeiten Ihnen mit SAP Multi-Bank Connectivity zur Verfügung stehen, wie das Einführungsprojekt aussieht und wie die ausgehende und eingehende Kommunikation mit den Banken aufgebaut ist.

[«]

Mehrere Faktoren beeinflussen die Art der Kommunikation

Die Entscheidung über den besten Kommunikationskanal treffen Sie nach der Berücksichtigung mehrerer Faktoren.

Dazu gehören:

- die Größe und der Zentralisierungsgrad Ihres Unternehmens
- die Transaktionsvolumen im Bereich des Zahlungsverkehrs, aufgeschlüsselt nach Land und Buchungskreis
- die Anzahl der Hausbanken und das Bankland jeder Hausbank
- die Verfügbarkeit fachlicher und technischer Ressourcen für die Herstellung und Pflege der Anbindung
- die Sicherheitsanforderungen Ihres Unternehmens
- die allgemeine Strategie bei der Auswahl der Softwareanbieter

Kommunikationsmittel und Kanäle: Übersicht und Monitoring im SAP-System

Mit dem Versand der Zahldateien an die Banken ist der Zahlungsprozess nicht abgeschossen. Sie müssen noch wissen, ob die Zahlungen bei der Hausbank angekommen und dort verarbeitet worden sind. Erst wenn die Zahlung auf dem Bankkonto des Zahlungsempfängers eingetroffen ist, ist die Zahlung tatsächlich komplett abgeschlossen.

Die Anzahl der Zahlungstransaktionen im Unternehmen ist in der Regel sehr hoch, und es ist unmöglich, jeden einzelnen Zahllauf zu überwachen, um sicherzustellen, dass alle Zahlungen ordnungsgemäß ausgeführt wurden. Im SAP-System haben Sie mehrere Möglichkeiten, um den Stand der Zahlungen auf einen Blick nachzuvollziehen. Sie können den BCM-Monitor mit Transaktion BNK_MONI (Mappen- und Zahlungsmonitor) oder mit der SAP-Fiori-App **Zahlungen überwachen** (App-ID F2388) nutzen. Diese Option verwenden Sie vor allem, um den Status der Zahlungen zu sehen und zu prüfen, ob die Zahlungen bei der Hausbank angenommen oder abgewiesen wurden. Falls Sie Ihre Kommunikation zu den Banken über SAP Multi-Bank Connectivity aufgebaut haben, können Sie den MBC-Konnektor-Monitor mit Transaktion /BSNAGT/MONITOR oder in der SAP-Fiori-App **Banknachrichten verwalten** (App-ID F4385) aufrufen. Dort finden Sie den Status der versendeten Dateien bezüglich der Kommunikation mit SAP Multi-Bank Connectivity. Falls Sie auch die erweiterte Zahlungsverwaltung im Einsatz haben, stehen Ihnen weitere Apps zur Verfügung, die in Abschnitt 11.9, »Nützliche Transaktionen und SAP-Fiori-Apps«, beschrieben sind.

BCM und MBC Monitor wurden schon in Kapitel 2, »Purchase-to-Pay«, erwähnt. In diesem Abschnitt konzentrieren wir uns auf die für das Monitoring der Kommunikation notwendigen Funktionalitäten.

MBC-Konnektor-Monitor

Beim Einsatz der MBC-Funktionalität nutzen Sie zuerst den MBC-Konnektor-Monitor um zu sehen, ob die Zahlungs-Payloads die MBC und die Banken erreicht haben. Diesen Konnektor-Monitor können Sie über Transaktion /BSNAGT/MONITOR aufrufen.

In Abbildung 5.45 sehen Sie das Übersichtsbild von Transaktion /BSNAGT/MONITOR. Ihnen stehen mehrere Registerkarten zur Verfügung. Auf der Registerkarte **Ausgang** ❶ finden Sie alle Nachrichten, die Ihr SAP-System Richtung MBC verlassen haben. Es handelt sich dabei hauptsächlich um Zahldateien. Auf der Registerkarte **Eingang** ❷ finden Sie alle Nachrichten, die von SAP Multi-Bank Connectivity in Ihr System geschickt wurden; dies sind die Statusrückmeldungen zu den Zahlungen und die Kontoauszüge.

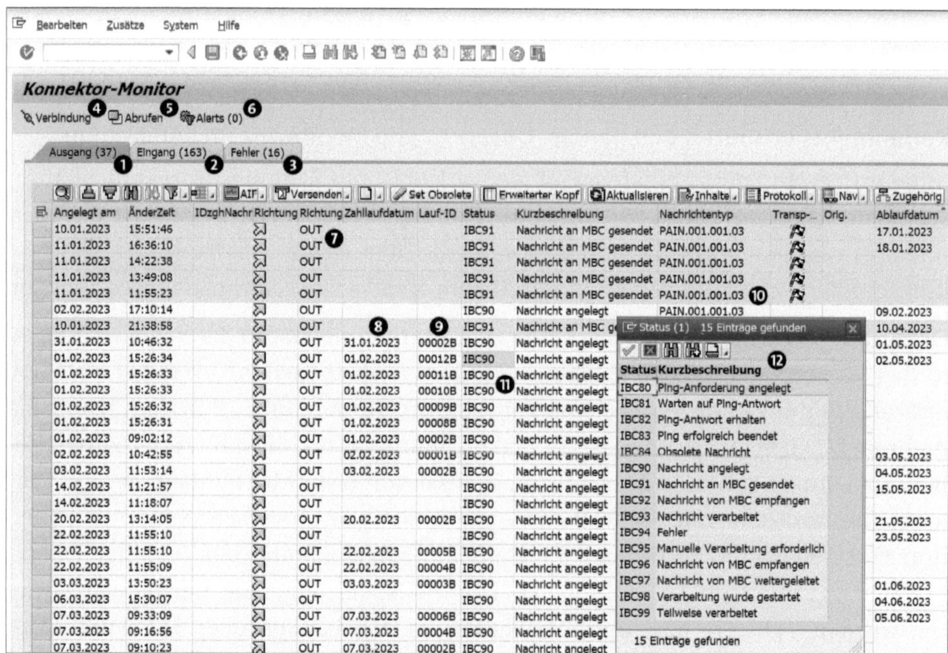

Abbildung 5.45 MBC-Konnektor-Monitor: Übersicht (Transaktion /BSNAGT/MONITOR)

Auf der Registerkarte **Fehler** ❸ sehen Sie beide eingehenden und ausgehenden Nachrichten, die nicht verarbeitet werden konnten. Auf dieser Registerkarte können Sie die Nachbearbeitung anstoßen, nachdem Sie den Fehler geklärt und dessen Ursache beseitigt haben.

Mit einem Klick auf den Button **Verbindung** ❹ können Sie einen technischen Kommunikationstest ausführen, um sicherzustellen, dass die Verbindung zu MBC aktiv ist. Über den Button **Abrufen** ❺ können Sie die eingehenden Nachrichten abrufen, falls Sie sich z. B. in einem Testsystem befinden, in dem kein regelmäßiger Hintergrundjob zum Abholen von Eingangsnachrichten eingerichtet wurde. Falls Sie in MBC Alerts für bestimmte Ereignisse aktiviert haben, können Sie sich die Übersicht der ausgelösten Alerts über den Button **Alerts** ❻ anschauen. Auf der Registerkarte **Ausgang** finden Sie viele Detailinformationen zu den erzeugten und versendeten Nachrichten. Im Feld **Richtung** ❼ sehen Sie, ob es um ausgehende oder um eingehende Nachrichten geht, und im Feld **Zahllaufdatum** ❽ und im Feld **Lauf-ID** ❾ finden Sie die BCM-Batchzahllaufidentifikation, mit der Sie in SAP Bank Communication Management den Batch wiederfinden können. Das Format der Nachricht ist in der Spalte **Nachrichtentyp** ❿ zu sehen. Das Wichtigste in diesem Monitor ist aber die Spalte **Status** ⓫, weil sie den aktuellen Stand der Nachricht zeigt und beschreibt, in welchem Status sie sich befindet. Die Übersicht der möglichen Status finden Sie über die F1-Hilfe im Pop-up-Fenster **Status** ⓬.

Auch auf den Registerkarten **Eingang** und **Fehler** finden Sie diese Informationen jeweils für eingehende und fehlerhafte Dateien, da der Spaltenaufbau der Registerkarte **Ausgang**, der Registerkarte **Eingang** und der Registerkarte **Fehler** identisch sind.

[«]

Status im MBC Monitor

Die Status im MBC-Konnektor-Monitor helfen Ihnen zu verstehen, wie erfolgreich die Kommunikation mit SAP Multi-Bank Connectivity war. Bei den ausgehenden Zahldateien können Sie im MBC Monitor nicht erkennen, ob die Zahlung tatsächlich ausgeführt worden ist; daher verwenden Sie den BCM Monitor.

BCM Monitor

Im BCM Monitor sehen Sie den Status der Zahlungen bezüglich deren Verarbeitungsstands bei der Bank. Dort können Sie auch erkennen, welche Zahlungen akzeptiert oder abgewiesen wurden, und aus welchem Grund die Abweisung stattgefunden hat.

In Abbildung 5.46 sehen Sie das Übersichtsbild von Transaktion BNK_MONI (Mappen- und Zahlungsmonitor). Der BCM Monitor ist von seinem Aufbau her dem MBC-Konnektor-Monitor aus der vorangehenden Abbildung ähnlich. Im BCM Monitor haben Sie mehrere Registerkarten, die die BCM-Batches nach ihrem Bearbeitungstand aufteilen. Auf der Registerkarte **Al.** ❶ sehen Sie alle erzeugten BCM-Batches.

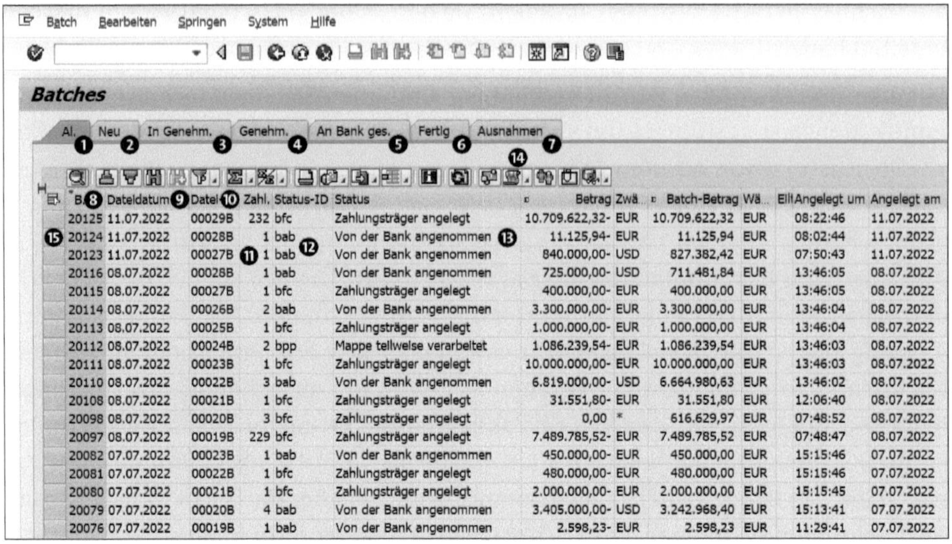

Batch Bearbeiten Springen System Hilfe

Batches

Al. ❶ | Neu ❷ | In Genehm. ❸ | Genehm. ❹ | An Bank ges. ❺ | Fertig ❻ | Ausnahmen ❼ | ⓮

B. ❽	Dateidatum ❾	Datei ❿	Zahl.	Status-ID	Status	Betrag	Zwä...	Batch-Betrag	Wä...	Eil	Angelegt um	Angelegt am
20125	11.07.2022	00029B	232	bfc	Zahlungsträger angelegt	10.709.622,32-	EUR	10.709.622,32	EUR		08:22:46	11.07.2022
⓯ 20124	11.07.2022	00028B	1	bab ⓬	Von der Bank angenommen ⓭	11.125,94-	EUR	11.125,94	EUR		08:02:44	11.07.2022
20123	11.07.2022	00027B	⓫ 1	bab	Von der Bank angenommen	840.000,00-	USD	827.382,42	EUR		07:50:43	11.07.2022
20116	08.07.2022	00028B	1	bab	Von der Bank angenommen	725.000,00-	USD	711.481,84	EUR		13:46:05	08.07.2022
20115	08.07.2022	00027B	1	bfc	Zahlungsträger angelegt	400.000,00-	EUR	400.000,00	EUR		13:46:05	08.07.2022
20114	08.07.2022	00026B	2	bab	Von der Bank angenommen	3.300.000,00-	EUR	3.300.000,00	EUR		13:46:04	08.07.2022
20113	08.07.2022	00025B	1	bfc	Zahlungsträger angelegt	1.000.000,00-	EUR	1.000.000,00	EUR		13:46:04	08.07.2022
20112	08.07.2022	00024B	2	bpp	Mappe teilweise verarbeitet	1.086.239,54-	EUR	1.086.239,54	EUR		13:46:03	08.07.2022
20111	08.07.2022	00023B	1	bfc	Zahlungsträger angelegt	10.000.000,00-	EUR	10.000.000,00	EUR		13:46:03	08.07.2022
20110	08.07.2022	00022B	3	bab	Von der Bank angenommen	6.819.000,00-	USD	6.664.980,63	EUR		13:46:02	08.07.2022
20108	08.07.2022	00021B	1	bfc	Zahlungsträger angelegt	31.551,80-	EUR	31.551,80	EUR		12:06:40	08.07.2022
20098	08.07.2022	00020B	3	bfc	Zahlungsträger angelegt	0,00	*	616.629,97	EUR		07:48:52	08.07.2022
20097	08.07.2022	00019B	229	bfc	Zahlungsträger angelegt	7.489.785,52-	EUR	7.489.785,52	EUR		07:48:47	08.07.2022
20082	07.07.2022	00023B	1	bab	Von der Bank angenommen	450.000,00-	EUR	450.000,00	EUR		15:15:46	07.07.2022
20081	07.07.2022	00022B	1	bfc	Zahlungsträger angelegt	480.000,00-	EUR	480.000,00	EUR		15:15:46	07.07.2022
20080	07.07.2022	00021B	1	bfc	Zahlungsträger angelegt	2.000.000,00-	EUR	2.000.000,00	EUR		15:15:45	07.07.2022
20079	07.07.2022	00020B	4	bab	Von der Bank angenommen	3.405.000,00-	USD	3.242.968,40	EUR		15:13:41	07.07.2022
20076	07.07.2022	00019B	1	bab	Von der Bank angenommen	2.598,23-	EUR	2.598,23	EUR		11:29:41	07.07.2022

Abbildung 5.46 BCM-Batch-Monitor: Übersicht (Transaktion BNK_MONI)

Auf der Registerkarte **Neu** ❷ sehen Sie die erzeugten Batches, für die noch keine erste Freigabe erteilt wurde. Auf der Registerkarte **In Genehmigung** ❸ finden Sie alle Batches, bei denen die finale Freigabe aussteht. Auf der Registerkarte **Genehm.** ❹ finden Sie alle Batches, zu denen eine Datei erzeugt wurde, aber zu denen noch keine Rückmeldung von der Bank vorhanden ist.

Auf der Registerkarte **An Bank ges.** ❺ sind alle Batches zu sehen, die an die externe Bank geschickt wurden und von dieser akzeptiert wurden. Auf der Registerkarte **Fertig** ❻ sind die Batches zu sehen, die ebenfalls an die Bank gesendet und von der Bank akzeptiert wurden und zu denen am folgenden Tag ein entsprechender Kontoauszug eingegangen ist und gebucht wurde.

Auf der Registerkarte **Ausnahmen** ❼ finden Sie die Batches, zu denen entweder gar keine Zahldatei angelegt wurde, weil sie schon bei der Genehmigung abgelehnt wurden, oder aber die von der Bank aus irgendeinem Grund abgelehnt wurden. Der Aufbau aller Registerkarten in Transaktion BNK_MONI ist identisch. Ihnen stehen mehrere Detailinformationen zur Verfügung, wie z. B., in den Spalten **Batch-Nr** ❽ mit der BCM-Batchnummer, **Dateidatum** ❾, **Datei-ID** ❿, mit denen der Batch erzeugt wurde, **Zahl.** ⓫ für die Anzahl der Zahlungen in dem Batch und viele andere Felder. Die wichtigsten Informationen in diesem BCM Monitor sind allerdings in den Spalten **Status-ID** ⓬ und **Status** ⓭ enthalten. Die Abkürzungen im Feld **Status-ID** sind technisch und von SAP vordefiniert. Sie werden mit den externen Statusabkürzungen, die von den Banken kommen, verlinkt, und daraus entsteht dann die Statusbezeichnung im Feld **Status**.

Mehr zur Statusverwaltung in SAP Bank Communication Management können Sie in Abschnitt 10.3, »Verarbeitung der Statusrückmeldungen«, nachlesen. Durch den entsprechenden Status können Sie sofort erkennen, ob die Zahlungen aus dem Batch von der Bank angenommen wurden. Mit einem Klick auf den Button (**Historie**) ⓮ können Sie die Statusänderungen eines Batch nachvollziehen. Bei einem abgewiesenen Batch können Sie die Zeile mit diesem Batch markieren und einen Klick auf das Zeilensymbol ⓯ mit der rechten Maustaste ausführen. Als eine der Möglichkeiten steht Ihnen die Funktion **Eingehende Statusmeldung** zur Verfügung, mit der Sie den Abweisungsgrund der Bank sehen, falls einer mitgegeben wurde.

Alternativ können Sie die SAP-Fiori-App **Zahlungen überwachen** (App-ID F2388) verwenden.

In Abbildung 5.47 sehen Sie das Übersichtsbild der SAP-Fiori-App **Zahlungen überwachen**. Das Übersichtsbild dieser SAP-Fiori-App ist Transaktion BNK_MONI sehr ähnlich. Daher verzichten wir auf die Beschreibung der einzelnen Spalten.

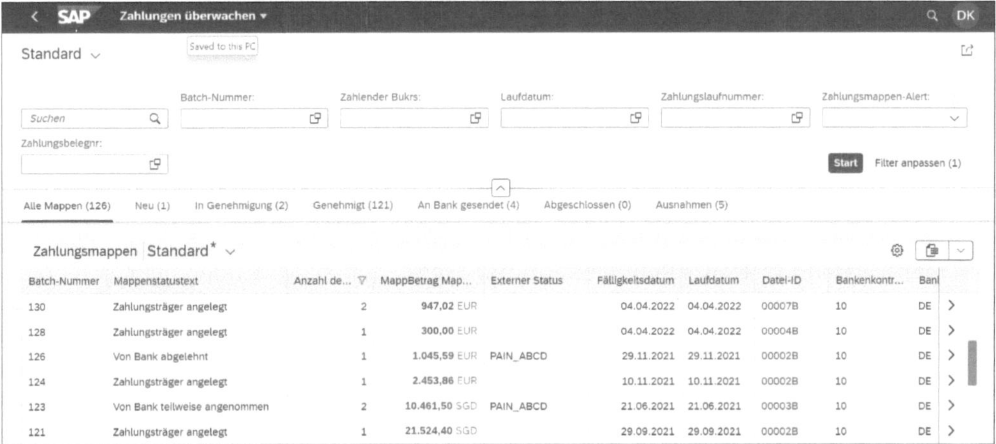

Abbildung 5.47 SAP-Fiori-App »Zahlungen überwachen«: Übersichtsbild

5.3 Eingehende Kommunikation bei der Bank

In den vorangehenden Abschnitten haben wir uns auf die aus Sicht des Unternehmens ausgehende Kommunikation konzentriert. Nun betrachten wir, welche Kommunikationsmittel und Kommunikationskanäle bei der eingehenden Kommunikation von der Bank zurück zum Unternehmen relevant sind.

In der ausgehenden Kommunikation werden die Zahldateien an die externen Banken geschickt. Anschließend müssen die Hausbanken eine Rückmeldung über die Ausführung der Zahlungen aus der Zahldatei zurückgeben. Das verwendete Kommunikationsmittel in diesem Kommunikationsprozess ist die Statusrückmeldungsdatei. Falls für die ausgehende Kommunikation das XML-CGI-Format verwendet wird, und zwar das pain.001-Format für Überweisungen und pain.008 für Lastschrifteinzüge, kommen die Statusrückmeldungsdateien im pain.002-CGI-XML-Format zurück. Die

Dateien im pain.002-XML-Format haben ebenfalls eine feste Aufbaustruktur, die wir in Abschnitt 5.3.1, »Statusrückmeldungen zu den Zahldateien«, genau beschreiben.

Am folgenden Tag nach der Zahlungsausführung kommt ein zusätzliches Kommunikationsmittel von der Bank zum Unternehmen, also ein Kontoauszug, in dem mit der Bank vereinbarten Format. Auch bei Zahlungseingängen auf den externen Bankkonten müssen die externen Hausbanken, je nachdem wie der Zahlungsverkehr im Unternehmen organisiert ist, entweder die In-House-Bank oder die Tochtergesellschaft über diese Zahlungseingänge informieren. Diese Art der Kommunikation, bei der die Bank dem Unternehmen den aktuellen Stand des Bankkontos und alle Tagesbewegungen darauf mitteilt, geschieht in Form externer Kontoauszüge, die regelmäßig von den Banken geschickt werden. Die typischen Formate für die Kontoauszüge als Kommunikationsmittel und deren Aufbau beschreiben wir in Abschnitt 5.3.2, »Kontoauszüge als Kommunikationsmittel«.

5.3.1 Statusrückmeldungen zu den Zahldateien

In der Kommunikation von der Bank zum Unternehmen werden die Statusrückmeldungsdateien verwendet, um dem Unternehmen Auskunft darüber zu geben, welche der verschickten Zahlungen ausgeführt werden konnten und welche abgewiesen werden mussten. Als Link zur ursprünglichen Zahlung wird die Zahlungsreferenznummer verwendet. Diese Referenznummer ist in der ausgehenden pain.001- oder pain.008-Zahldatei enthalten und kommt in der pain.002-Statusrückmeldungsdatei zusammen mit dem Statuscode für die Bestätigung oder Abweisung der Zahlung zurück. Basierend auf dieser Nummer können der ursprüngliche Batch und einzelne Zahlungen in diesem Batch gefunden und mit dem aktuellen Verarbeitungsstatus aktualisiert werden.

Bei einer Abweisung schicken die meisten Banken auch einen Abweisungsgrund in der pain.002-Datei mit. Im Abweisungsgrund sind in der Regel die Ursachen für den Fehler als Kurzbeschreibung angegeben. In einigen Fällen schickt die Bank einen entsprechenden Abweisungscode, der in Ihrem SAP-System zum passenden Text zugeordnet werden kann. Für jede Bank ist die Beschreibung der verwendeten Abweisungscodes hinterlegt. Fordern Sie diese Informationen bei Ihrer Bank ein, um die Einstellungen in Ihrem System entsprechend vorzunehmen. Mehr dazu ist in Abschnitt 10.3, »Verarbeitung der Statusrückmeldungen«, erläutert.

[»]

Aufbau und Bearbeitung eingehender Nachrichten im SAP-System

Für eingehende Nachrichten gibt es keine fest definierten Strukturdefinitionen im SAP-System, wie wir es für ausgehende Nachrichten in Transaktion DMEEX gesehen haben. Dafür existieren aber entsprechende Programme, denen der Aufbau solcher eingehender Nachrichten bekannt ist und in denen die Verarbeitung der Informationen aus diesen Nachrichten stattfindet.

Es ist trotzdem sinnvoll, dass Sie sich mit dem Aufbau eingehender Nachrichten auskennen. Denn das hilft Ihnen, notwendige Informationen bei Verarbeitungsproblemen oder bei der Fehlersuche schnell zu identifizieren.

pain.002-XML-ISO20022-Struktur verstehen

Wir betrachten nun genauer die Struktur einer pain.002-Rückmeldungsdatei. In Abbildung 5.48 sehen Sie eine Beispieldatei im pain.002-CGI-XML-Format. Die Statusrückmeldungsdatei im pain.002-Format besteht aus mehreren Blöcken.

```
❶ ▼<Document xmlns="urn:iso:std:iso:20022:tech:xsd:pain.002.001.03"
   xmlns:xsi="http://www.w3.org/2001/XMLSchema-instance">
   ▼<CstmrPmtStsRpt>
  ❷ ▼<GrpHdr>
       <MsgId>2724476871</MsgId>
       <CreDtTm>2021-07-27T08:50:32+02:00</CreDtTm>
      ▼<InitgPty>
        ▼<Id>
          ▼<OrgId>
             <BICOrBEI>DEUTDEFFXXX</BICOrBEI>
           </OrgId>
         </Id>
       </InitgPty>
      ▼<DbtrAgt>
        ▼<FinInstnId>
           <BIC>DEUTDEFFXXX</BIC>
         </FinInstnId>
       </DbtrAgt>
     </GrpHdr>
  ❸ ▼<OrgnlGrpInfAndSts>
       <OrgnlMsgId>1000080110</OrgnlMsgId>
       <OrgnlMsgNmId>pain.001.001.03</OrgnlMsgNmId>
       <OrgnlNbOfTxs>4</OrgnlNbOfTxs>
       <OrgnlCtrlSum>7811.47</OrgnlCtrlSum>
    ❺ <GrpSts>ACCP</GrpSts>
      ▼<NbOfTxsPerSts>
         <DtldNbOfTxs>4</DtldNbOfTxs>
         <DtldSts>ACCP</DtldSts>
       </NbOfTxsPerSts>
     </OrgnlGrpInfAndSts>
  ❹ ▼<OrgnlPmtInfAndSts>
       <OrgnlPmtInfId>1000080211</OrgnlPmtInfId>
      ▼<TxInfAndSts>
         <OrgnlInstrId>00840000872021</OrgnlInstrId>
         <OrgnlEndToEndId>0084000087</OrgnlEndToEndId>
      ❻ <TxSts>ACCP</TxSts>
        ▼<OrgnlTxRef>
          ▼<Amt>
             <InstdAmt Ccy="EUR">25.28</InstdAmt>
           </Amt>
           <ReqdExctnDt>2021-07-26</ReqdExctnDt>
          ▼<Dbtr>
             <Nm>Musterunternehmen GmbH</Nm>
           </Dbtr>
          ▼<DbtrAcct>
            ▼<Id>
               <IBAN>DE99102000000011223344</IBAN>
             </Id>
           </DbtrAcct>
          ▼<DbtrAgt>
```

Abbildung 5.48 Anzeige der Beispieldatei im pain.002-ISO20022-Format

Die Zeile <Document> ❶ liefert die Informationen zur XML-Version, die für die Erstellung dieser Datei verwendet wurde. Diese Angaben bleiben von Datei zu Datei konstant. Die Angaben in allen weiteren Zeilen der Datei beziehen sich auf eine oder mehrere Zahlungen, die im System ausgeführt, zur Hausbank übermittelt wurden und zu denen nun die Statusmitteilung erfolgt. Sie sehen den Knoten <GrpHdr> ❷ mit den allgemeinen administrativen Informationen zur Datei. Im Knoten <OrgnlGrpInfAndSts> ❸ finden Sie die Informationen, die für den gesamten Batch aus der ursprünglichen Zahldatei gelten, und zu dem die Rückmeldung kam. Dies sind die Gesamtanzahl, der Gesamtbetrag der Zahlungen in dem ursprünglichen Batch. Sie sehen auch den Gesamtstatus des gesamten Batch im Knoten <GrpSts> ❺. Im Knoten <OrgnlPmtInfAndSts> ❹ sind die Informationen pro einzelne Zahlung enthalten. Dazu gehören die Referenznummer der Zahlung, der Absender, der Empfänger und ihre Bankdaten. Den Status dieser einzelnen Zahlung sehen Sie im Knoten <TxSts> ❻.

Statusrückmeldung für Batch mit mehreren Zahlungen

Sie haben an Ihre Bank eine pain.001-Datei mit 5 Zahlungen geschickt. Von diesen 5 Zahlungen wurden von der Bank 4 Zahlungen ausgeführt und eine Zahlung abgewiesen.

In der pain.002-Rückmeldungsdatei zu dieser Zahldatei erscheint in diesem Fall ein Knoten <OrgnlGrpInfAndSts> mit dem Status PART. Dieser Status gilt für die gesamte Zahldatei, also für den ganzen Batch.

Zusätzlich erscheinen fünf Knoten <OrgnlPmtInfAndSts> weil jeder Knoten eine Mitteilung über die jeweilige Zahlung bringt. 4 von diesen Knoten <OrgnlPmtInfAndSts> enthalten den Status ACCP, und ein Knoten <OrgnlPmtInfAndSts> enthält den Status RJCT.

In Transaktion BNK_MONI wird der gesamte Batch mit dem Status **Teilweise akzeptiert** angezeigt. In der Detailanzeige zu diesem Batch werden 4 einzelne Zahlungen mit dem Status **Von Bank angenommen** und eine Zahlung mit dem Status **Von Bank abgelehnt** angezeigt.

Vergleichen Sie Abbildung 5.48 mit Abbildung 5.29, und Sie erkennen viele Ähnlichkeiten in Dateiaufbau und Syntaxlogik der pain.001- und pain.002-Nachrichten.

Wir haben die wichtigsten Knoten in der Struktur für Dateien im CGI-XML-pain.002-Format in Tabelle 5.7 zusammengefasst. Dort sehen Sie die wichtigsten Knoten aus der pain.002-Struktur. Von Bank zu Bank unterscheidet sich die Ausprägung konkreter Nachrichten, sodass einige Knoten aus dieser Tabelle möglicherweise in der Rückmeldungsdatei Ihrer Bank nicht gefüllt sind.

Knotenreihenfolge	Knotenname	Englische Bezeichnung	Erklärung
1.	<CstmrPmtStsRpt>	Customer Payment Status Report	Zahlungsart: Überweisung
1.1.	<GrpHdr>	Group Header	Kopfdetails: Erstellungsdatum, Nachrichtennummer
1.1.1.	<InitgPty>	Initiating Party	Absender der Statusnachricht
1.1.2.	<DbtrAgt>	Debtor Agent	Bankdaten des Absenders
1.2.	<OrgnlGrpInfAndSts>	Organisational Group Information and Status	Details zum gesamten Batch: Nachrichtennummer, Format, Anzahl der Transaktionen, Gesamtbetrag, Gesamtstatus
1.3.	<OrgnlPmtInfAndSts>	Organisational Payment Information and Status	Rückmeldung zu einer einzelnen Zahlung
1.3.1.	< TxInfAndSts>	Transaction Information and Status	Referenznummer Status
1.3.1.1.	<OrgnlTxRef>	Original Transaction Reference	Details ursprünglicher Zahlung
1.3.1.1.1	<Amt>	Amount	Zahlbetrag
1.3.1.1.2	<Dbtr>	Debtor	Absender
1.3.1.1.3	<DbtrAcct>	Debtor Account	Bankkonto des Absenders
1.3.1.1.4	<DbtrAgt>	Debtor Agent	Bankdaten des Absenders
1.3.1.1.5	<CdtrAgt>	Creditor Agent	Bankdaten des Empfängers
1.3.1.1.6	<Cdtr>	Creditor	Empfänger
1.3.1.1.7	<CdtrAcct>	Creditor Account	Bankkonto des Empfängers

Tabelle 5.7 Die wichtigsten Knoten in pain.002-XML-Dateien

Die vollständige Beschreibung der pain.002-Struktur können Sie auf der offiziellen Homepage für ISO20022-Standards finden, wie es im Abschnitt »Formatdefinitionen der Banken« erwähnt ist.

[»]

Sogenannte unvollständige Statusrückmeldungen sind möglich!

Einige Banken schicken die Aufschlüsselung auf einzelne Transaktionen nur für abgewiesene Zahlungen. Dies bedeutet, dass für einen Batch mit 3 Zahlungen, bei denen 2 Zahlungen akzeptiert und 1 Zahlung abgewiesen wurde, die Details nur zu der einen abgewiesenen Zahlung enthalten wären. Die beiden anderen, in der Statusrückmeldung nicht erwähnten Zahlungen gelten dabei als akzeptiert.

Abweisungsgründe in den Statusrückmeldungen

Falls eine Zahlung abgewiesen wurde, wird der Abweisungsgrund als Code oder Text von der Bank mitgegeben. Nach der Verarbeitung der Statusrückmeldung im SAP-System können Sie den Abweisungsgrund in Transaktion BNK_MONI sehen, wenn Sie die Zeile mit dem jeweiligen Batch markieren und mit der rechten Maustaste die Funktion **Eingehende Statusmeldung** aufrufen.

In Abbildung 5.49 sehen Sie, wie die Details zur Abweisung aussehen können. In der Spalte **StatUrsachCode** ❶ ist der Statuscode enthalten, der in der Statusrückmeldungsdatei übergeben wurde. In der Spalte **StatusInfo** ❷ sind die Zusatzinformationen zur Abweisung zu sehen; sie wurden ebenfalls von der Bank in der Datei weitergegeben. In der Spalte **Grundbeschreibung** ❸ können Sie die Beschreibung zum Statuscode aus dem Feld **StatUrsachCode** sehen, falls Sie im Customizing von SAP Bank Communication Management die notwendigen Einstellungen vorgenommen haben und die externen Statuscodes von der Bank mit den intern von Ihnen definierten Statuscodes und deren Beschreibungen verlinkt haben.

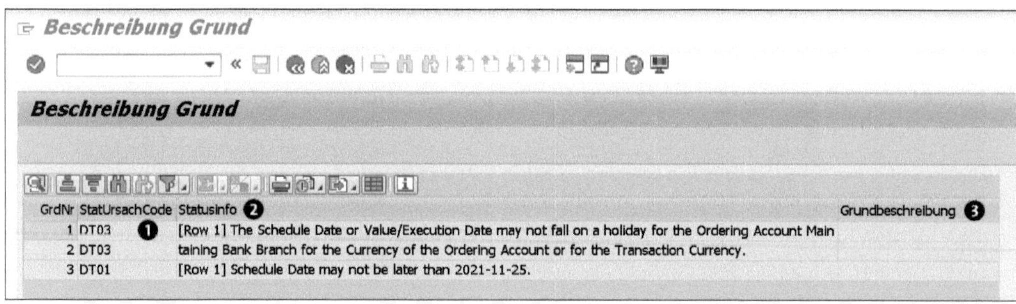

GrdNr	StatUrsachCode	StatusInfo	Grundbeschreibung
1	DT03	[Row 1] The Schedule Date or Value/Execution Date may not fall on a holiday for the Ordering Account Main	
2	DT03	taining Bank Branch for the Currency of the Ordering Account or for the Transaction Currency.	
3	DT01	[Row 1] Schedule Date may not be later than 2021-11-25.	

Abbildung 5.49 Abweisungsgründe für BCM-Batches anzeigen (Transaktion BNK_MONI)

5.3.2 Kontoauszüge als Kommunikationsmittel

Ein weiteres wichtiges Kommunikationsmittel zwischen Bank und Unternehmen ist der *Kontoauszug*, der in der Regel täglich von der Bank versendet wird und alle Transaktionen des Unternehmens am vorherigen Tag enthält. Für das Erzeugen der Kontoauszüge existieren mehrere Formate, die von den Banken verwendet und bei der Einführung eines neuen Bankkontos mit der Bank abgestimmt werden müssen.

Möglich sind z. B.:

- das SWIFT-MT940-Format
- das camt.053-ISO20022-Format
- das BAI2-Format für die Bankkonten in den USA

Allerdings ist in diesem Bereich der Kommunikation mit den Banken, ebenso wie im Bereich der ausgehenden Zahlungen, der Prozess der Standardisierung in vollem Gange, und in der nächsten Zeit werden vermutlich die noch genutzten Formate durch das camt.053-XML-Format ersetzt.

Nichtsdestotrotz behandeln wir in diesem Buch die Formatstrukturbeschreibungen für alle drei erwähnten Formate: MT940, camt.053 und BAI2, weil aktuell alle diese Formate noch in Verwendung sind und es einige Zeit in Anspruch nehmen wird, bis das camt.053-Format zu dem überall genutzten Format wird.

SWIFT-MT940-Format erkennen und verstehen

Zurzeit ist das SWIFT-MT940-Format immer noch das am meisten verbreitete Format für die Kontoauszüge, auch wenn es immer stärker vom camt.053-Format verdrängt wird. Aus diesem Grunde erläutern wir dieses Format als Erstes.

In Abbildung 5.50 sehen Sie einen Kontoauszug im MT940-Format. Jeder Kontoauszug besteht aus festen **Tags** ❶, die mit einem Doppelpunkt »:« beginnen. Nach dem nächsten Doppelpunkt folgen die einzelnen **Werte** ❷.

```
   ❶   ❷
  :20:DEUTDEFFXXXX
  :25:10070000/0112233445
  :28C:00144/001
  :60F:C201105EUR0,00
  :61:2011091109C191,78NCMZNONREF
  :86:833?00DB-TRANSFER?109005/728?11333 669944000?1010023000?330069335
  000
  :61:2011091109D191,78NDDTNONREF//2031423593773300
❸ :86:1❹?00SEPA-LASTSCHRIFT?109075/625?20EREF+12200020030040?21MREF+ABC
  000000807363?22CRED+DE11ZZZ00000229988?23SVWZ+KUNDENNUMMER
   122055299?24140609 07777710 441,74/13?2559583512 -249,96?30DEU
  TDEFFXXX?31DE99004535250077777710?32MUSTERUNTERNEHMEN SERVICECE?3
  3NTER GMBH?34992
  :62F:C201109EUR0,00
  :64:C201109EUR0,00
```

Abbildung 5.50 Beispieldatei im SWIFT-MT940-Format

Tags im MT940-Kontoauszug

Jede Zeile im MT940-Kontoauszug hat eine eigene Bedeutung. Die Zahlen am Anfang jeder Zeile sind die Codes, die eine bestimmte Art der Information andeuten. Der Zweck der einzelnen Tags und die Reihenfolge, in der sie vorkommen, sind fest definiert. Diese Codes im MT940-Kontoauszug werden *Tags*, oder auch *Records* genannt.

In Tabelle 5.8 haben wir die Bedeutung einzelner Tags zusammengefasst und die Werte aus Abbildung 5.50 ebenfalls in die Tabelle übertragen, damit Sie die Verwendung der einzelnen Tags besser nachvollziehen können.

Tag	Feldbezeichnung	Erklärungen	Beispiel
:20:	Referenznummer	feste Belegung je Bank	DEUTDEFFXXXX
:25:	Kontobezeichnung	definiert bei der Bank, z. B. Bankleitzahl/Konto SWIFT/Konto IBAN alternatives Konto	 10070000/0112233445
:28C:	Kontoauszugs-nummer	fortlaufende Nummer Blatt	00144 001
:60F:	Anfangssaldo	Soll/Haben Buchungsdatum Währung Betrag	C 201105 EUR 0,00
:60M:	Zwischensaldo	Soll/Haben Buchungsdatum Währung Betrag	relevant nur bei Auszügen mit mehreren Blättern
:61:	Umsatzzeile (Details der Transaktion)	Valuta Buchungsdatum Soll/Haben Betrag Buchungsschlüssel Referenz	201109 1109 C 191,78 NCMZ NONREF

Tabelle 5.8 Tags in Kontoauszügen im SWIFT-MT940-Format

Tag	Feldbezeichnung	Erklärungen	Beispiel
:86:	Mehrzweckfeld	GVC Buchungstext Verwendungszweck	105 SEPA-LASTSCHRIFT EREF+12200020030040
:62F:	Schlusssaldo	Soll/Haben Buchungsdatum Währung Betrag	C 201109 EUR 0,00
:62M:	Zwischensaldo	Soll/Haben Buchungsdatum Währung Betrag	relevant nur bei Auszügen mit mehreren Blättern
:64:	Aktueller Valutensaldo	Soll/Haben Buchungsdatum Währung Betrag	C 201109 EUR 0,00

Tabelle 5.8 Tags in Kontoauszügen im SWIFT-MT940-Format (Forts.)

In der Tabelle sehen Sie, für welche Zwecke die einzelnen Tags im MT940-Format verwendet werden. Die konkreten Werte in jedem Tag werden nacheinander ohne Leerstellen angegeben. Einige Tags, wie z. B. die Tags :25 oder :60F, kommen nur einmal im Kontoauszug vor, und die Tags :61 und :86 können mehrmals erscheinen. Die Anzahl dieser Tags entspricht der Anzahl der Transaktionen, die mit dem Kontoauszug mitgeteilt werden.

Eine wichtige Rolle spielt der Wert im Tag :25. Das ist das Identifikationskriterium für die Erkennung des Bankkontos im SAP-System. In vielen Fällen schicken die Banken die Bankkontonummer in Kombination mit der Bankleitzahl oder dem BIC in dieses Tag; es kommt aber ziemlich häufig vor, dass sie eine alternative Nummer in dieses Tag eingeben, unter der sie das Bankkonto in der Bankensoftware führen. Der Wert in Tag :25 muss in Ihrem SAP-System auffindbar sein, damit der Kontoauszug in dem dazu gehörigen Buchungskreis eingespielt werden kann.

In Tag :86 werden Referenzinformationen zu den einzelnen Transaktionen übermittelt, die es dem Empfänger ermöglichen, die Transaktion zu erkennen und entsprechend zu verbuchen. Kehren wir zu Abbildung 5.50 zurück, und sehen wir uns den Tag :86 ❸ genauer an. In diesem Tag sind mehrere zweistellige Codes mit einem anschließenden Fragezeichen ❹ enthalten. Der auf diese Art und Weise aufgebaute Tag :86 wird strukturierter Verwendungszweck genannt.

[»]

MT940 Kontoauszug mit strukturiertem Verwendungszweck

Der Begriff *Strukturierter Verwendungszweck* bedeutet, dass die Referenzinformation, oder anders gesagt, der Verwendungszweck der Transaktion, nach einer festen Struktur aufgebaut ist.

Im Folgenden finden Sie die Aufschlüsselung der einzelnen Codes in Tag :81 und ihre Bedeutung:

- GVC: Geschäftsvorfallcode
- ?00: Buchungstext
- ?10: Primanotennummer
- ?20–?29: Verwendungszweck
- ?30: BIC oder Bankleitzahl von Auftraggeber bzw. Zahlungsempfänger
- ?31: Kontonummer oder IBAN von Auftraggeber bzw. Zahlungsempfänger
- ?32–?33: Name von Auftraggeber bzw. Zahlungsempfänger
- ?34: Textschlüsselergänzung
- ?60–?63: Verwendungszweck

Auch gibt es MT940-Kontoauszüge mit einem *unstrukturierten Verwendungszweck*. In diesem Fall werden alle Informationen in Tag :86 als Textzeile mit Leerstellen zwischen den einzelnen Zeichenfolgen ausgegeben. Tag :86 sieht dann folgendermaßen aus:

:86:2933293394, SEND-REF: 096TTJ-28047695, CHRG:OUR

Die Entscheidung, ob der Kontoauszug mit dem strukturierten oder unstrukturierten Verwendungszweck geliefert wird, wird von der Bank getroffen. Im SAP-System können beide Arten der MT940-Kontoauszüge importiert werden; die Inhalte von Tag :86 werden dabei korrekt übernommen.

Mehr zum Einrichten der Kontoauszugsverarbeitung im SAP-System finden Sie in Abschnitt 7.6, »Konfiguration der Kontoauszugsverarbeitung«.

camt.053-ISO20022-Format erkennen und verstehen

Immer mehr Banken bieten die Kontoauszüge sowohl im MT940- als auch im camt.053-Format an, und es ist davon auszugehen, dass das camt.053-Format mit der Zeit die führende Rolle bei den Kontoauszugsformaten übernehmen wird.

In Abbildung 5.51 sehen Sie eine Beispieldatei im camt.053-XML-Format. Der Kontoauszug im camt.053-Format besteht aus mehreren Blöcken. Die Zeile `<Document>` ❶ liefert die Informationen zur XML-Version, die für die Erstellung dieser Datei verwendet wurde. Diese Angaben bleiben von Datei zu Datei konstant. Sie sehen den Ihnen aus den anderen ISO20022-Formaten schon bekannten Knoten <GrpHdr> ❷ mit den allgemeinen administrativen Informationen zur Datei. Im Knoten <Stmt> ❸ finden Sie die Informationen, die für den gesamten Kontoauszug gelten.

```
❶ ▼<Document xmlns="urn:iso:std:iso:20022:tech:xsd:camt.053.001.02">
   ▼<BkToCstmrStmt>
  ❷ ▼<GrpHdr>
        <MsgId>8dab15d4ad724b73b2a544f2e343e230</MsgId>
        <CreDtTm>2021-07-02T09:52:56.565Z</CreDtTm>
      ▼<MsgRcpt>
          <Nm>Musterunternehmen GmbH</Nm>
        ▼<PstlAdr>
            <Ctry>US</Ctry>
          </PstlAdr>
          <CtryOfRes>US</CtryOfRes>
        </MsgRcpt>
      ▼<MsgPgntn>
          <PgNb>1</PgNb>
          <LastPgInd>true</LastPgInd>
        </MsgPgntn>
      </GrpHdr>
  ❸ ▼<Stmt>
        <Id>463280910382465106</Id>
        <ElctrncSeqNb>94</ElctrncSeqNb>
        <CreDtTm>2021-07-02T09:52:56.565Z</CreDtTm>
      ▼<Acct>
        ▼<Id>
          ▼<Othr>
              <Id>011223344</Id>
            </Othr>
          </Id>
          <Ccy>USD</Ccy>
        ▼<Ownr>
            <Nm>Musterunternehmen GmbH</Nm>
          ▼<PstlAdr>
              <Ctry>US</Ctry>
            </PstlAdr>
            <CtryOfRes>US</CtryOfRes>
          </Ownr>
        ▼<Svcr>
          ▼<FinInstnId>
              <BIC>BKTRUS33XXX</BIC>
            </FinInstnId>
          </Svcr>
        </Acct>
      ▼<Bal>
        ▼<Tp>
          ▼<CdOrPrtry>
              <Cd>OPBD</Cd>
            </CdOrPrtry>
          </Tp>
          <Amt Ccy="USD">0.00</Amt>
          <CdtDbtInd>CRDT</CdtDbtInd>
        ▼<Dt>
            <Dt>2021-07-01</Dt>
          </Dt>
        </Bal>
```

Abbildung 5.51 Beispieldatei im camt.053-ISO20022-Format

In Tabelle 5.9 haben wir die wichtigsten Knoten des camt.053-Formats zusammengestellt.

Knoten-reihenfolge	Knotenname	Bezeichnung Englisch	Erklärung
1.	<BkToCstmrStmt>	Bank to Customer Statement	Art der Datei: Kontoauszug
1.1.	<GrpHdr>	Group Header	Kopfdetails: Erstellungsdatum, Nachrichtennummer Empfänger
1.2.	<Stmt>	Statement	Auszugsnummer Erstellungsdatum
1.2.1.	<Acct>	Account	Empfängerbankdaten
1.2.1.1.	<Id>	Identification	Empfängerbankkonto Kontowährung
1.2.1.2.	<Ownr>	Owner	Kontoinhaber: Name, Adresse
1.2.1.3.	< Svcr>	Servicer	BIC der Hausbank
1.2.2.	<Bal>	Balance	Anfangssaldo Schlusssaldo
1.2.3.	<Ntry>	Entry	Transaktion: Soll/Haben, Betrag, Buchungsdatum Valutadatum
1.2.3.1.	<NtryDtls>	Entry Details	Transaktionsdetails
1.2.3.1.1	**<Refs>**	**References**	**Referenznummer**
1.2.3.1.2	<AmtDtls>	Amount Details	Transaktionsbetrag
1.2.3.1.3	<BkTxCd>	Bank Transaction Code	Geschäftsvorfallcode
1.2.3.1.4	<RmtInf>	Remittance Information	Verwendungszweck

Tabelle 5.9 Die wichtigsten Knoten in den camt.053-XML-Dateien

Sie sehen die wichtigsten Knoten, die in den Kontoauszügen im camt.053-Format vorkommen. Die Inhalte in der camt.053-Datei entsprechen weitgehend den Inhalten der MT940-Datei. Allerdings sind die camt.053-Dateien besser für die Weitergabe des Verwendungszwecks geeignet. Im camt.053-Format können viel mehr Referenzinformationen übermittelt werden, was wiederum die Verbuchung und den Ausgleich der dazugehörigen offenen Posten erleichtert und effizienter macht.

BAI2-Format erkennen und verstehen

Das BAI2-Format wird hauptsächlich in den USA verwendet. Wir nehmen trotzdem eine kurze Erläuterung des BAI2-Formats in diesem Buch auf, weil viele Großunternehmen Standorte in den USA unterhalten und dort über Konten bei lokalen US Banken verfügen. Wir verzichten allerdings auf die detaillierte Aufschlüsselung einzelner Blocks im BAI2-Format.

Bei den Unternehmen in den USA gelangen die Kundenzahlungen entweder als Überweisung auf das Unternehmensbankkonto bei einer der lokalen Banken, oder aber die Kunden zahlen per Scheck. Für die Kundenscheckzahlungen bieten die Banken zusätzlich zur klassischen Bankkontoführung den sogenannten *Lockbox-Service* an, bei dem die Kunden ihre Schecks nicht direkt an das Unternehmen, sondern an das speziell dafür eingerichtete Postfach der Bank senden. Die Bank sammelt die Informationen zu den Kundenscheckzahlungen und stellt dem Unternehmen regelmäßig die Lockbox-Datei mit der Aufschlüsselung aller eingelaufenen Scheckzahlungen zur Verfügung.

Das bedeutet, dass die Unternehmen mit dem aktivierten Lockbox-Service zwei Dateien in regelmäßigen Abständen, in der Regel täglich, erhalten. Dies sind zum einen die Kontoauszugsdatei und zum anderen die Lockbox-Datei. Beide Dateien werden in das SAP-System eingespielt und verbucht. Im Kontoauszug sind die eingegangenen Scheckzahlungen als Transaktion mit dem Gesamtbetrag ausgewiesen. Die Lockbox-Datei enthält hingegen Details zu allen einzelnen Scheckzahlungen. Zu solchen Details gehören der Name des Kunden, die Nummern und die Beträge der durch den Scheck ausgeglichenen Rechnungen. Die Lockbox-Datei ist damit notwendig, um die offenen Posten auf den Kundenkonten zu identifizieren und auszugleichen.

Sowohl die Kontoauszugsdatei als auch die Lockbox-Datei werden im BAI2-Format übermittelt, haben allerdings einen unterschiedlichen Dateiaufbau.

In Abbildung 5.52 sehen Sie einen Kontoauszug im BAI2-Format. Ähnlich wie bei den MT940-Kontoauszügen sind auch hier die ersten beiden Zahlen in jeder Zeile die Records, die eine feste Bedeutung haben und den Zweck der darauf folgenden Informationen erläutern. Das Kommazeichen »,« dient als Trennzeichen zwischen einzelnen Werten und zwischen Records und Werten.

```
01,0779966911,TEST,230309,0501,01,80,80,2/
02,RCVR,0779966911,1,230308,0501,USD,/
03,1122334455,USD,010,+773261403,,,015,+745159747,,,040,+745159747,,/
88,045,+568491047,,,072,+176668700,,,074,000,,,100,+745179930,8,/
16,175,12291,S,10091,2200,000,,00000000001/
88,US COMP 1                1            071227744
16,175,386292,S,10092,376200,000,,00000000001/
88,US COMP 2            1            071227745
16,275,66929462,S,28976162,37953300,000,,REF1/
88,FUNDS TRANSFER FROM ACCT 11223344
16,275,97919912,S,64644512,33275400,000,,REF2/
88,FUNDS TRANSFER FROM ACCT 22334455
16,275,100111434,S,100111434,000,000,,REF3/
88,FUNDS TRANSFER FROM ACCT 33445566
16,495,773281586,,,233854106CA908I7/
98,+13784349934,1,184/
99,+13784349934,1,186/
```

Abbildung 5.52 Beispieldatei im BAI2-Format anzeigen: Kontoauszug

In Abbildung 5.53 sehen Sie eine Lockbox-Datei im BAI2-Format. Hier haben die Records auch eine feste Bedeutung, sind allerdings durch die erste Zahl in jeder Zeile gekennzeichnet. Es gibt keine Trennzeichen zwischen den einzelnen Werten, die unmittelbar nacheinander folgen.

```
1000000000001 0710000131606131054
20000000001 07100001300000000000400080000802
5002000002000116061300000000001 071000013
60020010000048665103000855215l605        26832470
5002000002000116061300000000001 071000013
6002002000001367402130937960l855968      36571388
5002000002000116061300000000001 071000013
6002003000001211302130937960l855968      36571387
5002000002000116061300000000001 071000013
600200400000796680311002093856 2164      1107028743
5002000002000116061300000000001 071000013
6002005000008705006111278832 99965246    9115287
5002000002000116061300000000001 071000013
6002006000017895306111278832 99965246    9109513
700200000200011606130060000420123
800000000200011606130021000199991000019999l0
9000049
```

Abbildung 5.53 Beispieldatei im BAI2-Format anzeigen: Lockbox

Die maximal zulässige Anzahl an Zeichen für jeden Wert ist fest definiert, und dadurch ist es möglich, den gesuchten Wert in der Zeichenfolge zu identifizieren.

5.4 Fazit

Die Informationen und Erläuterungen aus diesem Kapitel werden Ihnen bei der Einführung neuer Projekte und dem laufenden Betrieb im Bereich des Zahlungsverkehrs sehr helfen. Auch wenn sich nicht alle Informationen direkt auf das SAP-System beziehen, ist es wichtig, dass Sie das Konzept der Kommunikation im Zahlungsverkehr verstehen und erkennen, wer die Teilnehmer im Kommunikationsprozess jeweils sind, welche Kommunikationsmittel sie verwenden und was sie einander sagen wollen. Mit dieser Erkenntnis können Sie viel schneller und effizienter die Ursachen möglicher Kommunikationsstörungen identifizieren und dadurch für einen reibungslosen Kommunikationsablauf sorgen.

6

Kapitel 6
Implementierungsansätze

In diesem Kapitel wird auf die Herausforderungen eingegangen, die sich bei der Implementierung der relevanten Prozesse ergeben können. Es wird erläutert, welche Aspekte bei der Implementierungsentscheidung zu berücksichtigen sind und welche Auswirkungen diese Entscheidung auf die Umsetzung haben kann.

Im Zahlungsverkehr gibt es verschiedene unternehmensinterne und -externe Aspekte, die die Wahl des besten Prozessmodells beeinflussen. Bei Neueinführungen oder Optimierungen von zahlungsverkehrsbezogenen Geschäftsprozessen müssen viele Faktoren analysiert werden, bevor entschieden werden kann, wie diese Geschäftsprozesse am besten im SAP-System abgebildet werden können.

In diesem Kapitel klären wir:

- welche Faktoren bei der Suche nach dem optimalen Geschäftsmodell im Bereich des Zahlungsverkehrs eine wichtige Rolle spielen
- welche Analyse vor der Abbildung der Zahlungsprozesse im SAP-System durchgeführt werden muss
- wie die Geschäftsziele des Unternehmens die technische Einrichtung des Zahlungsverkehrs im SAP-System beeinflussen
- welche Implementierungsszenarien infrage kommen
- wie Sie das optimale Szenario für Ihr Unternehmen finden
- wie Sie Optimierungspotenzial in den laufenden Zahlungsverkehrsprozessen erkennen
- wie Sie die Optimierungen durchführen, ohne die bestehenden Zahlungsflüsse zu gefährden
- welche Ansätze bei den Neuimplementierungen im Bereich des Zahlungsverkehrs denkbar sind
- die Vorteile und Nachteile unterschiedlicher Ansätze
- welche Schwierigkeiten und Herausforderungen Sie bei der Neueinführung oder Optimierung der Zahlungsprozesse erwarten

In Abschnitt 6.1 erläutern wir, wie Sie die bestehenden Zahlungsprozesse Ihres Unternehmens analysieren können und warum diese Analyse vor der Implementierungs- oder Optimierungsphase unbedingt durchzuführen ist. In diesem Abschnitt konzentrieren wir uns darauf, die relevanten Aspekte zu definieren und die Ergebnisse der Analyse zu strukturieren.

In Abschnitt 6.2 lernen Sie die Möglichkeiten kennen, bestehende Geschäftsprozesse zu optimieren. Als Ausgangsbasis verwenden wir die Ergebnisse der in Abschnitt 6.1 durchgeführten Prozessanalyse. Wir zeigen Ihnen, wie Sie Optimierungspotenziale in den Prozessen Ihres Unternehmens erkennen und den größtmöglichen Nutzen aus diesen Prozessen ziehen können.

In Abschnitt 6.3 betrachten wir unterschiedliche Implementierungsszenarien im Zahlungsverkehr mit ihren Vor- und Nachteilen und zeigen, welche SAP-Komponenten dabei notwendig sind. Wir erläutern auch, wie Ihre Projektplanung für jedes Szenario aussehen könnte.

6.1 Analyse der bestehenden Zahlungsprozesse

In SAP S/4HANA stehen mehrere, für Zahlungsprozesse relevante Komponenten zur Wahl. Die Funktionen für die Zahlungsprozesse in SAP S/4HANA sind sehr umfangreich und decken nahezu alle denkbaren Szenarien ab. Bei Implementierungen im Zahlungsverkehr geht es nicht darum, perfekte technische Lösungen im SAP-System umzusetzen, sondern vielmehr steht es im Vordergrund, die Geschäftsprozesse schlanker und übersichtlicher zu gestalten und damit die gesamten Abläufe im Unternehmen zu optimieren.

Bevor Sie sich also für oder gegen eine SAP-Komponente entscheiden, sollten Sie Ihre bestehenden Geschäftsprozesse sorgfältig analysieren. Dies hilft Ihnen dabei, Optimierungspotenziale in Ihrem Unternehmen zu erkennen und zu entscheiden, wie die aktuellen Geschäftsprozesse verbessert werden können. Erst nachdem Sie optimale Zahlungsprozesse entworfen haben, sollten Sie sich der technischen Umsetzung in SAP S/4HANA zuwenden. Auch perfekte technische Lösungen helfen nicht, den Zeit- und Kostenaufwand für den Zahlungsverkehr in Ihrem Unternehmen zu reduzieren und Compliance-Anforderungen zu erfüllen, wenn die Prozesse unübersichtlich und verschachtelt und zu viele Personen daran beteiligt sind.

Aus diesem Grund beginnen wir dieses Kapitel mit unterschiedlichen Implementierungsansätzen und zeigen, wie Sie Ihre bestehenden Zahlungsprozesse analysieren. Die vollständige Analyse dieser Prozesse umfasst mehrere Schritte, die teilweise in unterschiedlichen Abteilungen des Unternehmens durchgeführt und später zusammengeführt werden müssen.

Die Hauptarbeit bei dieser Analyse liegt in der Fachabteilung, die für die fachliche Kommunikation mit den externen Banken zuständig ist und bei Bedarf neue Bankkonten bei den Banken eröffnet oder schließt. In der Regel ist dies die Treasury-Abteilung.

In Abbildung 6.1 finden Sie einen Überblick über die Analyse der Treasury-Prozesse. Dabei werden ausschließlich betriebswirtschaftliche und keine technischen Aspekte unter die Lupe genommen.

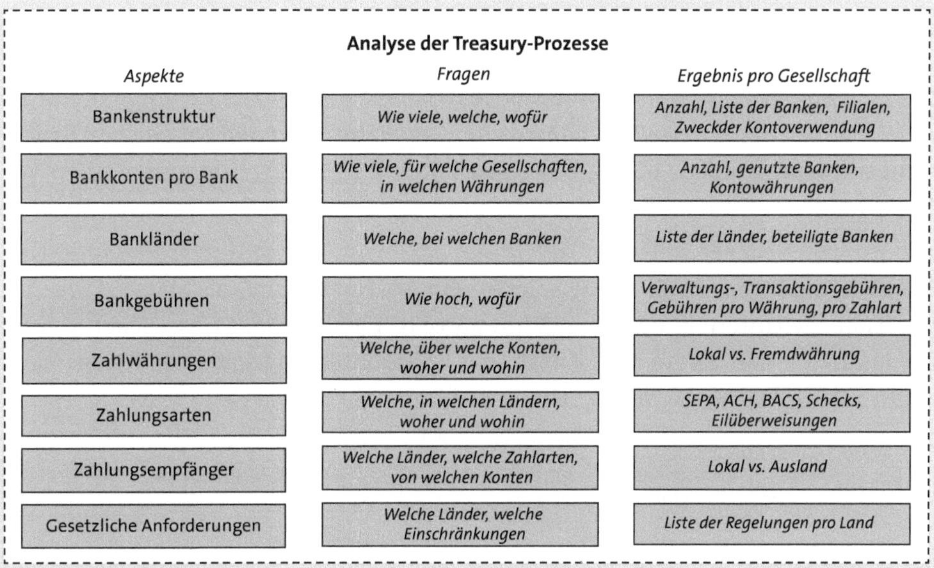

Abbildung 6.1 Übersicht der zu analysierenden Treasury-Prozesse

Jede Gesellschaft im Unternehmen, die in irgendeiner Form am Zahlungsverkehr teilnimmt, sollte analysiert werden. Die Ergebnisse der Analyse sollten pro Gesellschaft festgehalten werden. Das Hauptziel ist die Erstellung eines Ist-Bildes für alle Aspekte der Prozesse, die mit dem Zahlungsverkehr zusammenhängen. So können Sie besser erkennen, in welchen Bereichen Optimierungen den größten Nutzen bringen.

6.1.1 Bankenstruktur beschreiben und Bankkonten auflisten

Als Erstes wird die Bankenstruktur detailliert beschrieben. Es werden alle Hausbanken pro Gesellschaft aufgezählt. Dazu gehören Details wie Bankname und Bankland der Bankfilialen, bei denen die einzelnen Gesellschaften und die Zentrale ihre Bankkonten halten. Zu jeder Filiale soll die Bankzentrale vermerkt werden.

Für jede Bankfiliale wird die Anzahl der Bankkonten pro Gesellschaft aufgelistet. Die Bankkonten müssen ebenfalls analysiert werden. Halten Sie dabei fest, zu welchem Zweck die Bankkonten eröffnet wurden und wie sie derzeit genutzt werden.

Zwecke der Bankkontonutzung

Bankkonten können für unterschiedliche Zwecke eröffnet und geführt werden. So können Bankkonten für die Ausführung von Zahlungsausgängen genutzt werden, während andere Konten für den Eingang von Kundengeldern zur Verfügung stehen, oder das Unternehmen führt nur ein Bankkonto, über das der gesamte Zahlungsverkehr abgewickelt wird. Zusätzlich kann es eine Trennung zwischen den Girokonten und den Sparkonten geben. Es können separate Bankkonten für Fremdwährungszahlungen und für lokale Zahlungen geführt werden.

Das Ergebnis dieser Aktivität sollte eine Matrix sein, aus der klar hervorgeht, mit wie vielen Banken das Unternehmen insgesamt Geschäfte tätigt und bei welchen Banken nicht nur eine, sondern mehrere Gesellschaften ihre Bankkonten unterhalten. Aus dieser Matrix sollte ersichtlich sein, wie viele Bankkonten jede Gesellschaft hat und welchem Zweck jedes Bankkonto dient.

In Abbildung 6.2 sehen Sie ein Beispiel für ein Analyseergebnis als Matrix. Diese Matrix listet alle Unternehmen gemäß ihrer Struktur auf. Für jede Gesellschaft werden die genutzten Banken und die Anzahl der Bankkonten angegeben. Für jedes Bankkonto wird der Verwendungszweck festgehalten.

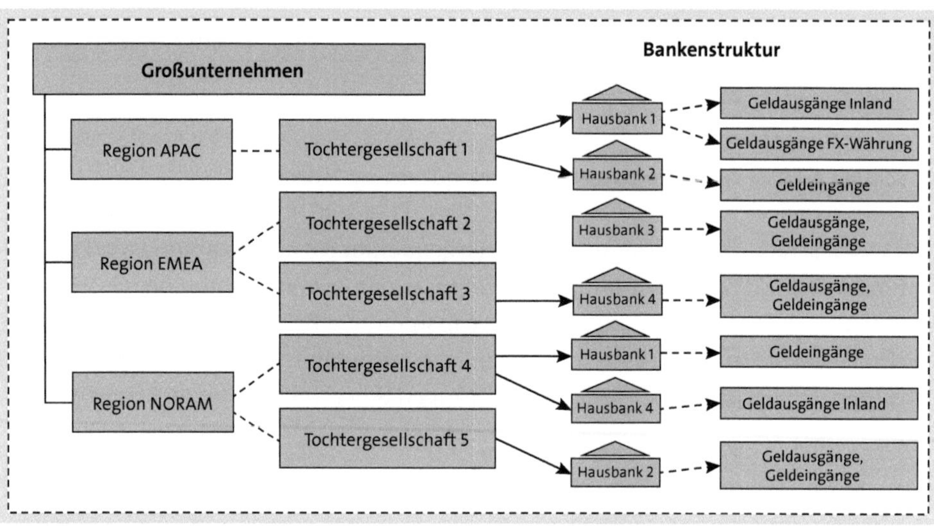

Abbildung 6.2 Matrix der Banken und Bankkonten nach der Analyse der Treasury-Ist-Prozesse

Bankländer analysieren

Nach der Analyse der Bankenstruktur sind zusätzlich die Bankländer aufzulisten, in denen das Unternehmen Bankkonten unterhält. In Abbildung 6.3 sehen Sie, dass die aufbereitete Banken- und Bankkontenstruktur als Basis für die Analyse der Bankländer verwendet wurde. Mit der Liste der Hausbanken und deren Filialen des gesamten Unternehmens können Sie die Bankländer auflisten, in denen das Unternehmen Bankkonten unterhält.

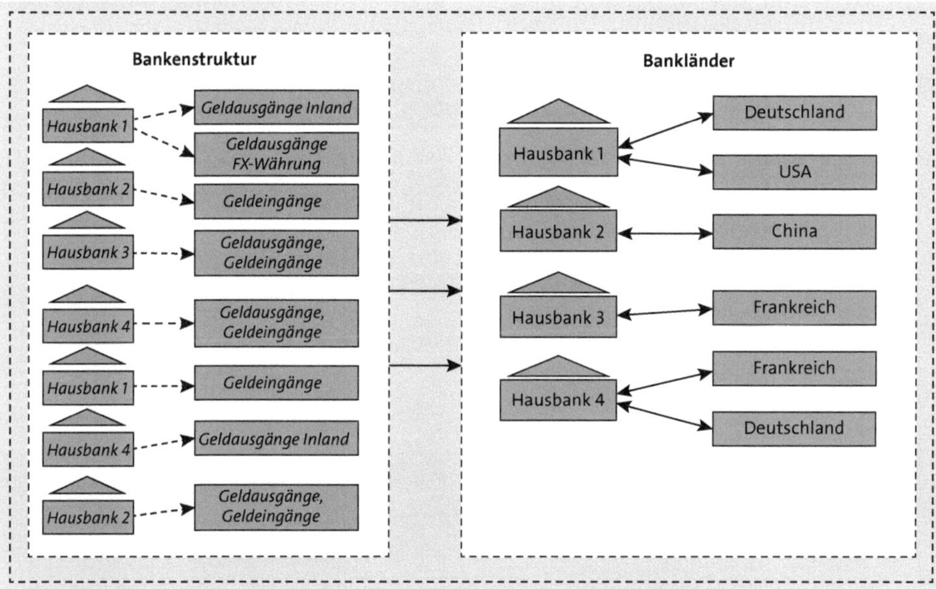

Abbildung 6.3 Analyse der Bankländer, basierend auf der Bankenstruktur

6.1.2 Bankgebühren und Bankkontokonditionen analysieren

Mit der Matrix der Banken, der Bankkonten und der Bankländer dieser Bankkonten können Sie zum nächsten Analyseschritt übergehen und sich Klarheit über die Bankgebühren verschaffen.

Auch bei der Analyse der Bankgebühren können Sie die Matrix aus Abbildung 6.2 als Ausgangsbasis verwenden. Schreiben Sie alle anfallenden Gebühren zu jedem Bankkonto auf. Achten Sie darauf, die Bedingungen dieser Gebühren anzugeben.

Gebühren bei der Kontoführung

Es können unterschiedliche Arten von Gebühren bei der Kontoführung in einer Bank anfallen. Dazu gehören z. B. permanente Gebühren, die unabhängig von den Transaktionsvolumen anfallen, wie für die Kontoverwaltung, solange das Bankkonto bei der Bank geführt wird.

Manche Gebühren werden pro Volumenpaket berechnet. Es kann sich auch um Gebühren pro Transaktion handelt. Die Höhe dieser Gebühren kann von der Transaktionsart abhängen. Für Auslandszahlungen wird in der Regel eine höhere Gebühr berechnet als für lokale Zahlungen innerhalb des Landes.

Berücksichtigen Sie nicht nur die Höhe der Gebühren, sondern auch andere Konditionen, die von der Bank bei der Bankkontoführung eingeräumt werden. Dabei sind sowohl die tatsächlichen Konditionen als auch hypothetische Konditionen, die derzeit nicht aktiv sind, aber z. B. ab bestimmten Transaktionsvolumen gewährt werden könnten, zu berücksichtigen.

In Abbildung 6.4 sehen Sie ein vereinfachtes Beispiel für das Ergebnis der Bankgebührenanalyse. Es sind alle Hausbanken, Hausbankkonten und Bankländer aufgelistet. Für jedes Hausbankkonto sind die Gebühren angegeben, inklusive Gebührenart, Höhe der Gebühr und Berechnungseinheit. Die Analyse muss möglichst detailliert sein, um eine Vergleichbarkeit herzustellen.

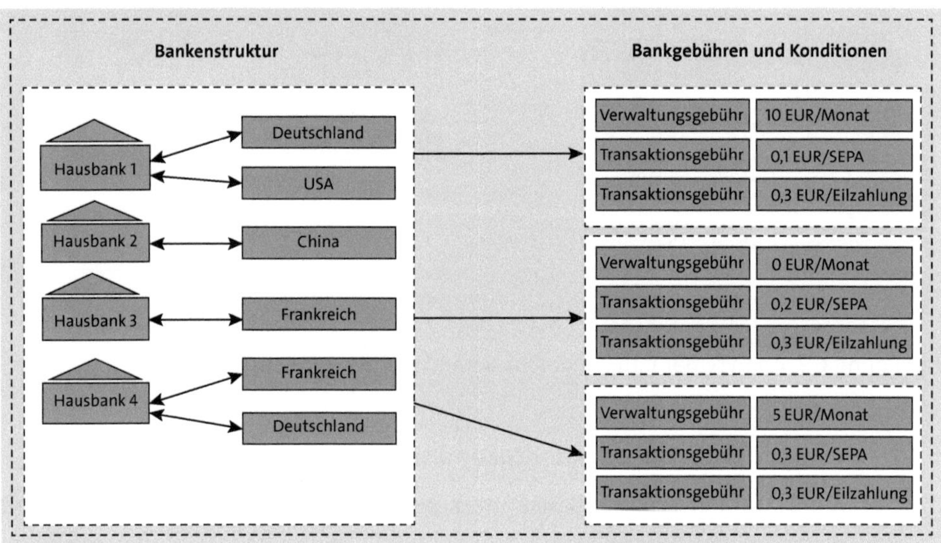

Abbildung 6.4 Analyse der Bankgebühren, basierend auf der Bankenstruktur

6.1.3 Ausgeführte Zahlungen analysieren

In den vorangehenden Abschnitten haben wir die Bankenstruktur analysiert und uns vor Augen geführt, wie viele Bankkonten für welche Zwecke und mit welchen damit verbundenen Kosten im Unternehmen genutzt werden.

Als Nächstes müssen einzelne Transaktionen in unterschiedlichen Dimensionen ausgewertet werden. Bei der Transaktionsanalyse müssen Sie ein für Ihr Unternehmen passendes Zeitintervall definieren. Dies können z. B. die Aktivitäten der letzten zwei, drei oder fünf Jahre sein. Wichtig ist, dass es in diesem Zeitraum keine Ausreißer aus dem Muster gibt, weil sonst die Ergebnisse verfälscht werden. Nehmen Sie Auswertungen pro Gesellschaft vor, damit Sie später die Besonderheiten des Zahlungsverkehrs in jeder Gesellschaft erkennen können.

Sobald der relevante Zeitraum definiert worden ist, werten Sie alle ausgeführten Zahlungen hinsichtlich der folgenden Kriterien aus:

- die Währungen, in denen die Zahlungen durchgeführt wurden
- die Zahlungsarten, wie z. B. SEPA-Zahlungen im EU-Raum, länderspezifische Zahlungsarten wie ACH in den USA oder BACS in Großbritannien, die Eilzahlungen und regulären Zahlungen, die Inlands- und Auslandszahlungen
- die Bankdaten der Zahlungsempfänger, um zu verstehen ob sich die meisten Zahlungsempfänger innerhalb desselben Banklands oder im Ausland befinden
- die Zahlungsempfängernamen, um zu verstehen, wie hoch der Anteil der Zahlungen unter den einzelnen Einheiten des Unternehmens ist, also um die Intercompany-Zahlungen zu erkennen.

Falls Ihre Zahlungsprozesse in einem SAP-System laufen, können Sie Auswertungen sehr schnell vorbereiten, indem Sie die Datenbanktabellen REGUH und REGUP mit den ausgeführten Zahlläufen auswerten. Weitere technische Informationen und Erklärungen dazu finden Sie in Abschnitt 2.5.8, »Nützliche Datenbanktabellen«.

Die Datenbanktabelle REGUH enthält alle Informationen, die Sie für diese Auswertung benötigen. Sie können die Daten zu allen Zahlläufen für einen zuvor definierten Zeitraum exportieren und in der Exportdatei Daten nach Buchungskreis, nach Zahlungswährung, nach dem Bankland des Empfängers und nach Zahlwegen, die in Ihrem SAP-System mit hoher Wahrscheinlichkeit für unterschiedliche Zahlarten stehen, sortieren und aufbereiten. Anschließend können Sie die aufbereiteten Daten, basierend auf den aufgezählten Kriterien, verdichten, um ein allgemeines Bild zu erhalten.

Aber auch, wenn die Daten in Ihrem SAP-System nur teilweise oder gar nicht vorhanden sind, können Sie Auswertungen vornehmen. Alle Hausbanken stellen den Unternehmen normalerweise eine E-Banking-Lösung zur Verfügung, in der Exporte und die Analyse der ausgeführten Zahlungen möglich sind. Die Daten müssen in diesem Fall pro Bankkonto gesammelt und danach konsolidiert und verdichtet werden.

In Abbildung 6.5 sehen Sie ein Beispiel für die Analyse der Transaktionsdaten. Pro Bankkonto und Gesellschaft sind die Daten hinsichtlich der Zahlungswährungen, der Zahlungsarten und der Empfängerbankdaten verdichtet und zusammengefasst. Im Ergebnis können Sie auf einen Blick erkennen, für welche Geschäftsvorgänge jedes der Bankkonten genutzt wird, in welchen Währungen gezahlt wird und in welchen Ländern die Zahlungsempfänger ihre Bankkonten führen.

Überdies ist eine Trennung der Transaktionsdaten nach externen und internen Zahlungsempfängern sinnvoll. Alle Zahlungen, die über externe Bankkonten abgewickelt werden, müssen unbedingt daraufhin überprüft werden, wie viele davon aus dem Intercompany-Geschäft stammen.

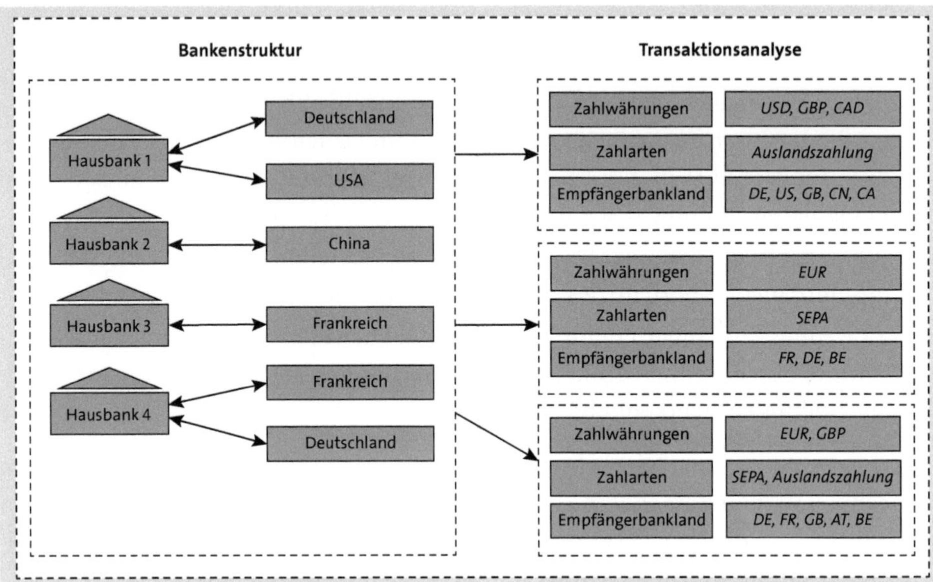

Abbildung 6.5 Analyse der Transaktionsdaten hinsichtlich Währung, Zahlart und Empfängerbankdaten

In der Regel haben Intercompany-Lieferanten und -Kunden eine eigene Kontengruppe oder ein anderes spezielles Merkmal im SAP-System, das hilft, die internen Zahlungsempfänger zu identifizieren. Auch sollten Sie verstehen, welche Gesellschaften die intensivsten Geschäftsbeziehungen zu anderen Gesellschaften innerhalb des Konzerns unterhalten. Diese Gesellschaften generieren das größte Transaktionsvolumen. Werden diese Transaktionsvolumen über externe Bankkonten abgewickelt, besteht hier ein großes Einspar- und Optimierungspotenzial.

6.1.4 Gesetzliche Regelungen und Anforderungen erkennen

Die Gesetzlage rund um den Zahlungsverkehr in den Ländern, in denen das Unternehmen vertreten ist, darf nicht unterschätzt werden. Andernfalls müssen Sie gegebenenfalls während der Implementierung oder Optimierung der Zahlungsverkehrsprozesse feststellen, dass die Planung wegen gesetzlicher Einschränkungen in einzelnen Ländern nicht umgesetzt werden kann.

Für die Analyse der gesetzlichen Regelungen im Zahlungsverkehr sind Sie auf die Zuarbeit von den lokalen Accounting-Abteilungen und den Steuerabteilungen des Unternehmens angewiesen, die für die Buchhaltung und Steuerangelegenheiten der einzelnen Länder verantwortlich sind.

[«]

Regulatorien im Bereich des Zahlungsverkehrs

In einigen Ländern gibt es zusätzliche Bedingungen, die bei den Zahlungen zu beachten sind. Beispielsweise ist der virtuelle Zahlungsverkehr mit der In-House-Bank nicht in allen Ländern erlaubt, oder der virtuelle Zahlungsverkehr ist möglich, unterliegt aber mehr Einschränkungen als in anderen Ländern. Ein weiteres Beispiel sind Zahlungen bestimmter Art, wie z. B. regelmäßige Steuerzahlungen an Finanzämter, die nur von lokalen Bankkonten im jeweiligen Land erlaubt sind.

Es kann mehr Zeit in Anspruch nehmen, diese Informationen zu beschaffen, als bei den anderen Aspekten, die in den vorangehenden Abschnitten erläutert wurden. Nehmen Sie sich Zeit, denn die Ergebnisse der Analyse können Ihre technische Umsetzung beeinflussen und eine Anpassung der modellierten Zahlungsprozesse erfordern.

Mit den vor Projektbeginn gewonnenen Daten zu den gesetzlichen Einschränkungen können Sie diese bereits in der Designphase Ihres Projekts berücksichtigen. Andernfalls kann es vorkommen, dass Sie die Prozesse nachträglich ändern müssen, was mit höheren Kosten verbunden ist.

6.2 Optimierungsmöglichkeiten

Mit der Analyse der Bankenstruktur und der Transaktionsdaten aus Abschnitt 6.1, »Analyse der bestehenden Zahlungsprozesse«, haben Sie eine solide Ausgangsbasis geschaffen. Auf Basis der Ergebnisse können Sie nun verschiedene Prozessoptimierungsmöglichkeiten identifizieren, die Ihnen helfen, die Kosten der Zahlungsprozesse zu senken und die Prozesseffizienz zu steigern.

Zuerst sollten Sie sich auf die prozessualen Verbesserungen im Zahlungsverkehr konzentrieren. Zahlungsprozessverbesserungen sollen geplant und im Sollzustand dokumentiert werden. Erst danach können Sie zur Planung der Verbesserung der technischen Seite der Zahlungsprozesse übergehen und entscheiden, welche der zur Verfügung stehenden SAP-Komponenten und Funktionen die optimierten Prozesse am besten abbilden. Es ist nicht zielführend, erst die SAP-Lösungen für den Zahlungsverkehr anzuschaffen und, basierend darauf, die Prozesse zu gestalten. Sie können das SAP-System viel effizienter nutzen, wenn Sie genau wissen, wie die angepassten Zahlungsprozesse aussehen sollen.

Die Analyse des Istzustands aus Abschnitt 6.1, »Analyse der bestehenden Zahlungsprozesse«, war notwendig, um einen Überblick über alle existierenden Bankkonten und alle darüber ablaufenden Geschäftsvorgänge im Unternehmen zu erhalten. In diesem Schritt haben Sie Daten gesammelt, aufbereitet und dokumentiert. Im nächsten Schritt können Sie die Ergebnisse dieser Vorbereitungsarbeit gründlich evaluieren. Das Hauptziel dieser Evaluierung besteht darin, potenzielle Verbesserungen zu erkennen und sie mit angemessenem Aufwand umzusetzen.

6.2.1 Transaktionsanalyse als Basis für Optimierungen

Bei der Evaluierung der aufbereiteten Daten bewegen wir uns rückwärts und beginnen mit dem letzten Teil der durchgeführten Analyse, und zwar mit den Transaktionsdaten.

In Abbildung 6.6 sehen Sie, dass die Transaktionsanalyse als Basis genommen wurde, um die Bankkonten, über die sehr ähnliche Vorgänge laufen, zu identifizieren. Es ist leicht zu erkennen, dass sowohl über das Bankkonto der Hausbank 3 als auch über die Bankkonten der Hausbank 4 größtenteils EUR-Zahlungen an Zahlungsempfänger in europäischen Ländern durchgeführt werden.

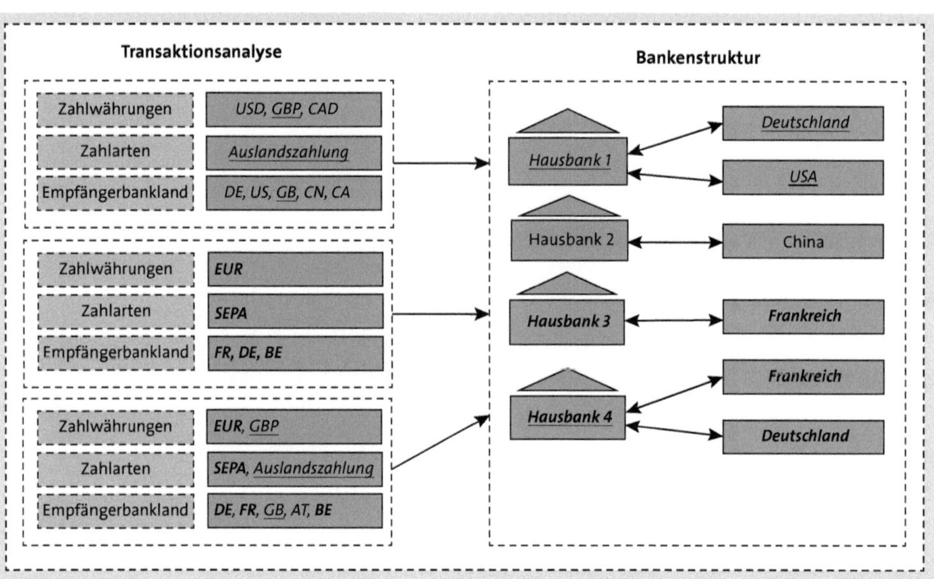

Abbildung 6.6 Erkennen von Optimierungspotenzial, basierend auf der Transaktionsanalyse

Das heißt, dass die Bankkonten bei Hausbank 3 und Hausbank 4 hauptsächlich für SEPA-Zahlungen genutzt werden. Um den Bedarf bei der Ausführung solcher SEPA-Zahlungen abzudecken, sind nicht drei Hausbankkonten erforderlich, wie im Ist-Zustand, sondern nur ein Bankkonto. Theoretisch können alle EUR-Zahlungen innerhalb der EU von nur einem Bankkonto des Unternehmens abgeschickt werden, da mit SEPA-Zahlungen alle Zahlungen innerhalb der EU in der Zahlungswährung EUR gemeint sind.

Zusätzlich ist aus Abbildung 6.6 ersichtlich, dass die Bankkonten von Hausbank 4 für Auslandszahlungen in GBP genutzt werden. Ausschließlich für Auslandszahlungen werden auch die Bankkonten bei Hausbank 1 verwendet. Dabei sind bei Hausbank 1 mehr Währungen vertreten, und die Zahlungsempfänger sind in mehreren Ländern ansässig.

Eine Schlussfolgerung daraus könnte sein, dass zukünftig nur die Bankkonten bei Hausbank 1 genutzt werden sollen, um Auslandszahlungen in allen Währungen und an alle Empfängerbankländer zu tätigen. Eine alternative Schlussfolgerung könnte sein, neue lokale Bankkonten in den Ländern US, GB und CA zu eröffnen, falls die Transaktionsvolumen der Auslandszahlungen in diesen Ländern sehr hoch sind. Mit den lokalen Bankkonten würden die Auslandszahlungen in dem jeweiligen Land zu lokalen Zahlungen werden, und die Gebühren für die Kontoführung würden vermutlich niedriger ausfallen.

6.2.2 Verbesserungen im Intercompany-Zahlungsverkehr

Eine der größten Optimierungsquellen im Zahlungsverkehr des Unternehmens ist der Intercompany-Zahlungsverkehr. Bei der Ausführung der Transaktionsanalyse sollten nicht nur die Bankländer der Zahlungsempfänger ausgewertet werden, sondern, was ganz wichtig ist, die Zahlungsempfänger selbst. Falls offene Posten zwischen den Gesellschaften des Unternehmens über externe Bankkonten ausgeglichen werden, bedeutet das, dass unnötige Geldflüsse auf diesen externen Bankkonten entstehen. Das heißt, dass Transaktionsgebühren für die Vorgänge anfallen, bei denen das Geld erst das Unternehmen verlässt, um danach wieder in das Unternehmen zurückzufließen.

In diesem Fall handelt es sich um den wichtigsten und größten Bereich in den Zahlungsprozessen, der einer Veränderung bedarf. Es sollten die Gesellschaften identifiziert werden, die für die meisten Transaktionsvolumen im Zahlungsverkehr mit anderen Gesellschaften des Unternehmens verantwortlich sind. Die lokalen Voraussetzungen und die gesetzlichen Anforderungen für die Einführung des virtuellen Intercompany-Zahlungsverkehrs müssen für diese Gesellschaften in erster Linie geprüft werden.

Ziel ist, möglichst vielen Gesellschaften, insbesondere solchen mit hohen Transaktionsvolumen an internen Zahlungen, einen virtuellen Intercompany-Zahlungsverkehr zu ermöglichen. Dafür muss eine zentrale Einheit etabliert oder nominiert werden, die die Funktionen einer virtuellen Bank, also einer In-House-Bank, übernimmt. In Abschnitt 2.2, »Zahlungen an externe Lieferanten«, und in Abschnitt 3.2, »Cash-Management-Zahlungen« haben wir das Prinzip der In-House-Bank und des Cash Pooling schon erläutert. In diesem Bereich werden sich die Änderungen am schnellsten auszahlen.

Im Idealfall werden alle internen Zahlungen im gesamten Großunternehmen als virtuelle Intercompany-Zahlungen über die In-House-Bank abgewickelt. In der Realität lässt es sich nicht vermeiden, dass einige Gesellschaften aufgrund lokaler Einschränkungen nicht am Intercompany-Zahlungsverkehr teilnehmen. Der interne Zahlungsverkehr von und zu solchen Gesellschaften wird weiterhin auf dieselbe Art und Weise wie der externe Zahlungsverkehr durchgeführt. Alle anderen Gesellschaften ohne lokale Einschränkungen sollten in den Intercompany-Zahlungsprozess mit der In-House-Bank eingebunden werden.

Definieren Sie den Umfang der Einführung der virtuellen Intercompany-Zahlungen. Es muss genau festgelegt werden, welche Gesellschaften zum Intercompany-Clearing-Prozess gehören werden und welche nicht. Bei den für den Intercompany-Clearing-Prozess als relevant eingestuften Gesellschaften muss die Analyse der externen Bankkonten verfeinert werden. Es muss geprüft werden, wofür die Bankkonten genutzt werden, falls die internen Zahlungen wegfallen. Diese Informationen sind für die möglichen Schlussfolgerungen in Abschnitt 6.2.4, »Optimierung der kompletten Bankkontenstruktur«, relevant.

Die Beziehungen zwischen der Inhouse-Bank und den Gesellschaften müssen festgelegt werden. Dazu gehört die Einführung von Cash Poolings und anderen Finanzierungsmöglichkeiten einzelner Gesellschaften.

Auch im internen Zahlungsverkehr sind Konditionen und Gebühren für die Kontoführung bei der In-House-Bank üblich. Auch das muss beim Aufsetzen der neuen Intercompany-Zahlungsprozesse berücksichtigt werden.

[»]

Keine universelle Strategie möglich

Veränderungen in der Abwicklung der internen Zahlungen können spürbare positive Effekte auf die Geldflüsse und Liquidität des Unternehmens haben und sind deswegen unbedingt zu empfehlen. Der Anteil der betroffenen Gesellschaften und die konkrete Umsetzung in dem Bereich der Intercompany-Zahlungen kann allerdings von Unternehmen zu Unternehmen aufgrund von unterschiedlicher Unternehmensstruktur, Standorten einzelner Länder und Besonderheiten in den Geschäftsbeziehungen zwischen einzelnen Gesellschaften sehr unterschiedlich ausfallen.

Für jedes Unternehmen müssen alle möglichen Einflussfaktoren individuell geprüft werden, um die passende Richtung für den Intercompany-Zahlungsverkehr erarbeiten zu können.

6.2.3 Bankgebühren und Konditionen

In diesem Abschnitt zeigen wir Ihnen, wie Sie Gebühren und Konditionen für existierende Bankkonten analysieren. Bei der Auswertung der Transaktionsdaten in Abschnitt 6.2.1, »Transaktionsanalyse als Basis für Optimierungen«, haben wir die potenziell redundanten externen Bankkonten identifiziert. Wenn mehrere Bankkonten dieselbe oder sehr ähnliche Funktionen erfüllen, liegt es nahe, die über diese Bankkonten durchgeführten Aktivitäten zusammenzulegen und somit die Anzahl der benötigten Bankkonten zu reduzieren.

Um zu entscheiden, welche Bankkonten geschlossen werden können und welche Bankkonten bleiben sollen, müssen die Ergebnisse der Analyse von den Gebühren und Konditionen überprüft werden. In Abschnitt 6.1.2, »Bankgebühren und Bankkontokonditionen analysieren«, haben wir erwähnt, dass nicht nur tatsächliche, sondern auch potenzielle Gebühren und Konditionen ausgewertet werden sollen. Dieser Aspekt wird jetzt, bei der Suche nach Optimierungen, wichtig.

Wenn abgewägt wird, dass ein Bankkonto geschlossen wird und dafür ein anderes Bankkonto intensiver genutzt werden soll, muss auch überprüft werden, welche Auswirkungen dies auf die Kosten der Kontoverwaltung und Kontoführung haben wird. Falls sich die Gebührenhöhe nach dem Transaktionsvolumen richtet, können sich die Konditionen bei der Erhöhung der Volumen über dieses Konto verschlechtern. Wenn die Hausbanken daran interessiert sind, möglichst viele Transaktionen des Unternehmens über ihre Bankkonten laufen zu lassen, räumt sie unter Umständen den Unternehmen, die all ihre Transaktionen über die Bankkonten dieser Hausbank abwickeln, attraktivere Konditionen ein. All diese Momente müssen berücksichtigt werden, wenn es um den Wegfall der existierenden Bankkonten und um die Änderung der Transaktionsvolumen bei den verbleibenden Bankkonten geht.

In Abbildung 6.7 sehen Sie in vereinfachter Form, wie Sie mögliche Verbesserungen bei der Struktur der Bankkonten evaluieren können.

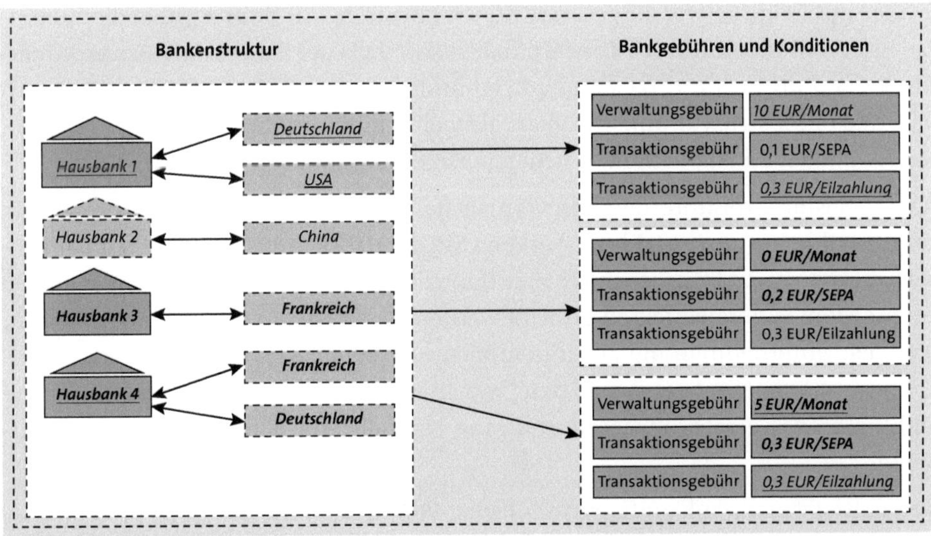

Abbildung 6.7 Erkennung von Optimierungspotenzial, basierend auf den Bankgebühren und Konditionen

In Abschnitt 6.2.1, »Transaktionsanalyse als Basis für Optimierungen«, wurden Änderungsmöglichkeiten identifiziert. So könnte entweder nur Hausbank 3 oder nur Hausbank 4 SEPA-Zahlungen abwickeln. Aus diesem Grunde müssen sämtliche Gebühren und Konditionen für die Bankkonten bei Hausbank 3 und Hausbank 4 verglichen werden, um die richtige Hausbank auszuwählen. Dazu wird der gleiche Algorithmus bei der Abwägung zwischen Hausbank 1 und Hausbank 4 als die richtige Bank für die Ausführung der Auslandszahlungen genutzt.

6.2.4 Optimierung der kompletten Bankkontenstruktur

Der letzte und wichtigste Punkt ist die komplette Änderung der Bankkontenstruktur. Diese Änderung bewirkt einen signifikanten Nutzen für den Zahlungsverkehr. Wenn keine einheitliche Strategie für das gesamte Unternehmen vorliegt, sondern jede Gesellschaft selbst für ihre Bankkonten verantwortlich ist und bei Bedarf neue Bankkonten ohne Abstimmung mit der zentralen Treasury-Einheit im Unternehmen eröffnen darf, entstehen im Laufe der Zeit mit hoher Wahrscheinlichkeit überflüssige Bankkonten und vermeidbare Kosten.

Die Erkenntnisse aus der Analyse der Transaktionsdaten der letzten Jahre, die Staffelung der Bankgebühren für alle Bankkonten und die Identifizierung der Intercompany-Geschäfte, die möglichst vollständig aus dem externen Zahlungsverkehr herausgenommen werden sollten, waren notwendig, um das Gerüst der neuen Bankkontenstruktur vorbereiten zu können. Jetzt kann die existierende Bankkontenstruktur verschlankt werden. Einige externe Bankkonten können möglicherweise komplett wegfallen und andere können zusammengeführt werden. Eine große Rolle spielt dabei die Entscheidung, wer die gesamte Kontrolle und das Monitoring über die zukünftige Bankkontenstruktur im Konzern haben soll. Falls der Prozess der Bankkontoeröffnung weiterhin dezentralisiert läuft, kommt es mit der Zeit wieder dazu, dass sich die Bankkontenstruktur unkontrolliert ausweitet und unnötige Zweige in Form von neu eröffneten Bankkonten oder neuen lokalen Hausbanken entstehen.

In den meisten Großunternehmen verursachen unübersichtliche Bankkontenstrukturen erhöhte Kosten im Zahlungsverkehr. Mit der richtigen Strategie bei der Bankenauswahl kann mehr Effizienz durch eine Reduzierung redundanter Vorgänge und die Nutzung von Synergieeffekten erreicht werden. Besonders in den letzten Jahren haben viele Unternehmen die Zusammenhänge zwischen Kosten und Bankkontenstrukturen erkannt und versuchen den Problemen entgegenzusteuern, indem sie ihre Zahlungsprozesse reorganisieren und eine zentralisierte Bankkontenstruktur aufbauen.

Eine zentralisierte Bankkontenstruktur setzt voraus, dass die Kontrolle über existierende, zu eröffnende oder zu schließende Bankkonten im gesamten Unternehmen der zentralen Treasury-Abteilung obliegt. In dieser Abteilung wird die allgemeine

Bankenstrategie abgestimmt, mit dem Ziel, die Kernbanken zu definieren und die Gesamtanzahl der Bankkonten zu reduzieren.

Es gibt zwei komplementäre Ansätze zur Zentralisierung im Zahlungsverkehr von Unternehmen: zum einen den Intercompany-Zahlungsverkehr, bei dem je nach Unternehmensspezifik Zahlungen von externen Bankkonten komplett oder zu einem großen Teil durch interne Verrechnungen ersetzt werden. Zum anderen sollte eine Reorganisierung der externen Zahlungen und der Abwicklung dieser Zahlungen über eine geringere Anzahl von Bankkonten erfolgen. Für beide Ansätze kann eine virtuelle In-House-Bank innerhalb des Unternehmens aufgebaut werden, über die alle internen Zahlungen laufen. Auch für externe Zahlungen werden keine Bankkonten einzelner Gesellschaften, sondern die zentralen Bankkonten genutzt, die die In-House-Bank bei den Hausbanken ihrer strategischen Wahl führt.

Auf der Grundlage der durchgeführten Analyse wird deutlich, in welchen Ländern, in welchen Währungen und mit welchen Zahlungsarten die meisten Zahlungstransaktionen abgewickelt werden. Basierend auf diesen Informationen kann die Treasury-Abteilung entscheiden, welche Bankkonten sinnvoll sind. Dazu können von der zentralen Einheit mehrere Konten in unterschiedlichen Währungen bei den jeweiligen Bankfilialen (oder vielleicht auch bei nur einer Bankfiliale) mit dem Sitz im Land dieser zentralen Einheit eröffnet werden. Von der zentralen Einheit können aber auch Bankkonten bei den lokalen Banken in Ländern mit den meisten Zahlungen eröffnet werden.

Bankkonten im Land der zentralen vs. der lokalen Einheit

Hier finden Sie ein Beispiel für zentrale und lokale Bankkosten:

- **Variante 1**
  Die zentrale Einheit mit Sitz in Deutschland eröffnet zwei Bankkonten in der Filiale der BANK1 in Frankfurt für die Währungen EUR und USD. Zusätzlich eröffnet die zentrale Einheit drei Bankkonten in der Filiale der BANK2 in München für die Währungen GBP, PLN und CHF. Diese Konten werden dann je nach Währung für alle externen Zahlungen im Unternehmen verwendet.
- **Variante 2**
  Die zentrale Einheit mit Sitz in Deutschland eröffnet zwei Bankkonten bei BANK1. Dabei wird das EUR-Bankkonto in der Filiale von BANK1 in Frankfurt eröffnet. Das USD-Bankkonto wird stattdessen in der Filiale von BANK1 in New York eröffnet, und das PLN-Bankkonto wird in der Filiale von BANK2 in Warschau eröffnet. Das GBP-Bankkonto öffnet die zentrale Einheit in der Filiale von BANK3, und auch das CHF-Konto wird bei BANK3 eröffnet, allerdings dieses Mal in der Filiale der Bank in Zürich. Diese Konten werden dann je nach Währung für alle externen Zahlungen im Unternehmen verwendet.

Erst wenn die Unternehmensstrategie für die Geschäftsbeziehungen zu den Banken und die daraus resultierenden Kontoeröffnungen bzw. -schließungen erarbeitet ist und die Zielstruktur feststeht, kann der letzte Schritt in Angriff genommen werden. Dies sind Entscheidungen über die technische Umsetzung der zumindest auf dem Papier angepassten und optimierten Zahlungsprozesse.

6.2.5 Planung der technischen Umsetzung optimierter Zahlungsprozesse

Derzeit befinden sich viele Unternehmen in einem Transformationsprozess und stellen ihre Geschäftsprozesse auf die neue Software SAP S/4HANA um. Jetzt ist der ideale Zeitpunkt gekommen, um die Zahlungsprozesse gründlich zu analysieren und sie möglichst komplett neu auf SAP S/4HANA auszurichten. Zudem bietet SAP S/4HANA perfekte Möglichkeiten, um eine schlanke und effiziente Lösung im Zahlungsverkehrsbereich abzubilden.

Nachdem Sie eine Strategie für die Optimierung der Zahlungsprozesse erarbeitet haben (siehe Abschnitt 6.2.4), können Sie die technische Umsetzung planen. Welche SAP-Lösungen dafür sinnvoll sind, hängt mit dem Umfang Ihrer geplanten Veränderungen zusammen. Einige technische Funktionen im Zahlungsverkehr werden in jedem Fall benötigt.

In Abbildung 6.8 sehen Sie eine Übersicht der wichtigsten Prozesse im Zahlungsverkehr, die Optimierungswege für diese Prozesse sowie die SAP-Komponenten, in denen die optimierten Prozesse technisch umgesetzt werden.

Optimierungen im Zahlungsverkehr

Was?	*Wie?*	*Wo?*
Interner Zahlungsverkehr	*Zentrale virtuelle In-House-Bank*	*SAP In-House Cash*
Zentralisierung der Bankkonten	*Zahlungen On-Behalf*	*SAP In-House Cash*
Zentralisierung der Geldmittel	*Automatisches Cash Pooling*	*SAP In-House Cash*
Kommunikation mit Hausbanken	*Zentrale Anbindungsstelle*	*SAP Multi-Bank Connectivity*
Kontrolle über ausgeführte Zahlungen	*Freigabenworkflow*	*SAP Bank Communication Management*
Kontrolle über Zahlungsstatus	*Zentrale Statusmonitoringstelle*	*SAP Bank Communication Management* *SAP Multi-Bank Connectivity*
Heterogene Landschaft (SAP/Nicht-SAP)	*Zentrale Importstelle*	*Erweiterte Zahlungsverwaltung*
Kontrolle über lokale Zahlungen	*Zentrale Routingstelle*	*Erweiterte Zahlungsverwaltung*
Kontrolle über Inhalt der Zahlungen	*Zentrale Validierungsstelle*	*Erweiterte Zahlungsverwaltung*

Abbildung 6.8 Übersicht der Optimierungsmöglichkeiten im Zahlungsverkehr

Alle in dieser Abbildung dargestellten Prozesse und ihre optimale Umsetzung werden in den einzelnen Kapiteln dieses Buches erläutert.

Die Grundfunktionen im Finanzwesen sind immer notwendig!

In jedem Prozessmodell werden mithilfe von Transaktion F110 (Maschineller Zahlungsverkehr) oder Transaktion F111 (Maschineller Zahlungsverkehr für Zahlungsanordnungen) Zahlläufe ausgeführt. Dies gilt unabhängig davon, ob die Zahlung direkt an die externe Bank oder an die virtuelle In-House-Bank gesendet wird, die vielleicht auch noch die Funktion einer Payment Factory erfüllt.

Auch die Kontoauszüge müssen in jedem Prozessmodell verbucht werden. Ob es Kontoauszüge von externen Hausbanken oder interne Kontoauszüge von der In-House-Bank sind, jede Gesellschaft muss in der Lage sein, in ihrem SAP-System die Kontoauszüge zu verbuchen. Mehr dazu finden Sie in Abschnitt 7.6, »Konfiguration der Kontoauszugsverarbeitung«, und in Abschnitt 8.1.4, »ALE-Customizing für die In-House-Bank«.

Die Transaktionen F110 und F111 sowie die Kontoauszugsverarbeitung mit der jeweiligen Konfiguration dazu sind Bestandsteil des SAP-Finanzwesens (FI) und können ohne zusätzliche Lizenz genutzt werden.

Des Weiteren müssen Sie in jedem Fall und für jede Gesellschaft die *Hausbankstammdaten* einrichten. Dies tun Sie in SAP /4HANA im SAP Bank Relationship Management, das sich jetzt in SAP Cash and Liquidity Management befindet. Die Basisfunktionen des Bank Account Managements können ohne separate Lizenz genutzt werden. Für erweiterte Funktionen, wie die Nutzung eines Workflows während des Lebenszyklus jedes Bankkontos, muss eine separate Lizenz für SAP Cash and Liquidity Management erworben werden. Dieses Thema wird allerdings in diesem Buch nicht genauer betrachtet, da wir uns ausschließlich auf den Zahlungsverkehr konzentrieren.

Jedem Hausbankkonto ist immer ein Sachkonto zugeordnet, damit alle Bewegungen auf diesem Bankkonto in der Finanzbuchhaltung gespiegelt werden können. Für die Verwaltung der Hausbankkonten und deren Anbindung an die Finanzbuchhaltung können Sie in SAP S/4HANA ein *Bankkonten-Ledger* nutzen. Für jedes Hausbankkonto müssen nicht mehr ein separates Sachkonto und einzelne Unterkonten angelegt werden. Stattdessen können die Sachkonten hausbankkontenübergreifend verwendet werden. Diese Option steht Ihnen offen, muss aber nicht zwingend eingesetzt werden. Falls Sie bei der Umstellung Ihrer Prozesse auf SAP S/4HANA auch den Kontenplan überarbeiten, bietet es sich an, das Bankkonten-Ledger zu aktivieren und damit für eine schlankere Buchhaltung für Bankkontobewegungen zu sorgen.

Allgemeine Bankdaten, also das *Bankenverzeichnis*, sollten Sie in Ihrem SAP-System stets aktuell halten. Veraltete Bankstammdaten sind eine sehr häufige Abweisungsursache bei externen Zahlungen. Die regelmäßige Aktualisierung sämtlicher Bankstammdaten könnte damit ein Punkt auf Ihrer Liste der Optimierungen sein, der schnell ein positives Ergebnis bringt. Diese Optimierung ist unabhängig vom geplanten Prozessmodell in Ihrem SAP-System. Dazu müssen Sie allerdings diese Dienstleistung bei einem externen Lieferanten für das Bankenverzeichnis, wie z. B. SWIFT oder Accuity erwerben.

Bei der Zentralisierung Ihres Zahlungsverkehrs und bei der Einführung einer In-House-Bank ist die regelmäßige Pflege und Aktualisierung des Bankenverzeichnisses sogar noch wichtiger. Sorgen Sie dafür, dass die Bankdaten nicht nur im System der In-House-Bank selbst, sondern auch in den Systemen einzelner Gesellschaften, falls Sie eine heterogene Landschaft haben, aktuell und einheitlich gehalten werden. Nur wenn sowohl die lokalen Gesellschaften als auch die zentrale Einheit eine einheitliche Datenbank für das Bankenverzeichnis nutzen, ist gewährleistet, dass die Verarbeitung der Empfängerbankdaten in den Zahlungen für die Payment Factory korrekt abläuft.

Der Notwendigkeit der Beschaffung und Verwendung weiterer Komponenten wie SAP Bank Communication Management, SAP Multi-Bank Connectivity, SAP In-House Cash und Advanced Payment Management (erweiterte Zahlungsverwaltung) hängt von den im Zahlungsverkehr geplanten Optimierungen ab.

SAP In-House Cash

SAP In-House Cash hilft Ihnen, mehrere Zahlungsteilprozesse zu optimieren (siehe Abbildung 6.8). Eine der größten Optimierungsquellen ist der interne Zahlungsverkehr, der sehr elegant als virtuelle Verrechnungen zwischen der In-House-Bank, die innerhalb eines Unternehmens agiert, und den Gesellschaften abgebildet werden kann. Auch wenn Sie vorhaben, die Anzahl der externen Bankkonten zu reduzieren und die Zahlungen an einer zentralen Stelle durchzuführen, ist *SAP In-House Cash* die richtige Lösung.

Sie können nicht nur interne Zahlungen mithilfe einer In-House-Bank optimieren, sondern auch externe Zahlungen im Konzern zentralisieren. Dies geschieht, indem die In-House-Bank Funktionen der Payment Factory übernimmt und externe On-Behalf-Zahlungen einzelner Gesellschaften über ihre zentralen Hausbankkonten ausführt.

Auch die Geldmittel auf den externen Bankkonten können zentralisiert werden. Dafür vereinbaren Sie mit Ihrer Kernhausbank (oder auch jeweils mit mehreren Hausbanken) ein Cash Pooling, bei dem die Banksalden einzelner Bankkonten am Ende des Tages auf das zentrale Bankkonto der zentralen Einheit konsolidiert werden. Damit diese regelmäßigen Geldbewegungen Richtung zentrales Bankkonto nicht nur auf den externen Bankkonten sichtbar sind, sondern innerhalb der Konzernwelt ebenfalls angezeigt werden, verbuchen Sie die Bewegungen aus dem Cash Pooling in der In-House-Bank, um die Verhältnisse zwischen der zentralen Einheit und den einzelnen Gesellschaften vollständig abzubilden.

Wenn Sie also vorhaben, eine Payment Factory einzurichten, den internen Zahlungsverkehr in virtuelle Verrechnungen umzuwandeln und das automatische Cash Pooling auf den Bankkonten des Unternehmens zu aktivieren, benötigen Sie SAP In-House Cash (Kapitel 8, »Einstellungen in SAP In-House Cash«).

SAP Multi-Bank Connectivity

Falls Sie die Anzahl der Anbindungen zu Ihren Hausbanken auf ein Minimum reduzieren und eine skalierbare Lösung für die Bankenkommunikation schaffen möchten, sollten Sie versuchen, eine zentrale Anbindungsstelle aufzubauen. Diese kann für alle existierenden und zukünftigen Hausbanken verwendet werden. Zu den wichtigen Entscheidungskriterien für oder gegen eine zentrale Schnittstelle zählen die Anzahl der Kernhausbanken, die Art der Anbindung, die die existierenden Hausbanken bei der Kommunikation zur Verfügung stellen, sowie die Wahrscheinlichkeit, mit der die Zahl der Hausbanken weiter steigt (mehr dazu Abschnitt 5.2, »Ausgehende Kommunikation vom Unternehmen zur externen Bank«).

Besonders wenn Sie mehrere Hausbanken haben und neue Banken dazukommen können, ist die Nutzung von SAP Multi-Bank Connectivity sinnvoll. Wenn Sie SAP Multi-Bank Connectivity als zentrale Anbindungsstelle verwenden, wird in Ihrem SAP-System der Konnektor für SAP Multi-Bank Connectivity (MBC-Konnektor) erforderlich. Mit SAP Multi-Bank Connectivity reduzieren Sie die Implementierungsaufwände beim Anbinden neuer Hausbanken und haben eine zentrale Monitoring-Stelle und einen einheitlichen Kommunikationskanal von Ihrem SAP-System zu SAP Multi-Bank Connectivity, der für alle Hausbanken gilt.

SAP Multi-Bank Connectivity hat den zusätzlichen Vorteil, dass die Zahldateien nicht mehr auf physischen Verzeichnissen abgelegt werden müssen; sie werden stattdessen direkt als Payloads an SAP Multi-Bank Connectivity übergeben und können, wenn notwendig, als sensible Daten eingestuft werden, sodass die Anzeige einzelner Details und Inhalte zu den MBC-Nachrichten nicht möglich ist. Detaillierte Erläuterungen sind in Abschnitt 12.1, »SAP Multi-Bank Connectivity im Überblick«, zu finden.

SAP Bank Communication Management

Bei der Optimierung der Zahlungsprozesse dürfen die Fragen des Zahlungs-Monitorings und der Kontrolle über ausgeführte Zahlungen nicht zu kurz kommen. Besonders für die Einhaltung von Compliance-Anforderungen sollten Sie verschiedene Freigabenmuster für externe Zahlungen definieren, die gegebenenfalls mit höheren Zahlungsbeträgen strikter und komplexer werden. Damit verhindern Sie möglichen

Missbrauch bei der Ausführung der Zahlungen im Unternehmen und minimieren oder eliminieren Schwachstellen im Zahlungszyklus.

Zusätzlich ist eine zentrale Monitoring-Stelle sinnvoll, mit deren Hilfe Sie eine schnelle Übersicht darüber gewinnen, ob alle Zahlungen ordnungsgemäß von den Hausbanken ausgeführt wurden. Im Falle von abgewiesenen Zahlungen sollen Sie die Möglichkeit haben, die Abweisungsgründe nachzuvollziehen, die dazugehörigen Ausgleiche in der Finanzbuchhaltung zurücknehmen und die Zahlungen zu wiederholen. Diese Anforderungen deckt SAP Bank Communication Management vollständig ab.

SAP Bank Communication Management benötigen Sie mindestens in dem SAP-System, in dem die finalen Zahldateien für die externen Zahlungen generiert und über die Schnittstelle zu den Banken gesendet werden, also in dem System, in dem auch der MBC-Konnektor aktiviert wurde.

Wenn Sie eine Payment Factory aufbauen möchten, müssen Sie sowohl SAP In-House Cash als auch SAP Bank Communication Management und gegebenenfalls SAP Multi-Bank Connectivity für die zentrale Einheit einrichten. Zusätzlich haben Sie die Möglichkeit, SAP Bank Communication Management auch in den lokalen Gesellschaften zu aktivieren, auch wenn diese Gesellschaften alle ihre Zahlungen über die Payment Factory abwickeln.

Der Vorteil dieser Lösung ist, dass die Status-Updates von den Banken aus SAP Bank Communication Management der zentralen Einheit an die Komponenten von SAP Bank Communication Management der lokalen Systeme verteilt werden können. Dies bringt allerdings zusätzliche Kosten mit sich, falls sich die Gesellschaften in anderen Systemen als der Payment Factory befinden. Alle Erklärungen dazu finden Sie in Abschnitt 10.3, »Verarbeitung der Statusrückmeldungen«.

Erweiterte Zahlungsverwaltung (Advanced Payment Management)

Für Unternehmen mit heterogenen SAP-Landschaften, besonders solchen, in denen nicht alle Gesellschaften in einem SAP-System sind, kann es schwierig werden, die Kommunikation zwischen der In-House-Bank bzw. mit der Payment Factory aufzubauen. SAP In-House Cash verlangt Zahlungs-IDocs für die Annahme der Zahlungen von den lokalen Gesellschaften. Dies kann bei Gesellschaften, die kein SAP-System nutzen, problematisch sein.

Die neue SAP-Komponente *Erweiterte Zahlungsverwaltung* (*Advanced Payment Management*) kann insbesondere in solchen Szenarien großen Nutzen bringen. Wenn Ihre lokalen Gesellschaften auf mehrere SAP-Systeme oder sogar zusätzlich auf Fremdsysteme verteilt sind, Sie aber das Konzept des zentralisierten Zahlungsverkehrs einführen möchten, können Sie Advanced Payment Management als zentrale

Anlaufstelle nutzen. Damit werden die Zahlungen aller lokalen Systeme entgegengenommen und in das zentrale System importiert. Die erweiterte Zahlungsverwaltung löst das Problem der ausschließlichen IDoc-Verwendung in SAP In-House Cash, da Advanced Payment Management im Prinzip alle Formate, inklusive einer CSV-Datei, empfangen und verarbeiten kann.

Advanced Payment Management können Sie verwenden, falls Sie sich dagegen entschlossen haben, eine zentrale In-House-Bank einzusetzen und jede Gesellschaft weiterhin ihre lokalen Bankkonten verwenden soll, Sie aber trotzdem mehr Kontrolle über alle Zahlungen in den einzelnen Gesellschaften in Ihrem zentralen System haben wollen.

Mit Advanced Payment Management können Sie das Szenario aktivieren, bei dem Zahlungen lokaler Gesellschaften ohne Veränderungen und ohne Zuordnung zu den zentralen Bankkonten durch Advanced Payment Management geroutet, sprich einfach weitergeleitet werden. Danach landen diese gerouteten Zahlungen entweder in SAP Bank Communication Management des zentralen SAP-Systems oder direkt im MBC-Konnektor und werden von dort aus an die lokalen Banken gesendet.

Sie können Advanced Payment Management einsetzen, wenn Sie besonders viel Wert auf die Qualität der in Ihrem Unternehmen ausgeführten Zahlungen legen und Zahlungsabweisungen wegen eines falschen Ausführungsdatums sowie aufgrund von fehlenden oder veralteten Bankdaten vermeiden wollen. Auch ist diese Lösung ist sinnvoll, wenn Sie vermeiden wollen, mehrere Zahldateien für denselben Zahllauf durch technische oder menschliche Fehler zu verschicken. Überdies können Sie Advanced Payment Management nutzen, um Anreicherungen und Validierungen sämtlicher Zahlungen automatisch ablaufen zu lassen. Weitere Informationen zu Advanced Payment Management finden Sie Abschnitt 11.2, »Szenarien in der erweiterten Zahlungsverwaltung«.

6.3 Projektszenarien für die Optimierung der Zahlungsprozesse

Nach der Durchführung aller in den vorangehenden Abschnitten beschriebenen Aktivitäten, Vorbereitungen und Analysen haben Sie eine genaue Vorstellung darüber, wie Ihre zukünftigen Zahlungsprozesse aus betriebswirtschaftlicher Sicht aussehen sollen und welche SAP-Komponenten Sie benötigen, um diese Prozesse aus technischer Sicht zu unterstützen.

Jetzt können Sie sich den konkreten Details zuwenden und sich Gedanken über die Gestaltung des Implementierungsprojekts und damit über folgende Veränderungen in der Organisationsstruktur machen.

6.3.1 Veränderungen in der Organisationstruktur berücksichtigen

Falls Sie geplant haben, den Zahlungsverkehr zu zentralisieren, werden sich die Organisationsstrukturen in Ihrem Unternehmen auf jeden Fall verändern. Wenn früher die Verantwortlichkeiten für die Ausführung und Kontrolle der Zahlungsprozesse bei den lokalen Gesellschaften lagen, werden sie nun auf die zentrale Einheit übertragen.

Die lokalen Gesellschaften werden nur die ausgeführten Zahlläufe in den lokalen Systemen und gegebenenfalls im zentralen System der In-House-Bank für die Freigabe der erzeugten IHC-Zahlungsaufträge kontrollieren. Alle anderen Aufgaben, wie die finale Ausführung der Zahlung, die Statuskontrolle und möglicherweise die Klärung der Abweisungsgründe, werden auf die zentrale Einheit übergehen.

Zahlungsprozessfluss um Verantwortlichkeiten erweitern

Sie müssen alle einzelnen Schritte während des Lebenszyklus einer Zahlung in der optimierten Zahlungswelt berücksichtigen und entscheiden, in der Verantwortung welcher Abteilung oder welcher Teams der jeweilige Schritt liegen soll. Um nichts zu vergessen, versuchen Sie, den gesamten Zahlungsfluss vom ersten bis zum letzten Schritt zu verfolgen und jeden Schritt einem Fachbereich zuzuordnen. Spielen Sie sowohl positive als auch negative Testszenarien durch, um zu entscheiden, wer welche Aktivitäten durchführen soll und wer ein bestimmtes Ereignis anstößt. Das Ergebnis sollte ein klares Schema mit Verantwortlichkeiten sein, aus dem sofort ersichtlich ist, welche Fachbereiche bei welchen Schritten aktiv werden müssen. Dies ist eine der wichtigen Voraussetzungen für reibungslos funktionierende Zahlungsprozesse.

Verantwortlichkeitsschema für ein positives Zahlungsszenario

Natürlich gibt es keine Standardlösung, wie genau die Verantwortlichkeiten innerhalb eines Unternehmens zugewiesen werden können. Jedes Unternehmen definiert sie auf eine andere Art und Weise, ausgehend von den Unternehmensbesonderheiten.

In Abbildung 6.9 sehen Sie ein Beispiel für die Aufteilung der Verantwortlichkeiten zwischen der lokalen Gesellschaft und der zentralen Einheit im Falle einer On-Behalf-Zahlung, die von der Hausbank angenommen wurde. Die Zuständigkeit für jeden Schritt im gesamten Zahlungsprozess ist eindeutig einer der beteiligten Seiten zugeordnet. Die ersten Prozessschritte, wie **F110-Zahllauf ausführen**, werden von der lokalen Gesellschaft ausgeführt.

Basierend auf der F110-Zahlung wird ein IHC-Zahlungsauftrag angelegt, der im Schritt **IHC-Zahlungsauftrag freigeben** von der lokalen Gesellschaft geprüft und freigegeben wird. Danach übernimmt die zentrale Einheit (In-House-Bank) die Verantwortung, die die freigegebenen IHC-Zahlungsaufträge und die dazugehörigen FI-Zahlungsanordnungen kontrolliert, um den Schritt **F111-Zahllauf ausführen** erledigen zu können.

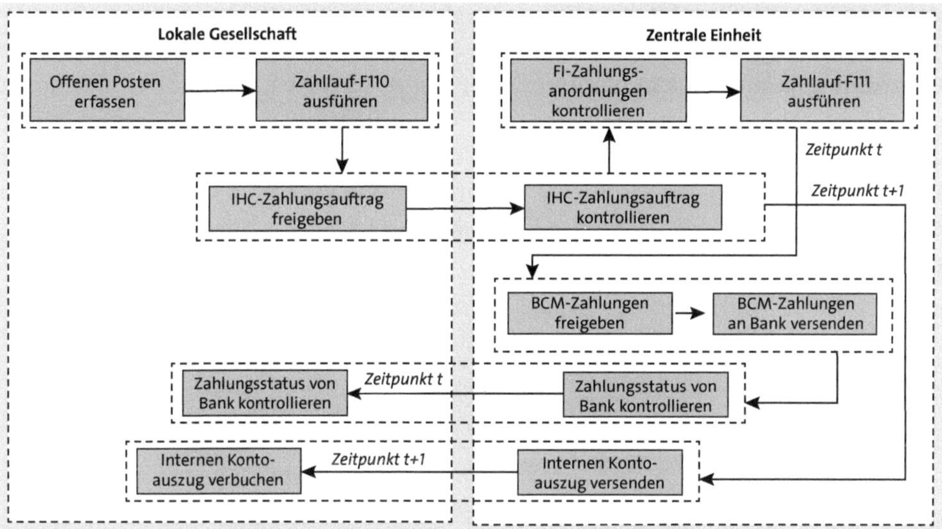

Abbildung 6.9 Veränderungen in den Verantwortlichkeiten: Schema für eine akzeptierte Zahlung

Die zentrale Einheit ist für die entscheidenden Prozessschritte **BCM-Zahlungen freigeben** und **BCM-Zahlungen an Bank versenden** zuständig. Die zentrale Einheit muss anschließend den von der Hausbank gesendeten Zahlungsstatus kontrollieren. Die lokale Gesellschaft hat ebenfalls Zugriff auf die zentrale Monitoring-Stelle und kann den Status der Zahlungen selbständig überprüfen. Die zentrale Einheit ist ebenfalls dafür verantwortlich, den internen Kontoauszug zu versenden. Die lokale Gesellschaft muss für die Ausführung des Schrittes **Internen Kontoauszug verbuchen** sorgen.

Wer für welchen Schritt zuständig ist, kann sich von Unternehmen zu Unternehmen unterscheiden und damit von den Angaben in Abbildung 6.9 abweichen. Das Ziel dieser Abbildung ist es, vor allem zu zeigen, dass jeder Prozessschritt klar zugeordnet werden muss, damit es im Betrieb keine Unklarheiten bezüglich der Bring- oder Holschuld der jeweils beteiligten Seite gibt.

Verantwortlichkeitsschema für ein negatives Zahlungsszenario

Insbesondere bei der Abweisung einer Zahlung kann es zu zusätzlichem Arbeitsaufwand kommen; daher ist es besonders wichtig, auch für einen negativen Ausgang ein Verantwortlichkeitsschema zu definieren.

In Abbildung 6.10 sehen Sie ein Beispiel für die Aufteilung der Verantwortlichkeiten zwischen der lokalen Gesellschaft und der zentralen Einheit bei einer On-Behalf-Zahlung, die von der Hausbank abgewiesen wurde.

Fast der komplette Prozessablauf ist identisch dem Ablauf aus Abbildung 6.9. Die letzten Schritte unterscheiden sich allerdings: Nachdem der Schritt **Zahlungsstatus von Bank kontrollieren** auf beiden Seiten ausgeführt worden ist, führt die zentrale Einheit den Schritt **Zahlungskette stornieren** aus. Dazu storniert sie den F111-Zahlungsbeleg, die FI-Zahlungsanordnung und den IHC-Zahlungsauftrag. Die lokale Gesellschaft führt den Schritt **Zahlung stornieren** aus und storniert in ihrem lokalen System den F110-Zahlungsbeleg, sodass der kreditorische Posten wieder offen und zur Zahlung freigegeben ist.

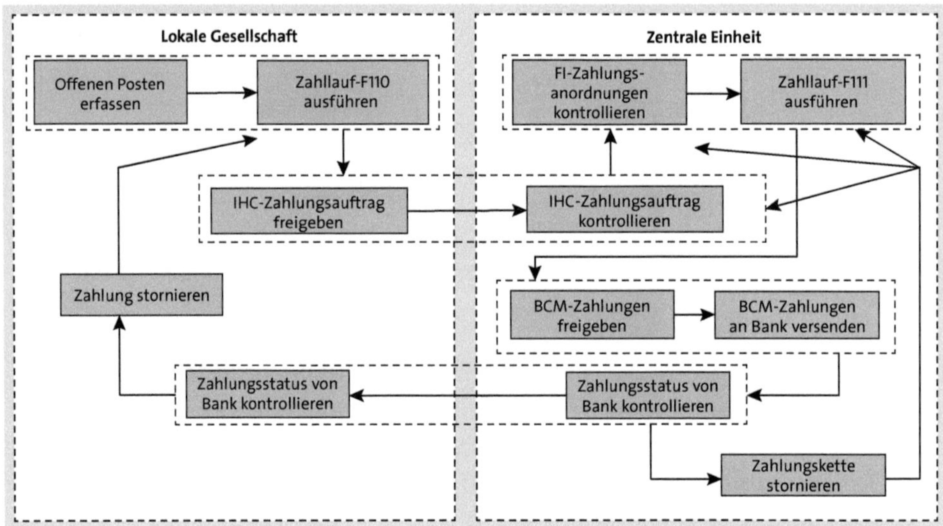

Abbildung 6.10 Veränderungen in den Verantwortlichkeiten: Schema für eine abgewiesene Zahlung

Bei der gezeigten Variante wird der Zahlungsstatus der ausgeführten Zahlungen sowohl von der zentralen Einheit als auch von der lokalen Gesellschaft selbständig kontrolliert. Die Folgeschritte werden in jedem System ausgeführt. Dies kann auch anders organisiert werden. Beispielsweise kann die zentrale Einheit komplett für die Kontrolle des Zahlungsstatus verantwortlich sein und muss die lokale Gesellschaft entsprechend darüber informieren. Bei der entsprechenden technischen Umsetzung können alle Stornos sogar komplett automatisch angestoßen werden. Nichtsdestotrotz muss jede Seite genau wissen, was als Nächstes in der Prozesskette geschehen soll und wer dafür zuständig ist.

Bei jeder Prozessoptimierung und Veränderung ist es wichtig, dass Sie solche Verantwortlichkeitsschemata für alle Prozesszweige und Varianten vorbereiten, damit in jeder Situation klar ist, bei wem die Zuständigkeit liegt. Besonders kurz nach der Produktivsetzung der erneuten oder neu eingeführten Zahlungsprozesse helfen solche Schemata, Frustration zu vermeiden und den reibungslosen Ablauf der eingeführten Prozesse zu gewährleisten.

6.3.2 Struktur für die In-House-Bank festlegen

Beim Definieren des Verantwortungsbereichs für die zentrale Einheit überlegen Sie sich, ob Sie nur eine In-House-Bank aufsetzen, oder ob es sinnvoll ist, mehrere In-House-Zentren einzurichten.

Die Entscheidung, ob eine oder mehrere In-House-Banken erforderlich sind, hängt von mehreren Faktoren ab:

- welche Hausbanken Sie als Kernhausbanken mit zentralen Bankkonten definiert haben
- ob diese Kernbanken und auch die lokalen Gesellschaften in unterschiedlichen Zeitzonen verstreut sind
- welche Erwartungen bei der zeitlichen Ausführung der Zahlungen gelten
- welche Zeitzone die führende Zone sein wird und welche On-Behalf Zahlungen für wie viele Gesellschaften zeitlichen Verzug haben werden
- ob die Cut-off-Zeiten der Banken berücksichtigt werden können
- ob die Ausführung der Zahlungen mit einem zeitlichen Verzug verbunden werden darf

Möglicherweise kommen Sie zu dem Schluss, dass eine In-House-Bank ausreichend ist. Sie müssen in diesem Fall einige Aspekte beachten, wie z. B.:

- die Zeitzone für diese In-House-Bank definieren
- entscheiden, welcher Feiertagskalender für diese In-House-Bank gelten soll
- ob einige Gesellschaften die Ausführung der Zahlungen in ihren lokalen Systemen vorziehen müssen, um die Cut-off-Zeiten der Kernhausbanken einzuhalten

Falls Sie glauben, dass eine In-House-Bank-Einheit nicht ausreicht und Sie mehrere In-House-Banken aufsetzen wollen, überlegen Sie sich Folgendes:

- wie die Interaktion zwischen den In-House-Banken selbst sein soll
- ob die In-House-Banken Geschäftsbeziehungen untereinander haben werden
- nach welchem Prinzip einzelne Gesellschaften zu der jeweiligen In-House-Bank zugeordnet werden sollen
- ob einzelne, zu den unterschiedlichen In-House-Banken zugeordnete Gesellschaften untereinander Intercompany-Beziehungen pflegen

In Abbildung 6.11 sehen Sie ein Beispiel der Organisationsstruktur mit zwei In-House-Banken. Zum einen handelt es sich um die In-House-Bank EU mit Standort in der EU, die für Tochtergesellschaft 1 und Tochtergesellschaft 2 verantwortlich ist. Zum anderen gibt es eine In-House-Bank mit Standort in den USA, die für Tochtergesellschaft 3 und Tochtergesellschaft 4 verantwortlich ist. Beim internen Zahlungsverkehr zwischen Tochtergesellschaft 1 und Tochtergesellschaft 2 liegt der gesamte Prozess innerhalb der In-House-Bank EU. Dabei schickt Tochtergesellschaft 1 ihre Zahlung 1a an die In-House-Bank EU, die mit dem internen 2a Kontoauszug Tochtergesellschaft 2 über die ausgeführte Zahlung informiert.

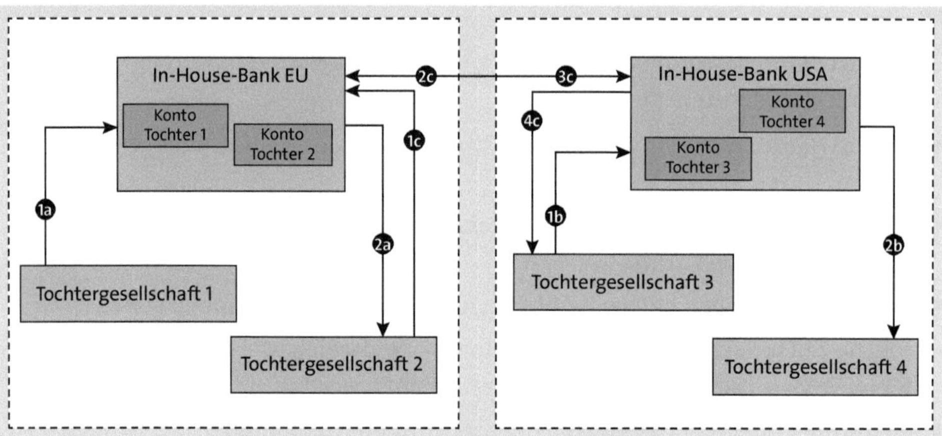

Abbildung 6.11 Organisationsstruktur mit zwei In-House-Banken

Beim internen Zahlungsverkehr zwischen Tochtergesellschaft 3 und Tochtergesellschaft 4 liegt der gesamte Prozess innerhalb der In-House-Bank USA. Dabei schickt Tochtergesellschaft 3 ihre Zahlung 1b an die In-House-Bank USA, die mit dem internen Kontoauszug der Tochtergesellschaft 4 2b über die ausgeführte Zahlung informiert. Sollte es aber zum internen Zahlungsverkehr zwischen Tochtergesellschaft 2 und Tochtergesellschaft 3 kommen, erstreckt sich der Prozess über zwei In-House-Banken. Damit kommt es zu einem sogenannten *bankkreisübergreifenden Vorgang*, bei dem Tochtergesellschaft 2 eine interne Zahlung 1c an In-House-Bank EU schickt. In-House-Bank EU verbucht den Vorgang und erzeugt einen IHC-Zahlungsauftrag für In-House-Bank USA 2c. Dieser IHC-Zahlungsauftrag 3c wird aufseiten der In-House-Bank USA verbucht, und die Benachrichtigung darüber wird mit dem internen Kontoauszug 4c an Tochtergesellschaft 3 weitergegeben.

Diese Abbildung soll verdeutlichen, dass mit der Einführung von zwei In-House-Banken, die Zahlungsprozesse innerhalb des Unternehmens an Komplexität zunehmen und die Beziehungen zwischen den zu den unterschiedlichen In-House-Banken zugeordneten Tochtergesellschaften als bankkreisübergreifende Vorgänge abgewickelt werden müssen.

6.3.3 Implementierungsprojekt planen und gestalten

Die zukünftigen Verantwortlichkeiten sind definiert, die Entscheidung über die Anzahl der In-House-Banken und den genauen Umfang der Zentralisierung ist gefallen;

es müssen nur noch die Gestaltungsmöglichkeiten bei der Projektplanung und Umsetzung abgewägt werden.

Es ist eher unwahrscheinlich, dass Ihr Unternehmen noch keine Zahlungsprozesse aufgesetzt hat. Stattdessen haben Sie vermutlich schon ein SAP-System, auf dem bestimmte Zahlungsprozesse laufen und nun verändert und optimiert werden sollen. Für die Zeit der Projektimplementierung können Sie die existierenden Zahlungsprozesse nicht einfrieren, bis die neue Zahlungswelt vorbereitet ist. Die Zahlungsprozesse sind zeitkritisch, und das Unternehmen muss jederzeit in der Lage sein, seine Lieferanten zu bezahlen. Es muss also ein Projektplan erarbeitet werden, der zusätzlich zur Prozessimplementierung selbst einen möglichst sanften Übergang in die neue Zahlungswelt vorsieht.

Bei den Implementierungsprojekten rund um den Zahlungsverkehr stehen Ihnen unterschiedliche Möglichkeiten für die Gestaltung der Projektphasen und Projektzweige zur Verfügung. Sie können alle geplanten Kernprozesse gleichzeitig für alle Gesellschaften des Unternehmens umstellen und damit den sogenannten *Big-Bang-Ansatz* verfolgen.

Bei einem Big-Bang-Ansatz besteht allerdings die Gefahr, dass das Projekt im Laufe der Implementierungszeit zu unübersichtlich und zu schwierig zu steuern ist. In der Regel wird die Komplexität bei der Veränderung einzelner Zahlungsprozesse unterschätzt, und die Wahrscheinlichkeit, dass mit der Zeit ein Big-Bang-Projekt aus dem Ruder läuft, ist hoch. Es kann dann passieren, dass zum Produktivsetzungstermin die Umsetzung aller Prozesse nicht den notwendige Reifegrad erreicht hat, sodass die eingeführten Prozesse fehleranfällig sind und zu einem hohen Aufkommen an Fehlern führen.

Manchmal ist diese Vorgehensweise jedoch alternativlos, weil das Unternehmen unter bestimmten Projekteinschränkungen, wie z. B. nicht änderbare Produktivsetzungsfristen, steht.

Wir empfehlen Ihnen, das Implementierungsprojekt, wenn möglich, flexibler zu gestalten und mehrere Teilproduktivsetzungen zu definieren. Es gibt dabei mehrere Wege und Richtungen, wie Sie das Projekt aufteilen können.

Projektgliederung nach einzuführenden Prozessen

Eine der Möglichkeiten, um das Projekt zu gliedern und in Staffeln aufzubauen, sind die einzuführenden Prozesse als Gliederungskriterium.

In einem typischen Szenario sind mindestens die folgenden Zahlungsprozesse dabei:

- Umstellung des internen Zahlungsverkehrs auf die virtuellen Intercompany-Verrechnungen mit der In-House-Bank
- das Aufsetzen des automatischen Cash Poolings mit den Hausbanken

- Zentralisierung des externen Zahlungsverkehrs und das Einführen von Payment Factory mit On-Behalf-Zahlungen

Sie können für jeden Prozess einen eigenen Produktivsetzungstermin definieren und die Prozesse nacheinander einführen. Dabei sollten Sie mit der Umstellung des internen Zahlungsverkehrs anfangen, was technisch einigermaßen einfach umzusetzen ist und gleichzeitig einen spürbaren Nutzen mit sich bringt.

Gleiches gilt für das Cash Pooling, das ebenfalls übersichtlich ist. Die Zentralisierung des externen Zahlungsverkehrs sollte als Letztes angegangen werden, weil Sie bei diesem Prozess zusätzlich zu den Projektaufgaben innerhalb des Unternehmens mit viel Abstimmungsaufwand mit den Hausbanken bezüglich der Zahlungskommunikation rechnen müssen.

Projektgliederung nach einzelnen Gesellschaften

Eine weitere Möglichkeit besteht darin, die lokalen Gesellschaften in mehrere Gruppen aufzuteilen und die Teilproduktivsetzungen für diese Gruppen einzuplanen.

Welche Gesellschaften gruppiert werden können, hängt von den Spezifika Ihres Unternehmens ab. So können sie z. B. mehrere Gesellschaften in einer Region haben, oder umgekehrt, es können Gesellschaften aus unterschiedlichen Regionen zu einer Gruppe zusammengefasst werden. Sie können die größten und wichtigsten Gesellschaften als erste Gruppe definieren, weil die Prozessveränderungen bei dieser Gruppe den größten Nutzen bringen und alle anderen Prozessveränderungen nach und nach umsetzen. Alternativ können Sie mit den kleineren Gesellschaften anfangen, um den Druck bei der Erstproduktivsetzung herauszunehmen und aus den Fehlern der ersten kleineren Gruppe zu lernen. So können Sie Ihre positiven und negativen Erfahrungen bei den späteren Teilproduktivsetzungen berücksichtigen.

Sie können sogar beide Ansätze kombinieren und die Produktivsetzungen sowohl nach Prozessen als auch nach Regionen oder einzelnen Gesellschaften planen. Das führt in der Regel zwar zu einer längeren Projektdauer, macht aber das Projekt insgesamt entspannter und leichter zu koordinieren.

Projektkommunikation im Unternehmen

Ein weiterer wichtiger Punkt bei der Neueinführung oder Veränderung der Zahlungsprozesse im Unternehmen ist die Kommunikation mit einzelnen Gesellschaften und Hausbanken. Sie dürfen diesen Punkt nicht unterschätzen und sollten die interne und externe Kommunikation als eigene Aufgabe fest einplanen.

Die effektive Kommunikation, vor allem mit einzelnen Gesellschaften, ist ein großer Erfolgsfaktor in Zahlungsverkehrsprojekten. Von der technischen Seite perfekt umgesetzten Prozesse werden nicht helfen, wenn die Fachbereiche in den einzelnen Gesellschaften die Prozessveränderungen nicht verstehen und ihre Verantwortlichkeiten nicht klar erkennen können.

Auch ist es nicht ausreichend, die Gesellschaften über die geplanten Änderungen einmalig im Kick-off-Meeting zu informieren, sondern die Kommunikation soll während der gesamten Projektdauer und auch eine Zeit lang nach der Produktivsetzung aufrechterhalten bleiben. Bereiten Sie die Verantwortlichkeitsschemen, wie in Abschnitt 6.3.1, »Veränderungen in der Organisationstruktur berücksichtigen«, vor, und erklären Sie diese einzelnen Gesellschaften.

Wenn die Prozesse getestet werden, involvieren Sie früh genug alle Fachbereiche, die an den zukünftigen Zahlungsprozessen beteiligt sein werden. Ein gutes Prozessverständnis erhöht die Akzeptanz des Gesamtprojekts und wirkt sich positiv auf die zu erzielenden Projektergebnisse aus.

Ausreichende Betreuung nach Produktivsetzung einplanen

Bereiten Sie sich darauf vor, dass die erste Phase nach den Teilproduktivsetzungen mit einem vermehrten Pflege- und Betreuungsaufwand verbunden ist. In der Anfangsphase ist sowohl mit technischen Fehlern als auch mit menschlichen Fehlern zu rechnen.

Planen Sie für die ersten vier bis sechs Wochen nach Produktivsetzung zusätzliche Ressourcen ein, die sich gut mit den Projektbesonderheiten auskennen. Spätestens nach sechs Wochen sollten die neuen oder optimierten Zahlungsprozesse größtenteils reibungslos und stabil laufen, sodass Sie sich um die nächste Projektphase kümmern können.

6.4 Fazit

In diesem Kapitel haben wir darüber reflektiert, wie die Implementierung eines Projekts zur Optimierung oder Neueinführung der Zahlungsprozesse in einem SAP-System aussehen kann. Als Erstes sollen die bestehenden Prozesse, unabhängig davon, ob sie in einem SAP- oder in einem Nicht-SAP-System laufen, analysiert werden. Dazu gehören die Analyse der bestehenden Bankkonten und wie diese Bankkonten unter Regionen und Banken verteilt werden. Auch die mit den Banken vereinbarten Konditionen für die Kontoführung und die Anzahl der ausgeführten Zahlungen pro Bankkonto sind zu prüfen. Diese Ist-Analyse ist eine wichtige Ausgangsbasis, die für die Identifizierung möglicher Optimierungsmöglichkeiten notwendig ist. Basierend auf der durchgeführten Analyse der Ist-Prozesse können Optimierungsmöglichkeiten erkannt werden.

Nachdem der Umfang der Änderungen einigermaßen klar geworden ist, kann genauer untersucht werden, welche SAP-Komponenten eingesetzt werden sollen, um den größten Nutzen von den optimierten Zahlungsprozessen zu erzielen. Je nachdem, welche Ziele Ihr Unternehmen priorisiert, und je nachdem, welche Optimierungsschritte Sie definiert haben, kann es sein, dass nicht die komplette Palette der SAP-Lösungen im Bereich des Zahlungsverkehrs in Ihrem konkreten Unternehmen notwendig ist.

Anschließend können Sie das zukünftige Projekt genauer planen und entscheiden, welche Gesellschaften in welcher Reihenfolge auf die neuen optimierten Prozesse umgestellt werden sollen.

Wichtige Erfolgsfaktoren bei der Planung der Zahlungsverkehrsprojekte

Dies sind die wichtigsten Erfolgsfaktoren bei der Projektplanung:

- nach Möglichkeit mehrere Teilproduktivsetzungen einzuplanen
- Projektphasen nach Prozessen oder nach einzelnen Gesellschaften zu definieren
- für ausreichende Kommunikation im Unternehmen aus dem Projekt heraus zu sorgen
- ein gutes Verständnis für einzuführende Prozesse zu schaffen und die Verantwortlichkeiten klar festzulegen
- mit erhöhtem Betreuungsaufwand nach jeder Teilproduktivsetzung zu rechnen und genug Ressourcen dafür einzuplanen

Kapitel 7
Einstellungen in der Bankkonten- und Zahlungsverwaltung

In diesem Kapitel werden die Grundeinstellungen beschrieben, die einen automatisierten Zahlungsverkehr ermöglichen. Sie sind notwendigerweise unabhängig vom gewählten Implementierungsmodell und werden daher zuerst im technischen Teil dieses Buches erläutert.

In diesem Kapitel beschäftigen wir uns mit den Grundeinstellungen, die Sie unbedingt vornehmen müssen, um mit dem automatischen F110-Zahlprogramm oder dem automatischen F111-Zahlprogramm für Zahlungsanordnungen arbeiten zu können.

Abschnitt 7.1 behandelt alle Konfigurationseinstellungen, die für die Ausführung des F110-Zahllaufs erforderlich sind. Für das Zahlprogramm für Zahlungsanordnungen (das sind vor allem Treasury- oder In-House-Cash-Zahlungen) müssen ebenfalls Grundeinstellungen vorgenommen werden. Das F111-Zahlprogramm greift weitgehend auf die Einstellungen des F110-Zahllaufs zurück (siehe Abschnitt 7.2).

In Abschnitt 7.3 werden die Konfigurationseinstellungen erläutert, die für die Nutzung der in Abschnitt 3.4, »Free-Form-Zahlungen«, aus Prozesssicht beschriebenen Free-Form-Zahlungen erforderlich sind.

In Abschnitt 7.4 fahren wir mit den Einstellungen fort, die für die Ausführung der Bankkontoüberträge des Cash Managements notwendig sind. Die funktionale Sicht der Bankkontoüberträge wurde in Abschnitt 3.2, »Cash-Management-Zahlungen«, beschrieben.

Mit der Verwaltung von Bankkonten in SAP S/4HANA beschäftigen wir uns in Abschnitt 7.5. Dabei wird sowohl auf die Pflege von Hausbanken und Hausbankkonten eingegangen als auch auf die zusätzlichen Steuerungsmöglichkeiten, die bei der Pflege von Bankkonten definiert werden können.

In Abschnitt 7.6 zeigen wir, welche Einstellungen für die Nutzung der Kontoauszugsverarbeitung im SAP-System erforderlich sind.

7.1 Konfiguration der automatischen Zahlungen mit dem F110-Zahlprogramm

Zunächst werden die Einstellungen auf der Ebene der einzelnen Buchungskreise vorgenommen (Ebenen **Alle Buchungskreise** und **Zahlende Buchungskreise**). Sie definieren allgemeine Eigenschaften dieser Buchungskreise, die für jeden Zahllauf in diesem Buchungskreis gelten. Dazu treffen Sie unter anderem folgende Entscheidungen:

- ob Sonderhauptbuchvorgänge in den Zahlläufen berücksichtigt werden sollen
- ob die Fremdwährungsdifferenzen in den Zahlbelegen automatisch mitgebucht werden
- ab welchem Betrag Ausgangszahlungen und Eingangszahlungen erlaubt sind
- welches Avisformular für den Buchungskreis verwendet werden soll
- ob Lastschriftvorankündigungen möglich sind
- welche Gläubiger-Identifikationsnummer diesem Buchungskreis für den SEPA-Zahlungsverkehr zugeordnet ist

Als Nächstes werden die *Zahlwege im Land* definiert. Hier werden die Zahlwege angelegt, die für das jeweilige Land üblich sind. Zur Definition der Zahlwege im Land gehören unter anderem folgende Entscheidungen:

- ob der Zahlweg für Ausgangszahlungen oder für Eingangszahlungen verwendet werden soll
- ob es um eine Überweisung, einen Lastschrifteinzug, eine Scheckzahlung oder eine Wechselzahlung geht
- welche Angaben im Stammsatz des Geschäftspartners notwendig sind, um eine erfolgreiche Zahlung mit diesem Zahlweg zu leisten (z. B. IBAN und BIC-Angaben bei SEPA-Zahlungen)
- welche Belegart für die Ausgleichsbelege bei den Zahlungen mit diesem Zahlweg genutzt werden soll
- in welchem Format die Zahldatei generiert werden soll
- ob die Zahlung auf Ebene des Landes vorgenommen werden soll, in dem Ihr Buchungskreis ansässig ist. Damit sind die Zahlwege für alle anderen Buchungskreise gültig, die sich ebenfalls in diesem Land befinden.
- ob der Zahlweg nur mit bestimmten Währungen zulässig ist (z. B. nur EUR für den SEPA-Zahlweg)
- ob es Einschränkungen für die Zielländer bei den Zahlungen mit diesem Zahlweg geben kann
- ob der Verwendungszweck, sprich die Referenzinformationen, die der Geschäftspartner bei der Zahlung erhält, einen bestimmten Aufbau haben soll

Die nächste Ebene ist durch die Einstellungen für die *Zahlwege im Buchungskreis* dargestellt. Damit werden die Zahlwege, die vorher auf der Ebene des ganzen Landes angelegt wurden, mit den Eigenschaften versehen, die nur für einen einzelnen Buchungskreis im jeweiligen Land gültig sind.

Das sind z. B. folgende Einstellungen:

- Grenzen für den Mindestbetrag und den Höchstbetrag mit diesem Zahlweg
- ob im Ausland ansässigen Geschäftspartner und/oder Geschäftspartner mit einer ausländischen Bankverbindung mithilfe dieses Zahlweges bezahlt werden können
- ob alle Rechnungen einzeln oder separat pro Fälligkeitstag bezahlt werden sollen
- die Angaben zu dem Aussteller des Avisformulars (das Avisformular selbst wird auf der Ebene des gesamten Buchungskreises zugeordnet)
- wie die Aviserzeugung gesteuert werden soll (ob Avise immer, nie oder nur ab einer bestimmten Anzahl von einzelnen Posten generiert werden sollen)

Wenn die Zahlwege sowohl auf der Länderebene als auch auf der Buchungskreisebene vollständig definiert sind, werden sie den vorhandenen Hausbanken und den konkreten Hausbankkonten zugeordnet. Das sind die Einstellungen für die sogenannte *Bankenfindung*.

Folgende Entscheidungen müssen auf dieser Ebene getroffen werden:

- die Rangfolge der Hausbanken, die für Zahlungen mit dem jeweiligen Zahlweg in Anspruch genommen werden sollen (z. B. sollen die SEPA-Zahlungen wenn möglich durch die Hausbank »Deutsche Bank« durchgeführt werden, und wenn das nicht funktioniert, soll die Hausbank »Unicredit« genutzt werden)
- welche Beträge bei der Zahlung von einem bestimmten Hausbankkonto mit dem jeweiligen Zahlweg pro Währung zur Verfügung stehen (z. B. sollen bei SEPA-Zahlungen 50.000.000 EUR zur Disposition stehen)
- welche Sachkonten für die Ausgleichsbuchungen genutzt werden sollen (normalerweise werden nicht die Hauptsachkonten der Hausbanken, sondern Verrechnungskonten genutzt, auf denen Geldausgänge oder Geldeingänge während der Zahlläufe gebucht werden)

Sie müssen mehrere Grundeinstellungen vornehmen, bevor Sie das automatische F110-Zahlprogramm nutzen können. Mit der Transaktion FBZP (Konfiguration Zahlprogramm pflegen), können Sie bequem alle notwendigen Aktivitäten auf einmal durchführen. Im Produktivsystem ist der Zugang zu der Transaktion FBZP in der Regel nur sehr eingeschränkt.

In diesem Fall können Sie die Transaktion FBZA (Konfiguration Zahlprogramm anzeigen) aufrufen. Diese zeigt dieselben Einstellungen wie Transaktion FBZP, nur im Anzeigemodus. In Abbildung 7.1 sehen Sie den Einstieg in das Customizing des automatischen Zahlprogramms in Transaktion FBZP.

Alle Einstellungen in der Transaktion FBZP können in vier Bereiche geteilt werden.

❶ Über die Buttons **Alle Buchungskreise** und **Zahlende Buchungskreise** können Sie allgemeine Einstellungen für Buchungskreise vornehmen.

❷ Zahlwege werden zuerst über den Button **Zahlwege im Land/Region** und dann zusätzlich über den Button **Zahlwege im Buchungskreis** definiert und mit unterschiedlichen Eigenschaften versehen.

❸ Über einen Klick auf den Button **Bankenfindung** wird entschieden, welche Hausbanken und Hausbankkonten für Zahlungen mit unterschiedlichen Zahlwegen verwendet werden sollen.

❹ Ein Klick auf den Button **Hausbanken** ermöglicht einen Absprung zur Pflege der Stammdaten von Hausbanken.

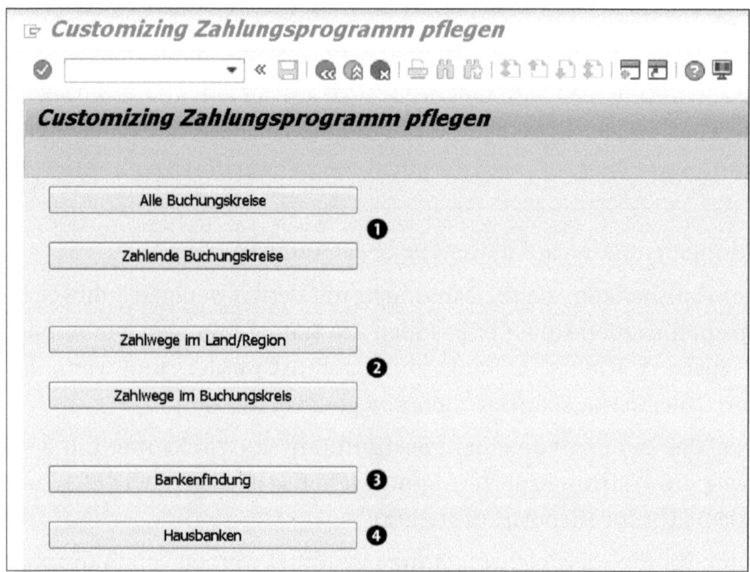

Abbildung 7.1 Konfiguration des Zahlprogramms pflegen (Transaktion FBZP)

Wir gehen nun alle vier Bereiche ausführlich durch.

7.1.1 Alle Buchungskreise

Als Erstes müssen Sie einige Grundeigenschaften hinterlegen, die auf der Ebene des ganzen Buchungskreises gelten werden. Klicken Sie dazu auf den Button **Alle Buchungskreise** im Übersichtsbild von Transaktion FBZP. Es öffnet sich eine Detailansicht (siehe Abbildung 7.2). Auf die Nummerierungen in dieser Abbildung beziehen wir uns in den folgenden Abschnitten.

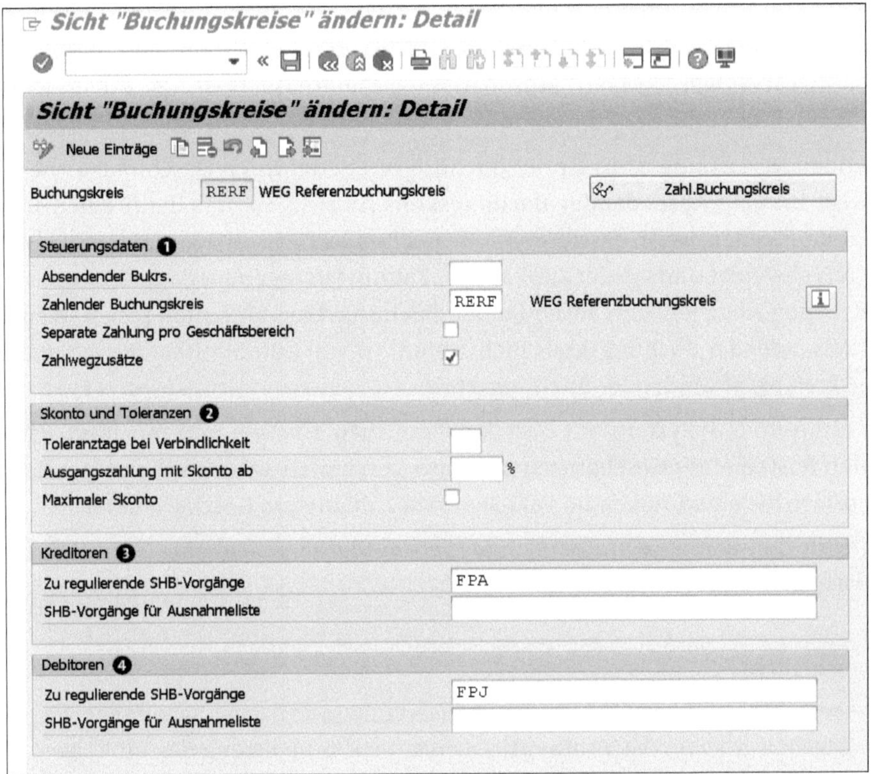

Abbildung 7.2 Buchungskreise für die Konfiguration des Zahlprogramms pflegen (Transaktion FBZP)

Steuerungsdaten

Sie müssen sich entscheiden, wie genau der Zahlungsverkehr für diesen Buchungskreis abgewickelt werden soll, bevor Sie Angaben im ersten Bereich **Steuerungsdaten** ❶ in Abbildung 7.2 vornehmen.

> **Alle Buchungskreise vs. Zahlende Buchungskreise**
>
> In der Regel besitzt ein Buchungskreis mindestens ein Bankkonto bei einer externen oder virtuellen Bank, und dieses Bankkonto (oder sogar mehrere vorhandene Bankkonten) wird von dem Buchungskreis genutzt, um Zahlungen durchzuführen. In diesem Fall ist dieser Buchungskreis auch der zahlende Buchungskreis, und Sie müssen im Feld **Zahlender Buchungskreis** den Buchungskreis eintragen, den Sie gerade bearbeiten.
>
> Es ist aber auch möglich, buchungskreisübergreifendes Zahlen zu verwenden. In diesem Fall existiert ein Buchungskreis, der die Zahlungen für andere Buchungskreise abwickelt, weil z. B. nur dieser Buchungskreis über die Bankkonten verfügt, die für den Zahlungsverkehr genutzt werden sollen.

Für das buchungsübergreifende Zahlen hinterlegen Sie für Ihren Buchungskreis den zahlenden Buchungskreis im Feld **Zahlender Buchungskreis**. In dem hier angegebenen Buchungskreis werden beim automatischen Zahlungsverkehr die Buchungen auf den Bankkonten bzw. Bankunterkonten vorgenommen.

Der absendende Buchungskreis ist der Buchungskreis, der Ihren Geschäftspartnern bekannt ist. Im Feld **Absendender Buchungskreis** müssen Sie nur dann einen Buchungskreis eingeben, wenn der absendende Buchungskreis von dem zahlenden Buchungskreis abweicht und bei der Zahlung der Zahlungsträger oder das Zahlungsavis die zusätzlichen Angaben zum absendenden Buchungskreis enthalten sollen. Wenn das Feld **Absendender Buchungskreis** nicht gefüllt ist, gilt automatisch der zahlende Buchungskreis als absendender Buchungskreis.

Falls Sie in Ihrem SAP-System mit Geschäftsbereichen arbeiten und möchten, dass die offenen Posten eines Geschäftspartners pro Geschäftsbereich getrennt reguliert werden, setzen Sie einen Haken im Feld **Separate Zahlung pro Geschäftsbereich**.

Des Weiteren definieren Sie im Bereich **Steuerungsdaten**, ob Sie eine Verwendung von Zahlwegzusätzen erlauben.

[»]

Zahlwegzusätze

Der *Zahlwegzusatz* wird im Customizing definiert und kann danach im offenen Posten eingegeben werden. Der Zahlwegzusatz dient zur Gruppierung der Zahlungen, sodass Sie Ihre Zahlungen, wenn nötig, getrennt ausführen können.

Wenn Sie mit Zahlwegzusätzen arbeiten wollen, markieren Sie das Feld **Zahlwegzusätze**. Auch wenn Sie diesen Haken gesetzt haben, müssen Sie die Zahlwegzusätze nicht zwingend verwenden. Wir empfehlen dahier, diese Option grundsätzlich zu aktivieren, da sie mehr Flexibilität bietet.

Skonto und Toleranzen

Im Bereich **Skonto und Toleranzen** ❷ in Abbildung 7.2 entscheiden Sie, wie Skonti bei der Zahlung berücksichtigt werden sollen und ob Toleranztage erlaubt sind.

Im Feld **Toleranztage bei Verbindlichkeit** geben Sie die Anzahl der Tage an, um die die Skontofristen und die Nettofälligkeit überschritten werden dürfen. Wenn im Zahllauf die Fälligkeit der Zahlung ermittelt wird, verschiebt sich das ermittelte Fälligkeitsdatum um die hier angegebene Anzahl der Tage. Das bedeutet, dass die Zahlung gegebenenfalls später geleistet wird als in der Zahlungsbedingung vorgesehen.

Im Feld **Ausgangszahlung mit Skonto ab** können Sie die Untergrenze für Zahlungen mit Skontoabzug angeben. Wenn Sie hier einen Prozentsatz eintragen, werden die offenen Posten nur dann unter Skontoabzug reguliert, wenn der Skontoprozentsatz dem angegebenen Prozentsatz entspricht oder höher als dieser Prozentsatz liegt. Ist der Skonto im Posten kleiner als der angegebene Prozentsatz, wird der offene Posten erst zur Nettofälligkeit ausgeglichen.

Setzen Sie einen Haken im Feld **Maximaler Skonto**, wenn in den kreditorischen Zahlungen immer der maximale Skonto gezogen werden soll – auch dann, wenn die Zahlung nach der für den maximalen Skonto entsprechenden Frist erfolgt.

Wir empfehlen, die beiden Felder **Ausgangszahlung mit Skonto** und **Maximaler Skonto** leer zu lassen. Definieren Sie die Skontoeigenschaften stattdessen direkt über einzelne Zahlungsbedingungen.

Kreditoren und Debitoren

Im Bereich **Kreditoren** ❸ und im Bereich **Debitoren** ❹ in Abbildung 7.2 tragen Sie die Kennzeichen für Sonderhauptbuchvorgänge ein, die bei der Regulierung der offenen Posten auf der jeweils kreditorischen oder debitorischen Seite berücksichtigt werden sollen. Falls Sie z. B. im Bereich **Kreditoren** im Feld **Zu regulierende SHB-Vorgänge** die Werte »FP« eingetragen haben, werden im Zahllauf alle offenen kreditorischen Posten ohne Sonderhauptbuchkennzeichen und zusätzlich offene Posten, die mit den Kennzeichen »F« oder »P« erfasst wurden, reguliert. Alle offenen Posten mit einem anderen Sonderhauptbuchkennzeichen werden im Zahllauf nicht selektiert. Wenn Sie dieses Feld leer lassen, werden nur offene Posten ohne Sonderhauptbuchkennzeichen reguliert.

Wenn Sie wollen, dass offene Posten mit den Sonderhauptbuchkennzeichen im F110-Zahlprogramm nicht reguliert, aber in der Ausnahmeliste explizit ausgegeben werden, können Sie die Sonderhauptbuchkennzeichen im Feld **SHB-Vorgänge für Ausnahmeliste** pflegen.

Damit sind die allgemeinen Einstellungen für Ihren Buchungskreis abgeschlossen. Speichern Sie Ihre Änderungen mit einem Klick auf den Button (**Sichern**). Kehren Sie danach mit einem Klick auf den grünen Pfeil zur Übersicht aller Buchungskreise zurück. Auch hier gehen Sie wieder mit dem grünen Pfeil zurück. Sie sehen die Übersicht der möglichen Einstellungen in der Transaktion FBZP.

7.1.2 Zahlende Buchungskreise

Als Nächstes klicken Sie den Button **Zahlende Buchungskreise** in der Übersicht von Transaktion FBZP. Wählen Sie Ihren Buchungskreis per Doppelklick, und Sie werden zur Detailansicht weitergeleitet (siehe Abbildung 7.3). Die nummerierten Funktionen aus der Abbildung werden wieder in den folgenden Abschnitten detailliert erläutert.

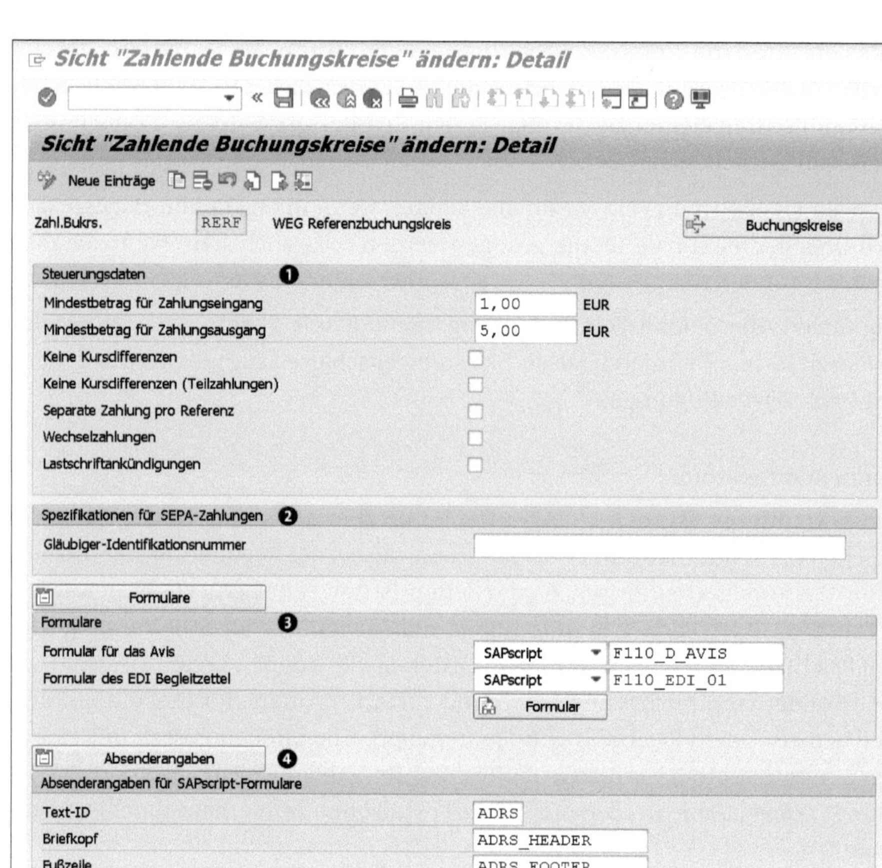

Abbildung 7.3 Zahlende Buchungskreise in der Konfiguration des Zahlprogramms pflegen (Transaktion FBZP)

Steuerungsdaten

Im Bereich **Steuerungsdaten** ❶ in Abbildung 7.3 definieren Sie den jeweiligen Mindestbetrag für Zahlungseingänge und Zahlungsausgänge. Der Wert im Feld **Mindestbetrag für Zahlungseingang** ist für die Lastschrifteinzüge relevant. Der Wert im Feld **Mindestbetrag für Zahlungsausgang** gibt an, ab welchem Betrag die Ausgangszahlungen durchgeführt werden. Die beiden Felder mit Mindestbeträgen beziehen sich immer auf die Hauswährung des Buchungskreises. Wenn Sie im Feld **Mindestbetrag für Zahlungsausgang** z. B. den Wert 5 EUR eingetragen haben, bedeutet das, dass die offenen Posten des jeweiligen Geschäftspartners nur dann reguliert werden, wenn die Zahlung für diesen Geschäftspartner mindestens 5 EUR beträgt. Falls die Zahlung unter 5 EUR liegt, werden die offenen Posten nicht reguliert und in der Ausnahmeliste der Transaktion F110 ausgegeben.

Die Felder **Keine Kursdifferenzen buchen** und **Keine Kursdifferenzen (Teilzahlung)** beeinflussen die Behandlung der Kursdifferenzen im Zahlprogramm.

[«]

Felder für Kursdifferenzen nicht immer relevant

Die Felder **Keine Kursdifferenzen buchen** und **Keine Kursdifferenzen (Teilzahlung)** sind nur dann relevant, wenn debitorische und kreditorische offene Posten in einer von der Hauswährung abweichenden Währung erfasst sind und in dieser Fremdwährung auch bezahlt werden sollen. In der Regel werden offene Posten nicht sofort zu ihrem Buchungsdatum, sondern erst später bezahlt, sodass es häufiger zu einer Kursdifferenz kommt, weil das Regulierungsdatum und das Buchungsdatum unterschiedlich sind.

Wenn Sie keinen Haken in den Feldern **Keine Kursdifferenzen buchen** und **Keine Kursdifferenzen (Teilzahlung)** gesetzt haben, verwendet das Zahlprogramm den aktuellen Umrechnungskurs, um den Zahlungsbetrag in der Hauswährung zu bestimmen. Die ermittelte Kursdifferenz zwischen dem Hauswährungsbetrag beim Buchen des offenen Postens und dem Hauswährungsbetrag beim Ausgleichen des offenen Postens wird automatisch pro Zahlung gebucht.

Wenn Sie einen Haken in den Feldern **Keine Kursdifferenzen buchen** und **Keine Kursdifferenzen (Teilzahlung)** gesetzt haben, wird keine Kursdifferenz ermittelt und gebucht. Stattdessen wird der Hauswährungsbetrag als Summe der Hauswährungsbeträge der regulierten Posten definiert. Normalerweise werden die Haken in beiden Feldern nicht gesetzt und die entstehenden Kursdifferenzen werden im Zahllauf berücksichtigt und automatisch gebucht.

Markieren Sie das Feld **Separate Zahlung pro Referenz** ausschließlich dann, wenn Sie wollen, dass nur solche Posten bei der Zahlung zusammen reguliert werden, die die gleiche Zahlungsreferenz haben. In der Regel handelt es sich um eine länderspezifische Regelung, die nur für einige Länder gilt (z. B. Finnland, Norwegen, Kroatien).

Auch im Feld **Wechselzahlungen** sollten Sie bloß dann einen Haken setzen, wenn Ihr Buchungskreis Wechselzahlungen tätigt. Da es sich bei Wechselzahlungen um ein besonderes und in der Regel länderspezifisches Zahlungsverhalten handelt, wird hier nicht näher auf die Merkmale und Besonderheiten dieser Zahlungen eingegangen.

Spezifikationen für SEPA-Zahlungen

Wenn Ihr Buchungskreis SEPA-Lastschrifteinzüge bei Kunden durchführt, setzen Sie einen Haken im Feld **Lastschriftankündigungen**, damit Sie im F110-Zahllauf die Möglichkeit haben, entsprechende Lastschriftankündigungen erstellen zu können.

Im Bereich **Spezifikationen für SEPA-Zahlungen** (❷ in Abbildung 7.3) geben Sie im Feld **Gläubiger-Identifikationsnummer** die Kennung Ihres Buchungskreises ein, die diesen Buchungskreis eindeutig bei der Nutzung des SEPA-Lastschriftverfahrens identifiziert. Das ist natürlich nur dann relevant, wenn Ihr Buchungskreis am SEPA-Zahlungsverkehr teilnimmt.

Formulare

Im Bereich **Formulare** (❸ in Abbildung 7.3) geben Sie die Formulare ein, die in diesem Buchungskreis für die Erstellung der Zahlungsavise und der EDI-Begleitzettel verwendet werden sollen. Sie können zwischen SAPscript und PDF-basierten Formularen wählen.

Verwendung der Standardformulare

Die von SAP ausgelieferten Standardformulare sollten Sie möglichst nicht direkt zuordnen, sondern nur als Vorlage für die Erstellung eigener Formulare verwenden. Diese Formulare können Sie nach Bedarf kundenspezifisch anpassen. Selbstverständlich können Sie ein und dasselbe Formular mehreren Buchungskreisen zuordnen.

Sie können sogenannte *EDI-fähige Zahlwege* nutzen, wenn Sie die Zahldateien in Form von IDocs benötigen. Die EDI-fähigen Zahlwege nutzen ein IDoc (Intermediate Document) als Zahlungsträgerformat. Das ist z. B. sinnvoll, wenn SAP In-House Cash im Einsatz ist. In diesem Fall schicken die Tochtergesellschaften ihre Zahlungen an die zentrale Einheit in Form von IDocs.

EDI-Formular in den Buchungskreisdaten

Bei der Konfiguration des Zahlprogramms müssen Sie unbedingt darauf achten, dass ein Formular im Feld **Formular des EDI Begleitzettel** eingetragen ist. Wenn dieses Feld leer bleibt, erhalten Sie eine Fehlermeldung im F110-Zahllauf, und es werden keine IDocs für Ihre Zahlungen erzeugt.

Absenderangaben

Im Bereich **Absenderangaben** (❹ in Abbildung 7.3) können Sie Standardtextbausteine eintragen, die Sie zuvor pro Buchungskreis angelegt haben und dann im Zahlungsavisformular eingebunden haben. So können Sie z. B. nur ein Formular für Zahlungsavise nutzen und in diesem Formular, basierend auf bestimmten Konditionen, die Textbausteine für die Briefkopfangaben, die Fußzeile, den Unterschriftstext und die Absenderdaten pro Buchungskreis aufrufen.

Nachdem Sie alle Einstellungen für zahlende Buchungskreise gepflegt haben, speichern Sie Ihre Änderungen mit einem Klick auf 💾 (**Sichern**). Kehren Sie danach mit einem Klick auf den grünen Pfeil zur Übersicht der zahlenden Buchungskreise zurück.

Auch hier müssen Sie mit dem grünen Pfeil zurückgehen. Sie sehen wieder die Übersicht der möglichen Einstellungen in der Transaktion FBZP.

[!]

Formularpflege ist ein übergreifendes Thema

Auf weitere Erläuterungen zur Formulargestaltung wird an dieser Stelle verzichtet, da es sich um ein allgemeines Thema handelt, das nicht spezifisch für den Zahlungsverkehr ist. Mehr Informationen finden Sie in dem Buch »SAP Interactive Forms by Adobe« von Timo Ortiz (Rheinwerk Verlag 2020).

7.1.3 Zahlwege im Land

Die Einstellungen aus den vorherigen Abschnitten beziehen sich auf den kompletten Buchungskreis. Jeder Buchungskreis tätigt in der Regel Zahlungen unterschiedlicher Art. Es kann sich z. B. um Inlands- und Auslandszahlungen, interne und externe Zahlungen, SEPA-Überweisungen und SEPA-Lastschriften handeln. Solche Zahlungen verfügen über bestimmte spezifische Eigenschaften. So ist für jede SEPA-Zahlung die Mitgabe einer IBAN und einer BIC notwendig.

Die Lastschrifteinzüge dürfen nur dann durchgeführt werden, wenn Sie über eine Einzugsermächtigung des Kontoinhabers verfügen. Interne Zahlungen werden oft über eine virtuelle In-House-Bank abgewickelt; externe Zahlungen hingegen müssen von dem physischen Bankkonto des Buchungskreises durchgeführt werden.

In vielen Ländern existieren zusätzlich länderspezifische Zahlungsverhalten wie Schecks in den USA, RIBA-Zahlungen in Italien oder QR-IBAN-Zahlungen in der Schweiz. SAP verwendet die sogenannten *Zahlwege*, um die unterschiedlichen Anforderungen im Zahlungsverkehr möglichst vollständig abbilden zu können.

[«]

Machen Sie sich Gedanken bei der Definition von Zahlwegen

Im Default Customizing sind einige Zahlwege von SAP vordefiniert. Sie können diese Zahlwege aber selbstverständlich wie gewünscht anpassen oder nach Bedarf Ihre eigenen Zahlwege definieren. Die Zahlwege bestehen aus einem Symbol, das können Zahlen, Buchstaben oder sogar Sonderzeichen sein. Überlegen Sie sich genau, welche Zahlungsarten für Ihr Unternehmen relevant sind und wie Sie diese am besten gruppieren. Die Anzahl der Zahlwege sollte auch in Großunternehmen überschaubar bleiben. Ansonsten werden Sie und vor allem die Anwenderinnen und Anwender schnell die Übersicht darüber verlieren, welcher Zahlweg für welche Zahlungsart geeignet ist.

In SAP S/4HANA werden Zahlwege auf zwei Ebenen geführt: Das ist zum einen die Ebene des Landes, die im Customizing-Knoten **Zahlwege im Land/Region** abgebildet ist. Hier definieren Sie allgemeine Eigenschaften des Zahlweges, die dann für alle Buchungskreise in diesem Land gültig sind.

Zum anderen ist es die Ebene des Buchungskreises, die Sie über den Customizing-Knoten **Zahlwege im Buchungskreis** pflegen. Auf dieser Ebene hinterlegen Sie Besonderheiten, die nur für einen konkreten Buchungskreis gelten sollen.

Sie müssen die Einstellungen für jeden Zahlweg auf beiden Ebenen – Land und Buchungskreis – vornehmen, um den Zahlweg im automatischen Zahlprogramm nutzen zu können.

Zahlwege im Land: Übersicht

Zuerst klicken Sie in der Übersicht von Transaktion FBZP auf den Button **Zahlwege im Land/Region**. Es öffnet sich eine Übersicht mit unterschiedlichen Zahlwegen, die jeweils einem Land zugeordnet sind (siehe Abbildung 7.4).

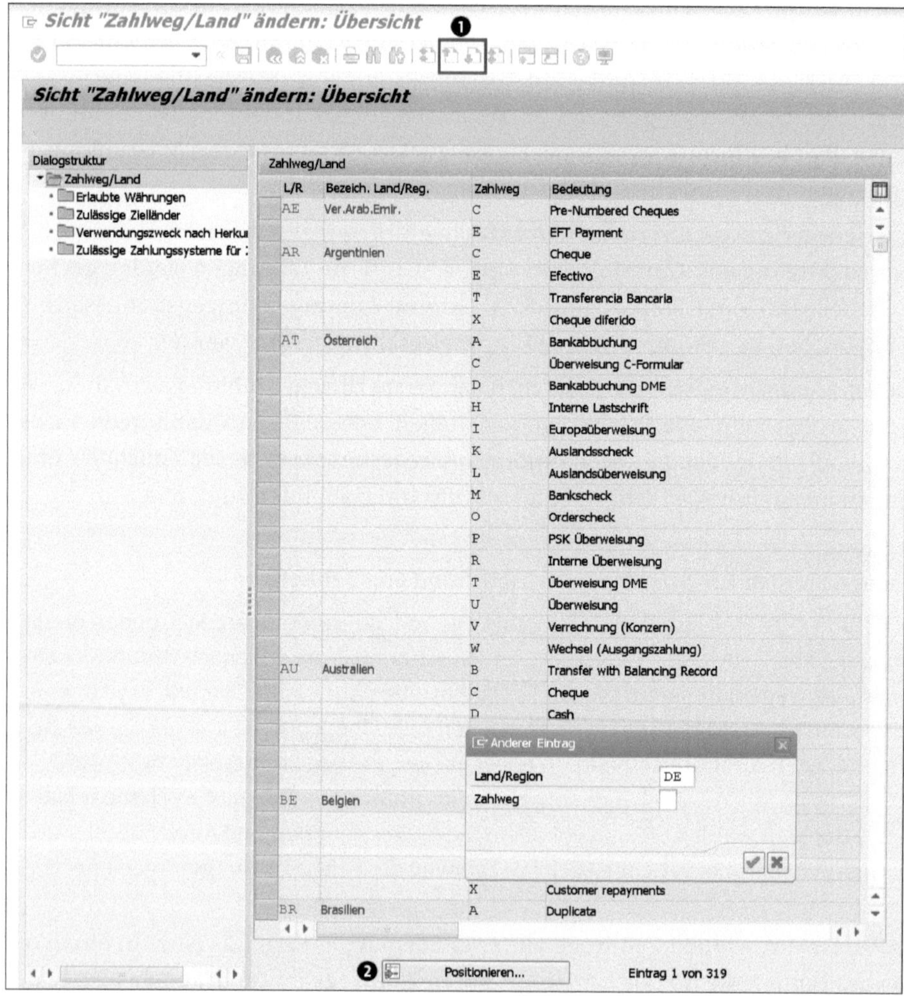

Abbildung 7.4 Transaktion FBZP »Konfiguration Zahlprogramm pflegen«, Button »Zahlwege im Land/Region«

Finden Sie das Land, in dem Ihr Buchungskreis ansässig ist, indem Sie entweder die Symbole (**Vorherige Seite** und **Nächste Seite**) ❶ benutzen oder indem Sie auf den Button **Positionieren** ❷ klicken und danach das gewünschte Land eingeben.

Wählen Sie den gewünschten Zahlweg. Über einen Doppelklick auf die Zeile mit dem markierten Zahlweg gelangen Sie in die Detailansicht für diesen Zahlweg. In dieser Detailansicht müssen Sie grundlegende Eigenschaften dieses Zahlweges definieren, die für alle Buchungskreise im jeweiligen Land gelten (siehe Abbildung 7.5).

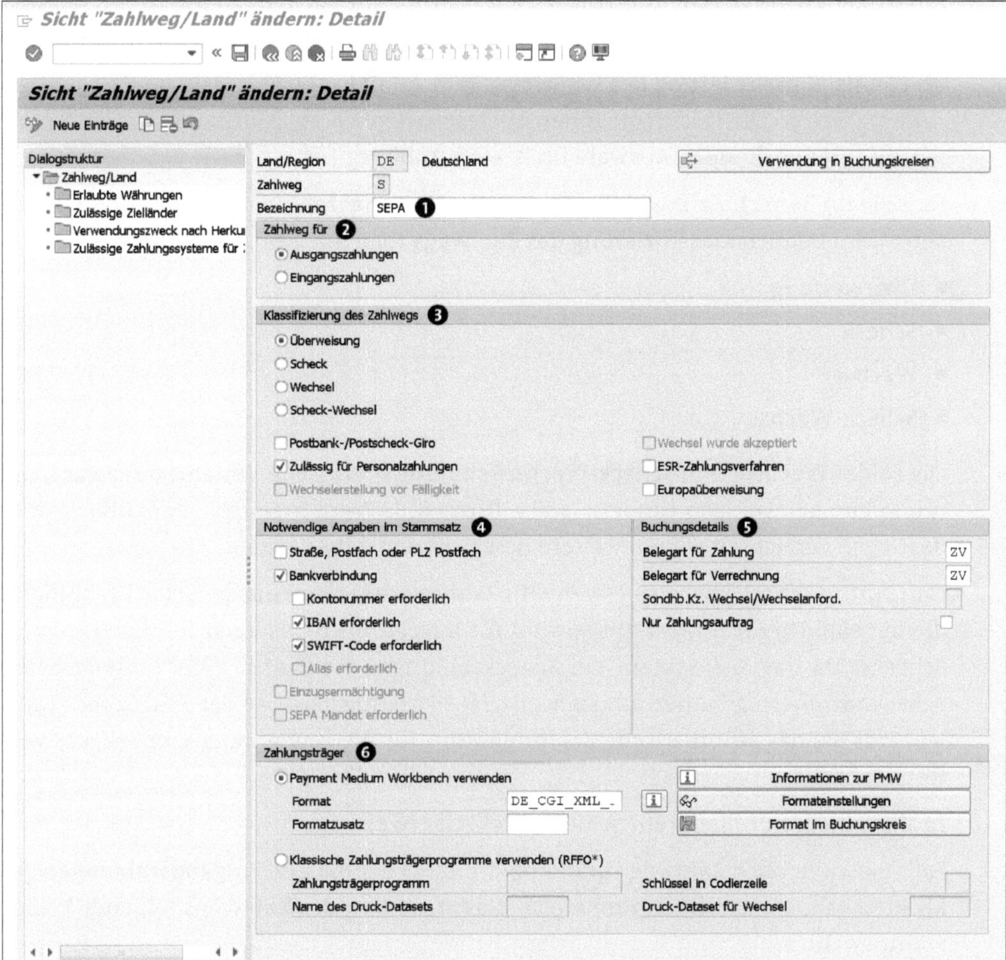

Abbildung 7.5 Transaktion FBZP »Konfiguration Zahlprogramm pflegen«, Button »Zahlwege im Land/Region«, Detailansicht

In Abbildung 7.5 sehen Sie, wie ein Zahlweg im Detail definiert werden muss. Als Erstes sollten Sie Ihrem Zahlweg eine sprechende Bezeichnung geben, die diesen Zahlweg eindeutig klassifiziert. Das können solche Begriffe sein wie z. B. »SEPA-Überweisung«, »SEPA-Lastschrift«, »Auslandszahlungen«, »Interne Überweisung«. Tragen Sie diesen sprechenden Namen im Feld **Bezeichnung** ❶ ein.

Zahlweg für Ausgangs- oder Eingangszahlungen und Klassifizierung

Im Bereich **Zahlweg für** (❷ in Abbildung 7.5) haben Sie die Felder **Ausgangszahlungen** und **Eingangszahlungen** zur Auswahl. Wenn Sie mit Ihrem Zahlweg Überweisungen tätigen, markieren Sie den Radiobutton **Ausgangszahlungen**. Klicken Sie auf den Button **Eingangszahlungen**, wenn Sie diesen Zahlweg für Lastschrifteinzüge verwenden wollen.

Im Bereich **Klassifizierung des Zahlwegs** (❸ in Abbildung 7.5) klassifizieren Sie Ihren Zahlweg weiter. Die Felder, die Ihnen in diesem Bereich zur Verfügung stehen, basieren auf Ihrer vorherigen Auswahl im Bereich **Zahlweg für**.

Falls Sie im Bereich **Zahlweg für** den Button **Ausgangszahlungen** geklickt haben, haben Sie im Bereich **Klassifizierung des Zahlwegs** folgende Felder zur Auswahl:

- **Überweisung**
- **Scheck**
- **Wechsel**
- **Scheck-Wechsel**

Die Felder **Wechsel** und **Scheck-Wechsel** sind für spezifische Verfahren relevant, die nur in einigen wenigen Ländern (wie z. B. das RIBA-Verfahren in Italien) üblich sind, deswegen verzichten wir auf weitere Beschreibung dieser Felder.

Den Button **Scheck** klicken Sie, wenn Ihr Zahlweg zur Erstellung der Scheckzahlungen dienen soll. Dieser Button gilt sowohl für ausgedruckte als auch für elektronische Schecks. Da das SAP-System bei Scheckzahlungen zusätzlich zum Zahlungsbeleg Schecknummern generiert und zuweist, ist es wichtig, dass Sie das Feld **Scheck** wählen, falls Sie das automatische Zahlprogramm für die Auszahlung von Schecks verwenden wollen.

In allen anderen Fällen wählen Sie das Feld **Überweisung**.

Falls Sie im Bereich **Zahlweg für** in Abbildung 7.5 den Button **Eingangszahlungen** geklickt haben, stehen Ihnen im Bereich **Klassifizierung des Zahlwegs** folgende Felder zur Auswahl:

- **Lastschrift**
- **Wechsel**
- **Wechselanforderung**
- **Zahlungsaufforderung**

Wählen Sie das Feld **Lastschrift**, um diesen Zahlweg für SEPA-Lastschriften zu verwenden.

Die restlichen Auswahlmöglichkeiten sind für spezifische Verfahren relevant, die nur in einigen wenigen Ländern üblich sind. Deswegen verzichten wir auf eine weitere Beschreibung dieser Felder. Alle anderen Felder im Bereich **Zahlweg für** müssen Sie nur dann markieren, wenn Sie spezifische Zahlungsverfahren abbilden wollen.

Setzen Sie einen Haken im Feld **ESR-Zahlungsverhalten**, wenn Sie Zahlungen an Ihre Schweizer Geschäftspartner ausführen, die an dem QR-IBAN-Verfahren teilnehmen. Das QR-IBAN-Verfahren ist ein Nachfolger des ESR-Verfahrens.

Wenn Sie Ihren Zahlweg auch für Personalzahlungen verwenden, setzen Sie einen Haken im Feld **Zulässig für Personalzahlungen**. In diesem Fall kann Ihr Zahlweg sowohl für klassische Lieferanten- und Kundenzahlungen als auch für HR-bezogene Zahlungen genutzt werden.

Notwendige Angaben im Stammsatz

Der Bereich **Notwendige Angaben im Stammsatz** (❹ in Abbildung 7.5) dient zur zusätzlichen Überprüfung der Datenqualität bei der Zahlung.

Angaben für SEPA-Zahlungen

Für eine SEPA-Überweisung benötigen Sie eine IBAN und einen SWIFT-Code. Fehlen diese Angaben in der Zahlung, wird diese von Ihrer Bank zurückgewiesen. Es ist daher sinnvoll, direkt bei der Zahlung im SAP-System zu prüfen, ob alle für die Zahlung erforderlichen Informationen vorhanden sind.

Wenn es bei Ihrem Zahlweg um einen Scheck geht, müssen Sie einen Haken im Feld **Straße, Postfach oder PLZ Postfach** setzen.

Wenn es bei Ihrem Zahlweg um eine SEPA-Überweisung oder Lastschrift geht, markieren Sie folgende Felder:

- **Bankverbindung**
- **IBAN erforderlich**
- **SWIFT-Code erforderlich**

Für eine Auslandszahlung benötigen Sie mindestens eine Kontonummer des Geschäftspartners, in diesem Fall markieren Sie die Felder **Bankverbindung** und **Kontonummer erforderlich**.

Beim automatischen Zahlprogramm prüft SAP, ob alle im Zahlweg geforderten Informationen vorhanden sind. Wenn etwas fehlt, wird keine Zahlung generiert und Sie finden eine Fehlermeldung im Anwendungsprotokoll des F110-Zahllaufs.

Buchungsdetails

Im Bereich **Buchungsdetails** (❺ in Abbildung 7.5) tragen Sie die Belegarten ein, die im F110-Zahlprogramm für die Erzeugung der Zahlungsbelege verwendet werden. Das Feld **Belegart für Zahlung** füllen Sie mit der Belegart aus, die für die Zahlungsbelege im automatischen Zahlprogramm verwendet werden soll. Das Feld **Belegart für Verrechnung** ist nur dann relevant, wenn Sie buchungskreisübergreifendes Zahlen im SAP-System nutzen. Für die Verrechnungsbelege, die beim buchungskreisübergreifenden Zahlen entstehen, wird die hier hinterlegte Belegart benötigt.

Sie müssen einen Haken im Feld **Nur Zahlungsauftrag** setzen, wenn Sie wollen, dass die offenen Posten nicht während des Zahllaufs, sondern erst mit der Buchung des dazugehörigen Kontoauszuges ausgeglichen werden. Das bedeutet, dass die offenen Posten im F110-Zahllauf nicht ausgeglichen und keine Zahlbelege erzeugt werden. Bis zur Buchung der Zahlung über den Kontoauszug bleiben die bezahlten Posten für andere Ausgleichstransaktionen und für weitere Zahlungsläufe gesperrt.

Zahlungsträger

Der letzte und sehr wichtige Bereich in dieser Detailansicht ist **Zahlungsträger** (❻ in Abbildung 7.5). Hier definieren Sie das Ausgabeformat Ihrer Zahlung. Heutzutage werden Zahlungen in der Regel automatisch in elektronischer Form an die Bank versendet. Auf der Bankseite werden sie ebenfalls automatisch eingelesen und verarbeitet. Das Zahlformat, das Sie hier zuordnen, hängt in der ersten Linie davon ab, was Sie mit Ihrer ausführenden Bank für diese Zahlungsart vereinbaren. Für die meisten Zahlungsarten wird es eine XML-Datei in dem sogenannten *CGI-Format* sein (auch für SEPA-Zahlungen). Für Papierschecks definieren Sie hier ebenfalls ein Format, das aber als Ergebnis eine Spoolliste erzeugt und keine elektronische Datei.

Definition der Zahlformate

Bevor Sie die Zahlformate in dieser Transaktion dem Zahlweg zuordnen können, müssen Sie diese im SAP-System anlegen und konfigurieren. Weitere Informationen hierzu finden Sie in Abschnitt 5.2.2, »Dateierzeugung mit der Payment Medium Workbench«, in dem wir den Zweck der Zahlformate, deren Inhalt und Konfigurationsmöglichkeiten im Detail erläutern.

Das Zahlformat, das Sie in diesem Bereich zuordnen, ist für alle Buchungskreise dieses Landes gültig, in denen der Zahlweg genutzt wird. Mit SAP S/4HANA besteht in dieser Transaktion die Möglichkeit, eine abweichende Zuordnung der Formate zu einem Buchungskreis zu definieren. Klicken Sie dazu auf den Button **Format im Buchungskreis**. Diese Einstellung ist nur notwendig, wenn Sie aus einem bestimmten Grund in diesem Land nicht ein und dasselbe Format nutzen können. In den meisten Fällen ist die

Zuordnung des Formates auf der Länderebene ausreichend, und Sie müssen nichts unter dem Button **Format im Buchungskreis** eintragen (siehe Abbildung 7.6).

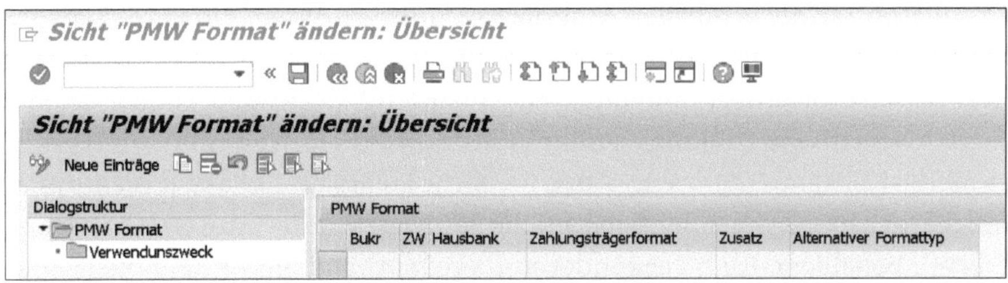

Abbildung 7.6 Zahlwege im Land/Region in der Konfiguration des Zahlprogramms pflegen – Format im Buchungskreis (Transaktion FBZP)

Zahlweg im Land: erlaubte Währungen

In Abbildung 7.5 sehen Sie auf der linken Seite des Bildes den Hauptordner **Zahlweg/ Land** sowie darin mehrere Unterordner. Wenn die Zahlungsart, die Sie mit Ihrem Zahlweg abbilden, nur in bestimmten Währungen erlaubt ist, können Sie die relevanten Währungen in der Sicht **Erlaubte Währungen** pflegen.

In diesem Fall werden im automatischen Zahlprogramm nur dann Zahlungen mit diesem Zahlweg ausgeführt, wenn sie eine der hier gepflegten Währungen enthalten. Diese Einstellung ist für klar spezifizierte Zahlungsarten wie SEPA-Zahlungen (nur im EU-Raum und nur in EUR möglich) oder ACH-Zahlungen (nur in den USA und nur in USD) sinnvoll.

Soll Ihr Zahlweg für Zahlungen generischer Art verwendet werden, wie z. B. Auslandszahlung, können Sie diese Stelle in Transaktion FBZP leer lassen und stattdessen die Einstellung **Bankenfindung** nutzen. Dort können Sie pro Buchungskreis und pro Bankkonto flexibel über die zulässigen Währungen entscheiden. Beim Zahlweg S im Land DE, den Sie in Abbildung 7.7 sehen, ist EUR als einzige Währung zulässig.

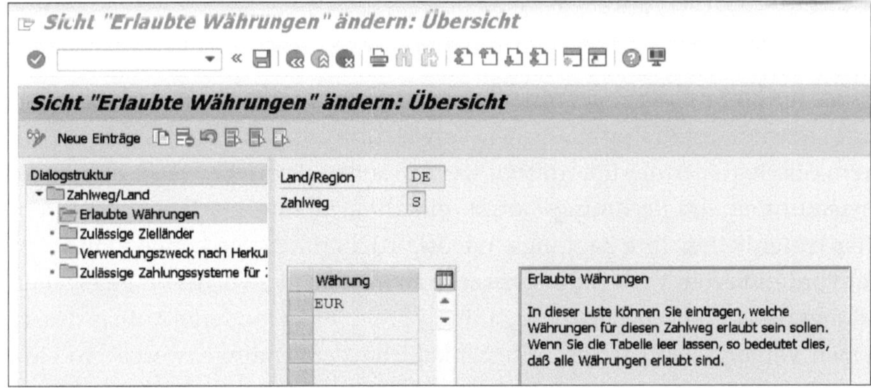

Abbildung 7.7 Zahlwege im Land/Region in der Konfiguration des Zahlprogramms pflegen – Erlaubte Währungen (Transaktion FBZP)

Zahlweg im Land: zulässige Zielländer

Ähnlich wie bei Währungen können Sie in der Sicht **Zulässige Zielländer** bestimmte Länder für diesen Zahlweg eingeben. Eins dieser Länder muss dann in der Geschäftspartnerbankverbindung gepflegt werden, damit die Zahlung mit diesem Zahlweg möglich ist. Das ist wiederum sinnvoll für SEPA-Zahlungen (Zielland: Länder der EU) oder das USA-spezifische Zahlungsverfahren Automated Clearing House, ACH-Zahlungsverfahren (Zielland: US). Wenn Sie in der Sicht **Zulässige Zielländer** nichts pflegen, kann dieser Zahlweg für Zahlungen auf die Bankverbindung Ihres Geschäftspartners in jedem beliebigen Land verwendet werden. In Abbildung 7.8 sind die Länder gepflegt, die für den Zahlweg S im Land DE erlaubt werden sollen.

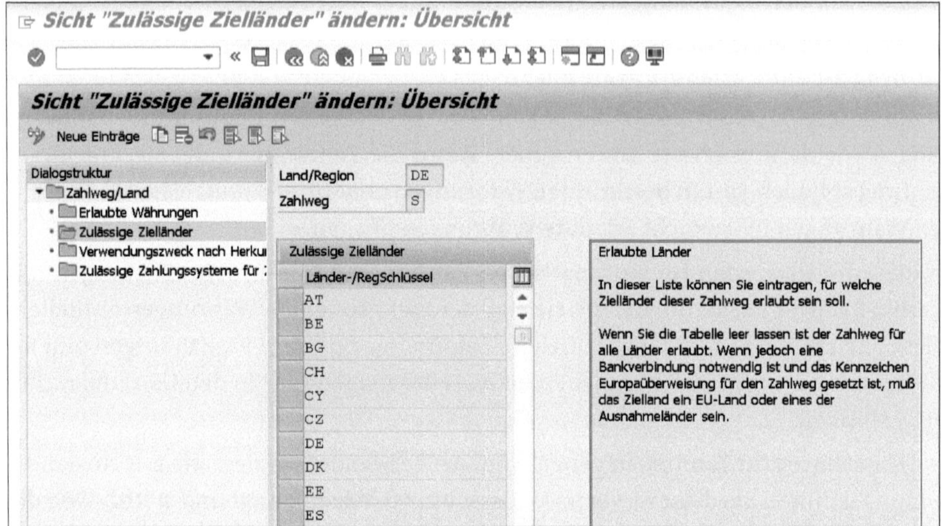

Abbildung 7.8 Zahlwege im Land/Region in der Konfiguration des Zahlprogramms pflegen – Zulässige Zielländer (Transaktion FBZP)

Zahlweg im Land: Verwendungszweck nach Herkunft

Die Einstellung **Verwendungszweck nach Herkunft** spielt für das Ausgabeformat eine Rolle, das Sie Ihrem Zahlweg zugeordnet haben. Hier definieren Sie die Struktur vom Verwendungszweck des Zahlformates, d. h. von den Informationen, die bei Ihrer Zahlung Ihrem Geschäftspartner übermittelt werden sollen. Typischerweise sind es die Rechnungsnummer, das Rechnungsdatum und ähnliche Informationen, die Ihrem Geschäftspartner helfen, Ihre Zahlung eindeutig zuzuordnen. Sie können entweder einen der vordefinierten Verwendungszwecke zuordnen oder vorher einen eigenen Verwendungszweck anlegen, falls diese Zahlungsart einen besonderen Aufbau der Informationen verlangt. Sie können unterschiedliche Verwendungszwecke pro Herkunft hinterlegen.

Begriff »Herkunft« in der Zahllaufkonfiguration

Unter *Herkunft* ist die SAP-Komponente zu verstehen, in der die Zahlung ausgelöst worden ist. So steht z. B. der Wert »FI-AP« im Feld **Herkunft** für kreditorische Zahlungen und der Wert »FI-AR« für debitorische Zahlungen. Im nächsten Abschnitt sehen Sie, dass diese Einstellung auch bei den Zahlungen mit Zahlungsanordnungen verwendet wird (Transaktion F111). Deswegen finden Sie in der Herkunftsliste auch den Wert »FI-BL«, der für manuelle Zahlungen wie Free-Form-Zahlungen verwendet wird, oder den Wert »TR-TM« für Zahlungsanordnungen aus SAP Treasury and Risk Management. Sie sind nicht für das automatische F110-Zahlprogramm, sondern für das F111-Zahlprogramm relevant.

Wenn Sie keine Unterscheidung der Verwendungszwecke nach Herkunft benötigen, können Sie das Feld **Herkunft** leer lassen und nur im Feld **Verwendungszweck** einen Wert eingeben (siehe Abbildung 7.9). Die Struktur dieses Verwendungszwecks wird dann für alle Zahlungen mit diesem Zahlweg verwendet.

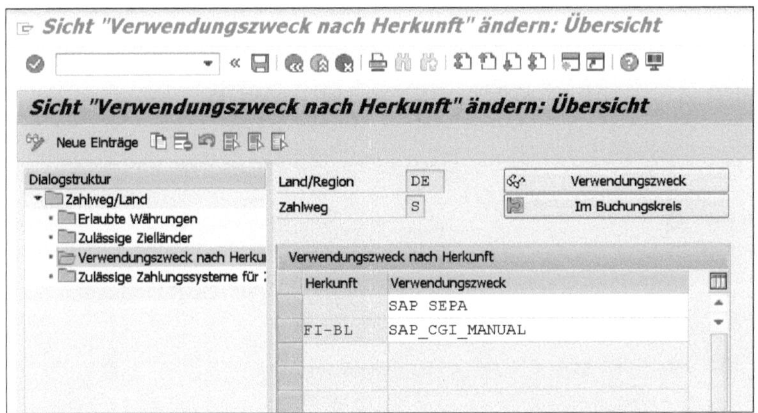

Abbildung 7.9 Zahlwege im Land/Region in der Konfiguration des Zahlprogramms pflegen – Verwendungszweck nach Herkunft (Transaktion FBZP)

7.1.4 Zahlwege im Buchungskreis

Für die meisten Einstellungen der spezifischen Zahlungsart ist es ausreichend, diese auf Länderebene vorzunehmen. Es gibt jedoch einige Eigenschaften, die speziell für einen bestimmten Buchungskreis sind. Sie prägen die buchungskreisspezifischen Eigenschaften des Zahlweges über einen Klick auf den Button **Zahlwege im Buchungskreis** aus. Wählen Sie Ihren Zahlweg für das jeweilige Land aus (siehe Abbildung 7.10).

Doppelklicken Sie dann auf die Zeile mit der richtigen Kombination aus Land und Zahlweg. Sie gelangen in die Detailsicht des Zahlweges pro Buchungskreis (siehe Abbildung 7.11).

Abbildung 7.10 Zahlwege im Buchungskreis in der Konfiguration des Zahlprogramms pflegen – Übersicht (Transaktion FBZP)

Sicht "Pflege der Buchungskreisdaten eines Zahlweges" ändern: Detail

Sicht "Pflege der Buchungskreisdaten eines Zahlweges" ändern: Detail

Neue Einträge

Zahl.Bukrs. RERF WEG Referenzbuchungskreis

Zahlweg S SEPA

Zahlweg im Land/Reg.

Betragsgrenzen ❶

Mindestbetrag 2,00 EUR

Höchstbetrag 1.000.000,00 EUR

Aufteilungsbetrag EUR

Gruppierung der Posten ❷

Einzelzahlung für gekennz. Posten

Zahlung pro Fälligkeitstag

Erweiterte Einzelzahlung

Auslands-/Fremdwährungszahlungen ❸

Geschäftspartner im Ausland zulässig

Fremdwährung erlaubt

Bank im Ausland erlaubt

Steuerung der Bankenauswahl ❹

Keine Optimierung

Optimieren nach Bankengruppen

Optimieren nach Postleitzahlen

Formularangaben

Austeller auf dem Formular ❺

Testname 1

Testname 2

Teststraße 123

12345 Testort

Sortierung der ❻

Korrespondenz

Einzelposten

Avissteuerung ❼

Avissteuerung

Verwendungszweckzeilen auf dem Formular

beschränkt auf 98 Zeilen

Keine ❽

beliebig viele

Avisausgabe gemäß Zeilenanzahl

Avis bei mehr als ... Zeilen

Stets Avis ❾

Kein Avis

Stets Avis

Auf dem Zahlungsträger stehen beliebig viele Zeilen für den Verwendungszweck zur Verfügung. Außerdem wird stets ein Avis erstellt, das den Geschäftspartner über den Zweck der Zahlung informiert. Die Information zur Zahlung wird also sowohl auf dem Zahlungsträger, als auch auf dem Avis übermittelt.

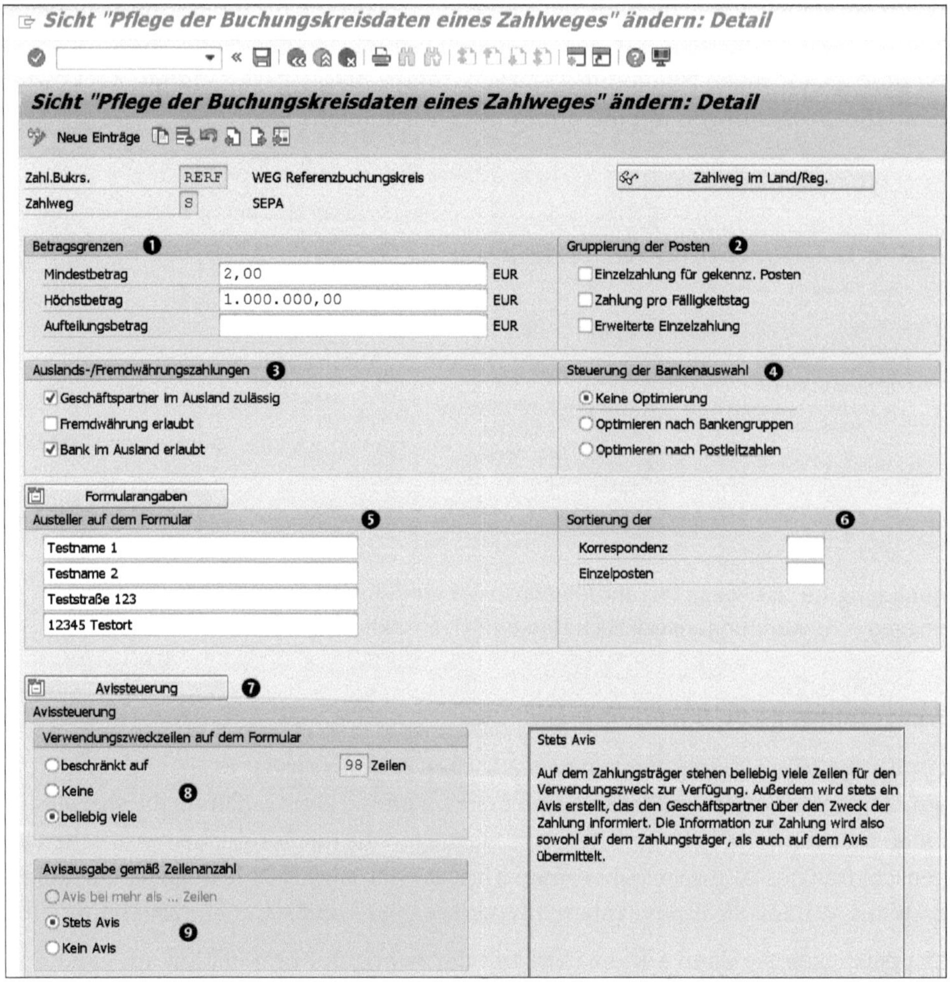

Abbildung 7.11 Zahlwege im Buchungskreis in der Konfiguration des Zahlprogramms pflegen – Detailsicht (Transaktion FBZP)

Betragsgrenzen

Im Bereich **Betragsgrenzen** (❶ in Abbildung 7.11) sind die Felder **Mindestbetrag** und **Höchstbetrag** wichtig. In das Feld **Mindestbetrag** tragen Sie einen Wert in der Buchungskreiswährung ein, der als Mindestwert für die Zahlungen mit diesem Zahlweg zulässig ist. In das Feld **Höchstbetrag** tragen Sie einen Wert in der Buchungskreiswährung ein, der bei der Zahlung mit diesem Zahlweg nicht überschritten werden darf. Das bedeutet, dass eine Zahlung mit diesem Zahlweg z. B. nur dann möglich ist, wenn deren Wert mindestens 2 EUR und maximal 1.000.000 EUR beträgt.

Gruppierung der Posten

Im Bereich **Gruppierung der Posten** (❷ in Abbildung 7.11) können Sie genauer steuern, wie die Zahlung durchgeführt wird, wenn der Geschäftspartner mehrere fällige offene Posten hat. Wenn Sie einen Haken im Feld **Einzelzahlung für gekennz. Posten** setzen, wird jeder offene Posten einzeln reguliert. Das heißt, für jeden offenen Posten wird ein separater Zahlungsbeleg erzeugt.

Allerdings ist zu beachten, dass dieses Kennzeichen nur berücksichtigt wird, wenn der Zahlweg explizit im offenen Posten eingetragen ist. Wenn der offene Posten keinen Zahlweg enthält und der Zahlweg vom automatischen Zahlprogramm aus den Stammdaten des Geschäftspartners gezogen wird, wird das Kennzeichen **Einzelzahlung für gekennz. Posten** nicht berücksichtigt. Mehrere offene Posten werden mit einem Zahlungsbeleg ausgeglichen.

Wenn der Geschäftspartner mehrere offene Posten mit unterschiedlichen Fälligkeitsdaten hat, werden diese Posten in der Regel vom automatischen Zahlprogramm in einer Zahlung reguliert, wenn sie zum Ausführungsdatum dieses Zahllaufs fällig oder überfällig sind.

Wenn Sie möchten, dass mit einer Zahlung nur Posten reguliert werden, die am gleichen Tag fällig sind, können Sie einen Haken im Feld **Zahlung pro Fälligkeitstag** setzen. In diesem Fall werden nur Posten zusammen ausgeglichen, die denselben Fälligkeitstag haben. Wenn in diesem Feld kein Haken gesetzt ist, werden alle fälligen und überfälligen Posten in einem Zahllauf mit einer Zahlung reguliert.

Auslands-/Fremdwährungszahlungen

In den länderspezifischen Einstellungen zum Zahlweg haben Sie die Möglichkeit, die Verwendung des Zahlweges nur für bestimmte Währungen und Länder zuzulassen. In der Buchungskreisebene im Bereich **Auslands-/Fremdwährungszahlungen** (❸ in Abbildung 7.11) haben Sie weitere Möglichkeiten zu kontrollieren, was für diesen Zahlweg erlaubt ist.

Sie haben zwei Felder **Geschäftspartner im Ausland zulässig** und **Bank im Ausland erlaubt**, um zu entscheiden, ob bei diesem Zahlweg auch Zahlungen an Partner im Ausland möglich sind. Es ist wichtig, den Unterschied zwischen diesen beiden Bereichen zu verstehen. Beim Feld **Geschäftspartner im Ausland zulässig** ist der Standort dieses Partners entscheidend (also seine Adresse). Beim Feld **Bank im Ausland erlaubt** ist es dagegen das Land seiner Bankverbindung. Als Ausgangsbasis wird dabei das Land des jeweiligen Buchungskreises genommen und dann mit dem jeweiligen Land des Geschäftspartners verglichen.

Angaben für SEPA-Zahlweg

Bei SEPA-Zahlungen müssen Sie beide Haken setzen (**Geschäftspartner im Ausland zulässig** und **Bank im Ausland erlaubt**). Wenn Sie z. B. einen Buchungskreis in Deutschland (DE) haben, werden Sie mit dem Zahlweg für SEPA-Zahlungen sehr wahrscheinlich nicht nur Geschäftspartner bezahlen, die ebenfalls in DE ansässig sind und eine Bankverbindung bei einer Bank in Deutschland haben, sondern auch die Geschäftspartner aus Frankreich (Land FR) oder Italien (Land IT).

Mit dem Kennzeichen **Fremdwährung erlaubt** steuern Sie zusätzlich zu den länderspezifischen Einstellungen, welche Währungen für diesen Zahlweg zulässig sind. Wenn Sie dieses Feld nicht markieren, werden mit diesem Zahlweg nur Posten bezahlt, deren Transaktionswährung der Hauswährung Ihres Buchungskreises entspricht.

Steuerung der Bankenauswahl

Im Bereich **Steuerung der Bankenauswahl** (❹ in Abbildung 7.11) können Sie die Auswahl der Bankverbindung Ihres Geschäftspartners optimieren. Wenn Sie den Button **Keine Optimierung** auswählen, wird die erste passende Bankverbindung des Geschäftspartners für die Zahlung verwendet.

Wenn Sie auf den Button **Optimieren nach Bankengruppen** klicken, versucht das SAP-System im Zahllauf solche Bankverbindungen Ihres Geschäftspartners zu verwenden, die sich in derselben Bankengruppe befinden wie Ihre eigene Hausbank. Als Voraussetzung für diese Optimierung müssen Sie in den Bankstammdaten die jeweilige Bankengruppe eintragen (sowohl in Ihrer Hausbank als auch in den allgemeinen Bankdaten).

Optimierung der Bankenauswahl

In Ihrem Buchungskreis haben Sie ein Hausbankkonto bei der Deutschen Bank. Ihr Geschäftspartner hat zwei Bankverbindungen – ein Bankkonto bei der Commerzbank und das zweite Konto bei der Deutschen Bank. Sie haben in den Stammdaten Ihrer Hausbank das Kennzeichen »DB« im Feld **Bankengruppe** eingetragen. Sie haben dasselbe Kennzeichen »DB« im Bankschlüssel gesetzt, der im Geschäftspartnerstamm für das Bankkonto des Partners bei der Deutschen Bank verwendet wurde.

Wenn Sie für diesen Partner offene Posten mit dem automatischen Zahlprogramm regulieren wollen und **Keine Optimierung** gewählt haben, wird bei der Zahlung als Partnerbankkonto das Bankkonto bei der Commerzbank verwendet. Der Grund ist, dass dieses Konto zuerst im Geschäftspartnerstamm gepflegt wurde und damit als erste passende Bankverbindung für die Zahlung gilt.

Wenn Sie die Option **Optimieren nach Bankengruppen** gewählt haben, wird als Partnerbankkonto das Bankkonto bei der Deutschen Bank selektiert, weil dieses Konto genauso wie Ihr Hausbankkonto dieselbe Bankengruppe ausweist.

Es besteht noch die dritte, weniger übliche Option **Optimieren nach Postleitzahlen**. Sobald Sie den Button **Optimieren nach Postleitzahlen** auswählen, wird ein zusätzlicher Button rechts sichtbar. Damit können Sie direkt in die Aktivität **Bankauswahl nach Postleitzahlen** springen. Dort ordnen Sie einem Intervall von Postleitzahlen eine Hausbank zu. Damit können Sie festlegen, dass die Auswahl der Hausbank abhängig vom Wohnsitz des Geschäftspartners erfolgen soll.

Formularangaben

Im Bereich **Formularangaben** (❺ in Abbildung 7.11) tragen Sie unter **Aussteller auf dem Formular** den vollständigen Namen und die gültige Adresse Ihres Buchungskreises ein. Diese Angaben werden vom automatischen Zahlprogramm bei der Erstellung des Zahlungsträgers gezogen und in die Zahldatei geschrieben.

[«]

Achtung beim Kopieren von Zahlwegen

Insbesondere wenn der Zahlweg durch Kopieren eines anderen Zahlweges aus einem anderen Buchungskreis angelegt wurde, sind die Felder im Bereich **Formularangaben** leicht zu übersehen. Das führt im späteren Betrieb zu Zahlungsabweisungen seitens der Hausbank, weil der Name und die Adresse des Absenders, die in der Zahldatei übermittelt wurden, nicht den Stammdaten für Ihren Buchungskreis entspricht, die bei der Bank angelegt sind. Achten Sie also stets darauf, dass diese Angaben im Zahlweg aktuell und korrekt sind.

Sortierung

Sie können definieren, nach welchen Feldern die mit der Zahlung verbundene Korrespondenz sortiert werden kann. Dafür tragen Sie eine der vorher definierten Sortiervarianten im Bereich **Sortierung der** (❻ in Abbildung 7.11) ein. Sie haben in diesem Bereich zwei Felder zur Auswahl: das Feld **Korrespondenz** für die Sortierung der Ausgleichsdaten und das Feld **Einzelposten** für die Sortierung der Einzelposten, die mit der Zahlung reguliert wurden.

Die Daten können z. B. nach Referenznummer, Belegnummer und Zuordnung, aber auch nach vielen anderen Kriterien sortiert werden. Wenn Sie das Feld **Korrespondenz** leer lassen, werden die Kopfdaten in der Zahlung nach Währung und Bankdaten des Zahlungsempfängers sortiert. Wenn Sie das Feld **Einzelposten** leer lassen, so werden die regulierten Einzelposten nach deren SAP-Belegnummer sortiert.

Avissteuerung

Im letzten, aber sehr wichtigen Bereich **Avissteuerung** (❼ in Abbildung 7.11) entscheiden Sie, wie die Erzeugung der Zahlungsavise für Ihre Geschäftspartner ablaufen soll.

[+]

Zahlungsavise

Es ist üblich, mehrere offene Posten (je nach Branche können es sogar Hunderte oder Tausende sein) mit einer einzigen Zahlung zu regulieren. In diesem Fall ist es für Ihren Geschäftspartner häufig nicht möglich, zu erkennen, welche offenen Rechnungen mit der jeweiligen Zahlung beglichen wurden, um einen entsprechenden Ausgleich im ERP-System durchzuführen. In der Zahldatei haben Sie nur eine eingeschränkte Anzahl von Zeichen im Feld **Verwendungszweck**, um angeben zu können, welche fälligen Posten ausgeglichen wurden.

Als Lösung für dieses Problem werden *Zahlungsavise* verwendet. Zahlungsavise sind nichts anderes als eine Auflistung aller Posten, die in Ihrem System mit der Zahlung an diesen Geschäftspartner reguliert wurden. Sie können ein Zahlungsavis je nach Vereinbarung mit Ihrem Geschäftspartner und den technischen Einstellungen Ihres SAP-Systems auf unterschiedlichen Wegen erzeugen und dem Partner zukommen lassen. Dazu gehören automatisierte E-Mails mit einem PDF-Anhang oder EDI-Avise, die elektronisch an den Partner übermittelt und dort eingelesen werden.

Im Bereich **Avissteuerung** definieren Sie, in welchen Fällen und ob überhaupt ein Zahlungsavis erzeugt werden soll. Das ist ein technisches Zusammenspiel zwischen den Einstellungen im Bereich **Avissteuerung** und den Einstellungen, die Sie für Ihr Zahlungsformat vornehmen (siehe Abschnitt 5.2.2, »Dateierzeugung mit der Payment Medium Workbench«).

Sie können z. B. definieren, dass zuerst der Platz im Verwendungszweck der Zahldatei mit Rechnungsinformationen belegt werden soll und erst, wenn dieser Platz nicht ausreicht, ein Zahlungsavis erzeugt wird. Alternativ können Sie entscheiden, dass Sie stets ein Zahlungsavis erzeugen, auch wenn mit der Zahlung nur ein Posten beglichen wurde.

Umgekehrt können Sie auf die Erzeugung der Zahlungsavise auch komplett verzichten, weil z. B. immer nur Einzelzahlungen mit eindeutiger Zuordnung mit diesem Zahlweg vorgenommen werden. Es kann sich auch um einen Zahlweg für Scheckzahlungen handeln, bei denen die Informationen auf den Scheck gedruckt werden.

Im Bereich **Avissteuerung** gibt es die Unterbereiche **Verwendungszweckzeilen auf dem Formular** ❽ und **Avisausgabe gemäß Zeilenanzahl** ❾, die nur in Kombination ein sinnvolles Ergebnis bringen. Wenn Sie die [F1]-Taste drücken, erhalten Sie eine detaillierte Beschreibung, was passiert, wenn Sie jeweils eine der Möglichkeiten markieren.

7.1.5 Bankenfindung

Der nächste große Bereich in der Zahlprogrammkonfiguration ist **Bankenfindung** (siehe Abbildung 7.1). In diesem Bereich wird definiert, welche Hausbankkonten für Zahlungen mit diversen Zahlwegen verwendet werden und auf welche Sachkonten die Geldausgänge oder Geldeingänge je nach Zahlweg gebucht werden sollen.

In Abbildung 7.12 sehen Sie das Einstiegsbild für die Pflege der Bankenfindung. Mehrere Optionen stehen hier zur Auswahl.

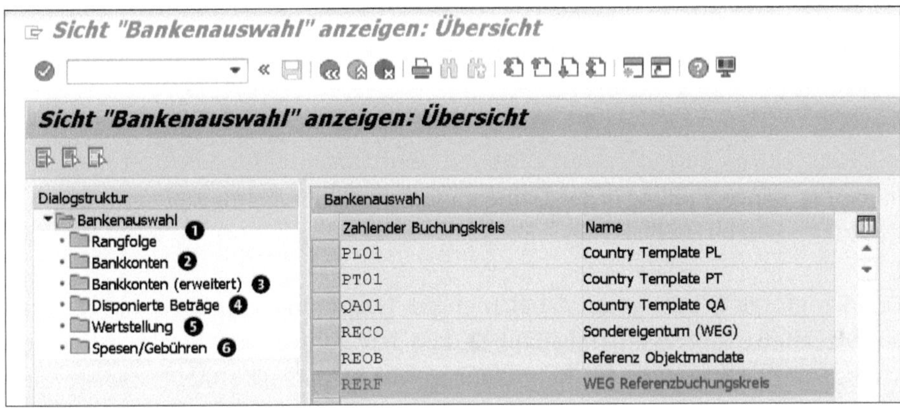

Abbildung 7.12 Bankenfindung in der Konfiguration des Zahlprogramms pflegen – Übersicht (Transaktion FBZP)

Rangfolge

Als Erstes markieren Sie in der Liste mit den Buchungskreisen rechts den Buchungskreis, den Sie bearbeiten wollen, und erst dann wählen Sie in der Liste links den Bereich **Rangfolge** (❶ in Abbildung 7.12).

[«]

Buchungskreise in der Bankenfindung

Es kann vorkommen, dass einige im SAP-System angelegte Buchungskreise in der Liste der Bankenfindung fehlen. Das hängt damit zusammen, dass diese Buchungskreise nicht als zahlende Buchungskreise in der Transaktion FBZP angelegt wurden. Deswegen ist es wichtig, die Einstellungen in der Transaktion FBZP (Abbildung 7.1) von oben nach unten zu erledigen. Nur dann haben Sie alle Voraussetzungen geschaffen, um den nächsten Schritt durchzuführen.

In Abbildung 7.13 sehen Sie die Detailsicht des Bereichs **Rangfolge**. Hier entscheiden Sie über die Auswahl der richtigen Hausbank pro Zahlweg und gegebenenfalls pro Währung.

Tragen Sie den jeweiligen Zahlweg im Feld **ZW** ❶ ein. Danach können Sie die Währung im Feld **Währg** ❷ eintragen, wenn Sie wollen, dass die Hausbank, die Sie diesem Zahlweg zuordnen, nur für eine bestimmte Währung gilt. Falls Sie das Feld **Währg** leer lassen, ist die zugeordnete Hausbank für Zahlungen in allen Währungen zulässig.

Abbildung 7.13 Bankenfindung in der Konfiguration des Zahlprogramms pflegen – Rangfolge (Transaktion FBZP)

Das Feld **Rangfolge** ❸ hilft Ihnen dabei, mehrere Hausbanken einem Zahlweg zuzuordnen. Sie sehen in der Spalte **Hausbank** ❹, dass dem Zahlweg »U« zwei Hausbanken zugeordnet sind. Als Erstes wird beim Zahllauf die Hausbank »BANK1« verwendet, weil sie mit der Rangfolge »1« angegeben ist. Wenn aber die Zahlungen mit dieser Hausbank nicht möglich sind, weil z. B. die vorhandenen disponierten Beträge zu niedrig sind, wird im Zahllauf die zweite Bank »BANK2« selektiert, die mit der Rangfolge »2« dem Zahlweg »U« zugeordnet ist.

[»]

Währungsangaben in der Rangfolge oft sinnvoll

Es kann sinnvoll sein, die Währung in der Rangfolge genau anzugeben. So haben Sie eine zusätzliche Kontrolle über die Währungen in den Zahlungen, die mit diesem Zahlweg ausgeführt werden sollen. Außerdem können Sie durch die Angabe einzelner Währungen ermöglichen, dass die Zahlungen mit demselben Zahlweg, wenn nötig, von unterschiedlichen Hausbanken ausgeführt werden.

Im Bereich **Rangfolge** (❶ in Abbildung 7.12) können Sie mit genauen und generischen Angaben gleichzeitig arbeiten.

Die Einträge in Tabelle 7.1 bedeuten, dass die EUR-Zahlungen mit dem Zahlweg »U« über die Hausbank »BANK1« ausgeführt werden. Die Zahlungen in allen anderen Währungen werden über die Hausbank »BANK2« ausgeführt.

ZW (Zahlweg)	Währung	Rangfolge	Hausbank
U	EUR	1	BANK1
U		1	BANK2

Tabelle 7.1 Rangfolge bei den Zahlungen in EUR mit »BANK1« und Zahlungen in allen anderen Währungen mit »BANK2«

Die Einträge in Tabelle 7.2 bedeuten, dass die EUR-Zahlungen mit dem Zahlweg »U« über die Hausbank »BANK1« ausgeführt werden. Die USD-Zahlungen mit dem Zahlweg »U« werden über die Hausbank »BANK2« ausgeführt. Die Zahlungen in allen anderen Währungen mit dem Zahlweg »U« sind nicht möglich.

ZW	Währung	Rangfolge	Hausbank
U	EUR	1	BANK1
U	USD	1	BANK2

Tabelle 7.2 Rangfolge bei den Zahlungen in EUR mit »BANK1«, Zahlungen in USD mit »BANK2«, Zahlungen in allen anderen Währungen sind mit Zahlweg »U« nicht möglich

Anwendungsszenario: Auslandszahlungen

Sie nutzen den Zahlweg »U« für Auslandsüberweisungen. Sie haben bessere Konditionen für Auslandsüberweisungen in Währung »EUR« bei der Hausbank »BANK1«. Die Auslandsüberweisungen in Währung »USD« hingegen sind für Sie günstiger bei der Hausbank »BANK2«. In diesem Fall pflegen Sie zwei Einträge, wie in Tabelle 7.2. gezeigt, im Bereich **Rangfolge** ein.

Bankkonten

Im Bereich **Bankkonten** (❷ in Abbildung 7.12) werden die Sachkonten definiert, die in den Zahlbelegen des F110-Zahllaufs verwendet werden. Es wird zum einen eine Ausgleichsbuchung auf dem Geschäftspartnerkonto gemacht, und zum anderen wird das Verrechnungskonto für das jeweilige Hausbankkonto gezogen, um den Geldausgang von diesem Hausbankkonto darzustellen. Diese Verrechnungskonten werden im Bereich **Bankkonten** definiert.

Um in die Pflege der Bankkonten zu gelangen, markieren Sie in der Liste der Buchungskreise rechts den Buchungskreis, den Sie bearbeiten wollen. Erst dann wählen Sie in der Liste links den Bereich **Bankkonten**.

Mit einem Doppelklick auf den Bereich **Bankkonten** gelangen Sie in die Detailsicht dieses Bereichs (siehe Abbildung 7.14).

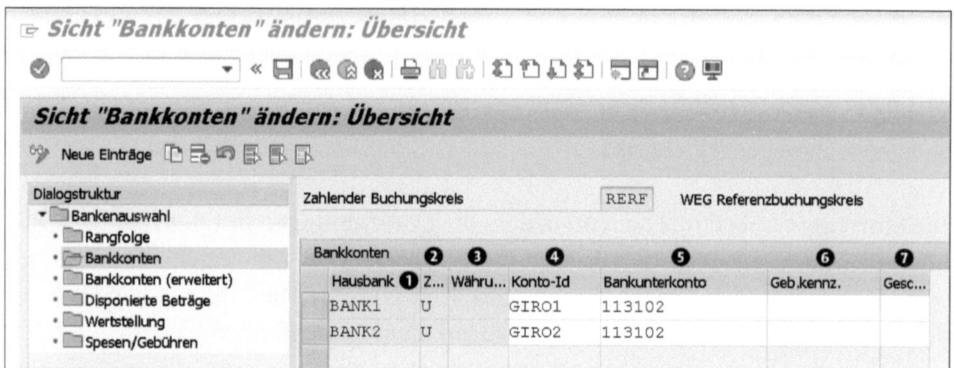

Abbildung 7.14 Bankenfindung in der Konfiguration des Zahlprogramms pflegen – Bankkonten (Transaktion FBZP)

Tragen Sie zuerst Ihre Hausbank in der Spalte **Hausbank** ❶ ein. Danach pflegen Sie den richtigen Zahlweg in der Spalte **Z** (Zahlweg) ❷ und die gewünschte Währung in der Spalte **Währung** ❸. Im Feld **Konto-Id** ❹ tragen Sie das Kürzel für das jeweilige Hausbankkonto bei der Hausbank aus dem Feld **Hausbank** ein. Zum Schluss ordnen Sie dieser Kombination ein Verrechnungskonto in der Spalte **Bankunterkonto** ❺ zu.

Sie haben zusätzlich die Möglichkeit, ein Gebührenkennzeichen in der Spalte **Geb.kennz.** ❻ und den Geschäftsbereich in der Spalte **Gesch.** ❼ zuzuordnen. In den meisten Fällen werden diese Felder jedoch nicht benutzt.

Sachkontenstamm wird bei der Pflege verprobt

Überprüfen Sie, ob die Sachkonten, die Sie eintragen, ihren Sachkontenstamm im jeweiligen Buchungskreis haben. Das Konto im Feld **Bankunterkonto** wird gegen die Tabelle SKB1 mit Sachkontostammdaten im Buchungskreis verprobt. Das Sachkonto muss also sowohl im Kontenplan als auch im Buchungskreis angelegt werden, bevor Sie dieses Konto in der Zahlprogrammkonfiguration verwenden können.

Auch im Bereich **Bankkonten** aus Abbildung 7.12 können Sie mit generischen Einträgen arbeiten und z. B. das Feld **Währung** und/oder das Feld **Zahlweg** leer lassen. In diesem Fall gilt das angegebene Sachkonto für alle Zahlungen mit dieser Hausbank und dem Hausbankkonto.

[«]

Eine feinere Unterscheidung ist hilfreich für Abstimmungen

Es ist zu empfehlen, mit mehreren Verrechnungskonten zu arbeiten. So werden häufiger separate Verrechnungskonten für Ausgangsüberweisungen, Bankeinzüge, Ausgangsschecks oder Scheckeingänge angelegt. Damit können in der Finanzbuchhaltung Zahlungsvorgänge schneller mit den entsprechenden Kontoauszugspositionen abgestimmt werden.

Bankkonten (erweitert)

Sie nehmen Angaben im Bereich **Bankkonten (erweitert)** (❸ in Abbildung 7.12) nur vor, wenn die Einstellungen im Bereich **Bankkonten** Ihre fachlichen Anforderungen nicht vollständig abdecken. Das kann der Fall sein, wenn Sie der Kombination aus Hausbank, Zahlweg und Währung mehr als ein Bankkonto mit der entsprechenden Kontenfindung zuordnen müssen.

Da solche speziellen Fälle selten vorkommen und die Pflege der Bankkonten im Bereich **Bankkonten** in für den in diesem Buch beschriebenen Zahlungsverkehr in der Regel ausreichend ist, verzichten wir auf weitere Erklärungen zu dem Bereich **Bankkonten (erweitert)**.

Disponierte Beträge

Um in die Pflege der Bankkonten zu gelangen, markieren Sie in der Liste der Buchungskreise rechts den Buchungskreis, den Sie bearbeiten wollen. Erst dann wählen Sie in der Liste links den Bereich **Disponierte Beträge** (❹ in Abbildung 7.12). Dieser Bereich ist für die Überwachung der verfügbaren Limite für das jeweilige Hausbankkonto relevant. Anhand der Beträge, die in diesem Bereich hinterlegt sind, wird während des F110-Zahllaufs entschieden, ob der verfügbare Betrag bei der Hausbank ausreichend ist, um die nächste Zahlung zu machen.

In Abbildung 7.15 sehen Sie die Detailsicht des Bereichs **Disponierte Beträge**. Im Feld **Hausbank** ❶ und im Feld **Konto-Id** ❷ tragen Sie die entsprechende Hausbank und das dazugehörige Hausbankkonto ein. Mit dem Feld **Tage** ❸ haben Sie die Möglichkeit, Wertstellungstage mitzugeben und dadurch Beträge zeitlich gestaffelt zu disponieren. Das ist in der Regel nur für Wechselzahlungen relevant. In allen anderen Fällen geben Sie den Wert »999« ein, dann werden die Wertstellungstage nicht berücksichtigt. Geben Sie im Feld **Währung** ❹ die relevante Währung an.

Zum Schluss tragen Sie die verfügbaren Beträge im Feld **Verfügbar für Zahlungsausgang** ❺ und im Feld **Verfügbar für Zahlungseingang** ❻ ein. Für die Zahlungen mit dem Zahlweg für Ausgangszahlungen (z. B. eine SEPA-Überweisung) wird während des F110-Zahllaufs der Wert aus dem Feld **Verfügbar für Zahlungsausgang** zur Limitprüfung verwendet.

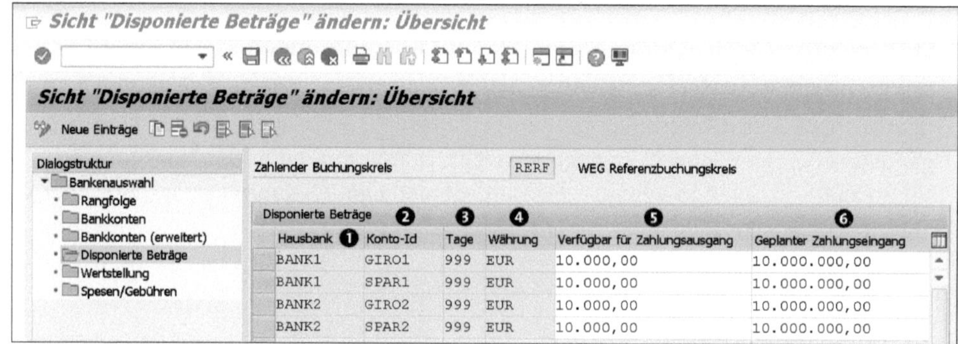

Abbildung 7.15 Bankenfindung in der Konfiguration des Zahlprogramms pflegen – Disponierte Beträge (Transaktion FBZP)

Währung der Zahlung ist entscheidend

Bei der Pflege der disponierten Beträge müssen Sie berücksichtigen, dass es sich nicht um die Währung des Bankkontos handelt, sondern um die Transaktionswährung Ihrer Zahlungen! Wenn z. B. das Hausbankkonto »GIRO1« bei der Hausbank »BANK1« in EUR geführt wird, aber auch für Zahlungen in Währungen USD und GBP verwendet wird, müssen Sie alle diese Währungen im Bereich **Disponierte Beträge** pflegen. Tabelle 7.3 zeigt, wie die Einträge in diesem Bereich für unser Beispiel aussehen würden.

Hausbank	Konto-Id	Tage	Währung	Zahlungsausgang	Zahlungseingang
BANK1	GIRO1	999	EUR	10.000,00	10.000,00
BANK1	GIRO1	999	USD	10.000,00	10.000,00
BANK1	GIRO1	999	GBP	10.000,00	10.000,00

Tabelle 7.3 Pflege der disponierten Beträge für die Hausbank »BANK1« und das Hausbankkonto »GIRO1«

Für die Zahlungen mit dem Zahlweg für Eingangszahlungen (z. B. eine SEPA-Lastschrift), wird während des F110-Zahllaufs der Wert aus dem Feld **Verfügbar für Zahlungseingang** zur Limitprüfung verwendet.

Disponierte Beträge direkt im System pflegbar

In der Regel wird diese Einstellung im Bereich **Disponierte Beträge** aus Abbildung 7.15 als direkt im Produktivsystem pflegbar gesetzt. In diesem Fall haben die Mitarbeitenden des für die Zahlungen zuständigen Fachbereichs die Möglichkeit, vor dem F110-Zahllauf die verfügbaren Beträge für das jeweilige Hausbankkonto zu aktualisieren.

Falls Sie alternative Kontrollen der Limite verwenden oder die Limite bei der Hausbank so hochgesetzt sind, dass sie nicht überschritten werden, können Sie im Feld **Verfügbar für Zahlungsausgang** und im Feld **Verfügbar für Zahlungseingang** in Abbildung 7.15 den maximalen möglichen Wert für die jeweilige Währung eintragen, z. B. »99.999.999.999,00« für Zahlungen in EUR.

Wertstellung

Mithilfe von Wertstellungseinstellungen haben Sie die Möglichkeit, ein Valutadatum zu definieren, das von dem Buchungsdatum Ihres Zahllaufs abweicht. Die Anzahl der bei der Wertstellung angegebenen Tage wird zum Buchungsdatum des F110-Zahllaufs addiert und der Hausbank in der Zahldatei als Valutadatum übergeben.

In den meisten Fällen können Sie den Bereich **Wertstellung** (❺ in Abbildung 7.12) leer lassen. Dann ist das Valutadatum der Zahlung gleich dem Buchungsdatum des F110-Zahllaufs.

Um in die Pflege der Wertstellungsoptionen zu gelangen, markieren Sie in der Liste der Buchungskreise rechts den Buchungskreis, den Sie bearbeiten wollen. Erst danach wählen Sie in der Liste links den Bereich **Wertstellung**.

Mit einem Doppelklick auf den Bereich **Wertstellung** gelangen Sie in die Detailsicht dieses Bereichs (siehe Abbildung 7.16). Tragen Sie den gewünschten Zahlweg im Feld **Zahlweg** ❶, die Hausbank im Feld **Hausbank** ❷ und das dazugehörige Hausbankkonto im Feld **Konto-Id** ❸ ein. Mithilfe des Felds **Betragsgrenze** ❹ können Sie abweichende Wertstellungsangaben für Zahlungen in unterschiedlichen Höhen vornehmen.

Falls die Wertstellung nicht von der Betragshöhe abhängig ist, können Sie in diesem Feld den maximal möglichen Betrag eintragen. Im Feld **Währung** ❺ pflegen Sie die zu dem Betrag aus dem Feld **Betragsgrenze** gehörende Währung ein. Das ist die Transaktionswährung und nicht die Hausbankkontowährung.

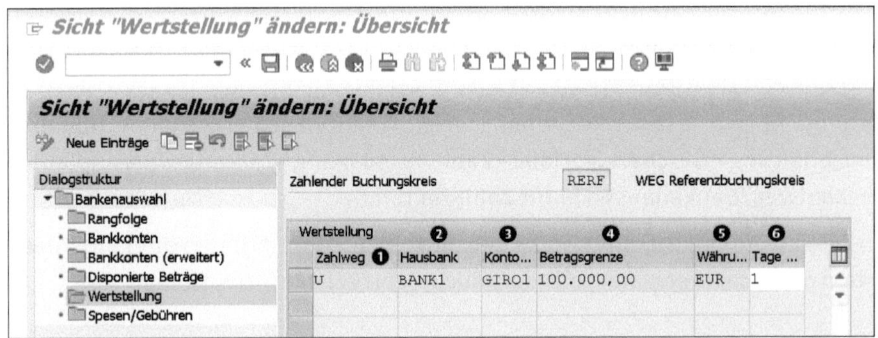

Abbildung 7.16 Bankenfindung in der Konfiguration des Zahlprogramms pflegen – Wertstellung (Transaktion FBZP)

Anschließend geben Sie die gewünschte Anzahl der Tage im Feld **Tage bis zur Wertstellung** ❻ ein. Der hier angegebene Wert wird beim F110-Zahllauf zum Buchungsdatum addiert.

[zB]

Berechnung der Wertstellung

Bei der in Abbildung 7.16 gezeigten Einstellung wird für alle Zahlungen in Höhe von bis zu 100.000 EUR mit dem Zahlweg »U« von dem Hausbankkonto »GIRO1« bei der Hausbank »BANK1« ein Tag zum Buchungsdatum des Zahllaufs hinzugefügt. Wenn der Zahllauf am 10.01.2023 stattfindet, wird als Valutadatum der 11.01.2023 an die Bank weitergegeben.

Spesen/Gebühren

Der Bereich **Spesen/Gebühren** (❻ in Abbildung 7.12) ist nur im Zusammenhang mit Wechselformularen relevant, z. B. für das lokale Zahlungsverfahren in Spanien. Für den Zahlungsverkehr, der in diesem Buch beschrieben wird, müssen Sie an dieser Stelle keine Einträge pflegen.

7.1.6 Hausbanken

Alle Informationen zu dem Bereich **Hausbanken** in Abbildung 7.1 finden Sie in Abschnitt 7.5, »Konfiguration der Bankkontenverwaltung«.

7.1.7 Customizing-Pfad für die Konfiguration des F110-Zahlprogramms

Alternativ zum Schnelleinstieg der Zahlprogrammkonfiguration mit den Transaktionen FBZP oder FBZA können Sie auch den klassischen Weg über den Einführungsleitfaden (Transaktion SPRO) nehmen. Dort finden Sie alle Einstellungsoptionen, die in Abschnitt 7.1 erläutert wurden, als separate Transaktionen. Diese können Sie für die Pflege der F110-relevanten Einstellungen verwenden. Ob Sie mit der Transaktion FBZP oder mit dem Einführungsleitfaden arbeiten, ist Geschmackssache und hat keine Auswirkungen auf das Ergebnis Ihrer Einstellungen.

In Abbildung 7.17 ist folgender IMG-Pfad gezeigt: **Finanzwesen • Debitoren- und Kreditorenbuchhaltung • Geschäftsvorfälle • Zahlungsausgang • Zahlungsausgang automatisch • Zahlweg/Bankenauswahl für Zahlprogramm**.

Schauen Sie sich die Dokumentation zu den einzelnen Transaktionen direkt in Ihrem SAP-System an, dort finden Sie viele zusätzliche wertvolle Informationen.

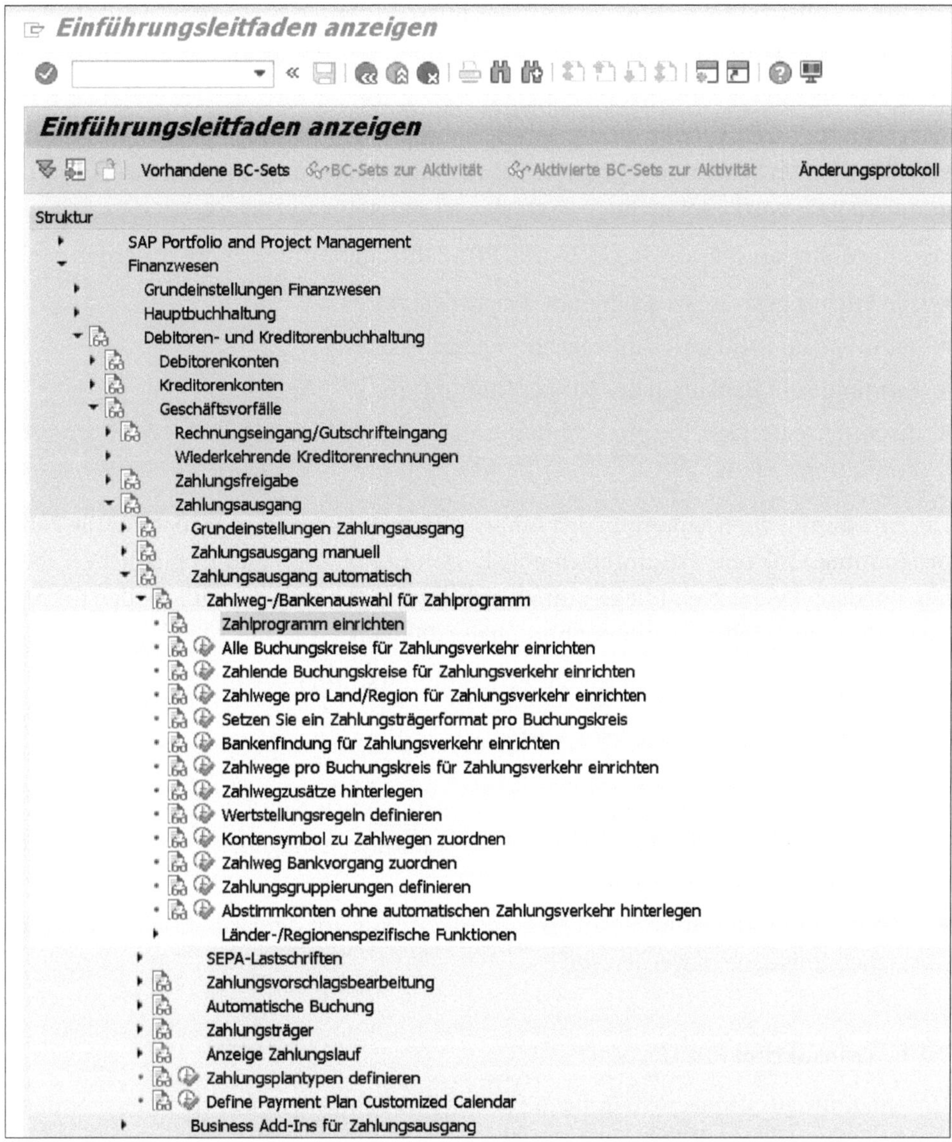

Abbildung 7.17 Einführungsleitfaden für die Konfiguration des F110-Zahlprogramms

7.2 Konfiguration der automatischen Zahlungen mit dem F111-Zahlprogramm

Zahlungen, denen Zahlungsanordnungen zugrunde liegen, werden nicht mit dem F110-Zahlprogramm, sondern mit dem F111-Zahlprogramm ausgeführt. Für das F111-Zahlprogramm werden zum großen Teil die gleichen Einstellungen vorgenommen wie für das F110-Zahlprogramm. Allerdings nutzt das F111-Zahlprogramm eine andere Tabelle für die Bankkontenfindung als das F110-Zahlprogramm, was zu Irritationen führen kann.

Wir erläutern im Folgenden die einzelnen Einstellschritte für das F111-Zahlprogramm, wobei bei jedem Schritt angegeben wird, ob diese Einstellung mit dem F110-Zahlprogramm geteilt wird oder nicht.

Die Einstellungen, die von den F110- und F111-Zahlprogrammen genutzt werden, sind:

- alle Buchungskreise und zahlende Buchungskreise
- Zahlwege im Land und Zahlwege im Buchungskreis
- Rangfolge der Banken in der Bankenfindung
- disponierte Beträge, die pro Kombination Hausbankkonto/Zahlweg/Währung zur Verfügung stehen

Die Zuordnung der Sachkonten pro Zahlweg/Hausbankkonto ist jedoch für die Zahlprogramme F110 und F111 unterschiedlich. Dahinter stehen unterschiedliche Tabellen. Vorsicht: Bei falscher Pflege kann es zu Inkonsistenzen in diesen Tabellen führen. Das verursacht wiederum einen Abbruch der Zahlläufe.

Einige Einstellungen sind nur für das F111-Zahlprogramm relevant, wie z. B.:

- ob der F111-Zahllauf für Kreditorenkonten, Debitorenkonten, Sachkonten erlaubt ist
- ob der F111-Zahllauf pro Herkunft (SAP In-House Cash, SAP Treasury and Risk Management, SAP Cash Management and Liquidity Management, Free-Form-Zahlung) eingeschränkt werden soll
- ob die Zahlungsanordnung zur Free-Form-Zahlung vor dem F111-Zahllauf noch zusätzlich freigegeben werden soll

7.2.1 Transaktion F11CU

Um die Konfigurationseinstellungen für das F111-Zahlprogramm zu ändern, nutzen Sie die Transaktion F11CU (Konfig. TR-Zahlprogramm pflegen). Zur Anzeige der Konfiguration des F111-Zahlprogramms können Sie auch die Transaktion F11CS aufrufen.

In Abbildung 7.18 sehen Sie, dass die Einstiegsbilder von Transaktion F11CU und Transaktion FBZP identisch sind (siehe Abbildung 7.1 weiter vorn). Einzig die Überschrift unterscheidet sich und hilft Ihnen zu erkennen, ob Sie die Einstellungen für das F110-Zahlprogramm oder für das F111-Zahlprogramm vornehmen. Bei der Transaktion F11CU heißt die Überschrift **Customizing Zahlprogramm für Zahlungsanordnungen pflegen** und bei der Transaktion FBZP lautet sie **Customizing Zahlprogramm pflegen**. Achten Sie darauf, um Inkonsistenzen zu vermeiden.

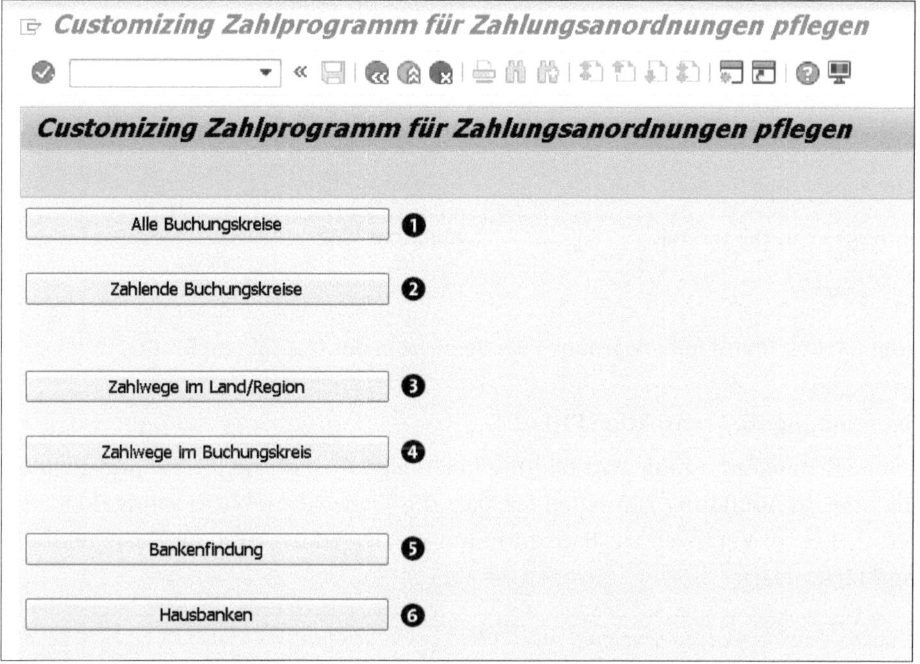

Abbildung 7.18 Konfiguration des F111-Zahlprogramms pflegen (Transaktion F11CU)

Die Bereiche **Alle Buchungskreise** ❶, **Zahlende Buchungskreise** ❷, **Zahlwege im Land/Region** ❸, **Zahlwege im Buchungskreis** ❹ und **Hausbanken** ❻ finden Sie auch in der Transaktion FBZP (siehe Abbildung 7.1 in Abschnitt 7.1).

Der Bereich **Bankenfindung** ❺ nutzt in der Transaktion F11CU im Vergleich zu der Transaktion FBZP eine besondere Logik. Das erklären wir im nächsten Abschnitt.

Datenbanktabellen hinter Transaktion FBZA und F11CS

Die Bereiche in Abbildung 7.1 und in Abbildung 7.18 basieren auf den gleichen Datenbanktabellen. Sie können sich davon überzeugen, wenn Sie einen der Bereiche in Transaktionen FBZA oder F11CS aufrufen. Wechseln Sie in die Detailansicht, und stellen Sie Ihren Cursor auf ein beliebiges Feld. Rufen Sie dann die technische Hilfe mit der Taste F1 auf, und klicken Sie in dem erscheinenden Fenster auf den Button **Technische Einstellungen**.

Erläuterungen zu den zwischen FBZP und F11CU geteilten Bereichen finden Sie in den in Tabelle 7.4 genannten Abschnitten dieses Buches.

Name des Bereichs in Transaktion F11CU	Abschnitt mit Erklärung
Alle Buchungskreise	Abschnitt 7.1.1
Zahlende Buchungskreise	Abschnitt 7.1.2
Zahlwege im Land/Region	Abschnitt 7.1.3
Zahlwege im Buchungskreis	Abschnitt 7.1.4
Hausbanken	Abschnitt 7.1.6

Tabelle 7.4 Abschnitte mit Erklärungen der Bereiche in der Transaktion F11CU

Bankenfindung für Transaktion F111

Der Bereich **Bankenfindung** in Abbildung 7.18 ist eine Ausnahme, die wir nun genauer betrachten. In Abbildung 7.19 sehen Sie, dass die Transaktion F11CU weniger Einstellungsschritte im Vergleich zur Bankenfindung in der Transaktion FBZP (siehe Abbildung 7.12) umfasst.

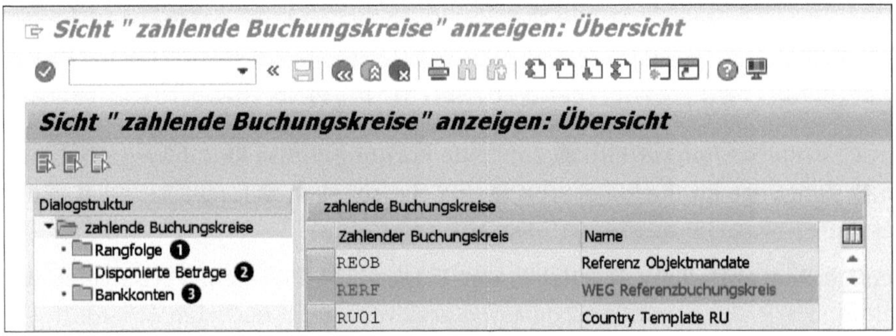

Abbildung 7.19 Bankenfindung in der Konfiguration des F111-Zahlprogramms pflegen – Übersicht (Transaktion F11CU)

Nur drei Bereiche, die Sie in Abbildung 7.19 sehen, stehen in der Bankenfindung des F111-Zahlprogramms zur Verfügung: **Rangfolge** ❶, **Disponierte Beträge** ❷, **Bankkonten** ❸. Zwei Bereiche von ihnen sind wieder identisch mit der Bankenfindung in der Transaktion FBZP (siehe Tabelle 7.5).

Name des Bereichs in der Bankenfindung von Transaktion F11CU	Abschnitt mit Erklärung
Rangfolge	Abschnitt »Rangfolge« in Abschnitt 7.1.5
Disponierte Beträge	Abschnitt »Disponierte Beträge« in Abschnitt 7.1.5

Tabelle 7.5 Abschnitte mit Erklärungen zu einzelnen Optionen des Bereichs »zahlende Buchungskreise« Transaktion F11CU

Bankkonten in Bankenfindung für das F111-Zahlprogramm

Trotz desselben Namens und des identischen Aufbaus des Bereichs **Bankkonten** in beiden Transaktionen FBZP und F11CU sind die Datenbanktabellen dahinter unterschiedlich: Der obere Teil von Abbildung 7.20 zeigt die Detailsicht der Bankkontenfindung in der Transaktion FBZP, der untere Teil die Detailsicht der Bankkontenfindung in der Transaktion F11CU. Die in Transaktion FBZP gepflegten Einträge für die Bankenfindung sind in Transaktion F11CU nicht zu sehen!

Abbildung 7.20 Unterschiede bei der Bankkontenpflege in den Transaktionen FBZP und F11CU

Die Art und Weise, wie die Einträge zu pflegen sind, ist identisch mit der Pflege in der Transaktion FBZP. Die Informationen darüber, was die einzelnen Felder bedeuten und welche Werte Sie dort eintragen sollten, finden Sie im Abschnitt »Bankkonten« unter Abschnitt 7.1.5, »Bankenfindung«. Wir beschäftigen uns im Folgenden vielmehr damit, welche negativen Folgen Inkonsistenzen in der Bankkontenführung in beiden Transaktionen haben können und wie man möglichen Fehlern rechtzeitig vorbeugt.

7.2.2 Konsistenzprüfung

In der Transaktion F11CU können Sie eine *Konsistenzprüfung* durchführen, um sicherzustellen, dass Ihre Einstellungen für die Bankenfindung in den Transaktionen FBZP und F11CU übereinstimmen.

Konsistenzprüfung für Verrechnungskonten in FBZP und F11CU

Hinter der Bankenkontenpflege in der Transaktion FBZP verbirgt sich die Datenbanktabelle T042I, bei der Bankenkontenpflege in der Transaktion F11CU ist es die Datenbanktabelle T042Y. Bei der Konsistenzprüfung werden die Einträge in beiden Tabellen (T042I und T042Y) verglichen. Das bedeutet, dass derselben Kombination aus Hausbank, Hausbankkonto und Zahlweg keine unterschiedlichen Sachkonten zugeordnet werden dürfen.

Sie gelangen zur Konsistenzprüfung, wenn Sie in der Transaktion F11CU folgenden Pfad aufrufen: **Bearbeiten • Banken • Konsistenzprüfung** (siehe Abbildung 7.21).

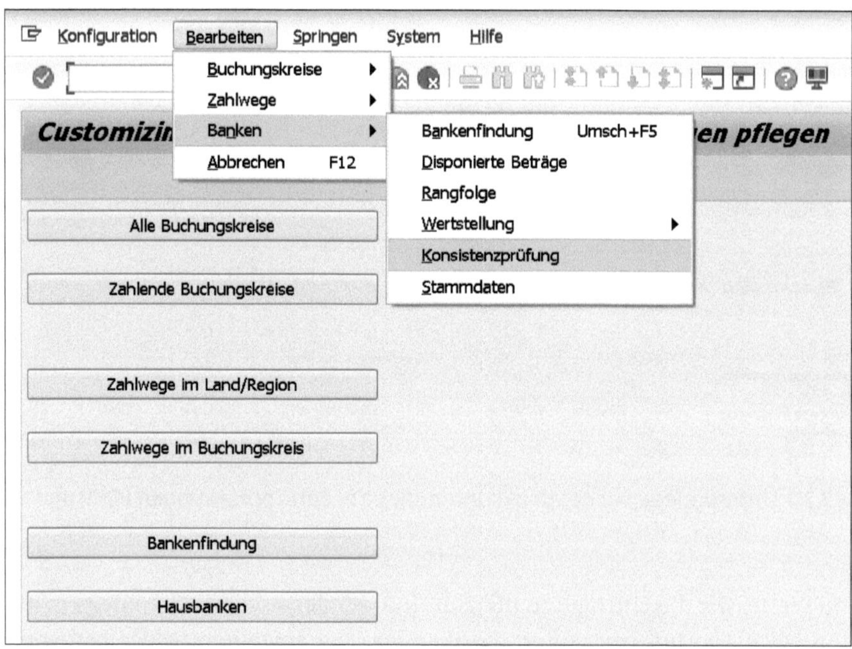

Abbildung 7.21 Konsistenzprüfung in der Konfiguration des F111-Zahlprogramms pflegen (Transaktion F11CU)

Falls bei der Prüfung keine Inkonsistenzen identifiziert wurden, erhalten Sie eine Erfolgsmeldung (siehe Abbildung 7.22).

Diese Meldung verschwindet wieder, nachdem Sie sie mit einem Klick auf den grünen Haken bestätigt haben. Falls bei der Konsistenzprüfung Differenzen in der Bankkontenpflege der beiden Transaktionen erkannt wurden, erhalten Sie die in Abbildung 7.23 gezeigte Meldung.

Bestätigen Sie diese Meldung mit einem Klick auf den grünen Haken, um die Liste mit den inkonsistenten Einträgen zu erhalten.

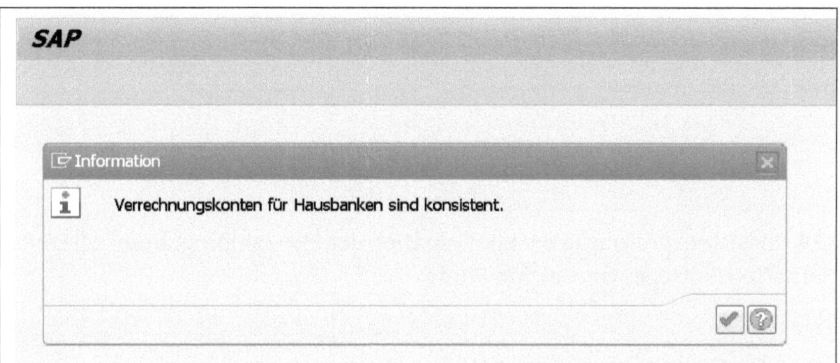

Abbildung 7.22 Konsistenzprüfung in der Konfiguration des F111-Zahlprogramms pflegen – erfolgreich durchgeführte Konsistenzprüfung (Transaktion F11CU)

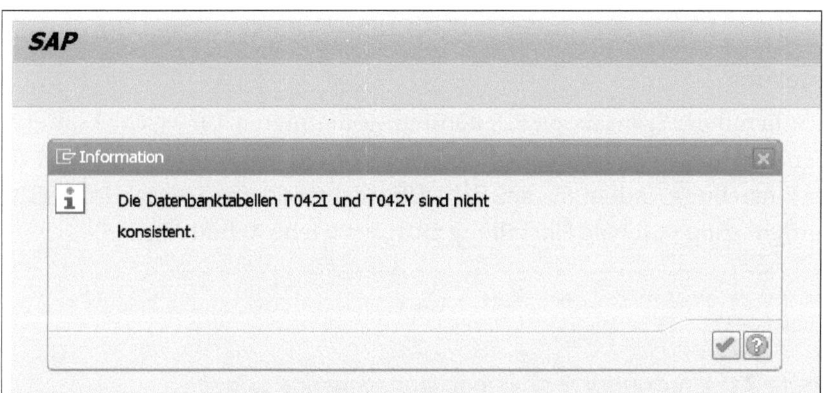

Abbildung 7.23 Konsistenzprüfung in der Konfiguration des F111-Zahlprogramms pflegen – festgestellte Inkonsistenz (Transaktion F11CU)

In Abbildung 7.24 sehen Sie, dass Inkonsistenzen bei einer Kombination aus Buchungskreis, Hausbank und Zahlweg festgestellt wurden. Das bedeutet, dass in der Transaktion F11CU dieser Kombination ein anderes Sachkonto zugeordnet ist als in der Transaktion FBZP.

Konsistenzprüfung nach jeder Änderung

Falls Sie die Transaktionen F110 und F111 aktiv nutzen, empfehlen wir Ihnen, die Konsistenzprüfung nach jeder Änderung in der Bankkontenpflege laufen zu lassen. Das kostet Sie nur ein paar Minuten, spart aber viel Ärger. Bei vorhandenen Inkonsistenzen können nämlich keine Zahlläufe durchgeführt werden; anstatt ausgeführter Zahlungen bricht der Zahllauf ab, und Sie erhalten die Meldung aus Abbildung 7.23.

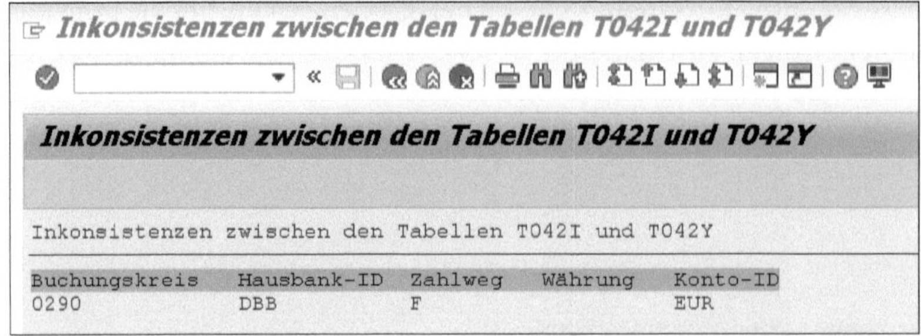
Inkonsistenzen zwischen den Tabellen T042I und T042Y

Inkonsistenzen zwischen den Tabellen T042I und T042Y

Buchungskreis	Hausbank-ID	Zahlweg	Währung	Konto-ID
0290	DBB	F		EUR

Abbildung 7.24 Konsistenzprüfung in der Konfiguration des F111-Zahlprogramms pflegen – Liste der fehlerhaften Einträge (Transaktion F11CU)

7.2.3 Sonstige Einstellungen für das F111-Zahlprogramm

In diesem Abschnitt widmen wir uns den Einstellungen, die für das F111-Zahlprogramm relevant sind und nur in Transaktion F11CU, nicht aber in Transaktion FBZP durchgeführt werden.

Globale Einstellung

Für die Zahlläufe mit der Transaktion F111 können Sie definieren, für welche Kontotypen und/oder Herkunft Regulierungen durchgeführt werden sollen. Sie gelangen zu der globalen Einstellung, indem Sie aus dem Übersichtsbild der Transaktion F11CU den Pfad **Konfiguration • Globale Einstellung** aufrufen (siehe Abbildung 7.25).

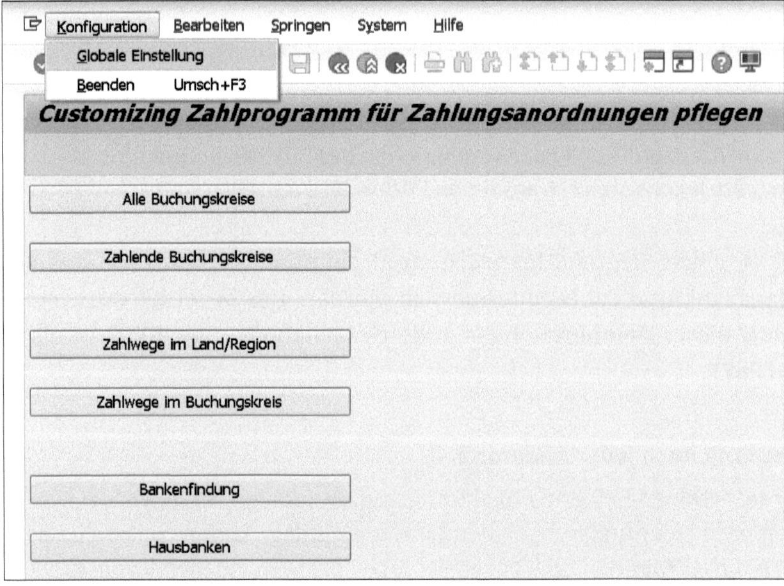

Abbildung 7.25 Globale Einstellung in der Konfiguration des F111-Zahlprogramms pflegen (Transaktion F11CU)

In Abbildung 7.26 sehen Sie die Detailansicht **Globale Einstellungen** für das F111-Zahlprogramm. Wenn Sie einen Haken im Feld **Herkunft** ❶ setzen, wird dieses Feld in den F111-Parametern sichtbar. Tragen Sie einen oder mehrere Werte in das Feld ein, wenn Sie die Parameter für Ihren F111-Zahllauf pflegen.

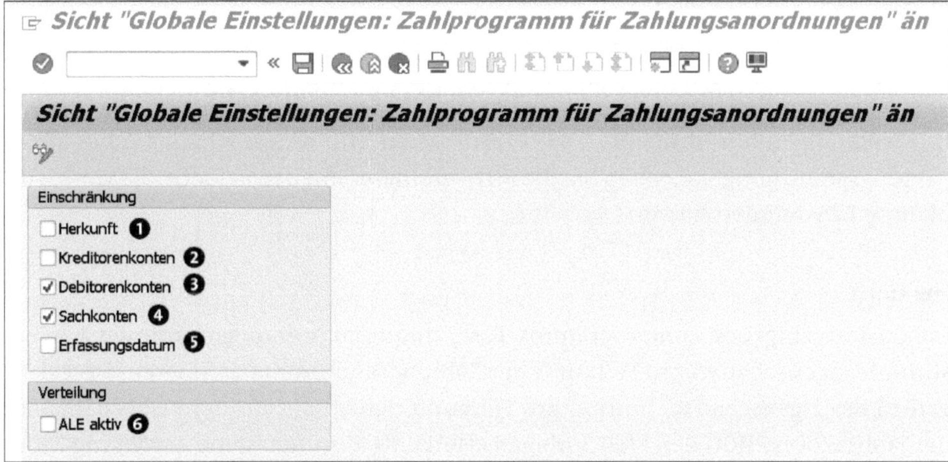

Abbildung 7.26 Globale Einstellung in der Konfiguration des F111-Zahlprogramms pflegen – Detailansicht (Transaktion F11CU)

Herkunft in Zahlungsanordnungen

Die Bedeutung des Feldes **Herkunft** und mögliche Werte, die in diesem Feld gepflegt werden können, haben wir im Abschnitt »Zahlweg im Land: Verwendungszweck nach Herkunft« in Abschnitt 7.1.3 erklärt.

Als Kontotypen stehen Ihnen Kreditorenkonten, Debitorenkonten und Sachkonten zur Auswahl. Sie aktivieren die Verwendung der Lieferanten- und Kundennummern in F111 durch Setzen des Hakens im Feld **Kreditorenkonten** ❷ oder **Debitorenkonten** ❸. Falls Sie SAP In-House Cash nutzen, manuelle Zahlungsanordnungen erzeugen und/oder Kontoüberträge im Cash Management verwenden, setzen Sie einen Haken im Feld **Sachkonten** ❹.

Bei Zahlungen aus SAP Treasury and Risk Management gibt es unterschiedliche Möglichkeiten, um die Partnerzahlungen zu veranlassen (siehe Abschnitt 3.3, »Zahlungen in SAP Treasury and Risk Management«. Wenn Sie SAP Treasury and Risk Management im Einsatz haben und in den TRM-Geschäften die Option **Zahlungsanordnung mit** und **auf Sachkonten** wählen, markieren Sie ebenfalls das Feld **Sachkonten**.

Wenn Sie jedoch in den TRM-Geschäften die Option **Zahlungsanordnung mit** und **auf Debitor** wählen, setzen Sie einen Haken im Feld **Debitorenkonten**, damit Sie in den F111-Parametern die Kontonummern der Debitoren eintragen können. Details sehen

Sie in Abbildung 3.8 und Abbildung 3.9 in Abschnitt 3.3.3, »Zahlungsverbindungen in TRM-Geschäften«.

Markieren Sie Feld **Erfassungsdatum** ❺, wenn Sie es als eins der Auswahlkriterien in der Pflege von F111-Parametern verwenden wollen.

Setzen Sie einen Haken im Feld **ALE aktiv** ❻ nur dann, wenn Sie die erzeugten Buchhaltungsbelege an ein anderes SAP-System schicken, in dem die Finanzbuchhaltung geführt wird. In den meisten Fällen ist der Haken im Feld **ALE aktiv** nicht nötig.

In Abbildung 3.18 in Abschnitt 3.6.1, »Transaktion F111: automatischer Zahllauf für Zahlungsanordnungen«, sehen Sie die F111-Parameter mit den Feldern, die wir in Abbildung 7.26 definiert haben.

Herkunft

Im Customizing des Zahlprogramms für Zahlungsanordnungen können Sie bestimmte Eigenschaften pro Herkunft der Zahlungsanordnung definieren. Sie gelangen zu der Eigenschaftsdefinition pro Herkunft, indem Sie aus dem Übersichtsbild der Transaktion F11CU den Pfad **Springen • Herkunft** aufrufen (siehe Abbildung 7.27).

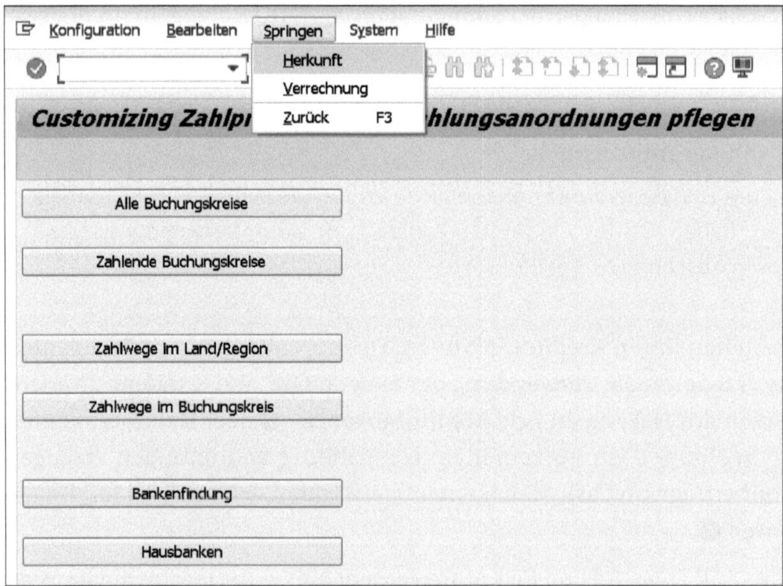

Abbildung 7.27 Herkunft in der Konfiguration des F111-Zahlprogramms pflegen (Transaktion F11CU)

Es öffnet sich das Übersichtsbild aus Abbildung 7.28, in dem Sie pro Herkunft das Verhalten bei der Berücksichtigung disponierter Beträge, der Kontenfindung und der Kursdifferenzen bestimmen.

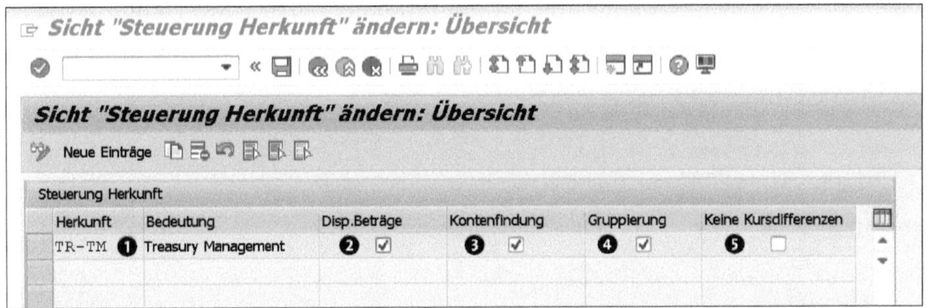

Abbildung 7.28 Herkunft in der Konfiguration des F111-Zahlprogramms pflegen – Detailansicht (Transaktion F11CU)

In der Spalte **Herkunft** ❶ geben Sie die gewünschte Herkunft der Zahlungsanordnungen ein, z. B. den Wert »TR-TM« für die aus SAP Treasury and Risk Management generierten Zahlungsanordnungen. Sie setzen einen Haken in der Spalte **Disp.Beträge** ❷, wenn die Einstellungen in der Konfiguration des Zahlprogramms, die im Abschnitt »Disponierte Beträge« im Abschnitt 7.1.5, »Bankenfindung«, beschrieben sind, nicht berücksichtigt werden sollen. Das Gleiche gilt für den Haken **Kontenfindung** ❸; auch dieses Kennzeichen ist nur erforderlich, wenn die Einstellungen in der Konfiguration des Zahlprogramms, die in Abschnitt 7.1 beschrieben wurden, nicht berücksichtigt werden sollen.

Den Haken **Keine Kursdifferenzen** ❺ setzen Sie, wenn das F111-Zahlprogramm keine Kursdifferenzen buchen soll. Dabei wird der Hauswährungsbetrag aus der Summe der Hauswährungsbeträge der regulierten Posten und nicht durch Umrechnung des Fremdwährungsbetrags zum aktuellen Kurs berechnet. Sie setzen einen Haken im Feld **Gruppierung** ❹, wenn Sie die Zahlungsanordnungen aus dem Feld **Herkunft** zusammen mit den Zahlungsanordnungen einer anderen Herkunft gruppieren wollen. Die Eigenschaften der Herkunft aus dem Feld **Herkunft** werden dabei für die ganze Verrechnungsgruppe berücksichtigt.

[«]

Einstellung »Herkunft« kann meistens leer gelassen werden

Die Einstellung **Herkunft** wirkt anders als die meisten anderen Einstellungen, die Sie im SAP-System vornehmen. Sie wird nur benötigt, wenn die Standardeinstellungen des Zahlprogramms nicht greifen sollen. Wir gehen davon aus, dass es nur wenige Geschäftsvorfälle gibt, bei denen es nicht sinnvoll ist, die Standardeinstellungen zu übernehmen. In den meisten Fällen können Sie also diese Einstellung komplett leer lassen.

Verrechnung

Im vorherigen Abschnitt »Herkunft« haben wir die Gruppierungsmöglichkeit im Zusammenhang mit dem Kennzeichen **Gruppierung** erläutert. Dieser Haken ist nur sinnvoll, wenn vorher überhaupt eine Gruppierung angelegt wurde. Eine Verrechnung können Sie auch direkt in der Transaktion F11CU anlegen, indem Sie den Pfad **Springen • Verrechnung** aufrufen (siehe Abbildung 7.29).

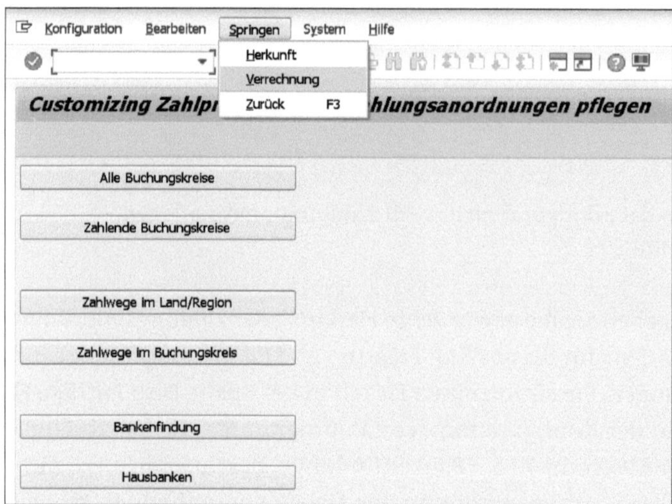

Abbildung 7.29 Verrechnung in der Konfiguration des F111-Zahlprogramms pflegen (Transaktion F11CU)

In der Detailansicht der Einstellung **Verrechnung** (siehe Abbildung 7.30), geben Sie im Feld **Herkunft** ❶ den entsprechenden Wert ein, den Sie einem anderen, für Gruppierungszwecke verwendeten Wert im Feld **Herkunft zur Gruppierung** ❷ zuordnen. Bei der dadurch erzeugten Gruppe greifen die Eigenschaften, die vorher im Abschnitt »Herkunft« eingestellt wurden.

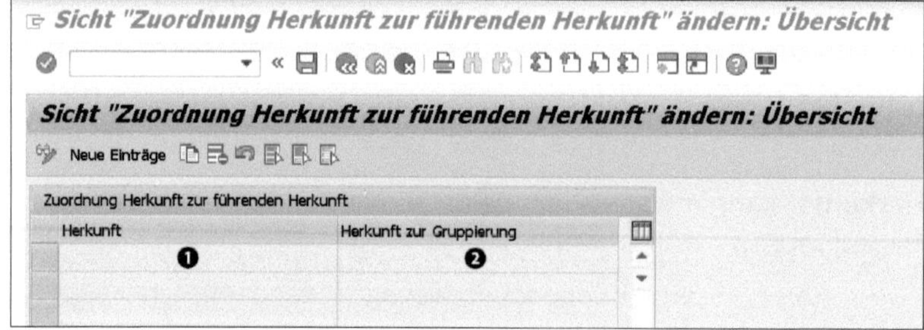

Abbildung 7.30 Verrechnung in der Konfiguration des F111-Zahlprogramms pflegen – Detailansicht (Transaktion F11CU)

Einstellung »Verrechnung« ist häufig optional

Die Einstellung **Verrechnung** ist in der Regel nicht nötig. Bei den in diesem Buch beschriebenen Geschäftsprozessen werden Sie die aus diesen Prozessen resultierenden

Zahlungsanordnungen kaum miteinander verrechnen wollen oder können. Wenn Sie keine Gruppen bilden wollen, um die Zahlungsanordnungen aus unterschiedlichen Prozessen miteinander zu verrechnen, lassen Sie die Einstellung **Verrechnung** in der Transaktion F11CU leer.

7.2.4 Customizing-Pfad für die Konfiguration des F111-Zahlprogramms

Alternativ zu dem Schnelleinstieg der Zahlprogrammkonfiguration mit den Transaktionen F11CU oder F11CS können Sie auch den klassischen Weg über den Einführungsleitfaden (Transaktion SPRO) nehmen. Dort finden Sie alle Einstellungsoptionen, die in Abschnitt 7.2, »Konfiguration der automatischen Zahlungen mit dem F111-Zahlprogramm«, erläutert wurden, als separate Transaktionen. Ob Sie mit der Transaktion F11CU oder mit Transaktion SPRO arbeiten, ist Geschmackssache und hat keine Auswirkungen auf das Ergebnis Ihrer Einstellungen.

In Abbildung 7.31 ist folgender Einführungsleitfaden gezeigt: **Finanzwesen • Bankbuchhaltung • Geschäftsvorfälle • Zahlungsverkehr • Zahlungsabwicklung**.

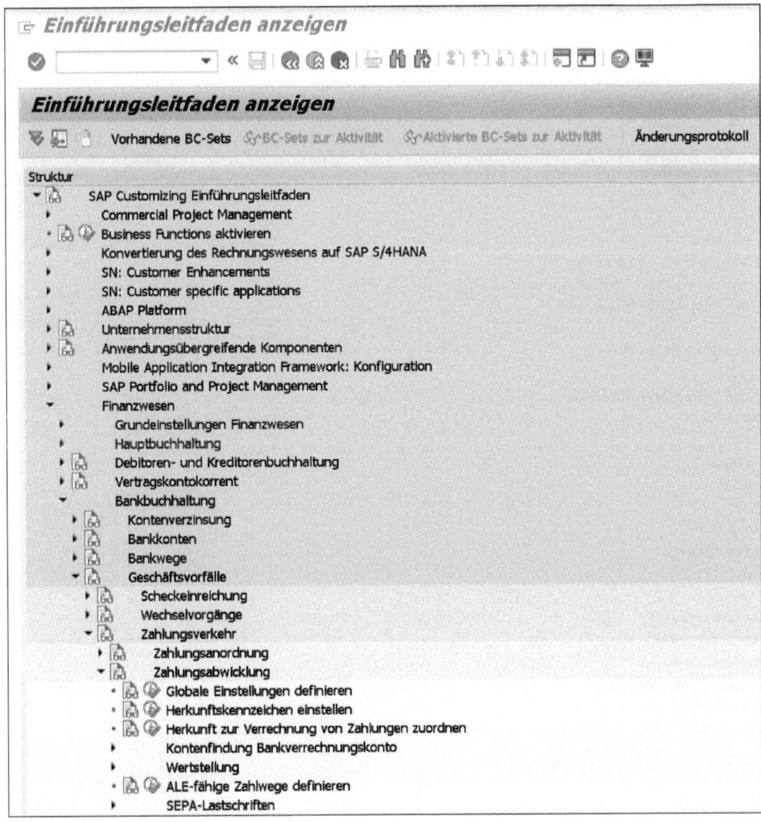

Abbildung 7.31 Einführungsleitfaden für die Konfiguration des F111-Zahlprogramms

7.3 Konfiguration von Free-Form-Zahlungen

In Abschnitt 3.4, »Free-Form-Zahlungen«, haben wir das Konzept der *Free-Form-Zahlungen* erklärt. Bei der Erfassung von Free-Form-Zahlungen werden Zahlungsanordnungen erzeugt, die mit dem F111-Zahlprogramm reguliert werden. Das bedeutet, dass die Einstellungen, die wir in Abschnitt 7.2, »Konfiguration der automatischen Zahlungen mit dem F111-Zahlprogramm«, erklärt haben, auch für die Regulierung der Free-Form-Zahlungen gelten.

Darüber hinaus gibt es einige spezifische Schritte für Free-Form-Zahlungen im IMG, die in diesem Abschnitt erläutert werden. Sie finden diese Einstellungen im Einführungsleitfaden mit der Transaktion SPRO unter folgendem Pfad: **Finanzwesen • Bankbuchhaltung • Geschäftsvorfälle • Zahlungsverkehr • Online-Zahlungen** (siehe Abbildung 7.32).

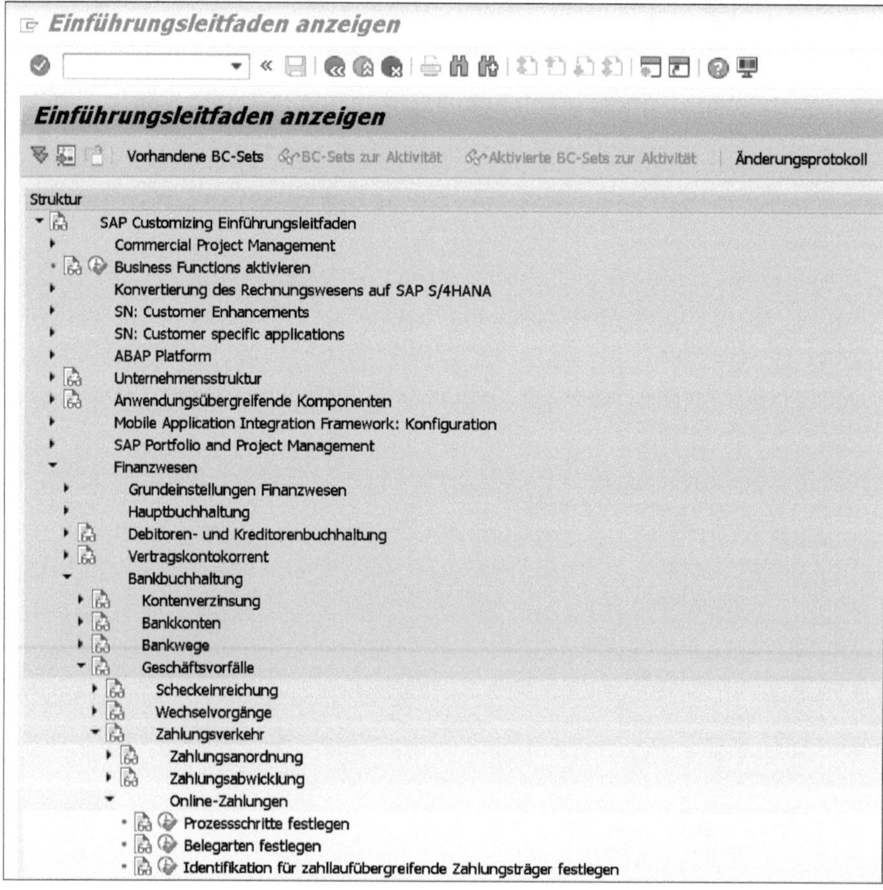

Abbildung 7.32 Einführungsleitfaden für die Konfiguration der Free-Form-Zahlungen

Wir erklären nun Schritt für Schritt die notwendigen Einstellungen in den drei Transaktionen, die Sie unter **Online-Zahlungen** in Abbildung 7.32 sehen.

7.3.1 Prozessschritte festlegen

Im Customizing-Punkt **Prozessschritte festlegen** definieren Sie, welche Aktivität nach der Erfassung manueller Zahlungsanordnungen als nächster Schritt geschehen soll. Als Optionen unmittelbar nach der Erfassung der Zahlungsanordnung stehen eine Freigabe nach dem Vier-Augen-Prinzip, der automatische Start des F111-Zahllaufs und die Erzeugung der Zahlungsträger zur Auswahl.

In Abbildung 7.33 sehen Sie die Detailansicht für die Einstellung der Prozessschritte nach der Erfassung der Zahlungsanordnungen. Alle Einstellungen werden pro Herkunft, die im Feld **Herkunft** ❶ zu sehen ist, vorgenommen. Die Herkunft der Free-Form-Zahlung ist »FI-BL«.

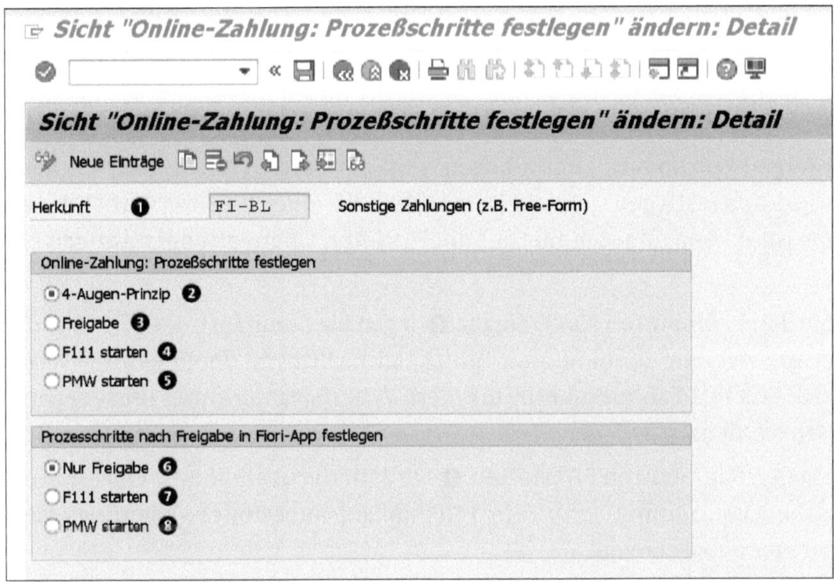

Abbildung 7.33 Online-Zahlungen: Prozessschritte festlegen – Detailansicht

Auch kreditorische und debitorische Zahlungsanordnungen möglich

Grundsätzlich können Sie mit der Transaktion FIBLFFP (Free-Form-Zahlung) auch kreditorische oder debitorische Zahlungsanordnungen erfassen. Deswegen können Sie bei der Festlegung der Prozessschritte der Online-Zahlungen auch die Herkunft »FI-AP-PR« und die Herkunft »FI-AR-PR« ausprägen. Für die Regulierung der kreditorischen und debitorischen Posten werden allerdings in der Regel offene Posten im kreditorischen und debitorischen Nebenbuch erfasst, die anschließend mit dem F110-

Zahlprogramm ausgeglichen werden. Aus diesem Grund verzichten wir auf weitere Erklärungen für die Regulierung kreditorischer und debitorischer Posten mithilfe von Free-Form-Zahlungen.

- Im Bereich **Online-Zahlung: Prozessschritte festlegen** markieren Sie einen von vier Radiobuttons. Wählen Sie den Radiobutton **4-Augen-Prinzip** ❷, wenn Sie wollen, dass jede Zahlungsanordnung nach der Erfassung von einer zweiten Person freigegeben wird, bevor sie mit dem Zahlprogramm reguliert werden kann.
- Wenn Sie den Radiobutton **Freigabe** ❸ wählen, wird die Zahlungsanordnung bei der Erfassung sofort als **Freigegeben** gekennzeichnet. Für diese Zahlungsanordnung muss allerdings separat ein F111-Zahllauf ausgeführt werden.
- Wenn Sie den Radiobutton **F111 starten** ❹ markieren, wird für die erfasste Zahlungsanordnung sofort ein F111-Zahllauf angestoßen, allerdings kein Zahlungsträger erzeugt.
- Wenn Sie den Radiobutton **PMW starten** ❺ wählen, werden für die erfasste Zahlungsanordnung sofort ein F111-Zahllauf angestoßen und ein Zahlungsträger erzeugt.

Wenn Sie **4-Augen-Prinzip** ausgewählt haben, wird der Bereich **Prozessschritte nach Freigabe in Fiori-App festlegen** sichtbar. Dort müssen Sie einen von drei vorhandenen Radiobuttons markieren, die sich nur auf die Fiori-App **Überweisungen tätigen** beziehen:

- Wählen Sie den Radiobutton **Nur Freigabe** ❻, legen Sie damit fest, dass die über die SAP-Fiori-App erzeugte Zahlungsanordnung gleichzeitig mit der Erfassung freigegeben wird. Das F111-Zahlprogramm für diese Zahlungsanordnung muss separat angestoßen werden.
- Wählen Sie den Radiobutton **F111 starten** ❼, wird für die über die SAP-Fiori-App erfasste Zahlungsanordnung sofort ein F111-Zahllauf angestoßen, allerdings kein Zahlungsträger dabei erzeugt.
- Wenn Sie den Radiobutton **PMW starten** ❽ markieren, werden für die über die SAP-Fiori-App erfasste Zahlungsanordnung sofort ein F111-Zahllauf angestoßen und ein Zahlungsträger erzeugt.

[»]

Standardeinstellung für Prozessschritte

Die SAP-Standardeinstellung ist die Erfassung der Zahlungsanordnungen, die zur Zahlung freigegeben sind und für die ein separater F111-Zahllauf gestartet werden muss. Wenn es Ihren Geschäftsprozessen entspricht, müssen Sie an dieser Stelle nichts weiter pflegen.

7.3.2 Belegarten festlegen

Normalerweise wird die Belegart für die Zahlungsbelege aus dem Zahlweg übernommen, den Sie in der manuellen Zahlungsanordnung verwendet haben. Mit der Einstellung **Belegarten festlegen** können Sie eine spezielle Belegart für die Regulierung der manuellen Zahlungsanordnungen zuordnen.

In Abbildung 7.34 sehen Sie die Detailansicht **Erlaubte Belegarten bei Online-Zahlungen**. Im Feld **Herkunft** ❶ tragen Sie die Herkunft der Zahlungsanordnungen ein, bei deren Regulierung Sie eine abweichende Belegart verwenden wollen. In der Regel ist das die Herkunft »FI-BL« für Free-Form-Zahlungen. Im Feld **Belegart** ❷ tragen Sie die Belegart ein, die anstatt der Belegart aus dem in der Zahlungsanordnung genutzten Zahlweg verwendet werden soll.

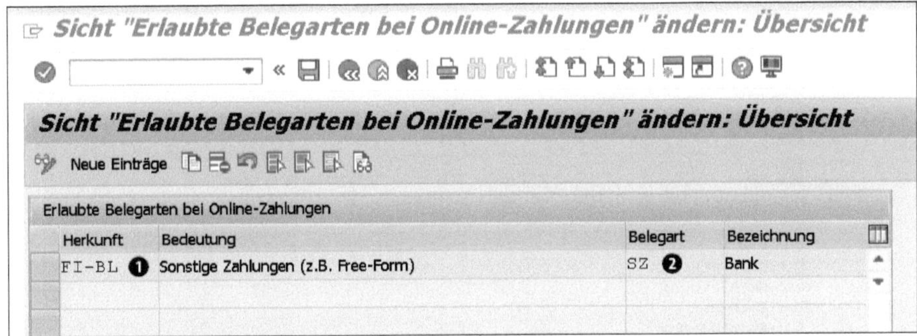

Abbildung 7.34 Online-Zahlungen: Belegarten festlegen – Detailansicht

Standardeinstellung für Belegarten

In der SAP-Standardeinstellung sind an dieser Stelle keine Einträge definiert; die Belegart wird bei der Zahlung aus der Konfiguration des Zahlweges übernommen. Wenn es Ihren Geschäftsprozessen entspricht, müssen Sie an dieser Stelle nichts weiter pflegen.

7.3.3 Identifikation für zahllaufübergreifende Zahlungsträger

In der Einstellung **Identifikation für zahllaufübergreifende Zahlungsträger** tragen Sie die Identifikationen der F111-Zahlläufe ein, für die kein Zahlungsträger direkt im F111-Zahllauf erzeugt wird. Stattdessen werden diese Zahlläufe an das SAP Bank Communication Management zur Zusammenfassung der Zahlungsträger übergeben.

Wenn Sie die Funktion **Identifikation für zahllaufübergreifende Zahlungsträger** ausführen, erscheint ein Pop-up, in dem Sie die relevante Kennung im Feld **Kennung des Zahllaufs** ❶ eingeben. Für die Free-Form-Zahlungen wählen Sie den Wert »R« aus der Dropdown-Liste **Laufkennung im Zahlungswesen** ❷ (siehe Abbildung 7.35).

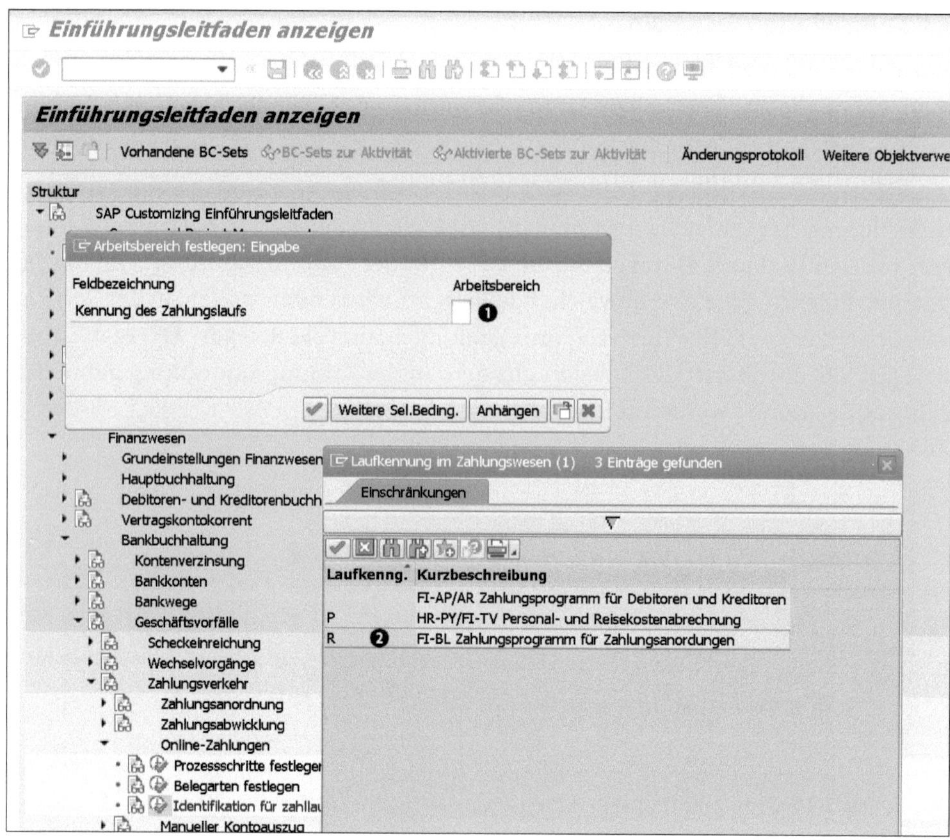

Abbildung 7.35 Online-Zahlungen: Identifikation für zahllaufübergreifende Zahlungsträger – Eingabe der Kennung

Sie sehen die Detailansicht dieser Einstellung in Abbildung 7.36. Im Feld **Identif.** ❶ pflegen Sie die konkreten Identifikationen oder Zeichenketten der Identifikationen der F111-Zahlläufe, die an SAP Bank Communication Management weitergegeben werden sollen, ein. Im Feld **BCM** ❷ setzen Sie einen Haken, um zu zeigen, dass die im Feld **Identif.** gepflegten Angaben für SAP Bank Communication Management relevant sind.

[»]

Generische Einträge möglich

Sie können an dieser Stelle mit generischen Einträgen arbeiten, wie z. B. mit dem Maskierungszeichen »+« für ein Zeichen und »*« für eine Zeichenkette. Sie können also z. B. im Feld **Identif.** den Wert »B*« eintragen. Das bedeutet, dass alle Zahlläufe, die mit B beginnen, an SAP Bank Communication Management übergeben werden sollen.

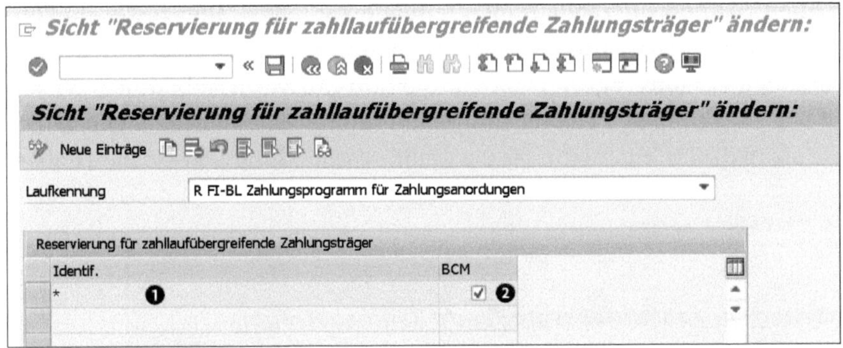

Abbildung 7.36 Online-Zahlungen: Identifikation für zahllaufübergreifende Zahlungsträger – Detailansicht

Falls Sie SAP Bank Communication Management im Einsatz haben, ist es ratsam, möglichst alle Zahlungen, u. a. auch manuelle Zahlungsanordnungen, über SAP Bank Communication Management laufen zu lassen. In diesem Fall können Sie im Feld **Identif.** den Wert »*« eintragen.

7.3.4 Alternativer Einstieg zur Pflege direkt über Transaktion FIBLFFP

Die Optionen **Prozessschritte festlegen** und **Belegarten festlegen**, die wir in Abschnitt 7.3.1, »Prozessschritte festlegen«, und in Abschnitt 7.3.2, »Belegarten festlegen«, erklärt haben, können Sie alternativ direkt aus der Transaktion FIBLFFP (Free-Form-Zahlung) aufrufen (siehe Abbildung 7.37).

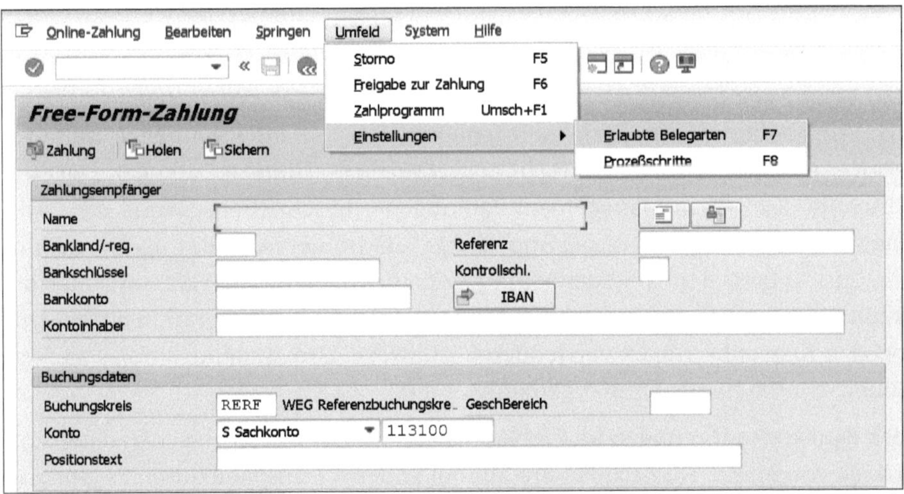

Abbildung 7.37 Einstieg zur Pflege der Prozessschritte und Belegarten direkt aus der Transaktion FIBLFFP

Die Option **Identifikation für zahllaufübergreifende Zahlungsträger festlegen** können Sie direkt mit der Transaktion OBPM5 (Zahllaufübergreifende Zahlungsträger) aufrufen. Sie sehen das Einstiegsbild von Transaktion OBPM5 in Abbildung 7.38. Klicken Sie auf den Button **FI-BL Zahlungsprogramm für Zahlungsanordnungen** ❶. Damit springen Sie in die Detailansicht, die Sie schon in Abbildung 7.36 gesehen haben.

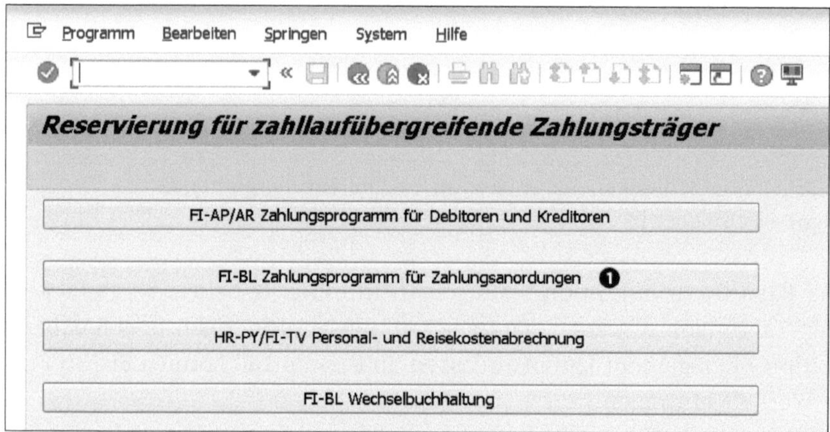

Abbildung 7.38 Einstieg in die Pflege der Identifikationen für zahllaufübergreifende Zahlungsträger aus der Transaktion OBPM5

Es ist Ihnen überlassen, welchen Weg Sie wählen, um die Einstellungen zu pflegen. Beide Wege führen zu demselben Ergebnis.

7.4 Konfiguration für die Bankkontoüberträge mit dem Cash Management

Die Bankkontoüberträge im Cash Management in SAP S/4HANA werden mithilfe der SAP-Fiori-App **Überweisungen tätigen** ausgeführt. Die Hintergründe dazu werden in Abschnitt 3.2, »Cash-Management-Zahlungen«, beschrieben. Damit die Cash-Management-Überträge mit dieser App korrekt funktionieren, sind einige Einstellungen im Customizing der Bankbuchhaltung vorzunehmen. Das betrifft zum einen die Bankkontenfindung in der Transaktion FI1CU (Konfig. TR-Zahlprogramm pflegen) für die bei den Kontoüberträgen verwendeten Zahlwege. Zum anderen sind es die Verrechnungskonten für die Empfängerbankkonten.

Bei den Bankkontoüberträgen im Cash Management geht es, technisch gesehen, um Überträge von einem Hausbankkonto auf ein anderes Hausbankkonto. Es gibt also ein Absenderbankkonto und ein Empfängerbankkonto. Anders als bei den kreditorischen Zahlungen, bei denen nur die Absenderseite für das SAP-System relevant ist, müssen bei Cash-Management-Überträgen sowohl Absender- als auch Empfängerseite in der Finanzbuchhaltung verbucht werden, weil beide Seiten unsere eigenen Hausbankkonten darstellen.

[«]

Bankkontoüberträge relevant für das F111-Zahlprogramm

Zu den Bankkontoüberträgen, die Sie mit der SAP-Fiori-App **Überweisungen tätigen** erfassen, werden Zahlungsanordnungen mit der Herkunft »TR-CM-BT« generiert. Danach werden sie, wie alle anderen Zahlungsanordnungen auch, mit dem F111-Zahllauf ausgeglichen. Deswegen sind die Einstellungen zu der Bankenfindung in der Transaktion F11CU vorzunehmen.

7.4.1 Kontenfindung für das Absenderkonto definieren

Die Bankkontenfindung für das Absenderbankkonto wird in der Bankenfindung der Transaktion F11CU eingestellt. Für die Bankkontoüberträge müssen die Bankunterkonten den entsprechenden Zahlwegen zugeordnet werden. Diese Einstellung haben wir ausführlich in Abschnitt 7.2.1, »Transaktion F11CU«, erläutert. An dieser Stelle gehen wir nicht weiter auf diese Einstellungen ein.

[«]

Bei Fehlern Tabelle T042Y überprüfen

Wenn Sie die Fehlermeldung »Währung ***, Zahlweg *, Hausbank **/****: Bankunterkonto fehlt« in der SAP-Fiori-App **Überweisungen tätigen** erhalten, überprüfen Sie, ob die Tabelle T042Y für die in der Fehlermeldung genannte Kombination korrekt gepflegt ist.

7.4.2 Kontenfindung für das Empfängerkonto definieren

Das korrekte Bankunterkonto für die Buchung auf dem Absenderbankkonto wird, wie in Abschnitt 7.4.1, »Kontenfindung für das Absenderkonto definieren«, beschrieben, gefunden. Zu dem Bankunterkonto des Empfängerbankkontos fehlen allerdings Informationen.

Das Bankunterkonto des Empfängerbankkontos wird in der Transaktion SPRO unter folgendem Pfad eingestellt: **Finanzwesen • Bankbuchhaltung • Geschäftsvorfälle • Zahlungsverkehr • Zahlungsanordnung • Verrechnungskonten für Empfängerbank beim Kontoübertrag definieren** (siehe Abbildung 7.39).

Die Detailansicht der Transaktion **Verrechnungskonten für Empfängerbank beim Kontoübertrag definieren** sehen Sie in Abbildung 7.40. Im Feld **Buchungskreis** ❶ tragen Sie den Buchungskreis ein, in dem sich das Empfängerbankkonto befindet. Im Feld **Hausbank** ❷ tragen Sie die Hausbank-ID der Empfängerhausbank ein. Das Feld **Land/Reg.** ❸ bezieht sich auf den zahlenden Buchungskreis und ist nur bei länderübergreifenden Bankkontoüberträgen anzugeben.

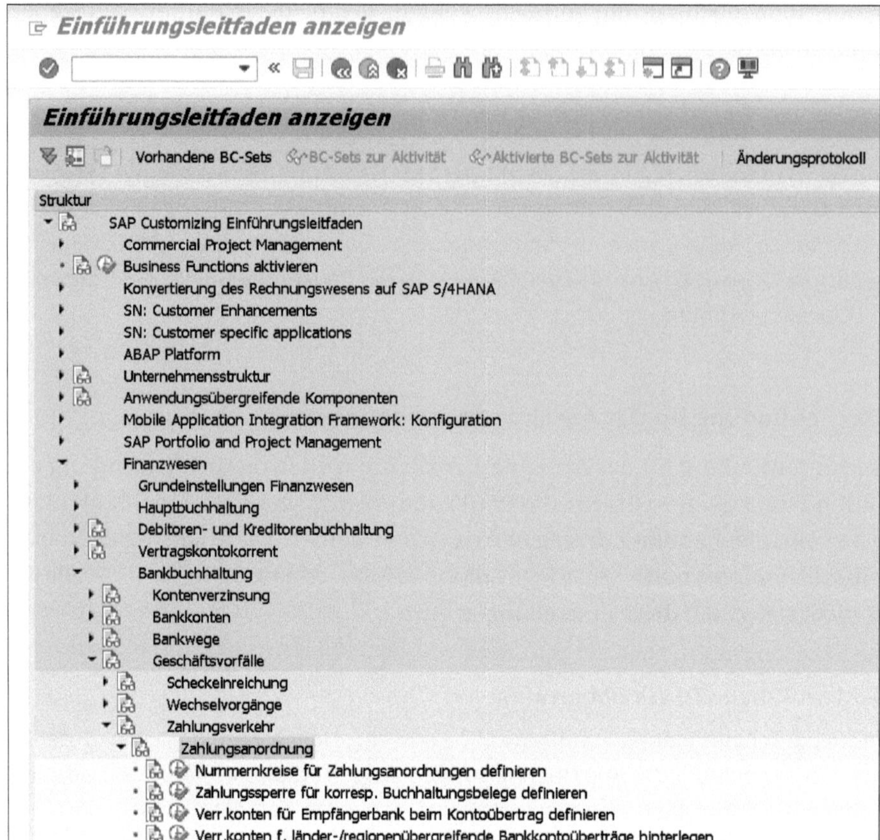

Abbildung 7.39 Einführungsleitfaden für die Konfiguration der Bankkontenüberträge

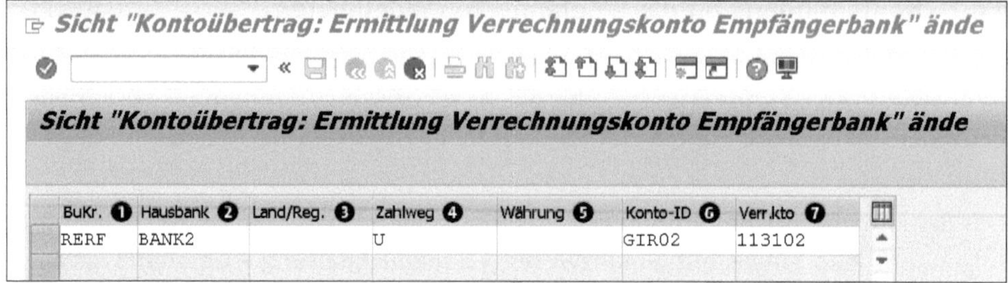

BuKr. ❶	Hausbank ❷	Land/Reg. ❸	Zahlweg ❹	Währung ❺	Konto-ID ❻	Verr.kto ❼
RERF	BANK2		U		GIR02	113102

Abbildung 7.40 Verrechnungskonten für Empfängerbank beim Kontoübertrag definieren – Detailansicht

Im Feld **Zahlweg** ❹ pflegen Sie den Zahlweg ein, mit dem der Bankkontoübertrag ausgeführt wird. Im Feld **Währung** ❺ tragen Sie die Transaktionswährung des Bankkontoübertrags ein. Die Angaben in diesem Feld sind notwendig, weil Sie unterschiedliche Bankunterkonten für unterschiedliche Währungen verwenden. Im Feld **Konto-ID** ❻ tragen Sie die Hausbankkonto-ID des Empfängerhausbankkontos ein. Anschließend ordnen Sie der Kombination aus den Feldern **Buchungskreis**, **Hausbank**, **Land/Region**, **Zahlweg** und **Währung** das richtige Bankunterkonto im Feld **Verr.kto** ❼ zu. Dieses Bankunterkonto wird bei der Verbuchung des Zahlungseinganges für die Empfängerseite gezogen.

[«]

Definition des Begriffs »Länderübergreifende Bankkontoüberträge«

Unter dem Begriff *länderübergreifende Bankkontoüberträge* werden die Bankkontoüberträge verstanden, bei denen sich die Bank des Absenderkontos und die Bank des Empfängerkontos in unterschiedlichen Ländern befinden. Auch Bankkontoüberträge zwischen den Hausbankkonten in zwei unterschiedlichen Buchungskreisen, die sich in unterschiedlichen Ländern befinden, und/oder unterschiedliche Hauswährungen haben, sind länderübergreifende Bankkontoüberträge.

[«]

Landangabe nur bei unterschiedlichen Bankunterkonten notwendig

Sie benötigen die Angaben in dem Feld **Land/Region** nur, wenn Sie bei länderübergreifenden Bankkontoüberträgen pro Zahlweg unterschiedliche Bankverrechnungskonten zuordnen wollen.

7.4.3 Technisches Verrechnungskonto für länderübergreifende Bankkontoüberträge

Bei den länderübergreifenden Bankkontoüberträgen müssen Sie zusätzlich ein technisches Verrechnungskonto pro Buchungskreis pflegen. Das machen Sie in der Transaktion SPRO in der Aktivität **Verrechnungskonto für länder-/regionenübergreifende Bankkontoüberträge hinterlegen** (siehe Abbildung 7.39).

Die Detailansicht dieser Aktivität sehen Sie in Abbildung 7.41. An dieser Stelle tragen Sie den Buchungskreis im Feld **Buchungskreis** ❶ ein und ordnen diesem Buchungskreis ein technisches Verrechnungskonto im Feld **Zahlungskonto** ❷ zu.

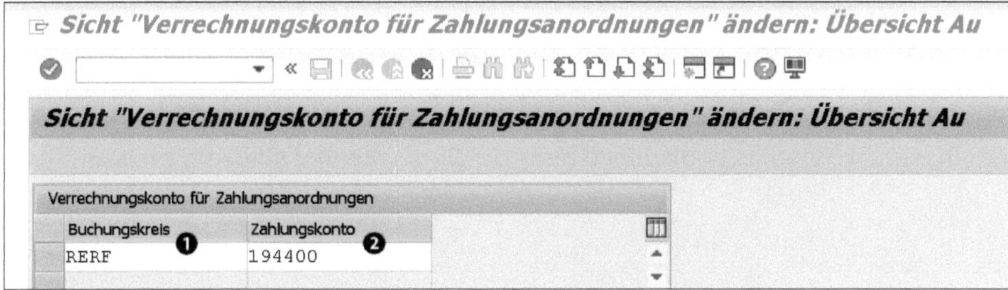

Abbildung 7.41 Verrechnungskonten für länder-/regionenübergreifende Bankkontoüberträge hinterlegen – Detailansicht

FAQ zur Fiori-App »Überweisungen tätigen«

Im SAP-Hinweis 3025227 (Zentrale Wissensdatenbankartikel: App »Überweisungen tätigen« (F0691)) können Sie weitere nützliche Informationen zu der Fiori-App **Überweisungen tätigen** (App-ID F0691) finden. Dort sind auch häufig auftretende Fehler und deren wahrscheinliche Ursachen genauer erläutert.

7.5 Konfiguration der Bankkontenverwaltung

Das korrekte Anlegen von Hausbanken und Hausbankkonten ist entscheidend für den korrekt funktionierenden Zahlungsverkehr. Mit SAP S/4HANA hat SAP das Konzept der Bankkontenpflege komplett überarbeitet. Die neuen Funktionen sind nun in SAP Cash and Liquidity Management angesiedelt. Mit der Einführung der Bankkontenverwaltung in SAP S/4HANA sind Hausbanken und die dazugehörigen Hausbankkonten zu Stammdaten geworden.

Die Einstellungen zum Ausprägen der Bankpflegeprozesse sind in der Transaktion SPRO unter dem folgenden Pfad zu finden **Financial Supply Chain Management • Cash and Liquidity Management •Bankkontenverwaltung**.

Die Bankkontenverwaltung ist sehr komplex und eine Kunst für sich. Aus Platzgründen können wir das Thema in diesem Buch nicht vertiefen.

Bankkontenverwaltung – mehr im Cash-Management-Buch

Details zur Pflege und Customizing-Einstellungen der Bankkontenverwaltung in SAP S/4HANA können Sie im Buch von Martin Peto »Cash Management mit SAP S/4HANA« (Rheinwerk Verlag 2021) nachlesen. Insbesondere Kapitel 6, »Kurzfristige Liquidität steuern und disponieren«, Kapitel 7, »Stammdaten für Banken und Bankkonten pflegen«, und Abschnitt 10.3, »Bankkontenverwaltung einrichten«, sind in diesem Kontext relevant.

7.6 Konfiguration der Kontoauszugsverarbeitung

Die Einstellungen für die Kontoauszugsverarbeitung können in zwei Kategorien unterteilt werden: Erstens in die Einstellungen, die notwendig sind, um die Kontoauszugsdatei überhaupt in SAP S/4HANA hochladen zu können. Zweitens müssen Sie Einstellungen vornehmen, um die Kontoauszüge verbuchen zu können und die zugehörigen offenen Posten auf den Debitoren- oder Kreditorenkonten zu identifizieren und möglichst automatisch auszuziffern.

In diesem Abschnitt behandeln wir folgende Themen:

- welche Einstellungen für den Import der Kontoauszüge notwendig sind
- wie Buchungsschemata für unterschiedliche Transaktionen im Kontoauszug definiert werden können
- wie die definierten Buchungsschemata den externen Geschäftsvorfallscodes zugeordnet und dann zu Vorgangstypen zusammengefasst werden können
- wie die Vorgangstypen den Bankkonten zugeordnet werden
- welche Optimierungsmöglichkeiten die Verwendung von Suchmustern bei der Kontoauszugsverarbeitung bietet
- welche Auswirkungen die Einführung des Bankkonten-Ledgers in SAP S/4HANA auf das Customizing des Kontoauszugs hat

[«]

Umfang der Kontoauszugsverarbeitung

Die Einstellungen im Bereich der Kontoauszugsverarbeitung sind sehr umfangreich und decken viele Sonderfälle ab. Im Rahmen dieses Buches ist es nicht möglich, auf jeden einzelnen Geschäftsvorfall einzugehen. Daher werden in diesem Abschnitt nur die Grundeinstellungen erläutert, die für jedes SAP-System relevant sind und die meisten Geschäftsvorfälle im Bereich Kontoauszug abdecken. Am Ende dieses Abschnitts verweisen wir auf einige nützliche Transaktionen mit Einstellungen zu verschiedenen Spezialthemen.

7.6.1 Einstellungen für den Kontoauszugsimport mit der Transaktion FEB_FILE_HANDLING

Wir beginnen mit den für den Import der Kontoauszüge notwendigen Einstellungen. Mehrere Aktivitäten müssen dafür in der Transaktion SPRO unter folgendem Pfad ausgeführt werden **Finanzwesen • Bankbuchhaltung • Geschäftsvorfälle • Zahlungsverkehr • Elektronischer Kontoauszug • Einstellungen für den Datenimport** (siehe Abbildung 7.42). Die nummerierten Einstellungen ❶ bis ❽ beschreiben wir in den folgenden Abschnitten.

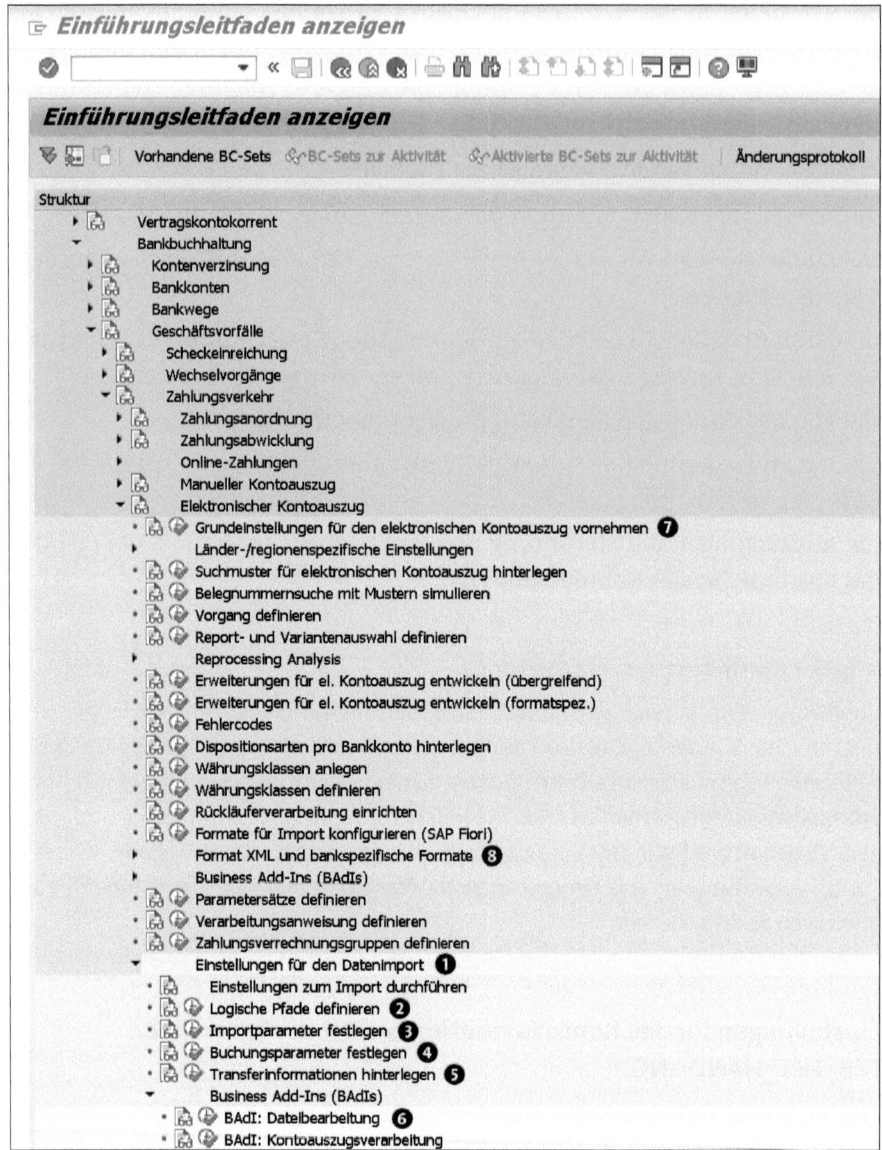

Abbildung 7.42 Einstellungen für die Verarbeitung von elektronischen Kontoauszügen (Transaktion SPRO)

Logische Pfade definieren

Zunächst müssen die logischen Pfade definiert werden, aus denen die Kontoauszugsdateien eingelesen und in denen die verarbeiteten Kontoauszüge abgelegt werden. Sie benötigen mindestens einen logischen Pfad zum Einlesen der Kontoauszüge, einen logischen Pfad zum Ablegen der verarbeiteten Kontoauszüge und einen weiteren logischen Pfad zum Ablegen der fehlerhaften Kontoauszüge.

Sie definieren die logischen Pfade in der Transaktion **Logische Pfade definieren** ❷ im Customizing-Bereich **Einstellungen für den Datenimport** ❶ aus Abbildung 7.42.

In Abbildung 7.43 sehen Sie die Übersicht der schon definierten logischen Pfade in einem SAP-System, in dem von den Banken sowohl Kontoauszüge im CAMT-Format als auch Kontoauszüge im MT940-Format geliefert werden.

Abbildung 7.43 Einstellungen für den Datenimport: Sicht »Logische Pfade«

Möglicherweise mehrere Pfade für das Einlesen nötig

Im nächsten Schritt werden Sie dem logischen Pfad, den Sie für das Einlesen verwenden, das Format der Kontoauszüge zuordnen, die aus diesem Pfad eingelesen werden. Falls Sie in Ihrem Unternehmen mit mehreren Kontoauszugsformaten arbeiten (z. B. Kontoauszüge im MT940-Format für einige Gesellschaften und Kontoauszüge im camt.053-Format für andere Gesellschaften), brauchen Sie jeweils einen eigenen logischen Pfad für das Einlesen pro Format. Es ist sinnvoll, die Pfade sprechend zu gestalten, damit Sie auf einen Blick erkennen können, für welche Aktivität im Importprozess dieser Pfad verwendet wird.

Logischen Pfad für das Einlesen der Kontoauszüge definieren

Nun definieren Sie einen logischen Pfad, aus dem die Kontoauszüge eingelesen werden. In Abbildung 7.44 sehen Sie den logischen Pfad `MT940_IMPORT` ❶, der für das Einlesen der Kontoauszüge im MT940-Format verwendet wird. Im Feld **Beschreibung** ❷ geben Sie eine Beschreibung ein, die die Funktion des Pfades erklärt. Im Feld **Verwendung** ❸ steht Ihnen eine Dropdown-Liste zur Verfügung. Selektieren den Wert **1 Dateien einlesen**, wenn Sie den Importpfad definieren. Im Feld **Verzeichnis** ❹ tragen Sie den Pfad im AL11-Verzeichnis Ihres SAP-Systems ein, in dem die von den Banken gelieferten Dateien abgelegt werden. Im Feld **Verzeichnis** können Sie auch mit

Variablen arbeiten. Die Variable <SYSID> wurde für die Definition des jeweiligen SAP-Systems verwendet.

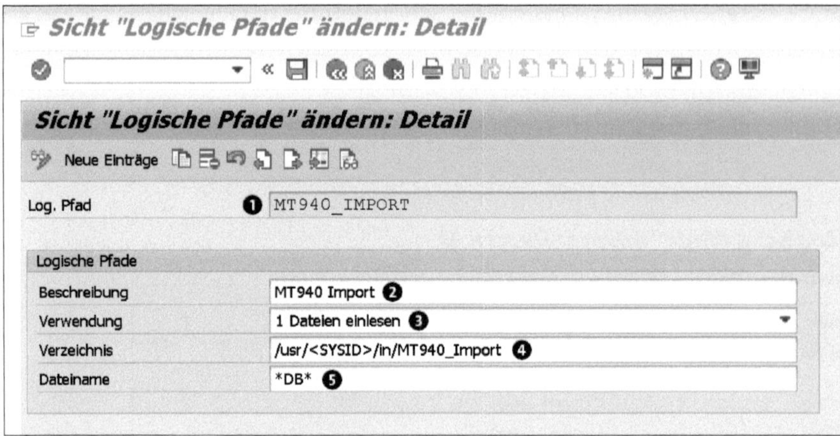

Abbildung 7.44 Einstellungen für den Datenimport: Sicht »Logische Pfade« – Detailansicht bei der Definition des logischen Pfads für das Einlesen der Dateien

Im Feld **Dateiname** ❺ können Sie einen Dateinamen eingeben. In diesem Feld können Sie auch allgemeine Angaben machen. In Abbildung 7.44 sehen Sie, dass nur solche Dateien beim Einlesen berücksichtigt werden, die in ihrem Namen den String »DB« enthalten. Wenn Sie das Feld **Dateiname** leer lassen, werden alle Dateien selektiert, die im Verzeichnis aus dem Feld **Verzeichnis** abgelegt sind.

[+]

SAP-Tipps bei den logischen Pfaden beachten

Lesen Sie die [F1]-Hilfe zu den Feldern **Verzeichnis** und **Dateiname**. SAP liefert dort viele Zusatzinformationen – unter anderem zur richtigen Verwendung von Variablen in diesen Feldern.

Logischen Pfad für das Ablegen der verarbeiteten Kontoauszüge definieren

Als Nächstes definieren Sie einen logischen Pfad für das Ablegen der verarbeiteten Kontoauszüge. Die Definition eines solchen Archivpfades sehen Sie in Abbildung 7.45. Auch dieser logische Pfad soll einen sprechenden Namen im Feld **Log. Pfad** ❶ erhalten. Wählen Sie einen Wert aus den Optionen von »2« bis »4« in der Dropdown-Liste für das Feld **Verwendung** ❷. Im Feld **Verzeichnis** ❸ sollten Sie einen Wert für das AL11-Verzeichnis eingeben, in dem die verarbeiteten Kontoauszüge abgelegt werden sollen. Im Feld **Dateiname** ❹ empfehlen wir Ihnen, die zur Verfügung stehenden Variablen zu nutzen, damit Sie später im Archivordner besser nach Dateien suchen können.

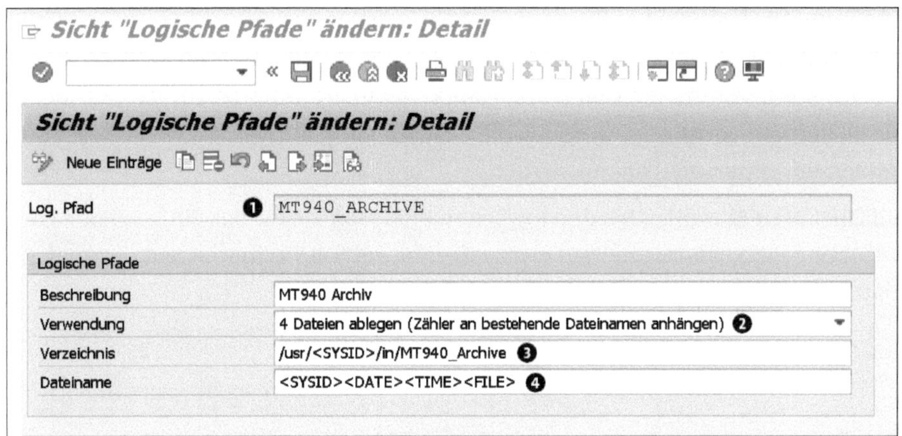

Abbildung 7.45 Einstellungen für den Datenimport: Sicht »Logische Pfade« – Detailansicht bei der Definition des logischen Pfads für das Ablegen der verarbeiteten Dateien

Logischen Pfad für das Ablegen der fehlerhaften Kontoauszüge definieren

Als Letztes benötigen Sie noch einen Pfad für das Ablegen der Kontoauszüge, die nicht verarbeitet werden konnten. Sie sehen einen Fehlerpfad in Abbildung 7.46. Den Namen des logischen Pfads sehen Sie wieder im Feld **Log. Pfad** ❶.

Achten Sie auf die Angabe des eigenen AL11-Verzeichnisses im Feld **Verzeichnis** ❷, und nutzen Sie verschiedenen Variablen, die Ihnen im Feld **Dateiname** ❸ zur Verfügung stehen. So können Sie später auf einen Blick erkennen, für welche Buchungskreise und Hausbankkonten die Verarbeitung auf Fehler gelaufen ist. Wir geben keine ausführlichen Erklärungen zum Pflegen dieses Pfades; die Einstellungen sind identisch zu Abschnitt »Logischen Pfad für das Ablegen der verarbeiteten Kontoauszüge definieren«.

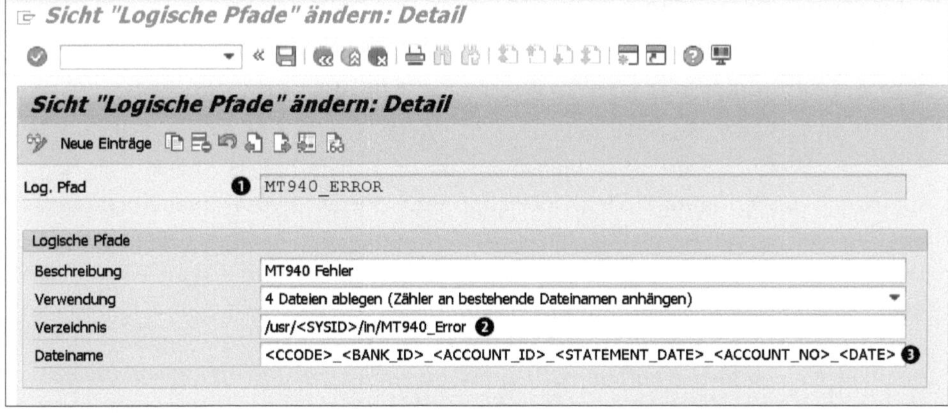

Abbildung 7.46 Einstellungen für den Datenimport: Sicht »Logische Pfade« – Detailansicht bei der Definition des logischen Pfads für das Ablegen der fehlerhaften Dateien

Importparameter festlegen

In der Transaktion **Importparameter festlegen** (siehe ❸ in Abbildung 7.42) geben Sie für Ihre vorher definierte logischen Pfade an, welcher als Importpfad, als Archivpfad und als Fehlerpfad verwendet werden soll. Zusätzlich definieren Sie, welches Format die Dateien im Importpfad haben werden.

Im Feld **Quellpfad** ❶ wählen Sie den logischen Pfad, den Sie für das Einlesen der Kontoauszüge angelegt haben. Im Feld **Format** ❷ entscheiden Sie, in welchem Format die Kontoauszüge ankommen (siehe Abbildung 7.47).

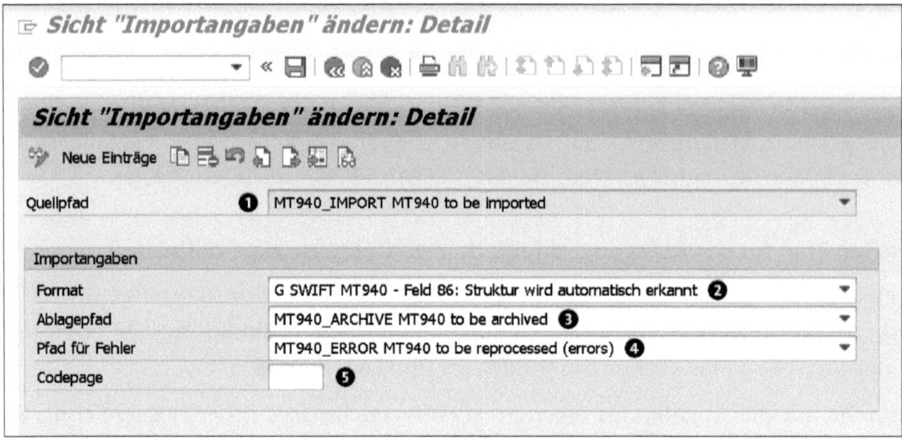

Abbildung 7.47 Einstellungen für den Datenimport: Sicht »Importangaben«

Im Feld **Ablagepfad** ❸ ordnen Sie den logischen Pfad, den Sie für das Ablegen der verarbeiteten Kontoauszüge definiert haben, zu. Im Feld **Pfad für Fehler** ❹ tragen Sie den Pfad ein, den Sie für das Ablegen der fehlerhaften Kontoauszüge definiert haben. Für Kontoauszugsdateien mit besonderer Codierung tragen Sie einen entsprechenden Wert im Feld **Codepage** ❺ ein.

Werte für Kontoauszüge im MT940- und camt.053-Format

Für die MT940-Kontoauszüge sollten Sie die Werte »G«, »I« oder »S« im Feld **Format** eintragen. Welchen Wert Sie wählen, hängt davon ab, wie Ihre Hausbanken die Kontoauszüge zur Verfügung stellen. Der Hauptunterschied liegt im Verwendungszweck der Dateien, der strukturiert oder unstrukturiert sein kann. Unter dem Begriff *Verwendungszweck* im Zusammenhang mit den Kontoauszügen verstehen wir die Referenzangaben zur Kontoauszugsposition, die helfen sollen, die dazugehörigen offenen Posten im SAP-System genauer zu identifizieren. Der strukturierte Verwendungszweck beinhaltet einen festen Aufbau mit Untersegmenten. Der unstrukturierte Verwendungszweck bedeutet, dass die gesamte Referenzinformation als String in einer Zeile geliefert wird. Wenn einige Ihrer Banken die Kontoauszüge mit strukturiertem Verwendungszweck, andere aber mit dem unstrukturierten Verwendungszweck liefern, können Sie den Wert »G« im Feld **Format** eingeben. In diesem Fall wird beim Einlesen der Dateien von SAP erkannt, welchen Verwendungszweck diese haben. Für die camt.053-Dateien wählen Sie den Wert `CAMT.053.001.02`.

Buchungsparameter festlegen

In der Transaktion **Buchungsparameter festlegen** (❹ in Abbildung 7.42) müssen Sie alle Hausbankkonten pflegen und entscheiden, ob sie nur eingelesen oder eingelesen und gebucht werden.

Sie tragen den Buchungskreis im Feld **Buchungskreis** ❶, die Hausbank-ID im Feld **Hausbank** ❷ und die Konto-ID im Feld **Konto-ID** ❸ ein (siehe Abbildung 7.48). Danach definieren Sie im Feld **Buchungsmodus** ❹, ob die Kontoauszüge verbucht werden sollen.

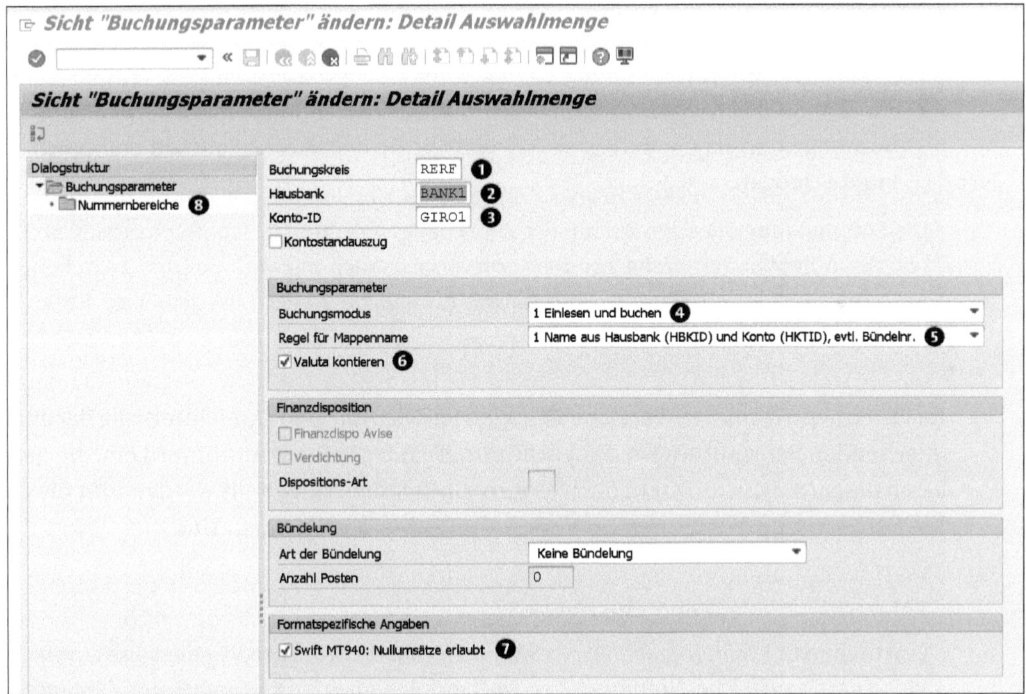

Abbildung 7.48 Einstellungen für den Datenimport: Sicht »Buchungsparameter«

Falls Sie im Feld **Buchungsmodus** den Wert **3 Einlesen und Batch Input erzeugen** gewählt haben, müssen Sie im Feld **Regel für Mappenname** ❺ einen Wert aus der Dropdown-Liste wählen, der darüber entscheidet, welchen Namen die Batch-Input-Mappe erhält. Setzen Sie einen Haken im Feld **Valuta kontieren** ❻, damit das Valutadatum in den Buchungen von Kontoauszugspositionen fortgeschrieben wird. Markieren Sie das Feld **SWIFT MT940: Nullumsätze erlaubt** ❼, wenn Ihre Bank in den Kontoauszugspositionen für dieses Bankkonto zusätzliche Verwendungszweckzeilen mit dem Betrag Null schickt, um weitere Informationen zu der vorherigen Kontoauszugsposition mitzuteilen. Wenn Sie sich nicht sicher sind, ob das der Fall ist, können Sie diesen Haken einfach für alle MT940-Kontoauszüge aktivieren.

[»]

Verschiedene Verbuchungsoptionen möglich

Im Feld **Buchungsmodus** stehen Ihnen vier Möglichkeiten bei der Verbuchung der Kontoauszüge zur Verfügung:

- Sie können den Kontoauszug ohne FI-Buchungen einlesen. Dafür wählen Sie die Option **Kontoauszug nur einlesen**.
- Sie können den Kontoauszug einlesen und in beiden Buchungsbereichen buchen, was wohl die häufigste Option sein wird. Dafür wählen Sie den Wert **1 Einlesen und buchen**.
- Sie können den Kontoauszug einlesen und nur im Bereich der Bankbuchhaltung buchen. Dafür wählen Sie den Wert **2 Einlesen und Bankbuchhaltung buchen**.
- Sie können den Kontoauszug einlesen und eine Batch-Input-Mappe mit den FI-Buchungen erzeugen. In diesem Fall wählen Sie den Wert **3 Einlesen und Batch Input erzeugen**.

Die Entscheidung über den Buchungsmodus hängt von Ihren Geschäftsprozessen ab, von der Aufgabenaufteilung bei der Kontoauszugsbuchungsverarbeitung zwischen unterschiedlichen Abteilungen und davon, für welche Zwecke das jeweilige Bankkonto genutzt wird.

Im Untermenü **Nummernbereiche** ❽ tragen Sie alle Nummernkreisintervalle der entsprechenden Belegnummern, Schecknummern oder Referenznummern ein, die den Geschäftspartnern aus Ihrem SAP-System als Referenz mitgeteilt werden und die in den Kontoauszugspositionen im Verwendungszweck vorhanden sind.

[»]

Referenzen im Verwendungszweck

Praktisch jede Rechnung, die an Kunden ausgestellt wird, enthält eine sogenannte *Referenz*. Das ist eine Nummer oder Zeichenfolge, die der Kunde bei der Zahlung angeben soll. Damit kann bei der Verbuchung des Zahlungseinganges aus dem Kontoauszug die dazugehörige Rechnung gefunden und ausgeglichen werden. Das Feld **Referenz** aus dem Belegkopf des offenen Postens kann als Kundenreferenz benutzt werden. Im Verwendungszweck des Zahlungseinganges vom Kunden sind aber auch andere Informationen vorhanden. Die Nummernkreisintervalle sind festzulegen, damit bei der Verbuchung die richtigen Belege durchsucht werden können.

Transferinformationen hinterlegen

Häufig liefert die Bank nur eine Datei mit allen Tagesauszügen für alle Tochtergesellschaften Ihres Unternehmens. In einer heterogenen Systemlandschaft kann es notwendig sein, einzelne Kontoauszüge aus dieser Datei von Ihrem System an die Systeme der Tochtergesellschaften weiterzuleiten.

[«]

Exkurs: Kontoauszugsverarbeitung vor Transaktion FEB_FILE_HANDLING

Vor der Einführung der Kontoauszugsverarbeitung mit der Transaktion FEB_FILE_HANDLING wurden für die Kontoauszugsverarbeitung die Transaktion FF.5 (Einlesen Elektronischer Kontoauszug) oder die Transaktion FF_5 (Einlesen Elektronischer Kontoauszug) genutzt. Zum einen musste in diesen Transaktionen ein Dateiname für den zu verarbeitenden Kontoauszug angegeben werden. Dadurch war es nicht möglich, die Verarbeitung mehrerer Dateien aus einem Verzeichnis anzustoßen. Zum anderen waren solche Gesamtdateien problematisch: Diese Gesamtdateien wurden nicht in Einzeldateien aufgesplittet, sodass es zu einem Programmabbruch kam, sobald in der Datei z. B. ein Kontoauszug für ein im SAP-System nicht definiertes Bankkonto enthalten war. Alle weiteren Kontoauszüge aus dieser Datei wurden nach dem Abbruch nicht mehr eingelesen.

Diese Probleme wurden mit Transaktion FEB_FILE_HANDLING gelöst. Diese Funktion kann beliebig viele Dateien aus einem Verzeichnis auf einmal abholen und einlesen. Die Gesamtdateien der Banken werden von SAP S/4HANA in einzelne Kontoauszugsdateien aufgeteilt und unabhängig voneinander eingelesen. Außerdem ist es nun möglich, einzelne Kontoauszüge aus diesen Gesamtdateien bei Bedarf anderen Systemen zur Verfügung zu stellen.

In der Transaktion **Transferinformationen hinterlegen** (❺ in Abbildung 7.42) können Sie die Bankkonten definieren, deren Kontoauszüge weitergeleitet werden sollen. Diese Bankkonten müssen nicht unbedingt als Stammdaten in Ihrem SAP-System hinterlegt sein. Jedem in dieser Transaktion definierten Bankkonto ordnen Sie ein Verzeichnis zu, auf dem die Kontoauszüge für den weiteren Transfer bereitgestellt werden. So können Sie, wenn nötig, sogar unterschiedliche Verzeichnisse (z. B. eins pro Tochtergesellschaft) definieren, um den anschließenden Transfer noch übersichtlicher zu gestalten.

In Abbildung 7.49 sehen Sie das Konto »123456789« im Feld **Ext. Kontonr./IBAN** ❸ mit dem Bankschlüssel »10070000« im Feld **Bankschlüssel** ❷, das in einem im Feld **Logischer Pfadname Transferdateien** ❹ zu definierenden Verzeichnis abgelegt werden soll. Das Bankland ❶ ist Deutschland.

Abbildung 7.49 Einstellungen für den Datenimport: Sicht »Transferinformationen« – Detailansicht bei der Pflege neuer Einträge

Angaben in unterschiedlichen Formaten möglich

Im Feld **Bankschlüssel** können Sie auch anstatt eines Bankschlüssels eine Bankleitzahl oder eine SWIFT-Nummer eintragen. Im Feld **Ext. Kontonr./IBAN** können Sie anstelle der Kontonummer eine alternative Kontonummer oder eine IBAN eintragen. Falls Sie in Ihrem SAP-System keine Stammdaten zu diesen Kontoangaben hinterlegt haben, müssen diese Angaben im Kontoauszug unbedingt vorhanden sein. In den Kontoauszügen im MT940-Format ist es der sogenannte *Tag25*. Dies ist eine der ersten Zeilen im MT940 Kontoauszug, der die Kontoinformationen enthält, wie z. B. »10070000/123456789«.

Business Add-Ins für den Import der Kontoauszüge

In der Transaktion **Business Add-Ins (BAdIs)** (❻ in Abbildung 7.42) haben Sie die Möglichkeit, die von SAP gelieferten BAdIs für den Import der Kontoauszüge auszuprägen, falls Sie spezifische Anforderungen dafür haben. Lesen Sie die Dokumentation zu dieser IMG-Aktivität – dort liefert SAP viele hilfreiche Informationen und detaillierte Erklärungen.

Format XML und bankspezifische Formate

In der Transaktion **Format XML und bankspezifische Formate** (siehe ❽ in Abbildung 7.42) müssen Sie den CAMT.Formaten (z. B. CAMT.053) eine sogenannte *Transformation* zuordnen. Eine Transformation ist ein Regelwerk, in dem definiert ist, wie die Informationen aus dem Kontoauszug zu lesen und in welchen Feldern der Datenbanktabellen FEBKO und FEBEP zu speichern sind. Für die meisten XML-Formate und einige bankspezifische Formate sind solche Transformationen in der SAP-Standardauslieferung enthalten und können in der Regel ohne jegliche Modifikation verwendet werden. Aus Platzgründen müssen wir auf weitere Erklärungen zu dieser Transaktion verzichten.

7.6.2 Einstellungen für die Verbuchung der Kontoauszüge in der Finanzbuchhaltung

Wenn die Kontoauszüge mit der Transaktion FEB_FILE_HANDLING (Automatisch einlesen) hochgeladen werden, wird gleichzeitig ihre Verbuchung in der Finanzbuchhaltung angestoßen. In diesem Abschnitt erklären wir die Einstellungen, die für die erfolgreiche Verbuchung der Kontoauszüge notwendig sind.

Sie definieren alle Details zur Verbuchung der Kontoauszüge in der Transaktion **Grundeinstellungen für den elektronischen Kontoauszug vornehmen** (❼ in Abbildung 7.42). Alle Einstellungen in dieser Transaktion werden für den jeweiligen Kontenplan gemacht, der eingegeben werden muss, sobald Sie die Transaktion aufrufen. Denken Sie daran, wenn Sie mehrere Kontenpläne in Ihrem SAP-System verwenden.

In Abbildung 7.50 sehen Sie das Übersichtsbild für die Transaktion **Grundeinstellungen für den elektronischen Kontoauszug vornehmen**.

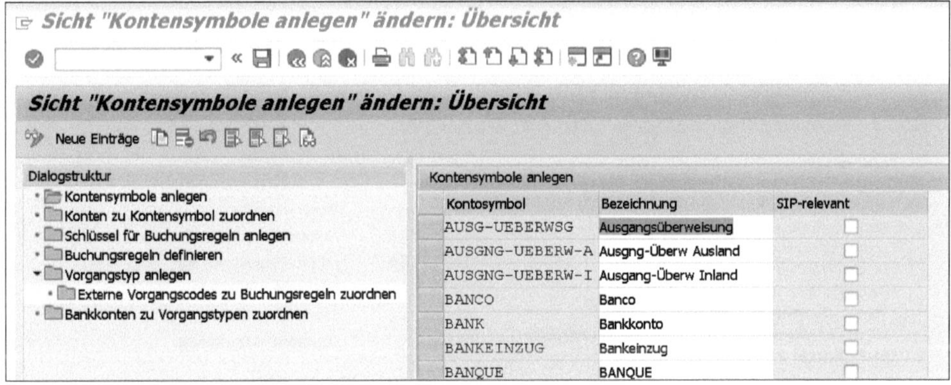

Abbildung 7.50 Grundeinstellungen für den elektronischen Kontoauszug vornehmen

Das ist eine sehr umfangreiche Transaktion, deren Einstellungsmöglichkeiten wir nun Schritt für Schritt durchgehen. Die Nummerierungen aus der Abbildung werden in den folgenden Abschnitten erklärt.

Vorgangstyp anlegen

Der Vorgangstyp ist die Zusammenfassung aller möglichen Buchungsregeln, die für einen Kontoauszug infrage kommen. Jedem Hausbankkonto wird ein Vorgangstyp zugeordnet, der darüber entscheidet, wie die Buchungssätze für einzelne Kontoauszugspositionen aussehen.

Vorgangstypen bei der Kontoauszugsverarbeitung

Sie könnten grundsätzlich beliebig viele Vorgangstypen anlegen, sogar einen eigenen Vorgangstypen pro Bankkonto. Diese Vorgehensweise ist aber nicht sinnvoll, weil die Art der Kontoauszugspositionen in den meisten Kontoauszügen identisch ist, wie z. B. Kundenzahlungen, Gebühren, Zahlungsausgänge. Analysieren Sie, wie die Kontoauszüge von Ihren Hausbanken aussehen, vor allem welche Geschäftsvorfallcodes (siehe Abschnitt 5.3.2, »Kontoauszüge als Kommunikationsmittel«) die Banken liefern und ob die Kontoauszüge besondere Vorgänge enthalten, die von Bank zu Bank unterschiedlich gebucht werden sollen. Falls Sie erkennen, dass Sie dieselbe Buchungslogik für mehrere Banken anwenden können und dass die gelieferten Geschäftsvorfallcodes identisch sind, können Sie diese Regeln in einem Vorgangstypen zusammenfassen und diesen Vorgangstypen für mehrere Bankkonten und/oder Banken verwenden.

Sie legen einen oder mehrere Vorgangstypen an, indem Sie auf der linken Seite den Menüpunkt **Vorgangstyp anlegen** ❶ aus Abbildung 7.51 markieren, danach auf der rechten Seite im Feld **Vorgangstyp** ❷ einen frei definierbaren Namen wie z. B. »MT940« und im Feld **Bezeichnung** ❸ eine Beschreibung dazu eintragen.

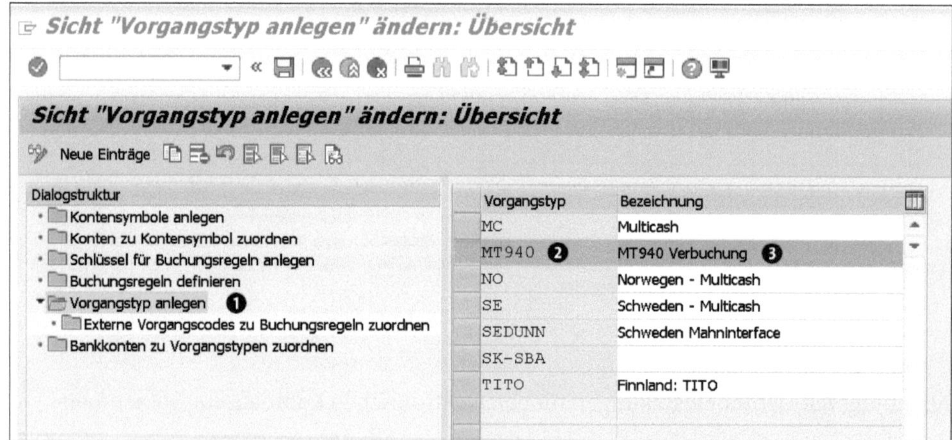

Abbildung 7.51 Grundeinstellungen für den elektronischen Kontoauszug vornehmen – Vorgangstyp anlegen

Bankkonten zu Vorgangstypen zuordnen

Den im vorherigen Abschnitt definierten Vorgang ordnen Sie im Menüpunkt **Bankkonten zu Vorgangstypen zuordnen** einem oder mehreren Bankkonten zu. Wie in Abbildung 7.52 gezeigt, müssen Sie im Feld **Bankschlüssel** ❶ den Bankschlüssel Ihres Hausbankkontos, im Feld **Bankkonto** ❷ die Kontonummer (oder die alternative Kontonummer, falls vorhanden) Ihres Hausbankkontos, im Feld **Vorgangstyp** ❸ den vorher angelegten Vorgangstyp und im Feld **Buchungskreis** ❹ den Buchungskreis, in dem Ihr Hausbankkonto angelegt ist, eintragen.

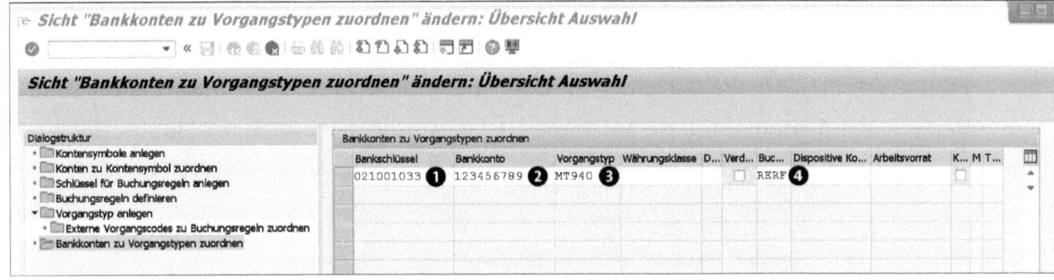

Abbildung 7.52 Grundeinstellungen für den elektronischen Kontoauszug vornehmen – Bankkonten zu Vorgangstypen zuordnen

Die richtige Zuordnung des Vorgangstyps ist wichtig!

Durch die Angabe des Vorgangstyps an dieser Stelle verlinken Sie Ihr Hausbankkonto mit allen potenziellen Buchungsregeln.

Generische Natur in der Definition der Buchungsregeln

Jetzt müssen nur noch die Vorgangstypen mit Leben gefüllt werden: Es sind also die Buchungsregeln zu definieren, die hinter einem Vorgangstyp stehen.

Wir haben schon erwähnt, dass die Grundeinstellungen für den elektronischen Kontoauszug auf der Kontenplanebene gemacht werden. Das würde aber bedeuten, dass die Buchungsregeln ebenfalls auf der Kontenplanebene angelegt werden müssen, weil die Sachkonten in unterschiedlichen Kontenplänen unterschiedlich sind. Das ist nicht sinnvoll, wenn die Art der Buchungsregeln identisch ist.

Zur Vermeidung von Redundanzen und zur besseren Lesbarkeit werden bei der Kontoauszugsverarbeitung die Buchungsregeln mithilfe von Kontensymbolen, die zu buchende Konten allgemein beschreiben, definiert. Ein Beispiel für eine solche allgemeine Buchungsregel ist folgender Buchungssatz:

»BANK« gegen »GELDEINGANG« (Bankkonto gegen Bankverrechnungskonto für Zahlungseingänge).

»BANK« und »GELDEINGANG« sind dabei die Kontensymbole. Erst im letzten Schritt werden den Kontensymbolen »BANK« und »GELDEINGANG« konkreten Sachkonten zugeordnet. Diese Zuordnung muss natürlich pro Kontenplan stattfinden.

Kontensymbole anlegen

Definieren Sie Kontensymbole mit einem sprechenden Namen und pflegen Sie eine Bezeichnung ein, damit diese Kontensymbole in der Zuordnung der konkreten Sachkonten verwendet werden können.

In Abbildung 7.53 sehen Sie die angelegten Kontensymbole »BANK« und »GELDEINGANG« mit einer Beschreibung. Die Kontensymbole sind frei zu definieren. Versuchen Sie, die Kontensymbole sprechend zu gestalten, damit Sie mit einem Blick auf die Buchungsregeln erkennen können, wie die Buchungssätze aussehen sollten.

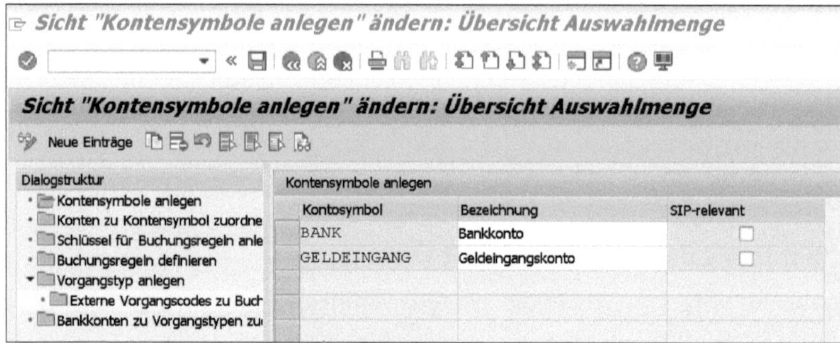

Abbildung 7.53 Kontensymbole anlegen

Schlüssel für Buchungsregeln definieren

Bevor Sie die eigentlichen Buchungsregeln mit einer festgelegten Logik definieren, müssen Sie als Erstes die zukünftigen Buchungsregeln in Form von Kürzeln und der passenden Bezeichnung pflegen.

In Abbildung 7.54 sehen Sie verschiedene, für Buchungsregeln angelegte Schlüssel. Sie sind vierstellig und können nummerisch oder alphanumerisch sein. Es ist schwierig, diese Schlüssel sprechend zu gestalten. Selbst wenn Sie eine Logik gefunden haben, können im späteren Betrieb neue Regeln dazwischenkommen. Die Schlüssel für typische Buchungsregeln sind in der SAP-Standardauslieferung enthalten. Es ist aber ratsam, sie zu kopieren und eigene Buchungsregeln anzulegen.

Sicht "Schlüssel für Buchungsregeln anlegen" ändern: Übersicht

Neue Einträge

Dialogstruktur: Kontensymbole anlegen · Konten zu Kontensymbol zuordnen · Schlüssel für Buchungsregeln anlegen · Buchungsregeln definieren · Vorgangstyp anlegen · Externe Vorgangscodes zu Buchungsregeln zuordnen · Bankkonten zu Vorgangstypen zuordnen

Buchungsregel	Text
0001	Geldeingang über Zwischenkonto
0002	Scheckgutschrift durch Bank
0003	Scheckeinreichung über Zwischenkonto
0004	Scheckeinreichung direkt
0005	Scheck (Lastschrift)
0006	Überweisung (Lastschrift)

Abbildung 7.54 Schlüssel für Buchungsregeln definieren

Buchungsregeln definieren

Nach der Definition der Kontensymbole und Schlüssel für Buchungsregeln können Sie den Inhalt der Buchungsregel ausprägen. In Abbildung 7.55 sehen Sie die Definition der Buchungsregel »0001«. Aus Abbildung 7.54 wissen Sie, dass die Buchungsregel »0001« den Geldeingang über ein Zwischenkonto darstellt. Deswegen müssen für diese Buchungsregel die Buchungssätze für beide Buchungsbereiche definiert werden (siehe Abbildung 7.55).

Im Feld **Buchungsregel** ❶ tragen Sie den vorher definierten Schlüssel »0001« und im Feld **Buchungsbereich** ❷ den Buchungsbereich »1« für den ersten Buchungssatz oder den Buchungsbereich »2« für den zweiten Buchungssatz ein. Im Feld **Buchungsschlüssel** ❸ pflegen Sie den Buchungsschlüssel für die Buchung im Soll (z. B. den Buchungsschlüssel »40« für die Sachkontenbuchung im Soll) ein und im Feld **Buchungsschlüssel** ❺ den Buchungsschlüssel für die Buchung im Haben (z. B. den Buchungsschlüssel »50« für die Sachkontenbuchung im Haben).

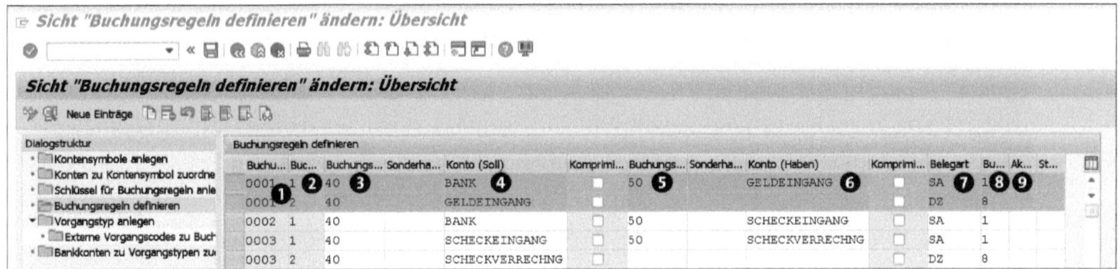

Abbildung 7.55 Buchungsregeln definieren

> **Buchungsbereiche in der Kontoauszugsverbuchung**
>
> Bei der Kontoauszugsverbuchung wird der Begriff *Buchungsbereich* verwendet. Es existieren zwei Buchungsbereiche: die Bankbuchhaltung, oder anders genannt *Buchungsbereich »1«*, und die Nebenbuchhaltung, *Buchungsbereich »2«*. Die meisten Kontoauszugspositionen werden in beiden Buchungsbereichen gebucht. Für Kundenzahlungen ist z. B. der typische Buchungssatz im Buchungsbereich »1« »Bankkonto gegen Bankverrechnungskonto« und im Buchungsbereich »2« »Bankverrechnungskonto gegen Kunde«. Einige Kontoauszugspositionen können allerdings auch nur in einem von zwei Buchungsbereichen verbucht werden.

Im Feld **Konto (Soll)** ❹ tragen Sie das Kontosymbol für das richtige Sachkonto für die Sollbuchung ein. Beim Geldeingang im Buchungsbereich »1« ist es üblicherweise das Bankkonto und damit das dazugehörige Kontosymbol »BANK«. Im Feld **Konto (Haben)** ❻ tragen Sie das Kontosymbol für das richtige Sachkonto für die Habenbuchung ein. Beim Geldeingang im Buchungsbereich »1« ist es in der Regel das Bankverrechnungskonto für Geldeingänge und damit das dazugehörige Kontosymbol »GELDEINGANG«.

Falls Sie im Buchungsbereich »2« die Buchung im debitorischen Nebenbuch durchführen, bei der offene Posten des Kunden gefunden und ausgeglichen werden sollen, lassen Sie das Feld **Buchungsschlüssel** und das Feld **Konto (Haben)** leer. Anhand des im Feld **Buchungsart** ❽ angegebenen Wertes erkennt das SAP-System selbst, ob bei diesem Buchungssatz ein Ausgleich im debitorischen Nebenbuch stattfinden soll. Es findet die entsprechenden offenen Posten auf dem richtigen Debitor anhand der Referenzinformationen in der Kontoauszugsposition und gleicht sie aus. Die passende Belegart für den entsprechenden Buchungssatz tragen Sie dann im Feld **Belegart** ❼ ein.

Akontobuchungen

Wenn keine offenen Posten auf dem Debitor gefunden werden können, kann die Buchung im Buchungsbereich »2« nicht durchgeführt werden, und die Position muss manuell nachgebucht werden. Um das zu vermeiden, können Sie in dem Feld **Akontobuchung** ❾ einen Buchungsschlüssel eintragen, der verwendet werden soll, um den Zahlungseingang auf das Debitorenkonto zu buchen, auch wenn keine passenden offenen Posten gefunden wurden. In diesem Fall wird die Kontoauszugsposition vollständig verbucht und kann später direkt in der Transaktion FEBAN (Nachbearbeitung Kontoauszüge) mit offenen Posten verrechnet werden, falls solche von einer Sachbearbeiterin oder einem Sachbearbeiter manuell identifiziert wurden.

Konten zu Kontensymbol anlegen

Im vorherigen Abschnitt haben wir die generische Buchungsregel definiert. Jetzt müssen noch Sachkonten zu den Kontosymbolen zugeordnet werden. In Abbildung 7.56 sehen Sie, dass den Kontensymbolen »BANK« und »GELDEINGANG« die Sachkonten mittels generischer Einträge zugeordnet sind.

Sicht "Konten zu Kontensymbol zuordnen" ändern: Übersicht

Neue Einträge

Dialogstruktur
- Kontensymbole anlegen
- Konten zu Kontensymbol zuordne
- Schlüssel für Buchungsregeln anle
- Buchungsregeln definieren
- Vorgangstyp anlegen
  - Externe Vorgangscodes zu Buch
- Bankkonten zu Vorgangstypen zu

Kontenplan: WEG
Bezeichnung: Muster-Kontenplan WEG

Konten zu Kontensymbol zuordnen

Kontensymbol	Kont.mod.	Währung	Sachkonto	Bezeichnung	SIP-relevant
BANK	+	+	++++++++++	Bankkonto	
GEBÜHREN	+	+	479000	Gebühren	
GELDAUSGANG	+	+	+++++++++2	Geldausgang	
GELDEINGANG	+	+	+++++++++9	Geldeingangskonto	
KASSE	+	+	++++++++++	Kasse	
SCHECKAUSGANG	+	+	+++++++++1	Scheckausgangskonto	

Abbildung 7.56 Konten zu Kontensymbol anlegen

Sie können sowohl richtige Sachkontennummern angeben als auch mit generischen Einträgen arbeiten, die die Kontenfindung flexibler machen. Lesen Sie die F1-Hilfe zum Bereich **Konten zu Kontensymbol definieren**, um zu erfahren, welche Möglichkeiten Sie bei der Erfassung von generischen Einträgen haben.

[«]

Bankkonto mit ++++

Typischerweise wird für das Bankkonto die generische Zeichenfolge aus »+« verwendet. Jedes »+« in dieser Zeichenfolge steht für eine Stelle im jeweiligen Sachkonto für dieses Hausbankkonto. Auch unterschiedliche Bankverrechnungskonten lassen sich damit abbilden, falls sie dieselbe Basis wie das Bankkonto haben. In Tabelle 7.6 sehen Sie ein Beispiel für eine generische Logik.

Kontensymbol	Bezeichnung	Sachkonto	Abbildung für Kontoauszugsverarbeitung
BANK	Bankkonto	11220000	++++++++
GELDEINGANG	Verrechnung Geldeingang	11220010	++++++1+
GELDAUSGANG	Verrechnung Geldausgang	11220020	++++++2+

Tabelle 7.6 Zuordnung der Sachkonten zu Kontosymbolen mithilfe von generischer Logik

Externe Vorgangscodes zu Buchungsregeln zuordnen

Es fehlt nur noch ein einziger Schritt, um die Definition der Buchungslogik abzuschließen: Es müssen die angelegten Buchungsregeln mit den Kontoauszugspositionen verlinkt werden. Um diese Verlinkung zu ermöglichen, haben wir im Abschnitt »Vorgangstyp anlegen« den Vorgangstyp angelegt und ihn im Abschnitt »Bankkonten zu Vorgangstypen zuordnen« mit dem jeweiligen Bankkonto verknüpft. Innerhalb des vorher definierten Vorgangstyps werden nun den einzelnen Geschäftsvorfallcodes aus den Kontoauszugspositionen die entsprechenden Buchungsregeln zugeordnet.

In Abbildung 7.57 sehen Sie, dass beim Vorgangstyp »MT940« der Geschäftsvorfallcode »051« im Feld **Externer Vorgang** ❶ der Buchungsregel »0001« aus dem Feld **Buchungsregel** ❸ zugeordnet ist. Das gilt allerdings nur für Geldeingänge, die im Feld **Vorzeichen** ❷ mit »+« abgebildet sind. Dabei soll kein spezieller Interpretationsalgorithmus angesprochen werden, wie es im Feld **Interpretationsalgorithmus** ❹ angegeben ist.

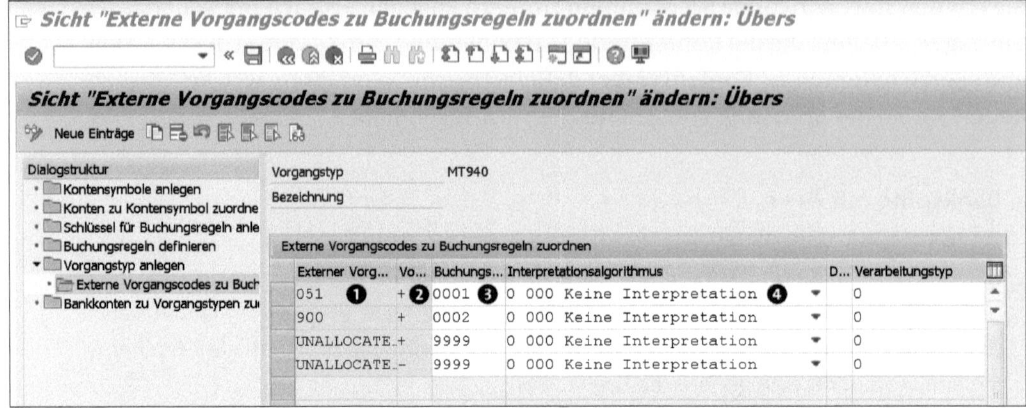

Abbildung 7.57 Externe Vorgangscodes zu Buchungsregeln definieren

Externer Vorgang UNALLOCATED

Die Geschäftsvorfallcodes können sich von Bank zu Bank unterscheiden. Klären Sie diese bei der Einführung eines neuen Bankkontos mit der jeweiligen Bank ab, um möglichst alle Vorgänge in Ihrer Kontenfindung abbilden zu können. Trotzdem kann es vorkommen, dass die Kontoauszugspositionen einen Geschäftsvorfallcode enthalten, der z. B. extrem selten vorkommt und deswegen im SAP-System vorher nicht definiert wurde. Damit solche Positionen nicht auf Fehler laufen und für eine Zeit lang womöglich komplett unbemerkt bleiben, empfiehlt es sich, entweder eine Dummy-Buchungsregel für beide Vorzeichen oder zwei Dummy-Buchungsregeln pro Vorzeichen anzulegen. Diese werden der Kombination aus dem externen Vorgang »UNALLOCATED« und dem Vorzeichen »+« oder »–« zugeordnet. Sie können bei dieser Dummy-Buchungsregel ein Sammelzwischenkonto verwenden, das von der Fachabteilung regelmäßig abgestimmt werden soll, um solche Kontoauszugspositionen zu identifizieren, zu analysieren und auf das richtige Zielkonto umzubuchen.

7.6.3 Sonstige für die Kontoauszugsverarbeitung relevante Einstellungen

Am Anfang von Abschnitt 7.6, »Konfiguration der Kontoauszugsverarbeitung«, haben wir erwähnt, dass die Einstellungen im Bereich der Kontoauszugsverarbeitung sehr umfangreich sind und wir aus Platzgründen nicht jede wichtige Einstellung erläutern können.

Wir listen nun mehrere Transaktionen mit einer kurzen Beschreibung auf (siehe Tabelle 7.7). Sie sind unter folgendem Pfad im Einführungsleitfaden zu finden: **Finanzwesen • Bankbuchhaltung • Geschäftsvorfälle • Zahlungsverkehr • Elektronischer Kontoauszug**.

Transaktionsname	Anwendungsgebiet
Suchmuster für elektronischen Kontoauszug definieren	Interpretation der Informationen im Verwendungszweck, Übersteuerung der Buchungsregeln, füllen mehrerer Felder des Bankdatenspeichers (z. B. Kostenstelle) bei bestimmten Vorgängen
Vorgang definieren	Geschäftsvorgänge für die Nachbearbeitung von Kontoauszügen definieren, um den Verwendungszweck entsprechend untersuchen zu lassen
Rückläuferverarbeitung einrichten	Rücklastschriften im Kontoauszug verarbeiten, zulässige Mandatsänderungen bei Rücklastschriften der Bank definieren
Lockbox: Steuerungsparameter hinterlegen	US-spezifisch: Formatvorgaben für das Lockboxverfahren definieren
Lockbox: Buchungsstoff hinterlegen	US-spezifisch: Buchungsregeln für Lockbox definieren

Tabelle 7.7 Wichtige Transaktionen in den Einstellungen der Kontoauszugsverarbeitung

[«]

Transaktion OT83 anstatt Einführungsleitfaden

Um alle Grundeinstellungen für den elektronischen Kontoauszug aufzurufen, die in Abschnitt 7.6.2, »Einstellungen für die Verbuchung der Kontoauszüge in der Finanzbuchhaltung«, erklärt wurden, können Sie anstatt des Einführungsleitfadens direkt die Transaktion OT83 (Grundeinstellungen el. Kontoauszug) nutzen.

7.6.4 Customizing-Änderungen bei Aktivierung der Bankkonten-Ledger-Lösung

Mit SAP S/4HANA hat SAP die neue Bankkonten-Ledger-Lösung eingeführt, (siehe Abschnitt 6.2.5, »Planung der technischen Umsetzung optimierter Zahlungsprozesse«). Wenn Sie diese Lösung einsetzen, müssen Sie folgende Auswirkungen auf das Customizing beachten.

Bankenfindung definieren

Die Bankenfindung in der Transaktion FBZP unterscheidet sich von den Einstellungen, die in Abschnitt 7.1.5, »Bankenfindung«, beschrieben sind, falls Sie die Bankkonten-Ledger-Lösung aktivieren. Das Feld **Bankunterkonto** ❶ bleibt bei der aktiven Bankkonten-Ledger-Lösung leer (siehe Abbildung 7.58). Es werden keine Unterkonten in der Bankenfindung zugeordnet.

- Bankenauswahl
  - Rangfolge
  - Bankkonten
  - Bankkonten (erweite
  - Disponierte Beträge
  - Wertstellung
  - Spesen/Gebühren

Bankkonten

Hausbank	Z..	Wä...	Konto-Id	Bankunterkonto	Geb.kennz.	Ge...
DBAT	B		EUR01	❶		
DBBE	B		EUR01			
DBCH	B		EUR01			

Abbildung 7.58 Bankkonten-Ledger-Lösung im Einsatz: Bankenfindung definieren (Transaktion FBZP)

Grundeinstellungen für den elektronischen Kontoauszug vornehmen

Die Definition der Kontensymbole in der Transaktion OT83 (Grundeinstellungen el. Kontoauszug) unterscheidet sich von den Einstellungen, die in Abschnitt 7.6.2, »Einstellungen für die Verbuchung der Kontoauszüge in der Finanzbuchhaltung«, beschrieben sind, falls Sie die Bankkonten-Ledger-Lösung aktivieren. Bei der Kontensymboldefinition müssen Sie den Haken ❶ **SIP-relevant** setzen (siehe Abbildung 7.59).

Abbildung 7.59 Bankkonten-Ledger im Einsatz: Grundeinstellungen für den elektronischen Kontoauszug (Transaktion OT83)

Kontensymbol zu Zahlwegen zuordnen

Transaktion S_ER9_11001586 (Kontosymbole den Zahlwegen zuordnen) soll nur für das Bankkonten-Ledger gepflegt werden. Falls Sie kein Bankkonten-Ledger im Einsatz haben, bleibt die Transaktion leer. Wie Sie in Abbildung 7.60 sehen, wird das als SIP-relevant gekennzeichnete Kontosymbol dem relevanten Land und Zahlweg zugeordnet, damit beim F110-Zahllauf das korrekte Bankunterkonto abgeleitet werden kann.

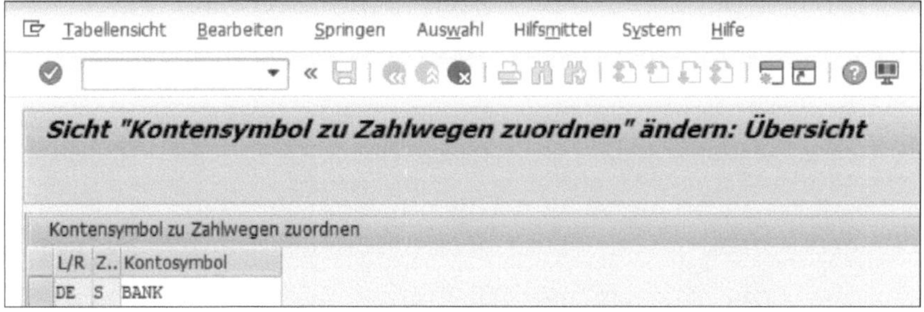

Abbildung 7.60 Bankkonten-Ledger-Lösung im Einsatz: Zuordnung Kontosymbol zu Zahlwegen (Transaktion S_ER9_11001586)

7.7 Fazit

In diesem Kapitel haben wir uns eingehend mit den Einstellungen befasst, die für die Ausführung von Zahlungen unterschiedlicher Herkunft erforderlich sind. Zunächst haben wir die Konfiguration des automatischen Zahlprogramms für die F110-Zahlläufe betrachtet. Die gesamte Konfiguration findet sich in der Transaktion FBZP und in vielen einzelnen Bereichen dieser Transaktion.

Als Nächstes wurde die Konfiguration für Zahlungen mit dem F111-Zahllauf dargestellt. Diese Konfiguration, die mit der Transaktion F11CU einzurichten ist, ist in den meisten Bereichen identisch mit den Einstellungen in der Transaktion FBZP. Es gibt aber einige Besonderheiten, insbesondere die unterschiedliche Bankenfindung in den Transaktionen F11CU und FBZP. Die Unterschiede in der Bankkontenfindung zwischen den Transaktionen FBZP und F11CU haben wir ausführlich erläutert.

Darüber hinaus haben wir die spezifischen Customizing-Einstellungen diskutiert, die für die Ausführung von Free-Form-Zahlungen erforderlich sind. Wir haben auch die Einstellungen, die für Cash-Management-Bankkontoüberträge erforderlich sind, ausführlich behandelt.

Abschließend wurde die umfangreiche Konfiguration der Kontoauszugsverarbeitung einschließlich der Einstellungen für das Einlesen der Kontoauszugsdateien und die Erzeugung der Buchungssätze in der Finanzbuchhaltung beschrieben.

Kapitel 8

Einstellungen in SAP In-House Cash

In diesem Kapitel gehen wir auf das Customizing von SAP In-House Cash ein, erläutern die grundlegenden Einstellungen zu den Bankkreisen und weisen auf Besonderheiten bei der technischen Einrichtung der einzelnen Geschäftsprozesse hin. Wir schließen das Kapitel mit Erläuterungen zu den notwendigen Einstellungen für die tägliche Hauptbuchübergabe der IHC-Buchungen ab.

Falls Sie Ihren Zahlungsverkehr zentralisieren möchten und sich für eine Payment Factory mit SAP In-House Cash entschieden haben, müssen Sie das Customizing für SAP In-House Cash vorbereiten. Bevor Sie beginnen, die Einstellungen vorzunehmen, muss die Organisationsstruktur der zukünftigen Payment Factory definiert werden. In Abschnitt 6.3, »Projektszenarien für die Optimierung der Zahlungsprozesse«, haben wir mehrere Implementierungsansätze mit ihren Vor- und Nachteilen erläutert. In diesem Kapitel gehen wir davon aus, dass die Entscheidung für einen Ansatz getroffen wurde und Sie genau wissen, ob es im Unternehmen nur eine zentrale, für die Zahlungen in der Payment Factory verantwortliche Einheit oder mehrere solcher Einheiten geben wird. Diese Entscheidung spielt eine wichtige Rolle bei der Ausprägung der Customizing-Einstellungen in SAP In-House Cash.

In Abschnitt 8.1 stellen wir die Voraussetzungen zusammen, die unabhängig von den mit SAP In-House Cash abzubildenden Geschäftsprozessen erfüllt sein müssen. In Abschnitt 8.2 erläutern wir die Einstellungen, die Sie für eine funktionierende IHC-Kontoführung und für die korrekte Verbuchung einzelner IHC-Transaktionen vornehmen müssen.

Abschnitt 8.3 umfasst die Einstellungen für die Übertragung der Buchungsinformationen aus SAP In-House Cash in die Finanzbuchhaltung. Anschließend geht es um die für den Prozess der On-Behalf-Zahlungen notwendigen Einstellungen (siehe Abschnitt 8.4). In Abschnitt 8.5 zeigen wir die Einstellungen für zentrale Geldeingänge bzw. das Cash Pooling.

In Abschnitt 8.6 finden Sie eine Tabelle mit allen Transaktionen, die bei der IHC-Einführung relevant sein können, aber aus Platzgründen in diesem Buch nicht detailliert beschrieben werden können. In Abschnitt 8.6 fassen wir die wichtigsten Aspekte dieses Kapitels in zwei schematischen Darstellungen zusammen.

8.1 Allgemeine Einstellungen

Es müssen mehrere Einstellungen in der Konfiguration von SAP In-House Cash vorgenommen werden, damit Sie diese Lösung verwenden können. Einige der Einstellungen beziehen sich nicht auf einen konkreten Geschäftsprozess, sondern sind prozessübergreifend und notwendig, unabhängig davon, in welchem Umfang Sie SAP In-House Cash nutzen werden.

In diesem Abschnitt erläutern wir sämtliche allgemeine Einstellungen, die Sie in der IHC-Konfiguration als Erstes berücksichtigen müssen.

8.1.1 Bankkreis vorbereiten und anlegen

Für jede zentrale Einheit, die Sie als Payment Factory aufsetzen, müssen Sie einen eigenen Bankkreis anlegen.

Definition des Begriffs »Bankkreis« in SAP In-House Cash

Der *Bankkreis* ist eine zentrale organisatorische Einheit in SAP In-House Cash, die über eigene Konditionen verfügt und in der Konten der virtuellen In-House-Bank verwaltet werden. Jedem Bankkreis muss ein eigener Bankschlüssel zugeordnet werden. Da die Payment Factorys in der Regel keine besondere Banklizenz benötigen und damit auch keine externe Bankleitzahl haben, kann eine Dummy-Bankleitzahl (und dementsprechend ein Dummy-Bankschlüssel) angelegt und für den internen Gebrauch verwendet werden. Solche länderspezifischen Prüfungen für die Banken und Bankkonten wie die Länge der Bankkontonummern oder den Aufbau des Bankschlüssels werden über das Bankland gesteuert. Aus diesem Grunde sollten Sie vorher überlegen, welches Bankland Sie für die In-House-Bank aufsetzen. Sie können entweder das Land, in dem die jeweilige zentrale Einheit ihren Firmensitz hat, als Bankland des Bankkreises definieren oder alternativ ein virtuelles Land anlegen und darin einen entsprechenden Bankschlüssel anlegen.

In-House Cash Center anlegen

Bevor Sie einen Bankkreis im Customizing aufsetzen können, müssen Sie über Transaktion FIHC (In-House Cash Center anlegen) die Bankdaten für Ihren zukünftigen Bankkreis anlegen.

In Abbildung 8.1 sehen Sie das Detailbild von Transaktion FIHC. Sie tragen das Bankland und den Dummy-Schlüssel in den Feldern **Bankland/Bankschlüssel** ❶ für Ihre In-House-Bank ein. Im Bereich ❷ **Anschrift** machen Sie die Angaben zur Anschrift und Bezeichnung der In-House-Bank, und zum Schluss pflegen Sie die Bankleitzahl, die in der Regel mit dem Bankschlüssel identisch ist, im Feld **Bankleitzahl** ❸.

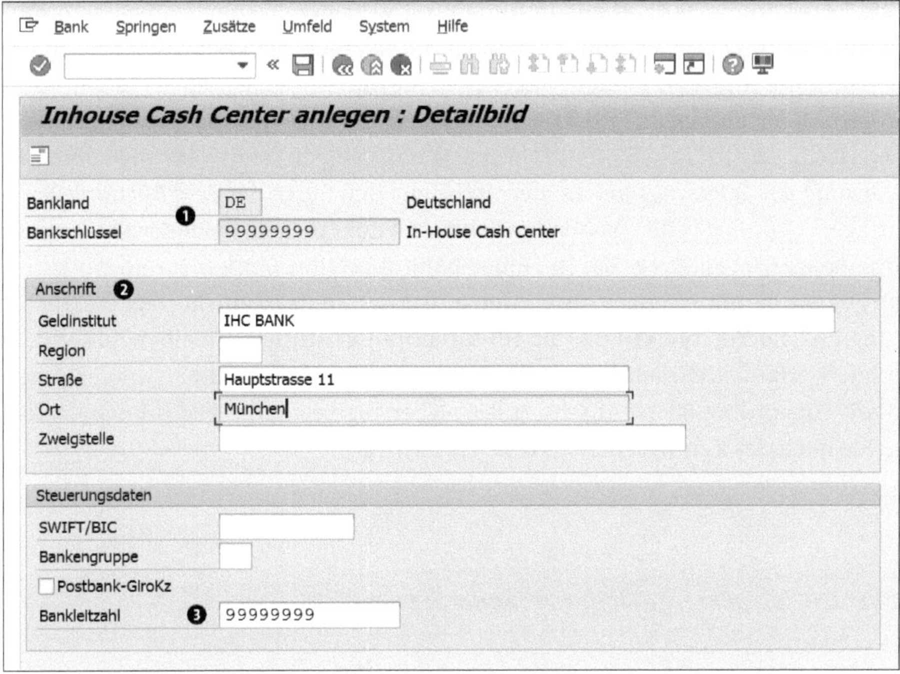

Abbildung 8.1 In-House Cash Center anlegen: Detailbild (Transaktion FIHC)

Transaktion FIHC und Transaktion FI01

Der Aufbau des Detailbildes von Transaktion FIHC ist identisch mit dem Aufbau des Detailbildes in Transaktion FI01 (Bank anlegen), mit der Bankstammdaten angelegt werden. Nachdem Sie den Bankschlüssel der neuen In-House-Bank mit Transaktion FIHC angelegt haben, können Sie sich den neuen Bankschlüssel mit Transaktion FI03 (Bank anzeigen) jederzeit ansehen.

Weitere Details zum Anlegen der In-House-Bank mit Transaktion FIHC finden Sie in den SAP-Hinweisen 335278 (Interne Banken: In-House Cash Center) und 376180 (Ändern einer Bank zu einer IHC-Bank).

Bankkreis anlegen

Mit dem angelegten Bankschlüssel können Sie nun auch den Bankkreis über den folgenden Pfad im Einführungsleitfaden pflegen: **Financial Supply Chain Management • In-house Cash • Grundeinstellungen • Bankkreis • Bankkreis definieren**.

In Abbildung 8.2 sehen Sie die Einstellungen zum Bankkreis IHC. Sie definieren einen passenden Schlüssel für den Bankkreis im Feld **Bankkreis** ❶. Dieser Schlüssel ist alphanumerisch und frei definierbar. Tragen Sie eine Bezeichnung Ihrer In-House-Bank in das Feld **Bezeichnung.BkKr.** ❷ ein. In Abbildung 8.1 haben Sie beim Anlegen des In-House Cash Centers ein bestimmtes Bankland und einen Bankschlüssel verwendet. Nutzen Sie diese Angaben wieder, und ordnen Sie dieses Bankland im Feld **Bankland** ❸ und den Bankschlüssel im Feld **Banksschlüssel** ❹ Ihrem Bankkreis zu. Tragen Sie die Bankkreiswährung im Feld **BkKrs-Währung** ❺ ein. Die Bankkreiswährung sollte mit der Währung des Buchungskreises identisch sein, den Sie in das Feld **Buchungskreis** ❽ eintragen. Ordnen Sie den passenden Fabrikkalender im Feld **Kalender** ❻, über den die Arbeitstage und Feiertage der In-House-Bank abgeleitet werden, Ihrem Bankkreis zu. Pflegen Sie den Kurstyp für die Umrechnung der Transaktionsbeträge in Fremdwährung im Feld **Kurstyp** ❼. Das Feld **HB-Varianten** ❾ muss leer bleiben, bis wir die Hauptbuchvariante definiert haben. Die Hauptbuchvariante wird nachträglich dem Bankkreis zugeordnet (siehe Abschnitt 8.3, »Übertragung in das Hauptbuch«). Aktivieren Sie noch das Kennzeichen im Feld **IHC aktiv** ⓫.

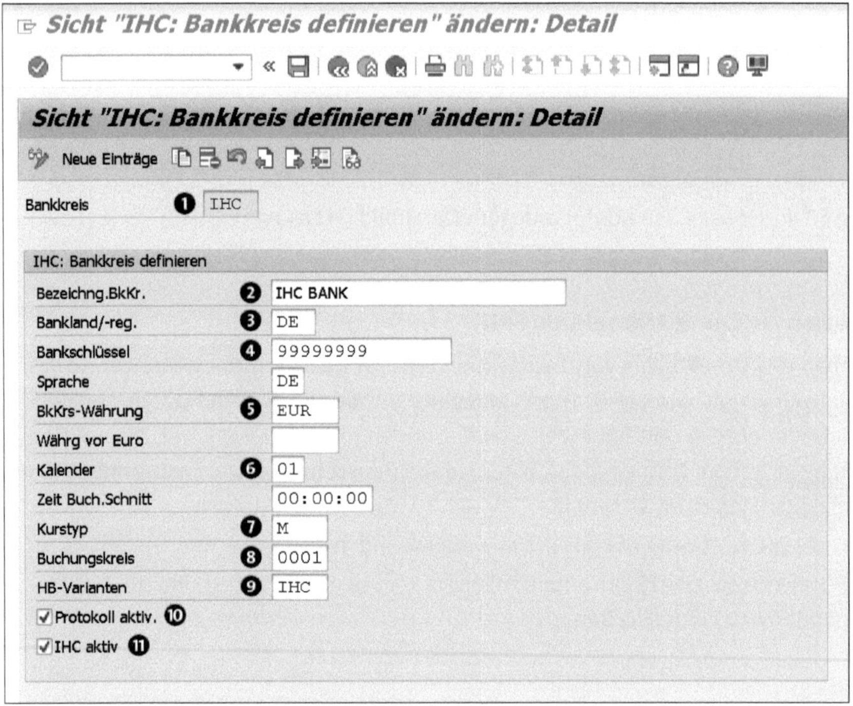

Abbildung 8.2 IHC-Bankkreis definieren (Transaktion SPRO)

Die Aktivierung des Kennzeichens »Protokoll« aktiv ist nicht immer erforderlich!

Aus Systemperformancegründen setzen Sie den Haken im Feld **Protokoll aktiv.** ❿, wenn Sie den Trace zur Fehlersuche aktivieren müssen. Danach sollten Sie ihn wieder deaktivieren. Die geschriebenen Protokolle werden unter dem Objekt FIBA und dem Unterobjekt BAPYTREXT abgelegt. Bei der Neueinführung von SAP In-House Cash können Sie diesen Haken erstmalig aktivieren, um sich besser mit der Lösung vertraut zu machen. Vor der Produktivsetzung können Sie endgültig entscheiden, ob Sie diese Zusatzprotokolle noch benötigen.

Nummernkreise für IHC-Zahlungsaufträge

SAP In-House Cash arbeitet mit IHC-Zahlungsaufträgen. Damit diese angelegt werden können, müssen zuvor die Nummernkreise für die IHC-Zahlungsaufträge im Bankkreis angelegt werden.

Angaben pro Jahr oder fortlaufend im Laufe der Jahre möglich

Sie können die Nummernkreise entweder pro Kalenderjahr pflegen oder aber das Jahr 9999 verwenden, damit die Nummern jedes Jahr fortgeschrieben werden. Bei dieser Entscheidung müssen Sie einschätzen, wie hoch Ihre voraussichtlichen Volumen in SAP In-House Cash sein werden. Falls Sie eine hohe jährliche Anzahl an Zahlungsaufträgen in SAP In-House Cash erwarten, pflegen Sie die Nummernkreise pro Kalenderjahr.

Sie legen die Nummernkreise für IHC-Zahlungsaufträge über den folgenden Pfad fest: **Financial Supply Chain Management • In-house Cash • Grundeinstellungen • Bankkreis • Nummernkreise für IHC-Zahlungsaufträge einrichten**.

In Abbildung 8.3 sehen Sie die gepflegten Nummernkreisintervalle für die IHC-Zahlungsaufträge. In die Spalte **Jahr** ❶ tragen Sie das Kalenderjahr ein. Pflegen Sie in der Spalte **von Nummer** ❷ die Nummer, mit der die Fortschreibung der Zahlungsaufträge anfängt, und in der Spalte **bis Nummer** ❸ die größtmögliche Nummer, die vergeben werden darf.

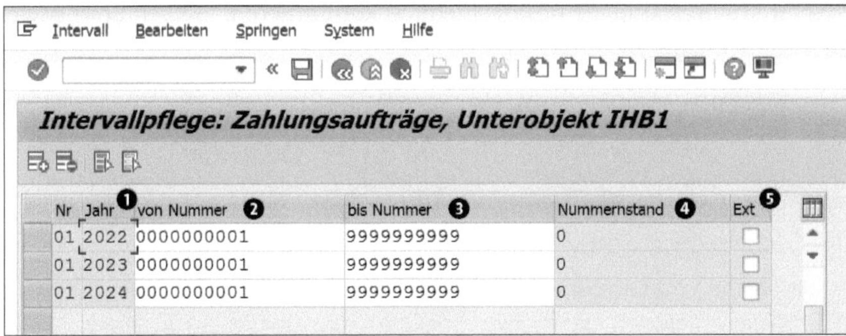

Abbildung 8.3 Nummernkreise für IHC-Zahlungsaufträge einrichten (Transaktion SPRO)

In der Spalte **Nummernstand** ❹ wird die letzte Nummer des in SAP In-House Cash erzeugten Auftrags fortgeschrieben. Das Kennzeichen **Ext** ❺ sollten Sie nicht aktivieren, damit die Vergabe der Nummern für die IHC-Zahlungsaufträge vom SAP-System intern mit der nächsten freien Nummer lückenlos fortgeschrieben wird.

Nummernkreise für die IHC-Konten pflegen

Die IHC-Konten sind Stammdaten in SAP In-House Cash. Sie werden in den IHC-Zahlungsaufträgen verwendet und spiegeln alle Transaktionen der In-House-Bank mit dem Kontoinhaber, also der jeweiligen Tochtergesellschaft, wider.

Sie müssen die Nummernkreisintervalle für die IHC-Konten definieren, bevor Sie diese Konten angelegen können. Bei der Anlage jedes IHC-Kontos wird eine *interne Kontonummer* vom SAP-System vergeben, und zusätzlich wird, basierend auf den definierten Nummernkreisintervallen, eine *externe Kontonummer* festgelegt. Im IHC-Kontenstamm können Sie zwischen der internen und der externen Nummern hin- und herschalten.

Definieren Sie sprechende Nummern für die IHC-Konten!

Wir empfehlen Ihnen, eine externe Nummernvergabe für die IHC-Konten zu definieren und die zu vergebenen Nummern sprechend zu gestalten. In Abschnitt 2.4.3, »Stammdaten und Voraussetzungen im SAP-System der In-House-Bank«, finden Sie weitere Erläuterungen und Beispiele dazu.

Sie legen die Nummernkreise für IHC-Konten über den folgenden Pfad fest: **Financial Supply Chain Management • In-house Cash • Grundeinstellungen • Bankkreis • Nummernkreise ext.Kontonummer pflegen.**

In Abbildung 8.4 sehen Sie die angelegten Nummernkreise. Pflegen Sie die erstmögliche Nummer für die IHC-Konten in der Spalte **von Nummer** ❶ und die Nummer, die als letzte vergeben werden kann, in der Spalte **bis Nummer** ❷. Sie können mit Zahlen und Buchstaben arbeiten und sie unterschiedlich kombinieren, je nach gewünschtem Aufbau Ihrer IHC-Konten.

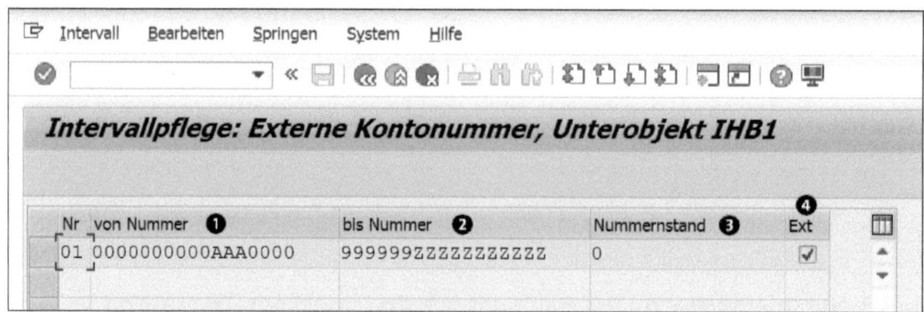

Abbildung 8.4 Nummernkreise für IHC-Konten pflegen (Transaktion SPRO)

Aktivieren Sie das Kennzeichen **Ext** ❹, damit Sie die Kontonummern selbst eingeben können. Bei der externen Nummernvergabe bleibt die Fortschreibung der letzten vergebenen Nummer in der Spalte **Nummernstand** ❸ aus.

System für die Hauptbuchübergabe definieren

SAP In-House Cash und die Finanzbuchhaltung (FI) des zum IHC-Bankkreis gehörigen Buchungskreises können sich sowohl in demselben als auch in unterschiedlichen SAP-Systemen befinden, was Sie im IHC-Customizing festlegen. Nutzen Sie dazu den folgenden Pfad: **Financial Supply Chain Management • In-house Cash • Grundeinstellungen • Basiseinstellungen Buchungen • Vorzeichen Buchungen/Hauptbuchübergabe/Namensprüfung**.

In Abbildung 8.5 sehen Sie im Feld **Übergabeart FI-Hauptbuch** ❶, dass sich SAP In-House Cash und FI in demselben SAP-System befinden. In diesem Fall aktivieren Sie das Kennzeichen **Hauptbuchdaten vor Übergabe prüfen** ❷. In allen anderen Feldern können die vorbelegten Werte aus der SAP-Standardauslieferung bestehen bleiben.

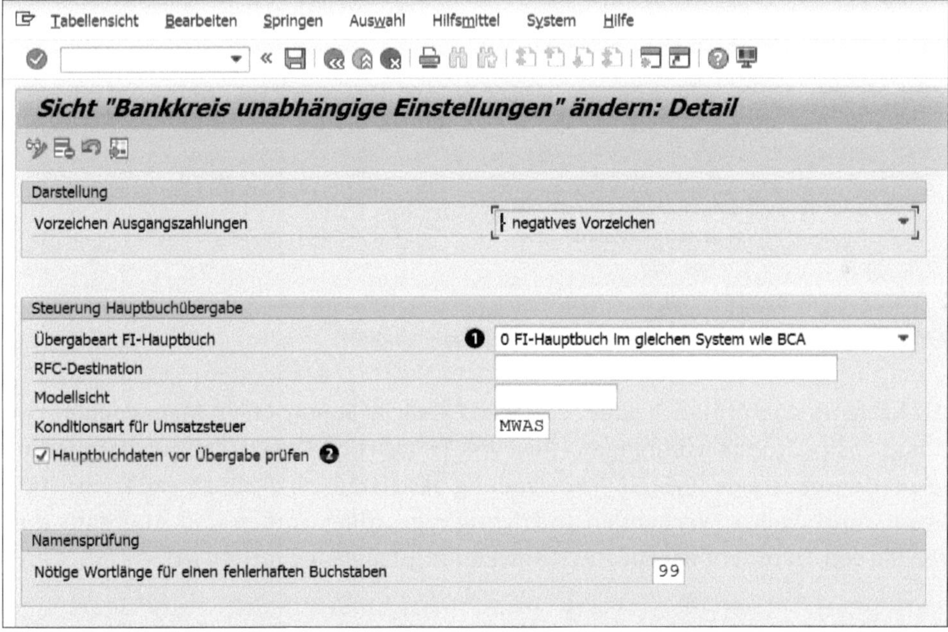

Abbildung 8.5 Funktion: Vorzeichen Buchungen/Hauptbuchübergabe/Namensprüfung (Transaktion SPRO)

8.1.2 SAP In-House Cash aktivieren

Um mit SAP In-House Cash arbeiten zu können, müssen Sie die SAP-Komponente SAP In-House Cash sowie einige Business Transaction Events (BTEs) aktivieren.

Überprüfen Sie die Einstellungen auf Vollständigkeit!

In der Standardauslieferung sind die meisten hier beschriebenen Punkte schon aktiviert. Gehen Sie trotzdem alle Punkte aus diesem Abschnitt durch, und stellen Sie sicher, dass die notwendigen BTEs in Ihrem System korrekt zugeordnet und aktiviert sind.

Die zu aktivierenden Einstellungen können Sie entweder über den entsprechenden Pfad im Einführungsleitfaden oder über einzelne Transaktionscodes aufrufen.

Setzen Sie jeweils den Haken für die Werte »IHC« und »FI-IHC«, um SAP In-House Cash zu aktivieren. Die entsprechende Sicht erreichen Sie über den folgenden Pfad: **Financial Supply Chain Management • In-house Cash • Grundeinstellungen • Business Transaction Events/Zeitpunktsteuerung • SAP-Komponenten aktivieren**. Alternativ können Sie Transaktion BF11 (BTE Ordnungskriterien) aufrufen.

Aktivieren Sie die Anwendungen IHC und FI-IHC, wie in Abbildung 8.6 gezeigt.

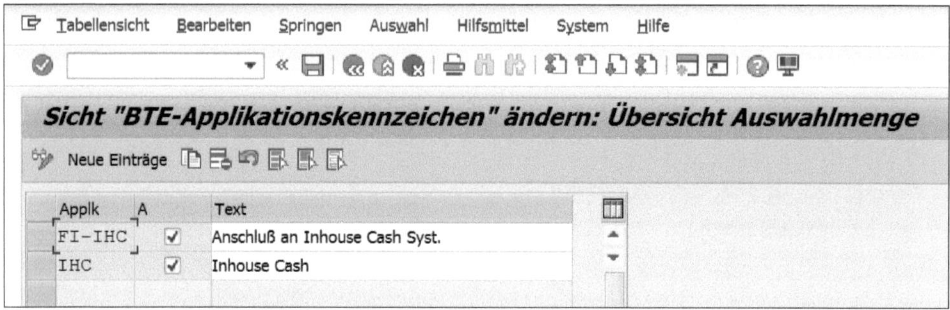

Abbildung 8.6 IHC und FI-IHC aktivieren (Transaktion BF11)

Als Nächstes überprüfen Sie über den Pfad **Financial Supply Chain Management • Inhouse Cash • Grundeinstellungen • Business Transaction Events/Zeitpunktsteuerung • Funktionsbausteine (P/S) SAP-Anwendung aktivieren**, ob die Business Transaction Events aus Tabelle 8.1 vorhanden und richtig zugeordnet worden sind. Alternativ nutzen Sie den Transaktionscode BF31 (Anwendungsbausteine pro Event).

Event	Applikation	Funktionsbaustein
00010024	IHC	IHC_BCA_PN_PI_LIM_CHECK
00010030	IHC	IHC_BCA_PN_PI_RETRIEVE_VALUES
00010041	IHC	IHC_BCA_PN_PI_RETRIEVE_REFS

Tabelle 8.1 Publish-&-Suscribe-Funktionsbausteine (P/S) für SAP In-House Cash aktivieren

Event	Applikation	Funktionsbaustein
00010311	IHC	SAMPLE_INTERFACE_00010311_IHC
00010312	IHC	SAMPLE_INTERFACE_00010312_IHC
00010320	IHC	IHC_BCA_PREPARE_REVERSE_PO_FROM_CC
00010510	IHC	SAMPLE_INTERFACE_00010510_IHC
00011210	IHC	IHC_BCA_PN_PI_SET_XTRAKEY
00011220	IHC	SAMPLE_INTERFACE_00011220_IHC
00011240	IHC	SAMPLE_INTERFACE_00011240_IHC
00011300	IHC	SAMPLE_INTERFACE_00011300_IHC

Tabelle 8.1 Publish-&-Suscribe-Funktionsbausteine (P/S) für SAP In-House Cash aktivieren (Forts.)

Danach überprüfen Sie über den Pfad **Financial Supply Chain Management • In-house Cash • Grundeinstellungen • Business Transaction Events/Zeitpunktsteuerung • Funktionsbausteine (Prozess) SAP-Anwendung aktivieren**, ob die Business Transaction Events aus Tabelle 8.2 vorhanden und richtig zugeordnet worden sind. Alternativ nutzen Sie den Transaktionscode BF41.

Event	Applikation	Funktionsbaustein
00011012	IHC	SAMPLE_PROCESS_00011012_IHC
00011310	IHC	SAMPLE_INTERFACE_00011310_IHC2

Tabelle 8.2 Funktionsbausteine (Prozess) für SAP In-House Cash aktivieren

Prüfen und aktivieren Sie, wenn nötig, den Wert »IHC« in der Spalte **Partner** über den folgenden Pfad: **Financial Supply Chain Management • In-house Cash • Grundeinstellungen • Business Transaction Events/Zeitpunktsteuerung • Partner anlegen/aktivieren**. Alternativ nutzen Sie den Transaktionscode BF12 (Partner). In Abbildung 8.7 sehen Sie, dass der Partner IHC aktiv ist, weil der Haken in der Spalte **A** für den Wert »IHC« im Feld **Partner** gesetzt ist.

Jetzt müssen Sie über den Pfad **Financial Supply Chain Management • In-house Cash • Grundeinstellungen • Business Transaction Events/Zeitpunktsteuerung • Produkt eines Partners definieren** überprüfen, ob das Produkt mit dem Wert »IHC« angelegt worden ist. Alternativ nutzen Sie den Transaktionscode BF22 (Business Framework: Partnerprodukte).

Abbildung 8.7 Partner für IHC anlegen/aktivieren (Transaktion BF12)

In Abbildung 8.8 sehen Sie das angelegte Produkt IHC in der Spalte **Produkt**, das dem in Abbildung 8.7 definierten und jetzt in der Spalte **Partner** angegebenen Partner IHC zugeordnet ist.

Abbildung 8.8 IHC-Produkt definieren (Transaktion BF22)

Prüfen Sie anschließend über den Pfad **Financial Supply Chain Management • Inhouse Cash • Grundeinstellungen • Business Transaction Events/Zeitpunktsteuerung • Produkt eines Partners aktivieren**, ob die Zuordnung des Produkts IHC zum Partner IHC existiert. Alternativ nutzen Sie den Transaktionscode BF23 (Partnerprodukte aktivieren). In Abbildung 8.9 sehen Sie, dass das Produkt IHC in der Spalte **Produkt** beim Partner IHC in der Spalte **Partner** als aktives Produkt eingetragen ist.

Abbildung 8.9 IHC-Produkt des IHC-Partners aktivieren (Transaktion BF23)

Als Nächstes überprüfen Sie, ob die Business Transaction Events aus Tabelle 8.3 vorhanden und richtig zugeordnet worden sind. Folgenden Sie dazu dem Pfad **Financial Supply Chain Management • In-house Cash • Grundeinstellungen • Business Transac-**

tion Events/Zeitpunktsteuerung • Funktionsbausteine (P/S) eines Partners definieren. Sie können alternativ den Transaktionscode BF32 (Partnerbausteine pro Event) nutzen.

Event	Partner	Produkt	Nr	Lnd	Applk	Funktionsbaustein
00002810	IHC	IHC	1		IHC	BKK_IHB_BASTA_IN_CHECK
00002850	IHC	IHC	0		IHC	BKK_IHB_BASTA_2850E

Tabelle 8.3 Funktionsbausteine (P/S) eines Partners definieren

Und zum Schluss überprüfen Sie über den Pfad **Financial Supply Chain Management • In-house Cash • Grundeinstellungen • Business Transaction Events/Zeitpunktsteuerung • Funktionsbausteine (Prozess) eines Partners definieren**, ob die Business Transaction Events aus Tabelle 8.4 vorhanden und richtig zugeordnet worden sind. Alternativ können den Transaktionscode BF42 (Partnerbausteine pro Prozess) nutzen.

Event	Lnd	Applk	Funktionsbaustein	Partner	Produkt
00002810		IHC	IHC_APPL_XBS_POST	IHC	IHC
00002850		IHC	BKK_IHB_BASTA_2850P	IHC	IHC

Tabelle 8.4 Funktionsbausteine (Prozess) eines Partners definieren

[«]

Erläuterungen zu den Business Transaction Events in SAP-Hinweis 1163193

Weitere Details und Erläuterungen zu den einzelnen Business Transaction Events aus Tabelle 8.1 finden Sie in SAP-Hinweis 1163193 (Auflistung aller in SAP In-House Cash verwendeter BAdIs, Business Transaction Events und Exits).

8.1.3 Stammdaten für SAP In-House Cash vorbereiten

Bei der Erfassung der IHC-Konten müssen die Kontoeigenschaften festgelegt werden, die den Zweck und die Art der Verwendung dieses Kontos am besten beschreiben. Solche Eigenschaften werden in Gruppen zusammengefasst, die als *Produkte* bezeichnet werden.

[«]

Definition des Begriffs »Produkt«

Unter einem *Produkt* werden mehrere Funktionen zusammengefasst, die dem IHC-Konto bei der Kontoerfassung zugewiesen werden. Sie können in einem Produkt bestimmte Werte wie z. B. die Währung vorbelegen oder Registerkarten ausblenden, um den Pflegeaufwand bei der Kontoerfassung zu reduzieren. Die Anzahl der anzulegenden Produkte hängt von der Struktur Ihrer IHC-Konten ab, z. B. davon, ob Sie ein separates IHC-Konto pro Gesellschaft und pro Währung anlegen oder ob Sie die Gesellschaften in mehrere Gruppen nach einem bestimmten Kriterium aufteilen. Produkte dienen als Vorlagen und definieren den Rahmen für die IHC-Konten.

Zusätzlich müssen Sie die in Ihrer In-House-Bank geltenden Konditionen zu einzelnen Gruppen zusammenfassen. Hierzu legen Sie *Konditionskreise* an; Sie gruppieren also die unterschiedlichen Konditionen in Einheiten. Die Konditionskreise werden anschließend den IHC-Produkten zugeordnet.

[»]

Definition des Begriffs »Konditionen«

Konditionen steuern, wie die Zinsen und Gebühren für die jeweiligen IHC-Konten abgerechnet werden. Zudem bestimmen Konditionen die Wertstellung innerhalb des Zahlungsverkehrs und der Kontoabrechnung.

Falls Sie die ausreichende Deckung der IHC-Konten kontrollieren wollen, definieren Sie Referenzlimits, die auf den in der SAP-Standardauslieferung enthaltenen Limittypen basieren.

Konditionen definieren

Als Erstes definieren Sie einen Konditionskreis über den Pfad: **Financial Supply Chain Management • In-house Cash • Stammdaten • Konditionen • Konditionskreise einrichten**.

In Abbildung 8.10 sehen Sie nur einen angelegten Konditionskreis 0001. Sie können aber auch mehrere Konditionskreise definieren, falls die Konditionen für unterschiedliche IHC-Konten nicht unter einem Konditionskreis zusammengefasst werden können.

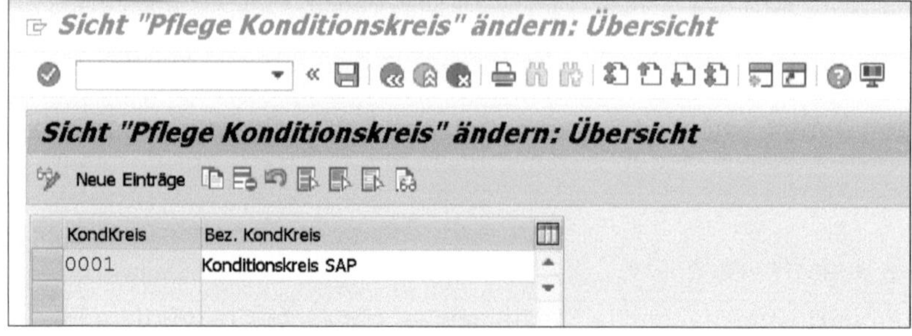

Abbildung 8.10 Konditionskreis in SAP In-House Cash einrichten (Transaktion SPRO)

Danach definieren Sie innerhalb des angelegten Konditionskreises verschiedene Konditionsgruppen über den Pfad: **Financial Supply Chain Management • In-house Cash • Stammdaten • Konditionen • Konditionsgruppen definieren**.

In Abbildung 8.11 sehen Sie, dass innerhalb des Konditionskreises 0001 in der Spalte **Konditionskreis** ❶ unterschiedliche Kontogruppen angelegt worden sind. Diese Gruppen sind einem Typ, der in der Spalte **Typ der Konditionsgruppe** ❷ anzugeben ist, zugeordnet. Solche Typen sind im SAP-System vorbelegt und fassen drei mögliche Arten der Konditionen zusammen: die Zinskonditionen, die Gebührenkonditionen und die Wertstellungskonditionen. Die Konditionsgruppen selbst werden in der Spalte **KoGr** (Konditionsgruppe) ❸ gepflegt.

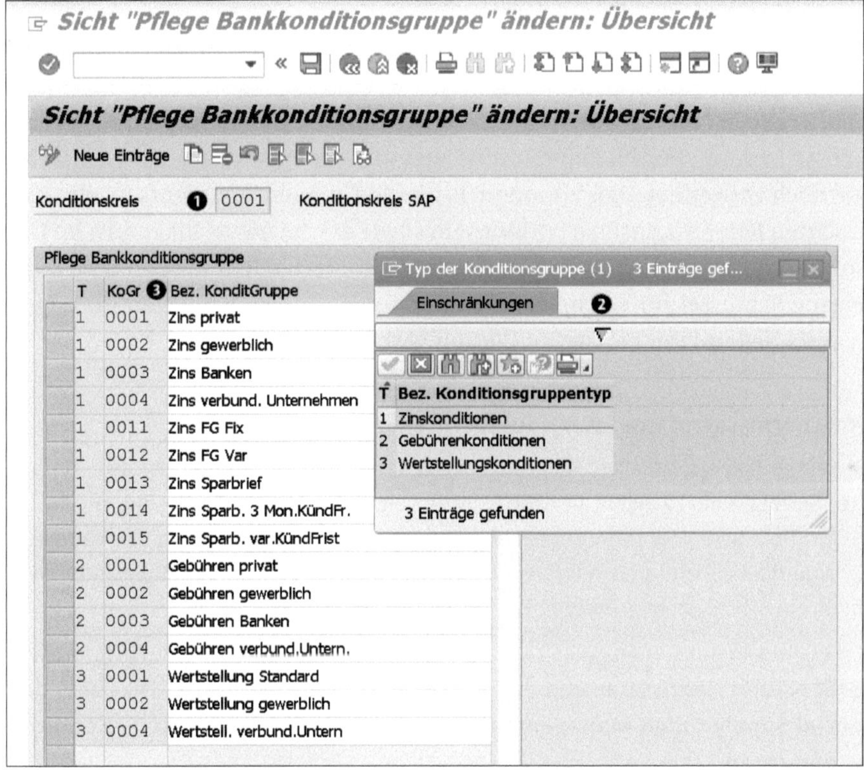

Abbildung 8.11 Konditionsgruppen in SAP In-House Cash definieren (Transaktion SPRO)

Standardauslieferung der Konditionen verwenden

Bevor Sie Ihre eigenen Kontogruppen anlegen, sehen Sie sich die in der SAP-Standardauslieferung enthaltenen Konditionsgruppen an. Denken Sie dabei daran, dass sie innerhalb des von SAP vorgelieferten Konditionskreises 0001 zu finden sind. Sehr wahrscheinlich können Sie die SAP-Logik bei den Konditionsgruppen beibehalten und gegebenenfalls unwesentlich anpassen.

Zinsreferenzen in SAP In-House Cash

In der Regel werden bestimmte Zinsen in der In-House-Bank für die Kontoführung der Tochtergesellschaften berechnet. Wenn Sie mit SAP Treasury and Risk Management vertraut sind, kennen Sie schon den Begriff *Referenzzinssätze*.

Definition des Begriffs »Referenzzinssätze«

Unter *Referenzzinssätzen* werden auf eine bestimmte Art und Weise berechnete Durschnittzinssätze verstanden. Sie werden vor allem im Finanz- und Bankensystem aktiv verwendet. Libor, Euribor und Eonia sind einige zu nennende Beispiele. Die einzelnen Werte solcher Referenzzinssätze können sich von Tag zu Tag ändern und werden daher regelmäßig im SAP-System aktualisiert.

Auch Ihre virtuelle In-House-Bank arbeitet sehr wahrscheinlich mit Referenzzinsätzen, um, basierend auf diesen, konkrete Zinsen für einzelne Gesellschaften zu berechnen. Die Entscheidung, welche Referenzzinssätze zu verwenden sind, wird im Treasury-Fachbereich verwendet. Dies können z. B. die bei der Agentur Reuters regelmäßig veröffentlichten Referenzzinsätze Euribor sein sowie die Zinssätze, die intern im Unternehmen berechnet wurden. Im Falle der intern definierten Referenzzinsätze müssen Sie eigene Schlüssel für solche speziellen Referenzzinssätze anlegen und diese Schlüssel anschließend mit konkreten Werten verknüpfen.

Die Referenzzinssatzpflege ist modulübergreifend!

Bei der Anlage IHC-spezifischer Referenzzinsätze müssen Sie berücksichtigen, dass die Datenbanktabelle T056R, in der die Referenzzinssätze gespeichert sind, modulübergreifend ist. Seien Sie daher vorsichtig, und löschen Sie nicht die in der Tabelle schon vorhandenen Referenzzinssätze; sie werden möglicherweise an einer anderen Stelle in Ihrem SAP-System verwendet.

Die Pflege der Referenzzinssätze und die Zuordnung einzelner Werte erfolgt über den Pfad **Financial Supply Chain Management • In-house Cash • Stammdaten • Konditionen • Zinsreferenzen**.

Limits definieren

Falls Sie die Limits in den IHC-Konten verwalten wollen, müssen Sie Referenzlimits festlegen. Diese werden innerhalb eines Konditionskreises pro Währung und pro Limittyp gepflegt. In Abbildung 8.12 sehen Sie die in der SAP-Standardauslieferung enthaltenen Limittypen, die in der Regel ausreichend sind.

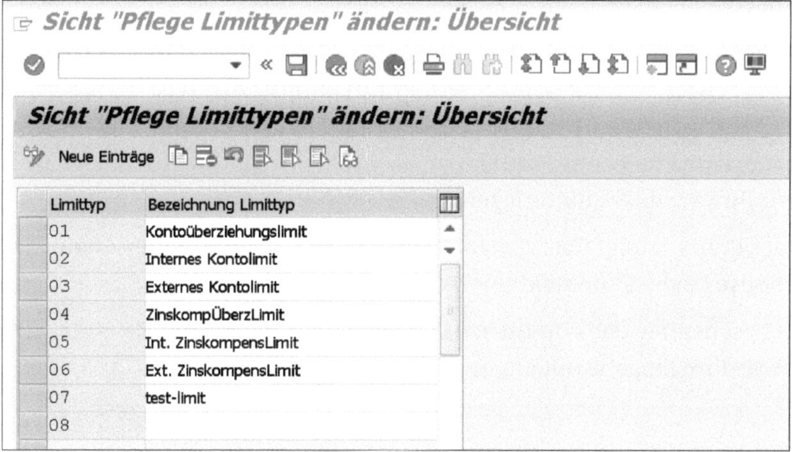

Abbildung 8.12 Limittypen in SAP In-House Cash definieren (Transaktion SPRO)

In Abbildung 8.13 sehen Sie die Referenzlimits, die innerhalb des im Feld **Konditionskreis** ❶ angegebenen Konditionskreises 0001 für die im Feld **Währung** ❷ angegebene Währung EUR und für den im Feld **Limittyp** ❸ angegebenen Limittyp **01 Kontoüberziehungslimit** gepflegt sind. In die Spalte **ID RefLim** ❹ tragen Sie einen beliebigen Schlüssel für das Referenzlimit ein. In der Spalte **Gültig von** ❺ pflegen Sie das Gültigkeitsdatum, ab dem dieses Limit gültig sein soll.

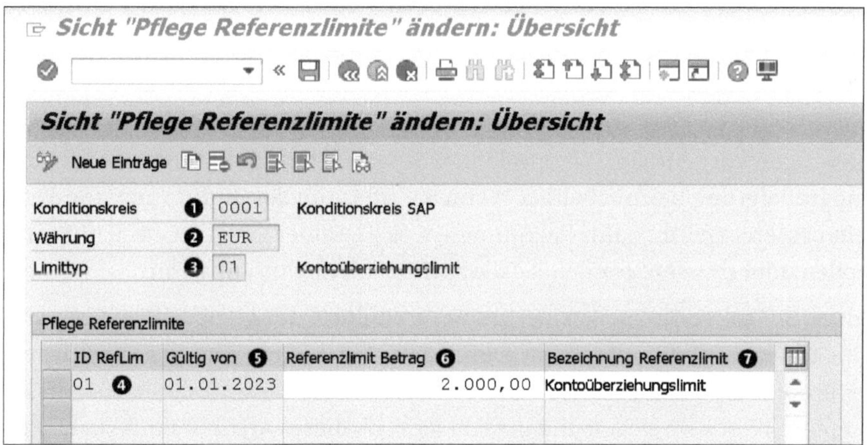

Abbildung 8.13 Referenzlimits im Konditionskreis pro Währung und Limittyp definieren (Transaktion SPRO)

In der Spalte **Referenzlimit Betrag** ❻ pflegen Sie das Überziehungslimit, das sich auf die Währung im Feld **Währung** bezieht. Anschließend geben Sie eine genaue Beschreibung für dieses Referenzlimit in die Spalte **Bezeichnung Referenzlimit** ❼ ein.

Produktdefinition

Bevor Sie Produkte in SAP In-House Cash anlegen können, müssen Sie einmalig ein Präfix einstellen, das Bestandteil des internen Identifikationsschlüssels ist. Dieser aus Präfix und einer fortlaufenden Nummer bestehende Identifikationsschlüssel wird automatisch generiert und jedem Produkt zugewiesen. Sie sollten den Buchstaben »Z« als Präfix für Ihre Produkte hinterlegen.

Das Eintragen des Präfix erfolgt über den folgenden Pfad: **Financial Supply Chain Management • In-house Cash • Stammdaten • Produktdefinition • Präfix.**

In Abbildung 8.14 sehen Sie das Pop-up-Fenster, in das Sie das Präfix »Z« eintragen. Dort bestätigen Sie Ihre Eingabe mit einem Klick auf den grünen Pfeil.

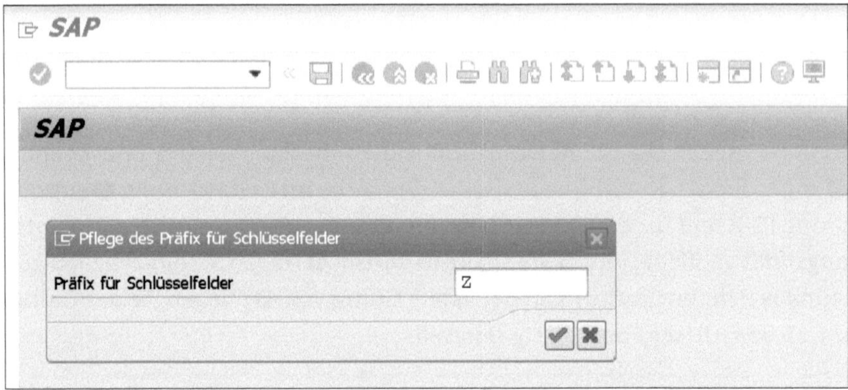

Abbildung 8.14 Präfix für IHC-Produkte einstellen (Transaktion SPRO)

Nun können Sie die von SAP ausgelieferten Attribute überprüfen und, wenn erforderlich, Änderungen vornehmen. Wir empfehlen Ihnen zunächst, die Einstellungen der SAP-Standardlieferung beizubehalten. Wenn Sie im Laufe der Einführung und Testzyklen ein besseres Gefühl dafür bekommen, welche Felder Sie in einem IHC-Konto sehen wollen oder müssen, können Sie die Attributhierarchie anpassen.

In Abbildung 8.15 sehen Sie ein Beispiel für die Attribute in der Attributhierarchie, von denen eins das Feld **Konditionskreis** ist. Durch diese Einstellung wird das Attribut später in der Produktdefinition sichtbar, und Sie können, falls es erforderlich ist, dieses Feld mit einem Wert vorbelegen und entscheiden, ob dieses Attribut direkt in einzelnen IHC-Konten geändert werden darf oder nicht.

Die Attributhierarchie mit einzelnen Attributen ist über den folgenden Pfad zu finden: **Financial Supply Chain Management • In-house Cash • Stammdaten • Produktdefinition • Produktattribute.**

Nachdem Sie die Präfixe festgelegt und die Attributhierarchie überprüft haben, müssen Sie die Produkte pflegen. Erst einmal definieren Sie die Produkte unabhängig von den Bankkreisen.

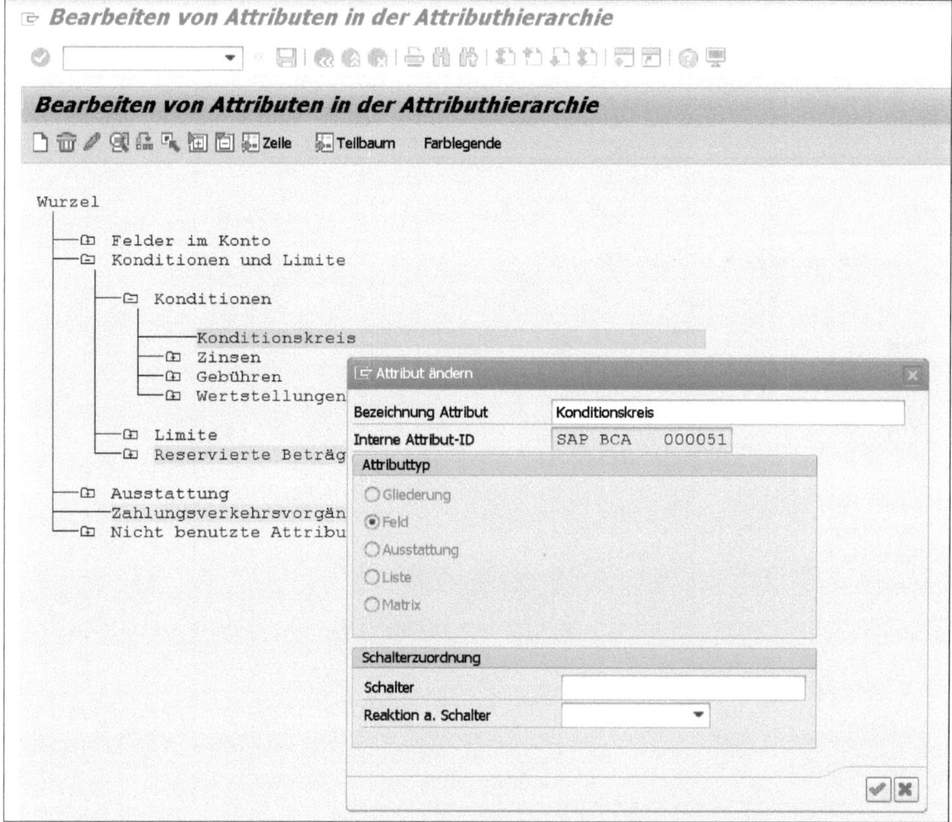

Abbildung 8.15 Attribute in der Attributhierarchie bearbeiten (Transaktion SPRO)

Anschließend müssen Sie die Produkte einem Bankkreis zuordnen, damit sie bei der IHC-Kontenanlage genutzt werden können. Aus diesem Grunde sollten Sie sich im Voraus überlegen, welche Produkte Sie für die IHC-Konten benötigen, welche Felder aus- oder eingeblendet werden sollen, welche Informationen obligatorisch für ein IHC-Konto sind, welche Felder in den einzelnen Konten änderbar sein dürfen und ob Sie einige Felder mit einem Wert vorbelegen können, weil sie für alle Konten zu diesem Produkt identisch sein werden.

Produkte der Standardauslieferung übernehmen

Mithilfe des Reports `FIPR_PRODUCT_CLIENT` können Sie die in der Standardauslieferung enthaltenen Produkte aus dem Mandanten 000 in Ihren Zielmandanten hochladen und diese dann als Vorlage bei der Anlage Ihrer eigenen Produkte verwenden. In der Regel existiert das Produkt IHC MAX in der Standardauslieferung, das Sie als Basis nutzen können.

In Abbildung 8.16 sehen Sie die Administrationsangaben zum Produkt IHC-MAX. Dazu gehören die laufende Version des Produkts im Feld **Version**, dessen Bezeichnung im Feld **Bezeichnung**, dessen Status im Feld **Status** und der Gültigkeitszeitraum für die jeweilige Version, der in den Feldern **gültig ab** und **gültig bis** angegeben ist.

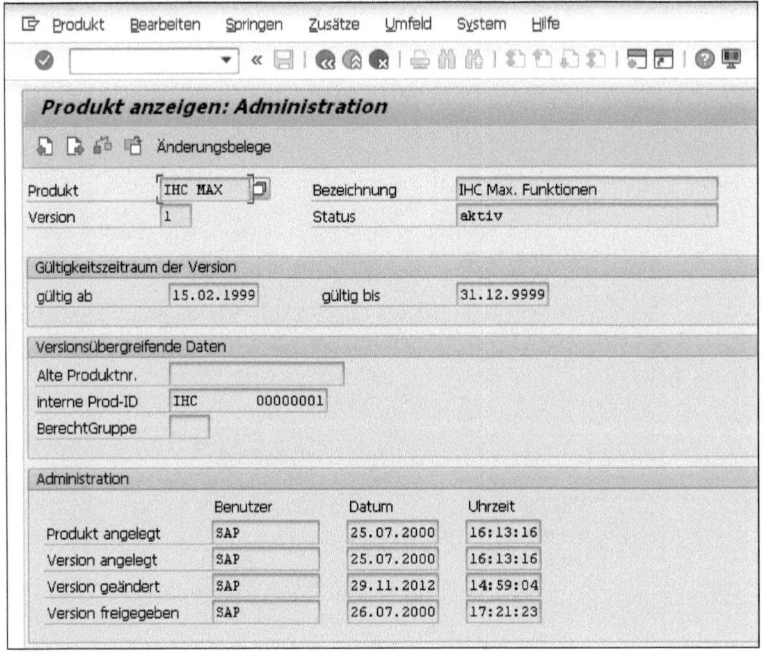

Abbildung 8.16 IHC-Produkt anzeigen: Administration

Über die Taste [↵] gelangen Sie in das nächste Bild **Produkt anzeigen: Felder im Konto** (siehe Abbildung 8.17). Mit einem Doppelklick auf das Feld **Hauptbuchgruppe** ❶ im Bereich **Felder im Konto** öffnen Sie die Detailanzeige für dieses Feld, in der Sie einen Vorschlagswert im Bereich **Defaultwert** ❷ hinterlegen können. Im Bereich **Feldmodifikation** ❸ legen Sie fest, ob dieses Feld ein Muss-Feld, ein Kann-Feld, ein Anzeigefeld oder gar ausgeblendet werden soll.

Mit einem Klick auf den Button (**Nächstes Bild**) ❹ oder über die Taste [F7] springen Sie zum nächsten Bereich, der ebenfalls angepasst werden muss. Nach der Pflege des jeweiligen Bereichs klicken Sie auf den Button **Nächstes Bild**, um zu immer weiteren Blöcken zu gelangen. Speichern und aktivieren Sie anschließend das Produkt.

Im letzten Schritt ordnen Sie die angelegten Produkte über den Pfad **Financial Supply Chain Management • In-house Cash • Stammdaten • Produktdefinition • Produkt • Produkte Bankkreisen zuordnen** Ihrem Bankkreis zu.

In Abbildung 8.18 sehen Sie, wie unterschiedliche Produkte dem Bankkreis IHC zugeordnet sind.

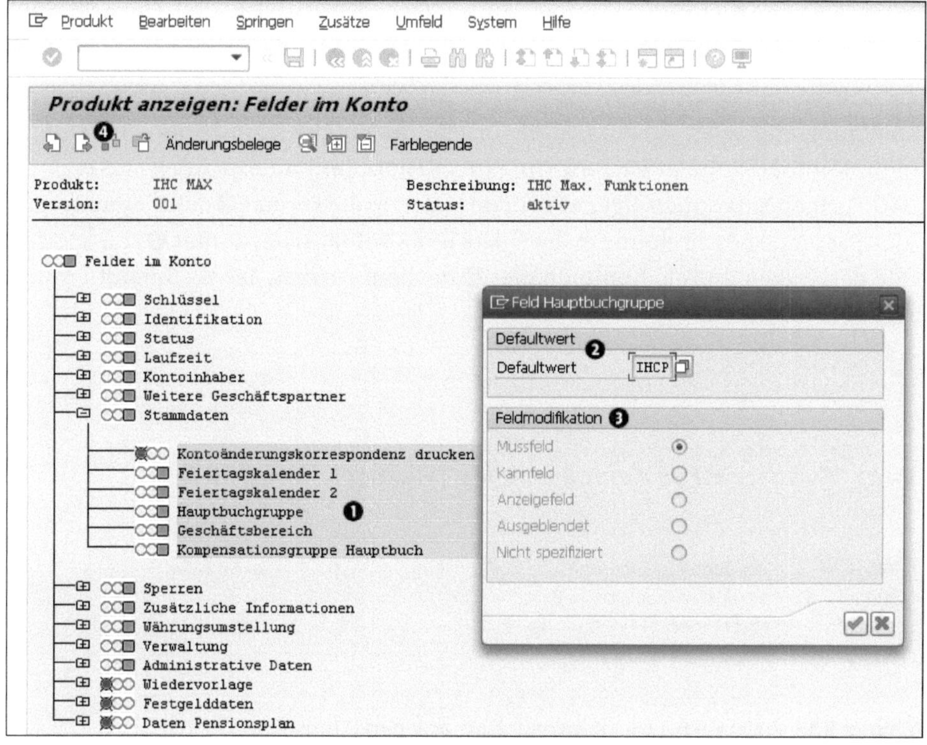

Abbildung 8.17 IHC-Produkt anzeigen: Felder im Konto

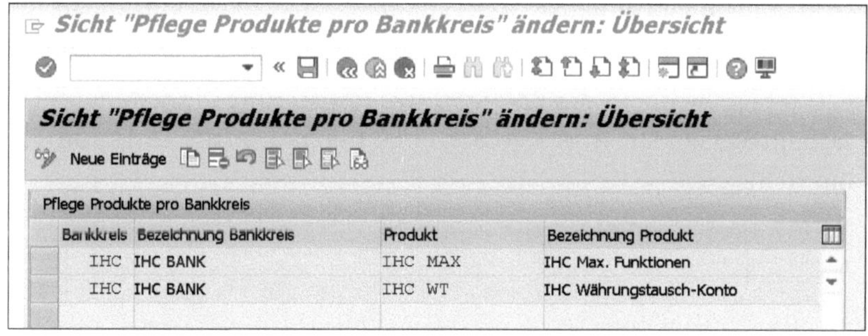

Abbildung 8.18 IHC-Produkt dem Bankkreis zuordnen

Versand interner Kontoauszüge vorbereiten

Es gibt noch einige Einstellungen, die vor der Anlage der IHC-Konten vorgenommen werden müssen. Es handelt sich dabei um zulässige Formate und Versandarten für interne Kontoauszüge, die in der In-House-Bank generiert werden. Sie müssen später jedem IHC-Konto eins der angelegten Formate zuordnen und die Art festlegen, wie diese Kontoauszüge verschickt werden sollen.

Zulässige Formate für interne Kontoauszüge pflegen Sie über den Pfad: **Financial Supply Chain Management • In-house Cash • Stammdaten • Konto • Formate für Kontoauszüge pflegen**.

In Abbildung 8.19 sehen Sie, dass drei Formate für interne Kontoauszüge definiert wurden: Kontoauszüge in Papierform, FINSTA-IDocs und interne Kontoauszüge im MT940-Format. Sie können eigene Formate in der Spalte **Format** ❶ definieren. Tragen Sie eine passende Beschreibung in die Spalte **Bez.Kontoauszugsformat** ❷ ein, und setzen Sie den Haken im Feld **Kontoinhaber** ❸ bei dem Format, das als Default-Format hinterlegt werden soll.

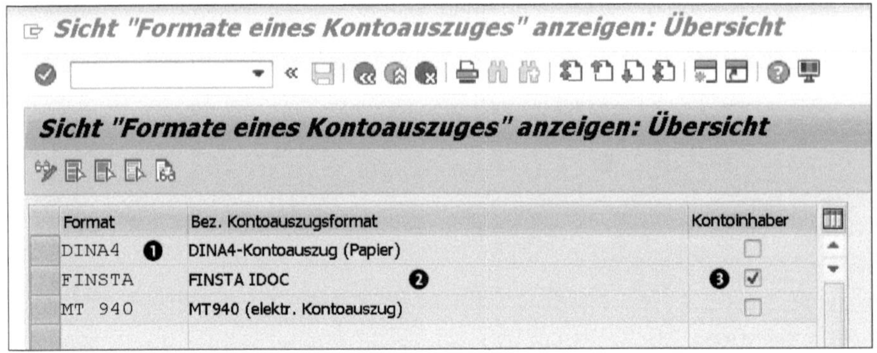

Sicht "Formate eines Kontoauszuges" anzeigen: Übersicht

Format	Bez. Kontoauszugsformat	Kontoinhaber
DINA4 ❶	DINA4-Kontoauszug (Papier)	☐
FINSTA	FINSTA IDOC ❷	❸ ☑
MT 940	MT940 (elektr. Kontoauszug)	☐

Abbildung 8.19 Formate für IHC-Kontoauszüge anlegen (Transaktion SPRO)

Sie pflegen die Versandarten, die für diese Formate möglich sind, über den Pfad **Financial Supply Chain Management • In-house Cash • Stammdaten • Konto • Versandart für Kontoauszüge pflegen**.

In Abbildung 8.20 sehen Sie die in der SAP-Standardauslieferung enthaltenen Versandarten. Als Default-Versandart ist die Versandart 3 (ALE) gekennzeichnet, die für den IDoc-Versand steht.

Sicht "Versandarten eines Kontoauszuges" anzeigen: Übersicht

Versandart	Bez. Versandart	Kontoinhaber
1	postalisch	☐
2	Schließfach	☐
3	ALE	☑

Abbildung 8.20 Versandart für IHC-Kontoauszüge anlegen (Transaktion SPRO)

Kontoauszüge als E-Mails mit PDF-Anhang verschicken

Oftmals kann es notwendig sein, interne Kontoauszüge als E-Mails mit dem PDF-Dokument im Anhang zu verschicken. Dies kann bei einer heterogenen Systemlandschaften mit einigen Nicht-SAP-Systemen der Fall sein.

In solchen Fällen können Sie den Funktionsbaustein `SAMPLE_INTERFACE_00010510_PDF` kopieren und gemäß Ihren Anforderungen anpassen. Anschließend müssen Sie Ihren angelegten Funktionsbaustein dem `Event "00010510"` in Transaktion BF34 zuordnen.

Anlage der IHC-Konten vorbereiten

Wenn Sie einen Bankkreis angelegt haben, müssen Sie jeweils ein Buchungsdatum für den Zahlungsverkehr und für den Abschluss in diesem Bankkreis festlegen, bevor Sie zu diesem Bankkreis IHC-Konten anlegen können. Das tun Sie im Anwendungsmenü über die folgenden Pfade:

- **Rechnungswesen • Financial Supply Chain Management • In-House Cash • Periodische Arbeiten • Buchungsdatum • Zahlungsverkehr** (oder direkt über Transaktion F9B1)
- **Rechnungswesen • Financial Supply Chain Management • In-House Cash • Periodische Arbeiten • Buchungsdatum • Abschluss** (oder direkt über Transaktion F9L4).

8.1.4 ALE-Customizing für die In-House-Bank

Die Kommunikation der In-House-Bank mit den Tochtergesellschaften muss erst mittels ALE-Customizing (Application Link Enabling) ermöglicht werden.

[«]

Die ALE-Kommunikation wird zwischen den SAP-Systemen vorausgesetzt!

Beim Beschreiben der erforderlichen Einstellungen gehen wir davon aus, dass alle Tochtergesellschaften und die In-House-Bank ein SAP-System verwenden. Außerdem gehen wir davon aus, dass die SAP-Systeme innerhalb des Unternehmens über eine direkte ALE-Verbindung miteinander kommunizieren. Die Tochtergesellschaften und SAP In-House Cash können sich dabei sowohl in demselben SAP-System als auch in unterschiedlichen SAP-Systemen befinden.

Die ALE-Einstellungen in der In-House-Bank müssen für die folgenden Teilprozesse vorgenommen werden:

- Die In-House-Bank empfängt die Zahlungs-IDocs, die von den Tochtergesellschaften stammen, und generiert daraus IHC-Zahlungsaufträge.

- Die In-House-Bank verschickt täglich interne Kontoauszüge an die Tochtergesellschaften.
- Die In-House-Bank verschickt die Zahlungsinformationen an die eigene Finanzbuchhaltung, damit dort Zahlungsanordnungen generiert werden.

Voraussetzungen für den IDoc-Austausch

Es müssen einige Einstellungen im ALE-Customizing vorgenommen werden, bevor die In-House-Bank in der Lage ist, IDocs mit den Tochtergesellschaften und der eigenen Finanzbuchhaltung auszutauschen. Die Finanzbuchhaltung des zum Bankkreis zugeordneten Buchungskreises wird als *Clearing-Partner* bezeichnet und als separates logisches System definiert.

Zusammenarbeit mit dem Basisteam für das ALE-Customizing

In diesem Buch können wir keine ausführlichen Beschreibungen des ALE-Customizings geben. Wir nennen in diesem Abschnitt relevante Transaktionen und Pfade, die Sie benötigen, um den Zahlungsverkehr mit der In-House-Bank einzurichten. Die ALE-Funktion im SAP-System ist eine anwendungsübergreifende Funktion, für die Sie in der Regel die Zuarbeit Ihres Basisteams benötigen.

Überprüfen Sie die folgenden Punkte zusammen mit Ihrem Basisteam, und nehmen Sie die entsprechenden Einstellungen vor:

1. Für die In-House-Bank und deren Clearing-Partner legen Sie jeweils ein logisches System über den folgenden Pfad an: **IDOC-Schnittstelle • Grundeinstellungen • Logische Systeme einrichten •Logisches System benennen** (Transaktion SALE).
2. Ordnen Sie anschließend die angelegten logischen Systeme dem relevanten Mandanten zu. Diese Zuordnung können Sie über den folgenden Pfad vornehmen: **IDOC-Schnittstelle • Grundeinstellungen • Logische Systeme einrichten • Logisches System einem Mandanten zuordnen** (Transaktion SALE).
3. Die Systeme der Tochtergesellschaften müssen als Zielsysteme definiert werden. Der Clearing-Partner der In-House-Bank muss ebenfalls als Zielsystem definiert werden, falls sich dieser in einem separaten SAP-System oder in einem anderen Mandanten befindet. Für den Clearing-Partner, der sich in demselben System wie die In-House-Bank befindet, muss kein Zielsystem angelegt werden. Verwenden Sie in diesem Fall die schon vorhandene RFC-Destination `NONE`. Die Einstellungen nehmen Sie über den folgenden Pfad vor: **IDOC-Schnittstelle • Kommunikation • Zielsysteme für RFC-Aufrufe definieren** (Transaktion SM59).
4. Das Verteilungsmodell für die Kommunikation zwischen den logischen Systemen für die Nachrichtentypen `FINSTA`, `PAYEXT` und `DIRDEB` richten Sie über den folgenden

Pfad ein: **IDOC-Schnittstelle • Geschäftsprozesse modellieren und implementieren • Verteilungsmodell pflegen und Sichten verteilen** (Transaktion BD64).

5. Über den folgenden Pfad verteilen Sie die Modellsicht des angelegten Verteilungsmodells in die Systeme der Tochtergesellschaften: **IDOC-Schnittstelle • Geschäftsprozesse modellieren und implementieren • Verteilungsmodell pflegen und Sichten verteilen** (Transaktion BD64).
6. Die Partnervereinbarungen generieren Sie über den Pfad: **IDOC-Schnittstelle • Geschäftsprozesse modellieren und implementieren • Partnervereinbarungen • Partnervereinbarungen generieren** (Transaktion BD82).
7. Die Geschäftspartner, die die Tochtergesellschaften darstellen und in den IHC-Konten als Kontoauszugsempfänger angegeben sind, müssen in Transaktion WE20 (Partnervereinbarungen) als Partner mit der Partnerart BP gepflegt werden.
8. Der Clearing-Partner muss in Transaktion WE20 mit der Partnerart LS gepflegt werden.

Eingehende IDocs für die Erzeugung der IHC-Zahlungsaufträge

Die Tochtergesellschaften schicken ihre ausgehenden Zahlungen in Form von IDocs mit dem logischen Nachrichtentyp PAYEXT und dem Basistyp PEXR2003 an die In-House-Bank. Ihre eingehenden Zahlungen (z. B. Lastschrifteinzüge) schicken sie in Form von IDocs mit dem logischen Nachrichtentyp DIRDEB und dem Basistyp PEXR2003. Aus diesen IDocs werden IHC-Zahlungsaufträge in SAP In-House Cash angelegt.

Die beiden logischen Nachrichtentypen PAYEXT und DIRDEB pflegen Sie im logischen System, das Sie für die In-House-Bank angelegt haben, als eingehende IDoc Typen und ordnen diese dem Eingangsparameter PEXN in Transaktion WE20 zu.

Ausgehende IDocs für die Erzeugung der FI-Zahlungsanordnungen

Die Zahlungsinformationen werden aus SAP In-House Cash ebenfalls per IDoc an die Finanzbuchhaltung des zum Bankkreis zugeordneten Buchungskreises verschickt. Daraus werden dann in dem jeweiligen Buchungskreis die FI-Zahlungsanordnungen, auch als *Clearing-Partner* bekannt, generiert.

In Transaktion WE20 (Partnervereinbarungen) im logischen System der In-House-Bank pflegen Sie die Nachrichtentypen PAYEXT und DIRDEB als Ausgangsparameter, damit die Zahlungsinformationen von der In-House-Bank an den Clearing-Partner versendet werden können. Zusätzlich tragen Sie bei der Pflege der Ausgangsparameter die Nachrichtenvariante IHC und die Nachrichtenfunktion FI ein, falls sich die In-House-Bank und der Clearing-Partner in demselben System befinden.

Eingehende IDocs für die Erzeugung der FI-Zahlungsanordnungen

Damit die Erzeugung der Zahlungsanordnungen im Clearing-Partner erfolgt, pflegen Sie die logischen Nachrichtentypen PAYEXT und DIRDEB mit der Nachrichtenvariante IHC und der Nachrichtenfunktion FI als Eingangsparameter im logischen System des Clearing-Partners und ordnen diesen Nachrichtentypen den Eingangsparameter PEXC in Transaktion WE20 zu.

Ausgehende IDocs für das Versenden der FINSTA-Kontoauszüge

Bei der Tagesendverarbeitung werden in der In-House-Bank interne Kontoauszüge als IDocs mit dem logischen Nachrichtentyp FINSTA generiert und an die Tochtergesellschaften verschickt. Pflegen Sie den logischen Nachrichtentyp FINSTA mit dem Basistyp FINSTA01 als Ausgangsparameter in den Einstellungen des logischen Systems für Ihre In-House-Bank.

Legen Sie den logischen Nachrichtentyp FINSTA als Ausgangsparameter in den Partnervereinbarungen der Geschäftspartner für die Tochtergesellschaften mit Transaktion WE20 (Partnervereinbarungen) an.

8.2 Kontoführung in SAP In-House Cash einstellen

In Abschnitt 8.1, »Allgemeine Einstellungen«, haben wir diverse Voraussetzungen, Vorbereitungen der Stammdaten und die für die Kommunikation zwischen den Systemen erforderlichen Einstellungen beschrieben.

In diesem Abschnitt widmen wir uns den Einstellungen, die nicht nur erforderlich sind, damit die IHC-Zahlungsaufträge nicht nur angelegt werden können, sondern auch optimal verschiedene Geschäftsprozesse widerspiegeln. Die In-House-Bank arbeitet mit den IHC-Zahlungsaufträgen, die, basierend auf den Zahlungs-IDocs, von den Tochtergesellschaften angelegt werden. Es kann sich dabei um IHC-Zahlungsaufträge unterschiedlicher Art handeln, wie z. B. um interne Intercompany-Zahlungen oder um externe On-Behalf-Zahlungen. Die Art der IHC-Zahlungsaufträge gibt nicht nur die Auskunft über den Zweck der Zahlung, sondern entscheidet über ihre weitere Verarbeitung.

IHC-Zahlungsaufträge für Intercompany- und On-Behalf-Zahlungen

Intercompany-Zahlungen bleiben innerhalb des Unternehmens und müssen nicht an externe Banken geschickt werden; damit ist ihre Verarbeitung mit der Verbuchung in SAP In-House Cash abgeschlossen. Externe Zahlungen müssen hingegen an den Clearing-Partner der In-House-Bank weitergeleitet werden, damit daraus die Zahlungsanordnungen generiert und als Zahlungsbasis in der Finanzbuchhaltung der In-House-Bank verwendet werden.

8.2.1 Zahlungsprozesse in SAP In-House Cash vorbereiten

In diesem Abschnitt erläutern wir, welchen Einstellungen Sie für die funktionierenden Zahlungsprozesse in SAP In-House-Cash einrichten müssen.

Transaktionsarten definieren

Um klare Abgrenzungen zwischen den unterschiedlichen Zahlungsaufträgen zu schaffen und sie unterschiedlich verarbeiten zu können, werden in SAP In-House Cash *Transaktionsarten* für die IHC-Zahlungsaufträge definiert, die anschließend mit den für den jeweiligen Zweck der Zahlung geeigneten Eigenschaften bestückt werden.

[«]

Geschäftsprozesse analysieren und die Granularität bestimmen

Sie können zwar beliebig viele Transaktionsarten anlegen, sollten sich aber bei der Einführung von SAP In-House Cash überlegen, welche Prozesse in der In-House-Bank abgebildet werden und ob diese voneinander getrennt ablaufen sollen. So müssen Sie z. B. zwischen internen und externen Zahlungen und auch zwischen internen und externen Kontoeinzügen unterscheiden, weil sie eine unterschiedliche Verarbeitungsweise voraussetzen. Zusätzlich können Sie aber noch manuelle IHC-Zahlungsaufträge von den automatisch, also per IDoc eingehenden, angelegten IHC-Aufträgen unterscheiden. Bei den externen Zahlungen können Sie wieder zwischen SEPA- und Auslandszahlungen unterscheiden und für die jeweils eine eigene Transaktionsart anlegen. Zu granular sollte es aber auch nicht werden, denn sonst verlieren Sie schnell den Überblick über die Transaktionsarten.

Sie definieren die Transaktionsarten über den Pfad: **Financial Supply Chain Management • In-house Cash • Kontoführung • Zahlungsprozesse im In-House Cash • Transaktionsarten definieren**.

In Abbildung 8.21 sehen Sie das Übersichtsbild für die Anlage der Transaktionsarten. Tragen Sie einen sprechenden, frei definierbaren Schlüssel in die Spalte **Transaktionsart** ❶ und eine Bezeichnung dieser Transaktionsart in die Spalte **Bezeichnung einer Transaktionsart** ❷ ein. Setzen Sie den Haken in der Spalte **Extern** ❸, wenn die Transaktionsart für On-Behalf-Zahlungen definiert wird und die Zahlungsanordnungen zu den IHC-Aufträgen mit dieser Transaktionsart generiert werden müssen. Setzen Sie den Haken in der Spalte **Überweisung** ❹, falls es sich um eine ausgehende Zahlung handelt.

Setzen Sie keinen Haken in der Spalte **Überweisung**, falls es um einen Lastschrifteinzug geht, und aktivieren Sie das Kennzeichen **Ausland** ❺, wenn das Absenderbankland und das Empfängerbankland nicht identisch sind. Aktivieren Sie das Kennzeichen **Scheckzahlung** ❻, wenn Sie mit dieser Transaktionsart Schecks abwickeln, und setzen Sie den Haken in der Spalte **Vorg.Währung** ❼, falls nur die Währung des Bankkreises des Auftraggebers als Transaktionswährung verwendet werden soll.

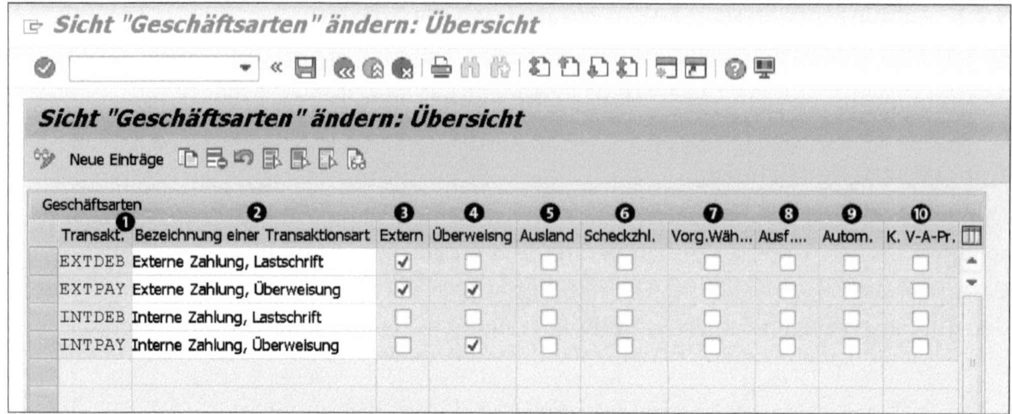

Abbildung 8.21 Transaktionsarten in SAP In-House Cash definieren (Transaktion SPRO)

Aktivieren Sie das Kennzeichen **Ausführungsdatum** ❽, falls beim Anlegen des Zahlungsauftrags das Ausführungsdatum geändert werden darf, und setzen Sie den Haken in der Spalte **Automatisch** ❾, falls die IHC-Zahlungsaufträge mit dieser Transaktionsart nur automatisch per eingehendem IDoc angelegt werden dürfen. Aktivieren Sie das Kennzeichen **K.V-A-Pr.** ❿, falls Sie möchten, dass bei der Limitüberschreitung der IHC-Zahlungsauftrag nicht dem 4-Augen-Prinzip unterliegt. Bei dem gesetzten Haken in der Spalte **K.V-A-Pr.** schlägt die Verbuchung des IHC-Zahlungsauftrags fehl, und es erscheint eine Fehlermeldung.

Clearing-Partner definieren

Sie müssen einen Clearing-Partner definieren, damit die für externe Zahlungen notwendigen Zahlungsanordnungen an diesen Clearing-Partner weitergeleitet werden. In der Regel handelt es sich dabei um die Finanzbuchhaltung der In-House-Bank. Wenn Sie aber mehrere Bankkreise haben und auch bankkreisübergreifende Transaktionen ausführen, müssen Sie die Bankkreise ebenfalls als Clearing-Partner definieren.

Den Clearing-Partner legen Sie über den folgenden Pfad an: **Financial Supply Chain Management • In-house Cash • Kontoführung • Zahlungsprozesse im In-House Cash • Clearingpartner definieren**.

In Abbildung 8.22 sehen Sie den Clearing-Partner FI, der für die Darstellung der Finanzbuchhaltung der In-House-Bank steht und sich in demselben System wie die In-House-Bank selbst befindet. Tragen Sie einen Schlüssel in die Spalte **Clearingpartner** ❶ und die Beschreibung zu diesem Partner in die Spalte **Bezeichnung** ❷ ein.

Wählen Sie den Typ für den neuen Clearing-Partner in der Spalte **Typ** ❸. Verwenden Sie den Typ FI, falls der Clearing-Partner die Finanzbuchhaltung darstellt, und verwenden Sie den Typ IHCC, falls der Clearing-Partner den Bankkreis für bankkreisübergreifende Vorgänge darstellt. Wählen Sie die RFC-Destination **NONE** in der Spalte **RFC-Destination** ❹, falls sich der Clearing-Partner in demselben SAP-System befindet.

Abbildung 8.22 Clearing-Partner in SAP In-House Cash anlegen (Transaktion SPRO)

8.2.2 Grundfunktionen der Kontoführung definieren

Als Nächstes müssen Sie Geschäftsvorfallcodes, Vorgangsarten und Gegenvorgangsarten definieren.

Geschäftsvorfallcodes definieren

Im Rahmen der Tagesendverarbeitung werden interne Kontoauszüge im `FINSTA`-Format in SAP In-House Cash generiert und an die Tochtergesellschaften verschickt. Bei der Erzeugung der internen Kontoauszüge in der In-House-Bank gilt dasselbe Prinzip wie bei den externen Kontoauszügen. Damit die Tochtergesellschaften die einzelnen Transaktionen aus den `FINSTA`-Kontoauszügen entsprechend dem Zweck der Transaktion in ihrem System verbuchen können, gibt die In-House-Bank *Geschäftsvorfallcodes* zu jeder Transaktion mit. Diese Geschäftsvorfallcodes sind über den folgenden Customizing-Pfad zu definieren: **Financial Supply Chain Management • In-house Cash • Kontoführung • Grundfunktionen Kontoführung • Geschäftsvorfallcodes definieren**.

In Abbildung 8.23 sehen Sie die in der Standardauslieferung enthaltenen Geschäftsvorfallcodes, die Sie behalten können, oder Sie definieren Ihre eigenen Geschäftsvorfallcodes.

[«]

Geschäftsvorfallcodes den Tochtergesellschaften mitteilen

Sie müssen anschließend die von Ihnen definierten Geschäftsvorfallcodes und den Transaktionszweck, den sie darstellen, den Tochtergesellschaften mitteilen, damit sie die in Ihren SAP-Systemen notwendigen Einstellungen in der Kontoauszugsverarbeitung vornehmen können.

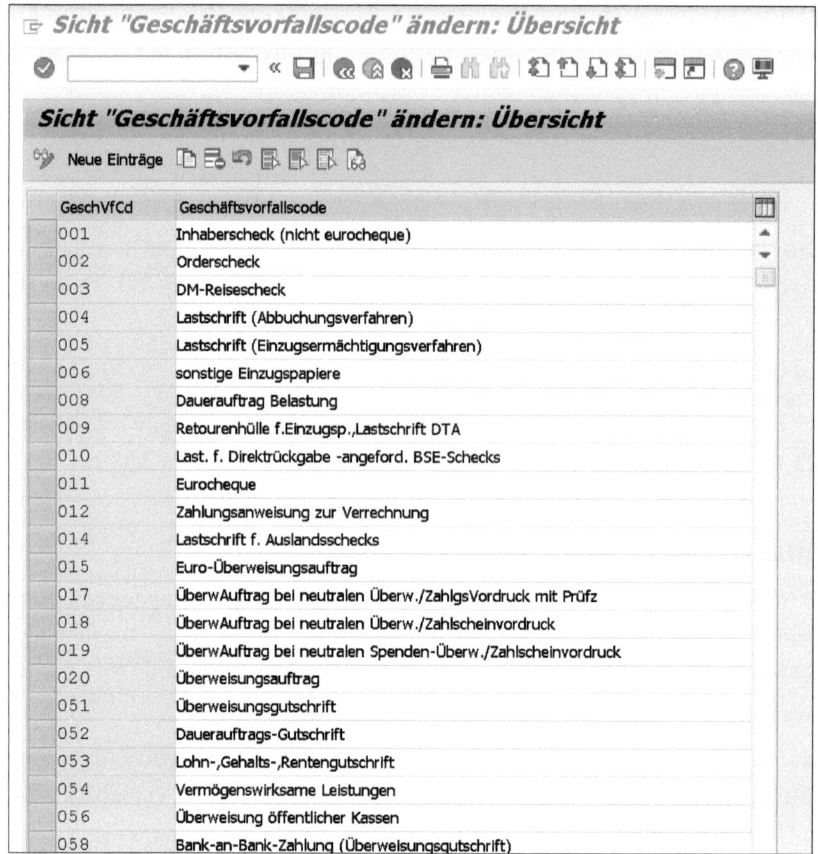

Sicht "Geschäftsvorfallscode" ändern: Übersicht

Neue Einträge

GeschVfCd	Geschäftsvorfallscode
001	Inhaberscheck (nicht eurocheque)
002	Orderscheck
003	DM-Reisescheck
004	Lastschrift (Abbuchungsverfahren)
005	Lastschrift (Einzugsermächtigungsverfahren)
006	sonstige Einzugspapiere
008	Dauerauftrag Belastung
009	Retourenhülle f.Einzugsp.,Lastschrift DTA
010	Last. f. Direktrückgabe -angeford. BSE-Schecks
011	Eurocheque
012	Zahlungsanweisung zur Verrechnung
014	Lastschrift f. Auslandsschecks
015	Euro-Überweisungsauftrag
017	ÜberwAuftrag bei neutralen Überw./ZahlgsVordruck mit Prüfz
018	ÜberwAuftrag bei neutralen Überw./Zahlscheinvordruck
019	ÜberwAuftrag bei neutralen Spenden-Überw./Zahlscheinvordruck
020	Überweisungsauftrag
051	Überweisungsgutschrift
052	Dauerauftrags-Gutschrift
053	Lohn-,Gehalts-,Rentengutschrift
054	Vermögenswirksame Leistungen
056	Überweisung öffentlicher Kassen
058	Bank-an-Bank-Zahlung (Überweisungsgutschrift)

Abbildung 8.23 Geschäftsvorfallcodes in SAP In-House Cash definieren (Transaktion SPRO)

Vorgangsarten definieren

Bei den Buchungen in SAP In-House Cash werden zu jedem IHC-Zahlungsauftrag im Hintergrund mindestens zwei *Zahlungsposten* angelegt, die für die Tagesendverarbeitung und die Übergabe der IHC-Transaktionsdaten in das Hauptbuch erforderlich sind. Es handelt sich dabei um *Auftraggeberposten* und um ein oder mehrere *Empfängerposten*. Die Verbuchung dieser Zahlungsposten wird durch die *Vorgangsarten* ausgesteuert.

Vorgangsarten verlinken die IHC-Zahlungsaufträge mit den Sachkonten in der Hauptbuchübergabe!

Die Vorgangsarten werden zum einen den Transaktionsarten der IHC-Zahlungsaufträge und zum anderen den Hauptbuchvorgängen im Customizing der IHC-Hauptbuchübergabe zugeordnet.

Die Vorgangsarten sind über den folgenden Customizing-Pfad zu definieren: **Financial Supply Chain Management • In-house Cash • Kontoführung • Grundfunktionen Kontoführung • Vorgangsarten definieren**.

In Abbildung 8.24 sehen Sie die in der Standardauslieferung enthaltenen Vorgangsarten. Das Kürzel für die Vorgangsart ist in der Spalte **VorgangArt** und dessen Bezeichnung in der Spalte **Bezeichnung Vorgangsart** angegeben. In Anlehnung an die Standardvorgangsarten können Sie Ihre eigenen Vorgangsarten anlegen, die Ihre Hauptprozesse widerspiegeln, z. B. **Überweisung**, **Auslandsüberweisung**, **Cash Pooling**, **Interne Zahlung**, **Zins- und Gebührenverbuchung**.

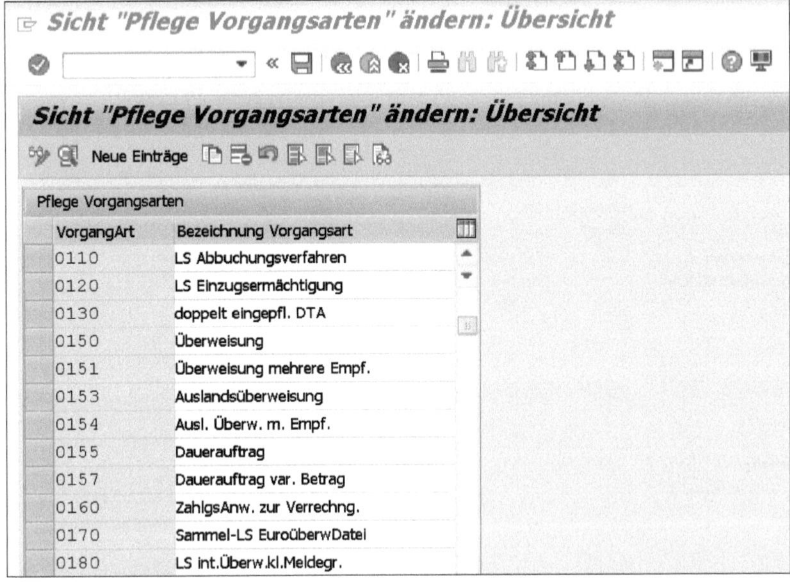

Abbildung 8.24 Vorgangsarten in SAP In-House Cash definieren: Übersichtsbild (Transaktion SPRO)

Für jede Vorgangsart definieren Sie die folgenden Eigenschaften:

- welche Prüfungen bei der Verbuchung des Zahlungspostens durchgeführt werden sollen. Dazu gehören u. a. Prüfungen des Geschäftspartners, der Limits oder der vorgegebenen Valutierung.
- ob die Vorgangsart eine Gutschrift oder eine Belastung darstellt
- ob die Verbuchung unter Vorbehalt des Eingangs erfolgt
- ob eine Stornierung oder eine Valutavorgabe möglich ist
- welcher Geschäftsvorfallcode der Vorgangsart entspricht

In Abbildung 8.25 sehen Sie die genaue Definition der Vorgangsart 0150 (Überweisung). Aktivieren Sie das Kennzeichen **Gutschrift** ❶, falls die Vorgangsart für eine Gutschrift verwendet werden soll. Im Bereich **Hauptprüfungen** ❷ können Sie mit dem

Setzen des Hakens im jeweiligen Feld Prüfungen unterschiedlicher Art in den Zahlungsposten aktivieren. In das Feld **Geschäftsvorfallcode** ❸ tragen Sie einen Wert ein, der in den FINSTA-Kontoauszügen für die Abbildung der Transaktionen mit dieser Vorgangsart verwendet werden soll.

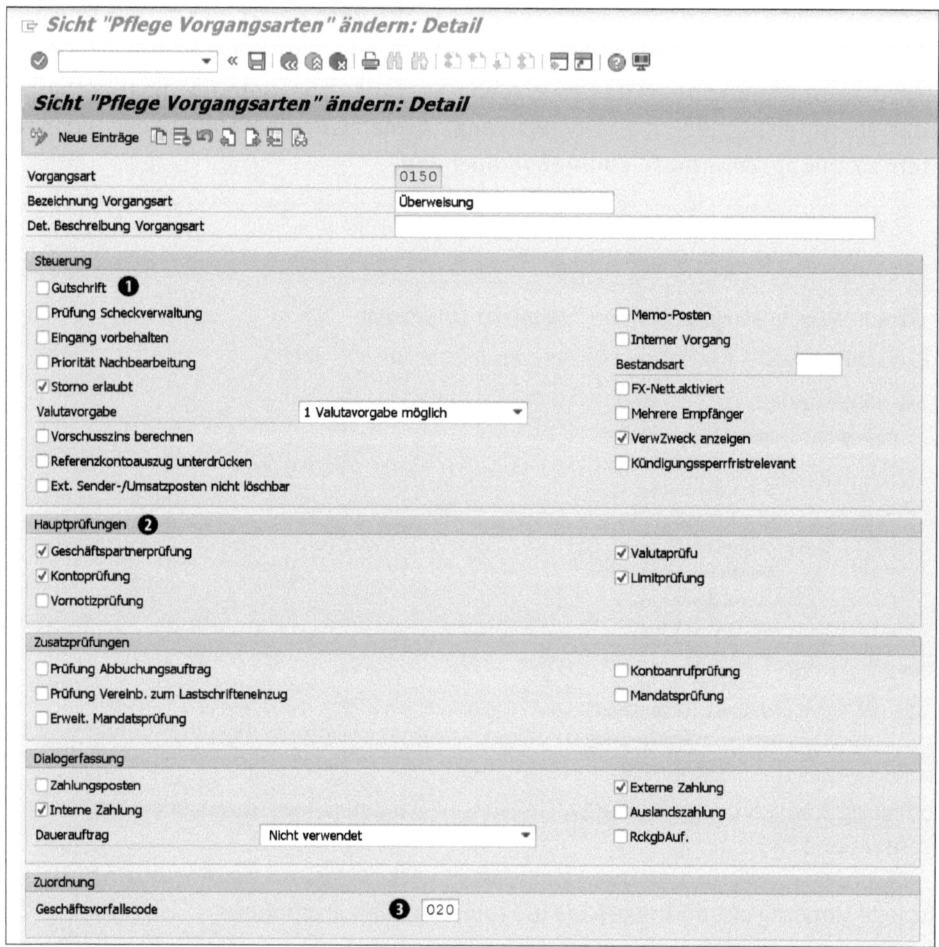

Abbildung 8.25 Vorgangsarten in SAP In-House Cash definieren: Detailbild (Transaktion SPRO)

[»]

Standardvorgangsarten als Referenz nutzen

Aus Platzgründen können wir nicht jedes einzelne Feld erläutern; nutzen Sie daher für ein besseres Verständnis die [F1]-Hilfe für die Beschreibung zu den Feldern. Außerdem empfehlen wir, die in der Standardauslieferung vorhandenen Vorgangsarten zu kopieren und deren Einstellungen als Referenz für eigene Vorgangsarten zu benutzen. Sie müssen möglicherweise nur noch einen anderen Geschäftsvorfallcode zuordnen, um Ihre Vorgangsart korrekt nutzen zu können.

Gegenvorgangsarten definieren

Jetzt müssen Sie den angelegten Vorgangsarten die Gegenvorgangsarten zuordnen. Diese Zuordnung nehmen Sie über den folgenden Pfad vor: **Financial Supply Chain Management • In-house Cash • Kontoführung • Grundfunktionen Kontoführung • Gegenvorgangsarten zuordnen**.

> **Ableitung der Vorgangsarten**
>
> Wie wir in Abschnitt 8.2.3, »Grundeinstellungen für Zahlungsprozesse vornehmen«, sehen werden, werden die Vorgangsarten den Transaktionsarten zugeordnet. Diese Zuordnung wird für die Erstellung des Auftraggeberpostens zum IHC-Zahlungsauftrag mit der jeweiligen Transaktionsart benötigt. Die Ableitung der richtigen Vorgangsart für den Empfängerposten zum IHC-Zahlungsauftrag erfolgt durch die Zuordnung der Vorgangsarten zu den Gegenvorgangsarten.
>
> So ordnen Sie der Transaktionsart **Überweisung** die Vorgangsart **Überweisung** und der Vorgangsart **Überweisung** die Gegenvorgangsart **Gutschrift aus Überweisung** zu.

In Abbildung 8.26 sehen Sie die Zuordnung der Gegenvorgangsarten zu den Vorgangsarten. In die Spalte **Vorgangsart** ❶ tragen Sie die Vorgangsart für den Auftraggeberposten und in die Spalte **VA Gegenb.** ❷ die Vorgangsart für den Empfängerposten der jeweiligen Transaktionsart ein. Die Aktivierung des Kennzeichens **Vorbeleg.** ❸ ist nur erforderlich, wenn Sie zu einer Vorgangsart mehrere Gegenvorgangsarten zugeordnet haben.

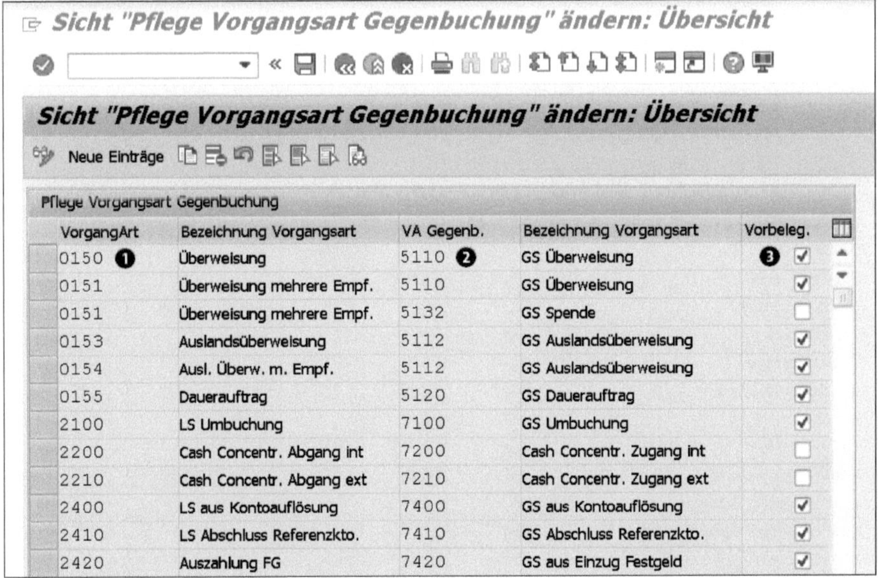

Sicht "Pflege Vorgangsart Gegenbuchung" ändern: Übersicht

Neue Einträge

Pflege Vorgangsart Gegenbuchung

VorgangArt	Bezeichnung Vorgangsart	VA Gegenb.	Bezeichnung Vorgangsart	Vorbeleg.
0150 ❶	Überweisung	5110 ❷	GS Überweisung	❸ ☑
0151	Überweisung mehrere Empf.	5110	GS Überweisung	☑
0151	Überweisung mehrere Empf.	5132	GS Spende	☐
0153	Auslandsüberweisung	5112	GS Auslandsüberweisung	☑
0154	Ausl. Überw. m. Empf.	5112	GS Auslandsüberweisung	☑
0155	Dauerauftrag	5120	GS Dauerauftrag	☑
2100	LS Umbuchung	7100	GS Umbuchung	☑
2200	Cash Concentr. Abgang int	7200	Cash Concentr. Zugang int	☐
2210	Cash Concentr. Abgang ext	7210	Cash Concentr. Zugang ext	☐
2400	LS aus Kontoauflösung	7400	GS aus Kontoauflösung	☑
2410	LS Abschluss Referenzkto.	7410	GS Abschluss Referenzkto.	☑
2420	Auszahlung FG	7420	GS aus Einzug Festgeld	☑

Abbildung 8.26 Gegenvorgangsarten in SAP In-House Cash zuordnen (Transaktion SPRO)

In diesem Fall muss die richtige Gegenvorgangsart in der Zahlungsauftragserfassung ausgewählt werden. Mit dem gesetzten Haken definieren Sie den Vorschlagswert. Bei der eindeutigen Zuordnung, was von uns empfohlen wird, setzen Sie keinen Haken in der Spalte **Vorbeleg.**

Buchungstypen den Vorgangsarten zuordnen

Nicht alle Buchungen in SAP In-House Cash stammen aus IHC-Zahlungsaufträgen. Einige Buchungen werden auch automatisch vom System erzeugt wie z. B. die Kontoverzinsung. Solche Buchungen werden systemintern über die *Buchungstypen* organisiert.

Kein Handlungsbedarf bei den Buchungstypen

Die Buchungstypen sind in der Standardauslieferung von SAP enthalten und für alle typischen Geschäftsprozesse in SAP In-House Cash ausreichend.

Die Buchungstypen können Sie über den folgenden Pfad überprüfen: **Financial Supply Chain Management • In-house Cash • Kontoführung • Buchungstypen pflegen**.

In Abbildung 8.27 sehen Sie die in der Standardauslieferung enthaltenen Buchungstypen in der Spalte **BT** ❶. In der Spalte **Gutschrift** ❷ ist ein Haken gesetzt, falls es bei diesem Vorgang um eine Gutschrift geht. In der Spalte **Prozess** ❸ sind die entsprechenden, ebenfalls im-SAP-System vordefinierten Prozesse festgelegt. Bei dem Prozess 0090 geht es z. B. um die Abschlussbuchungen in SAP In-House Cash.

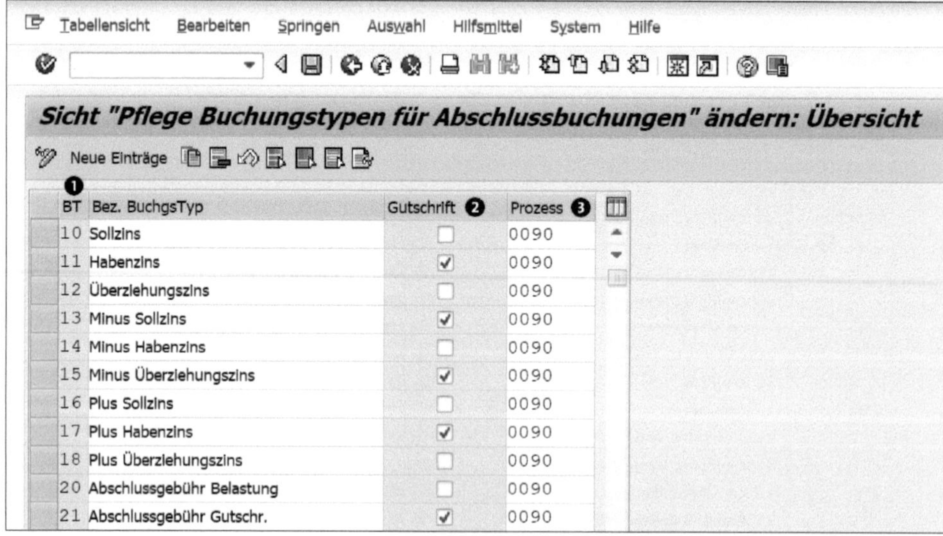

BT ❶	Bez. BuchgsTyp	Gutschrift ❷	Prozess ❸
10	Sollzins	☐	0090
11	Habenzins	☑	0090
12	Überziehungszins	☐	0090
13	Minus Sollzins	☑	0090
14	Minus Habenzins	☐	0090
15	Minus Überziehungszins	☑	0090
16	Plus Sollzins	☐	0090
17	Plus Habenzins	☑	0090
18	Plus Überziehungszins	☐	0090
20	Abschlussgebühr Belastung	☐	0090
21	Abschlussgebühr Gutschr.	☑	0090

Abbildung 8.27 Buchungstypen in SAP In-House Cash definieren (Transaktion SPRO)

Falls Sie mit Standardvorgangsarten von SAP arbeiten, überprüfen Sie lediglich die in der SAP-Standardauslieferung enthaltene Zuordnung der Vorgangsarten zu den Buchungstypen. Falls Sie eigene Vorgangsarten angelegt haben, müssen Sie die Vorgangsarten den Buchungstypen zuordnen. Verwenden Sie dazu den folgenden Customizing-Pfad: **Financial Supply Chain Management • In-house Cash • Kontoführung • Grundfunktionen Kontoführung • Buchungstypen Vorgangsarten zuordnen**.

In Abbildung 8.28 sehen Sie, dass die unterschiedlichen Buchungstypen in der Spalte **BT** ❶, die interne Abschlussbuchungen darstellen, den Vorgangsarten der Spalte **VorgangArt** ❷ zugeordnet sind.

BT	Bez. BuchgsTyp	VorgangArt	Bezeichnung Vorgangsart
10	Sollzins	1010	Sollzinsen
11	Habenzins	6010	Habenzinsen
12	Überziehungszins	1100	Überziehungszinsen
13	Minus Sollzins	6100	Minus Sollzinsen
14	Minus Habenzins	1150	Minus Habenzinsen
15	Minus Überziehungszins	6110	Minus Überziehungszinsen
16	Plus Sollzins	1020	Plus Sollzinsen
17	Plus Habenzins	6020	Plus Habenzinsen
18	Plus Überziehungszins	1110	Plus Überziehungszinsen
20	Abschlussgebühr Belastung	1210	Abschlussgebühren
21	Abschlussgebühr Gutschr.	6210	GS Abschlussgebühren

Abbildung 8.28 Die Buchungstypen den Vorgangsarten in SAP In-House Cash zuordnen (Transaktion SPRO)

Zusammenspiel von Prozess, Buchungstyp und Vorgangsart

Wenn bei der IHC-Abschlussbuchung, also dem Prozess 0090 der Sollzins berechnet wird, der vom Buchungstyp 10 dargestellt wird, wird dabei die Vorgangsart 1010 gezogen und für die Ableitung der Sachkonten für die Übertragung uns Hauptbuch verwendet.

Transaktionsart für automatische Zahlungen festlegen

Die Tochtergesellschaften schicken der In-House-Bank die PAYEXT- und DIRDEB-IDocs, damit diese in Form von IHC-Zahlungsaufträgen bei der In-House-Bank verbucht werden. Wenn die IDocs in das System der In-House-Bank gelangen, müssen sie der richtigen Transaktionsart zugeordnet werden. Grundsätzlich sind alle Zahlungsinformationen von der Tochtergesellschaft, inklusive lokalem Zahlweg, in den IDocs enthalten. Allerdings können sich die gelieferten lokalen Zahlwege von den in der In-House-Bank verwendeten Zahlwegen unterscheiden.

[»]

Einige Daten werden beim IDoc-Eingang intern abgeleitet

Beim Einlesen des eingehenden IDocs von den Tochtergesellschaften ermittelt das System den richtigen Bankkreis anhand der im IDoc enthaltenen Bankdaten des Auftraggebers, also dem Bankland und der Bankleitzahl. Danach wird der IHC-Geschäftspartner, der die Tochtergesellschaft darstellt, anhand der IHC-Kontonummer ermittelt.

Sie müssen also ein Mapping für das System definieren, in dem Sie festlegen, wie die IDocs der Gesellschaften zu lesen sind und wie die Transaktionsarten und die zentralen Zahlwege abgeleitet werden sollen.

Diese Eingaben nehmen Sie über den folgenden Pfad vor: **Financial Supply Chain Management • In-house Cash • Kontoführung • Zahlungsprozesse im In-House Cash • Transaktionsart für automatische Zahlungen festlegen**.

In Abbildung 8.29 sehen Sie die Logik, die für die Ermittlung der richtigen Transaktionsart aus den eingehenden IDocs der Tochtergesellschaften verwendet wird. Den Bankkreis tragen Sie in die Spalte **Bankkreis** ❶ ein. In die Spalte **GPartner** ❷ müssen Sie nur dann einzelne Geschäftspartner eintragen, falls unterschiedliche Tochtergesellschaften unterschiedliche Zahlwege in den IDocs liefern.

Sicht "Automatische Zahlungen: IHC-Transaktionsart ermitteln" ändern:

Sicht "Automatische Zahlungen: IHC-Transaktionsart ermitteln" ändern:

Neue Einträge

Automatische Zahlungen: IHC-Transaktionsart ermitteln

Bankk...	GPart...	Ü/L	Auft...	Gel.Za...	Gel.Z....	Empf....	T-W...	Transakt.	Nicht Buch
IHC ❶	❷	C Überweisung ❸	❹	I ❺	❻	❼	EUR ❽	INTPAY ❾	❿ ☐
IHC		C Überweisung		S				EXTPAY	☐
IHC		D Lastschrift		D				EXTDEB	☐
IHC		D Lastschrift		E		DE		INTDEB	☐

Abbildung 8.29 Transaktionsart für automatische Zahlungen festlegen (Transaktion SPRO)

In der Spalte **Ü/L** ❸ wählen Sie die Option **C Überweisung** für PAYEXT-IDocs und die Option **D Lastschrift** für DIRDEB-IDocs. In die Spalte **Auftraggeber Kontonummer** ❹ können Sie das IHC-Konto der Tochtergesellschaft eintragen, falls Sie die Unterscheidung nicht nur pro Geschäftspartner, sondern auch pro IHC-Konto benötigen. In die Spalte **Gel.Zahlweg** ❺ tragen Sie den Zahlweg ein, der in den IDocs von den Gesellschaften enthalten ist. Falls Sie in Ihrer In-House-Bank mit Zahlwegzusätzen arbeiten und die Tochtergesellschaften unterschiedliche Zahlwegzusätze liefern, tragen Sie diese in die Spalte **Gel.Zahlwegzusatz** ❻ ein. In die Spalte **Empf.Land** ❼ können Sie das jeweilige Bankland des Empfängers eintragen, falls es ein zusätzliches Kriterium für die Ermittlung der IHC-Transaktionsart sein soll. Die Spalte **T-Währung** ❽ müssen Sie mit einer Währung belegen, falls Sie pro Währung unterschiedliche Transaktionsarten zuordnen möchten. In der Spalte **Transakt.** ❾ legen Sie die Transaktionsart fest, die im anzulegenden IHC-Zahlungsauftrag verwendet werden soll. Setzen Sie keinen Haken in der Spalte **Nicht Buch** ❿. Bei der Aktivierung dieses Kennzeichens findet nach dem IDoc-Eingang weder eine vorläufige noch eine endgültige Buchung des IHC-Zahlungsauftrags statt.

Nun steht die richtige Transaktionsart für die eingehenden IDocs der Tochtergesellschaften fest, und im nächsten Abschnitt prägen wir diese Transaktionsart für IHC-Buchungen aus.

8.2.3 Grundeinstellungen für Zahlungsprozesse vornehmen

Der Customizing-Punkt **Grundeinstellungen für Zahlungsprozesse** ist der umfangreichste und einer der wichtigsten Schritte in der IHC-Konfiguration.

Die folgenden Entscheidungen treffen Sie an dieser Stelle:

- Sie entscheiden basierend auf den gelieferten Zahlwegen, welche Zahlungen zu welcher Transaktionsart gehören.
- Sie definieren, wie die Transaktionsarten in SAP In-House Cash abzuwickeln und zu buchen sind.
- Sie hinterlegen die Abrechnungskonten und die notwendigen Buchungsparameter.
- Sie definieren die bei den Buchungen in Fremdwährungen benötigten Umrechnungskurstypen.
- Sie tragen Kontokorrentkonten zur Verrechnung von weitergeleiteten IHC-Zahlungsaufträgen für den Clearing-Partner ein.
- Sie legen den Zahlweg für das Ausgangs-IDoc an den Clearing-Partner fest.
- Sie hinterlegen die Parameter für die Kommunikation mit dem Clearing-Partner.
- Sie steuern bei mehreren vorhandenen Clearing-Partnern mithilfe von Leitwegen, an welchen Clearing-Partner die Zahlungsinformation weitergeleitet werden soll.

Alle aufgelisteten Einstellungen nehmen Sie über den folgenden Pfad vor: **Financial Supply Chain Management • In-house Cash • Kontoführung • Zahlungsprozesse im In-House Cash • Grundeinstellungen für Zahlungsprozesse vornehmen**.

In Abbildung 8.30 sehen Sie das Übersichtsbild der Funktion **Grundeinstellungen für Zahlungsprozesse vornehmen**. Auf der rechten Seite des Auswahlbilds im Bereich **Bankkreise** ❶ sind die Bankkreise, die Sie zuvor angelegt haben, aufgelistet. Markieren Sie den entsprechenden Bankkreis, und wählen Sie den jeweiligen Unterordner auf der linken Seite im Bereich **Dialogstruktur** im Ordner **Bankkreise** ❷.

Abbildung 8.30 Grundeinstellungen für Zahlungsprozesse vornehmen: Übersichtsbild (Transaktion SPRO)

Wir erklären nun die Einstellungsmöglichkeiten im Ordner **Bankkreise** im Bereich **Dialogstruktur** Schritt für Schritt.

Abwicklung von Transaktionsarten im Bankkreis

Als Erstes definieren Sie, wie die von Ihnen zuvor definierten Transaktionsarten in SAP In-House Cash abgewickelt werden sollen.

In Abbildung 8.31 sehen Sie das Detailbild **Sicht »Abwicklung Transaktionsarten im Bankkreis« ändern: Übersicht** ❶. Den Bankkreis pflegen Sie in der Spalte **Bankkreis** ❷. Die zuvor angelegten Transaktionsarten tragen Sie in die Spalte **Transaktionsart** ❸ ein.

Vorläufige und endgültige Buchungen von IHC-Zahlungsaufträgen

Die IHC-Zahlungsaufträge können entweder endgültig oder vorläufig gebucht werden.

Einige Felder in den IHC-Zahlungsaufträgen mit dem Status **Vorläufig gebucht** sind änderbar. Solche Aufträge werden auf den für vorläufige Buchungen zugeordneten Abrechnungskonten gebucht und an einen zweiten Benutzer zur endgültigen Freigabe des IHC-Zahlungsauftrags weitergeleitet.

Alternativ und von uns empfohlen können Sie das 4-Augen-Prinzip in IHC- und endgültige Buchungen im Customizing aktivieren. In diesem Fall wird der IHC-Zahlungsauftrag im Status **Zur Buchung vorgemerkt** erfasst und von einem zweiten Benutzer freigegeben und endgültig gebucht.

In diesem Buch zeigen wir das Szenario mit der Einstellung **Endgültig gebucht**.

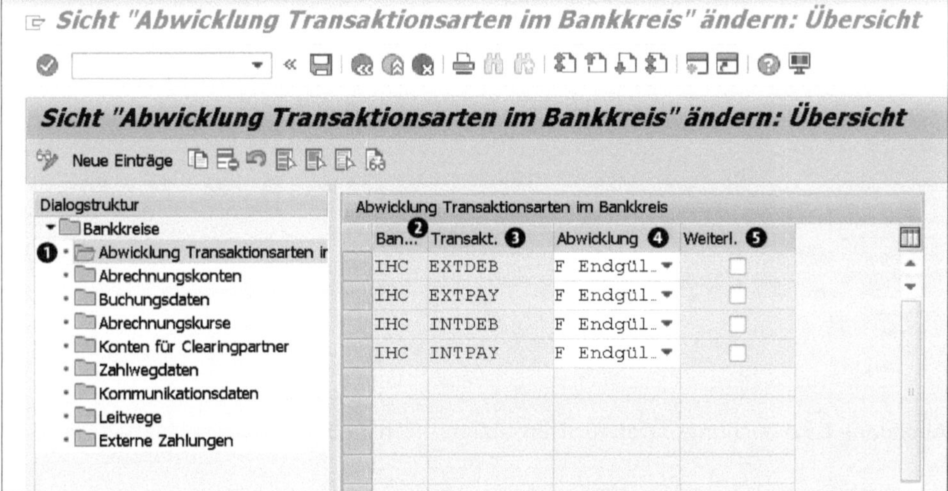

Abbildung 8.31 Abwicklung der Transaktionsarten im Bankkreis (Transaktion SPRO)

Wählen Sie die Option **F Endgültige Buchung** oder die Option **P Vorläufige Buchung** in der Spalte **Abwicklung** ❹. Aktivieren Sie das Kennzeichen **Weiterleiten** ❺ nur, wenn Sie mit vorläufigen Buchungen arbeiten und Zahlungsinformationen zu den vorläufigen IHC-Zahlungsaufträgen noch vor der endgültigen Freigabe an den Clearing-Partner weiterleiten möchten.

Abrechnungskonten für Transaktionsarten im Bankkreis

Als Nächstes hinterlegen Sie die Abrechnungskonten für die Buchungen der IHC-Zahlungsaufträge. Bei endgültigen Buchungen ohne Währungsgewinne und Währungsverluste, d. h., wenn Sie separate IHC-Konten pro Währung verwenden und die Transaktionswährung der Kontowährung entspricht, sind keine Einträge in diesem Bereich erforderlich.

Buchungsdaten für Transaktionsarten im Bankkreis

Die Vorgangsarten, die im Abschnitt »Vorgangsarten definieren« in Abschnitt 8.2.2 angelegt worden sind, müssen nun über den folgenden Pfad den Transaktionsarten zugeordnet werden: **Financial Supply Chain Management • In-house Cash • Kontoführung • Zahlungsprozesse im In-House Cash • Grundeinstellungen für Zahlungsprozesse vornehmen**.

In Abbildung 8.32 sehen Sie das Detailbild des Bereichs **Buchungsdaten** ❶. Pflegen Sie den Bankkreis in der Spalte **Bankkreis** ❷, und wählen Sie die Abrechnungskategorie **2 Endgültig** in der Spalte **Abr.-Kat** ❸. Pro Transaktionsart, die Sie in der Spalte **Transaktionsart** ❻ pflegen, müssen Sie in der Spalte **Postenart** zwei Auswahlen treffen: die Auswahl **1 Auftraggeber** und die Auswahl **2 Kontrahent** ❹.

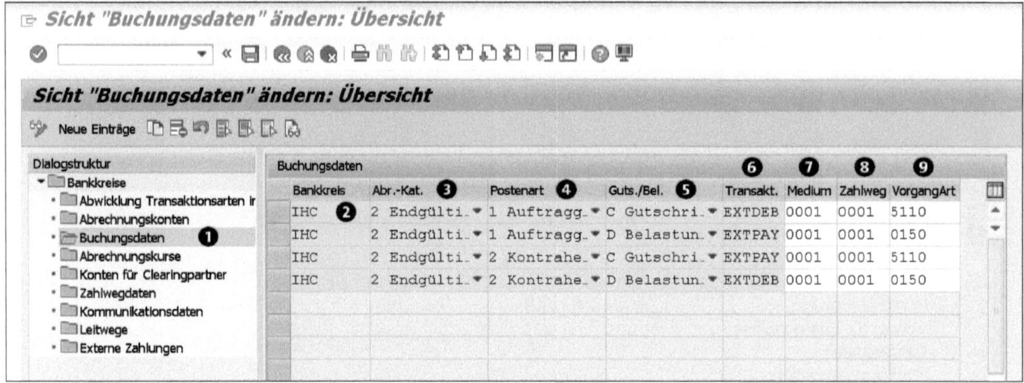

Abbildung 8.32 Buchungsdaten für Transaktionsarten im Bankkreis (Transaktion SPRO)

In der Spalte **Guts./Bel.** ❺ wählen Sie die Option **D Belastung** oder **C Gutschrift** in Abhängigkeit dessen, ob es bei der Transaktionsart um eine Überweisung oder um eine Gutschrift geht. Verwenden Sie den in der Standardauslieferung enthaltenen Wert »0001« in der Spalte **Medium** ❼ und ebenfalls den in der Standardauslieferung enthaltenen Wert »0001« in der Spalte **Zahlweg** ❽. Ordnen Sie nun die passende Vorgangsart in der Spalte **VorgangArt** ❾ zu.

Buchungsdaten für eine externe Überweisung

Für die korrekte Pflege der Buchungsdaten müssen Sie aufschreiben, ob es bei der Auftraggeberseite in der Transaktionsart um eine Belastung oder um eine Gutschrift geht und den entsprechenden Eintrag vornehmen.

In der Transaktionsart EXTPAY, die für eine externe Überweisung steht, stellt der Auftraggeberposten eine Belastung dar. Aus diesem Grunde pflegen Sie den folgenden Eintrag (siehe Tabelle 8.5):

Postenart	Guts./Bel.	Transaktionsart	Vorgangsart
1 Auftraggeber	D Belastung	EXTPAY	0150

Tabelle 8.5 Pflege der Auftraggeberseite für die Transaktionsart, die eine externe Überweisung darstellt

Die zweite Empfängerseite ist dann leicht zu vervollständigen (siehe Tabelle 8.6).

Postenart	Guts./Bel.	Transaktionsart	Vorgangsart
2 Kontrahent	C Gutschrift	EXTPAY	5110

Tabelle 8.6 Pflege der Empfängerseite für die Transaktionsart, die eine externe Überweisung darstellt

Abrechnungskurse für die Transaktionsarten im Bankkreis

Für die IHC-Zahlungsaufträge, deren Transaktionswährung sich von der Kontowährung unterscheidet, findet die Fremdwährungsumrechnung statt. Die Kurstypen für diese Umrechnung in SAP In-House Cash definieren Sie über den folgenden Pfad: **Financial Supply Chain Management • In-house Cash • Kontoführung • Zahlungsprozesse im In-House Cash • Grundeinstellungen für Zahlungsprozesse vornehmen**.

In Abbildung 8.33 sehen Sie das Detailbild des Bereichs **Abrechnungskurse** ❶. Den Bankkreis pflegen Sie in der Spalte **Bankkreis** ❷. Wählen Sie die Abrechnungskategorie **2 Endgültig** in der Spalte **Abr.-Kat** ❸, und aktivieren Sie das Kennzeichen **Extern** ❹, wenn die Kurstypen bei den Transaktionsarten für externe Zahlungen gelten sollen.

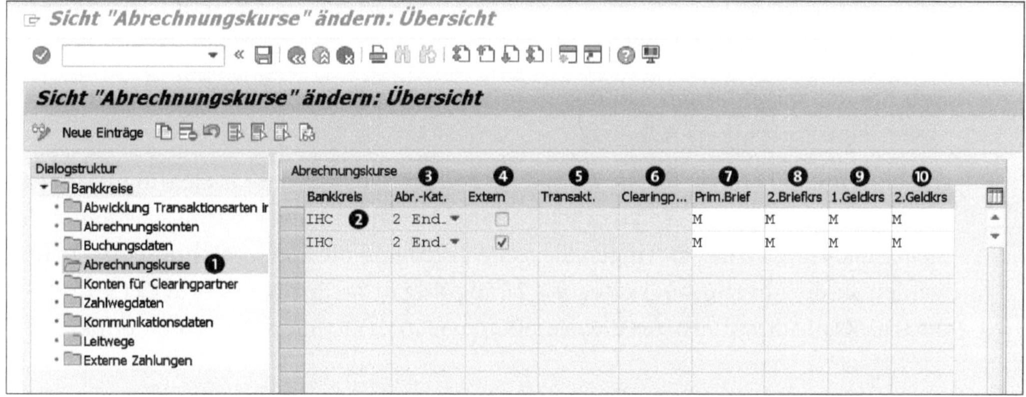

Abbildung 8.33 Abrechnungskurse für Transaktionsarten im Bankkreis (Transaktion SPRO)

Setzen Sie keinen Haken in der Spalte **Extern**, wenn die Kurstypen bei den Transaktionsarten für interne Zahlungen gelten sollen. Lassen Sie die Spalte **Transaktionsart** ❺ und die Spalte **Clearingpartner** ❻ leer, falls Sie keine Unterscheidung in den Kurstypen pro Transaktionsart oder pro Clearing-Partner benötigen. Pflegen Sie die gewünschten Kurstypen in den Spalten **Prim.Brief** ❼, **2.Briefkurs** ❽, **1.Geldkurs** ❾ und **2.Geldkurs** ❿.

Abrechnungskurstypen in SAP In-House Cash

SAP In-House Cash nutzt unterschiedliche Abrechnungskurstypen. Jeder davon hat eine bestimmte Bedeutung, die wir in diesem Hinweiskasten kurz erläutern:

- In der Spalte **Prim.Brief** wird ein Briefkurs hinterlegt, der bei Belastungen verwendet wird und den eine In-House-Bank gegenüber der externen Hausbank erzielt.
- In der Spalte **2.Briefkurs** wird ein Umrechnungskurs hinterlegt, der bei Belastungen von der In-House-Bank gegenüber den Tochtergesellschaften verwendet wird.
- In der Spalte **1.Geldkurs** wird ein Geldkurs hinterlegt, der bei Gutschriften verwendet wird und den eine In-House-Bank gegenüber der externen Hausbank erzielt.
- In der Spalte **2.Geldkurs** wird ein Umrechnungskurs hinterlegt, der bei Gutschriften von der In-House-Bank gegenüber den Tochtergesellschaften verwendet wird.

Konten für Clearing-Partner definieren

Bei externen IHC-Zahlungsaufträgen ist die Kommunikation der In-House-Bank mit dem Clearing-Partner erforderlich. Hierzu legen Sie die IHC-Konten des Clearing-Partners über den folgenden Pfad an: **Financial Supply Chain Management • In-house Cash • Kontoführung • Zahlungsprozesse im In-House Cash • Grundeinstellungen für Zahlungsprozesse vornehmen**.

Falls Sie nur mit internen Zahlungen in SAP In-House Cash arbeiten, sind an dieser Stelle keine Einträge erforderlich.

In Abbildung 8.34 sehen Sie das Detailbild des Bereichs **Konten für Clearingpartner** ❶. Pflegen Sie den Bankkreis in der Spalte **Bankkreis** ❷ und den Clearing-Partner in der Spalte **Clearingpartner** ❸. Tragen Sie die Währung in die Spalte **Währung** ❹ ein, und wählen Sie die Abrechnungskategorie **2 Endgültig** in der Spalte **Abr.-Kat** ❺. Ordnen Sie die IHC-Kontonummern des Clearing-Partners in der Spalte **Kontonummer** ❻ zu.

Relevante Währungen und IHC-Konten für Clearing-Partner

Erfassen Sie in dieser Transaktion Einträge für alle Währungen, die in der In-House-Bank im Einsatz sind.

Bevor Sie die Kontonummern in dieser Transaktion eintragen und speichern können, müssen Sie die IHC-Konten als Stammdaten in Transaktion F9K1 (Konto anlegen) anlegen. Für die IHC-Konten des Clearing-Partners sollten Sie ein eigenes Produkt anlegen und verwenden, wie es im Abschnitt »Produktdefinition« in Abschnitt 8.1.3 beschrieben ist.

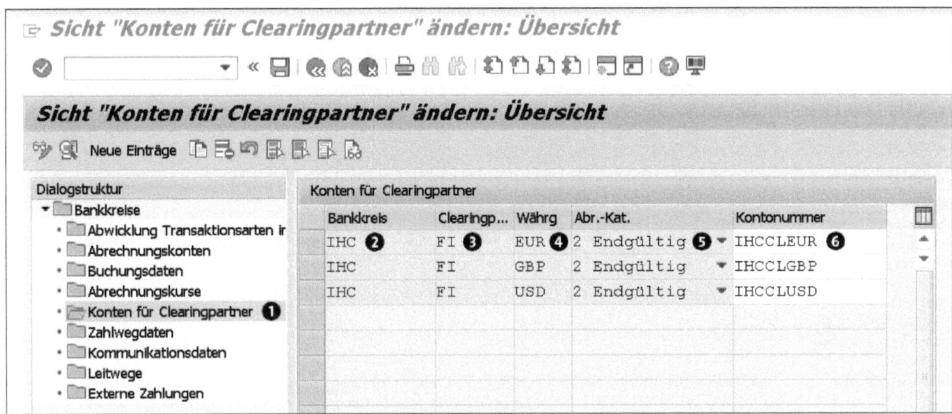

Abbildung 8.34 Konten für Clearing-Partner definieren (Transaktion SPRO)

Zahlwegdaten für Transaktionsarten im Bankkreis

Im Abschnitt »Transaktionsart für automatische Zahlungen festlegen« in Abschnitt 8.2.2 wurde der von den Tochtergesellschaften gelieferte Zahlweg für die Ermittlung der richtigen Transaktionsart benötigt.

Jetzt muss dieser gelieferte Zahlweg wieder verwendet werden, um den Zahlweg für das Ausgangs-IDoc aus der In-House-Bank zum Clearing-Partner zu bestimmen.

> **Zur Erinnerung: Zahlungs-IDocs zwischen SAP In-House Cash und Clearing-Partner**
>
> Bei der endgültigen Verbuchung eines externen IHC-Zahlungsauftrags wird ein IDoc generiert (für externe Überweisungen ist es ein PAYEXT-IDoc), das von der In-House-Bank an den Clearing-Partner geschickt wird. Beim Clearing-Partner werden aus diesen IDocs FI-Zahlungsanordnungen angelegt, die als Basis für den F111-Zahllauf dienen.

Sie definieren den richtigen Zahlweg für die Ausgangs-IDocs an den Clearing-Partner über den folgenden Pfad: **Financial Supply Chain Management • In-house Cash • Kontoführung • Zahlungsprozesse im In-House Cash • Grundeinstellungen für Zahlungsprozesse vornehmen**.

In Abbildung 8.35 sehen Sie das Detailbild des Bereichs **Zahlwegdaten** ❶. Pflegen Sie den Bankkreis in der Spalte **Bankkreis** ❷ und, wenn Sie mehr als einen Clearing-Partner haben, den Clearing-Partner in der Spalte **Clearingpartner** ❸. Tragen Sie die Währung in die Spalte **Währung** ❹ und das Bankland des Empfängers in die Spalte **Empf.Land** ❺ ein, falls Sie die Währung und das Empfängerbankland als Unterscheidungskriterien für die Zielzahlwege verwenden möchten. Pflegen Sie die Transaktionsart in der Spalte **Transakt** ❻.

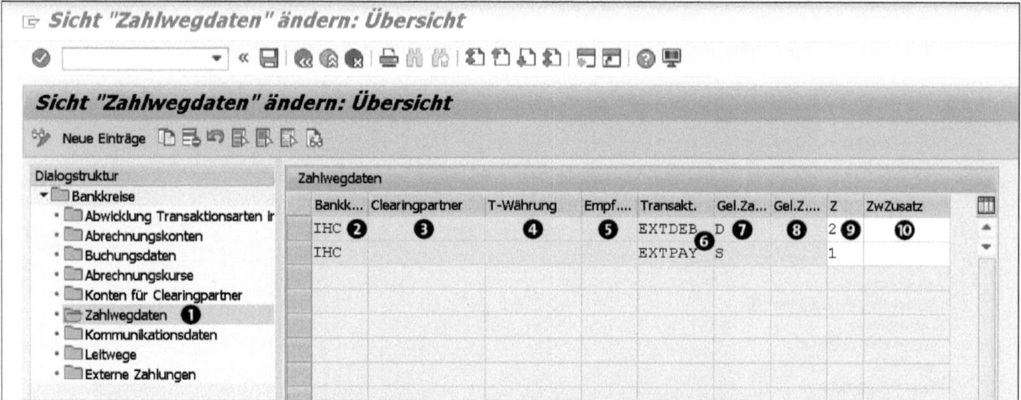

Abbildung 8.35 Zahlwegdaten für Transaktionsarten im Bankkreis (Transaktion SPRO)

In die Spalte **Gel.Zahlweg** ❼ tragen Sie den gelieferten Zahlweg ein, den Sie für diese Transaktionsart von den Gesellschaften erhalten haben. Falls Sie mit den Zahlwegzusätzen arbeiten, tragen Sie in die Spalte **Gel.Zahlwegzusatz** ❽ den gelieferten Zahlwegzusatz ein, den Sie für diese Transaktionsart von den Gesellschaften erhalten haben. In der Spalte **Z** ❾ definieren Sie den Zahlweg, der im Ausgangs-IDoc an den Clearing-Partner gesetzt werden soll. In der Spalte **ZwZusatz** ❿ definieren Sie den Zahlwegzusatz, falls sie in Ihrem System als zusätzliches Trennungskriterium der Zahlungen im Einsatz sind.

Kommunikationsdaten im Bankkreis definieren

Als Nächstes müssen Sie die Parameter für die IDoc-Kommunikation mit dem Clearing-Partner einrichten. Die hier hinterlegten Werte werden bei der Erzeugung des Ausgangs-IDocs in dessen Kontrollsatz übernommen. Das Ausgangs-IDoc der In-House-Bank wird zum Eingangs-IDoc beim Clearing-Partner. Basierend auf den Parametern im Kontrollsatz des IDocs und den Einstellungen, die im Abschnitt »Eingehende IDocs für die Erzeugung der FI-Zahlungsanordnungen« vorgenommen wurden, wird das Eingangs-IDoc entsprechend verbucht: entweder als FI-Zahlungsanordnung bei externen Zahlungen oder als weiterer IHC-Zahlungsauftrag bei den bankkreisübergreifenden Buchungen.

Legen Sie diese Daten über den folgenden Pfad an: **Financial Supply Chain Management • In-house Cash • Kontoführung • Zahlungsprozesse im In-House Cash • Grundeinstellungen für Zahlungsprozesse vornehmen**.

In Abbildung 8.36 sehen Sie das Detailbild des Bereichs **Kommunikationsdaten** ❶. Den Bankkreis pflegen Sie in der Spalte **Bankkreis** ❷ und den Clearing-Partner in der Spalte ❸ **Clearingpartner** ein; die Währung tragen Sie in die Spalte **Währung** ❹ ein. In die Spalte **EmpfPartArt** ❺ tragen Sie den Wert »LS« und in die Spalte **ParNr** ❻ die Partnernummer ein, die Sie für den Clearing-Partner als logisches System in den EDI-Partnervereinbarungen (Transaktion WE20) angelegt haben. Je nachdem, an welchen Clearing-Partner (die Finanzbuchhaltung der In-House-Bank oder den weiteren Bankkreis) Sie die IDocs schicken, pflegen Sie entsprechende Werte in der Spalte **Nachr.Var** ❼ und in der Spalte **Nachr.Fkt** ❽. Das Bankland in der Spalte **L/R** ❿, den Bankschlüssel in der Spalte **Bankleitzahl** ⓫ und die Kontonummer in der Spalte **Kontonummer** ❾ werden als Bankverbindung des Absenders in das Ausgangs-IDoc geschrieben und dienen der Identifikation des Absenders beim Clearing-Partner.

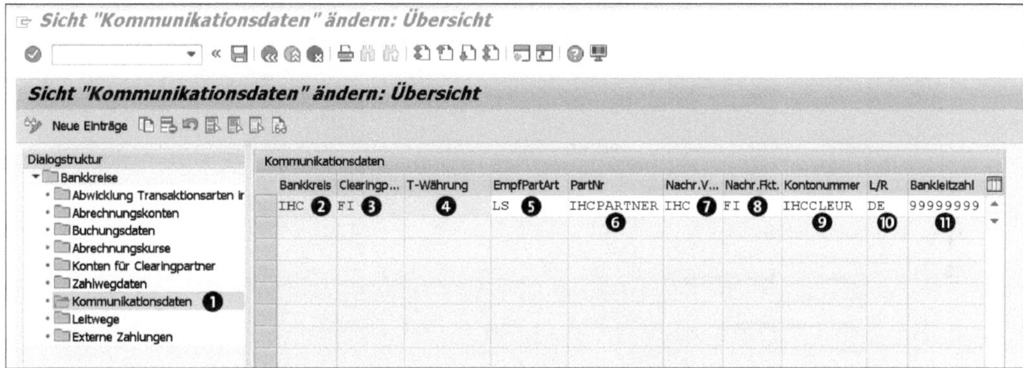

Abbildung 8.36 Kommunikationsdaten im Bankkreis definieren (Transaktion SPRO)

Leitwege im Bankkreis

Hier hinterlegen Sie, an welchen Clearing-Partner das System eine externe oder bankkreisübergreifende Zahlung als IDoc weiterleiten soll. Falls Sie nur interne Zahlungen und nur eine In-House-Bank im Einsatz haben, müssen Sie hier keine Einträge vornehmen. Dies definieren Sie über den folgenden Pfad: **Financial Supply Chain Management • In-house Cash • Kontoführung • Zahlungsprozesse im In-House Cash • Grundeinstellungen für Zahlungsprozesse vornehmen**.

In Abbildung 8.37 sehen Sie das Detailbild des Bereichs **Leitwege** ❶. Den Bankkreis pflegen Sie in der Spalte **Bankkreis** ❷, den Clearing-Partner in der Spalte **Clearingpartner** ❹ und den Leitweg in der Spalte **Leitweg** ❸.

> **Leitwege in SAP In-House Cash**
>
> Die Funktionalität **Leitwege im In-house Cash Modul** ist ein Regelwerk als eine Sammlung von definierbaren und erweiterbaren Regeln, mit denen es möglich ist, den korrekten Clearing-Partner, basierend auf komplexen Kriterien, abzuleiten. Dies ist hilfreich, wenn Sie mit mehreren Clearing-Partnern arbeiten, weil Sie sowohl externe Zahlungen als auch bankkreisübergreifende Zahlungen verwenden. Dann können Sie mehrere Leitwege definieren und dadurch die Ableitung des Clearing-Partners exakt steuern.

So können Sie z. B. bei der Leitwegdefinition sagen, dass alle IHC-Zahlungsaufträge mit Transaktion INTPAY und dem Empfängerland US als bankkreisübergreifende Vorgänge an die zweite In-House-Bank mit Sitz in den USA gehen sollen.

Falls Sie nur einen Clearing-Partner haben, reicht es, nur einen Leitweg anzulegen, der für alle externen IHC-Zahlungsaufträge relevant ist.

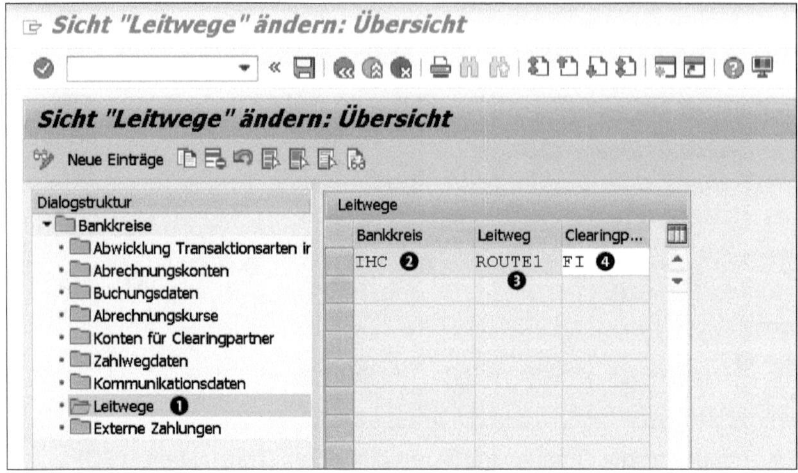

Abbildung 8.37 Leitwege definieren (Transaktion SPRO)

Leitwegfindung im Bankkreis

Im vorangehenden Punkt **Leitwege** im Bankkreis haben Sie dem Bankkreis einen Leitweg für die Ableitung des richtigen Clearing-Partners zugeordnet. Nun wird der Leitweg mit Eigenschaften gefüllt.

Sie definieren den Leitweg über den folgenden Pfad: **Financial Supply Chain Management • In-house Cash • Kontoführung • Zahlungsprozesse im In-House Cash • Leitwegfindung einrichten**.

In Abbildung 8.38 sehen Sie die Definition des Leitwegs ROUTE1, der in Abbildung 8.37 verwendet wurde, im Bankkreis IHC. In diesem Leitweg gibt es nur den Bankkreis als Kriterium. Die Definition des Leitwegs in dieser Abbildung ist folgendermaßen zu lesen: Alle IHC-Zahlungsaufträge im Bankkreis IHC fallen unter den Leitweg ROUTE1.

Beim Anlegen des Leitwegs stehen Ihnen viele Kriterien zur Auswahl. In Abbildung 8.39 sehen Sie die verfügbaren Felder, die Sie für die Definition der Regeln verwenden können. Dieses Pop-up-Fenster **Regel-Definition** ❷ erscheint nach einem Doppelklick auf das Symbol **Regel** ❶. Im Pop-up-Fenster **Regel-Definition** können Sie die relevanten Felder auswählen, sie mit entsprechenden Werten belegen und Ihre Eingaben bestätigen.

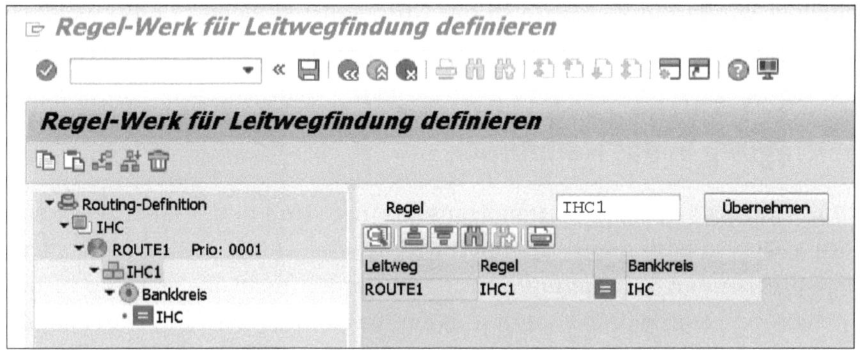

Abbildung 8.38 Leitwegfindung definieren (Transaktion SPRO)

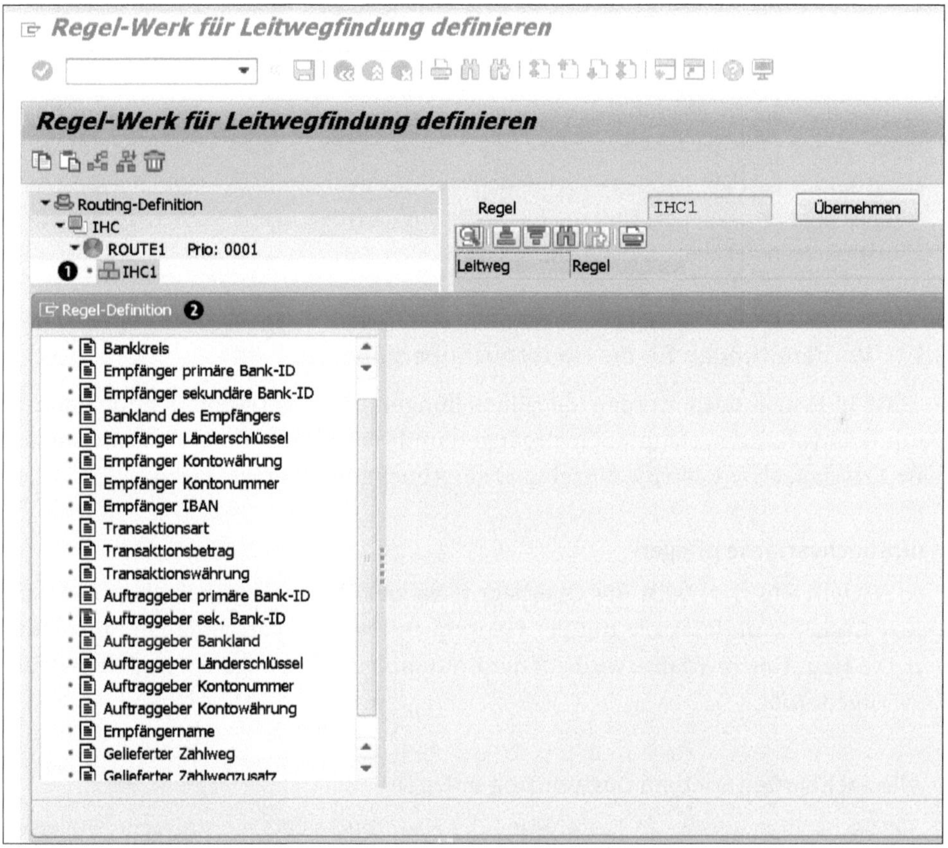

Abbildung 8.39 Leitwegfindung definieren: Detailbild für die Regeldefinition (Transaktion SPRO)

Über einen Leitweg können Sie mehrere Regeln definieren, um alle relevanten Geschäftsvorfälle abzudecken.

Damit schließen wir den großen Bereich der Grundeinstellungen in SAP In-House Cash ab.

8.3 Übertragung in das Hauptbuch

Die in SAP In-House Cash ausgeführten Transaktionen, sind in der Finanzbuchhaltung des zur In-House-Bank zugeordneten Buchungskreises erst einmal nicht sichtbar. Die entsprechenden Sachkontenbuchungen werden nicht in Realtime in der Finanzbuchhaltung verarbeitet, sondern müssen im Rahmen der *Tagesendverarbeitung* an das Hauptbuch übergeben werden.

Zur Erinnerung: Zahlungsposten als Link zwischen SAP In-House Cash und FI

Im Abschnitt »Vorgangsarten definieren« in Abschnitt 8.2.2 wurden die *Vorgangsarten* für die Erzeugung der *Zahlungsposten* definiert. In diesem Abschnitt erläutern wir, wie die Hauptbuchkonten den jeweiligen Vorgangsarten zugeordnet werden. Dadurch werden bei der Buchung jedes IHC-Zahlungsauftrags die Zahlungsposten erzeugt und zusätzlich die zu bebuchende Hauptbuchkonten in den Zahlungsposten fortgeschrieben. Bei der Tagesendverarbeitung werden diese vorbereiteten Buchungssätze in der Finanzbuchhaltung erfasst.

8.3.1 Vorbereitungen für die Hauptbuchübergabe

In SAP In-House Cash werden die Einstellungen für die Hauptbuchübergabe in Hauptbuchvarianten, Hauptbuchvorgängen und Hauptbuchgruppen zusammengefasst. Erst danach werden die einzelnen Hauptbuchkonten eingetragen.

Hauptbuchvariante pflegen

Eine *Hauptbuchvariante* ist der Oberbegriff bei der Hauptbuchübergabe in SAP In-House Cash. Sie umfasst alle mit der Hauptbuchübergabe verbundenen Einstellungen. Die Hauptbuchvariante wird auf der Kontenplanebene angelegt und dem Bankkreis zugeordnet.

Alle Sachkonten vor dem Customizing anlegen!

Alle Sachkonten, die Sie im Customizing der Hauptbuchübergabe eintragen wollen, müssen zuvor im System angelegt werden. Denn die Eingaben im Customizing werden gegen die Sachkontenstammdatentabelle verprobt.

Sie legen die Hauptbuchvarianten über den folgenden Pfad an: **Financial Supply Chain Management • In-house Cash • Periodische Arbeiten • Hauptbuchübergabe • Hauptbuchvariante pflegen**.

In Abbildung 8.40 sehen Sie die angelegten Hauptbuchvarianten. Tragen Sie die frei wählbare maximal vierstellige Identifikation für die Hauptbuchvariante im in die Spalte **HB.-Var.** ❶ ein. Die passende Bezeichnung pflegen Sie in der Spalte **Beschr.HB-Var.** ❷. Dieser Hauptbuchvariante ordnen Sie den Kontenplan in der Spalte **KtPl** ❸ zu. Berücksichtigen Sie, dass der der Hauptbuchvariante zugewiesene Kontenplan mit dem Kontenplan des zum Bankkreis zugeordneten Buchungskreises übereinstimmen soll, damit Sie später die Hauptbuchvariante dem Bankkreis zuordnen können.

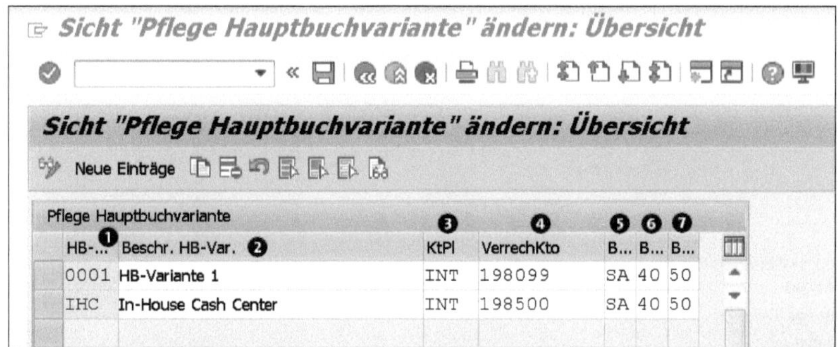

Abbildung 8.40 Hauptbuchvariante in SAP In-House Cash definieren (Transaktion SPRO)

Ein technisches Verrechnungskonto pflegen Sie in der Spalte **VerrechKto** ❹. Es handelt sich dabei um ein rein technisches Konto, das am Ende der Tagesübernahme immer einen Saldo von null ausweist. Die Belegart, mit der die IHC-Buchungen in der Finanzbuchhaltung erfasst werden, pflegen Sie in der Spalte **Belegart** ❺. Wir empfehlen in jeden Fall eine eigene Belegart dafür anzulegen, denn dies erleichtert weitere Auswertungen und Fehlersuchen. Den Buchungsschlüssel 40 tragen Sie für die Buchungen im Soll in die Spalte **BuSchl S** ❻ und den Buchungsschlüssel 50 für die Buchungen im Haben in die Spalte **BuSchl H** ❼ ein.

Bankkreisen Hauptbuchvariante zuordnen

Kehren Sie nun zur Transaktion, in der Sie den Bankkreis angelegt haben, zurück (siehe Abschnitt »Bankkreis anlegen«). Ordnen Sie die angelegte Hauptbuchvariante dem Bankkreis zu, wie es in Abbildung 8.2 gezeigt wird. Damit haben Sie die Verbindung zwischen Bankkreis und Kontenfindung für die IHC-Hauptbuchübergabe geschaffen.

Hauptbuchvorgang pflegen

Innerhalb einer Hautbuchvariante definieren Sie *Hauptbuchvorgänge*, die alle Ihre Geschäftsvorfälle in SAP In-House Cash darstellen sollen. Sie legen die Hauptbuchvorgänge über den folgenden Pfad an: **Financial Supply Chain Management • In-house Cash • Periodische Arbeiten • Hauptbuchübergabe • Hauptbuchvorgang pflegen**.

In Abbildung 8.41 sehen Sie die in der Standardauslieferung enthaltenen Hauptbuchvorgänge. Sie können diese Hauptbuchvorgänge als Referenz nehmen und diese in Ihre Hauptbuchvariante übernehmen oder Ihre eigenen Hauptbuchvorgänge anlegen. Hier sollten Sie nicht nur Geschäftsvorfälle, bei denen die IHC-Zahlungsaufträge entstehen, sondern auch die Abschlussbuchungen, wie z. B. die Berechnung von Zinsen und Gebühren berücksichtigen.

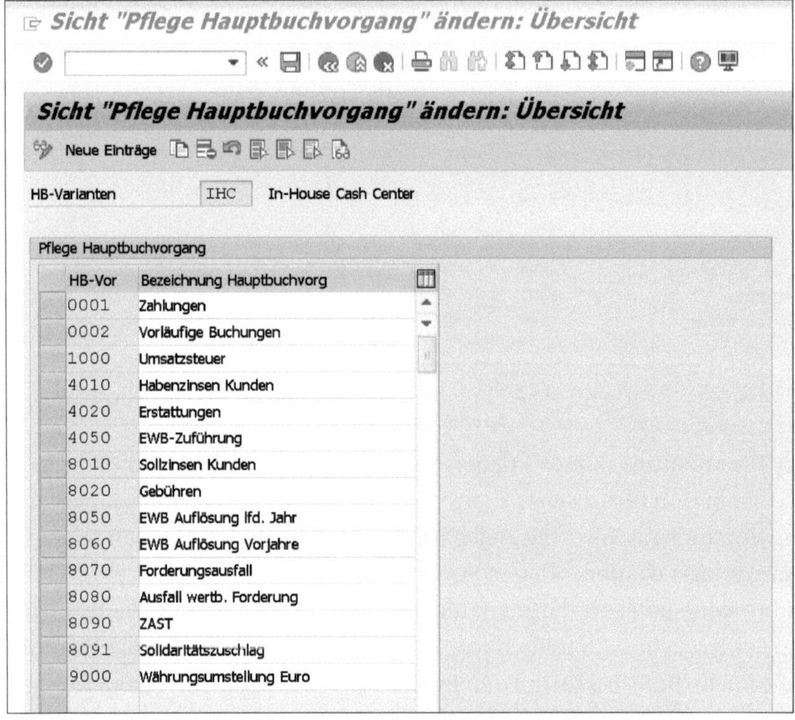

Abbildung 8.41 Hauptbuchvorgänge pflegen (Transaktion SPRO)

[»]

Gliederungsgrad für Hauptbuchvorgänge

Überlegen Sie sich, wie fein Ihre Gliederung für die Hauptbuchvorgänge ausfallen soll. Später werden die einzelnen Sachkonten zu den Hauptbuchvorgängen zugeordnet. Wenn Sie z. B. den Geschäftsvorfall »Zahlungen« abbilden und bei diesem Vorgang die Transaktionsdaten zu externen und internen Zahlungen auf unterschiedlichen Sachkonten zeigen möchten, sollten Sie zwei Hauptbuchvorgänge »Zahlung extern« und »Zahlung intern« anlegen.

Zuordnung der ZV-Vorgangsart zum Hauptbuchvorgang vornehmen

Nun entscheiden Sie für jede Vorgangsart, die Sie im Abschnitt »Vorgangsarten definieren« angelegt haben, zu welchem Hauptbuchvorgang sie gehören soll. Folgen Sie hierzu dem folgenden Pfad: **Financial Supply Chain Management • In-house Cash • Periodische Arbeiten • Hauptbuchübergabe • Zuordnung ZV-Vorgangsart Hauptbuchvorgang treffen**.

In Abbildung 8.42 sehen Sie die Vorgangsarten in der Spalte **Vorgangsart** ❶, die zum passenden Hauptbuchvorgang der Spalte **Hauptbuchvorgang** ❷ zugeordnet sind.

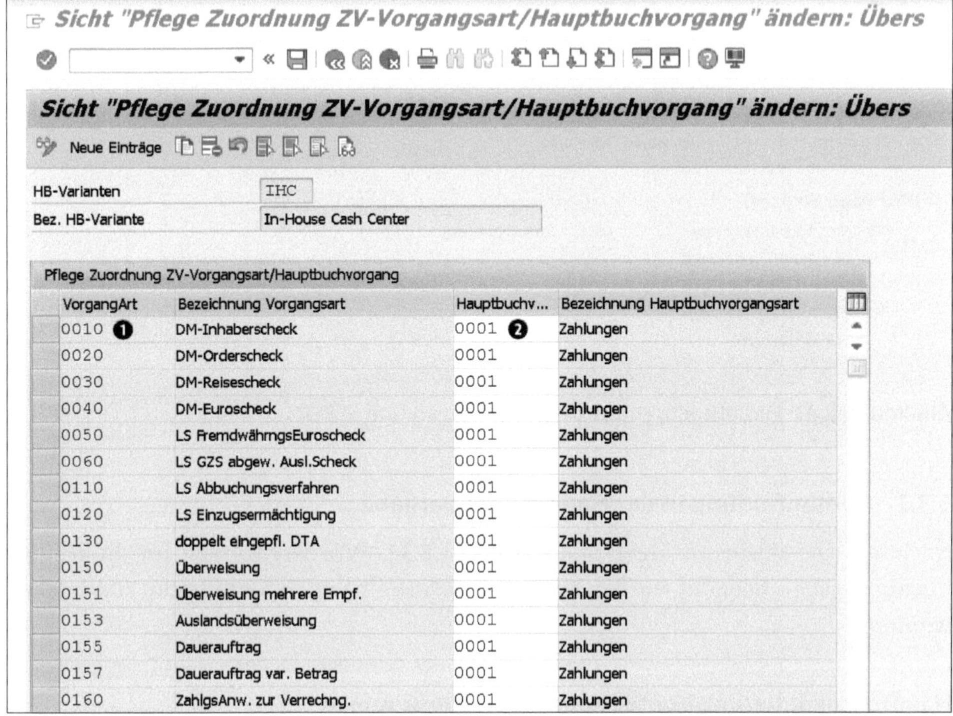

Abbildung 8.42 Zahlungsverkehrsvorgangsart dem Hauptbuchvorgang zuordnen (Transaktion SPRO)

Hauptbuchgruppe pflegen

Die letzte Voraussetzung, die vor der Pflege der eigentlichen Kontenfindung erforderlich ist, ist die *Hauptbuchgruppe*. Es sind unterschiedliche Hauptbuchgruppen erforderlich, falls Sie für denselben Hauptbuchvorgang unterschiedliche Sachkonten benötigen. So können Sie z. B. eine Hauptbuchgruppe für die Buchungen auf den Konten der Tochtergesellschaften und eine Hauptbuchgruppe für die Buchungen auf den Konten des Clearing-Partners definieren.

Die Hauptbuchgruppen legen Sie über den folgenden Pfad an: **Financial Supply Chain Management • In-house Cash • Periodische Arbeiten • Hauptbuchübergabe • Hauptbuchgruppe pflegen**.

In Abbildung 8.43 sehen Sie die in der Standardauslieferung enthaltenen Hauptbuchgruppen und die Bezeichnungen dazu. Diese werden im nächsten Abschnitt bei der Zuordnung der einzelnen Sachkonten benötigt.

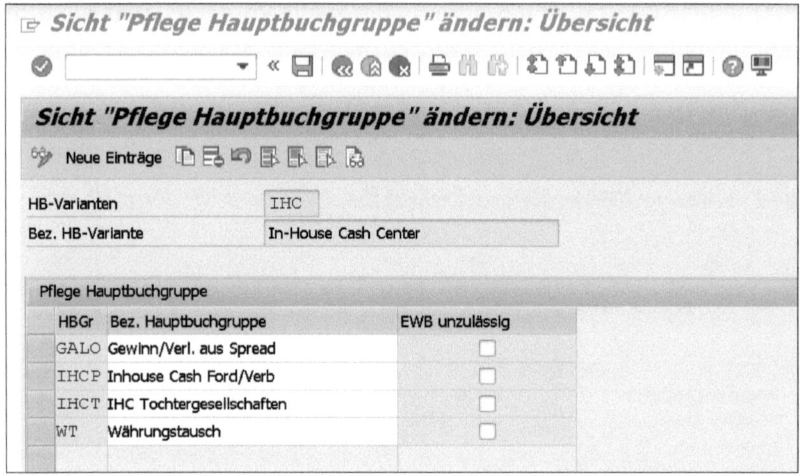

Abbildung 8.43 Hauptbuchgruppe pflegen (Transaktion SPRO)

8.3.2 Kontenfindung in der Hauptbuchübergabe

Nachdem alle Vorbereitungen aus Abschnitt 8.3.1, »Vorbereitungen für die Hauptbuchübergabe«, beendet worden sind, können die einzelnen Sachkonten zugeordnet werden.

Hauptbuchkontierung Kontokorrentkonten bestimmen

Die Kontenfindung wird innerhalb einer Hauptbuchvariante ausgeprägt. Sie richten die Kontenfindung für die IHC-Hauptbuchübergabe über den folgenden Pfad ein: **Financial Supply Chain Management • In-house Cash • Periodische Arbeiten • Hauptbuchübergabe • Hauptbuchkontierung Kontokorrentkonten bestimmen**.

In Abbildung 8.44 sehen Sie die in der Standardauslieferung enthaltene Kontenfindung der Hauptbuchvariante IHC. In der Spalte **HB-Gruppe** ❶ wählen Sie die jeweilige Hauptbuchgruppe und in der Spalte **HB-Vorgang** ❷ den relevanten Hauptbuchvorgang.

Falls Sie mit unterschiedlichen Sachkonten pro Währung arbeiten, tragen Sie die relevanten Währungen in die Spalte **KtoWährg** ❸ ein. Der Kontenplan in der Spalte **KtPl** ❺ wird automatisch aus der Hauptbuchvariante übernommen. Tragen Sie die relevanten Sachkonten in die Spalte **VerrKto.HB** ❻ und in die Spalte **Gegenkonto** ❼ ein. Das Feld **St** ❽ befüllen Sie nur dann mit einem Steuerkennzeichen, wenn die Buchung steuerrelevant ist. Aktivieren Sie das Kennzeichen **Stpo** ❾, wenn es bei dieser Buchung um eine Steuerposition geht. Normalerweise ist kein Haken in der Spalte **Stpo** erforderlich.

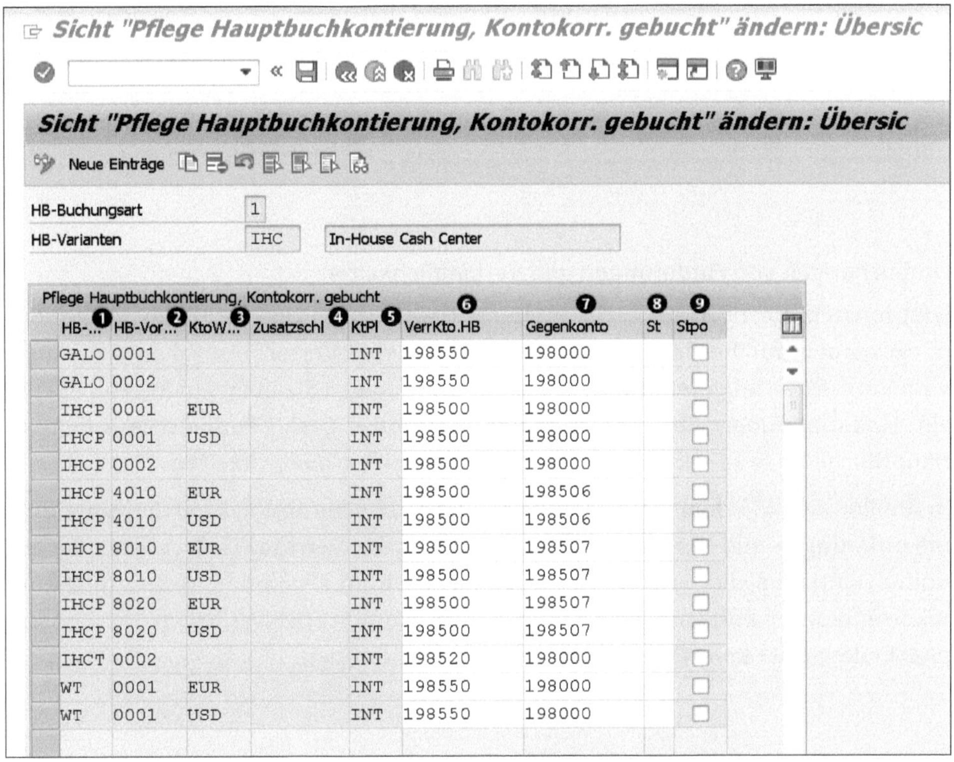

Sicht "Pflege Hauptbuchkontierung, Kontokorr. gebucht" ändern: Übersic

Sicht "Pflege Hauptbuchkontierung, Kontokorr. gebucht" ändern: Übersic

Neue Einträge

HB-Buchungsart: 1

HB-Varianten: IHC In-House Cash Center

Pflege Hauptbuchkontierung, Kontokorr. gebucht

HB-... ❶	HB-Vor... ❷	KtoW... ❸	Zusatzschl ❹	KtPl ❺	VerrKto.HB ❻	Gegenkonto ❼	St ❽	Stpo ❾
GALO	0001			INT	198550	198000		☐
GALO	0002			INT	198550	198000		☐
IHCP	0001	EUR		INT	198500	198000		☐
IHCP	0001	USD		INT	198500	198000		☐
IHCP	0002			INT	198500	198000		☐
IHCP	4010	EUR		INT	198500	198506		☐
IHCP	4010	USD		INT	198500	198506		☐
IHCP	8010	EUR		INT	198500	198507		☐
IHCP	8010	USD		INT	198500	198507		☐
IHCP	8020	EUR		INT	198500	198507		☐
IHCP	8020	USD		INT	198500	198507		☐
IHCT	0002			INT	198520	198000		☐
WT	0001	EUR		INT	198550	198000		☐
WT	0001	USD		INT	198550	198000		☐

Abbildung 8.44 Hauptbuchkontierung Kontokorrentkonten bestimmen (Transaktion SPRO)

Sie können das Feld **Zusatzschlüssel** ❹ für eine spezifische Logik bei der Kontenfindung nutzen. In einem User-Exit während der Erzeugung der Zahlungsposten weisen Sie den Zahlungsposten anhand bestimmter Kriterien einen Zusatzschlüssel zu. Danach kann dieser Zusatzschlüssel bei der Kontenfindung für die weitere Trennung bei der Kontenfindung verwendet werden.

Verrechnungskonto und Gegenkonto bei der IHC-Übernahme in FI

Die Forderungen und Verbindlichkeiten in der In-House-Bank müssen normalerweise auf separaten Sachkonten ausgewiesen werden. Es ist aber nicht möglich, diese Sachkonten direkt in dieser Transaktion anzugeben. Stattdessen wird erst das Verrechnungskonto in der Spalte **VerrKto.HB**, wie in Abbildung 8.44 gezeigt, eingetragen. Von diesem Verrechnungskonto werden die Positionen anschließend in Abhängigkeit des Saldos auf das jeweilige Sachkonto für Forderungen oder auf das Sachkonto für Verbindlichkeiten umgebucht. Die Sachkonten für Forderungen und Verbindlichkeiten werden im nächsten Abschnitt gepflegt. Auch wenn keine Aufgliederung von Forderungen und Verbindlichkeiten gewünscht ist, muss ein Verrechnungskonto angegeben werden. Die Einträge im nächsten Abschnitt sind daher auch erforderlich.

In der Spalte **Gegenkonto** wird das Sachkonto, auf das bei der Übergabe an das FI-Hauptbuch gebucht wird, eingetragen. So wird z. B. für die Buchung der Zahlungshauptvorgänge in der Spalte **Gegenkonto** ein Zahlungsausgangskonto und bei Zinsbuchungen ein erfolgsrelevantes Konto angegeben.

Umbuchungen von Forderungen und Verbindlichkeiten

Jetzt müssen nur noch die Sachkonten für Forderungen und Verbindlichkeiten gepflegt werden, auf die die übernommenen Salden vom Verrechnungskonto abhängig vom Vorzeichen aufgeteilt werden. Diese Konten tragen Sie über den folgenden Pfad ein: **Financial Supply Chain Management • In-house Cash • Periodische Arbeiten • Hauptbuchübergabe • Umbuchungen Forderungen/Verbindlichkeiten**.

In Abbildung 8.45 sehen Sie die Definition der Umbuchungslogik bei der Aufteilung in Forderungen und Verbindlichkeiten. In die Spalte **VerrKto.HB** ❶ müssen Sie alle Konten eintragen, die Sie im vorangehenden Abschnitt »Hauptbuchkontierung Kontokorrentkonten bestimmen« als Verrechnungskonten angelegt haben. Der Kontenplan in der Spalte **Kont** ❷ wird automatisch übernommen.

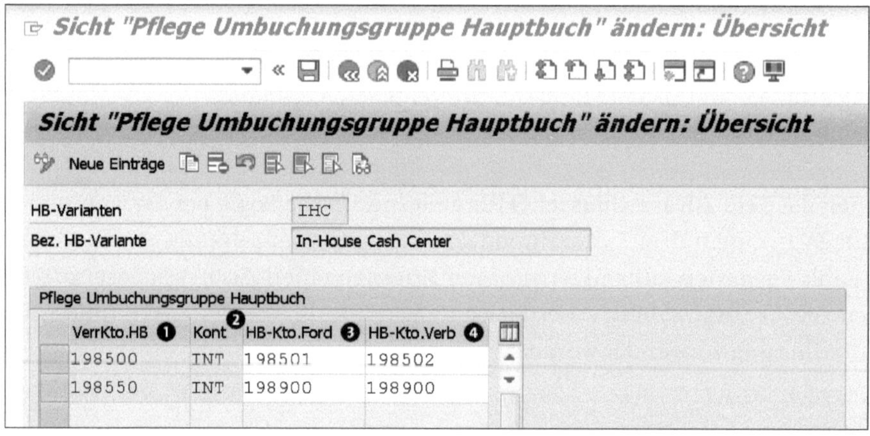

Abbildung 8.45 Forderungen und Verbindlichkeiten in SAP In-House Cash umbuchen (Transaktion SPRO)

In die Spalte **HB-Kto.Ford** ❸ tragen Sie das Zielkonto für die Buchung der Forderungen und in die Spalte **HB-Kto.Verb** ❹ das Zielkonto für die Buchung der Verbindlichkeiten ein.

Das Grund-Customizing von SAP In-House Cash ist damit abgeschlossen.

8.4 Zusätzliche Einstellungen für On-Behalf-Zahlungen

Bei On-Behalf-Zahlungen arbeitet die In-House-Bank mit dem Clearing-Partner zusammen. Aufseiten des Clearing-Partners müssen die Einstellungen zum Verbuchen von Zahlungsanordnungen von der In-House-Bank vorgenommen werden. Falls auch Lastschriften über die In-House-Bank und damit auch über den Clearing-Partner laufen, muss auch die Mandatsanwendung in den Zahlungsanordnungen aktiviert werden. Zum Schluss muss natürlich die Konfiguration für F111-Zahlläufe vorbereitet werden.

8.4.1 Erzeugung von Zahlungsanordnungen in FI einrichten

Für die On-Behalf-Zahlungen werden die IDocs von der In-House-Bank an die Finanzbuchhaltung des dazu gehörigen Buchungskreises, also an den Clearing-Partner geschickt. Aufseiten des Clearing-Partners werden aus diesen IDocs FI-Zahlungsanordnungen generiert. Dafür sind allerdings auch einige Einstellungen über den folgenden Pfad vorzunehmen: **Financial Supply Chain Management • In-house Cash • Kontoführung • Zahlungsprozesse im In-House Cash • Ausgehende Zahlungsaufträge • Erzeugung von Zahlungsanordnungen für IDOC-Eingang im FI einrichten**.

Kontenverbindungen einrichten

Als Erstes müssen die Kontenverbindungen zum Clearing-Partner eingestellt werden. In Abschnitt 8.2.3, »Grundeinstellungen für Zahlungsprozesse vornehmen«, in Abbildung 8.36 wurden diese Kontenverbindungen (vonseiten der In-House-Bank als Kommunikationsdaten bezeichnet) schon gepflegt, allerdings vonseiten der In-House-Bank als die in den Kontrollsatz der Ausgangs-IDocs zu übernehmenden Kontenverbindungen.

Diese Informationen müssen nun aufseiten des Clearing-Partners ebenfalls gepflegt werden, damit die Eingangs-IDocs von der In-House-Bank eingelesen werden können.

In Abbildung 8.46 sehen Sie das Detailbild des Bereichs **Kontenverbindung** ❶. Pflegen Sie die Clearing-Partner-Nummer in der Spalte **Clearingpartner** ❷. In die Spalte **AbsPartArt** ❸ tragen Sie den Wert »LS« und in die Spalte **PartNr** ❹ die Partnernummer ein, die im Eingangs-IDoc der In-House-Bank angegeben ist. Das Bankland in der Spalte **L/R** ❺, der Bankschlüssel in der Spalte **Bankleitzahl** ❻ und die Kontonummer in der Spalte **Kontonummer** ❼ werden in den Eingangs-IDocs von der In-House-Bank an den Clearing-Partner mitgeliefert.

Abbildung 8.46 Kontenverbindung für den Clearing-Partner definieren

[»]

Die Ausgangs- und Eingangsparameter müssen übereinstimmen!

Sie müssen sicherstellen, dass die Kommunikationsdaten für die Ausgangs-IDocs aus Abbildung 8.36 mit den Kontoverbindungen in Abbildung 8.46 übereinstimmen. Die Einstellungen in Abbildung 8.36 beziehen sich auf die Ausgangsseite und die Einstellungen in Abbildung 8.46 auf die Eingangsseite für ein und denselben Geschäftsprozess.

Buchungskonten einrichten

Danach müssen Sie die Sachkonten angeben, auf denen die Ausgleichsbelege für die Zahlungsanordnungen in den F111-Zahlläufen gebucht werden.

In Abbildung 8.47 sehen Sie das Detailbild des Bereichs **Buchungskonten** ❶. Pflegen Sie die Clearing-Partner-Nummer in der Spalte **Clearingpartner** ❷. In der Spalte **S/H** ❸ wählen Sie die Option **S Soll** für DIRDEB-IDocs und die Option **H Haben** für PAYEXT-IDocs. Alle relevanten Transaktionswährungen pflegen Sie in der Spalte **Währg** ❹. In der Spalte **BuKr** ❺ pflegen Sie den zum Bankkreis gehörigen Buchungskreis, in der Spalte **Kontoart** ❻ wählen Sie die Option **S Sachkonten**, und in die Spalte **Hauptbuchkonto** ❼ tragen Sie das relevante Sachkonto ein.

Sicht "Buchungskonten" ändern: Übersicht

Neue Einträge

Dialogstruktur: Clearingpartner – Kontenverbindung – Buchungskonten ❶ – Abwicklungsparameter

Buchungskonten

Clearingp...	S/H ❸	Währg ❹	BuKr ❺	Koart ❻	Partner	Hauptbuchkonto ❼
IHC ❷	H Habe.	EUR	0001	S Sachkonten		195000
IHC	H Habe.	USD	0001	S Sachkonten		195000
IHC	S Soll	EUR	0001	S Sachkonten		195000
IHC	S Soll	USD	0001	S Sachkonten		195000

Abbildung 8.47 Buchungskonten für den Clearing-Partner definieren

Sachkonten in den Ausgleichsbelegen für Zahlungsanordnungen

Bei der PAYEXT-Zahlung wird das in Abbildung 8.47 angegebene Sachkonto im Soll bebucht. Im Haben wird das Sachkonto bebucht, das in Transaktion F11CU als Unterkonto für die Zahlungen mit dem Zahlweg aus der jeweiligen Zahlungsanordnung angegeben wurde.

Bei der DIRDEB-Zahlung wird das in Abbildung 8.47 angegebene Sachkonto im Haben bebucht. Im Soll wird das Sachkonto bebucht, das in Transaktion F11CU als Unterkonto für die Zahlungen mit dem Zahlweg aus der jeweiligen Zahlungsanordnung angegeben wurde.

Abwicklungsparameter einrichten

In den Abwicklungsparametern definieren Sie die für die F111-Zahlläufe erforderlichen Parameter. Dazu gehören der Zahlweg, die Hausbank-ID und die Hausbankkonto-ID und möglicherweise auch noch Weisungsschlüssel.

In Abbildung 8.48 sehen Sie das Detailbild des Bereichs **Abwicklungsparameter** ❶, und in der Spalte **Clearingpartner** ❷ pflegen Sie diese. In die Spalte **Währg** ❸ tragen Sie alle relevanten Transaktionswährungen ein, und in die Spalte **Z** ❹ tragen Sie den Zahlweg ein, der im Eingangs-IDoc mitgegeben wurde.

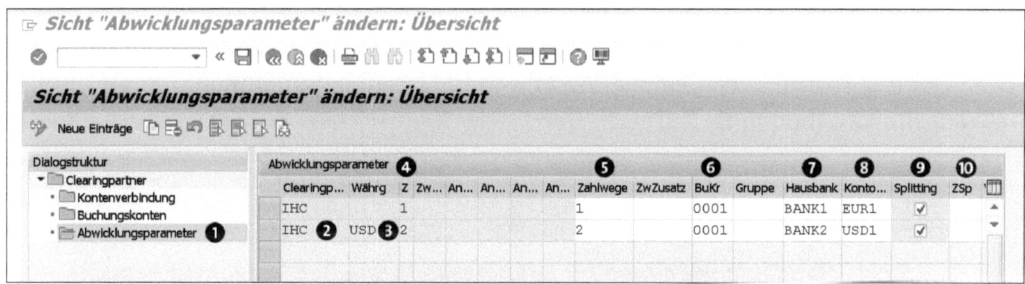

Abbildung 8.48 Abwicklungsparameter für Clearing-Partner definieren

In die Spalte **Zahlwege** ❺ tragen Sie den Zahlweg ein, der für die Zahlung der Zahlungsanordnung im F111-Zahllauf verwendet werden soll. Pflegen Sie den nun Buchungskreis des Clearing-Partners. In der Spalte **BuKr** ❻ pflegen Sie den Buchungskreis des Clearing-Partners, in der Spalte **Hausbank** ❼ die Hausbank-ID und in der Spalte **Konto-ID** ❽ die Konto-ID. Aktivieren Sie das Kennzeichen **Splitting** ❾, damit aus dem Eingangs-IDoc eine separate Zahlungsanordnung pro Rechnung angelegt wird. Die Zahlungsanordnungen können Sie mit einer Zahlsperre in der Spalte **ZSp** ❿ für zusätzliche Kontrollen versehen.

Mapping der Zahlwege beim Ausgangs- oder Eingangs-IDoc

Es gibt zwei Punkte, die für Zahlungsanordnungen relevant sind: zum einen die Ausgangsparameter in der In-House-Bank aus Abbildung 8.35 und zum anderen die in diesem Abschnitt beschriebenen Einstellungen. Normalerweise ersetzen Sie die Zahlwege, die Sie von den Tochtergesellschaften erhalten haben, durch die zentralen Zahlwege der In-House-Bank schon in der Einstellung aus Abbildung 8.35. In diesem Fall müssen Sie kein weiteres Mapping einrichten und übernehmen die Zahlwege aus den Eingangs-IDocs ohne Änderungen. In Abbildung 8.48 sehen Sie genau diesen Fall, bei dem das Eingangs-IDoc den Zahlweg 1 enthält und dieser Zahlweg ohne Änderungen in die Zahlungsanordnung übernommen wird.

8.4.2 Mandatsanwendung für die Zahlungsanordnungen aktivieren

Die *Mandatsanwendung* muss beim Clearing-Partner aktiviert werden, falls Sie die SEPA-Lastschriften im Auftrag der Tochtergesellschaften ausführen. Bei den On-Behalf-Zahlungen muss dieser Punkt nicht beachtet werden.

Sie aktivieren die Mandatsanwendung über den folgenden Pfad: **Financial Supply Chain Management • In-house Cash • Kontoführung • Zahlungsprozesse im In-House Cash • Ausgehende Zahlungsaufträge • Mandatsanwendung für Zahlungsanordnungen aktivieren.**

In Abbildung 8.49 sehen Sie die Aktivierung der Mandatsanwendung im System des Clearing-Partners. Wählen Sie die Anwendung **Zahlungsanordnung (intern)** in der Spalte **Anwendung ❶**, und aktivieren Sie das Kennzeichen **Aktiv ❷**.

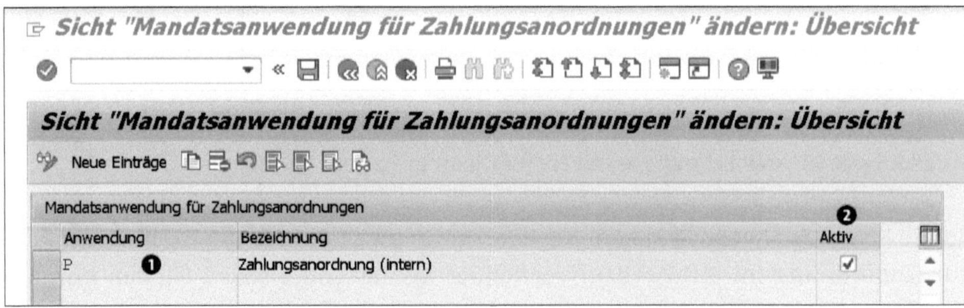

Abbildung 8.49 Mandatsanwendung für Zahlungsanordnungen aktivieren

8.5 Zentrale Geldeingänge und Cash Pooling

Falls Sie den Prozess der zentralen Geldeingänge einrichten oder das automatische Cash Pooling bei der externen Bank aktivieren, wie in Abschnitt 3.2, »Cash-Management-Zahlungen«, erläutert, müssen Sie in SAP In-House Cash zusätzliche Einstellungen vornehmen.

Mithilfe der in diesem Abschnitt beschriebenen Konfiguration werden die Kontoauszugspositionen von der externen Bank als zentraler Eingang bzw. als Cash-Pooling-Transaktionen identifiziert. Dadurch wird parallel zur Kontoauszugsverbuchung ein IHC-Zahlungsauftrag auf den im Customizing hinterlegten IHC-Konten angelegt und dann in SAP In-House Cash entsprechend verbucht. Die beteiligten Tochtergesellschaften erhalten die Transaktionsinformationen in den internen Kontoauszügen der In-House-Bank.

8.5.1 Identifizierung relevanter Vorgänge aus dem Verwendungszweck

In der Regel werden im Falle der zentralen Geldeingänge und der Cash-Pooling-Transaktionen bestimmte Referenzen, auch Verwendungszwecke genannt, die eindeutig die beteiligte Tochtergesellschaft identifizieren können, in den Kontoauszugspositionen mitgegeben. Diese Referenzen werden zu den jeweiligen IHC-Konten der Tochtergesellschaften zugeordnet und bei der Erfassung der IHC-Zahlungsaufträge gezogen. Diese Zuordnung nehmen Sie über den folgenden Pfad vor: **Financial Supply Chain Management • In-house Cash • Kontoführung • Zahlungsprozesse im In-House Cash • Zentraler Geldeingang/Eingehende Kontoauszüge • IHC-Kontenfindung aus Verwendungszweck**.

In Abbildung 8.50 sehen Sie die in der Spalte **VerwZweck** ❸ eingetragenen Referenzen, die in den relevanten externen Kontoauszugspositionen enthalten sein sollen. Falls eine solche Referenz beim Einlesen des externen Kontoauszugs erkannt wurde, werden der Bankkreis der In-House-Bank in der Spalte **Bnkkrs** ❶ und das IHC-Konto der Tochtergesellschaft in der Spalte **KtoNr.** ❷ ermittelt und für die Erzeugung des IHC-Zahlungsauftrags verwendet.

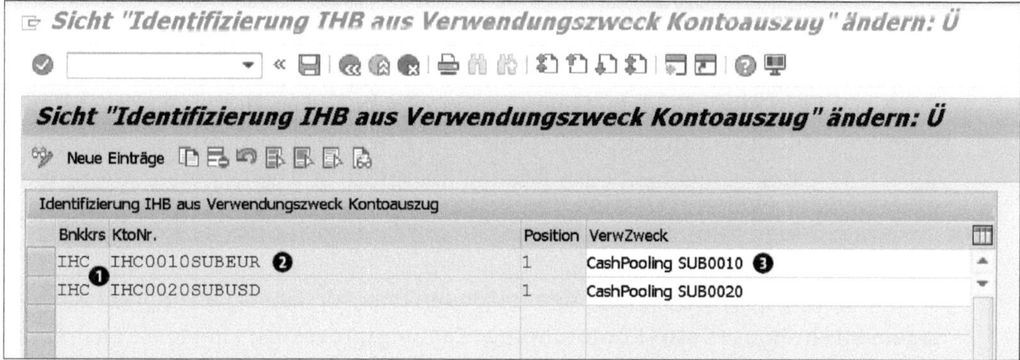

Abbildung 8.50 Identifizierung der zentralen Zahlungseingänge aus dem Verwendungszweck (Transaktion SPRO)

8.5.2 Kontenfindung für den Zahlungseingang einrichten

Das IHC-Konto der Tochtergesellschaft wurde im vorangehenden Abschnitt ermittelt. Jetzt müssen Sie das jeweilige IHC-Konto der In-House-Bank definieren, das als Gegenposition im IHC-Zahlungsauftrag genutzt wird.

Die Definition nehmen Sie über den folgenden Pfad vor: **Financial Supply Chain Management • In-house Cash • Kontoführung • Zahlungsprozesse im In-House Cash • Zentraler Geldeingang/Eingehende Kontoauszüge • Kontenfindung für Zahlungseingang einrichten**.

In Abbildung 8.51 sehen Sie, wie diese Kontenfindung funktioniert. Beim externen Kontoauszug, der im Buchungskreis in der Spalte **BuKr** ❶ für die Hausbank-ID aus der Spalte **Hausbank** ❷ und für das Hausbankkonto aus der Spalte **Konto-ID** ❸ eingelesen wird, wird das IHC-Konto in der Spalte **FI-Konto bei IHC** ❺ im Bankkreis aus der Spalte **Bankkreis** ❹ für die Erzeugung der IHC-Zahlungsaufträge gezogen. Für die Positionen, bei denen automatisch kein Empfänger ermittelt werden kann, wird das Sammelkonto aus der Spalte **Sammelkonto für zentr. Zahlungseingang** ❻ verwendet.

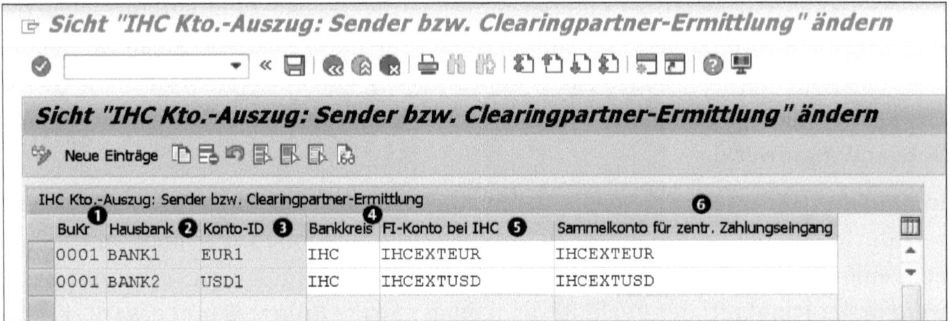

Abbildung 8.51 Kontenfindung für den Zahlungseingang einrichten (Transaktion SPRO)

8.5.3 Transaktionsarten für den Zahlungseingang einrichten

Als Letztes müssen Sie festlegen, welche Kontoauszüge und Geschäftsvorfallcodes überhaupt für zentrale Geldeingänge bzw. Cash Pooling relevant sind. Nur bei hier definierten Kontoauszugspositionen werden die Referenzen auf die Relevanz für die zentralen Geldeingänge bzw. Cash Pooling überprüft. Solche Kontoauszugspositionen ordnen Sie der Transaktionsart zu, mit der die IHC-Zahlungsaufträge angelegt werden.

Die Zuordnung nehmen Sie über den folgenden Pfad vor: **Financial Supply Chain Management • In-house Cash • Kontoführung • Zahlungsprozesse im In-House Cash • Zentraler Geldeingang/Eingehende Kontoauszüge • Transaktionsarten für Zahlungseingang hinterlegen**.

In Abbildung 8.52 sehen Sie, dass die Kontoauszüge zu den Hausbankkonten mit dem zugeordneten Vorgangstyp MT940 aus der Spalte **VorgTyp** ❷ grundsätzlich relevant sind. Dabei werden in diesen Kontoauszügen nur die Positionen mit dem Geschäftsvorfallcode 833 aus der Spalte **Externer Vorgang** ❸ sowohl bei einem negativen als auch bei einem positiven Vorzeichen aus der Spalte **Guts./Bel.** ❹ durchsucht. Für diese Positionen werden IHC-Zahlungsaufträge im Bankkreis aus der Spalte **Bankkreis** ❶ und mit der Transaktionsart CPOOL- oder CPOOL+ aus dem Feld **Transaktionsart** ❺ angelegt. Falls für die Gebühren ein separater IHC-Zahlungsauftrag erzeugt werden soll, tragen Sie die Transaktionsart in die Spalte **Tr.art Gb.** ❻ ein.

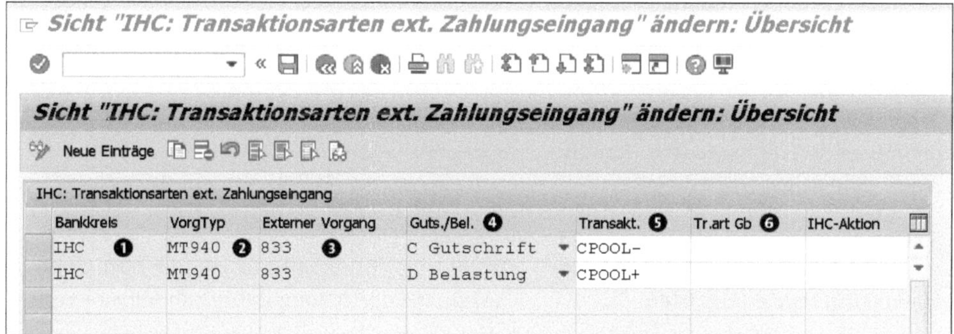

Abbildung 8.52 Transaktionsarten für den Zahlungseingang hinterlegen (Transaktion SPRO)

8.6 Weitere relevante Transaktionen

In diesem Kapitel haben wir viele für SAP In-House Cash relevante Transaktionen erwähnt. Jedoch gibt es weitere Transaktionen, die Sie kennen und verwenden sollten. Diese Transaktionen haben wir in Tabelle 8.7 zusammengefasst.

Transaktion/Pfad	Beschreibung
Financial Supply Chain Management • In-house Cash • Grundeinstellungen • Bankkreis • Nummernkreise für Protokoll einrichten	Notwendig, falls Sie in den Grundeinstellungen des Bankkreises die Protokollerzeugung aktiviert haben (Feld **Protokoll aktiv** ❿, siehe Abbildung 8.2).
Financial Supply Chain Management • In-house Cash • Grundeinstellungen • Containerfelder für IHC-Zahlungsaufträge einrichten	Damit können Sie zusätzliche Felder definieren, die dann in IHC-Zahlungsaufträgen sichtbar sind und mit Informationen belegt werden können.

Tabelle 8.7 Nützliche SAP-Transaktionen in der Konfiguration von SAP In-House Cash: Schematische Darstellung der wichtigsten Elemente in der IHC-Logik

Transaktion/Pfad	Beschreibung
Financial Supply Chain Management • In-house Cash • Grundeinstellungen • Prüfziffernberechnungsmethoden	Notwendig, falls Sie für die In-House-Bank einen Landschlüssel für ein virtuelles Land definiert haben.
Financial Supply Chain Management • In-house Cash • Grundeinstellungen • Business Add-Ins (BADIs)	Mehrere BAdIs, die Ihnen zur Verfügung stehen, falls die IHC-Standardfunktionalität erweitert werden muss.
Financial Supply Chain Management • In-house Cash • Stammdaten • Konditionen • Grundeinstellungen Konditionen festlegen	Grundeinstellungen, die die Behandlung der Konditionsstammdaten festlegen. Überprüfen Sie, ob die Standardauslieferung die Anforderungen Ihrer Prozesse deckt.
Financial Supply Chain Management • In-house Cash • Stammdaten • Konditionen • Konditionstypen definieren	Konditionstypen sind in der SAP-Standardauslieferung enthalten und in der Regel für die Abdeckung der typischen IHC-Prozesse ausreichend.
Financial Supply Chain Management • In-house Cash • Stammdaten • Konditionen • Differenzierungsarten	In diesem Bereich des IHC-Customizings haben Sie die Möglichkeit, unterschiedliche Differenzierungen und damit komplexere Konditionen anzulegen.
Financial Supply Chain Management • In-house Cash • Stammdaten • Konto • Status definieren	Hier können Sie Statusergänzungen zu den möglichen vordefinierten Kontostatus: **0 Inaktiv** und **1 Aktiv** anlegen.
Financial Supply Chain Management • In-house Cash • Stammdaten • Konto • Kontobeziehungsarten pflegen	Relevant, falls Sie Kontenhierarchien in SAP In-House Cash nutzen wollen und damit Wurzelkonten und untergeordnete Konten definieren müssen.
Financial Supply Chain Management • In-house Cash • Kontoführung • Zahlungsprozesse im Inhouse Cash • Voreinstellung für Transaktionsart festlegen	Hier können Sie Transaktionsarten als Vorschlagswerte den IHC-Transaktionen für die manuelle Erfassung der IHC-Zahlungsaufträge zuordnen.
Financial Supply Chain Management • In-house Cash • Kontoführung • Periodische Arbeiten • Reihenfolge der Massenverarbeitung vorgeben	Sie können an dieser Stelle Tagesendverarbeitungsketten einrichten, indem Sie Verarbeitungsreihenfolgen mit einzelnen Reports dahinter definieren. Diese Möglichkeit können Sie statt der klassischen Hintergrundjobeinplanung nutzen.

Tabelle 8.7 Nützliche SAP-Transaktionen in der Konfiguration von SAP In-House Cash: Schematische Darstellung der wichtigsten Elemente in der IHC-Logik (Forts.)

Transaktion/Pfad	Beschreibung
Financial Supply Chain Management • In-house Cash • Einbindung mit SAP BCM in Tochtergesellschaft	Über diesen Pfad finden Sie die Transaktionen, mit denen Sie die Weitergabe des pain.002-Status an SAP Bank Communication Management der Tochtergesellschaft ermöglichen. Lesen Sie die [F1]-Hilfe zu diesem Pfad für notwendige Anweisungen.

Tabelle 8.7 Nützliche SAP-Transaktionen in der Konfiguration von SAP In-House Cash: Schematische Darstellung der wichtigsten Elemente in der IHC-Logik (Forts.)

Die Logik von SAP In-House Cash und die Wege vom Customizing zu den Bewegungsdaten sind komplex, und es braucht Zeit, um alle Elemente zu einem Gesamtbild zusammenzufügen. Um Ihnen diesen Prozess zu erleichtern, haben wir die wichtigsten Ableitungselemente in zwei miteinander verbundenen Abbildungen schematisch dargestellt.

In Abbildung 8.53 sehen Sie den IHC-Zahlungsauftrag als Hauptbeleg in SAP In-House Cash. In jedem IHC-Zahlungsauftrag sind die Transaktionsart, das IHC-Konto des Absenders und das IHC-Konto des Empfängers enthalten.

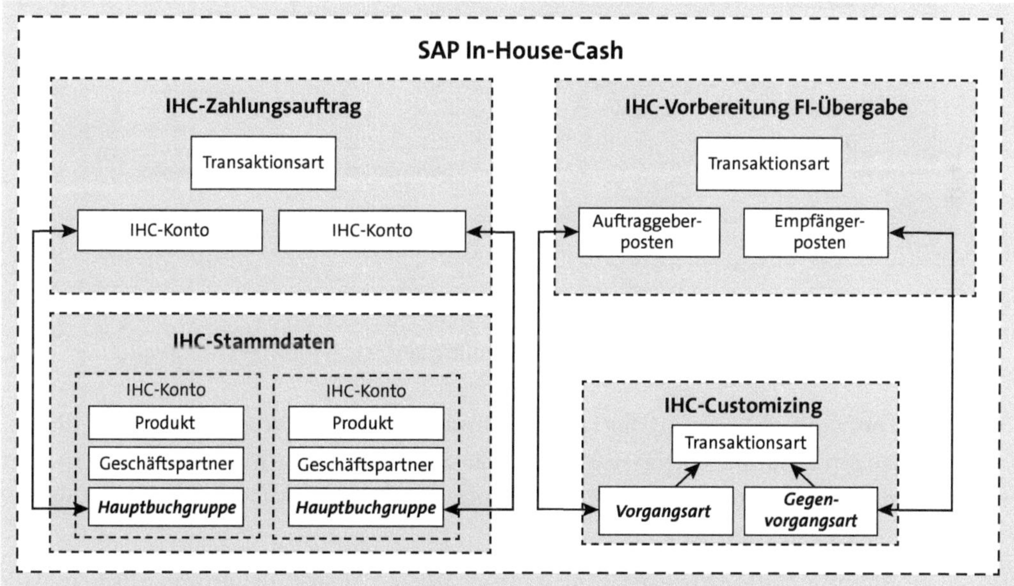

Abbildung 8.53 Bewegungsdaten und Stammdaten in SAP In-House Cash

Im Hintergrund werden zu jedem IHC-Zahlungsauftrage zwei Zahlungsposten, Auftraggeberposten und Empfängerposten, angelegt. Diese dienen zur Vorbereitung des Buchungsstoffes für den IHC-Zahlungsauftrag. Die IHC-Konten aus dem IHC-Zahlungsauftrag existieren als Stammdaten, und in jedem IHC-Kontostamm ist eine Hauptbuchgruppe eingetragen. Die IHC-Transaktionsart aus dem IHC-Zahlungsauftrag wird im Customizing definiert, und ihr werden die beiden Vorgangsarten **Vorgangsart für den Auftraggeberposten** und **Gegenvorgangsart für den Empfängerposten zugeordnet**.

Basierend auf den im IHC-Zahlungsauftrag enthaltenen Daten werden die Hauptbuchgruppe und die Vorgangsarten abgeleitet. Diese brauchen wir nun für die nächste Abbildung.

In Abbildung 8.54 sehen Sie die Fortsetzung der IHC-Schritte für die Ableitung der korrekten Sachkonten für die Buchungen in der Finanzbuchhaltung.

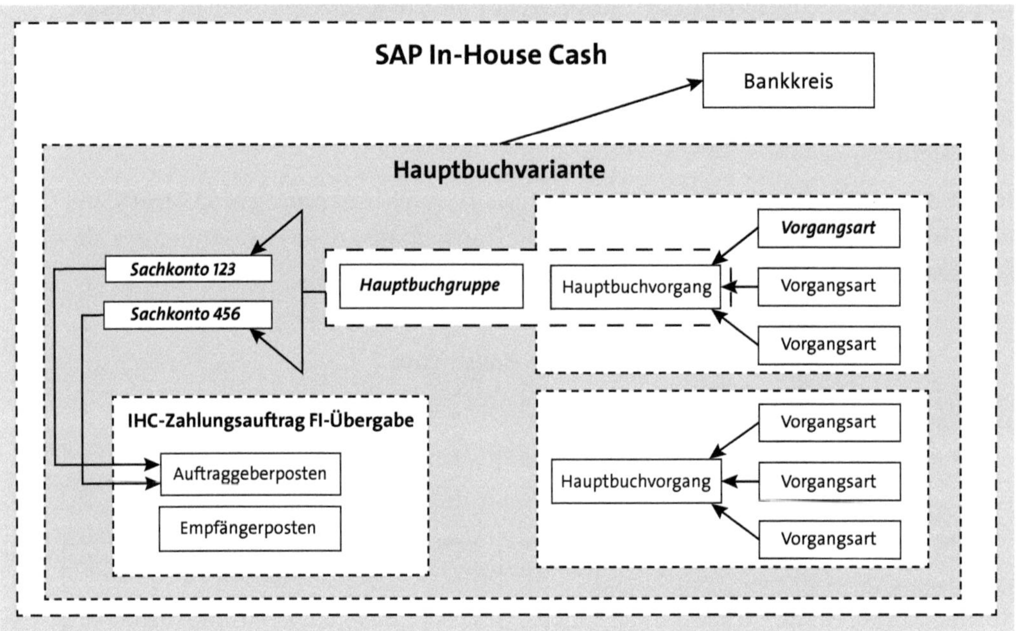

Abbildung 8.54 Ermittlung der zum IHC-Zahlungsauftrag gehörigen Sachkonten

Die Vorgangsarten, die aus der Transaktionsart ermittelt wurden, sind zu Hauptbuchvorgängen zusammengefasst worden. Alle Hauptvorgänge werden innerhalb einer Hauptbuchvariante angelegt, die wiederum dem Bankkreis als Haupteinheit in SAP In-House Cash zugeordnet ist.

Der Hauptbuchvorgang erzeugt zusammen mit der Hauptbuchgruppe aus dem IHC-Konto des Auftraggebers eine einzigartige Kombination, der jeweils zwei Sachkonten zugeordnet sind. Damit werden die Sachkonten gefunden und im Aufraggeberposten des IHC-Zahlungsauftrags gespeichert. Die gleiche Ermittlung der Sachkonten findet für den Empfängerposten statt. Nun sind beide Zahlungsposten im IHC-Zahlungsauftrag mit den Sachkonten versehen. Diese Sachkonten werden bei der Tagesendverarbeitung in der Finanzbuchhaltung mit aktuellen Verkehrszahlen fortgeschrieben.

8.7 Fazit

In diesem Kapitel haben wir ausführlich die Konfigurationsmöglichkeiten in SAP In-House Cash beschrieben. Zunächst sind wir auf die allgemeinen Einstellungen und Stammdaten eingegangen, die Sie unabhängig Ihrer geplanten Geschäftsprozesse vornehmen und pflegen müssen. Danach haben wir uns den Einstellungen gewidmet, die für die Kontoführung in SAP In-House Cash erforderlich sind. Mit der Kontoführung sind dabei die Buchungen auf den virtuellen Konten in SAP In-House Cash als SAP-Nebenbuch gemeint.

Damit die Informationen zu den Buchungen in SAP In-House Cash auch in der Finanzbuchhaltung abgebildet werden können, sind mehrere Einstellungen zur Hauptbuchübertragung erforderlich. Diese Einstellungen haben wir ebenfalls erläutert.

Zum Schluss sind wir auf die Besonderheiten bei der Konfiguration konkreter Geschäftsprozesse wie On-Behalf-Zahlungen, zentrale Geldeingänge und Cash-Pooling-Vorgänge eingegangen und haben die dafür notwendigen prozessbezogenen Einstellungen beschrieben.

Kapitel 9
Einstellungen in den SAP-Systemen der Tochtergesellschaften

In diesem Kapitel werden die Einstellungen erläutert, die erforderlich sind, um den Zahlungsverkehr mit SAP In-House Cash aufseiten der Tochtergesellschaften zu ermöglichen. Außerdem werden die Einstellungen für den lokalen Zahlungsverkehr ohne In-House-Bank sowie das Customizing für die Buchung von externen und internen Kontoauszügen erläutert.

Für einen funktionierenden Zahlungsverkehr müssen nicht nur die SAP-Systeme der Muttergesellschaft, sondern auch die SAP-Systeme der Tochtergesellschaften vorbereitet werden. Dies gilt sowohl für den lokalen Zahlungsverkehr, bei dem jede Gesellschaft ihre Zahlungen selbst ausführt, als auch für den zentralisierten Zahlungsverkehr, bei dem alle Zahlungen über eine Payment Factory ausgeführt werden.

In diesem Kapitel zeigen wir die notwendige Konfiguration der lokalen Systeme für beide Szenarien. Wir beschreiben die Einstellungen für ausgehende Zahlungen und anschließend für Kontoauszüge der externen und internen Hausbanken. Teilweise wurden diese Einstellungen in anderen Kapiteln schon detailliert erläutert. In solchen Fällen verzichten wir auf eine Wiederholung und verweisen auf den jeweils relevanten Abschnitt.

Es geht in diesem Kapitel vor allem darum, Ihnen einen Gesamtüberblick über die von den Tochtergesellschaften vorzunehmenden Aktivitäten zu geben und alle relevanten Punkte an einer Stelle zusammenzubringen. Diese Ausführungen können Sie als Anleitung beim Aufsetzen einer neuen Tochtergesellschaft in Ihrer SAP-Landschaft verwenden.

9.1 Lokale Zahlungen

In diesem Abschnitt listen wir alle Konfigurationsschritte und Vorbereitungsaktivitäten für den funktionierenden lokalen Zahlungsverkehr im System der Tochtergesellschaft auf.

[»]

Zur Erinnerung – lokaler Zahlungsprozess

Falls Sie sich für das Szenario mit dem *lokalen Zahlungsverkehr* entschieden haben, bedeutet es, dass jede Tochtergesellschaft ihre Zahlungen selbständig ausführt. Die Zahldateien werden im SAP-System der Tochtergesellschaft erzeugt und direkt zur externen Hausbank geschickt. Am nächsten Tag kommen die Kontoauszüge im MT940- oder camt.053-Format von der externen Hausbank zurück und werden in der Finanzbuchhaltung der Tochtergesellschaft verbucht. Damit ist der gesamte Zahlungsvorgang abgeschlossen.

Alle Aktivitäten können in vier Hauptblöcke unterteilt werden:

- Pflege zahlungsrelevanter Stammdaten
- Einstellungen für die Ausführung der ausgehenden lokalen Zahlungen
- Einstellungen für die Verarbeitung der Kontoauszüge der externen Banken
- allgemeine Vorbereitungen und zusätzlich notwendige Stammdaten

Für den lokalen Zahlungsverkehr müssen die für lokale Zahlungen relevanten Stammdaten vorbereitet werden (siehe Kapitel 2, »Purchase-to-Pay«).

In diesem Abschnitt listen wir die relevanten Stammdatenbereiche und die wichtigsten Punkte auf, die in diesen Stammdaten in Bezug auf lokale Zahlungen überprüft werden müssen. Bei der Vorbereitung der lokalen Systeme Ihrer Tochtergesellschaften überprüfen Sie die in Tabelle 9.1 erwähnten Punkte. Die Transaktionscodes oder SAP-Fiori-Apps, die Sie für diese Überprüfung benötigen, finden Sie ebenfalls in Tabelle 9.1.

Stammdatenbereich	Wichtige Punkte	Transaktion
Geschäftspartner-stammdaten	■ Zahlungsbedingungen ■ Zahlwege für externe Zahlungen ■ Partnerbankverbindungen	Transaktion BP (Geschäftspartner bearbeiten)
Bankenverzeichnis	■ Bankland ■ Bankname ■ SWIFT/BIC ■ Bankleitzahl	Transaktion FI03 (Anzeigen Bank) SAP-Fiori-App **Banken verwalten**
Hausbanken	■ Bankland ■ Bankschlüssel	Transaktion FI13 (Anzeigen Hausbanken) SAP-Fiori-App **Banken verwalten**

Tabelle 9.1 Auflistung der für die lokalen Zahlungen relevanten Stammdaten

Stammdatenbereich	Wichtige Punkte	Transaktion
Hausbankkonten	▪ Bankkontonummer ▪ alternative Bankkontonummer ▪ Währung ▪ IBAN ▪ Sachkonto für die externe Bank	SAP-Fiori-App **Bankkonten verwalten**

Tabelle 9.1 Auflistung der für die lokalen Zahlungen relevanten Stammdaten (Forts.)

Alle weiteren Details zu den notwendigen Stammdaten und Anforderungen zu ihrem Inhalt finden Sie in Abschnitt 2.4, »Stammdatenpflege und andere Voraussetzungen«.

9.1.1 Einstellungen für ausgehende Zahlungen

Für die lokalen ausgehenden Zahlungen wird das automatische F110-Zahlprogramm verwendet. Sie müssen also die Customizing-Einstellungen zum F110-Programm vornehmen. Die Konfiguration des automatischen Zahlprogramms wurde ausführlich in Abschnitt 7.1, »Konfiguration der automatischen Zahlungen mit dem F110-Zahlprogramm«, erläutert.

In diesem Abschnitt haben wir die wichtigsten Punkte zusammengestellt, die in der Konfiguration des F110-Zahlprogramms in Bezug auf die lokalen Zahlungen überprüft werden müssen. In Tabelle 9.2 sehen Sie die Bereiche aus Transaktion FBZP (Konfiguration Zahlprogramm pflegen) und die wichtigsten Einstellungen, die Sie in dem jeweiligen Bereich vornehmen können und die eine große Rolle im F110-Zahllauf spielen.

Themenbereich	Wichtige Punkte	Bereich in Transaktion FBZP
alle Buchungskreise	▪ zahlende Buchungskreise ▪ Zahlwegezusätze: ja/nein ▪ Toleranztage ▪ SHB-Vorgänge: ja/nein	Alle Buchungskreise
zahlende Buchungskreise	▪ Mindestbeträge ▪ Kursdifferenzen: ja/nein ▪ SEPA-Gläubiger-ID ▪ Avisformular ▪ Absenderdaten	Zahlende Buchungskreise

Tabelle 9.2 Auflistung der für die lokalen Zahlungen relevanten Einstellungen in Transaktion FBZP

Themenbereich	Wichtige Punkte	Bereich in Transaktion FBZP
Zahlwege im Land	▪ Ausgangs-/Eingangszahlungen ▪ Muss-Angaben ▪ im Stammsatz ▪ PMW-Format ▪ zulässige Länder ▪ zulässige Währungen ▪ Verwendungszweck	Zahlwege in Land/Region
Zahlwege im Buchungskreis	▪ Mindest-/Höchstbeträge ▪ Auslandszahlungen: ja/nein ▪ Formularangaben ▪ Avis erforderlich: ja/nein ▪ Einzelzahlung: ja/nein	Zahlwege im Buchungskreis
Rangfolge	Zuordnung Zahlweg/Bank	Bankenfindung
Bankkonten	▪ Zuordnung Zahlweg/Bank/Unterkonto	Bankenfindung
disponierte Beträge	▪ Zuordnung Bank/Währung/verfügbare Beträge	Bankenfindung

Tabelle 9.2 Auflistung der für die lokalen Zahlungen relevanten Einstellungen in Transaktion FBZP (Forts.)

9.1.2 Einstellungen für die Kontoauszugsverarbeitung

Die Tochtergesellschaften erhalten von ihren externen Hausbanken regelmäßig (in der Regel täglich) Kontoauszüge in dem mit der Hausbank vereinbarten Format. Die Einstellungen zu der Kontoauszugsverarbeitung haben wir in Abschnitt 7.6, »Konfiguration der Kontoauszugsverarbeitung«, erläutert.

In diesem Abschnitt zeigen wir Ihnen im Überblick, worauf Sie bei der Konfiguration der Kontoauszugsverarbeitung achten müssen. In Tabelle 9.3 finden Sie die wichtigsten Punkte, die Sie für die Verbuchung externer Kontoauszüge im SAP-System der Tochtergesellschaften vorbereiten müssen.

[»]

Kaum eine universelle Logik möglich

In einer heterogenen SAP-Landschaft werden Sie möglicherweise individuelle Lösungen für den Import der Kontoauszüge für einzelne Tochtergesellschaften finden müssen. Die Schnittstellen zwischen der externen Hausbank und den SAP-Systemen der Tochtergesellschaft können auf unterschiedliche Art und Weise aufgesetzt werden. Sie können dabei SAP Multi-Bank Connectivity oder das zentrale SAP-Process-Orchestration-System oder eine andere Middleware-Software einsetzen.

Für welche Lösung Sie sich entscheiden, beeinflusst gegebenenfalls die notwendigen Einstellungen beim Datenimport in dem jeweiligen System der Tochtergesellschaft. Auch bei der Buchung der Kontoauszüge sind Abweichungen im Buchungsmuster möglich. Die Kontenpläne der Gesellschaften können sich unterscheiden; damit sind auch die zuzuordnenden Sachkonten anders. Möglicherweise ist selbst die Buchungslogik je nach Gesellschaft unterschiedlich, was das Aufsetzen der Buchungsregeln pro Gesellschaft beeinflussen wird.

Themenbereich	Wichtige Punkte	Transaktion in SPRO
Datenimport	▪ logische Pfade ▪ Zuweisung des Import-, Archiv- und Fehlerpfades ▪ Zuordnung von physischen/ logischen Pfaden ▪ Dateinamen bestimmen	▪ Logische Pfade definieren ▪ Importparameter festlegen
Kontoauszugs- buchung	▪ Einlesen und Buchen/ nur Einlesen ▪ Referenznummernbereiche ▪ Nullumsätze in MT940	Buchungsparameter festlegen
Kontoauszugs- buchung	▪ Vorgangstyp ▪ Zuordnung Vorgangstyp/ Bankkonto ▪ Kontosymbole ▪ Buchungsregeln ▪ Zuordnung Buchungsregeln/ Geschäftsvorfallcodes	Grundeinstellungen für den elektronischen Kontoauszug vornehmen
Übersteuerung der Kontoauszugs- buchung	▪ Suchmuster ▪ Zuordnung Suchmuster/ Hausbank	Suchmuster für den elektronischen Kontoauszug definieren

Tabelle 9.3 Auflistung der für die lokalen Zahlungen relevanten Einstellungen in der Kontoauszugsverarbeitung

9.2 Zahlungen mit SAP In-House Cash (Payment Factory)

In diesem Abschnitt zeigen wir Ihnen im Überblick alle Konfigurationsschritte und Vorbereitungsaktivitäten im System der Tochtergesellschaft auf, die für den funktionierenden Zahlungsverkehr mit der In-House-Bank erforderlich sind.

Zur Erinnerung – Zahlungsprozess mit SAP In-House Cash (Payment Factory)

Falls Sie sich für das Szenario mit den Zahlungen über SAP In-House-Cash (*Payment Factory*) entschieden haben, bedeutet es, dass jede Tochtergesellschaft ihre Zahlungen im lokalen System ausgleicht und die PAYEXT/DIRDEB-IDocs an die In-House-Bank zur weiteren Verarbeitung schickt. Die Zahlungs-IDocs werden im SAP-System der In-House-Bank als IHC-Zahlungsaufträge auf den IHC-Konten der Gesellschaften erzeugt, verbucht und in Form von FI-Zahlungsanordnungen an den Clearing-Partner weitergeleitet. Der Clearing-Partner führt den F111-Zahllauf aus, erzeugt die Zahldateien und schickt sie zur externen Hausbank. In der Tagesendverarbeitung erzeugt die In-House-Bank interne Kontoauszüge im FINSTA-Format, die an die Tochtergesellschaften verschickt und in ihren Systemen verbucht werden. Am nächsten Tag kommen die Kontoauszüge im MT940- oder camt.053-Format von der externen Hausbank zur In-House-Bank zurück und werden in der Finanzbuchhaltung der In-House-Bank verbucht. Damit ist der gesamte Zahlungsvorgang abgeschlossen.

Alle Aktivitäten in den lokalen Systemen der Tochtergesellschaften in Bezug auf Zahlungen mit der In-House-Bank können in vier Hauptblöcke unterteilt werden:

- Vorbereitung und Pflege von zahlungsrelevanten Stammdaten
- Einstellungen für die Ausführung der ausgehenden internen und externen Zahlungen an die In-House-Bank
- Einstellungen für die Verarbeitung der Kontoauszüge von der In-House-Bank
- Einstellungen für die Kommunikation zwischen den SAP-Systemen der Gesellschaft und der In-House-Bank

9.2.1 Allgemeine Vorbereitungen und notwendige Stammdaten

Für den Zahlungsverkehr mit einer Payment Factory müssen unterschiedliche Stammdaten in den Systemen der Tochtergesellschaften vorbereitet werden. In diesem Abschnitt haben wir die zahlungsrelevanten Stammdatenbereiche und einzelne Punkte zusammengestellt, auf die Sie bei den Systemvorbereitungen achten müssen.

Bereiten Sie die in Tabelle 9.4 erwähnten Stammdaten in den SAP-Systemen Ihrer Tochtergesellschaften sorgfältig vor.

Vollständig gepflegte Stammdaten sind in lokalen Systemen wichtig!

Achten Sie insbesondere auf die in Tabelle 9.4 aufgelisteten einzelnen Punkte. Erfahrungsgemäß sind falsch oder unvollständig gepflegte Stammdaten in den lokalen Systemen die häufigsten Fehlerquellen im Zahlungsverkehr mit SAP In-House Cash.

Sorgfältig vorbereitete Stammdaten der lokalen Gesellschaften ersparen Ihnen viel Zeit nach der Produktivsetzung.

Stammdatenbereich	Wichtige Punkte	Transaktion
Geschäftspartner-stammdaten	■ Intercompany-Zahlungs-bedingungen ■ Zahlwege für interne Zahlungen ■ IHC-Konten als Partnerbank-verbindungen	Transaktion BP (Geschäfts-partner bearbeiten)
Bankenverzeichnis	■ Bankland ■ Bankname ■ SWIFT/BIC ■ Bankleitzahl	Transaktion FI03 (Anzeigen Bank) SAP-Fiori-App **Banken verwalten**
Hausbanken	■ Bankland der In-House-Bank ■ Bankschlüssel der In-House-Bank ■ EDI-fähige Zahlwege für Zah-lungen mit SAP In-House Cash	Transaktion FI13 (Anzeigen Hausbanken) SAP-Fiori-App **Banken verwalten**
Hausbankkonten	■ IHC-Kontonummer ■ Sachkonto für IHC-Salden mit In-House-Bank ■ Währung des IHC-Kontos	SAP-Fiori-App **Bankkonten verwalten**

Tabelle 9.4 Auflistung der für die Zahlungen mit In-House-Banken relevanten Stammdaten

Alle weiteren Details zu den notwendigen Stammdaten im Zahlungsverkehr mit SAP In-House Cash finden Sie in Abschnitt 2.4.2, »Stammdaten für On-Behalf-Zahlungen im SAP-System der Tochtergesellschaften«.

9.2.2 Einstellungen für ausgehende Zahlungen

Bei den Zahlungen über die In-House-Bank wird, wie bei den lokalen Zahlungen, das F110-Zahlprogramm verwendet. In diesem Abschnitt listen wir alle wichtigen Blöcke in Transaktion FBZP (Konfiguration Zahlprogramm pflegen) auf. Zudem erläutern wir die Punkte, die Sie bei dem Aufsetzen einer neuen Gesellschaft für den Zahlungsverkehr mit der In-House-Bank besonders beachten müssen.

Überprüfen Sie sorgfältig die Punkte aus Tabelle 9.5 in Transaktion FBZP (Konfiguration Zahlprogramm pflegen) im SAP-System der lokalen Gesellschaften.

Themenbereich	Wichtige Punkte	Bereich in Transaktion FBZP
alle Buchungskreise	▪ zahlender Buchungskreis ▪ Zahlwegezusätze: ja/nein ▪ Toleranztage ▪ SHB-Vorgänge: ja/nein	Alle Buchungskreise
zahlende Buchungs-kreise	▪ Mindestbeträge ▪ Kursdifferenzen: ja/nein ▪ Formular für EDI-Begleitzettel	Zahlende Buchungskreise
Zahlwege im Land	▪ Ausgangs-/Eingangszahlungen ▪ Muss-Angaben ▪ im Stammsatz ▪ PMW-Format IDoc oder Programm `RFFOEDI1` ▪ zulässige Währungen	Zahlwege in Land/Region
Zahlwege im Buchungskreis	▪ Mindest-/Höchstbeträge ▪ Auslandszahlungen: ja/nein ▪ Einzelzahlung: ja/nein	Zahlwege im Buchungskreis
Rangfolge	▪ Zuordnung ▪ Zahlweg/IHC-Bank	Bankenfindung
Bankkonten	▪ Zuordnung Zahlweg/ ▪ IHC-Bank/Unterkonto	Bankenfindung
disponierte Beträge	Zuordnung Bank/Währung/verfügbare Beträge	Bankenfindung

Tabelle 9.5 Auflistung der für die Zahlungen mit In-House-Banken relevanten Einstellungen mit Transaktion FBZP

Alle Details zu den Einstellungen finden Sie in Abschnitt 7.1, »Konfiguration der automatischen Zahlungen mit dem F110-Zahlprogramm«.

[»]

Wichtige EDI-bezogene Einstellungen nicht vergessen!

Beim Vornehmen der Einstellungen in Transaktion FBZP in den lokalen Systemen achten Sie insbesondere auf die für die *EDI-Kommunikation* relevanten Punkte, z. B. auf die Zuordnung eines Formulars für den *EDI-Begleitzettel*, der auf der Buchungskreisebene im Bereich **Zahlende Buchungskreise** von Transaktion FBZP vorgenommen wird. Dies wird oft übersehen oder ignoriert und führt anschließend zu einem Fehler im F110-Zahllauf.

Das Definieren der Zahlwege als *EDI-fähig* findet auf der Hausbankebene statt und kann leicht vergessen werden. Als Folge dieses Versäumnisses können im F110-Zahllauf keine IDocs erzeugt werden. Wenn Sie in einem Zahllauf feststellen, dass die Einstellung zu den EDI-fähigen Zahlwegen gefehlt hat und Sie sie nachpflegen, wird die Änderung keine Auswirkung auf die schon existierenden Zahlläufe haben. Sie müssen den betroffenen Zahllauf erst komplett stornieren und die Zahlungen erneut starten, damit die Änderungen wirksam sind.

Auch beim Einplanen des F110-Zahllaufs wird das Eintragen der passenden Variante zu Report RFFOEDI1, der die Zahlungs-IDocs generiert, des Öfteren vergessen. In diesem Fall werden die lokalen Buchungen zwar durchgeführt, aber keine IDocs an die In-House-Bank geschickt. Dies können Sie leicht korrigieren, indem Sie bei einem schon ausgeführten Zahllauf die Variante in den F110-Parametern eintragen und den Druckjob nochmals starten. Hierzu sind keine Stornos der Zahlläufe erforderlich.

9.2.3 Kommunikation mit der In-House-Bank

Das Szenario der Zahlungen mit einer In-House-Bank setzt die Kommunikation zwischen den Tochtergesellschaften und der In-House-Bank voraus. Interne und externe On-Behalf-Zahlungen werden von den Tochtergesellschaften an das SAP-System der In-House-Bank geschickt.

Interne Kontoauszüge werden von der In-House-Bank an die an die Tochtergesellschaften gesendet. Dafür muss das ALE-Customizing in den Systemen der Tochtergesellschaften und der In-House-Bank gepflegt werden. In Abschnitt 8.1.4, »ALE-Customizing für die In-House-Bank«, haben wir die für die In-House-Bank relevanten ALE-Konfiguration beschrieben. In diesem Kapitel stellen wir die für die Tochtergesellschaften relevanten Punkte in der ALE-Konfiguration zusammen, bringen aber keine detaillierten Erläuterungen, weil es hier in erster Linie um technische und nicht zahlungsverkehrsspezifische Einstellungen geht.

Unterstützung des Basisteams erforderlich

Fordern Sie zur Erledigung dieser Aufgabe die Unterstützung des Basisteams an, das für die SAP-Systeme der Tochtergesellschaften verantwortlich ist. Das Basisteam verwaltet die Kommunikation des SAP-Systems mit anderen Systemen und verfügt in der Regel über alle für die Ausführung der in diesem Abschnitt beschriebenen Aktivitäten notwendigen Berechtigungen.

Logische Systeme anlegen und Verteilungsmodelle pflegen

Im SAP-System der Tochtergesellschaft müssen Sie entsprechende logische Systeme anlegen und diese anschließend zu einem Verteilungsmodell zusammenfassen, um die ALE-Kommunikation zwischen dem SAP-System der Tochtergesellschaft und der

In-House-Bank zu ermöglichen. Im Folgenden listen wir die notwendigen Schritte auf:

1. Für die In-House-Bank und die Tochtergesellschaft selbst legen Sie jeweils ein logisches System an; dies tun Sie über den folgenden Pfad: **IDOC-Schnittstelle • Grundeinstellungen • Logische Systeme einrichten • Logisches System benennen** (Transaktion SALE).
2. Ordnen Sie anschließend die angelegten logischen Systeme dem relevanten Mandanten zu. Diese Zuordnung können Sie über den folgenden Pfad vornehmen: **IDOC-Schnittstelle • Grundeinstellungen • Logische Systeme einrichten • Logisches System einem Mandanten zuordnen** (Transaktion SALE).
3. Kontrollieren Sie über den folgenden Pfad, ob die Modellsicht des Verteilungsmodells von der In-House-Bank in die Systeme der Tochtergesellschaften erfolgreich verteilt wurde: **IDOC-Schnittstelle • Geschäftsprozesse modellieren und implementieren • Verteilungsmodell pflegen und Sichten verteilen** (Transaktion BD64).
4. Das System der In-House-Bank muss als Zielsystem definiert werden. Die Einstellungen nehmen Sie über den folgenden Pfad vor: **IDOC-Schnittstelle • Kommunikation • Zielsysteme für RFC-Aufrufe definieren** (Transaktion SM59).
5. Generieren Sie die Partnervereinbarungen über den folgenden Pfad: **IDOC-Schnittstelle • Geschäftsprozesse modellieren und implementieren • Partnervereinbarungen • Partnervereinbarungen generieren** (Transaktion BD82).
6. Legen Sie den Empfängerport EUPEXPORT für die IDocs mit dem logischen Nachrichtentyp EUPEXR über den folgenden Pfad an: **SAP Easy Access • Werkzeuge • ALE • ALE-Administration • Laufzeiteinstellungen • Portpflege** (Transaktion WE21).

[»]

Weitere Erläuterungen in OSS-Hinweis 527431

Die EUPEXR-IDocs sind technische IDocs, die bei jedem F110-Zahllauf generiert werden, aber nicht weiter verschickt werden sollen. Weitere Erläuterungen dazu finden Sie in SAP-Hinweis 527431 (EUPEXR-IDOC mit dem Status **angelegt** (63)).

In-House-Bank als EDI-Partner definieren

Sie müssen die In-House-Bank als *EDI-Partner* einrichten, damit während des F110-Zahllaufs die ausgehenden Zahlungs-IDocs generiert werden und anschließend die eingehenden Kontoauszugs-IDocs verbucht werden können. Überprüfen Sie als Erstes, dass die EDI-Partnernummer für die In-House-Bank in Transaktion FI12 (Ändern Hausbanken) im Bereich **EDI-Partnervereinbarungen** eingetragen ist.

In Abbildung 9.1 sehen Sie, dass beim Einrichten der In-House-Bank »IHC« als Hausbank im Feld **Hausbank** ❶ in Transaktion FI12 (Ändern Hausbanken) und die EDI-Partnernummer »IHC« im Feld **EDI-Partnernummer** ❷ gepflegt sind. Dies ist eine Voraussetzung für die weitere Pflege der In-House-Bank in den Partnervereinbarungen. Falls diese Voraussetzung nicht vorliegt, erhalten Sie eine Fehlermeldung beim Versuch, den Partner zur In-House-Bank in Transaktion WE20 (Partnervereinbarungen) zu pflegen.

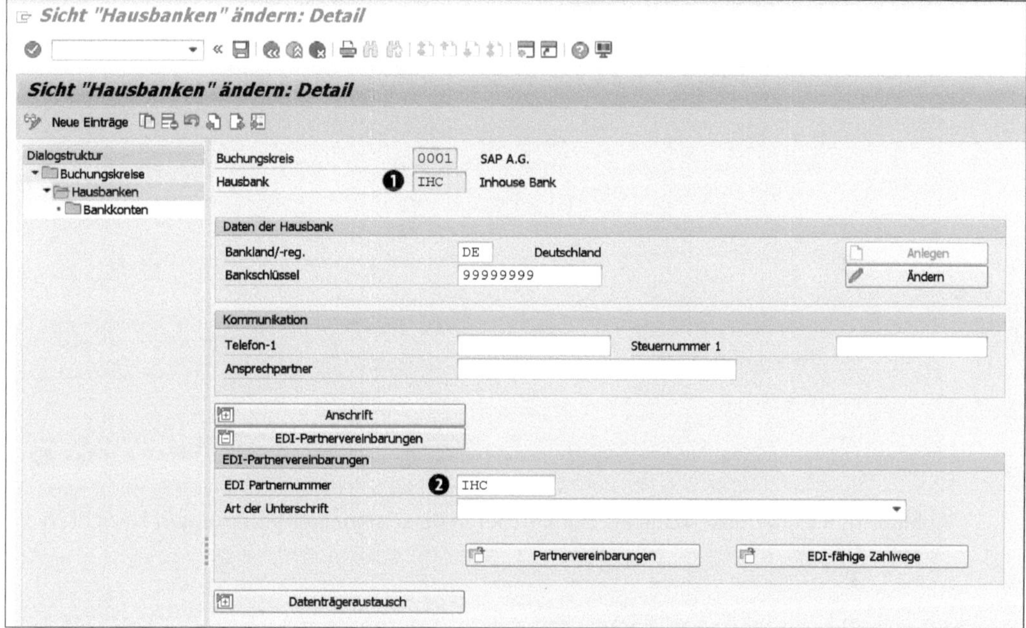

Abbildung 9.1 EDI-Partnernummer in der Hausbankpflege (Transaktion FI12)

Partnervereinbarungen pflegen

Sie müssen nun über den folgenden Pfad die In-House-Bank in den Partnervereinbarungen in Transaktion WE20 für die Kommunikation mit dem System der In-House-Bank vorbereiten: **SAP Easy Access • Werkzeuge • ALE • ALE-Administration • Laufzeiteinstellungen • Portpflege • Partnervereinbarung** (Transaktion WE20).

In Abbildung 9.2 sehen Sie, wie die In-House-Bank IHC als EDI-Partner eingerichtet werden kann. Die In-House-Bank IHC ❷ muss als Partner mit der Partnerart B im Knoten **Partnerart B** ❶ gepflegt werden. Pflegen Sie in der Spalte **Nachrichtentyp** den logischen Nachrichtentyp DIRDEB ❸ mit dem Basistyp PEXR2003 ❹, den logischen Nachrichtentyp PAYEXT ❺ mit dem Basistyp PEXR2003 ❻ und den logischen Nachrichtentyp EUPEXR ❼ mit dem Basistyp IDCREF01 ❽ als Ausgangsparameter der In-House-Bank.

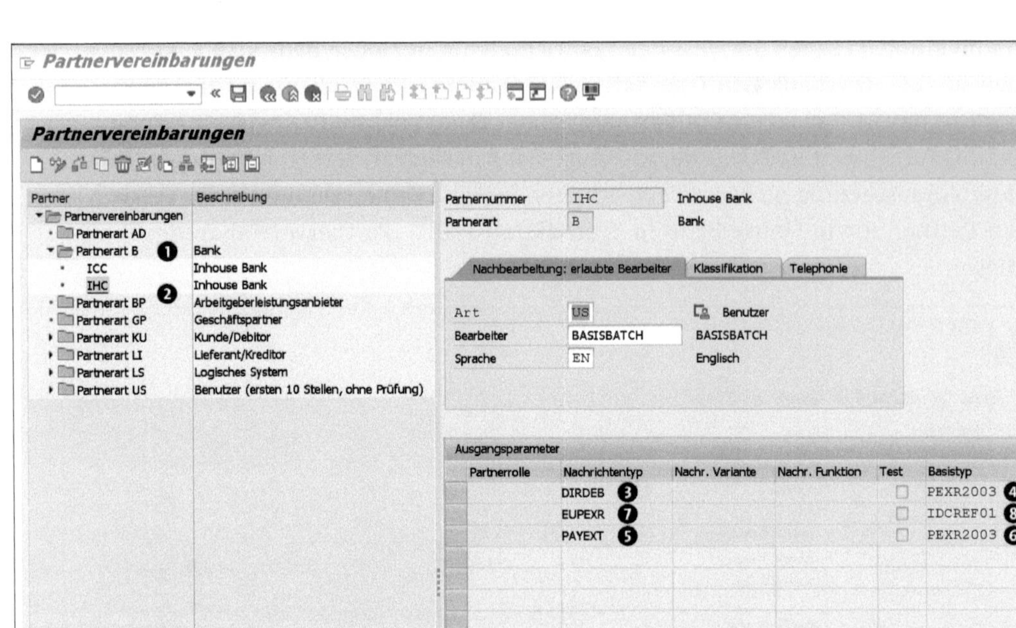

Abbildung 9.2 In-House-Bank als EDI-Partner in den Partnervereinbarungen einrichten (Transaktion WE20)

Pflegen Sie den logischen Nachrichtentyp EUPEXR mit dem Basistyp IDCREF01 als Ausgangsparameter. Ordnen Sie dabei den Empfängerport EUPEXPORT dem Nachrichtentyp EUPEXR zu. Pflegen Sie den logischen Nachrichtentyp FINSTA ❾ mit dem Basistyp FINSTA01 und dem Vorgangscode FINS ❿ als Eingangsparameter des Partners für die In-House-Bank.

9.2.4 Einstellungen für die Kontoauszugsverarbeitung

Die Tochtergesellschaften bekommen von der In-House-Bank tägliche Kontoauszüge als FINSTA-IDocs. Durch die Zuordnung des Vorgangscodes FINS als Eingangsparameter des EDI-Partners für die In-House-Bank, wie in Abbildung 9.2 gezeigt, werden die eingehenden FINSTA-IDocs bei deren Eingang als Kontoauszüge erkannt und in die Kontoauszugsdatenbanktabellen FEBKO und FEBEP hineingeschrieben. Sie müssen nur noch in der Finanzbuchhaltung verbucht werden, was mit Transaktion FEBP (Buchen Elektronischer Kontoauszug) oder mit dem Report RFEBKA30 geschieht, der in der Regel als Hintergrundjob regelmäßig läuft.

Die Einstellungen zur Kontoauszugsverarbeitung haben wir in Abschnitt 7.6, »Konfiguration der Kontoauszugsverarbeitung«, erläutert.

In Tabelle 9.6 finden Sie einen Überblick über die Punkte, auf die Sie in der Konfiguration der Kontoauszugsverarbeitung der In-House-Bank achten müssen.

Themenbereich	Wichtige Punkte	Transaktion in SPRO
Kontoauszugsbuchung	▪ Vorgangstyp ▪ Zuordnung Vorgangstyp/ Bankkonto ▪ Kontosymbole ▪ Buchungsregeln ▪ Zuordnung Buchungsregeln/ Geschäftsvorfallcodes	Grundeinstellungen für den elektronischen Kontoauszug vornehmen
Übersteuerung Kontoauszugsbuchung	▪ Suchmuster ▪ Zuordnung Suchmuster/ Hausbank	Suchmuster für elektronischen Kontoauszug definieren

Tabelle 9.6 Auflistung der relevanten Einstellungen in der Kontoauszugsverarbeitung der internen Kontoauszüge

9.3 Fazit

In diesem Kapitel haben wir die Einstellungen und die relevanten Stammdaten zusammengefasst, die im SAP-System jeder Tochtergesellschaft vorgenommen werden müssen.

Einige Vorbereitungen in den SAP-Systemen der Tochtergesellschaften sind erforderlich, damit die Tochtergesellschaften ihre lokalen Zahlungen direkt an die externen Banken schicken können.

Für die externen Zahlungen, die von den Tochtergesellschaften an die In-House-Bank geschickt werden, und anschließend von der In-House-Bank als On-Behalf-Zahlungen ausgeführt werden, sind ebenfalls mehrere Einstellungen im SAP-System der Tochtergesellschaft vorzunehmen, die wir in diesem Kapitel zusammen mit den aufzubereitenden zahlungsrelevanten Stammdaten aufgelistet haben. Auch haben wir die wichtigsten Punkte genannt, die für die funktionierende ALE-Kommunikation zwischen Tochtergesellschaft und In-House-Bank ausschlaggebend sind.

Am Ende dieses Kapitels sind wir noch auf die Konfiguration eingegangen, die für die vollständige Kontoauszugsverarbeitung vorbereitet werden muss.

Kapitel 10

Einstellungen in SAP Bank Communication Management

In diesem Kapitel werden die Einstellungen in SAP Bank Communication Management für die Gruppierung der Zahlläufe in Zahlungsmappen, die Freigabe der erzeugten Zahlungsmappen und die Erstellung der Zahldateien für die externen Banken behandelt. Außerdem wird erläutert, welche Einstellungen für das Einlesen und Zuordnen der Statusrückmeldungen der externen Banken vorgenommen werden müssen.

10

SAP Bank Communication Management wird verwendet, um Zahlungen aus verschiedenen Zahlläufen nach diversen Kriterien zu gruppieren. Diese Gruppierungen helfen, die Anzahl der an die externen Banken zu sendenden Zahldateien zu optimieren. Darüber hinaus bietet SAP Bank Communication Management die Möglichkeit, einen Freigabe-Workflow zu aktivieren, um zusätzliche Kontrollen in den Zahlungsverkehrsprozess zu integrieren. In diesem Kapitel wird erläutert, welche Einstellungen Sie in SAP Bank Communication Management für den externen Zahlungsverkehr vornehmen müssen.

In Abschnitt 10.1 widmen uns der Konfiguration der Gruppierung der Zahlungen aus den F110- und F111-Zahlläufen und der Erzeugung der Zahlungsmappen (Batches).

[«]

Definition der Begriffe »Zahlungsmappen« und »Batches«

Die Begriffe *Zahlungsmappe* und *Batch* sind Synonyme. *Batch* kommt aus dem englischsprachigen Raum, ist aber inzwischen auch bei uns im Gebrauch. Häufig wird die *Zahlungsgruppierung* als *Batching* bezeichnet. In diesem Kapitel verwenden wir den Begriff *Batch*.

In Abschnitt 10.2 zeigen wir, welche Einstellungen notwendig sind, damit zu den Batches die Zahldateien generiert werden können. Außerdem zeigen wir, wie Sie den Workflow in SAP Bank Communication Management einrichten, um den Freigabeprozess zu aktivieren.

In Abschnitt 10.3 erläutern wir die Einstellungen, die Sie benötigen, um die Statusrückmeldungen, also die Dateien im CGI-XML-pain.002-Format von den externen Banken in Ihr System einzulesen und sie automatisch zu Batches zuordnen zu lassen.

10.1 Zahlungsgruppierung und Erzeugung von Batches

Die Zahlungen, die in F110- und F111-Zahlläufen ausgeführt werden, können in SAP Bank Communication Management, basierend auf unterschiedlichen Kriterien, in Batches gruppiert werden. Sie können danach zu einer oder zwei Freigaben weitergegeben werden, bevor zu den Batches die Zahldateien angelegt oder die Zahldateien direkt nach der Zahlungsgruppierung generiert werden. Diese Prozesse gestalten Sie mithilfe des Customizings in SAP Bank Communication Management.

10.1.1 Allgemeine Einstellungen in SAP Bank Communication Management

Es sind zunächst einige allgemeine Einstellungen in SAP Bank Communication Management zu pflegen, die für die Anzeige der Zahlungspositionen relevant sind und das gesamte Layout in den Transaktionen BNK_MONI (Mappen- und Zahlungsmonitor) und BNK_APP (Zahlungen genehmigen) sowie in den SAP-Fiori-Apps **Zahlungen genehmigen** und **Zahlungen verwalten** beeinflussen.

Grundeinstellungen für die Genehmigung

Als ersten Schritt in der BCM-Konfiguration nehmen Sie grundlegende Einstellungen vor. Diese finden Sie über den folgenden Pfad: **Financial Supply Chain Management • Bank Communication Management • Grundeinstellungen • Grundeinstellungen für Genehmigung**.

In Abbildung 10.1 sehen Sie die Definition der Grundeinstellungen, die für die Gruppierung der Zahlungen in SAP Bank Communication Management erforderlich ist. Im Feld **Regelwährung** ❶ tragen Sie die Währung ein, in der der Gesamtbetrag des Batch angezeigt werden soll. Dies ist insbesondere dann relevant, wenn in einem Batch unterschiedliche Währungen vorliegen.

Die eingetragene Währung ist eine Anzeigewährung in den Transaktionen und SAP-Fiori-Apps für die Transaktionen BNK_MONI und BNK_APP und hat keine Auswirkungen auf den Inhalt des Batch und auf die Transaktionswährungen und Transaktionsbeträge. Damit die Umrechnung des Transaktionsbetrags in den Anzeigewährungsbetrag stattfinden kann, legen Sie den entsprechenden Kurstyp im Feld **Kurstyp** ❷ an. Aktivieren Sie das Kennzeichen **Signatur erforder.** ❸, falls Sie wollen, dass bei der Freigabe der Batches in Transaktion BNK_APP ein Signatur-Pop-up-Fenster angezeigt wird, in dem sich der freigebende Benutzer mit seiner SAP-Kennung identifizieren muss, bevor die Freigabe gespeichert werden kann.

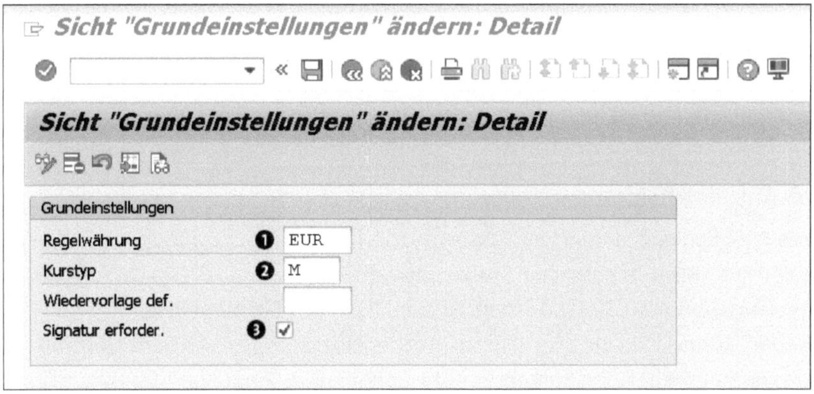

Abbildung 10.1 Grundeinstellungen für die Genehmigung definieren (Transaktion SPRO)

BAdI-Implementierungen für das Anzeigelayout in SAP Bank Communication Management

SAP stellt einige Business Add-Ins (BAdIs) in SAP Bank Communication Management zur Verfügung, mit denen Sie die Standardfunktionen erweitern können.

So können Sie das Layout der Transaktionen BNK_MONI und BNK_APP um zusätzliche Felder erweitern. Implementieren Sie hierzu das BAdI `BNK_BAdI_UI_ENHANCE`, das Sie über den folgenden Pfad finden: **Financial Supply Chain Management • Bank Communication Management • Grundeinstellungen • BAdI: Zusätzliche Felder für BNK_MONI und BNK_APP**.

> **Strukturen von SAP Bank Communication Management erweitern**
>
> Zusätzlich zur BAdI-Ausprägung müssen die zusätzlichen Felder in eine Append-Struktur aufgenommen werden, die dann an die Struktur `BNK_BTC_HEADER_UI` mit den Kopfinformationen der Batches oder an die Struktur `BNK_BTC_ITEM_UI` mit den Informationen einzelner Zahlungen im Batch angehängt wird.

Außerdem können Sie die Navigation zur Anzeige der Details oder zu den entsprechenden Stammdaten für die Standardfelder aktivieren, bei denen diese Navigation entweder in SAP Bank Communication Management nicht aktiviert worden ist oder aber für die kundenspezifischen Felder, die Sie in das BCM-Layout aufgenommen haben. Hierzu implementieren Sie das BAdI `FI_PAYM_DATA_DRILL_DOWN`, das Sie über den folgenden Pfad finden: **Financial Supply Chain Management • Bank Communication Management • Grundeinstellungen • BAdI: Navigation für Kundenfelder oder Felder, die SAP nicht unterstützt**.

Falls Sie für bestimmte Batches die Drilldown-Funktion zu den einzelnen Zahlungen unterdrücken müssen, weil es z. B. um personenbezogene Zahlungen geht, können Sie das BAdI `BNK_BAdI_UI_FILTER` implementieren, das Sie über den folgenden Pfad finden: **Financial Supply Chain Management • Bank Communication Management • Grundeinstellungen • BAdI: Automatischer Filter für Batches in BNK_MONI und BNK_APP**.

Zwei-Faktor-Authentifizierung aktivieren

Sie haben die Möglichkeit, eine Zwei-Faktor-Authentifizierung zu aktivieren. Allerdings brauchen Sie dafür zusätzliche SAP-Produkte: entweder *SAP Cloud Platform Identity Authentication* oder *Sinch Authentication 365*. Falls Sie eins dieser Produkte im Einsatz haben, können Sie die Zwei-Faktor-Authentifizierung in SAP Bank Communication Management über den folgenden Pfad aktivieren: **Financial Supply Chain Management • Bank Communication Management • Grundeinstellungen • Optionale Benutzerauthentifizierung angeben**.

10.1.2 Zahlungsgruppierung in SAP Bank Communication Management

Die Zahlungsgruppierung hat es zum Ziel, die Anzahl der an die externen Banken zu versendenden Zahldateien zu optimieren und damit u. a. die anfallenden Kontogebühren zu reduzieren. Die F110- und F111-Zahlungen werden, basierend auf den im Customizing definierten Kriterien, in verschiedene Batches gruppiert. Dafür wird Transaktion FBPM1 (Zahllaufübergreifende Zahlungsträger) in regelmäßigen Abständen online oder als Hintergrundjob ausgeführt. Damit die Gruppierung stattfinden kann, müssen die Kriterien für die Zahlungsgruppierung im Customizing entsprechend eingerichtet werden.

Regelpflege für die Zahlungsgruppierung

Die Gesamtheit der verschiedenen Kriterien, aufgrund derer ein separater Batch erzeugt werden soll, wird in SAP Bank Communication Management als *Regel* bezeichnet. Bei der Regelpflege stehen alle Informationen aus den Zahlungen zur Verfügung, was die Regeldefinition sehr flexibel macht. Die Batching-Regeln werden auch dazu benutzt, die Freigaben zu gestalten. Damit können Zahlungen jeder Art von unterschiedlichen Personenkreisen freigegeben werden.

Allgemeine Logik vorher überlegen!

Bevor Sie neue Regeln in SAP Bank Communication Management definieren, überlegen Sie sich, welche Gruppierung für Ihre Geschäftsprozesse sinnvoll ist. Dies kann davon abhängen, ob die Zahlungsfreigabe zentral im Treasury erfolgt oder ob die lokalen Gesellschaften ihre Zahlungen in SAP Bank Communication Management freigeben.

Sie können eine Gruppierung pro Buchungskreis, pro Zahlweg, pro Land oder pro Herkunft der Zahlungen einführen. Auch können Sie die Höhe der Zahlungsbeträge als Gruppierungskriterium verwenden.

So können z. B. alle Zahlungen unter 10.000 EUR zu einer Gruppe zusammengefasst werden, bei der keine Freigaben erforderlich sind. Die Zahlungen zwischen 10.000 EUR und 100.000 EUR werden zur nächsten Gruppe zusammengefasst, bei der eine Freigabe zu leisten ist. Alle Zahlungen über 100.000 EUR werden in der dritten Gruppe mit zwei Freigaben zusammengefasst.

Sie pflegen BCM-Regeln über den folgenden Pfad: **Financial Supply Chain Management • Bank Communication Management • Zahlungsgruppierung • Regelpflege**.

In Abbildung 10.2 sehen Sie drei definierte Regeln für die Zahlungsgruppierung. Tragen Sie eine Regel-ID in die Spalte **Regel-ID** ❶ und die Bezeichnung der Regel in die Spalte **Regelbeschreibung** ❸ ein.

Abbildung 10.2 Regelpflege in SAP Bank Communication Management: Übersichtsbild (Transaktion SPRO)

Wie bei vielen anderen Einstellungen empfehlen wir Ihnen, diese Regel-IDs sprechend zu gestalten, da die Regeln später in den Transaktionen von SAP Bank Communication Management und in den SAP-Fiori-Apps sichtbar sind.

Die Bezeichnungen sollten Ihnen auf den ersten Blick eine Vorstellung des Inhalts der Zahlungen geben können. Die Priorität ist relevant, falls für eine Zahlung mehrere Regeln als zutreffend selektiert wurden. In diesem Fall wird dieser Zahlung die Regel zugeordnet, die die höchste Priorität hat. Die Priorität ordnen Sie der Regel in der Spalte **Priorität** ❷ zu. Die Regel mit der Priorität 0 hat dabei die höchste Priorität.

Hinter dem Button **R.Pflege** ❹ verbergen sich einzelne Felder, die Sie bei der Regeldefinition mit Inhalt füllen. Klicken Sie auf den Button **R.Pflege**, um zum Detailbild der Regeldefinition zu gelangen.

In Abbildung 10.3 sehen Sie die Gestaltungsmöglichkeiten, die Ihnen bei der Regelpflege zur Verfügung stehen. Sie können mehrere Felder für die Regelbedingung verwenden.

In der Spalte **Seq-ID** ❶ werden die ausgewählten Felder automatisch fortlaufend nummeriert. Unter **Feldbeschreibung** ❷ sehen Sie die Bezeichnung der ausgewählten Felder. In der Spalte **VglOp** ❸ stehen Ihnen verschiedene Vergleichsoperatoren zur Auswahl, wie z. B. EQ, falls Sie einen konkreten Wert eingeben, oder GE oder LE, falls Sie einen Betrag eingeben.

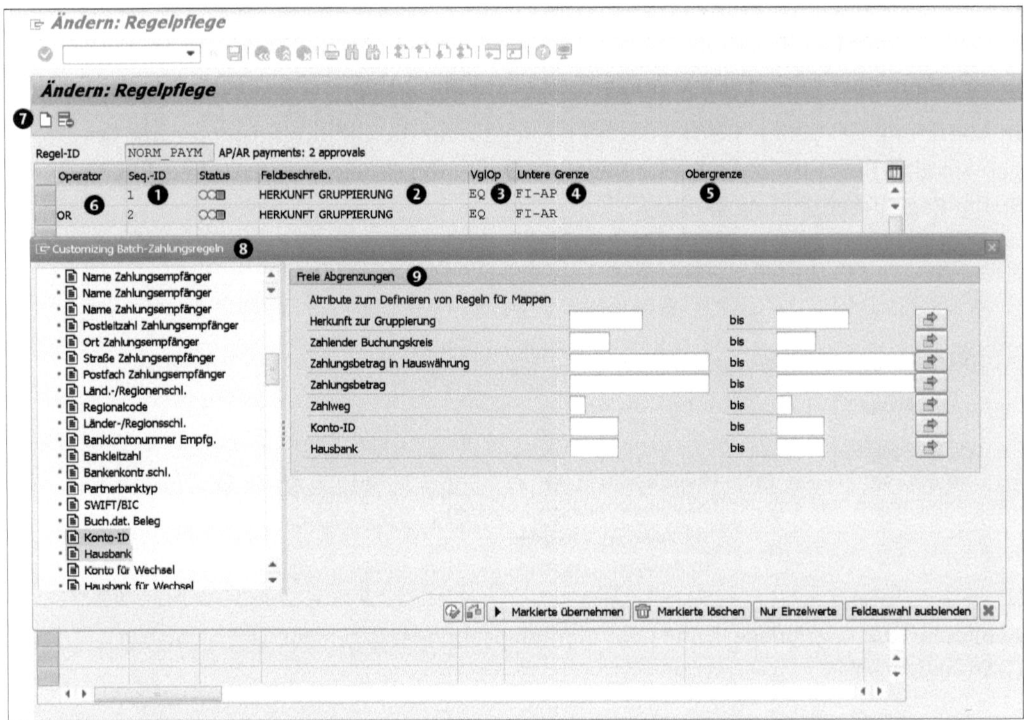

Abbildung 10.3 Regelpflege in SAP Bank Communication Management: Detailbild (Transaktion SPRO)

Die Spalten **Untere Grenze** ❹ und **Obergrenze** ❺ dienen zur Eingabe von konkreten Werten oder Wertintervallen. Mit der Spalte **Operator** ❻ definieren Sie, wie einzelne Bedingungen miteinander kombiniert werden. Es kann sich dabei um den Operator AND handeln, falls alle Bedingungen gleichzeitig erfüllt werden müssen, oder um den Operator OR, falls entweder eine oder eine andere Bedingung erfüllt werden muss. Klicken Sie auf den Button 🗋 (**Neuer Eintrag**) ❼ für weitere verfügbare Felder. Es erscheint ein Pop-up-Fenster **Customizing Batch-Zahlungsregeln** ❽, in dem auf der linken Seite neue Felder selektiert werden können. Die selektierten Felder werden dann im Bereich **freie Abgrenzungen** ❾ angezeigt und können mit konkreten Werten befüllt werden.

In SAP Bank Communication Management müssen Sie bestimmte Transportbesonderheiten bei der Regelpflege beachten. In Abbildung 10.4 sehen Sie das Pop-up-Fenster mit dem Hinweis, dass die Änderungen noch einzeln in den Transportauftrag übernommen werden. Das heißt, dass auch wenn Sie nur eine neue Regel hinzufügen, der gesamte Regelbestand in den Transportauftrag übernommen wird.

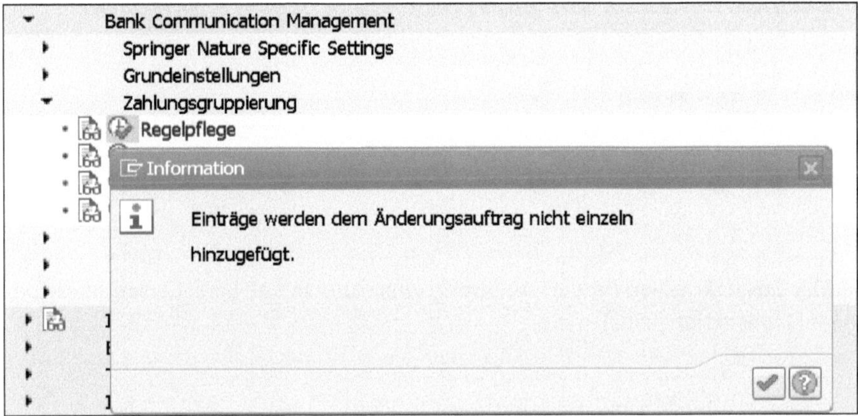

Abbildung 10.4 Regelpflege in SAP Bank Communication Management: Hinweis zum Transport (Transaktion SPRO)

Transportbesonderheiten bei der Regelpflege

Berücksichtigen Sie die Besonderheiten beim Transport und überprüfen Sie, ob die Regeln in Ihrem Entwicklungssystem aktuell und vollständig sind, bevor Sie den neuen Transportauftrag mit letzten Änderungen freigeben. Wenn Sie bei den Änderungen in der Regelpflege nach dem Speichern keinen Transportauftrag angeben müssen, können Sie die Regeln in einen Transportauftrag übernehmen. Hierzu verwenden Sie den Pfad **Tabellensicht • Transportieren**, wenn Sie sich im Übersichtsbild der Regelpflege befinden (siehe Abbildung 10.2).

Zusätzliche Kriterien für die Zahlungsgruppierung

Zusätzlich zu den Feldern, die Sie bei der Regelpflege (siehe Abbildung 10.3) genutzt haben, können Sie zwei Felder nutzen, die für eine weitere Trennung der Batches verwendet werden. Folgen Sie dazu dem folgenden Pfad: **Financial Supply Chain Management • Bank Communication Management • Zahlungsgruppierung • Zusätzliche Kriterien für Zahlungsgruppierung**.

In Abbildung 10.5 sehen Sie die Regeln aus Abbildung 10.2 in der Spalte **Regel-ID** ❶ und deren Prioritäten in der Spalte **Priorität** ❷. Diesen Regeln können Sie ein oder zwei zusätzliche Felder zuordnen. Verwenden Sie dazu **Gruppierungsfeld 1** ❸ und **Gruppierungsfeld 2** ❹. Die Angabe der zusätzlichen Felder ist optional.

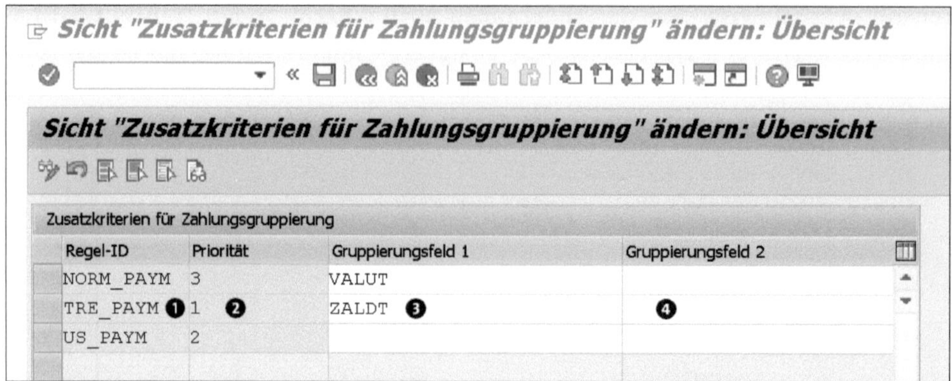

Abbildung 10.5 Zusatzkriterien für die Zahlungsgruppierung in SAP Bank Communication Management (Transaktion SPRO)

[»]

Datum als zusätzliches Kriterium

Häufig wird an dieser Stelle ein Feld mit den Datumsangaben zugeordnet, wie z. B. das Feld VALUT für das Valutadatum oder das Feld ZALDT für das Ausführungsdatum des Zahllaufs.

In Abbildung 10.5 ist der Regel NORM_PAYM das zusätzliche Feld VALUT für das Valutadatum zugeordnet worden. Dies bedeutet, dass, wenn für mehrere Zahlungen die Regel NORM_PAYM selektiert worden ist, für diese Zahlungen ein separater Batch pro Valutadatum generiert wird.

Wenn Sie eine komplexe Logik für die Gruppierung der Zahlungen in Batches implementieren müssen, können Sie das BAdI BNK_BAdI_BATCH_GROUPING aktivieren. Dieses BAdI wird nur dann aufgerufen, wenn keine zusätzlichen Felder den Regeln aus Abbildung 10.5 zugeordnet sind.

Selektionsvarianten für Zahlungsträger

In Abschnitt 5.2.2, »Dateierzeugung mit der Payment Medium Workbench«, haben wir die Einstellungen rund um die Payment Medium Workbench erläutert und u. a. auch Transaktion OBPM4 (Zahlungsträgerselektionsvarianten) für die Zuordnung der Selektionsvarianten zu den Formaten der Payment Medium Workbench detailliert beschrieben.

Transaktion OBPM4 ist nun im Zusammenhang mit SAP Bank Communication Management relevant. Damit die Zahlungsgruppierung funktioniert und aus den Zahlungen Batches generiert werden, müssen die passenden Selektionsvarianten zu den relevanten Zahlformaten in Transaktion OBPM4 gepflegt werden.

Alternativ können Sie Transaktion OBPM4 auch im Einführungsleitfaden von SAP Bank Communication Management über den folgenden Pfad finden: **Financial Supply Chain Management • Bank Communication Management • Zahlungsgruppierung • Zahlungsträger: Selektionsvarianten anlegen/zuordnen**.

[«]

Keine Batch-Erzeugung ohne Selektionsvarianten in Transaktion OBPM4

Falls die Varianten in OBPM4 fehlen, läuft zwar die Gruppierung mit Transaktion FBPM1 (Zahllaufübergreifende Zahlungsträger) weiterhin, es werden aber keine Batches erzeugt, und Sie finden eine Fehlermeldung zu den fehlenden Varianten im Jobprotokoll des Jobs, der den Batch anlegen sollte. Mehr zu Jobkonzept und Fehleranalyse in SAP Bank Communication Management finden Sie in Abschnitt 10.4.1, »Hintergrundjobs in SAP Bank Communication Management«.

10.2 Freigabelogik für Batches einrichten

Batches können von einer oder mehreren Personen freigegeben werden, bevor die Zahldateien generiert werden. Das Freigabeverfahren in SAP Bank Communication Management dient vor allem der Erfüllung von Compliance-Anforderungen und hilft, Verstöße im Zahlungsverkehr zu vermeiden. Wir haben schon erwähnt, dass die in Abschnitt 10.1.2, »Zahlungsgruppierung in SAP Bank Communication Management«, angelegten Batching-Regeln als Grundlage für die Definition der Freigabelogik in SAP Bank Communication Management dienen. Die genauen Zusammenhänge zeigen wir nun im Detail.

10.2.1 Zahlungen ohne zusätzliche Freigaben

In SAP Bank Communication Management haben Sie die Möglichkeit, für jede Regel zu entscheiden, ob Freigaben für die dazugehörigen Batches erforderlich sind. Falls Sie kein zusätzliches Freigabeverfahren für bestimmte Regeln benötigen, können Sie die entsprechenden Regeln in SAP Bank Communication Management Customizing markieren. Verwenden Sie dazu den folgenden Pfad: **Financial Supply Chain Management • Bank Communication Management • Freigabestrategie • Regeln für automatische Zahlungen markieren**.

In Abbildung 10.6 sehen Sie in der Spalte **Regel-ID** ❶ die zuvor definierten Regeln und in der Spalte **Priorität** ❷ die Prioritäten, die in diesen Regeln zugeordnet wurden (siehe Abbildung 10.2). Aktivieren Sie das Kennzeichen **Automatisch** ❸, wenn für diese Regel keine Freigaben erforderlich sind. Die Zahldateien werden dann gleichzeitig mit der Batch-Erzeugung angelegt.

Setzen Sie keinen Haken im Feld **Automatisch**, wenn die Batches mit dieser Regel mindestens einmal vor der Erzeugung der Zahldatei freigegeben werden müssen. Aktivieren Sie das Kennzeichen **Aufriss** ❹, wenn die freigebenden Personen in die Einzelposten des Batch springen müssen, bevor sie ihre Freigabe vornehmen.

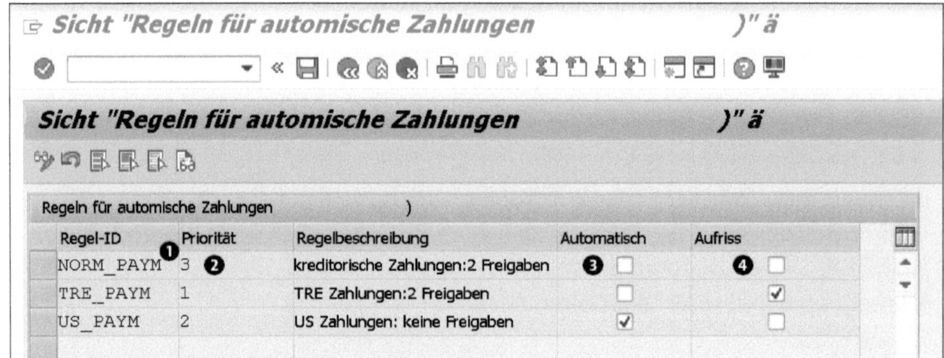

Abbildung 10.6 Regeln für automatische Zahlungen in SAP Bank Communication Management markieren (Transaktion SPRO)

10.2.2 Zahlungen mit Freigabe-Workflow

Falls Sie ein Freigabeverfahren mit einer oder mehreren Freigabestufen bei der Bearbeitung der Batches in SAP Bank Communication Management benötigen, aktivieren Sie den Workflow, der Ihnen in SAP Bank Communication Management zur Verfügung steht. In diesem Abschnitt beschreiben wir die Einstellungen, die beim Einrichten dieses Workflows vorzunehmen sind.

SAP-Hinweis 1041016 mit wertvollen Details

Beachten Sie SAP-Hinweis 1041016 (Workflow-Einrichtung in neuen Installationen für BCM), in dem Sie viele wertvolle Informationen zum erstmaligen Einrichten des Workflows und Lösungen zu potenziellen Problemen mit Workflows in SAP Bank Communication Management finden.

Freigabeverfahren aktivieren

Als Erstes müssen Sie sich überlegen, wie viele Personen einen Batch freigeben sollen. In der Regel wird das *4-Augen-Prinzip* angewendet. Dies bedeutet, dass jeder Batch von zwei unterschiedlichen Personen freigegeben wird. Basierend auf dieser Entscheidung, aktivieren Sie das passende Freigabeverfahren über den folgenden Pfad: **Financial Supply Chain Management • Bank Communication Management • Freigabestrategie • Zusätzliche Freigabeschritte • Freigabeverfahren definieren**.

In Abbildung 10.7 sehen Sie, dass dem vorbelegten Freigabeobjekt `BNK_COM` ein passendes Freigabeverfahren im Feld **benötigte Freigabeschritte** ❶ zugeordnet wird. Beachten Sie dabei die [F1]-Hilfe zum Feld **benötigte Freigabeschritte**. Falls Sie ein 4-Augen-Prinzip einrichten möchten, müssen Sie die Option **01** wählen. Wählen Sie die Option **immer** im Bereich **Freigabeworkflow durchlaufen** ❷, um den Freigabe-Workflow für alle Fälle zu aktivieren.

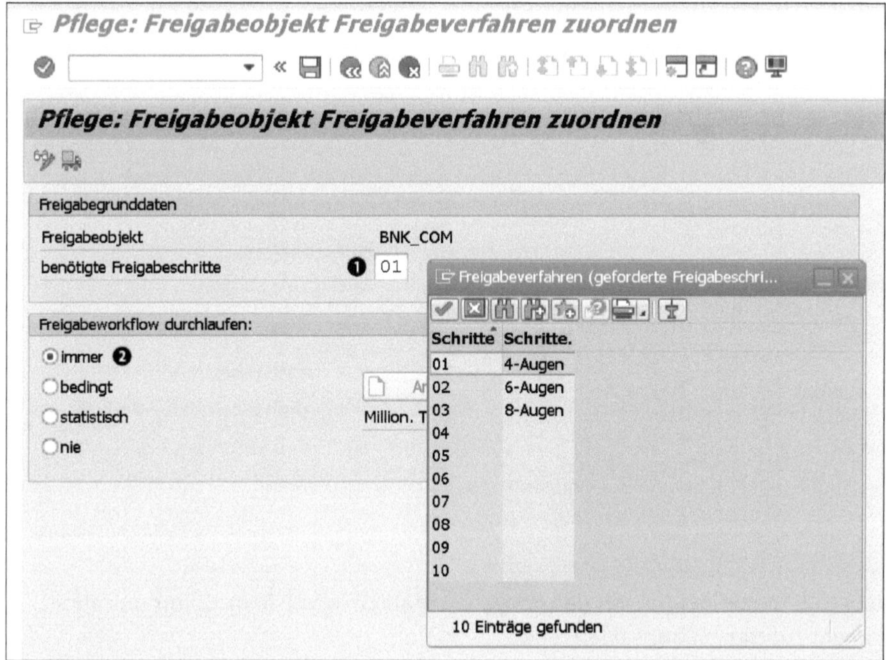

Abbildung 10.7 Freigabeverfahren in SAP Bank Communication Management definieren (Transaktion SPRO)

Jetzt müssen Sie dem hier ausgewählten Freigabeverfahren das passende Workflow-Muster zuordnen. Hierzu wählen Sie den folgenden Pfad: **Financial Supply Chain Management • Bank Communication Management • Freigabestrategie • Zusätzliche Freigabeschritte • Workflow-Muster zu Freigabeverfahren zuordnen**.

Wie in Abbildung 10.8 gezeigt, tragen Sie das Freigabeobjekt `BNK_COM` in die Spalte **Freigabeobjekt** ❶ und das Freigabeverfahren in die Spalte **geforderte Freigabe** ❷ ein. Ordnen Sie dieser Kombination den Workflow 50100024 in der Spalte **Freigabe-Workflow** ❸ zu. Lesen Sie die [F1]-Hilfe **Freigabeverfahren-Workflow** ❺ zur Spalte **Freigabeverf-WF** ❹, um das richtige Workflow-Muster zu verwenden. Tragen Sie den

Wert »50100021« in die Spalte **Freigabeverf-WF** ein, wenn Sie das 4-Augen-Prinzip einrichten.

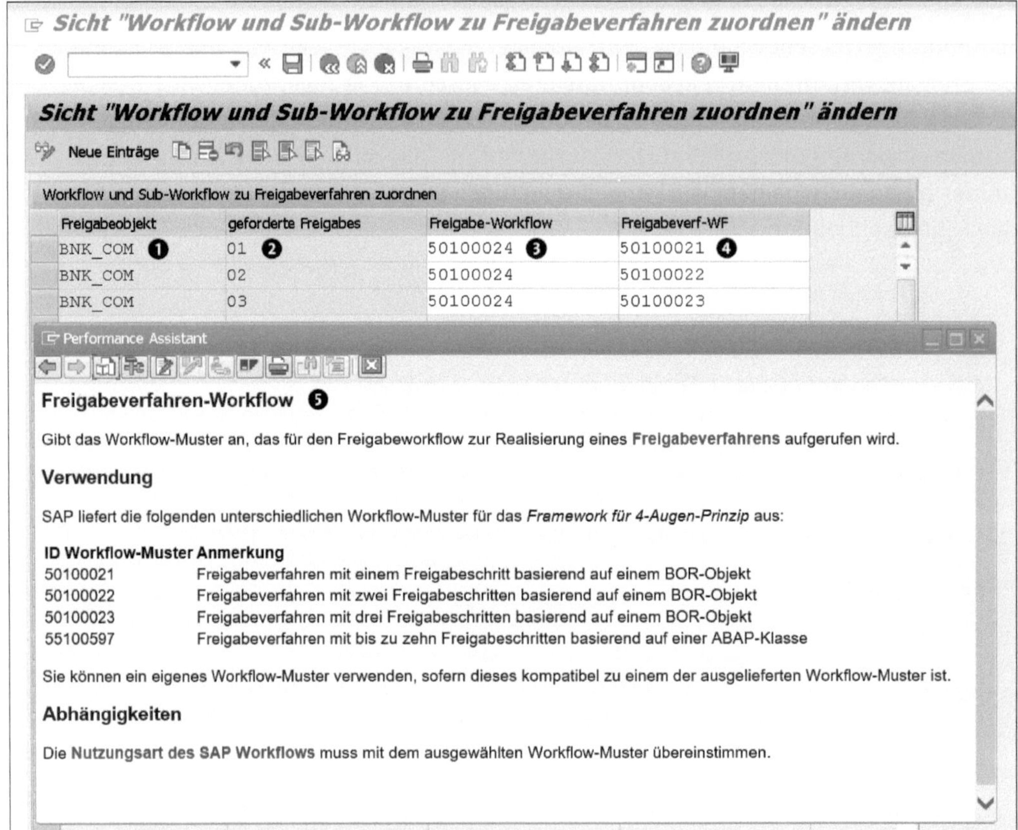

Abbildung 10.8 Workflow-Muster den Freigabeverfahren in SAP Bank Communication Management zuordnen (Transaktion SPRO)

Regeln für die erste Freigabe definieren

Nun müssen Sie die Freigabegruppen oder einzelne Personen für die erste und zweite Freigabe definieren. Die Bearbeiterfindung für die erste Zahlungsfreigabe definieren Sie über den folgenden Pfad: **Financial Supply Chain Management • Bank Communication Management • Freigabestrategie • Ändern und freigeben • Rolle zu Freigabeschritten zuordnen**.

Für das Einrichten der ersten Freigabe bei dem 4-Augen-Prinzip, wie in Abbildung 10.9 gezeigt, tragen Sie das Freigabeobjekt BNK_INI in die Spalte **Freigabeobjekt** ❶, das Freigabeverfahren 01 in die Spalte **geforderte Freigaben** ❷ und den Wert »1« unter **Freigabeschritt** ❸ ein. Ordnen Sie entweder eine vorhandene Bearbeiterregel in der Spalte **Regel** ❹ zu, oder legen Sie eine neue Regel an, und ordnen Sie diese anschließend unter **Regel** zu.

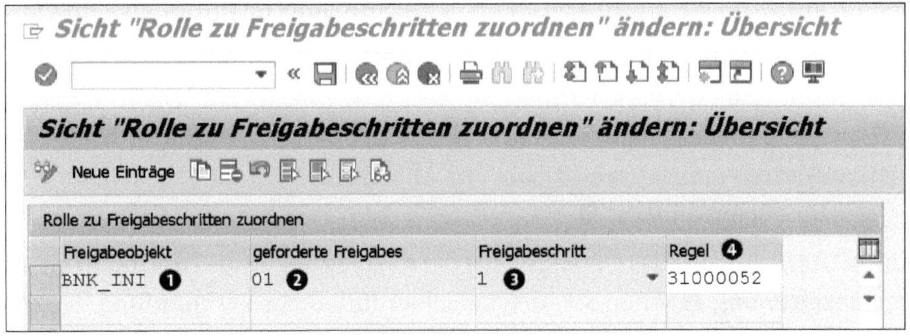

Abbildung 10.9 Bearbeiterfindung für die erste Freigabe in SAP Bank Communication Management definieren (Transaktion SPRO)

10

> **Klassische Workflow-Tools im Einsatz**
>
> Es stehen Ihnen die klassischen Workflow-Tools zur Verfügung. Nutzen Sie entweder eine schon vorhandene Workflow-Regel, oder legen Sie eine neue Regel an. Dieses Thema vertiefen wir in diesem Buch nicht weiter, weil es zur anwendungsübergreifenden Workflow-Entwicklung gehört und nicht spezifisch für den Zahlungsverkehrsbereich ist.

Die in der Abbildung 10.9 zugeordneten Regeln müssen mit konkreten SAP-Benutzern oder anderen organisatorischen Einheiten verknüpft werden. In die Bearbeiterzuordnung können Sie direkt aus dem Bild in Abbildung 10.9 gelangen, indem Sie auf den Button **Regel anzeigen** klicken.

In Abbildung 10.10 sehen Sie, wie die Zuständigkeitszuordnung aussehen kann. Es sind drei Zuständigkeiten definiert, die Sie im Bereich **Bezeichnung** ❶ sehen. Jeder dieser Zuständigkeiten sind konkrete SAP-Benutzer ❸ zugeordnet. Die Zuordnung erfolgt mit einem Klick auf den Button (**Bearbeiterzuordnung einfügen**) ❷.

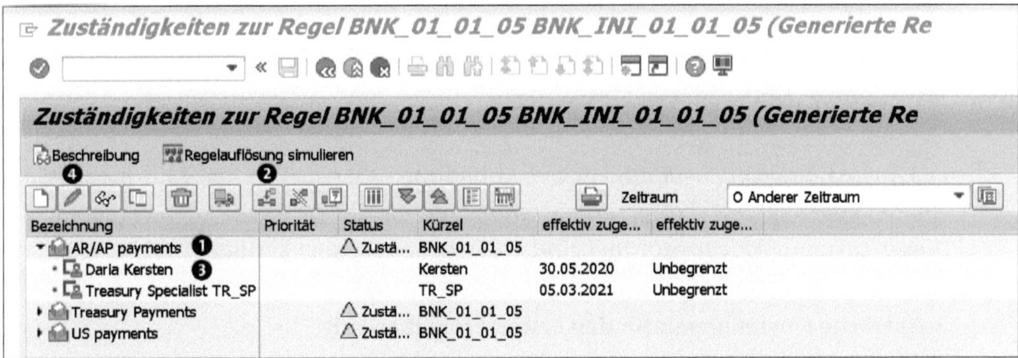

Abbildung 10.10 Zuständigkeiten für die erste Freigabestufe definieren (Transaktion SPRO)

Dabei können entweder einzelne SAP-Benutzer oder andere Organisationseinheiten wie Arbeitsplatz, Stelle oder Planstelle der Zuständigkeit zugeordnet werden.

Das Einzige, was noch fehlt, ist die Verlinkung der angelegten Zuständigkeiten zu den einzelnen Batches. Um diesen letzten Schritt abzuschließen, markieren Sie die jeweilige Zuständigkeit im Bereich **Bezeichnung** aus Abbildung 10.10 und klicken auf den Button **(Zuständigkeit ändern)** ❹.

In Abbildung 10.11 sehen Sie das Detailbild für die **Ausprägung einer Zuständigkeit** ❶. Im Bereich **Bezeichnung** ❷ sehen Sie, welche Felder Ihnen zur Verknüpfung der Zuständigkeiten mit den Batches zur Auswahl stehen. In den Spalten **von** ❸ und **bis** ❹ tragen Sie die relevanten Werte für die jeweiligen Felder ein. Sie können dabei nur ein oder mehrere Felder aus dem Bereich **Bezeichnung** verwenden.

Abbildung 10.11 Ausprägungen für die Zuständigkeit in SAP Bank Communication Management definieren (Transaktion SPRO)

Die Ausprägung der Zuständigkeit aus Abbildung 10.11 bedeutet, dass alle Batches, die mit der Regel-ID NORM_PAYM erzeugt werden, nur von den bearbeitenden Personen, die dieser Zuständigkeit zugeordnet sind, freigegeben werden können.

Zusätzliche Einstellungen für den ersten Freigabeschritt

Die Tatsache, dass wir in Abbildung 10.7 das Freigabeverfahren 01 mit nur einem Freigabeschritt für die Einrichtung des Vier-Augen-Prinzips gewählt haben, könnte Ihnen widersprüchlich vorkommen. Das liegt daran, dass die Einstellung aus Abbildung 10.7 in der Tat nur für den zweiten und für weitere Freigabeschritte relevant ist.

[«]

Freigabeobjekt BNK_COM

Merken Sie sich das Freigabeobjekt BNK_COM, das in dieser Einstellung vorbelegt ist. Denn dieses werden wir gleich für den Vergleich mit Transaktion BNK_BNK_INI_REL01 (Zahlungsgenehmigung – Erster Schritt) benötigen.

Für den ersten Freigabeschritt existiert eine Einstellung, die fast identisch zu der Einstellung aus Abbildung 10.7 aussieht. Rufen Sie Transaktion BNK_BNK_INI_REL01 (Zahlungsgenehmigung – Erster Schritt) auf, um sich zu überzeugen.

In Abbildung 10.12 sehen Sie das Übersichtsbild von Transaktion BNK_BNK_INI_REL01. Auch hier tragen Sie das Freigabeverfahren 01 ein und wählen die Option immer, um das 4-Augen-Prinzip einzurichten. Die Einstellung, die Sie hier vornehmen, bezieht sich allerdings ausschließlich auf das Freigabeobjekt BNK_INI ❶ und damit nur auf den ersten Freigabeschritt!

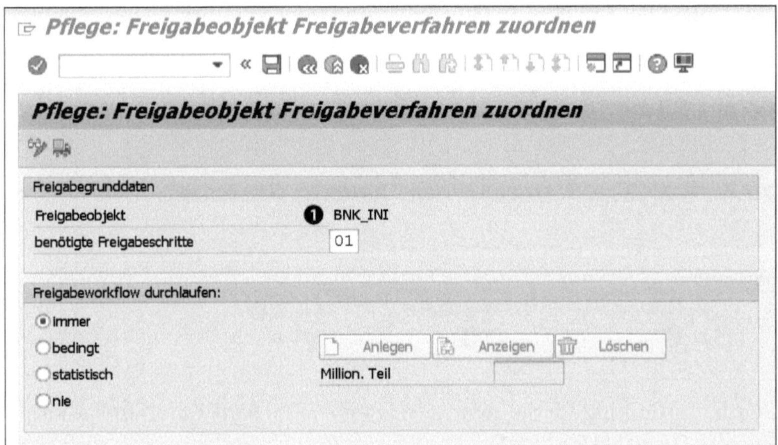

Abbildung 10.12 Freigabeverfahren für den ersten Freigabeschritt in SAP Bank Communication Management definieren (Transaktion BNK_BNK_INI_REL01)

Wenn Sie Abbildung 10.12 mit Abbildung 10.7 vergleichen, stellen Sie fest, dass der einzige Unterschied im vorbelegten Freigabeobjekt besteht. Es handelt sich in Abbildung 10.7 um das Freigabeobjekt BNK_COM und in Abbildung 10.12 um das Freigabeobjekt BNK_INI.

[«]

Transaktion BNK_BNK_INI_REL01 überprüfen!

Transaktion BNK_BNK_INI_REL01 (Zahlungsgenehmigung – Erster Schritt) ist verwirrenderweise nicht im Einführungsleitfaden von SAP Bank Communication Management sichtbar. In der SAP-Standardauslieferung ist sie in der Regel schon wie in Abbildung 10.12 eingestellt, sodass Sie nichts mehr ändern müssen. Überprüfen Sie diese Transaktion trotzdem, wenn Sie den Workflow in SAP Bank Communication Management einrichten. Abweichungen in den Einstellungen in Transaktion BNK_BNK_INI_REL01 können dazu führen, dass der eingerichtete Workflow nicht startet.

Regeln für weitere Freigaben definieren

Bei der Einrichtung des Vier-Augen-Prinzips müssen Sie die zuständigen bearbeitenden Personen für den zweiten Freigabeschritt zuordnen. Diese Zuordnung nehmen Sie über den folgenden Pfad vor: **Financial Supply Chain Management • Bank Communication Management • Freigabestrategie • Zusätzliche Freigabeschritte • Rolle zu Freigabeschritten zuordnen**.

Wie in Abbildung 10.13 gezeigt, tragen Sie das Freigabeobjekt `BNK_COM` in die Spalte **Freigabeobjekt** ❶, das Freigabeverfahren 01 in die Spalte **geforderte Freigabes** ❷ und den Wert »1« in die Spalte **Freigabeschritt** ❸ ein. Ordnen Sie entweder eine vorhandene Bearbeiterregel in der Spalte **Regel** ❹ zu, oder legen Sie eine neue Regel an und tragen Sie diese anschließend in das Feld **Regel** ein.

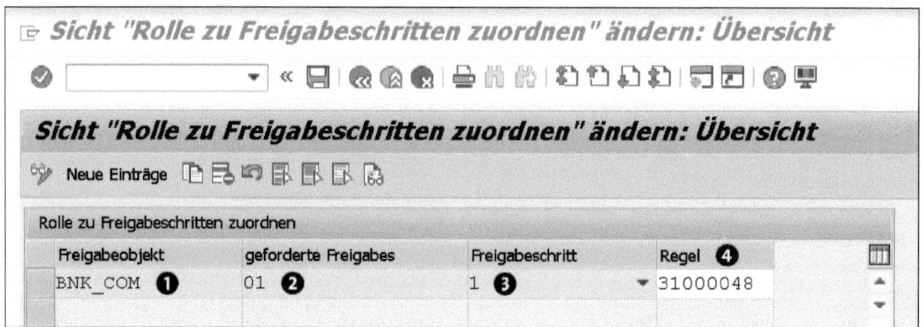

Abbildung 10.13 Bearbeiterfindung für die zweite Freigabe in SAP Bank Communication Management definieren (Transaktion SPRO)

Die Zuordnung der Zuständigkeiten erfolgt identisch zur Pflege der Zuständigkeiten der ersten Freigabe. Wir verzichten aus diesem Grunde auf die weitere Beschreibung der auszuführenden Aktivitäten an dieser Stelle. Die Details zur Handhabung dieser Einstellung können Sie Abschnitt »Regeln für die erste Freigabe definieren« entnehmen.

Alternativen zum Workflow in SAP Bank Communication Management

Mit der Einführung der Bankkontenverwaltung in SAP Cash and Liquidity Management hat SAP eine zusätzliche Möglichkeit zum Freigabeverfahren der Zahlungen in

SAP Bank Communication Management geschaffen. Sie können nun die Zahlungsgenehmigenden direkt in den Bankkontostammdaten hinterlegen und anschließend die Zahlungsgenehmigung in der Bankkontenverwaltung aktivieren. In diesem Fall werden die zuständigen Bearbeitenden aus den hinterlegten Genehmigerinformationen in den Bankkontostammdaten und nicht aus den Einstellungen von SAP Bank Communication Management ermittelt.

Wenn die Zahlungsgenehmigung in der Komponente Bankkontenverwaltung nicht explizit aktiviert worden ist, werden die Zahlungen mithilfe der in SAP Bank Communication Management eingerichteten Freigabelogik bearbeitet.

Mehr Details dazu finden Sie in der [F1]-Hilfe zur Aktivierung der Zahlungsgenehmigung über den folgenden Pfad: **Financial Supply Chain Management • Cash and Liquidity Management • Bankkontenverwaltung • Zahlungsgenehmigung aktivieren**.

10.3 Verarbeitung der Statusrückmeldungen

Nach den erfolgten Freigaben der Batches werden die Zahldateien generiert und an die externen Banken gesendet. Die Banken schicken Statusrückmeldungen zurück, die als Bestätigung dienen, dass die aus Ihrem SAP-System gesendeten Zahlungen entgegengenommen und ausgeführt oder dass sie wegen bestimmter Fehler abgewiesen wurden. Diese Statusrückmeldungen, in der Regel im CGI-XML-pain.002-Format, müssen in das SAP-System eingelesen werden.

Während des Einlesens werden die Rückmeldungsdateien mit den entsprechenden Batches in SAP Bank Communication Management verknüpft. Der Status dieser Batches wird in SAP Bank Communication Management aktualisiert. Die Verlinkung der Statusrückmeldungsdatei und des ursprünglichen Batches in SAP Bank Communication Management erfolgt in der Regel, basierend auf einer Referenznummer, in den Kopfdaten der Zahldatei, die sowohl in der Zahldatei selbst als auch in der Statusrückmeldungsdatei enthalten ist.

In Abschnitt 10.3.1, »Einlesen von Statusrückmeldungen im SAP-System«, zeigen wir, wie die Statusrückmeldungen der Banken im SAP-System verarbeitet werden können. Anschließend erläutern wir in Abschnitt 10.3.2, »Einstellungen für die Verarbeitung der Statusrückmeldungen«, welche Einstellungen notwendig sind, damit das Einlesen der Statusrückmeldungsdateien funktioniert.

Verarbeitung der Statusrückmeldungen über SAP Process Orchestration möglich

Sie können die Statusrückmeldungen auch in SAP Process Orchestration empfangen und mithilfe von den vom SAP-System zur Verfügung gestellten XSLT-Programmen bearbeiten. Die Alternative, die Sie wählen, hängt u. a. davon ab, welche Richtlinien bezüglich der externen Anbindungen Sie im Unternehmen haben, in welchem Umfang Sie SAP Process Orchestration einsetzen und noch von weiteren Faktoren.

In diesem Buch konzentrieren wir uns auf die Alternative des Dateieinlesens direkt in SAP Bank Communication Management.

10.3.1 Einlesen von Statusrückmeldungen im SAP-System

Sie können die Statusrückmeldungsdateien von den externen Banken über den Report RBNK_IMPORT_PAYM_STATUS_REPORT (Zahlungsstatusbericht hochladen) einlesen, der als regelmäßiger Hintergrundjob läuft.

In Abbildung 10.14 sehen Sie das Selektionsbild des Reports RBNK_IMPORT_PAYM_STATUS_REPORT (Zahlungsstatusbericht hochladen). In das Feld **Logisch.Pfad f.Importdateien** ❶ tragen Sie den Namen des Pfades ein, in dem die eingehenden Statusdateien von externen Banken abgelegt werden. Sie haben die Möglichkeit, das Einlesen auf bestimmte Dateien einzuschränken, indem Sie im Feld **Muster in Dateiname** ❷ eine bestimmte Zeichenfolge hinterlegen.

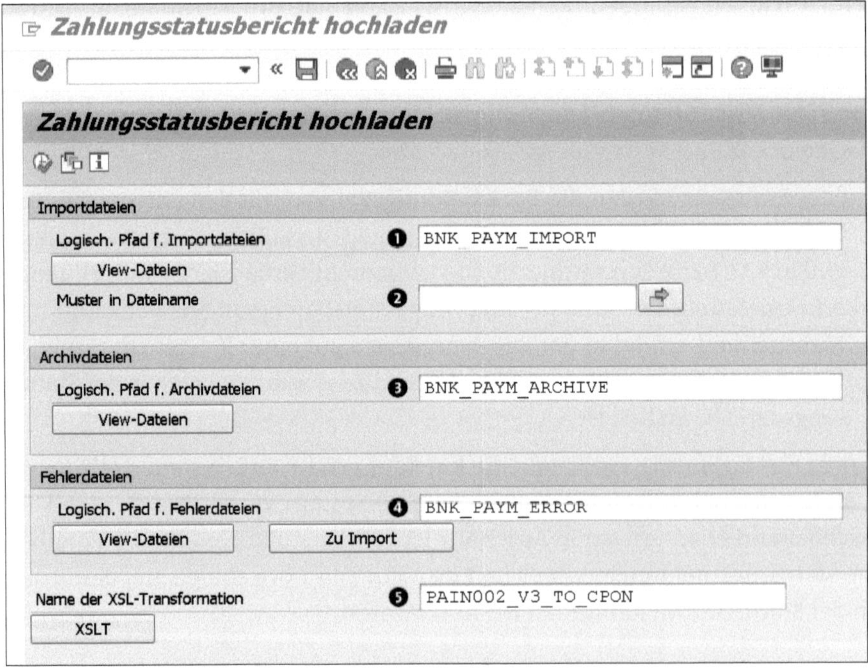

Abbildung 10.14 Report zum Einlesen der Statusrückmeldungen in SAP Bank Communication Management (Report RBNK_IMPORT_PAYM_STATUS_REPORT)

In das Feld **Logisch.Pfad f.Archivdateien** ❸ tragen Sie den Namen des Pfades ein, in dem die verarbeiteten Statusdateien vom Report abgelegt werden. Im Feld **Lo-**

gisch.Pfad f.Fehlerdateien ❹ pflegen Sie den Namen des Pfades, in dem alle Statusdateien vom Report abgelegt werden, die aus unterschiedlichen Gründen nicht vollständig eingelesen werden konnten. Das Feld ❺ **Name der XSL-Transformation** belegen Sie mit dem Wert »PAIN002_V3_TO_CPON«.

[zB]

Das Feld »Muster in Dateiname«

So können Sie z. B. die Zeichenfolge *pain.002* verwenden, falls dies in allen relevanten Dateinamen vorkommt, oder Sie können die Zeichenfolge *DB* verwenden, falls Sie alle Statusdateien von der Deutschen Bank einlesen wollen und die Abkürzung »DB« in den Dateinamen enthalten ist. Sie sollten aber nach Möglichkeit ein separates Verzeichnis zum Einlesen der Statusdateien definieren und keine Dateien aus anderen Geschäftsprozessen dort speichern.

[«]

XSLT-Transformation für pain.002-Dateien

Die PAIN002_V3_TO_CPON-Transformation ist eine in der Standardauslieferung enthaltene *XSLT-Transformation*, die für die Konvertierung und die Interpretation des Inhalts der XML-pain.002-Statusdateien in die ABAP-Strukturen von SAP zur Verfügung gestellt wird. Sie können aber bei Bedarf auch Ihre eigene Transformation anlegen und diese beim Einlesen der pain.002-Statusdateien im Report RBNK_IMPORT_PAYM_STATUS_REPORT in das Feld **Name der XSL-Transformation** eingeben. Solche XSLT-Transformationen können Sie mithilfe von Transaktion XSLT_TOOL (XSLT Tool starten) anschauen, ändern oder anlegen.

10.3.2 Einstellungen für die Verarbeitung der Statusrückmeldungen

Sie müssen mehrere Einstellungen in SAP Bank Communication Management vornehmen, damit die pain.002-Dateien von den Banken eingelesen und in der Statusverwaltung im BCM Monitor in Transaktion BNK_MONI korrekt dargestellt werden.

Logische Pfade für SAP Bank Communication Management einrichten

Die logischen Pfade, die im Selektionsbild des Reports RBNK_IMPORT_PAYM_STATUS_REPORT anzugeben sind, müssen im Customizing eingerichtet werden (siehe Abbildung 10.14). Folgen Sie hierzu dem Pfad **Financial Supply Chain Management • Bank Communication Management • Zahlungsstatusverwaltung • Verzeichnisse für Datei-Upload definieren**.

In Abbildung 10.15 sehen Sie die angelegten logischen Verzeichnisse, die im Statusreport aus Abbildung 10.14 angegeben wurden. Sie können selbstverständlich auch eigene Namen für diese Verzeichnisse vergeben, die sich von den Namen in Abbildung 10.15 unterscheiden. Wählen Sie hierzu den Ordner **Definition von logischen Datei-**

pfaden ❶ auf der linken Seite des Übersichtsbildes, und tragen Sie die Namen von den in SAP Bank Communication Management benötigten logischen Verzeichnissen auf der rechten Seite des Übersichtsbildes in die Spalte **logischer Dateipfad** ❷ und die Beschreibung zu jedem Pfad in der Spalte **Bezeichnung** ❸ ein.

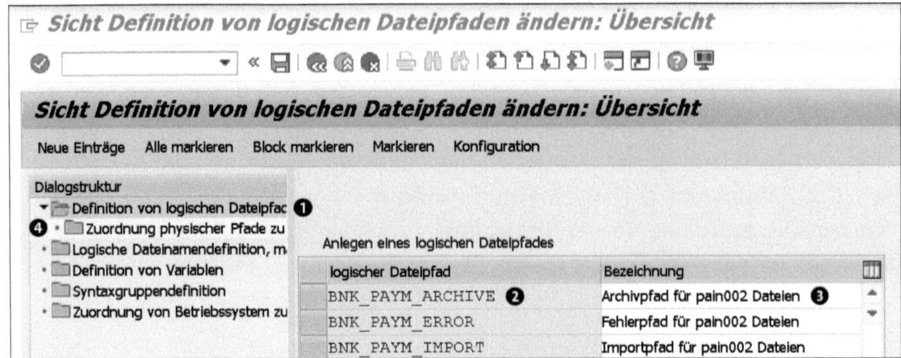

Abbildung 10.15 Definition von logischen Dateipfaden für Statusrückmeldungen in SAP Bank Communication Management (Transaktion SPRO)

Speichern Sie die angelegten logischen Verzeichnisse. Danach verknüpfen Sie die logischen Verzeichnisse mit den physischen Verzeichnissen, indem Sie das jeweilige Verzeichnis auf der rechten Seite des Übersichtsbildes markieren und den Ordner **Zuordnung physischer Pfade** ❹ wählen.

[»]

Physische Verzeichnisse

Unter physischen Verzeichnissen verstehen wir die Unix-Verzeichnisse, die in Transaktion AL11 (Anzeigen SAP-Verzeichnisse) zu sehen sind.

Externen Status zu internem Status zuordnen

Die Statusdateien enthalten bestimmte Codes, mit denen die Banken mitteilen, ob die Zahldatei entgegengenommen, akzeptiert oder abgewiesen wurde. Es handelt sich dabei um die sogenannten *externen Statuscodes*. Sie müssen in SAP Bank Communication Management den *internen Statuscodes* zugeordnet werden, damit die Status der Batches in Transaktion BNK_MONI aktualisiert werden können.

Statusermittlung von akzeptierten und abgewiesenen Batches

Für die Zahlungen, die von der Bank akzeptiert wurden, kommt in der Regel der externe Statuscode ACCP zurück. Dieser Code wird dann dem internen, vom SAP-System festgelegten internen Statuscode BAC zugeordnet. Damit wird dieser der Statusrückmeldung zugrundeliegende BCM-Batch mit dem Status **Von der Bank akzeptiert** in Transaktion BNK_MONI aktualisiert.

Für die von der Bank abgewiesenen Zahlungen kommt in der Regel der externe Statuscode RJCT zurück. Dieser Code wird dann dem internen, vom SAP-System festgelegten internen Statuscode BRE zugeordnet. Damit wird der dieser Statusrückmeldung zugrundeliegende Batch mit dem Status **Von der Bank abgelehnt** in BNK_MONI aktualisiert.

Bevor Sie diese Zuordnung vornehmen können, klären Sie mit Ihren externen Banken, welche Statuscodes diese genau in ihren Statusdateien verwenden. Diese können sich von Bank zu Bank leicht unterscheiden. Die Zuordnung von externen Codes zu internen Codes führen Sie anschließend über den folgenden Pfad durch: **Financial Supply Chain Management • Bank Communication Management • Zahlungsstatusverwaltung • Externen Status zu internem Status zuordnen**.

In Abbildung 10.16 sehen Sie die Zuordnung der externen Statuscodes zu internen Codes, die in der SAP-Standardauslieferung enthalten sind. Sie können unterschiedliche externe Statuscodes pro Buchungskreis und Hausbank hinterlegen. Tragen Sie hierzu den Buchungskreis in das Feld **BuKr** ❶ und die Hausbank-ID in die Spalte **Hausbank** ❷ ein. Tragen Sie den externen Statuscode, der in der pain.002-Datei enthalten sein wird, in die Spalte **Externer Statuscode** ❸ ein. Ordnen Sie diesem externen Statuscode einen passenden internen Code in der Spalte **Zahl.** ❹ zu.

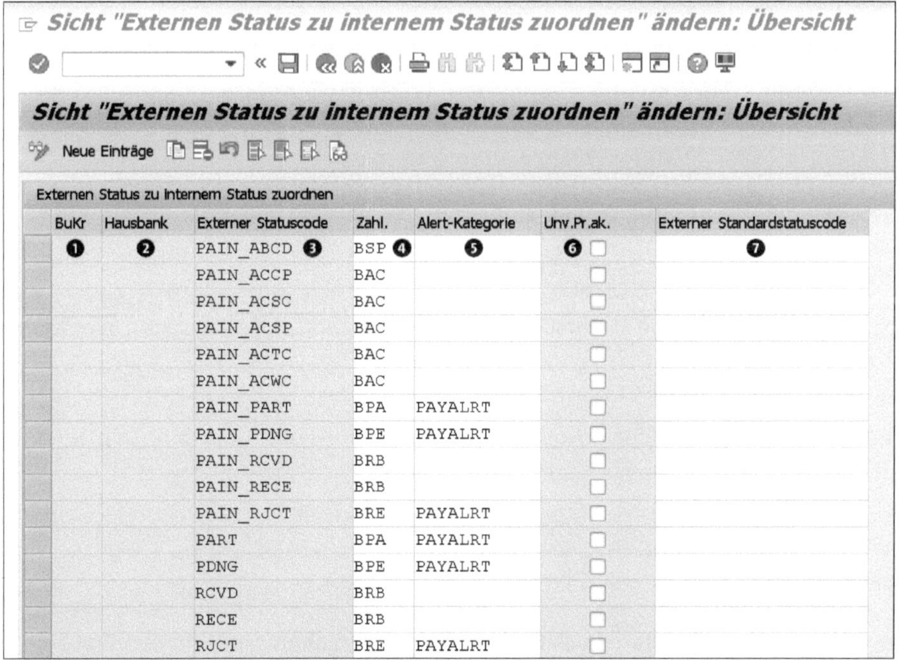
Sicht "Externen Status zu internem Status zuordnen" ändern: Übersicht

Neue Einträge

Externen Status zu internem Status zuordnen

BuKr	Hausbank	Externer Statuscode	Zahl.	Alert-Kategorie	Unv.Pr.ak.	Externer Standardstatuscode
❶	❷	PAIN_ABCD ❸	BSP ❹	❺	❻ ☐	❼
		PAIN_ACCP	BAC		☐	
		PAIN_ACSC	BAC		☐	
		PAIN_ACSP	BAC		☐	
		PAIN_ACTC	BAC		☐	
		PAIN_ACWC	BAC		☐	
		PAIN_PART	BPA	PAYALRT	☐	
		PAIN_PDNG	BPE	PAYALRT	☐	
		PAIN_RCVD	BRB		☐	
		PAIN_RECE	BRB		☐	
		PAIN_RJCT	BRE	PAYALRT	☐	
		PART	BPA	PAYALRT	☐	
		PDNG	BPE	PAYALRT	☐	
		RCVD	BRB		☐	
		RECE	BRB		☐	
		RJCT	BRE	PAYALRT	☐	

Abbildung 10.16 Externen Status zu internem Status in SAP Bank Communication Management zuordnen (Transaktion SPRO)

Berücksichtigen Sie dabei die Beschreibungen der internen Statuscodes, die Sie sich in der F1-Hilfe zur Spalte **Zahl.** ansehen können. Sie können eine *Alert-Kategorie* für bestimmte externe Codes aktivieren. Tragen Sie dazu den Alert-Namen in die Spalte **Alert-Kategorie** ❺ ein.

Weitere Informationen zu Alerts

Sie finden eine Erläuterung zum Anlegen und Verwenden von *Alerts* in SAP Bank Communication Management im Abschnitt »Anlegen der BCM-Alert-Kategorien«.

Aktivieren Sie das Kennzeichen **Unv.Pr.ak.** ❻, falls Ihre externe Bank die Statusrückmeldung nicht für jede einzelne Zahlungsposition des Batch, sondern nur für abgewiesene Zahlungspositionen, erzeugt. Wenn Sie den Haken **Unv.Pr.ak.** gesetzt haben, müssen Sie den Status, der allen Positionen ohne explizite Statusrückmeldung zugeordnet wird, in die Spalte **Externer Standardstatuscode** ❼ eingeben.

Verarbeitung unvollständiger Statusdateien

Zu einem Batch wurde eine Zahldatei mit drei Zahlungspositionen (Zahlung 1, Zahlung 2 und Zahlung 3) erzeugt und an die Bank gesendet. Nach der Prüfung bei der Bank konnte die Zahlung 2 nicht verarbeitet werden und wurde abgewiesen.

Die Bank schickt eine pain.002-Datei mit den folgenden Informationen zurück (siehe Tabelle 10.1):

Zahlungsposition	Status für die Zahlungsposition
Zahlung 1	ACCP
Zahlung 2	RJCT
Zahlung 3	ACCP

Tabelle 10.1 Beispiel für die Statusrückmeldungswerte pro Zahlungsposition in einer vollständigen Statusdatei

Alternativ kann die Bank eine unvollständige Statusdatei liefern, die dann folgendermaßen aussieht (siehe Tabelle 10.2):

Zahlungsposition	Status für die Zahlungsposition
Zahlung 2	RJCT

Tabelle 10.2 Beispiel für Statusrückmeldungswerte pro Zahlungsposition in einer unvollständigen Statusdatei

Im letzten Fall mit der unvollständigen Statusdatei setzen Sie den Haken in der Spalte **Unv.Pr.ak.** und tragen den Status RJCT unter **Externer Standardstatuscode** ein.

Als Ergebnis haben Sie folgende Anzeige in BNK_MONI (siehe Tabelle 10.3):

Zahlungsposition	Status für die Zahlungsposition
Zahlung 1	Von der Bank angenommen
Zahlung 2	Von der Bank abgelehnt
Zahlung 3	Von der Bank angenommen

Tabelle 10.3 Statusanzeige in BNK_MONI pro Zahlungsposition

Späte Ablehnung aktivieren

Banken handhaben die Statusdateien leicht unterschiedlich: Einige Banken schicken erst eine Statusrückmeldung mit der Bestätigung der technischen Annahme der Zahldatei und dann eine zusätzliche Statusrückmeldung mit der finalen Annahme oder Abweisung.

In SAP Bank Communication Management wird damit der interne Status zweimal geändert. Eine Abweisung kann dazu führen, dass SAP Bank Communication Management den Status **Von Bank angenommen** durch den Status **Von Bank abgelehnt** ersetzen muss, was standardmäßig nicht erlaubt ist. Um diesen Übergang im Statuswechsel zu ermöglichen, können Sie die Funktion der späten Ablehnung in SAP Bank Communication Management über den folgenden Pfad aktivieren: **Financial Supply Chain Management • Bank Communication Management • Zahlungsstatusverwaltung • Späte Ablehnung aktivieren**.

In Abbildung 10.17 sehen Sie, wie die Aktivierung der späten Ablehnung aussieht. Tragen Sie den Buchungskreis in die Spalte **BuKr** ❶ und die relevante Hausbank-ID in die Spalte **Hausbank** ❷ ein, und setzen Sie den Haken in der Spalte **Späte Abl.** ❸.

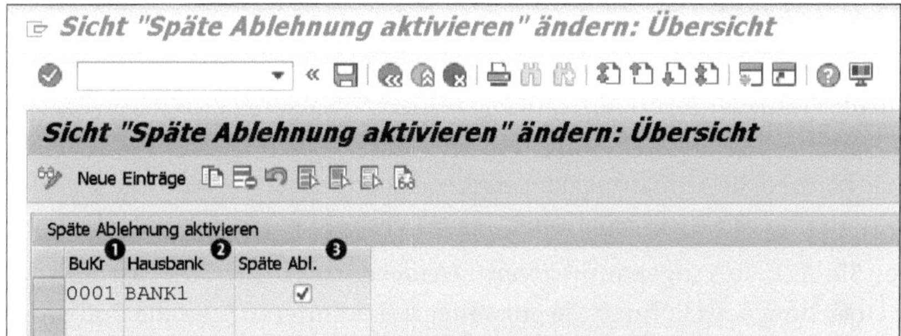

Abbildung 10.17 Späte Ablehnung für die Statusverwaltung in SAP Bank Communication Management aktivieren (Transaktion SPRO)

Aktivierung der späten Ablehnung

Zu einem Batch wurde eine Zahldatei mit drei Zahlungspositionen (Zahlung 1, Zahlung 2 und Zahlung 3) erzeugt und an die Bank geschickt.

Die Bank schickt eine pain.002-Datei, um die Annahme der Datei zu bestätigen (siehe Tabelle 10.4).

Zahldatei	Status für die Zahldatei	Status in SAP Bank Communication Management
Zahldatei	ACTC	Von Bank angenommen

Tabelle 10.4 Statusrückmeldung über die Annahme der Zahldatei

Nach der vollständigen Prüfung schickt die Bank eine finale pain.002-Datei mit dem finalen Status. Dabei haben Sie die späte Ablehnung in Ihrem SAP-System aktiviert. In diesem Fall sieht der Status zu dem Batch wie in Tabelle 10.5 aus.

Zahlungsposition	Status für die Zahlungsposition	Status in SAP Bank Communication Management
Zahlung 1	ACCP	Von Bank angenommen
Zahlung 2	ACCP	Von Bank angenommen
Zahlung 3	RJCT	Von Bank abgelehnt

Tabelle 10.5 Statusrückmeldung über die Bearbeitung der Zahldatei

Falls Sie keine späte Ablehnung für diese Bank aktivieren, läuft das Einlesen der Statusdatei mit dem finalen Status fehlerhaft, weil die Änderung vom Status **Von Bank angenommen** in den Status **Von Bank abgelehnt** nicht zulässig ist.

Interne Ursachencodes anlegen

Normalerweise schickt die Bank bei den abgelehnten Zahlungen nicht nur den Statuscode `RJCT` in die Statusdatei, sondern gibt auch einen Abweisungsgrund mit. Dies ist entweder ein Text mit der kurzen Erläuterung oder ein Fehlercode, der eine feste Bedeutung hat. Sie können die Auflistung der Fehlercodes und deren Bedeutungen bei Ihrer Bank anfordern und diese Informationen im SAP-System entsprechend pflegen.

Hierzu müssen Sie als Erstes sogenannte *interne Ursachencodes* im BCM-Customizing angeben. Die Ursachencodes können Sie entweder frei definieren oder die Codes der Bank als Gründe hinterlegen. Folgen Sie hierzu dem Pfad **Financial Supply Chain Management • Bank Communication Management • Zahlungsstatusverwaltung • Interne Ursachencodes anlegen**.

In Abbildung 10.18 sehen Sie einige Beispiele für die internen Ursachencodes in der Spalte **Grund** ❶ und die Beschreibung dazu in der Spalte **Grundbeschreibung** ❷.

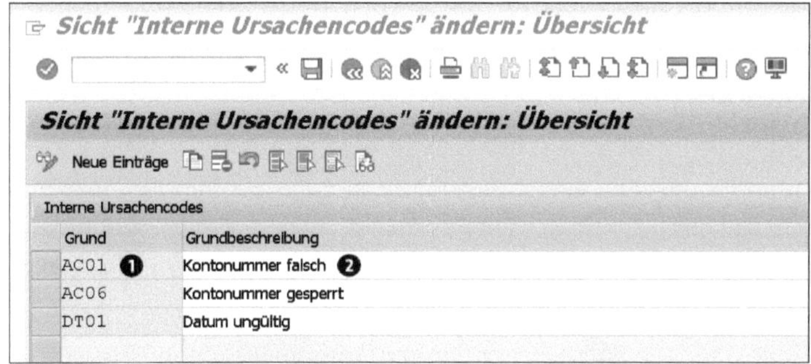

Abbildung 10.18 Interne Ursachencodes für die Statusverwaltung in SAP Bank Communication Management definieren (Transaktion SPRO)

Externe Ursachencodes den internen Ursachencodes zuordnen

Die internen Ursachencodes, die Sie in Abbildung 10.18 sehen, müssen mit den externen Abweisungsgründen aus der Statusdatei verlinkt werden. Folgen Sie hierzu dem Pfad **Financial Supply Chain Management • Bank Communication Management • Zahlungsstatusverwaltung • Externe Ursachencodes zu internen Ursachencodes zuordnen**.

In Abbildung 10.19 sehen Sie die Zuordnung der internen Ursachencodes zu den externen Abweisungsgründen. Tragen Sie den externen Abweisungsgrund von der Bank in die Spalte **Statusänderung** ❶ ein, und ordnen Sie nun den passenden internen Ursachencode in der Spalte **Grund** ❷ zu. Eine Beschreibung finden Sie im Feld **Grundbeschreibung** ❸.

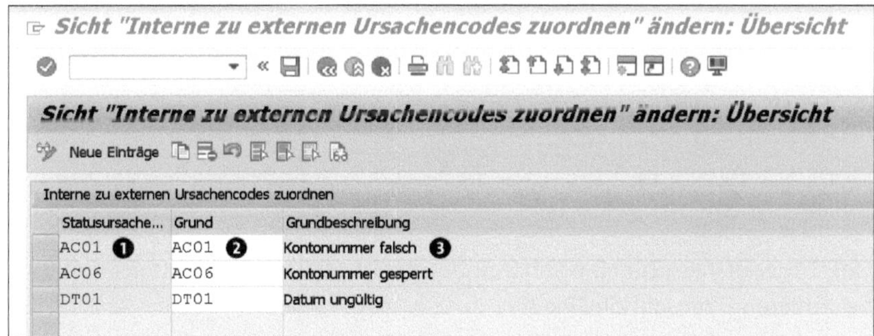

Abbildung 10.19 Externe Ursachencodes den internen Ursachencodes zuordnen

Timeout-Alert definieren

Zwischen dem Absenden einer Zahldatei und dem Empfangen der Statusrückmeldung zu dieser Datei vergeht in der Regel nicht viel Zeit. Innerhalb einer bestimmten kurzen Zeitspanne kommen die Statusdateien zuverlässig zurück. Mit dem Einlesen der Statusdateien wird der Status des Batch in SAP Bank Communication Management entsprechend aktualisiert. Für ein besseres Monitoring möglicher Probleme können Sie einen *Timeout-Alert* für bestimmte Statuswerte definieren.

Anwendung für Timeout-Alert

Gemäß der Vereinbarung mit Ihrer Bank schickt diese eine Statusrückmeldung zu jeder empfangenen Zahldatei an Ihr SAP-System innerhalb von 30 Minuten. Nach dem Absenden der Zahldatei nimmt der Batch in Ihrem System den Status **Zahlungsträger erstellt** an. Sobald die Statusdatei von der Hausbank eingelesen wird, wird der Status des Batch in den Status **Von Bank angenommen** geändert.

Um eine bessere Kontrolle über alle Batches zu erlangen, können Sie einen Timeout-Alert aktivieren. Der Alert in Form einer automatischen Benachrichtigung wird aufgelöst, wenn sich in Transaktion BNK_MONI der Status **Zahlungsträger erstellt** nach 30 Minuten nicht in den Status **Von Bank angenommen** geändert hat.

Sie können den Timeout-Alert für bestimmte Statuskombinationen über den folgenden Pfad einrichten: **Financial Supply Chain Management • Bank Communication Management • Zahlungsstatusverwaltung • Timeout für Batch-Statusaktualisierung**.

In Abbildung 10.20 sehen Sie, wie der Timeout-Alert aktiviert werden kann. Tragen Sie die relevante Regel in die Spalte **Regel-ID** ❶ ein. In der Spalte **Stat** ❷ wählen Sie aus der [F1]-Hilfe den Ausgangsstatus und in der Spalte **Stat** ❸ den Zielstatus aus. Wählen Sie die passende Zeiteinheit aus der Spalte **Ein.** ❺, und tragen Sie die gewünschte Wartezeit in diesen Zeiteinheiten in die Spalte **Wert der Zeitdauer** ❹ ein. Ordnen Sie schließlich dem angelegten Eintrag den Wert »TIMEOUT« im Feld **Alert-Kategorie** ❻ zu.

Abbildung 10.20 Timeout-Alert für eine Statusänderung in SAP Bank Communication Management definieren (Transaktion SPRO)

Auslösung der Timeout-Alerts durch einen Hintergrundjob

Damit die Timeout-Alerts tatsächlich ausgelöst werden, müssen Sie den Report `RBNK_BATCH_TIMEOUT_MONITOR` als regelmäßigen Hintergrundjob laufen lassen. Dieser Report liest die Datenbanktabelle `BNK_BTCH_TIMEOUT` und sucht dort nach den Einträgen, zu denen noch keine Alerts versendet werden.

Einrichten und Aktivieren der Alert-Kategorie PAYALRT

Wie in Abbildung 10.16 gezeigt, ist es in SAP Bank Communication Management möglich, einen Alert auszulösen, wenn der Batch einen bestimmten Status annimmt. In solchen Fällen soll die Alert-Kategorie PAYALRT verwendet werden. Der häufigste Fall ist die Auslösung eines Alerts bei der Abweisung des Batch. In diesem Fall, wenn der Status **Von Bank abgelehnt** für den Batch gesetzt wird, können Sie das SAP-System unterschiedliche Aktionen ausführen lassen, wie z. B. das Generieren einer Benachrichtigung oder das automatische Stornieren der zugrunde liegende Zahlung, damit der ausgeglichene Posten wieder offen und frei für nächste Zahlung ist. Hierzu müssen sie das BAdI BNK_BAdI_PAYM_ALRT gemäß Ihren Prozessanforderungen ausprägen. Folgen Sie hierzu dem Pfad **Financial Supply Chain Management • Bank Communication Management • Zahlungsstatusverwaltung • BAdI: Implementierung für Alert-Kategorien**.

Die zweite mögliche Verwendung der Alert-Kategorie PAYALRT ist das Auslösen einer bestimmten Aktion, wenn beim Anlegen einer Zahldatei zum Batch ein Fehler aufgetreten ist. Hierzu benötigen Sie das BAdI BNK_BAdI_FILE_ERROR_ALRT, das Sie über den folgenden Pfad implementieren können: **Financial Supply Chain Management • Bank Communication Management • Zahlungsstatusverwaltung • BAdI: Aktionen nach Fehler beim Anlegen einer Zahldatei**.

Anlegen der BCM-Alert-Kategorien

Sie können mit Transaktion ALRTCATDEF (Bearbeiten von Alert-Kategorien) überprüfen, ob die für SAP Bank Communication Management relevanten Alert-Kategorien PAYALRT und TIMEOUT in Ihrem System vorhanden sind. Sollten sie nicht existieren, müssen Sie diese Alerts anlegen.

In Abbildung 10.21 sehen Sie die Definition der Alerts in Transaktion ALRTCATDEF (Bearbeiten von Alert-Kategorien). Wählen Sie auf der linken Seite des Übersichtsbildes den Ordner **SAP Bank Communication Management ALERTS** ❶. Auf der rechten Seite sehen Sie die Alert-Kategorien PAYALRT und TIMEOUT im Bereich **Alert-Kategorie** ❷. Markieren Sie den Eintrag »PAYALRT« im Bereich **Alert-Kategorie**, und schauen Sie sich die Detailinformationen zum Alert PAYALRT im Bereich **Alertdefinition** ❸ an.

In Abbildung 10.22 sehen Sie die Registerkarte **Container** ❷ in der Definition der Alert-Kategorie PAYALRT ❶. Im Bereich **Ausdruck** ❸ stehen Ihnen verschiedene Felder zur Verfügung, die Sie beim Auslösen des Alerts auswerten können. Sie sehen die Containerdefinition im Bereich **Containerelement ändern** ❹. Verwenden Sie den vordefinierten Datentyp BNK_STR_PAY_STAT im Feld Typname ❺ für die Containerdefinition der Zahlungs-Alert-Kategorie PAYALRT, und verwenden Sie den vordefinierten Datentyp BNK_STR_TIMEOUT_ALERT_CONT für die Containerdefinition der Timeout-Alert-Kategorie TIMEOUT.

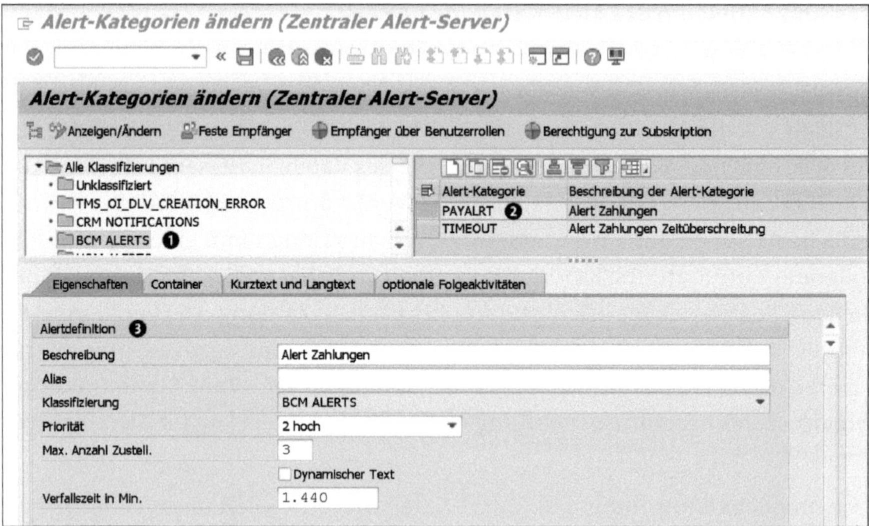

Abbildung 10.21 Alert-Kategorien für SAP Bank Communication Management definieren (Transaktion ALRTCATDEF)

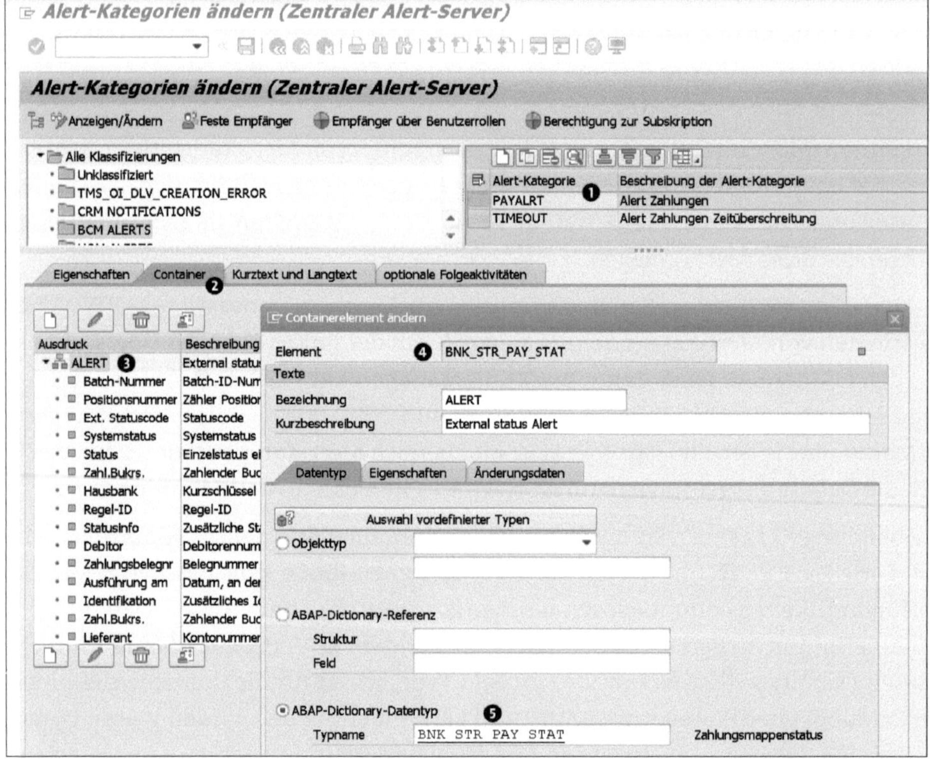

Abbildung 10.22 Container in den Alert-Kategorien für SAP Bank Communication Management definieren (Transaktion ALRTCATDEF)

[«]

SAP-Hinweis 1389302 für das Einrichten der BCM-Alerts

Laden Sie SAP-Hinweis 1389302 (Verwendung von Alerts in Bank Communication Management) herunter, und nutzen Sie ihn beim Einrichten der BCM-Alerts aktiv. Der Hinweis enthält eine ausführliche Anleitung mit Screenshots, die beim Einrichten von Alerts sehr nützlich ist.

10.4 Spezielle Themen in SAP Bank Communication Management

Nach der Einführung von SAP Bank Communication Management können im Produktivbetrieb verschiedene Fragen oder Unklarheiten auftreten. In diesem Abschnitt haben wir einige typische Probleme, spezielle Themen und Tipps zur Fehleranalyse zusammengestellt, die Ihnen weiterhelfen können.

10.4.1 Hintergrundjobs in SAP Bank Communication Management

In Ihrem SAP-System sollen nicht alle Zahlungen über SAP Bank Communication Management abgewickelt werden, und Sie haben für solche Vorgänge separate Zahlwege angelegt? Berücksichtigen Sie dabei, dass es nicht erlaubt ist, in einem Zahllauf sowohl für SAP Bank Communication Management relevante als auch nicht für SAP Bank Communication Management relevante Zahlwege zu verwenden. Sorgen Sie dafür, dass für nicht für SAP Bank Communication Management relevante Zahlwege separate Zahlläufe eingeplant werden.

Stellen Sie sicher, dass Transaktion OBPM5 (Zahllaufübergreifende Zahlungsträger) mit den zahllaufübergreifenden Identifikationen vollständig gepflegt ist.

Zusätzlich überprüfen Sie, dass zu allen relevanten Zahlungsformaten eine passende Selektionsvariante in Transaktion OBPM4 (Zahlungsträgerselektionsvarianten) angelegt ist.

Die Zahlungsgruppierung der Zahlungen zu den Batches läuft, wie Sie schon wissen, über Transaktion FBPM1 (Zahllaufübergreifende Zahlungsträger). Beim Anlegen der Varianten zu dieser Transaktion dürfen Sie nicht die Buchungskreise mit dem Standort in unterschiedlichen Ländern in einer Variante verwenden. Legen Sie dafür vielmehr separate Varianten in Transaktion FBPM1 an. Beim Ausführen dieser Transaktion werden Hintergrundjobs angelegt, die Sie in Transaktion SM37 (Übersicht über Jobauswahl) finden können.

In Transaktion SM37 nach PAY*-Jobs suchen

Falls Sie auf der Fehlersuche in Bank Communication Management sind, können Sie Erläuterungen zu den meisten Problemen in Transaktion SM37 finden.

In SAP Bank Communication Management werden im SAP-Standard Hintergrundjobs für einzelne Batches eingeplant, die Sie leicht finden können, wenn Sie den String PAY* in den Jobtitel eingeben.

Es werden drei Arten von Hintergrundjobs in SAP Bank Communication Management eingeplant.

In Tabelle 10.6 sehen Sie, wie Sie die BCM-relevanten Jobs finden und identifizieren und zum Erfüllen welches Zweckes sie eingeplant wurden. Falls der Batch zu einem Zahllauf nicht angelegt wurde oder der Zahlungsträger nicht erstellt wurde, überprüfen Sie in Transaktion SM37, ob Sie abgebrochene PAY*-Jobs finden. Prüfen Sie die Jobprotokolle, denn dort sind in der Regel entsprechende Fehlermeldungen zu finden.

Aufgabe des Jobs	Jobname fängt an mit	Benutzer
Batch anlegen	PAY_BTC: Dateidatum/Datei-ID	Benutzer, der FBPM1 startet
Zahlungsträger anlegen	PAYM: Dateidatum/Datei-ID	Benutzer, der die letzte Freigabe vornimmt
Zahlungsträgerstatus kontrollieren und gegebenenfalls aktualisieren	PAYM_STATUS_CHCK: Dateidatum/Datei-ID	Benutzer, der die letzte Freigabe vornimmt

Tabelle 10.6 Übersicht der Hintergrundjobs in SAP Bank Communication Management

10.4.2 Scheckzahlungen in SAP Bank Communication Management

Auch können Sie Scheckzahlungen – selbst auf Papier gedruckte Schecks – über SAP Bank Communication Management abwickeln. Bei der erfolgreichen Einbindung von Schecks in SAP Bank Communication Management werden für die Scheckzahlungen Batches erzeugt. Direkt aus Transaktion BNK_MONI können Sie dann zum entsprechenden Scheckregister springen.

Hierzu müssen Sie das Format CHECK der Payment Medium Workbench verwenden, das Sie in Transaktion OBPM1 (Pflege der Zahlungsträgerformate) finden.

In Abbildung 10.23 sehen Sie das in der SAP-Auslieferung enthaltene Format CHECK der Payment Medium Workbench. Für die Scheckzahlungen mit diesem Format wird beim Erzeugen einer Zahldatei ein Dokument im PDF-Format erzeugt. Als Grundlage wird dabei das PDF-Formular genommen, das dem Buchungskreis für Scheckzahlungen in Transaktion FBZP (Konfiguration Zahlprogramm pflegen) zugeordnet ist.

Abbildung 10.23 Payment Medium Workbench: Zahlungsformat CHECK (Transaktion OBPM1)

Auch für das Format CHECK müssen Sie die korrekten Varianten in Transaktion OBPM4 pflegen, damit die Erzeugung der PDF-Schecks funktioniert.

PositivePay-Bestätigungen für Scheckzahlungen in SAP Bank Communication Management

Bei ausgehenden Schecks, die innerhalb den USA ausgestellt werden, sind in der Regel die sogenannten *PositivePay-Bestätigungen* zusätzlich zu den eigentlichen Schecks erforderlich. *PositivePay* ist eine Datei in einem bestimmten, mit der Bank vereinbarten Format (hauptsächlich **.txt**) mit der Auflistung aller Schecks aus einem Zahllauf. Die US-Banken nutzen dies als zusätzliche Kontrolle, um die tatsächlich ausgestellten Schecks mit den einzulösenden Schecks abzugleichen.

Wenn Sie SAP Bank Communication Management für Scheckzahlungen verwenden, erfolgt die Erstellung der PositivePay-Datei weiterhin mit Transaktion FCHX (Scheckextrakt – Erstellung). Berücksichtigen Sie, dass sich die Angaben in Transaktion FCHX auf BCM-Batches beziehen und nicht auf die ursprünglichen Zahlläufe. Geben Sie als Identifikation in Transaktion FCHX die Identifikation der Batch-Erzeugung an, die in Transaktion BNK_MONI sichtbar ist, und nicht die Identifikation des ursprünglichen Zahllaufs.

PositivePay-Bestätigungen automatisch auslösen

Mithilfe einer Entwicklung können Sie die Erzeugung der PositivePay-Dateien automatisieren, indem Sie in Transaktion OBPM3 (Zahlungsträgerformate (Customer)) für das Format `CHECK` der Payment Medium Workbench den Zeitpunkt 41 aktivieren. Sie können diesem Zeitpunkt einen eigenen Funktionsbaustein zuordnen, indem Sie den Report `RFCHKE00` (Extrakterstellung von Schecks) mit der passenden Variante als Hintergrundjob für die Scheckerstellung anstoßen.

Zahlungsavis in SAP Bank Communication Management

Die ausgehenden Zahlungsavis mit der Auslistung der ausgeglichen Rechnungen zu einer Zahlung werden ohne den Einsatz von SAP Bank Communication Management direkt im F110-Zahllauf gemäß den Vorgaben im Zahlweg aus Transaktion FBZP (Konfiguration Zahlprogramm pflegen) erzeugt.

Mit SAP Bank Communication Management funktioniert dieser Prozess nicht mehr auf diese Art und Weise. Bei den zahllaufübergreifenden, oder anders gesagt, BCM-relevanten, Vorgängen, können die Zahlungsavis erst mit dem Ausführen der Zahlung in SAP Bank Communication Management erzeugt werden.

Falls die Erzeugung der Zahlungsavis in Ihrem System auch bei aktivem SAP Bank Communication Management erforderlich ist, können Sie die Erzeugung der Zahlungsavis beim Erstellen einer Zahldatei in SAP Bank Communication Management in den relevanten Formaten der Payment Medium Workbench anstoßen.

Zahlungsavis in SAP Bank Communication Management automatisch auslösen

Mithilfe einer Entwicklung können Sie die Erzeugung der Zahlungsavis automatisieren, indem Sie in Transaktion OBPM3 (Zahlungsträgerformate (Customer)) für die relevanten Payment-Medium-Workbench-Formate den Zeitpunkt 41 aktivieren. Sie können diesem Zeitpunkt einen eigenen Funktionsbaustein zuordnen, in dem Sie den Report `RFFOAVIS_FPAYM` (Zahlungsträger-Korrespondenz zum generischen Zahlungsträgerprogramm) mit der passenden Variante als Hintergrundjob für die Avis-Erstellung anstoßen.

Alle Details zur möglichen Lösung finden Sie in SAP-Hinweis 1313075 (BCM: Automatische Erzeugung von Zahlungsträger-Korrespondenz).

Deaktivieren der Freigabe-Work-Items in SAP Business Workplace

Die Freigabelogik von SAP Bank Communication Management aus Abschnitt 10.2, »Freigabelogik für Batches einrichten«, basiert auf einem Workflow, was bedeutet, dass die Freigaben in Transaktion BNK_APP, in der SAP-Fiori-App **Zahlungen genehmigen**, aber auch als Work Items im SAP Business Workplace in Transaktion SBWP (SAP Business Workplace) bearbeitet werden können. Manchmal treten Schwierigkeiten auf, wenn die Work Items in Transaktion SBWP versehentlich durch einen Doppelklick auf das Work Item angenommen werden und den weiteren Freigabeprozess blockieren.

Mithilfe des BAdI `WF_BWP_SELECT_FILTER` können Sie dieses Verhalten beeinflussen und dafür sorgen, dass die freizugebenden Zahlungen ausschließlich in Transaktion BNK_APP und in der SAP-Fiori-App **Zahlungen genehmigen** sichtbar sind.

[«]

SAP-Hinweis 1577912 überprüfen

Mehr Details zu dieser Lösung finden Sie in SAP-Hinweis 1577912 (FAQ: BCM).

SAP-Hinweise für SAP Bank Communication Management

Zum Schluss haben wir einige, aber selbstverständlich bei Weitem nicht alle hilfreichen SAP-Hinweise zusammengestellt (siehe Tabelle 10.7).

Hinweisnummer	Anwendungsgebiet in SAP Bank Communication Management
1577912	Häufig gestellte Fragen
1076337	Berechtigungsrollen
1389302	Alerts
2927769	Versand der Zahldatei wiederholen
1091855	Liste aller Freigeberpersonen
1313075	Ausgehende Zahlungsavis
2803918	Ausgehende Zahlungsavis
2819424	Statusdateien von externen Banken
2503973	Zahlungsstorno nach Abweisung
1041016	Workflow einrichten
3133549	Alerts
2147168	IDOCs mit BCM

Tabelle 10.7 Übersicht der wichtigsten SAP-Hinweise zu SAP Bank Communication Management

10.5 Fazit

In diesem Kapitel haben wir die Einstellungen im Detail betrachtet, die beim Einsatz von SAP Bank Communication Management vorgenommen werden müssen. Wir haben erläutert, wie die Zahlungen in SAP Bank Communication Management zu einem Batch, auch Zahlungsmappe genannt, gruppiert werden können und welche Konfiguration dafür vorgenommen werden muss.

Darüber hinaus wurde gezeigt, wie das Freigabeverfahren mit einer unterschiedlichen Anzahl von Freigabestufen in SAP Bank Communication Management eingerichtet werden kann und wie konkrete Zuständigkeiten für die Freigabestufen gepflegt werden können.

Wir haben die Statusrückmeldungen der Banken und deren Verarbeitung in SAP Bank Communication Management behandelt. Dabei wurde auch auf die Besonderheiten der sogenannten unvollständigen Statusdateien und der späten Ablehnung durch die Bank eingegangen.

Wir haben die Alert-Kategorien für SAP Bank Communication Management besprochen und erklärt, wie diese Kategorien aktiviert und für Benachrichtigungen genutzt werden können.

Auch Themen wie Hintergrundjobs in SAP Bank Communication Management und die Behandlung von Spezialthemen wie das Erstellen und Versenden von Zahlungsavis und Scheckzahlungen wurden in diesem Kapitel behandelt.

Abschließend haben wir einige hilfreiche SAP-Hinweise für Sie zusammengestellt.

Kapitel 11

Einstellungen in der erweiterten Zahlungsverwaltung

Dieses Kapitel widmet sich der Kommunikation zwischen Systemen und Banken und erläutert die notwendigen Einstellungen, um die erweiterte Zahlungsverwaltung (Advanced Payment Management) effizient nutzen zu können. Darüber hinaus werden die Funktionen für die Schaffung einer zentralen Stelle für die Konvertierung, Anreicherung und Weiterleitung aller Zahlungen im Konzern genutzt.

Die *erweiterte Zahlungsverwaltung* (*Advanced Payment Management*) ist die neueste SAP-Komponente im Bereich des Zahlungsverkehrs. Sie ist in andere zahlungsrelevante SAP-Komponenten wie SAP In-House Cash, SAP Cash and Liquidity Management, SAP Bank Communication Management, die Bankkontenverwaltung und das Hauptbuch integriert.

Die in diesem Buch beschriebenen Zahlungsprozesse können grundsätzlich auch ohne Einsatz der erweiterten Zahlungsverwaltung im SAP-System umgesetzt werden. Die erweiterte Zahlungsverwaltung ist allerdings eine gute Ergänzung zu den Kernkomponenten im Bereich des Zahlungsverkehrs wie SAP Bank Communication Management und SAP In-House Cash. Mit dieser neuen Komponente bietet SAP eine Erweiterung der bisher vorhandenen Funktionen im Zahlungsverkehrsbereich und löst dadurch typische Probleme, vor denen die meisten Unternehmen bei der Optimierung oder Neueinführung der Zahlungsprozesse standen und für die es keinen zentralen technischen Ansatz gab.

11.1 Einführung

Bei der *Zentralisierung des Zahlungsverkehrs* haben Unternehmen besonders bei einer heterogenen SAP-Landschaft oft das Problem, dass nicht alle lokalen Gesellschaften technisch in der Lage sind, die von SAP In-House Cash erwarteten IDocs zu erstellen. Dafür musste sich jedes Unternehmen eine eigene Lösung ausdenken, wie z. B. Dateien in einem lokalen Format in den Nicht-SAP-Systemen zu erzeugen und anschließend durch die Verwendung der Middleware diese Dateien in IDocs zu konvertieren.

Auch bei einer *Nicht-Zentralisierung der Zahlungen* war es der Wunsch in vielen Unternehmen, das Routing, also ein einfaches Weiterleiten der lokalen Zahlungen durch das zentrale SAP-System zu ermöglichen, um dadurch zum einen eine bessere Übersicht über die Zahlungsflüsse der lokalen Gesellschaften zu schaffen und zum anderen die technischen Möglichkeiten des zentralen Systems wie ein aktiviertes Bank Communication Management oder die eingerichtete Schnittstelle zu den Hausbanken über SAP Multi-Bank Connectivity oder eine andere Art der Verbindung zu nutzen. Dieser Wunsch war allerdings mit den SAP-Standardfunktionen nicht zu realisieren, sodass kundenspezifische Lösungen wie das Einrichten fiktiver Buchungskreise im zentralen System oder den Aufbau eigener Datenbanktabellen notwendig waren.

Ein weiteres typisches Problem war das Etablieren unterschiedlicher Validierungen und Prüfungen, um die Qualität der an die Hausbank versendeten Zahldateien zu verbessern und dadurch die Abweisungsquote zu reduzieren. Auch hier existierte kein einheitlicher Ansatz, sondern eine Reihe an Kundenlösungen, bei denen Prüfungen und Validierungen auf unternehmensspezifische Art und Weise in die Zahlungsprozesse eingebaut wurden.

Der in den meisten Unternehmen vorhandene Bedarf, lokale Zahlungen durch das zentrale System zu routen, in diesem System zusätzliche Qualitätsprüfungen der Zahlungen durchzuführen, die notwendigen Zahlungsformate an einer Stelle einzurichten und für alle Zahlungen im Konzern anzuwenden, und anschließend die zentrale Stelle für die Kommunikation mit den Banken zu verwenden, ist nun mit der Einführung der erweiterten Zahlungsverwaltung gedeckt.

In Abbildung 11.1 sehen Sie die Übersicht der vorhandenen Funktionen in der erweitertem Zahlungsverwaltung. Lokale Gesellschaften schicken ihre Zahlungen in Form von IDocs, Payloads, physischen Dateien in beliebigen Formaten an das SAP-System der zentralen Einheit. Sie werden in der erweiterten Zahlungsverwaltung im sogenannten *Input Manager* entgegengenommen, ihre Zielroute wird analysiert, die Zahlungsinhalte werden validiert, auf mögliche Fehler hin überprüft und, wenn gewünscht, mit zusätzlichen Daten angereichert. Anschließend werden diese Zahlungen im *Output Manager* an die jeweiligen Empfangssysteme wie SAP Bank Communication Management, SAP In-House Cash oder den Konnektor für SAP Multi-Bank Connectivity in dem an diesen Stellen verlangten Zielformat geliefert.

In der erweiterten Zahlungsverwaltung werden die Zahlungen innerhalb eines *Clearing-Kreises*, der die zentrale organisatorische Einheit der Komponente ist, in den sogenannten *Zahlungsaufträgen* gespeichert. Dabei werden für eine Zahlung zuerst ein *eingehender Zahlungsauftrag* vom Input Manager und später ein *ausgehender Zahlungsauftrag* vom Output Manager erzeugt. Die Zahlungsaufträge können in der erweiterten Zahlungsverwaltung eingesehen, priorisiert oder nachbearbeitet werden.

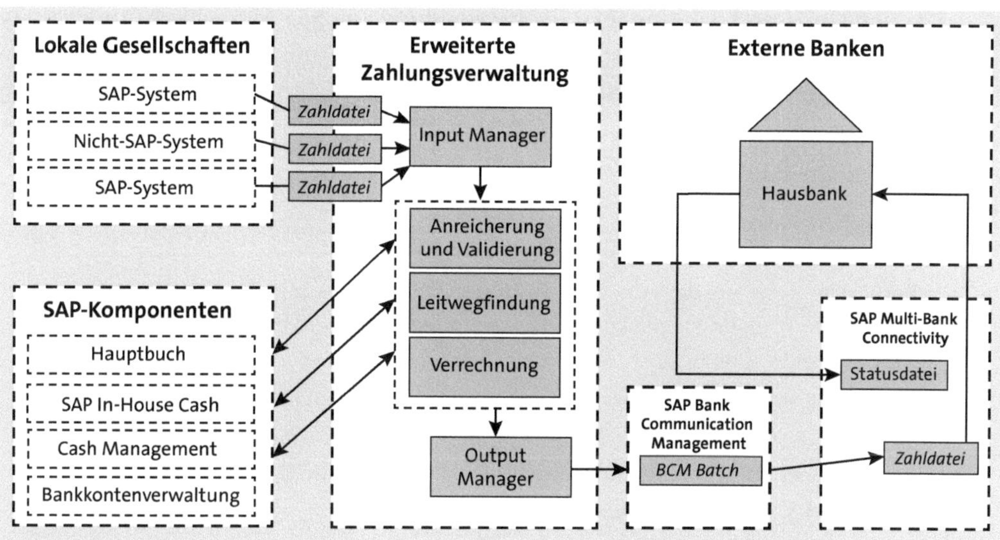

Abbildung 11.1 Übersicht des Zahlungsprozessflusses mit der erweiterten Zahlungsverwaltung

SAP arbeitet kontinuierlich daran, die Funktionen im Zahlungsverkehrsbereich zu erweitern und zu optimieren. Eine der neuesten und wichtigsten Verbesserungen, die in der erweiterten Zahlungsverwaltung umgesetzt wurde, ist die Aktivierung der sogenannten *In-House-Banking-Lösung*. Das neue In-House Banking ist Bestandteil der erweiterten Zahlungsverwaltung und nahtlos mit den anderen Funktionen dieser Komponente integriert. Das In-House Banking kann alle Zahlungsprozesse abbilden, die im zentralisierten Zahlungsverkehr im Unternehmen relevant sind. Damit übernimmt das neue In-House Banking die Funktionen von SAP In-House Cash und kann es komplett ersetzen. Die Zahlungsprozesse, die entweder mit SAP In-House Cash oder mit dem In-House Banking der erweiterten Zahlungsverwaltung abgewickelt werden können, sind identisch. Dazu gehören das Intercompany Clearing, die On-Behalf-Zahlungen, das Cash Pooling und die zentralen Geldeingänge. Der größte Unterschied besteht darin, dass das neue In-House Banking von solchen Funktionen der erweiterten Zahlungsverwaltung wie Konvertierung, Formaterzeugung, Anreicherung sowie Validierung und Ausnahmesteuerung der Zahldateien von Anfang an profitiert. Damit können mühelos verschiedene spezielle Anforderungen vieler Unternehmen für die Plausibilitätsprüfungen und Qualitätsverbesserungen der von den Gesellschaften gelieferten Daten und zur Abbildung komplexer Logik für die Ermittlung der optimalen Hausbank erfüllt werden, die beim Einsatz der herkömmlichen Komponente SAP In-House Cash teilweise durch kundeneigene Entwicklungen abgebildet werden mussten. Zusätzlich verfügt das In-House Banking über zahlreiche SAP-Fiori-Apps, die die Pflege der Stammdaten für die In-House-Bank, wie z. B. das Anlegen der internen Bankkonten in der In-House-Bank um einiges erleichtern.

Das neue In-House Banking setzt die Verwendung von SAP Multi-Bank Connectivity und damit auch des Konnektors für SAP Multi-Bank Connectivity voraus. Der Konnektor für SAP Multi-Bank Connectivity wird damit nicht nur für die externe Kommunikation mit den Banken eingesetzt, sondern ist auch für die Kommunikation der In-House-Bank mit den Gesellschaften verantwortlich.

[»]

Lizenzen für das In-House Banking sind erforderlich!

Berücksichtigen Sie, dass die neue In-House-Banking-Lösung von SAP nur verwendet werden kann, wenn Sie die komplette Komponente der erweiterten Zahlungsverwaltung lizenziert haben.

Zusätzlich müssen Sie SAP Multi-Bank Connectivity einsetzen und den Konnektor für SAP Multi-Bank Connectivity für die Kommunikation zwischen den zahlungsrelevanten Systemen im Unternehmen verwenden. Das bedeutet, dass auch SAP Multi-Bank Connectivity lizenziert werden muss.

Für die Abwicklung der Zahlungsverkehrsprozesse im zentralisierten Zahlungsverkehr kann die erweiterte Zahlungsverwaltung allerdings auch mit der in diesem Buch schon beschriebenen Komponente In-House Cash verwendet werden.

Falls Sie Ihre Zahlungsverkehrsprozesse komplett neu gestalten und diese Prozesse neu in Ihrem SAP-S/4HANA-System einführen, überlegen Sie sich gründlich, welche Option für die Bedürfnisse und Anforderungen Ihres Unternehmens am besten passt.

Es ist sinnvoll, das neue In-House Banking als Lösung für die Prozesse in der In-House-Bank einzusetzen, falls Sie die erweiterte Zahlungsverwaltung aktiv für die Konvertierungen und für zusätzliche Prüfungen und Anreicherungen bei den von den Gesellschaften angelieferten Dateien verwenden wollen. Außerdem spielt es eine Rolle, ob Sie in Ihrem zentralen System den Konnektor für SAP Multi-Bank Connectivity aktiviert haben, um mit den Banken an einer zentralen Stelle zu kommunizieren.

Falls Sie aber eine eigene Lösung für die Bankenkommunikation entwickeln, Ihre Anforderungen bei der Ermittlung der passenden Hausbank der zentralen Einheit hauptsächlich auf der Transaktionswährung oder Transaktionsart (und damit auch auf dem Zahlweg) basieren und falls Sie keine speziellen Prüfungen beim Login zu Ihrer In-House-Bank benötigen, können Sie mit SAP In-House Cash gut auskommen.

Sollten Sie gar keine Payment Factory aufbauen und alle Zahlungen weiterhin von den lokalen Bankkonten der Gesellschaften ausführen, brauchen Sie kein In-House-Banking-Tool und auch keine IHC-Komponente.

Grundsätzlich ist der Umfang der in der erweiterten Zahlungsverwaltung angebotenen Funktionen sehr groß, und Sie werden vermutlich nicht alles davon brauchen. Welche Optionen Sie in der erweiterten Zahlungsverwaltung nutzen werden und welche nicht, hängt in der ersten Linie davon ab, welche Zahlungsszenarios Sie über Advanced Payment Management abwickeln wollen und wie die Systemlandschaft in Ihrem Unternehmen aufgebaut ist.

11.2 Szenarien in der erweiterten Zahlungsverwaltung

Sie können die erweiterte Zahlungsverwaltung für mehrere Zahlungsszenarien einsetzen. Der Umfang der in Advanced Payment Management einzustellenden Funktionen unterscheidet sich in Abhängigkeit des jeweiligen Zahlungsszenarios. Das richtige Szenario wird im Input Manager, basierend auf den in der Zahldatei mitgelieferten Bankkonten, erkannt und entsprechend angewendet.

Sie können prinzipiell folgende Zahlungsszenarien in der erweiterten Zahlungsverwaltung abbilden:

- Zahlungen »im Namen von« nur mit Weiterleitung
- Zahlungen »im Namen von« mit Leitwegoptimierung
- Zahlungen »im Auftrag von«, die Sie unter dem Begriff On-Behalf-Zahlungen in diesem Buch schon kennengelernt haben
- interne Zahlungen

In den folgenden Abschnitten beschreiben wir, was hinter den einzelnen Zahlungsszenarien steckt, welche Zahlungsprozesse mit diesen Szenarien abgebildet werden und wie die Buchungslogik der einzelnen Szenarien aussieht.

11.2.1 Zahlungen »im Namen von« nur mit Weiterleitung

Im Szenario der Zahlungen »im Namen von« nur mit Weiterleitung führt ein lokaler Buchungskreis Zahlungen durch, die anschließend an die erweiterte Zahlungsverwaltung gesendet werden. Beim Ausführen der Zahlungen im lokalen Buchungskreis wird das entsprechende Hausbankkonto, von dem die Zahlungen stattfinden, final ermittelt. Die Zahlungen werden aus der erweiterten Zahlungsverwaltung im Namen der sendenden Gesellschaft geschickt. In der erweiterten Zahlungsverwaltung werden weder der Buchungskreis noch das Hausbankkonto in diesen Zahlungen ersetzt oder neu ermittelt.

Bei diesem Zahlungsszenario hat die erweiterte Zahlungsverwaltung primär die weiterleitende Rolle. Dies ist besonders dann sinnvoll, wenn Sie ein zentrales System mit der aktiven Schnittstelle zu den externen Hausbanken haben, z. B, wenn der Konnektor für SAP Multi-Bank Connectivity in Ihrem zentralen SAP-System aktiviert ist, Sie aber den Zahlungsverkehr nicht komplett zentralisiert haben und die lokalen Gesellschaften weiterhin ihre lokalen Hausbankkonten verwenden.

In Abbildung 11.2 sehen Sie die Prozessübersicht für das Zahlungsszenario »im Namen von« nur mit Weiterleitung. Dabei führt die lokale Gesellschaft einen Zahllauf in ihrem lokalen SAP- oder Nicht-SAP-System durch, während eine Zahldatei erzeugt wird. Die Zahldatei enthält den Namen des lokalen Buchungskreises als Absender und das Hausbankkonto der lokalen externen Hausbank als Absenderbankkonto. Diese Zahldatei wird an das zentrale SAP-System geschickt und dort in der erweiterten Zahlungsverwaltung im Input Manager angenommen. Die Datei wird gegebenenfalls konvertiert und anschließend im Output Manager ausgegeben. Dabei behält die Datei den Namen des lokalen Buchungskreises als Absender und das Hausbankkonto der lokalen externen Hausbank als Absenderbankkonto. Die erweiterte Zahlungsverwaltung übergibt die Datei an den Konnektor für SAP Multi-Bank Connectivity. Die Aufgabe des Konnektors ist es, die Datei an SAP Multi-Bank Connectivity zu schicken. Von dort aus gelangt die Datei zur lokalen externen Hausbank und wird dort final ausgeführt.

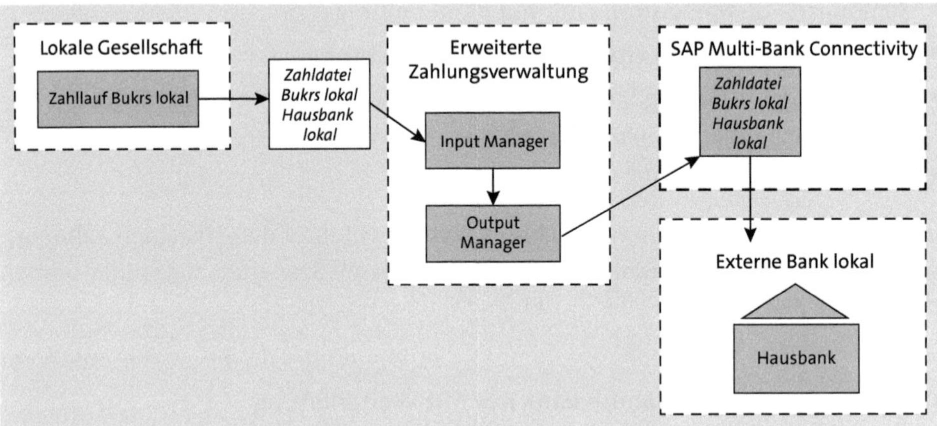

Abbildung 11.2 Zahlungsszenario »im Namen von« nur mit Weiterleitung

Durch die Verwendung der erweiterten Zahlungsverwaltung erhält das zentrale SAP-System in diesem Zahlungsszenario die *Routing-Funktion* für die lokalen Zahlungen. Der große Vorteil dieser Lösung ist, dass die Schnittstelle zu den externen Banken nicht für jedes lokale System separat aufgebaut werden muss, sondern nur einmal, und zwar nur in dem SAP-System, in dem sowohl die Bankenanbindung auf eine bestimmte Art und Weise gewährleistet ist (z. B. durch den Einsatz von SAP Multi-Bank Connectivity), als auch die erweiterte Zahlungsverwaltung aktiviert und konfiguriert ist.

Zusätzlich kann bei diesem Szenario das zentrale SAP-System die *Konvertierungsfunktion* ausführen. Die lokalen Gesellschaften müssen nicht unbedingt das Zielzahlungsformat in ihrem System konfigurieren und warten, sondern sie können stattdessen ihre Zahlungen in einem beliebigen, aber mit dem zentralen System abgestimmten Format an die erweiterte Zahlungsverwaltung schicken, in der die Zahlungen zum gewünschten und von der Bank erwarteten Zahlungsformat umgewandelt werden.

Es ist aber auch möglich, für die erweiterte Zahlungsverwaltung die Zahlungen von den Gesellschaften in einem final aufbereiteten und im lokalen System validierten Zahlungsformat anzunehmen und sie ohne jegliche Änderungen und Konvertierungen weiterzuleiten.

Bei diesem Szenario gibt es keine Änderungen in der Buchungslogik für den Zahlungsprozess der lokalen Gesellschaft. Die Buchungslogik entspricht dem Buchungsschema, das in Abschnitt 2.2.2, »Lokale Ausgangszahlungen«, für lokale Zahlungen im P2P-Prozess beschrieben ist. Im zentralen SAP-System entstehen gar keine Buchungen, da die erweiterte Zahlungsverwaltung ausschließlich für das Weiterleiten der Zahlungen an die Bank verwendet wird.

11.2.2 Zahlungen »im Namen von« mit Leitwegoptimierung

Ein zweites mögliches Szenario für den Einsatz der erweiterten Zahlungsverwaltung bei der Beibehaltung des nicht zentralisierten Zahlungsverkehrs ist das *Zahlungsszenario »im Namen von« mit Leitwegoptimierung*. Das bedeutet wie in Abschnitt 11.2.1, »Zahlungen ›im Namen von‹ nur mit Weiterleitung«, dass die Zahlung im lokalen Buchungskreis und im Namen dieses lokalen Buchungskreises erzeugt wird und am Ende des Prozesses ohne Namensänderung an die lokale externe Hausbank weitergegeben wird. Allerdings, anders als im ersten Szenario aus Abschnitt 11.2.1, ist das Hausbankkonto, von dem die Zahlung ausgeführt werden soll, nicht in der ursprünglichen lokalen Datei enthalten bzw. ist zwar in der lokalen Datei enthalten, wird aber final erst in der erweiterten Zahlungsverwaltung ermittelt und abhängig von dem Ergebnis dieser Ermittlung an die jeweilige lokale externe Hausbank weitergeleitet.

In Abbildung 11.3 sehen Sie, wie das Zahlungsszenario »im Namen von« mit Leitwegoptimierung abgewickelt wird. Die lokale Gesellschaft führt einen Zahllauf durch und erzeugt eine Zahldatei, in der der Name des lokalen Buchungskreises als Zahlungsabsender angegeben ist. Die Zahldatei kommt in der erweiterten Zahlungsverwaltung des zentralen SAP-Systems an und wird dort im Input Manager entgegengenommen.

Zur gelieferten Datei wird ein eingehender Zahlungsauftrag angelegt, der mehrere Schritte, wie Anreicherung und Validierung, Leitwegfindung und auch Verrechnung in der erweiterten Zahlungsverwaltung durchläuft. Im Zuge der Leitwegfindung werden die passenden lokalen Hausbanken zu den Zahlungen im eingehenden Zahlungsauftrag ermittelt. Es kann sein, dass zu einem eingehenden Zahlungsauftrag mehrere ausgehende Zahlungsaufträge angelegt werden, falls die Zahlungen anhand bestimmter Kriterien auf mehrere lokale Hausbanken aufgeteilt werden.

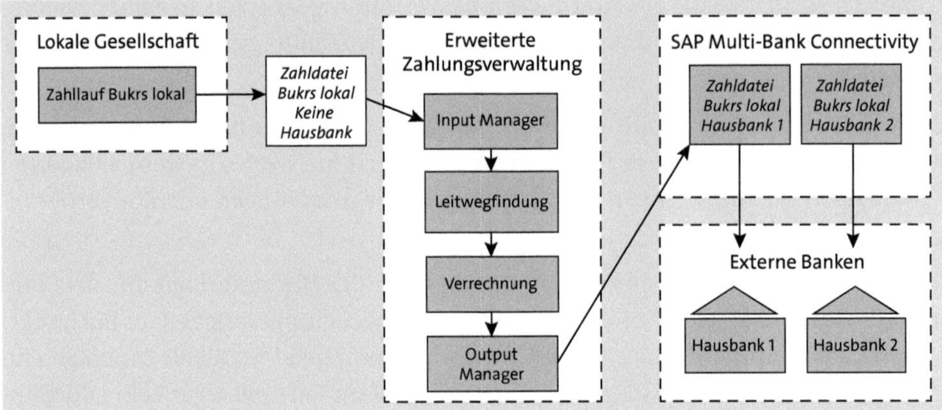

Abbildung 11.3 Zahlungsszenario »im Namen von« mit Leitwegoptimierung

Zu den erzeugten ausgehenden Zahlungsaufträgen werden Zahldateien im finalen, von den Hausbanken erwarteten Zahlungsformat generiert und mithilfe des Konnektors für SAP Multi-Bank Connectivity an SAP Multi-Bank Connectivity übermittelt. Von dort aus werden die Dateien an die jeweiligen lokalen externen Hausbanken übergeben und dort final verarbeitet.

Bei diesem Szenario verwendet die erweiterte Zahlungsverwaltung nicht nur die Konvertierungsfunktion, sondern vor allem die *Leitwegoptimierungsfunktion*.

In der Leitwegfindung der erweiterten Zahlungsverwaltung für diesen Buchungskreis sind nämlich verschiedene Kriterien definiert worden, anhand derer die optimale Hausbank für die jeweilige Zahlung ermittelt wird. Die lokale Gesellschaft muss damit keine komplexen Einstellungen im lokalen System vornehmen. Auch das Anlegen und die Pflege des gewünschten Zahlungsformats sind dabei für die lokale Gesellschaft nicht erforderlich. Stattdessen kann sie die Zahlungen in Form von IDocs an das zentrale System übergeben. An einer zentralen Stelle können damit die lokalen Zahlungen auf die passenden externen Hausbanken verteilt werden, und die Zielzahlungsformate müssen nur in einem zentralen System gepflegt werden und können anschließend für mehrere lokale Gesellschaften eingesetzt werden.

Bei diesem Zahlungsszenario werden mehrere Buchungen im zentralen System angestoßen und an das lokale FI-System weitergegeben. Die Kontenfindung im lokalen System muss ebenfalls angepasst werden.

In Abbildung 11.4 sehen Sie die Buchungslogik, die im Zahlungsszenario »im Namen von« mit Leitwegoptimierung und dem Einsatz der erweiterten Zahlungsverwaltung angewendet wird. Im lokalen System wird ❶ eine eingehende Lieferantenrechnung verbucht. Dabei werden das Aufwandskonto im Soll und das Lieferantenkonto im Haben bebucht. Diese Rechnung wird im lokalen System ❷ in einem F110-Zahllauf ausgeglichen, wobei das Lieferantenkonto im Soll und das neue Leitwegverrechnungskonto im Haben bebucht wird. Das im F110-Zahllauf erzeugte IDoc wird an die erweiterte Zahlungsverwaltung weitergeleitet. Dort wird ein eingehender Zahlungsauftrag mit einem Auftraggeberzahlungsposten und einem Empfängerzahlungsposten angelegt.

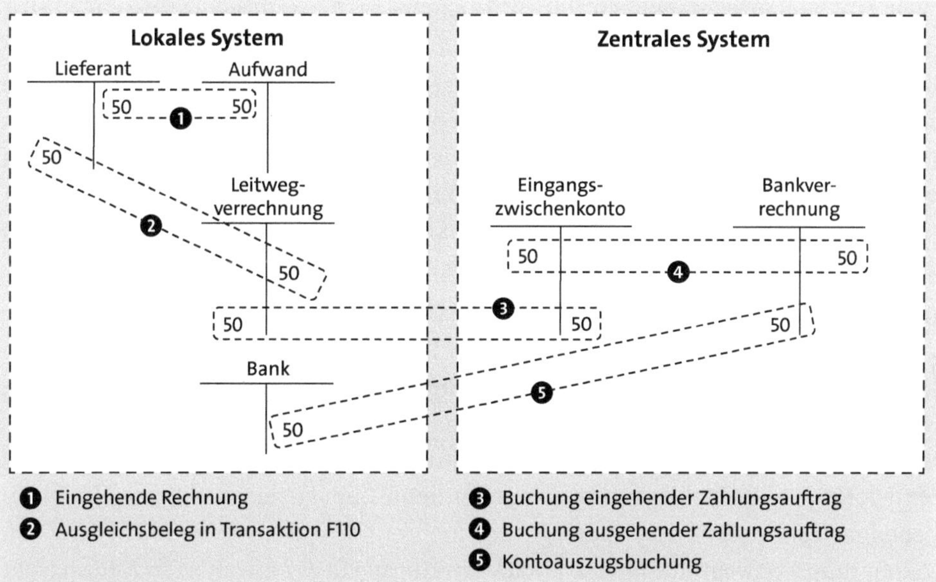

Abbildung 11.4 Buchungslogik im Zahlungsszenario »im Namen von« mit Leitwegoptimierung

Bei der Verrechnung des Auftraggeberzahlungspostens des eingehenden Zahlungsauftrags ❸ wird die Buchung mit dem Leitwegverrechnungskonto im Soll und dem speziell dafür errichteten Eingangszwischenkonto im Haben angestoßen and an das lokale FI-System als angebundenes Kontoführungssystem aus der erweiterten Zahlungsverwaltung übergeben. Nachdem die Leitwegfindung für diesen Zahlungsauftrag durchlaufen worden ist, wird ein ausgehender Zahlungsauftrag mit einem Verrechnungszahlungsposten und einem Empfängerposten in der erweiterten Zahlungsverwaltung angelegt.

Bei der Verrechnung des Verrechnungszahlungspostens des ausgehenden Zahlungsauftrags ❹ werden die Buchung mit dem Eingangszwischenkonto im Soll und dem Bankverrechnungskonto im Haben angestoßen and an das lokale FI-System als angebundenes Kontoführungssystem aus der erweiterten Zahlungsverwaltung übergeben. Am nächsten Tag wird der Kontoauszug ❺ von der externen Hausbank übermittelt, durch den die letzte Buchung mit dem Bankverrechnungskonto im Soll und dem Bankkonto im Haben stattfindet.

11.2.3 Zahlungen »im Auftrag von«

Das Zahlungsszenario »im Auftrag von« ist das Ihnen aus früheren Kapiteln schon bekannte Szenario der On-Behalf-Zahlungen mit der In-House-Bank. Bei dem Zahlungsszenario »im Auftrag von« schicken die lokalen Gesellschaften ihre Zahlungen an die In-House-Bank, damit diese die Zahlungen im Auftrag dieser Gesellschaften abwickelt. Dies bedeutet, dass nicht die lokale Gesellschaft, sondern die zentrale Einheit die finale Zahlung ausführt und dafür eines ihrer externen Hausbankkonten verwendet. Die Gesellschaft verfügt in diesem Szenario über kein externes Bankkonto, sondern führt die Zahlung unter der Verwendung eines ihr zugeordneten internen Bankkontos bei der In-House-Bank aus. In der Zahldatei, die am Ende des Zahlungsprozesses an die externe Hausbank geschickt wird, sind der Name der zentralen Einheit als Zahlungsabsender und das Hausbankkonto, das der zentralen Einheit gehört, als Zahlungsabsenderbankkonto angegeben.

In Abbildung 11.5 sehen Sie, wie das Zahlungsszenario »im Auftrag von« mit der Integration zur In-House-Bank abgewickelt wird. Die lokale Gesellschaft führt einen Zahllauf durch und erzeugt ein IDoc, in dem das interne Bankkonto dieser Gesellschaft bei der In-House-Bank als Zahlungsabsenderkonto verwendet wird. Das Zahlungs-IDoc kommt in der erweiterten Zahlungsverwaltung des zentralen SAP-Systems an und wird dort im Input Manager entgegengenommen. Zum gelieferten IDoc wird ein eingehender Zahlungsauftrag angelegt, der mehrere Schritte, wie Anreicherung und Validierung, Leitwegfindung und auch Verrechnung in der erweiterten Zahlungsverwaltung durchläuft.

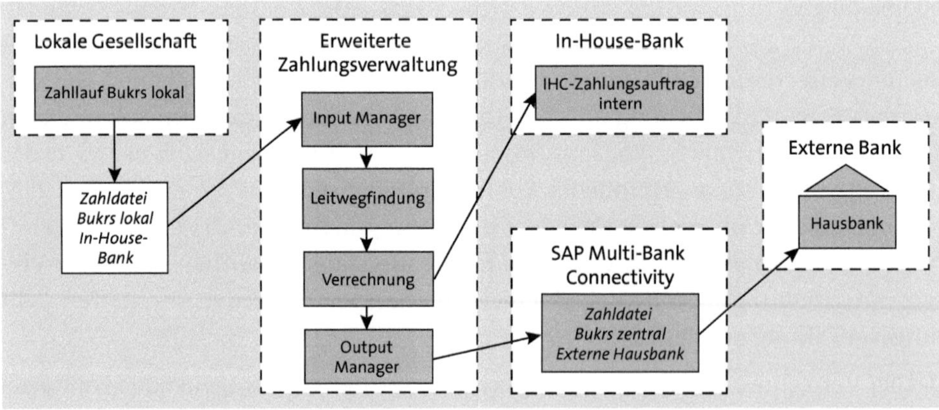

Abbildung 11.5 Zahlungsszenario »im Auftrag von« mit der Integration zur In-House-Bank

Im Zuge der Verrechnung wird das Erzeugen eines IHC-Zahlungsauftrags in SAP In-House Cash angestoßen, bei dem das IHC-Bankkonto der Gesellschaft und das IHC-Verrechnungskonto der zentralen Einheit angesprochen werden. In der erweiterten Zahlungsverwaltung wird eine passende externe Hausbank, bei der die zentrale Einheit ein Bankkonto führt, ermittelt und ein ausgehender Zahlungsauftrag angelegt. Anschließend wird im Output-Manager eine Zahldatei in dem von der externen Hausbank erwarteten Zahlungsformat generiert und mit der Verwendung des Konnektors für SAP Multi-Bank Connectivity erst an SAP Multi-Bank Connectivity und danach an die externe Hausbank weitergegeben, von der die Zahlung final ausgeführt wird.

Wie in Abschnitt 11.2.2, »Zahlungen ›im Namen von‹ mit Leitwegoptimierung«, beinhaltet die erweiterte Zahlungsverwaltung auch bei diesem Szenario die Konvertierungsfunktion, die Leitwegoptimierungsfunktion und die *Integrationsfunktion* zur In-House-Bank.

Bei diesem Zahlungsszenario werden mehrere Buchungen im zentralen System angestoßen und an das lokale FI-System durch den Einsatz von SAP In-House Cash weitergegeben. Die Kontenfindung im lokalen System entspricht der Kontenfindung für die On-Behalf-Zahlungen, die in Abschnitt 2.2.3, »On-Behalf-Zahlungen (Payment Factory mit SAP In-House Cash)«, beschrieben ist. Die Kontenfindung im zentralen System unterscheidet sich ein wenig von der Buchungslogik der On-Behalf-Zahlungen mit SAP In-House Cash ohne die Verwendung der erweiterten Zahlungsverwaltung.

In Abbildung 11.6 sehen Sie die Buchungslogik, die im Zahlungsszenario »im Auftrag von« mit der Integration zur In-House-Bank und dem Einsatz der erweiterten Zahlungsverwaltung angewendet wird. Im lokalen System wird eine eingehende Lieferantenrechnung ❶ verbucht.

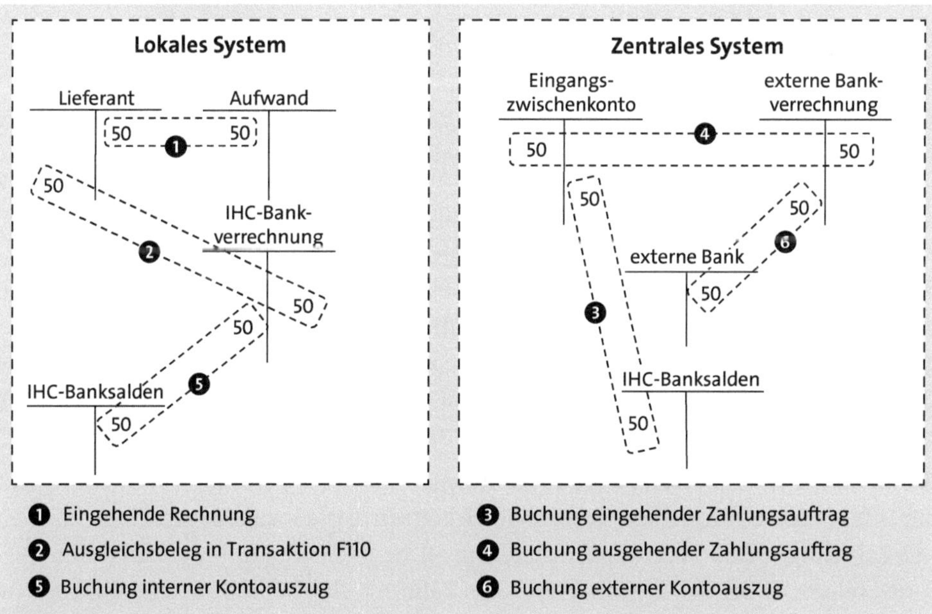

Abbildung 11.6 Buchungslogik im Zahlungsszenario »im Auftrag von« mit der Integration zur In-House-Bank

Dabei werden das Aufwandskonto im Soll und das Lieferantenkonto im Haben bebucht. Diese Rechnung wird im lokalen System in einem F110-Zahllauf ❷ ausgeglichen, wobei das Lieferantenkonto im Soll und das IHC-Bankverrechnungskonto im Haben bebucht wird.

Das im F110-Zahllauf erzeugte IDoc wird an die erweiterte Zahlungsverwaltung weitergeleitet. Dort wird ein eingehender Zahlungsauftrag mit einem Auftraggeberzahlungsposten und einem Empfängerzahlungsposten angelegt. Bei der Verrechnung des Auftraggeberzahlungspostens ❸ des eingehenden Zahlungsauftrags wird die Buchung mit dem Konto für IHC-Salden im Soll und mit dem Eingangszwischenkonto im Haben angestoßen. Nachdem die Leitwegfindung für diesen Zahlungsauftrag durchlaufen worden ist, wird ein ausgehender Zahlungsauftrag mit einem Verrechnungszahlungsposten und einem Empfängerposten in der erweiterten Zahlungsverwaltung angelegt.

Bei der Verrechnung des Verrechnungszahlungspostens ❹ des ausgehenden Zahlungsauftrags wird die Buchung auf dem Eingangszwischenkonto im Soll und auf dem Verrechnungskonto für die externe Bank im Haben generiert. Am nächsten Tag wird zum einen der Kontoauszug ❺ von der In-House-Bank an die Tochtergesellschaft übermittelt, durch den die für die lokale Gesellschaft letzte Buchung auf dem IHC-Bankverrechnungskonto im Soll und auf dem Konto für IHC-Salden im Haben stattfindet. Zum anderen gelangt der Kontoauszug ❻ von der externen Hausbank an die Zentrale, durch den die für die zentrale Einheit letzte Buchung auf dem Verrechnungskonto für die externe Bank im Soll und auf dem Konto für die externe Bank im Haben stattfindet.

11.2.4 Zahlungen »interne Umbuchung«

Das letzte Zahlungsszenario der internen Umbuchung entspricht dem Intercompany Clearing mit der In-House-Bank, das in Kapitel 2, »Purchase-to-Pay«, beschrieben wurde. Bei diesem Szenario sendet eine lokale Gesellschaft die Zahlung zur In-House-Bank, und der Empfänger dieser Zahlung ist eine andere lokale Gesellschaft, die durch das Empfangen eines internen Kontoauszugs von der In-House-Bank über die eingegangene Zahlung informiert wird. In diesem Zahlungsszenario verwenden die lokale Gesellschaft, die die Zahlung versendet, und die lokale Gesellschaft, die die Zahlung empfängt, jeweils ein internes IHC-Bankkonto.

In Abbildung 11.7 sehen Sie, wie das Zahlungsszenario der internen Umbuchung mit der Integration zur In-House-Bank abgewickelt wird. Die lokale Gesellschaft führt einen Zahllauf durch und erzeugt ein Zahlungs-IDoc, in dem das interne Bankkonto dieser Gesellschaft bei der In-House-Bank als Zahlungsabsenderkonto und das interne Bankkonto einer anderen lokalen Gesellschaft als Zahlungsempfängerkonto verwendet werden.

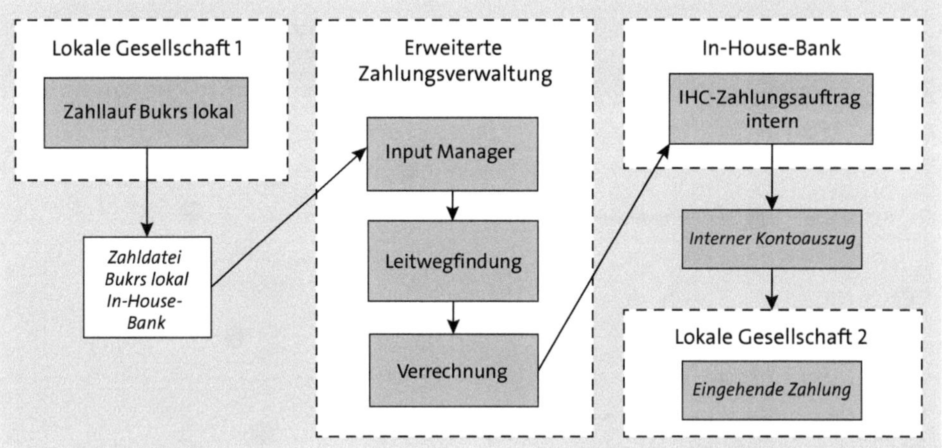

Abbildung 11.7 Zahlungsszenario »interne Umbuchung« mit Integration zur In-House-Bank

Das Zahlungs-IDoc kommt in der erweiterten Zahlungsverwaltung des zentralen SAP-Systems an und wird dort im Input Manager entgegengenommen. Zum gelieferten IDoc wird ein Zahlungsauftrag angelegt, der mehrere Schritte, wie Anreicherung und Validierung, Leitwegfindung und auch die Verrechnung in der erweiterten Zahlungsverwaltung durchläuft.

Der Zahlungsauftrag besteht aus einem Auftraggeberzahlungsposten, der den Absender darstellt, und einem Empfängerzahlungsposten, der die zweite lokale Gesellschaft als Zahlungsempfänger darstellt. Im Zuge der Verrechnung wird das Erzeugen eines IHC-Zahlungsauftrags in SAP In-House Cash jeweils für den Auftraggeberzahlungsposten und den Empfängerzahlungsposten angestoßen, bei dem das IHC-Bankkonto der jeweiligen Gesellschaft und das IHC-Verrechnungskonto der zentralen Einheit angesprochen werden. In der erweiterten Zahlungsverwaltung ist die Verrechnung der letzte Schritt; der Output Manager ist in diesem Szenario nicht erforderlich. In SAP In-House Cash findet am Ende des Tages die Tagesendverarbeitung statt, im Rahmen derer zum einen interne Kontoauszüge an die beiden lokalen Gesellschaften verschickt und zum anderen die Sachkontenbuchungen in der zentralen Einheit generiert werden, mit denen der Vorgang abgeschlossen wird.

In Abbildung 11.8 sehen Sie die Buchungslogik, die im Zahlungsszenario »Interne Umbuchung« mit der Integration zur In-House-Bank und dem Einsatz von der erweiterten Zahlungsverwaltung angewendet wird. Im lokalen System der Gesellschaft 2 wird eine ausgehende Kundenrechnung verbucht ❶; dabei wird das Debitorenkonto im Soll und das Ertragskonto im Haben bebucht.

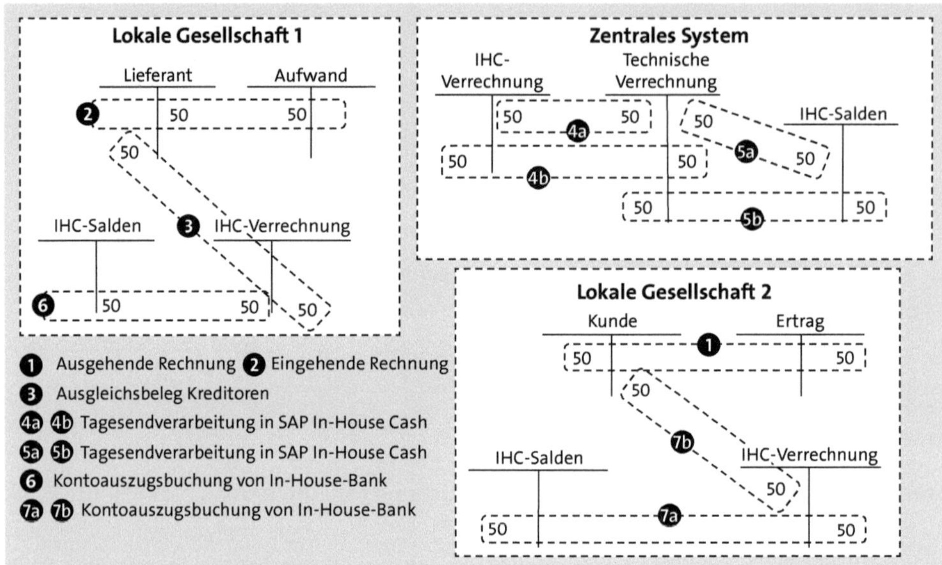

Abbildung 11.8 Buchungslogik im Zahlungsszenario »Interne Umbuchung« mit der Integration zur In-House-Bank

Im lokalen System der Gesellschaft 1 wird eine eingehende Lieferantenrechnung verbucht ❷. Dabei wird das Aufwandskonto im Soll und das Lieferantenkonto im Haben bebucht. Diese Rechnung wird im lokalen System der Gesellschaft 1 in einem F110-Zahllauf ausgeglichen ❸, wobei das Lieferantenkonto im Soll und das IHC-Bankverrechnungskonto im Haben bebucht wird. Das im F110-Zahllauf erzeugte IDoc wird an die erweiterte Zahlungsverwaltung weitergeleitet. Dort wird ein eingehender Zahlungsauftrag mit einem Auftraggeberzahlungsposten und einem Empfängerzahlungsposten angelegt. Bei der Verrechnung des Zahlungsauftrags werden interne IHC-Zahlungsaufträge in SAP In-House Cash angelegt. Während der Tagesendverarbeitung in SAP In-House Cash findet die Hauptbuchübergabe statt. Dabei werden in der zentralen Einheit die Buchungen 4a und 4b generiert, um den Vorgang gegenüber Gesellschaft 1 abzubilden. Bei der Buchung 4a wird das technische Verrechnungskonto im Soll und das IHC-Verrechnungskonto im Haben bebucht. Bei der Buchung 4b wird das technische Verrechnungskonto im Haben und das IHC-Saldenkonto im Soll mit Mitgabe der Partnergesellschaft 1 gebucht.

Auch die Buchungen 5a und 5b gehören zur Hauptbuchübergabe in SAP In-House Cash und sind notwendig, um den Vorgang gegenüber Gesellschaft 2 abzubilden. Bei der Buchung 5a wird das IHC-Verrechnungskonto im Soll und das technische Verrechnungskonto im Haben bebucht. Bei der Buchung 5b wird das technische Verrechnungskonto im Soll und das IHC-Saldenkonto im Haben mit Mitgabe der Partnergesellschaft 2 bebucht.

Am nächsten Tag wird zum einen der Kontoauszug ❻ von der In-House-Bank an die Tochtergesellschaft 1 übermittelt, durch den die für die lokale Gesellschaft 1 letzte Buchung mit dem IHC-Bankverrechnungskonto im Soll und dem Konto für IHC-Salden im Haben stattfindet. Zum anderen gelangt der Kontoauszug der In-House-Bank an die Tochtergesellschaft 2, durch den für die lokale Gesellschaft 2 die Buchung 7a mit dem IHC-Bankverrechnungskonto im Haben und dem Konto für IHC-Salden im Soll und die Buchung 7b mit dem IHC-Bankverrechnungskonto im Soll und dem Debitorenkonto im Haben stattfindet.

11.3 Grundeinstellungen

Die Standardauslieferung im Customizing der erweiterten Zahlungsverwaltung wurde von SAP gründlich vorbereitet, enthält die meisten notwendigen Einstellungen und kann in vielen Fällen mit nur wenigen zusätzlich vorzunehmenden Änderungen und Anpassungen verwendet werden.

11

In diesem Kapitel beschreiben wir sowohl die Einstellungen, die Sie vornehmen müssen, um bestimmte Funktionen in der erweiterten Zahlungsverwaltung verwenden zu können, als auch die in der Standardauslieferung vorhandenen Einstellungen, die ohne weitere Anpassungen genutzt werden können, damit Sie ein allgemeines Verständnis über die Funktionsweise und Zusammenhänge in dieser Komponente aufbauen können.

Unabhängig vom Umfang an Funktionen, die Sie in der erweiterten Zahlungsverwaltung nutzen werden, müssen Sie einige Grundeinstellungen vornehmen. Solche Einstellungen beschreiben wir in diesem Abschnitt.

11.3.1 Clearing-Kreis einrichten

Der *Clearing-Kreis* ist die wichtigste organisatorische Einheit in der erweiterten Zahlungsverwaltung. Den Clearing-Kreis legen Sie über den folgenden IMG-Pfad an: **Financial Supply Chain Management • Erweiterte Zahlungsverwaltung • Basiskonfiguration • Organisation • Clearingkreis definieren.**

In der SAP-Standardauslieferung ist der Referenz-Clearing-Kreis SAP001 vorhanden, den Sie kopieren und entsprechend anpassen können. Der Clearing-Kreis basiert auf einem Fabrikkalender zur Prüfung von Werktagen und Feiertagen und verwendet einen bestimmten Kurstyp für Fremdwährungsbeträge. Sie können grundsätzlich mehrere Clearing-Kreise anlegen, wenn Sie für die Abbildung Ihrer Prozesse mehrere Kalender oder unterschiedliche Kurstypen verwenden müssen. Ansonsten sollte nur ein Clearing-Kreis ausreichend sein.

In Abbildung 11.9 sehen Sie das Übersichtsbild für die Einrichtung des Clearing-Kreises. In die Spalte **ClearKreis** ❶ tragen Sie den Namen Ihres Clearing-Kreises, eine Bezeichnung in die Spalte **Kurzbeschreibung** ❷ und eine ausführliche Bezeichnung in die Spalte **Langbeschreibung** ❸ ein.

Abbildung 11.9 Clearing-Kreis einrichten: Übersichtsbild (Transaktion SPRO)

Ordnen Sie den entsprechenden Fabrikkalender in der Spalte **Kalender** ❹ zu, der in diesem Clearing-Kreis für die Ermittlung des Abstimmdatums, des Ausführungsdatums der eingehenden Zahlungsaufträge und des Verarbeitungsdatums von Zahlungsauftragsposten verwendet wird. Aktivieren Sie das Kennzeichen **Nä.verw.** ❺, damit das Ausführungsdatum automatisch auf den nächsten Geschäftstag verschoben wird, falls das gelieferte Datum als Feiertag identifiziert wurde. In die Spalte **VDKalender** ❻ tragen Sie den entsprechenden Kalender ein, der in diesem Clearing-Kreis für die Valutadatumsfindung verwendet wird. In die Spalte **KS CKreis** ❼ tragen Sie einen Schlüssel ein, der diesen Clearing-Kreis identifizieren soll. Dieser Kurzschlüssel wird verwendet, falls der vollständige Schlüssel aufgrund von Feldlängenbeschränkungen nicht eingesetzt werden kann.

Setzen Sie den Haken im Feld **24-Std-Verarbtg** ❽, um die kontinuierliche Verarbeitung der Zahlungsaufträge im Clearing-Kreis zu aktivieren. Mit dem gesetzten Haken werden neu angelegte Zahlungsaufträge umgehend verarbeitet, auch wenn der Prozess zum Tagesende noch nicht abgeschlossen ist und die Aufträge mit dem Buchungsdatum für den nächsten Abstimmtag geliefert wurden. Tragen Sie die entsprechende, zuvor konfigurierte Liquiditätsanwendung in die Spalte **LM-Anw.** ❾ ein, falls dieser Clearing-Kreis mit einer Cash-Management-Applikation verbunden werden soll. Tragen Sie den Kurstyp für die Umrechnung der Fremdwährungsbeträge in die Spalte **KTyp** ❿ ein.

Falls Sie die erweiterten Zahlungsverwaltung mit SAP Cash and Liquidity Management verbinden und die entsprechende Liquiditätsanwendung dem Clearing-Kreis zuordnen wollen, überprüfen Sie die entsprechende Konfiguration über den folgenden Pfad: **Financial Supply Chain Management • Erweiterte Zahlungsverwaltung • Basiskonfiguration • Anwendungskonfiguration • Lokale Application-Management-Systeme definieren**.

In Abbildung 11.10 sehen Sie die in der Standardauslieferung enthaltenen und Ihnen zur Auswahl stehenden Anwendungen. In der Regel müssen Sie hier keine Änderungen vornehmen, sondern nur das vorhandene Customizing nachvollziehen können. In der Spalte **LokMgmtSys** ❶ sind die lokalen Anwendungen, die mit der erweiterten Zahlungsverwaltung angebunden werden können, angegeben. Vor allem die lokale Anwendung CASHMGMT ist für Sie von Interesse, wenn Sie den Clearing-Kreis mit SAP Cash and Liquidity Management verbinden wollen.

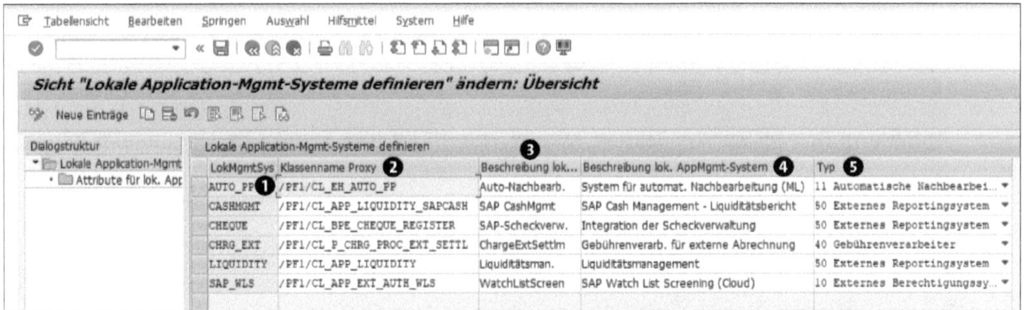

Abbildung 11.10 Lokale Application-Management-Systeme definieren: Übersichtsbild (Transaktion SPRO)

In der Spalte **Klassenname Proxy** ❷ sehen Sie die Namen von den schon existierenden Klassen, die für die Übergabe der Daten an die jeweilige lokale Anwendung verantwortlich sind. In der Spalte **Beschreibung lok.AppMgmt** ❸ und in der Spalte **Beschreibung lok.AppMgmt-System** ❹ finden Sie jeweils die Kurz- und eine Langbeschreibung für die lokale Anwendung. In der Spalte **Typ** ❺ ist der Typ der Anwendung definiert. Die Anwendung **Cash Management** ist mit dem Anwendungstyp **50 Externes Reporting** verknüpft.

Namenskonvention in der erweiterten Zahlungsverwaltung

Alle technischen Objekte, Transaktionen und auch Berechtigungsobjekte in der erweiterten Zahlungsverwaltung beginnen mit der Zeichenfolge »/PF1/«.

Aus dem Übersichtsbild in Abbildung 11.10 gelangen Sie zur Detailsicht, wenn Sie den jeweiligen Eintrag im Übersichtsbild markieren und dann einen Doppelklick auf dem Ordner **Attribute für lok.AppMgmt Systeme definieren** ❶ ausführen, wie es in Abbildung 11.11 gezeigt ist. In der Detailsicht sehen Sie die schon definierten Attribute für die jeweilige lokale Anwendung, die bei Bedarf angepasst werden können.

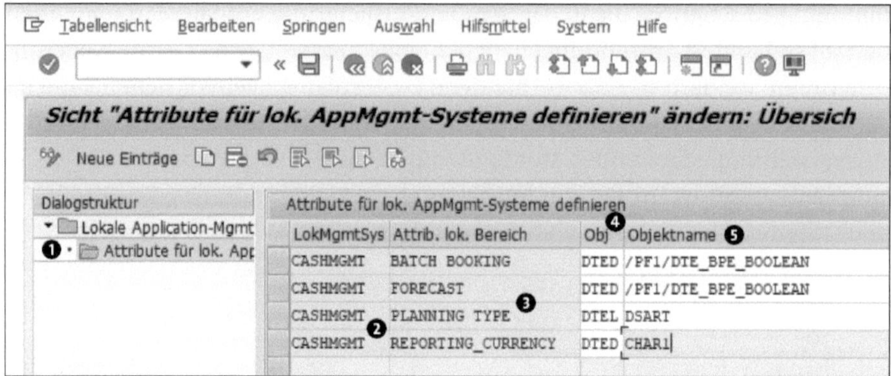

LokMgmtSys	Attrib. lok. Bereich	Obj	Objektname
CASHMGMT	BATCH BOOKING	DTED	/PF1/DTE_BPE_BOOLEAN
CASHMGMT	FORECAST	DTED	/PF1/DTE_BPE_BOOLEAN
CASHMGMT	PLANNING TYPE	DTEL	DSART
CASHMGMT	REPORTING_CURRENCY	DTED	CHAR1

Abbildung 11.11 Lokale Application-Management-Systeme definieren: Detailbild mit Attributen (Transaktion SPRO)

Die lokale Anwendung ist in der Spalte **LokMgmtSys** ❷ definiert, und die Attribute, die an die lokale Anwendung weitergegeben werden sollen, sind in der Spalte **Attrib. Lok. Bereich** ❸ definiert. In der Spalte **Obj** ❹ ist der Objekttyp des Attributs, wie z. B. DTEL für das Datenelement und im Feld **Objektname** ❺ der Name dieses Objekts, z. B. der Name des Datenelements, angegeben.

Diese lokalen Application-Management-Systeme müssen Sie anschließend den sogenannten lokalen Application-Management-Bereichen zuordnen, weil diese Einstellung pro Clearing-Kreis gemacht werden muss. Die Zuordnung nehmen Sie über den folgenden Pfad vor: **Financial Supply Chain Management • Erweiterte Zahlungsverwaltung • Basiskonfiguration • Anwendungskonfiguration • Lokale Application-Management-Bereiche definieren**.

In Abbildung 11.12 sehen Sie, welche lokalen Anwendungen dem Referenz-Clearing-Kreis SAP001 zugeordnet sind. Kopieren und passen Sie diese Einträge an, falls eine oder mehrere lokale Anwendungen wie SAP Cash and Liquidity Management für Ihren neuen Clearing-Kreis aktiviert werden sollen. In die Spalte **ClearKreis** ❶ tragen Sie den relevanten Clearing-Kreis ein.

ClearKreis	Anwend-ID	LokMgmtSys	Beschr. lok. Anw...	Beschreibung lokaler Anwendungsbereich	ID alt.Anw	Standrd
SAP001	AUTO_PP	AUTO_PP	tom. Nachbea.	Automatische Nachbearbeitung		
SAP001	CASHMGMT	CASHMGMT	FinDispo.	Finanzdisposition - Liquiditätsbericht		
SAP001	LIQUIDITY	LIQUIDITY	Liquiditätsman.	Liquiditätsmanagement		

Abbildung 11.12 Lokale Application-Management-Bereiche definieren: Übersichtsbild (Transaktion SPRO)

In der Spalte **Anwend-ID** ❷ definieren Sie einen Namen für den lokalen Anwendungsbereich. Dieser Name kann optional identisch zum Namen der lokalen Anwendung sein. In der Spalte **LokMgmtSys** ❸ wählen Sie die relevante lokale Anwendung aus der Dropdown-Liste aus. In der Spalte **Beschr.lok.AnwBer** ❹ und in der Spalte **Beschreibung lokaler Anwendungsbereich** ❺ pflegen Sie die Kurz- und Langbeschreibung für den neuen lokalen Anwendungsbereich. Diese Beschreibung wird in der Regel ähnlich der Beschreibung für die lokale Anwendung selbst sein. Die Spalten **ID alt.Anw** ❻ und **Standrd** ❼ können Sie in der Regel leer lassen.

11.3.2 Nummernkreise definieren

Es existieren mehrere Objekte in der erweiterten Zahlungsverwaltung, bei denen die Nummernkreisintervalle zugeordnet und gepflegt werden müssen. Zuerst müssen Sie die Nummernkreisnummer der Kombination aus Nummernkreisobjekt und Clearing-Kreis zuordnen. Diese Zuordnung nehmen Sie über den folgenden Pfad vor: **Financial Supply Chain Management • Erweiterte Zahlungsverwaltung • Basiskonfiguration • Generische Nummernkreise pflegen**.

In der Standardauslieferung ist die Zuordnung aller relevanten Objekte zum Referenz-Clearing-Kreis SAP001 vorhanden.

In Abbildung 11.13 sehen Sie alle relevanten Nummernkreise, die dem Referenz-Clearing-Kreis SAP001 zugeordnet sind. Sie können diese Einträge für den von Ihnen angelegten Clearing-Kreis kopieren. In der Spalte **Objekt** ❶ pflegen Sie alle in der erweiterten Zahlungsverwaltung verwendeten Objekte. In die Spalte **ClearKreis** ❷ tragen Sie den relevanten Clearing-Kreis ein. Anschließend ordnen Sie jedem Objekt in der Spalte **Nr** ❸ ein Nummernkreisintervall zu, z. B. 01.

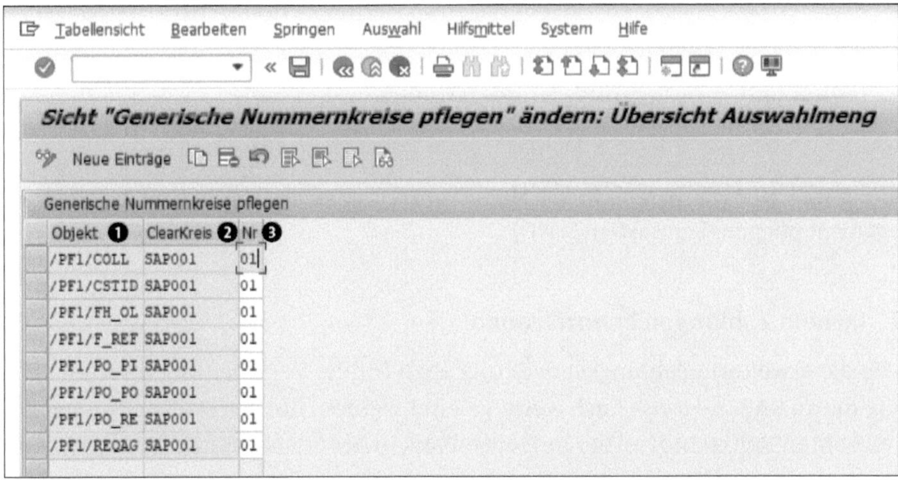

Abbildung 11.13 Generische Nummernkreise dem Clearing-Kreis zuordnen (Transaktion SPRO)

Pflegen Sie anschließend die Nummernkreise für die in der vorangehenden Einstellung zugeordneten Nummernkreisobjekte. Verwenden Sie dazu Transaktion SNRO, und nehmen Sie dort eine Selektion mit dem Wert »/PF1*« vor. Ordnen Sie die Nummernkreisintervalle allen PF1-Objekten zu.

In Abbildung 11.14 sehen Sie die Auswahl an Nummernkreisobjekten, die in der erweiterten Zahlungsverwaltung verwendet werden. Wählen Sie alle Objekte nacheinander, und ordnen Sie ihnen die Nummernkreise zu. Sie können bei allen Objekten das Nummernkreisintervall 01 und die Nummernkreise von 000000000001 bis 999999999999 verwenden.

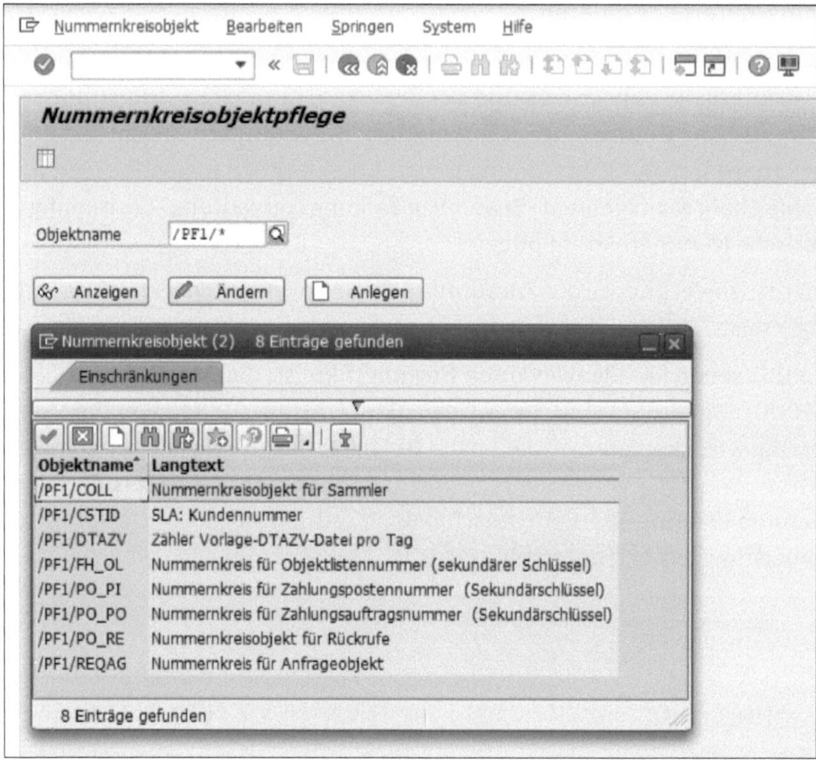

Abbildung 11.14 Nummernkreise für die Nummernkreisobjekte aus Advanced Payment Management pflegen (Transaktion SNRO)

11.3.3 Interne Zahlungen kennzeichnen

Falls Sie die erweiterte Zahlungsverwaltung auch für die Verarbeitung interner Zahlungen, die an SAP In-House Cash weitergeleitet werden, nutzen wollen, müssen Sie den relevanten Bankschlüssel der In-House-Bank in der erweiterten Zahlungsverwaltung bekanntgeben. Die nach Advanced Payment Management importierten Zahldateien und IDocs mit dem zuvor definierten internen Bankschlüssel werden als interne Zahlungen erkannt und in der Leitwegfindung entsprechend berücksichtigt. Sie ordnen den internen Bankschlüssel dem Clearing-Kreis über den folgenden Pfad zu: **Financial Supply Chain Management • Erweiterte Zahlungsverwaltung • Basiskonfiguration • Organisation • Internen Bankschlüssel zu Clearingkreis zuordnen**.

In Abbildung 11.15 ist ein Bankschlüssel als interner Bankschlüssel für den Clearing-Kreis SAP001 definiert. In die Spalte **Land** ❶ tragen Sie das Land und in die Spalte **Bankschlüssel** ❷ den Bankschlüssel Ihrer In-House-Bank ein. Wählen Sie den relevanten Clearing-Kreis in der Spalte **ClearKreis** ❸.

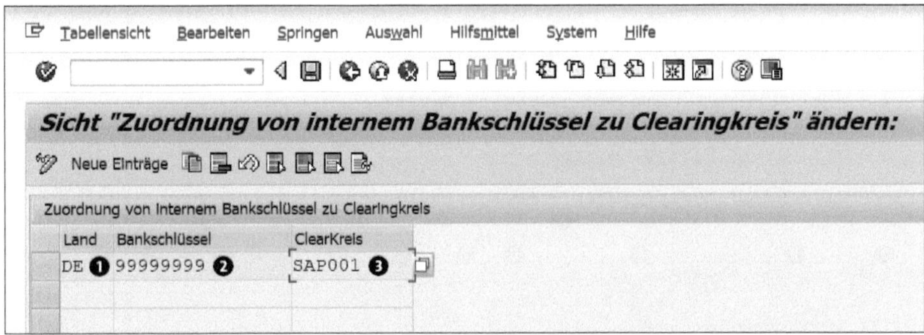

Abbildung 11.15 Internen Bankschlüssel zu Clearing-Kreis zuordnen (Transaktion SPRO)

Falls Sie alle Zahlungen in der erweiterten Zahlungsverwaltung lediglich direkt an externe Banken weiterleiten und Advanced Payment Management nicht für Zahlungen mit SAP In-House Cash verwenden, können Sie diese Einstellung leer lassen.

11.4 Import und Output von Zahldateien

Es müssen mehrere Einstellungen vorgenommen werden, damit die an die erweiterte Zahlungsverwaltung geschickten Zahlungen importiert und weiterverarbeitet werden können.

11.4.1 Notwendige Einstellungen beim Import von Zahlungen

Alle an die erweiterte Zahlungsverwaltung übergebenen Zahlungen werden im sogenannten *Input Manager* entgegengenommen und klassifiziert.

Damit die Klassifizierung entsprechend stattfinden kann, müssen die *Zahlungsauftragsarten* im Clearing-Kreis angelegt werden. Die Zahlungsauftragsarten beschreiben die Art des Zahlungsvorgangs und dienen dem Auffinden von *Leitwegen* und *Clearing-Vereinbarungen*, die wiederum über die Art der Weiterverarbeitung der Zahlungen entscheiden.

Zahlungsauftragsarten definieren

Sie definieren die Zahlungsauftragsarten über den folgenden Pfad im Einführungsleitfaden: **Financial Supply Chain Management • Erweiterte Zahlungsverwaltung • Zahlungsverarbeitung • Geschäftsobjekte • Zahlungsauftrag • Zahlungsauftragsarten definieren**.

In Abbildung 11.16 sehen Sie das Übersichtsbild mit den im Referenz-Clearing-Kreis SAP001 verfügbaren Zahlungsauftragsarten. In die Spalte **ClearKreis** ❶ tragen Sie den relevanten Clearing-Kreis ein. In der Spalte **ZA-Art** ❷ definieren Sie das Kürzel für die Zahlungsauftragsart. Dieser Schlüssel ist frei wählbar; Sie können auch die Referenzeinträge in der Standardauslieferung übernehmen.

Tabellensicht Bearbeiten Springen Auswahl Hilfsmittel System Hilfe

Sicht "Zahlungsauftragsarten definieren" anzeigen: Übersicht

Zahlungsauftragsarten definieren

ClearKreis	ZA-Art	ZA-Artbeschreib...	Langbezeichnung	ZA-Art ❺	NrKr. ZA	NrKrs.ClPo	AGP NrKrs	Empf.NrKrs	Man.Pflege	A&V-Grp. ⓫	FunktTyp	Dop. Grp.	EmbPrüf.
SAP001 ❶	000001 ❷	ÜW Treasury ❸	Überweisung aus Treasury ❹	1002	01 ❻	❼	01 ❽	01 ❾	☐ ❿	TREASURY	⓬	⓭	☐ ⓮
SAP001	000002	LS Treasury	Lastschrift aus Treasury	1001	01		01	01	☐	TREASURY			☐
SAP001	000100	ÜW Human Res.	Überweisung aus Human Resources	1001	01		01	01	☐	HR			☐
SAP001	000101	LS Human Res.	Lastschrift aus Human Resources	1001	01		01	01	☐	HR			☐
SAP001	000200	ÜW Finanzwesen	Überweisung aus Finanzwesen	1001	01		01	01	☐	FI			☐
SAP001	000201	LS Finanzwesen	Lastschrift aus Finanzwesen	1001	01		01	01	☐	FI			☐
SAP001	000300	ÜW manuell	Überweisung aus manueller Erfassung	1001	01		01	01	☑	MANUAL			☐
SAP001	000301	LS manuell	Lastschrift aus manueller Erfassung	1001	01		01	01	☑	MANUAL			☐
SAP001	000400	ÜW ERP	Überweisung aus ERP	1001	01		01	01	☐	ERP			☐
SAP001	000401	LS ERP	Lastschrift aus ERP	1001	01		01	01	☐	ERP			☐
SAP001	000500	Abgrenzung TE	Abgrenzung Zahlungsauftrag (TE)	1001	01		01	01	☐	INT			☐
SAP001	000700	Standard-ÜW	Standardüberweisung	1001	01		01	01	☐				☐
SAP001	000701	Standard-LS	Standardlastschrift	1001	01		01	01	☐				☐

Abbildung 11.16 Zahlungsauftragsarten definieren (Transaktion SPRO)

In die Spalten **ZA-Artbeschreibung** ❸ und **Langbeschreibung** ❹ geben Sie jeweils eine Kurz- und eine Langbezeichnung für die Zahlungsauftragsart ein. Sie ordnen die Zahlungsauftragsart dem Zahlungsauftragstyp im Feld **ZA-Art** ❺ zu.

Zahlungsauftragstyp

Der *Zahlungsauftragstyp* in der erweiterten Zahlungsverwaltung wird von SAP ausgeliefert und ist nicht änderbar. Der Zahlungsauftragstyp bestimmt, ob die Zahlungsauftragsart für eingehende Zahlungsaufträge oder ausgehende Zahlungsaufträge genutzt werden soll.

Eingehende Zahlungsaufträge sind Zahlungsaufträge, die für die an den Input Manager gelieferten Zahlungen, erzeugt werden.

Ausgehende Zahlungsaufträge sind Zahlungsaufträge, die nach der internen Verarbeitung in der erweiterten Zahlungsverwaltung im Output Manager generiert werden, um für die Übergabe der Zahlungen an externe Hausbanken verwendet zu werden.

In die Spalte **NrKr ZA** ❻, in die Spalte **NrKr ClPo** ❼, in die Spalte **AGP NrKrs** ❽ und in die Spalte **Empf.NrKrs** ❾ tragen Sie entsprechende Nummernkreisintervalle für die Erzeugung der Zahlungsaufträge, der Clearing-Posten, der Auftraggeberzahlungsposten und der Empfängerzahlungsposten ein. Wie es in Abschnitt 11.3.2, »Nummernkreise definieren«, erläutert worden ist, können Sie überall das Nummernkreisintervall 01 zuordnen.

In der Spalte **Man.Pflege** ❿ setzen Sie einen Haken, falls die Zahlungsaufträge manuell angepasst werden dürfen, was für direkt in der erweiterten Zahlungsverwaltung angelegte Zahlungsaufträge, nicht aber für automatisch gelieferte Zahlungen sinnvoll ist.

In der Spalte **A&V Grp.** ⓫ können Sie dieser Zahlungsauftragsart eine Zahlungsauftragsartengruppe für die Anreicherung und Validierung zuordnen, falls eine zusätzliche Validierung oder Anreicherung der Zahlung mit bestimmten Werten stattfinden soll. Solche Gruppen müssen separat im Customizing angelegt werden; das erklären wir in den späteren Abschnitten dieses Kapitels. Falls eine Validierung und Anreicherung der Daten nicht erforderlich sind, lassen Sie dieses Feld leer.

In der Spalte **FunktTyp** ⓬ und in der Spalte **Dop.Grp.** ⓭ können Sie dieser Zahlungsauftragsart einen Funktionstyp, der ebenfalls aus dem Bereich Anreicherung und Validierung kommt und später erläutert wird, zuordnen. Falls Validierung und Anreicherung der Daten nicht erforderlich sind, lassen Sie auch diese Felder leer.

Setzen Sie den Haken in der Spalte **EmbPrüf.** ⓮ falls bei dieser Zahlungsauftragsart zusätzlich eine Embargoprüfung in dem SAP-Tool SAP Watch List Screening stattfinden soll. Das Tool muss separat lizenziert und an die erweiterte Zahlungsverwaltung angebunden werden.

Standardwerte im Metaformat für Zahlungsaufträge abbilden

Sie haben die Möglichkeit, Default-Werte für bestimmte Felder in eingehenden und ausgehenden Zahlungsaufträgen zu definieren, falls diesen Feldern sonst kein Wert zugewiesen würde. Die Definition der Default-Werte nehmen Sie über den folgenden Pfad im Einführungsleitfaden vor: **Financial Supply Chain Management • Erweiterte Zahlungsverwaltung • Zahlungsverarbeitung • Geschäftsobjekte • Zahlungsauftrag • Standardwerte auf Metaformat für Zahlungsaufträge abbilden**.

In Abbildung 11.17 sehen Sie die definierten Default-Werte für einige Felder im Zahlungsauftrag. Tragen Sie in die Spalte **ClearKreis** ❶ den Clearing-Kreis und in die Spalte **ZA-Art** ❷ die relevante Zahlungsauftragsart ein.

Wählen Sie das Feld, das mit dem bestimmten Wert vorbelegt werden muss, in der Spalte **Feldname** ❸ aus. In diesem Feld **Feldname** ❸ stehen Ihnen viele unterschiedliche Felder aus dem Zahlungsauftrag zur Verfügung; diese können Sie in der [F4]-Hilfe zu diesem Feld anschauen. Tragen Sie den passenden Default-Wert in die Spalte **Standardwert** ❹ ein.

Tabellensicht Bearbeiten Springen Auswahl Hilfsmittel System Hilfe

Sicht "Zuordnung von Standardwerten zu Auftragsarten" ändern: Übersich

Neue Einträge

Zuordnung von Standardwerten zu Auftragsarten

ClearKreis ❶	ZA-Art ❷	Feldname	Standardwert
SAP001	000300	CHANNEL ❸	/INT ❹
SAP001	000300	IN_OUT_FORMAT	/INT
SAP001	000300	MEDIUM	/APP

Abbildung 11.17 Standardwerte zu den Auftragsarten zuordnen (Transaktion SPRO)

Vorgangsarten für die Zahlungsposten definieren

Jeder Zahlungsauftrag wird mit einer bestimmten Zahlungsauftragsart angelegt. In jedem Zahlungsauftrag finden Sie in der Regel mindestens einen Auftraggeberzahlungsposten und einen oder mehrere Empfängerzahlungsposten. Damit diese Zahlungsposten korrekt angelegt werden können, müssen sogenannte *Vorgangsarten* definiert und anschließend den entsprechenden Zahlungsauftragsarten zugeordnet werden.

Die Vorgangsarten bestimmen die Geschäftsvorfallsart des Zahlungspostens, zeigen, ob es um eine Belastung oder Gutschrift auf dem Konto geht, und geben die Möglichkeit, unterschiedliche Prüfregeln verwenden zu können.

Vorgangsarten für Zahlungsposten legen Sie über den folgenden Pfad im Einführungsleitfaden an: **Financial Supply Chain Management • Erweiterte Zahlungsverwaltung • Zahlungsverarbeitung • Geschäftsobjekte • Zahlungsposten • Vorgangsarten definieren**.

In Abbildung 11.18 sehen Sie die im Referenz-Clearing-Kreis SAP001 angelegten Vorgangsarten. Diese Einträge können Sie je nach Ihren Prozessanforderungen in Ihren Clearing-Kreis kopieren und gegebenenfalls anpassen. In die Spalte **Clearkreis** ❶ tragen Sie den relevanten Clearing-Kreis ein, und in der Spalte **Vorgangsart** ❷ pflegen Sie einen Schlüssel für die Definition der Vorgangsarten.

In die Spalte **Vorgangsart** ❸ und in die Spalte **Vorgangsartbeschreibung** ❹ tragen Sie jeweils die Kurz- und Langbezeichnung der Vorgangsart ein. Im Feld **ZP-Typ** ❺ wählen Sie aus der Dropdown-Liste den passenden Typ des Zahlungspostens; es wird vor allem zwischen Auftraggeberposten und Empfängerposten unterschieden. Aktivieren Sie das Kennzeichen **Haben-VA** ❻, wenn dem Zahlungsposten dieser Vorgangsart eine Habenbuchung entspricht.

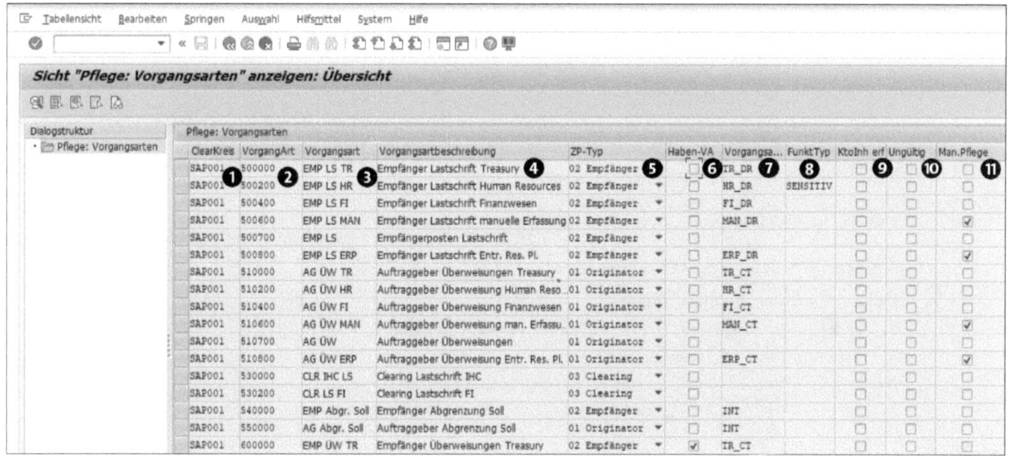

Pflege: Vorgangsarten

ClearKreis	VorgangArt	Vorgangsart	Vorgangsartbeschreibung	ZP-Typ	Haben-VA	Vorgangsa...	FunktTyp	KtoInh erf	Ungültig	Man.Pflege
SAP001 ❶	500000 ❷	EMP LS TR ❸	Empfänger Lastschrift Treasury ❹	02 Empfänger ❺	☐ ❻	TR_DR ❼	❽	☐ ❾	☐ ❿	☐ ⓫
SAP001	500200	EMP LS HR	Empfänger Lastschrift Human Resources	02 Empfänger	☐	HR_DR	SENSITIV	☐	☐	☐
SAP001	500400	EMP LS FI	Empfänger Lastschrift Finanzwesen	02 Empfänger	☐	FI_DR		☐	☐	☐
SAP001	500600	EMP LS MAN	Empfänger Lastschrift manuelle Erfassung	02 Empfänger	☐	MAN_DR		☐	☐	☑
SAP001	500700	EMP LS	Empfängerposten Lastschrift	02 Empfänger	☐			☐	☐	☐
SAP001	500800	EMP LS ERP	Empfänger Lastschrift Entr. Res. Pl.	02 Empfänger	☐	ERP_DR		☐	☐	☑
SAP001	510000	AG ÜW TR	Auftraggeber Überweisungen Treasury	01 Originator	☐	TR_CT		☐	☐	☐
SAP001	510200	AG ÜW HR	Auftraggeber Überweisung Human Reso...	01 Originator	☐	HR_CT		☐	☐	☐
SAP001	510400	AG ÜW FI	Auftraggeber Überweisung Finanzwesen	01 Originator	☐	FI_CT		☐	☐	☐
SAP001	510600	AG ÜW MAN	Auftraggeber Überweisung man. Erfassu...	01 Originator	☐	MAN_CT		☐	☐	☑
SAP001	510700	AG ÜW	Auftraggeber Überweisungen	01 Originator	☐			☐	☐	☐
SAP001	510800	AG ÜW ERP	Auftraggeber Überweisung Entr. Res. Pl.	01 Originator	☐	ERP_CT		☐	☐	☑
SAP001	530000	CLR IHC LS	Clearing Lastschrift IHC	03 Clearing	☐			☐	☐	☐
SAP001	530200	CLR LS FI	Clearing Lastschrift FI	03 Clearing	☐			☐	☐	☐
SAP001	540000	EMP Abgr. Soll	Empfänger Abgrenzung Soll	02 Empfänger	☐	INT		☐	☐	☐
SAP001	550000	AG Abgr. Soll	Auftraggeber Abgrenzung Soll	01 Originator	☐	INT		☐	☐	☐
SAP001	600000	EMP ÜW TR	Empfänger Überweisungen Treasury	02 Empfänger	☑	TR_CT		☐	☐	☐

Abbildung 11.18 Vorgangsarten definieren (Transaktion SPRO)

Wie bei der Pflege der Zahlungsauftragsarten im vorangehenden Abschnitt haben Sie auch bei den Vorgangsarten die Möglichkeit, eine Vorgangsartengruppe für die Anreicherung und Validierung in der Spalte **Vorgangsartengruppe** ❼ oder einen Funktionstyp in der Spalte **FunkTyp** ❽ zuzuordnen, der bei der Anreicherung und Validierung genutzt wird.

Setzen Sie den Haken im Feld **KtoInh erf** ❾, wenn bei dem Zahlungsposten der Kontoinhaber mitgegeben werden muss. Sie setzen den Haken im Feld **Ungültig** ❿ nur in dem Fall, dass die Vorgangsart nicht mehr genutzt werden soll. Setzen Sie den Haken **Man.Pflege** ⓫, falls manuelle Änderungen in den Zahlungsposten eines Zahlauftrags zulässig sein sollen. Dies ist bei den Vorgangsarten, die später den Zahlungsauftragsarten für manuelle Erfassung der Zahlungsaufträge zugeordnet werden, sinnvoll.

Vorgangsarten zu den Auftragsarten zuordnen

Nachdem sowohl die Zahlungsauftragsarten für die Zahlungsaufträge als auch die Vorgangsarten für die Zahlungsposten gepflegt worden sind, müssen sie miteinander verknüpft werden, damit je nach Zahlungsauftragsart des Zahlungsauftrags entsprechende Zahlungsposten mitangelegt werden können. Diese Zuordnung führen Sie über den folgenden Pfad im Einführungsleitfaden durch: **Financial Supply Chain Management • Erweiterte Zahlungsverwaltung • Zahlungsverarbeitung • Geschäftsobjekte • Zahlungsposten • Vorgangsarten zu Auftragsarten zuordnen**.

In Abbildung 11.19 sehen Sie die Zuordnung der Vorgangsarten zu den Zahlungsauftragsarten im Referenz-Clearing-Kreis SAP001. In Ihrem Clearing-Kreis müssen Sie an dieser Stelle ebenfalls die zuvor definierten Zahlungsauftragsarten mit den Vorgangsarten verknüpfen. Tragen Sie die relevanten Zahlungsauftragsart in die Spalte **ZA-Art** ❶ ein.

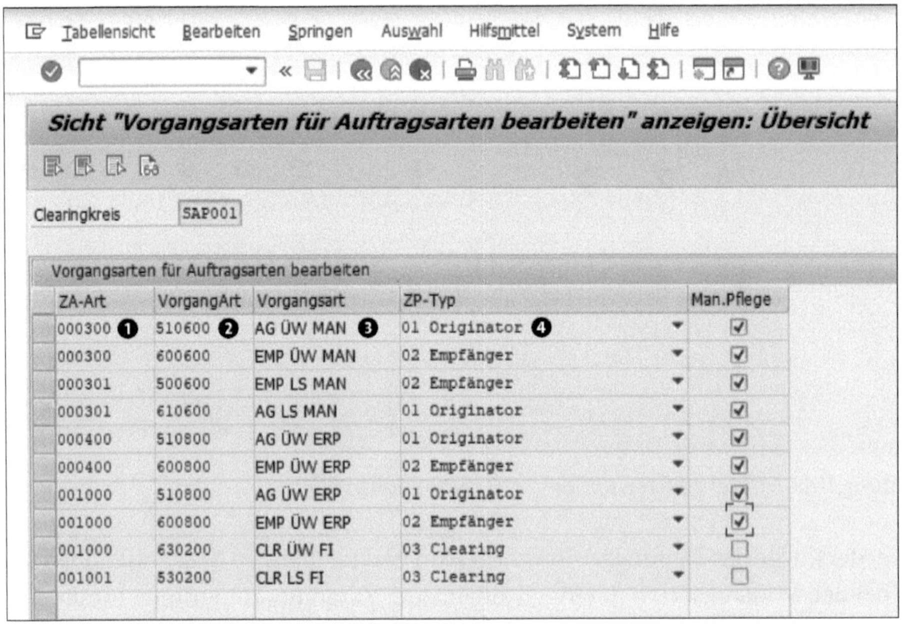

Tabellensicht Bearbeiten Springen Auswahl Hilfsmittel System Hilfe

Sicht "Vorgangsarten für Auftragsarten bearbeiten" anzeigen: Übersicht

Clearingkreis SAP001

Vorgangsarten für Auftragsarten bearbeiten

ZA-Art	VorgangArt	Vorgangsart	ZP-Typ	Man.Pflege
000300 ❶	510600 ❷	AG ÜW MAN ❸	01 Originator ❹	☑
000300	600600	EMP ÜW MAN	02 Empfänger	☑
000301	500600	EMP LS MAN	02 Empfänger	☑
000301	610600	AG LS MAN	01 Originator	☑
000400	510800	AG ÜW ERP	01 Originator	☑
000400	600800	EMP ÜW ERP	02 Empfänger	☑
001000	510800	AG ÜW ERP	01 Originator	☑
001000	600800	EMP ÜW ERP	02 Empfänger	☑
001000	630200	CLR ÜW FI	03 Clearing	☐
001001	530200	CLR LS FI	03 Clearing	☐

Abbildung 11.19 Vorgangsarten den Auftragsarten zuordnen (Transaktion SPRO)

Zu jeder Zahlungsauftragsart ordnen Sie zwei Vorgangsarten für die Sollseite und die Habenseite in der Spalte **VorgangArt** ❷ zu. Die Bezeichnung der Vorgangsart wird automatisch in der Spalte **Vorgangsart** ❸ angezeigt. In der Spalte **ZP-Typ** ❹ wählen Sie den Typ des Zahlungspostens aus der Dropdown-Liste. Wählen Sie den Typ **01 Originator** für den Auftraggeberposten, also die für die Partei, die die Zahlung in Auftrag gibt, erzeugten Zahlungsposten, und den Typ **02 Empfänger** für den Empfängerposten, also einen an die Partei, die die Zahlung empfängt, erzeugten Zahlungsposten.

11.4.2 File Handler für eingehende und ausgehende Zahlungen

Im vorangehenden Abschnitt 11.4.1, »Notwendige Einstellungen beim Import von Zahlungen«, haben wir die Einstellungen beschrieben, die notwendig sind, damit die an die erweiterte Zahlungsverwaltung gelieferten Zahlungen als Zahlungsaufträge in einem bestimmten Clearing-Kreis gespeichert werden können. In diesem Abschnitt erläutern wir die Einstellungen, die für das korrekte Einlesen und Interpretieren der Zahldateien oder Zahlungsnachrichten in unterschiedlichen Formaten erforderlich sind.

Formate definieren

Als Erstes müssen alle Dateiformate festgelegt werden, die an den Input Manager der erweiterten Zahlungsverwaltung geliefert werden und auch die, die für die Übergabe der ausgehenden Zahlungen an die externen Banken im Output Manager verwendet werden.

Überprüfen Sie die in der Standardauslieferung enthaltenen Formate, und legen Sie, wenn notwendig, eigene Formate über den folgenden Pfad im Einführungsleitfaden an: **Financial Supply Chain Management • Erweiterte Zahlungsverwaltung • Externe Schnittstellen • File Handler • Basiskonfiguration • Konverter einrichten • Formate definieren**.

In Abbildung 11.20 sehen Sie die Übersicht der in der Standardauslieferung vorhandenen Formate. Falls Sie ein eigenes Format verwenden wollen, müssen Sie es hinzufügen. An dieser Stelle legen Sie die Formate nur fest; die Verarbeitungseigenschaften für diese Formate werden später ausgeprägt. In die Spalte **Format** ❶ tragen Sie den Formatnamen ein.

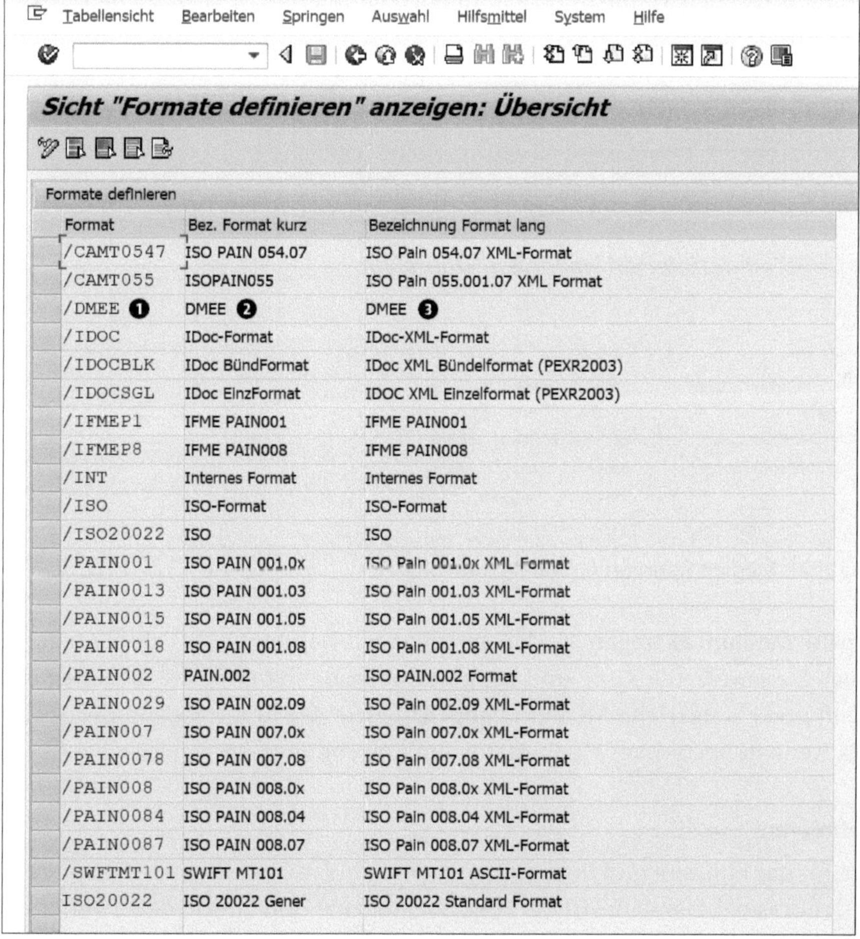
Tabellensicht Bearbeiten Springen Auswahl Hilfsmittel System Hilfe

Sicht "Formate definieren" anzeigen: Übersicht

Formate definieren

Format	Bez. Format kurz	Bezeichnung Format lang
/CAMT0547	ISO PAIN 054.07	ISO Pain 054.07 XML-Format
/CAMT055	ISOPAIN055	ISO Pain 055.001.07 XML Format
/DMEE ❶	DMEE ❷	DMEE ❸
/IDOC	IDoc-Format	IDoc-XML-Format
/IDOCBLK	IDoc BündFormat	IDoc XML Bündelformat (PEXR2003)
/IDOCSGL	IDoc EinzFormat	IDOC XML Einzelformat (PEXR2003)
/IFMEP1	IFME PAIN001	IFME PAIN001
/IFMEP8	IFME PAIN008	IFME PAIN008
/INT	Internes Format	Internes Format
/ISO	ISO-Format	ISO-Format
/ISO20022	ISO	ISO
/PAIN001	ISO PAIN 001.0x	ISO Pain 001.0x XML Format
/PAIN0013	ISO PAIN 001.03	ISO Pain 001.03 XML-Format
/PAIN0015	ISO PAIN 001.05	ISO Pain 001.05 XML-Format
/PAIN0018	ISO PAIN 001.08	ISO Pain 001.08 XML-Format
/PAIN002	PAIN.002	ISO PAIN.002 Format
/PAIN0029	ISO PAIN 002.09	ISO Pain 002.09 XML-Format
/PAIN007	ISO PAIN 007.0x	ISO Pain 007.0x XML-Format
/PAIN0078	ISO PAIN 007.08	ISO Pain 007.08 XML-Format
/PAIN008	ISO PAIN 008.0x	ISO Pain 008.0x XML-Format
/PAIN0084	ISO PAIN 008.04	ISO Pain 008.04 XML-Format
/PAIN0087	ISO PAIN 008.07	ISO Pain 008.07 XML-Format
/SWFTMT101	SWIFT MT101	SWIFT MT101 ASCII-Format
ISO20022	ISO 20022 Gener	ISO 20022 Standard Format

Abbildung 11.20 Formate definieren (Transaktion SPRO)

In der Spalte **Bez.Format kurz** ❷ und in der Spalte **Bezeichnung Format lang** ❸ pflegen Sie jeweils die Kurz- und die Langbeschreibung für dieses Format.

Medien definieren

Ein zweiter Parameter neben der Formatdefinition, der beim Importieren und Interpretieren der Dateien in der erweiterten Zahlungsverwaltung eine Rolle spielt, ist ein sogenanntes *Medium*. Das Medium beschreibt die Art und Weise, wie die Zahlung an den Input Manager übergeben wird.

Sie können vorhandene Definitionen der Medien überprüfen und eigene Medien über den folgenden Pfad im Einführungsleitfaden anlegen: **Financial Supply Chain Management • Erweiterte Zahlungsverwaltung • Externe Schnittstellen • File Handler • Basiskonfiguration • Konverter einrichten • Medien definieren**.

In Abbildung 11.21 sehen Sie die Übersicht mit den definierten Medien, zu denen u. a. die Dateien auf dem Anwendungsserver, die Dateien im lokalen Verzeichnis, gesendete IDocs, oder aber Zahlungen, die über den MBC-Konnektor geliefert wurden, gehören. Falls Sie weitere Medien benötigen, können Sie sie an dieser Stelle anlegen.

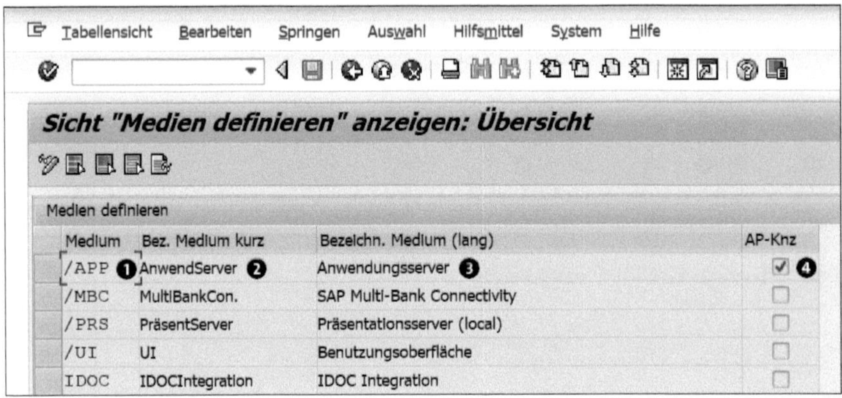

Abbildung 11.21 Medien definieren (Transaktion SPRO)

Im die Spalte **Medium** ❶ tragen Sie den sprechenden Namen für das neue Medium ein. Pflegen Sie jeweils die Kurz- und Langbeschreibung in der Spalte **Bez. Medium kurz** ❷ und im Feld **Bezeichn.Medium (lang)** ❸. Setzen Sie den Haken in der Spalte **AP-Knz** ❹, wenn es bei diesem Medium um den Anwendungsserver geht.

Kanal definieren

Der dritte für das Einlesen und Interpretieren der Zahldateien mitentscheidende Parameter ist ein Kanal. Der Kanal ist der Weg, über den die Zahldatei in der erweiterten Zahlungsverwaltung ankommt oder die erweiterte Zahlungsverwaltung verlässt. Auch die sendende Anwendung wird als Kanal verstanden.

Sie definieren die Kanäle in dem relevanten Clearing-Kreis über den folgenden Pfad im Einführungsleitfaden: **Financial Supply Chain Management • Erweiterte Zahlungsverwaltung • Externe Schnittstellen • File Handler • Basiskonfiguration • Konverter einrichten • Absendende Anwendungen definieren**.

In Abbildung 11.22 sehen Sie die dem Referenz-Clearing-Kreis SAP001 zugeordneten Kanäle. Solche Kanäle sind für die Zahldateien aus verschiedenen Anwendungen, wie z. B. Zahldateien aus dem HR-System, Zahlungen von Tochtergesellschaften oder auch einfach für Zahlungen aus dem Finanzwesen vorgesehen.

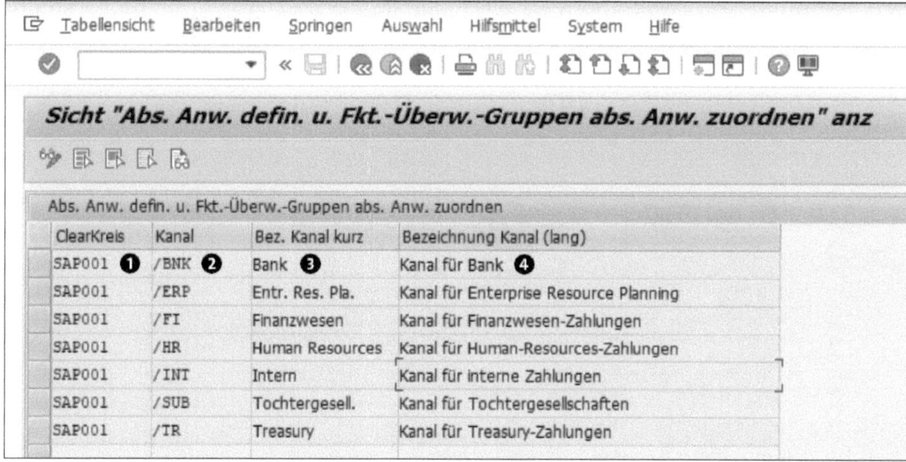

ClearKreis	Kanal	Bez. Kanal kurz	Bezeichnung Kanal (lang)
SAP001 ❶	/BNK ❷	Bank ❸	Kanal für Bank ❹
SAP001	/ERP	Entr. Res. Pla.	Kanal für Enterprise Resource Planning
SAP001	/FI	Finanzwesen	Kanal für Finanzwesen-Zahlungen
SAP001	/HR	Human Resources	Kanal für Human-Resources-Zahlungen
SAP001	/INT	Intern	Kanal für interne Zahlungen
SAP001	/SUB	Tochtergesell.	Kanal für Tochtergesellschaften
SAP001	/TR	Treasury	Kanal für Treasury-Zahlungen

Abbildung 11.22 Kanal definieren (Transaktion SPRO)

In die Spalte **ClearKreis** ❶ tragen Sie den relevanten Clearing-Kreis ein. In der Spalte **Kanal** ❷ definieren Sie den sprechenden Kanalnamen. In der Spalte **Bez.Kanal kurz** ❸ und in der Spalte **Bezeichnung Kanal (lang)** ❹ pflegen Sie jeweils die Kurz- und die Langbeschreibung für den neuen Kanal.

Konverter einrichten

Die definierten Parameter **Format**, **Medium** und **Kanal** sind Voraussetzungen, um den sogenannten *Konverter* zu definieren. Ein Konverter ist eine Zusammenfassung von Regeln, die für das korrekte Einlesen und Interpretieren der eingehenden Dateien oder für die Aufbereitung der ausgehenden Dateien in der erweiterten Zahlungsverwaltung verwendet werden. Bei der Definition der Konverter an dieser Stelle müssen Sie sich vorher überlegen, welche Zahldateien in der erweiterten Zahlungsverwaltung verarbeitet werden, auf welchem Weg diese Dateien die erweiterte Zahlungsverwaltung erreichen und an welche Anwendungen und in welchem Format die Dateien, die die erweiterte Zahlungsverwaltung verlassen, übergeben werden.

Sie richten die relevanten Konverter über den folgenden Pfad im Einführungsleitfaden ein: **Financial Supply Chain Management • Erweiterte Zahlungsverwaltung • Externe Schnittstellen • File Handler • Basiskonfiguration • Konverter einrichten • Konverter definieren**.

In der Standardauslieferung sind die Konvertierungen für die meisten Zahlungsformate schon vorhanden. Überprüfen Sie, ob Sie die vorhandenen Konverter für Ihre Prozesse übernehmen können.

In Abbildung 11.23 sehen Sie unterschiedliche Konverter, die aus der Kombination aus Kanal, Medium, Format und Richtung der Zahldateien abgeleitet sind. In die Spalte **Kanal** ❶ tragen Sie den relevanten Kanal ein.

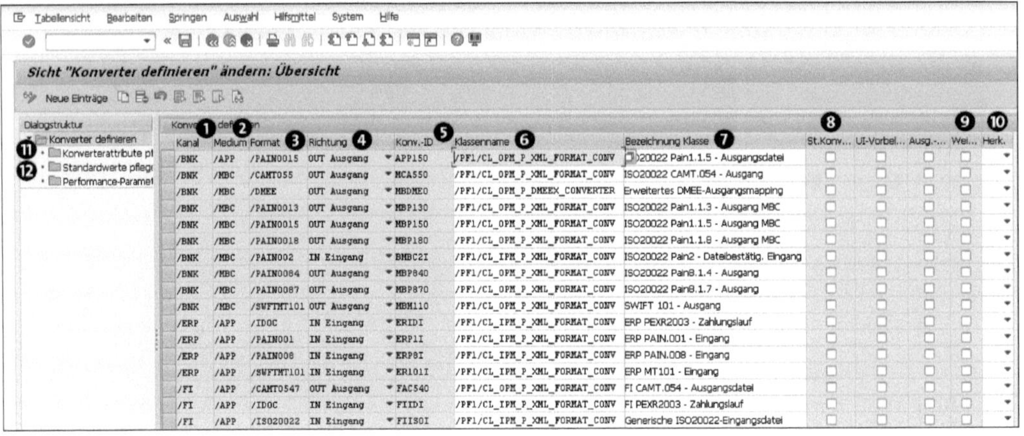

Abbildung 11.23 Konverter definieren (Transaktion SPRO)

In der Spalte **Medium** ❷ wählen Sie das Datenmedium, das bei diesem Kanal verwendet wird. In die Spalte **Format** ❸ tragen Sie das Zahlungsformat ein, in dem die Dateien an den Input Manager angeliefert oder aus dem Output Manager an weitere Anwendungen übergeben werden sollen.

In der Spalte **Richtung** ❹ wählen Sie aus der Dropdown-Liste die Richtung der Zahldateien aus der Sicht der erweiterten Zahlungsverwaltung. Wählen Sie den Wert »IN Eingang« für die Dateien, die an den Input Manager geschickt werden und den Wert »OUT Ausgang« für die Dateien, die im Output Manager generiert werden und weitergeschickt werden sollen. In die Spalte **Konv.-ID** ❺ tragen Sie den gewünschten Namen für den Konverter ein. In der Spalte **Klassenname** ❻ wählen Sie die relevante Klasse für die entsprechende Konvertierung der Datei.

Die Bezeichnung der Klasse in der Spalte **Bezeichnung Klasse** ❼ wird automatisch abgeleitet. Sie können für einen der Einträge den Haken im Feld **St.Konv-ID** ❽ setzen; dieser Konverter wird dann in allen Fällen gezogen, in denen kein anderer Konverter, basierend auf dem gelieferten Kanal, dem Format und dem Medium abgeleitet werden konnte. Setzen Sie den Haken **Weiterlei.** ❾, falls die Validierung der XML-Dateien entgegen der entsprechenden XSD-Definition nicht stattfinden soll. Für die IDoc-Konverter ist die Spalte **Herk.** ❿ relevant. Tragen Sie in dieses Feld den Wert »Lokal« ein, falls die importierten IDocs auf demselben logischen System generiert werden. In diesem Fall wird die Vollständigkeit der IDocs, basierend auf dem mitgelieferten Referenz-IDoc, mit der logischen Nachricht EUPEXR, überprüft.

Konverterklassen

Lesen Sie die [F1]-Hilfe zum Feld **Klassenname**. Ihnen stehen mehrere Klassen je nach Dateirichtung zur Verfügung. Die Klassen für eingehende Dateien müssen das Interface /PF1/IF_IPM_XFORMAT_CONVERTER implementieren. Die Klassen für ausgehende Dateien müssen, basierend auf der Klasse /PF1/IF_IPM_XFORMAT_CONVERTER, angelegt werden. Allerdings brauchen Sie eigene Klassen nur für spezifische Zahlungsformate. Für alle gängigen Formate nutzen Sie die in der Standardauslieferung schon implementierten Klassen.

Markieren Sie einen Eintrag in Abbildung 11.23, und führen Sie einen Doppelklick auf dem Ordner **Konverterattribute** ⓫ pflegen aus.

In Abbildung 11.24 sehen Sie das Übersichtsbild für die Pflege der Konverterattribute. An dieser Stelle müssen Sie für ausgehende Dateien die Namen der zuvor in Transaktion FILE definierten logischen Pfade und logischen Dateien eintragen.

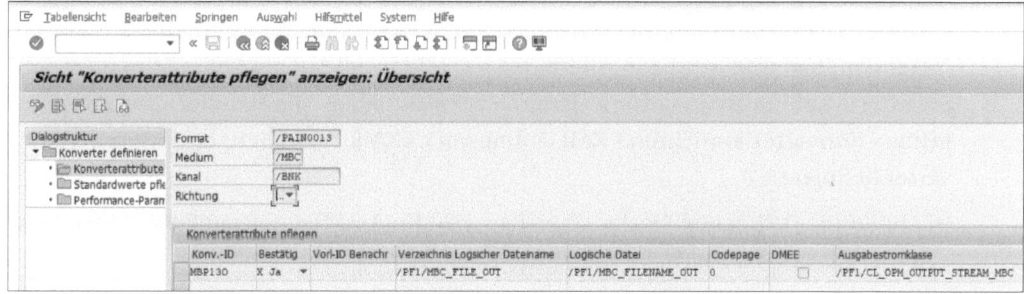

Abbildung 11.24 Konverter Attribute definieren (Transaktion SPRO)

Führen Sie einen Doppelklick auf dem Ordner **Standardwerte pflegen** ⓬ in Abbildung 11.23 aus, um dem angelegten Konverter einige Default-Werte zuzuweisen.

In Abbildung 11.25 sehen Sie das Übersichtsbild für die Zuweisung der Standardwerte zu einem Konverter. Sie sehen den zuvor ausgewählten Konverter im Feld **Konverter-ID** ❶, den Sie in diesem Bild nicht ändern können. Die Felder **Kanal** ❷, **Medium** ❸, **Format** ❹ und **Richtung** ❺ sind ebenfalls nicht änderbar und wurden aus dem ausgewählten Konverter übernommen.

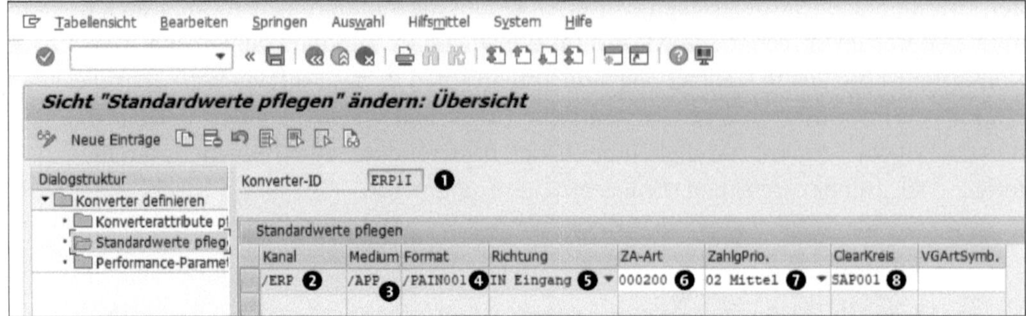

Abbildung 11.25 Standardwerte für einen Konverter pflegen (Transaktion SPRO)

Sie können an dieser Stelle eine Zahlungsauftragsart in der Spalte **ZA-Art** ❻ zuordnen, die für die Zahlungseinträge, bei denen der entsprechende Konverter abgeleitet wurde, gezogen wird. In der Spalte **ZahlgPrio.** ❼ können Sie den Zahlungsaufträgen, die über diesen Konverter laufen, einen höheren oder niedrigeren Prioritätsstatus zuordnen, damit sie in der erweiterten Zahlungsverwaltung entsprechend verarbeitet werden können. Weisen Sie den relevanten Clearing-Kreis, in dem der Konverter verwendet wird und in dem die zugeordnete Zahlungsauftragsart angelegt wurde, im Feld **ClearKreis** ❽ zu.

XML-Konverter einrichten

Für die Verarbeitung der Dateien im XML-Format müssen Sie zusätzliche XML-Konverterattribute zuordnen. Die entsprechenden Einstellungen nehmen Sie über den folgenden Pfad im Einführungsleitfaden vor: **Financial Supply Chain Management • Erweiterte Zahlungsverwaltung • Externe Schnittstellen • File Handler • Basiskonfiguration • Konverter einrichten • XML-Framework • XML-Einstellungen für Formatkonverter definieren**.

In Abbildung 11.26 sehen Sie das Übersichtsbild für die Pflege zusätzlicher Einstellungen im Falle von zu bearbeitenden XML-Dateien.

Sicht "XML-Konverterattribute" ändern: Übersicht

Format ❶	Medium ❷	Kanal ❸	Rich... ❹	Konv.-ID ❺	Klassenname ❻	XML-Konverterpaket ❼	Nachrichtenidentifikat... ❽	XML-Nachrichtenidentifi... ❾	Validier. ❿	FH DB ⓫
/PAIN0013	/MBC	/BNK	OUT	MBP130	/PF1/CL_OPM_P_XML_FORMAT_CONV	/PF1/FH_CONVERTER_XML_ISO_OPM	/ISO_PAIN.001.001.03	/ISO_PAIN.001.001.03	Vollständige Validierung	☑
/PAIN0015	/APP	/BNK	OUT	APP150	/PF1/CL_OPM_P_XML_FORMAT_CONV	/PF1/FH_CONVERTER_XML_ISO_OPM	/ISO_PAIN.001.001.05	/ISO_PAIN.001.001.05	Vollständige Validierung	☑
/PAIN0015	/MBC	/BNK	OUT	MBP150	/PF1/CL_OPM_P_XML_FORMAT_CONV	/PF1/FH_CONVERTER_XML_ISO_OPM	/ISO_PAIN.001.001.05	/ISO_PAIN.001.001.05	Vollständige Validierung	☑
/PAIN0018	/MBC	/BNK	OUT	MBP180	/PF1/CL_OPM_P_XML_FORMAT_CONV	/PF1/FH_CONVERTER_XML_ISO_OPM	/ISO_PAIN.001.001.08	/ISO_PAIN.001.001.08	Vollständige Validierung	☑
/PAIN002	/MBC	/BNK	IN	BMBC2I	/PF1/CL_IPM_P_XML_FORMAT_CONV	/PF1/FH_CONVERTER_XML_ISO_IPM			Vollständige Validierung	☑
/PAIN0029	/MBC	/SUB	OUT	SMP290	/PF1/CL_OPM_P_XML_FORMAT_CONV	/PF1/FH_CONVERTER_XML_ISO_OPM	/ISO_PAIN.002.001.09	/ISO_PAIN.002.001.09	Vollständige Validierung	☑
/PAIN008	/APP	/ERP	IN	ERP8I	/PF1/CL_IPM_P_XML_FORMAT_CONV	/PF1/FH_CONVERTER_XML_ISO_IPM			Vollständige Validierung	☑
/PAIN008	/APP	/FI	IN	FIP8I	/PF1/CL_IPM_P_XML_FORMAT_CONV	/PF1/FH_CONVERTER_XML_ISO_IPM			Vollständige Validierung	☑
/PAIN008	/APP	/FICA..	IN	BKIN4	/PF1/CL_IPM_P_XML_FORMAT_CONV	/PF1/FH_CONVERTER_XML_ISO_IPM	/ISO_PAIN.008.001.02	/ISO_PAIN.008.001.02	X Validierung deaktivieren	☐

Abbildung 11.26 XML-Einstellungen für Formatkonverter definieren (Transaktion SPRO)

Wenn Sie neue Einträge anlegen, müssen Sie die Kombination aus den Feldern **Format** ❶, **Medium** ❷, **Kanal** ❸ und **Richtung** ❹ eingeben. Basierend auf diesen Daten werden automatisch der passende Konverter in das Feld **Konverter-ID** ❺ und die Klasse in das Feld **Klassenname** ❻ übernommen. Als Nächstes ordnen Sie das passende XML-Konverterpaket im Feld **XML-Konverterpaket** ❼ zu.

[«]

XML-Konverterpakete

In der Standardauslieferung sind die XML-Konverterpakete für die Verarbeitung eingehender und ausgehender Zahlungsaufträge schon vorhanden. Nutzen Sie eigene Konverterpakete nur für den Fall spezieller Anforderungen, die mit den SAP-XML-Konvertern nicht abgedeckt sind.

Der SAP-XML-Konverter für eingehende Dateien ist `/PF1/FH_CONVERTER_XML_ISO_IPM`, und der SAP-XML-Konverter für ausgehende Dateien ist `/PF1/FH_CONVERTER_XML_ISO_OPM`.

In der Spalte **Nachrichtenidentifikat.f.XML-Konverter** ❽ wählen Sie eine der passenden XML-Nachrichtenidentifikationen, die für alle gängigen ISO20022-Nachrichten in der Standardauslieferung vorhanden sind. Falls Sie möchten, dass die XML-Dateien, die mit diesem Konverter verarbeitet werden, gegen eine sogenannte XSD-Schemadefinition geprobt werden, müssen Sie in der Spalte **XML-Nachrichtenidentifikator** ❾ die passende XSD-Schemadefinition auswählen. Im Feld **Validier.** ❿ wählen Sie aus der Dropdown-Liste, ob und wie die Verprobung gegen die XSD-Schemadefinition stattfinden soll. Sie können entweder die Validierung komplett deaktivieren, nur den Aufbau der zu verarbeitenden Datei oder den Aufbau und die Kontrollsummen überprüfen. Setzen Sie den Haken in der Spalte **FH DB** ⓫, um bei der eingehenden oder ausgehenden Konvertierungen den Zugriff auf den File Handler zu ermöglichen.

[«]

XSD-Schemadefinition

In einer *XSD-Schemadefinition* ist die Struktur für XML-Dateien zusammengefasst. Die einzelnen Knoten und Felder mit deren Eigenschaften sind in der richtigen Reihenfolge strukturiert. Die XSD-Schemadefinition kann verwendet werden, um den Aufbau der XML-Dateien auf Richtigkeit hin zu prüfen. Solche XSD-Schemata können Sie in Transaktion /PF1/XSD anschauen und sogar eine Testvalidierung laufen lassen. In dieser Transaktion sind die XSD-Schemas für alle üblichen XML-Formate vorhanden.

11.4.3 Formatspezifische Konfiguration

Zusätzlich zu den allgemeinen Einstellungen für den File Handler gibt es noch einige Einstellungen, die in Abhängigkeit der relevanten Formate der eingehenden und ausgehenden Dateien vorgenommen werden müssen.

Zahlungen mit Zahlungs-IDocs

Wenn die Zahlungen in Form von Zahlungs-IDocs an die erweiterte Zahlungsverwaltung geschickt werden, um z. B. in SAP In-House Cash verarbeitet zu werden, müssen Sie den relevanten IDoc-Typen den entsprechenden Konverter zuordnen.

Diese Zuordnung nehmen Sie über den folgenden Pfad im Einführungsleitfaden vor: **Financial Supply Chain Management • Erweiterte Zahlungsverwaltung • Externe Schnittstellen • File Handler • Formatspezifische Konfiguration • IDOC PEXR2003 • Konverter-ID zu Eingangs-IDOC zuordnen**.

In Abbildung 11.27 sehen Sie das Übersichtsbild für die Ableitung des Konverters, basierend auf den IDoc-Basistypen. In die Spalte **Basistyp** ❶ tragen Sie den Basistyp »IDCREF01« für das Sammelzahlungs-IDoc und den Basistyp »PEXR2003« für das Einzelzahlungs-IDoc ein.

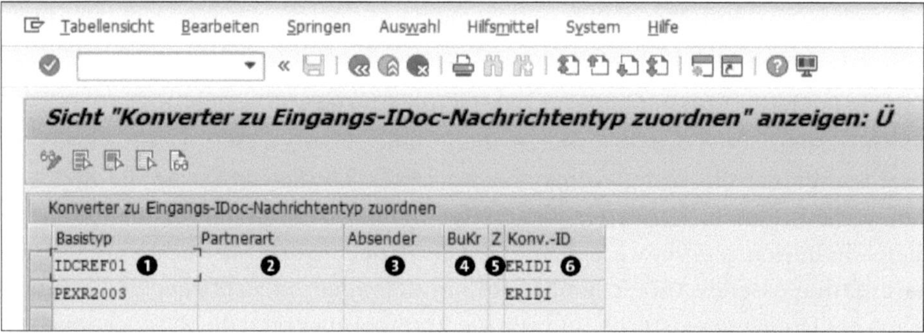

Abbildung 11.27 Konverter-ID zum Eingangs-IDoc zuordnen (Transaktion SPRO)

Sie können zusätzlich die Felder **Partnerart** ❷ mit der Partnerart des logischen Systems, **Absender** ❸ mit dem Namen des absenden logischen Systems, **Bukr** ❹ mit dem Buchungskreis der Gesellschaft und **Z** ❺ mit einem Zahlweg befüllen, falls Sie mehrere Konverter einem IDoc-Typ zuordnen müssen. Wählen Sie den zuvor definierten Konverter in der Spalte **Konv-ID** ❻.

Übergabe der IDocs an die erweiterte Zahlungsverwaltung

Wenn die Gesellschaften die IDocs mit den Zahlungen an die zentrale Einheit schicken, muss in den Einstellungen der zentralen Einheit eindeutig definiert werden, wie die IDocs verarbeitet werden sollen. Damit die IDocs beim Eingang in dem zentralen System an die erweiterte Zahlungsverwaltung übermittelt werden, müssen Sie den relevanten IDoc-Basistypen den passenden Prozesscode in den EDI-Partnervereinbarungen zuordnen.

Diese Zuordnung nehmen Sie in Transaktion WE20 vor. Verwenden Sie die folgende Zuordnung:

- Logische Nachricht PAYEXT -> Prozesscode /PF1/PEXR200X_ORDER
- Logische Nachricht DIRDEB -> Prozesscode /PF1/PEXR200X_ORDER
- Logische Nachricht EUPEXR -> Prozesscode /PF1/IDCREF01_HEADER

Zahlungen im ISO20022-XML-Format

Für Zahlungen in einem der ISO20022-XML-Formate werden die Zahlungsauftragsart und die Zahlungsauftragspriorität für die Zahlungsauftragsarten innerhalb eines Clearing-Kreises gepflegt.

Sie können z. B. eine höhere Priorität für die Zahlungsaufträge mit hohen Transaktionsbeträgen vergeben und dadurch dafür sorgen, dass diese Aufträge schneller ausgeführt werden.

Sie definieren die Priorität für bestimmte XML-Zahlungen über den folgenden Pfad im Einführungsleitfaden: **Financial Supply Chain Management • Erweiterte Zahlungsverwaltung • Externe Schnittstellen • File Handler • Formatspezifische Konfiguration • ISO20022 • Zahlungsauftragspriorität bestimmen.**

In Abbildung 11.28 sehen Sie die Ermittlung der Zahlungsauftragspriorität im Referenz-Clearing-Kreis SAP001, basierend auf der Zahlungsauftragsart und der Kombination des Formats, des Mediums und des Kanals. Tragen Sie den relevanten Clearing-Kreis in die Spalte **ClearKreis** ❶ ein, und wählen Sie die passende Zahlungsauftragsart in der Spalte **ZA-Art** ❷.

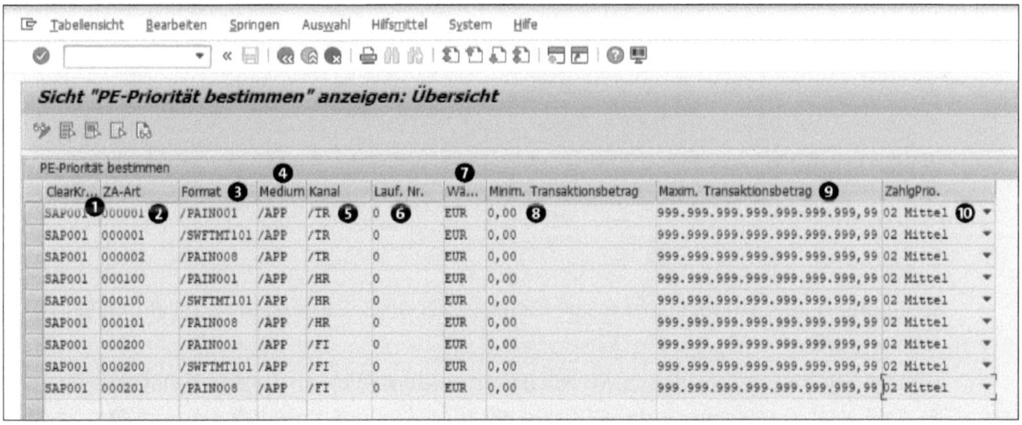

Tabellensicht Bearbeiten Springen Auswahl Hilfsmittel System Hilfe

Sicht "PE-Priorität bestimmen" anzeigen: Übersicht

PE-Priorität bestimmen

ClearKr... ❶	ZA-Art ❷	Format ❸	Medium ❹	Kanal ❺	Lauf. Nr. ❻	Wä... ❼	Minim. Transaktionsbetrag ❽	Maxim. Transaktionsbetrag ❾	ZahlgPrio. ❿
SAP001	000001	/PAIN001	/APP	/TR	0	EUR	0,00	999.999.999.999.999.999.999,99	02 Mittel
SAP001	000001	/SWFTMT101	/APP	/TR	0	EUR	0,00	999.999.999.999.999.999.999,99	02 Mittel
SAP001	000002	/PAIN008	/APP	/TR	0	EUR	0,00	999.999.999.999.999.999.999,99	02 Mittel
SAP001	000100	/PAIN001	/APP	/HR	0	EUR	0,00	999.999.999.999.999.999.999,99	02 Mittel
SAP001	000100	/SWFTMT101	/APP	/HR	0	EUR	0,00	999.999.999.999.999.999.999,99	02 Mittel
SAP001	000101	/PAIN008	/APP	/HR	0	EUR	0,00	999.999.999.999.999.999.999,99	02 Mittel
SAP001	000200	/PAIN001	/APP	/FI	0	EUR	0,00	999.999.999.999.999.999.999,99	02 Mittel
SAP001	000200	/SWFTMT101	/APP	/FI	0	EUR	0,00	999.999.999.999.999.999.999,99	02 Mittel
SAP001	000201	/PAIN008	/APP	/FI	0	EUR	0,00	999.999.999.999.999.999.999,99	02 Mittel

Abbildung 11.28 Zahlungsauftragspriorität für ISO20022-XML-Zahlungen (Transaktion SPRO)

Pflegen Sie das Format im Feld **Format** ❸, das Medium im Feld **Medium** ❹ und den Kanal im Feld **Kanal** ❺. Sie können die Prioritäten des Zahlungsauftrags, basierend auf verschiedenen Betragsintervallen, ermitteln. In diesem Fall müssen Sie für den Eintrag eine Nummer in der Spalte **Lauf.Nr** ❻ vergeben, die Währung in der Spalte **Währ** ❼, die untere Betragsgrenze in der Spalte **Minim.Transaktionsbetrag** ❽ und die obere Betragsgrenze in der Spalte **Maxim.Transaktionsbetrag** ❾ angeben. Anschließend ordnen Sie die gewünschte Zahlungsauftragspriorität im Feld **ZahlgPrio.** ❿ zu.

Im nächsten Schritt ordnen Sie die gewünschte Zahlungsauftragsart dem XML-Nachrichtenidentifikator über den folgenden Pfad im Einführungsleitfaden zu: **Financial Supply Chain Management • Erweiterte Zahlungsverwaltung • Externe Schnittstellen • File Handler • Formatspezifische Konfiguration • ISO20022 • Zahlungsauftragsart bestimmen**.

In Abbildung 11.29 sehen Sie die Ableitung der Zahlungsauftragsarten, basierend auf dem XML-Nachrichtenidentifikator und der Kombination aus Kanal, Format und Medium für den Referenz-Clearing-Kreis SAP001. Tragen Sie den relevanten Clearing-Kreis in die Spalte **ClearKreis** ❶ ein.

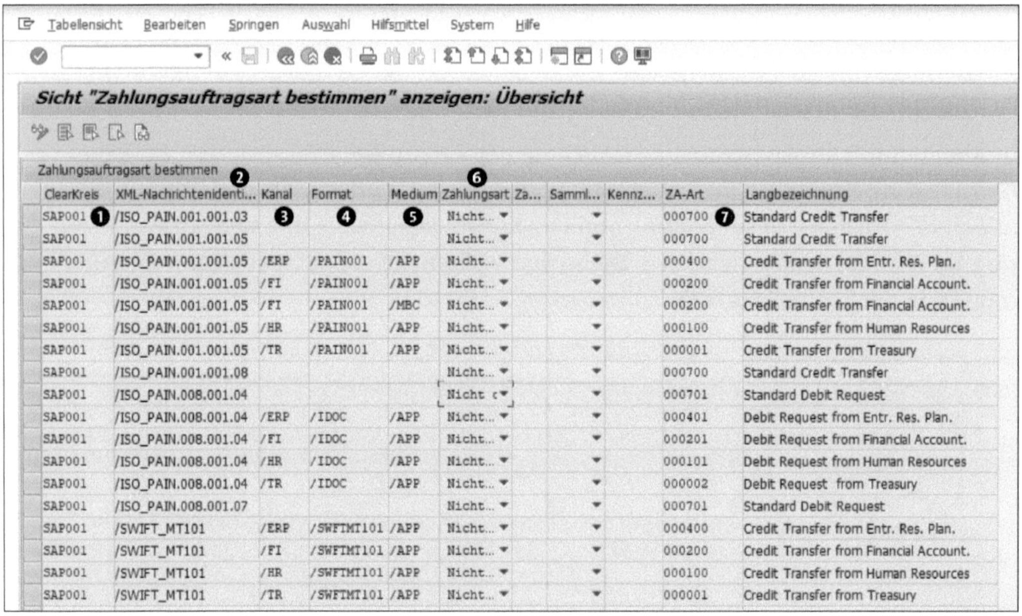

Tabellensicht Bearbeiten Springen Auswahl Hilfsmittel System Hilfe

Sicht "Zahlungsauftragsart bestimmen" anzeigen: Übersicht

Zahlungsauftragsart bestimmen

ClearKreis	XML-Nachrichtenidenti... ❷	Kanal	Format	Medium	Zahlungsart ❻	Za...	Samml...	Kennz...	ZA-Art	Langbezeichnung
SAP001 ❶	/ISO_PAIN.001.001.03	❸	❹	❺	Nicht...				000700 ❼	Standard Credit Transfer
SAP001	/ISO_PAIN.001.001.05				Nicht...				000700	Standard Credit Transfer
SAP001	/ISO_PAIN.001.001.05	/ERP	/PAIN001	/APP	Nicht...				000400	Credit Transfer from Entr. Res. Plan.
SAP001	/ISO_PAIN.001.001.05	/FI	/PAIN001	/APP	Nicht...				000200	Credit Transfer from Financial Account.
SAP001	/ISO_PAIN.001.001.05	/FI	/PAIN001	/MBC	Nicht...				000200	Credit Transfer from Financial Account.
SAP001	/ISO_PAIN.001.001.05	/HR	/PAIN001	/APP	Nicht...				000100	Credit Transfer from Human Resources
SAP001	/ISO_PAIN.001.001.05	/TR	/PAIN001	/APP	Nicht...				000001	Credit Transfer from Treasury
SAP001	/ISO_PAIN.001.001.08				Nicht...				000700	Standard Credit Transfer
SAP001	/ISO_PAIN.008.001.04				Nicht c				000701	Standard Debit Request
SAP001	/ISO_PAIN.008.001.04	/ERP	/IDOC	/APP	Nicht...				000401	Debit Request from Entr. Res. Plan.
SAP001	/ISO_PAIN.008.001.04	/FI	/IDOC	/APP	Nicht...				000201	Debit Request from Financial Account.
SAP001	/ISO_PAIN.008.001.04	/HR	/IDOC	/APP	Nicht...				000101	Debit Request from Human Resources
SAP001	/ISO_PAIN.008.001.04	/TR	/IDOC	/APP	Nicht...				000002	Debit Request from Treasury
SAP001	/ISO_PAIN.008.001.07				Nicht...				000701	Standard Debit Request
SAP001	/SWIFT_MT101	/ERP	/SWFTMT101	/APP	Nicht...				000400	Credit Transfer from Entr. Res. Plan.
SAP001	/SWIFT_MT101	/FI	/SWFTMT101	/APP	Nicht...				000200	Credit Transfer from Financial Account.
SAP001	/SWIFT_MT101	/HR	/SWFTMT101	/APP	Nicht...				000100	Credit Transfer from Human Resources
SAP001	/SWIFT_MT101	/TR	/SWFTMT101	/APP	Nicht...				000001	Credit Transfer from Treasury

Abbildung 11.29 Zahlungsauftragsart für ISO20022-XML-Zahlungen (Transaktion SPRO)

Wählen Sie den passenden XML-Nachrichtenidentifikator für das ISO20022-Format im Feld **XML-Nachrichtenidentifikator** ❷. In die Felder **Kanal** ❸, **Format** ❹ und **Medium** ❺ können Sie zusätzlich den Kanal, das Format und das Medium eintragen, wenn für das entsprechende ISO20022-Format mehr als eine Zahlungsauftragsart relevant ist. Nutzen Sie das Feld ❻ **Zahlungsart**, um die Art der Zahlung, wie Scheck, Überweisung oder Lastschrift, mitzugeben. Anschließend ordnen Sie die passende Zahlungsauftragsart dem XML-Format im Feld **ZA-Art** ❼ zu.

Nachdem Sie den ISO20022-Formaten die Zahlungsauftragsarten zugeordnet haben, müssen Sie diesen Zahlungsauftragsarten die Vorgangsarten für die Erzeugung der Zahlungsposten zu den Zahlungsauftragsarten zuweisen. Folgen Sie dazu dem folgenden Pfad im Einführungsleitfaden: **Financial Supply Chain Management • Erweiterte Zahlungsverwaltung • Externe Schnittstellen • File Handler • Formatspezifische Konfiguration • ISO20022 • Vorgangsart des Postens bestimmen**.

In Abbildung 11.30 sehen Sie die Ermittlung der Vorgangsarten im Referenz-Clearing-Kreis SAP001, basierend auf den Zahlungsauftragsarten. Tragen Sie den relevanten Clearing-Kreis in die Spalte **ClearKreis** ❶ ein.

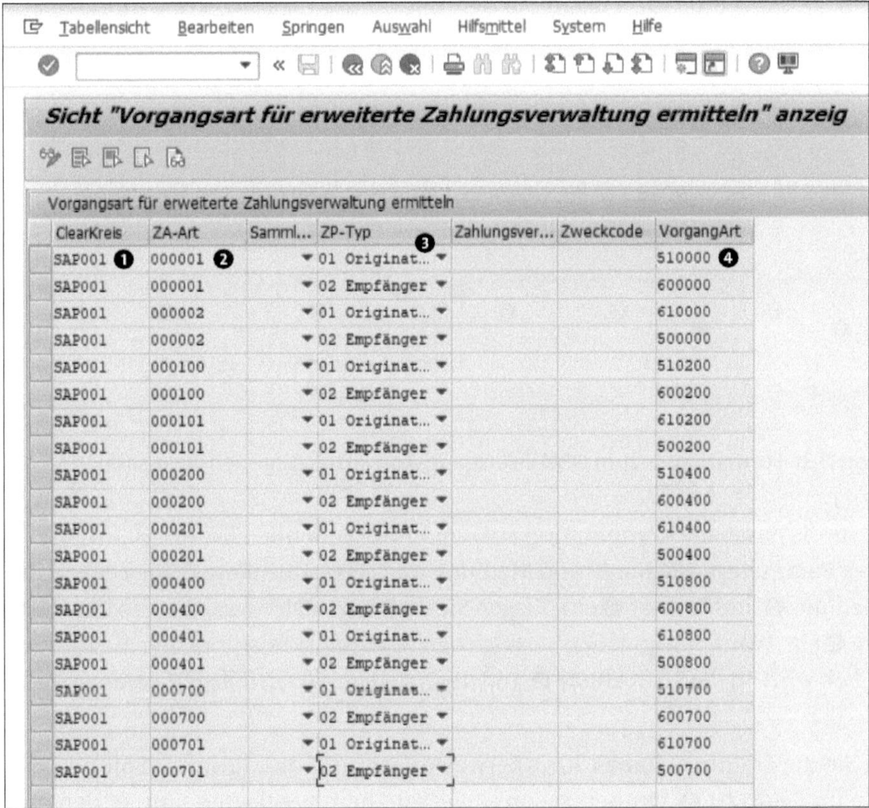

ClearKreis	ZA-Art	Samml...	ZP-Typ ❸	Zahlungsver...	Zweckcode	VorgangArt
SAP001 ❶	000001 ❷		01 Originat...			510000 ❹
SAP001	000001		02 Empfänger			600000
SAP001	000002		01 Originat...			610000
SAP001	000002		02 Empfänger			500000
SAP001	000100		01 Originat...			510200
SAP001	000100		02 Empfänger			600200
SAP001	000101		01 Originat...			610200
SAP001	000101		02 Empfänger			500200
SAP001	000200		01 Originat...			510400
SAP001	000200		02 Empfänger			600400
SAP001	000201		01 Originat...			610400
SAP001	000201		02 Empfänger			500400
SAP001	000400		01 Originat...			510800
SAP001	000400		02 Empfänger			600800
SAP001	000401		01 Originat...			610800
SAP001	000401		02 Empfänger			500800
SAP001	000700		01 Originat...			510700
SAP001	000700		02 Empfänger			600700
SAP001	000701		01 Originat...			610700
SAP001	000701		02 Empfänger			500700

Abbildung 11.30 Vorgangsart des Postens bestimmen (Transaktion SPRO)

Wählen Sie die relevanten Zahlungsauftragsarten in der Spalte **ZA-Art** ❷. Legen Sie zwei Einträge pro Zahlungsauftragsart, den einen Eintrag mit dem Zahlungspostentyp **01 Originator** und den zweiten Eintrag mit dem Zahlungspostentyp **02 Empfänger** in der Spalte **ZP-Typ** ❸ an. Ordnen Sie jedem Eintrag die entsprechende Vorgangsart, die im Zahlungsposten verwendet werden soll, in der Spalte **VorgangArt** ❹ zu.

DMEE-Einstellungen für ausgehende Zahlungen

Für die Abwicklung der ausgehenden Zahlungsaufträge und die Erzeugung der Zahldateien müssen die Zahlungsformatbäume entsprechend definiert werden. Diese Einstellung nehmen Sie über den folgenden Pfad im Einführungsleitfaden vor: **Financial Supply Chain Management • Erweiterte Zahlungsverwaltung • Externe Schnittstellen • File Handler • Formatspezifische Konfiguration • DMEE – generisches Ausgangsformat • Formatbaum zu DMEE-Ausgangskonverter zuordnen**.

In Abbildung 11.31 sehen Sie die Zuordnung der DMEE-Formatbäume zur Kombination von verschiedenen Parametern im ausgehenden Zahlungsauftrag für den Referenz-Clearing-Kreis SAP001. Tragen Sie den relevanten Clearing-Kreis in die Spalte **ClearKreis** ❶ ein.

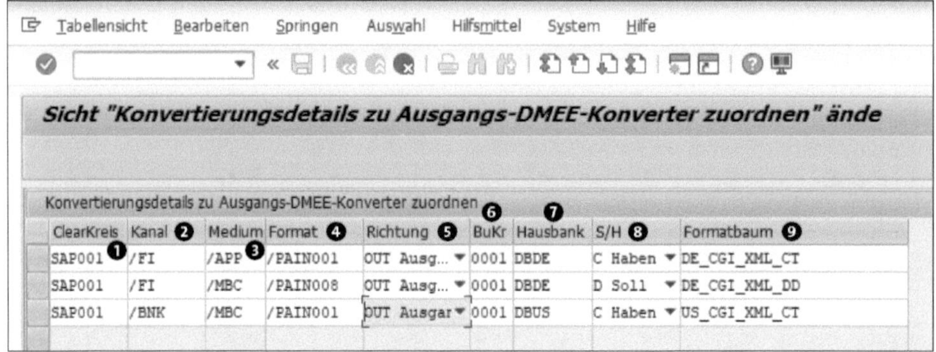

Abbildung 11.31 Formatbaum zum DMEE-Ausgangskonverter zuordnen (Transaktion SPRO)

Wählen Sie die passende Kombination aus den im ausgehenden Zahlungsauftrag verwendeten Parametern wie Kanal und Medium, und tragen Sie diese in die Feldern **Kanal** ❷ **Medium** ❸ und **Format** ❹ ein. Tragen Sie den Wert »OUT Ausgang« in die Spalte **Richtung** ❺ ein. Wenn nötig, geben Sie auch den Buchungskreis, über den die Zahlung abgewickelt wird, in die Spalte **BuKr** ❻ und die Hausbank-ID in die Spalte **Hausbank** ❼ ein.

Wählen Sie die Option **C Haben** für Überweisungen und die Option **D Soll** für Lastschriften im Feld **S/H** ❽. Ordnen Sie anschließend dem gepflegten Eintrag den entsprechenden DMEE-Formatbaum im Feld **Formatbaum** ❾ zu.

11.4.4 Integration mit dem Konnektor für SAP Multi-Bank Connectivity

Falls Sie den Konnektor für SAP Multi-Bank Connectivity im Einsatz haben bzw. vorhaben, den Konnektor einzusetzen, können Sie diesen Konverter mit der erweiterten Zahlungsverwaltung integrieren und ihn für das Empfangen der in der erweiterten Zahlungsverwaltung ankommenden Zahldateien und das Abschicken der ausgehenden Zahldateien aus der erweiterten Zahlungsverwaltung an die Banken verwenden.

Sie müssen zusätzliche Einstellungen vornehmen, um die Integration der erweiterten Zahlungsverwaltung mit dem Konnektor für SAP Multi-Bank Connectivity zu ermöglichen.

Einstellungen für das Empfangen eingehender Zahlungen mit dem MBC-Konnektor

Beim Eingang der Zahldateien im Konnektor für SAP Multi-Bank Connectivity muss ermittelt werden, welche Verarbeitungsschritte im Konnektor angestoßen werden sollen. Bei den Zahldateien, die an die erweiterte Zahlungsverwaltung übergeben werden müssen, muss dies gesondert gekennzeichnet werden. Wählen Sie hierzu den folgenden Pfad im Einführungsleitfaden: **Financial Supply Chain Management • Konnektor für SAP Multi-Bank Connectivity • Eingangsverarbeitungsschritte pflegen**.

In Abbildung 11.32 sehen Sie, wie der Verarbeitungsschritt für das Empfangen der pain.001-Nachrichten im Konnektor für SAP Multi-Bank Connectivity eingestellt ist. Pflegen Sie den Nachrichtentyp für die Dateien, die von den Gesellschaften zum Konnektor für SAP Multi-Bank Connectivity geschickt werden, in der Spalte **Nachrichtentyp** ❶. Wählen Sie die Option **PF Erweiterte Zahlungsverwaltung** aus der Dropdown-Liste im Feld **Anwendung** ❷, und aktivieren Sie den Eintrag, indem Sie den Haken in der Spalte **Aktiv** setzen ❸.

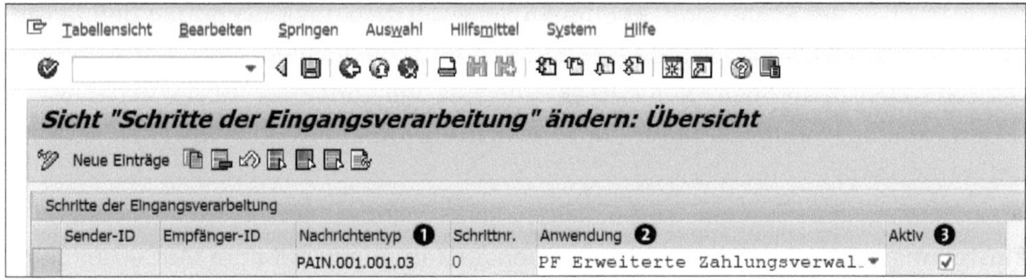

Abbildung 11.32 Eingangsverarbeitungsschritte im MBC-Konnektor definieren (Transaktion SPRO)

Im nächsten Schritt definieren Sie, mit welchem Konverter die eingehenden Dateien, die über den Konnektor für SAP Multi-Bank Connectivity geliefert werden, in der erweiterten Zahlungsverwaltung verarbeitet werden sollen. Diese Einstellungen nehmen Sie über den folgenden Pfad im Einführungsleitfaden vor: **Financial Supply Chain Management • Erweiterte Zahlungsverwaltung • Externe Schnittstellen • File Handler • Konnektor-Integration für SAP Multi-Bank Connectivity • Konnektor-Eingangseinstellungen für SAP Multi-Bank Connectivity**.

In Abbildung 11.33 sehen Sie das Übersichtsbild für die Zuordnung der Konverter der erweiterten Zahlungsverwaltung zu den über den Konnektor für SAP Multi-Bank Connectivity gelieferten Nachrichtentypen. Falls Sie nur einen Konnektor pro Nachrichtentyp verwenden und keine spezielle Verarbeitung für diesen Nachrichtentyp pro lokale sendende Gesellschaft einstellen müssen, lassen Sie die Felder **Sender-ID** ❶ und **Empfänger-ID** ❷ leer.

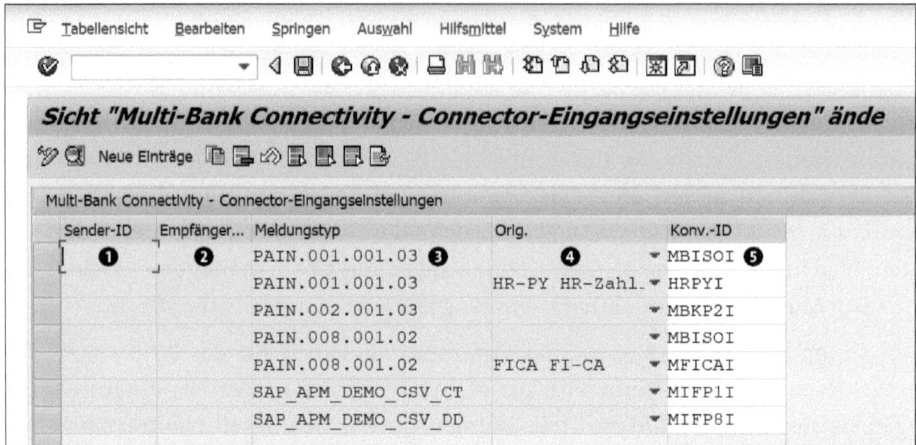

Sender-ID	Empfänger...	Meldungstyp	Orig.	Konv.-ID
❶	❷	PAIN.001.001.03 ❸	❹	MBISOI ❺
		PAIN.001.001.03	HR-PY HR-Zahl.	HRPYI
		PAIN.002.001.03		MBKP2I
		PAIN.008.001.02		MBISOI
		PAIN.008.001.02	FICA FI-CA	MFICAI
		SAP_APM_DEMO_CSV_CT		MIFP1I
		SAP_APM_DEMO_CSV_DD		MIFP8I

Abbildung 11.33 Konnektor-Eingangseinstellungen in der erweiterten Zahlungsverwaltung (Transaktion SPRO)

In die Spalte **Meldungstyp** ❸ tragen Sie den Nachrichtentyp ein, mit dem die Datei geliefert wird. In der Spalte **Orig.** ❹ können Sie zusätzlich die Anwendung definieren, falls in Abhängigkeit der Zahlungsherkunft unterschiedliche Konverter zugeordnet werden sollen. In die Spalte **Konv.-ID** ❺ tragen Sie den Konverter ein, der in der erweiterten Zahlungsverarbeitung für die Verarbeitung dieser Nachrichtentypen verwendet werden soll.

Einstellungen für die Weitergabe ausgehender Zahlungen mit dem MBC-Konnektor

Nach der Verarbeitung in der erweiterten Zahlungsverwaltung können die zu den ausgehenden Zahlungsaufträgen angelegten Dateien wieder mithilfe des Konnektors für SAP Multi-Bank Connectivity an externe Banken gesendet werden. Hierzu muss der MBC-Meldungstyp entsprechend abgeleitet werden. Richten Sie diese Ableitung über den folgenden Pfad im Einführungsleitfaden ein: **Financial Supply Chain Management • Erweiterte Zahlungsverwaltung • Externe Schnittstellen • File Handler • Konnektor-Integration für SAP Multi-Bank Connectivity • Konnektor-Ausgangseinstellungen für SAP Multi-Bank Connectivity**.

In Abbildung 11.34 sehen Sie, wie der Meldungstyp für den Konnektor für SAP Multi-Bank Connectivity ermittelt wird. Tragen Sie die Kombination aus Format, Medium und Kanal in die Felder **Format** ❶, **Medium** ❷ und **Kanal** ❸ und den Wert »OUT« in das Feld **Richtung** ❹ ein. Sie können zusätzlich den entsprechenden Nachrichtentyp in das Feld **XML-Nachrichtenidentifikator** ❺ eintragen. Ordnen Sie diesem Eintrag anschließend den richtigen MBC-Meldungstyp im Feld **Meldungstyp** ❻ zu.

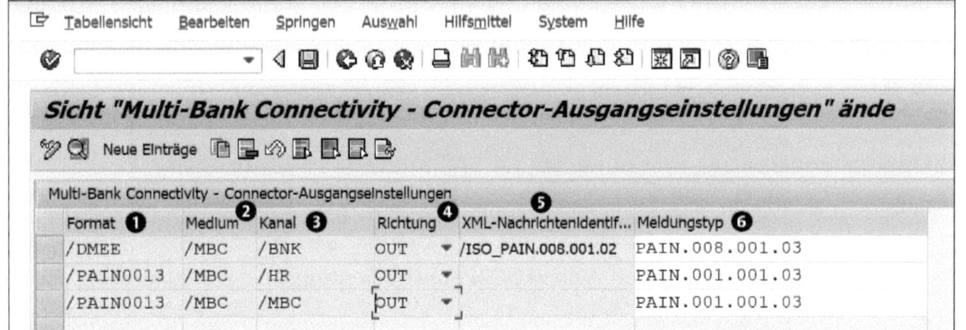

Abbildung 11.34 Konnektor-Ausgangseinstellungen in der erweiterten Zahlungsverwaltung (Transaktion SPRO)

Falls sich in Ihrem Geschäftsprozess die Buchungskreise, die die Zahlungen an die erweiterte Zahlungsverwaltung senden, in demselben SAP-System befinden, aus dem auch die Verbindung zu den Banken mithilfe des Konnektors für SAP Multi-Bank Connectivity aufgebaut ist, muss eine zusätzliche Einstellung im Konnektor für SAP Multi-Bank Connectivity vorgenommen werden.

Der Prozess der Zahlungsübergabe vom Buchungskreis an die erweiterte Zahlungsverwaltung über den Konnektor für SAP Multi-Bank Connectivity muss von dem Prozess der Zahlungsweitergabe an die externen Banken über den Konnektor für SAP Multi-Bank Connectivity getrennt werden. Hierzu wählen Sie den folgenden Pfad im Einführungsleitfaden: **Financial Supply Chain Management • Konnektor für SAP Multi-Bank Connectivity • Routingeinstellungen pflegen**.

In Abbildung 11.35 sehen Sie die Routing-Einstellungen für die Zahlungen, die an die erweiterte Zahlungsverwaltung übermittelt werden, und für die Zahlungen, die an externe Banken gesendet werden. Tragen Sie den relevanten Nachrichtentyp in das Feld **Nachrichtentyp** ❶ ein. In dieser Abbildung sind es z. B. die Zahlungen im pain.001- und im pain.008-Format.

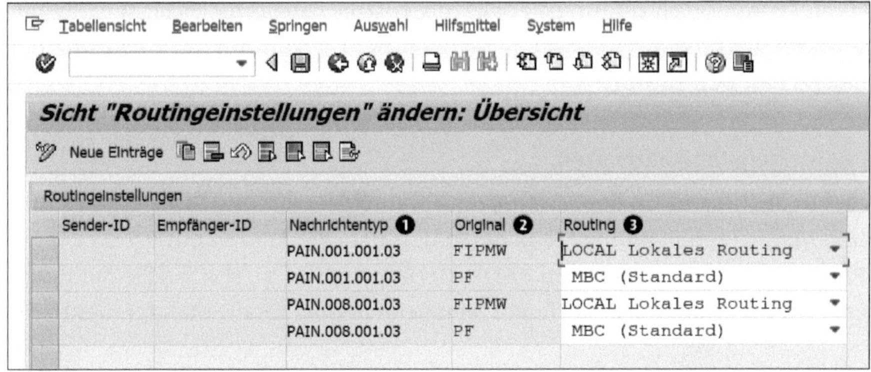

Abbildung 11.35 Routing-Einstellungen im MBC-Konnektor definieren (Transaktion SPRO)

Definieren Sie die korrekte sendende Anwendung aus Sicht des Konnektors für SAP Multi-Bank Connectivity im Feld **Original** ❷ und das passende Routing im Feld **Routing** ❸.

Original und Routing im Konnektor für SAP Multi-Bank Connectivity

Falls die Zahlung aus dem lokalen Buchungskreis an die erweiterte Zahlungsverwaltung übergeben wird, tragen Sie in das Feld **Original** den Wert »FIPMW Payment Medium Workbench« und den Wert »LOCAL Lokales Routing« in das Feld **Routing** ein.

Falls die Zahlung aus der erweiterten Zahlungsverwaltung an die Bank gehen soll, tragen Sie in das Feld **Original** den Wert »PF Erweiterte Zahlungsverwaltung« und den Wert »MBC (Standard)« in das Feld **Routing** ein.

Mit diesen Einstellungen kann der Konnektor für SAP Multi-Bank Connectivity denselben Nachrichtentyp unterschiedlich behandeln, je nachdem, an welcher Prozessstelle die Nachricht erzeugt wurde.

11.4.5 Integration mit SAP Bank Communication Management

Die Zahlungen aus der erweiterten Zahlungsverwaltung können, wenn gewünscht, an SAP Bank Communication Management übergeben werden, bevor sie final an externe Banken weitergeschickt werden. Die Integration von SAP Bank Communication Management mit der erweiterten Zahlungsverwaltung ermöglicht die mehrstufige Freigabe der in der erweiterten Zahlungsverwaltung generierten Zahlungen.

Die Entscheidung, ob SAP Bank Communication Management und die erweiterte Zahlungsverwaltung integriert werden sollen, hängt davon ab, welche Zahlungen genau über die erweiterte Zahlungsverwaltung laufen und ob sie schon vor dem Eingang in der erweiterten Zahlungsverwaltung in dem lokalen System freigegeben wurden.

Falls Sie sich dafür entscheiden, SAP Bank Communication Management für die Zahlungen aus der erweiterten Zahlungsverwaltung einzusetzen, müssen Sie die Integration entsprechend aktivieren und die passenden BCM-Regeln für die Ableitung der freigebenden Personen zuordnen.

BADI für BCM-Freigaben aktivieren

Sie aktivieren die Integration der erweiterten Zahlungsverwaltung in SAP Bank Communication Management, indem Sie sicherstellen, dass die Implementierung des dafür von SAP zur Verfügung gestellten BADI aktiviert worden ist. Nutzen Sie dafür den folgenden Pfad im Einführungsleitfaden: **Financial Supply Chain Management • Er-**

weiterte Zahlungsverwaltung • Externe Schnittstellen • Bank Communication Management • Integration des BADIs für Freigabe ausgehender Aufträge.

In Abbildung 11.36 sehen Sie, dass die entsprechende BADI-Implementierung /PF1/BADIIMPL_OPO_PROCESS_BCM, die für die BCM-Integration verantwortlich ist, aktiv ist. Setzen Sie den Haken im Feld **Aktiv (IMG)** ❶, falls dieses Feld in Ihrem System leer sein sollte.

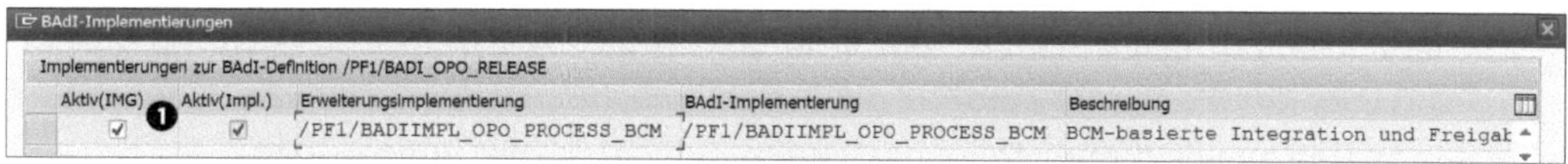

Abbildung 11.36 BAdI-Implementierung für die BCM-Integration aktivieren (Transaktion SPRO)

BCM-Regeln zuordnen

In diesem Schritt müssen Sie die BCM-Regeln, basierend auf der Zahlungsauftragsart und den Angaben zur Hausbank im Zahlungsauftrag zuordnen. Nutzen Sie dazu den folgenden Pfad im Einführungsleitfaden: **Financial Supply Chain Management • Erweiterte Zahlungsverwaltung • Externe Schnittstellen • Bank Communication Management • Regeln für Bank Communication Management definieren**.

In Abbildung 11.37 sehen Sie die Ableitung der BCM-Regeln im Referenz-Clearing-Kreis SAP001. Tragen Sie den relevanten Clearing-Kreis in das Feld **ClearKreis** ❶ ein, und geben Sie einen Buchungskreis in das Feld **BuKr** ❷ ein, falls unterschiedliche Regeln in Abhängigkeit des Buchungskreises zugeordnet werden sollen.

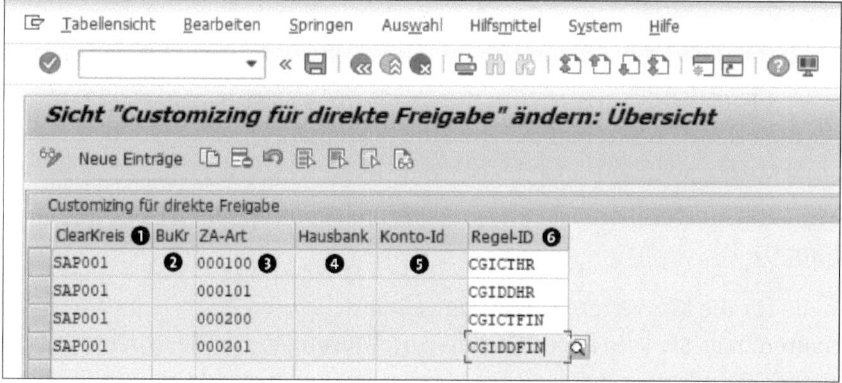

Abbildung 11.37 BCM-Regeln definieren (Transaktion SPRO)

Geben Sie die relevante Zahlungsauftragsart in das Feld **ZA-Art** ❸ ein. Tragen Sie eine Hausbank-ID in das Feld **Hausbank** ❹ und eine Hausbankkonto-ID in das Feld **Konto-Id** ❺ ein, falls unterschiedliche Regeln, abhängig vom Hausbankkonto, zugeordnet werden sollen. Definieren Sie anschließend die gewünschte BCM-Regel für diesen

Eintrag im Feld **Regel-ID** ❻. Die BCM-Regel muss dabei in SAP Bank Community Management vorhanden und entsprechend ausgeprägt sein.

11.4.6 Übersicht über von SAP ausgelieferte Konverter

Die meisten typischen Kommunikationsalternativen, die möglichen Arten der Übergabe der Zahlungsnachrichten und die gängigen Zahlungsformate sind in der Standardauslieferung der erweiterten Zahlungsverwaltung schon berücksichtigt. Die entsprechenden *Konverter* sind für die Kombinationen aus den Kanälen, Medien und Formaten angelegt und einem passenden *Konverterpaket* zugeordnet.

Konverter für eingehende Zahlungsnachrichten

Zu den typischen Formaten, die in den Input Manager der erweiterten Zahlungsverwaltung geliefert werden können, gehören die folgenden:

- Nachrichten in einem der ISO20022-XML-Formate, wie das pain.001-Format für Überweisungen und das pain.008-Format für Lastschriften
- Zahlungs-IDocs mit den Nachrichtentypen PAYEXT für Überweisungen und DIRDEB für Lastschriften, definiert als IDoc-Format
- das SWIFT-MT101-Format für SEPA-Überweisungen, definiert als Format SWIFT-MT101
- andere Formate wie z. B. eine CSV-Datei

Zu den normalerweise verwendeten *Medien*, also der Form der Zahlungsnachricht, gehören folgende:

- Datei, geliefert auf den Anwendungsserver oder hochgeladen vom lokalen Server, definiert als Medium APP
- Nachricht über den MBC-Konnektor ohne die Erzeugung einer physischen Datei, definiert als Medium MBC
- Eingabe in der Benutzeroberfläche der erweiterten Zahlungsverwaltung, definiert als Medium UI

Sie können die für die Konvertereinrichtung gelieferte Standardkonfiguration weitgehend behalten, falls Sie keine spezifischen Anforderungen für die Konvertierung der eingehenden Zahldateien haben. Beim Verwenden von besonderen kundeneigenen oder länderspezifischen Zahlungsformaten eingehender Zahlungsnachrichten müssen Sie gegebenenfalls einen eigenen Konverter und ein neues Konverterpaket anlegen.

Zu den üblichen Kanälen, von denen die Zahlungsnachrichten an die erweiterte Zahlungsverwaltung übermittelt werden, gehören folgende:

- ERP-System, definiert als Kanal ERP
- Finanzwesen, definiert als Kanal FI
- Personalwirtschaft, definiert als Kanal HR
- Tochtergesellschaft, definiert als Kanal SUB
- Bank, definiert als Kanal BNK
- Intern, definiert als Kanal INT

In Tabelle 11.1 haben wir die meisten schon vorhandenen Standardkonverter für die in der erweiterten Zahlungsverwaltung eingehenden Zahlungen mit den dazugehörigen Ableitungswegen zusammengestellt. Aus der Kombination aus Kanal, Medium und Format wird ein passender Konverter abgeleitet. Basierend auf dem ermittelten Konverter wird das dazu zugeordnete Konverterpaket gefunden und für die Konvertierung, also die Übersetzung der Dateien in die Sprache der erweiterten Zahlungsverwaltung verwendet.

Kanal	Medium	Format	Konverter	Konverter-paket	Beschreibung
ERP	APP	PAIN001	ERP1I	XML_ISO	ERP pain.001 – Eingang
ERP	APP	PAIN008	ERP8I	XML_ISO	ERP pain.008 – Eingang
ERP	APP	IDoc	ERIDI	IDoc	ERP PEXR2003 – Zahllauf
HR	APP	PAIN001	HRP1I	XML_ISO	HR pain.001 – Eingang
HR	APP	PAIN008	HRP8I	XML_ISO	HR pain.008 – Eingang
HR	APP	IDoc	HRIDI	IDoc	HR PEXR2003 – Zahllauf
FI	MBC	PAIN001	FMBC1I	XML_ISO	FI pain.001 – Eingang MBC
FI	MBC	PAIN008	FMBC8I	XML_ISO	FI pain.008 – Eingang MBC
FI	APP	IDoc	FIIDI	IDoc	FI PEXR2003 – Zahllauf
SUB	MBC	PAIN001	SMBC1I	XML_ISO	Tochter pain.001 – Eingang MBC
SUB	MBC	PAIN008	SMBC8I	XML_ISO	Tochter pain.008 – Eingang MBC
INT	UI	PAIN001	INUI1I	IDoc	Intern pain.001 – Eingang
BNK	MBC	PAIN002	BMBC2I	XML_ISO	pain.002 – Dateibestätigung Eingang MBC

Tabelle 11.1 Übersicht vorhandener SAP-Standardkonverter für eingehende Zahlnachrichten

Konverter für ausgehende Zahlungsnachrichten

Nach der Verarbeitung der Zahlungsaufträge in der erweiterten Zahlungsverwaltung werden ausgehende Zahldateien im finalen Zielformat vorbereitet und generiert. Auch bei ausgehenden Zahlungsnachrichten sind die meisten üblichen Kombinationen aus Format, Medium und Kanal in der SAP-Standardauslieferung schon mit den passenden Konvertern verknüpft.

Zu den typischen Formaten, die im Output Manager der erweiterten Zahlungsverwaltung verwendet werden können, gehören folgende:

- Nachrichten in einem der ISO20022-XML-Formate, wie das Format pain.001 für Überweisungen und das Format pain.008 für Lastschriften, wie das Format camt.054
- das SWIFT-MT101-Format für SEPA-Überweisungen, definiert als Format SWIFT-MT101
- andere Formate, für die in der Data Medium Workbench ein entsprechender Formatbaum angelegt ist

Zu den normalerweise verwendeten Medien, also der Form der Zahlungsnachricht, gehören folgende:

- Datei, die auf dem Anwendungsserver oder auf lokalen Server abgelegt werden soll, definiert als Medium APP
- Nachricht über den MBC-Konnektor ohne Erzeugung einer physischen Datei, definiert als Medium MBC

Zu den üblichen Kanälen, von denen die Zahlungsnachrichten an die erweiterte Zahlungsverwaltung übergeben werden, gehören folgende:

- Tochtergesellschaft, definiert als Kanal SUB
- Bank, definiert als Kanal BNK

In Tabelle 11.2 haben wir die meisten schon vorhandenen Standardkonverter für die in der erweiterten Zahlungsverwaltung generierten ausgehenden Zahlungen mit den dazugehörigen Ableitungswegen zusammengestellt. Konverter, die das Medium APP verwenden, generieren eine Zahlungsnachrichtendatei im angegebenen Format, was bedeutet, dass die Datei physisch abgelegt werden muss. Die Konverter, die das Medium MBC verwenden, sind über den MBC-Konnektor in SAP Multi-Bank Connectivity integriert und schicken einen Payload, ohne eine physische Datei erzeugen zu müssen.

Kanal	Medium	Format	Konverter	Konverter-paket	Beschreibung
FI	MBC	CAMT054	FMC54O	XML_ISO	FI camt.054 – Ausgang MBC
FI	MBC	PAIN002	MBP29O	XML_ISO	FI Pain.002 – Ausgang MBC
FI	APP	CAMT054	FAC54O	XML_ISO	FI camt.054 – Ausgang MBC
SUB	MBC	CAMT054	SMC54O	XML_ISO	Tochter camt.054 – Ausgang MBC
SUB	MBC	PAIN002	SMP29O	XML_ISO	Tochter pain.002 – Ausgang MBC
BNK	MBC	DMEE	MBDMEO		DMEE-Mapping
BNK	MBC	PAIN0015	MBP15O	XML_ISO	Bank pain.001 – Ausgang MBC
BNK	MBC	PAIN0084	MBP84O	XML_ISO	Bank pain.008 – Ausgang MBC
BNK	MBC	SWIFTMT101	MBM11O	XML_SWIFT	Bank SWIFTMT101 – Ausgang MBC
BNK	APP	PAIN0015	APP15O	XML_ISO	Bank pain.001 – Ausgang MBC

Tabelle 11.2 Übersicht vorhandener SAP-Standardkonverter für ausgehende Zahlungsnachrichten

11.5 Anreicherung und Validierung

In der erweiterten Zahlungsverwaltung stehen Ihnen zahlreiche Möglichkeiten zur Überprüfung und Korrektur der Informationen zur Verfügung, die in den eingehenden Zahlnachrichten geliefert werden. Sie können auf die in der Standardauslieferung enthaltenen Prüfregeln zugreifen und diese in dem von Ihnen eingerichteten Clearing-Kreis wiederverwenden. Sie können bei Bedarf auch eigene Prüfregeln definieren oder das Systemverhalten für bestimmte Prüfungen mitbestimmen.

Die meisten Einstellungen im Bereich der Anreicherung und Validierung der Daten sind im Einführungsleitfaden der erweiterten Zahlungsverwaltung schon vorhanden. Einige wenige Einstellungen müssen Sie allerdings noch auf Ihren Clearing-Kreis übertragen. In diesem Abschnitt beschreiben wir sowohl die Einstellungen, die nur überprüft werden sollen, und auch solche, die angepasst werden müssen.

11.5.1 Prüfregeln definieren

Beim Einrichten der Anreicherungs- und Validierungsregeln müssen als Erstes die sogenannten *Prüf-IDs* definiert werden. Unter den Prüf-IDs werden einzelne Regeln verstanden, in denen die *Prüfart* und die *Prüfroutine* festgelegt sind. Nach ihrer Definition werden einzelne Prüf-IDs zu sogenannten *Prüfsets* zusammengefasst, die wiederum mit dem Clearing-Kreis verknüpft sind.

Die Prüfungen können auf unterschiedlichen Ebenen durchgeführt werden; dazu gehören die folgenden:

- Prüfungen für den Zahlungsauftrag
- Prüfungen für den Auftraggeberzahlungsposten
- Prüfungen für den Empfängerzahlungsposten
- Prüfungen für den Clearing-Posten
- postenübergreifende Prüfungen

In der Standardauslieferung sind viele Prüfregeln mit verschiedenen Prüfarten und den zugeordneten Prüfroutinen schon vorhanden. Überprüfen Sie, ob diese Prüfregeln Ihren Anforderungen entsprechen, und legen Sie gegebenenfalls eigene Prüfregeln an. Hierzu wählen Sie den folgenden Pfad im Einführungsleitfaden: **Financial Supply Chain Management • Erweiterte Zahlungsverwaltung • Zahlungsverarbeitung • Anreicherung & Validierung • Funktionen für Anreicherungs- und Validierungsprüfung definieren**.

In Abbildung 11.38 sehen Sie das Übersichtsbild mit den in der SAP-Standardauslieferung vorhandenen Prüf-IDs. In einem der nächsten Schritte können Sie diese Prüf-IDs je nach Bedarf zu verschiedenen Prüfsets gruppieren. Markieren Sie einen Eintrag, und machen Sie einen Doppelklick darauf, um zu den Detailangaben zu gelangen.

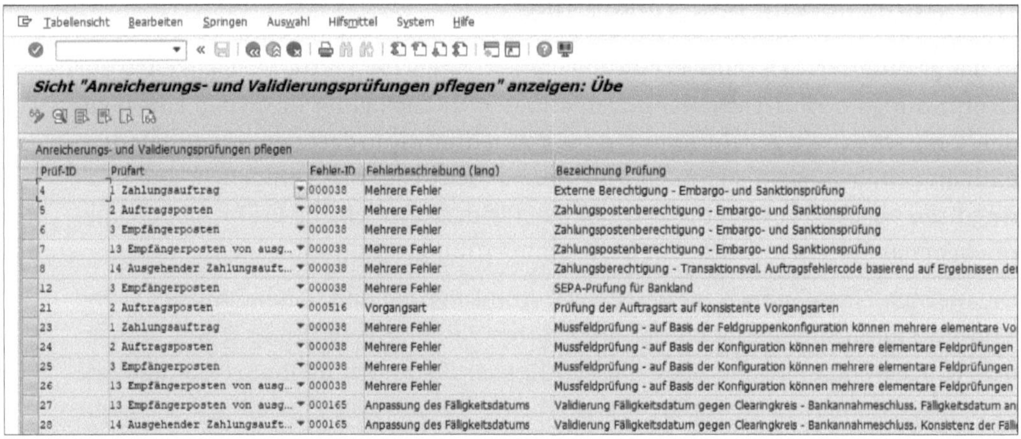

Tabellensicht Bearbeiten Springen Auswahl Hilfsmittel System Hilfe

Sicht "Anreicherungs- und Validierungsprüfungen pflegen" anzeigen: Übe

Anreicherungs- und Validierungsprüfungen pflegen

Prüf-ID	Prüfart	Fehler-ID	Fehlerbeschreibung (lang)	Bezeichnung Prüfung
4	1 Zahlungsauftrag	000038	Mehrere Fehler	Externe Berechtigung - Embargo- und Sanktionsprüfung
5	2 Auftragsposten	000038	Mehrere Fehler	Zahlungspostenberechtigung - Embargo- und Sanktionsprüfung
6	3 Empfängerposten	000038	Mehrere Fehler	Zahlungspostenberechtigung - Embargo- und Sanktionsprüfung
7	13 Empfängerposten von ausg...	000038	Mehrere Fehler	Zahlungspostenberechtigung - Embargo- und Sanktionsprüfung
8	14 Ausgehender Zahlungsauft...	000038	Mehrere Fehler	Zahlungsberechtigung - Transaktionsval. Auftragsfehlercode basierend auf Ergebnissen de
12	3 Empfängerposten	000038	Mehrere Fehler	SEPA-Prufung für Bankland
21	2 Auftragsposten	000516	Vorgangsart	Prüfung der Auftragsart auf konsistente Vorgangsarten
23	1 Zahlungsauftrag	000038	Mehrere Fehler	Mussfeldprüfung - auf Basis der Feldgruppenkonfiguration können mehrere elementare Vo
24	2 Auftragsposten	000038	Mehrere Fehler	Mussfeldprüfung - auf Basis der Konfiguration können mehrere elementare Feldprüfungen
25	3 Empfängerposten	000038	Mehrere Fehler	Mussfeldprüfung - auf Basis der Konfiguration können mehrere elementare Feldprüfungen
26	13 Empfängerposten von ausg...	000038	Mehrere Fehler	Mussfeldprüfung - auf Basis der Konfiguration können mehrere elementare Feldprüfungen
27	13 Empfängerposten von ausg...	000165	Anpassung des Fälligkeitsdatums	Validierung Fälligkeitsdatum gegen Clearingkreis - Bankannahmeschluss. Fälligkeitsdatum an
28	14 Ausgehender Zahlungsauft...	000165	Anpassung des Fälligkeitsdatums	Validierung Fälligkeitsdatum gegen Clearingkreis - Bankannahmeschluss. Konsistenz der Fälli

Abbildung 11.38 Funktionen für die Anreicherungs- und Validierungsprüfung definieren: Übersichtsbild (Transaktion SPRO)

In Abbildung 11.39 sehen Sie das Detailbild mit der Definition einer Prüf-ID. In das Feld **Prüf-ID** ❶ ist eine Nummer, die diese Prüf-ID eindeutig identifiziert, eingetragen worden. Im Feld **Prüfart** ❷ ist definiert, um welche Art der Prüfung es geht, wie z. B. die Prüfung für den gesamten Zahlungsauftrag, für Empfänger-, Auftraggeber- oder Clearing-Posten.

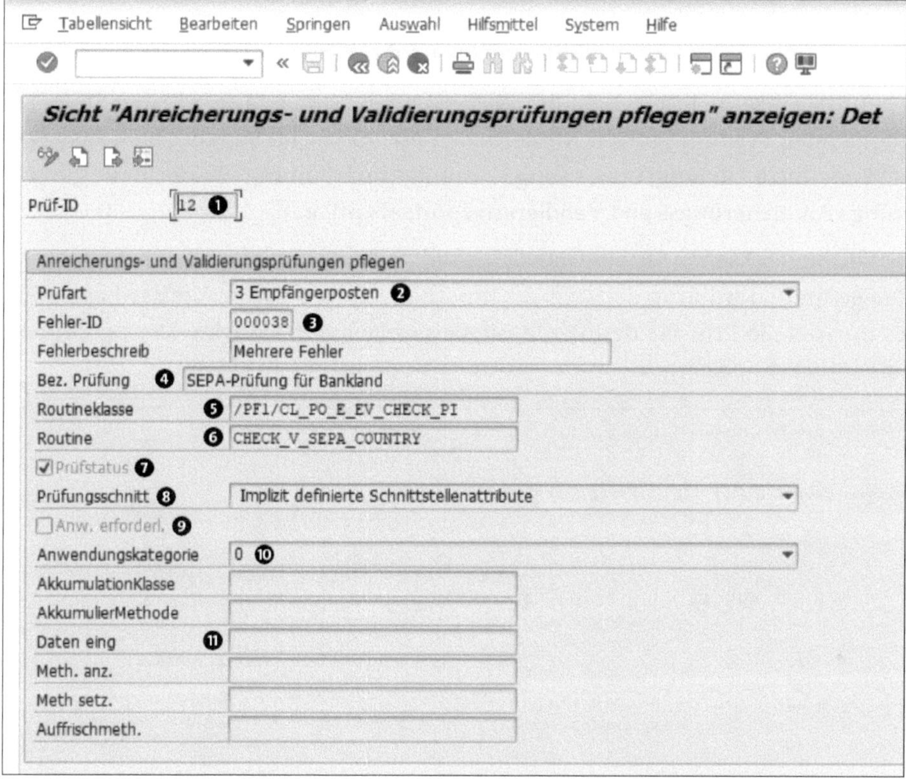

Abbildung 11.39 Funktionen für die Anreicherungs- und Validierungsprüfung definieren: Detailbild (Transaktion SPRO)

Im Feld **Fehler-ID** ❸ wird eine Nummer des dazugehörigen Fehlers, der bei der gescheiterten Validierung ausgelöst werden soll, zugeordnet. Die Fehler-IDs selbst werden in der Komponente Ausnahmebehandlung definiert, die in weiteren Abschnitten dieses Kapitels erläutert wird. Das Feld **Bez.Prüfung** ist mit der Beschreibung dieser Prüf-ID belegt ❹.

In den Feldern **Routineklasse** ❺ und **Routine** ❻ sind die entsprechenden Routinen zugeordnet, in denen die eigentliche Prüfung durchgeführt wird. Der Haken im Feld **Prüfstatus** ❼ ist gesetzt, damit die Prüf-ID aktiv ist und durchlaufen kann.

Im Feld **Prüfungsschnitt** ❽ wählen Sie die Option **Impliziert definierte Schnittstellenattribute** oder die Option **X Schnittstellenversion 1**, je nachdem, welche Routinen eingegeben wurden. Der Haken im Feld **Anw.erforderl.** ❾ kann in Kombination mit einem Wert im Feld **Anwendungskategorie** ❿ gesetzt werden, falls eine externe Anwendung für die Durchführung dieser Prüfung angesprochen werden muss. Im Feld **Daten eing** ⓫ kann zusätzlich die Definition des dazu passenden Datenelements, Tabellentyps oder anderer ABAP-Elemente zugeordnet werden.

11.5.2 Anreicherungs- und Validierungsprüfsets pflegen

Nun können einzelne Prüf-IDs zu Prüfsets gruppiert werden. Dies richten Sie unter dem folgenden Pfad im Einführungsleitfaden ein: **Financial Supply Chain Management • Erweiterte Zahlungsverwaltung • Zahlungsverarbeitung • Anreicherung & Validierung • Anreicherungs- und Validierungsprüfsets pflegen**.

In Abbildung 11.40 sehen Sie das Übersichtsbild, in dem Sie zahlreiche Möglichkeiten zur Pflege und Zuordnung der Prüfsets innerhalb eines Clearing-Kreises haben. Als Erstes müssen Sie Prüfsets definieren, sie dem relevanten Clearing-Kreis zuordnen und als aktiv kennzeichnen.

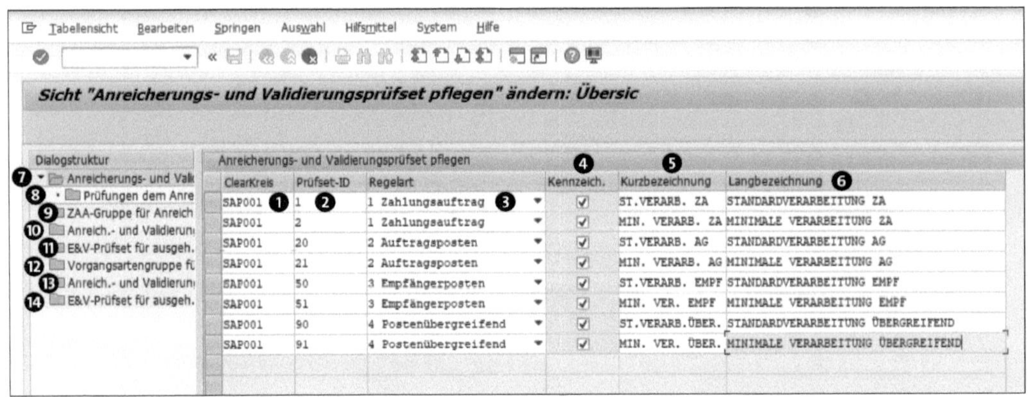

Abbildung 11.40 Anreicherungs- und Validierungsprüfsets pflegen: Übersichtsbild (Transaktion SPRO)

Tragen Sie dafür den Clearing-Kreis in das Feld **ClearKreis** ❶ ein. Pflegen Sie eine Nummer, die das Prüfset eindeutig identifiziert, in das Feld **Prüfset-ID** ❷ ein. Geben Sie im Feld **Regelart** ❸ an, ob das Prüfset den gesamten Zahlungsauftrag, den Auftraggeberposten, den Empfängerposten oder den Clearing-Posten durchlaufen soll. Setzen Sie den Haken im Feld **Kennzeich.** ❹, um das Prüfset zu aktivieren. Pflegen Sie jeweils eine Kurz- und eine Langbeschreibung für das Prüfset in den Feldern **Kurzbezeichnung** ❺ und **Langbezeichnung** ❻.

Auf dem Übersichtsbild ist standardmäßig der Ordner **Anreicherungs- und Validierungsprüfset pflegen** aktiv ❼. Markieren Sie den gepflegten Eintrag auf der rechten Seite des Übersichtsbildes, und führen Sie einen Doppelklick auf dem Ordner **Prüfun-**

gen dem Anreich.-u. Validierprüfset zuordnen ❽ aus, um dem gerade gepflegten Set einzelne Prüfungen zuzuordnen. Die nummerierten Ordner ❾ bis ⓮ werden auf den folgenden Seiten erklärt.

In Abbildung 11.41 sehen Sie das Detailbild für die Pflege und Ausprägung einzelner Prüfsets. In diesem Bild haben Sie die Möglichkeit, einzelne Prüfungen, die in Abschnitt 11.5.1, »Prüfregeln definieren«, angelegt wurden, zu einem Set zu gruppieren.

Abbildung 11.41 Anreicherungs- und Validierungsprüfsets pflegen: Detailbild (Transaktion SPRO)

Wählen Sie die passende Prüfung im Feld **Prüf-ID** ❶. Mithilfe der Werte im Feld **Reihenf.** ❷ wird die Reihenfolge der Ausführung einzelner Prüfungsschritte definiert. Vergeben Sie in diesem Feld eine laufende Nummer, die die Reihenfolge der jeweiligen Prüfung bestimmt.

Das Feld **Anw.erford** ❸ wird automatisch aus der Prüf-ID abgeleitet. Falls für die Prüf-ID der Haken **Anw.erford** ❸ gesetzt ist, müssen Sie die entsprechende Anwendung im Feld **Anwend-ID** ❹ wählen. Im Feld **Bezeichnung Prüfung** ❺ sehen Sie die Beschreibung der Prüfung, die ebenfalls aus der Definition der Prüf-ID abgeleitet wird.

11.5.3 Prüfsets den Auftragsarten und Vorgangsarten zuordnen

Mit der Einstellung aus Abbildung 11.41 wurden die Prüfsets pro Clearing-Kreis definiert, und einzelne Prüfungen wurden diesen Prüfsets zugeordnet. Als nächsten Schritt müssen die Prüfsets je nach Prüfart den Zahlungsauftragsarten bzw. den Vorgangsarten zugeordnet werden, damit sie für die jeweiligen Zahlungsaufträge und Zahlungsposten aufgerufen und ausgeführt werden.

Die Zuordnung der Prüfsets zu den einzelnen Zahlungsauftragsarten wäre zu aufwendig und unübersichtlich. Aus diesem Grund werden sogenannte *Zahlungsauftragsartengruppen* angelegt. Diese Gruppen werden zum einen bei der Definition einzelner Zahlungsauftragsarten diesen Auftragsarten zugeordnet, und zum anderen werden sie mit den definierten Prüfsets für die Anreicherung und Validierung verknüpft. Die

Zahlungsauftragsartengruppen werden also als Zwischenschritt verwendet, um die Zahlungsauftragsarten mit den Prüfsets zu verbinden.

Sie richten die Zahlungsauftragsartengruppen ein, indem Sie einen Doppelklick auf dem Ordner **ZAA-Gruppe für Anreicherung u. Validierung pflegen** ❾ aus Abbildung 11.40 ausführen.

In Abbildung 11.42 sehen Sie, wie die Pflege der Zahlungsauftragsartengruppen aussieht. Tragen Sie Ihren Clearing-Kreis in das Feld **ClearKreis** ❶ ein, und geben Sie einen Namen für die Zahlungsauftragsartengruppe in das Feld **ZA-ArtGrp.** ❷ ein. Pflegen Sie jeweils eine Kurz- und Langbeschreibung in den Feldern **Kurzbeschreibung f. ZA-Artengruppe** ❸ und **Langbeschreibung f. ZA-Artengruppe** ❹. Damit sind die Zahlungsauftragsartengruppen definiert.

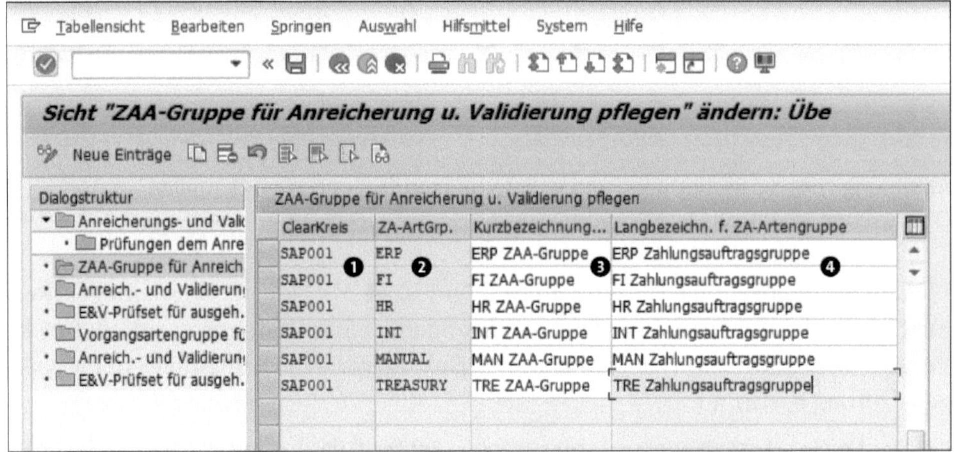

Abbildung 11.42 Zahlungsauftragsartengruppen für die Anreicherung und Validierung pflegen (Transaktion SPRO)

Ordnen Sie diesen Zahlungsauftragsartengruppen die entsprechenden Prüfsets zu, indem Sie auf den Ordner **Anreicherung u. Validierungsprüfset für ZA zuordnen** ❿ aus Abbildung 11.40 doppelklicken.

In Abbildung 11.43 sehen Sie die Verknüpfung der Zahlungsauftragsartengruppen und Prüfsets. Tragen Sie den Clearing-Kreis in das Feld **ClearKreis** ❶ ein, und wählen Sie im Feld **E&V-Settyp** ❷, welche Art des Prüfsets zugeordnet werden soll.

Wählen Sie die passende vorher definierte Zahlungsauftragsartengruppe im Feld **A&V-Gruppe** ❸. Die entsprechende Ausführungszeit wählen Sie aus der Dropdown-Liste im Feld **AusfhZeit** ❹. Zusätzlich können Sie den Kanal im Feld **Kanal** ❺ und das Format im Feld **Format** ❻ eingeben. Anschließend ordnen Sie das passende Prüfset im Feld **ZA A&V-ID** ❼ zu.

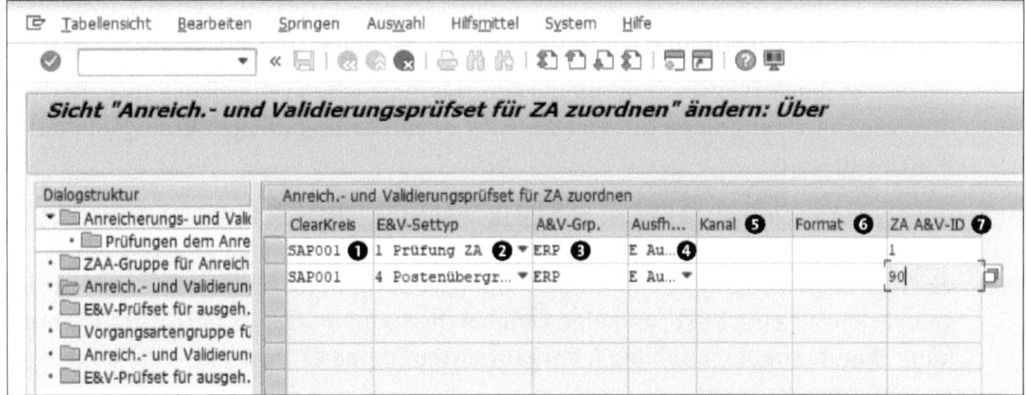

Abbildung 11.43 Anreicherungs- und Validierungsprüfsets den Zahlungsauftragsartengruppen zuordnen (Transaktion SPRO)

11

[«]

Ausführungszeit der Validierung

Im Feld **AusfhZeit** stehen Ihnen mehrere Werte zur Auswahl. Damit wird bestimmt, wann genau die Validierung stattfinden soll.

- **E Ausführungsdatum** – die Prüfung wird nicht sofort ausgeführt. Das System wartet bis zum Ausführungsdatum, bevor die Prüfung ausgeführt wird.
- **S Vorlagedatum** – die Prüfung findet an dem Tag statt, an dem der Auftrag dem System vorgelegt wird.
- **X Vorl./Ausf.** – Es gelten die Werte »Ausführungsdatum« und »Vorlagedatum«, falls sie anwendbar sind.

Auch für ausgehende Zahlungsaufträge ist es möglich, die Anreicherungs- und Validierungsprüfsets zuzuordnen. Dafür müssen den Prüfset-IDs aus Abbildung 11.40 die entsprechenden Regelarten **Ausgehender Zahlungsauftrag** oder **Ausgehender Zahlungsauftrag – postenübergreifende Prüfungen** zugeordnet werden. Danach können diese Prüfsets den Zahlungsauftragsartengruppen für ausgehende Zahlungsaufträge zugeordnet werden. Dies können Sie einrichten, indem Sie einen Doppelklick auf dem Ordner **E&V-Prüfset für ausgeh.Zahlungsauftrag zuordnen** ⓫ aus Abbildung 11.40 ausführen.

Die Zahlungsauftragsartengruppen werden für die Prüfsets mit der Prüfart für den kompletten Zahlungsauftrag verwendet. Für die Prüfsets, die mit den Zahlungsposten arbeiten, werden die *Vorgangsartengruppen* angelegt, die nach der gleichen Logik funktionieren. Als Erstes werden die Vorgangsartengruppen definiert. Anschließend werden sie zum einen bei der Definition der Vorgangsarten einzelnen Vorgangsarten zugeordnet, und zum anderen werden diesen Vorgangsartengruppen die zuvor definierten Prüfsets zugeordnet. Damit sind die Vorgangsartengruppen ein Zwischenschritt für die Verknüpfung der Vorgangsarten mit den Prüfsets.

Sie richten die Vorgangsartengruppen ein, indem Sie einen Doppelklick auf dem Ordner **Vorgangsartengruppe für Anreicherung u. Validierung pflegen** ⓬ aus Abbildung 11.40 ausführen.

In Abbildung 11.44 sehen Sie, wie die Pflege der Vorgangsartengruppen aussieht. Tragen Sie Ihren Clearing-Kreis in das Feld **ClearKreis** ❶ ein. Geben Sie einen Namen für die Vorgangsartengruppe in das Feld **Vorgangsartengruppe für E&V** ❷ ein, und pflegen Sie jeweils eine Kurz- und eine Langbeschreibung in den Feldern **Kurzbeschreibung** ❸ und **Langbeschreibung f. Vorgangsartengruppe** ❹. Damit sind die Vorgangsartengruppen definiert.

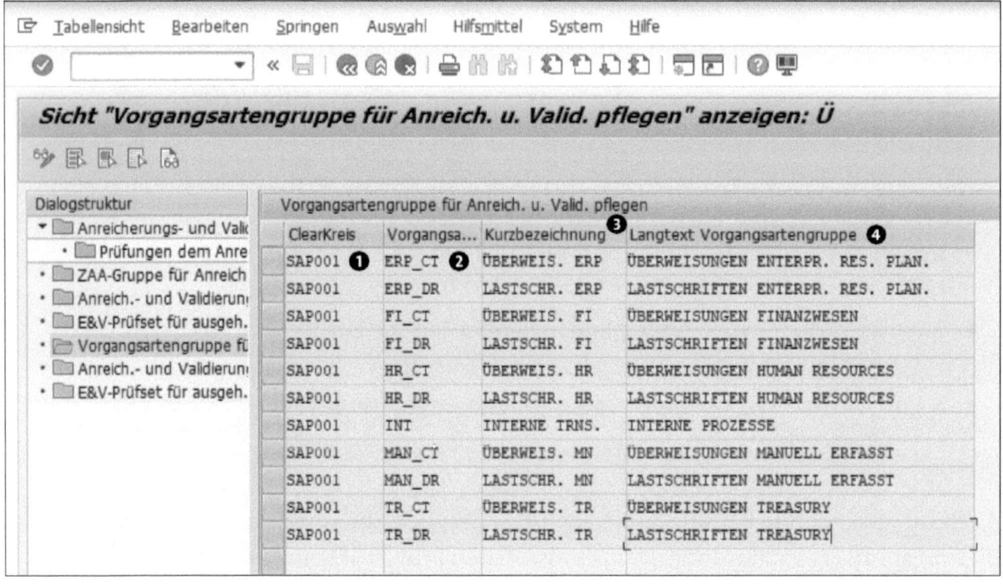

ClearKreis	Vorgangsa...	Kurzbezeichnung ❸	Langtext Vorgangsartengruppe ❹
SAP001 ❶	ERP_CT ❷	ÜBERWEIS. ERP	ÜBERWEISUNGEN ENTERPR. RES. PLAN.
SAP001	ERP_DR	LASTSCHR. ERP	LASTSCHRIFTEN ENTERPR. RES. PLAN.
SAP001	FI_CT	ÜBERWEIS. FI	ÜBERWEISUNGEN FINANZWESEN
SAP001	FI_DR	LASTSCHR. FI	LASTSCHRIFTEN FINANZWESEN
SAP001	HR_CT	ÜBERWEIS. HR	ÜBERWEISUNGEN HUMAN RESOURCES
SAP001	HR_DR	LASTSCHR. HR	LASTSCHRIFTEN HUMAN RESOURCES
SAP001	INT	INTERNE TRNS.	INTERNE PROZESSE
SAP001	MAN_CT	ÜBERWEIS. MN	ÜBERWEISUNGEN MANUELL ERFASST
SAP001	MAN_DR	LASTSCHR. MN	LASTSCHRIFTEN MANUELL ERFASST
SAP001	TR_CT	ÜBERWEIS. TR	ÜBERWEISUNGEN TREASURY
SAP001	TR_DR	LASTSCHR. TR	LASTSCHRIFTEN TREASURY

Abbildung 11.44 Vorgangsartengruppen für die Anreicherung und Validierung pflegen (Transaktion SPRO)

Ordnen Sie diesen Vorgangsartengruppen die entsprechenden Prüfsets zu, indem Sie einen Doppelklick auf dem Ordner **Anreicherung u. Validierungsprüfset für ZP zuordnen** ⓭ aus Abbildung 11.40 ausführen.

In Abbildung 11.45 sehen Sie die Verknüpfung der Vorgangsartengruppen und der Prüfsets. Wählen Sie im Feld **E&V-Settyp** ❶, welche Art des Prüfsets zugeordnet werden soll.

Wählen Sie die passende zuvor definierte Vorgangsartengruppe im Feld **Vorgangsartengruppe** ❷, und wählen Sie die entsprechende Ausführungszeit aus der Dropdown-Liste im Feld **AusfhZeit** ❸. Sie können den angebotenen Wert im Feld **Intern** ❹ ohne

Änderungen behalten. Zusätzlich können Sie den Kanal im Feld **Kanal** ❺ und das Format im Feld **Format** ❻ angeben. Anschließend ordnen Sie das passende Prüfset im Feld **Prüfset-ID** ❼ zu.

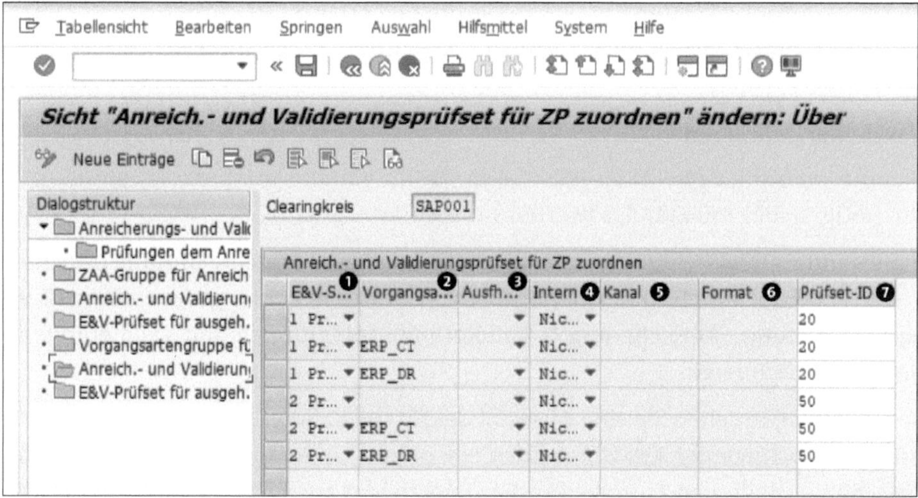

Abbildung 11.45 Anreicherungs- und Validierungsprüfsets den Vorgangsartengruppen zuordnen (Transaktion SPRO)

Auch für die Zahlungsposten der ausgehenden Zahlungsaufträge ist es möglich die Anreicherungs- und Validierungsprüfsets zuzuordnen. Dafür müssen die Prüfset-IDs aus Abbildung 11.40 die entsprechende Regelart **Auftraggeberposten von ausgehendem ZA**, **Empfängerposten von ausgehendem ZA** oder **Clearingposten von ausgehendem ZA** erhalten. Danach können diese Prüfsets den Vorgangsartengruppen für ausgehende Zahlungsaufträge zugeordnet werden. Dies können Sie einrichten, indem Sie einen Doppelklick auf dem Ordner **E&V-Prüfset für ausgeh.Zahlungsposten zuordnen** ⓮ aus Abbildung 11.40 ausführen.

11.5.4 Feldgruppen und Validierungen

In der erweiterten Zahlungsverwaltung können Sie auch verschiedene *Objektfelder*, die in den Transaktionsdaten validiert werden sollen, definieren, und diesen Feldern entsprechende *Feldroutinen*, entweder aus der SAP-Standardauslieferung oder aus Eigenentwicklungen, zuordnen.

Dafür müssen Sie eine Reihe Vorbereitungsschritte durchlaufen:

- relevante Objektfelder identifizieren
- Feldgruppen anlegen, um mehrere Felder zu einer Gruppe zusammenfassen zu können
- Objektfelder in die Feldgruppen klassifizieren

- Feldvalidierungsroutinen den Feldgruppen und deren zugeordneten Feldern zuordnen
- Funktionsobjektarten definieren
- die Funktionsobjektarten mit den Feldgruppen verknüpfen
- die Funktionsobjektarten mit den Zahlungsauftragsarten verknüpfen

Objektfelder definieren

Sie können verschiedene Felder selektieren, die im Validierungsprozess geprüft und, wenn nötig, später mit Standardwerten substituiert werden.

Die relevanten Objektfelder legen Sie über den folgenden Pfad im Einführungsleitfaden fest: **Financial Supply Chain Management • Erweiterte Zahlungsverwaltung • Zahlungsverarbeitung • Anreicherung & Validierung • Feldgruppen und Validierungen • Objektfelder definieren**.

In Abbildung 11.46 sehen Sie eine Auswahl der für die Validierung identifizierten Objektfelder verschiedener Art. Überprüfen Sie, ob die für Sie in der Standardauslieferung schon enthaltenen Einträge für die Objektfelder ausreichend sind, oder ob Sie zusätzliche Felder selektieren müssen, um Ihre Prüfungsanforderungen zu erfüllen.

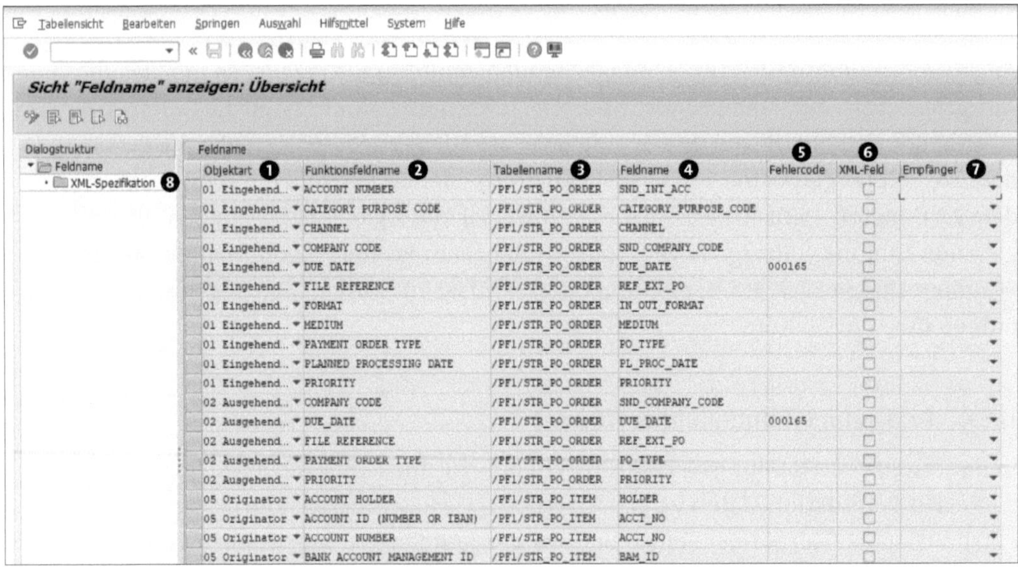

Abbildung 11.46 Objektfelder für die Anreicherung und Validierung definieren (Transaktion SPRO)

Wählen Sie die passende Objektart, in der das Feld vorkommt, aus der Dropdown-Liste im Feld **Objektart** ❶. Geben Sie einen frei definierbaren, sprechenden Feldnamen in das Feld **Funktionsfeldname** ❷ ein, und ordnen Sie dem neuen Funktionsfeldnamen das entsprechende technische Feld zu, indem Sie den Tabellennamen in das Feld **Tabellenname** ❸ und den Feldnamen in das Feld **Feldname** ❹ eintragen.

Sie können einen Fehlercode im Feld **Fehlercode** ❺ mitgeben, wenn diese Fehlernummer im Falle der fehlgeschlagenen Validierung an die Komponente Ausnahmebehandlung übergeben werden soll. Aktivieren Sie das Kennzeichen **XML-Feld** ❻, falls das Feld eine XML-Darstellung hat. Sie können das Feld **Empfänger** ❼, das für die Klassifizierung der Weisungen an die Empfänger vorgesehen ist, leer lassen. Falls Sie den Haken im Feld **XML-Feld** gesetzt haben, müssen Sie im Ordner **XML-Spezifikation** ❽ den entsprechenden XML-Pfad oder mehrere XML-Pfade, unter denen der dazugehörige Tag in einer XML-Datei zu finden ist, angeben.

Feldgruppen definieren

Die Feldgruppen müssen definiert werden, um die einzelnen Funktionsfelder zu Gruppen zusammenzufassen und die Felder dadurch den Objekten der erweiterten Zahlungsverwaltung leichter und übersichtlicher zuordnen zu können. Die benötigten Feldgruppen legen Sie über den folgenden Pfad im Einführungsleitfaden an: **Financial Supply Chain Management • Erweiterte Zahlungsverwaltung • Zahlungsverarbeitung • Anreicherung & Validierung • Feldgruppen und Validierungen • Feldgruppen definieren**.

In Abbildung 11.47 sehen Sie verschiedene Feldgruppen. Geben Sie einen frei definierbaren, sprechenden Namen für die neue Gruppe in das Feld **Feldgruppe** ❶ ein, und pflegen Sie jeweils die Kurz- und die Langbeschreibung in den Feldern **Logische Feldgruppe** ❷ und **Logische Feldgruppe** ❸ ein. Damit sind die Funktionsgruppen schon gepflegt.

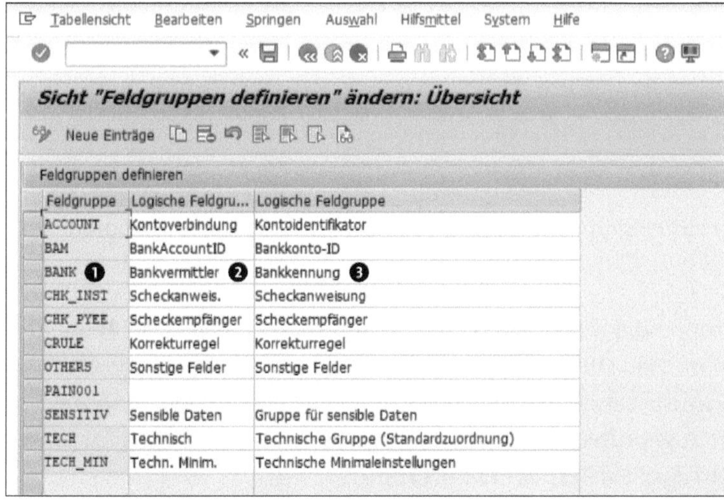

Feldgruppe	Logische Feldgru...	Logische Feldgruppe
ACCOUNT	Kontoverbindung	Kontoidentifikator
BAM	BankAccountID	Bankkonto-ID
BANK ❶	Bankvermittler ❷	Bankkennung ❸
CHK_INST	Scheckanweis.	Scheckanweisung
CHK_PYEE	Scheckempfänger	Scheckempfänger
CRULE	Korrekturregel	Korrekturregel
OTHERS	Sonstige Felder	Sonstige Felder
PAIN001		
SENSITIV	Sensible Daten	Gruppe für sensible Daten
TECH	Technisch	Technische Gruppe (Standardzuordnung)
TECH_MIN	Techn. Minim.	Technische Minimaleinstellungen

Abbildung 11.47 Feldgruppen für die Anreicherung und Validierung definieren (Transaktion SPRO)

Felder den Feldgruppen zuordnen

Organisieren Sie nun einzelne Felder zu den gerade angelegten Feldgruppen über den folgenden Pfad im Einführungsleitfaden: **Financial Supply Chain Management • Erweiterte Zahlungsverwaltung • Zahlungsverarbeitung • Anreicherung & Validierung • Feldgruppen und Validierungen • Felder den Feldgruppen zuordnen.**

In Abbildung 11.48 sehen Sie die Übersicht mit den Feldgruppen und den zu ihnen zugeordneten Feldern, bei denen Vorgaben bezüglich der Systemprüfungen gemacht worden sind. Wählen Sie die passende Feldgruppe im Feld **Feldgruppe** ❶, und geben Sie im Feld **Objektart** ❷ an, für welche Objekte diese Feldgruppe verwendet werden soll, wie z. B. für den eingehenden oder den ausgehenden Zahlungsauftrag, für Auftraggeber-, Empfänger- oder Clearing-Posten.

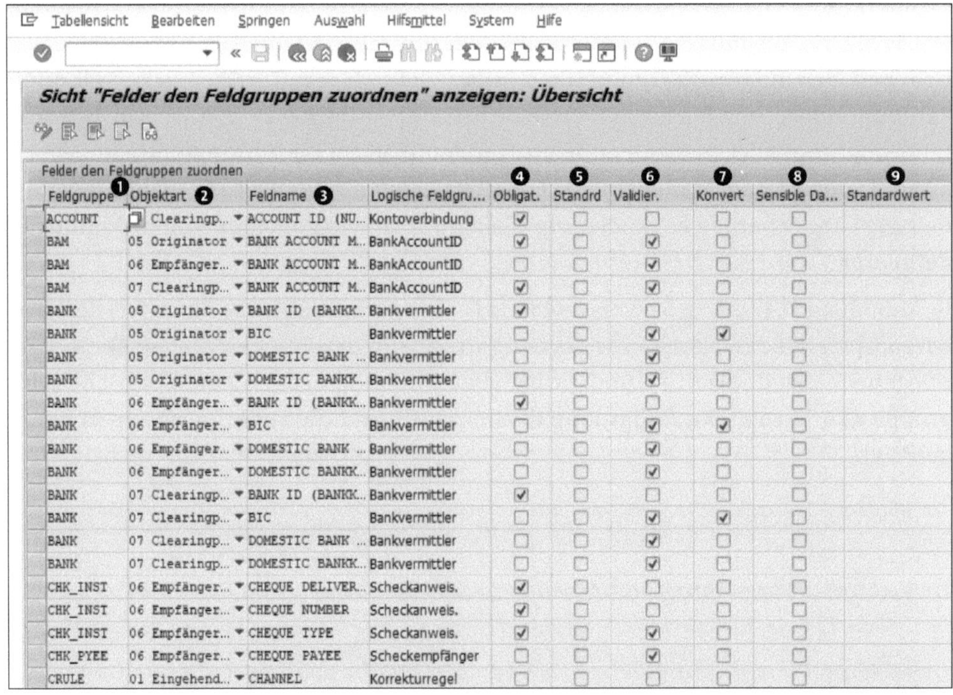

Feldgruppe ❶	Objektart ❷	Feldname ❸	Logische Feldgru...	Obligat. ❹	Standrd ❺	Validier. ❻	Konvert ❼	Sensible Da... ❽	Standardwert ❾
ACCOUNT	Clearingp...	ACCOUNT ID (NU...	Kontoverbindung	☑	☐	☐	☐	☐	
BAM	05 Originator	BANK ACCOUNT M...	BankAccountID	☑	☐	☑	☐	☐	
BAM	06 Empfänger...	BANK ACCOUNT M...	BankAccountID	☐	☐	☑	☐	☐	
BAM	07 Clearingp...	BANK ACCOUNT M...	BankAccountID	☑	☐	☑	☐	☐	
BANK	05 Originator	BANK ID (BANKK...	Bankvermittler	☑	☐	☐	☐	☐	
BANK	05 Originator	BIC	Bankvermittler	☐	☐	☑	☑	☐	
BANK	05 Originator	DOMESTIC BANK ...	Bankvermittler	☐	☐	☑	☐	☐	
BANK	05 Originator	DOMESTIC BANKK...	Bankvermittler	☐	☐	☑	☐	☐	
BANK	06 Empfänger...	BANK ID (BANKK...	Bankvermittler	☑	☐	☐	☐	☐	
BANK	06 Empfänger...	BIC	Bankvermittler	☐	☐	☑	☑	☐	
BANK	06 Empfänger...	DOMESTIC BANK ...	Bankvermittler	☐	☐	☑	☐	☐	
BANK	06 Empfänger...	DOMESTIC BANKK...	Bankvermittler	☐	☐	☑	☐	☐	
BANK	07 Clearingp...	BANK ID (BANKK...	Bankvermittler	☑	☐	☐	☐	☐	
BANK	07 Clearingp...	BIC	Bankvermittler	☐	☐	☑	☑	☐	
BANK	07 Clearingp...	DOMESTIC BANK ...	Bankvermittler	☐	☐	☑	☐	☐	
BANK	07 Clearingp...	DOMESTIC BANKK...	Bankvermittler	☐	☐	☑	☐	☐	
CHK_INST	06 Empfänger...	CHEQUE DELIVER...	Scheckanweis.	☑	☐	☐	☐	☐	
CHK_INST	06 Empfänger...	CHEQUE NUMBER	Scheckanweis.	☑	☐	☐	☐	☐	
CHK_INST	06 Empfänger...	CHEQUE TYPE	Scheckanweis.	☑	☐	☑	☐	☐	
CHK_PYEE	06 Empfänger...	CHEQUE PAYEE	Scheckempfänger	☐	☐	☑	☐	☐	
CRULE	01 Eingehend...	CHANNEL	Korrekturregel	☐	☐	☐	☐	☐	

Abbildung 11.48 Felder zu Feldgruppen für die Anreicherung und Validierung zuordnen (Transaktion SPRO)

Ordnen Sie dieser Gruppe die relevanten Objektfelder im Feld **Feldname** ❸ zu, und setzen Sie den Haken im Feld **Obligat.** ❹, falls dieses Feld im Objekt obligatorisch ist und vorhanden sein muss. Setzen Sie den Haken im Feld **Standrd** ❺, wenn diesem Feld ein Default-Wert zugeordnet werden soll. Den entsprechenden Wert für dieses Feld tragen Sie dann in das Feld **Standardwert** ❾ ein.

Setzen Sie den Haken im Feld **Validier.** ❻, falls eine Validierung für dieses Feld durchlaufen soll. Ein Validierungsmuster dazu können Sie ebenfalls in dieser Transaktion definieren. Setzen Sie den Haken im Feld **Konvert** ❼, wenn der Wert im Objektfeld auf eine bestimmte Art und Weise konvertiert werden soll. Setzen Sie anschließend den Haken im Feld **Sensible Daten** ❽, wenn das Feld sensible Informationen enthält und geschützt werden soll.

Feldroutinen definieren

Nachdem Sie die einzelnen Felder und die Feldgruppen definiert und miteinander verknüpft haben, müssen Sie den Kombinationen aus Feldgruppen und Objektfeldern die Feldroutinen, die bei den Prüfungen rund um diese Kombination durchlaufen werden, zuordnen. Es steht Ihnen eine Reihe der in der SAP-Standardauslieferung vorhandenen Feldroutinen zur Auswahl, die Sie den Feldern zuordnen können. Sollten Sie spezielle Prüfungsanforderungen haben, die mit den Standardroutinen nicht abgedeckt werden, können Sie auch eigene Feldroutinen definieren und diese den Objektfeldern zuordnen.

11

Hierzu wählen Sie im Einführungsleitfaden den folgenden Pfad: **Financial Supply Chain Management • Erweiterte Zahlungsverwaltung • Zahlungsverarbeitung • Anreicherung & Validierung • Feldgruppen und Validierungen • Feldroutinen definieren**.

In Abbildung 11.49 sehen Sie die Klassen, die einzelnen Objektfeldern zugeordnet sind. Tragen Sie die Feldgruppe in das Feld **Feldgruppe** ❶ ein. Geben Sie die Objektart, für die die Feldgruppe verwendet werden soll, in das Feld **Objektart** ❷ ein, wählen Sie das relevante Objektfeld im Feld **Feldname** ❸ und ordnen Sie diesem Eintrag die passende ABAP-Klasse im Feld **Klassenname** ❹ zu.

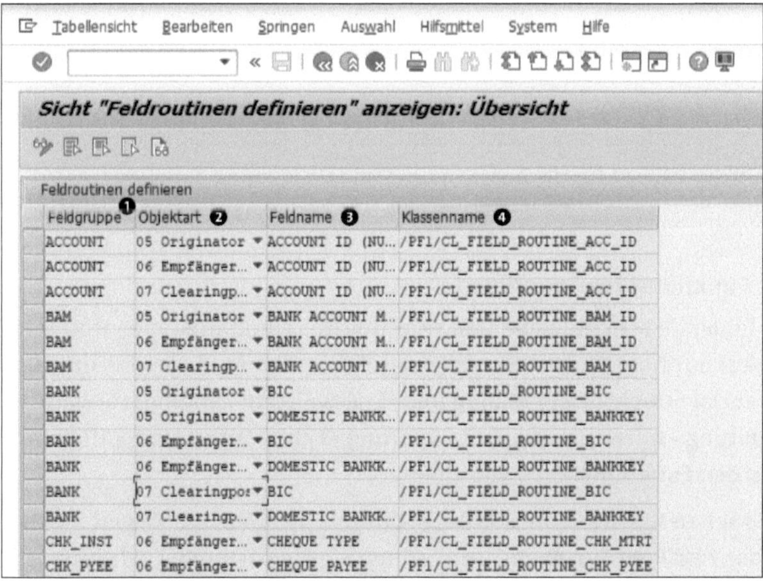

Feldgruppe ❶	Objektart ❷	Feldname ❸	Klassenname ❹
ACCOUNT	05 Originator	ACCOUNT ID (NU...	/PF1/CL_FIELD_ROUTINE_ACC_ID
ACCOUNT	06 Empfänger...	ACCOUNT ID (NU...	/PF1/CL_FIELD_ROUTINE_ACC_ID
ACCOUNT	07 Clearingp...	ACCOUNT ID (NU...	/PF1/CL_FIELD_ROUTINE_ACC_ID
BAM	05 Originator	BANK ACCOUNT M...	/PF1/CL_FIELD_ROUTINE_BAM_ID
BAM	06 Empfänger...	BANK ACCOUNT M...	/PF1/CL_FIELD_ROUTINE_BAM_ID
BAM	07 Clearingp...	BANK ACCOUNT M...	/PF1/CL_FIELD_ROUTINE_BAM_ID
BANK	05 Originator	BIC	/PF1/CL_FIELD_ROUTINE_BIC
BANK	05 Originator	DOMESTIC BANKK...	/PF1/CL_FIELD_ROUTINE_BANKKEY
BANK	06 Empfänger...	BIC	/PF1/CL_FIELD_ROUTINE_BIC
BANK	06 Empfänger...	DOMESTIC BANKK...	/PF1/CL_FIELD_ROUTINE_BANKKEY
BANK	07 Clearingpo:	BIC	/PF1/CL_FIELD_ROUTINE_BIC
BANK	07 Clearingp...	DOMESTIC BANKK...	/PF1/CL_FIELD_ROUTINE_BANKKEY
CHK_INST	06 Empfänger...	CHEQUE TYPE	/PF1/CL_FIELD_ROUTINE_CHK_MTRT
CHK_PYEE	06 Empfänger...	CHEQUE PAYEE	/PF1/CL_FIELD_ROUTINE_CHK_PYEE

Abbildung 11.49 Feldroutinen für die Anreicherung und Validierung definieren (Transaktion SPRO)

Funktionstypen definieren

Nun können Sie verschiedene Funktionstypen definieren, die Sie zum einen bei der Definition der Zahlungsauftragsart dieser Auftragsart zuordnen können. Zum anderen verknüpfen Sie diese Funktionstypen mit den zuvor definierten Feldgruppen. Damit sind die Funktionstypen ein Zwischenschritt für die Verknüpfung der Zahlungsauftragsarten und der Feldgruppen mit einzelnen Feldern und Feldroutinen.

Die Funktionstypen legen Sie über den folgenden Pfad im Einführungsleitfaden an: **Financial Supply Chain Management • Erweiterte Zahlungsverwaltung • Zahlungsverarbeitung • Anreicherung & Validierung • Feldgruppen und Validierungen • Funktionstypen definieren**.

In Abbildung 11.50 sehen Sie verschiedene Funktionstypen und deren Beschreibungen. Tragen Sie den gewünschten Funktionstyp in das Feld **FunktTyp** ❶ ein, und pflegen Sie jeweils eine Kurz- und eine Langbezeichnung für diesen Funktionstyp in den Feldern **Funktionstyp** ❷ und **Funktionstyp** ❸.

FunktTyp	Funktionstyp	Funktionstyp
ACCRUAL ❶	Abgrenz. (int.) ❷	Abgrenzung (interne Hauptbuchbuchung) ❸
CHEQUE	Scheck	Scheck
CRULE	Korrekturregel	Korrekturregel
SENSITIV	Sensible Daten	Sensible Daten
STANDARD	StdÜber./-last.	Standardüberweisung/-lastschrift
TREASURY	Treasury	Treasury

Abbildung 11.50 Funktionstypen für die Anreicherung und Validierung definieren (Transaktion SPRO)

Feldgruppen den Funktionstypen zuordnen

Der letzte bisher fehlende Schritt ist die Verknüpfung der Funktionstypen und Feldroutinen. Diese Verknüpfung richten Sie über den folgenden Pfad im Einführungsleitfaden ein: **Financial Supply Chain Management • Erweiterte Zahlungsverwaltung • Zahlungsverarbeitung • Anreicherung & Validierung • Feldgruppen und Validierungen • Feldgruppen den Funktionstypen zuordnen**.

In Abbildung 11.51 sehen Sie, wie eine solche Verknüpfung aussieht. Tragen Sie den Funktionstyp in das Feld **FunkTyp** ❶ ein, und ordnen Sie die passende Feldgruppe im Feld **Feldgruppe** ❷ zu.

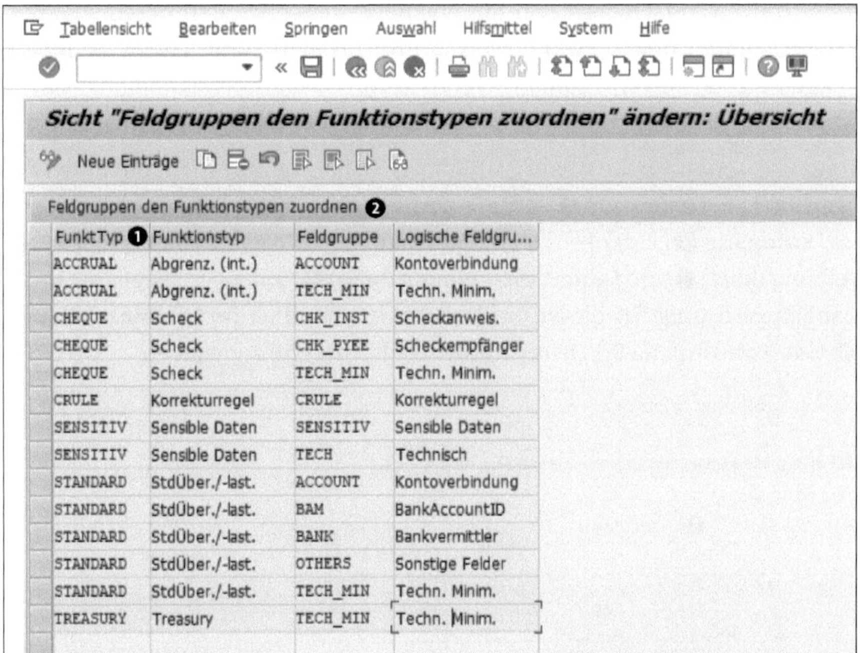

FunktTyp ❶	Funktionstyp	Feldgruppe	Logische Feldgru...
ACCRUAL	Abgrenz. (int.)	ACCOUNT	Kontoverbindung
ACCRUAL	Abgrenz. (int.)	TECH_MIN	Techn. Minim.
CHEQUE	Scheck	CHK_INST	Scheckanweis.
CHEQUE	Scheck	CHK_PYEE	Scheckempfänger
CHEQUE	Scheck	TECH_MIN	Techn. Minim.
CRULE	Korrekturregel	CRULE	Korrekturregel
SENSITIV	Sensible Daten	SENSITIV	Sensible Daten
SENSITIV	Sensible Daten	TECH	Technisch
STANDARD	StdÜber./-last.	ACCOUNT	Kontoverbindung
STANDARD	StdÜber./-last.	BAM	BankAccountID
STANDARD	StdÜber./-last.	BANK	Bankvermittler
STANDARD	StdÜber./-last.	OTHERS	Sonstige Felder
STANDARD	StdÜber./-last.	TECH_MIN	Techn. Minim.
TREASURY	Treasury	TECH_MIN	Techn. Minim.

Abbildung 11.51 Feldgruppen den Funktionstypen für die Anreicherung und Validierung zuordnen (Transaktion SPRO)

Damit ist die Einrichtung für Feldgruppen, Feldroutinen und Funktionstypen abgeschlossen.

11.6 Ausnahmebehandlung

Eine weitere Funktion in der erweiterten Zahlungsverwaltung ist die Ausnahmebehandlung, die aus dem vorherigen Thema der Anreicherung und Validierung resultiert. In Abschnitt 11.5.1, »Prüfregeln definieren«, haben wir die Pflege der Prüfregeln für die Anreicherung und Validierung beschrieben. Bei der Definition der Prüfregeln wurden diesen Regeln verschiedene Fehler-IDs zugeordnet, wie Sie es in Abbildung 11.38 sehen können.

In diesem Abschnitt erläutern wir, wie diese Fehlercodes zustande kommen und welche weiteren Einstellungen notwendig sind, um die Ausnahmen in der erweiterten Zahlungsverwaltung effizient behandeln zu können.

11.6.1 Fehler-IDs für die Ausnahmebehandlung

In der SAP-Standardauslieferung sind die meisten typischen Fehlerursachen und die damit verbundenen Fehlercodes schon abgedeckt. Überprüfen Sie das verfügbare

Customizing, um zu entscheiden, ob Sie eigene Fehlercodes definieren müssen. Hierzu wählen Sie den folgenden Pfad im Einführungsleitfaden: **Financial Supply Chain Management • Erweiterte Zahlungsverwaltung • Ausnahmebehandlung • Basiskonfiguration • Entwicklung • Fehler-ID für Ausnahmebehandlung pflegen**.

In Abbildung 11.52 sehen Sie die schon verfügbaren Fehlerdefinitionen und deren Bezeichnungen. Im Feld **Fehlercode** ❶ ist die laufende Nummer des Fehlers eingetragen, und im Feld **Kategorie** ❷ ist der Fehler entsprechend klassifiziert. In den Feldern **Fehlerbeschreibung (kurz)** ❸ und **Fehlerbeschreibung (lang)** ❹ finden Sie jeweils die Kurz- und die Langbezeichnung für diesen Fehler. Anschließend ist im Feld **Bezeichnung Prüfung** ❺ eine ausführliche Erklärung für die Fehlerursache angegeben.

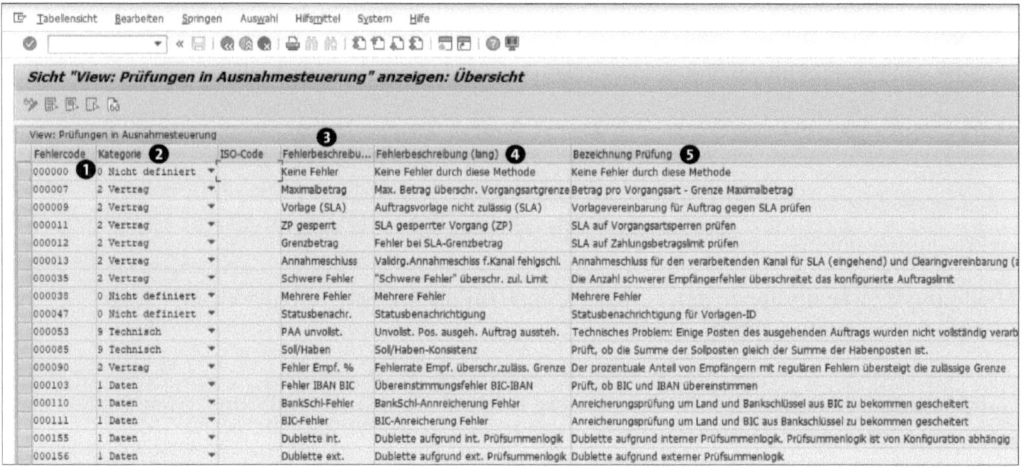

Fehlercode ❶	Kategorie ❷	ISO-Code	Fehlerbeschreibu... ❸	Fehlerbeschreibung (lang) ❹	Bezeichnung Prüfung ❺
000000	0 Nicht definiert		Keine Fehler	Keine Fehler durch diese Methode	Keine Fehler durch diese Methode
000007	2 Vertrag		Maximalbetrag	Max. Betrag überschr. Vorgangsartgrenze	Betrag pro Vorgangsart - Grenze Maximalbetrag
000009	2 Vertrag		Vorlage (SLA)	Auftragsvorlage nicht zulässig (SLA)	Vorlagevereinbarung für Auftrag gegen SLA prüfen
000011	2 Vertrag		ZP gesperrt	SLA gesperrter Vorgang (ZP)	SLA auf Vorgangsartsperren prüfen
000012	2 Vertrag		Grenzbetrag	Fehler bei SLA-Grenzbetrag	SLA auf Zahlungsbetragslimit prüfen
000013	2 Vertrag		Annahmeschluss	Validrg.Annahmeschlss f.Kanal fehlgschl.	Annahmeschluss für den verarbeitenden Kanal für SLA (eingehend) und Clearingvereinbarung (a
000035	2 Vertrag		Schwere Fehler	"Schwere Fehler" überschr. zul. Limit	Die Anzahl schwerer Empfängerfehler überschreitet das konfigurierte Auftragslimit
000038	0 Nicht definiert		Mehrere Fehler	Mehrere Fehler	Mehrere Fehler
000047	0 Nicht definiert		Statusbenachr.	Statusbenachrichtigung	Statusbenachrichtigung für Vorlagen-ID
000053	9 Technisch		PAA unvollst.	Unvollst. Pos. ausgeh. Auftrag aussteh.	Technisches Problem: Einige Posten des ausgehenden Auftrags wurden nicht vollständig verarb
000085	9 Technisch		Soll/Haben	Soll/Haben-Konsistenz	Prüft, ob die Summe der Sollposten gleich der Summe der Habenposten ist.
000090	2 Vertrag		Fehler Empf. %	Fehlerrate Empf. überschr.zuläss. Grenze	Der prozentuale Anteil von Empfängern mit regulären Fehlern übersteigt die zulässige Grenze
000103	1 Daten		Fehler IBAN BIC	Übereinstimmungsfehler BIC-IBAN	Prüft, ob BIC und IBAN übereinstimmen
000110	1 Daten		BankSchl-Fehler	BankSchl-Annreicherung Fehlar	Anreicherungsprüfung um Land und Bankschlüssel aus BIC zu bekommen gescheitert
000111	1 Daten		BIC-Fehler	BIC-Anreicherung Fehler	Anreicherungsprüfung um Land und BIC aus Bankschlüssel zu bekommen gescheitert
000155	1 Daten		Dublette int.	Dublette aufgrund int. Prüfsummenlogik	Dublette aufgrund interner Prüfsummenlogik. Prüfsummenlogik ist von Konfiguration abhängig
000156	1 Daten		Dublette ext.	Dublette aufgrund ext. Prüfsummenlogik	Dublette aufgrund externer Prüfsummenlogik

Abbildung 11.52 Fehler-ID für die Ausnahmesteuerung pflegen (Transaktion SPRO)

Diese Fehlercodes werden den Phasen der Ausnahmesteuerung zugeordnet, damit später bei der Konfiguration von konkreten Regeln für Reaktionen auf die Fehler die Auswahl der passenden Fehlercodes leichter fällt.

Diese Zuordnung können Sie über den folgenden Pfad im Einführungsleitfaden überprüfen: **Financial Supply Chain Management • Erweiterte Zahlungsverwaltung • Ausnahmebehandlung • Basiskonfiguration • Entwicklung • Fehler-IDs zu Ausnahmesteuerungsphasen zuordnen**.

In Abbildung 11.53 sehen Sie, wie die zuvor definierten Fehlercodes bestimmten Prozessschritten und Prüfphasen zugeordnet sind. Im Feld **Verarb.** ❶ sind verschiedene Prozessschritte wie das Importieren der eingehenden Datei, die Verarbeitung des eingehenden Zahlungsauftrags und weitere Prozessschritte definiert. Im Feld **Objektart** ❷ ist angegeben, um welches Objekt es dabei geht, wie z. B. um einen eingehenden Zahlungsauftrag oder um einen Auftraggeberzahlungsposten.

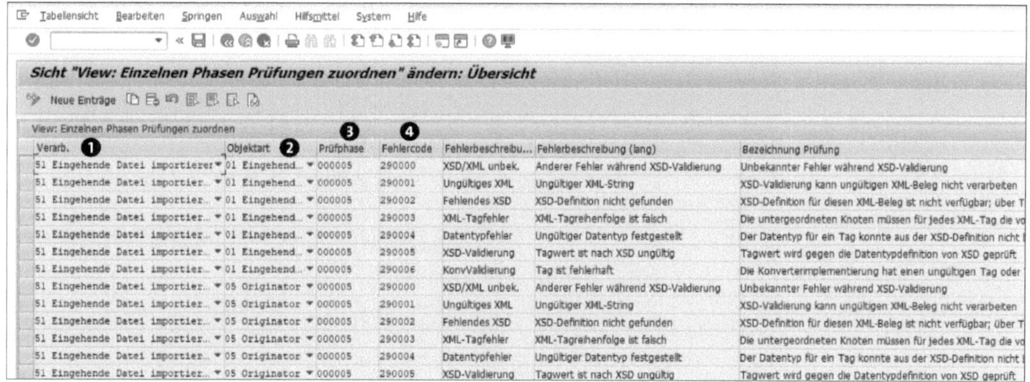

Abbildung 11.53 Fehler-IDs zu den Ausnahmesteuerungsphasen zuordnen (Transaktion SPRO)

Im Feld **Prüfphase** ❸ ist für die Kombination aus Prozessschritt und Objektart eine passende Prüfphase, die von SAP entsprechend vordefiniert ist, eingetragen. Im Feld **Fehlercode** ❹ ist anschließend die Fehler-ID zugeordnet.

Basierend auf dieser Einstellung können bei der Regelwerkpflege für den jeweiligen Prozessschritt die passenden Fehlercodes abgeleitet und zur Auswahl angeboten werden.

11.6.2 Reaktionsarten definieren

Sie können verschiedene Reaktionsarten verwenden, damit das System beim Eintreten einer bestimmten Ausnahmesituation entsprechend Ihren Vorgaben reagieren kann. Die frei definierbaren *Reaktionsarten* basieren auf den von SAP vordefinieren *Reaktionstypen*, die eine bestimmte Situation eindeutig klassifizieren. Die Reaktionsarten können zwar frei definiert werden, Sie können allerdings die in der SAP-Standardauslieferung vorhandenen Reaktionsarten nutzen, ohne Ihre eigenen Reaktionsarten definieren zu müssen.

In Tabelle 11.3 sind die vordefinierten Reaktionstypen zusammengefasst. Die Reaktionsarten basieren auf diesen Reaktionstypen.

Reaktionstyp	Beschreibung	Erläuterung
01	Nachbearbeitung eines Zahlungsauftrags	manuelle Änderung im Zahlungsauftrag möglich, danach erneutes Vorlegen zum automatischen Verarbeiten

Tabelle 11.3 Vordefinierte Reaktionstypen in der Ausnahmebehandlung

Reaktionstyp	Beschreibung	Erläuterung
02	Storno eines Zahlungsauftrags	keine weitere Verarbeitung, Storno oder Verwerfung
04	Automatische Nachbearbeitung eines Zahlungsauftrags	automatische Reparatur im Zahlungsauftrag möglich danach erneutes Vorlegen zum automatischen Verarbeiten
07	Nachbearbeitung von ausgehendem Zahlungsauftrag	Buchung von Offset-Clearing-Kopie vom fehlgeschlagenen Auftrag in einen neuen Auftrag
08	Wiedervorlage von ausgehendem Zahlungsauftrag	kein Offset-Clearing, manuelle Änderung im ausgehenden Auftrag möglich
99	Weiterverarbeitung	Ignorieren von Fehlern, Weiterverarbeitung des Auftrags

Tabelle 11.3 Vordefinierte Reaktionstypen in der Ausnahmebehandlung (Forts.)

Allgemeine Reaktionsarten

Folgende Reaktionsarten sind in der Standardauslieferung vorhanden und können für Ihre Zwecke verwendet werden.

In Tabelle 11.4 sehen Sie solche Reaktionsarten, die basierend auf einem bestimmten Reaktionstyp, schon eingerichtet wurden und genutzt werden können.

Reaktionsart	Beschreibung
IGNORIEREN	Ignorieren des Fehlers und Weiterverarbeitung des Objekts
PO_POST_FI	Übergabe der über den FI-Kanal gesendeten Aufträge an die Nachbearbeitung
PO_POST_HR	Übergabe der über den HR-Kanal gesendeten Aufträge an die Nachbearbeitung
PI_POST	Übergabe des fehlerhaften Postens an die Nachbearbeitung
PO_REJECT	Ablehnung des fehlerhaften Auftrags
PI_REJECT	Ablehnung des fehlerhaften Postens

Tabelle 11.4 Verfügbare Reaktionsarten in der Ausnahmebehandlung

Im Einführungsleitfaden finden Sie mehrere ähnlich aufgebaute Transaktionen, die die Pflege von Reaktionsarten für einen konkreten Reaktionstyp voraussetzen. Wir beschreiben den Pflegeprozess für die Reaktionsarten für den Reaktionstyp Abweisung. Die Pflege der Reaktionsarten zu anderen Reaktionstypen wird nach der gleichen Logik vorgenommen.

Reaktionsarten für die Abweisung definieren

Um die Reaktionsarten für die Abweisung zu definieren, rufen Sie den folgenden Pfad im Einführungsleitfaden auf: **Financial Supply Chain Management • Erweiterte Zahlungsverwaltung • Ausnahmebehandlung • Reaktionsarten definieren • Allgemeine Reaktionsarten • Abweisung • Reaktionsarten für Abweisung definieren**.

In Abbildung 11.54 sehen Sie die Reaktionsart, die im Falle einer Abweisung ausgelöst werden kann. Tragen Sie den Clearing-Kreis in das Feld **ClearKreis** ❶ ein, und pflegen Sie den Namen für die Reaktionsart im Feld **Reaktionsart** ❷.Tragen Sie einen Wert in das Feld **Priorität** ❸ ein. Die Reaktionsart mit dem Wert »0« in diesem Feld hat die höchste Priorität. Pflegen Sie jeweils die Kurz- und Langbeschreibung in den Feldern **Bezeichnung Reaktionsart (kurz)** ❹ und **Bezeichnung Reaktionsart (lang)** ❺.

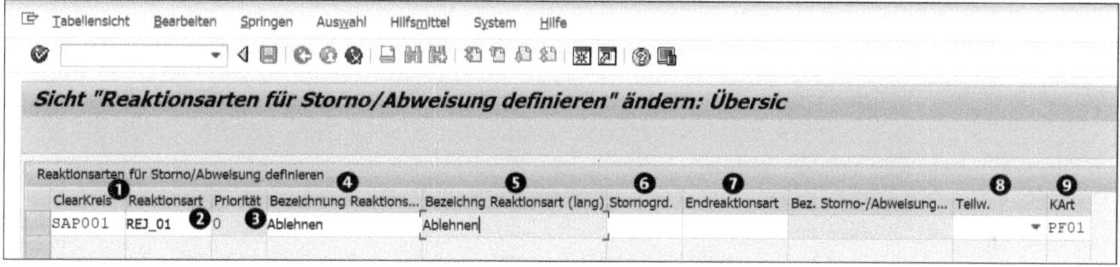

Abbildung 11.54 Reaktionsarten für die Abweisung definieren (Transaktion SPRO)

Im Feld **Stornogrund** ❻ können Sie zusätzlich einen Grund für die Abweisung mitgeben; dieser muss zuvor an einer separaten Stelle im Customizing der erweiterten Zahlungsverwaltung angelegt worden sein. Wählen Sie eine Reaktionsart im Feld **Endreaktionsart** ❼, die verwendet wird, falls die gerade gepflegte Reaktionsart nicht erfolgreich angestoßen werden konnte. Wählen Sie einen passenden Wert aus der Dropdown-Liste im Feld **Teilw.** ❽, um festzulegen, ob eine Teilabweisung eines Zahlungsauftrags gewünscht oder erforderlich ist. Ordnen Sie der Reaktionsart eine Korrespondenzart für die im Falle der ausgelösten Reaktionsart zu erzeugende Korrespondenz im Feld **KArt** ❾ zu.

Die Pflegemöglichkeiten für Reaktionsarten, basierend auf anderen Reaktionstypen, sind im Einführungsleitfaden über die folgenden Pfade zu finden:

- **Financial Supply Chain Management • Erweiterte Zahlungsverwaltung • Ausnahmebehandlung • Reaktionsarten definieren • Allgemeine Reaktionsarten**

- **Financial Supply Chain Management • Erweiterte Zahlungsverwaltung • Ausnahmebehandlung • Reaktionsarten definieren • Reaktionsarten für Zahlungsauftrag**

Standardreaktionsarten definieren

Sie können der Kombination aus einzelnen Verarbeitungsschritten, Prüfphasen und Fehlercodes bestimmte Reaktionsarten als Standardreaktionsarten zuordnen. Sie weisen die Standardreaktionsarten im Einführungsleitfaden über den folgenden Pfad zu: **Financial Supply Chain Management • Erweiterte Zahlungsverwaltung • Ausnahmebehandlung • Basiskonfiguration • Standardreaktionsarten definieren**.

In Abbildung 11.55 sehen Sie, wie die Bestimmung der Standardtransaktionsarten aussieht. In das Feld **ClearKreis** ❶ tragen Sie Ihren Clearing-Kreis ein, und in das Feld **Objektart** ❷ geben Sie ein, um welches Objekt es dabei geht. Im Feld **Verarb.** ❸ geben Sie den relevanten Prozessschritt ein, bei dem der Fehlercode im Falle eines Fehlers und eine bestimmte Reaktion ausgelöst werden soll. Sie können zusätzlich die passende Prüfphase aus den vordefinierten Werten im Feld **Prüfphase** ❹ wählen. Tragen Sie den relevanten Fehlercode in das Feld **Fehlercode** ❺ ein. Anschließend ordnen Sie dieser Kombination eine relevante Reaktionsart im Feld **Reaktionsart** ❻ zu.

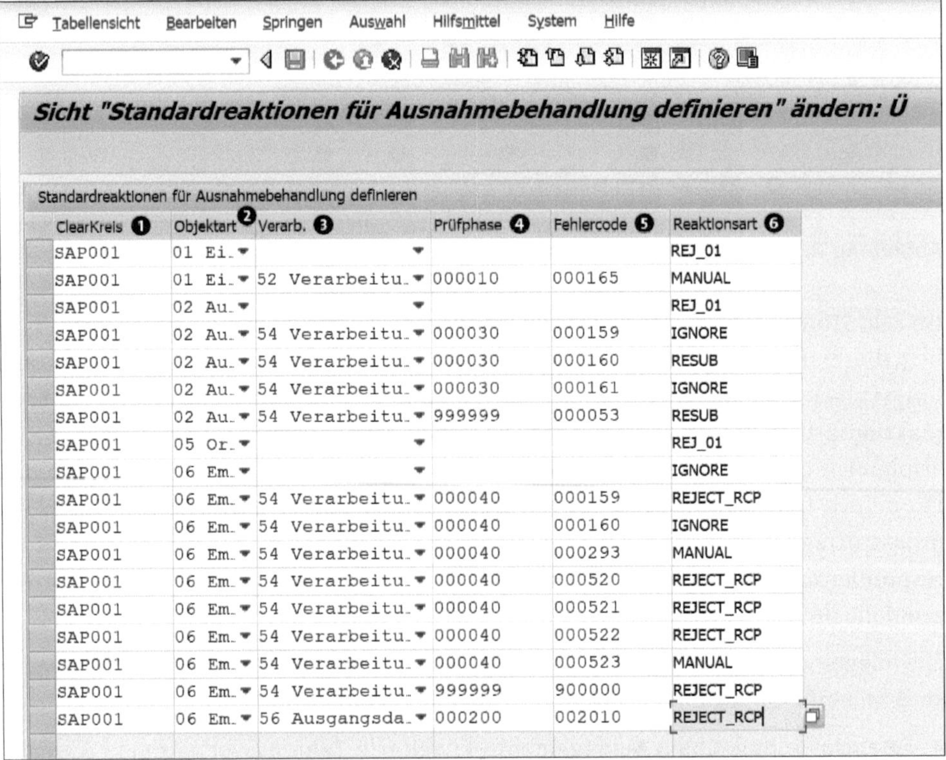

ClearKreis ❶	Objektart ❷	Verarb. ❸	Prüfphase ❹	Fehlercode ❺	Reaktionsart ❻
SAP001	01 Ei…				REJ_01
SAP001	01 Ei…	52 Verarbeitu…	000010	000165	MANUAL
SAP001	02 Au…				REJ_01
SAP001	02 Au…	54 Verarbeitu…	000030	000159	IGNORE
SAP001	02 Au…	54 Verarbeitu…	000030	000160	RESUB
SAP001	02 Au…	54 Verarbeitu…	000030	000161	IGNORE
SAP001	02 Au…	54 Verarbeitu…	999999	000053	RESUB
SAP001	05 Or…				REJ_01
SAP001	06 Em…				IGNORE
SAP001	06 Em…	54 Verarbeitu…	000040	000159	REJECT_RCP
SAP001	06 Em…	54 Verarbeitu…	000040	000160	IGNORE
SAP001	06 Em…	54 Verarbeitu…	000040	000293	MANUAL
SAP001	06 Em…	54 Verarbeitu…	000040	000520	REJECT_RCP
SAP001	06 Em…	54 Verarbeitu…	000040	000521	REJECT_RCP
SAP001	06 Em…	54 Verarbeitu…	000040	000522	REJECT_RCP
SAP001	06 Em…	54 Verarbeitu…	000040	000523	MANUAL
SAP001	06 Em…	54 Verarbeitu…	999999	900000	REJECT_RCP
SAP001	06 Em…	56 Ausgangsda…	000200	002010	REJECT_RCP

Abbildung 11.55 Standardreaktionsarten definieren (Transaktion SPRO)

Alternativ können Sie solche Angaben in den Stammdaten im Ausnahmebehandlungsregelwerk machen, was wir in den nachfolgenden Abschnitten noch erläutern.

11.6.3 Automatische Nachbearbeitung

Einige Fehler können im System immer wieder vorkommen und jedes Mal auf dieselbe Art und Weise während der Nachbearbeitung der Zahlungsaufträge korrigiert werden. Für solche Fälle können Sie den Lernalgorithmus der erweiterten Zahlungsverwaltung einsetzen und das System aus den Korrekturen automatisch lernen lassen und dabei das Erlernte automatisch für die Korrekturen anwenden. Das System analysiert manuell durchgeführte Änderungen, sucht dabei nach einem bestimmten *Korrekturmuster* und schlägt eine passende *Korrekturregel* vor, die erst freigegeben werden muss, aber nach einem bestimmten Schwellenwert automatisch angewendet werden kann.

[«]

Verfügbare SAP-Fiori-App

In diesem Abschnitt erläutern wir, wie im Customizing Regeln für die Ausnahmebehandlung definiert werden können. Zusätzlich steht Ihnen dafür die SAP-Fiori-App F3649 (**Korrekturregeln verwalten**) zur Verfügung.

Als Voraussetzung dafür müssen Sie in Ihrem Clearing-Kreis einen lokalen Anwendungsmanagementbereich, der auf dem lokalen Anwendungssystem mit dem Typ 11 **Automatische Nachbearbeitung basiert**, pflegen. In der Standardauslieferung ist es das lokale Anwendungssystem AUTO_PP, das Sie in Abbildung 11.10 sehen können und für Ihren lokalen Anwendungsbereich verwenden können.

Ordnen Sie dieses lokale Anwendungssystem einer der gepflegten Reaktionsarten über den folgenden Pfad im Einführungsleitfaden zu: **Financial Supply Chain Management • Erweiterte Zahlungsverwaltung • Ausnahmebehandlung • Reaktionsarten definieren • Allgemeine Reaktionsarten • Reaktionsarten für Nachbearbeitung definieren**.

In Abbildung 11.50 wurden verschiedene Funktionstypen definiert. Für die Zwecke der automatischen Nachbearbeitung benötigen Sie den Funktionstyp CRULE für Ihre neue *Korrekturregel*, die in der Standardauslieferung vorhanden sein sollte.

Als Nächstes pflegen Sie die Lernarttribute der automatischen Nachbearbeitung und ordnen sie dem Funktionstyp CRULE zu.

Folgen Sie hierzu im Einführungsleitfaden dem Pfad **Financial Supply Chain Management • Erweiterte Zahlungsverwaltung • Ausnahmebehandlung • Basiskonfiguration • Automatische Nachbehandlung (Lernen) • Automatische Nachbehandlung pflegen – Lernparameter**.

In Abbildung 11.56 sehen Sie solche Nachbearbeitungsattribute. Pflegen Sie Ihren Clearing-Kreis im Feld **ClearKreis** ❶, und geben Sie einen Lernschwellenwert im Feld **Schwellw.** ❷ an, der bestimmt, wie oft ein bestimmtes Muster realisiert werden soll, bevor eine automatische Lösung mit diesem Muster vorgeschlagen wird.

Abbildung 11.56 Automatische Nachbearbeitungsattribute pflegen (Transaktion SPRO)

Geben Sie im Feld **SW freig** ❸ einen Korrekturschwellenwert an, der bestimmt, wie oft ein bestimmtes Muster realisiert werden soll, bevor eine automatische Lösung mit diesem Muster ohne Vorschlag sofort angewendet wird. Ordnen Sie diesem Parameter den Funktionstyp CRULE im Feld **FunkTyp** ❹ zu.

[»]

Hintergrundreport für den Analyseprozess einplanen

Sie müssen den speziellen Report /PF1/R_PROCESS_PATTERN in regelmäßigen Abständen zu Analysezwecken ausführen. Dieser Report analysiert die Änderungen und identifiziert die Korrekturmuster. Sie können den Report als Hintergrundjob zum Beispiel über Nacht laufen lassen.

11.7 Verrechnung in der erweiterten Zahlungsverwaltung

In Abschnitt 11.2, »Szenarien in der erweiterten Zahlungsverwaltung«, haben wir die Zahlungsszenarien, die mit den Funktionen der erweiterten Zahlungsverwaltung abgewickelt werden können, erläutert.

Abhängig vom abgebildeten Zahlungsprozess ist in einigen Szenarien die Integration mit dem Hauptbuch oder mit SAP In-House Cash erforderlich, weil die erweiterte Zahlungsverwaltung Buchungen in diesen Komponenten anstößt. Es können nicht nur andere Komponenten, sondern auch andere SAP-Systeme angesprochen werden, weil sich z. B. der Buchungskreis, der die Zahlung ausgeführt hat und für den die Buchung im Hauptbuch stattfinden soll, in einem anderen System befindet als die erweiterte Zahlungsverwaltung. Die Komponenten und die separaten Systeme, mit denen die erweiterte Zahlungsverwaltung kommunizieren muss, um die Buchungen zu übergeben, werden *Kontoführungssysteme* genannt und müssen im Einführungsleitfaden der erweiterten Zahlungsverwaltung entsprechend konfiguriert werden.

Die Komponente der erweiterten Zahlungsverwaltung, die für das Identifizieren und Generieren dieser Buchungen verantwortlich ist, wird *Clearing-Verarbeitung* genannt. Der dahinterstehende Prozess wird als *Clearing* oder einfach *Verrechnung* bezeichnet.

[«]

Kommunikation in der erweiterten Zahlungsverwaltung

Die Komponente Clearing-Verarbeitung ist über den sogenannten *AM-Proxy* an die Kontoführungssysteme angebunden. Die Kommunikation findet über BAPI-Aufrufe von der erweiterten Zahlungsverwaltung an die BAPIs der angebundenen Kontoführungssysteme statt.

11.7.1 Kontoführungssysteme und kontoführende Einheiten

Für die Integration der erweiterten Zahlungsverwaltung mit Buchungsschnittstellen jeder Art müssen als Erstes alle relevanten Kontoführungssysteme definiert werden. Dazu gehören vor allem die Hauptbuchhaltung und SAP In-House Cash, die sich sowohl in demselben SAP-System wie die erweiterte Zahlungsverwaltung als auch in einem anderen System befinden können. Anschließend werden, basierend auf diesen Kontoführungssystemen, sogenannte *kontoführende Einheiten* definiert und ausgeprägt.

Kontoführungssysteme definieren

Sie legen die Kontoführungssysteme über den folgenden Pfad im Einführungsleitfaden an: **Financial Supply Chain Management • Erweiterte Zahlungsverwaltung • Externe Schnittstellen • Buchungsschnittstellen • Basiskonfiguration • Kontoführungssysteme definieren**.

In Abbildung 11.57 sehen Sie die in der Standardauslieferung vorhandenen Kontoführungssysteme. Sie können diese vordefinierten Systeme verwenden oder eigene Kontoführungssysteme definieren. Tragen Sie in diesem Fall den sprechenden Schlüssel für das neue System in das Feld **KtoFührAM** ❶ ein, und pflegen Sie die Bezeichnung für dieses System im Feld **Bez.Kontosys.lang** ❷.

Wählen Sie die passende Klasse für dieses System im Feld **Klassenname Proxy** ❸, und geben Sie im Feld **KS-Typ** ❹ an, ob es bei diesem System um das Hauptbuch oder um SAP In-House Cash geht. Markieren Sie den gepflegten Eintrag, und klicken Sie doppelt auf den Ordner **Attribute für Kontoführungssysteme** ❺.

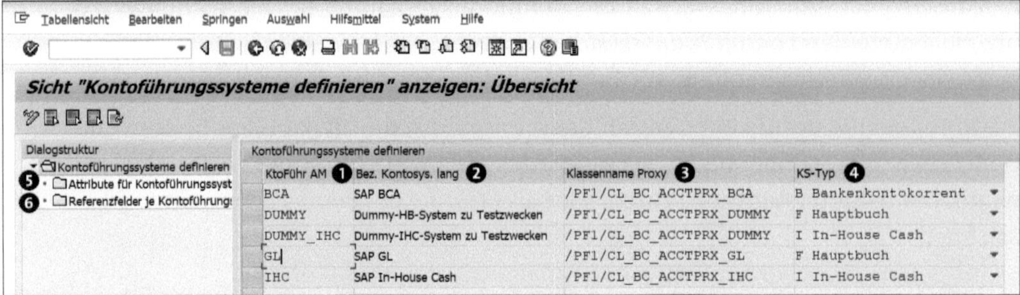

Abbildung 11.57 Kontoführungssysteme definieren: Übersichtsbild (Transaktion SPRO)

Zu jedem Kontoführungssystem können verschiedene Attribute gepflegt werden. Die *Attribute* sind bestimmte Informationen, die für eine erfolgreiche Kommunikation mit der Buchungsschnittstelle dieser Art erforderlich sind. Informationen wie der Name der RFC-Verbindung oder die Belegart können u. a. als Attribute definiert werden. Bei der Pflege der Attribute zu den Kontoführungssystemen geben Sie noch keine konkreten Werte ein, sondern Sie definieren nur, welche Art an Information beim Aufruf dieser Schnittstelle übergeben werden muss.

In Abbildung 11.58 sehen Sie die Pflege der Attribute zum Kontoführungssystem GL, das für die Verbindung mit dem Hauptbuch verantwortlich ist. Das Feld **KtoFühr AM** ❶ wird automatisch mit dem Kontoführungssystem, zu dem Sie die Attribute pflegen, gefüllt. Tragen Sie einen sprechenden Namen für das Attribut in das Feld **Attrib. BuchPostBer.** ❷ ein, und pflegen Sie die Bezeichnung für dieses Attribut im Feld **AttribBeschr.(lang)** ❸.

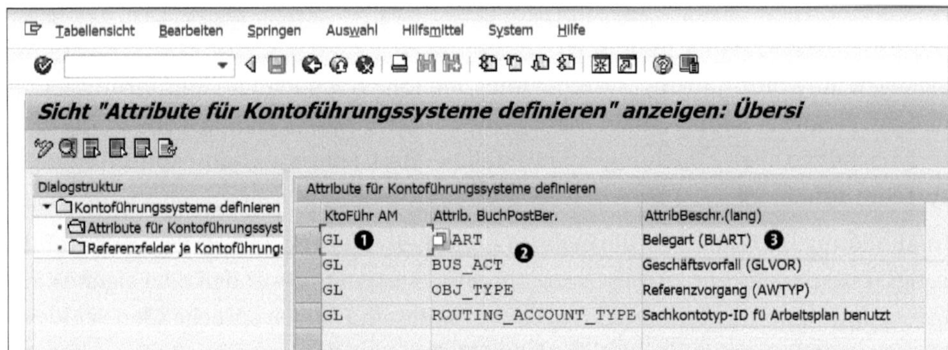

Abbildung 11.58 Kontoführungssysteme definieren: Attribute (Transaktion SPRO)

Als Letztes müssen Sie definieren, welche Felder als Referenzfelder für die Buchungssätze, die an diese Schnittstelle geschickt werden, verwendet werden sollen. Markieren Sie den gepflegten Eintrag, und klicken Sie doppelt auf den Ordner **Referenzfelder je Kontoführungssystem**, wie in Abbildung 11.57 gezeigt ❻.

In Abbildung 11.59 sehen Sie die Felder, die als Referenzfelder für das Kontoführungssystem *GL Hauptbuch* definiert sind. Tragen Sie einen entsprechenden Namen für das Referenzfeld in das Feld **Feldname** ❶ und die Bezeichnung in das Feld **Bez.Feldname lang** ❷ ein.

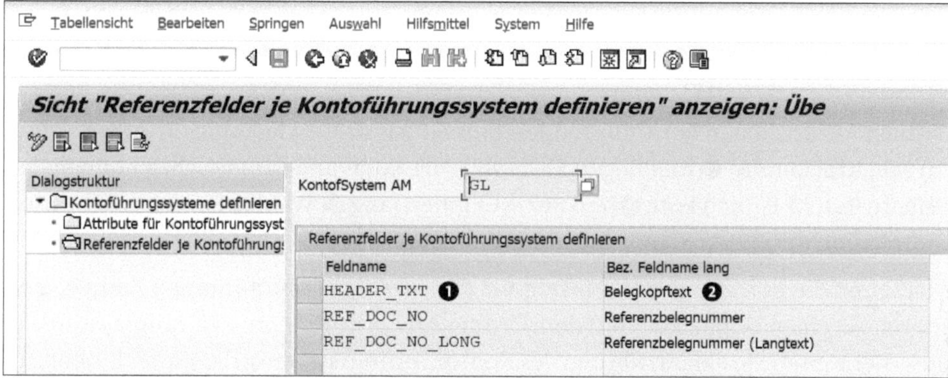

Abbildung 11.59 Kontoführungssysteme definieren: Referenzfelder (Transaktion SPRO)

Kontoführende Einheiten definieren

Basierend auf den gepflegten Kontoführungssystemen müssen Sie nun die konkreten kontoführenden Einheiten anlegen. Wenn die Kontoführungssysteme eine allgemeine Definition einer bestimmten Art der Buchungsschnittstelle ist, sind die kontoführenden Einheiten eine Definition für eine Buchungsschnittstelle zu einem konkreten System. An dieser Stelle pflegen Sie z. B. die Tochtergesellschaften als kontoführende Einheiten, falls die Buchungen für deren Systeme generiert und übergeben werden müssen. Es können sowohl die Buchungskreise in anderen SAP-Systemen als auch die Buchungskreise (ob zentral oder lokal) in demselben System wie die erweiterte Zahlungsverwaltung sein.

Sie legen die kontoführenden Einheiten über den folgenden Pfad im Einführungsleitfaden an: **Financial Supply Chain Management • Erweiterte Zahlungsverwaltung • Externe Schnittstellen • Buchungsschnittstellen • Basiskonfiguration • Kontoführende Einheiten definieren**.

In Abbildung 11.60 sehen Sie die Beispiele der kontoführenden Einheiten, die im Referenz-Clearing-Kreis SAP001 in der Standardauslieferung enthalten sind. Tragen Sie Ihren Clearing-Kreis in das Feld **ClearKreis** ❶ ein, und vergeben Sie im Feld **Kontoführg** ❷ einen sprechenden Namen für die kontoführende Einheit, wie z. B. »FI_SUB1« für die Tochtergesellschaft 1.

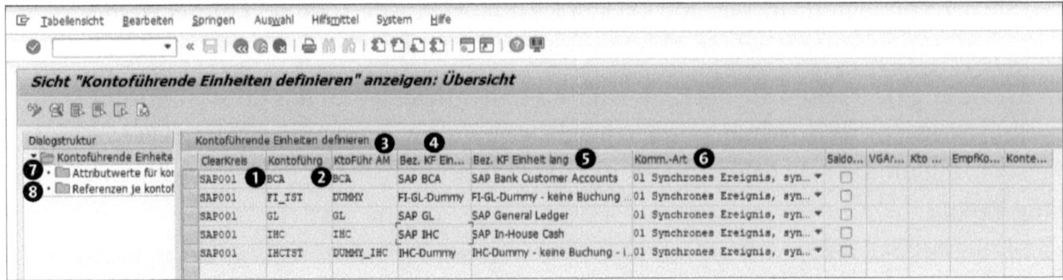

Abbildung 11.60 Kontoführende Einheiten definieren: Übersichtsbild (Transaktion SPRO)

Ordnen Sie der neuen kontoführenden Einheit das passende Kontoführungssystem im Feld **KtoFühr AM** ❸ zu. Pflegen Sie jeweils die Kurz- und Langbeschreibung in den Feldern **Bez. KF Einheit kurz** ❹ und **Bez. KF Einheit lang** ❺. Wählen Sie die Art der Kommunikation mit dieser Schnittstelle aus der Dropdown-Liste im Feld **Komm.-Art** ❻.

Markieren Sie den gepflegten Eintrag für die jeweilige kontoführende Einheit, und führen Sie einen Doppelklick auf dem Ordner **Attribute für Kontoführungssysteme** ❼ aus. Hier weisen Sie den Attributen des Kontoführungssystems, das dieser Einheit zugrunde liegt, konkrete Werte zu.

In Abbildung 11.61 sehen Sie die für die Einheit GL im Referenz-Clearing-Kreis SAP001 gepflegten Attribute. Wählen Sie die Option **Gilt für beide Systemtypen** im Feld **Systemart** ❶, und wählen Sie das Attribut aus der Liste der im Kontoführungssystem gepflegten Attribute im Feld **Attrib.BuchPostBer** ❷. Weisen Sie diesem Attribut einen konkreten Wert im Feld **AttrWert kntofhr.Ein** ❸ zu. Dabei kann es sich z. B. um eine konkrete Belegart oder um einen konkreten Namen einer RFC-Verbindung handeln.

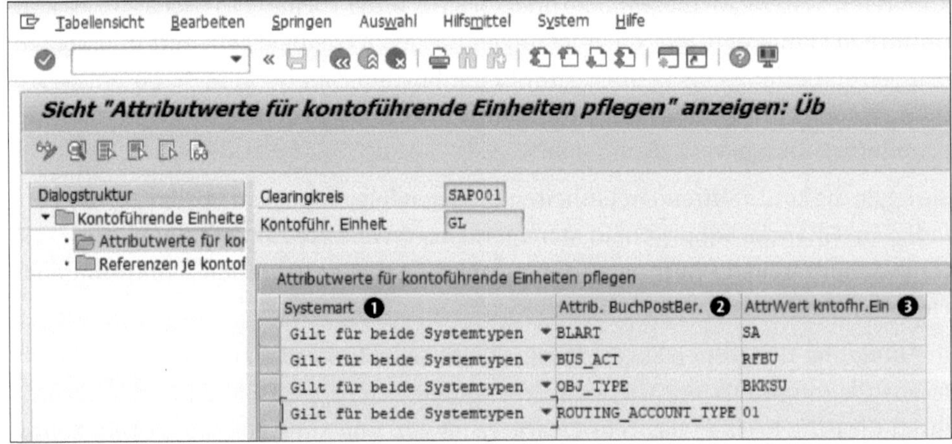

Abbildung 11.61 Kontoführende Einheiten definieren: Attribute (Transaktion SPRO)

Auch den Referenzfeldern können Sie Textbausteine zuweisen, damit sie bei der Buchungsübergabe in die Referenzfelder entsprechend übernommen werden. Markieren Sie den gepflegten Eintrag für die jeweilige kontoführende Einheit in Abbildung 11.60, und führen Sie einen Doppelklick auf dem Ordner **Referenzen je Kontoführungssystem** ❽ aus.

In Abbildung 11.62 sehen Sie, wie die Pflege der Referenzen für eine kontoführende Einheit aussieht. An dieser Stelle haben Sie die Möglichkeit, den im Kontoführungssystem definierten Referenzfeldern bestimmte Textbausteine zuzuordnen.

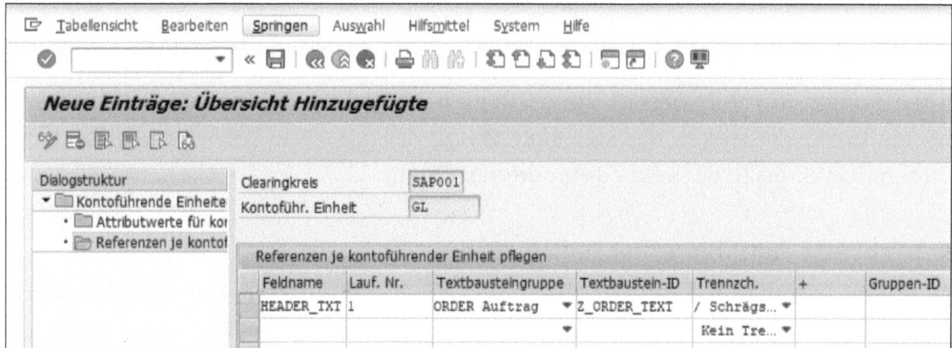

Abbildung 11.62 Kontoführende Einheiten definieren: Referenzen (Transaktion SPRO)

11.7.2 Integration mit SAP In-House Cash

Falls Sie das Zahlungsszenario »im Auftrag von« für die On-Behalf-Zahlungen abbilden, muss die erweiterte Zahlungsverwaltung mit SAP In-House Cash integriert werden. Dafür wurde im vorangehenden Abschnitt das entsprechende Kontoführungssystem IHC angelegt und die kontoführende Einheit für Ihre In-House-Bank eingerichtet.

Jetzt müssen einige Einstellungen für die Übergabe der Informationen an SAP In-House Cash vorgenommen werden.

Interne Verrechnungskonten definieren

Für die Übergabe der Buchungen an SAP In-House Cash muss das *interne Verrechnungskonto* in SAP In-House Cash gefüllt werden. Dieses Verrechnungskonto weisen Sie über den folgenden Pfad im Einführungsleitfaden zu: **Financial Supply Chain Management • Erweiterte Zahlungsverwaltung • Externe Schnittstellen • Buchungsschnittstellen • In-house Cash • Interne Verrechnungskonten definieren**.

In Abbildung 11.63 sehen Sie das für die Übergabe an SAP In-House Cash im Referenz-Clearing-Kreis SAP001 zugeordnete interne Verrechnungskonto. Tragen Sie Ihren Clearing-Kreis in das Feld **ClearKreis** ❶ ein, und geben Sie die Transaktionswährung in das Feld **Währung** ❷ ein. Wählen Sie das Szenario »Im Auftrag von« im Feld **Szenario** ❸.

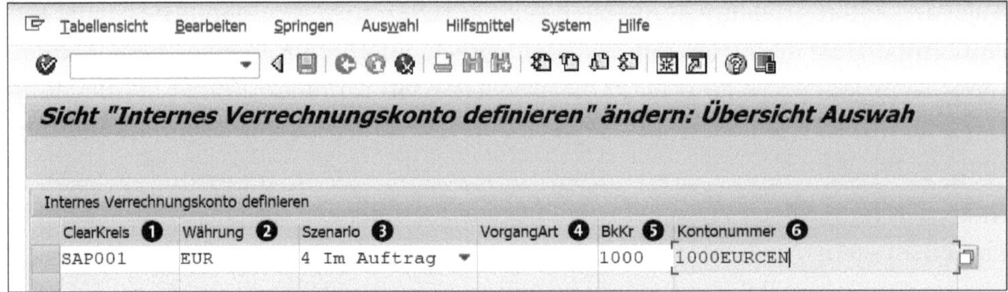

Abbildung 11.63 Interne Verrechnungskonten definieren (Transaktion SPRO)

Sie können die Vorgangsart im Feld **VorgangArt** ❹ mitgeben, falls sich die Verrechnungskonten pro Vorgangsart unterscheiden. Tragen Sie den passenden Bankkreis für die In-House-Bank in das Feld **BkKr** ❺ und das passende Verrechnungskonto in diesem Bankkreis in das Feld **Kontonummer** ❻ ein.

Referenzen je kontoführender Einheit pflegen

Sie können definieren welche Nachrichtentexte an das Buchungssystem als Referenzinformation übergeben werden sollen. Hierzu folgen Sie im Einführungsleitfaden dem Pfad **Financial Supply Chain Management • Erweiterte Zahlungsverwaltung • Externe Schnittstellen • Buchungsschnittstellen • In-house Cash • Referenzen je kontoführender Einheit pflegen**.

In Abbildung 11.64 sehen Sie das Übersichtsbild für die Pflege der Referenzen in SAP In-House Cash. Zur Verfügung stehen Ihnen die Felder, die in dem der kontoführenden Einheit zugrunde liegenden Kontoführungssystem als Referenzfelder definiert wurden. Diesen Feldern können Sie Textbausteine zuordnen, mit deren Hilfe die Referenzen mit konkreten Informationen gefüllt werden.

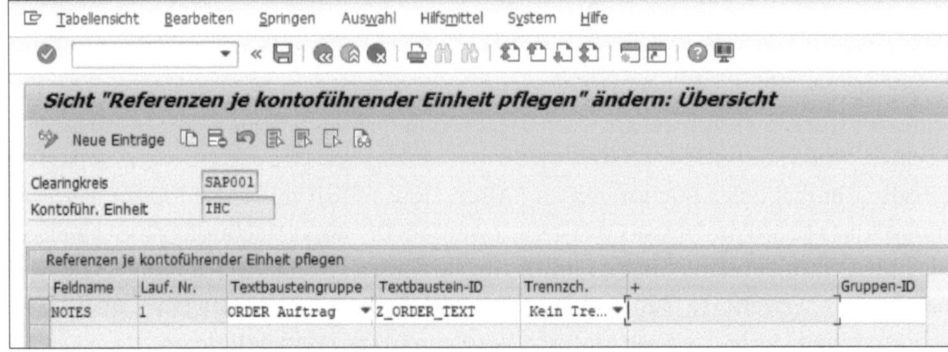

Abbildung 11.64 Referenzen je kontoführender Einheit pflegen (Transaktion SPRO)

IHC-Vorgangsarten ermitteln

Definieren Sie anschließend, welche Transaktionsart bei der Buchung in SAP In-House Cash verwendet werden soll. Wählen Sie hierzu den folgenden Pfad im Einführungsleitfaden: **Financial Supply Chain Management • Erweiterte Zahlungsverwaltung • Externe Schnittstellen • Buchungsschnittstellen • In-house Cash • IHC Vorgangsarten ermitteln**.

In Abbildung 11.65 ist eine entsprechende Transaktionsart für das Anlegen der IHC-Zahlungsaufträge definiert worden. Tragen Sie Ihren Clearing-Kreis in das Feld **Clear-Kreis** ❶ ein, und wählen Sie das Szenario »im Auftrag von« im Feld **Szenario** ❷.

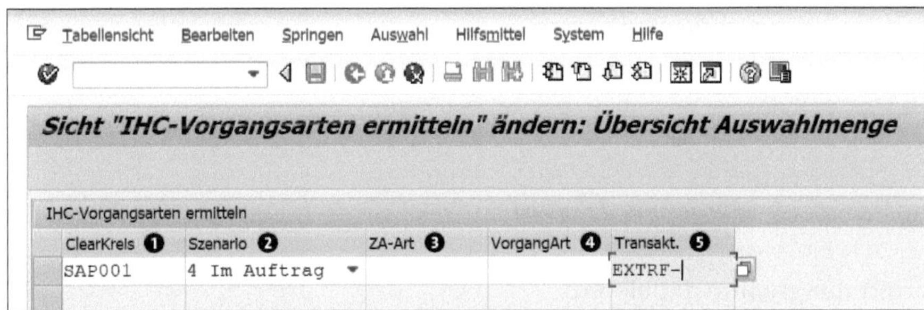

Abbildung 11.65 IHC-Vorgangsarten definieren (Transaktion SPRO)

Wenn unterschiedliche Transaktionsarten in SAP In-House Cash pro Vorgang angesprochen werden müssen, pflegen Sie zusätzlich die Zahlungsauftragsart der erweiterten Zahlungsverwaltung im Feld **ZA-Art** ❸ und die Vorgangsart im Feld **VorgangArt** ❹. Ordnen Sie dieser Kombination die passende IHC-Transaktionsart im Feld **Transakt.** ❺ zu.

11.7.3 Hauptbuchintegration

Falls Sie das Zahlungsszenario »im Namen von« mit Leitwegfindung für lokale Zahlungen abbilden, muss die erweiterte Zahlungsverwaltung mit der Hauptbuchhaltung der lokalen Gesellschaften integriert werden. Hierzu wurde in Abschnitt 11.7, »Verrechnung in der erweiterten Zahlungsverwaltung«, das entsprechende Kontoführungssystem GL angelegt und die kontoführenden Einheiten für lokale Gesellschaften eingerichtet.

Jetzt müssen noch einige Einstellungen für die Übergabe der Informationen an das Hauptbuch vorgenommen werden.

Belegart ermitteln

Pflegen Sie die gewünschte Belegart für die Buchungen aus der erweiterten Zahlungsverwaltung im Hauptbuch über den folgenden Pfad im Einführungsleitfaden: **Finan-**

cial Supply Chain Management • Erweiterte Zahlungsverwaltung • Externe Schnittstellen • Buchungsschnittstellen • FI-GL • Belegart ermitteln.

In Abbildung 11.66 ist die Belegart, basierend auf dem Clearing-Kreis zugeordnet. Geben Sie Ihren Clearing-Kreis in das Feld **ClearKreis** ❶ ein, tragen Sie, wenn nötig, zusätzlich eine Vorgangsart in das Feld **VorgangArt** ❷ ein, und ordnen Sie die passende Belegart im Feld **Art** ❸ zu.

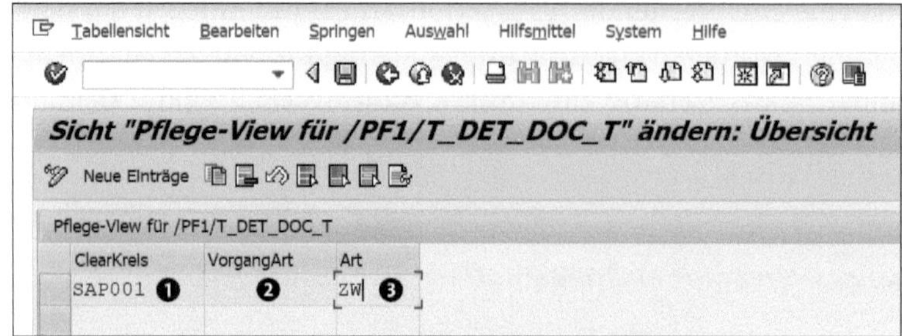

Abbildung 11.66 Belegart ermitteln (Transaktion SPRO)

FI-GL-Verrechnungskonto definieren

Sie können pro Zielbuchungskreis das entsprechende Sachkonto für die Verrechnungsbuchungen aus der erweiterten Zahlungsverwaltung pflegen. Dies richten Sie über den folgenden Pfad im Einführungsleitfaden ein: **Financial Supply Chain Management • Erweiterte Zahlungsverwaltung • Externe Schnittstellen • Buchungsschnittstellen • FI-GL • FI-GL Verrechnungskonto definieren**.

In Abbildung 11.67 sehen Sie ein Beispiel für die Zuordnung des Sachkontos für die Buchungen der Zahlungen im lokalen Hauptbuch. Geben Sie Ihren Clearing-Kreis in das Feld **ClearKreis** ❶ ein, und pflegen Sie die Transaktionswährung im Feld **Währung** ❷.

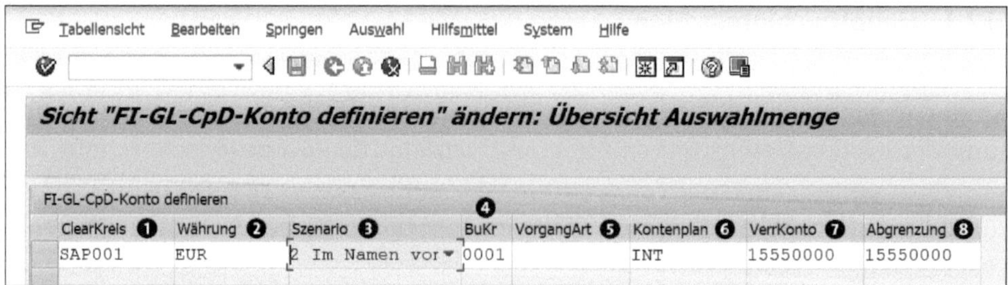

Abbildung 11.67 FI-GL-Verrechnungskonto definieren (Transaktion SPRO)

Wählen Sie das Szenario »im Namen von« im Feld **Szenario** ❸, und geben Sie den Zielbuchungskreis in das Feld **BuKr** ❹ ein. Wenn unterschiedliche Verrechnungskonten pro Vorgang angesprochen werden müssen, pflegen Sie zusätzlich die Vorgangsart im Feld **VorgangArt** ❺. Geben Sie den Kontenplan im Feld **Kontenplan** ❻ mit, und ordnen Sie dieser Kombination die passenden Sachkonten für die Verrechnung und gegebenenfalls für die Abgrenzung in den Feldern **VerrKonto** ❼ und **Abgrenzung** ❽ zu.

11.8 Stammdaten und Prozessablauf

Die wichtigsten Einstellungen in der Konfiguration der erweiterten Zahlungsverwaltung wurden in den vorangehenden Abschnitten beschrieben. Damit allerdings diese Einstellungen korrekt angesprochen werden, müssen noch bestimmte Stammdaten gepflegt werden.

Zu den wichtigsten Stammdaten in der erweiterten Zahlungsverwaltung gehören vor allem die folgenden:

- Service-Level-Vereinbarungen
- Definition des Leitwegs und damit verbundene Clearing-Vereinbarung

11

[«]

Freigabe von Stammdaten erforderlich!

Beachten Sie, dass Ihnen bei der Pflege dieser Stammdatenobjekten der Button **Freigabe** in der jeweiligen Transaktion zur Verfügung steht. Nach dem Anlegen und Speichern der neuen Stammdatenobjekte geben Sie diese immer frei, auch wenn Sie keinen Freigabe-Workflow dafür eingerichtet haben. Nur durch einen Klick auf den Button **Freigabe** ist es gewährleistet, dass die neuen Stammdaten ordnungsgemäß aktiviert wurden und verwendet werden können.

11.8.1 Service-Level-Vereinbarungen definieren

Unter einer *Service-Level-Vereinbarung*, auch *SLAs* genannt, in der erweiterten Zahlungsverwaltung wird eine Vereinbarung zwischen der zentralen Einheit, die für die Ausführung der Zahlungen in der erweiterten Zahlungsverwaltung verantwortlich ist, und ihren Kunden, d. h. einzelnen Gesellschaften, verstanden. Die SLA-Vereinbarung definiert unterschiedliche Bedingungen für die Sender von Zahlungsaufträgen, was für den Anreicherungs- und Validierungsprozess relevant ist, vor allem für die Anreicherung von Zahlungsvorgangsdaten und den Verrechnungsprozess. In der SLA-Vereinbarung wird auch definiert, wie das System Zahlungsaufträge und Zahlungsposten verarbeitet und welche Werte und Validierungskriterien im Anreicherungs- und Validierungsprozess zum Einsatz kommen.

Die SLA-Vereinbarungen können auf unterschiedlichen Ebenen definiert werden; dazu gehören die folgenden:

- Clearing-Kreis Service-Level-Vereinbarung
- Kundensegment Service-Level-Vereinbarung

- Kundengruppe Service-Level-Vereinbarung
- Kunden Service-Level-Vereinbarung.

Wenn Sie keine besonderen Vereinbarungen oder Bedingungen für einzelne Gesellschaften haben, sollte es ausreichend sein, nur die Clearing-Kreis-Service-Level-Vereinbarung anzulegen, die dann für alle Einheiten innerhalb eines Clearing-Kreises gilt. Falls Sie spezielle Anforderungen für einzelne Gesellschaften abbilden müssen, können Sie dafür auch die Kunden-Service-Level-Vereinbarung anlegen.

Sie können die Service-Level-Vereinbarungen entweder im SAP GUI mit Transaktion /PF1/SLA, mit der SAP-Fiori-App Service-Level-Vereinbarung (der technische Name entspricht der GUI-Transaktion /PF1/SLA,) die identisch zur GUI-Transaktion ist, oder aber mit der neuen SAP-Fiori-App **Service-Level-Vereinbarungen verwalten** (App-ID F6183) anlegen, ändern oder löschen.

In Abbildung 11.68 sehen Sie das Einstiegsbild für die Pflege der Service-Level-Vereinbarungen.

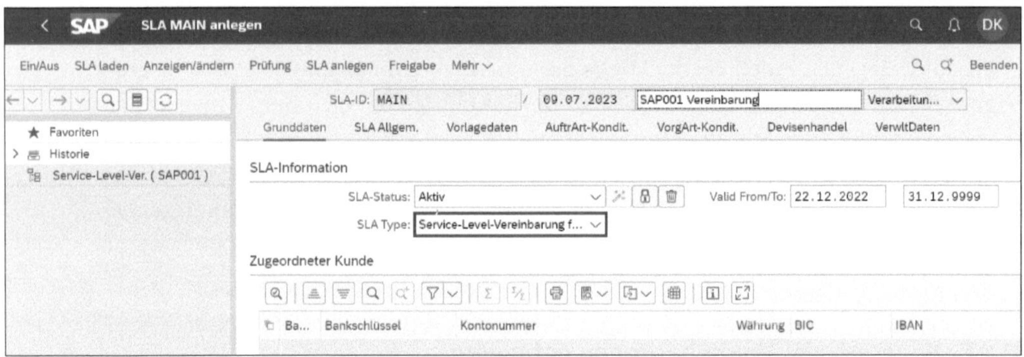

Abbildung 11.68 Service-Level-Vereinbarung anlegen (SAP-Fiori-App »Service-Level-Vereinbarung«)

Wir verzichten auf die ausführliche Beschreibung von Pflegemöglichkeiten aufgrund der Vielzahl von möglichen Optionen.

In Tabelle 11.5 haben wir die Registerkarten, die Ihnen bei der Pflege von Service-Level-Vereinbarungen zur Verfügung stehen, zusammengefasst.

Registerkarte	Optionen	Erklärung
Grunddaten	Anreicherung und Validierung Benachrichtigungen Gebühren	Beim Anklicken erscheinen zusätzliche Registerkarten

Tabelle 11.5 Übersicht einzelner Registerkarten in der Service-Level-Vereinbarung

Registerkarte	Optionen	Erklärung
Anreicherung und Validierung	Annahmeschluss (Cut-Off Zeit) Auftragsvorlage Fehlerquoten Auftraggeberpostensplit	Prüfungen auf der Auftragsebene
Anreicherung und Validierung	Vorgangsartsperre Länder-/Regionenbeschränkung	Prüfungen auf der Postenebene
Benachrichtigungen	Korrespondenz	Wenn angeklickt, auf »Grunddaten«
Gebühren	Gebührenzähler	Wenn angeklickt, auf »Grunddaten«
VerwltDaten	Details der Erfassung	

Tabelle 11.5 Übersicht einzelner Registerkarten in der Service-Level-Vereinbarung (Forts.)

[«]

Unterschiedliche Darstellungen für die SLA-Pflege möglich

Je nach Release Ihres SAP-Systems kann sich die Anzeige leicht unterschieden. So existierte in den früheren SAP-HANA-S/4-Releases noch keine Registerkarte **Anreicherung und Validierung**, sondern stattdessen sind mehrere einzelne Registerkarten wie **Vorlagedaten, Daten der Auftragsart** und **VorgArt-Kondit** vorhanden. Sie erfüllen allerdings denselben Zweck wie die neue Registerkarte **Anreicherung und Validierung**.

11.8.2 Leitweg und Clearing-Vereinbarung verwalten

Die nächsten wichtigen Stammdatenobjekte in der erweiterten Zahlungsverwaltung, die miteinander verknüpft sind, sind der *Leitweg* und die *Clearing-Vereinbarung*. Zunächst wird der Leitweg angelegt, und zu diesem Leitweg können eine oder mehrere Clearing-Vereinbarungen angelegt und zugeordnet werden.

Im Laufe der Leitwegverarbeitung wird jeder Zahlungsposten analysiert, und die Entscheidung über die Art der Verarbeitung wird dabei für jeden analysierten Posten getroffen. Es wird vor allem darauf geprüft, ob es um einen internen Posten oder um einen externen Posten geht. Dies wird, basierend auf dem verwendeten Bankkonto, in dem Zahlungsposten entschieden.

In den Stammdaten der Leitwegfindung müssen Sie bei der Anlage eines Leitwegs entscheiden, ob es um einen internen oder um einen externen Leitweg geht. *Interne*

Leitwege definieren, welche kontoführende Einheit und damit welches Kontoführungssystem für den jeweiligen internen Posten relevant ist. *Externe Leitwege* bestimmen die Richtung der Zahlung und den zahlenden Buchungskreis.

Zu jedem Leitweg prägen Sie ein sogenanntes Regelwerk aus. Bei diesem *Regelwerk* können Sie mit verschiedenen Feldern aus den Zahlungsaufträgen, Zahlungsposten oder Systemfeldern, die Ihnen zur Verfügung stehen, eine oder mehrere Regeln für die Ableitung dieses Leitwegs erfassen. Bei der Analyse eines Zahlungspostens werden die Regelwerke aller aktiven Leitwege in einem Clearing-Kreis geprüft und der passende Leitweg für diesen Posten ermittelt.

Nach der Anlage eines Leitwegs und seines Regelwerks legen Sie zu diesem Leitweg eine oder, wenn nötig, mehrere *Clearing-Vereinbarungen* an.

Genau wie bei den Leitwegen sind die Clearing-Vereinbarungen ebenfalls in interne und externe Clearing-Vereinbarungen unterteilbar. Bei diesen Clearing-Vereinbarungen wird bestimmt, was mit dem Posten geschehen soll. *Externe Clearing-Vereinbarungen* enthalten Informationen zum ausgehenden Zahlungsauftrag, der für die Übergabe der Zahlung an die Bank erzeugt werden soll. Dazu gehören u. a. die Zahlungsauftragsart und der ausgehende Konverter, aus dem automatisch das Format, das Medium und der Kanal ermittelt werden. *Interne Clearing-Vereinbarungen* bestimmen u. a., wie die Buchung zu diesem Posten gesteuert werden muss, wie z. B. direkt oder in Sammlern.

Sie können die Leitwege und Clearing-Vereinbarungen entweder in SAP GUI mit der Transaktion /PF1/RN, mit der SAP-Fiori-App /PF1/RN, die identisch zu der GUI-Transaktion ist, oder aber mit der neuen SAP-Fiori-App F4629 (**Zahlungsvereinbarungen verwalten**) anlegen, ändern oder löschen.

In Abbildung 11.69 sehen Sie das Übersichtsbild für die Pflege der Leitwege und der Clearing-Vereinbarungen. Auf der linken Seite des Bildes sind alle Objekte innerhalb des **Clearingkreises** ❶ gruppiert. In diesem Clearing-Kreis sehen Sie die Ordner **Interne Leitwege** ❷ und **Externe Leitwege** ❸. Innerhalb des jeweiligen Ordners werden die konkreten Leitwege, für die Sie selbst einen Namen vergeben, definiert. Sie sehen diese definierten Leitwege unter **INT** ❹ und **EXT** ❺.

Zu jedem Leitweg ist eine Clearing-Vereinbarung angelegt wie INT_CL ❻ und EXT_CL ❼. Wenn Sie ein Objekt auf der linken Seite markieren und einen Doppelklick darauf vornehmen, werden auf der rechten Seite **Details** ❽ zu diesem Objekt angezeigt.

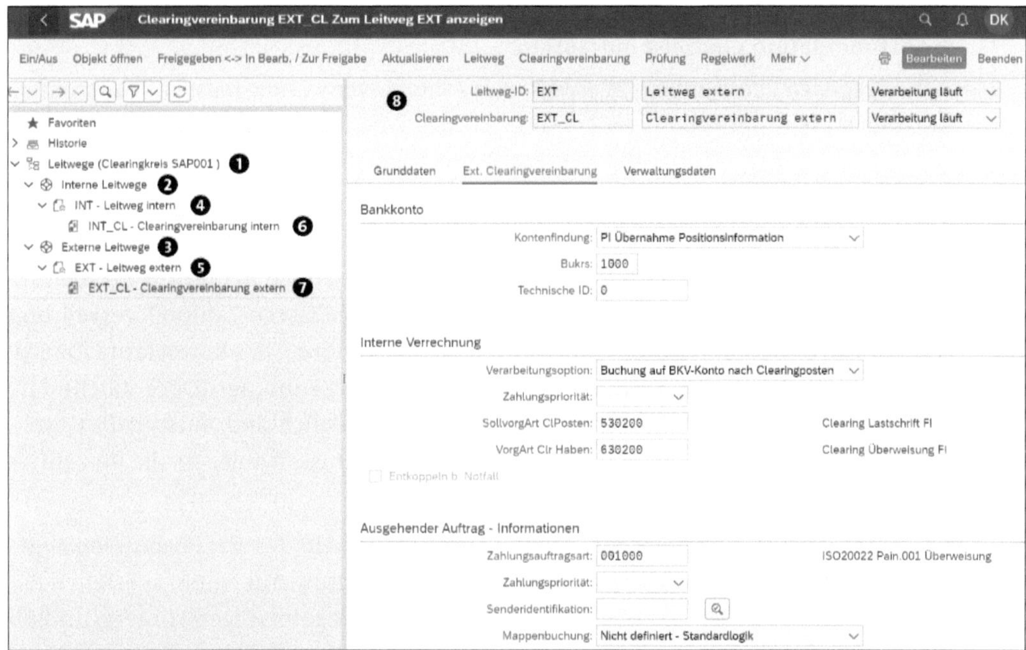

Abbildung 11.69 Leitweg und Clearing-Vereinbarung (SAP-Fiori-App »Leitwege und Clearingvereinb. bearb.«)

11.8.3 Verarbeitungsprozess: Besonderheiten

Einige Aktivitäten in der erweiterten Zahlungsverwaltung müssen regelmäßig, z. B. in der Hintergrundverarbeitung, ausgeführt werden: die *Tagesendverarbeitung* und der *Import der eingehenden Zahldateien*.

Tagesendverarbeitung

Am Ende jedes Tages soll die Tagesendverarbeitung für den Clearing-Kreis durchgeführt werden. Das Hauptziel dieser Tagesendverarbeitung ist es, den laufenden Geschäftstag abzuschließen und das Abstimmdatum und das Buchungsdatum in der erweiterten Zahlungsverwaltung hochzusetzen. Darüber hinaus kann im Rahmen der Tagesendverarbeitung bei der Integration der Hauptbuchhaltung lokaler Gesellschaften in das Zahlungsszenario »im Namen von« mit Leitwegfindung auch eine Datei für die Verrechnungskontoabstimmung erstellt werden.

Sie finden alle Reports zur Tagesendverarbeitung im Anwendungsmenü über den folgenden Pfad: **Erweiterte Zahlungsverwaltung • Verarbeitung • Tagesende**.

Abstimmdatum einmalig initialisieren

Vor der ersten Verwendung der erweiterten Zahlungsverwaltung muss das Abstimmdatum mithilfe des Reports `/PF1/R_INIT_RECONC_DATE` initialisiert werden.

Import eingehender Zahldateien

Die Gesellschaften können ihre Zahlungen auf verschiedene Art und Weise liefern. Die Kommunikation von der Gesellschaft mit der erweiterten Zahlungsverwaltung kann, wie in diesem Kapitel erläutert, durch die Verwendung des Konnektors für SAP Multi-Bank Connectivity oder durch das Versenden von Zahlungs-IDocs stattfinden. Falls diese Optionen aus bestimmten Gründen nicht möglich sind, müssen die Gesellschaften die Dateien in den dafür angelegten Verzeichnissen ablegen, die im zentralen SAP-System als logische Pfade definiert werden.

Solche Dateien, die von den Gesellschaften geliefert und in den Verzeichnissen abgelegt wurden, müssen in die erweiterte Zahlungsverwaltung mit einem speziellen Report importiert werden. Sie können diesen Report als regelmäßigen Hintergrundjob einplanen, damit die Dateien rechtzeitig in der erweiterten Zahlungsverwaltung ankommen.

Es stehen Ihnen zu diesem Zweck zwei Reports zur Verfügung, die mit den Transaktionen /PF1/FH_IPM_EXPORT und /PF1/FH_IMPORT_DIR aufgerufen werden können. Beim Import der Dateien wählen Sie die logischen Pfade, unter denen die Dateien abzuholen sind, und in den Selektionskriterien den Konverter für die Verarbeitung der eingehenden Dateien.

11.9 Nützliche Transaktionen und SAP-Fiori-Apps

Die in der erweiterten Zahlungsverwaltung angelegten eingehenden und ausgehenden Zahlungsaufträge und die dazugehörigen Auftraggeberzahlungsposten, Empfängerzahlungsposten und Clearing-Posten können Sie sich ansehen und bearbeiten.

Es gibt mehrere Möglichkeiten, um die Zahlungsaufträge aufzurufen. Sie können dafür die SAP-GUI-Transaktion /PF1/PO_EXPERT (Zahlungsaufträge verwalten) verwenden.

Sie können auch mehrere SAP-Fiori-Apps für die Anzeige, das Anlegen oder das Analysieren der Zahlungsaufträge nutzen:

- SAP-Fiori-App **Zahlungen verwalten** (App-ID F3647)
- SAP-Fiori-App **Zahlungsanalyse** (App-ID F4040)
- SAP-Fiori-App **Zahlungen korrigieren** (App-ID F3651)

In Abbildung 11.70 sehen Sie das Übersichtsbild für die Anzeige der Zahlungsaufträge. Sie haben die Möglichkeit, die Zahlungsaufträge, basierend auf ihrem Verarbeitungsstatus, zu selektieren und sich die Details zu jedem Zahlungsauftrag anzuschauen.

Abbildung 11.70 Anzeige der Zahlungsaufträge: Übersichtsbild (SAP-Fiori-App »Zahlungen verwalten«)

Außerdem können Sie die Anwendungsprotokolle mit dem Verarbeitungsstatus und anderen Details zu den Zahlungsaufträgen und Zahlungsposten mit der SAP-GUI-Transaktion /PF1/SHOW_FUNC_LOG (Funktionales Protokoll anzeigen) aufrufen.

11.10 Berechtigungsobjekte

In diesem letzten Abschnitt finden Sie die wichtigsten Berechtigungsobjekte, die in der erweiterten Zahlungsverwaltung verwendet werden und in die Berechtigungsrollen Ihrem Unternehmen entsprechend eingebaut werden müssen.

In Tabelle 11.6 haben wir die Berechtigungsobjekte zusammengefasst, die für das Verwenden der Funktionen der erweiterten Zahlungsverwaltung erforderlich sind.

Berechtigungsobjekt	Bezeichnung	Funktion
/PF1/OL	Objektliste	Anlegen, Ändern, Anzeigen von Daten, Buchen
/PF1/UPLOA	Aufträge hochladen	Importieren

Tabelle 11.6 Übersicht der wichtigsten Berechtigungsobjekte in der erweiterten Zahlungsverwaltung

Berechtigungsobjekt	Bezeichnung	Funktion
/PF1/PI	Zahlungsposten	Anlegen, Anzeigen
/PF1/PI_TL	Zahlungspostenvorlage	Anlegen, Anzeigen
/PF1/PO	Zahlungsauftrag	Anlegen, Anzeigen
/PF1/DISP	Anzeige für sensible Daten	Daten anzeigen
/PF1/ALOGS	Anwendungsprotokolle	Anzeigen, verarbeiten
/PF1/CHGDC	Änderungsbelegberechtigung	Anzeigen, verarbeiten
/PF1/CA	Clearingvereinbarung	Stammdatenpflege
/PF1/ROUTE	Leitweg	Stammdatenpflege
/PF1/SLA	Service-Level-Vereinbarung	Stammdatenpflege
/PF1/EOD	Tagesendverarbeitung	Batch-Job-Verarbeitung
/PF1/EOD	Tagesendverarbeitung	Batch-Job-Verarbeitung
/PF1/POLLR	Poller-Report	Batch-Job-Verarbeitung
/PF1/CPCUS	Stamm- und Customizing-Daten kopieren	Systemeinrichtung
/PF1/EHSOL	Ausnahmebehandlung – Automatische Lösung	Systemeinrichtung

Tabelle 11.6 Übersicht der wichtigsten Berechtigungsobjekte in der erweiterten Zahlungsverwaltung (Forts.)

[»]

Berechtigungsobjekte /PF1/*

Es sind noch einige andere Berechtigungsobjekte vorhanden. Sie können alle relevanten Objekte finden, indem Sie bei Ihrer Suche nach Berechtigungsobjekten die Zeichenfolge »/PF1/*« nutzen.

11.11 Fazit

In diesem Kapitel haben wir die umfangreichen Funktionen der erweiterten Zahlungsverwaltung erläutert. Die konkrete Ausprägung dieser Komponente hängt davon ab, welche Zahlungsszenarien Sie in Ihrem SAP-System mithilfe der erweiterten Zahlungsverwaltung umsetzen wollen. Mit der erweiterten Zahlungsverwaltung lassen sich solche Zahlungsszenarien wie Zahlungen »im Namen von«, Zahlungen »im Auftrag von« und interne Zahlungen abwickeln. Bei den Zahlungen »im Namen von« können Sie die Zahlungen durch einfaches Weiterleiten der Zahldateien von der lokalen Gesellschaft durch die erweiterte Zahlungsverwaltung zur konkreten Bank ausführen. Sie können aber auch die Zahlungen im Namen der lokalen Gesellschaft in der erweiterten Zahlungsverwaltung einer (am besten) Hausbank zuordnen und erst dann die Zahldateien an die ausgewählte Bank schicken. In diesem Fall sind es Zahlungen »im Namen von« mit Leitwegoptimierung.

Wir haben die allgemeinen Einstellungen in der erweiterten Zahlungsverwaltung, die unabhängig von den ausgewählten Zahlungsszenarien vorgenommen werden müssen, beschrieben. Danach sind wir auf den Prozess des Imports der Zahldateien in die erweiterte Zahlungsverwaltung und anschließend auf den Prozess des Exports der Zahldateien aus der erweiterten Zahlungsverwaltung eingegangen. Auch haben wir gezeigt, welche Einstellungen notwendig sind, damit der Import und der Export der Zahlungsnachrichten für die typischerweise im Zahlungsverkehr verwendeten Zahlungsformate funktionieren.

Wir haben die Funktionen, die Konfiguration und die Konvertierungsmöglichkeiten des sogenannten File Handlers in der erweiterten Zahlungsverwaltung detailliert angeschaut. Außerdem haben wir gezeigt, wie Sie die erweiterte Zahlungsverwaltung an den Konnektor für SAP Multi Bank Connectivity oder an SAP Bank Communication Management anbinden können.

Zusätzlich haben wir erläutert, wie die Zahldateien in der erweiterten Zahlungsverwaltung mit zusätzlichen Inhalten angereichert und wie die Inhalte der Zahldateien auf die Vollständigkeit und Richtigkeit der Inhalte validiert werden können. Auch die Ausnahmebehandlung im Falle von fehlerhaften oder unvollständigen Angaben in den Zahldateien haben wir angesprochen und beschrieben, wie Sie gewünschtes Systemverhalten bei der Ausnahmebehandlung erreichen können.

Abschließend haben wir uns der Integration der erweiterten Zahlungsverwaltung mit SAP In-House Cash gewidmet und im Zuge dessen die Wege und notwendigen Einstellungen für die Übergabe der Informationen aus der erweiterten Zahlungsverwaltung in die Finanzbuchhaltung für die dafür relevanten Zahlungsszenarien gezeigt.

Kapitel 12
SAP Multi-Bank Connectivity

Dieses Kapitel ist für Unternehmen relevant, die sich für eine Anbindung an die Banken mithilfe von SAP Multi-Bank Connectivity entscheiden. Es wird erläutert, welche Konfiguration notwendig ist und wie ein Integrationsprojekt mit dem SAP-System und externen Banken aussehen kann.

In den vorangehenden Kapiteln haben wir erläutert, wie Zahlungen im Zahlungsprozess ausgeführt werden, wie sie zu Batches zusammengefasst werden, wie diese Batches freigegeben werden und wie anschließend die Zahldateien zu diesen Batches erzeugt werden. Es blieb aber ein letzter entscheidender Schritt offen: Diese Zahldateien müssen ihren Weg aus dem SAP-System des Unternehmens zur externen Hausbank finden. Diesem Schritt widmen wir uns in diesem Kapitel.

Für die Anbindung Ihrer SAP-Systeme an die Systeme externer Banken haben Sie unterschiedliche Möglichkeiten:

- Aufbau einer Host-to-Host-Verbindung mit jeder externen Hausbank
- Aufbau einer Verbindung zum SWIFT-Netzwerk, z. B. mithilfe des SAP-Integrationspakets für SWIFT, eines SWIFT Service Bureaus oder SWIFT Alliance Lite
- Verwenden eines Drittanbieters für die Herstellung der Anbindung zu den Banken
- Verwenden von SAP Multi-Bank Connectivity

In diesem Kapitel erläutern wir die wichtigsten Punkte in Bezug auf SAP Multi-Bank Connectivity und die in Ihrem SAP-System erforderlichen Einstellungen für die Nutzung dieser Lösung.

In Abschnitt 12.1 erhalten Sie eine kurze Einführung in SAP Multi-Bank Connectivity und erfahren, welche Vorteile diese Lösung für Ihre Zahlungsverkehrsprozesse hat. In Abschnitt 12.2 beschreiben wir, wie die Anbindung Ihres SAP-Systems an SAP Multi-Bank Connectivity ablaufen kann.

In Abschnitt 12.3 erläutern wir, welche Einstellungen Sie in Ihrem SAP-System im Konnektor für SAP Multi-Bank Connectivity (MBC-Konnektor) vornehmen müssen, um diese Lösung nutzen zu können.

12.1 SAP Multi-Bank Connectivity im Überblick

SAP Multi-Bank Connectivity ermöglicht es Unternehmen, eine Verbindung zu den Finanzinstituten, in der ersten Linie den Banken, herzustellen. Das Netzwerk, das mit der Verwendung von SAP Multi-Bank Connectivity aufgebaut wird, basiert auf einer Private Cloud, die von SAP verwaltet wird. Jede an SAP Multi-Bank Connectivity angebundene Bank und jedes angebundene Unternehmen verfügt über einen eigenen Tenant. So wird die Verschlüsselung für die Datenspeicherung sichergestellt.

Der entscheidende Vorteil dieser Lösung besteht in der nahtlosen Integration Ihres SAP-Systems mit der Bankenwelt. Mit dieser Lösung müssen Sie Ihr SAP-System einmalig an SAP Multi-Bank Connectivity in der Cloud anbinden. Die Anbindung von externen Banken an SAP Multi-Bank Connectivity wird vom SAP-System selbst durchgeführt.

Abbildung 12.1 zeigt, wie die Kommunikation mit den externen Banken unter dem Einsatz von SAP Multi-Bank Connectivity aussehen kann. Im Bereich von SAP S/4HANA sind die Hauptschritte des Zahlungsprozesses dargestellt, die Sie aus den vorangehenden Kapiteln kennen. In der Finanzbuchhaltung (FI) führen Sie einen F110- oder einen F111-Zahllauf aus. Dieser Zahllauf wird in SAP Bank Communication Management separat oder zusammen mit anderen Zahlläufen zu einem Batch gruppiert. Der Batch wird gemäß den Freigabeeinstellungen in SAP Bank Communication Management freigegeben, und nun kann eine Zahldatei erzeugt werden.

Grundsätzlich ist es denkbar, die Zahldateien mithilfe von Transaktion DMEEX direkt in der Finanzbuchhaltung vorzubereiten und diese anschließend direkt an den Konnektor für SAP Multi-Bank Connectivity zu übergeben, falls Sie aus irgendeinem Grund SAP Bank Communication Management nicht im Einsatz haben. Allerdings wäre es optimal, den Einsatz von SAP Bank Communication Management und SAP Multi-Bank Connectivity zu kombinieren.

Mit dem Einsatz von SAP Multi-Bank Connectivity wird keine physische Zahldatei erzeugt und in einem Verzeichnis zur weiteren Verarbeitung abgelegt. Stattdessen erkennt das System, basierend auf den Einstellungen im Payment-Medium-Workbench-Format, dass diese Zahlung über SAP Multi-Bank Connectivity abgewickelt werden soll. Damit wird die Zahlung an den MBC-Konnektor übergeben, in dem alle Informationen in Form eines Payload direkt an SAP Multi-Bank Connectivity weitergeleitet werden. Die Nachricht an SAP Multi-Bank Connectivity, der Inhalt dieser Nachricht und der Status der Übergabe können im MBC-Konnektor-Monitor (Transaktion /BSNAGT/MONITOR) eingesehen werden.

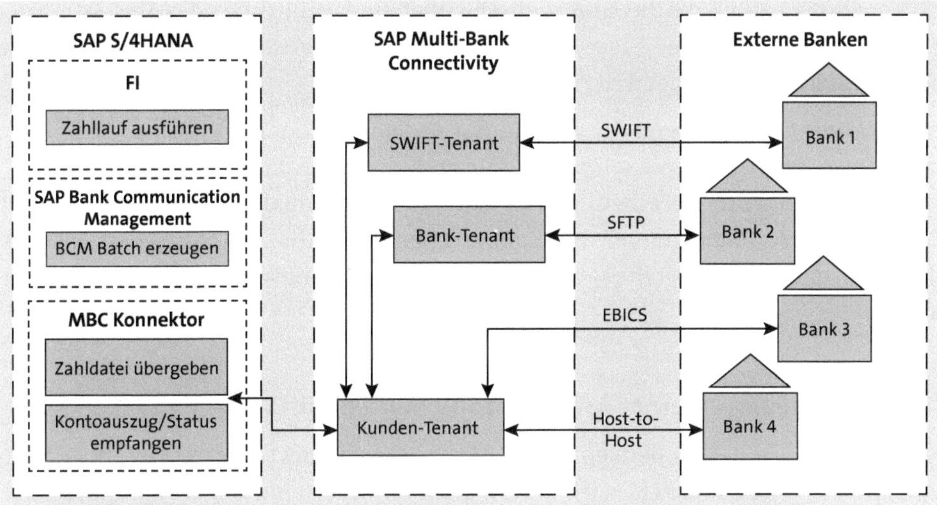

Abbildung 12.1 Übersicht der Kommunikationsmöglichkeiten zwischen dem SAP-System und den Banken mit SAP Multi-Bank Connectivity

12

[«]

Unterschied zwischen den Begriffen »Konnektor für SAP Multi-Bank Connectivity« und »Konnektor-Monitor«

Möglicherweise finden Sie einige Begriffe, die wir in diesem Kapitel verwenden, verwirrend. Aus diesem Grunde wollen wir an dieser Stelle kurz auf den Unterschied zwischen einigen Schlüsselbegriffen eingehen.

Unter dem Begriff *Konnektor für SAP Multi-Bank Connectivity* verstehen wir die SAP-Lösung, die Sie einrichten müssen, falls Sie die Kommunikation zu und von den externen Banken über die SAP Multi-Bank Connectivity abbilden möchten.

Der Begriff *MBC-Konnektor* ist ein Synonym für den Begriff *Konnektor für SAP Multi-Bank Connectivity*; es existiert kein Unterschied bei der Verwendung dieser beiden Begriffe.

Es gibt aber noch den dritten Begriff *MBC-Konnektor-Monitor* oder einfach nur *Konnektor-Monitor*. Das ist nur der Name von Transaktion /BSNAGT/MONITOR, die Ihnen eine zentrale Übersicht über alle ausgehenden und eingehenden Nachrichten und ihren Status bietet.

In SAP Multi-Bank Connectivity sind Verbindungen mit externen Banken aufgebaut. Der optimale Verbindungskanal wird zwischen dem Unternehmen, SAP Multi-Bank Connectivity und der jeweiligen Bank abgestimmt und technisch aufgesetzt.

Wie Sie in Abbildung 12.1 sehen, ist es möglich, mehrere Verbindungskanäle zu Ihren externen Banken zu nutzen. SAP Multi-Bank Connectivity leitet die Zahlung an die jeweilige Bank weiter. Die Bank nimmt die Zahlung entgegen und sendet eine Statusrückmeldung zurück, die das Unternehmen über die Ausführung oder Abweisung der Zahlung informieren soll. Diese Statusdatei geht über denselben Verbindungskanal an SAP Multi-Bank Connectivity zurück.

In SAP Multi-Bank Connectivity wird die Statusdatei von der Bank an das SAP-System des Unternehmens gesendet. Im SAP-System ist die Statusdatei im Konnektor-Monitor sichtbar, und ihre Verarbeitung mit dem Statusrückmeldungsreport in SAP Bank Communication Management wird angestoßen. Nach dem erfolgreichen Einlesen der Statusdatei ist der Batch-Status in SAP Bank Communication Management aktualisiert.

12.1.1 Anbindung externer Banken an SAP Multi-Bank Connectivity

Die Anbindung externer Banken an SAP Multi-Bank Connectivity wird hauptsächlich von SAP verwaltet, sodass Sie sich darum nicht kümmern müssen. Um Ihnen jedoch einen besseren Überblick über den Gesamtprozess mit SAP Multi-Bank Connectivity zu geben, stellen wir Ihnen in diesem Abschnitt die wichtigsten Aspekte, die bei der Anbindung der Banken an SAP Multi-Bank Connectivity zu berücksichtigen sind, zusammen.

Anbindungskanäle zwischen SAP Multi-Bank Connectivity und externen Banken

Für die Anbindung von Banken an SAP Multi-Bank Connectivity gibt es verschiedene Möglichkeiten:

- Die Bank hat einen laufenden Vertrag mit SAP und ist ein aktives Mitglied mit einem Abo für die MBC-Services.
- Es wird eine Host-to-Host-Verbindung mit SFTP, mit SOAP oder mit AS2-Protokollen aufgebaut.
- Das EBICS-Protokoll wird verwendet.
- Eine SWIFT-Verbindung wird eingerichtet.

Szenarien in der H2H-Verbindung

Bei der *Host-to-Host-Verbindung* (H2H) empfiehlt SAP, das sogenannte *SFTP* (Secure File Transfer Protocol) mit dem Push-Pull-Szenario zu verwenden. Das *Push-Pull-Szenario* bedeutet, dass SAP Multi-Bank Connectivity ausgehende Nachrichten aktiv zum SFTP-Server der Bank sendet und eingehende Nachrichten vom SFTP-Server der Bank zieht.

Die Push-Push-Option ist allerdings auch möglich. Dabei sendet SAP Multi-Bank Connectivity ausgehende Nachrichten aktiv zum SFTP-Server der Bank, und die Eingangsnachrichten an SAP Multi-Bank Connectivity werden aktiv von der Bank übermittelt.

Welche Verbindung für eine konkrete Bank ausgewählt wird, muss in Abstimmung mit Ihnen, mit SAP Multi-Bank Connectivity und der betreffenden Bank entschieden werden. Am schnellsten und einfachsten ist eine Verbindung zu den Banken, die die MBC-Services bereits nutzen. Aber auch die Banken, die keine laufenden Verträge mit SAP Multi-Bank Connectivity haben, können über SWIFT-, EBICS- oder H2H-Verbindungskanäle an SAP Multi-Bank Connectivity angeschlossen werden.

Zulässige Nachrichtentypen in der Kommunikation mit SAP Multi-Bank Connectivity

Prinzipiell können Sie über SAP Multi-Bank Connectivity alle zahlungsrelevanten Nachrichtentypen mit Ihren Banken austauschen. Folgende Formate für die aus Sicht des Unternehmens ausgehenden Nachrichten werden typischerweise beim Einsatz von SAP Multi-Bank Connectivity verwendet:

- das pain.001.001.03-Format für Überweisungen
- das pain.008.001.02-Format für SEPA-Lastschriften
- das SWIFT-MT-Format für ausgehende Zahlungen

Folgende Formate für die aus Sicht des Unternehmens eingehenden Nachrichten werden in der Regel beim Einsatz von SAP Multi-Bank Connectivity verwendet:

- das pain.002.001.03-Format für Statusrückmeldungen zu den ausgehenden Zahlungen
- das camt.052.001.02-Format für untertägige Kontoauszüge
- das camt.053.001.02-Format für tägliche Kontoauszüge
- das camt.054.001.02-Format für die Aufschlüsselung einzelner Transaktionen (z. B. in der neuen QR-IBAN-Funktion in der Schweiz)
- das MT940-Format für tägliche Kontoauszüge
- das MT942-Format für untertägige Kontoauszüge
- das BAI- und BAI2-Format für Kontoauszüge (hauptsächlich in den USA)
- das BAI- und BAI2-Format für Lockbox-Dateien (hauptsächlich in den USA)

Andere Nachrichtentypen für ausgehende und eingehende Nachrichten sind auch möglich, müssen aber explizit beim Herstellen neuer Anbindungen geprüft und aufgesetzt werden.

Test- und Produktivumgebung bei der Anbindung an SAP Multi-Bank Connectivity

Es werden sowohl die Produktivumgebung als auch die Testumgebung der jeweiligen Bank an SAP Multi-Bank Connectivity angeschlossen. Bevor die Anbindung der Produktivumgebung der Bank an SAP Multi-Bank Connectivity aktiviert werden kann, müssen mehrere Testfälle bezüglich der allgemeinen Konnektivität und der Nachrichtenübergabe für alle vereinbarten Nachrichtentypen erfolgreich abgeschlossen werden. Auch nach der Produktivsetzung ist es weiterhin möglich, die Testumgebung zu nutzen, was insbesondere bei Formatänderungen oder der Einführung von neuen Formaten notwendig ist.

Namenskonventionen bei der Verwendung von SAP Multi-Bank Connectivity

Bei der Verwendung von SAP Multi-Bank Connectivity existiert eine festgelegte Namenskonvention für die Namen ausgehender und eingehender Nachrichten.

Die Nachrichten von SAP Multi-Bank Connectivity an die Banken enthalten in ihrem Namen die mit der Bank vereinbarte Kundennummer, das Format der versendeten Nachricht und die fortlaufende Nummer der Nachricht. Die Kundennummer ermöglicht es der externen Bank, Ihr Unternehmen eindeutig zu identifizieren. Eine ausgehende Überweisung vom Unternehmen ABC könnte beispielsweise so heißen: **ABC_pain.002.001.03_1234567890.xml**.

Auch die Nachrichten, die SAP Multi-Bank Connectivity von den Banken erhält, folgen dieser Namenskonvention und enthalten Ihre Kundennummer, das Format der versendeten Nachricht und die fortlaufende Nummer der Nachricht. Ein täglicher Kontoauszug von der Bank an das Unternehmen ABC könnte beispielsweise so heißen: **ABC_camt053.001.03_9012345678.xml**.

Abstimmung zwischen Banken und SAP Multi-Bank Connectivity erforderlich

Die Informationen zur Namenskonvention für die auszutauschenden Nachrichten, zu den bestimmten Kundennummern, die Ihre Bank für Ihr Unternehmen verwendet, und zur Bezeichnung der verwendeten Formate werden zwischen SAP Multi-Bank Connectivity und den Banken im Laufe des Onboarding-Prozesses vereinbart.

12.1.2 Verbindung zwischen SAP Multi-Bank Connectivity und dem SAP-System des Unternehmens

Für die Anbindung Ihres SAP-Systems an SAP Multi-Bank Connectivity müssen Sie den sogenannten *Konnektor für SAP Multi-Bank Connectivity* (MBC-Konnektor) einrichten. Sowohl ausgehende als auch eingehende Nachrichten durchlaufen im SAP-System diesen Konnektor und werden mit dessen Hilfe entweder an SAP Multi-Bank Connectivity als Payloads übergeben oder kommen als Payloads von SAP Multi-Bank Connectivity zurück.

Das Erzeugen von physischen Zahldateien für ausgehende Zahlungen im SAP-System ist dabei nicht mehr notwendig. Die Nachrichten werden als Payload an SAP Multi-Bank Connectivity übergeben, ohne dass diese als Zahldateien auf einem Server abgelegt werden müssen.

Ausgehende Nachrichten an SAP Multi-Bank Connectivity mit MBC-Konnektor

Wenn erforderlich, können Sie auch mit dem angeschlossen MBC-Konnektor bestimmte Zahlungen über SAP Multi-Bank Connectivity laufen lassen und für andere alternative Wege nutzen. Ob ausgehende Zahlungen über den MBC-Konnektor gehen oder nicht, wird auf der Ebene des PMW-Formats zugeordnet. Damit können Sie durch die Verwendung unterschiedlicher PMW-Formate flexibel steuern, welchen Weg die Zahlung nehmen soll (siehe Abschnitt 5.2.2, »Dateierzeugung mit der Payment Medium Workbench«).

Nachdem die Nachrichten an SAP Multi-Bank Connectivity geschickt worden sind, werden sie im Konnektor-Monitor mit dem Status **An MBC gesendet** angezeigt. Wenn diese Nachrichten bei SAP Multi-Bank Connectivity angekommen sind, kommt eine Statusmeldung, und die Statusanzeige im Konnektor-Monitor wird mit dem Status **Von MBC empfangen** aktualisiert. Sobald die Nachrichten aus SAP Multi-Bank Connectivity an die Banken geschickt worden sind, erfolgt eine Statusmeldung von SAP Multi-Bank Connectivity. Die Statusanzeige im Konnektor-Monitor wird auf den Status **Von MBC weitergeleitet** geändert.

Den finalen Verarbeitungsstatus zu den Zahlungen hinter diesen Nachrichten, der mit der Statusrückmeldung von der Bank gesetzt wird (**Von der Bank akzeptiert** oder **Von der Bank abgelehnt**), sehen Sie, wie gewohnt, im BCM Monitor.

Eingehende Nachrichten an SAP Multi-Bank Connectivity mit dem MBC-Konnektor

Eingehende Nachrichten wie Kontoauszüge, Lockbox-Dateien und Statusrückmeldungsdateien müssen von SAP Multi-Bank Connectivity in Ihr SAP-System aktiv geholt werden. Planen Sie dazu in Ihrem SAP-System einen regelmäßigen Hintergrundjob ein, in dem der Report `/BSNAG/MESSAGES_PULL` mit einer festen Variante aufgerufen wird. Nachdem die Nachrichten abgerufen worden sind, wird deren Verarbeitung gemäß den Einstellungen im Customizing für den jeweiligen Nachrichtentyp, angestoßen. Wenn Nachrichten empfangen werden, deren Nachrichtentyp im MBC-Konnektor nicht erkannt werden kann, erhalten diese Nachrichten den Status **Manuelle Verarbeitung erforderlich** und müssen dann im Konnektor-Monitor durch das Ausführen manueller Schritte verarbeitet werden.

Auch ein manuelles Anstoßen der Dateiabholung ist möglich!

In Ihrer Testumgebung, in der Sie eingehende Nachrichten nicht durchgehend benötigen, können Sie statt der Hintergrundjobeinplanung die Nachrichten manuell in den MBC-Konnektor holen; dort steht Ihnen eine entsprechende Funktionalität zur Verfügung (in Abschnitt 5.2.3, »Versand der Dateien an die Bank (SAP MBC, EBICS, SWIFT, andere Anbindungsmöglichkeiten)«, werden die Funktionen des MBC-Konnektors genauer erklärt).

Für das zentrale Monitoring und die Überwachung der Kommunikation mit SAP Multi-Bank Connectivity stehen Ihnen in SAP S/4HANA zwei Möglichkeiten zur Verfügung:

- Der MBC-Konnektor, den Sie mit Transaktion /BSNAGT/MONITOR (Konnektor-Monitor) aufrufen können. Mit diesem Konnektor können Sie ausgehende und eingehende Nachrichten mit ihren Inhalten einsehen und deren den Status verfolgen.
- Die SAP-Fiori-App **Banknachrichten verwalten** (App-ID F4385), mit der Sie Details zu allen eingehenden und ausgehenden Nachrichten anzeigen und weitere Funktionen zur Weiterverarbeitung der Nachrichten aufrufen können.

Verbindung zwischen MBC-Konnektor und SAP Multi-Bank Connectivity herstellen

Es gibt zwei Möglichkeiten, um den MBC-Konnektor mit SAP Multi-Bank Connectivity zu verbinden:

- über eine Verbindung mithilfe des *XI-Protokolls*
- über eine direkte Kommunikation über eine *HTTP-API*

Die aktuell von SAP empfohlene Alternative ist die Kommunikation über eine HTTP-API. Jedoch sollen Sie beim Onboarding Prozess mit dem Team von SAP Multi-Bank Connectivity abstimmen, welche der beiden Möglichkeiten die bessere Option für Ihr System darstellt.

12.2 Onboarding bei der Anbindung an SAP Multi-Bank Connectivity

In diesem Abschnitt beschreiben wir, wie der Prozess der Anbindung Ihres SAP-Systems und der Bankensoftware aussieht. In Abbildung 12.2 sehen Sie die Hauptphasen des sogenannten *Onboarding-Projekts*, das Sie beim Aufbau der Verbindungen über SAP Multi-Bank Connectivity erwartet. Die Anbindung eines SAP-Systems an SAP Multi-Bank Connectivity wird seitens des für SAP Multi-Bank Connectivity verantwortlichen SAP-Teams als Projekt mit mehreren Projektphasen geführt. Die Dauer dieses Projekts hängt davon ob, welche Banken mit welcher Technologie an SAP Multi-Bank Connectivity anzubinden sind.

Falls die Bank einen laufenden Vertrag mit SAP hat und die Verbindung zwischen SAP Multi-Bank Connectivity und der Bank grundsätzlich schon etabliert ist, kann ein Projekt nur einige Tage dauern. Bei der Anbindung neuer Banken, die Nicht-Mitglieder im MBC-Netzwerk sind, kann es zwischen 2 und 4 Wochen dauern, bis alle Anbindungen vorbereitet wurden und produktiv gesetzt werden können.

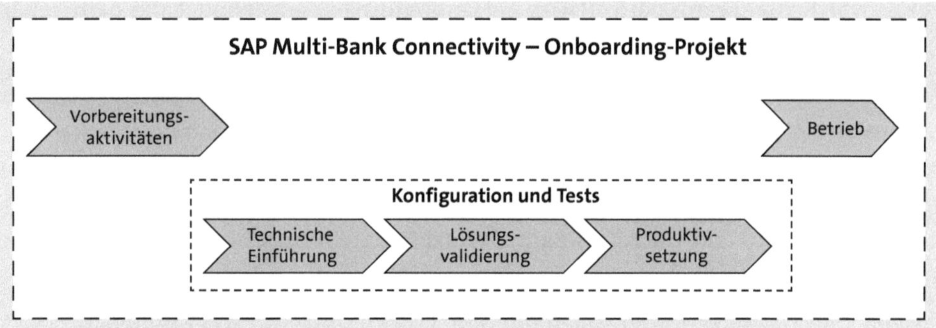

Abbildung 12.2 Projektphasen im MBC-Onboarding-Projekt

[«]

Onboarding-Projekt bei SAP Multi-Bank Connectivity

Der Aufbau der Verbindung vom Unternehmen zu SAP Multi-Bank Connectivity und von SAP Multi-Bank Connectivity zu den Banken des Unternehmens mit allen dazugehörigen Aufgabenpaketen aufseiten des Unternehmens, SAP Multi-Bank Connectivity sowie der Banken, und die Begleitung dieses Prozesses vom Vorhaben bis hin zur Produktivsetzung wird von SAP Multi-Bank Connectivity als *Onboarding-Projekt* bezeichnet.

Das Onboarding-Projekt besteht aus fünf Phasen:

1. Vorbereitungsaktivitäten
2. Technische Einführung
3. Validierung der technischen Lösung
4. Produktivsetzung
5. Betrieb und Verwaltung

12.2.1 Vorbereitungsaktivitäten

SAP Multi-Bank Connectivity ist ein lizenzpflichtiges Produkt. Aus diesem Grund muss vor dem Beginn des Onboarding-Projekts die Lizenzierung erfolgt sein. Nach der Klärung aller Lizenzierungsfragen beginnt die erste Projektphase der Vorbereitungsaktivitäten.

In dieser Phase werden von SAP Multi-Bank Connectivity notwendige Informationen sowohl von den Banken als auch vom Unternehmen gesammelt. Diese Informationen sind für SAP Multi-Bank Connectivity erforderlich, um die technischen Herausforderungen korrekt einzuschätzen und die technische Machbarkeit für die einzusetzenden Formate zu prüfen. Innerhalb des für SAP Multi-Bank Connectivity verantwortlichen Teams bei SAP wird ein Onboarding-Team gebildet, das dem neuen Projekt zugeordnet wird.

Aufseiten von SAP Multi-Bank Connectivity wird Kontakt zum Unternehmen aufgenommen. Ziel ist es dabei, den geplanten Leistungsumfang für den Einsatz von SAP Multi-Bank Connectivity, inklusive der Anzahl der Banken, der auszutauschende Nachrichten, der bevorzugten Verbindungskanäle und des geplanten Startdatums zu klären. Dafür wird von SAP Multi-Bank Connectivity ein standardisierter Fragebogen zur Verfügung gestellt, der vom Kunden ausgefüllt wird.

Für die Klärung der Anforderungen mit den Banken sind zwei Wege denkbar:

- die Bank stellt ihre offizielle Dokumentation inklusive Formatbeschreibung SAP Multi-Bank Connectivity zur Verfügung
- SAP Multi-Bank Connectivity liefert das vorhandene Template für die Implementierung an die Bank, die ihre Rückmeldung dazu gibt

12.2.2 Technische Einführung

In der Phase der technischen Einführung wird dem Projekt ein technischer Spezialist von SAP Multi-Bank Connectivity zugeordnet, der das Herstellen der Verbindungen zwischen dem SAP-System des Unternehmens und der Bankensoftware unterstützt. Die auszutauschenden Nachrichtentypen und deren Aufbau werden verbindlich festgelegt.

SAP Multi-Bank Connectivity als Routing-System

Bedenken Sie, dass in SAP Multi-Bank Connectivity keine Konvertierung, Anreicherung oder Veränderung der Nachrichten oder von deren Formaten und auch keine Umbenennung der Dateien stattfindet. Die Nachrichten werden durch SAP Multi-Bank Connectivity lediglich geroutet. Das Unternehmen und die Banken sind für den korrekten Inhalt und Aufbau der Nachrichten und ihrer Namen verantwortlich.

Sobald die technische Verbindung funktioniert, werden die Einstellungen in SAP Multi-Bank Connectivity in den Client-Tenant und je nach Verbindungskanal auch in den Bank-Tenant übertragen. Damit ist die End-to-End-Verbindung aufgebaut und zum Testen freigegeben.

12.2.3 Validierung der technischen Lösung

In der Validierungsphase finden Tests zwischen dem Unternehmen und den Banken statt. Die Verantwortung dafür liegt bei dem Unternehmen, das für das Aufsetzen, Durchführen und Abschließen von Testszenarien im Rahmen der vereinbarten Zeitspanne verantwortlich ist. SAP Multi-Bank Connectivity unterstützt alle Parteien beim Auftreten technischer Schwierigkeiten.

Während der Tests sollten folgende Aspekte berücksichtigt und bestätigt werden:

- ob die End-to-End Verbindung funktioniert
- ob ausgehende Dateien das SAP-System des Unternehmens verlassen und die Bank erreichen können
- ob eingehende Dateien die Bankensoftware verlassen und im SAP-System des Unternehmens ankommen
- ob die Dateien sowohl im System des Unternehmens als auch bei den Banken eingelesen und verarbeitet werden können, ob Statusnachrichten von SAP Multi-Bank Connectivity das SAP-System des Unternehmens erreichen und im Konnektor-Monitor richtig dargestellt werden können

Wenn die Testergebnisse die Erwartungen aller Beteiligten erfüllen, bestätigt das Unternehmen SAP Multi-Bank Connectivity, dass alle Tests erfolgreich abgeschlossen sind, und es findet ein Übergang zur nächsten Projektphase statt.

12.2.4 Produktivsetzung

In der Phase der Produktivsetzung wird der in der Testumgebung von SAP Multi-Bank Connectivity aufgebaute Customer-Tenant mit den vorgenommenen Einstellungen in der Produktivumgebung von SAP Multi-Bank Connectivity dupliziert und aktiviert. Im SAP-System des Unternehmens werden die Einstellungen für den MBC-Konnektor in das SAP-Produktivsystem transportiert. Auch die Banken übertragen ihre Einstellungen in die Produktivumgebung der Bankensoftware.

Für die Verifizierung der erfolgreich aufgesetzten Verbindung und der Konfigurationsvollständigkeit in der Produktivumgebung aller Seiten soll als Erstes ein sogenannter *Penny Test* durchgeführt werden.

[«]

Definition des Begriffs »Penny Test« für Prozesse im Zahlungsverkehr

Der Begriff *Penny Test* ist nicht nur in Bezug auf MBC-Projekte, sondern allgemein im Bereich des Zahlungsverkehrs sehr verbreitet. Darunter wird die erste und einzelne Zahlung in der Produktivumgebung nach der Aktivierung von neuen Bankkonten, neuen Verbindungen und anderen Änderungen im Zahlungsprozess verstanden. Dafür wird im SAP-Produktivsystem des Unternehmens eine einzelne Zahlung mit einem niedrigen Zahlbetrag durchgeführt. Sehr oft verwendet dabei das Unternehmen eigene Bankkonten und führt z. B. eine Überweisung eines kleinen Betrags von einem Hausbankkonto auf ein anderes Hausbankkonto durch.

Es gibt mehrere Kriterien, die für den erfolgreichen Penny Test erfüllt werden müssen:

- Die Penny-Zahlung konnte an SAP Multi-Bank Connectivity gesendet werden.
- Die Penny-Zahlung konnte von SAP Multi-Bank Connectivity an die externe Bank weitergeleitet werden.
- Bei der Bank konnte die Penny-Zahlung verarbeitet werden.
- Die Bank hat dem Unternehmen eine Statusdatei als Bestätigung geschickt.
- Die Statusdatei hat das SAP-System des Unternehmens erreicht.
- Die Statusdatei konnte der ursprünglichen Zahlung in SAP Multi-Bank Connectivity zugeordnet werden.

Nach der erfolgreichen Ausführung des Penny Tests gilt die Produktivsetzung als abgeschlossen. Der neue Kunde wird vom MBC-Onboarding Team an das globale Support-Team von SAP Multi-Bank Connectivity übergeben.

12.2.5 Betrieb und Verwaltung

Nach dem Übergang zum laufenden Betrieb ist das globale Support-Team von SAP Multi-Bank Connectivity, das täglich rund um die Uhr erreichbar ist, für die Lösung von Problemen und die Behebung der Fehler verantwortlich. Damit ist nun das Onboarding-Projekt komplett abgeschlossen.

Anbindungen an weitere Banken nach der Produktivsetzung

Sollten im Laufe der Zeit nach der Produktivsetzung des ursprünglichen Onboarding-Projekts Anbindungen zu weiteren Banken notwendig werden, öffnet das Unternehmen ein Ticket mit der Komponente `LOD-FSN_REQ` im *SAP OSS Launchpad*. In diesem Ticket sollten alle Details bezüglich der neuen Verbindung mitgeteilt werden. Das Ticket wird dann an das MBC-Onboarding-Team weitergeleitet und alle in diesem Abschnitt beschriebenen Projektphasen werde im Rahmen eines neuen Onboarding-Projekts von vorne durchlaufen.

12.3 Konfiguration im SAP-System des Unternehmens

In diesem Abschnitt beschreiben wir die Einstellungen, die Sie in Ihrem SAP-System vornehmen müssen, bevor Sie den MBC-Konnektor für die Verbindung mit SAP Multi-Bank Connectivity einsetzen können.

12.3.1 Grundeinstellungen vornehmen

Zunächst nehmen Sie einige Grundeinstellungen im MBC-Konnektor vor. Zu solchen Einstellungen gehören die Definition der Nummernkreise für die Nachrichten-ID im MBC-Konnektor und die SSF-Profilparameter.

Nummernkreise für Nachrichten-ID pflegen

Legen Sie die Nummernkreisintervalle für die Nachrichten-ID im MBC-Konnektor an. Grundsätzlich werden die Nachrichten-IDs von der Anwendung mitgegeben, die die MBC-Nachricht anlegt. Für die Zahlungen in SAP Bank Communication Management wird z. B. die Referenznummer aus der pain.001-Nachricht als Nachrichten-ID gesetzt. Falls aber die zugrundeliegende Anwendung keine Nachrichten-ID mitgeben kann, wird die Nachrichten-ID vom MBC-Konnektor selbst, basierend auf den Nummernkreisintervallen des Objekts /BSNAGT/N2, zugewiesen.

Sie definieren diese Nummernkreisintervalle über den folgenden Pfad: **Konnektor für SAP Multi-Bank Connectivity • Nummernkreis für Nachrichten-ID pflegen**.

Wie in Abbildung 12.3 gezeigt, legen Sie die Nummernkreisnummer N2 im Feld **Nummernkreisnummer** ❶ an. Tragen Sie die gewünschten Nummernkreisintervalle in die Felder **von Nummer** ❷ und **bis Nummer** ❸ ein. Das Feld **Nummernstand** ❹ wird automatisch mit der letzten vergebenen Nummer aus diesem Nummernkreisintervall gefüllt. Setzen Sie keinen Haken im Feld **Extern** ❺, damit die Nummern fortlaufend intern vom MBC-Konnektor vergeben werden können.

Abbildung 12.3 Nummernkreise für die Nachrichten-ID pflegen (Transaktion SPRO)

SSF-Anwendungsparameter verwalten

Für die Sicherheitsfunktionen des MBC-Konnektors müssen Sie die SSF-Parameter über den Pfad **Konnektor für SAP Multi-Bank Connectivity • SSF-Anwendungsparameter verwalten** pflegen.

Die Einstellung in Abbildung 12.4 ist normalerweise in der Standardauslieferung enthalten. Transaktion BSNAGT wird für die Payload-Sicherheit des MBC-Konnektors verwendet. Mit den in dieser Transaktion gepflegten Parametern wird festgelegt, wie der Nachrichteninhalt einer Payload-Nachricht verschlüsselt und signiert und danach entschlüsselt und verifiziert wird.

Abbildung 12.4 Anwendungsspezifische SSF-Parameter pflegen

Außerdem müssen Sie die SSF-Profildaten über den folgenden Pfad pflegen: **Konnektor für SAP Multi-Bank Connectivity • Profildaten für Secure Store and Forward (SSF) pflegen**.

In Abbildung 12.5 ist ein generischer Eintrag gezeigt, der in der Regel ausreichend ist. Lassen Sie die Felder **Nachrichtentyp** ❶ und **Sender ID/Empfänger ID** ❷ leer, damit der Eintrag für alle Nachrichtentypen und für alle Sender und Empfänger gültig ist. Tragen Sie die »BSNAGT« in das Feld **Anwendung** ❸ ein.

Abbildung 12.5 Profildaten für SSF pflegen (Transaktion SPRO)

Setzen Sie den Haken in den Feldern **Signieren** ❹, **Entschlüsseln** ❺, **Verschlüsseln** ❻ und **Verifizieren** ❼. Tragen Sie die vollständigen Informationen zu Unterzeichner und Empfänger in das Feld **Unterzeichner/Empfänger Name** ❽ ein.

Inhalt im Feld »Unterzeichner/Empfänger Name«

Wie genau der Inhalt des Feldes **Unterzeichner/Empfänger Name** für Ihr Unternehmen aussehen soll, stimmen Sie mit Ihren MBC-Ansprechpartnern für den Onboarding-Prozess genau ab.

12.3.2 Eingehende Nachrichten im MBC-Konnektor verarbeiten

Die nächste Gruppe der Einstellungen bezieht sich auf die Verarbeitung von eingehenden Nachrichten im MBC-Konnektor.

Varianten für die Verarbeitung von Kontoauszügen

Mit SAP Multi-Bank Connectivity schicken Sie nicht nur Zahlungen an externe Banken, sondern Sie empfangen auch Nachrichten von den Banken, vor allem Kontoauszüge. Damit die Kontoauszüge eingelesen und verbucht werden können, ordnen Sie die Selektionsvarianten für die Kontoauszugsverarbeitung im Customizing des MBC-Konnektors zu.

> **Transaktion FEB_FILE_HANDLING ist mit SAP Multi-Bank Connectivity nicht erforderlich!**
>
> Falls Ihnen alle Kontoauszüge mit SAP Multi-Bank Connectivity übermittelt werden, brauchen Sie keine Einstellungen vorzunehmen, um das Einlesen der Kontoauszüge mit Transaktion FEB_FILE_HANDLING durchzuführen (Details dazu finden Sie in Abschnitt 7.6, »Konfiguration der Kontoauszugsverarbeitung«).
>
> Stattdessen ordnen Sie die entsprechenden Varianten für die Kontoauszugsverarbeitung in den Einstellungen des MBC-Konnektors zu, und beim Eingang eines Kontoauszugs wird vom MBC-Konnektor der Report RFEBKA00 mit der entsprechenden Variante als Hintergrundjob ausgeführt.

Tragen Sie die Varianten für die relevanten Kontoauszugsformate unter dem folgenden Pfad ein: **Konnektor für SAP Multi-Bank Connectivity • Selektionsvarianten für Kontoauszüge pflegen**.

In Abbildung 12.6 sehen Sie die Zuordnung der Selektionsvarianten für die relevanten Nachrichtentypen, die für die Kontoauszüge verwendet werden. Lassen Sie das Feld **Sender-ID** ❶ leer, damit die Varianten für alle Ihre Hausbanken verwendet werden. Wählen Sie die relevanten Nachrichtentypen aus der [F1]-Hilfe im Feld **Nachrichtentyp** ❷. Ordnen Sie dem Kontoauszugsformat aus dem Feld **Nachrichtentyp** eine passende Variante im Feld **Variante** ❸ zu.

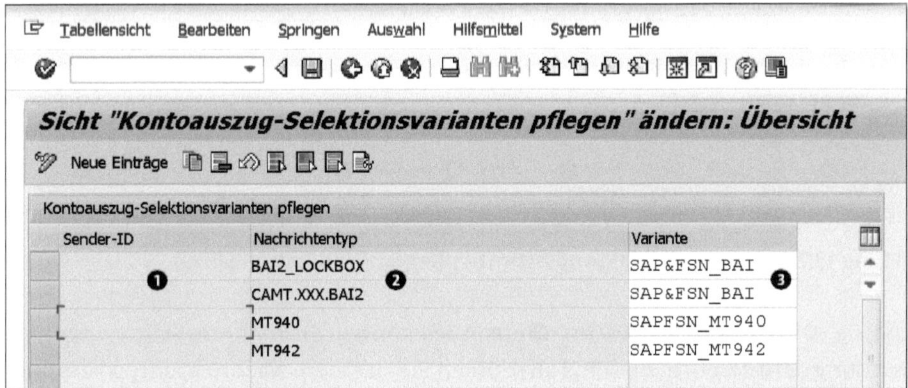

Abbildung 12.6 Selektionsvarianten für Kontoauszüge pflegen (Transaktion SPRO)

[»]

> **Varianten müssen separat definiert werden**
>
> Die Varianten für die Kontoauszugsverarbeitung, die Sie im Feld **Variante** in Abbildung 12.6 pflegen, sind die Varianten zum Report RFEBKA00 (Transaktion FF.5 (Einlesen Elektronischer Kontoauszug)). SAP stellt vorbereitete Selektionsvarianten in der Standardauslieferung zur Verfügung. Sie können diese überprüfen und, wenn nötig, anpassen oder eigene Varianten anlegen und den MBC-Nachrichtentypen entsprechend zuordnen.
>
> Falls Sie auch Lockbox-Dateien über SAP Multi-Bank Connectivity erhalten, müssen Sie die entsprechende Variante zuvor im Report RFEBLB00 (Transaktion FLB2 (Einlesen Lockbox-Datei)) anlegen.

Eingangsverarbeitungsschritte pflegen

Die Verarbeitung der meisten eingehenden Nachrichtentypen wird im MBC-Konnektor sofort automatisch angestoßen. Zu solchen Nachrichtentypen gehören pain.002-Statusrückmeldungen, Kontoauszüge und Lockbox-Dateien in gängigen Formaten.

Falls Sie diese automatische Verarbeitungsoption übersteuern wollen, können Sie Ihre eigenen Eingangsverarbeitungsschritte über den Pfad: **Konnektor für SAP Multi-Bank Connectivity • Eingangsverarbeitungsschritte pflegen** definieren.

Diese Einstellung ist optional. Falls Sie an dieser Stelle nichts pflegen, wird die Standardeinstellung im MBC-Konnektor für den jeweiligen Nachrichtentyp angewandt.

Wie in Abbildung 12.7 gezeigt, tragen Sie die Sender-ID, von der Sie die Nachrichten erwarten, in das Feld **Sender-ID** ❶ ein. Tragen Sie die ID, die Ihre Bank für Ihr Unternehmen als Empfänger-ID liefert, in das Feld **Empfänger-ID** ❷ ein. Wählen Sie den gewünschten Nachrichtentyp aus der [F1]-Hilfe im Feld **Nachrichtentyp** ❸.

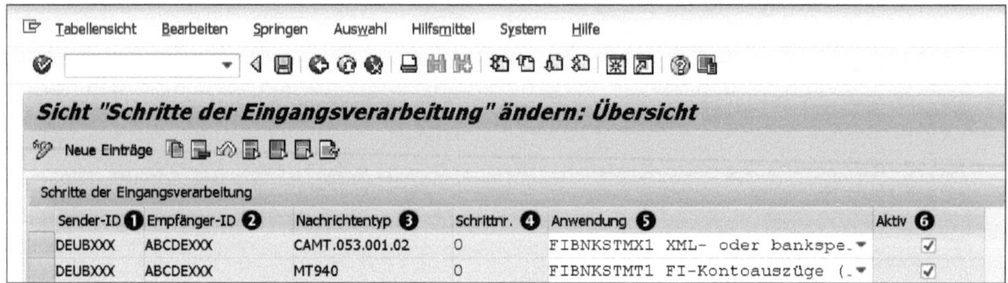

Abbildung 12.7 Eingangsverarbeitungsschritte pflegen (Transaktion SPRO)

Tragen Sie »0« in das Feld **Schrittnr.** ❹ ein. Auch können Sie mehrere Schritte für jede Anwendung definieren. In diesem Fall müssen Sie zu einem Nachrichtentyp verschiedene Schrittnummern eintragen. Anschließend wählen Sie die gewünschte Verarbeitungsoption aus der Dropdown-Liste im Feld **Anwendung** ❺. Setzen Sie den Haken im Feld **Aktiv** ❻, um die hinterlegte Verarbeitungsregel zu aktivieren.

12.3.3 Ausgehende Nachrichten im MBC-Konnektor verarbeiten

Es sind mehrere, zum Teil vom Verbindungskanal abhängige Einstellungen notwendig, damit die ausgehenden Nachrichten mit korrekten Parametern erzeugt werden und an SAP Multi-Bank Connectivity und danach an die Banken weitergegeben werden können.

Zuordnung von Sender-ID und Empfänger-ID pflegen

Die *Sender-ID* und die *Empfänger-ID* sind eindeutige Nummern, die SAP Multi-Bank Connectivity braucht, um zu wissen, wer eine Nachricht geschickt hat und an wen sie weitergegeben werden soll. Bei den eingehenden Nachrichten werden sie auf der Seite der Banken mitgegeben, und bei den ausgehenden Zahlungsnachrichten müssen die Sender-ID und die Empfänger-ID im SAP-System abgeleitet und der Nachricht zugeordnet werden.

Standardmäßig wird der BIC der externen Bank als Empfänger-ID bei den Zahlungsnachrichten verwendet. Die Sender-ID wird aus dem Hausbankstammsatz abgeleitet. Diese Sender-ID ist die Nummer, die Ihre Hausbank verwendet, um Ihr Unternehmen eindeutig zu identifizieren. Sie müssen diese Nummer als Kundennummer im Hausbankstammsatz der jeweiligen Hausbank in Transaktion FI12 (Ändern Hausbanken/ Bankkonten) pflegen.

In Abbildung 12.8 sehen Sie, dass die Sender-ID auf der Hausbankebene in Transaktion FI12 gepflegt worden ist. In Transaktion FI12 wählen Sie die jeweilige Hausbank (Feld **Hausbank** ❶) und klappen den Bereich **Datenträgeraustausch** ❷ auf. Tragen Sie Ihre Kundennummer in das Feld **Kundennummer** ❸ ein; diese Nummer wird nun im MBC-Konnektor als Sender-ID für die ausgehenden Zahlungen an die Hausbank verwendet.

Sie haben die Möglichkeit, über den Pfad **Konnektor für SAP Multi-Bank Connectivity • Zuordnung von Sender-/Empfänger-ID pflegen** unterschiedliche Sender-IDs für jeden Nachrichtentyp zu pflegen.

Die Einstellungen, die Sie hier vornehmen, gelten allerdings nur, wenn das Feld **Kundennummer** in Transaktion FI12 leer ist.

In Abbildung 12.9 sehen Sie eine Zuordnung von einer alternativen Sender-ID zur gegebenen Empfänger-ID. Sie können einen Nachrichtentyp in das Feld **Nachrichtentyp** ❶ eingeben oder dieses Feld leer lassen, damit der Eintrag für alle Nachrichtentypen gültig ist. Tragen Sie die Empfänger-ID der Hausbank, an die Sie diesen Nachrichtentyp schicken, in das Feld **Empfäng.-ID** ❷ ein.

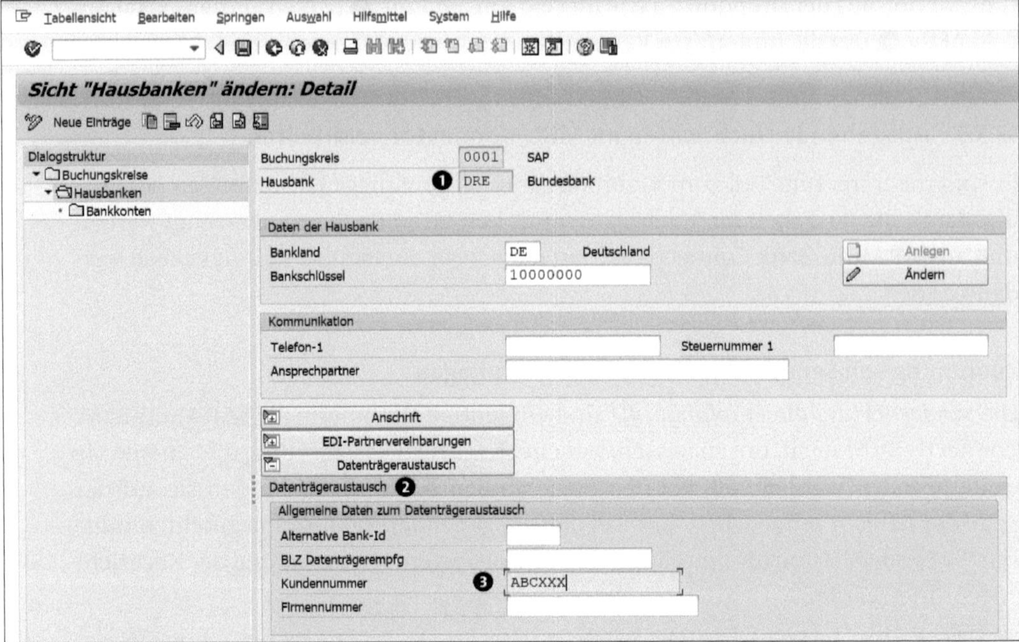

Abbildung 12.8 Sender-ID in der Hausbank zuordnen (Transaktion FI12)

Im Feld **Original** ❸ haben Sie die Möglichkeit, die Einstellungen zusätzlich pro Anwendung (wie z. B. FIPMW für die PMW-Zahlungen) zu differenzieren. In das Feld **Sender-ID** ❹ tragen Sie die gewünschte Sender-ID ein, die alternativ an die Bank weitergegeben werden soll. Pflegen Sie die Empfänger-ID im Feld **Zielempfänger-ID** ❺.

Abbildung 12.9 Zuordnung von Sender-/Empfänger-ID pflegen

Parameter für die SWIFT-Verbindung pflegen

Falls die Verbindung zu Ihren Hausbanken über den SWIFT-Verbindungskanal läuft, müssen Sie zusätzlich SWIFT-Parameter pflegen. Diese werden anschließend vom MBC-Konnektor in den Nachrichtenkopf jeder Nachricht übernommen und an die SWIFT-Hausbanken weitergegeben.

Die SWIFT-Parameter definieren Sie nur für die Hausbanken mit dem SWIFT-Verbindungskanal über den folgenden Pfad: **Konnektor für SAP Multi-Bank Connectivity • SWIFT-Parameter pflegen**.

In Abbildung 12.10 sehen Sie die Einstellungen für die Hausbank mit der Empfänger-ID (und gleichzeitig mit dem BIC dieser Bank) DEUTDEFFXXX. In das Feld **Empfäng.-ID** ❶ tragen Sie den BIC Ihrer SWIFT-Hausbank ein.

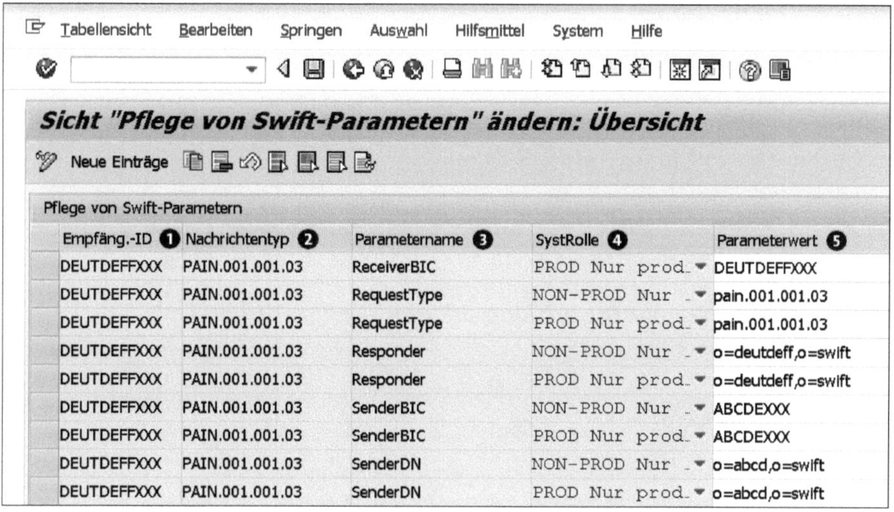

Empfäng.-ID ❶	Nachrichtentyp ❷	Parametername ❸	SystRolle ❹	Parameterwert ❺
DEUTDEFFXXX	PAIN.001.001.03	ReceiverBIC	PROD Nur prod.	DEUTDEFFXXX
DEUTDEFFXXX	PAIN.001.001.03	RequestType	NON-PROD Nur .	pain.001.001.03
DEUTDEFFXXX	PAIN.001.001.03	RequestType	PROD Nur prod.	pain.001.001.03
DEUTDEFFXXX	PAIN.001.001.03	Responder	NON-PROD Nur .	o=deutdeff,o=swift
DEUTDEFFXXX	PAIN.001.001.03	Responder	PROD Nur prod.	o=deutdeff,o=swift
DEUTDEFFXXX	PAIN.001.001.03	SenderBIC	NON-PROD Nur .	ABCDEXXX
DEUTDEFFXXX	PAIN.001.001.03	SenderBIC	PROD Nur prod.	ABCDEXXX
DEUTDEFFXXX	PAIN.001.001.03	SenderDN	NON-PROD Nur .	o=abcd,o=swift
DEUTDEFFXXX	PAIN.001.001.03	SenderDN	PROD Nur prod.	o=abcd,o=swift

Abbildung 12.10 SWIFT-Parameter pflegen (Transaktion SPRO)

In dem Feld **Nachrichtentyp** ❷ pflegen Sie den relevanten Nachrichtentyp, z. B. `pain.001.001.03` für externe Überweisungen. Wählen Sie den passenden Parameter im Feld **Parameternamen** ❸. Ordnen Sie diesen Eintrag der Test- oder der Produktivumgebung im Feld **SystRolle** ❹ zu. Pflegen Sie nun die korrekten Parameterwerte im Feld **Parameterwert** ❺.

Parameterwerte in Abstimmung mit SAP Multi-Bank Connectivity

Beim Onboarding-Prozess Ihrer SWIFT-Hausbank müssen die korrekten Werte für den Nachrichtenkopf Ihrer Nachrichten mit SAP Multi-Bank Connectivity und der Bank abgestimmt werden.

Parameter für die EBICS-Verbindung pflegen

Falls die Verbindung zu Ihren Hausbanken über den EBICS-Verbindungskanal läuft, müssen Sie zusätzlich EBICS-relevante Parameter pflegen.

Als Erstes pflegen Sie die Auftragsarten, die bei der EBICS-Verbindung notwendig sind und vom MBC-Konnektor im Nachrichtenkopf an die Bank weitergegeben werden.

Begriff: EBICS-Auftragsarten

EBICS-Auftragsarten sind dreistellige alphanummerische Codes, die die Art der Zahlung bestimmen, wie z. B. die EBICS-Auftragsart CCT für SEPA-Überweisungen.

Sie ordnen relevante EBICS-Auftragsarten über den folgenden Pfad zu: **Konnektor für SAP Multi-Bank Connectivity • EBICS-Auftragsermittlung pflegen**.

In Abbildung 12.11 sehen Sie, wie die EBICS-Auftragsarten unterschiedlichen Zahlungskriterien zugeordnet sind. Pflegen Sie den Buchungskreis im Feld **BuKr** ❶, die Hausbank-ID im Feld **Hausbank** ❷ und die Hausbankkonto-ID im Feld **Konto ID** ❸. Tragen Sie den Zahlweg in das Feld **ZW** ❹ ein.

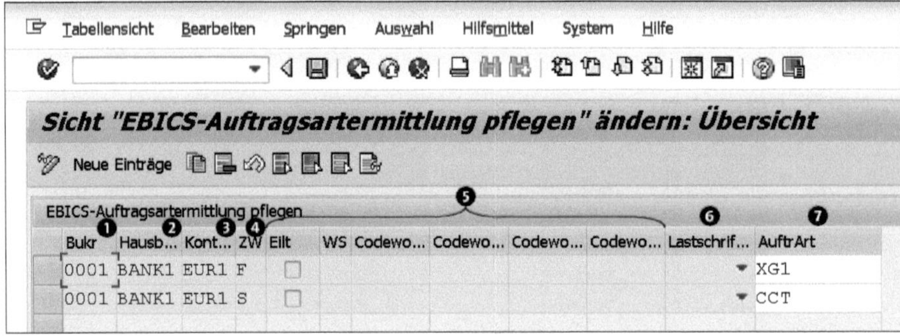

Abbildung 12.11 EBICS-Auftragsartermittlung pflegen (Transaktion SPRO)

Weitere Felder, die Sie im Bereich ❺ sehen, dienen der weiteren Differenzierung und sind optional. Falls Sie einen Zahlweg, der der SEPA-Lastschrift entspricht, verwenden, können Sie zusätzlich die Lastschriftart in das Feld **Lastschriftart** ❻ eintragen. Im Feld **AuftrArt** ❼ ordnen Sie anschließend die von Ihrer Bank erwartete EBICS-Auftragsart zu.

EBICS-Auftragsarten mit der Hausbank klären

Klären Sie mit Ihrer Hausbank, welche EBICS-Auftragsarten in welchen Fällen erwartet werden. In der Regel können Sie die richtige EBCS-Auftragsart, basierend auf dem jeweiligen Zahlweg, eindeutig zuordnen.

Bei der EBICS-Verbindung müssen auch die Genehmigungsbenutzer an SAP Multi-Bank Connectivity im Nachrichtenkopf ausgehender Nachrichten in den erweiterten Kopfparametern APPROVAL_USER_1 und APPROVAL_USER_2 weitergegeben werden.

Der MBC-Konnektor ermittelt standardmäßig die letzten beiden Genehmigungsbenutzer zur betreffenden Zahlung und schreibt sie in den Nachrichtenkopf der MBC-Nachricht. Sie können diese Standardeinstellung übersteuern und Ihre eigenen Regeln zum Ableiten der korrekten Genehmigungsbenutzer über den folgenden Pfad definieren: **Konnektor für SAP Multi-Bank Connectivity • Genehmigungsbenutzereinstellungen pflegen**.

In Abbildung 12.12 sehen Sie, wie die Definition einer eigenen Regel für die Genehmigungsbenutzer aussehen kann. Pflegen Sie die entsprechende Sender-ID im Feld **Sender-ID** ❶ und die Empfänger-ID im Feld **Empfänger-ID** ❷. Auch können Sie diese beiden Felder leer lassen, falls der Eintrag für alle Banken gelten soll.

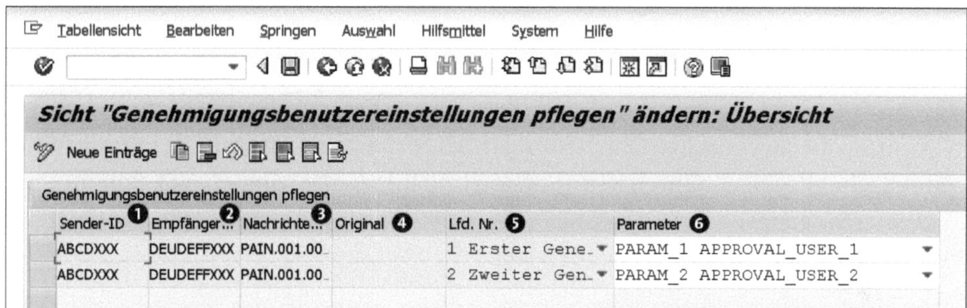

Abbildung 12.12 Genehmigungsbenutzereinstellungen pflegen (Transaktion SPRO)

Wählen Sie den Nachrichtentyp im Feld **Nachrichtentyp** ❸. In der Regel handelt es sich um die Nachricht `pain.001.001.03`. Sie können optional einen Transaktionscode in das Feld **Original** ❹ eingeben. Im Feld **Lfd.Nr.** ❺ wählen Sie die richtige Option, wie der erste und zweite Genehmigungsbenutzer abgeleitet werden sollen, und im Feld **Parameter** ❻ definieren Sie die Felder im Nachrichtenkopf, in denen die ermittelten Benutzer gespeichert werden sollen.

12.3.4 Erweiterte Einstellungen im MBC-Konnektor vornehmen

Es gibt einige andere spezifische Einstellungen, die für bestimmte Szenarien in der Zahlungsverkehrsabwicklung notwendig sein können. Die wichtigsten solcher erweiterten Einstellungen haben wir in diesem Abschnitt zusammengestellt.

Komprimierungseinstellungen pflegen

Mit dem MBC-Konnektor ist es möglich, die Nachrichten-Payloads zu komprimieren oder zu dekomprimieren. Dies kann u. a. im Falle von Kontoauszügen oder anderen Belegen, die Ihnen Ihre Bank im PDF-Format zukommen lässt, relevant sein. Sie pflegen die Komprimierungseinstellungen über den folgenden Pfad: **Konnektor für SAP Multi-Bank Connectivity • Komprimierungseinstellungen pflegen**.

In Abbildung 12.13 ist ein Beispiel für die Pflege der Komprimierungseinstellungen zu sehen. Sie können die Felder **Sender-ID** ❶ und **Empfänger-ID** ❷ leer lassen, falls die

Einstellung für alle Banken gelten soll. Pflegen Sie den relevanten Nachrichtentyp im Feld **Nachrichtentyp ❸**.

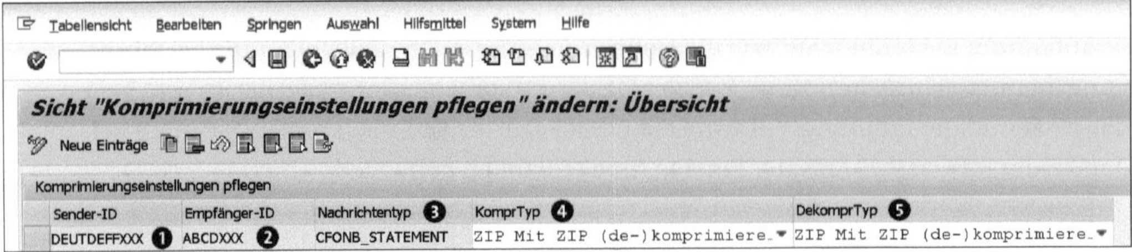

Abbildung 12.13 Komprimierungseinstellungen pflegen (Transaktion SPRO)

Wählen Sie die gewünschten Einstellungen im Feld **KomprTyp ❹** für das Komprimieren ausgehender Nachrichten beim Senden und im Feld **DekomprTyp ❺**, falls die Payload einer Eingangsnachricht in komprimierter Form empfangen werden und vor der Verarbeitung dekomprimiert werden soll.

Handhabung sensibler Daten

Sie können Nachrichten-Payloads mit einem bestimmten Nachrichtentyp für bestimmte Sender und Empfänger als sensibel definieren. In diesem Fall kann der Inhalt solcher Nachrichten im Konnektor-Monitor nicht eingesehen werden. Sie nehmen diese Einstellung über den folgenden Pfad vor: **Konnektor für SAP Multi-Bank Connectivity • Klassifizierung sensibler Daten pflegen**.

In Abbildung 12.14 sehen Sie, wie bestimmte Nachrichten als sensibel eingestuft werden können. Tragen Sie den Sender in das Feld **Sender-ID ❶** und den Empfänger in das Feld **Empfänger-ID ❷** ein. Wählen Sie den gewünschten Nachrichtentyp im Feld **Nachrichtentyp ❸**. Sie können optional zusätzlich die Anwendung in das Feld **Original ❹** eintragen. Setzen Sie den Haken im Feld **Sensibel ❺**, um die Daten in den Nachrichten mit dieser Kombination als sensibel zu kennzeichnen.

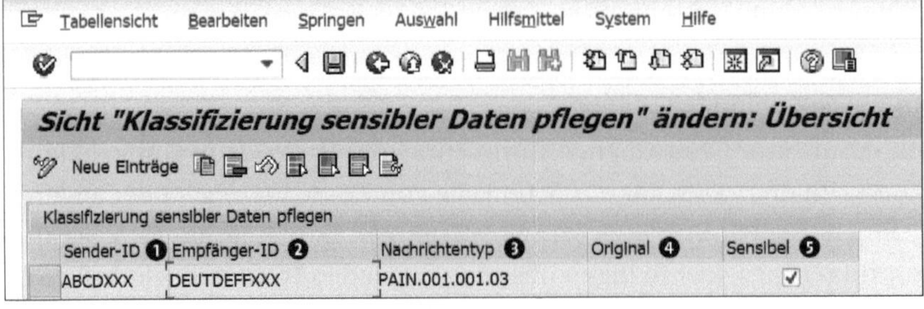

Abbildung 12.14 Klassifizierung sensibler Daten pflegen (Transaktion SPRO)

Falls eine ausgehende Nachricht als sensibel eingestuft wurde, wird ein zusätzlicher Parameter `CONNECTOR.SensitivePayload` mit dem Wert `true` im Nachrichtenkopf eingefügt.

Falls eine eingehende Nachricht schon mit diesem Parameter geliefert wird, wird sie als sensibel eingestuft, auch wenn kein entsprechender Eintrag für diese Nachricht, wie es in Abbildung 12.14 gezeigt ist, gefunden wurde.

Nachrichten archivieren

Sie können Nachrichten, die über den MBC-Konnektor verarbeitet werden, in regelmäßigen Abständen archivieren. Als Voraussetzung dafür müssen Sie für die in Ihrem System verwendeten Nachrichtentypen die Residenzzeit pflegen. Die *Residenzzeit* zeigt, wie lange Nachrichten vorgehalten werden, bevor sie archiviert werden können. Sie pflegen die Residenzzeit über den folgenden Pfad: **Konnektor für SAP Multi-Bank Connectivity • Residenzzeit für Nachrichtenarchivierung pflegen**.

In Abbildung 12.15 sehen Sie die gepflegten Residenzzeiten für verschiedene Nachrichtentypen. Pflegen Sie die relevanten Nachrichtentypen im Feld **Nachrichtentyp** ❶. Im Feld **Residenz** ❷ ordnen Sie diesen Nachrichtentypen die gewünschte Anzahl in den Einheiten, die Sie im Feld **Einheit** ❸ wählen, zu. In Abbildung 12.15 beträgt die Residenzzeit 7 Tage für alle Nachrichtentypen.

Abbildung 12.15 Residenzzeit für die Nachrichtenarchivierung pflegen (Transaktion SPRO)

Danach können Sie den Archivierungsprozess starten. Die Transaktionen, die Sie dafür brauchen, finden Sie im Anwendungsmenü.

In Abbildung 12.16 sind die Transaktionen abgebildet, die Sie für die Archivierung von Nachrichten im MBC-Konnektor benötigen. Sie finden diese Transaktionen im Anwendungsmenü über den Pfad **Konnektor für SAP Multi-Bank Connectivity • Nachrichten archivieren**.

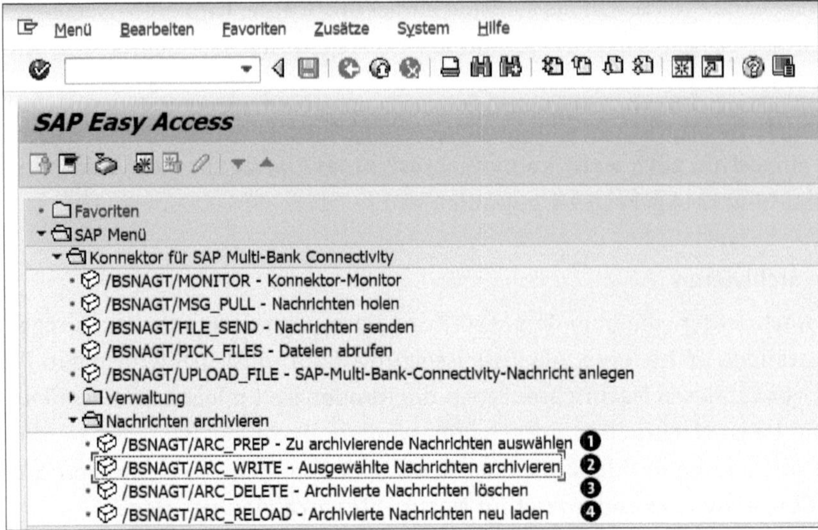

Abbildung 12.16 Anwendungsmenü zum Archivieren von Nachrichten im MBC-Konnektor

1. Mit Transaktion /BSNAGT/ARC_PREP (Zu archivierende Nachrichten auswählen) selektieren Sie die für die Archivierung relevanten Nachrichten (es sind solche, deren Residenzzeit mit den Werten in Abbildung 12.15 übereinstimmt oder diese überschritten hat). Falls Sie die Transaktion im Produktivmodus laufen lassen, werden die selektierten Nachrichten mit dem Archivierungsstatus **01 Datei zum Archivieren gekennzeichnet** versehen.

2. Danach führen Sie die Transaktion /BSNAGT/ARC_WRITE (Ausgewählte Nachrichten archivieren) aus. Dabei werden alle archivierbaren Nachrichten in ein Archiv kopiert, und der Status der Nachrichten wird auf **02 Archiviert** gesetzt.

3. Mit der Transaktion /BSNAGT/ARC_DELETE (Archivierte Nachrichten löschen) werden die Nachrichten mit dem Status **02 Archiviert** aus dem MBC-Konnektor gelöscht.

4. Mit Transaktion /BSNAGT/ARC_RELOAD (Archivierte Nachrichten neu laden) können die vorher archivierten Nachrichten wieder aus dem Archiv geholt und in den MBC-Konnektor geladen werden.

Eingangsnachrichten herunterladen

Im Unterabschnitt »Eingangsverarbeitungsschritte pflegen« haben wir erklärt, wie die Zuordnung der Varianten für die Verarbeitung der Kontoauszüge aussieht. Wir haben auch erwähnt, dass bei der Kontoauszugsverarbeitung standardmäßig die Ausführung von Transaktion FF.5 vom MBC-Konnektor angestoßen wird.

Aus bestimmten Gründen kann es aber notwendig sein, die Kontoauszüge oder auch andere Eingangsnachrichten auf ein Verzeichnis herunterzuladen. Dies können Sie im MBC-Konnektor entsprechend einstellen. Sie müssen dafür die relevanten Nachrichtentypen pflegen und ihnen die Transaktion DOWNLOAD über den Pfad **Konnektor für SAP Multi-Bank Connectivity • Eingangsverarbeitungsschritte pflegen** zuordnen.

In Abbildung 12.17 sehen Sie, dass die Option **DOWNLOAD** im Feld **Anwendung** ❷ ausgewählt ist. Achten Sie auf die Schrittsequenz, die Sie in das Feld **Schrittnr.** ❶ eingeben.

Abbildung 12.17 Eingangsschritte definieren: Herunterladen von Nachrichten (Transaktion SPRO)

Wir haben schon erklärt, dass Sie mit der Einstellung in Transaktion SPRO (Eingangsverarbeitungsschritte pflegen) die Standardeinstellungen für den jeweiligen Nachrichtentyp übersteuern. Falls Sie möchten, dass z. B. die MT940-Kontoauszüge sowohl verbucht als auch in einem bestimmten Verzeichnis abgelegt werden, können Sie dem entsprechenden Nachrichtentyp in Abbildung 12.17 zwei Schritte zuordnen.

Standardmäßig werden die Nachrichten bei dieser Einstellung über den logischen Pfad `/BSNAGT/DOWNLOAD_FILE`, der in der Standardauslieferung vorhanden ist, abgelegt.

Falls Sie eine feinere Differenzierung brauchen, um z. B. die MT940-Kontoauszüge von unterschiedlichen Banken auf separaten Verzeichnissen abzulegen, können Sie diese Möglichkeit im View `/BSNAGT/V_DOWN` über Transaktion SM30 (Aufruf View-Pflege) entsprechend pflegen.

In Abbildung 12.18 sehen Sie, welche Möglichkeiten Ihnen bei der Pflege der Download-Einstellungen im MBC-Konnektor zur Verfügung stehen. Pflegen Sie den relevanten Nachrichtentyp im Feld **Nachrichtentyp** ❶. Tragen Sie den Sender, von dem die Nachrichten kommen, in das Feld **Sender-ID** ❷ und den Empfänger, also Ihre Kundennummer, in das Feld **Empfänger-ID** ❸ ein. Sie können diese Felder auch leer lassen, denn dann gilt der Eintrag für alle Nachrichten mit diesem Nachrichtentyp.

In das Feld **Logische Datei** ❹ geben Sie den Namen des gewünschten logischen Pfades ein. Sie können zusätzlich den Namen der abgelegten Datei bestimmen, indem Sie entsprechende vordefinierte Parameter in den Feldern **Param.1** ❺, **Param.2** ❻ und **Param.3** ❼ auswählen.

Abbildung 12.18 Download-Einstellungen für die Eingangsnachrichten definieren (Transaktion SM30)

12.3.5 Weitere relevante Themen für den MBC-Konnektor

Beim Einrichten des MBC-Konnektors müssen Sie zusätzlich zu den in den vorangehenden Abschnitten erklärten Customizing-Einstellungen einige technische Aspekte berücksichtigen. Dazu gehört die technische Anbindung des MBC-Konnektors an SAP Multi-Bank Connectivity und die Berechtigungsrollen, die für das Nutzen des MBC-Konnektors eingerichtet und den relevanten Benutzern entsprechend zugeordnet werden müssen. Wir mussten in diesem Abschnitt auf sehr ausführliche Erläuterungen verzichten, haben jedoch die wichtigsten Informationen und auch relevante OSS-Hinweise zusammengestellt, um Ihnen einen besseren Ausgangspunkt für weitere Eigenrecherchen anbieten zu können.

Einstellungen zum Aufbau der HTTP-Verbindung zu SAP Multi-Bank Connectivity

Wie wir es in Abschnitt 12.1.2, »Verbindung zwischen SAP Multi-Bank Connectivity und dem SAP-System des Unternehmens«, erwähnt haben, ist die HTTP-Verbindung eine von SAP empfohlene Option für den Aufbau der Kommunikation zu SAP Multi-Bank Connectivity. Wir beschreiben diese Option nun ausführlicher.

Details für Verbindung mit dem XI-Protokoll in SAP-Hinweis 2149654

Falls Sie sich für den Aufbau der Verbindung zu SAP Multi-Bank Connectivity mithilfe Ihres SAP-Process-Orchestration-Systems interessieren, können Sie Details und den Implementierungsleitfaden für das Aktivieren der Verbindung zu SAP Multi-Bank Connectivity mit dem sogenannten XI-Protokoll (XI = Exchange Infrastructure) dem SAP-Hinweis 2149654 (Beispielkonfiguration für die Verwendung des XI-Protokolls mit FSN Konnektor) entnehmen.

Um die HTTP-Verbindung zu SAP Multi-Bank Connectivity einzurichten, müssen Sie einige Einstellungen vornehmen.

Als Erstes richten Sie zusammen mit Ihrem Basisteam und basierend auf den von SAP Multi-Bank Connectivity zur Verfügung gestellten Informationen die relevanten RFC-Verbindungen mit Transaktion SM59 ein (siehe Tabelle 12.1). Die neuen RFC-Verbindungen müssen unter der Verbindungskategorie **HTTP-Verbindungen zu ext.Server** angelegt werden.

Name RFC-Verbindung	Bezeichnung RFC-Verbindung
MBC_SEND_REQ_<SYSID><CLIENT>	MBC-Anfrage senden
MBC_SEND_ACK_<SYSID><CLIENT>	MBC-Status senden
MBC_PULL_REQ_<SYSID><CLIENT>	MBC-Anfrage holen
MBC_PULL_ACK_<SYSID><CLIENT>	MBC-Status holen

Tabelle 12.1 RFC-Verbindungen für die HTTP-Verbindung zu SAP Multi-Bank Connectivity einrichten

Danach pflegen Sie die Routing-Einstellungen über den folgenden Pfad: **Konnektor für SAP Multi-Bank Connectivity • Routingeinstellungen pflegen**.

12

Wie in Abbildung 12.19 gezeigt, erstellen Sie einen neuen Eintrag. Lassen Sie alle Felder leer, damit dieser Eintrag für alle Sender, Empfänger und Nachrichtentypen gültig ist, und tragen Sie »HTTPAPI« in das Feld **Routing** ❶ ein. Speichern Sie den neu angelegten Eintrag.

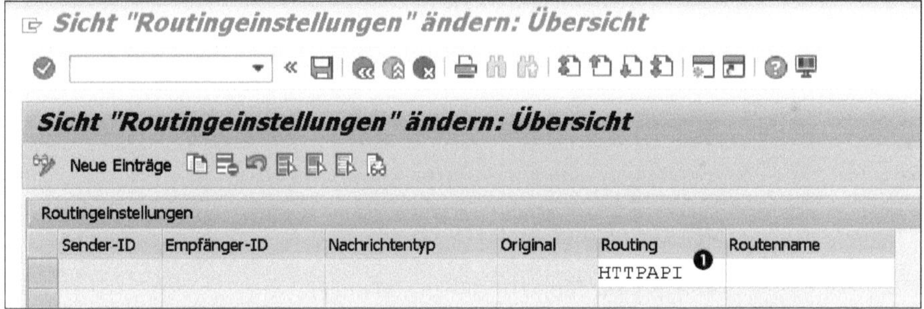

Abbildung 12.19 Routing-Einstellungen für die HTTP-Verbindung pflegen (Transaktion SPRO)

Anschließend definieren Sie die Pull-Arten für die HTTP-Verbindung über den folgenden Pfad: **Konnektor für SAP Multi-Bank Connectivity • Pull-Arten pflegen**.

Wie in Abbildung 12.20 gezeigt, tragen Sie den Pull-Typ »HTTPAPI« in das Feld **Pull-Typ** ❶ ein und aktivieren den Eintrag, indem Sie den Haken im Feld **Aktiv** ❷ setzen.

Beachten Sie die SAP-Hinweise zum Aufbau der HTTP-Verbindung

Weitere Details und Informationen zum Aufbau der HTTP-Verbindung zu SAP Multi-Bank Connectivity finden Sie in den SAP-Hinweisen: 3091189, 3103718 und 3133824.

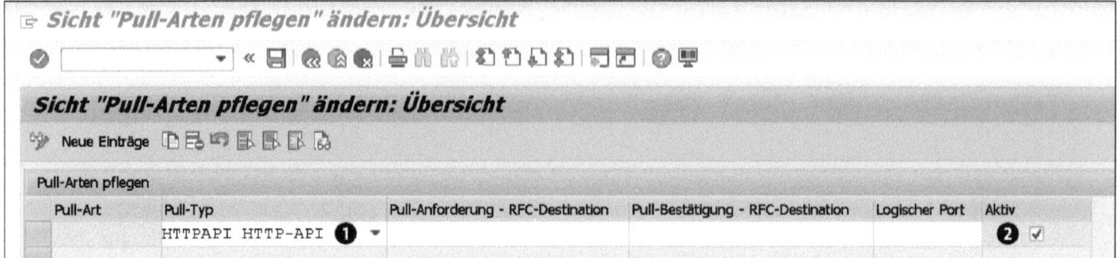

Abbildung 12.20 Pull-Arten für die HTTP-Verbindung pflegen (Transaktion SPRO)

Einige hilfreiche SAP-Hinweise für den MBC-Konnektor

Wir haben einige, aber selbstverständlich bei Weitem nicht alle relevanten SAP-Hinweise, die für Sie hilfreich sein könnten, in der untenstehenden Tabelle 12.2 aufgelistet.

SAP-Hinweisnummer	SAP-Hinweisbezeichnung
2076194	Empfohlene SSF-Anwendungsparameter für den FSN-Konnektor
2149654	Beispielkonfiguration für die Verwendung des XI-Protokolls mit dem FSN-Konnektor
2561088	Lesezugriffsprotokollierung mit dem FSN-Konnektor
2915507	Liste der Kontakte für SAP-MBC-Themen
3024417	BCM-Berechtigungsprüfung für Payloads
3090465	BCM-Batch-Nummer im Konnektor-Monitor
3091189	Objekte für eine direkte HTTP-Kommunikation
3103718	RFC-Destination für HTTP-API angeben
3133824	Pflege-View für HTTP-API-Einstellungen
3158989	Zuordnung vom Buchungskreis zu den MBC-Nachrichten

Tabelle 12.2 Auflistung wichtiger SAP-Hinweise für den MBC-Konnektor

Berechtigungen für den MBC-Konnektor

SAP stellt eine Vorlagerolle /BSNAGT/ALL zur Verfügung, in der die notwendigen Berechtigungsobjekte zusammengefasst sind. In Abbildung 12.21 sehen Sie, welche Berechtigungsobjekte in der Vorlagerolle /BSNAGT/ALL enthalten und welche Werte diesen Objekten zugeordnet sind.

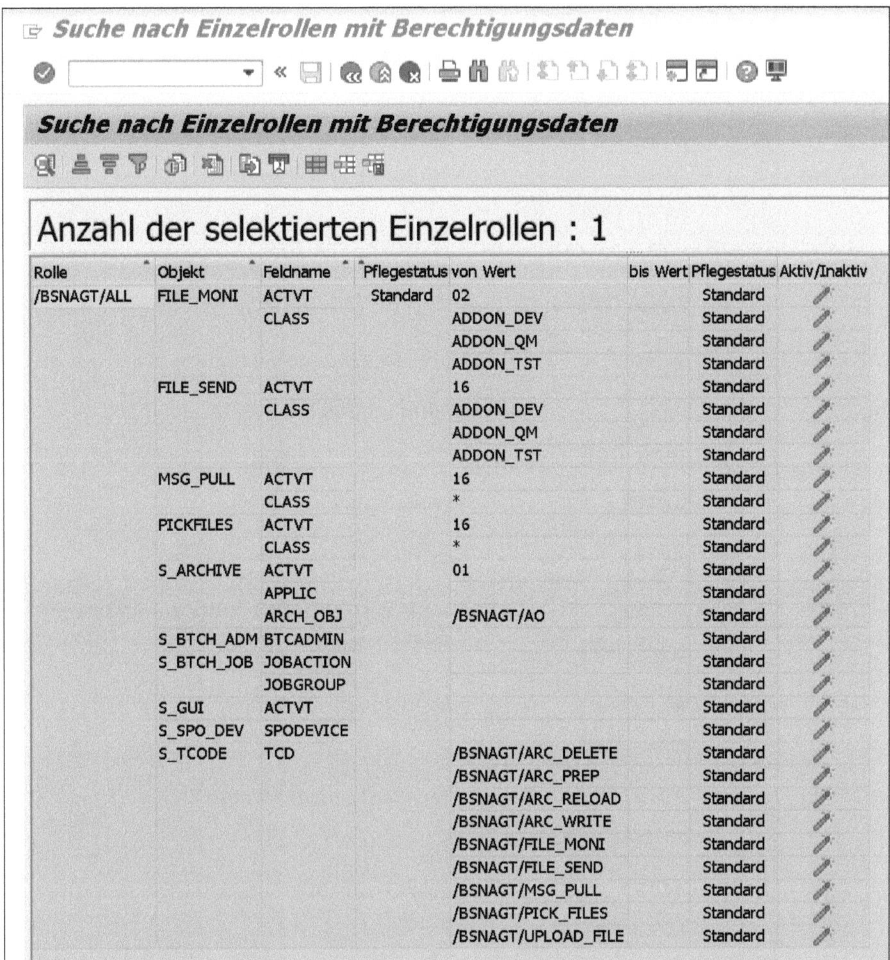

Suche nach Einzelrollen mit Berechtigungsdaten

Suche nach Einzelrollen mit Berechtigungsdaten

Anzahl der selektierten Einzelrollen : 1

Rolle	Objekt	Feldname	Pflegestatus	von Wert	bis Wert	Pflegestatus	Aktiv/Inaktiv
/BSNAGT/ALL	FILE_MONI	ACTVT	Standard	02		Standard	
		CLASS		ADDON_DEV		Standard	
				ADDON_QM		Standard	
				ADDON_TST		Standard	
	FILE_SEND	ACTVT		16		Standard	
		CLASS		ADDON_DEV		Standard	
				ADDON_QM		Standard	
				ADDON_TST		Standard	
	MSG_PULL	ACTVT		16		Standard	
		CLASS		*		Standard	
	PICKFILES	ACTVT		16		Standard	
		CLASS		*		Standard	
	S_ARCHIVE	ACTVT		01		Standard	
		APPLIC				Standard	
		ARCH_OBJ		/BSNAGT/AO		Standard	
	S_BTCH_ADM	BTCADMIN				Standard	
	S_BTCH_JOB	JOBACTION				Standard	
		JOBGROUP				Standard	
	S_GUI	ACTVT				Standard	
	S_SPO_DEV	SPODEVICE				Standard	
	S_TCODE	TCD		/BSNAGT/ARC_DELETE		Standard	
				/BSNAGT/ARC_PREP		Standard	
				/BSNAGT/ARC_RELOAD		Standard	
				/BSNAGT/ARC_WRITE		Standard	
				/BSNAGT/FILE_MONI		Standard	
				/BSNAGT/FILE_SEND		Standard	
				/BSNAGT/MSG_PULL		Standard	
				/BSNAGT/PICK_FILES		Standard	
				/BSNAGT/UPLOAD_FILE		Standard	

Abbildung 12.21 Berechtigungsrolle /BSNAGT/ALL für den MBC-Konnektor (Transaktion SUIM)

Zusätzlich existieren in der Objektklasse `BSN` mehrere Berechtigungsobjekte, die ebenfalls notwendig sein können. Diese Objekte haben wir in Tabelle 12.3 aufgelistet.

Berechtigungsobjekt	Berechtigungsfeld	Berechtigungsobjekttext
/BSNAGT/AP	ACTVT SENDERID RECEIVERID MSG_TYPE	API für MBC-Konnektor

Tabelle 12.3 Auflistung der Berechtigungsobjekte für den MBC-Konnektor

Berechtigungsobjekt	Berechtigungsfeld	Berechtigungsobjekttext
/BSNAGT/CR	ACTVT MSG_TYPE	Anlegen von MBC-Nachrichten
/BSNAGT/FM	ACTVT MSG_TYPE	MBC-Konnektor-Monitor
/BSNAGT/ID	ACTVT MSG_TYPE	Pflege für Payload-Suchindex
/BSNAGT/PI	ACTVT	Datei-/Nachrichtenabholung
/BSNAGT/PL	ACTVT MSG_TYPE	Zugriff auf Nachrichten-Payload
/BSNAGT/PS	ACTVT	Payload-Suche
/BSNAGT/PU	ACTVT	Nachrichten abrufen
/BSNAGT/RP	ACTVT MSG_TYPE	Bereits verarbeitete Schritte zurücksetzen/ nachbearbeiten
/BSNAGT/SA	ACTVT MSG_TYPE	Nachricht erneut senden
/BSNAGT/SE	ACTVT /BSNAGT/DC	Zugriff auf sensible Daten
/BSNAGT/SN	ACTVT MSG_TYPE	Nachricht an SAP Multi-Bank Connectivity senden
/BSNAGT/ST	ACTVT MSG_TYPE	Status der Nachricht aktualisieren
/BSNAGT/TR	ACTVT /BSNAGT/TC	Trace-Nachrichten (MBC-Konnektor)

Tabelle 12.3 Auflistung der Berechtigungsobjekte für den MBC-Konnektor (Forts.)

BAdIs für den MBC-Konnektor

Im MBC-Konnektor stehen Ihnen zahlreiche BAdIs zur Verfügung, falls Ihre Geschäftsprozesse nicht komplett in der Standardfunktionalität des MBC-Konnektors abgebildet werden können.

Wir haben diese BAdIs und die Kurzbeschreibung zu jedem BAdI in der folgenden Tabelle 12.4 aufgelistet.

BAdI Definition	Funktion
/BSNAGT/BADI_IH	Schrittbasierte Eingangsverarbeitung
/BSNAGT/BADI_MESSAGE	Verarbeitung der Eingangsnachrichten
/BSNAGT/BADI_MESSAGE_OUT	Verarbeitung der Ausgangsnachrichten
/BSNAGT/BADI_CONV_BIN	Konvertierung eines binären Payloads in Zeichen
/BSNAGT/BADI_MESSAGE_FACTORY	Anpassung von Nachrichten direkt nach dem Anlegen
/BSNAGT/BADI_SECURITY	SSF-Sicherheitsfunktionen
/BSNAGT/BADI_MON_DISP_CONT	Anzeige von Nachrichten im Konnektor-Monitor
/BSNAGT/BADI_MON_NAV_2_APP	Navigation aus dem Konnektor-Monitor zur Ursprungsanwendung

Tabelle 12.4 Auflistung der verfügbaren BAdIs für den MBC-Konnektor

Weitere Details zu den Verwendungsmöglichkeiten dieser BAdIs und technische Einzelheiten dazu finden Sie in der [F1]-Hilfe der entsprechenden Transaktionen im Einführungsleitfaden, die zu diesen BAdIs führen. Für jedes BAdI existiert nämlich eine separate Transaktion mit der Bezeichnung wie in Tabelle 12.4. Sie finden alle Transaktionen im Einführungsleitfadenmenü vom Konnektor für SAP Multi-Bank Connectivity.

12.4 Fazit

In diesem Kapitel haben wir die Funktionen und Einsatzmöglichkeiten von SAP Multi-Bank Connectivity und dem Konnektor für SAP Multi-Bank Connectivity erläutert. Wir haben beschrieben, wie zum einen externe Banken an SAP Multi-Bank Connectivity und zum anderen das SAP-System des Unternehmens an SAP Multi-Bank Connectivity angebunden werden. Wir haben erläutert, dass die Kommunikation zwischen dem SAP-System und SAP Multi-Bank Connectivity mithilfe des Konnektors für SAP Multi-Bank Connectivity stattfindet.

Wir haben den sogenannten Onboarding-Prozess und die einzelnen Phasen dieses Prozesses angesprochen. Dieser Prozess würde auch bei Ihnen im Unternehmen durchlaufen, falls Sie sich für den Einsatz von SAP Multi-Bank Connectivity entscheiden.

Wir sind ausführlich auf die vorzunehmenden Einstellungen im Konnektor für SAP Multi-Bank Connectivity eingegangen. Dazu gehören sowohl einige allgemeine Einstellungen als auch die Konfiguration, die für den Empfang der eingehenden Nachrichten und den Versand der ausgehenden Nachrichten im Konnektor für SAP Multi-Bank Connectivity gemacht werden muss.

Zum Schluss haben wir solche spezifische Themen, wie die Behandlung von sensiblen Daten, die Archivierung der Nachrichten oder auch die Berechtigungsobjekte im Konnektor für SAP Multi-Bank Connectivity angesprochen. Abschließend haben wir Sie auf mehrere OSS-Hinweise aufmerksam gemacht, die bei Ihrer Implementierung hilfreich sein können.

Kapitel 13

Migration und Umstellung der Stamm- und Bewegungsdaten

Dieses letzte Kapitel gibt Ihnen einen Überblick über die migrationsrelevanten Stamm- und Bestandsdaten bei einer Implementierung oder Optimierung im Bereich der Zahlungsverkehrsprozesse. Es zeigt Möglichkeiten und Wege auf, mit denen die Migration erleichtert werden kann.

Mit diesem Kapitel schließen wir die Darstellung der verschiedenen Aspekte des Zahlungsverkehrs ab. Im Verlauf dieses Buches haben wir sowohl die zahlungsverkehrsrelevanten Geschäftsprozesse als auch verschiedene SAP-Komponenten, die solche Prozesse abbilden können, beschrieben. Bei der Betrachtung der fachlichen Anforderungen und der technischen Möglichkeiten haben wir immer wieder auf die Vielfalt möglicher Lösungen hingewiesen. Fachliche und technische Fragestellungen können auf verschiedene Weise kombiniert werden, mit dem Ziel, reibungslos ablaufende Geschäftsprozesse im SAP-System abzubilden.

Auf dem Weg zu besser gestalteten oder reorganisierten Zahlungsprozessen sind viele Faktoren zu berücksichtigen, die großen Einfluss auf die Gestalt der Abläufe in Ihrem Unternehmen haben. Dazu gehören Besonderheiten Ihrer Branche sowie Ihrer Produkte und Dienstleistungen, die bestimmen, wie Sie mit Kunden und Lieferanten interagieren. Auch die Anzahl und die geografische Lage von einzelnen Unternehmensstandorten spielen eine Rolle bei der Konzeption der Ziellandschaft im Zahlungsverkehrsbereich. Die strategischen Ziele des Unternehmens bilden die Entscheidungsgrundlage für oder gegen eine mögliche Zentralisierung des Zahlungsverkehrs.

Bei allen Unterschieden, die zwischen den Unternehmen und den für sie am besten geeigneten Lösungen im Zahlungsverkehrs bestehen, gibt es einen gemeinsamen Nenner. Unabhängig davon, ob Sie sich entschieden haben, die bestehenden Zahlungsprozesse in Ihrem Unternehmen zu optimieren oder ob Sie eine umfangreiche Neueinführung von SAP S/4HANA planen: In den meisten Fällen sind die Zahlungsprozesse in Ihrem Unternehmen bereits in irgendeiner Form vorhanden und werden entweder in einem SAP-Altsystem oder in einem Nicht-SAP-System abgewickelt.

Trifft diese Annahme auch auf Ihr Unternehmen zu, haben Sie höchstwahrscheinlich migrationsrelevante Daten und müssen daher bei der Produktivsetzung Ihrer neuen oder optimierten Zahlungsprozesse zunächst eine Migration der Altdaten durchführen. In diesem Kapitel geben wir Ihnen eine Übersicht der migrationsrelevanten Daten bzw. der Daten, die auf ihre Relevanz hin geprüft werden sollten. Außerdem beschreiben wir, welche Ansätze Sie bei der Datenmigration verfolgen könnten.

Unter den *migrationsrelevanten Daten* verstehen wir nur die Transaktionsdaten oder Stammdaten, die bereits innerhalb oder außerhalb des SAP-Systems existieren und nach der Migration nicht verloren gehen dürfen.

Arbeiten Sie die Checkliste dieses Kapitels ab

Auch wenn Sie nicht alle möglichen betriebswirtschaftlichen und technischen Lösungen, die in diesem Buch beschrieben wurden, implementiert haben, lesen Sie dieses Kapitel aufmerksam durch und arbeiten die Checkliste am Ende des Kapitels ab.

Überprüfen Sie, ob die in dieser Checkliste erwähnten Stammdaten oder Bewegungsdaten für Sie relevant sind. Wenn sich herausstellt, dass Ihr Prozessdesign oder Ihre Systemverbesserungen die genannten Daten nicht betreffen und daher keine Migration oder Datenkonvertierung erforderlich ist – umso besser!

Bei einigen Stammdaten gibt es Optionen, z. B. die Vergabe neuer Namen, die im Zuge der Systemumstellung oder Neuausrichtung vorgenommen werden können. Diese Optionen sind als Denkanstöße zu verstehen. Ob sich diese zusätzliche Umstellung in Ihrem konkreten SAP-System lohnt oder nicht, liegt ganz bei Ihnen.

13.1 Migrationsrelevante Geschäftspartnerstammdaten

Die Geschäftspartnerstammdaten bilden die Grundlage der Durchführung aller Zahlungen, sowohl im internen als auch im externen Zahlungsverkehr. Bei den Umstellungen, Verbesserungen und Neueinführungen im Zahlungsverkehrsbereich müssen die in den Geschäftspartnerstammdaten gepflegten Informationen zumindest zum Teil aktualisiert oder komplett ersetzt werden. In diesem Abschnitt gehen wir auf die wichtigsten zahlungsrelevanten Komponenten der Geschäftspartnerstammdaten ein und identifizieren die Daten, die von Ihren Prozessänderungen betroffen sein könnten.

13.1.1 Bankenverzeichnis und Geschäftspartnerbankverbindungen

Die bankbezogenen Daten wie Bankleitzahl, BIC, Bankkontonummer und IBAN müssen aus den Geschäftspartnerstammdaten übernommen werden, falls Sie ein neues SAP-System einrichten oder eine Umstellung auf SAP S/4HANA durchführen.

Alle Bankverbindungen in den Geschäftspartnerstammdaten basieren auf dem sogenannten *Bankenverzeichnis*, aus dem der passende Bankschlüssel, der für die jeweilige Bank des Geschäftspartners steht, im Geschäftspartnerstammsatz zugeordnet wird. Aus diesem Bankschlüssel werden bei der Zahlung die Bankleitzahl und/oder der BIC abgeleitet.

Daher sollten Sie bei der Migration der Bankdaten die beiden folgenden Aspekte berücksichtigen:

- die Bankenverbindungen einzelner Geschäftspartner
- das Bankenverzeichnis selbst

Bankenverzeichnis und Migration

Das Bankenverzeichnis ist ein Verzeichnis mit den Details zu jeder aktiven Bankfiliale weltweit. Ein Bankenverzeichnis sowohl in der international gültigen Landesversion als auch, wenn relevant, in den lokalen Landesversionen wird von verschiedenen Drittanbietern wie z. B. SWIFT oder Accuity zur Verfügung gestellt. Es kann manuell oder automatisiert in regelmäßigen Abständen im SAP-System eingelesen werden.

Sowohl bei der Neueinführung eines zentralen SAP-Zahlungssystems als auch bei der Prozessoptimierung eines vorhandenen SAP-Systems sollten Sie sicherstellen, dass das Bankenverzeichnis stets aktuell ist. Bei dem zentralisierten Zahlungsverkehr und einer heterogenen SAP-Landschaft ist überdies zu gewährleisten, dass die Bankenverzeichnisse sowohl im zentralen Zahlungssystem als auch im lokalen SAP-System der Tochtergesellschaften auf demselben Stand sind und aus derselben Quelle stammen.

Wie bereits erläutert, ist der Stammsatz zu jeder Bank durch die Kombination des Banklandes und des sogenannten *Bankschlüssels* eindeutig identifiziert. Der Bankschlüssel ist die SAP-interne nummerische, alphanumerische oder alphabetische Nummer, die, basierend auf den Einstellungen des jeweiligen Landes, vergeben wird.

Besonders beim dezentralisierten Zahlungsverkehr werden die Banken nicht zentral und einheitlich aktualisiert. Stattdessen erfolgt die Pflege der Bankdaten ausschließlich bei Bedarf und unkoordiniert. Dies führt im Laufe der Zeit zu unterschiedlichen Problemen:

- die Datenqualität verschlechtert sich
- es entstehen Dubletten mit unterschiedlichen Bankschlüsseln zu derselben Bankfiliale
- die Daten veralten
- die Vergabe der Bankschlüssel ist uneinheitlich

Bei der Neueinführung oder Umstellung auf SAP S/4HANA sollten Sie die bisherige Vergabe der Bankschlüssel in Ihrem aktuellen SAP-System kritisch hinterfragen. Überprüfen Sie Land für Land, ob die laufenden Einstellungen in Transaktion OY17 (Länder Feldprüfungen) noch korrekt sind oder gegebenenfalls geändert werden müssen.

Nachdem Sie sich für einen Bankschlüssel entschieden haben – z. B. kann der Bankschlüssel der Bankleitzahl oder dem BIC entsprechen – kann das Bankenverzeichnis im neuen SAP-System mit der aktuellen Bankenverzeichnisdatei des Drittanbieters gefüllt werden. Dieses Bankenverzeichnis dient schließlich als gemeinsame Bankdatenquelle für alle zahlungsrelevanten SAP-Systeme im Unternehmen.

Geschäftspartnerbankverbindungen und Migration

Wie schon oben erwähnt, werden die Bankschlüssel in den Geschäftspartnerstammdaten zugeordnet. Wenn sich die Bankschlüsselvergabe in Ihrem neuen SAP-System geändert hat, müssen Sie dies bei der Migration der Geschäftspartnerbankverbindungen berücksichtigen. Sie können diese Bankverbindungen nicht deckungsgleich aus dem Altsystem in das Neusystem übernehmen, sondern Sie müssen stattdessen eine Ableitungsstrategie definieren. Das heißt, dass Sie ein Mapping der alten und der neuen Bankschlüssel benötigen.

Es ist vermutlich unmöglich, mithilfe dieses Mappings alle Fälle problemlos abzudecken. Zumindest in besonderen Fällen, z. B. bei veralteten Stammdaten, ist ein manueller Qualitätscheck erforderlich, um den richtigen Bankschlüssel zu erkennen.

[»]

Aktivität rechtzeitig einplanen

Planen Sie genug Zeit für die Migration der Geschäftspartnerbankverbindungen ein. Es ist eine mühsame Aufgabe, die lange dauern kann und bei der häufig zusätzlicher Klärungsbedarf entsteht.

Überprüfen Sie außerdem, bei wie vielen Geschäftspartnern im Altsystem mehrere Bankverbindungen hinterlegt sind. In solchen Fällen wird für den Ausgleich der offenen Posten im F110-Zahllauf automatisch die erstpassende Bankverbindung aus dem Geschäftspartnerstamm gezogen. Falls eine bestimmte Bankverbindung beim Ausgleich von offenen Posten selektiert werden soll, wird in den offenen Posten ein bestimmter Partnerbanktyp eingegeben.

Wenn es für Ihr System relevant ist, müssen Sie bei der Migration der offenen Posten im kreditorischen Nebenbuch beachten, dass sich bei der Migration der Bankverbindungen des Geschäftspartners die Bankverbindungsnummer geändert haben kann und nicht mehr mit dem bisherigen Partnerbanktyp im offenen Posten übereinstimmt.

13.1.2 Zahlwege in Geschäftspartnerstammdaten und offenen Posten

Bei den Prozessoptimierungen oder technischen Verbesserungen im Zahlungsverkehrs sind die Zahlwege sehr wahrscheinlich betroffen. Falls Sie Ihre Prozesse von einem dezentralisierten auf einen zentralisierten Zahlungsverkehr mit Payment Factory und In-House-Bank umstellen, sind einige neue Zahlwege einzuführen, um Intercompany-Zahlungen und externe On-Behalf-Zahlungen abzubilden. Im zentralen System benötigen Sie neue Zahlwege, aber auch in den lokalen Systemen werden Sie vermutlich andere Zahlwege als bisher für lokale Zahlungen definieren.

Die Zahlwege werden in den Geschäftspartnerstammdaten und gegebenenfalls in den kreditorischen und debitorischen offenen Posten gepflegt. Bei der Migration auf ein neues SAP-System prüfen Sie kritisch, ob die direkten Zahlwege in den offenen Posten überhaupt notwendig sind. In den meisten Fällen sind sie überflüssig, und es ist ausreichend, nur die Zahlwege im Geschäftspartnerstammsatz zu behalten.

Bei der Migration der zahlungsrelevanten Informationen der Geschäftspartnerstammdaten und einer gleichzeitigen Umstellung auf ein neues Zahlungsverkehrsmodell benötigen Sie ein Mapping, um die existierenden Zahlwege in die neu definierten Zahlwege zu überführen.

13.1.3 Migration bei der Einführung des Intercompany-Clearing-Prozesses

Wurden in Ihren bisherigen Prozessen die internen Lieferanten im Zahlungsverkehr wie externe Lieferanten behandelt und von den externen Hausbankkonten bezahlt? Wenn Sie bei einer Optimierung das Intercompany Clearing einführen, müssen die Stammdaten von internen Lieferanten und internen Kunden umgestellt werden.

Die externen Bankverbindungen werden entfernt und durch die neuen internen virtuellen Bankverbindungen mit dem Bankschlüssel für die neue In-House-Bank ersetzt.

In den Geschäftspartnerstammdaten, die als Debitoren verwendet werden, müssen ebenfalls interne Bankverbindungen gepflegt werden, da sie beim Verbuchen der internen Kontoauszüge für die Auffindung des relevanten Geschäftspartners notwendig sind.

Die Zahlwege in den internen Geschäftspartnerstammdaten müssen von Zahlwegen für externe Zahlungen auf die Zahlwege für Intercompany Clearing geändert werden. Dabei sollten alle Zahlwege aus den offenen Posten der internen Kreditoren und Debitoren entfernt werden.

13.2 Migrationsrelevante Hausbankstammdaten

Bei den Veränderungen im Zahlungsverkehrsbereich ändert sich oft die Bankkontenstruktur. Falls Sie Ihre Zahlungsprozesse optimieren und zusätzlich auf SAP S/4HANA umstellen, müssen Sie die Hausbankenstammdaten aus dem Altsystem übernehmen und dabei die angepasste Bankkontenstruktur berücksichtigen.

Überprüfen Sie als Erstes, welche der Hausbanken und der dazugehörigen Hausbankkonten im Altsystem noch relevant sind. Bei der Einführung der Payment Factory muss die In-House-Bank zusätzlich in jedem lokalen System gepflegt werden. Dafür werden jedoch vermutlich einige externe Hausbanken nicht mehr benötigt.

Für die relevanten Hausbankstammdaten können Sie die Gelegenheit nutzen und bei der Hausbankübernahme die Namenkonventionen anpassen, d. h, die Vergabe der Kürzel für die Hausbanken und die Hausbankkonten neu zu definieren. Falls Ihre Namenskonvention unverändert bleibt, können Sie die erforderlichen Hausbanken mit Transaktion FCLM_BAM_MIGRATION (Hausbankkonten migrieren) aus dem Altsystem migrieren.

Auch bei den Hausbankenstammdaten sind die Bankschlüssel relevant. Falls die Bankschlüssel in Ihrem neuen System vergeben werden, müssen Sie dies bei der Migration der Hausbankstammdaten berücksichtigen und eine Ableitungsstrategie definieren.

13.3 Sachkontenänderungen

In SAP S/4HANA steht Ihnen das neue *Bankkonten-Ledger* von SAP zur Verfügung. Damit müssen Sie nicht mehr ein Bankkonto und die jeweiligen Verrechnungskonten pro Hausbankkonto pflegen. Stattdessen werden ein Hauptsachkonto und die Verrechnungskonten pro Zahlweg definiert und können mehreren Hausbankkonten zugeordnet werden.

Die Aktivierung des Bankkonten-Ledgers ist optional. Sie können also die bisherige Sachkontenzuordnung pro Hausbankkonto in SAP S/4HANA behalten. In diesem Fall prüfen Sie lediglich, ob der Kontenplan im neuen System reorganisiert beziehungsweise neu eingeführt wird. Bei einem veränderten Kontenplan müssen die alten Sachkonten, die jeder Hausbank im Bankkontostammsatz zugeordnet sind, und die Verrechnungskonten, die in der Zahlungskonfiguration gepflegt sind, gegen die Sachkonten aus dem neuen Kontenplan ausgetauscht werden. Auch hierzu brauchen Sie ein Mapping.

Wenn Sie die neue Logik des Bankkonten-Ledgers einführen, müssen Sie eine Ableitungsstrategie definieren, um die alten Sachkonten im Hausbankkontostammsatz mit den neuen Sachkonten, die nach der Bankkonten-Ledger-Logik angelegt wurden, zu ersetzen.

Auch die Konfiguration der Sachkontenzuordnung für die F110- und F111-Zahlungen ändert sich im Bankkonten-Ledger-Ansatz. Dies ist ebenfalls bei der Umstellung auf SAP S/4HANA zu berücksichtigen.

13.4 Intercompany-Forderungen und -Verbindlichkeiten

Vor der Optimierung der Zahlungsprozesse im SAP-System bestehen in vielen Unternehmen Intercompany-Verhältnisse zwischen der zentralen Einheit und den Tochtergesellschaften. Auch ohne SAP In-House Cash kann ein Intercompany Clearing (ganz oder teilweise) außerhalb des SAP-Systems stattgefunden haben.

Gegebenenfalls existieren bestimmte Cash-Pooling-Vereinbarungen zwischen den externen Hausbanken, der zentralen Einheit und den lokalen Gesellschaften und sind im SAP-System manuell als Buchungssätze auf den entsprechenden Sachkonten erfasst. Anders gesagt: Es kommt vor, dass die Intercompany-Beziehungen schon bestehen, ohne dass sie in der SAP-Landschaft des Unternehmens mit den von SAP dafür vorgesehenen Möglichkeiten abgebildet sind. Stattdessen wurde gegebenenfalls eine Nicht-SAP-Software eingesetzt, es wurden kundenspezifische Programme für die technische Unterstützung des vorhandenen Prozess entwickelt, es wurden Kalkulationen in Microsoft Excel durchgeführt, oder es wurden in der Finanzbuchhaltung Buchungssätze manuell erfasst.

Bei der Neueinführung von SAP-Komponenten, die die mit den Intercompany-Beziehungen verknüpften Geschäftsprozesse abbilden, könnte es also sein, dass sich bestimmte Salden auf den Sachkonten für die Abbildung der Forderungen und Verbindlichkeiten innerhalb des Unternehmens gesammelt haben. Sehr wahrscheinlich beeinflussen diese Sachkontensalden auch die Verzinsung einzelner lokaler Gesellschaften und können damit keinesfalls ignoriert werden.

Das bedeutet, dass im Unternehmen in der Regel der Wunsch, oder eher gesagt, die Notwendigkeit besteht, die Salden als Ergebnis der Intercompany-Beziehungen bei der Einführung von SAP In-House Cash pro Tochtergesellschaft entsprechend zu berücksichtigen.

Die virtuellen Bankkonten in SAP In-House Cash dürfen bei der Aktivierung der In-House-Bank nicht den Saldo null ausweisen, sondern müssen den aktuellen Stand der Intercompany-Beziehung mit der Muttergesellschaft darstellen.

Falls auch in Ihrem Unternehmen der Bedarf besteht, laufende Salden auf die virtuellen Bankkonten von SAP In-House Cash zu übertragen, müssen Sie mehrere Punkte berücksichtigen.

Vor allem müssen Sie entscheiden, ob die Prozessoptimierung und der Einsatz von SAP In-House Cash neue Sachkonten für die Intercompany-Forderungen und Verbindlichkeiten beinhaltet oder ob Sie schon vorhandene Sachkonten mit darauf existierenden Sachkontensalden weiternutzen.

Sie müssen den Stichtag definieren, zu dem die Sachkontensalden in SAP In-House Cash übertragen werden sollen. Falls diese Salden auch innerhalb der Finanzbuchhaltung auf neue Sachkonten umgebucht werden sollen, müssen Sie überlegen, wie Sie die Buchungen nach dem Stichtag auf den alten Sachkonten unterbinden und wie Sie dafür sorgen, dass zum Stichtag alle relevanten Buchungen auf den Sachkonten vorhanden sind, damit die Salden vollständig sind.

Die Buchungslogik für die Buchungen der Anfangssalden der Gesellschaften in SAP In-House Cash muss individuell definiert und im Projektablauf sorgfältig getestet werden.

In SAP In-House Cash müssen Sie vermutlich eine eigene Transaktionsart für die Migration der Salden definieren. Dies hat zum einen das Ziel, die erstmaligen Migrationsbuchungen später besser von anderen laufenden Transaktionen auf den IHC-Konten unterscheiden zu können, und zum anderen kann so die Buchungslogik bei der IHC-Tagesendverarbeitung für diese Migrationsbuchungen von den anderen Transaktionen abgegrenzt werden.

Gehen Sie davon aus, dass dieses Thema viel Zeit und Abstimmung in Anspruch nimmt. Sie müssen sicherstellen, dass die Salden, die Sie im Zentralsystem migrieren, mit den Salden in den lokalen Systemen einzelner Gesellschaften übereinstimmen, sodass keine späten Buchungen zu erwarten sind, und dass die Migrationsbuchungen korrekt aus SAP In-House Cash an die Finanzbuchhaltung übergeben werden.

Sie sollten in jeden Fall mehrere Testfälle für die Migration der Intercompany-Salden hinterlegen und nach Möglichkeit verschiedene Testzyklen nutzen, um den kompletten Migrationsablauf in SAP In-House Cash ausgiebig zu üben.

13.5 Fazit

Checkliste für migrations- und umstellungsrelevante Daten

Zum Schluss fassen wir alle in diesem Kapitel erwähnten Fragestellungen zusammen. Einige Punkte werden möglicherweise auf Sie nicht zutreffen. Überprüfen Sie jedoch alle Punkte aus der Checkliste auf die Migrationsrelevanz in Ihrem konkreten Projekt.

- **Geschäftspartnerstammdaten**
  - Bankschlüssel
  - Bankverbindungen
  - Partnerbanktyp
  - Zahlwege

- **Bankenstammdaten**
  - Bankenverzeichnis
  - Hausbanken und Hausbankkonten
  - Sachkonten in den Hausbankkonten
- **Interne Zahlungen**
  - Bankverbindungen in internen Geschäftspartnerstammdaten
  - Zahlwege in internen Geschäftspartnerstammdaten
  - Salden auf den Sachkonten für Intercompany-Beziehungen

Die Autorin

Daria Kersten arbeitet seit 16 Jahren mit SAP-Systemene und hat Erfahrungen als Inhouse Consultant und externe Beraterin bei Großunternehmen aus verschiedenen Branchen gesammelt. Sie war in zahlreichen internationalen Implementierungs- und Transformationsprojekten für das Design und die technische Einführung der Prozesse im Finance-Bereich inklusive Schnittstellen und Integration der Nicht-SAP-Komponenten verantwortlich. In den letzten Jahren war sie vor allem in SAP-S/4HANA-Projekten tätig, in denen sie sich mit Neueinführungen im Bereich Treasury, SAP Inhouse Cash und Zahlungsverkehr beschäftigt. Daria Kersten hat Zertifizierungen für die Financials-Komponenten von SAP S/4HANA, für Treasury in SAP S/4HANA und als PMP Project Manager.

Index

H

I

J

K

T

U

V

W

X

Z